H. G. Gierloff–Emden

MEXICO

Eine Landeskunde

MEXICO

EINE LANDESKUNDE

von

DR. RER. NAT. HANS GÜNTER GIERLOFF-EMDEN

Professor am Geographischen Institut in der naturwissenschaftlichen Fakultät
der Universität München

Mit 148 Abbildungen und 93 Bildern
und einer mehrfarbigen Übersichtskarte von Mexico

WALTER DE GRUYTER & CO.

vormals G. J. Göschen'sche Verlagshandlung – J. Guttentag, Verlagsbuchhandlung
Georg Reimer – Karl J. Trübner – Veit & Comp.

BERLIN 1970

Satz und Druck: H. Heenemann KG, 1 Berlin 42. – Einbandentwurf: Lilo Gierloff-Emden, 8 München

Vorwort

Mit dem vorliegenden Buch wird die erste größere Landeskunde der letzten Jahrzehnte über Mexico vorgelegt. Das Schrifttum zur Geographie von Mexico zählt weit mehr als 10 000 Titel. Daran haben deutsche Geographen einen bedeutenden Anteil. Insbesondere sind es größere Werke des 19. Jahrhunderts wie A. v. HUMBOLDTS berühmtes „Essai politique sur le royaume de la Nouvelle Espagne", das erste moderne Werk zur Geographie von Mexico, und wie z. B. die Werke von E. MÜHLENPFORDT, C. SARTORIUS und F. RATZEL. Im 20. Jahrhundert lieferten L. WAIBEL, O. SCHMIEDER, F. TERMER, G. PFEIFER, K. HELBIG, A. GERSTENHAUER, F. TICHY u. a. mit ihren Arbeiten über einzelne Regionen oder Probleme bedeutende Beiträge zur Landeskunde von Mexico. In jüngster Zeit arbeiten deutsche Wissenschaftler verschiedener Disziplinen an einem von der Deutschen Forschungsgemeinschaft geförderten Projekt in Zentralmexico. Zahlreiche Forscher aus den USA, insbesondere C. O. SAUER und seine Mitarbeiter und Schüler, leisteten grundlegende Forschungsarbeit in und über Mexico. Mehrere mexicanische Geographen haben größere und kleinere Veröffentlichungen zur Geographie ihres Landes vorgelegt, z. B. J. L. TAMAYO mit einem vierbändigen geographisch-lexikographischen Werk mit Atlas.

Eine moderne Länderkunde, eine umfassende Darstellung in Form eines größeren Buches fehlt bisher. Diese Lücke soll mit dem vorgelegten Werk geschlossen werden. Für diese Arbeit stützte sich der Verfasser auf Reisestudien im Lande und auf die Verarbeitung der wichtigsten vorhandenen Literatur.

Für die Möglichkeit einer ersten Bereisung des Landes im Jahre 1955 bin ich Herrn Prof. Dr. ADOLF MEYER-ABICH zu großem Dank verpflichtet. Der Deutschen Forschungsgemeinschaft verdanke ich Unterstützung zur Durchführung von Reisen in Mexico in den Jahren 1962 und 1964. Gastprofessuren an den Universitäten Berkeley, California und Baton Rouge, Louisiana, gaben mir die Möglichkeit weiterer Reisen in Mexico 1961/62 und 1964 und die Basis für Literaturstudien in den Universitäts-Bibliotheken dieser Orte.

Von Bedeutung für die Konzeption des Buches war mir die Begegnung mit amerikanischen Geographen wie C. O. SAUER, J. J. PARSONS, R. J. RUSSELL, H. J. WALKER und R. C. WEST. Ihnen verdanke ich manche Ratschläge und Ideen. Bei mexicanischen Wissenschaftlern, Beamten und Zivilpersonen fand ich Aufgeschlossenheit und Hilfe für meine Arbeiten und die Beschaffung von Material. Durch die Pflege länderkundlicher Arbeit im Geographischen Institut der Universität Hamburg bei L. MECKING und A. KOLB erhielt ich manche Anregungen.

Stetige Mitarbeiterin auf mehreren Reisen, an der Ausführung von Manuskript, Bibliographie, Korrekturarbeiten und Zeichnungen war meine Frau LILO. Dem wissenschaft-

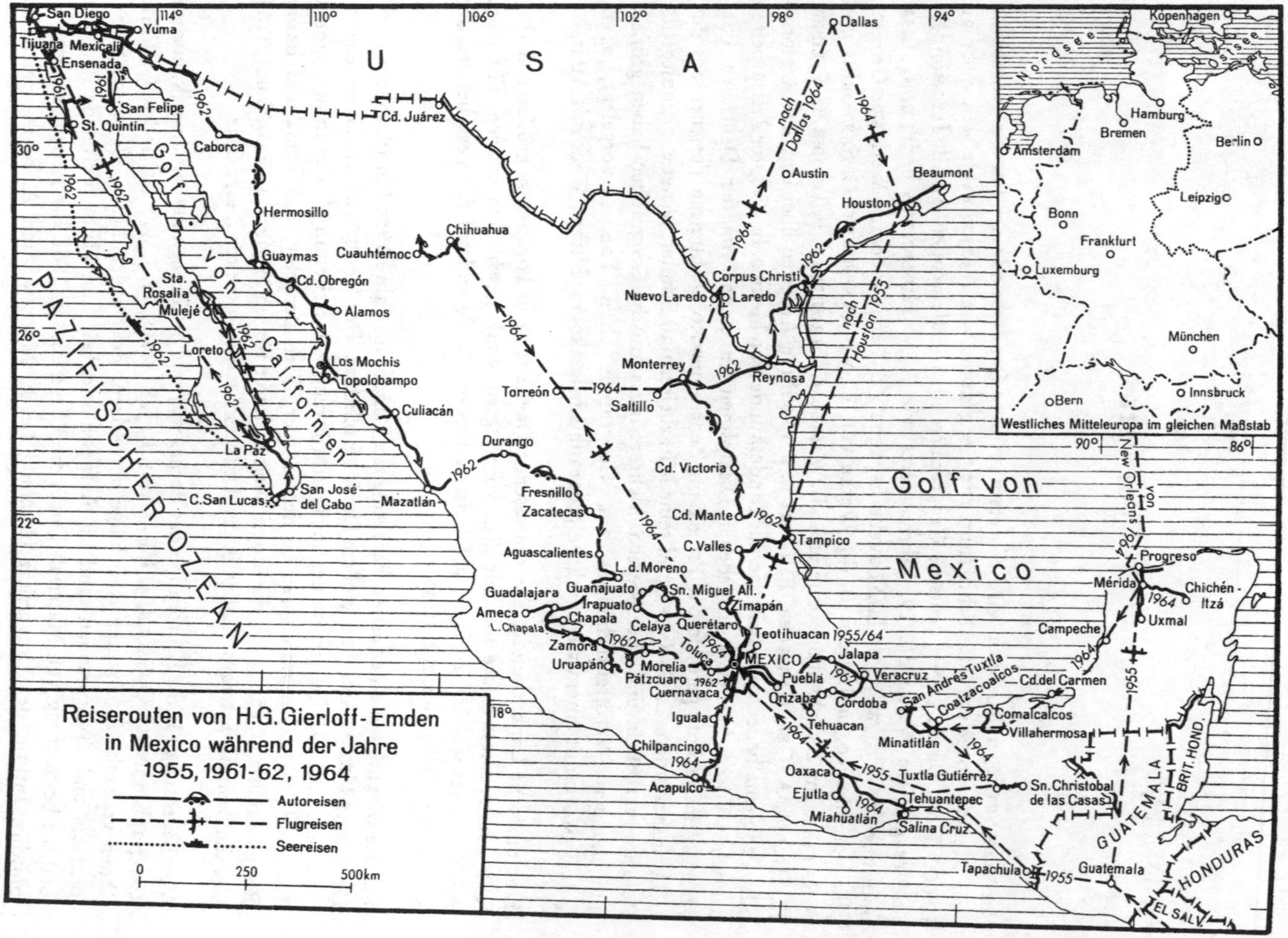

Reiserouten von H.G. Gierloff-Emden in Mexico während der Jahre 1955, 1961-62, 1964

lichen Assistenten Herrn WIENEKE danke ich für die Mithilfe bei Korrekturarbeiten. Dem Verlag Walter de Gruyter & Co., vor allem Herrn Direktor J. KÖNIG und seinen engeren Mitarbeitern, bin ich für die Aufnahme des Werkes und für die viele Arbeit und Mühe zu großem Dank verpflichtet. Eine verständnisvolle Behandlung meiner Wünsche ermöglichte die vorliegende Ausstattung mit Karten, Bildern und in der typographischen Ausführung. Der größte Teil der Kartendarstellungen wurde neu entworfen bzw. nach Übernahme aus anderen Werken neu gezeichnet.

An der kartographischen Ausführung waren tätig die Kartographen J. BÖGE, R. WAENCKE, J. U. SCHUBMANN und besonders H. DONNER und Frau G. SCHMIDT. Die Beilagekarte zeichnete H. NEIDE. Der Deutschen Forschungsgemeinschaft danke ich für eine Sachbeihilfe für die Ausführung von kartographischen Arbeiten.

Die Bilder wurden größtenteils vom Verfasser aufgenommen. Sie entstammen einer Auswahl aus über 3000 Fotos, die thematisch und regional vorgenommen wurde.

München, Frühjahr 1970 H. G. GIERLOFF-EMDEN

Vorbemerkungen zum Aufbau der Landeskunde

Eine mehr oder minder umfassende Darstellung eines Raumes der Erde als regionales Individuum wird in der Geographie als *Länderkunde* bezeichnet. Ist ein Land, dessen Grenzen meist in politischem Sinne verstanden werden, Gegenstand solcher Darstellung, so ist der Ausdruck *Landeskunde* zutreffend. Im vorliegenden Falle ist Mexico als Land, d. h. als Staat, Gegenstand der Landeskunde. Mexico als ein regionales Individuum, das es nach Betrachtung natur- und kulturgeographischer Grenzen in chorographischem Sinne darstellt, wird in den ersten Kapiteln des vorliegenden Werkes herausgearbeitet.

Eine Länderkunde größeren Umfanges stellt entsprechend ihrer Anlage eine Grundlageninformation dar, die während eines längeren Zeitraumes dienlich sein kann.

Der Arbeitsaufwand in materieller und zeitlicher Hinsicht füllt einen Zeitraum von ein bis zwei Jahrzehnten aus. Das ergibt sich infolge Durchführung der Bereisung der Region, der Sammlung und Durchsicht des Materials, der Kontaktnahme mit Menschen, die Informationen zu dem Thema zu geben haben und solche kritisch reflektieren, wie Fachkollegen, Landeskennern und Bewohnern des Landes, sowie der Ordnung aller Informationen und der wissenschaftlichen, schriftstellerischen und technischen Erstellung des Werkes.

Als Ordnungsprinzip für die Darstellung der Fakten und Probleme gibt es für länderkundliche Arbeiten ein bewährtes Schema, das die möglichst gleichmäßige Darstellung nach den Ordnungselementen der Kapitel der allgemeinen Geographie abhandelt. Doch ist eine lexikographische Darstellung bekannterweise keine Länderkunde. Bei einer Länderkunde wird angestrebt, die dargestellten Fakten und Probleme so miteinander zu verknüpfen, daß die Struktur des regionalen Individuums erkennbar wird. Um dem Charakter des Individuums nahe zu kommen, wurden Systeme vorgeschlagen, die solchen Anforderungen Rechnung tragen und Abwandlungen vom klassischen länderkundlichen Schema bedeuten. Solche Systeme wurden als „dynamische Länderkunde" bekannt. Zur Darstellung insbesondere der gegenwartsbezogenen Probleme eines Landes wurde der Ausdruck „Strukturanalyse" eingeführt.

Nach einer sorgfältigen Analyse zum Problem der allgemeinen Kulturgeographie kommt E. Wirth (Erde, 1969, 2–4) zur Feststellung:

„Länderkunde wird immer eine zentrale Aufgabe der geographischen Wissenschaft und die Landschaft ein zentraler Begriff der Länderkunde bleiben".

Carl O. Sauer und O. Schmieder entwickelten ein solches System der länderkundlichen Darstellung und wendeten es mit Erfolg an, das Fakten und Probleme in ihrer historischen Ordnung darstellt und verknüpft. Der Mensch beeinflußt die Naturlandschaft in seinem Wirken und ist Schöpfer der Kulturlandschaft. Eine Betrachtung der Abfolge der Schichten, welche die Entwicklung eines regionalen Individuums ausmachen und seine gegenwärtige Struktur verständlich machen und übersichtlich und transparent erscheinen lassen, ist für gewisse regionale Individuen als länderkundliches System geeignet. Das scheint dem Autor für das Individuum Mexico der Fall zu sein. Im gegenwärtigen Mexico ist z. B. die indianische Bevölkerung Bestandteil und Problemkomplex in ethnischer und wirtschaftlicher Hinsicht. Mit über 40 Sprachgruppen und mit verschiedenen völkischen Gruppen, mit einem eigenen argrarischen und wirtschaftlichen System, mit eigenen Lebensformen besteht die indianische Bevölkerung, die in der Gegenwart mehr als ein Zehntel der Bevölkerung des Landes ausmacht, indem sie ihre Eigenheiten über Jahrhunderte aus vorkolonialer Zeit erhalten hat. So ist zum Verständnis des heutigen Mexico eine Kenntnis der Ausgangssituation der indianischen Kultur unumgänglich. Die Struktur der Bevölkerung und die Prägung der Landschaft bliebe ohne eine Betrachtung des Auftretens und der Entwicklung der indianischen Kulturen unverständlich. Für eine länderkundliche Betrachtung Deutschlands wäre die Behandlung der Lebensgemeinschaften germanischer Stämme bis zur Gegenwart nicht notwendig, da es hier keine Bevölkerungsgruppen eigener Sprache und Lebensform mehr gibt, die sich aus der frühen Geschichte bis zur Gegenwart mit eigener Sprache und Lebensform erhalten haben.

Die Epochen alter indianischer Kulturen, die Kolonialzeit (von 1521 bis 1810), das Jahrhundert der Unabhängigkeit Mexicos von Spanien bis 1910, das Mexico der Revolutionszeit und der Nachrevolutionszeit bis 1930 und das moderne Mexico seitdem, sind in Bevölkerung, Rechtsformen, Landwirtschaft, Flurformen, Siedlungen und Wirtschaft ausgeprägt. Das Bild der Gegenwart soll vor dem Hintergrund der Vergangenheit transparent gezeichnet werden. Geschichte und Gegenwart des Lebensraumes sollen dargestellt werden. Die Wechselwirkungen Mensch – Lebensraum (man and environment) und ihre Regelmechanismen sollen aufgezeigt werden.

Ein System, das diesen Gegebenheiten Rechnung trägt, wurde für das vorliegende Werk gewählt. Es bleibt dahingestellt, daß es andere geeignete Möglichkeiten gibt. Der Umfang der einzelnen Kapitel kann nicht schematisch auf gleiche Prozentanteile am Ganzen in Abhängigkeit ihrer Bedeutung für das Ganze dargestellt werden, da Sachkenntnis des einzelnen Bearbeiters und Informationsumfang und -dichte des vorliegenden Materials auch wegen ihrer bisher unterschiedlichen Bearbeitung ungleich sind.

Mit dem Aufkommen eigener Dienst- und Forschungsstellen für Klima, Boden, Wasserwirtschaft, Wirtschaft und Landesplanung und vieler Statistiken steht für das moderne Mexico ein zwar teilweise lückenhaftes aber teilweise nur noch schwer überschaubares Material zur Verfügung. Es erhebt sich die Frage, ob noch ein einzelner Geograph die Aufgabe einer länderkundlichen Darstellung eines solchen Landes wie Mexico übernehmen soll. Dagegen spricht, daß der Bearbeiter bei der Vielzahl der Fakten und der Vielschichtigkeit der Probleme, die weit in zahlreiche Nachbarwissenschaften führen, bis an die Grenzen seiner Urteilsfähigkeit gefordert wird. Dafür spricht, daß das Zusammenwirken einer größeren Zahl von Fachwissenschaftlern verschiedener Disziplinen eher die Aneinanderreihung spezieller Kapitel zum Ergebnis hat, die, da sie nur lose aufeinander bezogen sein können, keine Struktur des Individuums geben können, sowie die Tatsache, daß der einzelne Mensch als Leser, z. B. der wissenschaftliche Geograph oder der Geographielehrer, wohl schwer in der Lage sein kann, die speziellen Gehalte qualitativ hochwertiger Einzeldarstellungen zu assoziieren, wenn er nicht zufällig Sachkenner des regionalen Individuums ist.

„Länderkunden, die ein einzelner konzipiert und aus einem Guß geschaffen hat, können aber durch Sammelwerke nicht ersetzt werden." O. SCHMIEDER, Geographische Zeitschrift, 1969, 1.

Die Forderung nach Synthese, d. h. länderkundlicher Zusammenfassung von Einzeldarstellungen und eigenen Arbeiten, wurde von G. PFEIFER (Geographische Zeitschrift 1964) und H. MENSCHING, (Geographische Zeitschrift 1967) begründet.

Da es eine größere Anzahl spezieller und umfassender Arbeiten zur Landeskunde von Mexico gibt, wird es als vernünftiger Weg angesehen, diejenigen Aussagen aus der Literatur in Form von Zitaten zu übernehmen, die als Kernstücke gelungener Darstellungen Fakten und Probleme in treffender Form aufzeigen, oder die Karten und Skizzen solcher Arbeiten, die dem Geographen beständigste Dokumente sind, aufzunehmen, so daß sie als Mosaikstücke im hier angestrebten Gesamtbild von Mexico erscheinen. Da gerade deutsche Wissenschaftler bedeutenden Anteil an der länderkundlichen Erforschung Mexicos hatten, liegt es nahe, diese mit ihren Darstellungen im Rahmen des Werkes zu Worte kommen zu lassen, wo der Autor nur weniger komprimiert und schwächer nachformulieren könnte. Insbesondere wurde die Darstellung einzelner Regionen fallweise in die Gesamtschau eingearbeitet, wenn entsprechende Arbeiten vorlagen. Auf die systematische Darstellung der einzelnen Regionen natur- oder kulturgeographischer Abgrenzung wurde unter Bezugnahme auf die genannte Verarbeitung bewußt verzichtet.

In einer Zeit, wo in der wissenschaftlichen Lehre und in der Ausbildung und Lehre an der Schule im Fach Geographie bei dem Streben nach Gesamtübersicht über die Natur- und Kulturräume der Erde eine Vertiefung des Wissens nur noch exemplarisch erfolgen kann, soll diese Landeskunde von Mexico dem Fachkollegen und dem Lehrer dienen sowie dem Leser, der aus wirtschaftlichen, politischen oder privaten Gründen an diesem Lande interessiert ist, und Wesen und Struktur von Mexico darbieten, so daß das Werk als Basis verwendbar ist, zu der die modernsten und aktuellsten Informationen aus den laufenden Publikationen und Periodica der nächsten Jahre zu treten haben.

Da sich die Arbeit an dem Buch, auch die Herstellung von Manuskript und Karten, über einen mehrjährigen Zeitraum erstreckte, konnte aus technischen und finanziellen Gründen nicht in allen Fällen erreicht werden, daß neueingehendes Zahlenmaterial in den Karten, deren Klischees laufend angefertigt wurden, noch in gleicher Weise nachgetragen wurde, wie es die Verarbeitung und Korrektur im Text erlaubten. Das gilt auch für die Schreibweise von Eigennamen, wenn technischer und finanzieller Aufwand, z. B. bei Korrekturen, den Nutzeffekt hoch überschritten hätten.

München, Frühjahr 1970 H. G. GIERLOFF-EMDEN

Inhaltsübersicht

DAS UNABHÄNGIGE MEXICO

DAS MODERNE MEXICO

Verzeichnis der Abbildungen

Verzeichnis der Bilder

Verzeichnis der wichtigsten Tabellen

Zur Aussprache spanischer, aztekischer und Maya-Wörter

(Nach verschiedenen Unterlagen zusammengestellt)

(Nach der spanischen Alphabetfolge erscheinen die Buchstaben ch, ll, ñ auch gesondert nach cz, lz, nz)

Alphabet	Aussprache
b	b nach m, n und im Anlaut; sonst fast w
c	wie englisches stimmloses th (in thistle) vor e, i; sonst k. In Lateinamerika ß vor e, i
ch	tsch
d	d nach l, n und im Anlaut; fast stumm im Auslaut und zwischen Selbstlauten; sonst wie englisches stimmhaftes th (in this)
ei	ej
g	ch (in Bach) vor e, i; sonst g
gu	gw vor a, o; g vor e, i
h	stumm
j	ch (in Bach)
ll	lj, oft fast nur j
ñ	nj
qu	k
s	ß, im Auslaut oft wie englisches th
ü	(u mit Trema) u gesondert auszusprechen nach g, q vor e, i
v	b (in bei) im Anlaut, nach m, n; sonst w
x	ks zwischen Selbstlauten und in ex-; sonst wie ch (in Licht), doch an einfaches s anklingend, vor a, o, u oft wie ch (in ach), mex. ch
y	j vor Selbstlaut, sonst i
z	wie englisches stimmloses th (in thistle); in Lateinamerika stimmhaftes s (in Rose)
	Betonung: Sie liegt bei auslautendem Selbstlaut, s und n auf der vorletzten Silbe; sonst auf der letzten Silbe. Doppelselbstlaute, die mit i oder u beginnen, gelten als einsilbig. Abweichende Betonung ist mit Akzent versehen.
	Abweichungen in nichtspanischen Namen (der Besitzungen):
c	ß vor e, i; sonst k
ch	meist sch, mitunter tsch, am Wortende manchmal k
dj	dsch
ei	e + i
g	dsch vor e, i; sonst g
h	h
kh	dsch
x	sch
y	meist dsch, seltener j
z	stimmhaftes s (in Rose)

Nahuatl (Aztekisch)

ch	tsch (kräftiger als im Spanischen)
x	sch
ll	l-l (nicht spanisches Doppel-l)
tz	hartes z
tl	auszusprechen, während man gleichzeitig die Zungenspitze gegen den hinteren Gaumen hält

Maya

x	sch
dz	dz (dental)
z	weiches s
tz	tz (hart)
k	etwas weiter vorn am Gaumen als schweizerisches k abrupt abbrechend vor nächstem Laut
chh	tsch (abbrechend vor nächstem Laut, z. B. tsch'a, tsch'ic)
c	vor e und i wie vor a, e, i, u im Spanischen (que etc.)

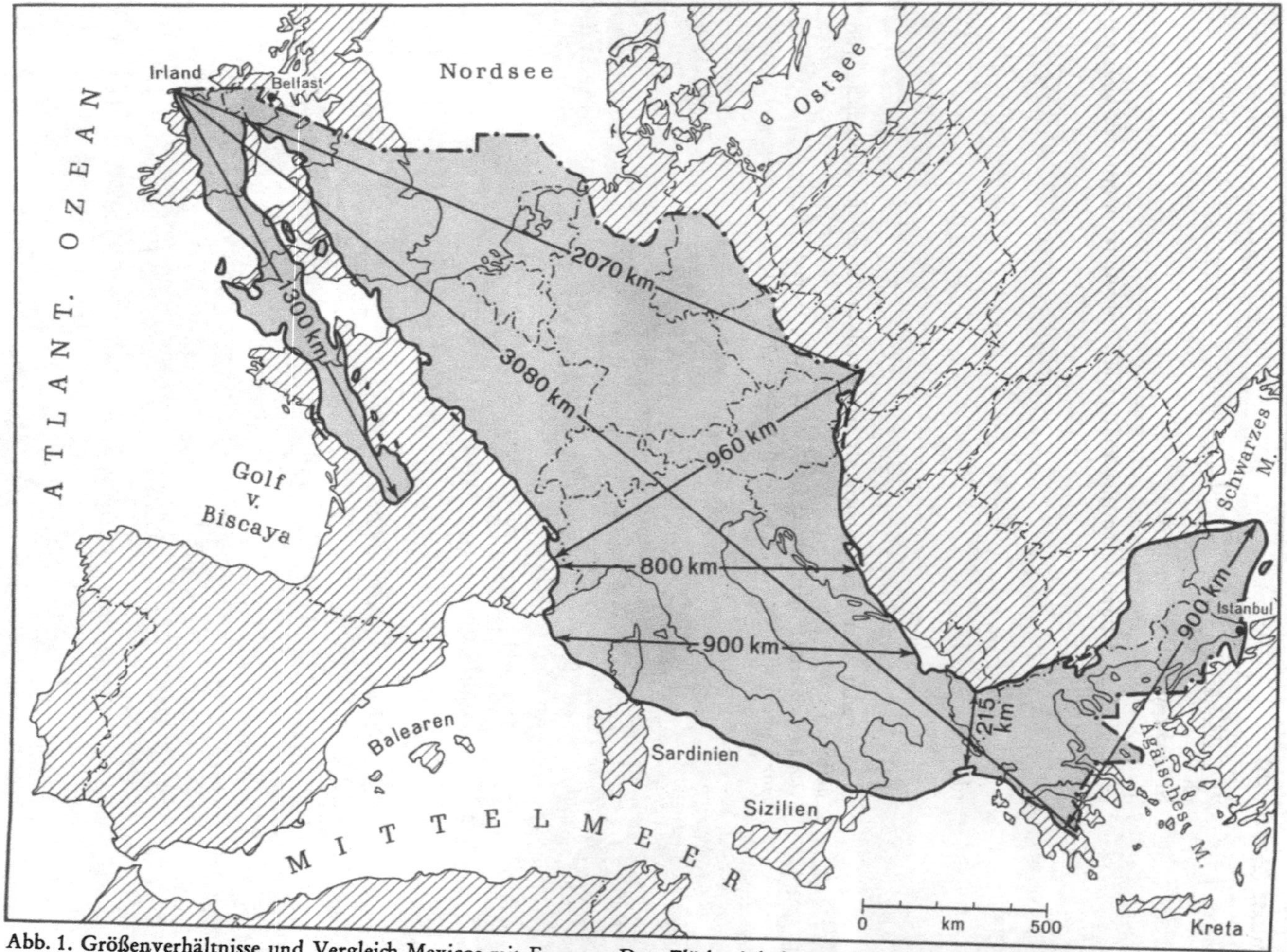

Abb. 1. Größenverhältnisse und Vergleich Mexicos mit Europa. Der Flächeninhalt Mexicos entspricht der Fläche von: Portugal, Spanien, Frankreich, Italien, Schweiz, Österreich, Belgien, Niederlande, Dänemark (etwa 2 Mio. km²). (Entwurf: GIERLOFF-EMDEN)

Einleitung

Hauptprobleme Mexicos und allgemeine geographische Angaben und Begriffe

Mexicos Kampf um Nahrung und Wasser. Seit 1930 ereignet sich in Mexico eine *„explosión demográfica"*, wie es in der amtlichen mexicanischen Statistik heißt. Eine rapide Bevölkerungszunahme seit der Zeit von 1930, als Mexico noch 16,5 Mio. Einwohner hatte, fand bis zur Gegenwart statt und dauert an. 1965 hatte Mexico um 40 Mio. Einwohner (Abb. 2). Damit ist Mexico nach den USA und Brasilien der drittvolkreichste Staat auf dem amerikanischen Doppelkontinent geworden. Zur Zeit der Eroberung durch die Spanier von 1519 bis 1521 lebten auf dem Gebiet, das heute durch die Grenzen des Staates *„Estados Unidos Mexicanos"* umschlossen wird, nach Schätzungen etwa 6–11 Mio. Menschen, um 1800 etwa (nach anfänglich während der Kolonialzeit sehr starkem Rückgang) 4,5 Mio. Menschen (Abb. 52), im Jahre 1900 etwa 13 Mio. Nach einer gewissen Stagnation und einem Rückgang während der Revolutionsjahre 1910–20, während über $1^1/_2$ Mio. Menschen umkamen, hatte Mexico 1921 14,3 Mio. Einwohner (Abb. 62). Der enorme Bevölkerungszuwachs seit 1930 bedeutet für Mexico einen Kampf um die Versorgung der Menschen, für die in Mexico immer noch als Symbol des Brotes die aus Mais gebackene *Tortilla* gilt (Abb. 3, *Bild 60*). Unter Ausnutzung eines progressiv ausgebauten Bewässerungswesens ist es bisher gelungen, Nahrung für die steigende Bevölkerungszahl zu produzieren. Zwei Naturbedingungen: Trockenheit und stark ausgeprägtes Relief setzen den Bemühungen des Menschen um die Erweiterung des Kulturlandes enge Grenzen (Abb. 4, 5 u. 7). Obwohl Mexico im Vergleich zu den mitteleuropäischen Staaten eine sehr große Fläche umfaßt (fast 2 Mio. km^2 Flächeninhalt, d. h. achtmal so viel wie die Bundesrepublik), war schon 1930, ja schon zur Zeit der Jahrhundertwende, der größte Teil des ohne Bewässerung zu bewirtschaftenden Kulturlandes vergeben. Die Breitenlage des Landes (vergleichsweise zwischen Tschadsee und Algerien) zeigt an, daß seine Landschaften z. gr. T. den Trockenräumen der Erde angehören. Für Mexico war einst der Bergbau die bedeutendste wirtschaftliche Einnahmequelle. Trotz der Sorgen um die Nahrung hat sich die Landwirtschaft inzwischen zum ersten Export-Wirtschaftszweig des Landes entwickelt.

Da Mexico auf Kartendarstellungen in Atlanten fast immer in erheblich kleinerem Maßstabe abgebildet ist als mitteleuropäische Länder, zumeist nur als Anhängsel der USA oder mit dem gesamten mittelamerikanischen Raum zusammen, soll ein Vergleich die Größe Mexicos verdeutlichen (Abb. 1). Der Umriß Mexicos im gleichen Maßstab auf eine Karte gleicher Projektion Mitteleuropas übertragen, zeigt, daß die längste Erstreckung vom Südosten bis zum Nordwesten über 3000 km beträgt. Mexico würde eine Fläche bedecken, die zwischen Nordwest-*Irland* – auf der Breite von *Belfast*, wo die Städte *Tijuana* und *Mexicali* liegen würden – bis zum *Bosporus* und nach *Griechenland* reichen würde, wobei die Ostküste der Halbinsel *Yucatán* bei *Istanbul* liegen würde. Da Mexico zu drei Vierteln Gebirgsland ist, bedingt das stark reliefierte Land nur begrenzte Nutzungsmöglichkeiten (Abb. 6 u. 7). Obwohl Mexico weit südlicher als Europa, nämlich innerhalb der Subtropen- und Tropenzone liegt (der nördliche Wendekreis verläuft quer durch Zentralmexico), bietet es ein Mosaik von orographischen und von klimatischen Einheiten, das der in Europa auf gleich großer Fläche vorhandenen Vielfalt von natur-

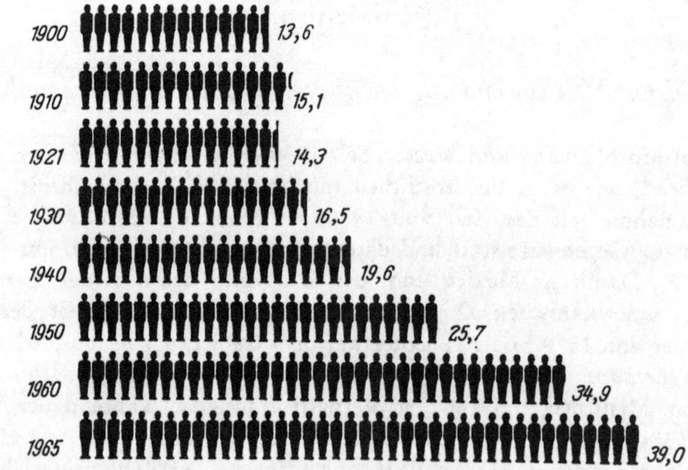

Abb. 2. Die Entwicklung der Bevölkerungszahl von Mexico in den Jahren von 1900–1965. Zusammengestellt nach Angaben aus den amtlichen Statistiken (Zensuszahlen bis 1960). Eine Figur in der Darstellung repräsentiert 1 Mio. Menschen. Die Ziffern bedeuten Bevölkerungszahl in Millionen. Die Angabe für 1965 beruht auf Schätzwerten. Bemerkenswert ist der Rückgang während der Revolutionsjahre 1911–1919. Zwischen 1900–1930 blieb die Bevölkerungszahl fast konstant. Seit den dreißiger Jahren erfolgte bis 1960 Verdoppelung

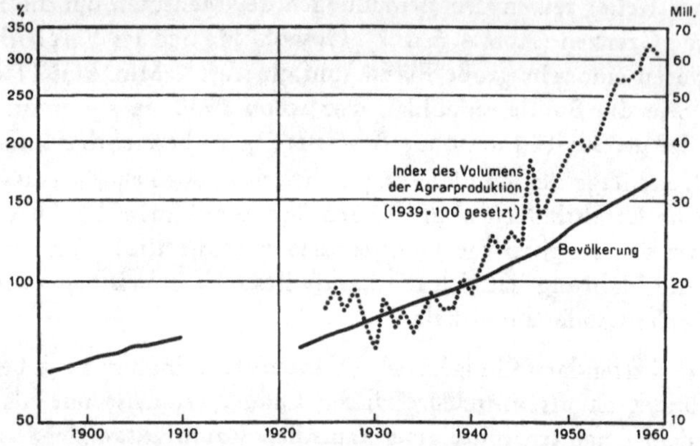

Abb. 3. Anstieg der Bevölkerungszahl und des Indexes der Agrarproduktion in Mexico von 1896 bis 1959 (vertikale Skala logarithmisch)
(Quelle: Sec. Ind. Com., Dir. Gen. Estad., Anuario estadístico, 1958–1959 (1960), S. 65; Agricultural production index, S. 481–82, und N. L. Whetten, Rural Mexico (Chicago, 1948), S. 255)

und kulturgeographischen Einheiten entspricht (Abb. 8 u. 29). Ein Land von den Ausmaßen und der Bedeutung Mexicos kann im Sinne moderner Sprachregelung als ein „Subkontinent“ angesehen werden, der auf Atlaskarten in größerem Maßstab und auf einer ganzen Seite einzeln dargestellt werden sollte, nicht nur als Anhängsel des nordamerikanischen Kontinents. Mexico, dargestellt im Mittelpunkt einer Karte in Azimutalprojektion einer Erdhalbkugel zeigt die große Entfernung zu Europa: Ciudad de

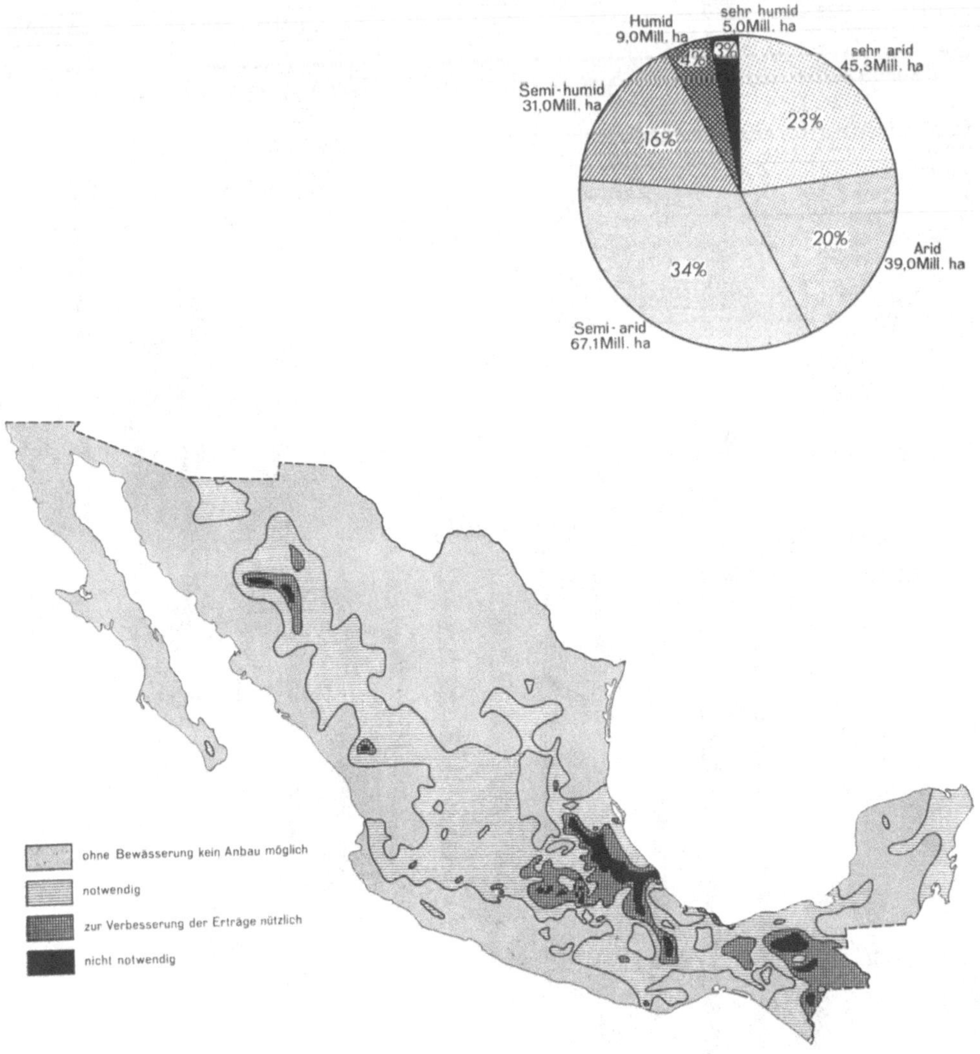

Abb. 5. Anbaumöglichkeiten mit und ohne Bewässerung in Mexico. (Nach Ing. Hidr. 1961. Nr. 1)

México und Madrid liegen fast 9000 km voneinander entfernt; das ist etwa so weit wie von Mexico zur Beringstraße oder nach Feuerland bzw. Conakry in Westafrika. Als nördlichstes Land des Kulturraumes Latein- bzw. Ibero-Amerikas liegt Mexico dem Kultur- und Wirtschaftsraum der USA am nächsten (O. M. Miller [1017]). Moderne Fluglinien erlauben die Reise für Passagiere von New York nach México D. F. in 4 Stunden (Abb. 47).

Das Staatsgebiet des heutigen Mexico hat nach Norden keine natürlichen Landschaftsgrenzen. Wenn auch der Flußlauf des *Rio Grande del Norte* (so in den USA genannt) bzw. *Rio Bravo* (so in Mexico genannt) eine Grenze als ein natürliches linienhaftes Gestalt-

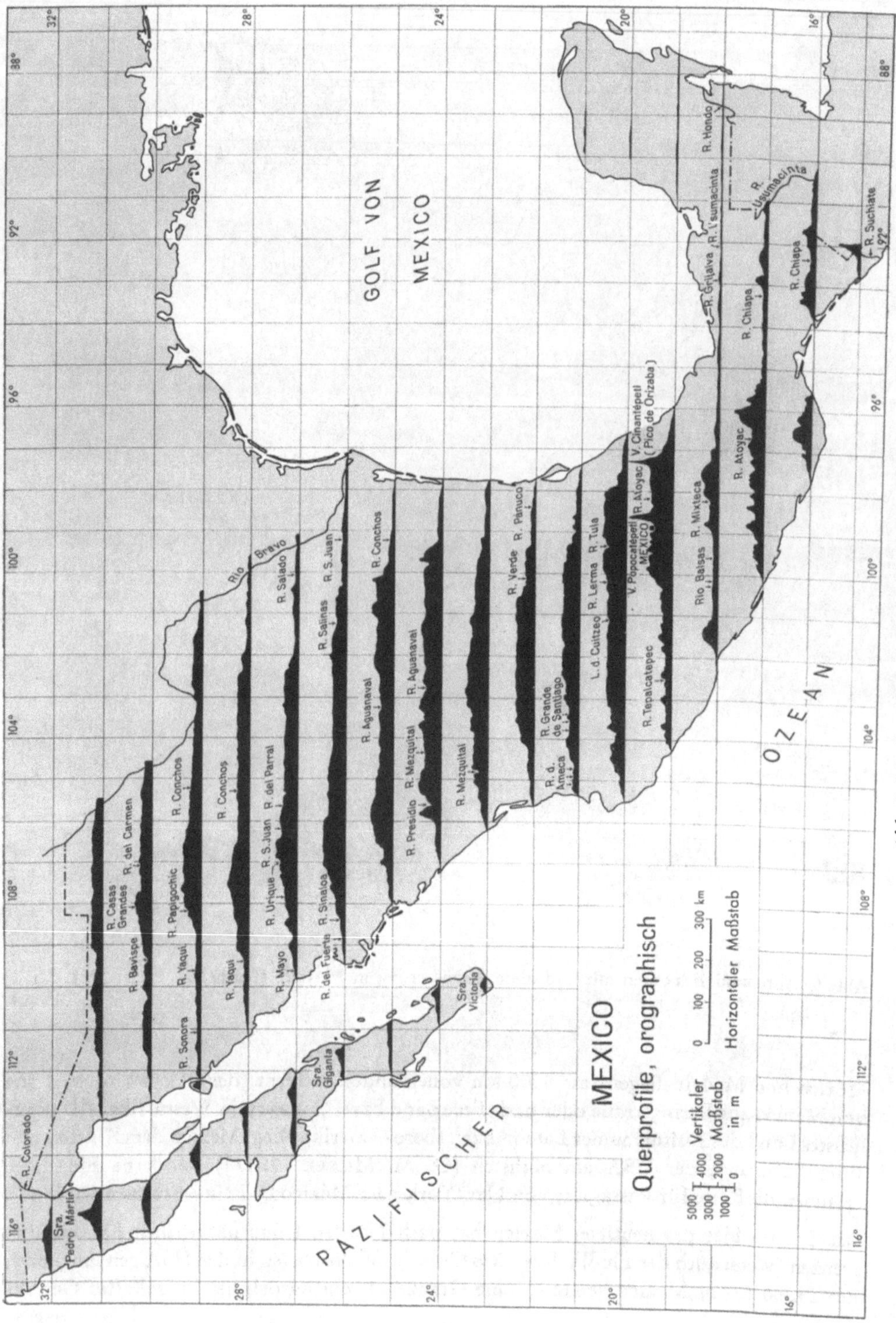

Abb. 7. Mexico, Querprofile, orographisch

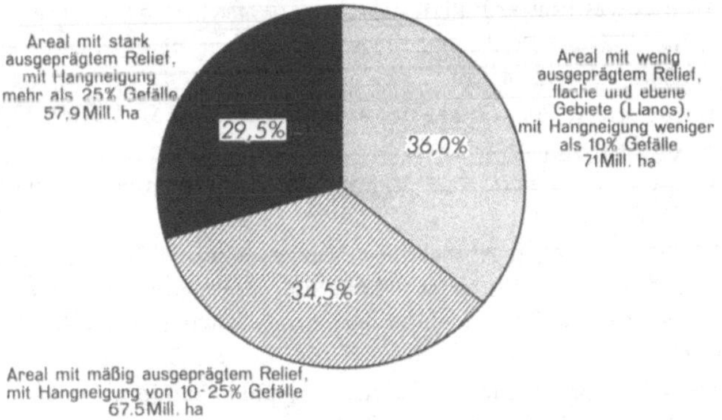

Abb. 6. Reliefverhältnisse der Areale von Mexico. (Nach Ing. Hidr. 1961, Nr. 1)

element der Naturlandschaft bedeutet, so finden doch die Naturlandschaften in bezug auf Orographie, Klima und Vegetation Nordmexicos ihre fast gleichförmige Fortsetzung in den angrenzenden Bundesstaaten der USA, z. B. die Sierren von *Baja California* im Süden des USA-Bundesstaates Kalifornien, die *Basin Ranges* in Nordwest-Mexico in dem USA-Bundesstaat *Arizona*, die Felsplateaus und Wüsten Nord-Mexicos in den USA-Bundesstaaten *Neu-Mexico* bzw. *Texas*. Dünnbesiedelte große Räume des mexicanischen Nordens und des Südens der USA, die nur durch Zentren dichter Bevölkerung an Bewässerungs- und Industriegebieten punkt- oder fleckenförmig unterbrochen werden, trennen den zentralen mexicanischen Kulturraum, der sich auf dem Südrand des mexicanischen Hochlandes befindet, von den Wirtschafts- und Siedlungsschwerpunkten der USA.

Größe, Lage, Grenzen. Mexico umfaßt eine Fläche von fast 2 Mio. km², nämlich 1 969 269 km² (J. L. TAMAYO [34]). Andere Angaben nennen eine Fläche von 1 972 547 (*Compendio Estadístico* 1962 [994]) oder 1 962 890 km². Die Hauptstadt ist *Ciudad de México* im Bezirk *México D. F. (Distrito Federal)* mit 2 832 133 Einwohnern (1960) im Stadtbezirk und 4 870 876 E. (1960) im *Distrito Federal*. Die Einwohnerzahl des Landes betrug 1960 34,9 Mio. Schätzungen für 1964: 41 Mio. E., für 1968: 44 Mio. E. (vgl. Abschnitt Bevölkerung).

Mexico nimmt das südliche Ende des nordamerikanischen Kontinentes ein. Das Land in seinen heutigen Grenzen hat die Gestalt eines Füllhornes. Es umgrenzt mit seinem Hauptteil den Abschnitt des *nordamerikanischen Festlandrumpfes*, der sich nach S sehr verschmälert und bis zum 215 km breiten *Isthmus von Tehuantepec* reicht, und der 80 % der Fläche des Landes ausmacht (ohne die Halbinsel *Baja California*). Im NW ist dem Festlandsblock diese Halbinsel angegliedert, eine Fortsetzung der *pazifischen Küstenkordillere Nordamerikas*, die 7 % der Fläche Mexicos einnimmt. *Südostmexico*, vom *Isthmus von Tehuantepec* ab gerechnet, das aus den Landschaften *Chiapas*, Küstenland von *Tabasco* und der Halbinsel *Yucatán* besteht, gehört nach dem Küstenumriß zum Subkontinent *Zentralamerika* und nimmt 13 % der Fläche Mexicos ein. Die Inseln im *Golf von Mexico* haben zusammen 779 km² und die Inseln im *Pazifischen Ozean* 4600 km² Flächeninhalt.

Von der Nordwestecke *Baja Californias* an der Grenze nach den USA bis zur Südostecke von *Chiapas* an der Grenze nach *Guatemala* beträgt die Entfernung in der Luftlinie 3080 km. Von der Nordwestecke *Baja Californias* bis zur Mündung des *Rio Grande* im *Golf von Mexico* beträgt die Entfernung 2070 km und von dort nach Südwesten bis *Mazatlán* an der pazifischen Küste 960 km.

Mexico erstreckt sich über 18 Breitengrade. Die äußersten Punkte liegen auf den Positionen (nach *Compendio Estadístico* 1962 [994]):

1. nordwestlichster Punkt, nahe bei *Tijuana:* 32° 32′ N, 117° 08′ W Greenwich,
2. nördlichster Punkt, nahe bei *Yuma,* nahe beim Zusammenfluß des *Gila River* mit dem *Rio Colorado:* 32° 43′ N,
3. südlichster Punkt, nahe der Mündung des *Rio Suchiate*: 14° 28′ N, 92° 15′ W Greenwich (andere Angabe 14° 33′ N),
4. östlichster Punkt, *Isla Mujeres* bei der Halbinsel Yucatán: 21° 15′ N, 84° 44′ W Greenwich (andere Angabe 86° 46′ W).

Wegen der großen Ausdehnung Mexicos über 32 Meridianstreifen hat der äußerste Nordwesten, *Baja California Norte,* seit 1948 die gesetzliche Zeit von 7 Stunden westlich Greenwich, das übrige Mexico die gesetzliche Zeit von 6 Stunden westlich Greenwich, d. h. Zeit des 90. Meridians (Golfzeit).

Der nördliche Wendekreis halbiert ungefähr die Nord-Süd-Erstreckung Mexicos. Die Grenze gegen die USA ist 2597 km lang. Über 1455 km bildet der *Rio Grande del Norte (Rio Bravo)* von *El Paso* bis zum *Golf von Mexico* den Grenzfluß. Die Grenze wurde 1848 und 1858 vertraglich festgelegt. Die Grenze gegen *Honduras* und *Guatemala* ist 1133 km lang und wurde 1882, 1895 und 1897 vertraglich festgelegt. Die Länge der Küsten am *Golf von Mexico* und am *Karibischen Meer* beträgt 2611 km einschließlich der Inseln, am Pazifischen Ozean 4520 km, zu denen 1088 km der Inseln im *Pazifischen Ozean* und *Golf von Kalifornien* und 2900 km Küstenlinie entlang der Halbinsel *Baja California* hinzuzurechnen sind.

(Quellen: *Secretaría de Agricultura y Ganadería. Dirección General de Geografía y Meteorología,* und: J. L. Tamayo [34], und: *„Coordenadas geográficas y alturas en metros sobre el nivel del mar, de las cabeceras municipales de la República“* 1944, Secretaría de la Economia Nacional).

Grenzen und Grenzkonflikte. Lange Strecken der NW-Grenze von Mexico, die als geodätisch bestimmte, gerade Linien gegen die Staaten *Kalifornien, Arizona* und *Neu-Mexico* der USA abgesteckt sind, werden durch Drahtzäune in diesen Wüsten- und Steppenregionen markiert (Ch. A. Timm [65]). Die natürliche Grenze des *Rio Grande del Norte (Rio Bravo)* erfuhr infolge des Durchschneidens einiger Flußschlingen mehrere Verlegungen. Daher ergaben sich einige historisch-aktuelle Probleme zur Abgrenzung beider Staaten, so bei *„El Chamizal“* (nach *„Chamizo“*, einem Steppengras) nahe *El Paso* (vgl. Abschnitt Politik [48, 52, 65, 1343]).

Ähnliche Schwierigkeiten ergaben sich nahe der Mündung des *Rio Grande del Norte* im Bereich der Flußschlinge von *El Horcon* nahe der Ortschaft *Rio Rico* an der Grenze zwischen *Tamaulipas, Mexico* und *Texas,* USA [1343]. Grenzschwierigkeiten bestehen auch wegen der natürlichen Grenze des *Rio Hondo,* Grenzfluß gegen *Belize* (Britisch Honduras), im SO von Mexico auf der Halbinsel *Yucatán.* Nach einem Vertrag von 1893 gehört die Mündung zu *Britisch Honduras,* der Fluß wurde aber zum Holzabtransport vom mexicanischen Territorium *Quintana Roo* genutzt [1260].

Vergleiche der Ausmaße Mexicos mit anderen Ländern. Die Flächenausmaße des Landes sind als natur- bzw. politisch-geographischer Sachverhalt von größter Bedeutung für die Verkehrs- und Transportverbindungen. **Mexico** ist nach den Ausmaßen seines Flächeninhaltes und seiner linearen Distanzen im Vergleich zu *Canada, USA, Brasilien, UdSSR* und *China* um ein Mehrfaches kleiner, im Vergleich zu *Argentinien, Indien* und *Saudi-Arabien* etwa gleich groß und im Vergleich zu *westeuropäischen Ländern* um ein Vielfaches größer, z. B. achtmal größer als die *Bundesrepublik Deutschland.* Es ist der fünftgrößte Staat auf dem Doppelkontinent *Amerika* und der drittgrößte *Lateinamerikas.*

Mexicos Bedeutung in der Welt und in Lateinamerika wird erkennbar, wenn die Bevölkerungszahlen verglichen werden:

Bevölkerungszahl Mexicos im Vergleich zu anderen Ländern

Land	km²	Einwohnerzahl
Brasilien	8 511 965	78,99 Mio. (1964)
Argentinien	2 778 412	22,51 „ (1964)
Mexico	1 969 269	41,24 „ (1964)
Peru	1 285 215	11,23 „ (1964)
Columbien	1 138 338	17,29 „ (1964)
Chile	741 767	8,37 „ (1964)
Paraguay	406 752	1,95 „ (1964)
Ecuador	271 000	4,88 „ (1964)
Uruguay	186 926	2,62 „ (1964)
	17 289 644	189,08 Mio. (1964)

Quelle: *„Boletín Estadístico de América Latina"*, Vol. 1, Nr. 1, Comisión Económica para América Latina.

Mexico ist das Land mit der größten Anzahl spanischsprechender Menschen innerhalb der Staatsgrenzen. Das ist richtig, auch wenn berücksichtigt wird, daß von den 41 Millionen Mexicanern etwa 4 Millionen Indianer die spanische Sprache nicht sprechen.

Rassische Zusammensetzung der Bevölkerung Mexicos im Vergleich zu anderen Ländern Lateinamerikas

Land	Weiße	Mischlinge	Indios	Neger
Argentinien	ca. 90 %	ca. 10 %	ca. 1 ‰	
Brasilien	62 %	26,2 %	0,8 %	11 %
Columbien	20 %	74 %	2 %	4 %
Chile	Überwiegend			
Ecuador	10 %	41 %	39 %	10 % Mulatten
Mexico	9 %	60 %	31 %*)	
Paraguay		Überwiegend		
Peru	53 %		46 %	1 %
Uruguay	Überwiegend			

*) Zahl der Indios hier sehr hoch geschätzt.

Quelle: *„Boletín Estadístico de América Latina"*, Vol. 1, Nr. 1, Comisión Económica para América Latina.

Mexico oder Mexiko? Der Name „Mexico" und Varianten des Namens im Sprachgebrauch. Der Name *Mexico* entstammt dem aztekischen „nahuatl", d. h. dem Nahuasprachen-Wort *„mexitli"* bzw. *„mehsitli"*, dem Namen eines Kriegshelden seines Stammes, bzw. Beinamen des Kriegsgottes (H) Uitzilopochtli. *„Mexico"* ist also ein Lokativ dieses Namens, d.h. „bei den" Indianern, den *Mexitlis. Mexico* wurde der Name des Aztekenreiches *Anáhuac* im Hochtal der heutigen Stadt *México* und auf dem zentralen Hochland. Der Name des ganzen Landes ist *MEXICO*. So lautet der Terminus der internationalen Postanschrift. Auf den Briefmarken steht z. B. *„Correo Aereo de México"*. Die Papiergeldscheine tragen die Aufschrift *„Banco de México"* und auf den Münzen ist um das Staatswappen, Adler mit Schlange, geprägt: *„Estados Unidos Mexicanos"*. So lautet auch der „amtliche" Name, wie er im Statesman's Year-Book, bei der UNO und bei den diplomatischen Vertretungen geführt wird, und wie er auf den amtlichen Veröffentlichungen, z. B. dem *„Censo General de Población"*, gedruckt ist. Bei der Staatsuniversität heißt es *„de México"*. Die Syndikate sind zumeist mit *„República Mexicana"* gekennzeichnet.

Von der Zeit der Eroberung bis zum Beginn der Unabhängigkeit wurde das Land als Vizekönigreich von Neuspanien zunächst „España la Nueva", dann „Nueva España" genannt [1322, 1377, 1378], seit 1821 ist der Name „Mexico" an die Stelle getreten. Die

Schreibweise des Namens ist in fast allen Sprachen „*MEXICO*“, bei Verwendung von großen und kleinen Buchstaben im spanischen Sprachbereich „*México*“ mit Akzent auf dem e. Wenige typographische Druckschriften enthalten Majuskeln mit Akzenten, obwohl z. T. auch „*MÉXICO*“ mit Akzent auf dem großen E zu lesen ist. Auf Plakaten und Prospekten in *México* ist diese Schreibweise wenig gebräuchlich.

Deutsche Atlanten weisen unterschiedliche Schreibweisen auf. In der STIELER-Handatlasausgabe von PERTHES, *Gotha*, 1874, wurde der Name des Landes, Mexico, mit c für die Karte gestochen (übrigens auch *Yucatán*). Die STIELER Handatlas-Hundertjahr-Ausgabe von 1925/26 weist den Namen *MEXIKO* mit K auf, *Yucatán* und *California* mit c. Die BERTELSMANN-Atlanten haben die Schreibweise *MEXICO*, ebenso der MEYER-Atlas. Im SYDOW-WAGNER-Atlas steht *MEXICO* mit C, im DIERCKE- und im LAUTENSACH-Atlas mit K, nämlich *MEXIKO*.

Historisch wurde der Name des Landes „*Nueva Hispaña*“ in spanischer Schreibweise, wenn mit „México“ benannt, mit „c“ geschrieben, z. B. die Karte „*Nueva Mapa Geografico de la America Septentrional, Perteneciente del Virreynato de México*“ por DON JOSEPH ANTONIO DE ALZATE Y RAMIREZ, Año de 1768. J. DISTURNELLS „*Mapa de los Estados Unidos de Méjico*“, New York 1847, weist mit „j“ eine andere Variante der Schreibweise auf. Eine Kopie dieser Karte wurde dem Staatsvertrag von Guadelupe Hidalgo vom 2. 2. 1848 beigegeben. Die Karte wurde 1935 reproduziert als Beilage für „*Treaties and other International Acts of the USA*“, Vol. 5. Im 16. Jh. wurde von den Spaniern das „x“ wie heute das „j“ gesprochen. Schließlich lautet die Legende nach A. v. HUMBOLDTS Karte [Ausgabe 1822, Paris JULES RENOUARD] „*Mapa de Mégico*“, *Reducido de la grande Mapa de la Nueva España* de A. DE HUMBOLDT, wohl in Anlehnung an die französische Aussprache. HUMBOLDTS Karten weisen für die Stadt die Schreibweise „*MEXICO*“ auf. Die Schreibweisen für das Land „*Nouvelle Espagne*“ und für den Golf „*Golfe de Mexique*“ entsprechen der Veröffentlichung in französischer Sprache [11, 12, 14]. MÜHLENPFORDT wählte die Schreibweise „Mejico“ mit „j“ [22].

Es gibt demnach wenige Argumente für eine Schreibweise mit „k“. *Mexico* mit „c“ sollte im deutschen Sprachgebrauch (wie z. B. „*Caracas*“) einheitlich geschrieben werden.

Im vorliegenden Buche wird daher die Form „*MEXICO*“ bzw. „*mexicanisch*“ benutzt. Die Aussprache muß „richtig“, mexicanisch, d. h. phonetisch richtig (in Lettern der deutschen Sprache dargestellt) „*Méchico*“ heißen. Der Einwohner *Mexicos* ist ein „*Mexicano*“, sprich „*Méchicano*“.

Karten von Mexico. Karten der indianischen Kultur. Im Jahre 1520 erstattete CORTÉS dem Kaiser KARL V. Bericht über eine Unterredung mit MONTEZUMA, der ihm eine auf Tuch gemalte Karte der Küste von *Tabasco* gezeigt hatte. Solche Karten wurden entweder auf ein Material gezeichnet oder gemalt, das aus Agavenfasern gewebt war, oder auf Papier, das aus Feigenbaumrinde verfertigt worden war. Einige Karten waren auf gegerbte Häute gezeichnet. Auch Baumwollgewebe oder Palmfasergewebe dienten als Zeichenträger, Pflanzenfarben als Zeichenmaterial. Im Jahre 1526 zeichneten die Abgesandten von *Tabasco* und *Xicalango* für CORTÉS eine Karte, die ihm auf seinem schwierigen Kriegszug nach *Honduras* gute Dienste leistete. Da die spanischen Priester „heidnische Dokumente“ verbrannten, wurde die Mehrzahl der Karten der indianischen Kulturen vernichtet. Aus der Zeit vor der spanischen Eroberung sind nur zwei Karten erhalten.

Nur wenige aus der Zeit nach der Eroberung von Eingeborenen gezeichnete Karten sind überliefert. Die nach der Eroberung unter europäischem Einfluß entstandenen Karten zeigen noch traditionelle indianische Symbole zur Darstellung topographischer und historischer Daten, z. B. die Karten des *Codex Tepetlaoztoc,* die auf in Europa hergestelltem Papier gezeichnet worden sind. Es sind auch Katasterpläne erhalten, auf denen Ländereien, die dem Staat und den oberen oder niederen Bevölkerungsklassen gehörten, durch verschiedene Farben dargestellt sind. Aus der frühspanischen Kolonialzeit sind mehrere Stadtpläne erhalten. Alonso de Santa Cruz benutzte wahrscheinlich für seinen Plan der Stadt *México* älteres Kartenmaterial. Er hat die Umgebung der Stadt vermutlich von einer sehr verkleinerten Karte des ganzen Landes Mexico kopiert (L. Bagrow-Skelton, 1963, u. *Catálogo de la Colección de Códices* [1041]).

Im mexicanischen Nationalmuseum sind alte Karten und Kopien alter Karten ausgestellt. Ein Katalog weist die Karten der verschiedenen erhaltenen *Codices* aus: *Catálogo de la Exposición de Cartografía mexicana.* Publicación No 59 del Instituto Panamericano de Geografía e Historia.

Während der Kolonialzeit entstanden Kartendarstellungen von *Nueva España,* sowohl Übersichtskarten als auch Spezialkarten verschiedener Maßstäbe, insbesondere recht gute Hafen- und Küstenkarten, z. B. die Karte der Provinz *Tabasco* von 1579 von Melchor Alfaro Santacruz. Eine große Auswahl von Kartendarstellungen aus Codices vor der Zeit und vor allem nach der Zeit der Eroberung Mexicos durch die Spanier bietet in Faksimile-Tafeln der „*Catálogo de la colección de códices*“ von J. B. Glass, México 1964, Museo nacional de Antropología e Historia [1041], darunter auch ein Plan der Stadt México. Am Ende des XVII. Jhdts. fertigte Carlos de Sigüenza y Garigora eine Übersichtskarte von Mexico an. L. Orendain u. S. Reynoso [1019] gaben einen Atlas der Karten der Kolonialzeit von *Nueva Galicia* heraus. A. v. Humboldt verfertigte 1804 in der Stadt México nach umfassenden Literaturstudien einen *Atlas de la Nueva España,* in dem zwei Übersichtskarten von Mexico enthalten sind [11, 12, 14]. Ein Nachdruck wurde 1968 angekündigt. Im Jahre 1858 wurde eine Karte im Maßstab 1 : 2 Mill. hergestellt, und 1865 bearbeitete Orozco y Berra einen *Atlas nacional de Historia y Geografía de México* [410]. 1858–61 führte D. F. Diaz Covarrubias genaue Vermessungen zur Aufnahme einer Karte durch.

Mexicanische Karten. Zwischen 1865 und 1900 wurde in einzelnen Gebieten in Mexico wegen des Baues von Eisenbahnen Trassen vermessen (Nivellement). Nach dem mexicanisch-US-amerikanischen Kriege wurden durch Schiffe der USA einige Häfen und Küstenabschnitte vermessen. In den Jahren 1897–99 wurde eine geodätische Kommission in Mexico gebildet. Die Triangulationsarbeiten für einige Streckenzüge wurden von 1901–1915 durchgeführt, so z. B. für die des 98. Meridians westlicher Länge von Greenwich. Im Jahre 1915 kam die alte „*Comisión Geodésica Mexicana*“ bei der Neuordnung von Behörden an die „*Dirección de Estudios geográficos y climatológicos de México*“, der sie heute als Teil der „*Dirección General de Geografía y Meteorología*“ angehört. Bei dieser Behörde mit dem Sitz in *Tacubaya, México D. F.*, befindet sich die größte Kartensammlung Mexicos, „*Mapoteca*“ genannt, wo über 60 000 Teil- und Katasterkarten von der Kolonialzeit bis zur Gegenwart verwahrt werden, die nach Regionen und Staaten geordnet sind, eine Fundgrube für Geographen. Basis des mexicanischen Triangulationsnetzes ist der Breitenkreis der Stadt México, wie er 1860 von dem Ingenieur DIAZ COVARRUBIAS festgelegt wurde. Im Jahre 1919 wurde ein „*Atlas de la República de México*“ im Maßstab 1 : 500 000 veröffentlicht. 1945 wurde das Präzisionsnivellement vom Hafen *Veracruz* bis *Ciudad de México* fertiggestellt. Etwas später wurde ein Nivellement von *Acapulco* bis *Ciudad de México* vermessen. Es ergab sich eine Differenz von maximal 8 m am Treffpunkt zwischen den auf den atlantischen und den pazifischen Ozean bezogenen Werten. Das Triangulationsnetz von Mexico wurde während der vergangenen 40 Jahre weiter ausgebaut und deckt mit Triangulationsketten von 8200 km Länge etwa 330 000 km², d. h. ein Sechstel der Fläche von Mexico mit 5 O-W- und 4 N-S-Polygonzügen. Für den Nordwesten wurde die Arbeit durch interamerikanische Vermessung, für Mitte und Süden größtenteils von mexicanischer Seite ausgeführt. Quelle: Secretaría de Agricultura y Ganadería, Dir. General de Geogr. y Met., Oficina de Geografía, Oct. 1960: „*Croquis de las Triangulaciones Geodésicas de México*“, Anexo 192, in 1 : 2 000 000 [1008].

Auf dieser Basis wurde die Karte „*Carta general de la República Mexicana*“ im Maßstab 1 : 500 000 für ganz Mexico berechnet und fertiggestellt, 51 Blätter im Format 0,63 m × 0,44 m, Mehrfarbendruck, und einer Höhenlinienäquidistanz von original 1000 Fuß interpoliert bis auf 200 m, wobei für die Kartenherstellung die Luftbildbefliegung und -auswertung eingesetzt wurde [997]. Von einer Karte im Maßstab 1 : 100 000 wurden bisher über 200 Blätter fertiggestellt, die 400 000 km² von der Fläche Mexicos decken [1005]. Das *Colegio Militar* beteiligte sich an der kartographischen Aufnahme Mexicos. Es wird von dieser Dienststelle an einer Karte im Maßstab 1 : 50 000 und 1 : 100 000 gearbeitet, letztere aus 651 Blättern für Mexico bestehend. Eine Karte im Maßstab 1 : 25 000 ist für einige Gebiete in Arbeit.

Erwähnenswert ist die internationale Karte im Maßstab 1 : 1 Million, die von der „*American Geographical Society*“ hergestellt wurde, deren 16 Blätter für Mexico zwischen 1913 und 1954 z. T. in mehrfarbiger, verbesserter Auflage von dieser Dienststelle und dem „*Army Map Service*“ herausgegeben worden sind [1004]. Verbesserte Auflagen wurden in Form der „*Aereonautical Maps*“ herausgegeben. Diese Karte wurde im Zusammendruck auf Plastikmaterial als Reliefkarte herausgegeben [1006]. Von der Küste Mexicos gibt es zahlreiche Übersichts- und Spezialkarten, die vom US-amerikanischen „*Hydrographic Office*“ [1021, 1022] herausgegeben werden und nach Befliegungen zwischen 1942 und 1943 (Trimetrogon-Aufnahme) erstellt worden sind. Diese Luftbildaufnahmen, meist aus 30 000 Fuß Höhe (9150 m) genommen, sind von sehr unterschiedlicher Qualität. Ab 1955 wurde eine Vertikal-Luftaufnahme aus 18 000 Fuß Höhe (5490 m) von Dienststellen der USA geflogen [1009 u. 1010]. Einen *Catalogue of Maps of Hispanic America* gab die American Geographical Society heraus [996].

Erwähnenswert ist an dieser Stelle auch das Kartenregister der „*Bancroft Library*“ Universität von Kalifornien, Berkeley. Die Kartensammlung der Bancroft-Bibliothek umfaßt die Neue Welt, mit Betonung des westlichen Nordamerika einschließlich Mexico. Die Landkarten, die vom 16. bis zum 20. Jh. stammen, sind nach dem angepaßten Library of Congress System, das durch zusätzliche und Sachgebieteinträge nach Gebiet oder Spezialinteresse wie Landschenkung, Straßen oder Landwege ergänzt ist, verzeichnet. 10 900 Karteikarten sind in 1 Band reproduziert.

Wegen der verschiedenen Vermessungen, die zu unterschiedlichen Zeiten und von verschiedenen Gesellschaften durchgeführt wurden, gibt es noch immer unterschiedliche Angaben für markante Berggipfel. Bei Berggipfeln, die schneebedeckt sind, und bei Höhenpunkten von Kraterrändern verändern sich die natürlichen Landmarken infolge der Schneebedeckung und -abschmelzung sowie Absturz und Aschenauflagerungen kurzfristig, so daß eine „richtige" Zahl ohnehin schwer zu ermitteln ist. Für Angaben in diesem Buch wurden die Werte der „*Dirección General de Cartografía*" benutzt. Andere Dienststellen, z. B. *Secretaría de Recursos Hidráulicos*, haben teilweise andere Angaben, die jüngeren Aufnahmedatums sind, aber noch keine „Indexzahlen" geworden sind. „*Coordenadas geográficas*", 1944 [44 u. 45]. Als ein fundamentales Werk zur Kartographie von Mexico muß hier der thematische „*Atlas Geográfico General de México*" von J. L. TAMAYO genannt werden [40].

Berggipfel in Mexico

Berg	gelegen im Staate	Höhe in m ü. d. Meere
Pico de Orizaba	Veracruz	5700
Volcán Popocatépetl	Puebla	5452
Ixtaccíhuatl	Puebla	5286
Volcán la Malinche	Puebla	4461
Nevado de Toluca	México	4392
Cofre de Perote	Veracruz	4282
Nevado de Colima	Jalisco	4265
Volcán de Tacaná	Chiapas	4117
Cerro Mohinora	Chihuahua	3992
Cerro del Ajusco	Distrito Federal	3929
Pico Tancítaro	Michoacán	3842
Cerro de San Miguel	Distrito Federal	3775
Cerro de Tláloc	Distrito Federal	3687
Cerro de San Andrés	Michoacán	3589
Cerro de Monte Alto	Distrito Federal	3577
Tetas de Tepetlixpa	Guerrero	3474
Cerro del Rosario	Tlaxcala	3418
Cerro de Yucuyacua	Oaxaca	3376
Volcán de Colima	Jalisco	3326
Cerro de Sabanilla	México	3283
Cerro de las Pingüicas	Querétaro	3191
Cerro del Organo	Zacatecas	3156
Cerro de las Chorreras	Durango	3150
Cerro Colorado	Tlaxcala	3106
Cerro de Santa Catarina	Baja California	3090
Cerro La Encantada	Baja California	3069
Cerro de San Nicolás	Tlaxcala	3062
Cerro de Santa Ana	Hidalgo	3053
Cerro del Zumate	Hidalgo	3048
Cerro Juárez	México	3045
Cerro del Ángel	Zacatecas	2726
Cerro de la Bufa	Zacatecas	2612
Cerro de Chotla	Guerrero	2468
Cerro de Xocotitlán	Distrito Federal	2252
Volcán de Ceboruco	Nayarit	2164

Quelle: Secretaría de Agricultura y Ganadería. Dirección General de Geografía y Meteorología. Aus *Compendio Estadístico* 1962 [994].

Namen in Karten von Mexico. Ortsnamen. Die spanische Eroberung wurde u. a. von zwei Gedanken getragen: Ausbreitung der christlichen Religion und Errichtung einer „Kolonie“ nach dem Muster des Heimatlandes, „*Nueva España*“ (vgl. Abschnitt Eroberung). Dementsprechend sind neben der Übernahme ortsüblicher indianischer Namen solche aus dem spanischen Mutterland entlehnte (auch Namen arabischen Ursprungs wie „*Guadalajara*“, wahrscheinlich „*wadi' l-higarah*“) und *Heiligennamen* für die Namengebung bestehender Örtlichkeiten und die Vielzahl der Neugründungen gebräuchlich geworden. Es gibt z. B. mehr als 20mal „*San Antonio*“, mehr als 80mal „*San José*“ usw. Oft haben diese Namen wie „*San Juan*“ Zusatzbezeichnungen, die ebenfalls mehrfach vorkommen: nach der Lage an einem Fluß oder einem See, wie z. B. „*San Juan del Rio*“ (14mal) und „*San Juan de los Lagos*“ (spanisch geographische topographische Bezeichnungen wie *Rio* [Fluß] und *Cerro* [Gipfel] siehe Beilagekarte), oder nach der alten indianischen Bezeichnung wie *San Juan Comaltepec* und *San Juan Cotzacan* und *San Juan Cuautlacingo* [49, 54]. Zahlreich sind Namen wie „*Encarnación*“ (Verkörperung), „*Esperanza*“ (Hoffnung), „*Escondida*“ (Versteck), „*Espíritu Santo*“ (Heiliger Geist), zahlreich sind die „Städte“namen wie „*Ciudad del Carmen*“, „*Ciudad Juárez*“ (7mal) u. a. Zahlreich sind auch die Orte, die nach Helden der Revolution benannt und umbenannt wurden, wie „*General Cepeda*“, „*General Felipe Angeles*“ oder „*Emiliano Zapata*“, oder die Staatennamen wie „*Morelos*“ und „*Hidalgo*“, so als ob ein deutsches Bundesland „Bismarck“ heißen würde. Da die Auswahl der spanischen Familiennamen eine Häufigkeit bei den „*Morales*“, „*Aguilar*“, „*Martínez*“, „*Dominguez*“ und „*Hernandez*“, wie bei den deutschen Meyer, Schulze und Müller aufweist, ist auch in dieser Hinsicht die häufige Wiederholung der Ortsnamen gegeben [1322, 1371, 1378]. Andere Namen sind beschreibend, wie „*Villahermosa*“, die „schöne Stadt“, und „*Monterrey*“, d. h. Königsberg.

Viele Namen kamen für kleine Siedlungen in Mode wie „*El Venado*“ (das Reh), „*El Capulin*“ (einheimische Kirsche), „*El Jabali*“ (der Eber) u. a., wie z. B. in Deutschland die Namen „Stern“, „Zum Hirschen“ usw. bei Gasthöfen. Große Besitzungen wie Haziendas oder Fincas sind oft nach landschaftlichen Begriffen benannt: *Las Nubes* (die Wolken), *La Cumbre* (der Gipfel), *Las Chicharras* (die Zikaden), *Liquidambar* (nach dem lokal weit verbreiteten, Balsam liefernden Baum) oder *El Roble* (die Eiche), *El Saucal* (die Weide), *Álamo* (die Pappel). Andere sind beliebten spanischen oder bürgerlichen Idealen entlehnt, wie: *Patria* (Vaterland), *Independencia* (Unabhängigkeit), *Victoria* (Sieg), *La Gloria* (der Ruhm), *La Libertad* (die Freiheit), *Esperanza* (Hoffnung), *Fortuna* (Glück), *Recuerdo* (Erinnerung), *El Refugio* oder *El Retiro* (Zuflucht, Ruheplatz), *Maravillas* (das Wunderbare), *Rancho Alegre* (fröhlicher bzw. zufriedener Hof).

Eine besondere Schwierigkeit ergibt sich aus der Übernahme von geographischen Bezeichnungen und Ortsnamen aus den Indianersprachen, von denen über 40 noch heute in Mexico gesprochen werden. Es handelt sich nicht eigentlich um „mexicanische“ Namen, denn mexicanisch, d. h. *nahuatl*, umfaßt nur einige der Dialekte und Sprachen im Lande Mexico [49, 54, 60, 1145].

Namen aus Indianersprachen. Karten von *Mexico* weisen Namen auf wie *Tlalnepantla, Texcaltitlán, Hualtatlauca, Xochimehuatlán, Ixcaquixla, Huaxtecapan, Ixtapangajoya, Huehuetonoc, Xochixtelahuaco, Tequesquitengo* und *Atlatlahuacan*. In der Hauptstadt heißen Straßen *Atzayacatl* und *Netzahualpilli* nach Aztekenkönigen. Die Autobusse weisen Richtungsschilder auf, die dem Europäer schwer einprägbar sind, so z. B. „*Atzapotzalco* und „*Tlalnepantla*". Die Analyse der Namen läßt eine gewisse Ordnung nach geographischen Teilbezeichnungen zu. Die Endungen „*bampo*" wie bei „*Topolobampo*", „*Huatabampo*", bedeuten „am Wasser" (*Papigochic*-Dialekte des pazifischen Küstenraumes). Die Endungen „*uato*", wie bei „*Guanajuato*", „*Irapuato*", bedeuten „Hügel" (*Tarasken*-Dialekte). „*Calexico*" ist eine Mischung der Kurzform aus „*California*" und „*Mexico*", *tlatz* oder *lan* sind Lokative, *apau* z. B. *nahuatl* „am Wasser" (ortsbestimmender Kasus), z. B. „*Mixtepec*", d. h. „am wolkigen Berg" oder „*Aguacatan*", d. h. „wo es Aguacates gibt" (*Aguacate* = Avocadofrucht), oder „*Camotlán*", d. h. „dort wo es Camote gibt" (*Camote* = Süßkartoffel). Viele dieser Namen sind abgewandelt, wie ursprünglich „*Xochiapan*" heute zu „*Suchipan*", da die Spanier die indianische Aussprache nicht angenommen haben. Die indianischen Orte hatten, wo Schrift entwickelt war, eine *Orts-Hieroglyphe,* die als Symbol eine stilisierte Bilddarstellung der Ortsbezeichnung darstellte. Es gibt indianische Pflanzen- und Tiernamen in direkter und umgewandelter Form als Ortsnamen, die gegenwärtig gültig sind, z. B. „*Tecolutla*", d. h. „am Platz der Eulen", nach der *Nahua*-Sprache: *tecolotl,* in mexicanischem Spanisch *tecolote,* oder „*Coyoacan*", d. h. „am Orte, wo es Cojoten gibt" (von *cóyotl* = Cojote, *hua* = Besitz, *can* = Ort wo), oder „*Tula*", sicherlich von *Tollan,* im *Nahuatl* = *tollin,* d. h. „eine Zypresse", oder „*Michoacán*" aus der *Nahua*-Sprache (von *michua,* d. h. „die Fisch haben" bzw. „Fischer"), also die Indianer des Taraskenvolkes, die am *Pátzcuaro*-See lebten und leben, nämlich vom Fischfang. Die ehemalige Verbreitung der *Tarasken* zeigt sich in den Ortsnamen mit Endungen auf „*uaro*", „*uao*", „*uato*" an, wie *Tarandacuao, Guanajuato, Pátzcuaro.* Die gegenwärtige Verbreitung der Tarasken ist demgegenüber gering [1161]. Ein klassisches Beispiel stellt „*Cuernavaca*" dar, zusammengesetzt aus den spanischen Wörtern *cuerno* = *Horn* und *vaca* = *Kuh.* Diese Namengebung erfolgte nicht durch Übersetzung, sondern durch phonetische Annäherung an den indianischen Ortsnamen *Cuauhnahuac,* d. h. in *Nahuatl*: *cuahuitl* = Baum und *nahuac* = Umgebung, d. h. in der Umgebung der Bäume [60].

Auch Personifizierungen kommen in indianischen Ortsnamen vor, wie in „*Ixtaccíhuatl*", d. h. „Weiße Frau", dem Namen des schneebedeckten Vulkanberges am Ostrande des Hochtales von Mexico.

Nicht nur die Spanier haben, durch die Schwierigkeit veranlaßt, indianische Namen nachzusprechen, diese phonetisch verändert. Die *Nahua*-Sprachen, das *Nahuatl,* waren z. T. für andere zeitgenössische Indianerstämme nicht verständlich. So wurde der Name „*Pipiles*", d. h. die Stammler, zum Stammesnamen der erobernden Nahuaindianer von Nordwest-Salvador, weil die dort ansässigen Indianer diese Sprache nicht verstehen konnten [4, 54, 49, 50].

Aussprache indianischer Wörter: In alten und neuen Werken über Mexico sind die indianischen Wörter in spanischer Schreibweise wiedergegeben. Für die aztekischen Wörter gelten folgende Regeln: qu vor e und i sprich k (Querétaro), sonst kw, c vor e und i, und z vor a, o und u sprich wie scharfes s (*Zacapala*), tz wie ts, x, das im 16. Jhdt. von Spaniern wie heute das j gesprochen wurde, wird sch gesprochen *(Tlaxcala),* ch wird wie tsch gesprochen *(Chalco),* uh am Ende und hu am Anfang von Silben und Wörtern klingt wie englisches w, wenn ihnen ein Vokal vorausgeht bzw. folgt, ll wird im Aztekischen stets getrennt gesprochen, nie lj wie im Spanischen. Die Betonung aztekischer Wörter liegt stets auf der vorletzten Silbe, *Popocatépetl* wird *Popóca-tépetl* gesprochen. In Maya-Wörtern wird h wie ch im deutschen Wort „nach" ausgesprochen *(Tecoh)* [49].

Topographische Mehrfachbezeichnungen. Eine der großen Schwierigkeiten in der geographischen Namensgebung und Ortsbezeichnung ist politisch-historisch begründet. Vor der spanischen Eroberung verliefen Stammesgrenzen oft über hohe, unzugängliche Berggipfel. Diese bekamen also von mehreren Seiten, von verschiedenen Stämmen, ihre Namen in verschiedenen Sprachen. Diese Namensgebung führte zu einer mehrdeutigen Bezeichnung auf Karten und in Berichten. Große Flüsse durchquerten die Gebiete mehrerer Stämme. Daher gibt es für einige Flüsse verschiedene Namen für Ober-, Mittel- und Unterlauf, z. B. *Rio Balsas,* der im Oberlauf *Rio Atoyac,* im Mittellauf *Rio Mezcala* und *Rio Balsas* und im Unterlauf *Rio Zacatula* heißt. Der *Rio Grijalva* in Südmexico wird in *Chiapas* als *Rio Grande de Chiapa,* im Mittellauf als *Rio Mezcalapa* und im Unterlauf als *Rio Grijalva* bezeichnet [58].

Schreibweise topographischer Bezeichnungen (Namen). Die Schreibweise der Namen in Karten, Statistiken und Registern gibt viele Probleme auf, wie schon im Abschnitt „Mexico oder Mexiko?", S. 7, aufgezeigt. So finden sich je nach Dienststellen und Autoren unterschiedliche Schreibweisen für denselben Namen, wobei „amtliche" Schreibweise, „gebräuchliche" Schreibweise und „linguistische Korrektheit" nicht zu identischen Ergebnissen geführt haben. So wird z. B. der Vulkan „Ixtaccíhuatl" auch „Iztaccíhuatl" oder „Iztaccihuatl" geschrieben. Auch der Artikel wird uneinheitlich geführt, z. B. „die Malinche", weil ein Name einer indianischen Prinzessin (Dolmetscherin des CORTÉS), oder „der Malinche", weil ein Vulkan. Unterschiedlichkeit gibt es auch bei der Schreibweise der Vokale mit und ohne Akzent. Ein Autor könnte sich z. B. entschließen, in seinem Buch nur eine Schreibweise zu führen, die Auswahl unterliegt aber der persönlichen Entscheidung. Dann würden Schreibweisen aus übernommenen Tabellen, Karten oder Texten meistens verändert werden müssen.

NATUR DES LEBENSRAUMES

Naturräumliche Gliederung

Vom Verfasser wurde nach den zur Verfügung stehenden Karten, Luftbildern, der Literatur und eigenen Bereisungen eine Übersicht der naturräumlichen Gliederung aufgestellt (Abb. 8). Von großem Wert erwies sich die morphographische Karte von E. RAISZ [1020] „*Landforms of Mexico*", etwa im Maßstab 1 : 3 Mio. Ein Vergleich dieser Karte mit den Landschaftsregionen, die vom Verfasser bereist wurden, ergab in den meisten Fällen Übereinstimmung, wie auch ein Vergleich mit 1968 von der NASA freigegebenen Satelliten-Übersichtsfotos einzelner Regionen Mexicos. Schwierigkeiten ergaben sich bei der Benennung der einzelnen Regionen, die in der Literatur bisher sehr unterschiedlich ist (vgl. Aufstellung von J. VIVO-ESCOTO, 1966). Einige Gliederungen liegen vor [165, 180, 183, 188, 189].

Wieweit die Hierarchie der naturräumlichen Landschaftsregionen sich noch bis zu Kleinregionen durchführen läßt, wieweit durch sie erst die im Gelände überschaubaren Landschaftseinheiten in ihrer weitgehenden Differenzierung dargestellt werden können, ist am Beispiel des Hochtales von *Tlaxcala-Puebla* gezeigt worden (TICHY [1344]) (Abb. 8 a).

Die Landschaft des Beckens von Puebla-Tlaxcala. (Beschreibung des Beckens von F. TICHY 1968.) „Das Becken von *Puebla-Tlaxcala* ist eines der sich innerhalb der *Cordillera Neovolcánica* etwa zwischen dem 19. und 20. Breitengrad aneinanderreihenden Hochbecken, die von meridionalen Gebirgshorsten getrennt werden. Lage und Gliederung des zentralen Arbeitsgebietes zeigt die vorläufige Skizze der naturräumlichen Einheiten (Karte 2). Gegen das westlich benachbarte Becken von Mexico liegt die Grenze in dem Gebirgszug der *Sierra Nevada,* die neben anderen Gipfeln von den gletschergekrönten Vulkanen des *Popocatépetl* und *Iztaccíhuatl* gebildet wird. Seine stärkste Tätigkeit hatte der Popocatépetl, ein Stratovulkan vorwiegend aus Basaltlaven und Tuffen, wahrscheinlich während des Ausgangs des Tertiärs, jetzt zeigt er nur noch *Fumarolen-* und *Solfataren*tätigkeit. Älter und erloschen ist der vielfältig zusammengesetzte Bau des Iztaccíhuatl mit *Andesiten* und *Daciten.* Seine Haube aus Gletschern noch unbekannter Mächtigkeit ist eine bedeutende Quelle für Bewässerungswasser und für die Wasserversorgung der Dörfer, die auf den unteren Hangstufen liegen. Diese von tiefen Schluchten *(Barrancas)* getrennten geneigten Riedelflächen werden von lößähnlichen, gelben vulkanischen Tuffen *(Tepetate)* aufgebaut.

Die den Osten des Arbeitsgebietes beherrschende *Malinche* ist eine tertiärzeitliche Vulkanruine und enthält in ihrem Kern ebenfalls *Andesite,* die an den schroffen Wänden des Gipfelbereiches und im Schutt der tiefen *Barrancas* zu erkennen sind, die radial den Berg zergliedern. Die Hänge bestehen aus sandigem oder kiesigem Verwitterungsschutt und werden sehr leicht von der Bodenzerstörung betroffen, weshalb diese jetzt energisch und mit modernen Methoden bekämpft wird, um das allzu rasche Versanden der Atoyac-Talsperre „*Valsequillo*" zu verhindern. Mit 4461 m Höhe erreicht die *Malinche* die heutige Schneegrenze in 5000 m Höhe nicht, besitzt also keine Gletscher, und die Wasserversorgung der in ihrem Vorland und auf ihren Hängen gelegenen Siedlungen ist nach regenarmen Sommern äußerst gefährdet. In der letzten Kaltzeit lag die Schneegrenze etwa 1000 m tiefer, was durch die Moräne eines Kargletschers am Nordwesthang deutlich wird, die ich dort am 22. 5. 1963 beobachtete.

Im Norden wird das Becken von den um etwa 400–500 m herausgehobenen Schollen des Blockes von *Tlaxcala* begrenzt. Die Sedimente des im Tertiär und Quartär gebildeten Beckenbodens,

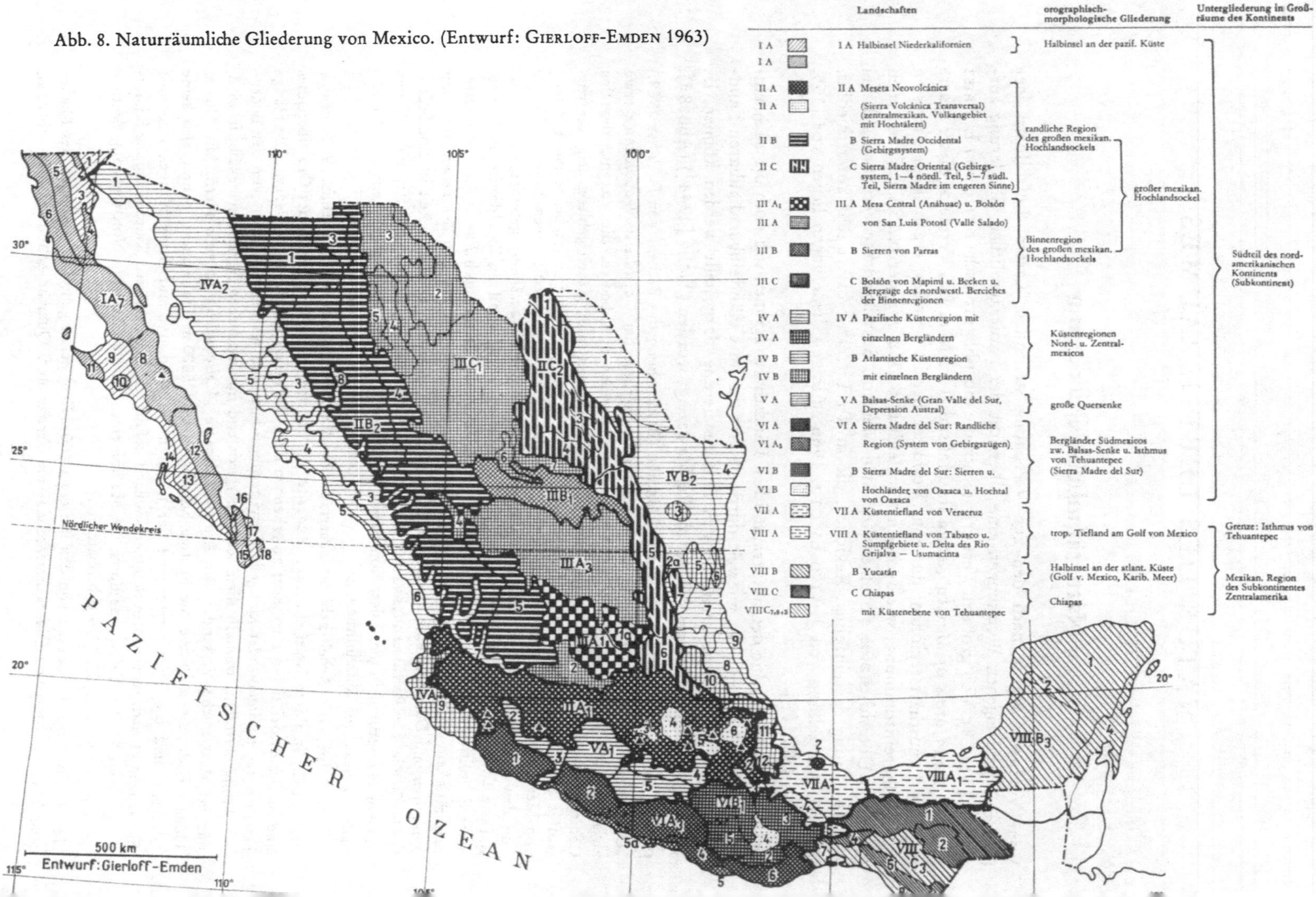

Abb. 8. Naturräumliche Gliederung von Mexico. (Entwurf: GIERLOFF-EMDEN 1963)

		Landschaftsregion	Landschaftsnatur	durchschn. Höhenlage
I A		**Halbinsel Niederkalifornien**		
	1	Colorado-Delta	Flachland	0– 50 m
	2	Sierra Cucapas	Gebirge	40–1100 m
	3	Salada-Ebene	Flachland	10– 20 m
	4	Sierra von San Felipe	Gebirge	200–1300 m
	5	Sierra Juárez u. Sierra Mártir	Gebirge	200–3000 m
	6	Vorberge u. pazifisches Küstenland	Berg- u. Tafelland	0– 900 m
	7	Sierren von Columbia u. Borjas u.a.	Bergzüge u. Tafelland	300–1900 m
	8	Sierra Santa Lucia	Bergzüge	200–1800 m
	9	Vizcaino-Wüste	Flachland	unter 300 m
	10	Sierra Santa Clara	vulkanisches Bergland	300– 900 m
	11	Sierra Vizcaino	Bergzug	300– 900 m
	12	Sierra de la Giganta	Bergzug u. Pultscholle	300–1800 m
	13	Llano de la Magdalena	Flachland	unter 300 m
	14	Lagunenküste von Magdalena	Küstenflachland	unter 300 m
	15	Sierra de la Victoria	Gebirge	300–2200 m
	16	Valle La Páz	Flachland, Tal	unter 300 m
	17	Valle Santiago	Flachland, Tal	unter 300 m
	18	Sierra Trinidad	Bergzug	300– 950 m
II A	1	**Meseta Neovolcánica** (zentralmexik. Vulk. Geb., Sierra Volcánica Transversal) mit Gipfeln bis zu		1400–3000 m 5000 m
	2	Hochplateau von Huautla	Hochland	2000–2300 m
	3	Becken von Toluca	Hochtal	2700–2800 m
	4	Becken von Mexico	Hochtal	2300–2400 m
	5	Becken von Puebla	Hochtal	2200–2300 m
	6	Llanos von San Juan (Becken von Perote)	Hochtal	um 2400 m
II B		**Sierra Madre Occidental** (Gebirgssystem)		
	1	Nördliche Bergketten		600–2000 m
	2	Zerschluchtetes Lavaplateau mit Bergen	Hochplateau, Bergketten	1800–3200 m
	3	Llanos von Carretas	Hochland	1200–1600 m
	4	Bergketten am Ostrand der Sierra Madre Occidental	Berge, Plateaus	1600–2500 m im N, 2000–3000 m im S
	5	Plateaus und Ketten der südöstl. Sierra Madre Occidental	Hochland, zerschlucht. Bergzüge	1800–3500 m
II C		**Sierra Madre Oriental** (Gebirgssystem)		
	1	Sierra von Burro	Gebirge	600–2200 m
	2	Schichtrippen und Synklinalbecken der nördl. Sierra Madre Oriental	Bergketten u. Hochtäler	1000–2700 m
	3	Becken von Monclova	Hochbecken	400– 600 m
	4	Sierra de los Alamitos	Gebirgszüge	1200–3300 m
	5	Hochgebirgskämme } Sierra Madre Oriental im engeren Sinne	Gebirgszüge	600–3700 m
	6	Südlicher Teil } Sierra Madre Oriental im engeren Sinne	Gebirgszüge	500–1800 m
	7	Sierra Tanchipa	Gebirgszug	300– 500 m
III A		**Mesa Central u. Bolsón von San Luis Potosí**		
	1	Mesa Central (Mesa von Anáhuac)	Hochland mit Bergzügen	1800–3100 m
	1a	Sierra Gorda	Bergland	2300–3100 m
	2	Bajada von Guanajuato (Bajío)	Hochbecken	um 1800 m
	3.	Bolsón von San Luis Potosí u. Valle Salado	Hochplateau u. Becken	1800–2500 m
	4	Becken von Durango	Hochtal	2000–2200 m
III B	1	**Sierren von Parras** (Fortsetzung der Sierra Madre Oriental II C 5 u. 6)	Bergzüge	1900–3400 m
III C		**Bolsón von Mapimí u. Becken u. Bergzüge des nordwestl. Bereiches der Binnenregionen**		
	1	Bolsón von Mapimí	Becken u. Bergzüge	1100–2400 m
	2	Sierren von NE-Chihuahua „Llanos de los Gigantes"	Bergzüge	1100–2100 m
	3	Llanos von Médanos	Ebenen	1200–1600 m
	4	Sierra del Nido	Bergzug	1900–2900 m
	5	Laguna Bustillos	Hochtal	2000–2200 m
	6	Laguna von Torreón (Comarca Lagunera)	Hochbecken	1100–1200 m
	7	Parras-Becken	Hochbecken	1100–1300 m
IV A		**Pazifische Küstenregion mit einzelnen Bergländern**		
	1	Wüste Gran Desierto	Flachland	unter 300 m
	2	Inselbergland von Sonora	Flachland m. einz. Bergen u. Bergzügen	unter 900 m
	3	Bergland vor dem Steilabfall der Sierra Madre Occidental	Vorhügelzone, Berge, eingeschnittene Täler	300–1800 m
	4	Küstenfelsebene von Sinaloa	Flachland m. Bergen	200– 600 m
	5	Küste von Sinaloa	Küstenflachland mit felsigen Hügeln	unter 200 m
	6	Küstentiefland und Lagunen von Mazatlan-Tuxpan	Küstentiefland m. felsigen Hügeln u. Lagunen	unter 100 m
	7	Rio Grande Santiago-Schlucht u. -Tal		300– 900 m
	8	Cañon El Cobre	tief eingeschn. Cañon	300– 900 m
	9	Ketten u. Plateaus am Westrand d. Meseta Neovolcánica (Bergland v. Colima)		300–2100 m
IV B		**Atlantische Küstenregion mit einzelnen Bergländern**		
	1	Rio Grande-Plateau	Felsplateau m. einz. Bergen	200– 500 m
	2	Plateau von Tamaulipas		200– 600 m
	2a	Längssenke bei Ciudad Valles		100– 300 m
	3	Sierra San Carlos	Gebirge	300–1800 m
	4	Laguna Madre u. Rio Grande-Delta	Küstenflachland	unter 100 m
	5	Sierra von Tamaulipas	Gebirge	300–1500 m
	6	Sierra de las Rusias	Gebirge	200– 300 m
	7	Küstentiefland von Tampico	Küstenflachland mit Lagunen	unter 200 m
	8	Hügelland von Tihuatlan		200– 300 m
	9	Lagunenküste von N-Veracruz	Küstentiefland	unter 50 m
	10	Bergland am Ostfuß der südl. Sierra Madre Oriental	zerschn. Bergland, Ostabfall der Sierra Madre	300–1600 m
	11	Ostabfall der Meseta Neovolcánica	zerschn. Bergland	600–1900 m
	12	Tonto-Ketten	zerschn. Bergland	600–2700 m
V A		**Balsas-Senke** (Gran Valle del Sur oder Depression Austral oder Tal des Rio Balsas [östl. Teil] oder Tal des Rio Tepalcatepec [westl. Teil])		
	1	Berg- u. Hügelland		300–1700 m
	2	Talbecken des Rio Tepalcatepec, Becken von Apatzingan		400– 600 m
	3	Talschlucht des Rio Zacatula		200– 300 m
	4	Tal des Rio Atoyac, Becken von Cuautla		1000–1500 m
	5	Tal des Rio Balsas, Becken von Coyoacan		300– 600 m
VI A		**Sierra Madre del Sur: Randliche Region** (Gebirgssystem)		
	1	Sierra von Coalcoman	Gebirgszüge	300–2000 m
	2	Sierra von Tentación	Gebirgszüge	200–3400 m
	3	Sierra von Chilpancingo	Gebirgszüge	600–3700 m
	4	Piedmont-Hügelland	Bergzüge	200–1400 m
	5	Lagunenküste von Guerrero		unter 200 m
	5a	Felsküste „Costa Grande"		unter 200 m
	6	Sierra von Miahuatlan (Cimaltepec)	Gebirgszüge	200–3300 m
VI B		**Sierra Madre del Sur: Sierren u. Hochländer von Oaxaca** (Gebirgssystem)		
	1	Mixteca-Hochland	Bergland	1800–3700 m
	2	Altiplano Mixtepec	Hochland, Plateau u. Berge	1500–2500 m
	3	Sierra Madre von Oaxaca und Cañoa de Tehuacán	Hochtal	2500–3700 m
	4	Hochtal von Oaxaca	Hochtal	1500–1900 m
	5	Rio Verde-Tal u. Bergland		900–3000 m
VII A	1	**Küstentiefland von Veracruz**		unter 200 m
	2	Vulkan Tuxtla	vulk. Bergland m. Seebecken	200–1400 m
	3	Valle von Tehuacán	tief eingesenktes Tal	unter 200 m
	4	Piedmont-Hügel von Oaxaca	Hügelland, einz. Berge, zerschn. Gebirgsabfall von VI B	3500–1500 m
	5	Becken des oberen Rio Coatzacoalcos	Talbecken	200– 300 m
VIII A	1	**Küstentiefland von Tabasco u. Sumpfgebiete u. Delta des Rio Grijalva-Usumacinta**	Küstentiefland Vorhügelzone	0– 20 m 20– 300 m
VIII B		**Yucatán**		
	1	Kalkplatte von Nord-Yucatán		unter 100 m
	2	La Sierrita	Bergzug (Schichtstufe)	100– 200 m
	3	Karstlandschaft von Campeche	Kalkplateau	unter 200 m
	4	Riedel, Längssenken u. Lagunen von Quintana Roo	Tiefland mit Felsrücken u. Senken	unter 100 m
VIII C		**Chiapas mit Küstenebene von Tehuantepec**		
	1	Sierren von Nord-Chiapas u. Lacandones	Kalkketten-Gebirgszüge, Faltengebirge	300–2400 m
	2	Meseta Central	Hochplateau mit Karst, Bergen u. Becken	1200–2300 m
	3	Valle Central (Grijalva-Tal)	Hochtal	um 600 m
	4	Sierra Atraveseda	Gebirgszug	600–2600 m
	5	Sierra Madre von Chiapas	Gebirgszug, Pultscholle	300–2800 m
	6	Sierra von Soconusco	Gebirge	600–3000 m
	7	Küstenebene von Tehuantepec	Küstenflachland mit felsigen Hügeln u. Lagunen	unter 200 m
	8	Küstenebene von Chiapas (Soconusco)	Küstentiefland mit Lagunen	unter 200 m

Zu Abb. 8. Naturräumliche Gliederung von Mexico. Gliederung im wesentlichen nach dem Relief. (Entwurf: Gierloff-Emden 1963)

Sand-, Kalk- und Tongesteine, treten an steiler Bruchstufe und an den Talflanken zutage, wo sie durch die Bodenzerstörung entblößt sind. Wie die Hänge der Vulkane wird auch der Block von Tlaxcala von den gelben *Tepetate*-Tuffen überdeckt. Über die gegen Norden einfallenden Hochflächen in rund 2500 m Höhe erheben sich einzelne Vulkanbauten bis 2700 m Höhe.

Gegen Süden hin wird das Becken von dem Ausläufer der *Cordillera de Tentzo* und der Bruchstufe des *Serrijón de Amozoc* begrenzt. Während ersterer dort aus Basalten verschiedener Ausbruchphasen besteht und von Tepetatetuff bedeckt ist, wird der Serrijón de Amozoc von Kalkstein der Kreidezeit aufgebaut. Die Tuffe bedecken nur noch Teile der Hochfläche und die unteren Hänge. Die Südgrenze des Beckens folgt damit etwa der tektonischen HUMBOLDT- oder *Clarion*-Linie, die nach Osten weiter zum *Pico de Orizaba* verläuft. Über eine niedrige Schwelle bei *Puebla* hinweg besitzt das Becken zwischen *Malinche* und *Serrijón de Amozoc* einen verkehrsgünstigen Ausgang nach Osten, den Staatsstraße, Autobahn und eine Eisenbahnlinie benutzen.

Gegen Süden hin sind zwei Ausgänge vorhanden, die aus der *Tierra fría* des Hochbeckens in die *Tierra templada* der *Balsassenke* führen. Nur einer, das *Valsequillo*-Becken, wird mit dem *Atoyac*, der zusammen mit dem *Río Zahuapan* als oberster *Balsas* das Becken entwässert, zum Abflußweg. Durch die breite Öffnung im Südwesten tritt nur der durch einen mächtigen Basaltlavastrom abgelenkte *Río Nexapa* vom *Popocatépetl*-Osthang her hinaus und hinunter ins Becken von *Atlixco.* Der SW des Beckens von *Puebla* wird aber unterirdisch in dieser Richtung entwässert, und dieses Wasser ist neben dem des Popocatépetl die Grundlage für die reichen Bewässerungskulturen in dem klimagünstigen Becken von *Atlixco.* Durch diese SW-Pforte geht seit alter Zeit der Verkehr südwärts, wo heute die *Carretera Panamericana* nach *Oaxaca* verläuft. Der Grenzgürtel zwischen dem Hochbecken und dem Becken von Atlixco wird durch eine mehrgliedrige Kette von Vulkankuppen bezeichnet wie auch durch das Auftreten der Vegetationsbestandteile des Trockenwaldes, in der Kulturlandschaft durch die auf den Feldern stehenden *Guaje*-Akazien.

Die Grenzen einiger naturräumlicher Einheiten fallen offenbar mit tektonischen Bruchlinien zusammen, welche die Oberflächenformen bestimmen. Dadurch wird der teilweise regelmäßige Verlauf der Grenzen im Beckenbereich erklärt. Mit ihnen stehen auch die meisten vulkanischen Aufbauformen, Kuppen und Kegel, im Zusammenhang. Die genaue Festlegung des Verlaufs tektonisch-vulkanologischer Linien muß eingehenden Spezialuntersuchungen vorbehalten bleiben.

Die Landschaftsgrenze zwischen den Fußhängen der Vulkane und der *Malinche* und den Beckenebenen wurde dort gefunden, wo die Bach- und Flußbetten aus ihren Barrancatälern hinaustreten, wo deren Ausuferung und damit die Dämme beginnen. Am Fuß der *Sierra Nevada* handelt es sich nicht immer um ein allmählich auslaufendes sanftes Hangprofil. Hier treten nach Süden hin an Höhe und Zahl zunehmend Stufen auf, und an deren Basis haben die Bäche zuweilen grobe verkittete Basaltschotter angeschnitten. Es ist also auch diese Grenze mehr oder weniger deutlich durch Bruchlinien bestimmt.

Im Norden des Beckens kommen westlich *Tlaxcala* neutrale bis basische Böden vor, verursacht durch den Kalkschutt der angrenzenden Steilhänge des Blocks von Tlaxcala. Die gegen Westen sich anschließenden Salzböden sind nicht klimatisch bedingt, sondern sind durch aufsteigende salzhaltige Wässer zu erklären, die wegen schwieriger Abflußverhältnisse nördlich des *Xochitecatl-Cacaxtla*-Hügellandes im Winter verdunsten.

Die den Nordteil der Ebene abgliedernde Hügelreihe besteht sowohl aus vulkanischen Aufbauformen wie aus gehobenen Beckensedimenten und kann als Gruppe von Vorschollen des Blocks von Tlaxcala aufgefaßt werden. Sie wird im Süden von einer genau in W-O-Richtung zur Malinche hin streichenden tektonischen Linie, der *Chapala-Acambay*-Linie*) begrenzt.

*) Bei MOOSER-KOERDELL 1961 S. 8 noch „San Andreas-Chapala-Line", wird sie jetzt von MOOSER als Chapala-Acambay-Linie bezeichnet.

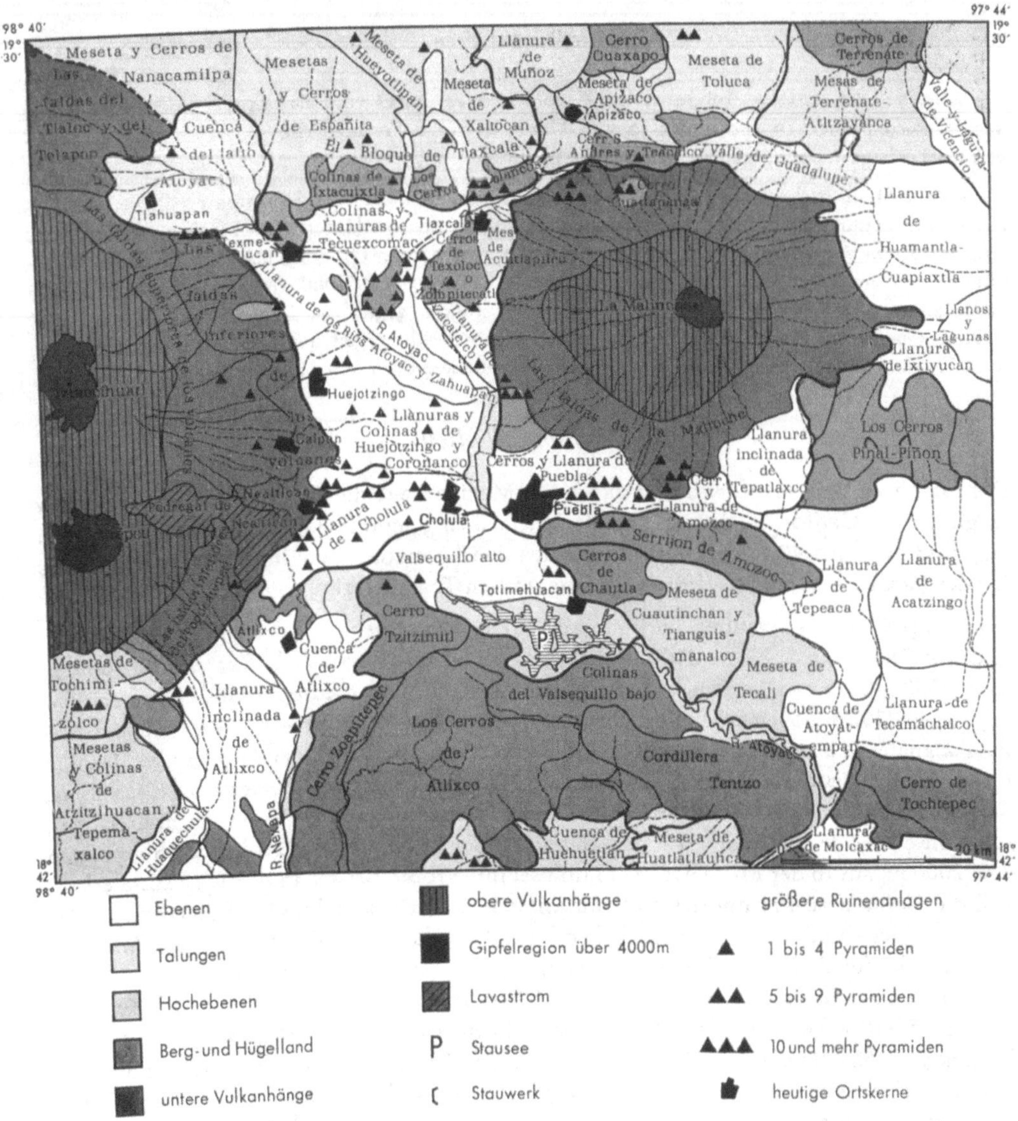

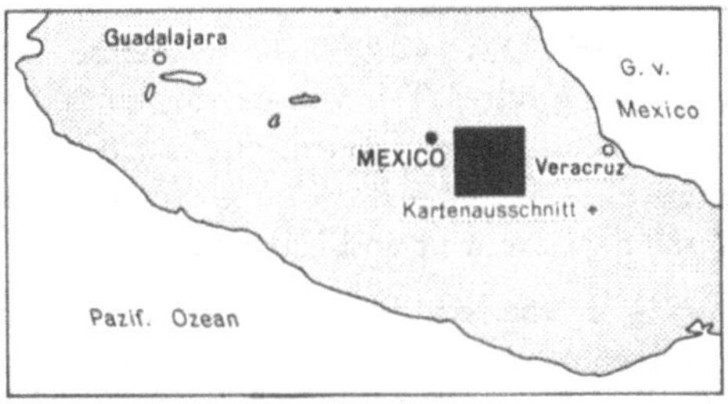

Abb. 8 a. Die naturräumlichen Einheiten im Hochtalraum (Puebla-Tlaxcala). Haupteinheiten: Grenzen fett. Die einzelnen naturräumlichen Einheiten sind durch die Oberflächenformen bestimmt, weisen aber auch ähnliche Boden-, Klima- und Wasserverhältnisse auf. Der südliche Teil unter 2100 m gehört im Tiefland zur Tierra templada mit wärmerem, z. T. trockenerem Klima und entsprechender Vegetation. Die Karte zeigt außerdem die wichtigsten Ruinenplätze und Städte. Diese Kartenskizze Abb. 8 a soll im Vergleich zur Karte Abb. 8: „Naturräumliche Gliederung von Mexico" zeigen, wie differenziert die weitere Gliederung der einzelnen Landschaftsregionen (II A 5) ist und vorgenommen werden kann, wie an diesem Beispiel von F. Tichy durchgeführt. Die Pyramiden sind eingetragen, um zu verdeutlichen, daß die Landschaft frühzeitig intensiv besiedelt war. Seitdem hat menschliche Nutzung die Landschaft in starkem Maße verändert (Boden und Vegetation). (Gezeichnet nach der Karte von F. Tichy [Naturräumliche Gliederung] und F. Tschohl [Pyramiden] unter Verwendung der Karte von P. Kirchhoff. Die heutigen Siedlungen wurden zusätzlich eingetragen)

Die *Xochitecatl-Cacaxtla*-Gruppe ist im W vom *Atoyac*, im O vom *Zahuapan*, im N und S von Sumpfgebieten umgeben und bildet so von Natur aus eine Festung, die später durch Terrassen- und Grabenbauten noch verstärkt wurde (P. Armillas 1948).

Östlich der Malinche liegt das je nach Jahreszeit von flachen Seen oder Sümpfen erfüllte abflußlose Becken der Llanos oder von *El Seco*. Es wird im N von den Ausläufern des Blockes von *Tlaxcala* und der *Sierra Norte de Puebla*, im O von der *Sierra Madre Oriental* mit *Perote* und *Pico de Orizaba* und im S von einzelnen Vulkangruppen wie dem *Cerro Pinal* am SO-Fuß der *Malinche* und einigen in SO-NW-Richtung streichenden Bergrücken gegen die Ebenen von *Tepeaca* und *Tehuacan* begrenzt. Der Ostrand der Malinche ist nicht leicht gegen das Becken hin abzugrenzen, weil sich ein Vorland einschaltet, das stufenartig zum Becken der *Llanos* abfällt."

Großlandschaften

Die Halbinsel Baja California. Im NW von Mexico liegt die Halbinsel *Baja California* (engl.: Lower California, deutsch: Niederkalifornien genannt). Die Halbinsel ist 1300 km lang und zwischen 40 und 220 km breit; ihre Fläche macht ungefähr 7 % derjenigen des Landes Mexico aus. *Baja California* ist zum großen Teil gebirgig [1094].

Im N ragen die aus Graniten und anderen Intrusivgesteinen aufgebauten *Sierren Juárez* und *San Pedro Mártir* bis zu 2000 und 3000 m Höhe auf (*Cerro de la Encantada*, 3069 m, bzw. 3030 m). Sie steigen von W pultschollenförmig an und brechen nach O in einem einzigartigen 2000 m hohen Steilabfall (Bruchstufe im Verlaufe der *San-Andreas*-Verwerfung) zum schmalen Küstenland des Golfes von Kalifornien ab. Einige der Höhen über 1800 m tragen Kiefernbestände. Nach S schließen sich die weniger hohen Sierren von *Calamajue*, *San Borjas* und auf dem *Territorio Sur* die *Sierra de la Giganta* bis zum 28. Breitenkreis, dann die *Sierra de la Victoria* auf dem Südzipfel der Halbinsel, mit Höhenlagen von etwa 700–2000 m, an. In der Mitte hat die Halbinsel ihre größte Breite, an der Westküste erhebt sich die *Sierra Vizcaíno* mit der Vulkanruine von *Santa Clara*, im O die Sierren und das Vulkangebiet von *Tres Vírgenes*, zwischen ihnen liegt die Wüste *Desierto de Vizcaíno*. Von dort streicht die als Pultscholle ausgebildete, z. gr. T. schichtartig aus vulkanischen Gesteinen aufgebaute *Sierra de la Giganta*, über 1000 m hoch, mit dem Steilabfall zur Ostküste, nach S. Westlich von ihr liegen Schuttfächer, Ebenen (*Llanos de Magdalena*) und große Lagunen (*Bahía Magdalena*). Der gesamte mittlere Teil ist wüstenhaft, es gibt sporadisch einige Kakteensteppen, auf der Südzunge Kakteenwälder der riesigen Kandelaber-Kakteen. Interessant ist die auf B. C. heimische, bis zu 15 m hohe, stielartige *Idria Columnaris*. Das 140 km lange Südende, das durch die Bucht von *La Páz* abgeteilt wird, wird zum größten Teil von der bis zu 2000 m hohen *Sierra de la Victoria* eingenommen, die bis zum steilen, felsigen Südkap (*Cabo San Lucas*) reicht. Im NO gehört die Landschaft des Deltas des *Rio Colorado* mit der *Laguna Salada* zu *Baja California* (vgl. hierzu S. 388 ff.). Literatur und Karten zu Baja California nach H. G. Gierloff-Emden [1094].

Der Golf von Kalifornien teilt nach Hamilton die kristalline Zone des westlichen Kontinentalrandes *Baja California-Sonora* in zwei Teile. Der Golf von Kalifornien ist Teil eines Troges, der sich nach NW über das *Colorado*-Delta und den *Salton-Sea* über insgesamt 1500 km Länge erstreckt und dessen Taphrogenese J. V. Byrne und K. O. Emery, 1960, beschrieben haben (Abb. 15 u. 16). Gneise, Quarzite und andere metamorphe Gesteine, die assoziiert sind mit Graniten, Granodioriten, Dioriten, Monzoniten, Gabbro, Pegmatiten, Peridotiten und Serpentin, nehmen etwa 57 % der Hauptgebirgskette, bzw. 44 %

der Gesamtoberfläche der Halbinsel ein. Aus diesen Gesteinen besteht fast die gesamte nördliche Hälfte der Halbinsel, wo das Kristallin als größter zusammenhängender Gesteinskomplex Baja Californias auftritt. Die *San Pedro-Mártir*-Verwerfung gehört wie die *Sierra Juárez*-Verwerfung zu der morphologisch auffallendsten von Mexico. Beide zusammen zeigen mit ihrem östlichen Steilabfall vom Kamm bis zur Wüste von San Felipe und zur Laguna Salada eine 1000 bis 2400 m hohe Stufe, die in solcher scharfen Ausprägung zu den eindrucksvollsten der Erde gehört. Karte und Satelliten-Infrarotfalschfarbenbild finden sich in: J. Bodechtel und H. G. Gierloff-Emden, „*Weltraumbilder der Erde*", München 1969.

Das Klima ist allgemein arid, der äußerste NW bekommt etwa 300 mm Winterregen-Niederschläge (Etesienzone); diese Niederschläge reichen, da sie bei niedrigem Sonnenstand und starker Bewölkung im Dez. und Jan. fallen, für Regenfeldbau aus. Auf der hohen *Sierra San Pedro Mártir* gibt es Schneefall. Die Mitte der Halbinsel, über 800 km von N nach S, bekommt in unregelmäßigen Abständen, oft von mehreren Jahren, manchmal Niederschläge, die als Schichtfluten erhebliche Abtragung leisten können. Auf der gesamten Halbinsel gibt es bis auf wenige kleine Wasserläufe (*Rio Tijuana* im NW, *Rio Purísima* in der Mitte) keine regelmäßig wasserführenden Flüsse bzw. Bäche. Bewässerungskultur gibt es im Tal des *Rio Tijuana*. Die Südspitze, die bis zu 22° 51′ N reicht, bekommt aus Zenitalregen im Sommer in höheren Lagen bis zu 600 mm Niederschlag und ist mit Buschwald und Dornbuschsteppe (*Chaparral*), in großen Höhen mit Eichenwäldern, bedeckt. Die südlichste Region wird manchmal von den *Chubascos*, tropischen Wirbelstürmen, die aus dem Golf von *Tehuantepec* kommen, erreicht (Loreto wurde 1829 zerstört).

Im mittleren und südlichen Teil der Halbinsel, im Bereich des *Territorio Baja California Sur*, gibt es Oasenkulturen bei *La Purísima, Comundú* und *San Ignacio*, die als ehemalige Missionsanlagen weiterhin fortbestehen. Dort wird Dattelbau betrieben. An der Ostküste ist bei *Mulegé*, einer alten Mission, um einen dauernd wasserführenden Fluß eine Bewässerungskultur angelegt worden, wo vor allem Datteln erzeugt werden. *Mulegé* ist neuerdings Touristenort. Die Anreise erfolgt mit dem Flugzeug. Ebenfalls an der Ostküste gibt es nahe der alten Hauptstadt *Loreto* Bewässerungskulturen (Tomaten).

Im Südteil der Halbinsel, an der pazifischen Seite, sind in den *Llanos de la Magdalena* mit Hilfe von Brunnenbohrungen und Pumpen neue Bewässerungsgebiete entwickelt worden, wo Baumwolle angebaut wird.

Der Hochlandsblock. Mexico ist ein Gebirgsland am Nordrande der Tropen (Abb. 7). Der größte Teil seiner Fläche liegt in mehr als 1000 oder 2000 m Höhe ü. d. M. Tieflandgebiete sind auf die randlichen Regionen, die Küstenbereiche, beschränkt. Als größter naturlandschaftlicher Komplex, der aber hinsichtlich Relief, Tektonik, Geologie, Klima und Vegetation sehr differenziert ist, nimmt ein großer Hochlandsockel von parallelogrammförmigem Grundriß den Norden und die Mitte des Landes ein. Der Rand dieses mexicanischen Hochlandes ist nach außen sehr deutlich im Relief ausgebildet. Von den Küstenregionen aus gesehen, wirken die *Sierra Madre Occidental*, über 3000 m hoch und aus Decken vulkanischer Gesteine aufgebaut (vom Pazifischen Ozean her), die *Sierra Madre Oriental*, über 2000 m bis 3400 m hoch und aus vorwiegend parallel streichenden Kalkkämmen zusammengesetzt (vom Atlantischen Ozean her), und die *Sierra Neovolcánica*,

Entwicklung der Nomenklatur der

Autor	Sierras de Baja California	Golfo de California u. Ebenen des Nordostens (llanuras)	Sierra Madre Occidental	Altiplanicie del Norte nördl. zentral. Hochld.	Sierra Madre Oriental
C. Sigüenza y Góngora, 1670					
J. A. Villaseñor, 1748		Golfo de California	Sierra Madre Occidental	Faja de Enmedio	Sierra Madre Oriental
J. de Alzate, 1767					
A. v. Humboldt, 1808		Golfo de California	Sierra Madre Occidental	Altiplanicie	Sierra Madre Oriental
Carta de Humboldt, 1822					
Carta SMGE, 1850					
Carta, 1862					
Carta de García Cubas, 1874					
García Cubas, 1884	Cordillera de Baja California	Golfo de California	Sierra Madre Occidental	Mesa Central	Sierra Madre Oriental
E. Noriega, 1904		Golfo de California	Sierra Madre Occidental	Meseta Mexicana	Sierra Madre Oriental
W. Thayer, 1916	Desierto de Sonora	Desierto de Sonora	Sierra Madre Occidental		
J. Galindo y Villa, 1926		Desierto de Sonora	Sierra Madre Occidental	Altiplanicie	Sierra Madre Oriental
J. L. Osorio Mondragón, 1928	Elemento peninsular de Baja California	Desierto de Sonora	Sierra Madre Occidental	Llanuras Boreales	Sierra Madre Oriental
Carta Ch. Schuchert, 1935					
P. C. Sánchez, 1935			Sierra Madre Occidental	Meseta Central Mexicana	Sierra Madre Oriental
Carta A. L. Kroeber, 1939	Desierto de Sonora	Desierto de Sonora	Sierra Madre Occidental		Sierra Madre Oriental
R. Robles Ramos, 1939–1942	Sistema californiano y sus vertientes	Golfo de California y Planicie Costera Noroccidental	Sierra Madre Occidental	Altiplanicie Septentrional	Sierra Madre Oriental y Sierra Madre de Oaxaca
E. Ordóñez, 1941	Baja California	Golfo de California, Desierto de Sonora y Faja Costera de Sinaloa y Nayarit	Sierra Madre Occidental	Meseta Central del Norte	Sierra Madre Oriental
M. Alvarez, 1949	Macizo de Baja California	Cuenca de Sonora	Continente Occidental	Continente Occidental	Geosinclinal Mexicano
J. L. Tamayo, 1951, 1962	Sistema peninsular californiano	Golfo de California y Planicie Costera Noroccidental	Sierra Madre Occidental	Altiplanicie Septentrional	Sierra Madre Oriental y Sierra Madre de Oaxaca
R. Alcorta, 1958	Península de Baja California	Golfo de California y Llanuras del Noroeste	Sierra Madre Occidental	Planicie Septentrional	Sierra Madre Oriental y Sistema Montañoso Oaxaqueño-Poblano
J. A. Vivó, 1948	Sierras y llanuras de Baja California	Golfo de California y Llanuras del Noroeste	Sierra Madre Occidental	Altiplanicie Mexicana	Sierra Madre Oriental

(Nach Jorge A. Vivó Escoto, IV Congreso Nacional de Geografía IV–6, Mexico 1966)

Landschaftseinheiten von Mexico

Llanura Costera del Golfo (Golf-Küstenebene)	El Bajío	Meseta de Anáhuac	Sierra Volcánica Transversal (Zentrale Vulkanregion)	Depresión del Balsas (Balsas-Tal)	Sierra Madre del Sur
Erwähnt die llanura	El Bajío	Meseta de Anáhuac	Erwähnt die gebirgige Region	Erwähnt die Region	Erwähnt die Region
Erwähnt die llanura	Mesa Central	Mesa Central	Erwähnt die Region	Erwähnt die Region	Sierra Madre del Sur (Nudo de Cempoaltépetl)
Erwähnt die llanura	Meseta Mexicana	Meseta Mexicana	Erwähnt die Region		
Llanura Costera del Golfo	Meseta de Anáhuac	Meseta de Anáhuac	Provincia Volcánica		Sierra del Sur
	Altiplanicie	Altiplanicie	Erwähnt die Region	Depresión Austral	Sierra Madre del Sur
Declive del Golfo	Mesa de Anáhuac	Mesa de Anáhuac	Sistemna Tarasco-Nahua	Depresión Austral	Sierra Madre del Sur (Nudo Mixteco)
	Meseta Central Mexicana	Meseta Central Mexicana	Eje Volcánico Transversal		Sierra Madre del Sur
Llanura Costera del Golfo	Meseta de Anáhuac	Meseta de Anáhuac	Provincia Volcánica		Sierra del Sur
Planicies Costera y Plataforma Yucateca	Altiplanicie Meridional	Altiplanicie Meridional	Cordillera Neovolcánica	Cuenca del Balsas	Sierra Madre del Sur
Faja Costera del Golfo de México	Meseta Central del Sur	Meseta Central del Sur		Cuenca del Balsas	Sierra Madre del Sur
Cuencas y Plataformas del Golfo de México	Continente Occidental	Continente Occidental		Cuenca del Balsas	Macizo del Sur
Planicies Costeras Nororiental, de Sotavento y del Sureste	Altiplanicie Meridional	Altiplanicie Meridional	Cordillera Neovolcánica	Depresión del Balsas	Sierra Madre del Sur
Llanuras Costeras y Península de Yucatán	Altiplanicie Central	Altiplanicie Central	Sierra Volcánica Transversal	Depresión del Balsas	Sierra Madre del Sur
Llanura Costera del Golfo	Altiplanicie Mexicana	Altiplanicie Mexicana	Sierra Volcánica Transversal	Depresión del Balsas	Sierra Madre del Sur

das ist die Hauptvulkankette am Südrand der *Meseta* (auch *Mesa*) *Neovolcánica*, 1000 bis 3000 m hoch, mit Vulkangipfeln von über 5000 m Höhe (von der Balsas-Senke aus), jeweils als gewaltige Gebirge. Der randliche Abfall des zentralen Hochlandblockes stellt vielerorts mit beträchtlicher Breite eine eigene Landschaft dar: *vertiente oriente* (östliche Abdachung) und *vertiente occidente* (westliche Abdachung) genannt. Der südliche Hang fällt zur Senke des *Rio Tepalcatepec–Rio Balsas (Mezcala)* hin ab.

Vom Inneren des Hochlandes aus, das sich vom SO, vom Bereich der Hauptstadt México aus, nach NW auf *Chihuahua* und die *Bolsón de Mapimí* zu von 2500 auf 1300 m abdacht, erscheinen die drei Sierren nur streckenweise als Randaufwölbungen, denn das südliche Hochland liegt z. T. höher oder gleich hoch wie die Sierra Madre Occidental und die Sierra Madre Oriental. Diese beiden Sierren haben nicht nur eine Kammlinie, sondern sind Gebirgskomplexe von teilweise beträchtlicher Breite – bis zu 200 km –, die zum inneren zentralen Hochland hin übergehen. Der zentrale Teil des Hochlandsockels bildet kein einheitlich flaches Becken, sondern einen Komplex von zahlreichen Bergketten – Sierren – sowie Ebenheiten und kleinen Becken *(Bolsones)* und Hochtälern verschiedener Höhenlagen, ähnlich der *Basin and Ranges*-Landform in den westlichen USA, als deren südliche Fortsetzung sie anzusehen sind.

Die *Meseta Neovolcánica*, der südliche Teil des zentralen Hochlandblockes, und die *Meseta de Anáhuac*, nördlich anschließend, sind mit den Becken von *México* (Abb. 11), *Puebla* und *Toluca* der wichtigste Siedlungsraum des Landes. Dazu gehören die *Meseta Central* – in engerem Sinne –, das *Chapala*- und *Cuitzeo*-Becken, das Tal des *Rio Lerma* und die *Bajío de Guanajuato*, auch *„Bajada"* genannt. Die *„Meseta Central"* hat nicht Plateaucharakter wie der Name vermuten läßt, sondern ist Bergland. Dazu gehören die über 3000 m hohe *Sierra von Guanajuato* sowie ein Hügelland, in das Ebenen eingeschachtelt sind. Die Landschaft *Bajío de Guanajuato* besteht aus Ebenen zwischen 1700 und 1800 m Höhe und der Mulde des *Rio Lerma*-Flußsystems, über die Hügel aus vulkanischem Gestein aufragen. Wegen des fruchtbaren Bodens und der vom Pazifischen Ozean im Sommer einwehenden monsunartigen Winde ist die Landschaft des *Bajío* agrarisch intensiv genutzt und eine Kornkammer Mexicos. Charakterpflanze der südlichen Mesa ist die Agave, von der es über 170 Arten gibt. Diese Landschaft der zentralen Meseta zeigt sich nach winterlicher Trockenzeit von staubiger Luft erfüllt und mit Trockenrissen im Boden, mit leeren Flußbetten, braunverbrannten Weideflächen und Berghängen und von Staub grau-braun bepuderten Sträuchern und Hütten. Schattenlose Weite macht dort das Sehen beschwerlich.

Nördliche Beckenlandschaften. Nördlich der Linie *San Luis Potosí-Zacatecas* geht die *Meseta von Anáhuac* in die Beckenlandschaften des Staates Zacatecas über, die 1500 bis 2000 m hoch ü. d. M. ein annähernd ebenes Becken mit geringer Abdachung nach N bilden, über die einzelne Berge und Bergzüge aufragen. Die Ebenen von Zacatecas werden im N durch die *Sierra de Parras* (in der US-amerikanischen Literatur *Cross Range* genannt) abgegrenzt, Kalkketten, die von der mittleren *Sierra Madre Oriental* aus südlich *Monterrey* und *Saltillo* nach W quer über den Hochlandsockel in Richtung *Torreón* streichen [123, 124]. Dieser Verlauf der Sierren ist auf Luftbildern, auf der Karte von E. Raisz, auf einer Karte von M. H. Enjalbert [176] und auf Satellitenphotos klar erkennbar (Abb. 14, 15). Den nördlichen Teil des zentralen Sockels nehmen die Beckenlandschaften der *Bolsón de Mapimí*, *Bolsón de Coahuila* und andere abflußlose Becken, kleine Sierren und Plateaus ein. Die Abdachung erfolgt von *Torreón* aus nach N zur Landesgrenze allmählich von 1600 auf 1000 m. Die *Bolsón de Mapimí* und die *Bolsón de San Luis Potosí (Valle de el Salado)* sind z. T. von feinen Sedimenten und gröberem Schutt bedeckt und werden von schmalen Kämmen *(Sierren)* oder tischebenen Plateaubergen *(Mesas)* überragt. Ihre Oberflächenform entspricht den *„Basin and Ranges"* im W der USA [1136].

Wegen der spärlichen Vegetation sind die Hänge der randlichen Gebirge meist stark zerrunst. Periodisch abkommende Flüsse, die viel Schutt mit sich führen, haben schwach geneigte Verebnungsflächen geschaffen, die zum Beckeninneren in Schuttflächen *(„Bajadas")* übergehen. Im Beckeninneren, der *„Playa"*, sind Feinschuttmengen und Tone abgelagert. Wegen der Abflußlosigkeit sind oft Salzsümpfe und infolge Verdunstung Salztonebenen mit Trockenrissen und Salzausblühungen entstanden. Viele der größeren und kleineren Flüsse erreichen von dort keine Küste, oft keinen größeren Strom. Sie verlieren sich in einem der kleinen, flachen, temporären Seen. In den ausgetrockneten Boden dringt das Regenwasser relativ schlecht ein. Das Regenwasser strömt in Schichtfluten über die sanft geneigten Flächen *(Bajadas)*. Während sehr kurzer Zeit (weniger Minuten) kann hierbei ein Wasserstand von über 1 cm über der Bodenoberfläche entstehen, nach 10 bis 20 Minuten bis zu mehreren Dezimetern. Etwa 30 Minuten nach dem Aufhören eines Regenfalles ist jedoch, abgesehen von den größten Tälern, kein Oberflächenwasser mehr vorhanden. Durch die Schichtfluten werden aus den oberen Bodenschichten der spärlich bewachsenen Bajadas die Feinerde und organische Bestandteile ausgespült und abgestorbene Zweige und anderes organisches Material abtransportiert (R. Knapp [1239]). Diese Erscheinungen wurden vom Verfasser nahe *Mulegé* beobachtet.

Blickt man vom Flugzeug aus über diese Landschaft, so wird das Panorama am Horizont durch endlose Zackenreihen der randlichen Gebirgsketten begrenzt. Die Einförmigkeit wird selten durch kleinere oder größere Wüstenlagunen unterbrochen, die sich als farbige Flecken aus ihrer Umgebung abheben, auch wenn es keine Vegetation an ihren Ufern gibt. Die flachen Mulden füllen sich zur Regenzeit mit Wasser und dienen Viehherden als Tränke. Wegen ihrer geringen Tiefe und großen Oberfläche verdunsten diese Seen in der Trockenzeit schnell. An ihrem Boden setzt sich feiner Schlamm ab. Einige dieser Seen, *Lagunas* genannt, werden dauernd durch Zuflüsse mit Süßwasser gespeist, wie die großen *Lagunen* von *Bustillos* und *Guzmán* im Staate *Chihuahua*. Sie verringern ihre Ausdehnung während der Trockenzeit erheblich. Agrarisch genutzt worden ist nur der Bereich von *La Laguna* bei *Torreón* als Baumwollanbaugebiet.

Sofern nicht vegetationslose Wüsten mit Flugsand, Dünen, Salzton oder Fels vorherrschen, gibt es wüstenartige Trockensteppen mit niedrigem Dorngebüsch, *„chaparrales"*, mit *Mesquite-* und *Gatuño-* und *Larrea*-Sträuchern, Zwergakazien, Disteln, Wüstenkürbis, Lebensbäumen und Steppenmoos. Charakteristisch sind dort die Yuccapalme mit hohen Fächerdolden, die in Gruppen stehende niedrige Stechpalme und Kakteen. Häufig ist die *Opuntie* vertreten, deren breite Blätter stachelig, deren Glieder und Frucht (Kaktusfeige) eßbar sind. Die *Lechuguilla-Agave* liefert harte Blattfasern, *Ixtle* genannt, die in großem Umfange ausgeführt werden (Abb. 38 u. 39). Diese Vegetationsformen bestimmen auch, abwechselnd mit einigen kultivierten meist bewässerten Ackerflächen, weite Gebiete in den Staaten *Zacatecas* und *San Luis Potosí*. Die etwa 1000 m ü. d. M. gelegenen Wüsten und Steppen gehen bei größeren Höhenlagen in Prärieformationen über. Diese Steppe, deren Gras auf dem Halm zu Heu trocknet, verwandelt sich nach Regenperioden in eine grüne Grasflur. Dorthin kamen bis zur Mitte des vorigen Jahrhunderts jährlich die Büffelherden aus den Steppen Nordamerikas. Später wurden die großen Viehherden der Rancheros auf diesen Prärien gehalten. Die Viehherden wirbeln dort riesige Staubwolken auf. Das malerische Halstuch der *Vaqueros*, der berittenen Hirten, dient als Nasen- und Mundschutz gegen den Staub. Diese weiten Steppen reichen nach W bis zum Fuße des Hochgebirges, wo wieder Dornbusch und Palmen vorherrschen.

Die Sierra Madre Occidental. Die *Sierra Madre Occidental* ist ein 1200 km langes, streckenweise 200 km breites Bergland, das zum größten Teil aus Plateaus in 2000 bis 3000 m ü. d. M. besteht, deren meist flach lagernde vulkanische Schichten nach O hin flach pultschollenförmig einfallen [1122, 1126]. Die höchste Erhebung im S des Staates *Chihuahua* ist über 3000 m hoch. Das rhyolitische zentrale Hauptplateau der Sierra ist seit seiner spättertiären Hebung durch Erosion stark zerschnitten (Abb. 14, 15). Die steilwandigen Täler sind vielfach bis auf ältere metamorphe, erzführende Gesteine eingetieft. Der *Cañon „El Cobre"*, auch *„Barranca del Cobre"*, hat die Ausmaße des *Grand Cañon* von Colorado in den USA [1130]. Zahlreiche Cañons sind in ihrer Anlage tektonisch bedingt. Das zeigt sich mit den Richtungen ihrer oft gradlinig oder mit scharfen Knicken verlaufenden Längsrichtungen an, die zusammen ein kluftnetzorientiertes Grundrißbild ergeben. Der nach W steil abfallende Rand der Sierra ist durch tiefe Täler und weit vorspringende Bastionen zerlappt (Beilage-Karte). An den steilen Wänden ist der schichtartige Aufbau aus buntem vulkanischen Gestein weithin erkennbar *(Bild 1)*. Die sich von SO nach NW erstreckende Sierra ist unzugänglich und bildet ein dünnbesiedeltes Rückzugsgebiet der Indianer [1129]. Größere Städte gibt es in der Sierra nicht. Es existieren erst seit jüngster Zeit zwei transversale Verkehrsverbindungen, nämlich seit 1959 die Autostraße von *Mazatlán* nach *Durango* und seit 1961 die Bahnlinie von *Topolobampo* nach *Chihuahua*. Die Sierra ist weithin mit Kiefernwäldern bestanden. Die zur Sommerzeit wasserreichen Flüsse *Rio Yaqui* und *Rio Fuerte* (Barranca del Cobre) durchschneiden die Sierra mit tiefen, z. T. tektonisch vorbedingten Tälern von O her und münden an der pazifischen Küste (Abb. 15, Beilage-Karte). Zwischen dem zentralen Lavaplateau und der Wüste von *Sonora* erstrecken sich Bergzüge nach NO bis in die USA. Diese Region wurde von L. Waibel [190] und G. Pfeifer [1115] beschrieben. Nach O geht die Sierra in das zentrale Plateau mit Bergkämmen und weiten Tälern über, z. B. in das Becken von *Durango*.

Das Klima des plateauartigen Gebirgskomplexes ist einförmig und einheitlich. An den Hängen der Sierra folgt dem Dornbusch der westlichen und östlichen Vorhügelzone Buschwald. Es gibt viele Arten immergrüner Krüppeleichen *(encino rojo, encino blanco)*. In diesen Beständen wird verheerender Raubbau getrieben. Mit dem kleingehackten Buschholz, auf einem Esel verladen, ziehen die Händler zu Tal, um es als Brennholz zu verkaufen. Die Berghänge werden kahl, eine Aufforstung des Buschwaldes wird nicht betrieben. In höheren Lagen gibt es Eichenwaldbestände mit jahreszeitlichem, periodischem Blattwechsel (Mexico besitzt 200 Eichenarten). An Stelle der vielen Kräuter und Kakteen der Bergfußzone treten hier Farne und Moose auf. Weiter hinauf sind die dunkelgrünen Bestände der Lebensbäume und Wacholder anzutreffen. Als oberste Waldformation bedecken riesige Bestände von Lärchen, Zedern, Fichten und vor allem Kiefern

Bild 1. Quebrada de Tijeras. Die tief eingeschnittene Schlucht liegt im Staate Durango, etwa 100 km nordostwärts der Stadt Culiacán in der Sierra Madre Occidental. Diese schließt nach W zum Pazifischen Ozean in den Staaten Sonora und Sinaloa mit fingerförmig ausgelapptem Steilrand ab. Einzelne Schluchten („Quebradas") reichen weit nach O bis in den Staat Durango hinein. Die waagerecht lagernden vulkanischen Gesteine bilden Steilwände und Bastionen. An einigen Stellen sind darunterliegende kristalline Gesteine durch die Cañons oder Quebradas angeschnitten (dort kommt Erzbergbau vor). Im Bilde rechts die flachwellige Landschaft auf den vulkanischen Tafeln in über 2000 m Höhe über dem Meere. Sie enthält Mexicos größten geschlossenen Koniferen-Baumbestand. (Compania Mexicana Aerofoto S. A., México; Bild-Nr. 5519)

die hohen Regionen der Sierra Madre (Mexico besitzt 19 Kiefernarten). Sie stellen die nutzbare Holzreserve des Landes dar und wurden erheblich gelichtet, seit die Zelluloseindustrie aufgebaut wurde (vgl. Abschn. Industrie). Über weite Ebenheiten in der Sierra Madre Occidental ziehen je nach Jahreszeiten Hagelschauer und über die waldfreien Flächen Staubstürme (*Tromben*). In den nördlichen Bergländern sind in Höhen über 1200 m Nachtfröste sehr häufig; in höheren Lagen bleibt Schnee liegen. Einige Gebiete haben in jedem Winter in Höhen von 2000 m Temperaturen bis –10 und –15 °C. Die während des Sommers fast unbekleidet gehenden *Tarahumara*indianer verlassen wegen der Kälte zum Winter in Decken gehüllt ihren Lebensraum, um diese Zeit in tiefer gelegenen Tälern zu verbringen.

Die Sierra Madre Oriental ist über 1200 km lang, im Mittel 150 km breit, die Gipfel sind meist um 2200 m, z. T. über 3000 m, einzelne bis zu 4000 m hoch. In einigen Darstellungen der Landformen Mexicos wird die fälschlicherweise simplifizierte Beschreibung gegeben, daß das zentrale Hochland vom *Rio Bravo* im N bis *Veracruz* und das Land weiter südlich zum *Isthmus von Tehuantepec* hin von dem geschlossenen *„Sierra*

Madre"-Gebirge östlich flankiert wird. Diese Darstellung des „Flankengebirges" trifft nur für die Region zwischen *Saltillo-Monterrey* im N und *Ciudad Victoria* im S zu. Im N zwischen dem *Rio Bravo* und *Monterrey* ist die Sierra in viele kleine isoliert liegende Gruppen von Bergkämmen aufgegliedert. In der Region südlich von *Ciudad Victoria* erhebt sich das „Gebirge" nicht über das zentrale Hochland, sondern bildet dessen Rand [106, 107]. Der mittlere, höhere Teil der Sierra Madre Oriental, 300 km lang, 60 bis 80 km breit und mit Höhen um 2000 m ähnelt in seiner Form dem Typ des französisch-schweizerischen Faltenjuras, ist jedoch intensiver gefaltet [176]. Die höchsten Kämme überragen 2600–2800 m, etwa sechs ragen über 3000 m hoch auf.

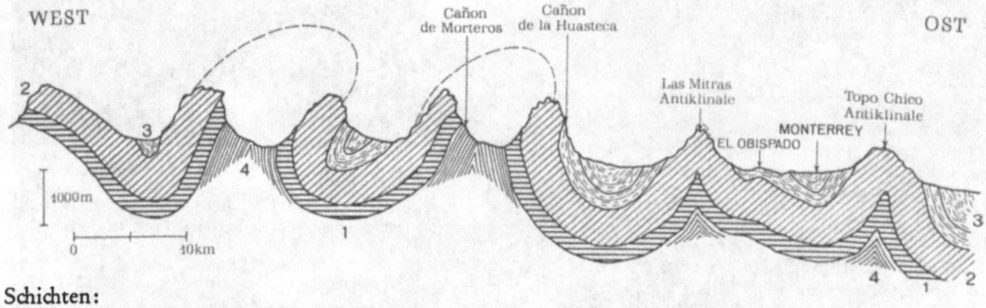

Schichten:

1 = Wasser absperrende Gesteinsschichten
2 = Poren- und kluftreiche Kalkgesteine, wasserspeichernd
3 = Undurchlässige Schicht
4 = Lokal undurchlässige Gesteinsschicht

Abb. 9. Schematisches geologisches Profil zwischen der Sierra Madre Oriental (W) und Monterrey (O) mit Schichtrippenlandschaften auf herauspräparierten Antiklinalen (vgl. Bild 55). (Nach Ing. Hidr.)

Die Sierra ist zum größten Teil aus Kalken der Jura- und Kreideformation aufgebaut und durch herauspräparierte Falten im mittleren Teil in zahlreiche Kämme und Ketten gegliedert [1134, 136] (Abb. 9, 14, 15). Die Kämme werden von Querschluchten zerschnitten, stellen jedoch streckenweise geschlossene Barrieren dar. Im Nordabschnitt von der Grenze bis nach *Monterrey* ergibt sich durch herauspräparierte Synklinalen der vielschichtigen Gesteinspakete eine gewundene Struktur von Kämmen und Tälern mit Schichtrippenlandschaften (Abb. 9, vgl. *Bild 55*). Einige Schichten führen Kohle. Südlich von Monterrey beginnt eine pittoreske Landschaft aus zahlreichen parallel laufenden Kämmen, Antiklinalen, die durch steilwandige Täler getrennt sind und an einigen Stellen durch gewaltige Schluchten quer durchschnitten werden. Die relativen Höhenunterschiede betragen auf kurze Entfernungen oft 2000 m und mehr. Wegen der Durchgängigkeit durch mehrere Klima-Höhenzonen und der Aufgeschlossenheit zum Golfküstenland ist die vertikale klimatische Differenzierung ausgeprägt. Die höchsten Erhebungen der Sierra Madre Oriental liegen südlich von *Saltillo* und westlich *Ciudad Victoria* (3864 m). Der *Rio Pánuco* teilt den Hauptabschnitt der Sierra Madre Oriental vom südlichen Teil. Karstformen kommen vor sowie vulkanische Gesteine und Formen, z. B. Basaltstiele. Aus der Sierra Madre Oriental zweigen sich die *Sierren von Parras* ab, die von O nach W von Saltillo nach Torreón und Nazas zur Sierra Madre Occidental hinüberführen. Sie bestehen aus einer Vielzahl einzelner Gruppen O-W-gerichteter Bergzüge, häufig Kalksteinkämme und Schichtrippen, die quer zum zentralen Hochland streichen (s. oben).

Bild 2. „The Volcano of Colima" (Kopie eines Stahlstiches nach einer Originalzeichnung von Moritz Rugendas aus „Mexico about 1850" von C. Sartorius). Moritz Rugendas hielt mit seinen berühmten Zeichnungen u. a. typische Landschaftsgebiete Mexicos im Bilde fest. Vulkane sind die auffallendsten morphologischen Merkmale des zentralen mexicanischen Hochlandes. Tiefe eingeschnittene Erosionsschluchten sind typisch für das Mexicanische Hochland, besonders für die Randbezirke. Eine dieser Schluchten („Barrancos") wird hier dargestellt. Der Abstieg zur Sohle über die steilen Wände ist schwierig und führt über windungsreiche Pfade

Die Sierra Madre Oriental ist typisches Indianersiedlungsgebiet. Durch Brandrodungs-Wanderfeldbau ist die ursprüngliche Nadelwaldvegetation der höheren Lagen und vor allem die Misch- und Laubwaldregion der Hänge in etwa 1000 m Höhe fast vollständig vernichtet worden. Buschwald- und Grassteppenvegetation sind als Sekundärbewuchs aufgekommen. Einige Flächen mögen vielfach gebrannt und genutzt worden sein. Durch jahrhundertelangen Bergbau, Köhlerei und Brennholzentnahme wurden ausgedehnte Waldbestände der vorkolonialen Zeit vernichtet. Wegen der tiefen Einschnitte sind auf kurze Entfernungen Übergänge in heiße Täler mit fast tropischer Vegetation vorhanden, wo Palmen, Bananen und Feuchtwald gedeihen. Die warme Luft vom mexicanischen Golf hat durch zahlreiche Täler Zugang. Schneefall kommt in der Sierra Madre Oriental nur selten auf einigen der höchsten Gipfel im Norden vor.

Die Hauptvulkanreihe der Meseta Neovolcánica, die *Sierra Neovolcánica Transversal,* auch *Serranía de Anáhuac* oder *Cordillera Volcánica* genannt (Tab. S. 22), im zentralen Bereich zwischen *Morelia* und *Ciudad de México,* bildet den südlichen Rand des Hochlandsockels. Diese große transkontinentale Vulkanzone verläuft etwa auf dem 19. und 20. Breitenkreis und ist etwa 880 km lang. Sie beginnt nahe der pazifischen Küste mit dem Vulkan *Ceboruco* (2164 m) und dem *Nevado de Colima* (4265 m, *Bild 2*) und ent-

Bild 3. Vulkan Popocatépetl. Blick von O: Der Vulkan ist 5452 m hoch, der Krater mißt 850 × 750 m im Durchmesser und ist 480 m tief. Der Vulkan hatte viele Ausbrüche in historischer Zeit. Der Krater erhielt durch die Tätigkeit, die in den Jahren 1919–27 stattfand, seine jetzige Form. Die oberen Regionen sind vergletschert bzw. ganzjährig mit Schnee bedeckt. Im Hintergrund der Nevado de Toluca. (Compania Mexicana Aerofoto S. A., México; Bild-Nr. 5162)

hält im Ostteil mit den schneebedeckten Vulkanen *Popocatépetl* (5452 m), *Ixtaccíhuatl* (5286 m) und *Citlaltépetl* (*Pico de Orizaba,* 5747 m [andere Angabe 5700 m]) die höchsten Berge Mexicos (*Bild 3* u. *4*). Nahe an der Golfküste liegt der 4282 m hohe Vulkan *Cofre del Perote.* Abgesetzt von dieser Vulkanreihe erheben sich die Vulkane von *Tuxtla – San Marcos* (1550 m) aus der Golfküstenebene. Die Vulkane *Jorullo* (von 1759) und *Paricutin* (2575 m, von 1943) sind rezenter Entstehung (Abb. 10, 15, *Bild 9*).

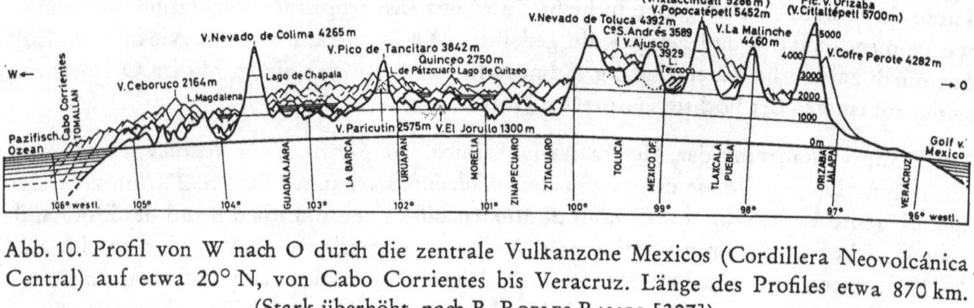

Abb. 10. Profil von W nach O durch die zentrale Vulkanzone Mexicos (Cordillera Neovolcánica Central) auf etwa 20° N, von Cabo Corrientes bis Veracruz. Länge des Profiles etwa 870 km. (Stark überhöht, nach R. Robles Ramos [307])

Bild 4. Vulkan Ixtaccíhuatl. Blick von SW: Der 5286 m hohe Vulkanrücken mit der 4 km langen Kammlinie, an drei Stellen mit Gletschern bedeckt, die bis zu 4600 m Höhe herunterreichen. Die Waldgrenze reicht stellenweise bis etwa 4200 m hinauf. Wegen seiner langgestreckten Form wurde dieser Vulkan von den Indianern „Schlafende Prinzessin" genannt. Bildmitte vorne und Bild rechts: der Diamantes Cañon. An der Ostflanke bilden sich vormittags Wolken. (Compania Mexicana Aerofoto S. A., México; Bild-Nr. 16823; aufgenommen am 7. 2. 1962)

Die *Meseta Neovolcánica* ist ein Gebirgskomplex sehr unterschiedlicher Höhe und Oberflächenform. Tausende von Vulkanen, Aschenkegeln, „*Picos*", und einzelnen Mesas gehören zu ihrem Formenschatz und sitzen dem Hochland auf (Abb. 21). Dieser Hochlandkomplex hat durch den Vulkanismus gestörte Abflußverhältnisse und enthält in 2000 bis 2400 m Höhe die von spättertiären und quartären Seenablagerungen erfüllten Becken von *Toluca, México, Puebla* und *Perote, Chalchimilco (Llanos von San Juan)*. (Abb. 11 u. 138). Die Höhenlage der Beckenlandschaften beträgt im O 2345 m, in *México D. F.* 2240 m, im oberen *Rio Lerma*-Gebiet (Hochtal von *Toluca*) 2600 m, im *Rio Lerma*-Tal 2200 m, im Becken von *Pátzcuaro* 2050 m, im Becken von *Cuitzeo* 1900 m, im Becken von *Chapala* 1500 m, im Becken von *Paracho* 2150 m, im Becken von *Uruapán* 1600 m, im Becken des Vulkans *Parícutin* 2180 m. Diese Becken gehören zur großen zentralen Hochebene, der „*Altiplanicie*" Central. Sie sind Kernlandschaften alter mexicanischer Kulturen (Abb. 8 a). Die Seen von *Chapala, Pátzcuaro* und *Cuitzeo* sind noch erhalten.

Die Sierra Neovolcánica fällt nach S streckenweise sehr steil zur Senke des *Rio Balsas (Rio Mezcala)* ab. Der südliche Abfall des zentralen mexicanischen Hochlandes ist eines der auffallendsten und bedeutendsten orographischen Phänomene Mexicos. Er ist tektonisch als verlängerte Bruchzone der vom *Pazifischen Ozean* von W nach O streichenden *Clarión*-Verwerfung zu verstehen (Abb. 15). Schon von A. v. HUMBOLDT wurde sie als große

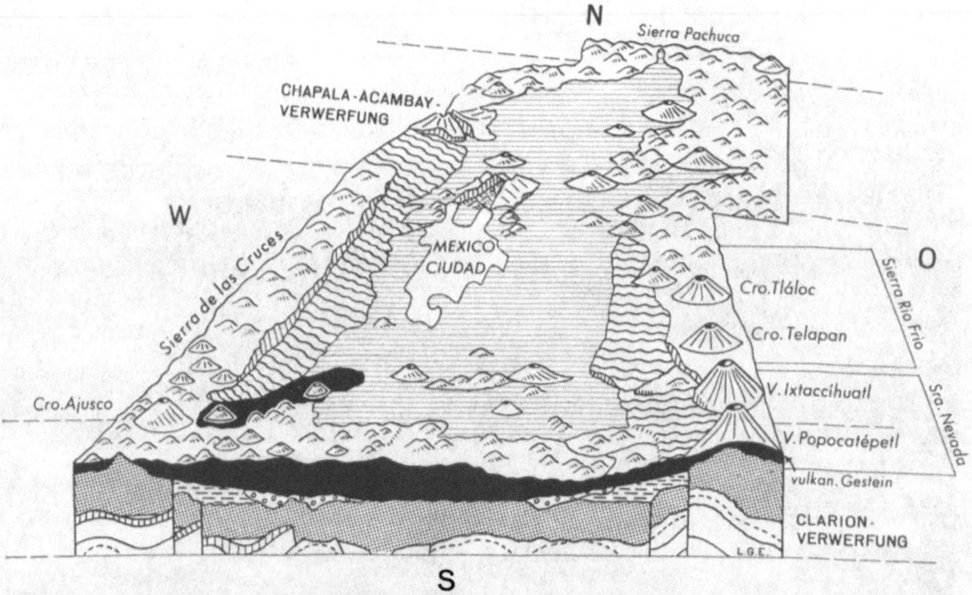

Abb. 11. Das Hochtal von México (Blockdiagramm). (Nach F. MOOSER aus „Mesas redondas sobre problemas del Valle de México")

Bruchzone erkannt. Streckenweise ist der Abfall über 1000 m mit bis zu 45° Hangneigung ausgebildet. Südlich der Strecke zwischen *Toluca* und *Ciudad de México* ist der Abfall rampenartig ausgebildet, durch zahlreiche Lavaergüsse der zentralen Vulkane bedingt, die rinnenartig zerschnitten sind. Über diese Rampe führen die somit natürlich bedingten Trassen der Verkehrswege von *México D. F.* ins Becken von *Cuernavaca*. Streckenweise ist der Abfall der Sierra sehr aufgegliedert, wie südlich von *Morelia*, wo die Landschaft „*Mil Cumbres*" (Tausend Hügel) genannt wird (Abb. 138).

„Der zum Rio Balsas abfallende Hang, der sehr unterschiedliche morphostrukturelle Einheiten umfaßt, und zwar große Höhlen komplexen Ursprungs, deren Boden sich zwischen 1500 und 600 m abstuft, enthält nordsüdlich gerichtete Wölbungen kretazischer Kreiden zwischen 1200 und 2000 m und ausgedehnte Fladen andesitischen und rhyolitischen vulkanischen Gesteins oligozänen und miozänen Alters, die in Steilhängen von unregelmäßigen Umrissen enden." P. BIROT.

Die **Balsas-Senke,** „*Gran Valle del Sur*" genannt, ist tektonisch bedingt (Abb. 15). Sie trennt den Hochlandsockel Zentral- und Nordmexicos von Südmexico. Die Senke weitet sich von W nach O aus. Sie wird vom Flußsystem des *Rio Atoyac – Rio Mezcala – Rio Balsas* und dem aus NW kommenden *Rio Tepalcatepec,* der mit dem Rio Balsas zusammenfließt, entwässert. Die Balsas-Senke hat heiß-trockenes Klima und ist bis auf wenige Querverbindungen von N nach S sehr unzugänglich und verkehrstechnisch wenig erschlossen. Es gibt dort ein stark gegliedertes Kleinrelief mit vielen Hügeln. Nord- und Südrand sind von vielen kurzen, steilen Flüssen sehr stark in viele hundert oft V-förmige Täler zergliedert. Im Bereich der Balsas-Senke, die einen komplizierten stratigraphischen Aufbau hat, kommen paläozoische und mesozoische Gesteine vor.

Die nördlichen Küstenländer sind nach W und O gegen den großen Hochlandsockel abgesetzt. Das pazifische Küstenland besteht im S aus einer Felsebene, die von einzelnen Bergen überragt wird. Nach N zu steigt das Land zu der Inselberg-Ebene von *Sonora* an [190, 1115]. Im N erreicht das Relief die Höhenlagen der inneren Plateaus. Viele Berge sind vulkanischer Entstehung. Die sporadischen Niederschläge in Sonora können die Schuttmengen nur zum Teil zum Meere hin abtransportieren, so daß Schwemmebenen um die Restberge verteilt sind. Entwässerungsrinnen laufen häufig zu drei Vierteln des Umkreises rings um die Berggruppen. Die pazifische Küste hat ausgedehnte Schwemmland- und Lagunenstreifen, die vielerorts von einzelnen felsigen Bergen und Steilküstenstrecken unterbrochen sind. An derart gebildeten felsigen Buchten entstanden die Häfen *Guaymas, Mazatlán, Topolobampo, Manzanillo,* weiter südlich *Acapulco* (*Bild 81* u. *82*). Die Flüsse *Rio Yaqui, Rio Mayo* und ein Dutzend andere schütten ihre *Deltas* vor die Küste Sonoras und Sinaloas, wo ausgedehnte Strandwallebenen und Nehrungen entstanden sind. Es wurden Haffs, „*Lagunas*" bzw. „*esteros*" genannt, gebildet, vor deren Mündungen „*Bocas*", Barren, liegen. Da dort eine ausgeprägte Trockenzeit eintritt, herrscht je nach der Niederschlagsmenge Trockenwald mit Laubfall, Dornwald bzw. Dorn- und Kakteengebüsch als Vegetationsformation vor. Mit ihren von den Staubecken am Gebirgsrand gespeisten Bewässerungskulturen im Gebiet pazifischer, subtropischer, arider und semiarider Zonen stellen diese *Flußoasen* ein Pendant zu denen *Perus* dar.

Das nördliche Küstenland des *Golfes von Mexico* wird von Felshügeln überragt. Es weist eine Reihe von Kalksierren auf, die sich am Ostrand der hohen Sierra Madre Oriental erheben (in *Tamaulipas*). Dort tritt kristallines Gestein zu Tage, eine Erscheinung, die für den Bau des Kontinents von Bedeutung ist [109, 127, 131, 133, 134, 1141] (Abb. 14 u. 15). Zum Meere hin liegt ein fast geschlossener schmaler *Lagunenstreifen* vor dem inneren Küstenland, der aber vom Osthang der Meseta Neovolcánica und von der Vulkangruppe von *Tuxtla* unterbrochen wird [1142]. Die Küstenebene wird am Unterlauf des *Rio Grande* breit. Der *Rio Grande del Norte (Rio Bravo)* ist der größte Fluß Mexicos, ein typischer Wüstensteppenfluß mit 2800 km Länge; er ist auf 1500 km Länge Grenzfluß nach den USA. Das breite kies- und geröllerfüllte Bett wird zu drei Vierteln des Jahres nur von einem dürftigen Rinnsal durchflossen. Während der Regenperiode wird das Gewässer zum wilden, brausenden Strom (vgl. Abschn. Bewässerung). Im Bereich der Mündung hat der Fluß ein flaches Delta geschüttet, das von Lagunen gesäumt wird *(Laguna Madre)*. Die Landschaft ist mit Trockenbusch-Vegetation bestanden.

Südmexico zwischen der *Balsas-Senke* und dem *Isthmus von Tehuantepec* besteht zum größten Teil aus Bergland. Parallel zur pazifischen Küste erstrecken sich die einzelnen Gebirgskomplexe, die zusammenfassend als „*Sierra Madre del Sur*" bezeichnet werden. Die Sierra ist 1200 km lang, 100 bis 150 km breit und verläuft von NW nach SO. Die Gipfel erreichen an einigen Stellen 3000 m, meist nur 2200 m Höhe. Der Gebirgskomplex von *Oaxaca* besteht aus mehreren Becken, Tälern, Hochebenen und Bergketten und -massiven, die ein zentrales Binnenland umschließen, das mit der Hochtalsenke von Oaxaca seine markanteste morphologische Einheit zeigt. Dieses Tal ist dicht besiedelt und war schon zu präkolonialer Zeit das Wohngebiet der Zapoteken. Der westliche Teil, zur Balsas-Senke hin, wird als *Sierra Mixteca bezeichnet* (Abb. 15, *Bild 5*). Die 2000–2800 m hohe *Sierra Madre del Sur* liegt südlich des *Balsas*-Tales, wo mächtige, umfangreiche Massive von Granodiorit-Batholiten und paläozoische Schiefer vorkommen,

Bild 5. Gebirgslandschaft in Oaxaca, Südmexico (Sierra Mixteca) (Lage: etwa 100 km nordwestlich der Stadt Oaxaca). Infolge Erosion ist die Landschaft stark zerschnitten. Das Gelände ist schwer zugänglich und von soil erosion betroffen. Verbindungswege und Anbauflächen liegen auf den etwas abgeflachten Kämmen. In diesem Bereich wurde seit langer Zeit indianischer Feldbau betrieben. An einzelnen Hängen sind indianische Langstreifenfluren zu erkennen. (GIERLOFF-EMDEN Juli 1964)

deren Heraushebung im beginnenden Tertiär liegen muß (P. BIROT). Das Bergland von Oaxaca ist bisher geologisch und morphologisch nur wenig erforscht und auch topographisch nur unvollkommen aufgenommen. Da sowohl Granite als auch Kreidekalke vorkommen, ist das Relief entsprechend der unterschiedlichen Gesteinskomplexe vielgestaltig. „Wer durch den Staat *Oaxaca* gefahren ist, hat sie in allen ihren Schattierungen kennengelernt: in ihren unerhörten Steilhängen, scharfen Rücken, zerfressenen Quellbuchten und messerscharfen Tälern, in klotzigen Massen und kühnen Pyramiden, zersägten Graten und wirren Felsstürzen, in den rostbraunen, giftgrünen, aluminiumstumpfen, schneeweißen, karminroten oder ockergelben Farben ihrer verglühten Böden, im stachligen Gewand bleistiftdürrer Säulenkakteen, im dornigen Gestrüpp verfilzter Mimosenwälder und immer wieder in der nackten, steinigen, zerfurchten Kahlheit, die der Mensch ihr durch seinen Raubbau erbarmungslos zugefügt hat." K. HELBIG [1392] (*Bild 5*).

Der Südabfall zur pazifischen Küste ist steil und durch tektonisch komplizierten Bau sehr unregelmäßig gestaltet. Nach NO schließen sich gefaltete Bergketten an, und viele nach NO fließende Flüsse haben in der dort teils auch plateauartigen Landschaft die Pultschollen zerschnitten. Ein steiler Gebirgsfuß zur Golfküstenebene von *Veracruz* ist durch Vorsprünge fingerförmig aufgegliedert.

Der **Isthmus von Tehuantepec** bildet landschaftlich die Grenzregion zum zentralamerikanischen Mexico. Nur die *Sierra Atravesada* führt verbindend als orographisches Element in Form einer Hügelkette vom Bergland von Oaxaca über den Isthmus nach S zum Bergland von *Chiapas*. Diese Sierra ist etwa 100 km lang, die mittleren Höhen betragen 500 m [1198, 1204].

Chiapas bildet landschaftlich einen größeren zusammenhängenden Komplex. Chiapas ist mit einer küstenparallelen Gliederung von Bergketten und Tälern in Richtung NW-SO dem Bauplan Mittelamerikas entsprechend gestaltet (Abb. 12, 13 u. 15). Die *Sierra Madre von Chiapas* wurde durch Krustenbewegungen des Randes des pazifischen Ozeans aufgerichtet. Der östliche Teil der Sierra Madre de Chiapas trägt Vulkane, z. B. den 4117 m hohen *Tacaná*, über den die Grenze nach *Guatemala* verläuft. Parallel zur Pultscholle der Sierra Madre von Chiapas, die aus kristallinem Gestein aufgebaut ist und ihren Steilabfall zum pazifischen Ozean hat, folgen jeweils nach N anschließend die Landschaften des *Rio Grijalva-Tales*, der *Meseta Central* und der Kalkgebirgsketten von *Lacandones*, an deren Nordrand zum Tiefland von *Tabasco* es tropische Kegelkarstformen gibt [1210, 1218, 1330] (Abb. 12 u. 13, *Bild 6*). Das Vegetationsbild von Chiapas ist den Reliefverhältnissen angepaßt [1209,1211, 1212, 1213]. Vom Pazifischen Ozean her werden nach NO Trockenbusch, Buschwald, tropischer Feuchtwald, Kiefernwald (hohe *Sierra Madre*), Buschsavanne (Valle Central de Chiapas), Buschsteppe, winterkühle Höhentrockensteppe und schließlich zum Tiefland von Tabasco hin tropischer Feuchtwald durchquert [1213] *(Bild 6, 10 und 11)*.

Soconusco, mit der pazifischen Tieflandflachküste, ist von Lagunen gesäumt und setzt sich nach W bis zur Küstenebene von *Tehuantepec* fort [1209].

Am Golf von Mexico umgibt eine breite Küstenebene den *Golf von Campeche* mit besonders flachem untermeerischem Abfall des Schelfes auf die breite *Campeche-Bank* im Golf von Mexico, eines der Hauptfischereigebiete des Landes. Auf der Bank gibt es *„Cayos"*, sandüberdeckte Korallenklippen. Im O in *Tabasco*, also im mittelamerikanischen Abschnitt, ist das Küstenland als wasserreiches Schwemmland der Flüsse Rio Grijalva und Rio Usumacinta ausgeprägt, das von unzähligen Flußadern durchsetzt ist (Abb. 13 u. 115, *Bild 7*). Ähnlich ist die Küstenebene des *Rio Papaloapán* gestaltet (Abb. 113).

Besonders wasserreich sind der *Rio Grijalva* und der *Rio Usumacinta*, beide über 700 km lang. Ihre Quellen liegen nahe beieinander im Hochland der *Altos Cuchumatanes* in Guatemala. Sie umfließen Nordostchiapas, treffen sich im Tiefland von Tabasco und sind über lange Strecken für kleine Fahrzeuge schiffbar (Abb. 114). Das atlantische Küstenland wird von *Lagunen* umsäumt. Die zum Golf von Mexico entwässernden Flüsse *Rio Pánuco* und *Rio Papaloapan* entsprechen nach ihrer Länge der Weser, entspringen im 2000 m hohen Gebirge und durchfließen den 100 km breiten Küstenstreifen als Flachlandflüsse. In diesem Bereich mäandrieren sie stark und sind 100 bis 250 km aufwärts von ihren Mündungen bei Tampico und nahe *Veracruz* schiffbar.

Das Küsten- und Flachland von Veracruz und Tabasco am Golf von Campeche erhält hohe jährliche Niederschlagsbeträge. Tropische Schwüle ist vorherrschend. Dort hemmten

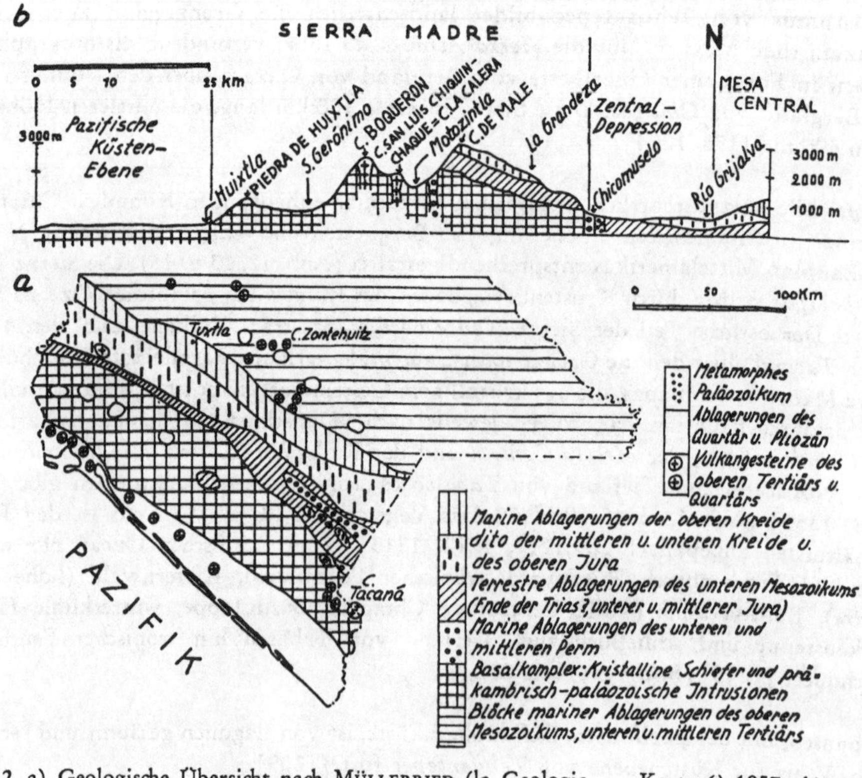

Abb. 12. a) Geologische Übersicht nach MÜLLERRIED (la Geologia . . ., Karte 6) 1957. b) Geologisches Profil durch das südöstliche Chiapas von S nach N. (Nach MÜLLERRIED: La Contribución . . ., 1948. Aus K. HELBIG [1210])

bis zur Gegenwart Malaria und andere Tropenkrankheiten die Entwicklung der Kulturlandschaften (Abb. 31).

Das pazifische Südmexico zwischen Balsas-Senke und Isthmus ist ein trockenes Land. Buschvegetation bedeckt riesige Areale. Wegen der lokal wechselnden Höhenlagen und Niederschlagsverhältnisse gibt es viele Pflanzenarten und -gesellschaften. Auffallend sind die vielen Haine wildwachsender Fruchtbäume, wie Orangen, Zitronen, Quitten, Granatäpfel, Feigen, *Mamey*, *Zapote*, *Papaya* und *Chirimoya*. Über 2000 und 2500 m Höhe kommen die Hochgebirgswälder der *Tierra fria* vor, Mischwälder aus Eichen, Kiefern, Tannen und Zypressen. Die pazifische Küste von *Guerrero* und *Oaxaca* hat warmes, aber durch Seewinde erfrischendes Klima (Badeorte *Acapulco* und *Manzanillo*).

Die Halbinsel Yucatán ist im wesentlichen als flache verkarstete Kalktafel ausgebildet [1225]. Die 450 km lange und 350 km breite Halbinsel stellt den nördlichsten Teil der mittelamerikanischen Landbrücke dar [1224, 1226, 1228]. Sie grenzt den Golf von Mexico vom Karibischen Meer ab. Die Küsten sind flach und entlang großer Strecken – im N ganz – von schmalen, 0,5 bis 1 m tiefen, mangroveumstandenen Lagunen und Nehrungen,

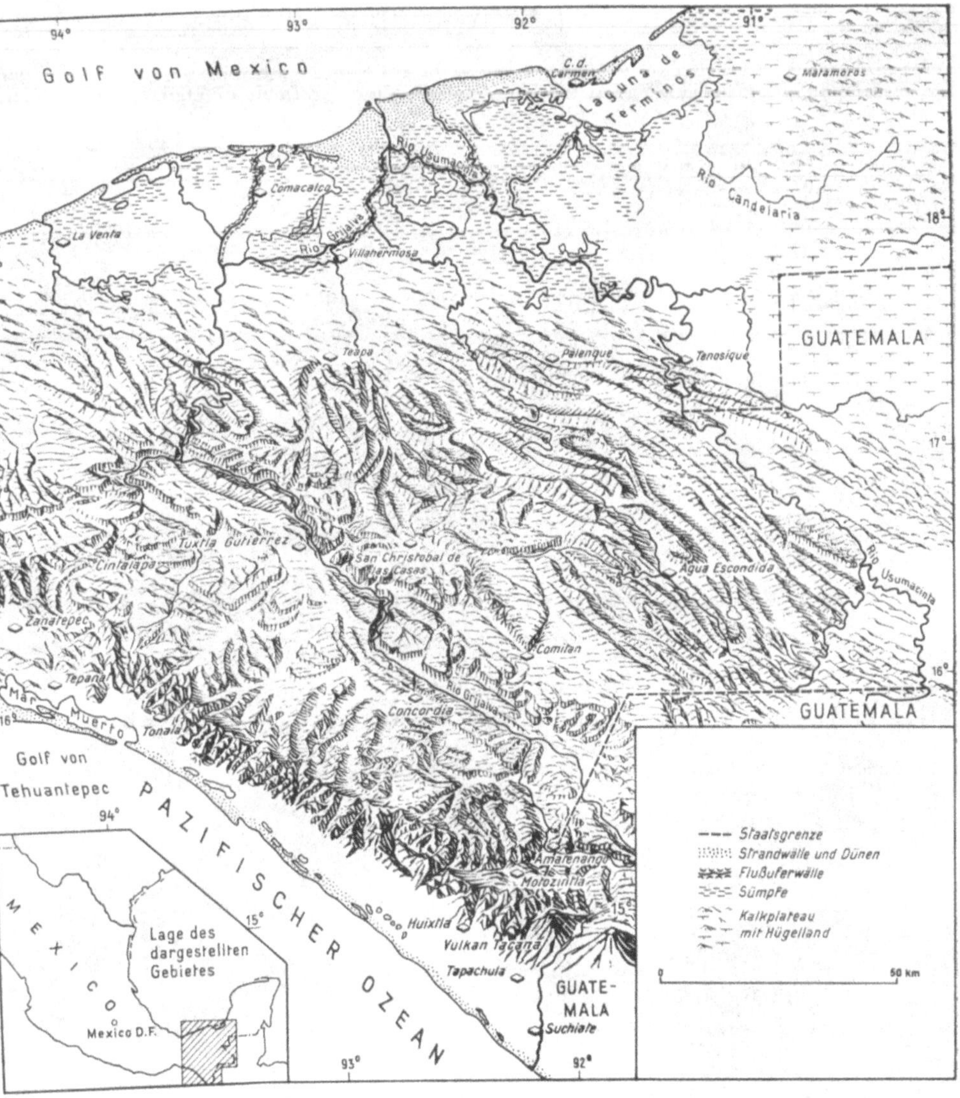

Abb. 13. Morphographische Skizze der Landschaften Chiapas und Tabasco in Mexico. (Entwurf: GIERLOFF-EMDEN 1966. Unterlage: Karte von E. RAISZ u. a.)

„*Ciénagas*", gesäumt [1222]. Eine scharfe natürliche Landschaftsgrenze zum Süden besteht nicht [1229]. Die Halbinsel reicht nach S bis an die *Petén*-Bergkette nördlich des *Rio Usumacinta*. Die breite Urwaldzone der guatemaltekischen Provinz *Petén* schließt die Halbinsel verkehrsmäßig von der Festlandsbrücke ab. Zum Bereich der Halbinsel gehören die zwei mexicanischen Staaten *Campeche* und *Yucatán* und das Territorium *Quintana Roo* sowie *Britisch-Honduras (Belize)* und die guatemaltekische Provinz *Petén*, zusammen etwa 180 000 km² [1232]. Der Flächenanteil Mexicos beträgt 139 800 km².

Bild 6. Cañon von Sumidero (Chiapas). Der Cañon von Sumidero (auch C. Infernillo genannt) stellt den Durchbruch des Rio Grijalva aus seinem großen Längstal nach N in Richtung Tabasco dar. Der Fluß heißt in diesem Abschnitt auch Rio Grande de Chiapa. Der Cañon erstreckt sich über eine Länge von etwa 10 km. Die Fläche zu beiden Seiten liegt etwa 1000 m über dem Meere. Der Cañon ist bis zu 700 m tief eingeschnitten. Der Cañon liegt nahe nördlich von Tuxtla Gutiérrez (vgl. Abb. 13). (Compania Mexicana Aerofoto S. A., México; Bild-Nr. 6456)

Bild 7. Flußufer und Sumpflandschaften am Rio Usumacinta. Schlingen des Rio Usumacinta mit dem Ort Chablé, ca. 115 km ostwärts Villahermosa. Der Fluß ist entlang dieser Strecke Grenzfluß zwischen Tabasco im N und Chiapas im S. An den Flüssen Rio Usumacinta und Rio Grijalva gibt es ausgedehnte Flußuferwälle, die zum Teil später durch neue Schlingen abgeschnitten worden sind. Dazwischen gibt es Süßwasserseen. In diesen Sumpflandschaften sind die Flußuferwälle zum Teil als Siedlungsgrund (Chablé) und zum Anbau von Kokos oder Kakao genutzt (gegenüber Chablé). In dem schwer zugänglichen Gelände gibt es nur wenige Straßen, die ganzjährig passierbar sind; Fahrweg: im Bilde rechts (vgl. Bild 11). Während der aus den Bergen kommende Rio Usumacinta reich mit Schwebstoffen beladen ist (helle Farbe), bringen die aus den Seen und Sümpfen kommenden Nebenflüßchen schwebstoffarmes Wasser (s. Verwirbelung des Zuflusses bei Chablé). Kleinere Flußläufe in sandigen Bereichen haben Galeriewälder: Bildmitte oben. Ortslage von Chablé vgl. Abb. 115. (Compania Mexicana Aerofoto S. A., México; Bild-Nr. 1223–38; aufgenommen am 16. 11. 1955; Maßstab: ca. 1 : 45 000)

Die Halbinsel ist aus tertiären und quartären Kalken aufgebaut, deren Schichten fast waagerecht liegen [1225]. Von der Nordwestecke Yucatáns erstreckt sich nach SO eine Kalkhügelkette, die *Sierrita de Ticul*, von 300 m Höhe und 200 km Länge, die als 40 m hohe Steilstufe von N her ansteigt. Der Osten der Halbinsel, *Quintana Roo*, wird von parallel streichenden Felsriegeln in eine amphibische Landschaft mit schmalen langen Wannen gegliedert [1221, 1230].

Das Klima von Yucatán ist heiß und z. gr. Teil feucht und hat eine kurze Trockenzeit (1000 bis 1200 mm Jahresniederschlag). Buschwald, 8 bis 10 m hoch mit Laubfall zur Trockenzeit, und Hochwald, „tall dry forest", bedecken den größten Teil der Halbinsel (*Bild 8 u. 22*). Im Süden, nach Petén zu, gibt es tropischen Regenwald. Die Nordwestecke von Yucatán ist niederschlagsarm (*Progreso* 472 mm im Jahr), so daß dort Kakteensteppe mit xerophilen Sträuchern das natürliche Vegetationsbild bestimmt. Der Einfluß von Kaltlufteinbrüchen *(Northers)*, die aus den USA über den mexicanischen Golf

Bild 8. Rodungsfluren und Cenote bei Sincehuel, südwestlich Mérida auf Yucatán. Die Feldfluren der indianischen Kleinbauern sind meist annähernd rechteckig, zum Teil von unregelmäßigem Umriß und durch Hecken und kleine Steinmauern voneinander getrennt. Als Wasserreserve dienen flache Becken auf der Kalktafel, Aguadas (im Bilde links), oder tiefe, dolinenartige Löcher, Cenotes (in der Bildmitte). (GIERLOFF-EMDEN Juni 1964, Luftbild)

kommen, kann kurzfristig Temperaturfall mit Minima bis zu 8 °C zur Folge haben. Etwa einmal im Jahrhundert wird die Halbinsel von einem schweren Hurrikan erreicht. Berichte darüber liegen vor aus den Jahren 1464, 1560, 1661, 1766, 1931, 1950. In der *Karstlandschaft* von Yucatán war die Wasserfrage bestimmend für Kultur, Wirtschaft und Besiedelung [1232].

Geologische Übersicht

Über die Verteilung der Gesteinsformationen Mexicos gibt eine geologische Übersichtskarte in vereinfachter Form dem Geographen eine erste Auskunft (Abb. 14, nach P. B King [131, 1016]). Während der vergangenen Jahre sind einige geologische und tektonische Übersichtskarten herausgegeben worden: *„Carta geológica de la República Mexicana“* 1 : 2 000 000 [1012, 1013] und *„Tectonic Map of Mexico“* 1 : 2 500 000 [1026].

Für die Erforschung und Kartierung der geologischen Verhältnisse bieten die einzelnen Regionen des Landes sehr unterschiedliche Bedingungen. Während im mittleren und nördlichen Teil des großen Hochlandblockes sowie im pazifischen Westen und auf der Halbinsel Baja California eine Kartierung mit Hilfe von Luftbildern und Stichproben schnell durchführbar ist, da die Trockengebiete mit schütterer Vegetation bedeckt sind, und in den Wüstengebieten eine flächenhafte Aufnahme wegen des „Einblickes“ in die Gesteinsverhältnisse möglich ist und für Stichproben zahlreiche Aufschlüsse vorhanden sind, sind große Areale der Sierren wegen dichter Vegetationsbedeckung schwierig zu kartieren [136].

Geologische Geschichte und Bau Mexicos werden von A. J. Eardley [109], G. L. Murray [208], P. B. King [133], C. Schuchert [145] und Zoltan de Cserna [108] u. V. R. Garcias y T. C. Chapin [118] zusammenfassend dargestellt. Spezielle Literatur zu diesem Thema ist sehr zahlreich [102 bis 150]. Als ältere zusammenfassende Arbeiten seien hier die des deutschen Geographen K. Sapper [144], dem zu Ehren die Region von *Chiapas-Guatemala* als *„Sapperland“* benannt wurde, und die des deutschen Geologen W. Freudenberg [114] genannt. Die Mehrzahl der jüngeren Arbeiten wurde von Geologen der USA und Mexicos geleistet.

In Südmexico bildet die *Sierra Madre de Chiapas* mit kristallinem Kern und permischen Sedimenten die westlichste Fortsetzung des „Sapperlandes“, des Kerngebietes der zentralamerikanischen Landbrücke [139] (Abb. 15). Überlagert werden diese Bildungen durch mesozoische Schichten. Nach N und NW anschließend folgen NW-SO streichende schwach gefaltete Schichten der oberen Kreide und des Tertiärs (Abb. 12). Die Mitte von *Yucatán* wird durch flach lagernde Sedimente des Jungtertiärs gebildet. Westlich der Landenge von Tehuantepec folgen entlang der pazifischen Küste die Bergländer von *Chimaltepeque, Oaxaca (Sierra Madre del Sur), Michoacán* und *Jalisco* mit paläozoischen metamorphen Kerngebieten und sedimentären Deckschichten überwiegend jurassischen und kretazischen Alters [115, 141, 143]. Nach N schließt die Zone der jungen Vulkanbildungen an. Sie ist vorwiegend aus andesitischen Laven aufgebaut und vom Typ des synorogenen Vulkanismus. Am Westhang der *Sierra Madre Occidental* und im Bergland von Sonora treten unter Vulkaniten und Schwemmlandbildungen permische, triassische und kretazische Sedimente, im nordwestlichen Sonora auch präkambrische Gesteine an die Oberfläche [122] (Abb. 14). Diese Partien streichen von NNW nach SSO [132]. Im östlichen Mexico streichen die Faltenbögen der *Sierra Madre Oriental* in NW-SO- und NNW-SSO-Richtung, in den Sierren von *Parras-Mazapil* von O nach W [106, 123, 124, 126, 132]. Die Gesteinsfolgen dieser Gebiete haben jurassisches, zum überwiegenden Teil aber kretazisches Alter, und sind gefaltet wie im Schweizer Faltenjura [121, 136].

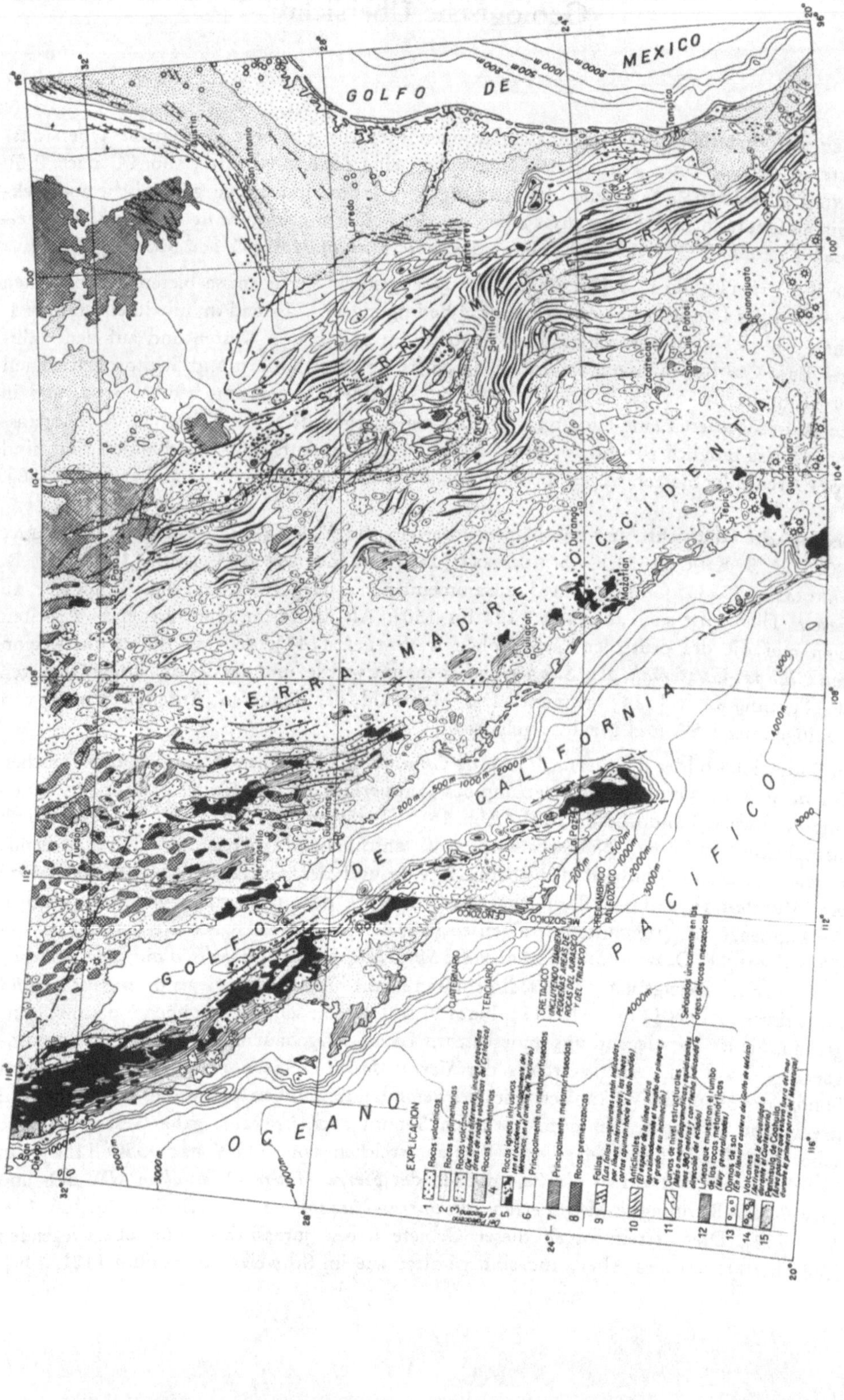
GOLFO DE MEXICO
SIERRA MADRE ORIENTAL
SIERRA MADRE OCCIDENTAL
GOLFO DE CALIFORNIA
OCEANO PACIFICO
Austin
San Antonio
Laredo
Monterrey
Saltillo
Tampico
Torreón
Zacatecas
San Luis Potosí
Guanajuato
Durango
Guadalajara
Tepic
Mazatlán
Culiacán
Chihuahua
El Paso
Hermosillo
Guaymas
Tucson
La Paz
San Diego
EXPLICACION

Nach O bzw. NO bilden tertiäre Sedimente (Paläozän bis Miozän) einen dem Küstenverlauf angeglichenen Kranz um den Golf von Mexico [226, 227, 140, 135]. Die umfangreichste Zusammenfassung über das Golfküstenland gab G. L. Murray [208].

Baja California ist von kristallinen und vulkanischen Bergzügen aufgebaut, die, zu Pultschollen aufgekippt, im Verlauf der Halbinsel streichen [103, 1094] (Abb. 16).

Geologischer Bau und Bergbaulagerstätten in Mexico. Tektonik. Wegen des Vorkommens wertvoller abbauwürdiger Lagerstätten ist Mexico seit der frühesten Kolonialzeit das bedeutendste mineralproduzierende Land des mittelamerikanischen Raumes und zeitweise eines der bedeutendsten der Erde gewesen [119]. Das Gold der präkolonialen indianischen Hochkulturen lockte die Eroberer an (vgl. Abschn. Gold in Mexico und Bergbau).

1961 erschien die „*Tectonic Map of Mexico*" 1 : 2,5 Mill. von Zoltan de Cserna [1026]. Im Jahre 1960 erschien im Maßstab 1 : 2,5 Mill. eine neuere geotektonische Übersichtskarte. Geophysikalische und geologische Arbeiten seit 1950 konnten bedeutende Erkenntnisse über den Bau von Mexico bringen. Insbesondere ließen Arbeiten zur Geologie der Ozeanböden, vornehmlich von Wissenschaftlern aus den USA geleistet, den Bau des Landes im Zusammenhang mit den umliegenden Krustenpartien dieses Erdraumes erkennen (Abb. 15 u. 16) [213–238]. Die parallelogrammförmige Gestalt des südlichen Endlandes des Kontinentes Nordamerika läßt sich aus der geologischen Struktur erklären [108, 191, 215, 220, 221, 222, 223, 224, 238]. Die NW–SO verlaufenden Gebirgskomplexe und Verwerfungen des pazifischen Raumes (*San Andreas*-Verwerfung, *Mittelamerika-Graben*) werden von mehreren von WNW nach OSO verlaufenden Strukturlinien gekreuzt (*Clarión*-Verwerfung u. a.). Als Strukturelemente des Randes des Pazifischen Ozeans stellen die große *San Andreas*-Verwerfung, die im NW Mexicos, von Kalifornien, USA, in den Golf von Kalifornien verläuft, und die die nordwestliche Halbinsel Mexicos, Baja California, vom Festland abgrenzt, sowie *Golftrog* und *Mittelamerikagraben* als Tiefseegräben Strukturformen erster Ordnung der oberen Kruste dar. Als auffallendste morphologische Struktur Mexicos gilt der südliche Steilabfall des großen mexicanischen Hochlandblockes, der sich vom *Cabo Corrientes* am Pazifischen Ozean bis in

1 = Vulkanische Gesteine } Quartär
2 = Sedimentgesteine
3 = Vulkanische Gesteine (verschiedenen Alters, inkl. kleine Areale kretazischen Alters) } Tertiär
4 = Sedimentgesteine
5 = Kristalline Intrusivgesteine (im Westen vorwiegend mesozoisch, im Osten vorwiegend tertiär)
6 = Vorwiegend nicht-metamorphe Gesteine } kretazisch (inkl. kleine Areale
7 = Vorwiegend metamorphe Gesteine } der Jura und Trias)
8 = Prä-mesozoische Gesteine
9 = Verwerfungen (unterbrochene Linie bedeutet vermutet)
10 = Antiklinalen (nach Richtung und Ausdehnung)
11 = Strukturlinien (Intervall 330 m, Pfeil zeigt zur einfallenden Richtung) } nur im Bereich der mesozoischen Gesteine dargestellt
12 = Strukturlinien im metamorphen Gestein (generalisiert)
13 = Salzdome (in der Golfküstenebene)
14 = Vulkane
15 = Coahuila-„Halbinsel" (war während frühen Mesozoikums Land)

Abb. 14. Geologisch-tektonische Karte von Nord- und Zentralmexico. (Nach P. B. King, Kopie)

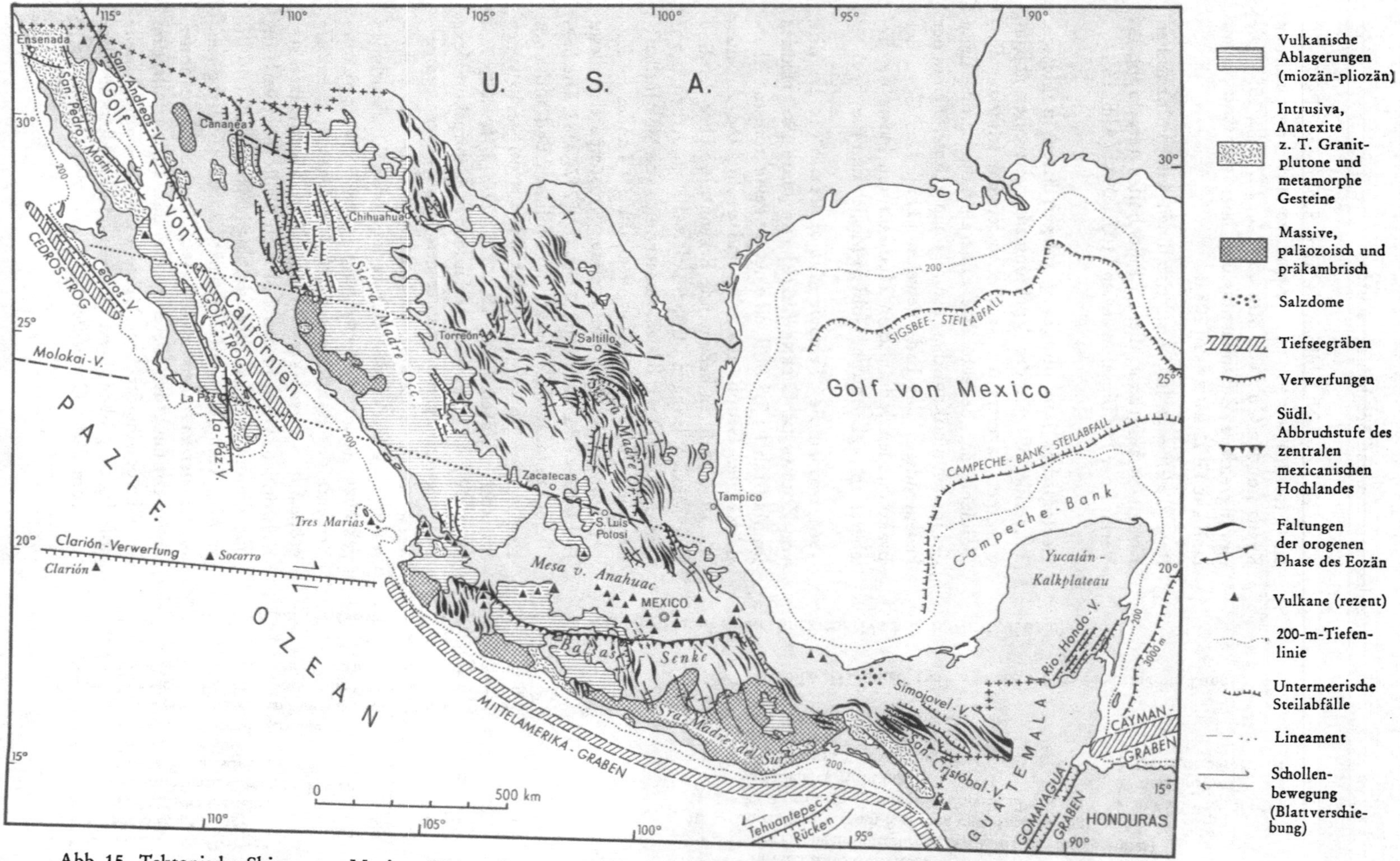

Abb. 15. Tektonische Skizze von Mexico. (Entwurf: GIERLOFF-EMDEN nach versch. Unterlagen, u. a. ZOLTAN DE CSERNA)

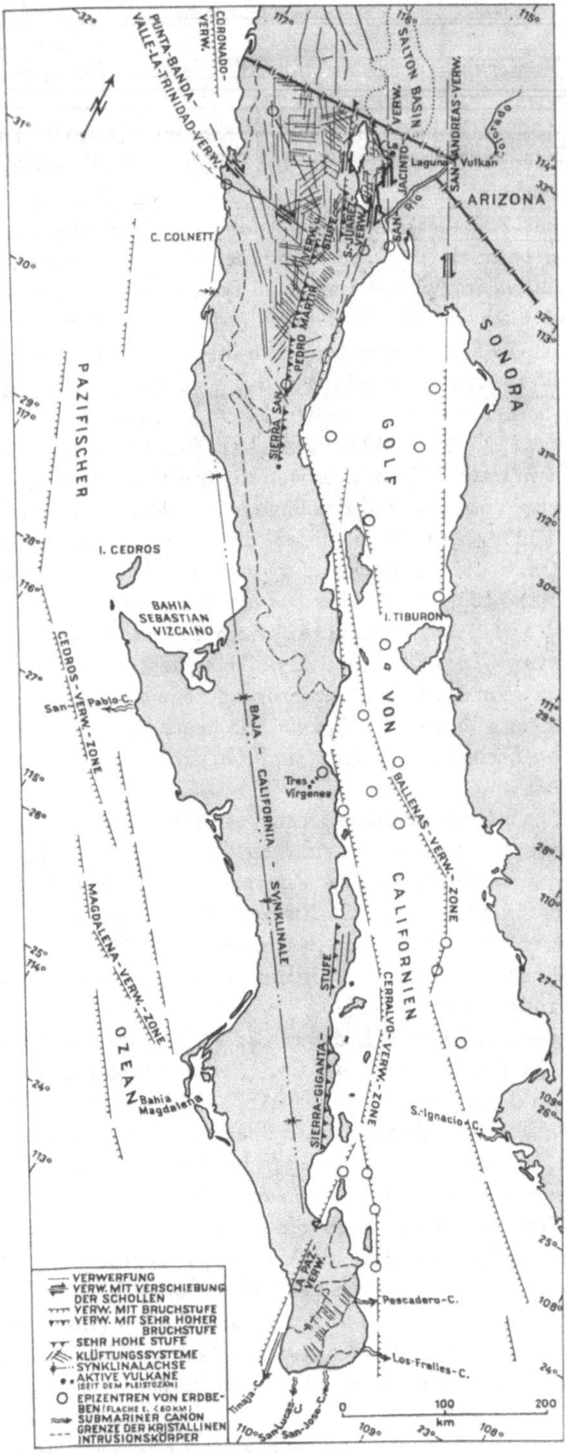

Abb. 16. Halbinsel Baja California. Tektonische Verhältnisse im pazifischen Nordwesten Mexicos. (Entwurf: GIERLOFF-EMDEN, nach verschiedenen Quellen)

Richtung zwischen *Veracruz* und der *Tuxtla*-Vulkangruppe fortsetzt. Auf die Bedeutung dieser Erscheinung wies A. v. HUMBOLDT hin (Abb. 15). In geschlossener Form reicht dieser, streckenweise über 1000 m hohe Steilabfall von *Colima* bis nach *Orizaba* über 700 km. Südlich von diesem Steilabfall erstreckt sich die tektonisch bedingte Senke des *Balsastales*, das den Süden Mexicos mit der Sierra Madre del Sur vom großen zentralen Hochlandblock trennt. Nördlich vom Steilabfall auf dem südlichen Rand des zentralen Hochlandes erstreckt sich zu ihm parallel der Streifen mit der Hauptvulkanreihe Mexicos zwischen dem Vulkan von *Colima* im Westen und dem Vulkan von *Orizaba* im Golfküstenland (Abb. 10). Diese geologisch und morphologisch in drei Streifen mit besonderen Charakteristika ausgestattete O-W-Struktur in der Mitte Mexicos ist als Verlängerung der untermeerischen *Clarión*-Verwerfung aufzufassen, die im Ostteil des Pazifischen Ozeans verläuft, vom *Hawaii*-Sockel aus zwischen den Inseln *Clarión* und *Socorro* auf das *Cabo Corrientes* zu gerichtet [223, 224, 142]. Parallel zu dieser *Clarión*-Verwerfung verlaufen jeweils im Abstand von etwa 300 km drei weitere Störungszonen von WNW nach OSO, die sowohl untermeerisch am Ostrand des Pazifischen Ozeans, als auch auf dem Festland nachzuweisen sind [223, 224]. Eine dieser Störungen verläuft über untermeerische Erhebungen am Ostrand des Pazifischen Ozeans über den Südteil der Halbinsel *Baja California* nahe La Páz [103, 1096], über das mexicanische Festland und Hochland von *Mazatlán, Zacatecas, San Luis Potosí* [1141] nach *Tampico* (Abb. 15). Als Fortsetzung kann der Steilabfall der *Campeche* Bank zum Tiefseebecken des Golfes von Mexico angesehen werden (Verf.). Im Verlauf dieser Störungszone sind die reichen und bekannten *Minengebiete* des Südens von *Baja California*, die heute nicht mehr bedeutend sind, und die des Festlandes von *Fresnillo, Zacatecas* und *San Luis Potosí* gelegen [1365] (Abb. 15 u. 17) (Verf.).

Etwa 300 km nach N versetzt, verläuft parallel zu den bisher genannten Strukturen ein Lineament (Störungszone), das vom Pazifischen Ozean über die Insel *Guadalupe*, den Südrand der Bucht von *Vizcaíno*, die *Tres Vírgenes* Vulkane Baja Californias [103] über *Navojoa, Torreón* im Zentrum des nördlichen zentralen Hochlandes von Mexico, *Saltillo* und nördlich der Sierra von *Tamaulipas* in den Golf von Mexico reicht [1141] (Verf.). Der Verfasser zeigte mit Hilfe von Satellitenfotos, daß dieses Lineament morphologisch westlich *Saltillo* aufzufinden ist.

Auf dieser Störungszone befinden sich die in der Kolonialzeit bedeutenden Minen von *Alamos* in *Sonora*, von *San Francisco del Oro, Santa Barbara* und *Hidalgo del Parral* in Süd-*Chihuahua* und die um *Saltillo* [115] (Abb. 15). Wiederum etwa 300 km nördlich lassen sich Strukturen vom Pazifischen Ozean über die nordwestlichen Gebirge von Baja California verfolgen, die von der *Punta Banda* bei *Ensenada* über den *San Matías*-Paß zwischen den Sierren von *Juárez* und *San Pedro Mártir* verlaufen, wo eine morphologisch spektakuläre Verwerfung innerhalb dieser Struktur ausgebildet ist [1104, 1094] (Abb. 16). Diese Störungslinie verläuft als *Murray*-Verwerfung vom Pazifischen Ozean auf *San Diego, USA*, zu, verzweigt sich dann zum *Colorado Delta* und *Ensenada* und durch *Nordsonora* und *Chihuahua* in Richtung auf die Provinz *Coahuila* [103]. Auf dieser Störungslinie liegen die in der Kolonialzeit bedeutenden Minengebiete von *Ojos Negros* östlich von *Ensenada*, die großen Minenbezirke von *Cananea* und *Nacozari* und um *Chihuahua* (Verf.) (Abb. 15).

Die hier beschriebenen Störungszonen sind in einzelnen Regionen Mexicos in der Detailform morphologisch klar zu erkennen. Das Hochtal von México (Abb. 11) [138] mit einer Umrandung zeigt die *Clarión*-Verwerfung am Südrand und zwei parallel laufende kleinere Verwerfungen in der Mitte, die *Chapala-Acambay*-Verwerfung über den *Cerro de Guadalupe* und am Nordrand der *Sierra Pachuca.* Die Erzvorkommen der Region *Pachuca* und *Mineral del Monte* zählen zu den bedeutendsten Mexicos. Tichy [1344] weist in seiner Arbeit auf die 200 bis 300 m hohe Stufe des *Blockes von Tlaxcala* am Nordrande des Hochlandes von Tlaxcala hin, *Colinas de Ixtacuixtla* und *Los Cerros Blancos* (Abb. 8 a).

Die *Sierren von Parras,* die den mexicanischen Hochlandsblock von Saltillo nach Torreón queren, deren morphologische Bedeutung in älteren Arbeiten nicht sehr hervorgehoben wird, und die das *Valle de el Salado (Bolsón* von *San Luis Potosí)* im S vom *Bolsón de Mapimí* im N trennen, bilden, wie auf Luftbildern und bei Begehung des Geländes erkannt werden konnte, den nach NW umbiegenden Hauptstrang der Sierra Madre Oriental, worauf R. C. West [1365] (u. mündl. Mitt.) hinwies [123, 124]. Die *Sierren von Parras* liegen im Verlauf der genannten Störungszone zwischen *Álamos, Torreón* und *Sierra Tamaulipas.*

Im Bau des zentralen und nördlichen Mexico läßt sich also durch die genannten von W nach O gerichteten Verwerfungen und eine von SO nach NW gerichtete Reihe von Strukturlinien ein Bau erkennen, der für die Region die Beschreibung „Mosaik" aus parallelogrammförmigen Schollen zwischen Strukturformen erster Ordnung der Erdkruste berechtigt. K. Sapper [144] erkannte solche Strukturform in Zentralamerika, die vom Verf. für *El Salvador* aufgezeichnet wurde.

Tektonik, Lagerstätten und Bergbau. Diese Darstellung wäre im Rahmen einer länderkundlichen Abhandlung nur von beiläufigem Wert, wenn sie nicht, wie hier z. gr. T., die Erklärung für den Mineralreichtum des Landes geben könnte. Entlang dieser Störungszonen, an denen Schollenverschiebungen der Kruste aufgetreten sind, erfolgte, teilweise auch im Verein mit vulkanischen Erscheinungen, eine „Mineralisierung" größtenteils im Tertiär, wie es G. L. Murray [248, S. 11] nennt. Die Richtungen der tiefeingeschnittenen *cañon*förmigen Täler im nordwestlichen Bereich der *Sierra Madre Occidental* sind durch Brüche im auf die Verwerfungen des Schollenmosaiks ausgerichteten Kluftsystem bedingt. Sie durchschneiden über 1000 m tief die mächtigen vulkanischen Deckschichten der Lavaplateaus dieses Gebirgskomplexes bis auf darunterliegende geologische Formationen. Von den eingeschnittenen Cañons her wurden Minenbetriebe zum Abbau von Erzen angelegt [1127] *(Bild 1).* Die Achsen der Falten in Kalkgebirgen der östlichen Hälfte Mexicos, *Sierra Madre Oriental* und *Sierren von Parras,* auch viele Bergzüge von Südmexico, wie die *Sierra de Lacandones* in *Chiapas,* die *Sierren von West-Jalisco* und *Colima* verlaufen wie der morphologisch über 1500 km so ausgeprägte Steilabfall der *Sierra Madre Occidental* zur Küste des Golfes von Mexico bzw. zu den durch den Krustenbau bedingten Parallelogrammstrukturen parallel (Abb. 14).

Als Beispiel einer Darstellung eines Kabinettstückes der Struktur im kleinen kann die bei R. C. West [1365] wiedergegebene Karte mit den Erzgängen des Minendistriktes der *Zacatecas*-Region nach J. Burkhart [476] gelten, wo Minenbetriebe der Kolonialzeit auf den in Richtung der *Zacatecas*-Verwerfung verlaufenden Störungen eingezeichnet sind. Der isoliert gelegene Berg *„La Bufa"*, an dessen Südfuß die Stadt Zacatecas erbaut worden ist, liegt genau auf dem Lineament, auf das über 10 km von WNW nach OSO 10 ältere Minenbetriebe angelegt waren, genannt: *„La Cantera Vein"*. Ähnliches gilt

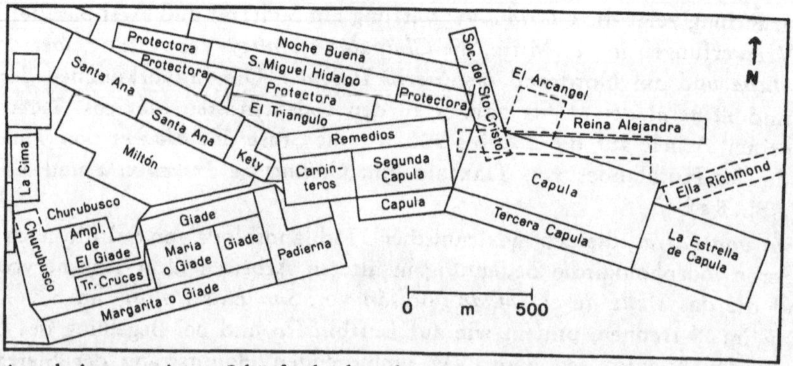

Abb. 17. Ausschnitt aus einem Schürfrechtplan der Minenregion in Santa Rosa y Capula nahe Zimapán/Hidalgo, nach einem alten Plan aus Bol. del. Inst. Geológico de México 1924. Die Flächen der Schürfrechte sind mit ihren schmalen, rechteckigen Grundrissen nach den generell O-W-verlaufenden Erzgängen orientiert. Diese verlaufen in Richtung der erwähnten transkontinentalen Lineamente

für die Minen von Zimapán [905] (Abb. 17). Der Berg *„La Bufa“* ist vulkanischen Ursprungs. Die Vulkane und die Mehrzahl der Buntmetallerzlagerstätten Mexicos, soweit nicht sedimentärer Entstehung wie *El Boleo* bei *Santa Rosalía*, sind in ihrer räumlichen Anordnung durch das beschriebene Netz von Strukturen bedingt. Die hier genannten Störungslinien und Lineamente sind nach ihrer Richtung als die Meridiane schneidende Großkreise, nicht als Loxodrome, zu verstehen.

Tektonik Mexicos und Krustenbau. Eine Zerlegung der von N nach S sich erstreckenden Gebirgskörper durch zahlreiche zueinander parallel verlaufende, im wesentlichen W-O-gerichtete Verwerfungen, die als Scherflächen O-W-verschobener, streifenartiger Schollen zu verstehen sind, konnte in den letzten Jahren bei den detaillierten meereskundlich-geologischen Arbeiten im Raum des *Mittelatlantischen Rückens* festgestellt werden. Die von Gruppen mit dem deutschen Forschungsschiff „Meteor“ geleistete Vermessung zur untermeerischen Topographie im Bereich des *Romanche-Tiefs* im *Mittelatlantischen Rücken* bestätigte solche Strukturformen (mündliche Mitteilung von Brocks, Meteor-Werk). Ähnliche O-W-gerichtete Krustenstrukturen finden sich im mittelamerikanischen Raum südöstlich von *Yucatán* in Form des *Cayman*-Grabens im Karibischen Meer, in dessen Fortsetzung der *Puerto-Rico*-Graben im westlichen *Atlantischen Ozean* liegt [145] (und hier nicht zitierte Arbeiten von G. Schuchert und R. Weyl, vgl. auch Abb. F, 1, im 1968 erschienenen *Atlas zur Ozeanographie* von G. Dietrich u. J. Ulrich) und im *Golf von Kalifornien*, der im Sinne von „ocean floor spreading“ als neuentstehender Ozean wie das Rote Meer anzusehen ist (Curray, Vortrag 1969).

Die in früheren geologischen Arbeiten erwähnten Hinweise, daß der mittelamerikanische Raum ein tektonisch besonders stark geformtes Gebiet in der Erdkruste sei (u. a. A. J. Eardley, G. Schuchert, R. Weyl), werden in neueren Untersuchungen zur Struktur von Mexico bestätigt. Insbesondere wird für den Bau von Mexico deutlich, daß die Streifen sich vom Boden des östlichen Pazifischen Ozeans bis zum Golf von Mexico über das heutige Festland hinweg als Bauelemente der oberen Kruste erstrecken. Solche Strukturlinien wurden entlang ihres Verlaufes im Ozean als morphologisch ausgeprägt und als Schwerestörungen nachgewiesen [224, 238].

Als sichtbare Anzeichen aus jüngerer geologischer Zeit für diesen Bau und die Bewegungen von Schollen in Oberflächenformen des Landes sind die Steilränder des Hochlandes, die

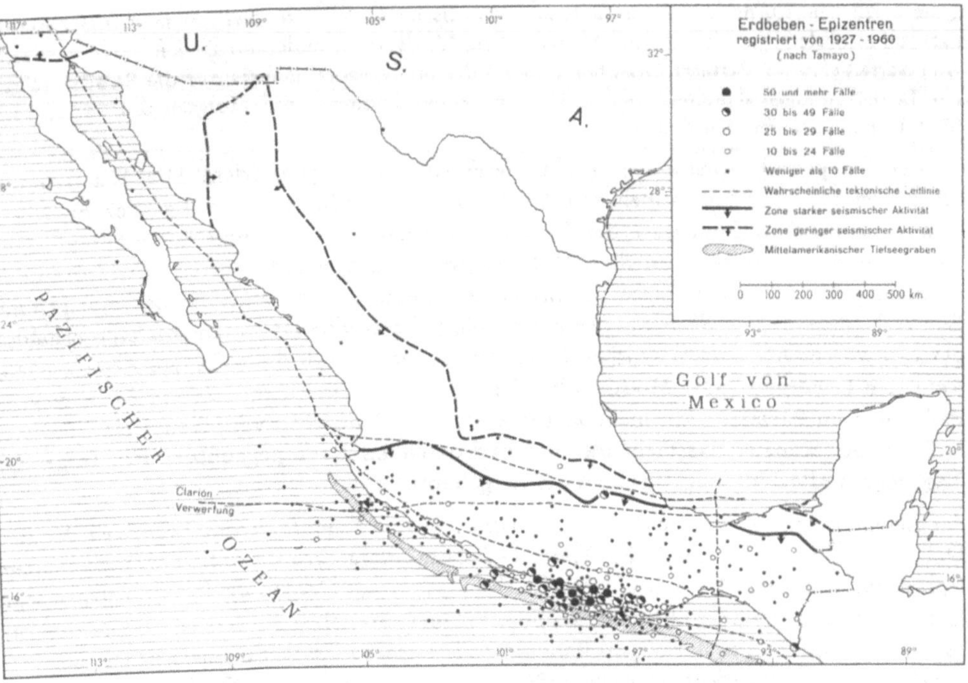

Abb. 18. Erdbebenkarte von Mexico. (Nach J. L. TAMAYO, 1962)
(Erdbeben heißen in Mexico „terremotos", leichtere Erderschütterung „temblores")

Vulkane und die pultschollenartigen Steilabfälle hoher Gebirge in der Landschaft zu erkennen. Vgl. u. a. Karten u. Abb. in *„Baja California"* von H. G. GIERLOFF-EMDEN [1094].

Erdbeben. *„Sons of the shaking earth"* nannte E. R. WOLF [101] sein Buch über die Kultur der Mexicaner. Erdbeben sind in Mexico sehr zahlreich. Die Haupterdbebenzonen Mexicos gehören zur großen seismisch aktiven Randzone des Pazifischen Ozeans in der Nähe des Tiefseegrabens vor der Küste Mexicos und Zentralamerikas *(Middle American Trench)* [222, 224]. Die Haupterdbebenzonen liegen in Südmexico an der pazifischen Küste des Staates *Guerrero* östlich von *Acapulco* (18 Epizentren wurden dort mehr als sechsmal von 1927–1945 registriert) und an der pazifischen Küste des Staates *Colima* nahe *Manzanillo.* Die Epizentren etwa 10 % aller Beben der Erde lagen während dieser Jahre in Mexico (Abb. 18). Nördlich der Sierra Neovolcánica ist Mexico fast erdbebenfrei. Das Gebiet von *Guerrero* wird im Bereich der Erdbebenzone am Rande des Pazifischen Ozeans von Nord- und Südamerika nur noch vom Gebiet um die Küste von *Oregon,* USA, übertroffen, das von 1909 bis 1959 durchschnittlich 150 bis 200 Beben pro Jahr zu verzeichnen hatte. Erdbebenreichste Jahre waren 1928, 1937, 1938 mit etwa 300, 1955–1959 mit je 400, 1957 mit 720 Beben.

Der Verfasser erlebte das Erdbeben vom 5. Juli 1964, das stärker war als das vorhergehende vom 28. Juli 1957 und dessen Auswirkungen auch die Hauptstadt México betrafen.

„Um 01.22 Uhr wurde ich sehr unsanft geweckt, als im Hotel ‚*Catedral*' in der *Calle Donceles*, nahe am zentralen Platz in Méxicos Altstadt, dem *Zócalo*, die Wände und Decken stark vibrierten. Alle Gäste liefen ins Parterre. Man hörte Ziegel der umliegenden Häuser auf die Straße prasseln. Die Erschütterungen dauerten etwa 5 Minuten, einige leichtere Stöße folgten um 04.25, 04.39, 05.10 Uhr in größeren Abständen."

In der Hauptstadt entstanden direkte Schäden und Folgeschäden. Die Wasserleitungen waren auf Tage hin in mehreren Stadtteilen unbrauchbar, da infolge der Erschütterungen der gesamte Bodensatz der Leitungen ausgespült wurde und nur eine rotbraune Brühe aus den Wasserhähnen floß. Mehrere große Bürogebäude hatten erhebliche Glasschäden. Am sichtbarsten waren die Erdstöße im Fundament von Mexicos „massivstem" Bauwerk, dem *Teatro de Bellas Artes*, wo einige meterdicke Fundamentsteine erheblich gerissen waren. Als wirtschaftlicher Folgeschaden machte sich die sofortige Abreise vieler Touristen bemerkbar. Das Hochhaushotel Hilton sackte an einer Ecke um ½ m weg, so daß Türen im Parterre nicht mehr zu öffnen waren. Panikartig verließen viele Touristen z. T. im Schlafanzug das Gebäude und nächtigten im Park gegenüber. Am folgenden Tage waren alle Flugzeuge in die USA ausgebucht.

An diesem 5. Juli registrierte der mexicanische *Servicio Sismológico* in *Tacubaya*, México D. F., Erdbeben in Stärke 7 der Mercalli-Sieberg-Skala (größte Stärke 12) von einem Epizentrum, das etwa 140 km südwestlich der Hauptstadt *Ciudad de México* gelegen war. Von diesem Beben wurden Gebiete des Staates *Guerrero* nahe der Grenze nach *Michoacán* im Tal des *Rio Balsas* stark betroffen. Besonders starke Zerstörungen erlitten die Orte *Ciudad Altamirano*, dort wurden 95% der Häuser und zwei Kirchen zerstört, und *Coyuca de Catalán* (5000 Einwohner), dort wurden 80% der Häuser zerstört, darunter die aus Bruchsteinmauerwerk errichtete Kirche „Santa Lucia" u. a. Insgesamt traten schwere Schäden in 21 Ortschaften auf, neben zahlreichen Verletzten waren 35 Tote zu beklagen.

Zu diesem Unglück kamen am 8. Juli im Gebiet des Balsastales 24stündige Starkregenfälle (Regenzeitbeginn in diesem Gebiet im Juni!), die zur Unterbrechung und Verschlammung aller Zufahrtswege führten. Die vom Erdbeben betroffenen Gebiete waren abgeschnitten. Eine Luftbrücke mußte von México D. F. für die Hilfsaktionen eingerichtet werden. Spenden im Werte von 20 Millionen Pesos wurden aufgebracht, die Aufräumungsarbeiten wurden vom Präsidenten der sogenannten „*Comisión del Rio Balsas*", dem Expräsidenten General Lázaro Cárdenas geleitet, der durch unermüdlichen Einsatz seine permanente Popularität weiter unterstrich. Auch der derzeitige Präsident von Mexico, López Mateos, flog in das Katastrophengebiet.

Am 26. September 1968 meldete eine Tageszeitung: „Ein schweres Erdbeben erschütterte in der Nacht zum Donnerstag den südamexicanischen Staat Chiapas. Mindestens zwölf Personen kamen ums Leben. Hunderte verloren das Obdach. Die Verbindungen zu zahlreichen Ortschaften sind unterbrochen. Besonders hart traf der Erdstoß die kleine Gemeinde *Acapetahua*. Erdrutsche haben die Küstenstraße am Pazifik, die Hauptverkehrsverbindung zwischen Mexico und Guatemala, an zahlreichen Stellen blockiert. Eine rund zwei Meter hohe Flutwelle, die dem Beben folgte, richtete in den Küstengebieten Verwüstungen an. Das Beben, das auf der Richterskala die Stärke 6,5 erreichte, hatte sein Epizentrum etwa 270 km südöstlich von *Ciudad de Mexico*.

Vulkanismus und Vulkane. Die Hauptvulkanzone Mexicos mit den meisten und höchsten Vulkanen ist die *Sierra Neovolcánica Central* oder „*Transversal*" (Abb. 10, 11). Der

Vulkan *Jorullo* entstand mit dem Ausbruch von 1759, der *Parícutin* seit 1943. Außerdem gibt es in Mexico vulkanische Zonen mit Vulkangruppen: In der Golfküste die Vulkangruppe von *Tuxtla* [161] *(Bild 57)*, am *Isthmus von Tehuantepec*, in der Nähe der Stadt *Durango*, an der Nordwestgrenze des Staates Durango in der *Sierra Madre Occidental*, in *Mittelchiapas* östlich *Tuxtla Gutiérrez*, den Vulkan *Tacaná* in *Südostchiapas* und Vulkane auf der Halbinsel *Baja California*.

A. v. HUMBOLDT [9–14] gab die erste wissenschaftliche Darstellung über die Natur der *Sierra Neovolcánica Central* bzw. *„Transversal"* als vulkanische Achse Mexicos entlang einer großen Verwerfung in der Erdkruste, *„Fissure"*, wie er es in seiner französisch geschriebenen Darstellung nennt. Seine Ausführungen beruhen auf speziellen Studien, die A. v. HUMBOLDT besonders an dem Vulkan *Jorullo* unternommen hatte, der erst 44 Jahre vor seinem Besuche Mexicos im Jahre 1803, ausgebrochen und entstanden war, sowie auf seinen Studien an den Vulkanen von *Toluca*, am *Popocatépetl*, an der *Malinche* und am *Cofre del Perote*. Im 19. Jh. führten u. a. A. DOLLFUSS, J. BURKHART und F. LENK geologische Untersuchungen an diesen Vulkanen durch. Der aktive rezente Vulkanismus, der sich durch die Entstehung des Vulkans *Parícutin* am Fuße des Vulkans *Tancítaro* seit 1943 besonders anzeigte, stellt ein historisch einzigartiges, eindrucksvolles Ereignis dar, dessen Lokalität zum Dorado der Vulkanologen wurde [154, 160, 164, 168, 169, 170, 171, 186, 187].

Von der vulkanischen Aktivität, die in Mexico in historischer Zeit vielerorts durch kleine Dampf-, Rauch- und Aschenausbrüche und in Form der vulkanischen Nebenerscheinungen von Dampf- und Gasaustritten zutage trat, sind einige Ereignisse besonders bemerkenswert [151, 152, 153]. So wird von größeren Eruptionen am *Popocatépetl* um 1354 berichtet [155], um 1569 vom *Citlaltépetl (Pico de Orizaba)* [162], 1759 vom Vulkan *Jorullo*, 1913 vom Vulkan *Nevado de Colima* [156], 1818–1875 vom Vulkan *Ceboruco*, 1943–1952 vom Vulkan *Parícutin* und 1952–1955 vom Vulkan *Bárcena* auf der Insel *San Benedicto* der *Revillagigedo-Inseln* [151, 152, 153, 157]. Geologisch betrachtet ist der Vulkanismus Mexicos größtenteils vom Typ des sogenannten synorogenen Vulkanismus. Die rezenten geförderten Laven sind zum größten Teil andesitischer Natur, zu geringerem Teil andesitisch-basaltischer Natur [152]. Die jüngeren schweren Vulkanausbrüche zwischen Parícutin und Revillagigedo-Inseln ereigneten sich im westlichen Teil der Hauptvulkanachse Mexicos [233]. Zahlreiche der vulkanischen Ausbrüche traten im Verein mit seismischen Erscheinungen (Erdbebenstößen) auf. Da die Ausbrüche des Parícutin und der Insel San Benedicto zu den größten vulkanischen Ausbrüchen in historischer Zeit auf der Erde gehören, seien hier einige Angaben über ihre Geschichte und Ausmaße verzeichnet.

Der Vulkan Parícutin ist über einen Autofahrweg über *Uruapán* im Staate *Michoacán* in einer Fahrstunde zu erreichen (Abb. 19 u. 21). Der Weg wird von zahlreichen älteren Vulkan- und Aschenkegeln flankiert, die von dem großen Vulkan *Tancítaro* überragt werden (Abb. 21, 21 a). Von dem Orte *Angahuan* übersieht man die Szenerie des toten verbrannten Landes, die welligen Lavaerguß- und Aschenflächen (*Bild 9*). In diesem dichtbesiedelten Gebiet der Taraskenindianer von Michoacán erlebte der Bauer DIONISIO POLIDO des Dorfes *Parícutin* bei der Feldarbeit die ersten Anzeichen des Vulkanausbruches in Form von Gaswolken an einer frischen Erdspalte. Diesem Ausbruch waren seit dem 5. Februar 1943 kleinere Erdstöße vorausgegangen. Der Ausbruch

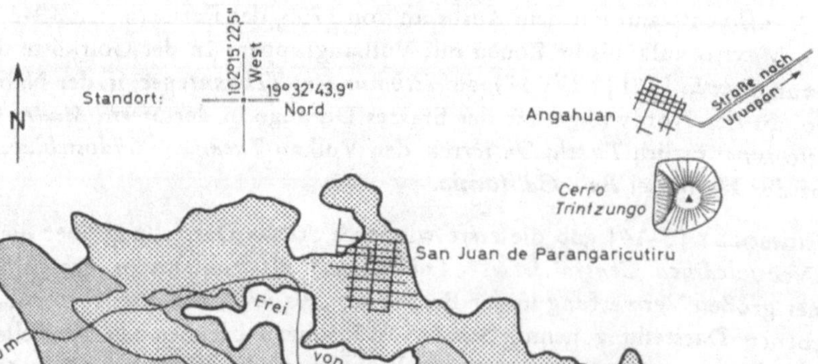

Abb. 19. Ausbreitung der Lava des Vulkans Parícutin, Mexico. (Nach L. BLASQUEZ, Congr. Geológico Internat., México 1956, Excursico A 15, Fig. 3)

ereignete sich am 20. Februar 1943. In 12 Tagen wurden 20 Mio. m³ Lava ausgestoßen. Bis 1946 hatte der Vulkan sich durch Ausbrüche bis zu fast 460 m relativer Höhe (2575 m absolut) aufgebaut. Der runde Krater hat 250 m Durchmesser. Das geförderte Material besteht aus Olivinbasalt-Laven und Aschen, die sich bis zu 50 km Umkreis verbreiteten, Reste bis zu 150 km bis nach Morelia. Es wurden pro Sekunde 2 bis 4 m³, bis 1946 1 058 220 800 t Lava gefördert, die eine Fläche von 24,4 km² bedecken, 7 km² mit einer 212 m am Kegel, bis 29 m am Rande dicken Schicht. Damit wurden die Dörfer *Parícutin* und *San Juan Parangaricútiru* vernichtet. Das sind 2 % aller auf der Erde zwischen den Jahren 1500 und 1914 geförderten Lava, bzw. 15 % der im zirkumpazifischen Raum geförderten (Abb. 20)! Jahrelang stand die dichte dunkle Rauch- und Aschenwolke des Kraters über der Landschaft, die bei Nacht durch die Feuergarben beleuchtet wurde (*Bild 9*). Der Vulkan beendete seine Aktivität am 4. März 1952, brauchte also 9 Jahre zu seinem Aufbau bis zur heutigen Form. Die geförderten vulkanischen Sande und Aschen, insgesamt mehr als 1,3 Mio. m³, bedecken ein Areal von 58,7 km² mit einer Dicke von 30 bis 12 m am Fuße des Kegels, bis zu 0,25 m in Entfernungen von 7 und 11 km [170, 171].

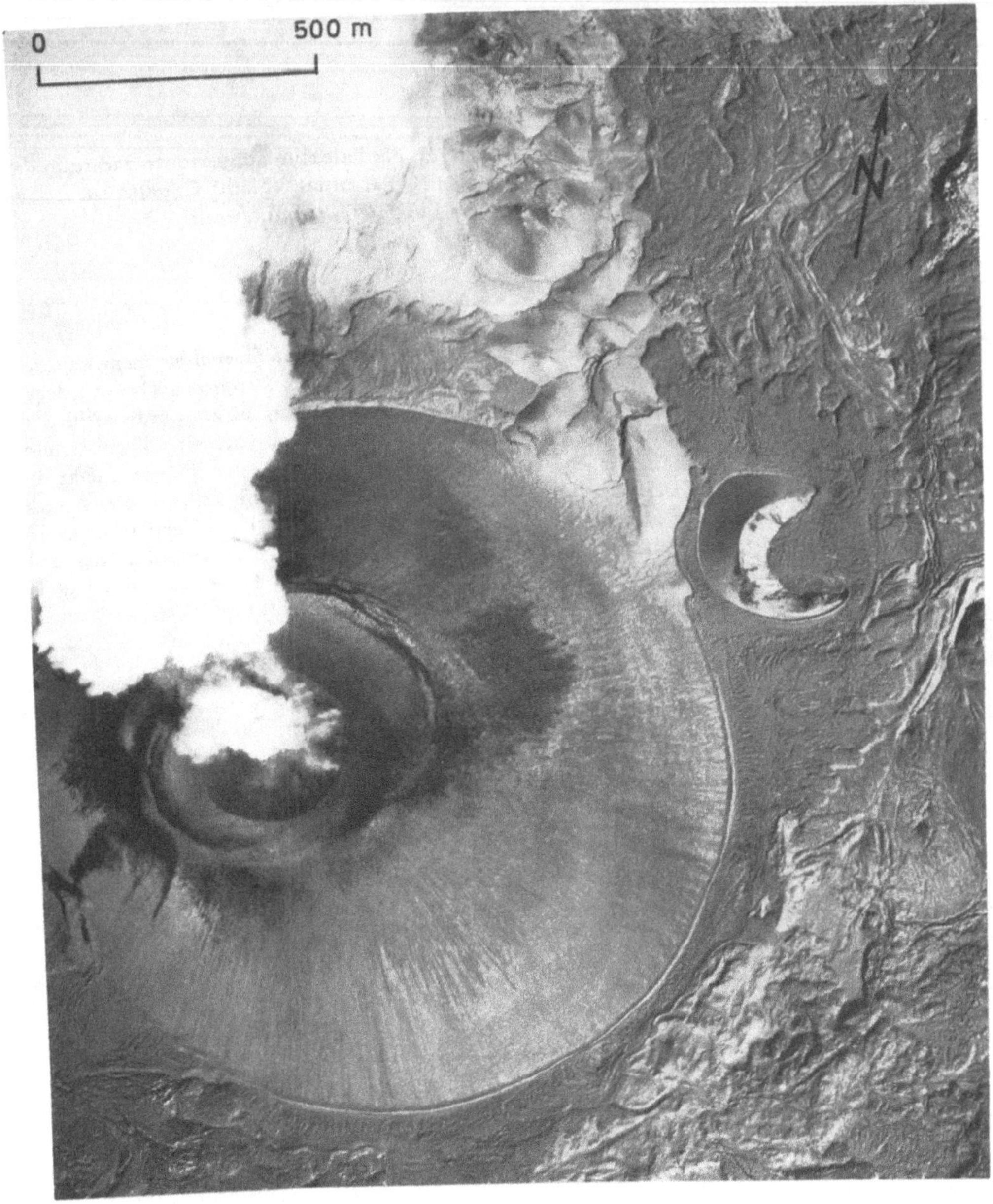

Bild 9. Vulkan Parícutin. Der Vulkan nördlich der Stadt Uruapán im Staate Michoacán ist rezenter Entstehung. Der erste Ausbruch ereignete sich am 20. Februar 1943. Bis 1946 hatte der Vulkan sich durch Ausbrüche bis zu 457 m relativer Höhe (2575 m über dem Meere) aufgebaut. Der runde Krater hat 250 m Durchmesser. Die umgebende Lava nimmt 24 km² ein. (Compañía Mexicana Aerofoto S. A., México)

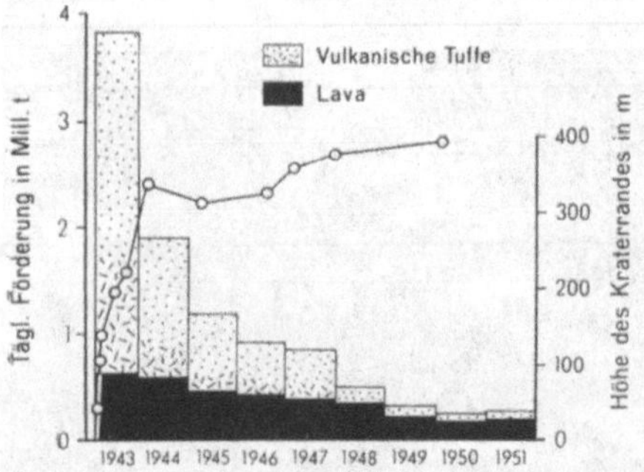

Abb. 20. Förderleistung und Höhenwachstum des Vulkans Parícutin. (Nach C. Fries u. a. aus R. Brinkmann)

Die Vulkane der Revillagigedo-Inseln sind eine Gruppe von vier unbesiedelten mexicanischen Inseln, etwa 500–800 km westlich von *Cabo Corrientes* 18° 53′ N im *Pazifischen Ozean* gelegen [244, 1234, 1237]. Die dazugehörige Insel *San Benedicto* (San Benedikt), 50 km nordwestlich von Socorro und etwa 500 km westlich von Cabo Corrientes gelegen, ist von unregelmäßigem Grundriß, 4,8 km lang, 1,2 km breit mit einem Flächeninhalt von 6,15 km², der höchste Punkt lag ehemals 297 m ü. d. M. Die Insel ist aufgebaut aus Basalt, Obsidian und vulkanischen Aschen. Sie hat trockenes Klima und ist fast vegetationslos. Die Küsten sind von Korallenriffen umgeben. Auf der Insel San Benedicto ereignete sich 1952 einer der schwersten Vulkanausbrüche der Erde in historischer Zeit. Lava floß nach dem Ausbruch von September bis Dezember deltaartig ins Meer und bildete eine flache Zunge von 300 m Durchmesser. Der Hauptkrater, „*Bárcena*", zuerst 800 m, dann 350 m, 450 m hoch, förderte 300 Mio. m³, der Nebenkrater 25 Mio. m³ Lava. Ausgeworfene Aschen wurden innerhalb eines Jahres bis *Hawaii gedriftet* [157].

Geomorphologie und Landschaftsformung

Vulkanische Landschaften. Die Vulkane sind die auffälligste morphologische Erscheinung Mexicos, die sich in ausdrucksvoller Weise am Südrand des zentralen Hochlandes konzentriert (Abb. 10, 21). Die großen Vulkane sind im Relief Zentralmexicos landschaftsbestimmend. Der *Popocatépetl* überragt das Hochtal der Hauptstadt von Mexico, und der *Citlaltépetl* (Pico de Orizaba) ist bei wolkenlosem Wetter von See aus, vom Golf von Mexico, sichtbar. Der Citlaltépetl ist mit 5747 m ü. d. M. (andere Angabe 5700 m) der zweithöchste Berg Nordamerikas. Beide Vulkane tragen während des ganzen Jahres um ihre Gipfelregion über 4700 m eine Kappe aus Schnee und Eis (Abb. 24). Von den höchsten Vulkanen der Hauptkette (diese sind in der östlichen Hälfte gelegen) reicht der Blick weit zu den anderen Vulkangipfeln dieser Reihe. Die gut ausgeprägten Kegel der Vulkane *Citlaltépetl, Popocatépetl, Nevado de Toluca, Tancítaro, Vulkan Colima,* fünf der größten des Landes, liegen auf einer geraden Linie, die die Achse der Hauptvulkanzone anzeigt (Abb. 15).

In vortrefflicher Weise hat C. Sartorius [90] in seinem Werk „Mexico about 1850" die Landschaft der Vulkane geschildert und illustriert (*Bild* 2).

Außer den genannten großen Vulkanbergen gibt es alle Größen und Formen vom nur wenige Meter hohen Aschenkegel bis zu über 1000 m relativer Höhe aus der Umgebung aufsteigenden Vulkanen, die einzeln oder in Gruppen, zusammen über Tausende, auf das zentrale Hochland, z. T. auf seinen südlichen Abfall, oder als parasitäre Erscheinungen größeren Vulkanen aufgesetzt, die umliegenden Plateaus und Becken überragen. In besonders großer Konzentration treten sie am Rande des Hochtales der Stadt México (Abb. 11) und im Bereich nördlich der Stadt *Uruapán* in Michoacán auf (Abb. 21). Diese zentrale mexicanische Landschaft, deren Südostteil auch *Meseta von Anáhuac,* deren mittlerer Bereich zwischen *Uruapán* und *Ciudad de México* auch *Sierra Tarasco-Nahua* genannt wird, ist außerdem von Gebirgszügen und Sierren, die zum größten Teil aus vulkanischen Gesteinen aufgebaut sind, in eine Anzahl von Becken unterteilt, die sowohl durch quartäre Lavaströme, z. B. *Pedregal de S. Ángel* am Südrand der Hauptstadt México (beachtliche Lavaströme gibt es auch bei Morelia, Quiroga und Uruapán, wegen ihrer Unzugänglichkeit *Malpais,* d. h. „schlechtes Land", genannt), als auch durch Aschenablagerungen und junge verschwemmte Sedimente erfüllt sind. Die Erosion zerfurchte die Hänge der Vulkane. Die vulkanischen Sierren wurden je nach ihrer Gesteinszusammensetzung abgetragen oder zerschnitten. Bergrücken aus vorwiegend andesitischem Material wurden wesentlich mehr zerschnitten als die aus basaltischem Material [152]. Beträchtliche Flächen der Landschaft sind von vulkanischen Lockermassen, Tuffen, Sanden und Aschen bedeckt. Wegen ihrer Durchlässigkeit für Niederschläge und der Standfestigkeit ihrer senkrechten Wände wurden in diesen Landschaften zahlreiche scharf eingeschnittene Täler geschaffen, die von kastenartigem Querschnitt sind. Diese, *Barranco* [179] genannten, Schluchten und Täler mit Ausmaßen von wenigen Metern bis zu 100 m nach Breite und Tiefe sind eine landschaftsbestimmende Form des zentralen mexicanischen Hochlandes *(Bild 2).* Der Ausdruck *„Barranco"* ist in Mexico nicht auf solche Täler im vulkanischen Gestein begrenzt. Dort kommen sie allerdings in großer Zahl vor. Auch von diesem Landschaftstyp gibt C. Sartorius in seinem Werk anschauliche Beschreibun-

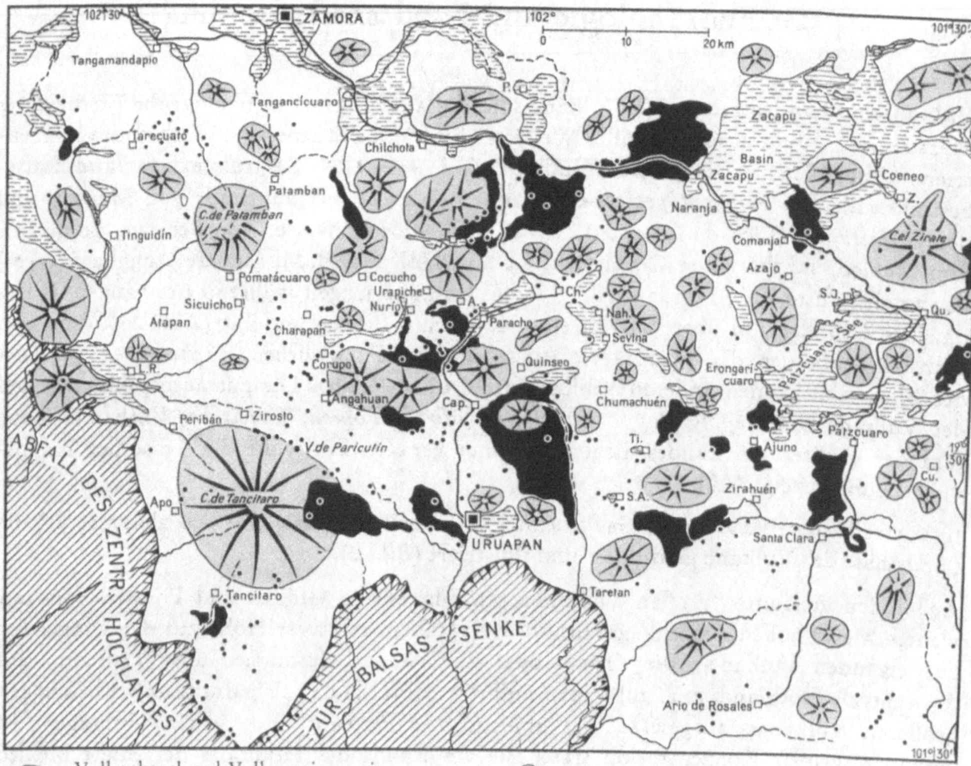

Vulkankegel und Vulkanruinen mit steilen Hängen (Tertiäre Vulkane)

Rezente vulkanische Aschenkegel

Rezente Lavaströme (span. Name „malpais")

Zentralmexicanisches Hochland mit Mesas, Becken, Aschenlagen und anderen vulkanischen Lockermassen

Breite Alluvialregionen von Flüssen und Becken mit lakustren Ablagerungen

Seen

Flüsse

Stark zerschnittene Hänge des südlichen Steilabfalles des zentralen mexicanischen Hochlandes

Autostraßen

Größere Städte

Orte, zumeist Taraskensiedlungen

L. R.	= Los Reyes	Nah.	= Nahuatzan	P.	= Purepero
A.	= Ahuiran	S. J.	= San Jeromino	Z.	= Zipiajo
Cap.	= Capacuaro	S. A.	= San Angel	Qu.	= Quiroga
T.	= Tanaco	Ti.	= Tingambato	Cu.	= Cuanajo
Ch.	= Chéran				

Abb. 21. Geomorphologische Skizze des Taraskenlandes (Region Uruapán-Zamora-Pátzcuaro). (Nach R. C. West 1948)

gen. Diese Barrancos bedeuten für die moderne Verkehrserschließung schwer zu überwindende Hindernisse. Bei der Eroberung von Mexico war ihr Vorhandensein von Bedeutung für die Kriegführung der Indianer gegen die spanischen Eroberer, da Cortes seine z. T. kampfentscheidenden Reiter in solchem Gelände kaum einsetzen konnte. Diese Bedeutung kommt in den Berichten des Bernal Diaz de Castillo [453] über den

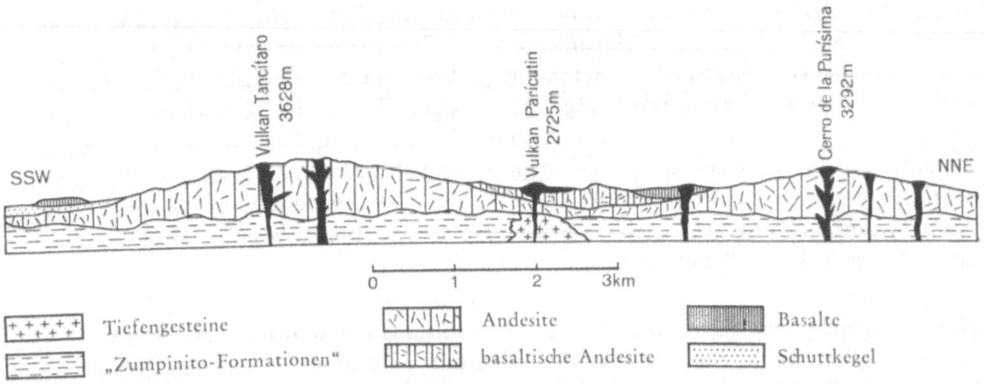

Abb. 21 a. Profil aus der Sierra de los Tarascos (Zentralmexico). Höhenangaben des übernommenen Profils differieren von den Angaben im Text. (Nach WILLIAMS 1955 aus A. GERSTENHAUER 1961)

Kriegszug des CORTES zum Ausdruck. Auch Madame CALDERON DE LA BARCA [586] gibt in ihrer Darstellung über ihre Reisen in Zentral-Mexico Mitte des 19. Jhs. Berichte von der schweren Überwindbarkeit solcher Barrancos, insbesondere während der Regenzeit. Diese kritischen Übergangsstellen waren über Jahrhunderte in der Geschichte Mexicos die bevorzugten Lokalitäten für räuberische Überfälle, insbesondere auf Kaufleute, die mit ihren Waren von Veracruz zur Hauptstadt México unterwegs waren.

Die vulkanischen Lockermassen sind so beschaffen, daß es nach längeren Regenfällen häufig zu Rutschungen kommt, so daß Straßen und Brücken oft wieder zerstört werden.

Die Vulkanlandschaften des zentralen Hochlandes von Mexico waren frühzeitig besiedelt und zur Zeit der spanischen Eroberung von den Völkern der indianischen Hochkulturen bewohnt, wie von den *Tarasken* im Westen mit ihrer Ackerbau- und Fischereiwirtschaft (Abb. 21), den *Azteken* als Nachfolger mehrerer früherer Kulturen im Hochtal von Mexico als Ackerbauer und Fischer, beide Völker an den Seen, die diese Hochbecken der Vulkanlandschaften ausfüllten (*Pátzcuaro*- und *Texcoco*-See), und den *Tlaxcalteken* in der Umgebung des Vulkans *Malinche* (Abb. 8 a).

Vulkanisches Glas als Werkzeug. Für die Kulturen der frühen Besiedlung Mexicos, die Großwildjäger aus der Zeit von 10 000 v. Chr. und die indianischen Hochkulturen seit der Zeit um 1500 v. Chr., bot das vielerorts abgelagerte vulkanische Gestein glasartiger Natur, *Obsidian*, ein ähnliches *Rohmaterial* für die Herstellung von *Waffen, Werkzeugen* und *Schmuck*, wie der seiner mechanischen Natur nach ähnliche, aber seiner geologischen Entstehung nach sehr unterschiedliche *Feuerstein* Nord- und Mitteleuropas und Nordamerikas.

Vulkanische Böden. Infolge der Verwitterung vulkanischer Gesteine und Ablagerungen sind verbreitet lockere und mineralreiche Böden entstanden, die nach ihrer physikalischen und chemischen Beschaffenheit für den Ackerbau sehr geeignet sind. „Als Folge der vulkanischen Aktivität während des Tertiärs im Bereich der *Sierra Neovolcánica* finden sich hier, insbesondere in den Becken und Tälern, teils eingespülte, teils abgelagerte dunkle bis rötliche vulkanische Erden, vielfach abgelöst durch pleistozäne limnische Sedimente. Beide Bodenarten bieten eine gute Grundlage für den weitgehend an die Täler gebundenen Ackerbau." J. Friedrich [1396]. Auf vulkanischen Böden sind bevorzugt Kaffee- und Tabakkulturen angelegt worden, die für die Wirtschaft Mexicos von großer Bedeutung sind. Das gilt für Areale, die nach ihrer Lage auch die klimatischen Voraussetzungen aufweisen. So sind *Kaffee-* und *Tabakkulturen* an den Hängen des zentralen mexicanischen Hochlandes um *Orizaba, Córdoba* und *Uruapán* konzentriert. Auch die reichen Kaffeeanbaugebiete in *Chiapas* sind größtenteils auf vulkanischen Böden am Fuße des Vulkans *Tacaná* angelegt.

Hydrothermale Erscheinungen. Bau und Vulkanismus Mexicos bedingen Vorhandensein und Lage einer Reihe von Heißdampfquellen mit mineralisch gesättigten Dämpfen und hydrothermalen Wasserquellen als Nebenerscheinung von Seismik und Vulkanismus [102, 103, 153]. Geologisch postparoxysmische Erscheinungen, wie die Dampfemissionen von *San Andrés* in *Michoacán,* von *San Bartolo* in *Guanajuato,* am *Geysir Pathé* in *Hidalgo,* bei *Atotonilco* in *Tlaxcala,* am *Vulkan Cerro Prieto* im *Rio Colorado-Delta* in *Baja California* und andere, sind von solcher Quantität, daß in neuerer Zeit intensive Untersuchungen auf ihre Nutzbarkeit zur Energiegewinnung unternommen werden (vgl. Abschn. Energiegewinnung). Die schwefelhaltigen Ablagerungen vulkanischer Dämpfe am *Popocatépetl* wurden von den spanischen Eroberern zur Gewinnung von Schießpulver frühzeitig verwertet [453].

Mexico ist mit einer Anzahl von hydrothermalen und Mineralquellen ausgestattet, deren medizinische Wirkung die Einrichtung von Heilbädern ermöglichte, z. B. die Quellen von *Aguascalientes* (nach denen Stadt und Staat benannt sind), von *Cointzio* bei *Morelia* (Leber und Magen), von *Comanjilla* in *Guanajuato* (Niere und Stoffwechsel), von *Cuautla* in *Morelos* (Diabetes und Magen), von *Lourdes* in *San Luis Potosí* (Niere, Leber und Magen) u. a. *Cuautla* ist ein Badeort mit Sulphurquellen, der schon von Azteken besucht wurde. Abseits von der Straße nach Cuernavaca im Hügelland liegt *Oaxtepec.* Die jetzige Regierung hat ein preisgünstiges Volksbad mit Thermalbädern daraus entwickelt. Zu den eleganten Heilbädern Mexicos gehören *Ixtapan de la Sal* (südlich *Toluca), San José Purua* (im Staate *Michoacán).* Besonders bemerkenswert sind die Quellen von *Tehuacán* in *Puebla,* da deren Mineralwässer dem großen Trinkwasserbedarf in der Hauptstadt México und der Stadt Puebla, und für den Mineralwasserbedarf als Tischgetränk in den zahlreichen Gaststätten dienen.

Die **Kraterseen** Mexicos bieten wegen ihrer landschaftlichen Reize Anziehungspunkte für den Tourismus und stellen Erholungszentren für Baden, Wassersport und Fischerei für die Mexicaner dar, wie z. B. die *Laguna Catemaco* im Zentrum des *Tuxtla*-Vulkangebietes in *Veracruz* [161], oder der Kratersee von *Alchichica,* der modellartig in der Landschaft der *Llanos* an der Straße von *Puebla* nach *Jalapa* liegt.

Karst. Durch das *östliche Mexico* erstreckt sich vom *Golf von Honduras* in Nordguatemala bis zur Grenze nach *Texas* in den USA eine Zone von vorwiegend aus kretazischen Kalksteinen aufgebauten Gebirgen und Bergzügen, die mit Ausnahme des Kalkplateaus von *Yucatán* im Tertiär stark gefaltet wurden und deren Faltenachsen vorwiegend von

SO nach NW verlaufen (Abb. 15). Im Bereich der mittleren *Sierra Madre Oriental* von Mexico wurden diese Kalkmassen sehr stark gefaltet; im Bereich der Hochplateaus der *Mesa Central* von *Chiapas* und im Bereich der *Altos Cuchumatanes* in *Guatemala* wurden sie weniger gefaltet, aber durch zahlreiche Brüche zerlegt. Dieses vorwiegend aus Kalk aufgebaute Relief durchragt innerhalb der tropischen Gebiete Mexicos alle vertikalen Klimastufen vom feuchtheißen Tiefland *(tierra caliente)* bis zur *„tierra fria"* über *3000 m.* In neueren Untersuchungen, vor allem von M. H. ENJALBERT [176] und A. GERSTENHAUER [178, 1330], konnte gezeigt werden, daß die *Karstbildungen* der Gebiete der höher gelegenen Reliefpartien der *Altos Cuchumatanes* in Guatemala, der *Sierra Madre von Oaxaca* und der mittleren *Sierra Madre Oriental* schon während der zweiten Hälfte des Tertiärs vor der Orogenese, also der Heraushebung der gefalteten Partien und deren Zerlegung durch Frakturen, stattgefunden haben. Diese Verkarstungserscheinungen sind den jüngeren Verkarstungsformen der gegenwärtig tiefer gelegenen Reliefpartien, die sich später und rezent ereignet haben, ähnlich.

Die Karsterscheinungen der gegenwärtig höchstgelegenen Reliefpartien wurden durch die Abtragungsvorgänge des kalten Klimas der Höhen im Quartär überformt. Die relative Chronologie der Entstehung der Landformen in diesen Karst- und Kalkgebieten konnte durch die morphologischen Untersuchungen im Gelände z. gr. T. geklärt werden.

Karst-Landschaften. Die *Sierra Madre Oriental* ist im Gebiet zwischen *Saltillo-Monterrey* im N und der Breite von *Ciudad Victoria* im S dem französischen Faltenjura ähnlich und weist 10 bis 12 parallel verlaufende große Falten auf. Als bemerkenswerteste Karsterscheinung kommen in diesem Gebiet, besonders 25 km südostwärts von Saltillo im Bereich des höchsten Gipfels der *Sierra Madre Oriental,* des *Cerro Peña Nevada* (3864 m), Poljen vor. In diesen *Poljen* sind auf den Schwemmböden geeignete Flächen für jährlich zweifache Mais- und Sorghumernten kleinerer Bevölkerungszentren möglich, soweit die jährlichen Niederschlagsmengen 400 mm übersteigen, was etwa in jedem zweiten Jahr der Fall ist. Zur Verbesserung der Wasserversorgung wurden Bohrungen durchgeführt, um die Kappe der phreatischen Wassermenge der Karstbecken zu erreichen. Die Wasserversorgung des Schwerindustriezentrums der Großstadt *Monterrey* wurde in jüngster Zeit unter Ausnutzung der natürlichen Wasserverhältnisse in den umliegenden Karstgebieten betrieben (S. 319). Karstphänomene in diesem Gebiet sind *Höhlen* wie die von *Garcia* nahe *Monterrey,* die im Inneren Höhen von über 160 m erreicht und die unter dem Gipfel eines großen Kalkrückens gelegen ist, dessen Oberfläche eine Karstverebnungsfläche früherer Zeiten darstellt [172, 196, 197]. Diese Höhle wurde schon 1843 von Padre JUAN ANTON DE SOBREVILLA beschrieben [176].

In der *Sierra Madre de Oaxaca,* etwa 20 bis 80 km NOwärts von Oaxaca, gibt es in den Kalkhochplateaus in über 2500 m Höhe eine Anzahl von Poljen. Dort sind laterisierte Roterden verbreitet, denen das Areal den Namen *Tierra Colorado* verdankt. Zahlreiche kleinere Verkarstungserscheinungen sind auf der alten Oberfläche des Karstplateaus ausgebildet.

Verkarstungen kommen auch in den Kalkregionen zwischen *Sierra Madre del Sur* und dem *Rio Balsas* im Staate *Guerrero* bei *Chilpancingo* vor. Dort gibt es die Höhle von *Juxtlahuaca* [196, 197]. Dort sind in der Höhenlage der Tierra caliente, 500 m ü. d. M.,

Kegelkarstformen ausgebildet. In Guerrero nahe *Cuernavaca* befindet sich die Höhle von *Cacahuamilpa,* die größte Mexicos (über 1000 m lang), deren Eingang in 1230 m ü. d. M. liegt. Sie ist eine Attraktion für den Tourismus in Mexico (Abb. 22). Ein Höhlenbesuch wurde von Madame CALDERON DE LA BARCA beschrieben [586]. *Höhlen* und *Cavernen* hatten eine große Bedeutung für die altindianischen Kulturen. Die *Otomi*-Indianer in der Sierra Madre Oriental lebten z. T. in Höhlen wie der von *Chicomoztok.* Die *Otomi* wurden aus diesen Höhlen später von *Chichimeken und Tolteken* vertrieben.

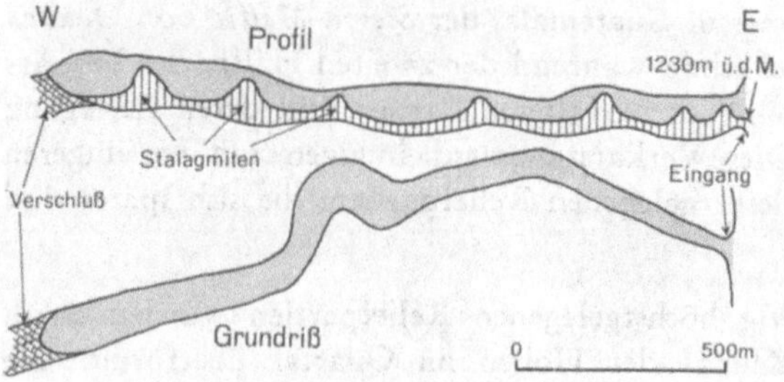

Abb. 22. Profil und Plan der Kalkhöhle von Cacahuamilpa (Guerrero). (Nach H. ENJALBERT 1964)

In *Chiapas* sind Karstformen verbreitet. Bemerkenswert ist der *Cañon* des *Rio Grijalva,* der nördlich von *Tuxtla Gutiérrez* tief in das Kalkhochplateau der *Meseta von Chiapas* eingeschnittene *Sumidero* (Abb. 13, *Bild 6*). Dolinen und Poljen sind auf diesem Kalkplateau vorhanden. Im Bereich der unwirtlichen und jahreszeitlich von einem nebligen Klima beherrschten Hochflächen, auf denen gegenwärtig Indianer Schafzucht betreiben, schienen den spanischen Kolonisten die Schwemmböden der tiefen *Poljen* von *San Cristóbal de las Casas* (Karte bei K. HELBIG [1210], Fig. 18), *Comitán* und *Teopisca* (Poljen mit Durchmesser von 1 und 6 km²) als geeignete Siedlungszentren auf der Grundlage von Ackerbau und Viehzucht entwicklungsfähig zu sein. Durch Karstwasserführung bedingt, treten in den Poljen jahreszeitlich vorkommende Überschwemmungen der Poljeböden auf [1210]. Kegelkarstformen kommen auf dem umgebenden Plateau vor. Auch *Cockpit*-Landschaften sind ausgebildet. Untersuchungen von A. GERSTENHAUER [178, 1330] hatten zum Ergebnis, daß es sich bei diesen Karstgebieten um Reliktformen handelt. Der Cañon von Sumidero durchschneidet zahlreiche Kuppen (Kegelkarstformen), was die nachträgliche Hebung der Meseta anzeigt, so daß diese Karstlandschaft aus dem Bereich tropischer Karstentwicklung herausgehoben wurde.

Im N der Meseta von Chiapas und am Rande des Berglandes von Nordchiapas zur Golfküstenebene von *Tabasco* hin sind tropische Kegelkarstformen entwickelt und landschaftsbestimmend, die auch gegenwärtig weitergebildet werden [1330].

Die Halbinsel *Yucatán* wird aus tertiären und quartären Kalken aufgebaut, deren Schichten fast waagerecht liegen und denen gelegentlich auch Gips und Mergel eingelagert sind [1225, 1229]. Diese funktionieren als Grundwasserträger [1228]. Die Struktur der Kalke ist teils porös, teils dicht, teils etwas metamorphisiert und marmorähnlich. Der Kalkfelsboden ist nur von einer sehr dünnen und nicht geschlossenen Bodenschicht bedeckt, so daß Felsplatten, Rippen und Höcker zutage treten [1232]. In *Petén* ist tropischer Kegelkarst entwickelt. Wegen der starken Verkarstung gibt es nur einen Fluß auf der Halbinsel, den *Rio Hondo,* der in die *Bahía Chetumal* mündet. Zwei Hauptwasserhorizonte liegen in 80 bis 100 m und 18 bis 20 m unter der Oberfläche. An der Nord- und Nordostküste bestehen Grundwasseraustrittstellen, „Meermühlen", die in vorspanischer Zeit von den Indianern als Trinkwasserquellen genutzt wurden, auch *„poza"* genannt, häufig mit *„Cenotes"* verbunden (Abb. 23). Die Süßwasseraustritte auf der Halbinsel sind an schachtartige Einbruchsdolinen, die *Cenotes*, gebunden [182, 184, 1220]. Das Mayawort für *Cenote* hieß *Ts'onot* und wurde später im Spanischen zu *„Senote"*. In ihnen steigt das Wasser in der Regenzeit an. Die Maya hatten einige Cenotes erweitert und gewannen das Wasser während der Trockenzeit durch Ausschöpfen, wozu Leitern angebracht wurden. Das schildert Diego de Landa und wurde auch von Catherwood gezeichnet [1220]. Die Cenotes haben Tiefen von 8 bis zu 54 m. Die Wasservorräte werden in der Trockenzeit trübe und von Algen verunreinigt, zeigen daher oft grünliche Farbe. Das Wasser in den Cenotes hat bis zu 4 m Tiefe zwischen 24° und 27 °C, in 16 m Tiefe noch 22 °C Temperatur. Am Grunde ist H_2S angereichert.

Nach der Regenzeit bilden flache Tümpel in wannenartigen Vertiefungen der Kalktafel temporär Wasserreservoire, spanisch *„aguadas"*, mayaindianisch *„akalché"* ge-

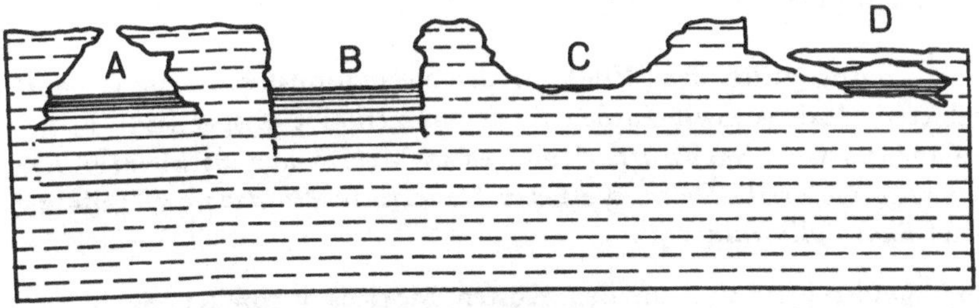

Skizze von vier Formen von Cenotes auf Yucatán: (vgl. Bild 8)
Die Formen A und B kommen nahe Chichén Itzá vor, die Form C kommt nordwestlich von Mérida vor

A = Zisterne (Cántaro)
B = Zylindrisch
C = Wanne (Aguada)
D = Höhle (Caverna)

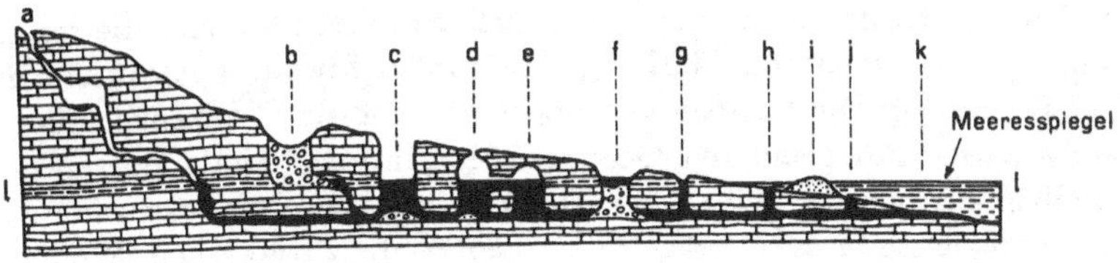

Cenotes reichen teilweise unter den Meeresspiegel.
Profil durch Yucatán von der Sierra bis zur Küste. (Nach Coole 1910)

a = Kaverne im Karst des Gebirges mit Wasserlachen über undurchlässigen Schichten
b = Fossile Form des Cenote („holla"), die nur zur Regenzeit etwas Wasser enthält
c = Typische zylindrische Form des Cenote
d, e = Neubildungen mit unterirdischer Entwässerung verbunden
f = Alte Form eines verschütteten Cenote mit Wasserlache („aguada")
g = Wasserloch bzw. Schacht mit Verbindung zur unterirdischen Entwässerung zur Küste
h = Süßwasserkappe auf einer versalzten Wanne
i = Küsteninsel („cayo") aus Sand (Nehrung), auf der Siedlungen angelegt sind
j = Süßwasseraufstieg vor der Küste
k = Golf von Mexico
l = Meeresspiegel

Abb. 23. Die Cenotes im Karst von Yucatán

nannt *(Bild 8)*. Diese haben bis zu 0,22 ‰ Salzgehalt. Von den Maya waren zur Wasserspeicherung auch Zisternen, *„chultunes"*, angelegt worden. Das Wasserproblem übte seinen Einfluß auf die Kultur der Maya aus, deren viele überlieferte Reliefdarstellungen den Wasser- und Regengott beschreiben, ebenso die ihm in den Cenotes dargebrachten Menschenopfer. An einzelnen Cenotes entwickelten sich bevorzugte Kultstätten wie z. B. *Chichén Itzá*. Eine Anzahl von Cenotes wurde von den Maya erweitert.

In der Hauptstadt von Yucatán, *Mérida*, ist die Wasserversorgung ganz auf die lokalen Wasserverhältnisse im Karst eingestellt. Aus über 16 000 Brunnen wird mit Hilfe von windgetriebenen Motoren das Wasser aus den Karstwasserhorizonten gefördert [1228, 1232]. Da das dichtbesiedelte nordwestliche Yucatán wegen seiner geringen Niederschläge ein Trockengebiet ist (semiarid), ist die Versorgung auf der Basis von Grundwasser von besonderer Bedeutung. Wegen des schnellen Austausches von Grundwasser ohne Filtration in den unterirdischen Röhren des Karstes ist die gesundheitliche Gefährdung der Bevölkerung durch mit Abwässern verseuchtes Trinkwasser, *„agua negra"*, d. h. schwarzes Wasser, genannt, groß (vgl. Abschnitt Wasserversorgung). Yucatán weist in den Krankheitsstatistiken Mexicos den relativ größten Anteil von Magen- und Darmerkrankungen auf [1231] (Abb. 119).

Landschaftsformung durch den Wind. In den vegetationslosen und vegetationsarmen Trockengebieten Mexicos sowie an den Küstensäumen gibt es spezifisch durch den Wind geformte Landschaften. *„Sandwüsten"* gibt es in Mexico nur als kleinere Areale: *Mesa Arenosa* am *Rio Colorado-Delta*, die *Gran Desierto* in *Nordsonora*, Teile der *Desierto Vizcaíno* auf *Baja California*.

Dünen und *Sandstreifen* sind an den Küsten Mexicos verbreitet, am Golf besonders im Bereich zwischen *Rio Pánuco* und *Veracruz*, dem Landschaftsstreifen, der häufig von den kräftigen winterlichen Nordwinden, den *Nortes*, erreicht wird. Interessante morphologische Ergebnisse zur Chronologie der Küsten Mexicos wären zu erwarten, wenn Formationen wie bei *San Quintín* auf *Baja California* bearbeitet sein würden. Dort sind Dünensande an der Küste durch junge Lavaschichten überdeckt, über die rezente Dünen gelagert sind. In Mexico ist die Wirkung des Windes für die Entwicklung der Böden von größter Bedeutung. Die *Staubauswehungen* während der Trockenzeit sind besonders in den landwirtschaftlich genutzten Gebieten des zentralen Hochlandes bedeutend, so daß von großen Flächen der Böden der vulkanischen Lockerprodukte nur das sandige Substrat zurückbleibt, und die Erträge in starkem Maße zurückgehen. Winde waren an der Verteilung der vulkanischen Aschen und Staubmassen beteiligt, die weite Flächen Mexicos bedecken. So wurden beim Ausbruch des *Parícutin* Aschen bis nach *Morelia* verweht, beim Ausbruch des *Jorullo* bis nach *Querétaro* (vgl. Abschn. Vulkanismus).

Die Küsten des Golfes von Mexico sind mit Ausnahme einiger Strecken auf der Halbinsel Yucatán Schwemmland- und Lagunenküsten am flachen Wasser des sanft abfallenden Schelfes [207]. Die Küsten am Pazifischen Ozean sind z. T. über große Strecken felsig, steil und buchtenreich, z. T. gibt es flache sandige Küstenstrecken wie an der Bucht von *Vizcaíno*, der südlichen Westküste von *Baja California* und im Inneren der Bucht des *Golfes* von *Kalifornien* in *Sonora, Sinaloa* und an der pazifischen Küste von *Nayarit, Guerrero* und *Oaxaca* [199], und in *Soconusco, Chiapas* und am *Isthmus von Tehuantepec*.

Vor der pazifischen Küste läuft während vieler Tage im Jahre eine schwere Dünung auf, so daß sehr starke Brecher auftreten, die Geröllstrände aufwerfen oder die Kliffs durch Auswaschung, Korrasion und Luftpressung bearbeiten. Bei der *Punta Banda, Baja California,* konnten 20 m hohe, aus Spalten ausgeblasene *Fontänen* regelmäßig beobachtet werden [1094]. Als *Akkumulationsformen* sind Nehrungen und damit *Lagunen* entstanden, deren größte die *Laguna Scammons* (auch *Laguna Ojo de Liebre* genannt) [209], die *Laguna San Ignacio* und die *Bahía Magdalena* an der Westküste *Baja Californias* sind. Kleinere Nehrungen sind bei *San Quintín* und bei *La Páz* ausgebildet, die als Häfen genutzte Buchten umschließen. Einige dieser Lagunen *(Laguna Scammons)* haben die typische Formung durch Gezeitenströme erfahren [209].

An der pazifischen Küste Mexicos in *Sonora* und *Sinaloa* haben die Flüsse *Rio Colorado, Rio Sonora, Rio Yaqui, Rio Fuerte, Rio Mayo, Rio Sinaloa, Rio Mazatlán, Rio Grande de Santiago* und der *Rio Balsas-Zacatula* in *Guerrero Deltas* auf den Schelf vorgeschüttet [205, 216, 217, 227]. Diese Flüsse, die im Bereich des wechselfeuchten Klimas infolge Starkregen große Sandzufuhr bekommen, haben mit ihren Unterläufen am Mündungsbereich Flachlandschaften mit alten Flußschlingen und Schwemmsandflächen aufgebaut [199]. An der Küste des Golfes von Mexico gibt es die großen Lagunen beiderseits der Mündung des Rio Colorado: in *Texas* die *Laguna Padre,* in *Tamaulipas* die *Laguna Madre,* südlich des *Rio Pánuco* die große Lagune des *Rio Tamiahua.* Beide Bezirke sind wegen ihrer fast unbesiedelten Naturlandschaft Lebensgebiete für Wasservögel und Raubwild und damit gesuchte Jagdbezirke, für deren Nutzung Touristen aus den USA beträchtliche Gebühren zahlen [207]. Mehrere der großen Nehrungen sind „Rückzugsgebiete" für arme Fischer und Bauern, Indios und Mestizen. So siedelt z. B. auf der Nehrung der *Laguna Superior-Inferior* am *Isthmus von Tehuantepec* der Stamm der *Huave*-Indianer, die als Fischer und Ackerbauer leben, ethnologisch ein innerhalb Mexicos sehr fremder Stamm [1194].

Entlang der Küste der Halbinsel Yucatán sind schmale Sandnehrungen ausgeprägt, z. B. die Insel *Holbox* im NO. Solche Sandstrände werden für den Ausbau von Touristenressorts genutzt. Zum Teil sind diese sandigen Nehrungen an Kalkriffs angebaut. Die *Korallenriffs* vor der Küste von Veracruz bedeuten ein großes Hindernis für die Schiffahrt. Die Schutzmole des Hafens und das alte Fort vor dem Hafen sind auf einem Korallenriff, dem *Arrecife de la Galega* errichtet worden [203, 204]. Die *Laguna de Terminos* in *Tabasco* ist 70 km lang und fast 30 km breit und nicht tiefer als 2 m [211]. Amphibische Landschaften schließen sich inlands an. Zu Mexico gehört das der Küste vorgelagerte, auf der Campeche Bank gelegene Atoll *Alacrán* [204].

Mexicos Produkte der Küstenwirtschaft können für Nahrung und Industrie genutzt werden. Während vor Jahrzehnten der *Schildkrötenfang* zur Gewinnung von Schildpatt fast zur Ausrottung dieser Arten führte und während einst die sagenhaften *Perlenfunde* vor der Küste von *La Páz* Anreiz für eine Expedition des CORTES waren, hat sich bis zur Gegenwart zur Verarbeitung von Schmuck, vor allem in riesigen Mengen für die Touristen, die Gewinnung von Muschelschalen, insbesondere von *Haliotis,* Seeohr, erhalten. Muscheln als Nahrung wurden in Mexico von jeher genutzt. Abfallhaufen aus prähistorischer Zeit an der Golfküste von Tamaulipas dienen zur Datierung früher Kulturschichten [206]. In den Küstenorten werden Muschelgerichte (u. a. Muschelcocktails) angeboten. Von großer Bedeutung für die Wirtschaft Mexicos ist die Salzgewinnung aus den *Salinen* an den Küsten Mexicos (vgl. Abschn. Bergbau). Die hohen Verdunstungsbeträge, durch die Sonneneinstrahlung bedingt, und das Vorhandensein von Gezeiten – an der pazifischen Küste durchschnittlich um 2 m Tidenhub, an der Golfküste 1/2 m Tidenhub – ermöglichen den natürlichen Einlaß von Meereswasser in die Salzgärten [947]. An der pazifischen Küste gibt es, durch die Gezeiten hervorgerufen, natürliche Salzablagerungen, z. B. an der Küste von Baja California. Dort kann von der Lagune *Ojo de Liebre* über den Hafen *Venustiano Carranza* das abgebaute Salz mit großen Seeschiffen abgefahren werden (über 1 Mio. t im Jahr), da der 2 m hohe Tidenhub tiefe, für das Seeschiff befahrbare Rinnen in die Lagune einschneidet [209, 1094].

Mexico leistete bedeutende Beiträge zur Erforschung seiner Küstenregionen. 1948 wurde von der *„Escuela Superior de Guerra"* in Zusammenarbeit mit der *„Secretaría de Marina"* ein Unternehmen zur Erforschung der Küsten, Inseln und Meere Mexicos im pazifischen Ozean begonnen. Die beiden Fregatten „Usumacinta" und „Tehuantepec" legten über 4000 Meilen zurück. An ihr nahmen bekannte Geographen, wie J. A. Vivo, B. O. Tafall u. a., teil. Seit einigen Jahren haben das *Instituto de Geología* der Universität Mexico und eine Dienststelle zur Ozeanographie in Verbindung mit der *Secretaría de Marina* Arbeiten zur modernen Küstenaufnahme begonnen, deren Ergebnis u. a. 1963 eine neue See-Karte des östlichen Golfes von Mexico war.

Untersuchungen an den Küsten zur Klärung eiszeitlicher und nacheiszeitlicher Meeresspiegelstände und ihre Datierungen für Klimaschwankungen in Mexico sind noch nicht soweit gediehen, daß sich zusammenfassende Aussagen machen lassen. Für den Fachwissenschaftler versprechen aber Forschungen wie die in den ausgedehnten Strandwalllandschaften mit dem vorliegenden Schelf der Küste von *Nayarit* von J. R. Curray und D. G. Moore [217, 216, 226, 227] und vor den Strandwallandschaften von *Tabasco* von Psuty [249] an der Mündung des Rio Grijalva und deren Fortsetzung interessante Aufschlüsse zur Entwicklung der Küstenlandschaften und der prähistorischen eiszeitlichen und nacheiszeitlichen Wasser- und Sedimentführungen der Flüsse.

Vom Meere wurden entlang der Küsten Mexicos Brandungsterrassen über dem heutigen Meeresspiegelstand und auf dem Schelf unter dem heutigen Meeresspiegelstand durch die Brandung herausgearbeitet [202, 205]. Sie sind in besonders reicher Zahl an den Küsten von *Baja California* und *Sonora* erhalten. In Mexico bietet sich eine Möglichkeit, die Entstehungsgeschichte des Landes weiter aufzuhellen, da auf diesen Terrassen Überbleibsel alter Kulturen vorkommen (Artefakte), ein Sachverhalt, den frühzeitig C. O. Sauer erkannt und mit seinen Schülern, z. B. B. A. Arnold [1084] dort bearbeitet hat. Jedoch ergeben sich vor der Küste von Baja California naturgegebene Schwierigkeiten, da untermeerische Terrassen in großer Zahl durch vulkanische Lavaergüsse entstanden sind und so ohne geophysikalische Untersuchungen nicht allein von der Topographie her zu beurteilen sind [1094].

Die zahlreichen *submarinen Cañons*, die an der pazifischen Küste Mexicos in unmittelbarer Nähe des Strandes tief in den Schelf eingeschnitten sind, bieten wegen ihrer verschiedenen Entstehungsart, tektonisch durch Verwerfungen oder fluviatil durch Flüsse bei relativ niedrigerem Meeresstand geschaffen, ausgezeichnete Studienobjekte zum Problem der eustatischen Meeresspiegelschwankungen [220, 237, 200] (Abb. 16).

Eis- und Schneebedeckung. In der Gegenwart sind nur die höchsten Gipfel Mexicos mit Eis und Schnee bedeckt [181]. Die ganzjährig weißen Kappen der Gipfel der Vulkane *Citlaltépetl (Pico de Orizaba), Popocatépetl, Ixtaccíhuatl* bereichern, weithin sichtbar, das Landschaftsbild des zentralen Hochlandes *(Bild 3 u. 4)*. Die großen Vulkane *Nevado de Toluca, Cofre del Perote, Nevado de Colima (Bild 2)* sind während vieler Monate von einer Schneekappe bedeckt. Eine Schneedecke oder Schneeflecken gibt es temporär auf fast allen mexicanischen Bergen über 3000 m Höhe in Zentral- und Nordmexico. Die Hochflächen der *Sierra Madre Occidental* in *Chihuahua (Sierra Tarahumara)* sind während des Winters wochenlang oft von einer dicken Schneedecke bedeckt (Abb. 25). Der Gipfel *Peña Nevada* südlich *Saltillo* in der *Sierra Madre Oriental* trägt ebenfalls während des Winters eine Schneekappe. Die sommerliche Schneegrenze am *Popocatépetl, Ixtaccíhuatl* und *Citlaltépetl* liegt etwa bei 4600 m [349] (Abb. 24).

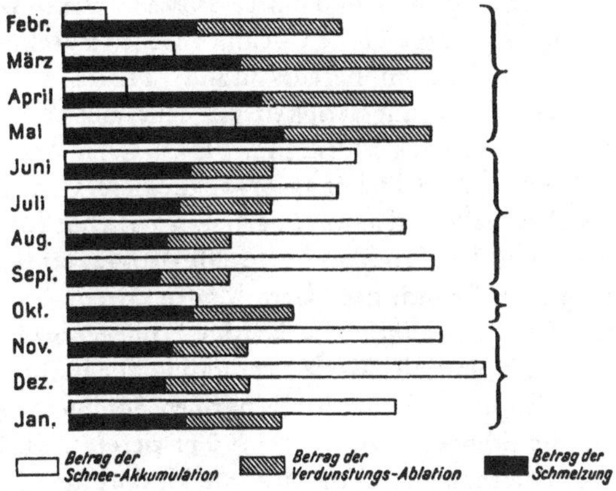

Abb. 24. Jahreszeitliche Verteilung von Schneezuwachs, Verdunstung und Schmelzung in der Gipfelregion des Popocatépetl. (Nach WHITE und C. TROLL)

Während der Winter der Jahre 1918 und 1923 waren Popocatépetl und Ixtaccíhuatl bis zu ihrem Fuß in 2300 m Höhe mit Schnee bedeckt [177]. Die größten Beträge der Schmelze und der Verdunstungsablation werden von März bis Mai erreicht. Auf den größten Höhen kommt es dann zur Ausbildung von Büßerschnee, *„Nieve penitente"*, [349]. Die jährlich wechselnde Schneebedeckung steht offenbar in ursächlichem Zusammenhang mit dem Auftreten von *„Nortes"* (*Northers*, kalte Winde aus Nordamerika). Die *Ixtaccíhuatl* besitzt auf ihrem Westhang zwei kleine *Gletscher*, den *Ayolotepito* und den *Ayoloco*, die 1955 je 7 und 9 ha Ausdehnung hatten. 1893 war der erstgenannte Gletscher vollkommen abgeschmolzen. Das Gesamtvolumen der Eismassen auf der *Ixtaccíhuatl* wird mit 30 Mio. m³, das Schneevolumen mit 60 Mio. m³ angegeben [192, 193, 194]. Die äquivalente Wassermenge wird mit 70 Mio. m³ angegeben.

Die Schnee- und Eiskappen der Vulkane Popocatépetl und Ixtaccíhuatl sind bedeutende natürliche Wasserspeicher. Auf ihre Wasserspende gründet sich der Anbau der Kulturflächen im westlichen *Puebla*, an den Osthängen des *Sierra Nevada* genannten Gebirgssockels, über den sich die Vulkane Popocatépetl und Ixtaccíhuatl erheben, um *Calpan, Texmelucan* und *Tlahuapan* sowie *Amecameca* am Westfuß der *Sierra Nevada*. Inzwischen werden die Schmelzwasser auch für den enormen Wasserverbrauch von *Ciudad de México* genutzt (vgl. Abschn. Ciudad de México). Nach F. TICHY (1968) waren die Schmelzwässer der östlichen Hänge der Ixtaccíhuatl schon vor der Kolonialzeit zur Feldbewässerung genutzt.

Eiszeitliche Formen. Deutlichste Anzeichen ehemaliger Gletscherhochstände sind die *Moränen* am Vulkan *Ixtaccíhuatl* [282]. Dort gibt es in den Höhenlagen von 4400 m den Kranz der *Ayoloco*-Moränen, die wahrscheinlich jungholozäner Entstehung (Wisconsin-Eiszeit) sind. Zwischen 3400 und 3600 m erstreckt sich der dem Gelände in zungenförmiger Ausbildung angepaßte Kranz der Moränen des sogenannten *Diamantes*- Vorstoßes (jüngeres Wisconsin-Stadium) über 15 km über die West- und Nordseite des Berges. Bei etwa 3000 m Höhe liegt der Kranz der Moränen des *Tomicoxco*-Stadiums [193, 194] (Karte bei P. Woldstedt, 1965). Moränen gibt es auch an den Hängen der anderen genannten hohen und gegenwärtig schneebedeckten Vulkane. Der *Peña Nevada* in der Sierra Madre Oriental trägt an seinem Osthang kleine Moränenreste [176]. Vereisungsspuren in den hohen Gebirgen *Sierra Juárez* und *Sierra San Pedro Mártir* sind bisher nicht nachgewiesen worden. Schneeflecken können auf diesen Gebirgen in schattigen Spalten und unter Büschen viele Wochen lang liegenbleiben. Diese Gebirge haben auf den Höhen Rumpfflächencharakter, jedoch deuten gewaltige, verfestigte Schotterpakete im Bereich südlich Tecate in Tälern der hohen Sierra Juárez auf eine frühere Abtragungstätigkeit mit sehr viel mehr Niederschlägen und auf größere Wassermengen führende Flüsse hin. H. G. Gierloff-Emden [1094]. Es ist zu berücksichtigen, daß sehr junge Hebungsvorgänge diese Gebirge erst zur gegenwärtigen Höhe herausgehoben haben. Während der letzten Eiszeit soll die sommerliche *Schneegrenze* im Bereich des zentralen Hochlandes in Mexico in etwa 3700 bis 3800 m Höhe ü. d.M. gelegen haben, im Bereich der Sierra Madre Oriental bei etwa 3500 m [293]. „Mit 4461 m Höhe erreicht die *Malinche* die heutige Schneegrenze in 5000 m Höhe nicht, besitzt also keine Gletscher, und die Wasserversorgung der in ihrem Vorland und auf ihren Hängen gelegenen Siedlungen ist nach regenarmen Sommern äußerst gefährdet. In der letzten Kaltzeit lag die Schneegrenze etwa 1000 m tiefer, was durch die Moräne eines Kargletschers am Nordwesthang deutlich wird, die ich dort am 22. 5. 1963 beobachtete." (F. Tichy [1344]). Über Forschungen zu Periglazialerscheinungen im mexicanischen Raum liegen bisher kaum Ergebnisse vor.

Im Guadiana-Tal bei *Durango* werden die *„Guadiana"*-Schichten, Sand- und Kiesablagerungen, und die *„Pueblito"*-Schicht, Feinsand, durch junge Lavaschichten getrennt, als Relikte früherer Abtragungsphasen datiert (C. Albritton). Nach Artefakten konnten die Pueblito-Schicht und die Guadiana-Schicht ins *Sangamon* vor der *Wisconsin*-Eiszeit datiert werden.

Klima und Klimaerscheinungen

Klimaschwankungen. Moderne Arbeiten zum Problem der Klimaschwankungen in Mexico gibt es bisher nur wenige. B. A. ARNOLD, [1084], legte mit seiner Arbeit „*Late pleistocene and recent changes in land forms, climate and archaeology in central Baja California*“ eine Studie vor, die auf Feldarbeiten in *Baja California* basiert. Terrassen, alte Seespiegelstände, Artefakte und Muschelhaufen wurden gefunden und kartiert. Mehrere Pluvial- und Trockenperioden sind demnach seit dem frühen Pleistozän im Raum Baja Californias nachzuweisen [290]. Eine Korrelation mit solchen Perioden in anderen Gebieten kann jedoch aus diesen Studien, wie ARNOLD selbst betont, nicht hergestellt werden. Ein stark ausgeprägter Klimawechsel scheint jedoch im Pleistozän stattgefunden zu haben, was I. M. JOHNSTON, 1924, S. 969, feststellt:

"For some reason the fauna and flora were subjected to a crisis during the pleistocene, and all but a few vertebrates such as Bipes, Sator, Phyllodactylus, and Oryzomys were destroyed. Among the plants the existing representatives of the Sierra Madran flora, and possibly a number of lowland types escaped, but very likely, as with the vertebrates, most of the peninsular species of that time were destroyed. The crisis may have been brought about by a cooling of the climate or by an increase of precipitation; but whatever its cause, the change must have permitted better adapted forms to come down from the north."

Ähnliche Hinweise gibt es von der Meeresbiologie, wie H. WILHELMY, [245], nach HUBBS, 1948, berichtet:

„Im Pleistozän hat der Kaltwasserbereich beträchtlich weiter nach S gereicht als heute. Dafür liefern Relikte nördlicher Fischarten im innersten Winkel des Golfs von Kalifornien einen schlagenden Beweis. Diese Fische sind im Pleistozän bis über den Wendekreis nach S vorgedrungen und um das Kap San Lucas herum in den Golf von Kalifornien eingewandert. Als sich dann in der Postglazialzeit die Wassertemperaturen im südlichen Teil des Golfs wieder stark erhöhten, schnitt ihnen die sich über fast 10 Breitengrade erstreckende Halbinsel Niederkalifornien den Rückweg in kühlere nördliche Gewässer ab. Die Kaltwasserfauna blieb im Golf von Kalifornien wie in einem Sack gefangen.“

Das *Becken von México*, im zentralen Teil etwa 2240 m ü. d. M. gelegen, war offenbar während längerer Zeiten des Quartärs von einem See erfüllt. Auf den hohen Vulkanen an der Ostseite des Beckens herrscht heute ein nivales Klima, das bis auf unter 5000 m heruntergeht, darunter ein humides bis unter 3000 m, schließlich im eigentlichen Becken ein halbarides. In den Kaltzeiten senkten sich die Zonen herab. Das Becken kam in die Zone humiden Klimas und so entstanden dort die Kaltzeiten-Seen. Umfang und Spiegelhöhe dieser Seen sind allerdings noch unklar, und eine Entwicklungsgeschichte wie etwa beim *Lake Bonneville*, kann vorläufig nicht aufgestellt werden. Nach F. JAEGER hätte der höchste Seespiegel im Becken von Mexico bei etwa 2290 m gelegen; der See wäre also im zentralen Teil des Beckens etwa 50 m tief gewesen. Eine Überlaufschwelle in der Höhe von 2290 m ü. d. M. ist aber in der weiteren Umgebung nirgendwo zu erkennen sondern solche liegen heute überall tiefer. Nach S. E. WHITE [194], soll der höchste letzteiszeitliche Spiegel des Sees bei 2260 m gelegen haben und, wie schon erwähnt wurde, mit dem *Tomicoxco*-Stadium der *Ixtaccíhuatl*-Vergletscherung verknüpft sein. H. DE TERRA u. a. [1287] geben zwei Strandflächen, *El Risco-Beach* I und II, in 2265 m und 2257 m an. Sie lagen wahrscheinlich ursprünglich höher und sind seitdem mit dem allgemeinen Absinken des Beckens in eine etwas tiefere Lage gekommen.

Die Ablagerungen im Becken haben nach Bohrungen eine Mächtigkeit von mehr als 500 m, wovon etwa die obersten 100 m dem Quartär angehören sollen. Sie bestehen vorwiegend aus feinkörnigem Material: Sanden, Tuffen, Mergeln, z. T. mit Schnecken und Muscheln, Diatomaniten u. dergl. durchsetzt. Während einzelne Wissenschaftler schon bei 33 m das Pliozän vermuten, ist nach anderen die gesamte Schichtenfolge bis etwa 60 m Tiefe ganz dem Wisconsin zuzurechnen. Im Randgebiete des Beckens, wo sich fluviatile und Beckenbildungen miteinander verzahnen, ist nach Bryan [283], de Terra u. a. [1287], Arrelano [1286] folgendes geologisches Profil der Quartärbildungen aufgestellt worden:

Holozän

1. *Noche buena*-Schichten, bis 1/2 m mächtig: See-, Fluß- und Marschbildungen mit Keramik und sonstigen Artefakten. Untergrenze bei etwa 500 J. v. Chr.
2. *Totolzingo*-Schichten, 0–3 m: Dunkelgrauer Feinsand und Sand, meist stark humos; Artefakte, aber keine Keramik. Untergrenze bei etwa 2500 J. v. Chr.
3. *Barrilaco*-Boden, 10–20 cm dick, Kalk-Anreicherung an einer Erosionsdiskordanz, „*Caliche III*", Alter: etwa 5000 J. v. Chr.

Pleistozän

4. *Becerra*-Schichten, 10–20 m mächtig.
   a) Oberer Teil: Kies, Sand, vulkanische Aschen, Feinsand und Ton in Wechsellagerung, mit Überresten von *Bison, Equus, Elephas* und *Homo*. Alter 9000–14 000 J. v. Chr.; nach Cl. Hibbard jedoch teilweise älter.
   b) Fossiler Boden: Kalkbänder und -adern in einer bis 2 m mächtigen Zone an einer Erosions-Diskordanz (Caliche II); nach Hibbard *Sangamon*.
   c) Unterer Teil: Ton, Feinsand, Sand und Kies in Wechsellagerung, mit *Elephas, Bison* und Landschildkröten. Nach Hibbard *Sangamon* oder Oberes *Illinoian*.
5. Fossiler Boden von *Morales: Caliche* I an einer Erosions-Diskordanz.
6. *Tacubaya*-Schichten, bis 30 m: Wechsellagerung kompakter Bänke mit pulvrigen, die Kalkkonkretionen enthalten.
7. *Caliche*-Bildung.
8. *Tarango*-Schichten (mehr als 50 m): vulkanische, Fluß- und See-Bildungen in Wechsellagerung.

Mit jüngeren Klimaschwankungen sind mehrfach die Wanderungen der Mayavölker ins Tiefland von *Petén* in Zusammenhang gebracht worden, K. Sapper [309].

Vegetation und Klimawechsel. Einige Funde in der *Chihuahua*-Wüste lassen den Schluß zu, daß eine xerophile Waldbuschvegetation, etwa 800 m unter der gegenwärtigen Formation, während der *Wisconsin-Pluvial*-Zeit, also 20 000 bis 11 000 Jahre vor unserer Zeit, verbreitet war. Die Radiocarbon-Methode wurde zur Datierung der Pflanzenfunde angewendet. Das Fehlen der meisten Montan-Arten in Fundstellen über 1200 m deutet an, daß dort die Kiefernzone (Pinus ponderosa) noch nicht tiefer lag als in heutiger Zeit (Ph. v. Wells, 1966, Science). Pflanzengesellschaften der Montan-Vegetation, die auf isolierten Bergen vorkommen, sind wahrscheinlich in älterer Zeit dorthin gelangt.

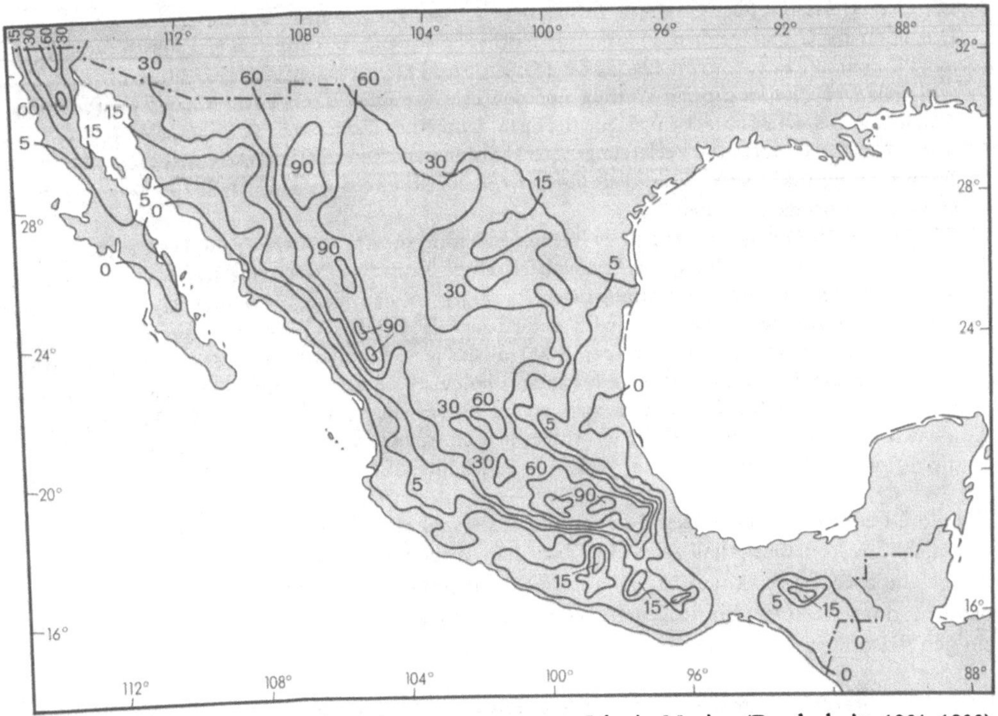

Abb. 25. Anzahl der Tage mit Frosttemperaturen pro Jahr in Mexico (Durchschnitt 1921–1930). (Nach Atlas Climatológico de México 1939)

Vertikale Gliederung von Klimaregionen. Mexico ist ein Gebirgsland am Nordrande der Tropen. Tieflandgebiete sind auf die randlichen Küstenbereiche beschränkt. Wegen des stark differenzierten Reliefs ist bei der tropischen und subtropischen Breitenlage die vertikale Stufung der Klimate von großer Bedeutung. Die Grenzen der klimatischen Provinzen stimmen vielerorts mit den orographisch bedingten überein (Abb. 29). Es gibt vier vertikale Hauptklimaregionen, die in Räumen mit Temperaturverhältnissen ohne Jahreszeiten für die Vegetationsverhältnisse vorwiegend bestimmend sind:

1. Die *Tierra caliente* (heiße Zone) reicht vom Meeresspiegel bis zu 700 m und 800 m Höhe bis zur Obergrenze des *Kakao-*, *Vanille-* und *Coroza*-Palmenanbaus. Die Stadt *Veracruz* z. B. hat 24,8 °C mittlere Jahrestemperatur und geringe jahreszeitliche und Tagesschwankungen.
2. Die *Tierra templada* (gemäßigte Zone) reicht bis etwa 1 600 m und 1 700 m Höhe bis zur Obergrenze des Baumwoll-, Zuckerrohr- und Reisanbaus. *Jalapa* (1 399 m ü. d. M.) z. B. hat ein Jahresmittel von 17,6 °C und geringe jahreszeitliche und Tagesschwankungen.
3. Die *Tierra fria* (kühle Zone) reicht bis zu 4 000 m und 4 700 m Höhe bis zur Obergrenze der Vegetation. In dieser Zone sind zu unterscheiden: der Bereich von 1 700 m bis zur *Anbaugrenze* (2 800 m; an einzelnen Standorten kommt Maisanbau in 3 000 m Höhe vor), der Bereich von dort bis zur Obergrenze der Nadelwaldregion (4 000 bis 4 400 m) und schließlich die Stufe von dort bis zur Obergrenze der Grasflur (4 700 m). *Ciudad de México* z. B. (2 240 m) ü. d. M.) hat 15,5 °C mittlere Jahrestemperatur und 10 bis 15 °C Temperaturunterschiede zwischen Tag und Nacht. Mittagstemperaturen von 23 °C werden oft gemessen. *Toluca* (2 675 m ü. d. M.) hat 12,6 °C mittlere Jahrestemperatur.

4. Die *Tierra helada* (Zone ewigen Schnees), die nur auf einigen Vulkangipfeln vorkommt. Die höchsten Gipfel reichen in atmosphärische Schichten, in denen rasche Wetterumschläge möglich sind. *México, 6. Febr. 1968:* „Eine Gruppe von 68 Studenten aus Guadalajara in Mexico unternahm am Sonntag einen Ausflug auf den erloschenen Vulkan *Iztaccíhuatl* im Osten des Landes. Dabei wurde sie von einem heftigen *Unwetter* überrascht. 7 Studenten fanden den Tod; 2 erlitten schwere Verletzungen. 33 Studenten konnten zum Ausgangspunkt ihrer Exkursion zurückkehren. Von den übrigen 26 wird angenommen, daß sie sich am Berg in Sicherheit bringen konnten."

Die Massenerhebungen in tropischen Gebieten bedingen eine höhere Temperatur als in den entsprechenden Höhen der freien Atmosphäre. Diese Tatsache erklärt eine Reihe von Besonderheiten im Verlauf der Vegetationsstufen, weniger in der Tierra caliente als vielmehr im Gebiet der Tierra templada. Es werden dazu Beispiele angeführt, u. a. der Verlauf der oberen Waldgrenze, die von *Costa Rica* (bei 3 100 m) bis zum Hochland von *Mexico* (um 4 000 m) ansteigt. In gleichem Sinne lassen sich geomorphologische Befunde einordnen. Die kaltzeitliche Schneegrenze wird für Costa Rica zu 3 500 m rekonstruiert, während sie im Hochland von Mexico bei 4 000 m oder noch höher zu suchen ist, S. HASTENRATH [1393] u. R. WEYL. Auf die regionalen Abweichungen vom Schema wies schon MÜHLENPFORDT [22] hin.

Zonale Gliederung. Gegen den Norden Mexicos senken sich die Höhenstufen des Klimas merklich. Im kontinentalen zentralen Norden prägen sich die vertikal-wärmebedingten Zonen landschaftlich kaum noch aus. Die jahreszeitlichen Temperaturschwankungen nehmen dort zu. Der Einfluß der Breitenlage wird im Norden größer. Das wird an einigen Beispielen deutlich:

Differenz zwischen den Mitteltemperaturen des wärmsten und kältesten Monats (1921–1925) [309, 310, 315]

Westküste Station	Geogr. Breite	Diff. Grad C	Inneres Station	Geogr. Breite	Diff. Grad C	Ostküste Station	Geogr. Breite	Diff. Grad C
Salina Cruz	16° 12′	3,4	Oaxaca	17° 4′	5,6	Alvaro Obregón	18° 32′	4,2
San Blas	21° 31′	7,7	Puebla	19° 2′	6,1	Veracruz	19° 12′	5,5
Mazatlán	23° 11′	8,8	San Luis Potosí	22° 9′	8,6	Tampico	22° 13′	10,0
Guaymas	27° 55′	12,2	Durango	24° 1′	11,2	Matamoros	25° 52′	13,4
			Chihuahua	28° 38′	17,0			

gemessene Maximaltemperaturen: Ensenada im Dez. 1967 maximale Tagestemperatur 16 °C
Monclova im Dez. 1967 maximale Tagestemperatur 17 °C
Salina Cruz im Dez. 1967 maximale Tagestemperatur 27 °C

Den maximalen Hitzerekord mit absoluten Höchsttemperaturen hält *Mexicali* mit Freilufttemperaturen von über 50 °C im Sommer.

Vom inneren Hochland aus variiert das Klima zu größeren und geringeren Höhenlagen erheblich: Die randlichen Sierren über 2000 bis 2400 m haben, oft durch Kiefernbestände bedeckt, ein erfrischendes Klima mit mäßiger Temperatur im Schatten und keiner Schwüle. Unter 1800 m, im Süden schon unter 2000 m, wie bei *Guadalajara, Uruapán* oder *Cuernavaca,* sind die Temperaturen im Winter und nachts merklich höher [295] (Abb. 25).

Jahreszeitliche Klima- und Witterungseinflüsse der Meere und Windsysteme. Nach seiner Breitenlage von 14½° bis 32½° N gehört Mexico im S zur tropischen und im N zur subtropischen Zone. Es reicht nach N in den Wüstengürtel der Roßbreiten, im NW in das Winterregengebiet Kaliforniens.

Meere. Die anliegenden Meere sind mit Ausnahme vor der Nordwestküste Baja Californias warm. Das kühle Wasser des *Kalifornienstromes* bewirkt ein Trockenklima der NW-Küstenregion. Im Juli haben die Wasser des Golfes von Mexico und Karibischen Meeres 28 °C wie die des *Pazifischen Ozeans* an der Westküste Mexicos, im Januar haben beide Meere 23 °C. Im Juni ist der *Pazifische Ozean* um 2 °C kühler [239] als der *Golf von Mexico* [229, 236, 239, 251].

Außer dem erwähnten Kalifornienstrom beeinflussen das Klima: der nördliche Ausläufer des *äquatorialen Gegenstromes*, der von S entlang der Küste Zentralamerikas in Richtung auf den *Golf von Tehuantepec* bis zur Küste von *Guerrero* warmes Wasser nach NW transportiert (Febr. 27 °C, Aug. 28 °C), und auf der atlantischen Seite der Ausläufer des *Karibischen Stromes*, der warmes Wasser durch die Straße von *Yucatán-Cuba* in den Golf von Mexico transportiert (Febr. 22,3 °C, Aug. 28,2 °C) [251, 252]. Daher ist die Insel *Cozumel* an der Küste zum Karibischen Meer, die ganzjährig von sehr warmem Wasser umgeben ist, zum bevorzugten Seebad im Winter geworden.

An der Küste des Golfes von Mexico kommen jahreszeitlich größere Temperaturschwankungen des Wassers vor als an der pazifischen Küste auf gleicher Breite.

Der kalifornische Küstenstrom. Klima und Wirtschaft der Halbinsel *Baja California* werden durch den Kalifornienstrom beeinflußt [225, 1240]. Der entlang der Westküste von N kommende kühle Kalifornienstrom verursacht häufig und weitverbreitet Küstennebel. Eine endemische Küstennebelvegetation im NW, zu der als Charakterpflanze eine an den Boden gekrümmte Kaktus-Art, „*Chirinola*“, gehört, und die Vegetation der *Vizcaíno-Wüste* und der *Llanos de Hiray* werden durch diese Nebel hervorgerufen. Die Nebel erreichen nicht selten die inneren Bereiche des *Punta Prieta*-Troges [1084]. Die Küstennebel, die meistens am frühen Morgen bis etwa neun oder zehn Uhr auftreten, bewirken eine Senkung der Temperaturmittelwerte, allerdings nicht der mittäglichen Hitze. Hinter kapartigen Vorsprüngen der Westküste gibt es bevorzugte Strömungs-Divergenzgebiete im Meere, damit verbunden kalte Auftriebswasser und Landstriche, wo Wolkenstraßen häufig sind [1094, 240].

Im Zusammenhang mit dem kühlen Kalifornienstrom steht der Reichtum an kleinen (Sardinen) und großen Meeresfischen (Thunfische) der künstennahen Gewässer [245, 1094].

Der kalifornische Küstenstrom verursacht im pazifischen Bereich der Halbinsel Baja California Wassertemperaturen, die durchschnittlich im N der Halbinsel im Sommer 10 °C niedriger, im Winter 2 bis 3 °C niedriger, im S der Halbinsel im Sommer 4 bis 5 °C niedriger sind als auf gleichen Breiten im Golf von Kalifornien [229]. Vom Verfasser wurde im Dezember 1961 vor *San Quintín* 8 °C Temperatur der Wasseroberfläche gemessen [234, 235]. Wegen der kühlenden Wirkung im Sommer haben sich diese Küsten zu bevorzugten Touristenressorts entwickelt (vgl. Abschn. Touristik).

Am Golf Baja Californias gibt es in den Küstenregionen einige Gebiete, in denen häufig Nebel vorkommt. Bei *Santa Rosalía,* südlich *Mulegé* und *Ángel de la Guarda* erscheinen oft starke Nebelfelder, die bei Aufkommen ein Absinken der Temperatur von 30 °C auf 15 °C innerhalb weniger Stunden verursachen können. Ihr Vorhandensein kommt der Vegetation in diesen Regionen der Ostküste zugute. Ähnliche Verhältnisse herrschen bei *Loreto*. Kalte *Auftriebswässer*, die durch ablandige Winde und gezeitenbedingte Durchmischungsvorgänge verschiedener Wasserkörper hervorgerufen werden, sind die Ursachen solcher für die lokalen Vegetationsverhältnisse bedeutenden Nebelbildung [231, 236, 1094].

Luftmassen. Das Klima der Golfküste wird während der längsten Zeit des Jahres von den feuchtwarmen Luftmassen des *Golfmeeres* bestimmt. Mexico ist oft durch den Transport kalter Luftmassen aus dem nördlichen Amerika, den *Northers*, betroffen, die für die Stadt *Tampico* Temperaturen um 0 °C bringen und in den Orangenkulturen von *Tamaulipas* großen Schaden anrichten können [297, 300, 301]. Die *„Nortes"* können die Festlandsbrücke überschreiten. Sie sind als starke Föhnwinde im pazifischen Chiapas gefürchtet, wo sie in die Hänge der Kaffeeplantagen einbrechen können. Wenn der *Norte* weht, sind die Fähren, die den Verkehr über die Laguneneinfahrten (*Bocas*) an der Küstenautostraße von *Villahermosa* nach *Campeche* bewerkstelligen, zum Stilliegen gezwungen.

Winde. An beiden Seiten des mexicanischen Hochlandsockels herrschen im Sommer Winde vor, die von See zum Land wehen und den Gebirgsflanken Steigungsregen bringen [300, 301]. An der Westküste sind Kalmen häufig. Mexico liegt im Bereich des NO-*Passates*, der dort im Winter stärker ausgeprägt ist. An der Ostküste wehen die Passatwinde ganzjährig. Im Winter, wenn die innertropische Konvergenzzone südlich des Äquators verlagert ist, erreichen Zyklonen der Westwindzonen der Erde mit Ausläufern Mexico. Während dieser Jahreszeit verläuft der WO-gerichtete Strahlstrom *(Jet, „Chorro")* der 30er Breiten mit weit nach S ausholendem Bogen über der Breite von *Mazatlán* [300, 301]. Die *„Nortes"*-Ausläufer der meridional wehenden kalten *Northers* aus dem nordamerikanischen Kontinent, bringen im Winter kurzfristige Temperaturstürze und bewirken Winterregen an der atlantischen Küste Mexicos [297]. In den Monaten August bis Oktober bilden sich über dem Karibischen Meer tropische Zyklonen *(Hurrikane)*, deren Bahnen in einigen Fällen die Ostküste von *Yucatán* und *Tamaulipas* erreichen, wie z. B. der tropische Wirbelsturm vom 24. September 1933, der die Stadt Tampico zum großen Teil zerstörte (Beispiel Abb. 33). Im *Golf* von *Tehuantepec* an der pazifischen Küste können sich tropische Wirbelstürme bilden, die als *„Chubascos"* die Südspitze *Baja Californias* erreichen (Abb. 32).

Über Luftzirkulationen und Luftströmungen geben die Verdriftungen der Rauchwolken bei der Brandrodung und der Staubwolken bei vulkanischen Ausbrüchen (*Parícutin* während zehn Jahren) bessere Beobachtungsunterlagen als Wolken, da die Verdriftung dann z. T. unabhängig von Kondensationserscheinungen erfolgt und da die spätere Ablagerung der Staubteile auf dem Boden beobachtet werden kann.

Die ausgedehnten Strandwallgebiete der *Laguna Superior* zeigen ihre Windüberformung mit der Dominanz transversal verlaufender Sand- und Dünenstreifen an.

Regen- und Trockenzeit. Das jahreszeitlich wechselfeuchte Klima ist an der pazifischen Seite Mexicos stärker ausgeprägt als an der Seite des Golfes von Mexico. Eine ausgeprägte

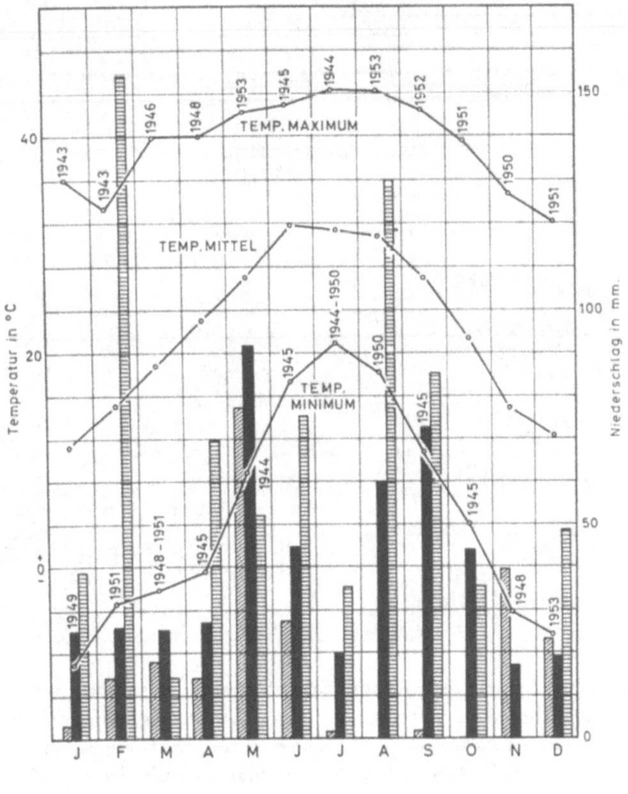

Temperatur

Niederschläge:

trockenstes Jahr 1952
jährliches Mittel
niederschlagsreichstes Jahr 1949

Abb. 26. Temperaturen und Niederschläge von Piedras Negras (Coahuila) während der Zeit von 1943–1953. (Quelle: Ingeniería Hidráulica en México)

Trockenzeit von etwa fünf bis sechs Monaten, die von November bis Mai dauert, wechselt mit einer sechsmonatigen Regenzeit, die in den Monaten Mai bis Oktober herrscht. Als die Spanier in das Land kamen, gaben sie der Trockenzeit den Namen *„Verano"*, d. h. Sommer, und der Regenzeit den Namen *„Invierno"*, nämlich Winter, da in ihrer Heimat in Spanien Dürre während der Zeit des Sommers der Nordhalbkugel und Regen während der Zeit des Winters der Nordhalbkugel herrscht. Tatsächlich entspricht aber die Periode der Regenzeit Mexicos dem Zeitraum des hohen Sonnenstandes und auch der Hauptvegetationsperiode; sie ist also der Sommer. Dagegen bedeutet die Trockenperiode, die mit der Zeit des tiefen Standes der Sonne auftritt und die für zahlreiche Vegetationsformationen eine Ruheperiode bedeutet, den Winter. Mit Ausnahme der immergrünen Urwälder von Küstenbereichen, der Galeriewälder und der immergrünen Nebelwälder von Gebirgsregionen ist das Grün der üppig wuchernden Vegetation die bestimmende Farbe der Landschaft während der Regenzeit, das Braun dagegen die vorherrschende Farbe während der Trockenzeit (Abb. 27, *Bild 9 a* u. *b*).

Regenzeit. Bald nachdem die Sonne mittags durch den Zenit gegangen ist, d. h. in *Ciudad de México* Ende Mai, in Südmexico früher, erlebt das Land die heißesten Tage des Jahres. Um diese Zeit beginnen, zumeist mit ein oder mehreren Tagen Abstand, die ersten Gewitterschauer niederzugehen. Der Übergang von der Trockenzeit zur Regenzeit erstreckt sich auf einen Zeitraum von zwei bis vier Wochen und findet Ende Mai bis Juni statt. Dann sind die täglich niedergehenden gewittrigen Schauer *(„Guaracheños")*

Bild 9a. Agrarlandschaft und Staubstürme in der Trockenzeit, westlich Jalapa Enríquez in Veracruz. Während der Trockenzeit von Oktober bis Anfang Mai verursachen die Winde über dem ausgedörrten Boden heftige Staubverwehungen. Diese Staubwirbel tragen die feinen Bodenkrumen über Kilometer hin fort und blasen den Boden aus. (GIERLOFF-EMDEN April 1962)

die bestimmende und wetterwirksame Erscheinung des Klimas. Es sind dies die Niederschläge der innertropischen Konvergenzzone, die sich mit dem nach N wandernden mittäglichen Zenitstande nach N verschiebt, d. h. also Zenitalregen, die auf die sogenannten *„easterly waves“* der innertropischen Konvergenzzone zurückzuführen sind. Niederschlagsmaxima treten im Juni und September auf.

Die Heftigkeit der einzelnen Gewitterschauer ist durchschnittlich während der ersten Junihälfte am größten, deshalb gibt es in diesem Zeitraum die größten täglichen Niederschlagsmengen des Jahres. Die Intensitäten der Schauer betragen zwischen 5 und 20 mm in fünf Minuten. Bei länger andauernden Schauern werden Niederschläge bis zu 50 und 80 mm pro Stunde erreicht. Die örtliche Bezeichnung des Einsetzens solcher heftiger tropischer Gewitterschauer lautet *„agua viene“*, d. h. „das Wasser kommt“, im Gegensatz zum Regen, bei dessen Niedergang man *„hay lluvia“*, „es hat Regen“ oder „es regnet“, sagt. Dieser Ausdruck kennzeichnet anschaulich das Naturereignis der einsetzenden Schauer, die einen Landstrich überziehen. Durch ein mehrere Minuten andauerndes Rauschen kündigt sich das Herannahen der Schauerwand vorher an, das immer stärker, schließlich zu einem Prasseln wird, bis die sich in dicken Strahlen ergießende Regenflut den Beobachter erreicht hat. Diese Güsse sind oft von gewittrigen Erscheinungen begleitet. Im tropischen Süden Mexicos wurden Gummisäfte der Bäume von Indianern genutzt, um wasserdichte Baumwollcapes herzustellen. Die Zeit des Eintretens der Schauer ist in

Bild 9 b. Agrarlandschaft zur Regenzeit. Maisfeld bei Zimatlán im Hochtal von Oaxaca. Mais, das Grundnahrungsmittel für Tortilla-Brot, wird in allen Gebieten Mexicos angebaut. Der Anbau erfolgt vielerorts auf langen, schmalen Feldfluren (Milpa). Im Hintergrund Baumreihe am Rio Atoyac. Über den Bergen fällt Regen in Form von dichten Schauern (nachmittags um 17 Uhr zur Zenital-Regenzeit). Durch starken Tropfenschlag der Platzregen wird der Boden abgespült und verschwemmt. (GIERLOFF-EMDEN Juli 1964)

den einzelnen Regionen verschieden. Im pazifischen Südmexico ereignen sich die Regenschauer häufiger am Nachmittag und Abend, bis etwa Mitternacht. Somit ist eine wirksame Schädlingsbekämpfung bei den Baumwollkulturen von *Soconusco (Chiapas)* während des trockenen Vormittages vom Flugzeug aus möglich.

Die Zahl der Tage mit meßbarem Regen nimmt im Juli zu. Der Juni oder Juli zeigt fast auf allen Stationen und in allen Jahren die größten Niederschlagswerte. Zum Ende des Juli und Anfang des August ist im Mittel der Jahre ein gewisses Nachlassen der Niederschläge festzustellen, so daß sich eine kleine Trockenzeit entwickelt, in der die Temperaturen rasch ansteigen und sich bei den hohen Schwülewerten die geschmähten Hundstage, „*caniculas*", ereignen, „*veranillo de San Juan*". Während der Regenzeit ist ein ziemlich regelmäßiger *Tagesgang* ausgebildet: Der Tag beginnt mit fast wolkenfreiem Himmel bei Sonnenaufgang. Mit steigendem Sonnenstand nehmen Bewölkung und Schwüle zum Mittag hin zu. Meist setzen erst nach 14 Uhr die kleineren Schauer ein. Immer wieder unterbrochen durch kleine Trockenperioden steigert sich die Schauertätigkeit bis zum Abend und erreicht zwischen 22 Uhr und 24 Uhr zumeist nach Länge und Intensität der Schauer ihr Maximum. Ein Nachlassen ist dann in den frühen Morgenstunden fast regelmäßig zu beobachten. Anfang August mittags steht die Sonne über

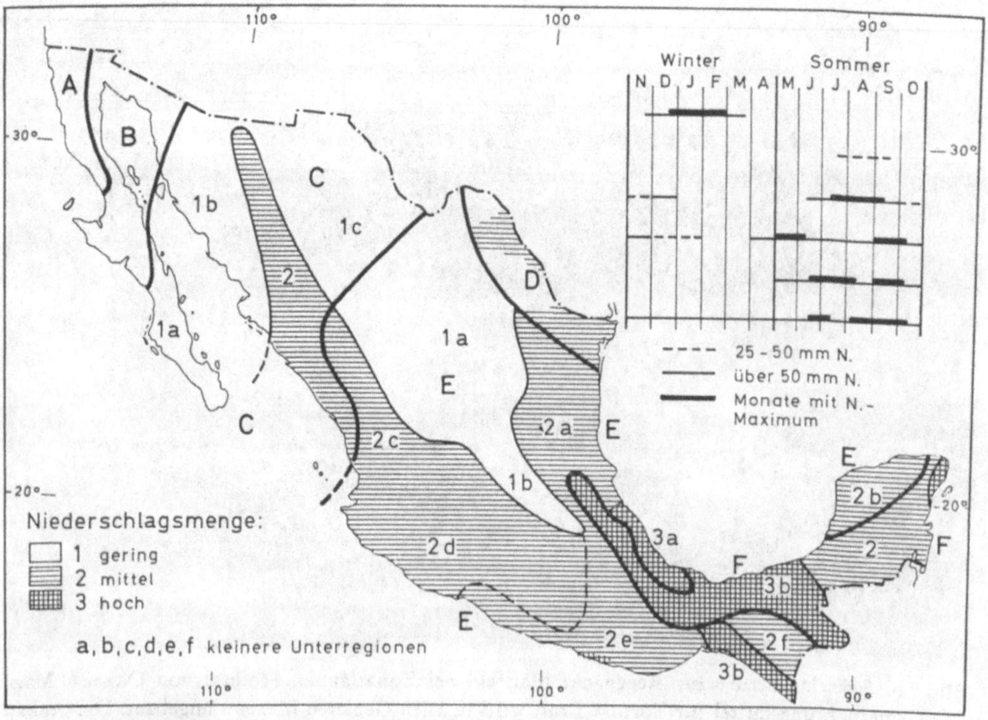

Typen nach Jahreszeit und Periode:

A = Sommertrocken
B = Übergangsgebiet
C = kurze sommerliche Regenzeit
D = unterbrochene sommerliche Regenzeit
E = lange sommerliche Regenzeit
F = keine Trockenzeit oder Periode

Im Diagramm oben rechts sind die 6 Typen von oben nach unten eingetragen.

Abb. 27. Jahreszeitliche Niederschlagstypen von Mexico. (Nach H. J. Walker)

Mexico wieder im Zenit, nachdem sie also sechs Wochen in Ciudad de México ein mittägliches Azimut von Null Grad rechtweisend gehabt hat, d. h. also im N gestanden hat. Zu diesem Zeitpunkt bringen die Zenitalregen eine zweite Periode der Niederschlagshäufigkeit und Intensität über das Land. Sie klingen zum September und Oktober hin aus. Mit dem Ausklingen der Regenzeit im November beginnt die große, sechsmonatige Trockenzeit. Niederschläge kommen vereinzelt auch in dieser anhaltenden „Schönwetterperiode" vor. Die Monate November bis Februar gestalten sich bei größeren Tagesschwankungen am angenehmsten für den im Lande verweilenden Europäer. Der Sonnenstand ist weniger hoch, am 21. Dezember erreicht die Sonne mittags in Ciudad de México einen niedrigsten Stand von 48°, also eine Höhe, die der höchsten sommerlichen in Süd-Mittelnorwegen entspricht (Abb. 28 u. 28 a u. b).

Winterregengebiet. Der äußerste pazifische Nordwesten Mexicos bekommt von *Tijuana* bis etwa 250 km südlich Niederschläge im Dezember, Januar und Februar, deren jährliche Menge durchschnittlich 200 bis 350 mm beträgt (Abb. 30). Die Niederschläge, die im NW meist im Gefolge von Zyklonen fallen, nehmen südwärts schnell ab: *Tijuana* hat noch

340 mm Jahresdurchschnitt, *San Quintín* nur noch 150 mm. Gelegentliche Ausläufer winterlicher Regen im Raume von *N-Sinaloa* werden dort *„equipatas"* genannt. Auf den höchsten Plateaus der *Sierren Juárez* und *San Pedro Mártir* kommen Niederschlagsmengen von über 500 mm vor (Messungen der *Secretaría de Recursos Hidráulicos*). In diesem äußersten Zipfel der Winterregenzone ist die Schwankung von Jahr zu Jahr beträchtlich. Auf den hohen Rumpfflächen kommen gelegentlich sommerliche Gewitterschauer vor. P. Meigs [1101]. In Bereichen über 1200 m auf den *Sierren Juárez* und *San Pedro Mártir* gibt es im Winter Schneefälle. Die Regen gestatten nahe der Küstenregion von *Tijuana* bis südlich *Ensenada* und in einigen Tälern Weizenkulturen im Regenfeldbau. Ausgedehnte Wein- und Olivenkulturen sind dort angelegt worden und können ohne künstliche Bewässerung gedeihen. Die Niederschläge sind voll auszunutzen. Sie fallen in der Jahreszeit, in der tiefer Sonnenstand, Bewölkung und niedrige Temperaturen eine geringe Verdunstung bedingen. Der hohe Kamm der Sierren von *Juárez* und *San Pedro Mártir* stellt in dieser Zone nach O die Grenze zum trockenen, nördlichen Golfgebiet dar, zu dem das *Colorado*-Delta gehört. Diese wüstenhaft trockene Binnenzone östlich des Steilabbruches der hohen Sierren zum *Colorado*-Delta hin enthält Sand- und Kieswüsten. Dort fallen Niederschläge oft nur im Abstand bis zu fünf Jahren.

Klimaregionen und Klimaerscheinungen [284] (Abb. 28 u. 29). Die bisher detaillierteste Gliederung Mexicos nach Klimatypen stammt von Thornthwaite. Die von ihm entworfene Karte und das Einteilungsschema sind im Atlas geográfico de Mexico von J. L. Tamayo [40] wiedergegeben. (Zusätzliche Literatur [284, 308, 281].) Als meridional gegliederte Klimaprovinzen unterscheiden sich: der feuchtere atlantische Osten mit Regen zu allen Jahreszeiten von der trockeneren pazifischen Seite mit halbjährlicher Regenzeit (Juni bis Oktober) und Trockenzeit (November bis Mai) (Abb. 27).

Mexico besitzt Landschaften von großen klimatischen Gegensätzen: feuchtheiße Treibhausluft herrscht in den Sumpf- und Urwaldgebieten der Küstenniederungen von *Veracruz* und *Tabasco*, die nach den tropischen Regengüssen (2000 bis 4000 mm Niederschlag pro Jahr) z. T. zu amphibischen Landschaften mit vielen flachen Tümpeln und Seen werden, *„aguajales"* (Abb. 115, *Bild 7*). Über die Hochflächen der *Sierra Madre Occidental* können Schneestürme wehen. Es kann dort empfindlich kühlfeuchtes Wetter eintreten, wie bei herbstlichen Stürmen auf den Höhen der *Meseta von Chiapas* im südlichen, „tropischen" Mexico. Regionen Mexicos mit trockenem Klima sind Baja California, der pazifische Nordwesten und das nördliche Hochland [292]. Obwohl die Niederschläge dort im Sommer fallen, überwiegt die Einstrahlung erheblich, so daß es einen heißen Sommer mit sehr hohen Tagestemperaturen und mäßiger nächtlicher Abkühlung gibt [299, 1337]. Im Nordwesten herrscht eine durchschnittliche Sonnenscheindauer von acht Stunden täglich im Jahresmittel. Im gesamten Hochlandssockel ist die Strahlung der dominierende Klimafaktor. Durch die große Höhenlage ist das tiefe Blau des Himmels bedingt. Trockene Hitze und dünne Luft sind die besonderen Merkmale. Die südlichen Hochlandregionen leiden wegen der dichteren Besiedlung mit ihrem Feldbau und großer Wasserentnahme aus dem Boden unter Wassermangel. Vom inneren Hochland aus variiert das Klima zu größeren und geringeren Höhenlagen erheblich: die Sierren, in Höhenlagen über 2000 m bis 2400 m oft durch Kiefernbestände bedeckt, haben die erfrischende Kühle ihrer Höhenlage. Wo das Hochland unter 1800 m reicht, wie bei *Guadalajara*, *Uruapán* oder *Cuernavaca*, nimmt wegen der hohen Jahresniederschläge die Vegetationsdichte gegenüber dem

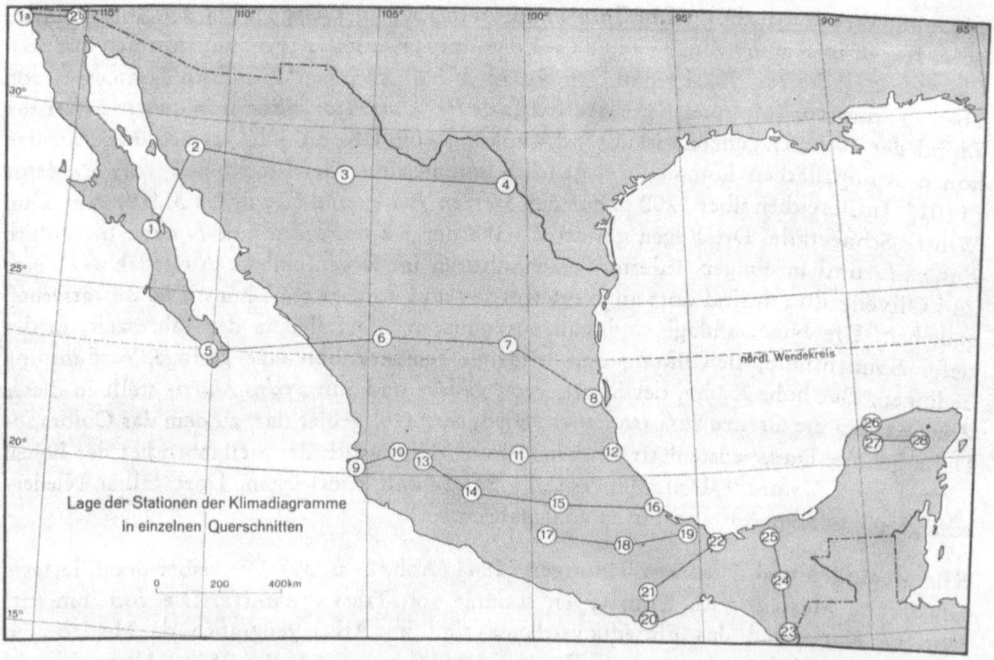

Abb. 28. Lage der Stationen der Klimadiagramme in einzelnen Querschnitten

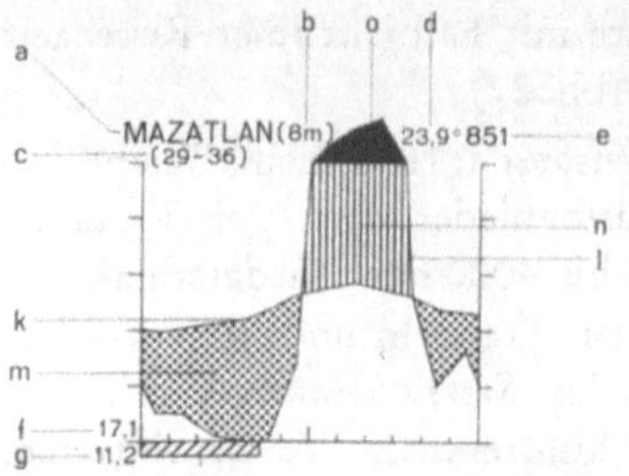

Schlüsselfigur zu den Klimadiagrammen („Profile“ siehe Abb. 28 a u. b, S. 80 u. 81). (Nach Walter, H. u. H. Lieth: Klimadiagramm-Weltatlas, Jena 1960)

Erläuterung der Symbole zu Abb. 28

Die Bezeichnungen und Zahlenwerte auf den Diagrammen bedeuten:

a = Station
b = Höhe über dem Meer
c = Zahl der Beobachtungsjahre (eventuell erste Zahl für Temperatur und zweite Zahl für Niederschläge)
d = mittlere Jahrestemperatur (1 Skalenteil = 10 °C)
e = mittlere jährliche Niederschlagsmenge (1 Skalenteil = 20 mm)
f = mittleres tägliches Minimum des kältesten Monats
g = absolutes Minimum (tiefste gemessene Temperatur)
k = Kurve der mittleren Monatstemperaturen
l = Kurve der mittleren monatlichen Niederschläge (im Verhältnis 10 °C = 20 mm)
m = Dürrezeit (punktiert)
n = humide Jahreszeit (vertikal schraffiert)
o = mittlere monatliche Niederschläge, die 100 mm übersteigen (Maßstab auf 1/10 reduziert), schwarze Fläche
r = Monate mit absolutem Minimum unter 0 °C (schräg schraffiert)

Für die Anlage eines Klimadiagramms wurde von GAUSSEN der Vorschlag gemacht, für die Temperatur- und die Niederschlagswerte das einfache Verhältnis 1 : 2 zu benutzen, d. h. den Maßstab für die Monatsmittel der Temperatur und der Niederschläge so zu wählen, daß 10 °C gleich 20 mm Niederschlag gesetzt werden. Es hat sich dabei gezeigt, daß der Teil des Jahres, in dem die Niederschlagskurve über der Temperaturkurve liegt, eine humide Jahreszeit ist, der Teil dagegen, in dem die Niederschlagskurve unter die Temperaturkurve sinkt, einer Dürrezeit entspricht, also arid ist. Die humide Jahreszeit wird bei unseren Diagrammen vertikal schraffiert, die Dürrezeit durch Punkte hervorgehoben.

Die vertikale Erstreckung dieser Flächen gibt jeweils die Intensität, die horizontale die Dauer der humiden Jahreszeit bzw. der Dürrezeit wieder.

Wenn die absoluten monatlichen Minima unter Null liegen, so wird der Balken unter der O-Linie schräg schraffiert. In diesen Monaten ist während der Beobachtungszeit mindestens einmal eine Temperatur unter 0° in der meteorologischen Hütte gemessen worden; es kann also, es braucht jedoch nicht jedes Jahr Frost aufzutreten.

Wichtiger ist es – namentlich in den Steppengebieten der gemäßigten Zone mit einem Maximum der Niederschläge im Sommer –, noch zusätzlich zu der Dürrezeit eine Trockenzeit zu erfassen, die weniger extrem ist. Zu diesem Zweck werden als Hilfskurve die Niederschläge nochmals in einem kleineren Maßstabe gestrichelt eingetragen, indem man 10 °C gleich 30 mm Regen setzt. Die Fläche, die jetzt unter der Temperaturkurve bzw. unter der Dürrezeitfläche zu liegen kommt, gibt diese Trockenzeit wieder und wird horizontal gestrichelt. Liegt diese erniedrigte Niederschlagskurve noch über der Temperaturkurve, dann fehlt eine Trockenzeit.

Übersteigen die monatlichen Niederschläge 100 mm, was in den Tropen sehr häufig der Fall ist, so wird für die 100 mm übersteigenden Niederschläge der Maßstab auf $1/10$ verkleinert. Die entsprechende Fläche ist dann schwarz gezeichnet.

In den Tropen täuscht die Kurve der monatlichen Temperaturmittel sehr geringe Temperaturschwankungen vor. Tatsächlich können diese sehr bedeutend sein. Es handelt sich jedoch nicht um jahreszeitliche Schwankungen, sondern um Tagesschwankungen. Deshalb werden in diesem Falle auf der linken Seite des Diagramms noch zusätzlich das mittlere Temperaturmaximum des wärmsten Monats, das absolute Temperaturmaximum sowie die mittlere Tagesschwankung eingetragen.

---

inneren Hochland zu. Die hohen Tagestemperaturen und die Schwüle lassen den Menschen das Klima dieser Lagen erheblich heißer empfinden, als es in Mittelwerten zum Ausdruck kommt. Ein Klima „ewigen Frühlings" herrscht in den sonnigen Hochtälern von Zentralmexico und *Guadalajara.* Sträucher, Gräser und an feuchten Standorten entlang von Bächen oder Bewässerungsgräben Bäume mit charakteristischen Formen, wie Weiden, Pappeln, Taxodien und Sumpfzypressen, gestalten das abwechslungsreiche Bild fruchtbarer Kulturlandschaften im südlichen Hochland, wie z. B. zwischen *Chapala-* und *Cuitzeo-See.*

Die *Balsas*-Senke südlich der Sierra Neovolcánica zählt zu den heißesten Landstrichen Mexicos. Das Klima und der oft undurchdringliche Buschwald, sowie Insektenplage haben diesen Raum eines der rückständigsten Kulturgebiete Mexicos bleiben lassen. Während die *pazifische Küstenregion* der Staaten *Guerrero* und *Oaxaca* ein winterwarmes, sommerheißes, in Strandnähe durch Seewind erfrischendes Klima hat (Badeorte wie *Acapulco* und *Manzanillo*), ist das Küstentiefland der Staaten *Veracruz* und *Tabasco* des *Golfes von Campeche* durch hohe Niederschläge, große Luftfeuchte und Schwüle als unangenehmes tropisches Klima bekannt. Dort wirkten Malaria und andere Tropenkrankheiten hemmend auf die Entwicklung zur Kulturlandschaft, bis Hygienemaßnahmen durchgeführt wurden und Raumklimaanlagen verwendet wurden. Bemerkenswert ist der Gegensatz auf engen Räumen zwischen dem steppenhaft trockenen Nordwesten der Halbinsel *Yucatán* im Vergleich zu dem tropischen Waldland von Süd-Yucatán – *Petén.* Das Klima von *Chiapas,* infolge der Breitenlage generell ein wechselfeuchtes Klima mit Regen- und Trockenzeit, weist in den einzelnen Räumen wegen des Reliefs und der Kammerung (Küstenland, *Sierra, Valle Central, Meseta*) viele Varianten auf (Abb. 29).

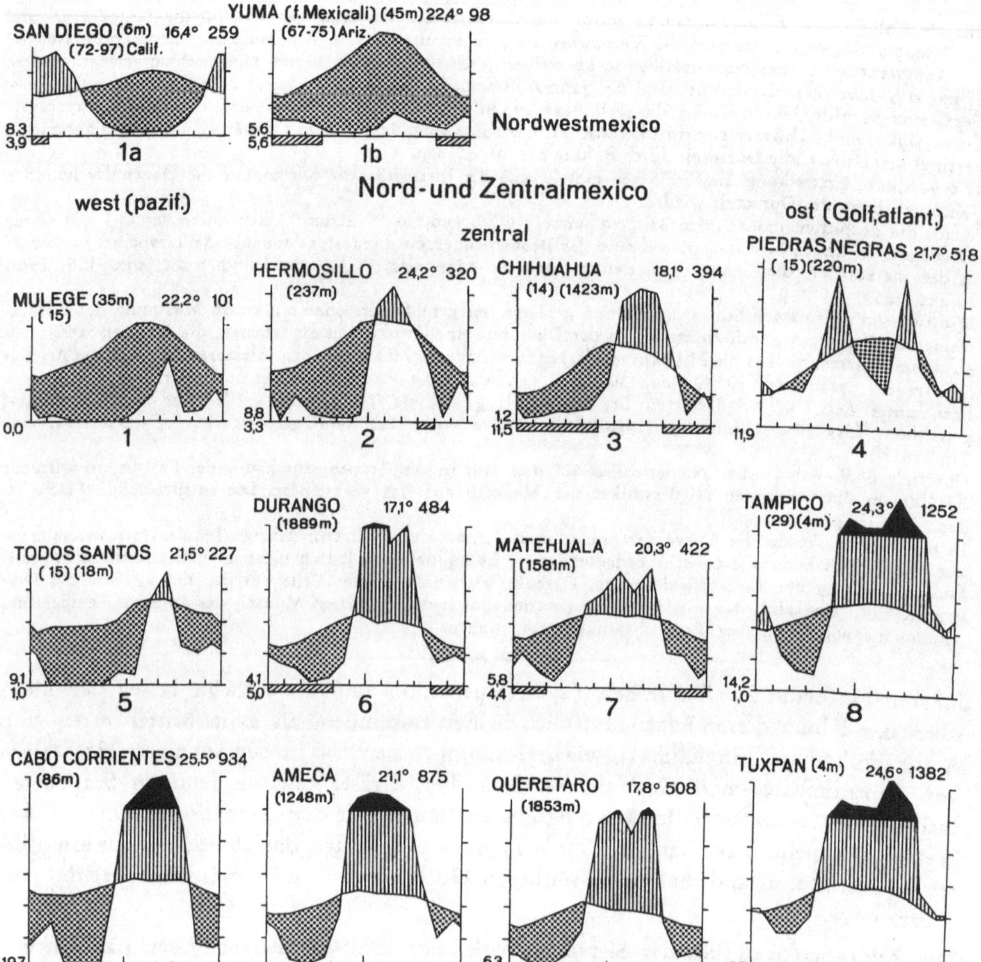

Abb. 28 a. Klimadiagramme von Nordwest-, Nord- und Zentralmexico.
(Nach Klimadiagramm Weltatlas)

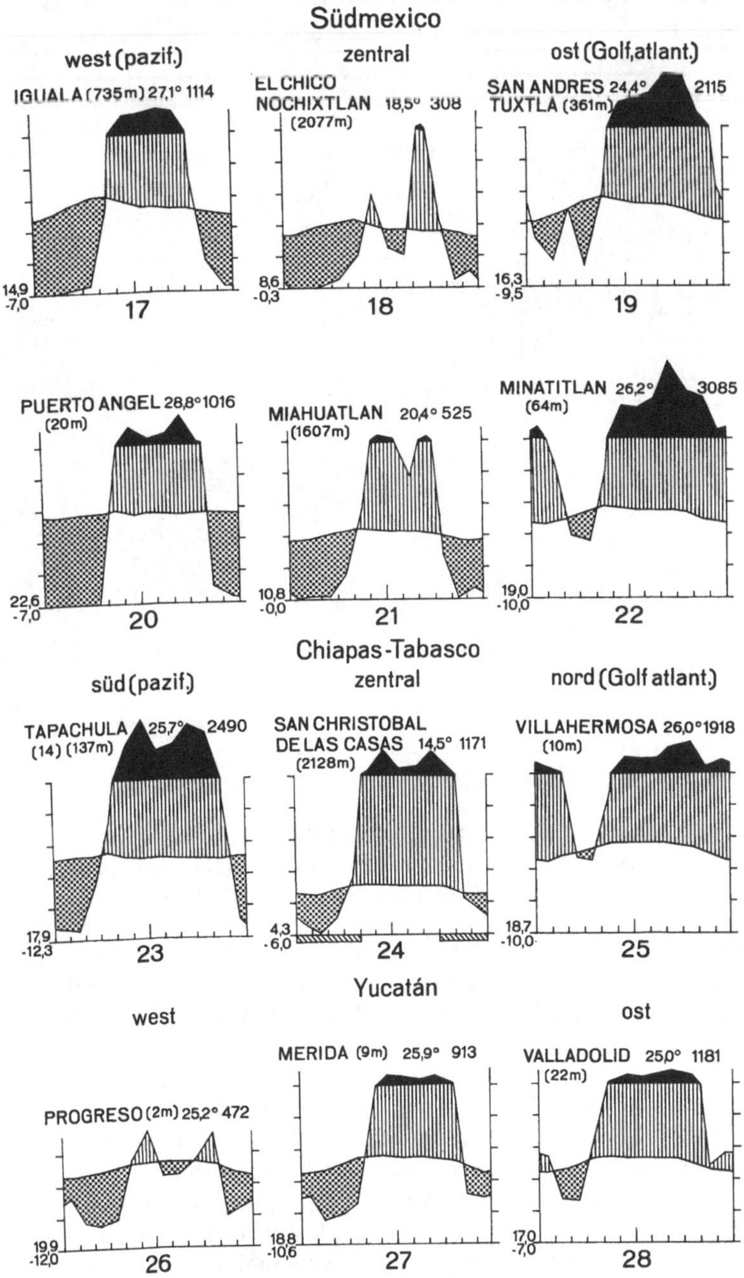

Abb. 28 b. Klimadiagramme von Südmexico.
(Nach Klimadiagramm Weltatlas)

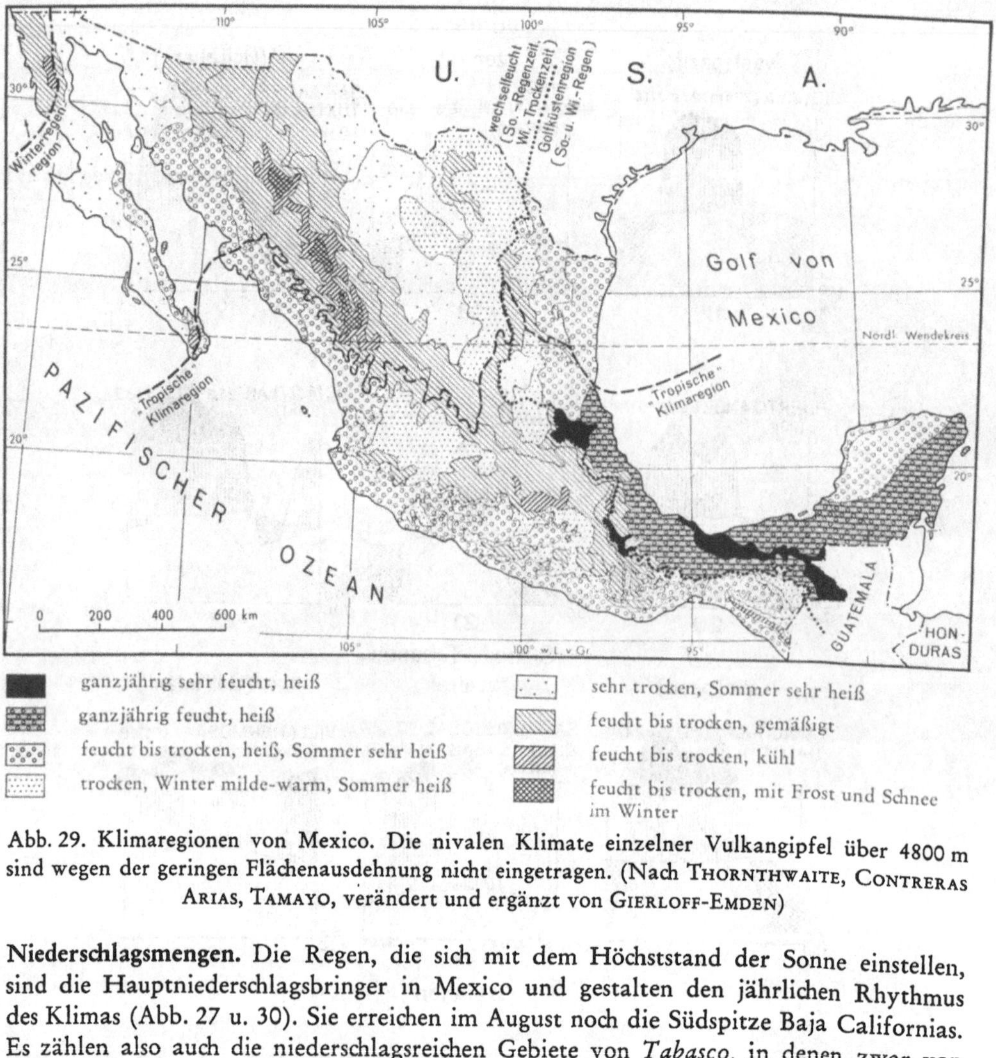

Abb. 29. Klimaregionen von Mexico. Die nivalen Klimate einzelner Vulkangipfel über 4800 m sind wegen der geringen Flächenausdehnung nicht eingetragen. (Nach Thornthwaite, Contreras Arias, Tamayo, verändert und ergänzt von Gierloff-Emden)

Niederschlagsmengen. Die Regen, die sich mit dem Höchststand der Sonne einstellen, sind die Hauptniederschlagsbringer in Mexico und gestalten den jährlichen Rhythmus des Klimas (Abb. 27 u. 30). Sie erreichen im August noch die Südspitze Baja Californias. Es zählen also auch die niederschlagsreichen Gebiete von *Tabasco,* in denen zwar von Mai bis Oktober über 4000 mm Regen fallen, nach der Niederschlagsverteilung nicht zum volltropisch-immerfeuchten Klimatyp des zentralen *Amazonas*gebietes, wohl aber nach der Vegetation, die die Zeit geringer Niederschläge mit den Reserven regenzeitlicher Wasserlachen (*aguajales*) überbrücken kann. Die Unterschiede der Niederschlagsmengen sind oft auf Entfernungen von nur 50 km sehr groß [285]. Der größte Teil der Niederschläge im tropischen Mexico fällt im Gefolge konvektiver Vorgänge, in Nordmexico auch im Gefolge advektiver Vorgänge in der Atmosphäre. Im Landschaftsbild kommt dieser Sachverhalt in Form der Wolkenbedeckung zum Ausdruck: es sind vorwiegend aufgetürmte Haufenwolken *(Cumuli congesti)* in mittlerer Höhe (Obergrenze bei 2800 m), nicht die tiefziehenden dunklen *Cumulus nimbus*-Wolken, aus denen der größte Teil des Regens fällt, so daß auch bei großen Niederschlagsbeträgen kein so dunkler Landschaftseindruck entsteht, wie in unseren Breiten (Weischet, 1965, Erdk.).

Die räumliche Verteilung der Niederschläge (Abb. 30). Darstellungen der räumlichen Verteilung des Niederschlages beruhen auf der Auswertung der Meßergebnisse des Netzes der meteorologischen Stationen [281, 285]. Mexico hatte bis 1965 etwa 62 amtliche Stationen zur Verfügung, d. h. etwa eine Station pro 300 000 km². Um differenzierte Aussagen zu gewinnen, müßte mindestens eine Station für 10 000 km² vorhanden sein. Für Mexico liegen die Verhältnisse etwas günstiger, da innerhalb der großen Räume des Nordens nicht so große Unterschiede der jährlichen Niederschlagsverteilung vorhanden sind wie zwischen kleingeklammerten Räumen in Zentral- und Südmexico. Dort ist die Mehrzahl der 62 Stationen installiert.

Während die südlichen Regionen Mexicos für eine optimale Nutzung zuviel Regen bekommen, herrscht Wassermangel wegen geringer Niederschläge und großer Verdunstung im N und NW.

Das Gesamtvolumen von 1 407 554 Mio. m³ Niederschlag würde, gleichmäßig über Mexico verteilt, eine Schicht von 717 mm ausmachen (Ing. Hidr.).

In neueren Arbeiten konnte gezeigt werden (Schneider-Carius, Weischet, 1965), daß sich die Niederschlagsverteilung in den tropischen Gebieten von denen der Westwindzonen in Abhängigkeit vom Relief grundsätzlich unterscheidet. Während im Bereich der Westwindzonen, Beispiel Mitteleuropa, die Niederschlagsbeträge bis zu großen Höhen zunehmen (Harz, Schwarzwald, Alpen), werden in tropischen Gebieten höchste Niederschlagswerte an den Gebirgshängen in Höhen von 500 bis 1500 m erreicht. Darüber gibt es ein anderes Niederschlagsstockwerk, so daß eine Inversion der Niederschlagsbeträge mit wachsender Höhe vorhanden ist. Das trifft für das südliche und zentrale Mexico zu (Beispiel *Tabasco*). Dieser Sachverhalt ist in Mexico maßgebenden Dienststellen bekannt. Staudämme wurden von der *Secretaría de Recursos Hidráulicos* im tropischen Mexico meist in so geringer Höhe ü. d. M. am Hang der Gebirge angelegt, daß der Teil des Einzugsgebietes der Flüsse, der die höchsten Niederschlagsbeträge empfängt, mit genutzt wird (Abb. 31). An den südöstlichen Hängen der Ausläufer der *Sierra Madre Oriental,* zwischen *Papantla* und *Jalapa,* gehen Niederschläge in Form lang anhaltender Nieselregen nieder, die dort *„chipi-chipi“* genannt werden. In *Villahermosa* weisen die Wintermonate starke Regenfälle auf, eine Folge der einbrechenden *„Nortes“*.

„Der Gebirgsrand ist das erste Hindernis für die praktisch ganzjährig wehenden östlichen, feuchtigkeitsbeladenen Winde, die vom Golf kommen. Diese Überlagerung von Konvektions- und Advektionsregen führt zu einem Jahresniederschlag von 4000 mm. K. Sapper gibt für einen anderen Beobachtungszeitraum einen Wert von über 4,5 m (1932). Es gibt keine eigentliche Trockenzeit mehr. Im regenärmsten Monat April fallen immer noch 114 mm, während im September 572 mm im Durchschnitt gemessen werden.“ A. Gerstenhauer [1330].

Im zentralen und nördlichen Mexico ist die Niederschlagsverteilung dagegen dem Relief so angepaßt, daß die Niederschläge in den Bergen mit größerer Höhe zunehmen.

Zeitliche Verteilung der Niederschläge. Die durchschnittliche Zahl der Tage mit Niederschlag in Mexico beträgt zwischen 30 pro Jahr im N und NW und 180 im SO.

Diese Verteilung ist wie die Menge der Niederschläge von Bedeutung für die Landwirtschaft und bedingt die Zeit der Saat und Ernte der Hauptnahrungspflanzen [304] (vgl. Abschn. Landwirtschaft, Abb. 91).

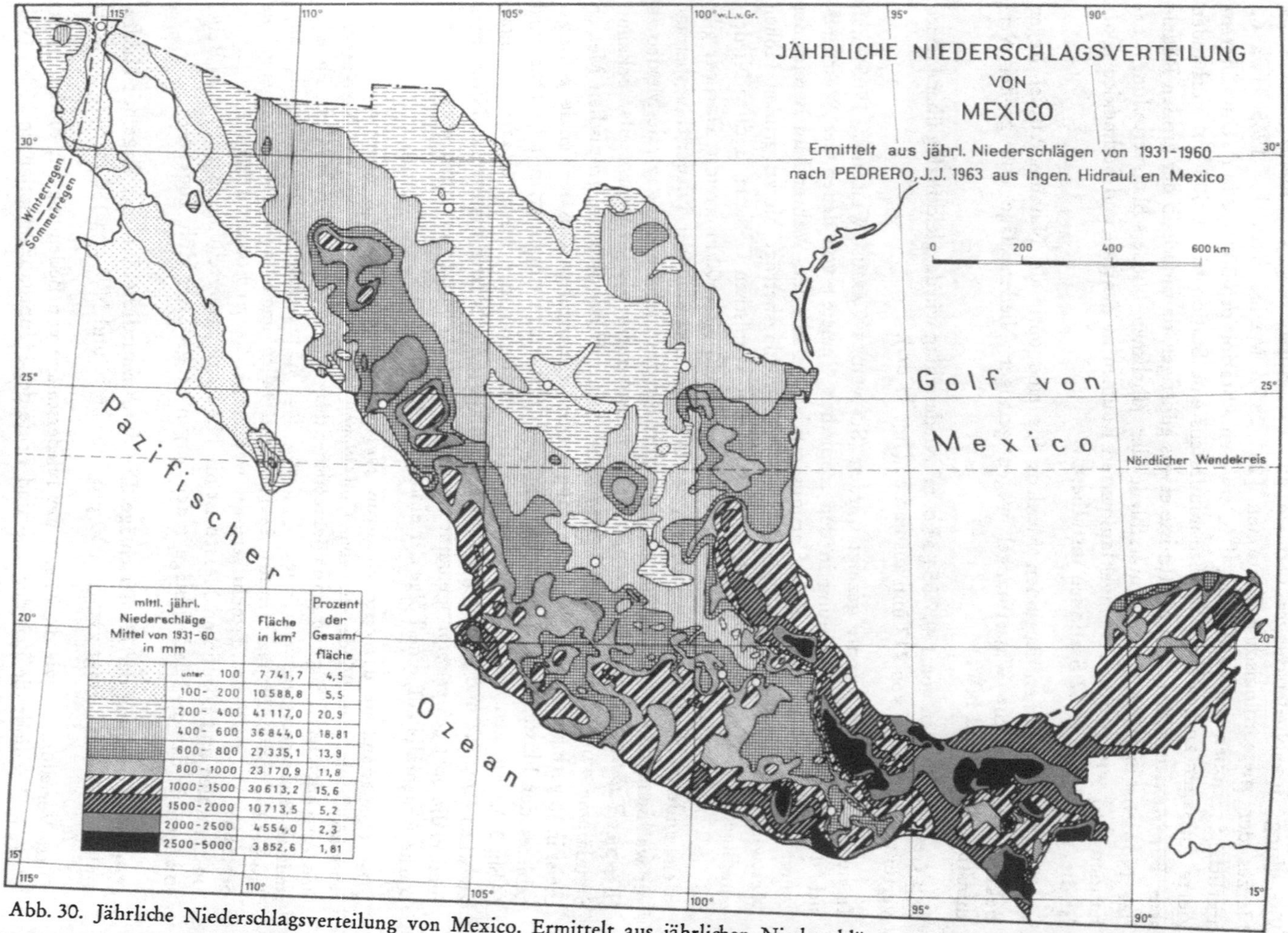

mittl. jährl. Niederschläge Mittel von 1931-60 in mm	Fläche in km²	Prozent der Gesamtfläche
unter 100	7 741,7	4,5
100 - 200	10 588,8	5,5
200 - 400	41 117,0	20,9
400 - 600	36 844,0	18,81
600 - 800	27 335,1	13,9
800 - 1000	23 170,9	11,8
1000 - 1500	30 613,2	15,6
1500 - 2000	10 713,5	5,2
2000 - 2500	4 554,0	2,3
2500 - 5000	3 852,6	1,81

Abb. 30. Jährliche Niederschlagsverteilung von Mexico. Ermittelt aus jährlichen Niederschlägen von 1931–1960. (Nach J. J. PEDRERO 1963 aus Ingen. [illegible])

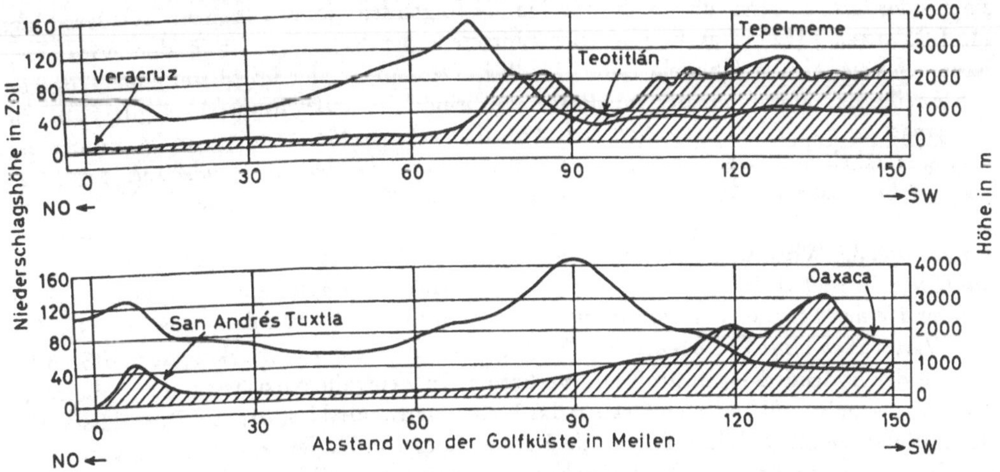

Abb. 31. Geländeprofil und Höhe der jährlichen Niederschläge am Golf von Mexico im Bereich des Rio Papaloapan. Die größten Niederschlagsmengen fallen am Gebirgshang, nicht auf den größten Höhen. (Nach Secr. Rec. Hid., Comisión del Papaloapán, Atlas climatólogico e hidrológico de la cuenca del Papaloapán, 1958)

Im Herbst des Jahres 1966 wurde der Großteil der landwirtschaftlichen Anbaugebiete durch besonders häufig vor der mexicanischen Golfküste auftretende Hurrikane betroffen. Die traditionellen Nahrungsmittel wie *Mais* und *Frijoles* (schwarze Bohnen) wurden hiervon besonders stark betroffen. Außerdem wurden die Ernten bei den Hauptexportgütern, wie Baumwolle, Kaffee und Zuckerrohr, in Mitleidenschaft gezogen. Jedoch wird für das laufende Jahr eine wesentliche Verbesserung der Ernteergebnisse erwartet, da durch die großen Niederschläge der vergangenen Monate nicht nur eine stärkere Bodenfeuchtigkeit eingetreten ist, sondern weil aus dem gleichen Grunde sämtliche Stauanlagen des Landes einen Rekordstand an Wasserreserven zu verzeichnen haben (bezieht sich auf 1967).

Wegen der daraus folgenden, zeitweiligen Unpassierbarkeit wenig befestigter Fahrwege bedeutet die zeitliche Verteilung der Niederschläge eine kurz- oder langfristige Störung des Verkehrs. Das gilt z. B. für die *carretera transpeninsula* von *Baja California* (bisher eine Piste) und Wege in *Tabasco (Bild 77)*.

Jährliche Schwankungen der Regenmengen. Die Regenerwartung ist für zahlreiche Regionen Mexicos unsicher. Die Schwankung der Niederschlagsbeträge von Jahr zu Jahr ist in Mexico in fast allen Regionen beträchtlich und beträgt im Mittel zwischen 10 und 30 % [313, 314]. Sie ist besonders groß in den Trockengebieten des N und NW mit 20 und 30 % (*Guaymas* 35 %) [287, 299]. Dort ist der Niederschlag so ungewiß, daß mehrere Mißernten hintereinander eintreten können. In den Staaten *Sonora, Coahuila* und *Chihuahua* fiel z. B. von 1949 bis 1954 überhaupt kein Regen. Es ist ein Lebensraum, in dem geringe klimatische Veränderungen über die Lebensmöglichkeit eines Volkes entscheiden können [291]. Ausgedehnte Areale in diesem Bereich bekommen während eines oder bis zu drei und vier aufeinanderfolgenden Jahren keinen Niederschlag. H. J. WALKER [312]. Das Ereignis des Eintretens der Regenzeit ist in den nördlichen Regionen von Jahr zu Jahr sehr unterschiedlich. Der Monat, der im Mittel einer längeren Jahresreihe das Maximum der Niederschläge bringt, ist unbestimmt. Das gilt z. B. für *Guaymas, La Páz, Monterrey, San Luis Potosí.* Auch der Monat mit dem Minimum der mittleren jährlichen Niederschläge wechselt, z. B. im NW bei *Guaymas* und auf NW-*Yucatán* bei Progreso. 1960 wurden durch Dürre 500 000 t Mais vernichtet.

Katastrophale Witterungserscheinungen im Klima Mexicos. **Starkregenfälle.** Rekordwerte von Niederschlägen wurden in Mexico erreicht: in *Tampico* und *Acapulco* 250 mm während einer Stunde, in *Minatitlán* 1100 mm während 24 Stunden, dies im Gefolge von *Hurrikanen „lluvias torrenciales"*. Wegen des Auftretens von Starkregen sind Schädigungen der Bodendecke sehr groß und verbreitet. In Zentralmexico bestimmen Lesesteinmauern aus meist vulkanischem Gestein das Kulturlandschaftsbild, oft mit Durchlässen für Schichtfluten versehen. Die zunehmende Versiegelung von Flächen durch Stadtbauten wie Straßen können verheerende Folgen haben, da hiermit zusätzliche Flächen ohne Versickerungsmöglichkeit für Schichtflutenbildung geschaffen werden.

Überschwemmungen in Mexico. México, 27. September 1966: In Mexico regnet es weiter, und das Wasser steigt in den meisten Gegenden ununterbrochen. Besonders auf der Pazifikseite hat sich die Lage am Dienstag verschlimmert. Zwanzig Gemeinden des Staates Guerrero sind unter Wasser. Die Autostraße *México–Acapulco* ist unterbrochen. Im Norden des Landes mußten sich 3000 Bauern auf Häuser und Bäume flüchten. Der ganze östliche Teil der Hauptstadt ist überschwemmt. Die ersten Anzeichen von Epidemien machen sich bemerkbar, besonders Typhus und Malaria.

In trockenen Regionen ist, so paradox es klingt, der Regen der Gestalter der Landschaft: die plötzlich im Abstand mehrerer Jahre auftretenden Platzregen überschwemmen das Land mit Schichtfluten, transportieren riesige Mengen von Gesteinsschutt und schneiden tiefe Rillen und Risse in die vegetationslosen Hänge. Im Jahr 1944 wurden durch Überschwemmungen 200 000 t Mais vernichtet.

Dürre. Über die Hälfte des Landes gehört ariden und semiariden Klimabereichen an (Abb. 4). Ein Drittel Mexicos ist deshalb menschenleer, wüstenhaft [287, 306, 1285]. Gebiete, die durch künstliche Bewässerung nutzbar gemacht werden können, stellen mit ihrer Fläche nur einen Bruchteil des Landes dar.

Die Trocken- und Staubsturm-Periode währt in vielen Regionen sechs Monate lang. Zum Bild dieser Landschaft gehören im Winter die gelbbraunen Staubwirbel, die am Tage zu Hunderten über einer Fläche in Sichtweite aufsteigen und beträchtliche Mengen von Bodenmaterial verwehen. Wie Rauchsäulen stehen oft mehrere, hundert Meter hoch, gleichzeitig in der Luft (*Bild 9 a*). *„Tolvaneras"* werden die Staubstürme und -massen genannt, die das künstlich ausgetrocknete Hochtal von *México D. F.* heimsuchen und das Klima in der Hauptstadt schwer erträglich machen (vgl. Abschn. Ciudad de México).

Kälte, Frost, Schnee. Im Spiegel einiger Zeitungsmeldungen werden andere Witterungserscheinungen verdeutlicht:

„Über Mexico gingen heftige Schneestürme hinweg; sie forderten bis Mittwoch morgen mindestens 17 Todesopfer. Der Verkehr ist völlig zum Erliegen gekommen. Hunderte von Ortschaften sind von der Außenwelt abgeschnitten." (NZZ v. 13. 1. 1967) „Die Kältewelle, von der in den letzten Tagen die meisten Gebiete Mexicos heimgesucht wurden, hat 29 Todesopfer gefordert, davon 23 in der Hauptstadt. Die Stadtbehörden setzten ihre Hilfsaktionen für die 4000 Menschen fort, die durch die Überschwemmung eines Flusses ihr Obdach verloren haben. Durch das Hochwasser wurden in einem volkreichen Viertel im Norden Mexicos große Schäden verursacht." (NZZ v. 14. 1. 1967)

1784 hatte Frost im August die Bohnenkulturen im Hochland vernichtet, 300 000 Menschen starben in der Hungersnot, L. B. SIMPSON [616]. Über Schneeregen, aguas nievres, die im Hochland im Februar fallen, berichtet MÜHLENPFORDT [22].

Hurrikan-Sturmfluten im Golf von Mexico. Das amerikanische Mittelmeer ist bekannt und berüchtigt wegen seiner tropischen Wirbelstürme. Einzelne Hurrikane nehmen nicht den gewöhnlichen Verlauf nach N über *Texas*, sondern brechen über das Golfküstenland Mexicos herein, *Yucatán* und *Veracruz* kreuzend. 1933 wurde die Stadt *Tampico* zu 50 % zerstört (Abb. 33).

„Der größte Teil der durch Hurrikane verursachten Schäden ist der zerstörerischen Wirkung des Windes zuzuschreiben. Aber das Ansteigen des Wassers an der Küste und die Wellen waren oft die primären Ursachen für die gewaltigen Materialschäden und den Verlust von Menschenleben. Bei Hurrikan-Sturmfluten sind maximale Wasserstände von 3 bis 4 m beobachtet worden (HARRIS, 1962). Mehr als 15 m hohe durch Hurrikane erzeugte Wellen sind nichts Ungewöhnliches" (MALKUS, 1962). „Im Golf von Mexico werden vor allem die Küste von *Louisiana* und *Texas*, aber auch von *Tamaulipas* und Nord-*Veracruz* von Hurrikan-Sturmfluten bedroht" (N. GRIJALVA ORTIZ, 1964).

Aus einer mexicanischen Zeitung: „**Tromba, Ciclón,** Temblor y Pánico en Hermosillo. *Hermosillo,* Sonora, 6 de julio (1964). Una tromba – vientos huracanados, miles de toneladas de granizo y lluvia torrencial – dañó los sistemas de transmisión de la orba hidroeléctrica *‚El Novillo'*, y causó pérdidas por más de 250 000 pesos. El viento derrumbó tres torres de acero. Cada una tiene 34 metros de alto. También arrancó algunos árboles."

„Der Wirbelsturm *‚Beulah'*, der seit zwei Wochen über dem Karibischen Meer tobte, hat besonders in Nord-Mexico und im amerikanischen Bundesstaat Texas riesige Schäden angerichtet. Der Hurrikan, der zeitweise Windgeschwindigkeiten bis zu 260 km/st erreichte, flaute gestern (21. 9. 1967) ab. Auf umgerechnet zwei Milliarden DM haben die Behörden den Schaden beziffert, den der Wirbelsturm allein in Texas angerichtet hat. Am schwersten sind die Verwüstungen in einer 260 Kilometer langen Zone in Mexico und den USA beiderseits des *Rio Grande*. Die Regierungen beider Länder haben für dieses Gebiet den Notstand ausgerufen" (Abb. 32).

Rio Grande, 23. September. „Alle Bewohner der beiden mexicanischen Städte *Matamoros* (100 000 Einwohner) und *Reynosa* (75 000 Einwohner) müssen wegen drohenden Hochwassers des *Rio Grande* in Richtung der Vereinigten Staaten evakuiert werden. Das Hochwasser wurde durch den Wirbelsturm „Beulah" hervorgerufen."

„Mexico, 11. Okt. Der bedeutende mexicanische Ausfuhrhafen *Tampico* und sechs weitere Ortschaften waren am Montag infolge der Verheerungen, die der Wirbelsturm *„Ines"* in dieser Gegend anrichtete, vom übrigen Landesgebiet abgeschnitten. Über 30 000 Bewohner der tiefer gelegenen Stadtteile mußten evakuiert werden. Mindestens sechs Quartiere von Tampico stehen unter Wasser. Die Schäden gehen in die Hunderte von Millionen mexicanischer Pesos" (N. Z. Z.).

Abb. 32. Die von einem Hurrikan („Beulah", September 1967) überstrichene Fläche im Golf von Mexico (Wolkenbedeckung nach Satellitenaufnahme) (Darstellung vereinfacht)

In der Zeit von 1901–1958 betrug die Häufigkeit solcher Wirbelstürme für *Yucatán* 44, *Tamaulipas* 33, *Veracruz* 15

Wirbelstürme an der pazifischen Seite Mexicos. An der Westküste können tropische Wirbelstürme vom Golf von *Tehuantepec* nach N ziehen. Etwa zwei solcher Orkane, „*Tehuantepequeros*", treten jährlich auf (Abb. 33). 1959 wurde die Hafenstadt *Manzanillo* aufs schwerste betroffen. Eine besondere Erscheinung im Wettergeschehen des Nordwestens sind die „*Chubascos*". Das sind tropische Wirbelstürme, die von Süden entlang der pazifischen Küste bis zum Golf von Kalifornien reichen. Sie treten vornehmlich im Spätsommer und Herbst auf, in besonders heftiger Form alle drei bis vier Jahre, und bringen in wenigen Stunden gewaltige Niederschlagsmengen. Solche Stürme haben bis zu 18 Stunden angedauert. 1939 wurden während eines Chubascos nahe bei *La Páz* 200 mm Regenfall gemessen. 1829 wurde die damalige Hauptstadt der Halbinsel, *Loreto*, durch einen Chubasco zerstört. (Hiermit steht im Zusammenhang die Verlegung der Hauptstadt von Loreto nach La Páz.) 1882 wurde die Stadt *San José del Cabo* durch einen Chubasco zerstört.

Auf die bedeutende Rolle der Chubascos als Überbringer tropischer Pflanzenarten aus Sinaloa durch das Heranwehen von Saat weist I. M. Johnston, 1924, hin. (Zitiert bei Gierloff-Emden [1094].

Der „*Servicio Meteorológico Mexicana*" veröffentlicht in seinem „*Boletín anual*" die Zugbahnen solcher Stürme. Daraus geht hervor, daß teilweise die tropischen Wirbelstürme des karibischen Raumes, die *Hurrikane*, die zentralamerikanische Landbrücke zwischen *Nicaragua* und *El Salvador* überschreiten, sich entlang der pazifischen Westküste nordwestwärts bewegen und in Richtung auf den *Golf von Kalifornien* verlaufen [298]. Teilweise entstehen die Chubascos auch im Golf von *Tehuantepec* (Abb. 33).

„In manchen Jahren ist hier aber die Wahrscheinlichkeit des Zusammentreffens mit einem tropischen Wirbelsturm erhöht: Die vorige Saison, 1958, brachte deren 12, darunter 5 Orkane, und im stärksten September-Hurrikan wurde die Windgeschwindigkeit bei *Clarión*-Island (18 °N, 115° W) auf 100–130 km geschätzt. Ein anderer 1958er zerstörte Anfang Oktober fast völlig die Stadt *San José del Cabo* an der Spitze der Halbinsel Niederkalifornien, gegen die sich die Zugbahnen der Wirbelstürme besonders gern richten. 1958 war die sturmreichste ostpazifische Saison seit Beginn der genaueren Überwachung 1945, für 1959 liegen die Zahlen von USA noch nicht vor.

Die Zugbahnen der Westküsten-Wirbel sind südlich 20° N gewöhnlich nach W bis WNW gerichtet, so daß die Zentren hier nur selten auf die Küste übertreten. Bei den frühen und den späten Wirbelstürmen (Juni und Oktober) ist aber eher einmal eine Nordkomponente der Zugbahn bzw. eine

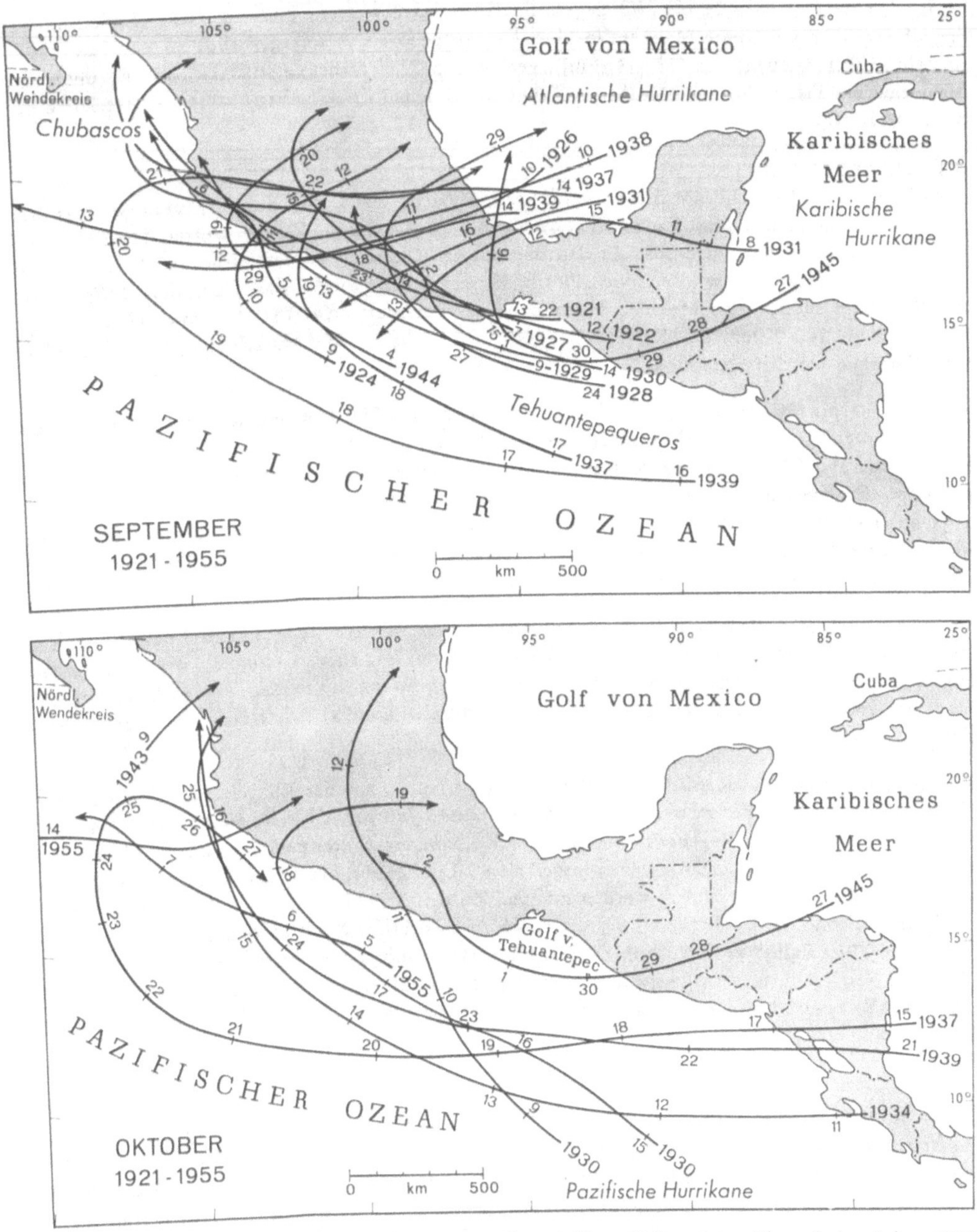

Abb. 33. Zugstraßen tropischer Zyklonen (Hurrikane) über Südmexico während der Jahre 1921 bis 1955 (mit Datum des Jahres und Standort am jeweiligen Tage). (Nach D. BRAND 1957)

zeitige Umbiegung nach N bis NO gegen die Küste zu erwarten, und zu diesen Fällen scheint der jahreszeitlich sehr späte Manzanillo-Hurrikan zu gehören. Als Gegenstück zu ihm hatte 1958 ein sehr früher Wirbelsturm (12.–14. Juni), geradewegs NW ziehend, schwere Schäden unter der mexicanischen Fischerflotte im Golf von *Tehuantepec* angerichtet." (RODEWALD, Wetterkarte des Seewetteramtes).

Aus Zeitungsnotizen:

Mexico, 2. September. Die nördliche *Pazifikküste* Mexicos wurde am Samstag vom Wirbelsturm „Katrina" heimgesucht. Die Windstärke betrug bis zu 120 km/h. Zuvor wurde das Land von schweren Regenfällen heimgesucht. In den überfluteten Gebieten kamen bisher *15 Personen ums Leben*; 10 000 Personen wurden obdachlos. Am schwersten wurde das Dorf *San Felipe* rund 190 Kilometer südlich von Mexicali betroffen. Der Hurrikan *„Katrina"* erreichte Geschwindigkeiten bis zu 160 Kilometer pro Stunde und war begleitet von sturzflutartigen Regenfällen. 1500 Personen wurden obdachlos.

México, 16. Sept. 1968 ag (AFP). In sieben Staaten West- und Nordwestmexicos wütete der Wirbelsturm *„Naomi"* und verursachte katastrophale Überschwemmungen, in denen *14 Personen* umkamen und rund 100 000 obdachlos wurden. Der Schaden wird auf mehr als 200 Millionen Pesos geschätzt. Am meisten betroffen wurde der Gliedstaat *Sinaola,* den der Zyklon am Donnerstag vom Pazifik her erreicht hatte. Infolge der sintflutartigen Regenfälle traten die meisten Flüsse über die Ufer. Drei Bauern ertranken; ein Dutzend weitere werden vermißt. Das überflutete Gebiet erstreckt sich über mehr als 400 Quadratkilometer.

Im Hafen von *Mazatlán* sanken im Sturm mehr als 20 Fischer- und andere Boote. Auch die Industriestadt *Torreón,* ein wichtiges Baumwollzentrum im Staat *Coahuila,* wird durch den angeschwollenen *Rio Nazas* bedroht, dessen Wasser am Sonntag die tiefergelegenen Quartiere der Stadt und einen großen Teil der außerordentlich fruchtbaren Landwirtschaftszone *La Laguna* überflutete.

Wie aus Kreisen der mexicanischen Landwirtschaft verlautet, hat der *Wirbelsturm „Naomi"*, der Mitte September 1968 die *nordwestlichen Bundesstaaten Jalisco, Nayarit, Sinaloa* und *Durango* heimsuchte und tagelang Regengüsse mit sich brachte, *schwere Ernteschäden* verursacht. Durch die damaligen Überschwemmungen wurden insgesamt 40 Ortschaften betroffen, deren rd. 18 000 Bewohner vorübergehend evakuiert werden mußten. Zu den überschwemmten Gebieten gehört u. a. die Baumwollzone von *La Laguna* in *Durango,* wo voraussichtlich 20 bis 25 % der erwarteten Ernte von rd. 350 000 Ballen verloren sein dürfte. Im Staat *Sinaloa* ist besonders die Ernte von Reis, Mais und Sorghumhirse betroffen; die Baumwollernte von Sinaloa – rd. 200 000 Ballen – war indessen zur Zeit der Überschwemmungskatastrophe bereits eingebracht. (Deutsche Überseeische Bank, No. 1968)

Der *Manzanillo-Orkan* vom 27. Oktober 1959 war nach Presseberichten eine der größten Naturkatastrophen in der Geschichte Mexicos. In den pazifischen Provinzen *Colima, Jalisco* und *Nayarit* gab es durch den Wirbelsturm, dessen Wolkenbrüche Überschwemmungen und Bergrutsche auslösten, ungeheure Schäden. Von der Hafenstadt *Manzanillo* heißt es, sie habe ausgesehen wie nach einem Bombenangriff, und hier allein waren kurz nach der Katastrophe schon 180 Tote gezählt. 10 kleinere Schiffe sanken, darunter ein Fahrgastschiff mit 27 Passagieren. Aus der Windregistrierung der zerstörten Wetterwarte sollen die Meteorologen 230 km/Std (124 Knoten) als letzten Wert abgelesen haben.

Spätsommerliche, herbstliche Stürme, die mehrere Tage wehen können, von starken elektrischen Entladungen begleitet sind und außerdem heftigen, beträchtlichen Niederschlag in kurzer Zeit bringen, kommen im mittleren Abschnitt des Golfes von Kalifornien vor. Sie werden dort *„Cordonazos"* genannt. Ob und in welcher Form ein Zusammenhang mit den Chubascos besteht, konnte nicht geklärt werden.

Klima und Mensch. Während die herkömmlichen Klimadaten in statistischer Aufstellung und Auswertung Unterlagen für einen Vergleich auf Grund von Messungen mit anderen Regionen der Erde bieten und sich zur Typisierung großräumiger Gebiete des Landes eignen, sind bisher detaillierte, exemplarische Beschreibungen des örtlichen Klimas, wie es dem Menschen auf Grund seiner Sinneswahrnehmungen und physiologischen Eigenheiten zum Erlebnis wird, immer noch die treffendste Darstellung, bis es vergleichbare Daten auf Grund von Messungen geeigneter, definierter Kategorien in ausreichender Menge gibt. Der Mensch bewegt sich zumeist in der bodennahen Luftschicht bis zu 2,20 m über dem Boden, also unter der Höhe, wo die Instrumente der Wetterhütten angebracht sind! Kleidung, Lebensrhythmus nach Tages- und Jahresperioden und menschliches Wohlbefinden sind in stärkster Weise vom Klima abhängig.

Zahlreich sind die kleinräumigen, klimatischen Abstufungen der Landschaft Mexicos. Als Beispiel sei nur erwähnt, daß während des Sommers auf der Halbinsel *Yucatán* in Bodennähe ein für die Menschen schwer erträgliches Klima mit großer Hitze und Luftfeuchtigkeit herrscht. Schon die 10 m hohen Masten der Windmotoren für die Grundwasserförderung reichen bis in den Luftstrom, der ganzjährig über die flache Halbinsel weht und die Windräder antreibt. In den schattigen Tempeln, die in dreißig Meter Höhe über dem Boden auf den Plattformen der Pyramiden erbaut worden sind und über die Kronenfläche des Busch- und Urwaldes hinausragen, schaffen die leichten Winde erfrischende Abkühlung. Ein „künstliches Klima", mit Luftzug und Schatten, wird z. B. in den Kaffee- und Kakaopflanzungen geschaffen, indem über den Fruchtsträuchern geeignete Bäume mit Schirmkronen aufragen, die rechtzeitig gepflanzt wurden, so daß ein freies Zwischenstockwerk unter dem Kronendach entsteht. Der berühmte Erholungsort Cuernavaca verdankt sein erfrischendes Klima regelmäßigen Berg- und Talwinden.

Das in über 2000 m ü. d. M. gelegene südliche mexicanische zentrale Hochland bot die natürliche Voraussetzung eines für Menschen und Anbau günstigen Klimas und wurde wegen seiner Höhenlage innerhalb der Tropen, wie die Hochländer in Zentralamerika (*Guatemala*), Südamerika (*Bolivien, Peru*), Afrika (*Äthiopien*) und das Hochland am Kilimandscharo zu einem dichtbesiedelten Zentrum hochentwickelter Kulturen auf agrarischer Basis.

Der Landschaftseindruck wird durch das Klima bedingt, wie ewiger Schnee, palmenbestandene tropische Küsten am pazifischen Ozean und am karibischen Meer, ganzjährig grüne tropische Tieflandswälder oder Höhennebelwälder mit diffusem und dämmerigem Licht am Boden und, jahreszeitlich bedingt, klare Höhenluft mit dunkelblauem Himmel auf der Sierra Madre Occidental oder dunkle, neblige und regenverhangene Berglandschaften in Chiapas.

Die Temperaturen. Der nördliche Wendekreis quert das mexicanische Hochland. Für etwa die Hälfte der Fläche steht zweimal im Jahr die Sonne im Zenit. Den regelmäßigen Eintritt des senkrechten Sonnenstandes als Ankünder der Regenzeit rechneten die Mayapriester aus.

Pyramidenseiten sind nach der Richtung des Sonnenaufganges an diesem Tage ausgerichtet. Der Nordwesten (*Colorado-Delta, Sonora*) gehört im Sommer zu den heißesten Gebieten der Erde; es kommen Temperaturen bis zu 50 °C (*Mexicali*) vor. Schwarzes Felsgestein erhitzt sich dort bis zu 84 °C an der Oberfläche! (C. E. P. Brooks, 1954). Dort beträgt die *Sonnenscheindauer* bis zu 3800 Stunden im Jahr, d. h. bis zehneinhalb Stunden im Tagesdurchschnitt. Vor Beginn des Sommers können Hitzewellen auf dem Hochland eintreten. Ende Mai 1968 hat eine in Mexico herrschende Hitzewelle nach einer Meldung der mexicanischen Abendzeitung „*Ultimas Noticias*" 81 Menschenleben gefordert. Die Zahl der Schwererkrankten wird von der Zeitung mit 263 angegeben. Von der Hitzewelle mit Temperaturen von über 42 °C im Schatten waren vor allem die Bundesstaaten im Norden und im Inneren Mexicos betroffen.

„Für Gegenstände sind die wichtigsten Effekte der hohen Temperatur hauptsächlich mechanischer und chemischer Art, z. B. die Ausdehnung, das Verzerren vieler Gegenstände, das Verziehen von Metallschienen, die Bläschenbildung von Anstrichen, das Brüchigwerden und Oxydation von Gummi, das Weichwerden von geklebten Verbindungsstücken, die Beeinträchtigung der Isolierung elektrischer Geräte u. a." (G. Kerner, Wetterkarte des Seewetteramtes, 6. 9. 67.)

Die Lichtverhältnisse sind sehr verschieden von denen in Mitteleuropa. Wegen der großen Ausdehnung über 18 Breitengrade treten Unterschiede der Tageslängen während der verschiedenen Jahreszeiten auf.

An der Nordgrenze im Januar	Sonnenaufgang	7.00 h
	Sonnenuntergang	17.07 h
An der Nordgrenze im Juni	Sonnenaufgang	4.53 h
	Sonnenuntergang	19.07 h
An der Südgrenze im Januar	Sonnenaufgang	6.26 h
	Sonnenuntergang	17.41 h
An der Südgrenze im Juni	Sonnenaufgang	5.33 h
	Sonnenuntergang	18.33 h

Die Tageslängen sind also im Süden gleichmäßig, im Norden ungleichmäßiger, dort hat der längste Tag, der 22. Juli, 13 Stunden, der kürzeste Tag, der 22. Dezember, 11 Stunden. Fast im gesamten Raum Mexicos ist es nach 19.00 h dunkel, in vielen Gebieten aber dann noch lange warm. Für das Volksleben ist diese Tatsache, daß man bei künstlichem Licht einen Teil des langen, dunklen Abends im Freien verbringen kann (und wegen der Hitze am Tage den Abend verbringen muß), von Bedeutung. Wenn es in Deutschland im Sommer spät abends warm ist, ist es wegen des sommerlich hohen Sonnenstandes unserer Breiten lange hell. Dies ist in Mexico die Zeit der Spaziergänge um die Plazas. Das gilt insbesondere für das zentrale Hochland und den Norden Mexicos, wo es wegen der tageszeitlichen Temperaturschwankungen am Abend kühl wird und an vielen Tagen im Sommer trocken bleibt. Im tropischen Südmexico gibt es abends häufig Regengüsse, die dort während des Sommers einen Aufenthalt im Freien unmöglich machen.

Da der größte Teil Mexicos über 1000 m Meereshöhe liegt, fast die Hälfte sogar über 1500 m, ist die Strahlung der dominierende Klimafaktor, besonders im Bereich der dichtbesiedelten Gebiete Zentralmexicos. Die Luft ist dort dünn, der Luftdruck beträgt unter 600 mm und sogar unter 500 mm. Die untere, gegen Ultraviolettstrahlung etwas schützende

Luftschicht fehlt. Die Sonnenstrahlung wird auch dann auf der Haut als warm empfunden, wenn die Lufttemperatur nur 15 oder 10 °C beträgt. Rassenforscher und Biologen weisen auf Zusammenhänge zwischen Hochlands-Strahlungsklima und Körperbau und Wuchsform von Pflanzen und Menschen hin. Die Körpergröße der Indianer (bei den *Tarasken* sind die Männer durchschnittlich nur 1,58 m, die Frauen 1,52 m groß; bei den *Maya* herrschen ähnliche Maße der Körpergrößen vor) steht möglicherweise mit diesen Verhältnissen im Zusammenhang. Die Maya von Yucatán waren vor 1500 Jahren aus dem Hochtal von Guatemala gekommen.

Dem Nordeuropäer wird das grelle Tageslicht Mexicos oft Augenschmerzen bereiten, so daß das Tragen guter Sonnenbrillen eine Notwendigkeit ist. Die Mexicaner sind mit ihrer dunklen Iris besser geschützt. Der *Sombrero*, das Wahrzeichen der Bekleidung des Mexicaners, bietet Schatten für das Gesicht. Indianer oder Mestizen der Landbevölkerung werden mittags häufig bei ihrer „*Siesta*" im Schatten einer Mauer oder eines Baumes, den breitrandigen Hut tief in die Stirn gezogen, angetroffen. „*El hombre acurrucado*", der „Hockende", wird zum Symbol des Mexicaners. Auch Indianerfrauen tragen häufig breitrandige Männerhüte aus Stroh. Die großen *Sombreros*, die vor allem im mexicanischen Hochland getragen werden und für deren Herstellung die Betriebe des Ortes *Teocaltiche* südlich der Stadt Aguascalientes im Staate *Jalisco* spezialisiert sind, haben pfundschweres Gewicht: Sie werden bei den häufigen Winden auf dem Hochland nicht vom Kopf geweht. Für die Augen ist es angenehm, daß die Adobewände der Häuser in Kleinstädten und Dörfern noch in ihrer braunroten Farbe belassen sind oder bunt, oft rosa, blau und grün gestrichen sind und den Passanten nicht als weißgetünchte Rückstrahler des Sonnenlichtes treffen wie in Campeche oder Mérida. Für das Fotografieren mit Farbfilmen sind die Morgen- und Abendstunden geeignet, da bei der nahezu senkrechten Sonneneinstrahlung mittags alle Vertikalen nicht angestrahlt sind und Häuserwände und Bäume ihre Farben weniger kräftig anzeigen. Die USamerikanischen Personenautos sind wegen ihrer grüngetönten Lichtschutzscheiben wesentlich angenehmer zu fahren, als europäische Wagen. Sie sind mit ihren Klimaanlagen den aus Sparsamkeitsgründen fensterlosen, umgearbeiteten LKW-Omnibussen der Landgebiete Mexicos vorzuziehen, weil zu diesen während der Trockenzeit der Staub reichlich Zutritt hat (*Bild 78*). Weit verbreitet wird in Mexico die Sicht durch die Rauchwolken getrübt, die beim Abbrennen von Feldern und Wäldern entstehen und die zur „Glashauswirkung" bei Einstrahlung beitragen. Bei Luftbildbefliegungen für die Kartenaufnahme sind die Sichtverhältnisse und die Rauchschwaden der Brandkulturen zum Ende der Trockenzeit im März und April zu berücksichtigen. Filme, die für die durchdringenden Infrarotstrahlen empfindlich sind, können dann vorteilhaft benutzt werden. Von Juni bis Oktober sind Wolkendecken häufig.

Temperatur und Luftfeuchtigkeit sind wegen der unterschiedlichen Höhenlage in den einzelnen Regionen Mexicos sehr unterschiedlich. Die Lufttemperatur wird zudem vom Menschen hauptsächlich in Abhängigkeit vom Feuchtigkeitsgehalt der Luft empfunden. Die Temperaturen zwischen teilweise 35° und 45 °C, ja fast 50 °C, die während des Sommers im Nordwesten Mexicos eintreten, trocknen bei dem geringen Feuchtigkeitsgehalt der Luft die Haut aus (Abb. 34). Die Klimageräte für die Wohnungen im pazifischen, trockenen Nordwesten, wie in *Mexicali, Baja California*, müssen nicht nur herunterkühlen, sondern Feuchtigkeit zuführen. Im Gegensatz dazu ist die Luft in den tropischen Tieflandebenen von *Veracruz* und *Tabasco* bei Temperaturen von 32 °C so feuchtheiß wie eine

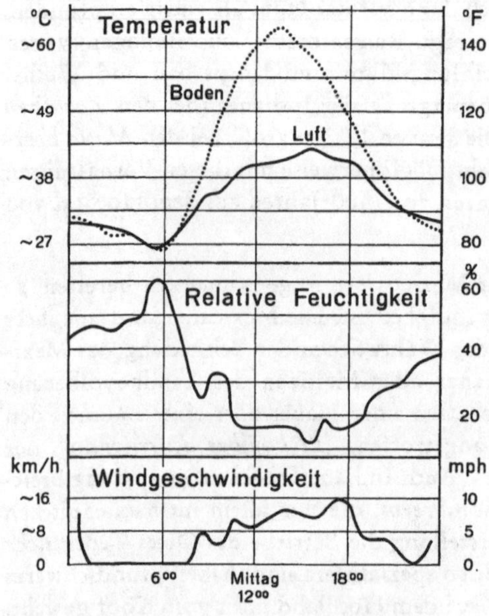

Abb. 34. Temperatur und Feuchtigkeit während eines typischen Sommertages (5. August 1951) in der Wüste von Sonora, NW-Mexico. (Nach E. C. JAEGER)

Naßdampf-Sauna. Sie verwandelt Zigaretten in Tabakbrei; an den Ledertaschen setzt sich Schimmel an. Die Sicht ist durch Dunst begrenzt, die Klimaanlagen sammeln beim Herunterkühlen Wasser an. Bei einer Kühleinstellung auf 22 °C scheidet die Klimaanlage dort in einem Hotelzimmer in einer Nacht ein bis zwei Eimer Wasser aus.

„Bei atmosphärischen Verhältnissen, die eine Äquivalenttemperatur (Äquivalenttemperatur: Temperatur einer Luftmenge, die erreicht wird, wenn die gesamte freiwerdende Kondensationswärme des enthaltenen Wasserdampfes zur Aufheizung dieser Menge gedient hat) von etwa 55° aufweisen, befinden wir uns bei mittlerer relativer Feuchte an der Grenze des behaglichen Bereichs. Eine kleine Zunahme dieser Temperatur läßt im allgemeinen schon das Gefühl einer Belastung durch die Wärme aufkommen. Eine exakte Grenze läßt sich wegen der unterschiedlichen Empfindlichkeit der verschiedenen Menschen nicht festlegen. Die Luft in Hamburg muß sich um 7°, in den Tropen um 20° äquivalent abkühlen, um an die Behaglichkeitsgrenze zu kommen. Man muß in Hamburg 7 · 0,24 = bis zu 1,7 kcal, in den Tropen 20 · 0,24 = 4,8 kcal entziehen, um 1 kg „atmosphärische Luft“ von 20 °C auf 55° Äquivalenttemperatur zu bringen. Für eine Person muß normalerweise ein Luftwechsel von 280 Litern in der Minute in abgeschlossenen Räumen vorgesehen werden. In einer Stunde sind also 16,8 m³ Luft pro Person zu wechseln, das sind etwa 21,4 kg Luft. Diese erfordern eine Kühlleistung von K · 21,4 (kcal/Std) = K · 1,166 · 21.4 (Watt) = 25 · K (Watt), wo K der Kühlbedarf ist. (Es ist 1 kWh = 860 kcal; 1,166 Wh = 1 kcal.) Die Kühlleistung in Watt, die für eine Person aufgewandt werden muß, um die Luft auf 55° Äquivalenttemperatur abzukühlen, beträgt im jeweils wärmsten Monat für die Küstenregionen Mexicos 150 Watt, für die Hochlandregionen 100 bis 110 Watt“ (W. RUDLOFF, *Wetterkarte des Seewetteramtes*, 28. 5. 67). Aus den Angaben läßt sich der erhebliche elektrische Energieaufwand berechnen, der für die Kühlung von Räumen, Gebäuden und Siedlungen im tropischen Tiefland nötig ist.

Besonders an den Küsten in tropischen Hafenstädten und Fremdenverkehrsorten ist die durch Brandung salzangereicherte Luft bei diesen Temperaturen chemisch äußerst aktiv und zerstört Farben, Zementputz und Eisenteile und Rohrleitungen in kurzer Zeit. Dort sind die Fassaden neuerbauter Häuser schon nach zwei bis drei Jahren unansehnlich.

Die Höhenlage. Da fast die Hälfte der Fläche Mexicos Hochland, in über 1500 m ü. d. M. gelegen ist, ist von Bedeutung, daß die dünne Höhenluft Atem- und Kreislaufbeschwerden hervorrufen kann. Das Herz wird durch erhöhte Pumptätigkeit überbelastet. Die Hochlandindianer sind mit ihrer großen Lungenkapazität, Durchschnitt 5 l, Mitteleuropäer 3 bis 4 l, die beim Aufenthalt im Tiefland nicht ausgenutzt wird, anfällig für Lungenkrankheiten, da die stillgelegten Cavernen Brutplätze für Entzündungen werden können. Das berücksichtigten die spanischen Verwalter schon bei Anordnungen während der frühen Kolonialzeit bei der Arbeitsverpflichtung von Indianern. Während die Zahl der Atemzüge im Tiefland bei 17 je Minute liegt, beträgt sie im Hochland 22 je Minute. Neue Erkenntnisse der physiologischen Lebensverhältnisse in großen Höhen brachten sportmedizinische Untersuchungen während der *Olympiade.* Besonders bei Dauerleistungen wie Marathonlauf zeigte sich bei den nicht akklimatisierten Europäern, US-Amerikanern und Japanern ein Leistungsabfall.

In einem Sportbericht heißt es: „Es ist nicht so sehr die Höhenluft, die den Läufern zu schaffen macht, als vielmehr die Trockenheit dieser Luft. Nach jedem Lauf glaubt man, Feuer geschluckt zu haben. So sehr brennt einem der Hals. Oft wird man auch von unerträglichem Hustenreiz geplagt. In Mexico ist man nach einem Lauf total erschöpft. Im Flachland hingegen kommt gleich nach dem Lauf meist auch die Erholung." Langstreckenläufer Manfred Letzerich, Zweiter über 5000 m der Sommerspiele, meint: „Über 10 000 m (hier lief er weit mehr als 33 Minuten!) machte mich die trockene Luft fast fertig. Sie führte wohl auch zu der Magenverkrampfung, die mich plötzlich zu lähmen schien. Als wir zwei Tage später die 5000 m liefen, hatte ich mich schon besser akklimatisiert."

Man erinnere sich: Vor zwölf Jahren wurde dort 400-m-Weltrekord von Jones mit 45,4 gelaufen! Der verminderte Luftwiderstand in 2000 m Höhe entspricht nach A. METZNER einem Rückenwind von 1,5 m/sec, d. h. unterhalb der Anerkennung der Rekorde. Dagegen sieht es für die Langstreckler bei weitem nicht so günstig aus. „Unsere beiden Ärzte sind nach ihren Untersuchungen der Meinung, daß mit einer Leistungsminderung von 12 bis 14 % zu rechnen ist" (auch hier bestätigten die Resultate diese Einschätzung). Die Sauerstoffaufnahme wird sogar um 16 bis 17 % geringer sein. Natürlich dauert auch die Erholung nach einer stärkeren Belastung länger.

Die akklimatisierten Mexicaner haben wie alle in Höhengebieten lebenden Völker wegen der größeren Zahl von roten Blutkörperchen (über 6 Mio. Erythrozyten gegenüber 4 bis 4,5 Mio. beim Durchschnittseuropäer) eine wesentlich größere sauerstoffreaktionsaktive Atmungsfläche zur Verfügung. Es müssen bei gleicher Leistung pro Zeiteinheit mehr Volumina der dünnen Höhenluft durchgeatmet werden. Die Indianer Mexicos sind übrigens für ihr Dauerleistungsvermögen berühmt. *Tarahumaraindianer* der mittleren Sierra Madre Occidental vollbringen bei ihren Laufspielen kaum glaubliche Leistungen. Es wird berichtet, daß sie innerhalb von 24 Stunden bis zu 80 km im Gebirgsland, in stetem Rhythmus vor sich hintrabend, bezwingen können. R. GROTH [1127].

Die Leistungen der Indianer von *Chiapas* im Tragen von zentnerschweren Lasten über viele Kilometer über Berg und Tal sind bekannt. Der mit der Höhe rasch abnehmende Wasserdampfgehalt der Luft bedingt eine vermehrte Wasserabgabe der Bronchialschleimhaut, da die Atemluft bis auf 37 °C angewärmt wird, und in dieser Temperatur befindet sie sich im Hochland niemals vor dem Atmen. Die relative Feuchte der ausgestoßenen Atemluft beträgt dann nur noch 18 %. Die zahlreichen Erkrankungsfälle mit Erkrankung der Atemorgane fallen jedem Reisenden in Mexico auf. Leicht wird man dort von Heiserkeit befallen. Eine Reise in die feuchtheiße Küstenregion als Kur wird von den Einheimischen in der Hauptstadt Ciudad de México oft empfohlen. Eine Anpassung an die Trockenluft der Hochlage dauert meist drei bis vier Wochen, wie jeder gesunde Reisende feststellen kann.

Der Sauerstoff-Partialdruck ist in 2000 m Höhe bereits um 25 % gegenüber Meereshöhe abgesunken, meist ist eine Sättigung des arteriellen Blutes mit Sauerstoff nur noch in Ruhelage möglich! Beschleunigte Atmung bei Bewegungen ist die Folge. Der vollständig höhenakklimatisierte Mensch zeichnet sich nach H. Jungmann (1965, *„Sport in größeren Höhen"*) aus durch: 1. Langsame Ruhepulsfrequenz, 2. niedrigen Ruheblutdruck, 3. kleines Herzzeitvolumen in Ruhe, 4. kräftige Dikrotie (Doppelschlägigkeit) im Arterienpuls, 5. große Vitalkapazität, 6. die Fähigkeit, ohne Beschwerden zu hyperventilieren, 7. vermehrte Sauerstoffausschöpfung des Blutes, 8. vermehrte Erythrozytenzahl und vermehrtes Hämoglobin, 9. erhöhten Druck in der Arteria pulmonalis, 10. Rechtshypertrophie des Herzens, 11. Veränderungen im intermediären Stoffwechsel, besonders der Fermentsysteme, der Milchsäurebildung, des Redoxpotentials und des Myoglobins. Während der Tieflandbewohner bei einer arteriellen Sauerstoffsättigung von weniger als 60 % das Bewußtsein verliert, verträgt der akklimatisierte Hochländer unter 50 %.

C. Troll [349] schreibt: „Auffallend ist weiter in den Hochregionen der ungewöhnlich starke Genuß von spanischem Pfeffer, in den Anden ‚Aji', in Mexico ‚Chili' genannt. Und dies scheint kein Zufall, sondern klimaökologisch bedingt zu sein. Denn nach den Beobachtungen von H. Eggers, 1925, 1926, im Hochtal von Mexico ist dieser Genuß notwendig, um der starken Neigung des menschlichen Körpers zur Obstipation zu begegnen, die wieder auf den starken Wasserentzug in den schwankungsreichen Klimaten der trockenen Hochländer zurückzugehen scheint." Während der Harnabgang im Tiefland etwa 1400 bis 1500 g pro Tag beträgt, werden im Hochland etwa 800 bis 1200 g als normal für den Menschen angesehen.

Motorisierung und Abgase stellen ein großes Problem in den Städten mit großer Höhenlage dar. Bei dem auf Höhen von 2300 m ü. d. M. herrschenden niedrigen Luft- und Sauerstoffdruck (*Ciudad de México, Puebla, Toluca*) wird das Benzin in den Automotoren weniger vollständig verbrannt. Das mexicanische Benzin ist außerdem weniger gut raffiniert und enthält mehr Schwerölrückstände. Das heißt, daß die Auspuffgase weit mehr Kohlenmonoxyd enthalten als bei der Verbrennung in niedrigen Lagen. Die Auswirkung auf das Wohlbefinden der Stadtbewohner ist groß. Kopfschmerzen und Magenbeschwerden der Europäer in den genannten Städten sind oft auf diese Ursachen zurückzuführen.

Staub. Starke Einstrahlung, hohe Verdunstung und eine lange Trockenzeit bedingen bei den feinkörnigen vulkanischen Böden des zentralen Hochlandes die Aufnahme und den Transport von großen Staubmengen durch Winde [307]. Bei fortschreitender agrarischer Nutzung, Siedlungsdichte und Bodenerosion sind die Staubwolken und Staubstürme (*„Tolvaneras"*) zu einer Plage des Hochlandes geworden (*Bild 9a*) (vgl. Abschnitt Ciudad de México).

Für die **Bauweise der Behausungen** ist das Klima von großer Bedeutung. Die Bauweise im sogenannten spanischen Kolonialstil mit *Veranden, Säulengängen* und offenen, ineinandergehenden Zimmern ermöglicht Kühlung durch natürlichen Luftzug, der durch den Temperaturunterschied beschatteter und bestrahlter Flächen entsteht. Als Schutz vor Insekten an den Fenstern und Türen angebrachte „Fliegendrahtnetze" behindern den Durchzug erheblich. Lehm und Lehmziegel, luftgetrocknet wie *Adobe,* bleiben die Baustoffe mit der besten Wärmeisolation. Auch sind die Schilfdächer besser geeignet als solche aus Wellblech. Die Adobe-Ziegelhäuser haben sich klimatisch in Mexico bestens bewährt, und auch die Bretterhütten der armen Leute sind klimatisch nicht so schlecht. Schulen und Markthallen haben daher oft von Hohlziegeln durchbrochene Mauern (*Bild 73*).

„Besondere Aufmerksamkeit muß den Temperaturverhältnissen in geschlossenen Räumen geschenkt werden. Wichtig zu wissen ist, daß ein schlechter Wärmeleiter – obwohl er bei Sonnenbestrahlung eine heiße Oberfläche erhält – für den von ihm umschlossenen Raum den besten Schutz gegen Überwärmung bietet (natürlich auch gegen Abkühlung). Gegenüber Eisen hat z. B. Zinkblech eine Wärmeleitfähigkeit von 200 %, Aluminium 350 % (!). Demgegenüber stehen Ziegelwände mit 0,8 %, Schiefer mit 0,6 %, Holz mit 0,5 %, Pappe mit 0,4 %, Gummi mit 0,3 %. Von festen Stoffen haben die geringste Wärmeleitfähigkeit: frischer Schnee 1,6, Wolle 0,7 und Bettfedern 0,5 Promille gegenüber Eisen." G. Kerner.

In den modernen Wohn- und Geschäftshäusern muß an *Klimaeinrichtungen* installiert werden, was gegenüber Nord- und Mitteleuropa an Heizungsanlagen gespart werden kann.

Kleidung. Für die unterschiedlichen Klimaregionen Mexicos ist für den Reisenden geeignete Kleidung unterschiedlicher Art empfehlenswert. Die Indianer der Hochkulturen kannten vor der Kolonialzeit keine Wollbekleidung, sondern nur Baumwollbekleidung. Die für die abendliche und nächtliche Abkühlung in den Hochlandgebieten Mexicos so zweckmäßigen Umhänge aus Wolle (Decken, mexicanisch *„sarapes"*) und Stolen *(rebozos)* sind erst mit der Einführung der Schafhaltung durch die Spanier landesüblich geworden. Für die Städte des Hochlandes ist eine nach europäischem Usus getragene, sogenannte Übergangskleidung zweckmäßig, für die Winterzeit leichte Mäntel. In jedem Falle sind Wollfasern und Baumwollfasern den synthetischen vorzuziehen. Während der glutheißen Monate April bis August auf der Halbinsel Yucatán ist dort auch für die sonst so konservativen „Weißen" spanischer Abkunft eine Hemdjacke für Männer gebräuchlich und gesellschaftsfähig. Schwarze Kleidung nimmt Oberflächentemperaturen bis zu 80 °C in der Sonne an! C. L. P. Brooks, 1954. Bezeichnenderweise werden Sitzflächen gut isoliert: Sättel sind als offene Holzrahmen angefertigt, auf die man, wie zweckmäßigerweise auch auf Plastikautositze, Schaffelle legt, die die größte Feuchtigkeitskapazität haben und am besten isolieren.

Hygiene, Nahrung, Wasser. Große Landschaftsregionen Südmexicos gelten bis zur Gegenwart als ungesund [289]. Die Verbreitung von *Malaria* und *Gelbfieber* in *Süd-Veracruz, Tabasco,* auf *Yucatán* und in *Guerrero* ist klimatisch bedingt. An Mosquitos und anderen Insekten ist in den Küstentiefräumen immer noch kein Mangel. *Magen-* und *Darmkrankheiten* sind außer vom Wasser durch die leichte Verderblichkeit von Fleisch- und Fischspeisen in dem heißen Klima hervorgerufen. So sind Kühlschränke für den Verbraucher und das Vorhandensein von Kühlketten vom Erzeuger (Fischerei, Landwirtschaft) bis zum Verbraucher für weite Gebiete Mexicos von größter Bedeutung für Volksgesundheit und Versorgung mit eiweißreicher, leicht verdaulicher Nahrung, z. B. Frischmilch. Hier versucht man durch Milchpulvererzeugung Abhilfe zu schaffen. Der Nestlé-Konzern hat in Mexico eine Reihe von Fabriken installiert. Der Bau von vielen modernen *„Mercados"* sei hier erwähnt. Dort sitzen die Fliegen nicht mehr in Massen auf dem angebotenen Fleisch wie einst auf den offenen Straßenmärkten.

Tourismus. Für den Fremdenverkehr ist Südmexico mit seinen Küsten von *Guerrero (Acapulco)* und *Yucatán (Cozumel)* von großer Bedeutung, da sie zur Zeit des Winters in den USA von Dezember bis Februar das gemäßigt „sommerliche" Klima ihrer Saison bieten. Mexicos Kapital ist die Sonne, die Touristen zur Reise und zum Aufenthalt anlockt.

Böden

Von größtem Interesse für die Landnutzung sind die Relationen zwischen Zeitdauer der Entstehung (*Bodenbildung*), Bodenausnutzung und Zerstörung der Böden durch Erosion und Denudation.

Böden und Klima. Bei der Mannigfaltigkeit großer und kleiner Klimaregionen in den verschiedenen Höhenlagen des mexicanischen Raumes und den zutage tretenden geologischen Formationen mit ihren überaus zahlreichen Gesteinsqualitäten gibt es in Mexico eine solche Vielzahl von Böden, daß eine Zusammenfassung nach übergreifenden Gesichtspunkten sehr problematisch bleiben muß. [144]. Auf Übersichtskarten zu den Böden Mexicos (TAMAYO) [40] oder detaillierten Karten [150] von der *Secretaría de Recursos Hidráulicos* werden Einteilungen auf klimatisch-zonaler Grundlage bevorzugt. Die Methoden neuerer Bodenforschung, wie sie von KUBIENA – Unterscheidung vorzeitlich entstandener Böden *(Fossilböden)* von gegenwärtig entstehenden Böden – und F. DURR und H. KLINGE betrieben werden, sind in Mexico bisher erst wenig angewendet worden. DURR und KLINGE, 1960, konnten im nahe benachbarten El Salvador nachweisen, daß dort fossile rote Böden mit nichtlateritischem Rotlehm aus dem *Jungtertiär*, braune Böden aus dem *Pleistozän* und schwarze Böden aus dem *Holozän* stammen. Dieses ist nicht als Verallgemeinerung aufzufassen. Bei einer so großen zeitlichen Spanne der Entstehung der Böden in Mexico und bei den erwähnten mannigfaltigen räumlichen Bedingungen klimatischer und *edaphischer* Entwicklungen der Böden erscheinen die komplexen Verhältnisse der Wirklichkeit schwer faßbar.

„Im Fußstufenbereich der Bergmassive, sowohl auf der pazifischen Seite südlich des 22. Breitengrades als auch im mittleren Teil des Golfküstengebietes (zwischen 20. und 22. Breitengrad), kam es bei mäßiger bis starker Beregnung und vorwiegender Verbreitung tropischen Regenwaldes und Feuchtsavanne zur Bildung stark verwitterter, eisenoxydhaltiger roter bis gelblicher Lateritböden. Sie sind meist recht ausgelaugt und nährstoffarm, weisen also im allgemeinen nur eine relativ dünne Humusauflage sowie niedrigen Gehalt an primären verwitterbaren Mineralien und an leicht löslichen Substanzen auf. Hieraus geht wiederum hervor, daß sie für ackerbauliche Nutzung nur bedingt, etwa unter Verwendung von Kunstdünger, in Frage kommen, da andernfalls die Erträge oft schon nach ein- bis zweimaliger Bebauung unverhältnismäßig stark zurückgehen." J. FRIEDRICH [1396].

Obwohl die Natur der Böden immer noch in der Landwirtschaft für die Ernährung des Menschen von großer Bedeutung ist, läßt die moderne Entwicklung in der Agrarwirtschaft erkennen, daß die klimatischen Bedingungen, Lufttemperatur, Sonnenstrahlung und Bodenwasser, für die Herstellung von Flächen für den Nahrungsmittelanbau von größerer Bedeutung sind: Mit Bewässerung und vielen Düngemitteln kommt dem Boden in steigendem Maße die physikalische Eigenschaft des *Substrats* für den Pflanzenwuchs zu.

Bodenbildender und bodenzerstörender **Einfluß der Niederschläge.** Der harte Tropfenschlag tropischer Schauer zerstört von Vegetation entblößte Böden schnell in ihrer Struktur. Es erfolgt Versandung infolge Ausschwemmung des Feinmaterials (Ent-

Zeittafel zur klimamorphologischen Forschung der Formen und Böden des mexicanischen Hochlandes. (Nach K. BRYAN [283])

Bodenbildung und Klimaperioden im Bereich der zentralen und nördlichen Hochflächen von Mexico		
Geologischer Zeitabschnitt	Klima	Boden
Holozän (rezent bis subrezent)	schwankend, mit Kälteperiode, die 1750 v. Chr. beendet war	Schwarzböden auf äolischen Sedimenten, Moore
		Moore, brauner Boden
arides Postglazial 2500–4500 v. Chr.	trocken	Caliche*)
	Temperatur-Absenkung im Zentrum der Hochfläche	
Substadial Wisconsin 3: 8000 v. Chr.	feucht	brauner Boden
	trocken	Caliche
	feucht	brauner Boden
	Temperatur-Absenkung im Zentrum der Hochfläche	
Interstadial Wisconsin 2 bis 3	trocken	Caliche
Substadial Wisconsin Tazewell-Cardy	feucht	brauner Boden auf bis 60 m mächtigen vulkan. Aschen
älteres Pleistozän	trocken	Caliche
	feucht	Terra rossa auf Konglomerat und Kreidekalken

*) *Caliche:* Kalkanreicherung in diffuser Form und als Krusten.

mischung), ein Vorgang, dessen Folge die Rot- und Braunfärbung der schwebstoffbeladenen Flüsse Mexicos in der Regenzeit ausmacht.

Über die „Bildung“ von Wüstenböden, die in Mexico große Areale einnehmen, schreibt R. KNAPP [1239]:

„Das feine Material wird teilweise mit den Flüssen weggespült, teilweise, insbesonders in den abflußlosen Gebieten, in Senken, in den *Playa's,* abgelagert. Dort herrschen feinkörnige, tonige Böden von hohem Alkalisalz-Gehalt vor. In der Mitte der Senken können sich Salzseen und Salzsümpfe *(Bolson, Semi-Bolson)* bilden. In der *Sonorischen* Wüste sind die wichtigsten Salze Karbonate, Chloride und Sulfate von Kalzium, Magnesium und Natrium.

Die Böden der südlichen Wüsten sind in der Regel sehr arm an organischem Material. Teilweise wird dieses in der schon genannten Weise durch die Schichtfluten weggespült. Teilweise wird es auch infolge des warmen Klimas während der kurzen Zeit einer Durchfeuchtung des Bodens nach Regenfällen rasch zersetzt. Die Farbe der Wüstenböden ist daher meist hell, soweit nicht das Gestein dunkel ist. Deren schlechte Struktur und die oberflächliche Verhärtung, die wiederum das Entstehen der Schichtfluten fördern, mögen zum Teil auf den geringen Gehalt an organischen Substanzen zurückzuführen sein.

Vor allem ist jedoch die vielfach schlechte Struktur durch die Anreicherung von leicht löslichen anorganischen Substanzen in den oberen Schichten der Wüstenböden bedingt. Sehr bezeichnend sind hierauf zurückzuführende verdichtete Bodenschichten *(Hardpan, Caliche)*. Sie können wenige Millimeter bis mehr als 10 cm mächtig sein. Sie finden sich vielfach nahe der Bodenoberfläche. Nach einer Erosion der darüberliegenden Schichten können sie selbst die Bodenoberfläche bilden. Mitunter treten sie aber erst in etwa 2 m Tiefe auf. Mehrere *Caliche*-Schichten können untereinander liegen. Nach Shreve und Mallery (1933) hindern die Caliche-Schichten in stärkstem Maß das Eindringen von Pflanzenwurzeln und von Wasser in den Boden. Diese Nachteile sind viel bedeutsamer als der Vorteil, der sich dadurch ergibt, daß sie umgekehrt eine Evaporation aus dem Boden verlangsamen.

Die vorherrschenden Böden in den südlichen Wüsten gehören den südlichen *Sierozemen* von grauer, brauner oder rötlicher Färbung an."

Klima, Boden, Mensch. Bei einer Bereisung des südlichen zentralen Hochlandes und der *Sierra Mixteca (Mixteca Alta de Oaxaca)*, also der dichtbesiedelten zentralen Kulturlandschaften des Landes, gewinnt der Beobachter vielerorts den Eindruck einer stark verwüsteten Landschaft, nicht nur während der Trockenzeit, sondern auch während der Regenzeit mit kahlen Hügeln, Hängen, die von ihrer Bodenbedeckung entkleidet sind, tief eingeschnittenen kleinen und größeren Wasserrissen und Barrancos und verwaschenen, sandbedeckten Mulden *(Bild 2 u. 5)*. Diese Landschaftserscheinung hat ihren Ausdruck auch in der mexicanischen Kunst gefunden, wie bei den treffenden Darstellungen in den Gemälden von Jose Maria Velasco, z. B. *„Valle de México"*, 1877.

Seit mindestens 5000 Jahren hat eine wechselseitige Beeinflussung von Klima – Bodenbildung – ackerbaulicher Tätigkeit der Menschen in den Altsiedelgebieten – Bodenverwüstung und -neubildung stattgefunden. Eingehende Untersuchungen zur Veränderung des Landschaftsbildes durch den Menschen in Mexico sind durch die Gedanken und Arbeiten C. O. Sauers eingeleitet und von mehreren Wissenschaftlern durchgeführt worden im Sinne einer natur-kulturgeographischen Arbeit zu dem Thema *„man and environment"*, also Mensch und Umgebung. Die Entwertung und Umwandlung der Bodenverhältnisse durch die menschliche Nutzung ist in Mexico seit tausenden von Jahren im Gange und in historischer Zeit durch agrarische Nutzung rasch und weit fortgeschritten. Geländebeobachtungen und historische Berichte bestätigen die Vermutung, daß viele große Ländereien, die heute nur dünn besiedelt sind, in früherer Zeit Nahrung für eine zahlreichere Bevölkerung geben konnten. So konnte auf Grund vorhandener Urkunden, Steuereinnahmen aus der frühen Kolonialzeit, und Feldbeobachtungen in mehreren Gebieten Mexicos die Bodenentwertung und Landschaftsumbildung nachgewiesen werden (Sh. F. Cook [173, 174]). In der *Mixteca Alta von Oaxaca* zeigen Terrassen in den Flußtälern, *sedimentologische Profile*, daß Erosionsphasen stattgefunden haben, die nur durch Rodungsphasen von Siedlern zu erklären sind. Es handelt sich um ein der Auelehmbildung Mitteldeutschlands ähnliches Problem. Es konnten in den ehemaligen Rodungsphasen korrelate Ablagerungen mit Hilfe von Artefakten und Tonscherben datiert werden.

An den Hängen der Hügel und Sierren fehlen flächenhaft A- und B-Horizonte der Böden. Alte Bäume sind bis zu 1,50 m mit ihrem Wurzelwerk aus dem Boden herausgewachsen. Die Auszählung der Jahresringe an einem *Ahuehuete*-Baum (*Taxodium*-Art) ergab ein Alter von 700 Jahren. Im Hochtal von *Tejupan* überlagern Schwemmsande ältere

Zeittafel Geologie, Klima, Kulturen, Jagd- und Sammelwirtschaft und Ackerbau in Mexico

(Entwurf: H. G. Gierloff-Emden nach verschiedenen, im Text zitierten Quellen)

Geologische Periode	Zeit	USA Californien	Mexico Kulturen	Mexico Nahrungserwerb, Sprachen	Alte Welt
Spätes Postglazial	1000	Faustkeileinschlag in keram. Kulturen	(Hochkulturen)		
	0	(z. B. *Johns Island)*	*La Venta* Olmeken	Mehrzahl der Kulturpflanzen bekannt und genutzt	Christi Geburt
		*Cochise III – *San Pedro*			500 Blütezeit *Griechenlands*
	1000	Ozarkkultur	älteres Archaikum	Beginn starker Sprachdifferenzierung	Phönizier 1400 Schrift in *China* 1500 Mykenische Völker
	2000	*Cochise II - *Chiricuahua*	*Cochise II *Nordmexico*	seßhafte Ackerbauern	2050 *Babylon* Hyroglyphen 2600 Pyramiden v. Gizeh 2776 Kalender in Ägypten Sumerer
Mittleres Postglazial	3000				
	4000		*Tamaulipas* *Tehuacán*	Mais, Kürbis Maisanbau, Kürbis	Kupfer-Steinzeit *Altägypten*
	5000	*Cochise I - *Sulphur Spring*	*Chalcokultur	(Mörser, Mahlsteine) z. T. Jagdbeuter	
		Los Encinoskultur			
	6000		Cochise I *Tehuacán* (6800)	Kürbis, Pfeffer vorwiegend Sammler	
	7000		Faustkeilkultur von *Campeche*	Ende Großwildjäger (Mastodon)	
Älteres Postglazial Klimaänderung	8000	Trentonkultur Black's Forkkultur			
IV. Eiszeit 4. Stadium	9000	Steinindustrien im *San Diego-Tal* und in den *südkalifornischen*	*Tepexpan*-Mensch	Großwildjäger „Mammut"-Mastodon Bison (Antiqua) Riesengürteltier Tapir	höhere Jägerkultur
3. Interstadial	13 000	Wüstengebieten Folsomkultur			mittlere Steinzeit Solutréen
IV. Eiszeit, 3. St.	c. 15 000	Steinindustrie im *San Diego-Tale?*			Solutréen
2. Interstadial		Knochenindustrie der *Shasta*-Höhlen			
IV. Eiszeit, 2. St.					
1. Interstadial					
IV. Eiszeit, 1. St.					

*) Nach *K. MacGowan* and *J. A. Hester,* jr., 1962 [400], wird der Beginn der Cochise I-Kultur bis vor 10 000 vor Chr. evtl. früher datiert.

Erosionshorizonte. Die heutige Bevölkerungszahl beträgt dort 15 000. Sie wird für das Jahr 1570 auf 28 500 geschätzt und soll vor der Kolonialzeit über 70 000 betragen haben [173, 174]. Ähnliche Verhältnisse einer heute wesentlich größeren Bevölkerungsdichte im Vergleich zu der vor Jahrhunderten ergaben sich aus den Beobachtungen der Bodenverhältnisse im *Tepeaca*-Tal in *Puebla,* bei *Quiroga* in *Michoacán* und an anderen Orten. Diese Bodenveränderungen, die durch unsachgemäße Nutzung entstanden sind, hatten zur Folge, daß mit fortschreitender Bodenzerstörung nur noch eine geringere Bevölkerungsmenge von den jeweiligen Ländereien ernährt werden konnte. Schwankungen der Bevölkerungszahl sind nicht als Folge von Kriegen oder Epidemien (z. B. Pocken in der Kolonialzeit) allein zu erklären. Die zahlreichen Funde von Holzkohle und verbrannten Baumresten in den Sedimentschichten weisen auf Rodungsperioden hin. Auch Änderung der Feldbaumethoden und Einführung der Viehzucht haben solche Phasen der erosiven Schädigung größerer Gebiete eingeleitet. Inwieweit lokale Klimaänderungen für die genannte Bodenveränderung von Bedeutung waren, ist noch nicht geklärt. In jüngster Zeit werden durch die großen Bewässerungsflächen, die in Mexico den modernen Stauanlagen angeschlossen sind, schnelle und gründliche Veränderungen der Böden der Trockenzonen eingeleitet, ein Zyklus, der in manchen Arealen schon zum Endstadium von *Salzböden* geführt hat, die dann wieder aus der menschlichen Nutzung entlassen werden. Die Veränderung der ehemals amphibischen Landschaft des Hochtales von Mexico durch die künstliche Entwässerung seit über 200 Jahren zu einer Steppe mit versalzten Böden ist das bekannteste Beispiel (vgl. Abschn. México D. F.). In jüngster Zeit wurden im Rahmen eines deutsch-mexicanischen gemeinsamen Forschungsprogramms im Hochtal von *Puebla-Tlaxcala* eingehende Studien zur Landschaftsveränderung (Vegetation und Böden) durch den Menschen von Tichy [1344] durchgeführt. Die Entwicklung der indianischen Kulturen und Hochkulturen Mittelamerikas scheint in engem Zusammenhang mit der ehemaligen regionalen Verteilung von Bodentypen zu stehen. Eine deutliche Grenze, die sicher über mehrere tausend Jahre bestanden hat, ist die zwischen den *Maisbauern Mesoamerikas* und den *Maniokbauern des südlichen Zentralamerikas* und des *karibischen Tieflandbereiches*. Diese Grenze verläuft im S von *Honduras* und *Costa Rica* unter Einschluß der pazifischen Seite dieser Gebiete Zentralamerikas (P. Kirchhoff [394], J. A. Vivo [1217], C. O. Sauer [8,711] u. a., R. L. Stevens in J. R. Wauchope und R. C. West [8], *„Handbook of Middle American Indians"*). Nach N wird *Mesoamerika* etwa auf der Breite von *Zacatecas* quer durch das mexicanische Hochland begrenzt und reicht in den Küstenregionen weiter nordwärts bis *Tamaulipas* und *Sonora*. Nach N schließt sich das aride Nordamerika Mexicos und der USA an (Abb. 41).

Da in dem Kulturraum südlich und südöstlich von Mesoamerika die ackerbauenden Völker als Kohlehydratbasis ihrer Nahrung die Wurzeln der Maniokpflanze nutzten, waren sie an Boden- und Klimaverhältnisse gebunden, unter denen diese Pflanze gedeihen kann. Tropisches Tieflandklima und sandige Böden sind die natürlichen Voraussetzungen. Diese Bedingungen sind an der Schwemmlandküste Zentralamerikas am Karibischen Meer erfüllt.

Mais gedeiht in Form seiner zahlreichen Varietäten in Mexico bis zu 3000 m Höhe, aber weniger gut im tropischen Tiefland unter 300 m und bedarf mineralreicher Böden.

Es wurden spezielle Untersuchungen durchgeführt, die die Geschichte der Verbreitung von Völkerschaften maisbauender Hochkulturen feindifferenziert von der Abhängigkeit der Bodentypen Mesoamerikas darstellen. R. Stevens [1391]. Diese *paläo-edaphologischen* Untersuchungen ließen u. a. eine Abschätzung der *Tragfähigkeit* der einzelnen Bodenregionen vor der Kolonialzeit zu. Die gegenwärtig konstatierten *Bodenzerstörungen*, die z. T. durch übermäßige Nutzung vor 500, 1000 oder 1500 Jahren durch die ackerbauenden Völker verursacht worden sind, haben zu Bodenentwertung, Hungersnöten, Kriegen und Verlagerung der Grenzen der Völkerschaften geführt, insbesondere nördlich der Region des Hochtales von Mexico. Auf diese Weise kann der Rückgang der Kultur von *Teotihuacán* erklärt werden, deren steinerne Monumente in Form der großen Pyramiden vorhanden sind, deren Völker wir aber nicht kennen, und deren Siedlungen schon zur Zeit der Aztekenherrschaft verlassen waren.

Jedenfalls muß bei einer gegenwärtigen Aufnahme der Bodenverhältnisse Mexicos die in historischer und prähistorischer Zeit wirksam gewordene ackerbauliche Tätigkeit des Menschen mitberücksichtigt werden. Im Vergleich zu den übrigen Ländern Lateinamerikas, wo mit 30 % Zerstörung durch Bodenerosion der gesamten Kulturfläche gerechnet wird, liegt Mexico mit einem Anteil von 50% über dem Mittel, doch unter den Beträgen der Länder mit Höchstwerten, wie Venezuela (64 %).

Über Flurwüstungen der vorkolonialen und der Kolonialzeit, die ihre Ursache in naturgeographischen Ereignissen (Klimaänderung, Überschwemmungen, Austrocknung) und kulturgeographischen Ereignissen (Änderung der Anbaumethoden und Anbaupflanzen, z. B. Ausdehnung der Maguey-Kulturen) haben, berichtet W. TRAUTMANN in: „Untersuchungen zur indianischen Siedlungs- und Territorialgeschichte im Becken von Mexico bis zur frühen Kolonialzeit", Hamburg 1968.

„Die mejicanischen Völker scheinen es überhaupt seit früher Zeit geliebt zu haben, ihre Wohnungen auf hohen Gipfeln und an steilen Berggeländen aufzuschlagen, und gewiß hat diese Vorliebe sehr dazu beigetragen, die Gebirgsgegenden Mejicos zu bevölkern. Äußerst interessant ist es für den Reisenden, diese friedlichen Eroberungen des Ackerbaues zu verfolgen, diese zahlreichen, in den wildesten Schluchten, an den unzugänglichsten Abhängen zerstreuten Indierhütten, und diese zwischen nackten und unfruchtbaren Felsenbänken oder wilden Urwäldern eingeschlossenen, angebauten Landstreifen zu betrachten."

„Man findet häufig auf den höchsten Firsten steiler, jetzt sehr schwer zugänglicher und dicht bewaldeter Gebirge Spuren und Überbleibsel altindischer Dörfer. Auch die noch jetzt bewohnten indischen Ortschaften in Gebirgsgegenden sieht man stets hoch oben an den Bergen hangen, und nur auf dem Tafellande und in den breitesten Thälern trifft man sie in der Ebene an. Alle Wege führen stets über die höchsten Kuppen und Rücken, statt sich in den Schluchten oder an den Gehängen hinzuziehen" E. MÜHLENPFORDT [22].

Vegetation

Florenreiche. Die Vegetation Mexicos ist nach Artenbestand und Ausbildung typischer Vegetationsregionen und -formationen nach ihrer genetischen, ökologischen und physiognomischen Zusammensetzung von einer fast unübersehbaren Mannigfaltigkeit. Das ist begründet 1. in der Gebirgsstruktur Mexicos, die durch eine Überlagerung einer vorherrschend vertikalen Anordnung von Klimabereichen mit dem Formenwandel der Breitenlage eine Unzahl von klimatisch differenzierten Standorten bedingt. Über wenige 1000 m vertikaler Differenz ist eine Mannigfaltigkeit der Pflanzenformationen zusammengedrängt wie zwischen Skandinavien und Tropisch-Afrika in der meridionalen Ausdehnung. 2. in der Brückenlage des Subkontinentes Mexico zwischen Nord- und Südamerika, die in den verschiedenen Höhenlagen eine Ausbreitung von Pflanzen verschiedener Pflanzenreiche über die Landbrücke Mexicos und eine Durchmischung der Bestände ermöglichte.

Aus den südamerikanischen Tropen gelangten Pflanzen des *neogäischen* Formenkreises von S her über die tropischen Tiefländer der mittelamerikanischen Landbrücke in die feuchtheißen Gebiete Mexicos. Tropisch montane und *subantarktische* Pflanzen konnten sich in den Höhenlagen bis nach Mexico ausbreiten. Dagegen kamen aus dem *borealen* und *holarktischen* Formenkreis von N aus dem nordamerikanischen Kontinent Pflanzensippen, besonders *Koniferen* und laubabwerfende und immergrüne Eichen, und breiteten sich nach S bis über Mexico aus. C. Troll [349]. In den Gebirgsregionen Mexicos treffen also boreale Pflanzengattungen mit tropisch montanen und subantarktischen zusammen, wobei in dieser Pflanzengesellschaft die borealen Formen dominieren, die anderen Gesellschaften eingemischt sind.

„Es treffen sich in den Gebirgsregionen Mexicos also boreale Pflanzengattungen mit tropisch-montanen bis subantarktischen zusammen, aber so, daß boreale Formen als die Träger der Pflanzengesellschaften, die südlichen mehr als akzessorische Elemente gelten können." C. Troll [349].

Zahlreiche Abhandlungen gibt es über die Systematik und Probleme der **Flora** Mexicos. Aus der Kolonialzeit stammt der Bericht des Francisco Hernandez, eines Arztes König Philipps II., über Medizinalpflanzen und Nutzpflanzen in Mexico, der 1615 von Padre Jiménez im Extrakt (4 Bände) in México unter dem Titel:

„*Cuatro libros de la naturaleza y virtudes de las plantas y animales que están recevidos en el uso de la medicina en la ‚Nueva España'*" erschien, später, 1790, von C. Gómez Ortega in Madrid, andere Ausgaben 1942–46 und 1959 in Ciudad de México. Im Jahre 1767 beschrieb der Jesuitenpater Clavijero die nutzbaren Pflanzen Mexicos in seiner „*Historia antigua de México*". Unter König Carlos III. wurde ab 1787 eine Anzahl von naturwissenschaftlichen Kommissionen eingesetzt. Die Forscher Martens, Griesebach und C. G. Pringlei, T. S. Brandegee [319, 320] und Altamirano lieferten bedeutende Arbeiten zur Vegetation Mexicos. A. v. Humboldt und Bonpland bearbeiteten bei ihren Reisen durch Zentralmexico vor allem die ökologischen Verhältnisse und die Beziehung der Auswirkung der Nutzung von Pflanzen durch den Menschen und der natürlichen Vegetation. Mit dem Mexicaner Ramirez begann die moderne systematisch betriebene Forschung: „*Sinónimo vulgar y científica de las plantas mexicanas*", México 1904. Unter den einschlägigen Werken zur Vegetation Mexicos wären hervorzuheben: Martínez [333, 335], A. Starker Leopold [348], O'Gorman [339], M. W. Pesman [340], F. Miranda [336] und P. C. Standley [346]. Die Namen der Pflanzen und ihre Herkunft beschreiben F. J. Santa Maria [341], sowie, herausgegeben von Karsten u. Schenck, die *„Vegetationsbilder"* [350].

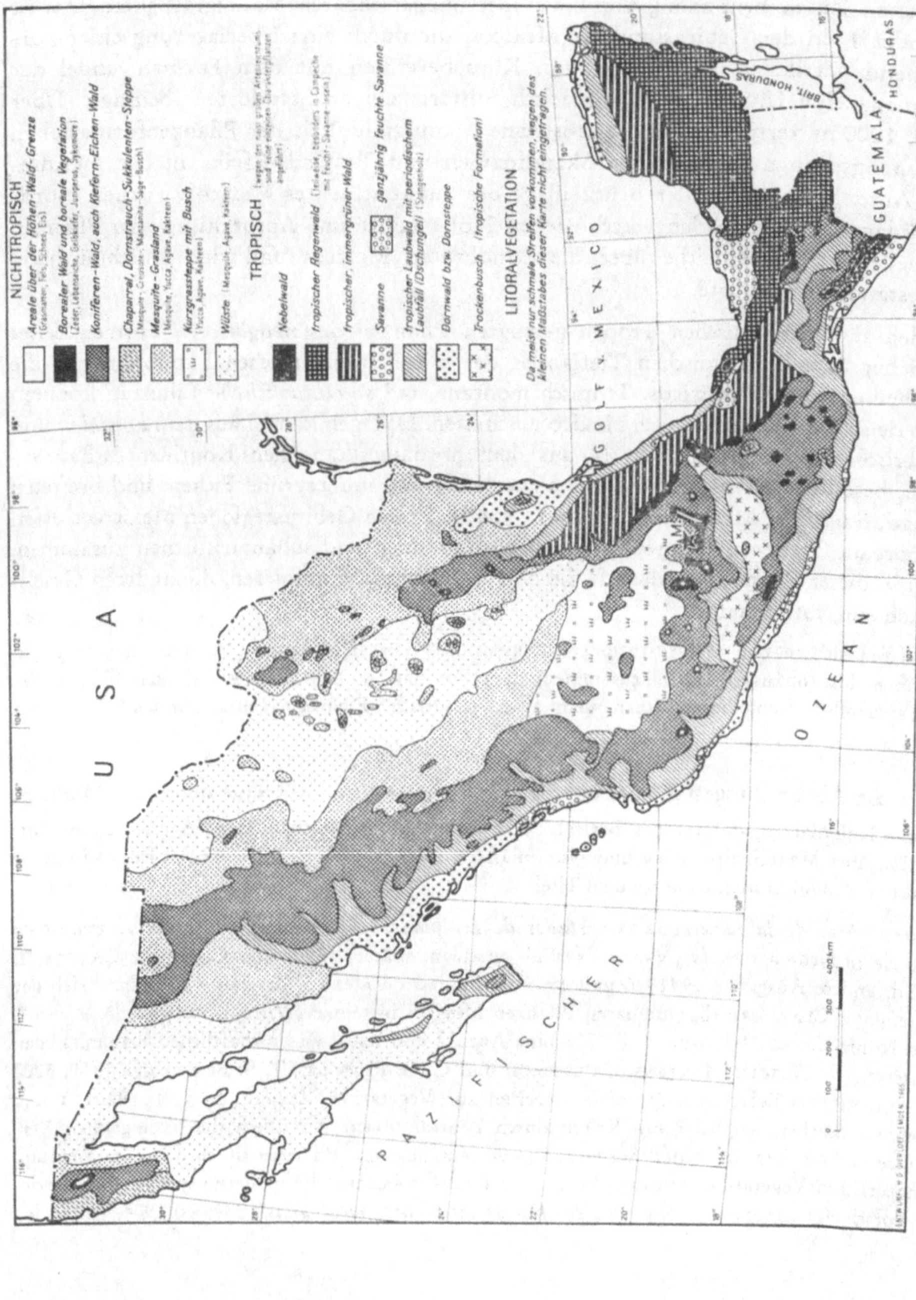

Abb. 35. Vegetations-Formationen von Mexico. (Nach A. Starker Leopold)

Gliederung in „natürliche Vegetationsformationen". Die aus der Gruppe der aus den USA kommenden Botaniker trafen Gliederungen nach der Morphologie der Pflanzen (SANDERS, SHELFORD, OSORIO TAFALL). O. TAFALL bringt 18 *„biotische" Regionen* in 5 Klimaregionen unter, RAMIREZ auf Grund von *klimatischen Regionen,* die modernen mexicanischen Botaniker CONTRERAS ARIAS und VIVÓ, RIQUELMA, YARZA Methoden auf Grund *phytomorphologischer* Merkmale. Der Amerikaner A. STARKER LEOPOLD bezog sich auf *regionale Studien.* Diese Methode, die auch in jüngster Zeit von J. SAUER angewendet wird, scheint den „wirklichen" Verhältnissen am besten gerecht zu werden. Aus diesem Grunde wird für dieses Buch die Karte von A. STARKER LEOPOLD ausgenutzt [348] (Abb. 35). Eine detaillierte Studie legten M. F. LORENZO VILLA und B. N. PINTO PECH 1966 vor, eine *„Carta de vegetación natural de México".*

Angenäherte Areale und Niederschlagsmengen der Vegetationszonen
(Nach A. STARKER-LEOPOLD [348] zu Abb. 35)

Vegetationszone	Prozentanteil an der Gesamtfläche	Areal in Quadratmeilen	Mittlere jährliche Niederschlagsmenge in mm
gemäßigt			
Boreal forest	0,5	3 800	750–1600
Pine-oak forest	25,8	195 600	50–1400
Chaparral	1.2	9 100	370– 750
Mesquite-grassland	21,6	163 700	220– 920
Desert	23,1	175 100	50– 350
tropisch			
Cloud forest	0,5	3 800	1800–4800
Rain forest	7,3	55 300	1500–4800
Tropical evergreen forest	5,5	41 700	950–2550
Savanna	0,9	6 800	850–2500
Tropical deciduous forest	9,1	69 000	600–1500
Thorn forest	3,2	24 300	420– 850
Arid tropical scrub	1,3	9 800	280– 480
	100,0	758 000	

Die natürliche Vegetation Mexicos ist durch die ackerbauliche und viehwirtschaftliche Nutzung, durch Wasserentnahme aus dem Boden und künstliche Bewässerung und durch Brandrodung wesentlich verändert worden, z. B. hat die Brandrodung mit ihrer selektiven Wirkung eine Ausbreitung brandresistenter Pflanzen (Kiefern und Palmen) auf Kosten ihrer natürlichen Konkurrenz zur Folge. Dennoch gibt es Landschaftstypen, deren wesentliches Gepräge durch die Anwesenheit bestimmter Vegetationsformationen erhalten geblieben ist, wie z. B. die Kakteensteppe auf der Halbinsel *Baja California,* die Kakteen- und Buschsteppen des *pazifischen Nordwestens* und des großen nördlichen *Zentralmexicos* und der Regionen um den *Rio Colorado.*

Einige ökologisch gut definierte Typen sind in die Karte Abb. 35 nicht eingetragen, da ihre Ausdehnung für die Karte im dargestellten Maßstab zu klein ist:

1. Arktisch-alpine Wiesen auf den Kämmen und Gipfeln der Berge;
2. Trockenvegetation auf Lavaströmen (unter edaphischen Bedingungen entstanden);
3. Litoralvegetation wie Mangrove, Salzmarschen, Dünengrasflächen;
4. Aquatische Formationen (Wasserpflanzen auf Seen).

Vegetationsformationen der tropischen Tieflandzone. *Immergrüner tropischer Regenwald.* Verbreitung an der atlantischen Küste von der Mitte der Halbinsel *Yucatán (Petén)* bis etwa 20° nördlicher Breite. Im S steigt er am Hochland von *Chiapas,* im O an der *Sierra Madre Oriental* bis 800 m Höhe empor. Landeinwärts folgt er den feuchten Schluchten [322, 323].

Er ist artenreich, enthält vier bis fünf Kronenstockwerke, mit hohen Bäumen wie *Ceiba* (Baumwollbaum), der bei den alten Kulturen als heilig galt, reich an kletternden Pflanzen *(Lianen),* zahlreichen *Epiphyten* (*Bromeliaceen, Orchideen*) und hat undurchdringliches Unterholz. Genutzt werden Genußmittel liefernde Bäume (*Chicle*-Gummisaft) und Sträucher (*Indigo*), Baumgräser, Lianen und Palmen, Farbhölzer (*Campeche* Holz) und Edelhölzer (*Caoba* = Mahagoni).

Litoralvegetation. *Mangroven.* Mit dieser Gehölzformation *„Manglar"* schiebt sich die tropische Landvegetation an geschützteren, schlammreichen Buchten unter die Flutlinie ins Meerwasser hinaus.

Bis zu 20 m hohe, undurchdringliche Dickichte, Stelzwurzelgerüste, vertikal emporgerichtete Atemwurzeln, immergrünes, derb-ledriges Laub haben diese Formationen und kommen an geschützten Buchten im tropischen Mexico vor (nördlichstes Vorkommen auf der Halbinsel Baja California bei Mulegé, 27 °N). Mangrove wird für Bauzwecke, Brennholz und die Rinde für Gerberlohe genutzt (Abb. 36). *Palmen-Dornbusch-Savanne* im Litoralbereich ist an fast allen Küsten ausgebildet. Ein detailliertes Profil findet sich bei K. Helbig [1209]. In diesem Bereich gibt es Bambus, Grasfluren, Fächerpalmen (Palma real), einzelne hohe Bäume Ceiba pentandra (Abb. 36, 40).

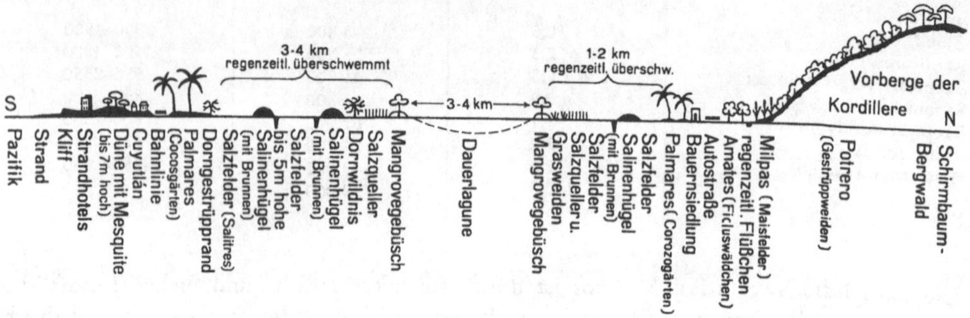

Abb. 36. Landschafts- und Vegetationsprofil durch die pazifische Küstenebene Mexicos bei Cuyutlán/Colima. (Nach K. Helbig 1955)

Vegetationsformationen der tropischen Gebirge. *Tropischer immergrüner Berg- und Höhenwald.* Der Bergwald *„Monte"* kommt an atlantischen Ostabdachungen von der Breite von *Tampico* bis zum Hochland von *Chiapas,* an Hängen isolierter Berge an pazifischen Westabdachungen in 800 bis 1800 m Höhe vor.

15 bis 40 m hohe Bäume, wie *Copál (Bursera), Ceiba, Bálsamo,* Nadelhölzer und Eichen und dichtes Unterholz kommen vor. Der Wald ist artenreich. Wegen hoher Luftfeuchtigkeit gibt es zahlreiche Flechten, Farne, Moose, Epiphyten. Diese Bestände müssen stellenweise tropischen Kulturen, wie Kaffee, Zuckerrohr, Bananen, Reis weichen. Bis 2300 m Höhe schließt sich der Nebelwald an. Er ist an einen Nebelgürtel gebunden. Er ist verbreitet in der *Sierra Madre von Chiapas,* der *Sierra Madre Oriental,* auf hohen Gipfeln in *Guerrero,* in der *Sierra Madre del Sur.*

Er besteht aus zwei Stockwerken: Kiefern-, Eichen- und Hartholz-Laubmischwald und Unterwuchs aus Busch, Gras und Epiphyten. Wegen der sehr hohen Luftfeuchte wachsen dichte Moospelze, Flechten und Farne an Stämmen und Ästen. Starke Durchfeuchtung des Bodens führt zu Rutschungen, daher sind die Hänge solcher Gebirge schwer passierbar *(Bild 10)*.

Trockenwald ist verbreitet von *Chiapas* bis *Südsinaloa* auf den westlichen Berghängen bis zu 1000 m Höhe, in den Leeseiten der Gebirge und in eingeschlossenen Becken. Mit dem Trockenwald kommen Savannen und Inseln immergrünen tropischen Waldes vor, wo genügend Grundwasser vorhanden ist.

Als *„carbonal"* (nach der Carbón-Mimose benannt) wird die offene Formation von Bäumen ähnlicher Gestalt, aber mit unterschiedlichen Kronenhöhen (Mimosaceen, Schirmakazien, Riesenkakteen, Sukkulenten), mit borkenbedeckter Rinde und Laubabfall in der Trockenperiode bezeichnet. Das Unterholz besteht aus immergrünen, dornigen Pflanzen und Büschelgras.

Gebirgsvegetationsformationen. Boreale Laub- und Kiefernwälder schließen sich an Trockenwälder und Höhenwälder an. Sie sind im N Mexicos auf der *Sierra Madre Occidental* vertreten und auf der *Sierra Neovolcánica Transversal*, dem Hochland von *Chiapas* und der *Sierra Madre Oriental*, ebenfalls auf einigen Bergen *Baja Californias*. Diese Wälder haben wie mitteleuropäische Gehölze lichten Charakter. Wegen ihrer Bedeutung für den Menschen und das Wild sind diese Bestände wertvoll. Seit vorkolumbianischer Zeit wird in ihnen Raubbau getrieben. Meist bilden reine Eichenbestände unter der Kiefernzone einen Waldgürtel, den *„robledal"* nach *„roble"* oder *„encinal"* nach *„encino"*. Es gibt über 200 Arten von Eichen *(encino)* in Mexico, darunter immergrüne und laubabwerfende Arten, Martinez [333]. Sie entfalten große Artenfülle, ihr Unterwuchs ist spärlich. Ab 1700 m treten Koniferen vergesellschaftet mit Laubbäumen auf, Eichen, Kiefern, Tannen. Reine Nadelholzwälder in Form von Kiefern *(Pinus)*, Tannen *(Abies)* und *Juniperus* kommen ab 2400 bis 4000 m Höhe vor [317, 330]. In Mexico gibt es 39 Arten von Kiefern, Martinez [334]. In der Höhe von 2600 m herrschen *Pinus Ponderosa* (Weißkiefer), abwechselnd mit Schwarzkiefern, mit *Juniperus Arizonica* (Wacholder), sehr kleinblättrigen Eichen, Zedern, Tannen und, nahe den Wasserläufen, Pappeln vor. Den Charakter des Waldes bestimmt die Weißkiefer mit ihrem umfangreichen Stamm und dem gesunden Holz. Die Farbe des Stammes ist leuchtend rosenrot, das Holz hochgeschätzt für die Verarbeitung. Die Waldgrenze wird durch *Pinus hartwegii* gebildet. Der Kiefernwald, auch Nadelwald im allgemeinen, heißt *„pinal"*, auch *„ocotal"*, von *ocote*, Kiefer. Die Lichtungen sind oft mit dem Büschelgras *Zacate* (*Zacaton*), einer *Festuca*-Gattung, bestanden. Die Baumgrenze endet meist ohne Strauchgürtel. Bis 4800 m Höhe gibt es steppenähnliche Gras- und Kräuterflächen mit harten, schmalblättrigen Gräsern.

Tropischer Dornbuschwald (*Deciduous*) mit niedrigen Kronenhöhen, breiten Blättern, Epiphyten und einigen hohen Bäumen mit Schirmkronen kommt in *Sonora*, *Balsas-Tal*, *Tamaulipas*, Tal von *Chiapas* und NW-*Yucatán* vor.

Savannen als Übergang zur ariden Zone. Als *Savanne* wird hier benannt: Grasformationen in Büscheln wachsend, eingestreute Wald- und Gebüschformationen. Ein deutlicher Unterschied zwischen Regen- und Trockenzeit zeichnet sich ab.

Vorkommen im Tiefland von *Tabasco* mit Sumpfwiesen, mit großen Schirmbäumen *(Ceiba)* und Palmen. Als *morichal* wird das von Mehlpalmen bestandene Sumpfland bezeichnet *(Bild 11)*.

Bild 10. Kiefern-Eichenwald der Hochregion mit Epiphyten (Tillandsien) unterhalb Malé nahe am Motozintla-Tal in Chiapas. In den hohen Regionen einiger Gebirge Mexicos kommen Nebelwald oder andere Waldformationen mit Aufsitzer-Pflanzen vor. (K. Helbig)

Baumsavanne: Vorkommen im Norden *Yucatáns.* (Fünf Monate aride Jahreszeit). Kennzeichen sind feuchte Galeriewälder, großlaubige, dornlose Bäume, mannshohes Büschelgras, Laubabfall in der Trockenzeit.

Savannenbusch (Trockensavanne): Verbreitung im äußersten Norden *Yucatáns,* im Norden der Trockenwaldformation, im Süden *Baja Californias.*

Regengrüner, licht stehender, mäßig hoher Trockenwald, dornlose, fiederlaubige Bäume, geringerer Grasunterwuchs. Nach den Bäumen *jícaro* (Kalebassenbaum), auch *jicaral* und *morro,* auch *morral,* genannt.

Sukkulentensavanne (Dornsavanne): Verbreitung auf der atlantischen Küstenebene zwischen 20° und 23° N Breite, an der pazifischen Küste in Trockenwaldformation eingestreut.

Mit kniehohem Büschelgras. Anpassungserscheinungen der Pflanzen an Trockenheit: Reduktion des Laubes, Wasserspeicherung der Stamm- und Blattsukkulenten, in holzigen Wurzeln unter der Erde oder innerhalb des Bastringes der Tonnenbäume, Rindenassimilation als Ersatz für Blattassimilation.

Vegetationsformationen der subtropisch-ariden Gebiete *(Dornstrauchsteppe).* Verbreitung in der Nähe des Wendekreises, auf der *Meseta Central* bis in 2400 m Höhe, mit *Yucca* (Schopfbäume),

Bild 11. Feucht-Savanne-Landschaft bei Comalcalco in Tabasco. Im Bereich der Landschaft am Golf von Mexico, wo während des ganzen Jahres Niederschläge fallen, gibt es ausgedehnte Regenwald-, Sumpflandschaften und Feucht-Savannen. Große Einzelbäume als Restbestände aus Regenwald und Palmen auf den grasbestandenen Flächen und Sumpfgebieten wechseln mit geschlossenen Waldstücken ab. Die Vegetation ist z. T. durch Brandrodung verändert.
(GIERLOFF-EMDEN Juni 1964)

Liliaceen, davon 18 Arten und *Agaven (Maguey).* In Mexico gibt es 170 Arten von Agaven *(Bild 13).* Am Flußgebiet des *Rio Grande del Norte* als *Mesquite*-Buschwald.

Wüstensteppe. Verbreitung in 1200 m Höhe in der *Bolsón de Mapimí,* im Norden *Baja Californias,* in der Provinz *Sonora.* Tiefreichende Wurzelsysteme, Überdauern der Trockenzeit als Samen, viele Zwiebel- und Knollengewächse, bis zu einem halben Meter hohes vereinzelt stehendes Büschelgras. Als Chaparral wird die im Nordwesten, besonders auf der *Halbinsel Baja California* verbreitete Trockenbuschformation bezeichnet. Auf den Büschen kommen Aufsitzerpflanzen, Epiphyten, vor. Als Büsche sind besonders häufig *Manzanita, Coyote* und Krüppeleichen *(Bild 13).* Als *Mesquite*-Grasland ist die Formation der mit Mesquite-Bäumen und Büschen bestandenen Grasfluren zu nennen, die in *Chihuahua* und *Coahuila* verbreitet sind.

Höhenstufen der Vegetationsformationen. Für die Hänge der großen Vulkanberge in Zentralmexico beschreibt F. TICHY [1344] die Vegetationszonen nach der Höhe:

„Diese Mischwälder nehmen je nach den Bodenverhältnissen recht verschiedenen Ausdruck an und reichen bis in Höhen um 3000 m. Oberhalb dieser Eichen-Kiefernstufe, die im obersten Teil nur noch aus Kiefern verschiedener Arten besteht, folgt eine schmale Tannenstufe bis 3500 m, an die sich die obere Kiefernstufe bis zur Waldgrenze anschließt, welche bei 3900–4000 m liegt. Wacholder und einzelne Kiefern bilden die Baumgrenze gegen die Gras- und Schuttfluren mit vorwiegend hohen Horstgräsern und einigen Polsterpflanzen.“

Bild 12. Steppe mit Yucca bei Fresnillo/Zacatecas. Yucca, auch Palma pita, Soyate oder Izote genannt, tritt als Charakterbaum mit seinen typischen Blätterschopfen innerhalb der weiten Steppen Nord-Zentral-Mexicos auf. (GIERLOFF-EMDEN März 1962)

Eine ausführliche Beschreibung der vertikalen Vegetationsstufen gibt C. TROLL [349] mit seinen verschiedenen Profilen natürlicher Pflanzenformationen und der agrarischen Nutzung.

„Bei dieser Übereinanderlagerung ausgesprochen tropischer und – jedenfalls im physiognomischen Bild – borealer Vegetationsformationen ist es verständlich, daß Geographen und Biologen seit A. v. HUMBOLDT die vertikale Abstufung der mexikanischen Klimate mit der horizontalen Klimazonierung höherer Breiten verglichen haben. „Die Temperaturzonen, die sich vom Äquator zum Pol streifenartig nebeneinander finden, liegen hier gewissermaßen schichtweise übereinander", sagt L. WAIBEL, und er nennt die Tierra templada die Stufe subtropischen Klimas, vergleicht die Temperaturverhältnisse der Meseta mit denen der gemäßigten Zone und die der ewigen Schneeregion Mexicos mit dem polaren Klima. Der amerikanische Zoologe E. A. GOLDMANN [324], der in der Zeit von 1892 bis 1906 in allen Teilen Mexicos gereist ist, vergleicht die mexicanischen Höhenstufen im einzelnen mit den Vegetationsgürteln des winterkalten Nordamerika: die Stufe der Nadelwälder (2700 bis 3400 m) mit *Pinus, Pseudotsuga* und *Abies* nennt er *Canadian* Zone, die oberste Stufe von 3400 m bis zur Waldgrenze *Hudsonian* Zone und die hochalpine Stufe *Arctic-Alpine* Zone.

Tatsache ist aber, daß die Höhenklimate und Vegetationsstufen der echten Tropen mit den Klimaten und Vegetationszonen der höheren Breiten der Nordhalbkugel nicht identifiziert werden können, weder im Klimatypus noch im Vegetationscharakter und in den Lebensformen." C. TROLL [349].

Wüsten, Halbwüsten. Mehr als zwei Drittel der Fläche Mexicos gelten als *arid*, geringe von Jahr zu Jahr sehr wechselnde Niederschlagsbeträge und hohe Verdunstung haben Wüsten und Halbwüsten als vorherrschenden Landschaftstyp hervorgebracht. Ein großer

Vegetationsstufen am Südhang der Sierra Volcánica Transversal in Michoacán
(Nach A. GERSTENHAUER 1961 [1155])

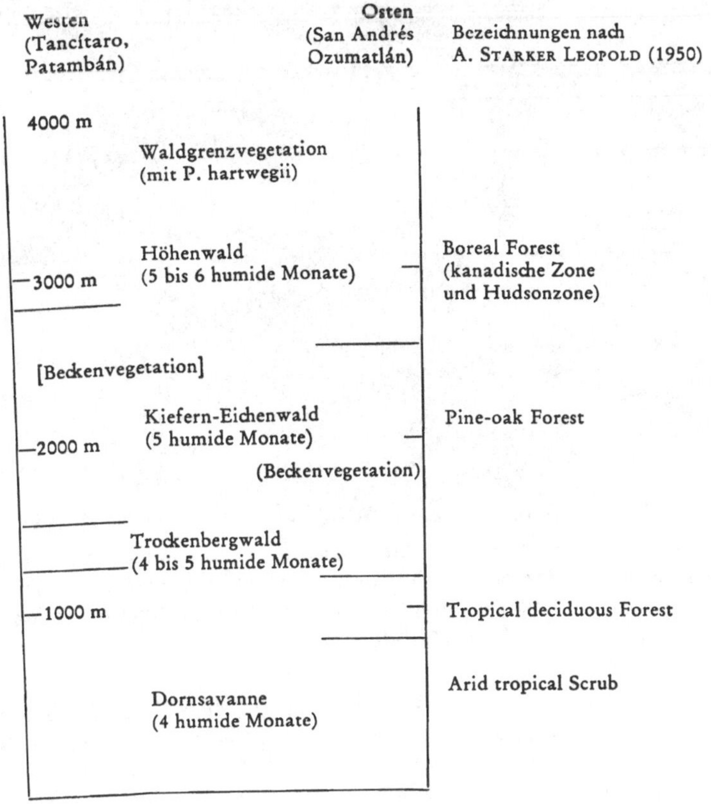

Teil der Bemühungen um Gewinnung neuen Kulturlandes durch Bewässerung ist auf Projekte in dieser Landschaftsregion gerichtet.

„Selbst die Sierra muß oft lange Zeit und weithin Regen entbehren, vor allem im Norden, wo Mexico seine größte Breite erreicht. Wer BEN TRAVENS *‚Schatz der Sierra Madre‘* gelesen oder den Film gleichen Titels gesehen hat, wird gute Vorstellungen von der Öde, der Unfruchtbarkeit und Unzugänglichkeit des Geländes, dem Durst und Hunger der an solche Regionen gefesselten Menschen gewonnen haben. Selbst in den Bergen ist Mexico weithin viel mehr ‚Wüste‘, als unsere Atlanten das erkennen lassen. Denn was hilft es schon, wenn die Geographie und die Forstwirtschaft für diese mit spärlichen Kakteen und Dornsträuchern betupften Geröllfelder exakt noch die Bezeichnung ‚Steppe‘ angewandt wissen wollen; für den, der dort leben muß, wirkt sich diese Umwelt trotzdem wie ein *‚desierto‘*, eine Wüste, aus. Das gleiche gilt für die gesamte nördliche *Meseta* und die erwähnten in sie eingesenkten abflußlosen *Bolsones*. Da wird Wasser zur Kostbarkeit, zumal die hier und da zusammengeflossenen Seen, *Lagunen*, in der Regel so salzig sind, daß nicht einmal mehr das Vieh daraus trinken mag.“ K. HELBIG [1392].

Die **Wüstenregionen** lassen sich in eine Reihe von Teilgebieten untergliedern (Abb. 37), nach R. KNAPP [1239]:

Bild 13. Kakteensteppe im nordwestlichen Mexico, südlich Ensenada auf Baja California. Auf den steinigen Gebirgsböden des trockenen Nordwestens treten Agaven (Bildmitte), Kakteen (Bild links) und einige Polsterpflanzen und Sträucher als Vegetationsformation auf. (GIERLOFF-EMDEN Dezember 1961)

„1. Chihuahua-Wüste. Relativ hoch, jedoch weiter südlich als die *Mohave*-Wüste gelegen Regen hauptsächlich im Sommer. Größtenteils im nördlichen Mexico in den Staaten *Chihuahua*, *Coahuila, Nuevo Leon, San Luis Potosí* u. a. Von dort nach *Texas* und *New Mexico* übergreifend. Größtes Wüstengebiet des südwestlichen Nordamerika. Die trockensten Bereiche sind von oft ausgedehnten Gebieten umgeben, in denen Halbwüsten-Grasland, Mimosaceen-Gebüsche und Dorn-Gehölze besonders reichlich vertreten sind.

2. Sonorische Wüste. Zum großen Teil tief gelegen und sehr warm. Regen vorwiegend im Winter fallend, aber zum Teil Übergang zum Sommerregen-Gebietscharakter. Die Sonorische Wüste kann nach SHREVE (1951) nochmals unterteilt werden in die folgenden Bereiche:
   a) Wüste am unteren *Colorado*-Strom.
   b) Wüste der höher gelegenen Teile von *Arizona* und *Sonora.**)
   c) Wüsten der Ebenen von Sonora.
   d) Halbwüste des Hügellandes im südlichen *Sonora.**)
   e) Wüste an der Küste des *Golfes* von *Kalifornien.*
   f) *Vizcaíno-Wüste* (auf dem mittleren Teil der Halbinsel *Baja California*).
   g) *Magdalena-Wüste* (auf dem südlichen Teil der Halbinsel *Baja California).*

3. Bereiche mit reichlichem Vorkommen von Halbwüsten-Grasland, Mesquite- und Akazien-Gebüschen im nordöstlichen Mexico.

4. Bereiche der Vegetation subalpiner Lagen und der Gebiete über der Baumgrenze.

---

*) Vgl. auch C. LUMHOLTZ [1113].

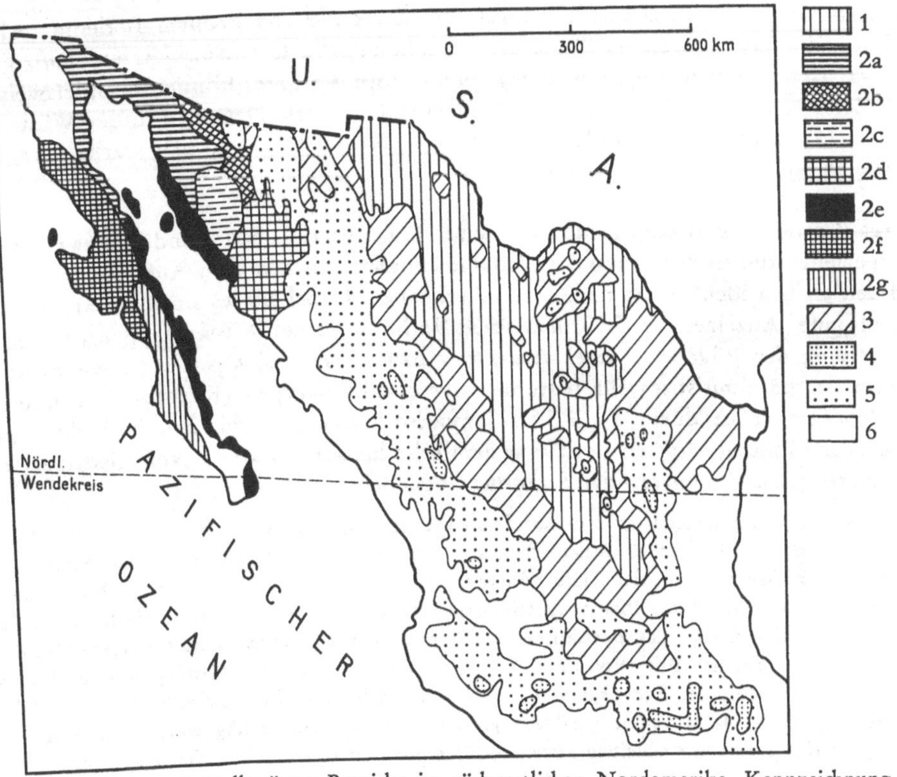

Abb. 37. Wüsten- und Halbwüsten-Bereiche im südwestlichen Nordamerika. Kennzeichnung der Vegetation in den einzelnen Teilbereichen im Text. (Nach R. KNAPP 1965)

5. Bereiche der Koniferen-Trockengehölze, immergrüner Hartlaub-Gehölze und bestimmter Wälder mit Eichen einschließlich in entsprechendem Klima lebender primärer und sekundärer gehölzfreier Vegetation südlich der vorhergenannten Wüsten- und Halbwüsten-Bereiche.

6. Übrige Bereiche Nordmexicos.

W ü s t e n u n d H a l b w ü s t e n d e s s ü d l i c h e n M e x i c o.
Ein ausgesprochenes Wüsten- und Halbwüstengebiet ist im südlichen Mexiko im Binnenland (*Balsas* Senke) zwischen der *Sierra Neovolcánica, Sierra Madre del Sur* und der südlichen *Sierra Madre Oriental* entwickelt. In diesem von allen Seiten gegen regenbringende Winde abgeschirmten Gebiet sinken die mittleren Jahresniederschläge bis weit unter 400 mm ab. Diese fallen zudem vorwiegend in kurzen, heftigen Schauern, die rasch in den Spalten des Kalkgesteines versickern, das in diesem Gebiet das hauptsächlichste Substrat bildet. Das Gebiet ist zudem mit mittleren Jahrestemperaturen von etwa 20 ° erheblich heißer als der größte Teil der nördlichen Wüsten. Die wenigen Niederschläge fallen vorwiegend im Sommer. Die Monate vom November bis Mai sind die trockensten. In diesem Wüstengebiet sind Kakteen und Blattsukkulenten sowie andere große immergrüne Vertreter der *Liliifloren* (*Agave, Yucca* usw.) besonders reich vertreten.

H a l b w ü s t e n g e b i e t e. Verschiedene Trockengebiete von teilweise nur geringer Ausdehnung. Trockenheit meist weniger extrem als in den zentralen Lagen von 1–3. Regen vorwiegend in den Monaten Mai bis Oktober (Nord-Sommer) fallend. Infolge stark südlicher Lage Temperaturgegensätze zwischen Winter und Sommer nur relativ gering."

Die *Keimungsverhältnisse* sind teilweise der Bewegung von grobem Bodenmaterial bei Schichtfluten oder zeitweiliger Wasserströmung angepaßt. *Cercidium*-Arten *(Palo Verde)*, *Olneya tesota (Iron Wood)* und *Dalea spinosa (Smoke Tree)* können beispielsweise erst nach Zerstörung oder Zerbrechung der Samenschale keimen. Das wird in der Wüste durch den bei Schichtfluten oder anderer zeitweiliger Wasserströmung sich stark bewegenden Grobsand oder Kies bewirkt.

Larrea (Creosotbusch) zeigt aride Gebiete an. E. GARCIA, C. SOTO und F. MIRANDA führten spezielle Studien durch, um den Zusammenhang zwischen dem Auftreten von *Larrea* und den „sehr ariden" Wüstengebieten zu erkennen. Dabei erwies sich die Larrea Formation als guter Anzeiger für die klimatischen Verhältnisse der Wüstensteppenregionen. Die Verbreitung der Pflanzen *Larrea tridentata* bzw. *Larrea divaricata* (*Creosotbusch*) in Mexico ist charakteristisch für bestimmte Trockenklimatypen (KÖPPEN B W und B S). Die Nordgrenze ist durch die 3,5 °C-Januarisotherme gegeben. Ein besonders großer Anteil der südlichen Wüsten wird von dem sehr lockeren Bewuchs von niedrigen, meist kleinblättrigen und immergrünen Sträuchern besiedelt.

Larrea kommt vergesellschaftet mit Kandelaberkakteen und *Fouqueria-Arten* vor [288]. Drei Jahre alte Pflanzen können zwischen etwa 2 bis 15 cm hoch sein. Diese offenen Strauchgesellschaften bewachsen meist in der Tiefe feinerdereiche (nicht versalzte) Standorte. Wenn man sich innerhalb der Bestände dieser Pflanzengesellschaften befindet, bekommt man vielfach einen falschen Eindruck von der Dichte des Bewuchses, weil am weiten Horizont überall Larrea-Büsche auftauchen können. Erst ein Blick von oben, z. B. vom Flugzeug aus (Luftbild), gibt einen Eindruck, ein wie geringer Teil des Bodens von Pflanzenorganen bedeckt ist. R. KNAPP [1239]. Während längerer regenloser Jahreszeiten wird ein großer Teil des Laubes abgeworfen, aber selbst bei starken Trockenperioden verbleiben etwa 10–20 % der Blätter lebend an den Zweigen.

Kakteen sind als Charakterpflanzen Mexicos zu nennen (*Bild 14*). Die große Familie der Kakteen ist ursprünglich ausschließlich in Amerika beheimatet gewesen. Ihr Verbreitungsgebiet erstreckt sich von *Colorado, Utah* und *Nevada* südwärts bis nach *Santiago de Chile*. Das eigentliche Land der Kakteen aber ist *Mexico*, denn nirgendwo sonst kommen mehr Arten vor. Es gibt in Mexico über 300 Arten von erbsengroßen bis zu 20 m hohen Gewächsen (Abb. 38). HELIA BRAVO [329].

Carnegia gigantea ist, wie die Artbezeichnung sagt, ein Gigant, der im Alter von 200 Jahren bis zu 7 t schwer werden kann *(Bild 14)*. Oft nisten und brüten Eulen in ihnen in den vom Specht geschlagenen Löchern. Als Pflanzen der Trockengebiete sind bei den Kakteen die Stämme zu fleischigen Vorratsbehältern ausgebildet. Der Stamm macht die Gestalt der Kaktuspflanze aus. Er kann kugel-, teller-, säulen-, kandelaber-, schlangen- oder lianenförmig sein. Das im schleimigen Zellsaft enthaltene Wasser macht bis zu 95 % des Gewichtes eines Kaktus aus. Bei einem ausgetrockneten Kaktus sind es noch 70 %. Diese Tatsache wird dem Reisenden deutlich, wenn er versucht, Kakteen abzuschlagen und ein Campingfeuer damit anzufachen. Holzige Gefäßbündel, die bei großen Kandelaberkakteen sehr hart werden, geben den Pflanzen Festigkeit. Dieses Holz wird zu Brettern beim Hüttenbau verwendet. Viele Kakteen sind Nutzpflanzen, man verwendet sie als Brennholz und Baumaterial, Hecken *(Nopal)*, ißt ihre Früchte (Echinocactus), oder benutzt den Saft zum Kochen von Süßigkeiten und hat in einigen Arten Heilkräfte *(Peyotl)* entdeckt. Verschiedene Kakteen werden kultiviert; der Feigenkaktus

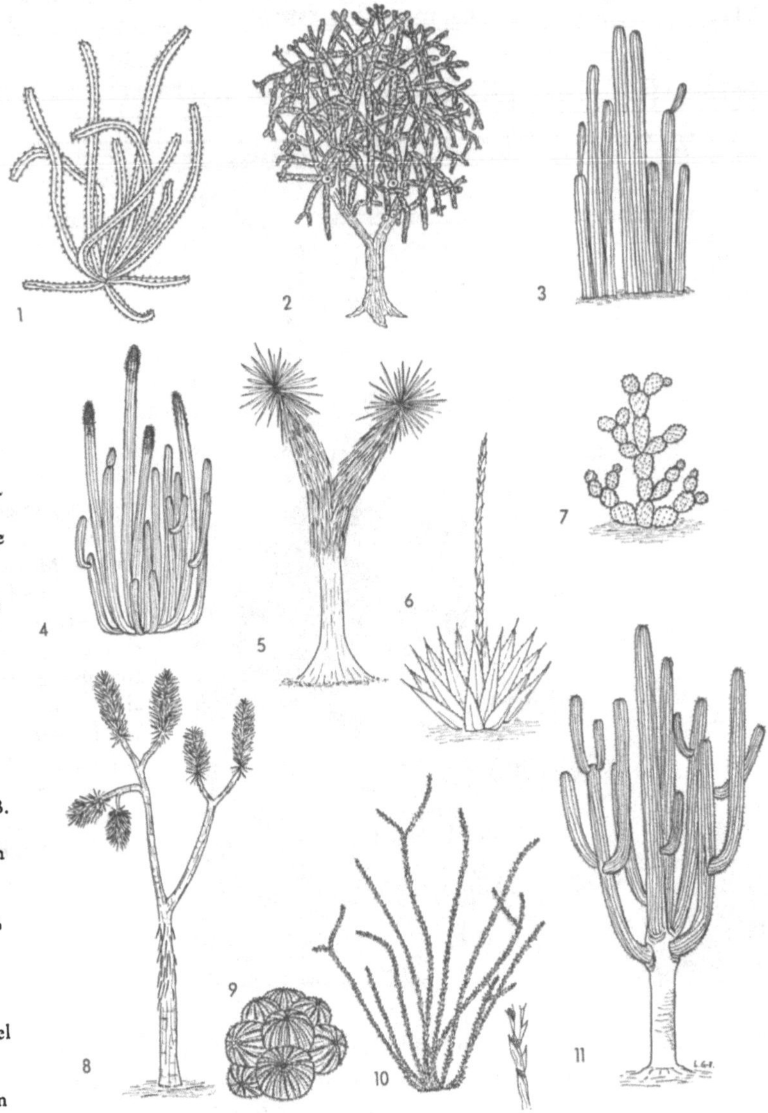

1 = *Pitahaya* (Lemaireocereus gummosus), im NW, gebüschartig, mehrere Meter lange, 5–10 cm dicke Sprosse, die neue Wurzeln treiben, eßbare Früchte

2 = *Cholla.* (Opuntia cholla, Engelm.). Verbreitung: von 30° N bis zum Südkap der Halbinsel Baja California auf Küstenebenen und Hochflächen. Höhe 3 bis 4 m. Zweige dornenbesetzt, haben Einschnürungen. Früchte stachelig, werden von Rindern gefressen. Abgefallene Glieder wachsen als Stecklinge neu an

3 = *Organo* (Cereus gemnatus), unverzweigte Stämme in Gruppen, bis 10 m hoch, zur Einfriedung, auch verzweigte Arten (z. B. Marginatocereus marginatus) ähnlich der Pitaya

4 = *Garambullo.* (Lophocereus australis, T. S. Brandegee). 3 Arten. Bevorzugte Standorte: pazifische Küstenebene der Halbinsel Baja California. Höhe 4 bis 6 m. Dornenpelz an den Enden der Sprossen

5 = *Yucca* (oder Palma pita, Soyate, Izote), bis 6 m hoch, 80 cm dick, Blütenstände am hohen Stamm (wie bei Agaven), z. T. eßbare Früchte, z. T. Faserlieferanten, Charakterpflanze im N *(Bild 12)*

6 = *Agave*, viele Arten, wildwachsend in der Steppe und als Anbaupflanze wirtschaftlich bedeutend: für Pulque, Tequila, Henequén-Faser (Lechuguilla Ixtle)

7 = *Nopal* (Opuntie) mit blattförmigem Stamm, 57 Arten, ein Wahrzeichen des Landes, z. T. mehrere Meter hoch, als Einfriedung, Früchte eßbar.

8 = *Yucca* (Yucca valida, T. S. Brandegee). Verbreitung: Mitte und S der Halbinsel Baja California u. NW Mexicos, stellenweise Baumgruppen. Höhe bis zu 8 m. Baumpflanze mit schopfartigen Trieben

9 = *Bisnaga* (Echinocereus echinocactus), bis über 1 m hoch, in NW-, N-, Zentralmexico und Baja California, Saft und Fleisch zur Herstellung von Süßigkeiten

10 = *Ocotillo* (Fouquieria splendens), auch Alabarda oder Jaboncillo genannt, 3–8 m hoch, mit Stacheln bedeckt, wachsüberzogene, 2–5 cm starke Äste (10 a, vergr.) liefern Harz, Blätter Rindernahrung, im NW und in Baja California Charakterpflanze

11 = *Pitaya* oder *Pitahaya*, *Cardon*, Riesenkaktusarten vom Kandelabertyp im NW (hier Pachycereus, ähnlich Carnegia = Saguaro, Lemaireocereus), 5–15 m hoch, 70 cm dick, Bretter zum Hüttenbau, z. T. eßbare Früchte, z. T. Gummilieferanten

Abb. 38. Einige Charakterpflanzen der ariden und semiariden Gebiete Mexicos.

(Zusammenstellung H. G. Gierloff-Emden, gezeichnet v. L. Gierloff-Emden)

Bild 14. Riesen-Kandelaber-Kaktus bei Mazatlán (Sinaloa). Im Nordwesten Mexicos in den Trockengebieten sind Kandelaber-Kakteen (Pachycereus, Carnegia und Lemaireocereus-Arten) verbreitet. Die Exemplare werden 5–15 m hoch, am Stamm bis zu 70 cm dick. Ihr Holz liefert auch Bretter zum Hüttenbau. Im Hintergrund ein modernes Motel für den Touristenverkehr, nahe einer felsenumgebenen Meeresbucht. (GIERLOFF-EMDEN Februar 1962)

(Opuntie) wegen seiner schmackhaften, saftigen Früchte. Der Export wildwachsender Kakteen ist in Mexico gesetzlich verboten. Die Spanier brachten den Feigenkaktus in ihre Heimat. Dieser breitete sich schnell über das ganze Mittelmeergebiet aus. Über den „*Tuna cardon*" berichtete F. RATZEL [500]:

„Zum Überfluß gibt ihr Saft, wenn er ohne die Kerne gähren gelassen wird, einen vortrefflichen rothen Wein und soll auch mit Vortheil zur Alcoholbereitung verwendet werden. Eingedickt und mit etwas Zucker versetzt, gibt er ein *Dulce* (Süßigkeit), *das als „queso de tuna"* in erheblichen Mengen genossen wird."

Detaillierte Beschreibung über *Cochenille* gibt MÜHLENPFORDT [22].

Über die Bedeutung der Kakteen für die *Cochenille*zucht berichtete F. RATZEL [500]:

„Die hervorragendste Bedeutung der Cacteen lag indessen bis in die letzten Jahre in der Cochenillezucht, für welche bekanntlich die Zucht des Opuntiencactus die unentbehrliche Grundlage bildet. Als HUMBOLDT seinen *Essai politique* über Neuspanien schrieb, bildete die Cochenille mehr als zehn Procent der Werthe, die über Veracruz zur Ausfuhr gelangten, denn während die Gesamtausfuhr einen Werth von 22 Millionen Pesos (wovon 17 Millionen Edelmetall) repräsen-

Bild 15. Cochenille (Mitla, Oaxaca). Cochenille, das getrocknete, karminsäurehaltige Weibchen der Scharlachschildlaus, aus dem durch Pressen der karminrote Naturfarbstoff zum Färben von Textilien gewonnen wird, wird am Nopalkaktus (Opuntie) gezüchtet. Die weißen Punkte auf dem Kaktus im Bild sind Exemplare der Schildlaus, der Korb zeigt das gesammelte Produkt. Die Cochenille-Gewinnung ist aus der präkolumbianischen Zeit überkommen, diente zum Färben der Baumwolle. Cochenille war wertvolles Exportgut Mexicos während der Kolonialzeit. Aus Cochenille wurde bis ins 20. Jh. Farbstoff für Lippenstifte gewonnen. (GIERLOFF-EMDEN Juni 1964)

tierte, wurde die ausgeführte Cochenille allein auf 2 400 000 Pesos geschätzt. Später ist aber ihre Bedeutung erheblich gesunken, denn in dem besten der letzten Jahre, 1874, betrug ihr Werth nur 493 000 und 1877 191 000. Gleichzeitig ist der Preis, welcher vor siebenzig Jahren durchschnittlich auf 6 Pesos per Kilogramm geschätzt wurde, mitunter schon auf 1 Peso gesunken.

Man pflanzt die *Opuntia* (mexicanisch *Nopal*), auf welcher die *Cochenillelaus* lebt, in Hecken, die in Entfernungen von 60–80 Fuss sich rechtwinklig schneiden, so dass Quadrate entstehen. Zu diesen Quadraten wählt man die dornigsten und haarigsten Abarten, um die Insekten fernzuhalten, unter denen die kostbare Laus zahlreiche Feinde zählt. Innerhalb derselben pflanzt man dann je ungefähr 400 Opuntienstöcke, die man nicht über 4 Fuss hoch wachsen lässt, damit jederzeit die Reinigung sowohl als die Ernte ohne Schwierigkeit vorgenommen werden kann. Ebenfalls, um die Insekten fernzuhalten, pflückt man alle Blüthen ab, sobald als sie erscheinen. Ist der Nopal einigermaassen angewachsen und saftig, so besiedelt man ihn mit einer Colonie der Cochenillelaus. Man kauft solche im Frühling oder zieht sie selbst auf. Die jungen Läuse läßt man auf einer anderen Nopalart aufwachsen als die alten, auf einer sehr saftigen, stachellosen, welche wahrscheinlich nur als eine durch Cultur erzeugte Varietät anzusehen ist. Sie wachsen hier bei guter Ernährung in wenigen Monaten zu voller Größe und beginnen im August oder September zu gebären, wo man sie dann zu 20 bis 30 in ein Nest aus Baummoos, Palmfasern u. dergl. setzt, das man an die Nopalpflanzen befestigt. Die Jungen kriechen bald aus dem Nest und fixieren sich auf den saftigen Pflanzentheilen, während die Mütter zu Grunde gehen, nachdem sie einer höchst zahlreichen Nachkommenschaft das Leben gegeben. Dieselben bilden getrocknet die Cochenillesorte, welche man *Zacatilla*'s nennt." *(Bild 15)*.

Zum Zwecke der Herstellung von Hormonen dient das aus dem Glykosid der *Barbasco*-Wurzel *(Diascorea)* hergestellte Diosgenin, worauf eine ansehnliche pharmazeutische Industrie beruht. Die Wurzel wird in den Wäldern von Veracruz gesammelt.

Veränderungen der Vegetation durch den Menschen. Für den Menschen in Mexico bieten Pflanzen- und Vegetationsformen gleichermaßen Schutz, Nutzen, Behinderung und Übel. Busch- und Sumpfwälder setzen in ihrer Undurchdringlichkeit Verkehrsgrenzen. Kakteen bieten Nahrung und Wasser, aber sind wegen ihrer Stacheln die Ursache zahlreicher Verletzungen und Entzündungen. Der *Latscha*-Baum vermittelt bei Berührung einen weit schlimmeren Feuerbrand auf der Haut als Brennesseln. Der Wald ist Rückzugsgebiet, aber auch Feind der Menschen; er wird mit Feuer bekämpft.

Die Nutzpflanzen Mexicos werden zusammengefaßt und ausführlich in den Werken von M. MARTINEZ [335] und M. W. PESMAN [340] behandelt.

Die Frage, wie weit das gegenwärtige Vegetationsbild vom ursprünglichen abweicht, ist nicht zu klären, und Sammelwirtschaft, Jagd, Brandrodung, Pflanzstockkultur, Pflugkultur und Beweidung haben manche Veränderung verursacht und die Grenzen der Formationen und ihre Zusammensetzung verändert, C. O. SAUER, [342]. Eine beträchtliche Veränderung der natürlichen Vegetationsformationen fand und findet durch die selektive Holznutzung statt [326, 331]. Die Brennholznutzung hat die Baum-, Busch- und Kakteenbestände stark gelichtet. Insbesondere haben die Minenbetriebe viel Holzmaterial verbraucht. Eichen wurden vielfach zur Holzkohlenbereitung verwendet. Schon Ende des 18. Jahrhunderts wurde berichtet (Fray JUAN AGOSTIN MORFI), daß einige Minenbetriebe offengelassen wurden, weil sämtliche Holzbestände in ihrer Umgebung verbraucht waren. A. v. HUMBOLDT berichtet von einem alarmierenden Rückgang der Waldbestände, wie es um 1803–1804 von ihm beobachtet wurde. Dabei gab es bis 1890 noch keine ausländische Holzgewinnungskompanie in Mexico! Von 1885–1890, mit dem Bau der *Eisenbahn*, begann eine kommerzielle Holzausbeute in großem Stil. Während des 19. Jahrhunderts wurde von englischen und amerikanischen Gesellschaften die Gewinnung des *Palo-Blanco*-Holzes *(Lysiloma candida, Leguminose)* in Form der Raubausbeute betrieben. Im Territorium *Baja California Sur* wurden 1956 noch 600 000 m³ gewonnen. *Campeche* war seit der Kolonialzeit ein Areal zur Holzgewinnung *(Campecheholz, Caoba-Mahagoni)*. Schließlich werden durch *Brandrodung* und *Knüppelholzentnahme* für den Hausbau und zum Kochen sowie zur Herstellung von *Holzkohle* für den Herd ungeheure Verwüstungen angerichtet. Noch ein Drittel aller Familien in *Ciudad de México* (!) kochen mit Holzkohle. In Ciudad de México werden täglich mindestens 450 t Holzkohle verbraucht. L. B. SIMPSON [616].

Die Einführung von *Zäunen* mit *Pfählen* für Haciendas und zunehmender Bauholzbedarf weiteten den Raubbau am Walde aus. Möbel, Gebrauchsartikel, Steigbügel und Sättel werden aus Holz verfertigt. Allein zur Herstellung eines Holzsattels sind aus Festigkeits- und Gewichtsgründen vier Holzarten notwendig: hartes Mesquiteholz für den Sattelknopf zum Befestigen für das Lasso, Weichholz für die Seitenteile, zwei Arten Kiefer für den Vorderrahmen und die Gesäßlehne.

Im 19. Jh. wurde die Gewinnung der *Rocella* (*Orchilla*), die als *Epiphyt* in der Nebelregion der Ebenen östlich der *Bahía Magdalena, Baja California*, auf Bäumen und Sträuchern gedeiht, in größerem Ausmaße betrieben. Diese Baumflechte wurde zum Zwecke der Farbstoffgewinnung gesammelt und per Schiff von der Bahía Magdalena aus exportiert, bis die deutsche Erfindung der Anilinfarben diesen Artikel außer Wert setzte. Der Farbstoff Indigo, *añil* oder *jiquilite* genannt, wurde vom *Indigofera*-Strauch gewonnen. Die enorm schnelle Zuwanderung der Bevölkerung in der Gegenwart zu den

Bewässerungsgebieten in den Trockenregionen Mexicos hat zu einer erheblichen Schädigung der Bestände der Riesenkakteen *(Cardón)* geführt, deren Stammholz als Bretter für den Bau der unkontrolliert aufgerichteten Hüttensiedlungen Verwendung findet *(Baja California, Sonora)*. In *Yucatán* wurde der Gummisaft „*Chicle*" von den *Zapote*-Bäumen des Waldes *(Achras sapota)* gesammelt und für die Kaugummiherstellung verwendet. Durch unsachgemäße Entnahme und Raubbau wurden große Bestände vernichtet. Die Nutzung von Agaven für Fasern und *Pulque* führte zu „künstlichen" Vegetationsformationen riesigen Ausmaßes auf dem südlichen *zentralen Hochland*, auf *Yucatán* und in *Tamaulipas*. Die gegenwärtige Nutzung von Pflanzen in Form der Sammelwirtschaft im zentralen und nördlichen Mexico beschreibt R. C. West [1365] (Abb. 39).

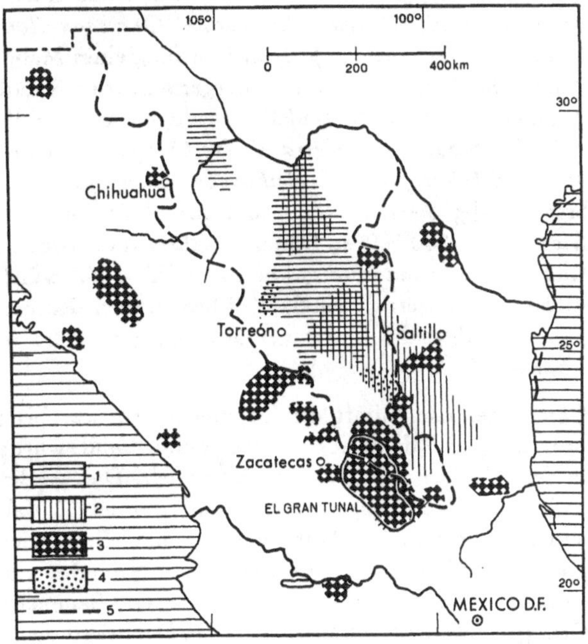

1 = Candellilla (Wachs)
2 = Lechuguilla (Agavenfaser) und Palma (Yuccablattfaser)
3 = Tuna-Kaktusfrucht
4 = Guayule-Latex (Gummisaft vom Strauch)
5 = Umgrenzung der Wüstenregion Nordmexicos

Abb. 39. Sammelwirtschaft auf der Basis wild wachsender Steppen- und Wüstenpflanzen in Mexico. (Nach R. C. West 1966)

Durch Entnahme von Harz zum Weihräuchern wurden große Bestände des *Copál*-Baumes vernichtet, für den *Kienspanbrand* viele Kiefern zerstört.

„Gerade dieses Kienholz, das, in Späne zerkleinert, in abgelegenen Gebieten vielfach auch noch die einzige Beleuchtung darstellte, erkannte ich als eine der schwerwiegendsten Ursachen für die unvorstellbare Waldverwüstung. Wo immer ich die ‚Kiefernzone' in den Gebirgen von Chiapas durchstreifte – sie reicht im allgemeinen nicht unter siebenhundert Meter Meereshöhe abwärts –, fand ich reihenweise die Bäume an den unteren harzreichen Stammstücken für die Gewinnung des Ocote angeschlagen. Selbst die höchsten Riesen, Prachtexemplare von weit über hundert Jahren, waren nicht verschont worden. Nun ist die Kiefer von Natur aus dank ihrer dicken Borke verhältnismäßig brandbeständig. Wenn die Bevölkerung am Ende der Trockenzeit die abgefallenen Nadeln und das verdorrte Gras wegbrennt, damit junges Futter für die Weidetiere durchschießen kann, dann jagen diese nicht allzu gefährlichen Bodenbrände rasch durch den Wald. Nur der Unterwuchs, das Buschwerk, fällt ihnen mit zum Opfer, und die Zweige der Kiefern werden bis zu einer Höhe von vielleicht sieben Metern angekohlt, bis fünfzehn Meter hinauf versengt. Doch die meisten von ihnen schlagen in der Regenzeit wieder aus. Sobald jedoch der Stamm angeschlagen und Harz ausgetreten ist, frißt sich das Feuer von innen langsam in dem Baum empor und bringt ihn, oft erst nach Tagen, zum Stürzen. Am Boden verbrennt er dann mehr oder minder weiter – weniger Scheite Kienholz halber ist ein Festmeter oder noch mehr besten Nutzholzes geopfert worden." K. HELBIG [1392].

Waldnutzung und Forstwirtschaft. Annähernd 30 bis 35 Mio. ha von Mexico sind mit Wald und Buschwald bestanden (Abb. 35). Wald wird allgemein als *selva* bezeichnet. Davon gehören 16 Mio. ha zur *Sierra Madre Occidental.* Forstwirtschaftlich werden 40 % genutzt. Tropische Hölzer *(Mahagoni, Gelbholz, Zeder, Mangrove, Brasilholz, Ebenholz)* werden vorwiegend im SO des Landes gewonnen, nämlich in den Staaten *Yucatán, Campeche, Tabasco, Chiapas, Territorium Quintana Roo,* in geringerem Maße in *Veracruz* und *Tamaulipas* (*Bild 11*). Beim Einschlag eines Mahagoni-Riesen werden stets zahlreiche Bäume der Umgebung mit niedergerissen, der Raubbau hat in den Wäldern sehr aufgeräumt. Ausgedehnte Nadelholzwaldgebiete in Höhenlagen von 2000 bis 3500 m gibt es in den Staaten der *Sierra Madre Occidental: Chihuahua, Durango* und in der *Sierra Madre del Sur: Jalisco, Michoacán, Guerrero.* Bis zur Gegenwart werden die Holzbestände der *Sierren Juárez* und *San Pedro Mártir* genutzt, auf deren hohen Rumpfflächen über 200 000 ha lichter Waldbestände vorhanden sind, von denen besonders die Kiefer *Pinus ponderosa* geschlagen wird. 1957 wurden etwa 1,4 Mio. Stück abgeholzt [1094]. Dort werden genutzt: Eichen, Eschen, Rotzedern, Weißzedern, Fichten, Kiefern, Föhren. Zahlreiche Mexicaner arbeiten ganz oder in Teilbeschäftigung als Holzfäller, *„monteros"*.

Chicle, der Gummisaft des Zapotebaumes, war bis zur Erfindung synthetischer Stoffe notwendig für die Kaugummiherstellung und wurde von den *huleros*, auch *chicleros*, in den Wäldern von *Yucatán* gesammelt. Dies geschah unter undenkbar harten Natur- und Arbeitsbedingungen. Die Bäume müssen 50 Jahre alt sein, ehe sie Ertrag geben, und können etwa im Abstand von fünf Jahren wieder angezapft werden. Sie werden mit Seil und Steigeisen bestiegen. Die Sammler tragen einen Ledersack als Sammelbehälter um den Hals. Gearbeitet wird von Sammelstellen aus, *„Hato"* genannt, zu der Gruppen bis zu 20 Sammlern gehören. Dort wird die Milch, „Latex", auf irdenen Pfannen über Feuer eingedickt, dann in hölzerne Hohlformen gegossen. Der Lohn beträgt etwa 100 DM im Monat. Noch sind Geschichten unter den Sammlern lebendig aus einer Zeit vor 25 Jahren, als diese Arbeit Versklavung bedeutete, wie es von TRAVEN beschrieben wurde. Zudem wird auch die *„Mosca chiclera"*, eine Krankheit, übertragen, deren Symptome zerfressene Ohren und Nasen sind. Das spröde, aber eisenharte Zapoteholz, das den Maya als Bauholz diente, hat als Balken die Decken über 1000 Jahre getragen.

Holz ist immer noch ein wichtiges Baumaterial, als Stangenholz für die Flechtwände, als Schindeln aus der leicht spaltbaren Kiefer *Pino blanco* für die Dächer der Häuser in den hohen Sierren usw. Noch etwa 30 % aller Mexicaner leben in Häusern, die aus Holz erbaut sind. Für die Herstellung von Einbaum-Booten an den Küsten werden die *Ceiba*-Stämme geschlagen. Die Lebensdauer eines solchen Holzbootes beträgt nur zehn Jahre! Nachdem der Raubbau die Wälder stark gelichtet hatte – Holzkohle für Bergwerke diente vielerorts als einziges Brennmaterial – für die Pfähle zur Einzäunung der Felder werden beträchtliche Holzmengen verbraucht – und die Brandrodung (vgl. Abschn. Landnutzung), z. B. in *Oaxaca* und *Chiapas* verheerend gewirkt hatte, wurden Forstgesetze erlassen, um die Wälder zu schützen. Der gewünschte Erfolg ist noch ausgeblieben. 1926 wurde das erste Forstgesetz erlassen, das 1947 ergänzt wurde und die Wälder wirksam schützen sollte. Der Einschlag wurde von 1952 mit 13 Mio. m^3 auf 6 Mio. m^3 im Jahre 1957 verringert. Der größte Teil des Holzes wird im Lande verbraucht. Durch etwa 35 Sägewerke werden jährlich 0,8 bis 0,9 Mio. m^3 Weichholz und 50 000 bis 75 000 m^3 Hartholz verarbeitet. Exportiert wurden 1957 145 000 m^3. Der Bedarf der Papierindustrie und der Faserchemie ist enorm gestiegen. Es sind mehrere Zellulosefabriken neu errichtet worden, in deren Umgebung die Bestände gelichtet wurden.

Seit der Zeit der 30er Jahre sind in Mexico eine große Zahl von Naturschutzparks eingerichtet worden (fast 50), in denen die Vegetation sich nun ohne menschlichen Eingriff überlassen bleiben soll, unter diesen *„Cumbres de Monterrey"* in *Nuevo León* mit 246 000 ha und *„Alejandro de Humboldt"* in *Guerrero* mit 1000 ha [357]. A. S. LEOPOLD gibt in *„Wildlife of Mexico"* [357] eine Liste und Kartenskizze der bis 1947 eingerichteten Nationalparks von Mexico wieder.

Über Veränderungen des Unterwuchses infolge Waldrodungen, die Veränderungen der Grasfluren infolge Beweidung usw. stehen bisher keine umfassenden Arbeiten zur Verfügung.

Tierwelt

Artenreich wie die Vegetation ist die wildlebende Tierwelt [356]. Hierzu erschien ein modernes umfassendes Werk von A. S. Leopold [357]. In den Urwaldgewässern der feuchtheißen Regionen sind Großeidechsen *(Leguane)* häufig, kleine Echsen und große Molche *(Iguanas)* kommen zu Tausenden vor. F. Ratzel [500]: „Der mexicanische Molch oder Wassersalamander *Axolotl* (Siredon oder Amblystoma) ist ebenfalls hier zu finden. Er ist häufig in allen Tümpeln und Wassergräben um die Stadt und man ißt ihn wie einen Fisch. Da die Hochebene nicht sehr fischreich ist, wird sein zartes Fleisch um so höher geschätzt." *Alligatoren* sind selten geworden. Die Leguane werden gegessen, ebenso wie Gürteltiere *(Armadillos)*. *Riesenkröten*, *Schildkröten*, *Vampyre*, zahlreiche Arten von *Fledermäusen* gehören zum Tierbestand der tropischen Wälder. *Bären*, *Jaguar*, *Puma* und *Ozelot* kommen in den Bergen der *Sierra Madre Occidental* und in *Chiapas* vor. Dort leben noch *Bären* (Braun- und Schwarzbär) und Pumas (Silberlöwen), Waschbären und zahlreiche Wildschweine (*„Jabali"* auch *„Javelina"*). Überall gibt es *Coyoten* (im Norden manchmal noch in Rudeln). Die Rehbestände *(Venado)* sind wie die vorgenannten stark dezimiert. Im tropischen und subtropischen Mexico leben auch *Wickelbär*, *Stinktier* und Beutelratte *(Opossum)*. Mehrere Arten von Wildschweinen kommen in ganz Mexico vor. Das Wasserschwein *(pecari)*, in *Chiapas*- und *Tabascos*-Tiefländern heimisch, wird gejagt, um Handschuhleder zu gewinnen. *Wildkatzen* und *Affen* kommen noch vor.

Sehr arten- und individuenreich sind Wasser- und Sumpfvögel besonders in den Küstenlagunen vertreten: *Löffelreiher* und *Flamingos*. Es gibt *Kolibris*, *Papageien* (über 20 Arten) und *Pelikane*. Der *Quetzal*, dessen Schwanzfedern kostbarste Stücke der Federmäntel der Aztekenfürsten hergaben, einst in *Chiapas* und *Guatemala* heimisch, ist fast ausgerottet.

Auf der Halbinsel *Baja California* und im trockenen N und NW Mexicos sind unter den Landvögeln viele Spechte, Eulen, Bussarde, Raben vorhanden. Seevögel sind in den großen Lagunen reichlich vertreten. Das subtropische südliche und das zentrale Mexico sind besonders reich an Vogelarten. Mit den *Zugvögeln* kommen im Winter alljährlich *Enten*, *Wildgänse* und *Kraniche* aus dem Norden, z. T. von ihren Brutplätzen aus *Alaska*. Wild*tauben* gibt es überall in Mexico. Wilder *Truthahn* ist ein begehrtes Jagdobjekt in den *nördlichen Sierren*. Der *Adler*, das Wappentier Mexicos, ist selten geworden. Unter Naturschutz stehende Aasgeier *(Zopilote)* gibt es in großer Zahl, die in der Nähe der Siedlungen als Aasfresser „Gesundheitspolizei" allgegenwärtig zum Bild der Landschaft gehören. In *Chiapas* kommen *„Vampiros"*, große, blutsaugende Fledermäuse vor, die der Rindviehwirtschaft sehr schädlich werden können. Tausende Insekten – *Skorpion*, der giftige Tausendfüßler, Moskitos, darunter die malariaübertragende *Anopheles*, Spinnen, darunter die giftige *Schwarze Witwe* und die *Tarantel* und viele Arten Zecken (*Pinolillos*, die kleiner als Stecknadelköpfe sind) sowie die in Schwärmen auftretende kleine Stechmücke *„Jejenes"* – erschwerten die Besiedelung des tropischen Südens. *Heuschrecken* und *Ameisen* sind in Mexico Landplagen. Der Neuankömmling muß sich erst an das penetrante nächtliche Konzert der *„Chicharas"*, der Zikaden, gewöhnen, ehe er Schlaf bekommt. Brandkulturen haben den Vorteil, daß sie den Bauern einige Erleichterung von den *„Plagas"* schaffen. In der Kultur der Indianer hatten *Jaguar* und *Schlange* große Bedeutung. In Skulpturen, Bauwerken und Bilderschriften wurden diese Tiere vielfältig dargestellt. Verbreitet sind die giftigen Arten Klapperschlange (*„Cascavel“*) und *Coralillo*. Im tropischen Süden kommt die *Nauyaca* vor. Immer noch sterben jährlich viele Menschen in Mexico am Schlangenbiß. Im Westen kommt die giftige Krustenechse vor. Von der nicht giftigen *Boa Imperator*, der größten Schlange Mexicos, gibt es noch einige Exemplare.

Mensch und Tierwelt. Seit prähistorischer Zeit haben die Indianer 20 % und mehr ihrer Nahrung durch Sammeln und Jagen der Landtiere eingebracht [1085]. Sie sammelten Insekten im Larvenstadium, fingen und jagten Eidechsen, Mäuse, Ratten, Kaninchen, Zwergeichhörnchen (die Nager sind weit verbreitet). Sie jagten Rehe mit Pfeil und Bogen. Rehe und Bergschafe sowie Wildkatzen und Pumas, die noch spärlich in den höheren Bergregionen der Sierren *Juárez* und *San Pedro Mártir* im Norden und in der *Sierra de la Victoria* in der Kapregion Baja Californias vorkommen, sind bis zur Gegenwart eine Attraktion für die jagdlustigen Touristen [355] (vgl. Abschn. Tourismus). Die gegenwärtige und präkoloniale Nutzung von Tieren aus der Landschaft, *„Microenvironment“*, stellen DE COE und FLANNERY [372] dar (Abb. 40). Die Indianer sammelten Vogeleier und fingen Pelikane als zusätzliche Nahrung (ANTONY, 1889). Die Population der *Guano*-produzierenden Vögel auf den Inseln Mexicos im Pazifischen Ozean wird heute auf 500 000 bis 800 000 Stück geschätzt [1088]. Eine Ausbeute ist bisher nicht erfolgt. Um die Jahrhundertwende wurde das Wachs von wilden Bienen gesammelt wie schon zu präkolonialer Zeit, 1918 wurden noch 7000 kg exportiert [1102].

Meerestiere. Die Nutzung der Meerestiere an den Küsten füllt ein ganzes Kapitel der Wirtschaftsgeschichte Mexicos von den frühesten Anfängen bis zur Gegenwart. Als wohl früheste, einfachste und verbreitetste Nutzungsform war das Sammeln von *Muscheln* verbreitet. Beträchtliche Schalenhaufen sind an den verschiedensten Plätzen der Küsten, z. B. in *Baja California* oder *Tamaulipas*, angesammelt und sicherlich auch weit transportiert worden [1096]. Unter anderem wurde in der vorspanischen Zeit die *„concha madre perla“*, die *Perlmuschel*, gefischt [1088]. Die Indianer Baja Californias verwendeten Kopfschmuck, der mit Perlen besetzt war. Das Vorkommen der Perlmuschel in der Umgebung des späteren *La Páz* wurde erster Anreiz für eine Ausbeute. SEBASTIAN VIZCAINO (Reisen 1596 und 1602) bekam das Recht der Perlenausbeute in *Baja California* mit der Auflage, das Land zu kolonisieren. Die Perlenausbeute, bei der besonders der Handel mit „schwarzen“ (d. h. dunkelgrauen) Perlen betrieben wurde, fand an mehreren Punkten der Halbinsel an der Küste des Golfes statt. Einen wirtschaftlichen Höhepunkt erlebte der Perlenhandel im 19. Jahrhundert in La Páz. Im 20. Jahrhundert gingen die Perlmuschelbestände infolge Aussterbens der *„Concha Madre Perla“* zurück. Um 1900 gab es noch über 50 Boote in La Páz, die mit der Perlenfischerei beschäftigt waren [1098].

Die Raubausbeute der ehemals reichen Bestände der *Meeressäugetiere* bietet ein erschütterndes Bild des menschlichen Waltens. Von den Meeressäugetieren, die in großer Zahl in den nordwestlichen Meeren vor der Küste Baja Californias vorhanden waren, wurden von den Indianern schon *Seeottern* gejagt. Ab etwa 1700 haben Russen und Engländer auf der Pelzjagd die Seeotternbestände der Westküste ausgebeutet und vernichtet. Zeitweilig wurden auch *Biber* und *Nutria* gejagt. Am Nutriafang beteiligte sich auch die Mission *Santo Domingo* durch Einsatz ihrer Indianer, die die Nutrias in der Bucht von *San Quintín* von Flößen aus mit der Angel fingen. Die Felle wurden heimlich

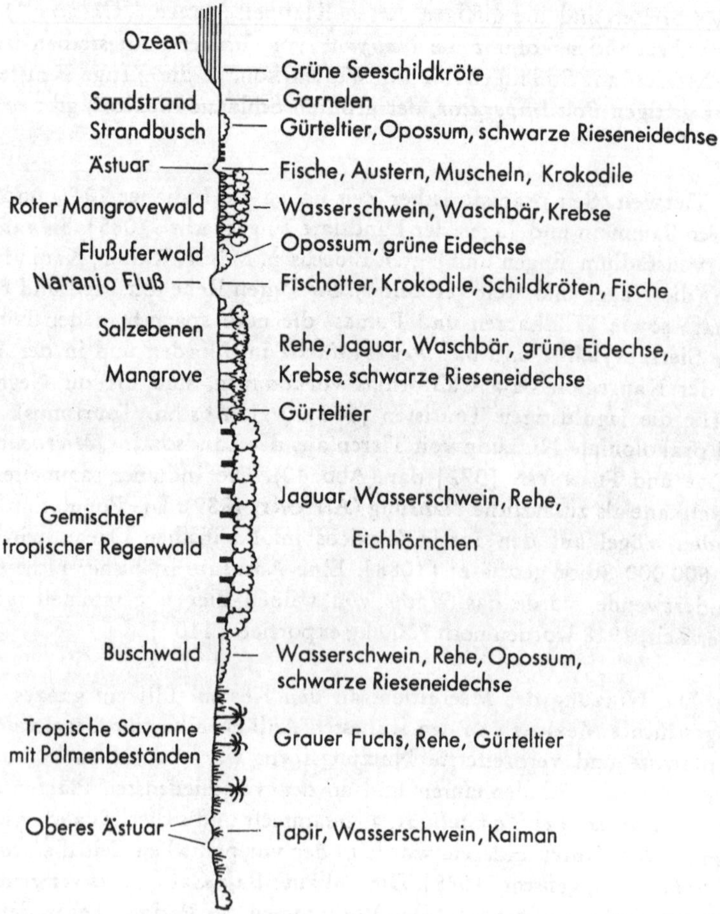

Abb. 40. Naturlandschaft, nutzbare Pflanzen und jagdbare Tiere im Küstenbereich von SO-Chiapas. Profil von NO nach SW durch die Küstenebene von Ocós in Guatemala zeigt Pflanzen- und Tierwelt „microenvironments" bei Salinas La Blanca. Länge des Profils entspricht einer Distanz von 15 km. (Nach M. D. DE COE)

an englische Schiffe verkauft [1101]. Etwa Ende des 18. Jahrhunderts wurden von den Engländern und Russen auch die reichen *Walbestände* ausgerottet. Die Wale (span. *Ballena gris*, lat. *Rhiachianectes glaucus)*, die zur Zeit der Geburt ihrer Jungen Plätze in geschützten Buchten aufsuchten, waren besonders reich in der *Lagune Ojo de Liebre*, auch *Scammons Lagoon* genannt, vertreten. Ortsnamen, wie *Bahía Ballenas*, „Bucht der Wale", bei der *Laguna San Ignacio*, erinnern an diese Zeit. Gegenwärtig soll es wieder einige Bestände geben, insgesamt über 2000 Stück. Die Seelöwen (span. *Lobo Marino*, lat. *Zalophus californias)* wurden gleichfalls fast ausgerottet. Einige kleine Bestände sind noch auf Klippen und Inseln der Küste *Baja Californias* zu finden.

Meeresschildkröten wurden ebenfalls von den Indianern gefangen, ihre Eier gesammelt. An den tropischen Küsten wird die *Meeresschildkröte* gefangen und ist wegen der *Schild-*

pattgewinnung stark dezimiert. Die Küstenbevölkerung sammelt die am Sandstrand abgelegten Schildkröteneier, leider meist ohne ein einziges Ei des Geleges im Sand zurückzulassen. Die Bestände wurden im 19. Jahrhundert für die *Schildpattgewinnung* erheblich dezimiert. Noch in der Gegenwart sind die Andenkenläden in Veracruz mit Produkten aus Schildpatt angefüllt. Von 1910–1925 wurden monatlich 1000 Schildkröten von *Magdalena Bay* nach *San Diego* verschifft. Für Fleischkonserven und Suppe werden heute noch beachtliche Mengen gefangen.

Fischfang ist der älteste und jüngste und auch vielseitigste Zweig der Nutzung und des Raubbaues an allen Küstenbereichen [358, 354]. Die Indianer betrieben, wahrscheinlich seit frühester Zeit, in Flüssen und am Meere Fang mit Fischgift [1094].

„Die Zweige und Blätter von einem dunkelgrünen Strauch mit stachelspitzigen Blättern (*Jacquina seleriana urban*) werden hier (*Tehuantepec*) und in einem großen Teil von *Chiapas* zum Fischfang benützt, indem man sie ins Wasser streut. Die Fische werden davon betäubt und kommen in Scharen an die Oberfläche, wo sie dann ohne Mühe gefangen werden" (C. Seler-Sachs [1319].

Auch im Golf von Kalifornien wird mit Gift gefischt, z. B. *Pitahaya agria* (Machaerocereus gummosus) [1085]. Im Raume des großen Tidenhubes bei *San Felipe* wird durch Abschluß kleinerer Gezeitenlagunen, die bei Niedrigwasser trockenfallen, gefischt [1102, 1094].

Vegetation, Wassermangel, Erosion und Wildbestände stehen in unmittelbarer Wechselwirkung. Die ehemals großen Winterressorts für Enten und andere am Wasser lebende *Zugvögel* sind in den letzten Jahren zu kümmerlichen Relikten geschrumpft. Ehemals winterliche Vogelparadiese wie das *Hochtal von México*, das *Bajío de Guanajuato*, die Sümpfe und Seen von *Jalisco* sind verödet. Das Wasser der Flüsse ist vielfach zu Bewässerungszwecken abgelenkt worden, und Seen und Sümpfe trockneten aus. Insgesamt wird die Zahl der Zugvögel, die während des Winters in mexicanischen Arealen leben, auf 2,5 Mio. geschätzt [357]. Besonders dicht besetzte Reviere sind die Lagunen der Küsten von *Sonora* und *Sinaloa*.

Jagd zum Zwecke des Nahrungserwerbes ist noch immer eine Tätigkeit der Armen. Mit Fallen, Katapult und anderen unjagdgemäßen Geräten werden auch Kleintiere und Kleinwild wie Eichhörnchen erbarmungslos gejagt, gefangen, getötet, gegessen. Oft sind Männer in Südmexico einen Tag unterwegs, um ein Gürteltier zu fangen und dieses dann zum Markt zu bringen. Auf Eidechsen, *Lagartos*, *„Iguanas"*, sowie auf Federwild einschließlich Singvögel erstreckt sich gleichermaßen die Jagd für Nahrung und kommerzielle Zwecke. Die an den Seen lebende Indianerbevölkerung jagte Enten vom Boot aus mit der Speerschleuder *„Tsipahke"* oder fängt diese, durch Kürbisschalen getarnt, als Schwimmer mit der Hand [355].

Im *Compendio Estadístico* werden 58 % der nichtstädtischen Bevölkerung unter der Tätigkeit *„agricultura, silvicultura, caza y pesca"* aufgeführt, „caza y pesca", d. h. Jagd und Fischerei. Jagen im Sinne mitteleuropäischen Jagdbrauches und -pflege ist nur in wenigen, allerdings schon älteren Jagdvereinen der Oberschicht bekannt.

„Die berüchtigte ‚*Armada*' hat die Entenbestände fürchterlich dezimiert. Zahlreiche alte Flinten wurden mit Bleistücken, Steinen und Glassplittern geladen, an die Bäume der Seeufer gebunden, wo die einfallenden Schwärme erwartet werden konnten. Mit Schnüren am Abzug wurden pro Mann 5 bis 20 alle zusammen auf einmal in die ‚Schovs' Schwärme gefeuert, wenn sie auf dem See schwammen. Der Besitz solcher Gebiete brachte bei den Schlächtereien pro Winter bis zu 3000 Pesos ein" W. SCHMIEDEHAUS [355].

Jagd als Sport wird vornehmlich von den reichen und oberen Gesellschaftsklassen betrieben. Die Zahl der jährlich ausgegebenen *Jagdlizenzen* in Mexico beträgt zwischen 3 und 6 pro 10 000 Einwohner (zum Vergleich: in den USA über 1000 pro 10 000 Einwohner!). Die Zahl ist jedoch nur bedingt vergleichbar, denn in Mexico gibt es nur wenig Jagdaufsicht, und die Zahl der Lizenzen sagt nichts über die Jagd ohne Lizenzen aus. Hauptsächlich geht die lizensierte Jagd auf Rehe, Enten, Truthähne und Gänse, auch auf Jaguare, Bären und Wildkatzen. Großen Aufschwung erlebte die Jagd in Mexico durch *Touristen.* Eine große Anzahl von Lizenzen wird an Jäger aus den USA erteilt, wodurch Gebühren und Einnahmen in Mexico bleiben. In den USA werden jährlich etwa 5 Milliarden Dollar für Jagdausrüstungen und Jagdartikel ausgegeben, das zeigt die Beliebtheit dieser Sportart, die von den US-Amerikanern auch auf Mexico ausgedehnt wird.

Liste der pro Lizenz zum Abschuß freigegebenen Wildtiere
(Nach Angabe des mexicanischen Touristenbüros)

Arten		Jagdzeit offen	Anzahl pro Saison
Bär	Oso	1. Okt. – 15. Jan.	1 erwachsenes Tier
Reh	Venado	1. Sept. – 31. Okt.	1 männl. erwachs. Tier
Coyote	Coyote	16. Okt. – 31. Dez.	2
Fuchs	Zorro	—	—
Jaguar	Jaguar	—	—
Puma	Puma	—	—
Ozelot	Ocelote	1. April – 31. Juli	2
Panther	Pantera	—	—
Wildkatze	Trigrillo	1. April – 31. Juli	2
Wildschwein	Jabalí	15. Okt. – 31. Jan.	3
Kranich	Grulla	1. Nov. – 28. Febr.	5 pro Tag
Wachtel	Codornis	1. Nov. – 28. Febr.	15 pro Tag
Ente	Pato	1. Dez. – 31. März	5 pro Tag
Truthahn	Guajolote	15. Nov. – 31. Dez.	2 erw. männl. pro Saison
Taube	Paloma (blancas)	1. Sept. – 31. Dez.	25 pro Tag
Taube	Paloma (púrpura)	15. Okt. – 15. Febr.	5 pro Tag
Gans	Ganzo	1. Nov. – 28. Febr.	5 pro Tag
Fasan	Faisán	1. Dez. – 30. Nov.	2 männl. pro Tag

DAS PRÄKOLONIALE LAND

Indianische Kulturen in „Mesoamerika“

Jäger und Sammler und archaische und spätere Kulturen. Die heutige Kultur- und auch Naturlandschaft Mexicos ist ohne Berücksichtigung der präkolonialen Besiedlung nicht zu erklären. CORTÉS fand eine *Kulturlandschaft* vor, die weite Gebiete des heutigen Raumes „Mexico“ ausmachte. Schon die Träger dieser Kulturen hatten eine bereits von Menschen beeinflußte Landschaft vorgefunden, als sie, vom Norden kommend, das zentrale Mexico besetzten. Zur Zeit der Eroberung durch die Spanier sollen etwa 6 bis 10 Mio. Menschen im heutigen Mexico gelebt haben, andere Schätzungen (KELLENBENZ, KRICKEBERG) geben 15 Millionen an. Jahrtausende währender *Brandrodungsfeldbau* hatte bis dahin schon in weiten Gebieten Mexicos die ursprüngliche Vegetation verändert und vernichtet *(Bild 16)*.

Bild 16. Brandrodung und Hackbau am Hang in der Sierra Madre Oriental bei Yaccala im Staate Hidalgo, ca. 200 km nördlich Pachuca. Von den Indianern wurden seit altersher zur Bebauung die leichteren Böden an den Hängen den schweren im Tal vorgezogen. Jahrhundertelange Bebauung mit Brandrodung hat die Waldbestände in den Bergen stark gelichtet. Wegen des Mangels an Ackerland werden selbst steile Hänge bebaut, so daß große Erosionsgefahren bestehen und große Erosionsschäden entstanden sind. (GIERLOFF-EMDEN April 1962)

Die Herkunft der Ureinwohner und die Geschichte der Landnahme durch den Menschen ist noch nicht zufriedenstellend geklärt [437, 438]. Steinwerkzeuge und -klingen der in *New Mexico* gefundenen *diluvialen Folsomkultur* (Büffeljäger, *Bison antiqua)* sind der europäischen *Solutréenstufe* ähnlich. Wahrscheinlich zu dieser Kultur gehört der bisher älteste anthropologische Fund in Mexico, ein Skelett vom Nordende des Sees von Texoco, das mit der C_{14}-Methode als 11 300 ± 500 Jahre alt bestimmt wurde, der *Tepexpan*-Mensch [1287]. Im oberen Teil der *Becerra*-Formation, etwa 35 cm unter der *Barrilaco-Caliche* [1286], wurde 1947 das Skelett eines etwa 170 cm großen Mannes gefunden, der etwa 55–65 Jahre alt gewesen sein muß. Mit diesem Fund wurden einzelne Werkzeuge geborgen. In der Nähe, in der gleichen geologischen Formation, wurde eine Säugerfauna mit *Elephas* und anderen großen Pflanzenfressern gefunden. Das Alter des Fundes wurde auf etwa 9000 J. v. Chr. geschätzt. Mc Neish [402, 404]. Neuere Funde stellten die Anwesenheit des Menschen im Bereich des Staates *New Mexico* in den *USA* in diluvialer Zeit fest [363]. Wahrscheinlich kamen Völkerstämme während des Hochstandes der letzten Vereisung, des amerikanischen *Wisconsin*, über die zu jener Zeit trockengefallene Beringstraße [400]. (Vgl. Zeittafeln Geologie und Kulturen S. 100 und 102).

Es gab im Raume des heutigen Staates Mexico Großwildjäger, die u. a. Mammut-ähnliche Tiere jagten. Ritzzeichnungen auf Knochen dieser Tiere wurden im Tal von *Puebla* gefunden [400].

Diese „*Mastodonten*“ sind ausgestorben. Der Mastodon americanus entstammte nicht der Neuen Welt, er kam aus Nordost-Afrika, durchquerte Asien und kam, wie der Mensch und zahlreiche Tierarten, über Nordwestsibirien und die Beringstraße nach Nordamerika und wanderte nach Mittel- und Südamerika. Da dieses Tier ein Zeitgenosse der Menschen altamerikanischer Kultur war, ist die Verwendung des umstritten gewesenen Rüsseltier-(„Elefanten“-)Motivs in ihrer Kunst verständlich [392, 400].

Etwa um 7500 v. Chr. wurde eine Klimaänderung wirksam; die Zeit der Großwildjäger ging zu Ende. Es hatten gleichzeitig mit den Großwildjägern auch schon *Pflanzensammler* in Nordamerika gelebt; diese existierten weiter. Die *Faustkeilkultur von Campeche* (6000 v. Chr.) und die *Cochise-I*-Kultur von *Arizona* (etwa 5000 v. Chr), aus der Steinhämmer, Mörser und Mahlsteine gefunden wurden, zeigen, daß die Bewohner u. a. vom Einsammeln der Körnerfrüchte wilder Pflanzen gelebt haben [327]. Spuren von kultiviertem *Mais* wurden in *New Mexico* aus der Zeit um 4000 v. Chr., in *Tamaulipas* im Nordosten Mexicos aus der Zeit um 3000 v. Chr. gefunden. McNeish [401], Lasserre [1351]. Zu dieser frühen Zeit soll die Nahrung zu $^3/_4$ aus Wildpflanzen, zu 15 % aus Jagdbeute und zu 10 % aus angebauten Pflanzen bestanden haben. In den *Ocampo*-Höhlen in *Tamaulipas* wurden Kulturschichten mit Kürbisnutzung aus der Zeit von 4000 v. Chr. gefunden [435]. Von 2500 v. Chr. an wurden im Gebiet von *Tamaulipas* Bohnen (*Phaseolus vulgaris)* kultiviert [401]. In den trockenen Höhlen von *Coxcatlan,* des Tales von *Tehuacán* im Staate *Puebla,* wurde von McNeish eine Serie von Kulturschichten entdeckt [402, 403, 404]. Aus der ältesten Stufe, bis 6800 v. Chr., konnte erkannt werden, daß Menschen wahrscheinlich in kleinen Gruppen als Jäger auf Kleinwild und als Sammler von Pflanzennahrung gelebt haben. Ab 6800 v. Chr. haben die dort lebenden Menschen schon *Chili-Pfeffer* und *Melonen*-Kürbisse angebaut (Funde von Geräten). Ab 3000 v. Chr. wurden dort kultiviert: Mais, Flaschenkürbis, Melonenkürbis, Chili-Pfeffer, Bohnen. Mais war das Symbol der Nahrung der späteren Kulturen Mesoamerikas, Mais der „Tyrann“, wie E. R. Wolf ihn genannt hat [101]. Auf diese Grundnahrungspflanze wurden die Kulturen ausgerichtet.

Um etwa 1500 v. Chr. gab es seßhafte Ackerbaukulturen in Mexico, Dörfer mit Hütten aus Lehm und Flechtwerk und kleine Bewässerungsbauten. Diese Zeit wird als älteres *Archaicum* bezeichnet. Staatenbildungen gab es noch nicht. Um 1350 v. Chr. wurde Mais im Hochtal von Mexico angebaut. Um 900 v. Chr. waren die Nutzpflanzen in Kultur genommen, die bei der Conquista über 2000 Jahre später beobachtet wurden. Es bestand noch 50 % der Nahrung aus Wildpflanzen und 10 % aus Jagdbeute. Um 1000 v. Chr. war der Ackerbau über weite Gebiete Mexicos verbreitet. Eine Zusammenstellung findet sich bei W. HABERLAND [383, 822]. Von etwa 900 v. Chr. ab gab es Gemeinwesen mit ausgeprägten Sozialformen, es gab Handwerk und Handel, Hunde als Haustiere, Religion, Grabhügel, die Trennung der Priesterschicht von den Bauern und Handwerkern, es gab Kleidungsstücke, Fußbekleidung, Waffen und Schmuck und größere Bewässerungsanlagen im Tal von *Tehuacán*. Von der sogenannten jüngeren archaischen Kultur (ab 500 v. Chr) zeugen zahlreiche Funde: *Obsidian-* (vgl. Abschn. Vulkanismus) und *Quarzsplitter*, Mahlsteine für Mais [1351], Keramiken, unzählige Tonfigürchen. Weberei war bekannt; es gab Handel mit *Jade* (nach der Verwendung der „Bernstein Mittelamerikas") und Muschelschalen.

Mittelamerikanische Jade gehört zur Gruppe der echten Jadeite. Von chinesischer Jade nur wenig chemisch verschieden, ist sie weniger durchscheinend und meist etwas gefleckter. Die Färbung variiert in allen Schattierungen zwischen dunkelgrün bis zum hellen blaugrün. Amerikanische J. ist extrem hart – 6.5 bis 6.8 in der Härteskala – was man immer betonen muß, um die handwerkliche Fertigkeit der Olmeken wie der Maya zu verstehen, die keine Metallwerkzeuge kannten. In situ entwickelt sich Jade in Serpentin-Adern, die meist Außenzonen von Chlorit-Schiefer und schwarzer Hornblende haben. I. BOLZ-AUGENSTEIN, (Hrsg) Katalog zur Ausstellung „Kunst der Maya", Wallraf-Richartz-Museum Köln, 1966.

In den Randgebieten Westmexicos scheinen sich Reste dieser Kulturen bis in die Eroberungszeit gehalten zu haben. Die späteren Völker lassen sich nicht mit denen der archaischen Kulturen identifizieren.

Die Analyse der Landschaft als Voraussetzung für frühe Kulturen wird in jüngster Zeit sehr betrieben, M. D. COE und K. V. FLANNERY [372], nachdem der Geograph C. O. SAUER diese Frage schon vor 4 Jahrzehnten aufgeworfen hatte und mit seinen Schülern zu bearbeiten begann. Vegetation, Wasserverhältnisse und Wildvorkommen waren für Entstehung, Weiterentwicklung und Ausbreitung der Kulturen von größter Bedeutung.

Vergleicht man die Dimension der Faktoren, die zur Entstehung der Natur- und Kulturlandschaft beigetragen haben, so sind *Klimawechsel* und die natürliche Ausbreitung von *Vegetationsformen* nach der Eiszeit mit 1 bis 2 Jahrtausenden anzusetzen, die Bildung von *Kulturkreisen* des Menschen mit 200–800 Jahren. In gegenseitiger Abhängigkeit, in Wechselwirkung haben alle drei sich seit Ende der Eiszeit entwickelt. (Vgl. Zeittafel S. 102 und Abschnitt „Klima, Boden, Mensch").

Höhlenkulturen. Jüngere und ältere Relikte von altindianischen Kulturen wurden in Höhlen gefunden. C. LUMHOLTZ [694] berichtet von seinem Besuch ehemaliger Siedlungen in natürlichen halbüberdachten Höhlen, die von *Huichol*-Indianern bewohnt waren. Im *Valle de los Cuevas* bei *Nacozari* im Staate *Chihuahua* wurden Funde gemacht. In *Coahuila* wurde 1838 die *Cueva de la Candelaria* bei *Torreón* entdeckt, wo der US-amerikanische Wissenschaftler J. A. PALMER im Jahr 1880 mehrere Mumien bergen konnte. Die natürliche Konservierung im Trockenklima hat – wie im *Mausoleum* von *Guanajuato* zu sehen – die Leichen über 400 Jahre erhalten. Es handelte sich um eine Begräbnisstätte aus dem 15. Jh. Wandzeichnungen in Höhlen von *Baja California* und *Oaxaca*, bisher unbekannten Alters, deuten auf die frühe Nutzung solcher Räume hin.

Frühe Hochkulturen. Eine Vielzahl von Völkern hat im mexicanischen Raum teils nebeneinander, teils nacheinander gelebt. Ihre Kulturen haben sich gegenseitig beeinflußt und zeitlich überlappt [432, 433]. Von ihrer Vergangenheit zeugen Pyramiden, Tempelruinen und andere archäologische Fundstätten, deren größere noch heute landschaftsbestimmend sind, wie im Hochtal von *Anáhuac*. Manche alten Kulturstätten mögen noch in den Urwäldern unentdeckt liegen (1946 entdeckte GILDES G. HEALEY die Ruinenstadt *Bonampak*). Die heutige Reproduktion „indianischer Kunst" [1332], die in Mexico auf Andenken in Form von Kunstgegenständen und bis zur Architektur dem Besucher des Landes so auffällig entgegentritt, kann nicht einfach als „typisch mexicanisch" bezeichnet werden, denn es stehen Stile und Varianten der verschiedensten Kulturen als Vorbild zur Verfügung, so daß nur der Fachmann erkennen kann, von welcher das Vorbild entlehnt wurde [693] (Abb. 41). Im Gegensatz zu den Kunstschöpfungen der *Azteken, Zapoteken, Tolteken* und *Maya* mit ihren Darstellungen des Schrecklichen und Religiösen steht die heitere, lebensfrohe Profankunst der *Tarasken*, die sich bis zur Gegenwart als Volkskunst erhalten hat.

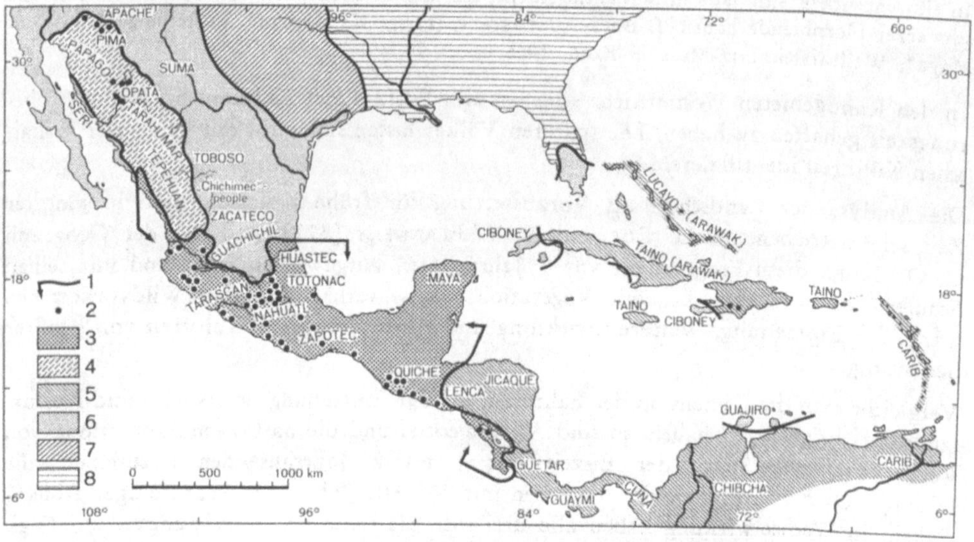

1 = Grenzen der Hochkulturen Mesoamerikas
2 = Hauptorte mit fortentwickelter Anbauwirtschaft (Bewässerung und Terrassierung)
3 = Raum der Hochkulturen auf Grundlage von Maisanbau: Mesoamerika (häufig auch Brandrodungskultur)
4 = Brandrodungskultur des Nordwestens mit vorwiegendem Anbau von Mais und Bohnen
5 = Brandrodungskultur mit vorwiegendem Anbau von Wurzel- und Knollenpflanzen (südamerikanische Kulturform)
6 = Wüstennomaden von Nordmexico mit Jagd-, Fischerei- und Sammelwirtschaft (am Gebiet des Golfes von Kalifornien spezialisierte Fischerei)
7 = Primitive Jagd- und Sammelwirtschaft
8 = Waldlandschaft im Osten Nordamerikas mit Jagd- und Ackerbaukulturen

Abb. 41. Wirtschaftsformen und Kulturregionen in Mittelamerika in präkolonialer Zeit (vor 1500). (Nach R. C. WEST)

Mesoamerika. Der von P. KIRCHHOFF im Jahre 1943 definierte und seitdem kulturgeographisch benutzte Begriff bedeutet die Abgrenzung des Raumes der Hochkulturen gegenüber dem *Norden* mit den älteren Kulturen der Indianer Nordamerikas und gegenüber den südlichen Gebieten von *Nicaragua* bis *Panama*, die kulturell zu Südamerika gehören (Wurzelknollen- und *„Maniok"-Kulturen*). Zu *Mesoamerika* zählen das Gebiet südlich des Hochlandes [398] und an den Ufern der Flüsse *Rio Pánuco* und *Lerma* in Mexico, und die Regionen von *Guatemala, El Salvador* und *Honduras* (Abb. 41). Einflüsse mesoamerikanischer Kultur sind im N bis in das *Mississippi*-Gebiet und im S bis *Ekuador* zu verfolgen [436].

In den Randgebieten Westmexicos, *Colima, Nayarit, Michoacán*, scheinen sich Reste älterer Kulturen bis in die Eroberungszeit gehalten zu haben. Die späteren Völker lassen sich nicht mit denen der archaischen Kultur identifizieren; die Völker der frühen Kulturen, von denen es Fundstücke gibt, sind unbekannt (Abb. 42).

Verbindungen Mesoamerikas zu Asien? Merkwürdigerweise findet sich unter den Objekten im Museum von *Villahermosa* eine Anzahl von sogenannten *Zylindersiegeln* in *Jade* oder *Seifenstein* von derselben Art, wie sie die *Babylonier* und *Assyrer* benutzten. Die *„orientalischen"* Züge der *La-Venta-* oder *Olmec*-Kunst, z. B. die Figur des Ringers, sind ebenso schwer zu erklären wie jene, die sich bei den späteren *Totonac-* oder *El Tajín*-Darstellungen zeigen. Selbst wenn berücksichtigt wird, daß die Westküste Amerikas vom asiatischen Festland über die Beringstraße während der Eiszeiten in aufeinanderfolgenden Wanderungen besiedelt wurde (diese fanden Tausende von Jahren vor der geschichtlichen Zeit statt), wie sollten die mexicanischen Künstler dieser Skulpturen Kenntnis davon haben, was gleichzeitig in China vor sich ging? Auf solche möglichen Zusammenhänge wiesen vor allem hin: P. KIRCHHOFF [394], A. CASO [370], R. HEINE-GELDERN [388, 389, 390] u. G. F. EKHOLM [380] und W. CORDAN in seinem letzten 1968 verlegten Werk: *Mexico, Land der hundert Gesichter.*

Neue Hinweise geben Ethnobotanik und Ethnozoologie, die Kulturpflanzen- und Haustierforschung mit ethnologischen Untersuchungen verbinden. So scheinen, wie M. URBAN in den „Mitteilungen zur Kulturkunde" berichtet, mindestens mehrere sehr wichtige Kulturpflanzen der polynesischen Inseln aus der Neuen Welt zu stammen. Dazu gehört neben dem Flaschenkürbis vor allem die Süßkartoffel *„Batate"*, die mit Sicherheit schon vor der Entdeckung dieses Inselraums durch J. COOK dort bekannt war und nur amerikanischer Herkunft sein kann. COOK und andere Erforscher *Polynesiens* trafen auch auf eine Baumwolle, die nach der Chromosomenstruktur nichts anderes ist als eine verwilderte Baumwollart Amerikas. – Nimmt man noch hinzu, daß transpazifische Beziehungen schon Jahrtausende vor der Zeitenwende bestanden haben müssen, da man in *Japan* und in *Südamerika* identische Töpferwaren entdeckte, und daß solche Reisen auch irgendwo quer durch *Polynesien* geführt haben dürften, so fällt neues Licht auf das alte Problem.

Rassen. Im Golfküstenbereich lebte eine kleinwüchsige, kurzköpfige Bevölkerung, zu welcher die *Maya* im S und die *Huaxteken* im N gehören und die bei den *Totonaken* am reinsten ausgeprägt war. Während der *Teotihuacán*-Epoche gelangte eine Gruppe dieser Rasse auf die *Mesa Central.* Später wanderten langköpfige, hochwüchsige Stämme von N ins Hochland ein; zu ihnen gehörten die Nahuavölker mit den Azteken.

Sprachen. Im mexicanisch-zentralamerikanischen Raum ist eine Aufsplitterung der Sprachzweige in 260 verschiedene Sprachen und Dialekte festzustellen. Heute sprechen noch etwa 2 bis 5 Mio. E. Mexicos indianische Sprachen. Etwa 2 bis 4 Mio. E. von den

Zeittafel der Indianerkulturen

Nach geographischen Regionen auf der Grundlage von W. KRICKEBERG verändert und ergänzt. Maya-
Die Hochkulturen Mesoamerikas von 0–1500 liegen später als in der alten Welt! Ca. 3000 Jahre nach dem Beginn

Vor und nach Christi Geburt	Mesa Central „*Mexicaner*"	Golfküste *Norden*	 *Süden*	Maya-Gebiete *Süd-Petén*	 *Yucatán* (NW)
–600		ÄLTERE OLMEKISCHE KULTUR			
–300	TICOMAN-CUICUILCO-PHASE der ARCHAISCHEN KULTUR: Pyramiden	Stelenfragment von *Tres Zapotes* (31) Jadestatuette von *Tuxtla* (161)		Maya-Keramik „FORMATIVE PERIODE" Hieroglyphen, Kalender	200 Dzibelchaltún
0		Kalender, Hieroglyphen			
200	Beginn der „theokratischen" Zeit TEOTIHUACAN-KULTUR *Teotihuacan* I und II: Pyramiden, Zitadelle Ältester Teil der Pyramide von *Cholula*		*La Venta* Riesensteinköpfe um 31 Glyphen der Olmeken JÜNGERE OLMEKISCHE KULTUR	*Uaxactún* 292 *Tikal* 320 Leydener Platte	
400	*Teotihuacan* II (400–800): Klassische Zeit; (andere Angaben 435-623) *Cholula* (400-600)		Datierte Stelen von *Cerro de las Mesas* (468 und 593)		
600	große Wohnkomplexe, Porträtköpfe, Wandmalerei, Bau der großen Sonnen- und Mondpyramide			KLASSISCHE MAYA-PERIODE (731–987) 460 *Copán* 564 *Tulúm* 642 *Palenque* *Uxmal*	
700	Niedergang und Ende *Teotihuacan* (700–800) Tolteken wandern von Norden ein				
800	Nachblüte in *Azcapotzalco; Teotihuacan* IV (800–1000) TOLTEKISCHE KULTUR Gründung *Tollans (Tula)* (856) Ceacatl-Quetzalcoatl Priesterkönig (977); (947–...)	ÄLTERE TOTONAKISCHE KULTUR *Tajín:* Bauten und Pyramiden Skulpturen, Steinjoche (600	Ende der *La Venta* Kultur (900–1000)	889 letztes Datum auf Stelen in *Uaxactún* ENDE DER KLASSISCHEN MAYA-KULTUR	879 *Kabah* gegr. Neugründung v. *Uxmál*
1000	Sturz und Auswanderung nach *Yucatán* Untergang *Tollans* (1168) Tolteken besetzen *Colhuacan* und vertreiben die Olmeken aus *Cholula* (1170) Nachblüte der toltekischen Kultur in *Chichen Itzá* (1000–1200)	— 1200) Keramik von *Ranchito de las Animas* HUAXTEKISCHE KULTUR Steinplastik			MAYA-TOLTEKISCHE RENAISSANCE *Chichén Itzá* Ende Chichén Itzá durch Cocom-Volk mit Hilfe toltekischer Krieger
1161	erste Azteken im Hochtal v. *Anáhuac*	(1100			
1200	CHICHIMEKISCHE KULTUR 1. Gründung *Tenayucas* (vor 1250). Niederlassung der Azteken auf dem *Chapultepec* (1256–1298). Vorherrschaft *Colhuacans* 2. Gründung *Tetzcocos* und *Tlaxcalas* (um 1300) Gründung *Tenochtitlans* (1370) durch die Azteken Vorherrschaft *Tetzcocos*	— 1400) Tempelstaat *Cempoala* (1200–1500)	Jüngere toltekische Einwanderungen Toltekische Krieger nach *Mayapan* geholt Vorherrschaft Mayapans (1200 bis 1450)		1200 — 1441 Herrschaft v. *Mayapán* Handel über Seeweg entlang Küste *Yucatán* bis *Veracruz*-Gebiet u. *Tampico* mit Kanus
1400	3. Tepanekenherrschaft: Eroberung *Tetzcocos* (1418) Eroberung *Azcapotzalcos* (1430) durch Azteken AZTEKISCHE KULTUR (1428–1430). Dreibund *Tenochtitlan-Tetzcoco-Tlacopan* 1441–1456 Schneefälle, Frost, Mißernten Ende der Selbständigkeit *Tlatelolcos* (1473) Moctezuma II. (1502–1520) 1507 erste Berichte über das Erscheinen der weißen Männer 1519 Cortés landet bei „*Veracruz*" Eroberung *Tenochtitlans* durch die Spanier (1521). Hinrichtung des letzten aztekischen Königs Quauhtemoc (1525)	JÜNGERE TOTONAKISCHE KULTUR *Cempoala* (1200 — 1500) Aztekische Eroberungen im Gebiet der Totonaken	Aztekische Provinzen *Cuetlaxtlan* und *Tochtepec* begründer	1441 die Itzá gründen in *Petén* ein unabhängiges Reich	1450 Ende Liga v. *Mayapán* 1482 Seuchen 1502 Columbus begegnet auf 4. Reise einem Maya-Boot 1521–1546 Spanier erobern *Yucatán* (Montejo)

im Raum des heutigen Mexico

Gebiet auf der Grundlage von MORLEY-BRAINERD und alte Welt zusammengestellt von H. G. GIERLOFF-EMDEN

der Kulturen der Ägypter und Sumerer, ca. 2000—1500 Jahre nach dem Beginn der Kulturen in China

Südliche Gebirgsländer	Pazifischer Raum	Alte Welt
zwischen der *Mesa Central* und dem *Isthmus von Tebuantepec*	u. *Norden* u. *Westen* des *Hochlandes*	*Europa — Asien*
ZAPOTEKISCHE KULTUR *Monte Albán* I und II (0—500): Beziehungen zur Olmeken-und älteren Maya-Kultur	Funde von *El Opeño (Michoacan)*	0 Christi Geburt
		200
400 Beginn der Olmeken Periode *Monte Albán* III (500—1000): Beziehungen zu *Teotihuacan* III. Blüte der Steinplastik und Wandmalerei	Funde von *Jiquilpan* und *Huétamo*	410 Goten in *Rom* 570 Geburt Mohammeds in *Mekka*
		622 Flucht Mohammeds nach *Medina* (Beginn der Zeitrechnung des Islams nach Mondjahren) 640 *Persien* v. Islam erobert 711 Araber (Mauren) in *Spanien* 732 Mohammedaner bei *Tours u. Poitier* geschlagen
Blütezeit *Xochicalcos* MIXTEKISCHE KULTUR Frühzeit: 1. und 2. Dynastie von Tilantongo (838—1289)	900 Beginn der PUEBLO-Kulturen	800 Kaiser Karl d. Große in *Rom*, Krönung 900 größte Ausbreitung d. Araber in *Spanien* 983 Wikinger auf *Grönland* (Erik d. Rote) 987 Leif vor *Cape Cod*
Ausbreitung der Mixteken in *Oaxaca* *Monte Albán* IV (1000—1400): Anfänge von *Mitla*	Keramik von *Colima, Jalisco* und *Nayarit?*	1054 Trennung d. römischen u. griechischen Kirche 1066 König Wilhelm d. Eroberer, Schlacht bei *Hastings* 1100 arabische Ziffern in *Europa* eingeführt *Ebstorfer* Weltkarte
Ausbreitung der Mixteken nach der Mesa Central *(Cholula I)* und an die Golfküste *(Cerro Montoso)*	Keramik von *Colima, Jalisco* und *Nayarit?* Pueblo-Haus von *Casas-Grandes* bei *Chihuahua* (1200) *Aztátlán* Funde von *Guasave* (*Sinaloa*)	1227 Tod des Dschingis-Khan 1252—62 Bildung der Hanse 1271—95 Marco Polo in *Asien* 1300 Ende d. Wikingerherrschaft
Monte Albán V (1400—1521): Der Monte Albán von den Mixteken besetzt Mixtekische Wandgemälde von *Mitla* Azteken besetzen *Oaxaca* Zapoteken behaupten sich in *Zaachilla* u. *Tehuantepec* (1480) Aztekischer Kaufmannszug (Pochteca) nach *Tehuantepec*	TARASKISCHE KULTUR *Tzintzuntzan* Taraskenhauptstadt (Pyramide) Ende des Taraskenstaates König Tangaxoantzintzicha (1532 von den Spaniern hingerichtet)	1400 Türkenreich 1453 Eroberung *Konstantinopels* durch Osmanen 1479 Ferdinand v. Aragon heiratet Isabella v. Kastilien. — *Königreich Spanien* 1492 Columbus entdeckt *Westindien* 1492 Fall *Granadas*, Ende d. Maurenherrschaft in *Südspanien* 1513 León entdeckt *Florida* 1517 Reformation 1519 Cortés landet bei „*Veracruz*“ 1514—1522 Erste Erdumseglung durch Magellan

40 Mio. E. sprechen nur ihren indianischen Dialekt, kein Spanisch. Es gibt einige Siedlungsgebiete, in denen der Anteil der indianisch sprechenden Bevölkerung über 60 % der Einwohner ausmacht, z. B. in *Oaxaca* und *Yucatán.*

In der Zeit von 4000 bis 1000 v. Chr. hatte eine sprachliche Differenzierung stattgefunden. Sprachforscher kamen zu dem Schluß, daß es schon 4000 v. Chr. drei große Gruppen gab: *Maya, Uto-Zapotekisch* und *Uto-Aztekisch, Chibcha.* Bis etwa zur Mitte des archaischen Abschnittes (1000 bis 500 v. Chr.) sollen aus dem Maya-Sprachstamm die drei Zweige *huastekisch, totonakisch, Maya* hervorgegangen sein, aus dem *zapotekischen* Stamm die *zapotekischen, mixtekischen* und *Otomi*-Zweige, aus dem *Uto-aztekischen* der *Nahua*-Zweig [101]. W. Cordan, einer der wenigen Europäer bzw. US-Amerikaner, der selbst mehrere lebende Dialekte und Sprachen der Maya fließend sprach, weist in seinem oben zitierten Buch darauf hin, daß die indianischen Sprachen sehr starke Wurzeln bei den südostasiatischen der gleichen Zeit hätten, insbesondere hinsichtlich des Aufbaues der Sprachen.

Handel. Der Handel dürfte in klassischer und präklassischer Zeit für die Verbreitung kultureller wie künstlerischer Ideen von größerer Bedeutung gewesen sein als kriegerische Eroberungen, die neben dem Handel in der nachklassischen Zeit eine große Rolle spielten. Bei den Azteken waren die *pochteca,* d. h. die Händler, „gleichzeitig Spione und dem kriegerischen Geist ihres Stammes entsprechend auch agents provocateurs“, F. Termer [980]. Die von den indianischen Händlern bezwungenen Wegstrecken ohne Lasttiere und Straßen waren beträchtlich: nachgewiesen sind Handelsverbindungen zwischen der klassischen *Teotihuacán*-Kultur im Hochtal von Mexico und *Kaminaljuyú,* bei *Guatemala City* (über 1000 km!).

Felsbilder. Über die Felsplastik und Felsbilder bei den Kulturvölkern Altamerikas berichtet W. Krickeberg in 2 Bänden, insbesondere im Band II: Felsbilder Mexicos als historische, religiöse und Kunstdenkmäler. Nachdem 1949 der erste Band der „Felsplastik und Felsbilder“ erschienen war, hatte W. Krickeberg, Direktor des Museums für Völkerkunde Berlin, seine Studien zum Thema fortgeführt und konnte 1958/59 eine weitere Reise nach Mexico unternehmen. Er arbeitete seit Jahren an dem Manuskript des zweiten Bandes, als er 1962 verstarb. Das hinterlassene Manuskript umfaßt Felsplastik und Felsbilder der aztekischen, toltekischen und Puebla-Mixteca-Kultur.

Gold in Mexico. „Für die spanischen Eroberer wurde Mexico, und speziell das Hochland mit der Hauptstadt *Tenochtitlán,* nach den Enttäuschungen auf den *Antillen* und an der venezolanischen Küste das erste wahrhafte Goldland. Zahlreich sind die Beschreibungen von Goldgegenständen, die die ersten Berichterstatter sahen und die die Masse ihrer Beute ausmachten. Nach beglaubigten Berichten hatte diese den für die damalige Zeit ungeheuren Wert von etwa 876 000 Gold-Pesos. Es ist daher um so erstaunlicher, daß archäologische Funde an Gold relativ selten sind. Heute stammt der größte Teil der bekannten Goldarbeiten aus dem im Süden des Landes gelegenen Staate Oaxaca und geht auf die kunstsinnigen *Mixteca* zurück. Der berühmte Schatz des Grabes No. 7 vom *Monte Albán* bei der Stadt Oaxaca erfüllte die Träume aller Schatzsucher. Wie auch in anderen Regionen sind die meisten Objekte Schmuck, Anhänger, tropfenförmige Glocken wie sie typisch für *Oaxaca* sind, Halsketten, meist aus Gold- und Halbedelsteinperlen zusammengesetzt, Fingerringe, Armreifen. Technisch war sowohl im aztekischen Raume, wie wir aus alten Quellen wissen, als auch im Bereiche der *mixtekisch-zapotekischen* Kultur *Oaxacas,* wie die Funde zeigen, die Goldbearbeitung hoch entwickelt. Um so erstaunlicher ist es, daß die Goldindustrie, wie schon eingangs erwähnt, einen sehr jungen Zweig in der Handwerkskunst Mexicos darstellt. Wenn die Sagen der *Azteken* berichten, daß die *Tolteken* die Erfinder der Metallkunst gewesen seien, so kann diesem archäologisch bis heute nicht widersprochen werden, denn die ältesten Funde des Hochtales gehören in die Zeit der *Tula-Tolteken* um etwa 1000 n. Chr. Auch die Funde aus Oaxaca, soweit sie aus wissenschaftlich kontrollierten Grabungen stammen, lassen sich nicht weiter als bis in die Periode *Monte Albán* IV, d. h. in den Zeitraum von 900 bis 1200 n. Chr. zurückverfolgen. Es ist auffällig, daß Funde aus den jüngsten Kulturen der „Goldländer" archäologisch recht selten vorhanden sind. Dies ist auf das Schuldkonto der *Conquista*, die Eroberung Amerikas durch die Spanier, zu buchen. Ungeheure Mengen herrlichster Goldarbeiten, wie aus den zeitgenössischen Berichten hervorgeht, wurden von den Eroberern nach Europa gebracht, um dort fast ausnahmslos in die Schmelztiegel zu wandern. Dieses ist aber nicht nur ein zeitgemäßer Vorgang des 16. Jahrhunderts gewesen; denn bis heute gibt es in den ehemaligen Ländern der alten Kulturen noch berufsmäßige ‚Grabsucher' (‚*huaqueros*' genannt), die indianische Grabfelder berufsmäßig nach Gold durchsuchen. Meist gelangt nur ein geringer Teil dieser Funde in den Besitz von Museen oder Privatsammlern. Vieles wird, in Verkennung der hohen künstlerischen Qualität und des kulturgeschichtlichen Wertes, der den Goldwert bei weitem übersteigt, einfach eingeschmolzen oder als Rohgold verkauft. So werden auch heute noch fast täglich unwiederbringliche Dokumente alt-indianischer Kultur vernichtet" W. Haberland: *Gold in Altamerika* (gekürzt).

Olmeken (La-Venta-Kultur). Etwa von 300 v. Chr. bis 600 n. Chr. entwickelte sich im Tiefland an der südlichen Küste des Golfes von Mexico die Kultur der *Olmeken*, eine Kultur, die andere gleichzeitig und später lebende Völker beeinflußt hat [377]. Aus dieser Epoche stammen monumentale Steinskulpturen, *monolithische Köpfe* bis 2 m Größe, die im Freilichtmuseum der Stadt *Villahermosa* aufgestellt sind sowie Kleinkunst aus Jade *(Bild 17)*. Bei *Tres Zapotes* und *Tuxtla* sind spätere Zentren dieser Kultur gefunden worden. Da der alte Name „*Olmec*" (in *Nahua*-Sprache) besagte, „Leute aus dem *Ole*- oder *Hule*-, d. h. Gummiland", das ist der tropische Süden Mexicos, wird statt dessen auch der Name „*La Venta*"-Kultur (Ortsbezeichnung) gewählt [1146]. Es läßt sich nicht beweisen, ob die zur Zeit der Conquista lebenden Olmeken Nachfahren des alten Kulturvolkes waren. Nach Ansicht von Archäologen stellte *La Venta* die Mutterkultur für die verschiedenen folgenden in Mexico dar, und reichte zeitlich annähernd ebensoweit zurück wie das alte Reich der Maya in Guatemala (800 v. Chr.). Die hohe Stufe, welche die La-Venta-Kultur erreichte, läßt sich am besten daraus ersehen, daß sie sowohl ein Zahlensystem und astronomische Kenntnisse als auch eine hieroglyphische Schrift ähnlich der der Mayakultur besaß. Eine reichhaltige Sammlung der Olmekenkultur ist im Museum in *Villahermosa* aufgestellt.

Handel wurde sicher über längere Distanzen getrieben, denn im Kerngebiet der Olmekenkultur gibt es keine Jade- oder Serpentin-Vorkommen als Gestein. Für die Errichtung der Bauten des Kulturzentrums von *La Venta* und *Comalcalco*, hier sind Pyramidenreste aus Ziegelmauerwerk erhalten, wird eine große Bevölkerungszahl notwendig gewesen sein. Archäologen rechnen mit einer Bevölkerungszahl von etwa 20 000 Menschen auf einem Raum von 1000 km² am *Rio Coatzacoalcos* [391, 376].

Als Ende der *La-Venta*-Kultur wird das Jahr 900 bis 1000 n. Chr. angenommen, als sich große Verschiebungen in der Völkerstruktur jener Gegenden durch Wanderung und Eroberung vollzogen. Die *Maya* im östlichen *Yucatán* wurden um diese Zeit von den *Tolteken* unterworfen. Die *Tolteken*, die in *Tula*, 400 km nördlich von *Ciudad de México*

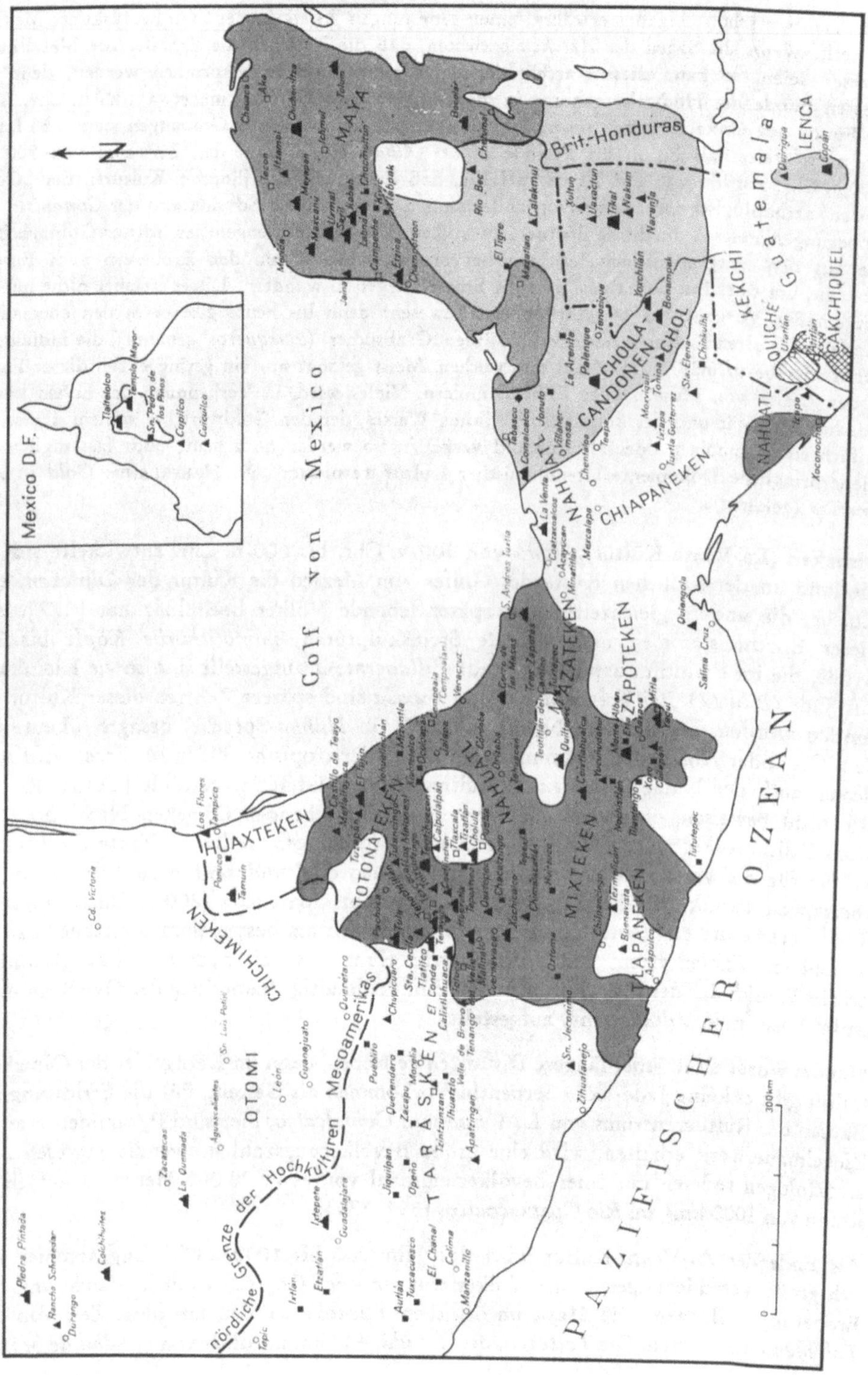
Golf von Mexico
PAZIFISCHER OZEAN
Mexico D.F.
nördliche Grenze der Hochkulturen Mesoamerikas
MAYA
Brit.-Honduras
Guatemala
LENCA
KEKCHI
QUICHE
CAKCHIQUEL
NAHUATL
CHOL
CHOLLA-CANDONEN
CHIAPANEKEN
NAHUATL
MAZATEKEN
ZAPOTEKEN
MIXTEKEN
TLAPANEKEN
NAHUATL
TOTONAKEN
HUAXTEKEN
CHICHIMEKEN
OTOMI
TARASKEN
300km

▲ Größte erhaltene bzw. freigelegte archäologische Anlagen mit großen Pyramiden
▲ Sehr bedeutende archäologische Anlagen
▲ Bedeutende archäologische Anlagen
■ Kleinere, weniger bedeutende archäologische Anlagen
□ Bedeutende Indianerstädte z. Z. der Eroberung
○ Heutige Städte

TARASKEN Indianische Völker und deren Areale z. Z. der spanischen Eroberung, z. B.: „Tarasken“

Bemerkung: OLMEKEN Bezeichnung fehlt in der Kartenskizze (vgl. hierzu Text)

Machtbereiche zur Zeit der Eroberung um 1520

Azteken — Tiefland-Maya (3.–10. Jh.) — Maya-staaten von Yucatán

Quiché — Cakchiquel

Abb. 42. Die bedeutenden archäologischen Lokalitäten Mexicos im Bereich der mittelamerikanischen Hochkulturen („Mesoamerika“). Die archäologischen Baudenkmäler (oft Pyramiden) entstammen z. T. sehr alten Kulturepochen, von denen z. T. kein Name bzw. Völkername bekannt ist und daher in der Karte nicht enthalten ist. Für Details im Hochtal von Puebla vgl. Abb. 8 a. (Entwurf: Gierloff-Emden nach Quellen von Tamayo und Haberland, detaillierte Angaben in Karte bei Krickeberg [396])

ihre Hauptstadt hatten, brachten u. a. ihre typischen „*Chacmol*“-Steine nach *Chichén*, Figuren mit angezogenen Knien und seitlich gewandtem Kopf, auf deren abgeflachtem Körper die Opfer vollzogen wurden. Daß die La-Venta-Kultur durch Gewalt zugrunde ging, scheint durch die Zerstörungen an den Statuen erwiesen, die aus präkolonialer Zeit stammen.

Zur Zeit der Conquista waren die *Olmeken* den *Azteken* tributverpflichtet, ihre Wohngebiete im tropischen Land galten als reich: sie hatten Gummibälle, flüssiges Baumharz und Vogelfedern zu liefern.

Teotihuacán. Ab etwa 100 v. Chr. werden die Kulturen der sogenannten „*theokratischen Zeit*“, des 1. Jahrtausend n. Chr., gerechnet. Hauptfundort ist *Teotihuacán*, 45 km nordöstlich der heutigen Hauptstadt *Ciudad de México*.

Der ursprüngliche Name ist unbekannt wie das Volk dieser Kultur. „Teotihuacán“ ist ein Wort aus dem später lebendigen Aztekischen, zu deren Zeit diese Pyramiden schon von Humus und Vegetation bedeckt waren [367]. Stufenpyramiden und Kultzentren der Teotihuacánkultur zeugen von einer weit entwickelten politischen Organisation. Die *Sonnenpyramide* hat 240 m Seitenlänge, ist 63 m hoch und hat über 1 Mio. m^3 Inhalt [407] *(Bild 18)*. Zu ihrem Bau müssen mindestens 2000 Arbeiter 20 Jahre lang, wahrscheinlich im Frondienst, tätig gewesen sein, eine Größe, woraus Archäologen eine Bevölkerung von einigen zig-Tausend für diese Region abschätzen [408]. Es gab Priesterherrschaft, Vereinigung von weltlicher und religiöser Macht, Kalenderrechnung, aber keine Menschenopfer. Metalle waren unbekannt. Die letzte Hauptkulturepoche von Teotihuacán war von 435 bis 623 n. Chr. Die Haupstadt mag 50 000 oder mehr Einwohner gehabt haben Sh. F. Cook, und R. Stevens. Es müssen andere hydrologische und Bodenverhältnisse zu dieser Zeit geherrscht haben als gegenwärtig. Wahrscheinlich hat unsachgemäße Nutzung und Störung des Wasserhaushalts zu Erosion der Böden und Hungersnot geführt. Be-

Bild 17. Steinmonument der Olmekenkultur von La Venta (West-Tabasco), gegenwärtig aufgestellt in Villahermosa / Tabasco. Das Monument entstammt der Zeit von 250–800 v. Chr. und hat eine Höhe von 2 m. Es wird angenommen, daß die 10–15 t schweren Monolithe über eine Entfernung von 100 km bis in das tropische Tiefland transportiert worden sind. Von den heute dort lebenden Indianern, Totonaken und Chinanteken, weisen einige ähnliche Gesichtstypen auf. (GIERLOFF-EMDEN Juni 1964)

wässerungsanlagen aus dieser Kultur wurden gefunden [406]. Es gab Fernhandel, wie Baumwolle aus dem Tiefland von *Veracruz* und Muscheln von der pazifischen und atlantischen Küste beweisen. Um etwa 800 n. Chr. ist die Stadt zerstört worden. Die Metropole Teotihuacán soll auf dem Höhepunkt ihrer Entwicklung eine Fläche von 20 km² bedeckt haben. W. TRAUTMANN, 1968. Eine der größten Pyramiden der Erde ist die von *Cholula,* die bei etwa 54 m Höhe eine Grundfläche von 20 ha bedeckt. Sie besteht aus sieben übereinander gebauten Schichten. Das Innere der Pyramide ist z. T. aus Kalkgestein, z. T. aus Adobeziegeln aufgebaut. Die unterste Schicht stammt wahrscheinlich aus der Zeit der Kultur von *Teotihuacán,* etwa 400–600 n. Chr. Die Spanier setzten eine Kirche auf den Pyramidenberg, das Wahrzeichen des Tales von *Puebla.* Die große Zahl der Pyramiden im Tal von *Puebla* ist in Abbildung 8 a ersichtlich.

Monte Albán. Im südlichen *Oaxaca* entwickelte sich von 298 bis 1000 n. Chr. eine Kultur, die, teils selbständig, teils von den Olmeken beeinflußt, mehrere Hauptphasen erlebte. Das zeigen die gewaltigen Ruinen der Tempelstadt von *Monte Albán* (bei der Stadt Oaxaca), die durch A. CASO [1280] seit 1931 freigelegt wurde und auf einer künstlich aus dem Fels geschlagenen Plattform von 1000 × 500 m Größe, auf einem Berg, der 400 m hoch das Tal überragt, errichtet ist (Abb. 42 u. 43, *Bild 19*). In einigen Gräbern wurde Goldschmuck gefunden. Einen scharfen Kulturwechsel bedeutet die Übernahme der Kultur von Oaxaca in der zweiten Phase durch die Zapoteken. *Cochenille* zum Färben der Gewänder und die Kenntnis des *Kalenders* waren hier vorhanden. Aus der dritten Periode sind Grabarchitektur, Räuchergefäße und Götterfiguren überliefert. **Zapoteken** leben heute noch im Raum von Oaxaca [1277]. Ihr ehemaliges Hauptzentrum, den

Bild 18. Pyramiden von Teotihuacán. Bei Teotihuacán, ca. 40 km nordöstlich von México D. F., erstrecken sich Ruinenfelder über eine Fläche von 50 km². Das Bild zeigt die sogenannte Sonnenpyramide, aus der Zeit von ca. 400 v. Chr. stammend, seit 1929 restauriert. Die Pyramide hat einen Grundriß von 250×240 m und ist 63 m hoch. Sie ist mit der gegenüberliegenden, etwas kleineren Mondpyramide Mittelpunkt einer alten Stadt, die schon vor Ankunft der Tolteken-Völker im Hochtal von México bestanden hat, deren Reste in den 60er Jahren z. T. freigelegt worden sind. (Compania Mexicana Aerofoto S. A., México)

Monte Albán, übernahmen die **Mixteken,** ein Nachbarvolk. Zapoteken errichteten die Priesterstadt *Mitla* (Abb. 28, *Bild 20*). Reliefbedeckte Steinpfeiler, *„Stelen"*, zeigen Verbindungen zur Mayakultur an. Mixteken schufen die berühmtesten Bilderhandschriften. Bekannt sind ihre Goldarbeiten, die etwa 1000 n. Chr. und später geschaffen wurden. (Zur Zeit des Eintreffens der Spanier besetzten die Mixteken auch Mitla.)

Die Zapoteken haben zäh an ihrer Sprache und ihren Sitten festgehalten und sich in vorspanischer Zeit gegen die Azteken verteidigt. Der Name ist ein aztekischer und wird vom *Zapotebaum* hergeleitet. Die Zapoteken kannten ebenfalls Glyphen, die noch weniger entziffert sind als die der *Maya.* An Waffen werden von den Spaniern lange Lanzen erwähnt. Bernal Diaz de Castillo [453].

Die Totonaken entwickelten im warmen Klima der Golfküste ein ausgedehntes Reich, das mit der Herrschaft der *Nahua* (um 1300) an Bedeutung verlor. Es gelangte unter die Tributherrschaft der *Azteken.* Die Totonaken betrieben den Anbau von *Maniokwurzeln* und *Camotes* (Süßkartoffeln). Sie hatten eine Priesterkaste, und es gab Menschenopfer. Aus totonakischer Frühzeit, um 600 n. Chr., stammt wahrscheinlich die Ruinenstätte und Tempelpyramide von *Tajín* bei *Papantla,* aus der Spätzeit von 1200 bis 1520 n. Chr. die Tempelstadt *Cempoala* (Abb. 42). Die **Huaxteken,** ein von der Hauptmasse der Maya

Bild 19. Monte Albán. Blick nach W. Der Monte Albán, ein Berg im Hochtal von Oaxaca, der seine Umgebung um ca. 400 m überragt, ist überdeckt mit Pyramidenruinen und Gräbern; seit 1930 vom mexicanischen Archäologen ALFONSO CASO ausgegraben und restauriert. Der Hauptplatz (Bildmitte) zwischen den Pyramiden hat eine Ausdehnung von 330 × 220 m. Im Hintergrund der Ort Arrázola. Im Vordergrund die Straße von Oaxaca; rechts im Bilde Gräber. Eine Folge von Zapoteken- und Mixteken-Kulturen aus der Zeit von 500–1489 machen die Bebauung dieses archäologischen Komplexes aus. (Compania Mexicana Aerofoto S. A., México; Bild-Nr. 2188)

früh abgetrennter Stamm, lebten nördlich vom Gebiet der Totonaken an der Golfküste, am Rio *Pánuco* und im östlichen Gebiet des heutigen Staates San Luis Potosí. Sie entwickelten unter dem Einfluß der Kulturen von Teotihuacán, der Totonaken und später der Tolteken eine eigene Kultur, wohnten in *Rundhäusern*, und ihre *Tempelpyramiden* hatten *Kreisformen*. Von ihren eigentümlichen Sitten ist das Fliegerspiel *„voladores“* erhalten. Noch in der Gegenwart kommt dieses Spiel der „fliegenden Tänzer“ im Staate *Hidalgo* vor, berichtet von H. HELFRITZ aus *Pahuatlán*. F. TERMER berichtet aus *Guatemala* von dem Schauspiel, bei dem sich mehrere Indianer an Stricken um einen hohen Mast kreisend, zur Erde tragen lassen. Die Huaxteken sprechen einen altertümlichen *Maya*-Dialekt, sie hatten nicht die kulturelle Entwicklung der südlichen Mayavölker.

Indianische Kulturen im Norden Mexicos. Im Staate *Chihuahua*, 200 km nordwestlich der Hauptstadt Chihuahua in etwa 1500 m Höhe ü. d. M., liegen in der fast unbesiedelten

---

Abb. 43 (rechts). Plan der archäologischen Region des Monte Albán bei Oaxaca. (Nach KRICKEBERG)

1 = Gruppe der Tänzer
2 = Gebäudekomplex M.
3 = Gruppe der Gebäude und Pyramidentempel der südlichen Plattform
4 = Tempel J.
5 = Zentrale Gebäudekomplexe
6 = Komplex der nördlichen Plattform (versenkter Hof)
7 = Ballspielplatz

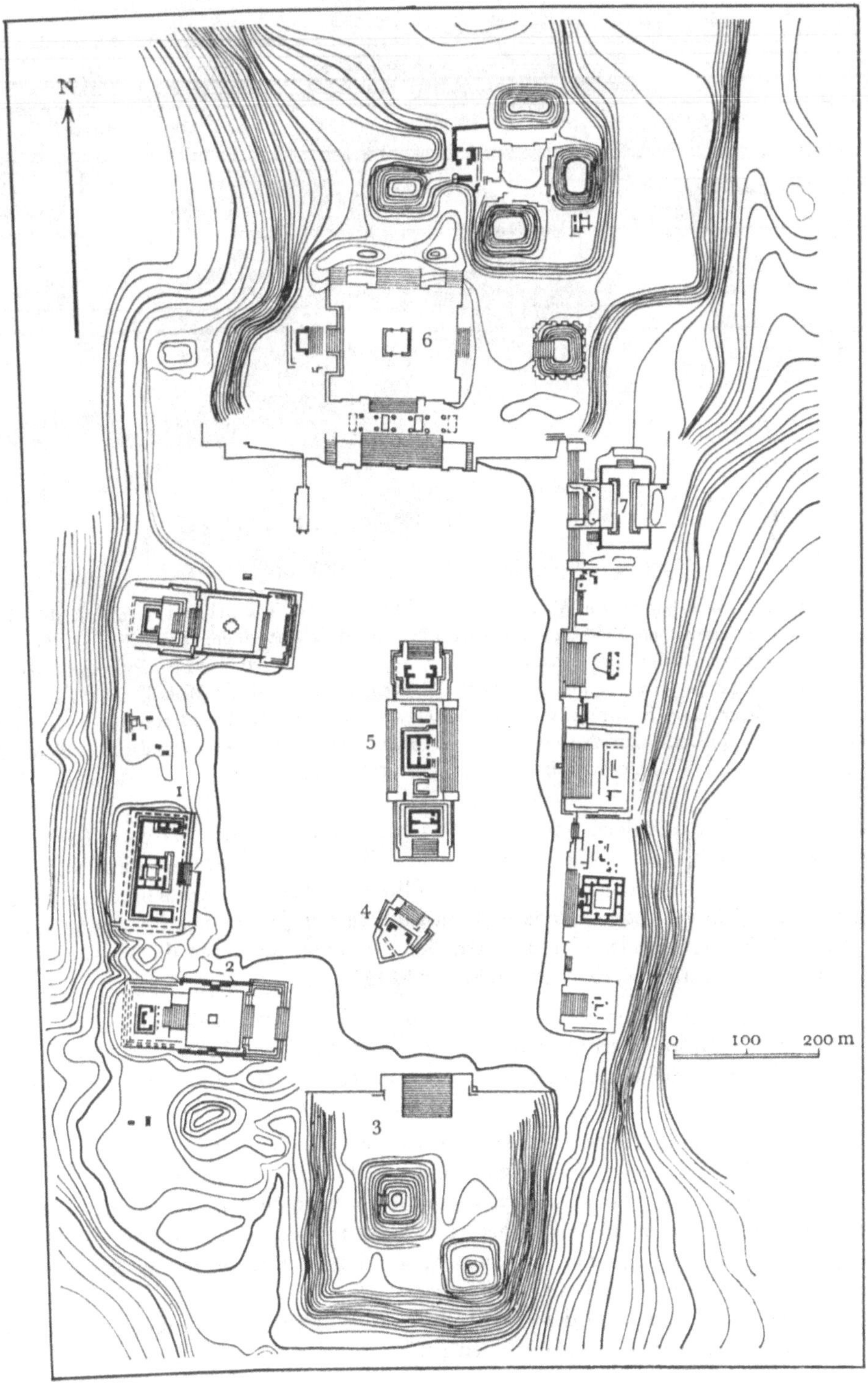
N
6
7
5
I
4
2
3
0 100 200 m

Bild 20. Pyramide und Kirche von Mitla (Oaxaca). Pyramide mit Tempel und Kirche; Kultbauten aus der präkolumbianischen Zeit und der spanischen Kolonialzeit stehen bei Mitla im Hochtal von Oaxaca nebeneinander. Die Kirche ist auf Fundamentresten einer alten Pyramide erbaut. Mitla wurde im 12. Jh. von Zapoteken erbaut. Die Ornamente sind als Mosaik aus dünnen, ca. 10 cm langen, behauenen Steinplatten ohne Mörtel zusammengefügt. Im Hintergrund ein Bergkamm, der das Hochtal nach N hin abschließt. Zur Abgrenzung der Grundstücke dient die Kakteenanpflanzung. (GIERLOFF-EMDEN Juli 1964)

Trockenlandschaft die Ruinen von *Casas Grandes*. Diese aus *Adobeziegeln, Lehm* und *Holzbalken* erbaute *„Einhausstadt"* vom Typ der *„Pueblo*-Siedlungen Arizonas (Stammeshäuser) war einst ein Siedlungszentrum ackerbaulicher Kultur. Nach vergleichenden Untersuchungen von Radiocarbonmethode und Auszählung der Jahresringe des Bauholzes im Vergleich zu Baumbeständen der nächsten Berge konnte das Alter dieser Anlage auf etwa 1200 n. Chr. datiert werden. ST. D. SCOTT [1307].

An der pazifischen Küste von Sinaloa wurden von C. O. SAUER und D. BRAND [419, 711] schon 1929 bei *Aztatlán* Überreste einer frühen Ackerbaukultur gefunden [713]. Keramik und Maisbau weisen auf einen ehemaligen Zusammenhang der Kulturform mit Zentralmexico hin.

Während wahrscheinlich der Maisbau entlang der westlichen und östlichen Küstenstreifen Mexicos nach NW (Californien, Arizona) und NO (Texas) verbreitet worden ist, sind in den Kulturen von *Sinaloa* und *Tamaulipas* die westlichsten und östlichsten Ausläufer „Mesoamerikas" zu sehen (P. KIRCHHOFF, C. O. SAUER), während *Casas Grandes* zu den Pueblokulturen des Westens der USA zu rechnen ist. Der Trockenraum, der auf das zentrale Hochland bis nach *Durango – Zacatecas – San Luis Potosí* nach S reicht, bildet offensichtlich einen Grenzsaum der alten Kulturen. Im Raume von *Durango* sind ältere Terrassenbewässerungen gefunden worden [393].

Einbruch der Völker aus dem Norden nach Zentralmexico

Nahuavölker. Der Übergang vom 7. zum 8. Jh. ist der bedeutendste Wendepunkt in der Geschichte des alten Mexico. Um diese Zeit waren die großen befestigten Städte *Tula* nördlich von Teotihuacán und *Xochicalco* am Südrand des zentralen Hochlandes entstanden. Damit setzte die geschichtliche Tradition der damals nach Mexico eingewanderten *Nahua* ein. Ihr Eindringen und ihre Ausbreitung vollzogen sich oft als ein Vorgang völkischer Überschichtung durch das erobernde Herren- oder Kriegervolk. Einige Forscher bringen den Zusammenbruch *Teotihuacáns* und des südlichen *Mayareiches* um 800 n. Chr. mit inneren Kämpfen und einem Aufstand der Bevölkerung gegen die herrschenden Kasten in Zusammenhang Die Nahuavölker übernahmen ältere Siedlungen im Hochtal und gründeten neue Siedlungen. Im Hochtal gab es zur Zeit ihrer Landnahme schon Wüstungen (W. Trautmann, 1968).

Ein Völkermosaik, in dem sich von Zeit zu Zeit Verschiebungen ereigneten, bestand also bereits, als die *Nahuavölker*, sieben Stämme, aus ihrem sagenhaften Land *Aztlán* vom N einwanderten. Diese Wanderungen mögen durch Nahrungsmangel ausgelöst worden sein. Das Ursprungsland scheint in den semiariden Gebieten im Südwesten der USA oder im Nordosten des heutigen Mexico gelegen zu haben, einem Lebensraum, in dem geringe klimatische Veränderungen wie Dürreperioden über die Lebensmöglichkeit eines Volkes entscheiden können (vgl. Abschn. Klima). Einige Forscher sehen als Heimat der Azteken das pazifische Küstenland an (vgl. Städte, „Mexcaltitán", Abb. 81 a).

Die **Tolteken** gehören zur großen Sprachfamilie der Nahua und dürften um die Wende des 8. und 9. Jh. ins Hochtal von Mexico eingedrungen und wesentlich am Untergang der klassischen Teotihuacán-Kultur beteiligt gewesen sein. *Tolteca* sind die Leute aus *Tollan*, dem heutigen *Tula, Hidalgo.* Zum Toltekenreich gehörten mehrere Städte im Hochtal von Mexico am *Texcoco-See: Xaltocan, Texcoco, Atzcapotzalco, Chalco,* Namen, die heute noch für diese Lokalitäten bestehen [362] (Abb. 44). Unter Benutzung der Grundlage der Kultur von *Teotihuacán* wurden Künste und Wissenschaften entwickelt. Im Gegensatz zur früheren „theokratischen Zeit" wurden Menschenopfer üblich. Die Tempelstadt *Tollan* (heutiges Tula) im Staat *Hidalgo* wurde wahrscheinlich ein Mittelpunkt der toltekischen Kultur in Zentralmexico. Die Ackerbaumethoden wurden durch die Anlage von *Terrassen* mit Bewässerung am Hang während der Blütezeit Tulas (900 bis 1350) intensiviert. Der Name des *Quetzalcoatl* (947–999) „die gefiederte Schlange", nach *„Quetztal"* den Federn dieses Vogels, und *„coatl"* = Schlange, auf *Yucatán „Kukulcan"*, taucht in den Mythen der *Nahua-* und *Maya*völker auf. Er war Priester oder König in der Hauptstadt *Tollan.* Er galt als weißer Gott. Quetzalcoatl wich nach dem Chichimekeneinfall nach *Yucatán* aus und verbreitete dort toltekische Kultur.

Große Teile der toltekischen Bevölkerung wanderten in zwei Schüben nach S aus. Sie übernahmen die Herrschaft über *Mayastädte* auf *Yucatán.* Ein Zweig der Tolteken wanderte ins *Pueblatal* und übernahm dort die Reste der Olmekenkultur. Einflüsse ihrer Religion und Kunst sind vor allem in *Chichén Itzá* zu finden, wo sich ihr Stil mit dem der *Maya* verschmolzen hat.

Chichimeken. Beide Auswanderungswellen wurden durch zwei Einwanderungsschübe neuer nomadischer *Nahua*stämme ausgelöst, die als *Chichimeken* im ersten Drittel des 13. Jhs. ins Tal von México kamen. Diese ursprünglich nomadischen Jäger, mit Pfeil und Bogen bewaffnet, errichteten die Hauptstadt in Texcoco und erhielten dort von den Mixteken die Kenntnis von Schrift und Kalender. Aus der Chichimekenzeit sind vier keramische Stile und die Pyramide von *Tenayuca* überliefert. Auch sie brachten die Barbarei der Menschenopfer mit.

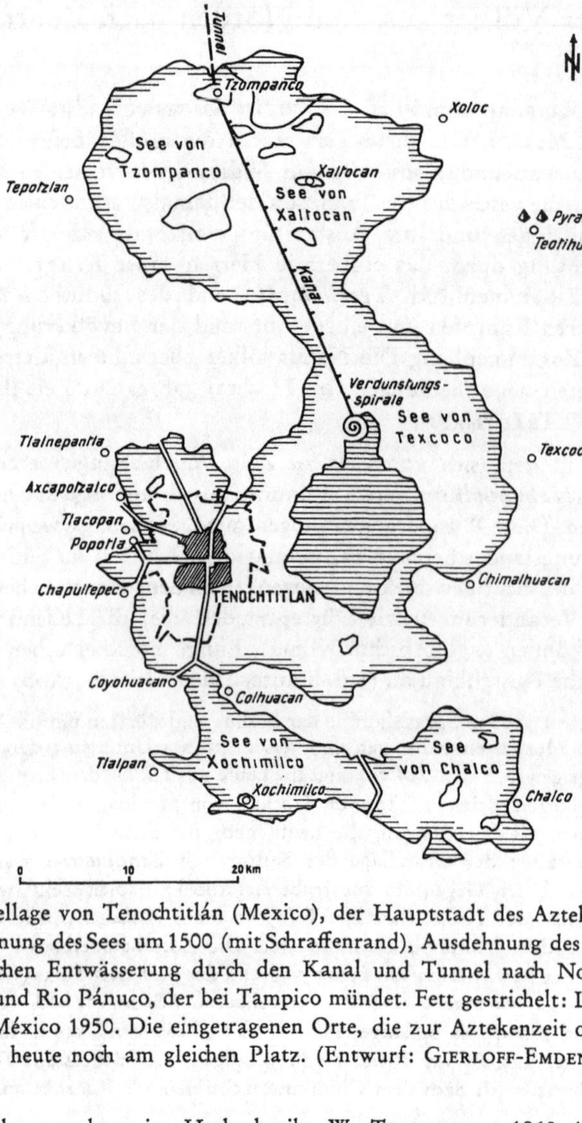

Abb. 44. Die Insellage von Tenochtitlán (Mexico), der Hauptstadt des Aztekenreiches im See von Texcoco. Ausdehnung des Sees um 1500 (mit Schraffenrand), Ausdehnung des Sees 1950 (schraffiert) nach der künstlichen Entwässerung durch den Kanal und Tunnel nach Norden zum Rio Tula, Rio Moctezuma und Rio Pánuco, der bei Tampico mündet. Fett gestrichelt: Lage und Ausdehnung der Hauptstadt México 1950. Die eingetragenen Orte, die zur Aztekenzeit oder früher gegründet wurden, bestehen heute noch am gleichen Platz. (Entwurf: Gierloff-Emden n. versch. Quellen)

Karten zur Siedlungsstruktur im Hochtal gibt W. Trautmann, 1968 (vgl. auch Abb. 138). Chichimeken drangen in die Seenzone des westlichen zentralen Hochlandes in *Michoacán* vor. Sie übernahmen die Herrschaft über dort lebende Ackerbauerbevölkerung und gründeten *Tzintzuntzán* am *Pátzcuaro-See,* das Zentrum des späteren *Tarasken*reiches und der heutigen *Taraskenbevölkerung.* Die Chichimeken übernahmen toltekische Siedlungen im Hochtal.

Azteken, ursprünglich wandernde Jäger, nannten sich später nach einem Stammesheros Mexitli oder Mehsitli, wovon sich der Name Mexico ableitet. Azteken bedeutet in *Nahua* soviel wie „Leute aus dem weißen (= nebligen) Ort, ‚*Aztlán*'", dem mythischen Ausgangspunkt ihrer Wanderungen. Das Volk nannte sich auch „*macegual*". Unter ihrem Priester *Tenoch* wurden sie zum seßhaften Ackerbauvolk. Dieses Volk wurde daher

Bild 21. Kalenderstein der Azteken. Der Stein hat 3,60 m Durchmesser. Er besteht aus Basalt und hat ein Gewicht von fast 12 t. Der Kalenderstein wurde wahrscheinlich zur Zeit des 6. Aztekenkönigs, Axayacatl, erstellt. Er befindet sich im Nationalmuseum für Archäologie in Ciudad de México. Der Stein wurde am 17. 12. 1760 bei Bauarbeiten zur Kathedrale von Mexico im Bezirk des ehemaligen aztekischen Tempels, an der Südostecke des *Zócalo,* gefunden. Der Kalenderstein wird „Cuauhxicalli" genannt, d. h. Adlerkugel, auch Sonnenstein. Der Stein hatte sowohl mythologische als auch astronomische Bedeutung. Die Zeichen im Bereich der einzelnen Ringe bedeuten Datumstage aus dem aztekischen Kalender. Die V-förmigen, nach außen gerichteten Pfeile im mittleren Ring deuten Sonnenstrahlen an. Die 4 Figuren im Ring um das Zentrum bedeuten 4 kosmogonische Epochen. Die Figur im Zentrum stellt das Antlitz des Sonnengottes Tonatiuh dar. Die ausgestreckte Zunge ist mit der Opfergabe, einem menschlichen Herzen, belegt. Der aztekische Kalenderstein hat neuerdings als Wahrzeichen Mexicos große Bedeutung gewonnen. Er ist millionenfach auf allen Andenken, die in Mexico verkauft werden, dargestellt: Ledertaschen, Aschenbecher, Lampen, Marmorplatten usw. Außerdem ziert er als Wahrzeichen Mexicos die häufigste Banknote: den 1-Peso-Schein. (Nach einem käuflichen Foto)

auch *„tenochca"* genannt. Er gründete die nach ihm benannte Hauptstadt *Tenochtitlán*, nachdem sich symbolisch durch das Auffinden eines Adlers, der sich mit einer Schlange in den Fängen über einem Nopalkaktus erhob, die Weissagung der Beendigung der Wanderung des Aztekenvolkes erfüllt hatte (Abb. 45). *Adler* und *Schlange* sind Symbole des *Wappens* von *Mexico* geworden und auf den heutigen Pesomünzen eingeprägt. Die Hauptstadt wurde 1370 errichtet. Von dort weiteten die Azteken ihren Machtbereich aus. Der König *Moctezuma* (1440 bis 1469) begründete den Dreibund *Tenochtitlán–Texcoco–Tlacopan*. Die Azteken begannen aus der führenden Rolle des Dreibundes eine absolute Herrschaft zu entwickeln. Dann begann die Ausbreitung des aztekischen Machtbereiches bis zur Golfküste, ab 1500 bis *Colima* und *Acapulco* an der pazifischen Küste. Insgesamt unterstanden den Azteken schließlich 38 Tributbezirke [369]. Eine detaillierte Aufstellung der Kriegszüge der Azteken im 15 Jh. mit Karten und Ortsangaben findet sich bei I. Kelly u. A. Palerm [1240], *„The Tajin Totonac"*.

Das Aztekenreich vor der Conquista. Zu Beginn der Eroberung durch die Spanier („Conquista") hatte die Macht der Azteken äußerlich ihren Höhepunkt erreicht (Abb. 42). In *Tenochtitlán* herrschte *Moctezuma* (der Name ist zu *Montezuma* verstümmelt worden) als Aztekenherrscher mit Prunk und Hofstaat. Die unterjochten Völker hatten sich zwar gegen die Sklaverei und die Menschentribute erhoben, jedoch war es den Azteken gelungen, die Aufstände blutig niederzuschlagen. Der einzelne Indianer war arm. Er hatte kein Vaterland, wohl aber eine feste Bindung in der Sippe und in der Dorfgemeinschaft, der meistens das Land gehörte, wie noch in der Gegenwart. Er besaß keine Haustiere, kein Milchvieh, keine Trag- und Zugtiere. Er war selbst Lasttier. Er besaß nur die Stammeszugehörigkeit und seinen Kazikenfürsten. Es gab große soziale Unterschiede und Spannungen im indianischen Staatswesen [420, 421]. Das bunte Völker- und Sprachenmosaik und permanente Stammeskriege ließen kein großes einheitliches Mexico von der heutigen Ausdehnung entstehen. Die höhere Kultur blieb auf die wenigen Machtzentren, die großen Städte, beschränkt. Insofern kann der Eroberer Cortés nicht nur als Zerstörer einer hohen Kultur, sondern auch als Sieger über ein System barbarischer Herrschaft eines Stammes über andere gesehen werden [92].

Kultur. Die indianische Kultur enthielt gegensätzliche Formen. Indianer verstanden es, Edelmetalle und Steine zu Kunstwerken zu verarbeiten. Sie bauten mit primitivsten Mitteln, ausschließlich mit menschlicher Muskelkraft, große Pyramiden und Tempelstädte. Indianische Priester hatten beachtliche astronomische Kenntnisse. Physikalische Gesetze waren z. gr. T. unbekannt: es gab keine Kenntnis vom Gewölbebau, das Rad für den Wagen war unbekannt, in den Tempeln lagen dagegen mühlsteinförmige Kalenderscheiben *(Bild 21)*.

Im **Kalendersystem** war bei den Azteken als höchste Einheit ein Zyklus von 52 Jahren gebräuchlich. Es gab zwei Jahresrechnungen: ein Jahr von $13 \times 20 = 260$ Tagen, das religiösen Zwecken diente; ein Jahr von 18×20 Tagen, plus 5 Schalttagen, also 365 Tagen, das dem jahreszeitlichen Geschehen entsprach. Es wurde mit der Wiederkehr der scheinbaren oberen Konjunktion der Venus, die zu 584 Tagen bestimmt war, kombiniert. Mit Hilfe des Kalküls: $(8 \times 73\ (= 584) + 5 \times 73\ (= 365)) \times 20 = 52$ Jahre, wurde ein kommensurables Verhältnis der Zeiteinheit errechnet. „Interessant ist die mit dem alten *China, Siam* und *Java* übereinstimmende Weise, höhere Kalendereinheiten aus der Übertragung unabhängig weiterlaufender Zahlen- und Zeichenreihen aufzubauen" H. Trimborn [432]. Im Abstand von 52 Jahren wurden alle Feuer (zuletzt 1507) im Lande erneuert, es wurden Menschenopfer gebracht [464]. Hausrat wurde dann zerstört, so daß die Abfallhaufen zur Zeitbestimmung dieser Kulturen dienen konnten [432, 433]. Bei den Feiern zum Frühlingsfest wurde einem Gefangenen die Haut abgezogen, die ein Priester überzog, um die Erneuerung zu symbolisieren [421]. Die Rolle, die dieser Kalender für das moderne Mexico spielt, ist fast ebenso groß wie die ursprüngliche: die auf einer über 3 m hohen Steinplatte dargestellte Originalkalenderscheibe mit Einteilung und Ornamenten ist Vorbild und Hauptmotiv mexicanischen Kunsthandwerks, das für die Andenkenindustrie arbeitet *(Bild 21)*. Millionenfach erscheint die Kalenderscheibe heute auf Decken, Lederwaren, Silberarbeiten usw.; sie ist auch als Goldmünze geprägt worden. Auch auf dem gültigen Geld, dem Einpesoschein, ist sie dargestellt.

Der Aztekenstaat, auf Krieger- und Beamtenadel gestützt, war in seinem Dasein entscheidend durch die Religion bestimmt. Zahlreiche Menschenopfer, denen man das Herz bei lebendigem Leibe herausriß, wurden dem Stammesgott *Huitzilopochtli* und dem Regengott *Tlaloc* dargebracht. Es mußten Kriege geführt werden, um Gefangene für den Opferkult einzubringen. Die Spanier berichten, daß bei ihrer Ankunft vor dem Haupttempel 140 000 Schädel geopferter Menschen aufbewahrt wurden. Die Zahl der Opfer betrug in einigen Jahren über 20 000. S. de Madariaga [464], B. Díaz del Castillo [453, 454], W. H. Prescott [741].

Primitivster Brandrodungsfeldbau und gut entwickelte Gartenbaukultur der künstlichen „Schwimmenden Gärten", der *„Chinampas"*, bestanden zur gleichen Zeit nebeneinander (Abb. 46). Einseitige Ernährung mit Mais und Bohnen und dauernde Mangelerscheinungen herrschten bei weiten Bevölkerungskreisen vor. In der raffinierten Küche des Herrscherpalastes gab es über 50 Gerichte, die aus allen erdenklichen Spezialitäten zusammengestellt waren.

Die Azteken übernahmen den Ackerbau mit Mais. Mais bildete die Grundlage aller Mahlzeiten (Suppe, Fladen, Klöße). Bekannt waren *Kakao* und *Tabak*. In der hochentwickelten Medizin der Azteken waren über 1000 Heilpflanzen bekannt. Die Jagd, vor allem auf Fische und Vögel der großen Seen im Hochtal von Mexico, blieb von Bedeutung. *Salzgewinnung* am Rande der Seen und Herstellung des Rauschtrunkes *Pulque* aus dem Saft der *Pulque-Agave* stammen aus dieser Aztekenkultur [382]. Skulpturen des Pulquegottes sind erhalten. Als Haus- und Schlachttiere waren nur Hund- bzw. Truthahn bekannt. Die Wohnhäuser bestanden aus *Adobe* (luftgetrocknete Ziegel aus Lehm) in Kubusform oder Stangen mit Schilf. Als Material für die Kleidung waren *Agavefaser* und an der Golfküste aus dem karibischen Raum importierte *Baumwolle* bekannt, die mit *Indigo* und *Cochenille* gefärbt wurden. Für die Priester wurden prachtvolle Federmäntel hergestellt. Eisen oder Bronzewaffen waren den Azteken unbekannt: die Krieger konnten den eisengepanzerten Spaniern nur mit Holzschild, Baumwollpanzern, Pfeil und Bogen und dem mit Obsidiansplittern besetzten Keulenschwert gegenübertreten. Beschreibende und bildliche Darstellungen über tägliches Leben, Ackerbau und Handwerk, Kunst und geistige Kultur der Azteken finden sich in den Büchern von H. Trimborn [432, 433]. J. Soustelle [423, 1265], W. Krickeberg [396], V. W. v. Hagen [384, 386, 387] u. a. in ausführlicher Form.

Tenochtitlán war die Aztekenhauptstadt, gelegen auf der flachen Insel im Texcocosee (Abb. 44 u. 45). Gegen Überschwemmungen waren Deiche, *„tlaquilacáx"*, erbaut worden; ein Damm von 16 km Länge verlief quer durch den See. Der Wasserhaushalt wurde durch Kanäle (apantle) und Schleusen reguliert. Drei Deichstraßen führten über den See zur festungsartigen Stadt, die von 200 000 bis 300 000 Menschen bewohnt war. Es gab eine große Zahl von Tempeln und über 40 Pyramiden. Die Hauptpyramide der Azteken bei Tenochtitlán war 100 × 80 m in der Grundfläche groß und 30 m hoch.

„Von der Hauptpyramide aber können wir uns eine Vorstellung machen, weil sie laut Überlieferung nach dem Vorbild einer Tempelpyramide im unweiten Tenayuca (am einstigen Nordrand des Sees) errichtet war. *Tenayuca* ist ein Lehrbeispiel für die Manier, bestehende Kultbauten durch Überbauungen oder Ummantelungen fortschreitend zu vergrößern.

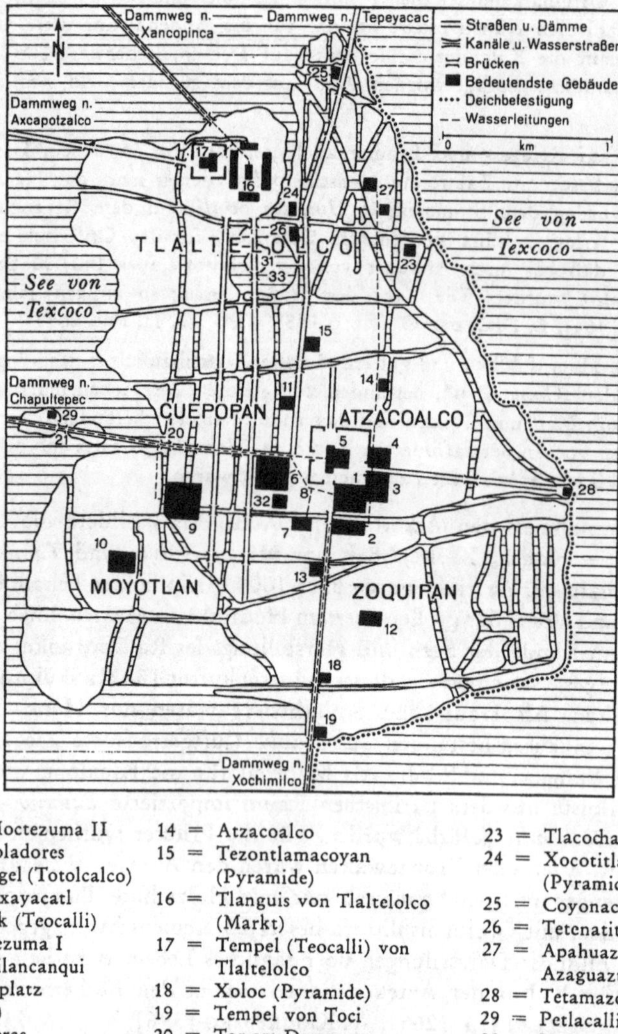

1 = Palast des Moctezuma II
2 = Platz der Voladores
3 = Haus der Vögel (Totolcalco)
4 = Palast des Axayacatl
5 = Tempelbezirk (Teocalli)
6 = Palast Moctezuma I
7 = Palast des Tilancanqui
8 = Hauptmarktplatz (Tianquiztli)
9 = Haus der Fieras
10 = Tlanguis (Markt) von Moyotlan
11 = Palast des Cuauhtemoc
12 = Huitznahuac (Pyramide)
13 = Huitzilan
14 = Atzacoalco
15 = Tezontlamacoyan (Pyramide)
16 = Tlanguis von Tlaltelolco (Markt)
17 = Tempel (Teocalli) von Tlaltelolco
18 = Xoloc (Pyramide)
19 = Tempel von Toci
20 = Tor am Damm von Tecpantzinco
21 = Tor am Damm von Tolteacalli
22 = Tor am Damm von Petlacalco (nicht i. d. Karte)
23 = Tlacochalco (Pyramide)
24 = Xocotitla oder Cihuatecpan (Pyramide)
25 = Coyonacazco oder Amaxac
26 = Tetenatitech oder Tetenamitl
27 = Apahuaztlan oder Azaguaztla
28 = Tetamazolco
29 = Petlacalli
30 = Nonoalco (nicht i. d. Karte)
31 = Copolco
32 = Cuicacalco mit Haus der Tempel und Gesänge
33 = Lagunilla

Abb. 45. Die Stadt Tenochtitlán, Insellage im Texcocó-See. Plan der Stadt vor der Eroberung durch Cortés 1520. Auf dem Bereich der Lokalitäten von 1 bis 5 stehen heute die Kathedralen und der Nationalpalast. Der größte Teil dieses Areals wird durch den Zócalo, den zentralen Platz in der Stadt México, eingenommen. Plan nach verschiedenen Quellen (Abb. 44 und 142 a)

Als Wohnstadt war *Tenochtitlán* in vier Bezirke gegliedert, in denen jeweils fünf der zwanzig Lokalgruppen des aztekischen Stammes wohnten. Nach Überlieferungen spanischer Augenzeugen soll die Residenz Moctezumas 300 000 E. gezählt haben. Selbst wenn man der Neigung zur Übertreibung bei den alten Chronisten Rechnung trägt, ist *Tenochtitlán* auch für unsere Vorstellungen eine Großstadt gewesen. Sie war dabei gewiß auch der kultische Mittelpunkt des aztekischen Stammes, in der Hauptsache aber Verwaltungszentrale und Siedlungsstätte einer arbeitsteilig wirkenden Wohnbevölkerung, in der 60 Zünfte von Erzeugern und Händlern vertreten waren." H. Trimborn, 1966 [1394].

Große Ballspielplätze gehörten zu den zentralen Anlagen. Der herrschende Fürst bewohnte prächtige aus Stein erbaute Paläste. Die Stadt wurde mit Trinkwasser durch Rohrleitungssystem aus Mörtelwerk versorgt. Viele lokale Märkte, auf denen Lebensmittel gehandelt wurden, zählten, wie Cortés berichtete, täglich bis zu 60 000 Besucher. Gold, Silber, Quetzalfedern, Jaguarfelle, Obsidian, Werkzeuge und Kakaobohnen als Geld waren u. a. Gegenstände eines ausgedehnten Fernhandels. Alle tributpflichtigen Staaten lieferten ihre Waren mit Hilfe von Trägern in der Hauptstadt ab. Die Tributliste des Moctezuma gibt Aufschluß über alle zu dieser Zeit angebauten Nutzpflanzen. Es sollen jährlich 2 Mio. Baumwolldecken und 300 000 Sisalfaserdecken und -mäntel abgeliefert worden sein. Aus den Tributlisten erkennt man die Wirtschaft und Produktion der Aztekenzeit. Graphische Darstellungen der Tributlisten finden sich in den *Codices*. (J. B. Glass [1041]).

„Die Tribute müssen unter Moctezuma II. eine unerträgliche Höhe erreicht haben. Das läßt sich aus den vielen Klagen schließen, die den Spaniern immer wieder zu Ohren kamen; sie stimmten natürlich kräftig in die Verwünschungen der Unterdrückten ein, um sie noch mehr gegen ihre alten Herren aufzubringen – und machten es nachher nicht anders, als sie deren Nachfolger geworden waren. Vom Umfang der jährlich zweimal, bisweilen auch alle 80 Tage, erhobenen Tribute, die in die Magazine und Schatzkammern *Tenochtitláns, Tetzcocos* und *Tlacopans*, der drei Hauptstädte des Bundes, flossen, kann man sich ein ungefähres Bild machen, wenn man die Angaben im zweiten Teil des *Codex Mendoza* summiert. Dies Verzeichnis enthält zweifellos nur die normalen Eingänge ohne die auf Kriegs- und Raubzügen gewonnene Beute:

Nahrungs- und Genußmittel

Mais	140 000 Scheffel
Bohnen	105 000 Scheffel
Ölhaltige Samen der Salvia Chia	105 000 Scheffel
Kakao*)	1 260 Traglasten
Salz	6 000 Brote
Roter Pfeffer	1 600 Traglasten
Eingedickter Agavesaft	2 400 Kannen
Bienenhonig	1 700 Krüge
Zigarren	36 000 Bündel

Kleider und Schmucksachen

Rohbaumwolle	4 800 Ballen
Decken, weiß u. gemustert	187 560 Traglasten
Sonstige Kleidungsstücke	28 800 Traglasten
Schmuckfedern	32 880 Bündel
Vollständige Kriegerkostüme	665 (davon 65 aus den kostbarsten Federn)

Baustoffe, Hausrat usw.

Brennholz	5 400 Traglasten
Balken	5 400 Stück
Große Bretter	10 800 Stück
Bambusstäbe	18 000 Traglasten
Schilfrohr für Pfeile	36 000 Traglasten
Kalebassen, bemalt und lackiert	27 600 Stück
Geflochtene Matten	12 000 Stück
Stühle	12 000 Stück
Kalk	19 200 Traglasten

Materialien für den Kultus

Feigenbast- und Agavepapier	48 000 Bogen
Kopalharz zum Räuchern	3 600 Körbe
Desgleichen	36 000 Ballen
Liquidambar z. Räuchern	100 Krüge
Desgleichen	24 000 Ballen
Spielbälle aus Kautschuk	16 000 Stück
Daunenfedern	20 Säcke

*) Eine Traglast „*carga de cacao*" besteht aus 24 000 Bohnen.

Dazu kamen noch kleinere Mengen Farbstoffe (Ocker und Cochenille), Felle und Vogelbälge, Ketten aus Gold- und Jadeperlen, Lippenpflöcke aus Bernstein und Bergkristall, Goldstaub, Goldblech und Goldbarren, Türkise und Türkismosaiken, Meermuscheln zur Herstellung von Schmucksachen, Äxte und Schellen aus Kupfer. Ein ungeheurer Reichtum strömte aus allen Teilen des Landes in den Städten des Hochtals von Mexico zusammen, die auf Kosten der Unterworfenen ein glanzvolles und üppiges Leben führen konnten.

Die Leitung des Bundesheeres in den Kriegen lag meist in den Händen der hohen militärischen Führer *Tenochtitláns;* von der Beute aber flossen je zwei Fünftel nach *Tenochtitlán* und *Tetzcocc* und ein Fünftel nach *Tlacopán.*" W. Krickeberg [396, neue Aufl. 1966]. (Abb. aus Codex ebenda).

Handelswege. „Die Handelskarawanen Mexicos waren zu gleicher Zeit politisch-militärische Maßnahmen zur Bindung fern wohnender Völker und Stämme an das aztekische Reich. Da sämtlicher Lastenverkehr durch Menschenkraft ohne technische Hilfsmittel und Tragtiere bewerkstelligt werden mußte, ergab sich die Notwendigkeit, die Handelszüge mit einem großen Aufgebot von Trägern auszustatten. Diese aber trugen in ihrem Gepäck teilweise eine militärische Ausrüstung mit, waren also nichts anderes als verkappte Soldaten, die ihren wahren Zweck zu erkennen gaben, wenn sich der fremde Stamm nicht willig zeigte, sich in Handelsgeschäfte und in die freiwillige Abgabe seiner Waren einzulassen. Die Azteken beantworteten jede Weigerung mit einem überraschenden Überfall, der zur politischen Unterwerfung der Überrumpelten führte. Nur wenn es sich um mächtigere Völker handelte, ging man vorsichtiger zu Werke, so besonders mit den Hochlandreichen der *Maya* in *Guatemala,* die zur Zeit der spanischen Conquista noch nicht in ein festes politisches Verhältnis zu den Azteken getreten waren, sondern sich nur zu gelegentlichen Tributabgaben herbeigelassen hatten, in denen wir eher eine Art von Höflichkeit gegenüber dem mächtigen Oberhaupt in Tenochtitlán als ein Zeichen der Unterwerfung zu erblicken haben.

Geographisch gesehen, endete um die Wende des 15. Jahrhunderts dieser handelspolitische Einfluß Mexicos an der Grenze des heutigen Guatemala, darüber hinausgehende Beziehungen waren lockerer kommerzieller Art. Das war auch der Fall mit den Handelsverbindungen auf der nördlichen Route durch die Urwälder des *Petén* nach *Honduras.* Bei ihnen fiel den Resten der Tieflandmaya die wichtige Aufgabe des Vermittlers zu. Entlang den Tieflandflüssen, so namentlich am Usumacinta und San Pedro Mártir, siedelten viele Händler, und die Häuptlinge der Niederlassungen selbst waren Besitzer von Kakaoplantagen und kaufmännische Unternehmer. Die am *Petén-See* hausenden Itzá trieben Handel nicht nur zum *Usumacinta* nach W, sondern auch bis an die Küsten des Golfes von Honduras, die ihrerseits wieder von den Händlern aus Nord-*Yucatán* auf langen Einbäumen mit Waren aller Art befahren wurden. Politische Folgerungen sind daraus weder für die Maya noch die Mexikaner gezogen worden. Es handelte sich um einen rein friedlichen, im beiderseitigen Interesse gelegenen Austauschverkehr." F. Termer [Politische Geogr. Grundzüge d. Gesch. Mittelamerikas].

Maya

Mayakultur. Auf *Yucatán* und im Bereich des heutigen Nord-*Guatemala* bestand die Kultur der Mayastämme. Über die Maya-Kultur geben vor allem zwei klassische Werke Auskunft: G. W. Brainerd, 1954 [368], und S. G. Morley, 1958 [409]. Die Herkunft der Maya ist nicht geklärt. Bei einer „Prä-Maya"-Kultur von etwa 700 v. Chr. an waren *Mais* und *Baumwolle* bekannt; es waren Erdhügel und einige Steinbauten errichtet. Aus der Ruinenstätte von *Tikal* (328 n. Chr.) läßt sich bereits die Existenz einer reifen Kultur ableiten. Es gab Schrift und Kalender in einer sonst bis zur modernen europäischen Zeitrechnung nirgendwo erreichten Genauigkeit. Für die klassische Epoche der Maya, 300 bis 987 n. Chr., sind die *Stelen* kennzeichnend, Steinpfeiler, die mit Reliefs, verbunden mit einer Datumsangabe in der „langen Zählung", bedeckt waren. Je nach Gesteinsart haben die eingemeißelten Zeichen der tropischen Verwitterung standgehalten. Sie sind in *Trachyt* von *Copán* und im *Sandstein* von *Quiroga* besser erhalten als im weichen *Kalkstein* der Stelen von *Petén*. Wahrscheinlich waren die Stelen einst bemalt. Es ist nicht klar, was die Maya dazu bewog, in die Urwälder von *Petén* (Südteil der Halbinsel Yucatán) zu ziehen, wo die Lebensbedingungen ungleich schwerer sind als im Hochland oder in den auch von ihnen besiedelten Flußtälern [762]. Trotzdem hat die Mayakultur ihre höchste Blüte und den größten künstlerischen Reichtum in den tropischen Gebieten erreicht. Die Ausgrabungen von *Tikal* haben gezeigt, daß schon um 600 v. Chr. dort Menschen siedelten, und daß ihre Keramik keineswegs einen primitiven Anfang darstellt, sie also schon mit wichtigen kulturellen Gütern hier erschienen sein müssen. (Zeittafel S. 134).

Höchste Kulturperiode war die Zeit von 731 bis 987. Zahlreiche Ruinen der Mayastädte dieser Zeit, die dem Alten Mayareich angehören, liegen in der Landschaft *Petén*. Sie waren Kulturzentren des Siedlungsgebietes, das aber kein staatlicher Großraum war, sondern eine dem alten Griechenland ähnliche Struktur von Stadtstaaten hatte. Um die Kulturzentren gab es Vorstädte; der Gesamtkomplex um *Tikal* soll z. B. über 100 000 E. gehabt haben. Die ältesten Städte des Tieflandes neben *Tikal* und *Uaxactún* sind *Copán, Piedras Negras* und *Palenque*. Etwas jünger sind *Quirigua, Naranjo, Coba, Calakmul, Naachtun* und *Pusilha*, und andere (Abb. 42). Sie alle wurden um 890 oder kurz danach verlassen; um diesen Zeitpunkt hat man in den klassischen Mayastädten aufgehört, Stelen zu errichten oder Tempel zu bauen. Diese plötzliche Aufgabe zahlreicher Tempelstädte konnte bis heute nicht erklärt werden. Für einen plötzlichen Klimawechsel oder verheerende Epidemien haben sich keine Hinweise gefunden. Man hat die primitiven Bodenbau-Methoden als Grund für das Verlassen der Städte verantwortlich gemacht [309, 762], doch auch gegen diese Erklärung gibt es Einwände.

Ein früher Siedlerstrom war nach Yucatán eingedrungen, wo die Pyramide und Tempelstadt *Chichén Itzá* von 534 n. Chr. aufgefunden und freigelegt wurde *(Bild 23)*. Mit der Siedlungsbewegung ins nördliche Yucatán wurde das Gebiet der alten Zentren (Chichén Itzá) [416] in Nordyucatán dann Zentrum des zweiten, „Neuen Mayareiches". Dort entwickelten sich neue Stile, in die *mexicanische (toltekische)* Elemente mit aufgenommen wurden *(Bild 22)*.

Das „Neue Reich" war kein einheitliches politisches Gebilde, sondern bestand aus zahlreichen Kleinstaaten. Unter Führung eingewanderter *Tolteken*, deren zentrale Gewalt von *Chichén Itzá* ausging, wurde die Liga von *Mayapán* (1007 bis 1204) geschaffen. Kulturgeschichtlich wird diese Zeit auch *Mayarenaissance* genannt [413]. Nach einer Revolution gegen die Vorherrschaft der Tolteken schloß sich die Zeit der siegreichen *Cocom*, wieder einer Toltekengruppe, an. 1441 standen die Maya erneut im Kampf gegen einen Zuwanderungsstrom zentralmexicanischer Söldnerheere. Die Maya blieben siegreich. Jedoch erlosch die zentrale Gewalt, und der Mayakulturkreis zerfiel in Stadtfürstentümer, die sich gegenseitig befehdeten, als die spanische Eroberung begann.

Yucatán wurde 1527 bis 1546 von FRANCISCO MONTEJO und Sohn erobert. Lange noch hielten sich einzelne Fürstentümer gegen die Spanier [429] *(Bild 28)*.

Insgesamt sind bisher als Zentren der Mayakulturen fünf sehr bedeutende Örtlichkeiten (*Tikal* in *Guatemala, Copán* in *Honduras, Chichén Itzá* und *Uxmal* in *Yucatán, Palenque* in *Chiapas*), 19 bedeutende, 39 größere und 54 kleinere Zentren bekannt geworden. Besonders die vier ersteren sind zu Touristenzentren geworden [368, 404, 414, 722] (Abb. 42, *Bild 22, 23*). Über den Charakter der Tempelstädte der klassischen Mayazeit schreibt H. TRIMBORN:

Bild 22. Uxmal. Blick nach O. Das Ruinenfeld von Uxmal ist 90 km südwestlich von Mérida (Yucatán) gelegen. Der archäologische Komplex umfaßt Bauten aus der spätklassischen Periode der Maya (ca. 1000 n. Chr.). Von der Bildmitte links die Pyramide ist das sogenannte Haus der Magier. Links davon das sogenannte Haus der Nonnen. Von der Bildmitte rechts der Palast des Gouverneurs (ca. 150 m lang). Die Ruinen liegen in einer Buschwaldlandschaft, die teilweise in Form von Brandrodung bewirtschaftet wird (im Hintergrund des Bildes). (Compania Mexicana Aerofoto S. A., México; Bild-Nr. 714)

„Es waren Kultmittelpunkte und Wallfahrerziele, zugleich aber auch Residenzen der Priesterfürsten und infolgedessen auch Märkte, während das Gros der Bauernbevölkerung ringsumher in den Dörfern ihres Herrschaftsbereiches gesiedelt hatte."

In den großartigen Städten der nachklassischen Epoche in Nordyucatán finden sich keine Spuren des hochentwickelten Kalendersystems mehr, keine *Stele* gibt mehr ein Datum nach der „langen Zählung". Pyramiden wurden in den meisten Städten gebaut. Die Stufenpyramiden tragen zumeist Tempel auf der oberen Plattform, Ballspielplätze und rechteckige Tempel- und Palastbauten, *Uxmal (Bild 22)*. In mehreren Pyramiden wurden Grabkammern gefunden *(Palenque)*. Der Begriff „Stadt" im weiteren Sinn, also nicht als vorwiegendes Wohnzentrum, wird auch auf die stadtartigen Zeremonialzentren angewendet; sicher waren es auch Markt- und Handelsplätze [414]. Es herrschte lebhafter Handel mit Textilien, Töpferwaren, Steingeräten, Honig, Wachs und Salz u. a. über See mit *Honduras* und *Nicaragua* [981]. Zum Töpferhandwerk sind die sich lange Zeit der Verwitterung widersetzenden hartgebrannten, glasierten *„Plumbate"*-Keramiken zu erwähnen. Die Maya verarbeiteten *Pyrit* (Schwefelkies) zu Spiegeln.

In Mesoamerika hat es kein dem Inkaraum Südamerikas vergleichbares Straßensystem gegeben. Innerhalb der klassischen und nachklassischen Zentren der Maya sind jedoch mehrere kilometerlange Straßen freigelegt worden, von US-amerikanischen Forschern meist *„causeway"* genannt.

Bild 23. Die „Kirche" in Chichén Itzá. Chichén Itzá, um 1000 n. Chr., am Beginn der nachklassischen Maya-Kulturperiode auf Yucatán, war ein Regierungszentrum. Zur großen Ruinenstadt mit Pyramiden und Tempeln im Buschwald-Land gehört diese Gruppe im Bereich des Nonnentempels. (GIERLOFF-EMDEN Juni 1964)

Mais, Bohnen, Baumwolle, Kakao, Kürbisse, Fasern liefernde *Agave, Camotes* (Süßkartoffeln) waren die wichtigsten Agrarprodukte. Kulturgeschichtlich ist interessant, daß der in Südamerika beheimatete *Maniok* bekannt war und angebaut wurde. Die Maya hatten immer Brandrodungskultur betrieben und tun es heute noch. Als Haustiere wurden Hund und Truthahn gehalten.

„Der Handel hat in der vorkolumbischen Zeit für die mexicanischen und mittelamerikanischen Völker eine sehr bedeutende Rolle gespielt, und wenn wir bei den Maya eine weitreichende politische Expansion vermissen, so tritt um so deutlicher ihre Neigung hervor, durch Handel weit in die Nachbargebiete vorzudringen, worin sie den mexicanischen Völkern ähnlich waren. Der indianische Fernhandel hat nun im mexicanischen Bereich, besonders in der aztekischen Zeit uns erkennbar, räumlich sich bis nach N-*Honduras* auf der atlantischen, nach *Guatemala* auf der pazifischen Seite erstreckt. Dabei folgte er den natürlichen, oben nachgewiesenen Leitlinien. Die mexicanischen Handelszüge bewegten sich vom *Isthmus von Tehuantepec* auf einer Ost- und Südostroute nach dem nördlichen Mittelamerika. Sie hatten als Ziel im ersten Fall die Niederlassungen von mexicanischen Bewohnern in NW-*Honduras*, die in dem Ort *Naco* einen wichtigen Stützpunkt besaßen; im zweiten Fall wandten sie sich nach *Soconusco*, der Küstenlandschaft des heutigen *Chiapas*. Von dort aus gab es kurz vor der spanischen Eroberung erst lockere Beziehungen zu den Mayaländern in W-*Guatemala*." F. TERMER [980]. Eine detaillierte Karte befindet sich bei E. THOMPSON [430].

Die *Maya* entwickelten eine hohe geistige Kultur. Sie hatten *olmekische* Kulturschöpfungen übernommen (erster Kalender und Schrift). Der Stellenwert der Zahl und die Null waren bekannt (in einem anderen als unserem System). Sie hatten ein Vigesimalsystem, wahrscheinlich nach der Zählung von 20 Zehen und Fingern abgeleitet.

Kalender. Sie rechneten mit einem Sonnenjahr von 365 Tagen. Dieses im 7. Jh. korrigierte System hatte ein besser angenähertes Ergebnis als das 1582 eingeführte gregorianische mit seiner Schaltjahrkorrektur:

Siderisches Jahr	365,2564 mittl. Sonnentage
Jahr (nach modernen astronomischen Beobachtungen):	
bürgerliches Jahr	365,2422 Tage mittl. Sonnentage
Jahr des alten julianischen Kalenders:	365,2500 Tage
Jahr des gregorianischen Kalenders:	
(Fehlerreste summieren sich bei Zählung von Schaltjahren	
in 3333 Jahren zu einem Tag)	365,2425 Tage mittl. Sonnentage
Jahreslänge des Mayakalenders*):	365,2420 Tage

Angaben nach „Meyers Handbuch über das Weltall", 1967 und*) nach *Morley-Brainerd.*

Ebenso exakt waren Mondbeobachtungen; man gebrauchte alternierend Lunationen (synodische Monate, d. h. nach Mondphasen, die 29,5306 Tage betragen) von 29 oder 30 Tagen.
Eine Parallelisierung des Mayakalenders mit dem der europäischen Zeitrechnung ist problematisch [418]. Da die Maya bei Ankunft der Spanier nicht mehr die sogenannte lange Rechnung führten, differieren die Korrelationen mit unserer Zeitrechnung um den Zeitraum der sogenannten kurzen Periode (256 $^1/_4$ Jahre) nach den verschiedenen Auffassungen von Spinden [424] und Goodman – Thompson [427].

Im „Observatorium"-Bau, dem *„Caracol"* (= Schnecke), von *Chichén Itzá* sind die spaltartigen Ausblicke aus der Beobachtungskammer so gebaut, daß die Lichtstrahlen, die an den Kanten der dicken Mauern einfallen, die Richtung des Sonnenuntergangs zur Zeit der Tag- und Nachtgleiche (21. März und 23. September) anzeigen u. a. sowie jährliche Sonnenhöchst- und -tiefststände. Die Sehschlitze dienten also zur Feststellung der *Äquinoktien* und *Solstitien.* Auch in *Oaxactún, Petén,* sind Bauwerke zur Beobachtung dieser Konstellationen so angeordnet. Allen Gebäuden und Bauten mit rechteckigem Grundriß (auch Pyramiden) ist gemeinsam, daß ihre Hauptachsen um etwa 17 Grad von der Nordrichtung nach O abweichen. Ähnlich waren voraztekische Bauwerke orientiert.

Die Notwendigkeit, einen Kalender zu entwickeln, läßt sich mit den von den Jahreszeiten abhängigen Anbauperioden zur Ernährung der Bevölkerung im Raume des „wechselfeuchten" Klimaraumes in Zusammenhang bringen, es bestehen aber keine zwingenden Gründe zu dieser als einzigen Erklärung.

Codices. Von den *Maya* sind nur noch drei Bilderhandschriften auf Baststreifen, die mit Kalk als Malgrund überzogen waren, erhalten, die sogenannten *Codices* [1041]. Die drei Codices befinden sich in *Dresden, Paris* und *Madrid. „Catálogo de la colección de codices"* von J. B. Glass, México 1964. Unersetzliche Werte wurden im Missionseifer zerstört. Der Bischof Diego de Landa ließ alle erreichbaren Schriftstücke in *Mérida* verbrennen. Für die Blätter der Bücher wurde die innere Rinde eines wilden Feigenbaumes verwandt. Lange Stücke dieser Rinde wurden mit Kalk oder einer Art *Stucco* überzogen und wie ein Faltbuch-Album zusammengefaltet. Beide Seiten wurden benutzt. Es wurde von links nach rechts gelesen [1283]. Die Texte sind mit einem Pinsel in schwarzer Farbe gemalt, die Ziffern sind rot, die Illustrationen mehrfarbig. Der Dresdner Codex mißt 356 cm bei einer Höhe von 20,5 cm. Er besteht aus 39 Blättern, jedes 9 cm breit. Der Madrider Codex ist fast doppelt so lang: 655 cm mit 56 Blättern.

Archäologie in Mexico

Mexico gleicht einer „archäologischen Quadratmeile". Es gibt 11 000 Ausgrabungsstätten in Mexico. Erstaunlich ist, was sich allein in der Hauptstadt *Ciudad de México* oder deren Umgebung an Material erhalten hat. In *Cuicuilco*, nahe der Universitätsstadt, sind bei Bauarbeiten für das Olympiadorf Reste von Pyramiden und Siedlungen aus dem 5. und 2. Jh. v. Chr. ausgegraben worden. Bei Bauarbeiten in *Tlatelolco*, nahe *Ciudad de México*, wurden 2 ältere Kulturgeschichten freigelegt (*Bild 24*). In Tlapacoya, am Weg nach *Puebla* – einem anderen archäologisch und ethnographisch interessanten Gebiet (Abb. 8 a) –, weisen Funde aus dem 4. Jh. v. Chr. auf die sogenannte klassische Zeit (etwa 100 v. Chr. bis 800 n. Chr.) von *Teotihuacán* hin. Die Sonnen- und die Mondpyramide von *Teotihuacán* sind weltbekannt (*Bild 18*).

In einem Laboratorium des Archäologischen Instituts in *Teotihuacán werden die Funde* untersucht und klassifiziert. Außer den wissenschaftlichen Angestellten sind dort 600 Arbeiter beschäftigt. Die Mosaiken inspirieren moderne mexicanische Architekten. Sie sind auch Motive für eine einzigartige Andenken- und Kunsthandwerk-Industrie für den Tourismus (Mexicos drittgrößter „Export"-Wirtschaftszweig!). Bemerkenswert sind die mexicanischen Bemühungen um Forschung, Konservierung und Darbietung der Sehenswürdigkeiten der alten Hochkulturen in Mexico. Enorme finanzielle Anstrengungen wurden unternommen, um die unermeßlichen Werte vergangener Kulturen zu konservieren und zu ordnen.

Das *„Instituto Nacional de Antropología e Historia"*, das Ausgrabungen organisiert und dem etwa fünfzig Museen unterstehen, darunter das vorbildliche *„Museo de Antropología"* in der Hauptstadt, befaßt sich auch mit den Indianerkulturen der Gegenwart, der *„Población indígena"*. In den Räumen des Instituts werden eine Viertelmillion Bücher, eine Viertelmillion Photos und 45 000 farbige Lichtbilder aufbewahrt. Kaum ein Werk zur Archäologie Mexicos hat soviel Beachtung gefunden wie das von JOHN LL. STEPHENS, 1841 und 1843, „Incidents of Travel in Yucatán" [504, 505], der, begleitet von dem begabten Zeichner CATHERWOOD, erste umfassende wissenschaftliche Berichte und Darstellungen von der verschollenen Mayakultur gab. Die Zeichnungen CATHERWOODS, noch heute oft besser als viele Photos, werden immer noch zur Buchillustration kopiert. Bis zur Gegenwart wurden zahlreiche neue archäologische Stätten gefunden, und ein großer Teil ist noch nicht ausgegraben und ausgewertet, obwohl bekannt [1292]. Die Mayastadt *Palenque* soll schon 1750 entdeckt worden sein, aber erst seit 1952 begannen die Arbeiten zur Freilegung der Pyramide und Grabkammer. CHARLES LINDBERGH machte die ersten Luftphotos der 16 Quadratkilometer großen archäologischen Fundstätte.

Bedeutende Beiträge sind von Wissenschaftlern und Institutionen aus den *USA* geleistet worden, es seien nur die Maya-Forscher BRAINERD und SILVANUS MORLEY genannt sowie die von der *Smithsonian Institution* durchgeführten Arbeiten. Die Riesenköpfe von *La* Venta wurden 1942 von den nordamerikanischen Archäologen MAXWELL STIRLING entdeckt.

Bild 24. Tlatelolco in Cíudad de México. In fünf Schichten lagern zerstörte Pyramiden, Tempelreste, zerschlagene Paläste und eingesunkene Friedhöfe. Hier fand man Skelette von Azteken, säuberte sie reinlich, und in Zukunft werden sie unter Glas dort sichtbar aufbewahrt, wo man sie fand. (Aus BERNATH und GROSSMANN, „Mexico". Ersch. im Umschau-Verlag Frankfurt)

Obwohl STIRLING über seine Funde noch während des Krieges in zwei Artikeln im „*National Geographic Magazine*" berichtet hatte, blieben sie ziemlich unbeachtet, bis 1946 und 1948 zwei Aufsätze der Maler und passionierten Sammler COVARRUBIAS und PAALEN in „Dyn" und „Cahiers d'Art" sie einer weiteren Öffentlichkeit zur Kenntnis brachten.

„*Mexicanistik*" ist eine Wissenschaftsdisziplin geworden innerhalb der „*Amerikanistik*", der Wissenschaftler in aller Welt angehören. Das Schrifttum ist kaum noch übersehbar (siehe Lit. 361–440, u. a. Bibliographien [365, 440]. Namhafte deutsche Gelehrte waren und sind an der Entwicklung der Wissenschaft beteiligt, es gibt bedeutende Sammlungen zur Archäologie und Ethnographie Mexicos in deutschen Museen der Völkerkunde in *Berlin, Hamburg, Freiburg* u. a.

Deutsch-mexicanische archäologische Feldarbeit am Puebla/Tlaxcala-Projekt. Seit 1964/65 läuft ein größeres deutsches Forschungsprojekt im östlichen zentralen Hochland von Mexico: das interdisziplinäre deutsch-mexicanische Puebla/Tlaxcala-Projekt („Mexico"-Projekt).

Ausgrabungen in den Pyramiden von **Totimehuacán:** „Die archäologische Arbeit innerhalb dieses Projektes begann mit der Erkundung des Gebietes zur Aufnahme der an der Oberfläche noch sichtbaren Reste aus vorspanischer Zeit (Ruinen, Siedlungen usw.). Diese Untersuchungen sollten eventuelle räumliche Abgrenzungen vorspanischer Kulturen feststellen und die Grundlagen für spätere Ausgrabungen schaffen.

Eine in diesem Sinne günstige Situation trifft für verschiedene Plätze im *Puebla/Tlaxcala-Gebiet* zu. Für die erste Grabung, von B. SPRANZ im Winter 1964/65 durchgeführt, wurde von diesen Plätzen eine größere Pyramidengruppe südlich der Stadt Puebla im Dorf *Totimehuacán* (alter Name *Totomihuacán*) ausgesucht.

„Unsere Grabungen, die im kommenden Winter fortgesetzt werden sollen, haben ergeben, daß die Pyramiden von *Totimehuacán* etwa 800 Jahre älter sind als bisher angenommen wurde. Die jetzt erfaßten Bauabschnitte reichen von etwa 600 vor bis 300 n. Chr." B. SPRANZ.

Die Erhaltung der archäologischen Funde

Das mexicanische Nationalmuseum. Das *Museo Nacional de Antropología* zählt zu den großartigsten Museen der Welt und Beispielen moderner Baukunst. Das Museum wurde von einem Architektenteam unter Leitung von PEDRO RAMIREZ VASQUEZ erbaut und nach einer Bauzeit von nur 19 Monaten 1964 fertiggestellt. Die Lage im herrlichen Chapúltepec-Park und unmittelbar an der Prachtstraße „*Paseo Reforma*" wurde der Bedeutung entsprechend gewählt. Bemerkenswert ist ein langgestreckter Zentralhof, der von mehreren freistehenden Gebäudeteilen eingefaßt wird. Ein 82×54 m messendes Dach, von einer einzigen Säule getragen, überspannt einen Teil des Hofes. 30 000 qm sind die überbauten Ausstellungsräume groß. Das Museum umfaßt 26 Säle. Auch an Tagen sehr großen Andranges (20 000 Besucher) erscheinen die Hallen geräumig. Der Ausstellungsweg ist 5 km lang. Rund 100 000 m² Parkfläche stehen zur Verfügung. Die Einfahrt an der Paseo de la Reforma wird von dem 168 t schweren *Monolithen* aus *Coatlinchán* beherrscht, der größten Darstellung des Regengottes Tlaloc. Gegen erheblichen Widerstand der Dorfbewohner hatte man das 7 m hohe Standbild zunächst aus dem Felsen freihauen müssen, aus dem es geformt war, bevor es auf einem besonderen Tieflader aus der Ruinenstadt jenseits des Texcocosees in die Hauptstadt transportiert werden konnte. Dafür mußten Brücken gebaut und Straßen verstärkt werden.

Bereits am 5. August 1965 hatte das Museum den millionsten Besucher. Viele Ausländer kommen nur wegen des *„Museo Nacional de Antropología“* nach *Mexico.* Drei Säle dienen der allgemeinen Einführung, so daß sich die Anlage gleichzeitig als Volksmuseum und wissenschaftliche Ausstellung darbietet. Schulklassen erscheinen in großer Zahl. Arbeiter und Angestellte kommen gruppenweise aus Fabriken. Das Museum ist ein Monument des *México Indígena.* Die Gesamtkosten für den Bau des Museums, Neuerwerbungen und Transport sollen sich auf über 50 Mio. DM belaufen haben. Der mexicanische Staat widmet einen beachtlichen Teil seines Budgets kulturellen Zwecken.

Der Run auf krisenfeste Werte und Prestigedenken haben seit der Zeit nach dem zweiten Weltkrieg dem internationalen Antiquitäten- und Kunsthandel einen ungeahnten Aufschwung verliehen. Unersetzbare Dokumente werden z. T. auf dem Wege in private Sammlungen der Wissenschaft und Allgemeinheit entzogen. Davon sind die archäologischen Schätze Mexicos stark betroffen. Es hat Fälle gegeben, wo armen Landarbeitern für ein paar hundert Pesos, für sie ein Vermögen, unschätzbare Funde abgekauft und ins Ausland geschmuggelt wurden.

Zur Verhinderung weiterer Zerstörung von Maya-Monumenten wurde eine Resolution des Amerikanisten-Kongresses veröffentlicht (Umschau).

„Eine der beiden Quellengruppen, die die Erforschung der bis heute nur teilweise entzifferten Maya-Schrift ermöglichen, stellen die „Monumente“ dar, d. h. mit Bildnissen und Schrift verzierte Stelen, Altäre, Reliefplatten, Türoberschwellen u. a. Bauelemente, die vor allem im Tiefland des Petén (México, Guatemala, Belize) in der Zeit zwischen 300 und 1000 n. Chr. geschaffen wurden. Da, wie heute bekannt ist, historische Nachrichten in den Texten enthalten sind, kommt diesen „Monumenten“ eine überragende kulturhistorische Bedeutung zu.

Während der letzten Jahre sind nun solche Monumente in immer steigender Zahl von Händlern auf den Kunstmarkt gebracht worden, wobei die Objekte zum besseren Transport oft in mehrere Teile zersägt oder zerschlagen wurden, oft unter Verlust bedeutender Details. Teilweise wurden sogar Glyphenpartien bewußt zerstört, um eine Identifizierung der Monumente zu verhindern, die nach geltendem Recht Eigentum der betreffenden Staaten sind. Um eine weitere Vernichtung dieser für die menschliche Geschichte unersetzlichen Dokumente zu verhindern, wurde auf dem 38. Internationalen Amerikanistenkongreß (Stuttgart und München, 11. bis 18. 8. 1968) von einer Reihe daran interessierter Wissenschaftler aus Europa und Amerika während einer Round-table-Konferenz (Titel: The destruction of Maya monuments; Co-Chairmen: G. R. Willey, Harvard University, USA und W. Haberland, Hamburgisches Museum für Völkerkunde) die Lage diskutiert und eine Resolution verfaßt, die anschließend mit großer Mehrheit von der Vollversammlung akzeptiert wurde. Danach sollen alle größeren Museen in Europa und Amerika aufgefordert werden, von einem weiteren Ankauf von Monumenten, besonders solchen aus dem Maya-Gebiet, abzusehen und sich dazu schriftlich verpflichten. Es wird gehofft, daß dadurch der Anreiz, solche Monumente widerrechtlich zu entfernen und dabei sowohl aus ihrem Zusammenhang zu reißen als auch teilweise zu zerstören, so gering wird, daß weitere Schäden größeren Umfanges verhindert werden. Darüber hinaus fordert die Resolution die Regierungen der entsprechenden lateinamerikanischen Länder auf, verstärkte Schutzmaßnahmen für die Monumente zu veranlassen und dieses schriftlich niederzulegen.“

Nutzung des Landes und seiner Vegetation durch Sammler und Ackerbauer

Von größter Bedeutung für das Bild der gegenwärtigen Vegetation und Landschaft ist die Beeinflussung der Ausbreitung und die Vernichtung von Pflanzenbeständen infolge der Nutzung durch den Menschen, besonders in Trockenräumen, wo die Vegetation an der Existenzgrenze gedeiht. Als Beispiel sei hier die wissenschaftlich gut bearbeitete Region der Halbinsel Baja California angegeben. Archäologische Funde [692, 1084, 1099, 1101] zeigen an, daß die Halbinsel Baja California schon während des Pleistozäns besiedelt war. Zur Zeit der Ankunft der Spanier im 16. Jahrhundert mögen etwa 50 000 Einwohner auf der Halbinsel gelebt haben. Bei der relativ dünnen Vegetationsdecke und dem langen Zeitraum von mehreren tausend Jahren ist die Einwirkung des Menschen durch Nutzung der natürlichen Vegetation in prähistorischer und historischer Zeit von großem Einfluß gewesen. C. O. SAUER wies auf diese Zusammenhänge hin und leistete mit seinen Mitarbeitern entscheidende Beiträge zu diesem Problem [343, 712].

Nutzung durch Sammeln. Besondere Formen der **Sammelwirtschaft** waren und sind im trockenen Nordwesten entwickelt. Diese Indianergruppen (*„Hoka-Komplex"*, *Pima* in *Sonora* und Indianer *Baja Californias)* haben eine besondere Form der Sammelwirtschaft herausgebildet, die zu der Bezeichnung **„Erntevölker"** geführt hat, eine **Vorratswirtschaft** auf **Sammelbasis** [692]. *Tuna*-Kaktusfrüchte (diese nicht auf Vorrat) und die Bohnen des *Mesquite*-Strauches wurden geerntet. „Die kleinen Samenkerne der *Tunas,* die den menschlichen Körper unverdaut wieder verlassen, werden sorgsam aufgehoben. Man reinigt sie und zermahlt sie zu einem Mehl, dem man besondere magische Kräfte beimißt. Auf Kriegszügen und auf längeren Jagdausflügen nahmen die *Seri* nun dieses *Pitahaya*-Mehl als Nahrung mit. Es wurde entweder trocken gegessen oder mit Wasser zu einem Brei vermischt oder auch mit Schildkrötenfett zu einer Paste verarbeitet" (W. LINDIG [692] nach McGEE 1848).

Nutzung durch Anbau. Der sehr große Einfluß der Nutzung der Pflanzen durch den Menschen wird durch die Untersuchungen von P. MEIGS [1101] und H. ASCHMANN [1085] besonders klar. Aus den Tabellen *„Nutzpflanzen der Kiliwa-Indianer"* und *„Nutzpflanzen der Indianer im Bereich der zentralen Wüstenregion"* ist zu ersehen, wie groß die Zahl der genutzten Arten und wie vielseitig ihre Nutzung war und ist.

K. SAPPER [836] und W. HABERLAND [822] gaben zusammenfassende Darstellungen über die Geschichte ackerbauender Kulturen Mexicos. Die Zahl der Kulturpflanzen war groß [1358]. Vgl. auch C. L. LUNDELL, 1939 [331]. C. O. SAUER gab eine Zusammenfassung über die *„Cultivated Plants* of *South* and *Central America"* [343]. Zum wahrscheinlich ältesten Ackerbau gehören Pflanzen, die durch Schneiden und vegetative Vermehrung „in Kultur" gehalten wurden, Pflanzen, die genutzt wurden, wenn man sie brauchte. Im südlichen Mittelamerika waren es vorwiegend zwei Wurzelnahrungspflanzen, *Maniok* in verschiedenen Varietäten, z. T. süß und ohne giftigen Saft, z. T. in rohem Zustand giftig, gekocht eßbar, mit hohem Stärkegehalt zur Gewinnung von Tapioka-Mehl (lat. *Manihot utilissima,* im Nahuatl *„guauhcámotl"*) und *Süßkartoffeln (Ipomea batatas,* im Nahuatl *„camotli").* In Zentralmexico und in Tamaulipas wurden frühzeitig einjährige Pflanzen genutzt, wie Mais und Bohnen [401, 402, 403, 404]. Da Mais Hauptnahrungsmittel war, ist der Regengott *Tlaloc* auf vielen Tempeln mit dem Grabstock zum Anbau von Mais *„Teocentli"*, ab-

Nutzpflanzen der Kiliwa-Indianer
im Valle de la Trinidad und im Bereich östlich des Passes San Matías bis zur Desierto San Felipe

(Zusammengestellt nach den Untersuchungen von P. MEIGS 1939)
Auszug aus der Liste von 67 Pflanzen

Lat. Name	Span. Name	Nutzung	
Quercus	Encino	Äste für Wurfhölzer	
Yucca baccata	Dátil	Fasern der Blätter zum Binden der Hüttenstangen	(Datteln wurden erst im 17. Jhdt. eingeführt)
Prosopis glandulosa	Mezquite	Feuerholz	
Baccharis glutinosa	Guatamote	(auch med.) Zum Anzünden von Feuer	
Salix	Sauce	Pfähle für Hüttenbau	
Scirpus	Tule	Hausbau, Dachdecken	
Agave consociata	Mezcal	Fasern für Taue, Netze, Sandalen	
Agave	Hierba colorada	Wurzel zum Gerben der Reh-Häute	
Dasylirion wheelei	Sotol	Feuerholz	
Rhus Caurina	Laurel-Sumac	Feuerholz	
Arundo	Carizo	Reetähnliche Halme als Pfeilschäfte	

gebildet. P. WEATHERWAX [845] hat über den Mais in Amerika ein umfangreiches Werk verfaßt. Mais kann in allen Höhenstufen, im tropischen Tiefland, auf dem Zentralplateau und in fast 3000 m Höhe angebaut werden, da es viele Varietäten gibt [794, 809] (Abb. 90). Die Varietäten sind nach den klimatischen Wachstumsbedingungen sowie nach der Form sehr verschieden, Kolbenlänge 3 bis 35 cm, Farbe und Größe der Körner [828]. Vom Pflanzen bis zur Ernte vergehen 90 bis 110 Tage. Der Mais wurde in einer Lösung aus Kalk und Holzasche von der harten Schale befreit. Die Maiskörner wurden auf dem Mahlstein, spanisch *„metate"*, in Nahuatl *„metatl"*, mit einer Steinrolle, spanisch *„mano"*, in Nahuatl *„metlapil"*, zerrieben, um den Brei *„masa"* zu gewinnen, der, mit Wasser genossen, „Atole" genannt wird. Diese Ausrüstung wird noch heute in allen indianischen Hütten und in den Haushalten der einfachen Landarbeiter benutzt. Die verbreiteten Tuff- und Lavagesteine waren und sind das bevorzugte Material für diese Werkzeuge *(Bild 43)*. Mais ergab das Mehl für die auf einem Tonherd, *„comal"*, gerösteten *Tortillas*, das Fladenbrot, das bis heute Grundbestandteil der Nahrung geblieben ist *(Bild 60)*. Er wurde und wird auch als Brei, spanisch *„pinole"*, in Nahuatl *„pinolli"*, oder als *„atoll"*, ein Gebäck aus Mais, Wasser, mit Honig gesüßt, gegessen oder auch in Blättern zu Teigrollen verbacken, mit Gemüse gefüllt, heutzutage auch oft als Teigrolle mit Fleisch *(Tamales)* oder geröstet *(Tacos)* genossen. Als *„atole"*, Suppenbrei, wurde der Mais, mit Pfeffer gewürzt, aus Tonschüsseln getrunken. Auch Maisbier, *„chicha"*, war bekannt, übrigens die

Erläuterungen der nebenstehenden Tabelle, die einen Auszug darstellt.

Die kargen Zeiten bei der Ernährung mit diesen Pflanzen waren Spätwinter und Frühjahr. Die Mehrzahl liefert Kohlehydrate, einige Leguminosen und Bledo auch Proteine.

Wirtschaft und Kultur der einzelnen Indianergruppen hatten sich verschieden entwickelt. In Baja California und im nördlichen Hochland von Mexico waren die Indianer zumeist Sammler, Jäger und Fischer. Die größte Zahl der Indianerstämme lebte dagegen vom Ackerbau. Die Zahl der Kulturpflanzen war groß.

Nutzung der Vegetation auf Baja California

(Zusammengestellt nach den Untersuchungen von H. Aschmann 1959)

Lat. Name	Span. Name	Nutzung	Erntezeit
		Agaven	
Agave	Agave	Herz geröstet (Hauptnahrungspflanze, hatte 28 % Anteil an Gesamtmenge der Nahrung); große Areale wurden auf diese Weise zerstört! Nach dem Aussterben der Indianer kam es zu einer Wiederverbreitung von Agaven (H. Aschmann, 1959 [1085], S. 80)	Frühjahr
		Kakteen	
Lemaireocereus thurberi	Pitahaya dulce	Früchte	Herbst
Machaerocereus gummosus	Pitahaya agria	Früchte, Stamm als Gift für Fischfang	Spätherbst
Pachycereus pringlei	Cardón	Samen geröstet	Herbst
Lophocereus Schottii	Garambullo	Früchte, Stamm als Gift für Fischfang	Frühsommer
Opuntia spp. (platyopuntias)	Nopal	Früchte, junge Blätter	Sommer
Ferocactus spp.	Viznaga	Früchte, Samen geröstet	Sommer
		Leguminosen (Bäume)	
Prosopis juliflora	Mezquite	Samen	Spätherbst
Acacia farnesiana	Huizache	Samen	
Olneya tesota	Palo fierro	Samen als Pinole	
Acacia Greggii	Uña de gato	Samen	
Lysiloma candida	Palo blanco	Samen geröstet	Sept., November
Cercidium microphyllum	Palo verde (auch medéza, auch dipúa)	Samen geröstet	
Cercidium torreyana	Palo brea	Gummisaft zum Kleben der Pfeilschäfte Bei Palo verde und Palo brea Zweige heute als Futter für Rinder und Maultiere	
		Palmen	
Washingtonia robusta		Samen als Hundefutter Blattfächer zur Dachdeckung	
Erythea armanta		Knospen geröstet	
		Gräser	
Amaranthus spp.	Bledo	Samen	September
Chenopodium spp.			
Portulaca spp.	Verdolaga	Samen, Blätter med.	
Antigonon leptopus	Teda	Samen geröstet	Oktober
		Verschiedene Pflanzen	
Maninot dulce	Guacamote, auch Yucca	Früchte	Sept., Oktober
Ficus palmeri	Zalate, Tezcalama, auch Higuera cimarrona	Feigenfrüchte	
Simmondsia californica	Jojoba	Ölige Samen roh und geröstet	
Cyrtocarpa edulis	Ciruelo	pflaumenähnliche Früchte	Spätherbst
Bursera mycrophylla	Copal	Samen	Herbst–Winter
Randia Watsoni	Papache	Früchte	
Pinus muricata	Pinus	Nüsse	
Lycium Richii	Frutilla	Samen als Pinole	Winter

einzige Form der Nutzung von Mais bei den Kulturen südlich Mesoamerikas, die den *Maniok* als Hauptnahrungspflanze nutzten. Aus den gekochten Maiskörnern wurde zusammen mit Chile-Pfeffer eine Speise hergestellt, die als *Pozole* bezeichnet wird, zu dieser kam in Südmexico chocolatl. Die Indianer hatten nur etwa 60 Tage im Jahre zu arbeiten, um Mais anzubauen und zu ernten. So konnte eine Kultur der Muße entstehen. Als Körnerfrucht von Gräsern waren auch *Teosinte (Euchlaena mex.)*, ein Mais-Hybride, und Amaranthus *(Amaranthus lescarpus*, spanisch *„bledo")* bekannt, so genannt wegen der winzigen Fruchtkapseln [343, 1085]. Es gibt ein Sprichwort: *No vale un bledo,* d. h.: es ist (nicht das geringste) keinen Pfifferling wert, oder *„no se me da un bledo"*, d. h.: es schert mich keinen Deut. Im Deutschen wird *bledo* auch *Beermelde* bzw. Fuchsschwanzgewächs genannt und ist seit 1600 als Zierpflanze bekannt. Daraus wurde ein pastetenartiger Kuchen hergestellt. Wegen des speziellen Verbrauches bei heidnischen Festen verboten die Spanier den Anbau von *Amaranthus*. Er wird noch in der Gegenwart in geringem Maße betrieben. Die Ausbreitung und Entwicklung von *Maniok*- und *Maiskulturen* wurde in Zusammenhang mit den Böden gebracht, die im jeweiligen Kulturgebiet vorherrschen [1391]. Zusammen mit dem Mais wurden *Bohnen* ausgesät. Im Gemischtanbau ranken sich die Bohnen an den kräftigen Maisstengeln empor. Von den beiden Sorten, einer *schwarzen* und einer *roten Bohne*, neuweltliche Arten (*Phaseolus*), wurden die schwarzen bevorzugt. Zu den mexicanischen Grundnahrungsmitteln zählen *die Bohnen* heute noch. Zur Ergänzung der Mais-Amaranthus-Bohnen-Nahrung wurden Erdnüsse und die Früchte des *Nopalkaktus* genutzt.

In die gleichen Felder wurden auch verschiedene Kürbisarten, Süßkartoffeln, Tomaten und Grüngemüse gepflanzt, und am Rande der Felder oder in der Nähe der Hütten zog man Chilipfeffer. Der auch heute als unentbehrliche Zutat zum mexicanischen Essen bekannte *Chili-Pfeffer*, spanisch *„chile"*, mexicanisch *„guaúhchilli"*, lat. *Capsilum annium* und *frutescens*, war in vielen Arten vorhanden. Die gerippten Tonschalen zum Zerreiben der trockenen Schoten sind noch immer Bestandteil der mexicanischen Küche. In den Gärten der Gehöfte standen Fruchtbäume wie *Papaya (Bild 62)* oder *Avocado*. Ebenfalls in Nähe der Siedlungen wuchs der Seifenbaum *„Jaboncillo"*, mit dessen Wurzeln die *Maya* sich und ihre Kleider wie mit Seife wuschen. Die Ceiba *(Ceiba pentantra)*, der „Seiden"-Baumwollbaum *(Kapok)*, galt als heilig. Viele Arten von *Kürbissen* [808], von denen vor allem die proteinhaltigen Kerne gegessen wurden, und besonders die *Tomaten* bereicherten die Nahrung. Die Tomate, zu einer der wichtigsten Gemüsepflanzen der Welt geworden, ist vor allem durch den Anbau auf Bewässerungsfeldern und als Trinksaft in Dosen verarbeitet im modernen Mexico in den letzten Jahren für den Export zu großer Bedeutung gelangt. Von den heutigen Export- und Industriepflanzen Kaffee, Kakao, Baumwolle, Zucker, Sisalagaven gab es Kaffee und Zucker nicht in Amerika.

Der **Kakao** *(cacahuate*, daher *„chocolate")*, *„theobroma cacao"*, war eine von den Indianern kultivierte Pflanze, die an der pazifischen Küste von *Nicoya (Costa Rica)* bis zur Mündung des *Rio Grande de Santiago* in Mexico, besonders in *Tabasco* und *Soconusco* (*Chiapas*), angebaut wurde [1334]. Nach den Tributlisten von 1579 haben die 33 indianischen Pueblos von *Chontalpa, Tabasco,* noch 70 % der gesamten Ernte produziert, die nach *Mexico* und *Veracruz* transportiert wurde. Im Fernhandel wurden je 3000 Bohnen in Ballen zusammengepackt, eine *„Carga"*, d. h. Last, enthielt 24 000. Die Kakaobohne diente den Indianern als Geld. Auch war der aus Kakao bereitete Trank (mexicanisch *chocolatl*) bekannt. Kakao ist ein aztekisches Wort *(cacahuate)* wie Schokolade (eigentlich *cocoatl*, „Kakaowasser"); er wurde gequirlt (eine dicke Schaumschicht entstand) mit rotem Pfeffer und Vanille gewürzt und kalt getrunken. Kakao wurde seit der Kolonialzeit anders zubereitet.

„Nachdem die Kakaobohnen geröstet sind, nicht zu scharf und dunkel, werden sie auf einem Mahlstein ganz wie der Mais zu den Tortillas zerquetscht. Dann wird Zucker und Gewürz dazwischengemengt und alles zusammen durcheinander geknetet, während ein gelindes Feuer unter dem Mahlstein unterhalten wird, bis es eine gleichmäßige, zähflüssige Masse bildet. Diese wird zu Tafeln oder Kugeln geformt, die an der Luft langsam getrocknet werden" (C. Seler-Sachs [1319].

In *Dzitiá* auf *Yucatán* werden heute noch die Gefäße zum Bereiten der Schokolade, *„batiros"*, aus dem Holz des *Uayacan*-Baumes auf primitiven pedalgetriebenen Drehbänken hergestellt.

Da Zucker erst von den Europäern in Amerika eingeführt worden ist, wurde in präkolonialer Zeit mit Honig gesüßt. *Vanille (Vanilla, planifolia)* wurde gesammelt. Erst während der Kolonialzeit ging man zum Zuckeranbau für den Export über. Anbauregion wurde die östliche Fußfläche der *Sierra Madre Oriental* bei *Orizaba* (Abb. 100).

Als Nutzpflanze wurde die *Agave* angebaut, aus deren Fasern *Ixtle*, Leinen und Schnüre, Sandalen und Bogensehnen gemacht wurden. Zwei Sorten von Baumwolle wurden genutzt, die gesponnen, zu langen Stoffbahnen *(mantas)* gewebt wurden, die mit dem pflanzlichen Farbstoff *Indigo*, *„añil"* oder *„jiquilite"* genannt, *„Indigofera suffraticosa"* blau und mit dem tierischen Farbstoff *Cochenille* rot gefärbt wurden. Im Hochland wurde aus der *Agave atrovirens* ein Saft gewonnen, aus dem der alkoholische etwa 3- bis 5%ige *Pulquewein* hergestellt wurde (aus anderen Agaven gewinnt man die starken Getränke *Mescal* und *Tequila*). Der „Pulquebauer" wird *Tlachiquero genannt* (Abb. 103).

Baumwolle wurde im mexicanischen Tiefland angebaut.

Von dem wildwachsenden Gummibaum *Zapote* wurde die Gummimilch gewonnen und zu Leim oder Blasrohrkugeln eingekocht (heute als „chicle" für Kaugummiherstellung verwendet). Von verschiedenen Kiefernarten sammelte man das unter dem Namen copal bekannte Harz, das als Räucherwerk zu Kultzwecken verwendet wurde. Es ist z. T. heute noch wichtigstes Requisit. *„Pom"* in der Mayasprache ist ein Harz des Kopalbaumes (*Protium copal, Pinus Mockcuma*), aus dem Weihrauchharz gemacht wurde. Seltener nahm man eine Art von Gummi (*chiclé*), vermischt mit einer anderen Harzart, *puk ak* genannt. Die Bäume für den pom scheint man besonders angepflanzt zu haben. Weihrauch war hochgeschätzt für die Zeremonien und auch ein bedeutendes Handelsobjekt.

Eine Studie zur botanischen und agrarischen Geschichte der kultivierten Pflanzen von Mittelamerika gab C. O. Sauer (1958) im *„Handbook of South American Indians"* [343]. Eine Aufstellung aller Nutzpflanzen findet sich in den umfangreichen Werken von Martínez, 1959: *„Plantas Utiles de la Flora Mexicana"* [335] und W. M. Pesman, 1962: *„Meet Flora Mexicana"* [340].

Als tierische Nahrung waren *Fische* von großer Bedeutung, besonders für die Azteken und *Tarasken* an den Seen (vgl. Abschn. Tierwelt). Als Haustiere wurden *Truthähne* gehalten, gelegentlich wurden *Hunde* gegessen (Azteken). An Wildtieren wurden hin und wieder Eidechsen *(Leguane)* und *Schildkröten* verzehrt. *Honig* war ein im Handel hochbewerteter Artikel. Die domestifizierte Wachs produzierende Bienenart *Llaveia axin* wurde im Gebiet der Maya auf *Yucatán*, im Gebiet der *Azteken* und *Tarasken* auf dem zentralen Hochland gehalten. Dort wird auch heute noch Honig wilder Bienen gesammelt. Die Sammler heißen *„Panaleros"* [1161].

Psychotrope Drogen. In einer Zeit, in der das Rauchen zum Milliardengeschäft wurde und Tabak ein bedeutendes Anbauprodukt Mexicos ist, in der Opiumhandel blüht, in der in den Staaten „hoher" Zivilisationsstufe die Sucht nach Kokain, Pervitin, Marihuana und LSD um sich greift, mag es von Interesse sein, daß *psychotrope Drogen* bei den altindianischen Kulturen Mexicos wohlbekannt waren [332]. Diese Drogen finden auch in der modernen Medizin Verwendung. Ausführliche Darstellungen finden sich bei H. Wagner, „Rauschgift Drogen", Berlin 1969.

Tabak. Das Tabakrauchen war bei den *Azteken* und *Maya* als „religiöser" Kult bekannt. Im *Codex Vaticano* A ist Moctezuma mit einer Pfeife dargestellt. Andere Abbildungen gibt es auf Reliefs der Mayakultur 1293. *Tabacco* ist das hispanische Wort für *„tlapakko"*, d. h. Pfeife im *Nahua*-Dialekt. Tabak wurde dort *„tlapakkatl"* genannt. (P. Westheim). Vom Tabakgenuß der Azteken berichtete Sahagún [512, 513, 514], aus der Zeit des 19. Jh. C. Lumholtz [496, 694] von den *Huicholes*- und *Tarahumara*-Indianern.

„Die spanischen Soldaten und Matrosen hatten von den Indianern das Tabakrauchen gelernt. Es wurde um 1550 in den Häfen *Spaniens* und *Portugals* Mode. Um 1560 reiste Monsieur Jean Nicot als Gesandter nach *Lissabon*. Nicot kehrte mit Rauch- und Schnupftabak nach *Paris* zurück. Französische und flämische Schmuggler witterten ein neues, gutes Geschäft und brachten den Tabak nach England. Englische Seeleute nahmen Tabak und Tonpfeifen nach Deutschland mit, wo die hohe Obrigkeit und die Pastoren bald gegen die „Sauferei des Nebels" wetterten. Nach dem Vorbild der Indianer wurde in Europa zunächst auch aus Tonpfeifen geraucht, „getrunken", geschluckt. Zweihundert Jahre nach seiner Rückkehr aus Portugal wurde Monsieur Jean Nicot für sein „Verdienst" um die Verbreitung des Tabaks geehrt. Der schwedische Botaniker Karl von Linné fand, daß die Tabakpflanze ein äußerst giftiges Öl enthielt und nannte es *Nikotin!"*

Pilze. Bernardino de Sahagún [512, 513, 514] berichtet: „Es gibt in diesem Lande kleine Pilze, *Teonanácatl* genannt; wer sie ißt, erlebt Visionen." Er nennt auch *„Peyotl"*, den Kaktus mit dem weißen Haarschopf, der die Menschen des Verstandes beraubt, und beschreibt das „Schlangenkraut *Coatlxoxouhqui"*, dessen Samen *„Oluliuqui"* die Sinne berauscht und verwirrt [620]. Der Genuß dieser Pflanzen soll das Gespräch mit den Göttern vermitteln, hellseherische Fähigkeiten verleihen und Auskünfte über die Ursachen von Krankheiten und die Möglichkeiten ihrer Heilung geben. Steinplastiken von Pilzen, in deren Stiel der Kopf eines Dämons eingearbeitet ist, wurden auf ein Alter von 2000 Jahren datiert. Die spanischen Missionare haben die Erinnerung an diese Drogen zu tilgen versucht, so daß in den späteren Jahrhunderten die Berichte der alten Chroniken für ein Phantasieprodukt jener Zeit gehalten wurde. Sahagún erlebte daher, daß sein Ordensvorgesetzter die Veröffentlichung seines Manuskriptes jahrelang verhinderte. Die endgültige spanische Version hat auf ihren Druck mehr als 200 Jahre warten müssen. Ähnlich erging es dem Material, welches Francisco Hernandez im Auftrage Philipps II. über die Heilkräuterkunde der Neuen Welt gesammelt hatte.

Jahrhundertelang hielt man die alten Zauberriten für vergessen. Die Wiederentdeckung des präkolumbianischen Pilzkultes gelang dem amerikanischen Ehepaar Wasson (1957) [1373, 1376]. Aus der Zeit der Präklassischen Maya-Kultur (550–200 n. Chr.) sind Pilzstein-Skulpturen erhalten.

Neuweltliche Kultur- und Nutzpflanzen
(Nach R. C. West u. a.)

Mexican.-span. Name	Botan. Name	Engl. Name	Deutsch. Name
Cereales y Legominosas	*Seed Plants*		*Getreide / Leguminosen*
Maiz	Zea mais	Maize	Mais: viele Varietäten
Frijol	Phaseolus (4 species) vulgaris, limatus, multiflorus, latifolius	Beans	Bohnen, 4 Arten in nichttrop. Klima
(Bledo) Alegila	Amaranthus cruentus	Amaranth	Amaranthus
Girasol (Chimalatl)	Helianthus annus	Sunflower	Sonnenblume
Chia	Salvia hispanica	Chía	(ölhaltige Samen)
Raices	*Tuber Plants*		*Wurzelknollenpflanzen*
Camote	Ipomea batatas	Sweet potato*	Süßkartoffel
Guacamote	Manihot esculentus u. a. species	Sweet manioc*	Maniok
Jicama	Pachyrrhizus erosus	Jicama (Yam bean)	Jicamawurzel
Hortaliza	*Vegetables*		*Gemüse*
Jitomate	Lycopersicum esculetum	Tomato	Tomate
Tomate	Physalis ixocarpo	Husk tomato	grüne Tomate
Chayote	Sechium edule	Chayote	Kürbispflanzen
Melón, Sandíu, Calabaza	Cucurbita (4 species)	Squash	Melonen, Kürbispflanzen
Frutales	*Fruits*		*Früchte*
Cacao	Theobroma cacao	Cacao	Kakao
Aguacate	Persia americana	Avocado	Advokatenbirne
Piña	Ananas comosus	Pineapple*	Ananas
Papaya	Carica papaya	Papaya	Papaya
Tuna	Opuntia	Tuna cactus	Opuntie
Anona	Annona cherimolia	Cherimoya	Zuckerapfel (Annona)
Mamey	Calocarpum mammosum	Mamey	Mamey
Chiclezapote	Achras sapote	Chicosapote	Chicle-Sapote
Capulin	Prunus capuli	Mexican cherry	Kirsche
Jocote	Spondias mombim	Hog plum	
Guayaba	Psidium guajava	Guayaba	Guavenbirne
Vanilla	Vanilla planifolia	Vanilla	Vanille
Textiles	*Fiber Plants*		*Faserpflanzen*
Agave	Agave (5 species)	Agaves	Agaven, 5 Arten
Algodon	Gossypium hirsutum	Cotton	Baumwolle
	Condiments		*Gewürze*
Chile	Capsicum (versch. species)	Chile pepper	Chile-Pfefferschote
Industriales	*Dye Plants*		*Färbemittelpflanzen*
Achiote	Bixa orellana	Achiote	
Añil	Indigofera suffruticosa	Indigo	Indigo
	Ceremonial Plants		*Zeremonialpflanzen*
Tabaco	Nicotiana tabacum (2 species)	Tobacco	Tabak
Copales	Protium copal	Copal	Copal(harz)baum

Außerdem mehrere Blumenarten, darunter Dahlien.
Alle Pflanzen mit * wurden zuerst in Südamerika kultiviert bzw. sind dort beheimatet.

Bei diesem Ritus der „Pilzfeier", der an eine präkoloniale Tradition mit *„teonanácatl"* anknüpft, wird eine bestimmte Menge von „Rauschpilzen" roh gegessen. Die Pilze wachsen während der sommerlichen Regenzeit. Kein Indianer wird „pilzsüchtig".

„Die Droge bewirkt eine Änderung des Körperchemismus. Der Pilzberauschte tritt aus der normalen Körper-, Seh- und Erlebniswelt heraus und erlebt eine Persönlichkeitsspaltung, verbunden mit Illusionen und Halluzinationen von starker Farbigkeit. Obwohl die Bewußtseinskontrolle ungetrübt ist, die Verstandestätigkeit sogar gesteigert sein kann, gehen die abstrakten Fähigkeiten weitgehend verloren. Konkrete Inhalte und ein gefühlsbetontes Denken herrschen vor.

Die zu den *Agaricaceen* (Blätterschwämme) gehörigen Pilze der Gattungen *Psilocybe, Stropharia* und *Conocybe* gelten als „göttliche" Pilze. (*Psilocybe mexicana*, Heim), (*Psilocybe caerulescens var. Mazatecorum*, Heim). Die Isolierung ihrer Wirkstoffe ist inzwischen gelungen" [1374].

Bei den aztekischen Priestern gehörte der Pilzgenuß zur kultischen Handlung, um dadurch mit den Göttern zu sprechen und „mehr zu sehen" (Darstellung aztekischer Pilzzeremonien mit *teonanácoatl* im *Codex Maghia Becchiano* XIII, 3, Florenz).

Kakteen. Die im Grenzgebiet zwischen Mexico und Texas beheimatete Kaktusart *Peyotl (Lophophora williamsii)* ist bisher als Rauschmittel bekannt geworden und war den Azteken bereits bekannt. Die Analyse des darin enthaltenen *Meskalin* erfolgte 1896 durch den deutschen Pharmakologen Heffter. Das Meskalin ist ein Alkaloid, das (nach dem Genuß von Peyotl) nach medizinischen Berichten Übelkeit, Kopfschmerzen und Schwindel erzeugt. Erst später tritt die „wohltuende" Wirkung ein, nach Schilderungen in der Form farbiger Visionen, einer gehobenen Stimmung. „Bei geschlossenen Lidern stellen sich kaleidoskopartige Visionen und Lichtphänomene ein. Es tritt ein Farbenrausch auf." In den USA ist die Haltung der Kugelkaktee gesetzlich verboten. In seinem Buch „The Doors of Perception" wies Aldous Huxley auf die besonderen Qualitäten der optischen Wahrnehmungen hin, die sich nicht in die üblichen Denkformen einordnen lassen. Größenverhältnisse scheinen übersetzt, das Schweregefühl aufgehoben, die vorgegaukelten Bilder wiederholen sich oft, Temperatur und Puls werden erhöht [582].

„Einem heimtückischen Gift fiel wahrscheinlich Mexicos Kaiserin Charlotte (1840–1927) zum Opfer. Nachforschungen haben ergeben, daß die Monarchin durch das *Camotillo-Gift* einen schrecklichen Tod sterben mußte. Die Droge wird aus einem wilden mexicanischen Kartoffelgewächs hergestellt und hat eine ‚schleichende' Wirkung. Es bewirkt keinen Rausch, sondern einen dauernden Dämmerzustand, der unheilbare Verfallerscheinungen, Muskellähmungen und Erstickungsanfälle nach sich zieht. Der Giftstoff wird nach einer gewissen Zeit – wenn er seine Wirkung getan hat – vom Körper ausgeschieden. Daher ist es fast unmöglich, nach dem Tod des Opfers festzustellen, ob jemals Gift verabreicht wurde."

Wirtschaftsformen. Die alten Anbaumethoden für Mais – nach einem aztekischen Wort als *Milpa*-System bekannt (Milpa heißt das bebaute Feld) – haben sich in Mexico über Jahrhunderte kaum verändert [411, 715, 805, 811] *(Bild 9b).* Bäume und Sträucher, die das vorgesehene Feld bedeckten, wurden im Januar oder Februar gefällt, ehemals mit Steinbeilen, und am Ende der Trockenzeit, im April oder Mai, verbrannt. Der Zeitpunkt des Abbrennens scheint astronomisch bestimmt worden zu sein: in Copán markieren z. B. zwei Stelen den Standpunkt der Sonne am 12. April.

Kurz vor Beginn der schweren Regenfälle im Juni wurde auf den abgeräumten Feldern der Mais ausgesät. Mit einem *Pflanzholz* (Grabstock), dessen Spitze im Feuer gehärtet worden war, stieß man 10 cm tiefe Löcher in den Boden, warf drei bis sechs Maiskörner hinein und trat das Loch zu. Wenn die Saat sproß, mußte vor allem auf den Feldern, die im zweiten oder dritten Jahr bebaut wurden, das Unkraut gejätet werden. Waren die Maiskolben reif, knickte man sie einen Monat vor der Ernte nach unten und ließ sie am Stengel trocknen. Im November konnten die Kolben geerntet und entkernt werden. Bei allen Feldarbeiten wurden Rituale vollzogen, die der Bedeutung des Maises entsprachen und während des Wachstums der Pflanzen bei den Mayas den Regengott „*Chac*“ – bei den Azteken „*Tlaloc*“ – gnädig stimmen sollten. Zumeist waren die Böden nach vierjähriger Fruchtfolge erschöpft (keine Düngung!), und neue Felder mußten der Wildnis abgerungen werden *(Bild 16)*. Besonders beliebt waren im zentralen Mexico die unteren Hänge der Berge und Hügel. Diese leichten Böden konnten besser bearbeitet werden. Erst der Eisenpflug der Spanier brachte die gleichermaßen intensive Nutzung der Ebenen im Hochland von Mexico. Beim Brennen wird das im Holz vorhandene Calziumkarbonat in Calciumoxid verwandelt; aus der Asche wird dieses im Boden nach Regen zu Calziumhydrat, das als Düngemittel wirkt. Zu riesigen Flächen summierten sich so in ihrer Vegetation veränderte Areale mit zerstörten Böden. Sekundärvegetation mit Busch und Gras sowie die Bodenerosion verliehen der ursprünglichen Naturlandschaft ein anderes Gesicht. Da kein Vieh gehalten wurde, blieb das Grasland als Weide für die Indianer nutzlos. Oftmals breitet sich der Brand zu weit aus.

Als Beispiel dafür, mit welchen Mitteln der mexicanische Landbauer solche Feuer unter Kontrolle zu halten suchen, sei folgende Beobachtung des Verfassers aus dem Jahre 1962 in *Veracruz* genannt: Ein Arbeiter kontrollierte beim Abbrennen eines Feldes die Einzäunungspfosten. Hatten diese an der Rinde Feuer gefangen, so sprühte er mit dem Munde einen Wasserstrahl auf die Brandstelle des Holzes und ergänzte den Vorrat aus einer Feldflasche schluckweise.

Oft hat die Wiederbewaldung stattgefunden. Reste alter Landbaukulturen mit verwilderten Kulturpflanzen sind in Waldgebieten gefunden worden, die für Bananenplantagen gerodet wurden.

Eine Flugreise über Mexico mit einem Überblick über die Hänge oder ein Luftbild mit seinem „Röntgencharakter“ zeigen, daß das Land vielmals genutzt worden ist. Ein Mosaik verschieden alter, sich überlagernder Nutzungsparzellen wird sichtbar, und es wird deutlich, daß und wie sehr die Menschen die Naturlandschaft verändert haben (*Bild 8*). Auf fruchtbaren tiefgründigen vulkanischen Böden der *Tierra templada* im Hauptsiedlungsgebiet des zentralen mexicanischen Hochlandes wurde die lange Bestellung derselben Böden durch Fruchtwechsel von Bohnen und Mais erreicht. Dauernd bestellte Felder wurden an Berghängen terrassiert, z. T. künstlich bewässert. Die Bewässerung ist wahrscheinlich nicht früher als um 900 angewendet worden [439, 853, 888]. Aus der Zeit um 1000 n. Chr. bis etwa 1450 stammen wahrscheinlich die zahlreichen Terrassenanlagen im N Mexicos im Staate *Chihuahua*, die an den Hügeln am Rande der *Sierra Madre Occidental* in 1800 bis 2600 m Höhe ü. d. Meer errichtet worden waren. Es handelt sich um kleine Steinwälle und Mauern. R. A. McCabe, 1955.

Bei den *Azteken* war die Sippe Eigentümer eines Landstückes *(calpulli)*. „Unter diese Erbgesetze fiel nur das Land, das dem *calpulli*, den Familienoberhäuptern einer Gemeinde, gehörte. Das Wort *calpulli* hat im Laufe der Zeit einen Bedeutungswandel erfahren. Zunächst bezeichnete es einfach das Haus, in dem die Sippe wohnte, dann ging es auf die Sippe selbst über und später wurde es auf das Land der Sippe übertragen.“ Bandelier 1878, Spinden 1928, E. Schilling [837].

Die Sippenmitglieder hatten, mit Erbberechtigung, „*milpas*“ – einzelne Stücke (zuerst nur einige 100 m^2) des Calpullibesitzes – in Bewirtschaftung. Sie hatten außerdem Anteil am *Gemeindeland*, das z. T. individuell, z. T. gemeinsam bewirtschaftet wurde. Aus diesem Land sollten die Abgaben (z. B. Tribute an den König) gewonnen werden. Da Geburtenüberschuß herrschte, wurden die Felder infolge Erbteilung verkleinert (Abb. 46). Das öffentliche Land wurde manchmal an einzelne vergeben. Ein Teil der Kinder ging in die Stadt, wo Arbeiter und Handwerker gebraucht wurden. Der König, das Heer und die Priester waren Eigentümer großer Ländereien. Der Adel bekam Lehnsland von seinem König, „*Pillalli*“ [837]; dadurch gerieten die Kleinstbesitzer auf diesem Land in Abhängigkeit. Sie mußten z. T. Pächter werden. Es gab also schon vor der *Conquista* eine Art Gesellschaftsstruktur wie z. B. bei den „*Hacendados*“ und „*Peones*“. Ebenso wurde manche Ortschaft zur Bewirtschaftung des Priester- und Heereslandes gezwungen, leistete also Fronarbeit [686]. Die Frage der Verteilung des Landbesitzes entstammt nicht erst der Kolonialzeit.

Eine besondere Form des Ackerbaues stellten die *Chinampas* dar [795, 803] (Abb. 46, *Bild 58*) – eine Landschaft ähnlich den Marschen mit Gräben. Noch um 1900 wurde der Gemüsemarkt Mexicos durch Boote über den *De-la-Viga-Kanal* direkt von den *Chinampas* von *Xochimilco* beliefert. Statt daß Wasser auf die Felder geleitet wurde, wie meist bei der künstlichen Bewässerung, wurden Holz- und Pflanzenflöße mit Erde, also *Erdinseln*, im flachen *Texcoco*-See gehalten, die sich durch die Wurzeln des *Ahuehuete*-Baumes, einer *Taxodium*-Art, verankerten, wie er noch um 1900 in den schwimmenden Gärten von *Xochimilco* und der Hauptstadt México beobachtet werden konnte. Der Nutzungsrhythmus ist von den Jahreszeiten unabhängig, die Aussaat schließt sich an die Ernte. So erweiterten die Azteken ihr Ackerland. Abbildungen alter Karten bei E. SCHILLING [837] (Abb. 46). (Vgl. Abschn. Agrarwirtschaft).

„Wenn auch die Bewässerungswirtschaft im Beckenbereich für die vorspanische Zeit trotz der Forschungen von PEDRO ARMILLAS (1949) bisher nicht nachgewiesen werden konnte, so spricht doch für ihr Vorhandensein das Aufblühen von *Cholula*, des kulturellen und religiösen Zentrums der *Tolteken*. Diese Stadt liegt innerhalb der durch Brunnen bewässerbaren und hochwasserfreien Ebene westlich des *Rio Atoyac*.“ F. TICHY 1966 [1344].

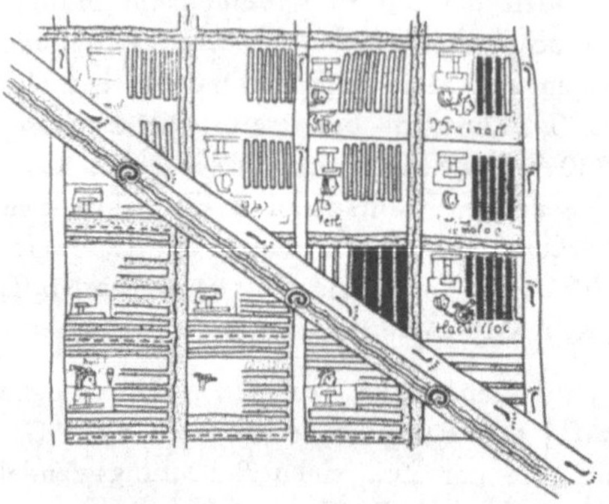

Abb. 46. Ausschnitt aus einem indianischen Plan der Stadt Mexico. (Von SCHILLING 1939 nach dem Original als Ausschnitt gezeichnet). Der Originalplan im Format 238 × 168 cm, der die Region Tenochtitlán-Tlaltelolco als Teil von Ciudad de México im XVI. Jhdt. darstellt, ist als Abb. 5 verkleinert im Catálogo de la colección de codices [1041] abgebildet. Er zeigt Wege, Bewässerungs-Kanäle und Felder, die mit Orts- bzw. Benutzungshieroglyphen markiert sind. (vgl. Bild 58)

Alte Siedlungs- und Flurformen. Es gab je nach Rodungsart von einer Dorfgemeinschaft gemeinsam erworbenes Kulturland mit Gemengelage zahlreicher kleiner Felder, streifenförmige Gewanne oder Einzelhöfe mit Blockfluren. Die Hütten hatten Wände aus Flechtwerk, das mit Lehm verschmiert war, und stroh- oder schilfgedeckte Dächer mit Vollwalmgiebel. Hütten dieser Art werden heute noch gebaut *(jacales)*. Der Grundriß war rechteckig. Speicherhütten („*Cuescomatl*", bzw. „*Zencatl*«, Abb. 72) standen nebenan. Siedlungen oder Grundstücke waren oft durch Lesesteinmauern abgegrenzt.

„Die Frage nach den zur Wirtschaftsformation des indianischen Maisbaues gehörigen Siedlungsformen ist nicht leicht zu beantworten. Die vorspanische Ortsform scheint aber der Plan des Dorfes *Atzala* vom unteren *Ixtaccíhuatl*-Hang noch zu zeigen, obwohl er aus dem Jahre 1623 stammt. Solche lockeren Schwarmdörfer, in denen die Gehöfte frei mitten auf dem Feldstück liegen, gibt es nämlich heute noch in der Umgebung von *Tlaxcala,* also gerade dort, wo die Spanier wenig in die Belange der Indianer, denen sie Selbstverwaltung zugestanden hatten, eingreifen durften. Die Hausform war vermutlich wie im benachbarten Becken von *México,* wo die Ausgrabungen von *Teotihuacán* darüber Auskunft gaben, das *Adobe*-Trockenziegelhaus mit grasbedecktem Satteldach und ohne Fensteröffnungen. Die auf dem Plan erkennbare rechteckige Fluraufteilung einer fast schematischen Blockflur braucht nicht von spanischem Einfluß herzurühren, kennen wir doch die von Alexander von Humboldt mitgebrachten und von Seler (1893) und Schmieder u. a. (1962) veröffentlichten aztekischen Feldpläne mit ihrer Rechteckform.

Noch heute lassen Orts- und Hausformen Züge der vorspanischen Zeit erkennen, obwohl die Bevölkerung stark mestizisiert ist. Sogar in ganz jung angelegten Dörfern werden die Häuser fast noch so gebaut, wie sie auf dem Plan von *Atzala* gezeichnet worden sind. Besonders interessante Elemente, die sich vielleicht auch für eine kulturlandschaftliche Gliederung des Beckens eignen, sind verschiedene Formen des Maisspeichers, des sog. ‚*Cuescomate*', d. h. Lehmkrug, und das indianische Schwitzbad, der ‚*Temazcal*'." F. Tichy 1966 [1344] (Abb. 72).

„1967 führte Horst Kern *(Bonn)* siedlungsgeographische Studien (Feldforschungen, Auswertung von Keramik und Archivalien) im Hochbecken von *Puebla-Tlaxcala* durch. Dabei benutzte er die in Deutschland entwickelte und erfolgreich angewandte Methode der „Wüstungsforschung". Durch systematische Begehung der an den Hängen der *Vulkane* liegenden Waldgebiete wurden auf der Ostseite des *Iztaccihuatl* zahlreiche heute unter Wald liegende Siedlungsrelikte (Stufenraine, Be- und Entwässerungsgräben, Keramik und andere Hinterlassenschaften im Bereich ehemaliger Wohnplätze) aufgefunden und alle in einer Karte von Geländeaufnahmen zusammengestellt.

Hierbei gelang u. a. der Nachweis von Streusiedlungen mit nur wenigen Gehöften aus spätindianischer (postklassischer) Zeit bis in Höhen von 2900 m auf teilweise schwer erreichbarem Gelände, aber mit günstiger Lage zum Wasser. Diese Wohnplätze wurden ebenso wie die in tieferen Gebieten liegenden größeren Schwarmdörfer nach der Conquista im Rahmen der Umsiedlungsaktionen durch die Spanier durch Gründung von planmäßig angelegten dörflichen Siedlungen verlassen. Die Terrassen mit vorgelagerten Gräben, die dem Verlauf der Höhenlinien angepaßt sind und zur Entwässerung und Einschränkung von Erosion dienten, müssen im Bereich der ehemaligen indianischen Siedlungsplätze mit der Gründung von Gutshöfen in spanischer Zeit angelegt worden sein. Mit Aufkommen des Großgrundbesitzes mit *Hacienden* und Großblockfluren wäre der *Terrassenbau* also von den *Spaniern* eingeführt.

Diese Terrassen und Gräben wurden aber nach der Agrarrevolution (ab 1910) im Rahmen der Bodenreformbewegungen durch Anlage kleinparzellierter, schematisch angelegter Fluren größtenteils verschleift. Im Hochbecken von *Puebla-Tlaxcala* sind diese Großblockfluren der Hacienden mit Terrassenbau heute zwar noch oft zu erkennen, aber nur dort wirklich gut erhalten, wo sie im Besitz der *Ranchos* verblieben sind. Wo das Gelände aber vor der Aufteilung der Großblockfluren wieder bewaldete, wurden diese Terrassen und Gräben nicht überformt und sind daher noch in der Gegenwart den Untersuchungen zugänglich." H. Kirchhoff aus *Umschau* 1968, Heft 17.

„Die Bewohner der Siedlungen auf den schmalen Riedelflächen der östlichen Fußhänge des Iztaccithuatl werden vermutlich wie ihre Nachfolger heute Gletscherschmelzwasser aus den tiefen

Barrancas in Hanggräben in die Dörfer und auf die Felder geleitet haben." (vgl. die Darstellung im Codex Florentino). F. Tichy 1968.

Bei den *Mixteken* und *Zapoteken* im S Mexicos herrschte Streusiedlung mit Einzelhöfen vor, bei den *Azteken* waren Haufendörfer vorherrschend. In großen Dörfern waren Arbeitsteilung und spezielle Gewerbe entwickelt, oft sogar spezialisierte sich ein Dorf auf einzelne Gewerbe (Flechten, Töpferei, Weben und dgl.), wie heute noch. Daher herrschte in vielen Teilen des Landes ein reger Handel und Marktbetrieb, ein interindianischer Handel, der im modernen Mexico außerhalb der Gesamtwirtschaft weiterbesteht, z. B. bei den *Tarasken* [1161, 1150]. Wie stark sich frühere Flur- und Siedlungsformen erhalten haben, zeigen die Feldaufnahmen von O. Schmieder [647] 1930 und G. Sandner [646] im *Zapotekenland* bei *Mitla* (Abb. 89) und die von F. Tichy 1966 [1344] vom Hochtal von *Pueblo-Tlaxcala* (Abb. 95, 96).

Eine Karte der „Siedlungs- und Territorialstruktur kurz vor der Conquista" gibt W. Trautmann in *„Untersuchungen zur indianischen Siedlungs- und Territorialgeschichte im Becken von Mexico bis zur frühen Kolonialzeit"*, 1968, Abb. 6. Nach W. Trautmnan gab es z. B. im genannten Raum Siedlungen, die verschiedene Funktionen innehatten: Insellage zur Verteidigung, Uferlage an Seen zum Fisch- und Vogelfang, Lage an Salzausblühungen (*Tequisquite*) zur Salzausbeute, Lage an Kanälen und Straßen wegen des Verkehrs, Hanglage wegen der Terrassenäcker. Großdörfer hatten zwischen 1800 und 4500 Einwohner. Es bestanden kleinere Dörfer mit 600 bis 700 Einwohnern. Beträchtlich war die Zahl der Orts- und Flurwüstungen verschiedener Wüstungsphasen.

DAS KOLONIALE MEXICO

Eroberung Mexicos und Begründung Neuspaniens

Zum Verständnis des heutigen Mexico, des vorhergehenden Kolonialreiches, Vizekönigtums Neuspanien, und seiner Begründung sind einige historische Verhältnisse und Ereignisse in Europa im Mittelmeerraum und in Mittelamerika von Bedeutung.

Abendländische Entdeckungen und Eroberungen. Spanien war infolge der Ausbreitung islamischer Macht um etwa 900 n. Chr. z. gr. T. unter arabische Herrschaft gekommen. In ständigem Kampfe gegen den Islam, der sogenannten *Reconquista*, wurde die arabische Herrschaft zurückgedrängt. Unter den katholischen Königen besiegte Spanien nach acht Jahrhunderten des Kampfes einen militärisch, kulturell und geistig überlegenen Gegner, nach dem Zerfall zentraler arabischer, maurischer Macht.

Während 1453 mit dem Fall von *Konstantinopel* durch das erstarkte Osmanenreich der durch MARCO POLO, 1271–1295, bekannt gewordene Weg nach Ostasien zunehmend blockiert war, befreite sich das durch die Heirat FERDINANDS V. ARAGON und ISABELLAS VON KASTILIEN, 1479, zu einem Königreich vereinte *Spanien* um 1498 mit der Eroberung *Granadas* endgültig von der arabischen Herrschaft. Die Suche eines Seeweges nach Ostasien begann. 1488 hatten die Portugiesen das Kap der Guten Hoffnung erreicht. 1492 hatte COLUMBUS die *Bahama-Inseln* und *Cuba* entdeckt in dem Glauben, den Seeweg nach Ostasien gefunden zu haben. In den folgenden Jahren setzte eine so rasche Erkundung der bis dahin unbekannten Welt ein, daß 1494 im Vertrag von *Tordesillas* und 1529 von *Zaragoza* die Welt in Übersee durch den Papst mit der Festlegung einer meridionalen Demarkationslinie in eine westliche spanische und eine östliche portugiesische geteilt wurde [450, 455] (Abb. 47 u. 48). Im Vertrag von Tordesillas 1494 einigten sich die beiden iberischen Mächte auf eine Demarkationslinie 370 Leguas (1 Legua = 5,57 km) westlich der *Kapverdischen Inseln* (Meridian etwa 46° westl. von Greenwich).

Dadurch war Portugal der Weg nach Indien um Afrika gewiesen. Westindien, „Las Indias“ wurde von den Spaniern großenteils erobert. Der Straßburger Druck einer Ptolomäuskarte von 1513 zeigte die „Neue Welt“.

Spanien nahm rasch vom mittelamerikanischen Raum Besitz [1377, 1379] (Abb. 49). Seine Entdecker hatten in 20 Jahren den Raum bis auf das festländische Mexico durchmessen [463]. VASCO NUNEZ BALBOA hatte 1513 die Landenge bei *Panama* überschritten. Auf der Insel *Hispaniola* war eine spanische Kolonie entstanden. Von *Santo Domingo* aus gingen zahlreiche Entdeckungsfahrten. HERNÁN CORTÉS, der spätere Eroberer und Begründer Mexicos, war unter der Zahl unternehmungslustiger Spanier, denen seit Generationen die Eroberung von Land aus der Herrschaft der Araber zur Tradition geworden war: Entdeckung und Eroberung neuen Landes, Ausbreitung des christlichen Glaubens wie im Kampf gegen den Islam, die Suche nach Land und Gold, waren das Ziel dieser Unternehmungen. Während die neuen spanischen Erwerbungen in Übersee der

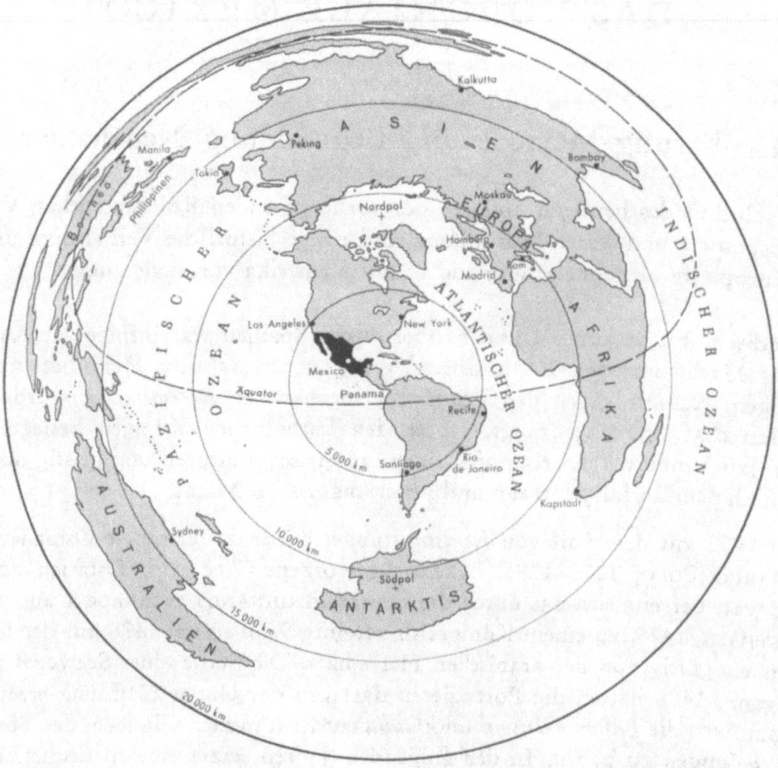

Abb. 47. Weltlage Mittelamerikas und Mexicos (in mittelabstandstreuer Azimutalprojektion dargestellt; Projektionsmittelpunkt: Panama). Bei dieser Projektion haben alle Punkte vom Mittelpunkt aus radial auf einer geraden Linie gemessen den dem Maßstab entsprechend richtigen Abstand (vergleiche Entfernungskreise). Von Panama nach Feuerland ist es so weit wie nach der Mitte der Sahara; nach Moskau so weit wie zum Südpol oder Rom. Im Zeitalter des Luftverkehrs liegt Mexico relativ weit von Europa entfernt. Von Madrid nach Mexico ist es so weit wie nach Kapstadt oder Peking. (Entwurf: GIERLOFF-EMDEN)

unmittelbaren Aufsicht der beiden großen Gerichtshöfe, dem „*Consejo de Indias*", dem Indienrat, und der „*Casa de Contratación*", dem Indienhaus zu *Sevilla,* unmittelbar unterstellt waren, um den Fortschritt der Entdeckungen zu fördern, suchte COLUMBUS auf seinen weiteren Fahrten immer noch den Seeweg nach Indien. In Spanien war durch den Tod ISABELLAS 1516 das Zepter durch Erbschaft an ihren Enkel KARL V., Sohn ihrer Tochter JOHANNA, übergegangen, das Interregnum zunächst durch FERDINAND, dann durch einen Kardinal geleitet, bis KARL V. als spanischer König Carlos I. 1517 nach Spanien kam, der 1556 zugunsten seines Sohnes Philipp II. abdankte. Die seit dieser Zeit sich anbahnende totalitäre Regierungsform mit einem chronischen Geldmangel in den Staatskassen bedurfte einer zunehmenden Geld- und Goldeinfuhr von Übersee. Erste Goldfunde auf den Inseln und die Nachrichten von sagenhaften Reichtümern auf dem noch nicht eroberten Festland waren der Ansporn zu immer neuen Entdeckungsfahrten, die zur Eroberung des Raumes *Mexico,* der großen überseeischen Erwerbung, führten.

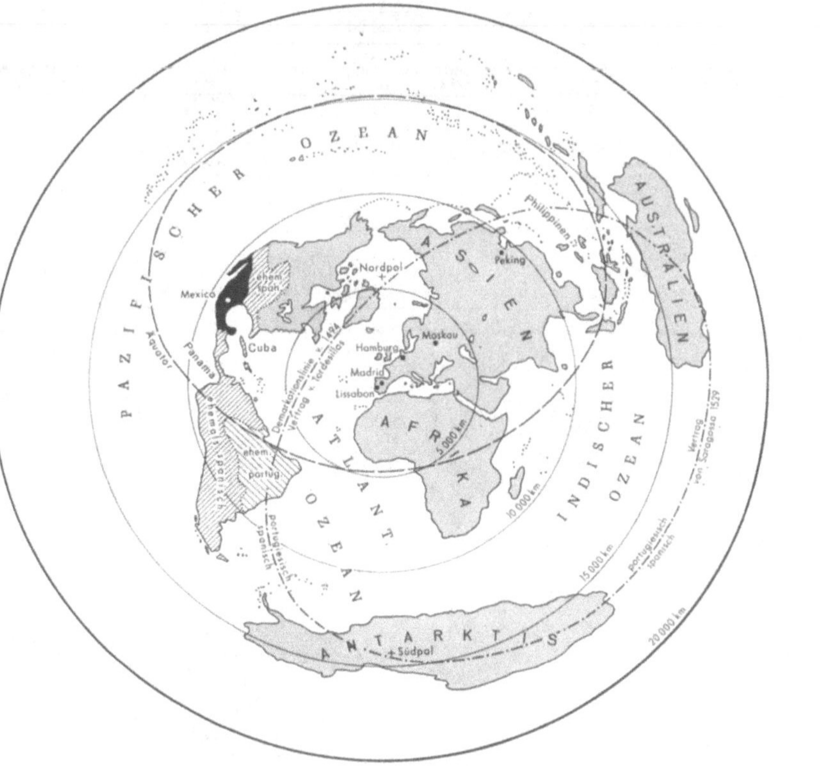

Abb. 48. Randlage Mittelamerikas und Mexicos (in mittelabstandstreuer Azimutalprojektion dargestellt; Projektionsmittelpunkt: Madrid). Bei dieser Projektion haben alle Punkte vom Mittelpunkt aus radial auf einer geraden Linie gemessen den dem Maßstab entsprechenden richtigen Abstand (vergleiche Entfernungskreise). Zur Zeit des spanischen Kolonialreiches in der „Neuen Welt" lagen diese Gebiete wegen des ausschließlichen Seeverkehrs näher zu Europa als Ost- und Südasien. (Entwurf: GIERLOFF-EMDEN)

„Nueva España" ist ein Programm, durch das die *Conquista* in eine bestimmte Beziehung zur Reconquista gebracht werden soll. Der größte Teil der während der Re-Conquista der iberischen Halbinsel wiedergewonnenen Gebiete war als „Castillo la Nueva" in den Herrschaftsbereich der kastilischen Könige einbezogen worden. Erst seit dem Abschluß der *Reconquista,* erst seit Kastilien und Aragón vereint sind, kann man von einem *„Estado Español"* sprechen (KONETZKE). Bereits für den Nachfolger der katholischen Könige, KARL I. (= KAISER KARL V.), ist *„España"* als festgefügte Einheit eine Selbstverständlichkeit. Für ihn wiederholt sich nun im Weltmaßstab die *(Re-)Conquista.* Der neuen Einheit *España („la vieja")* wird nunmehr eine *„España la Nueva"* hinzugefügt. Der Prozeß der Wiederholung ist bis in die kleinsten Einzelheiten, so etwa die Namensgebung für die Städte der Neuen Welt, nachprüfbar. Die Hauptstädte *Alt-Spaniens* wiederholen sich spiegelbildartig in *Neu-Spanien.* H. A. STEGER [1322]. (Vgl. hierzu Abschn.: Namen in Karten von Mexico).

HERNÁN CORTÉS, der 1485 als Sohn eines spanischen Hauptmanns in *Medellín* in *Estremadura* in Spanien geboren worden war, hatte an der Universität in *Sevilla* einige

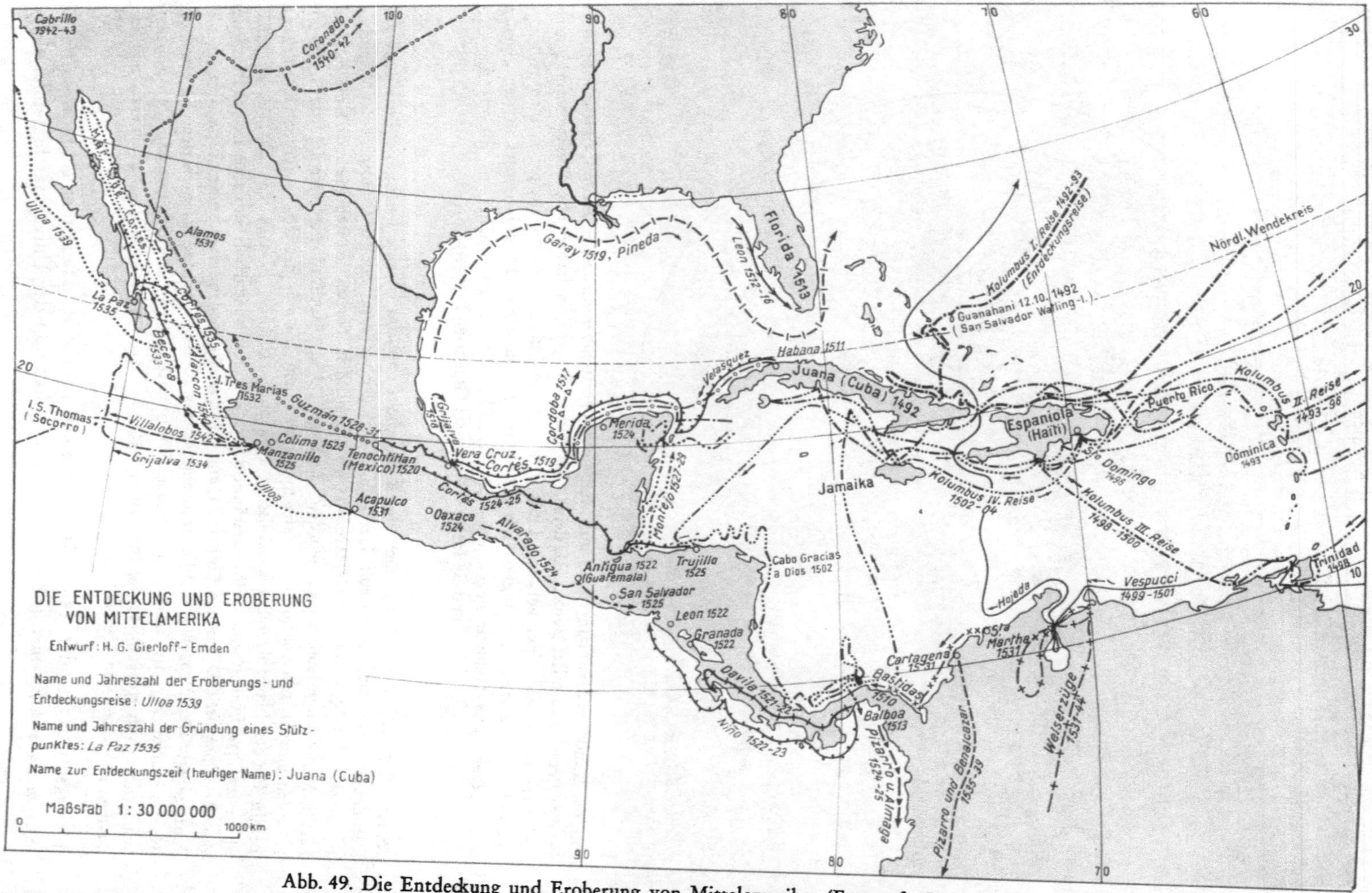

Abb. 49. Die Entdeckung und Eroberung von Mittelamerika. (Entwurf: GIERLOFF-EMDEN)

Semester Rechtswissenschaft studiert und war als 20jähriger nach *Hispaniola* gekommen. Während seiner Zeit auf Hispaniola ergab sich für CORTÉS die Gelegenheit, 1511 mit dem Gouverneur DIEGO DE VELASQUEZ nach *Cuba* zu gehen, um dort die spanische Herrschaft auszudehnen. Die Tätigkeit des CORTÉS auf *Cuba* schloß die Verwaltung von Landbesitz, „*Repartimiento*", und, als *Alcalde* von *Santiago*, eine Art Sekretärsposition bei dem Gouverneur VELASQUEZ ein. CORTÉS sah eine Reihe von Expeditionen scheitern und ohne große Erfolge zurückkehren.

Bild 25. HERNÁN CORTÉS, der Eroberer Mexicos. Geboren 1485 als Sohn eines spanischen Hauptmanns zu Medellín, einer Stadt im Südosten der Landschaft Estremadura in Spanien; ging 1504 nach Westindien. Eroberte 1519–21 Mexico. Gestorben 1547. Sein Feldzug, der zur Vernichtung der Aztekenhauptstadt Tenochlitlán führte, kann als eine der kühnsten Unternehmungen der Kriegsgeschichte der Welt gelten. Unter dem Bild die Unterschrift des HERNÁN CORTÉS. (Nach SCHMIEDEHAUS aus „Mexico" im Goldmann-Verlag)

Die Expeditionen. Das Schiff war Hilfsmittel und Instrument aller Eroberungs- und Entdeckungszüge [460]. CORTÉS gelangte mit seinen Truppen über See nach Mexico. Schließlich wurde auch die amphibische Stadt *Tenochtitlán* mit Hilfe auf dem Hochland gebauter Brigantinen erobert. Die Indianer nannten die ihnen unbekannten Fahrzeuge „Wasserhäuser" oder „schwimmende Berge". Es gab vor der Eroberung Handel der Mexicaner mit den Maya entlang der Golfküste mit Hilfe von Kanus [425, 471, 723], aber die eigentliche Hochseefahrt war den Indianern Mesoamerikas unbekannt, zu einer

Zeit, als Chinesen, Araber und Polynesier die Meere schon über 1000 Jahre befahren hatten, die Wikinger seit 500 Jahren. Die „tropischen Meere", *Golf von Mexico* und *Karibisches Meer,* erwiesen sich als reich an Stürmen, und die Geschichte der Entdeckung und Eroberung im mittelamerikanischen Raum ist reich an Berichten über schiffbrüchige „*Naufragios*" [474]. Bisher hat die Forschung sich intensiv mit den Schiffen des COLUMBUS befaßt. Ähnlich muß die Mehrzahl der spanischen Schiffe, auch die des CORTÉS, beschaffen gewesen sein.

Für die Handlungsweise des Conquistadors und damit die Entwicklung in den neu zu erobernden Gebieten Mexicos sind u. a. wirtschaftliche Verhältnisse von Bedeutung. Mit der Zielsetzung, auch Reichtum zu erwerben, verband CORTÉS geschickterweise Instruktionen zur Eroberung und Besiedlung. Die Finanzierung der Ausrüstung von Expeditionen wurde z. gr. T. von deren Leitern selbst getragen. So hatte auch CORTÉS, der sich schon Reichtümer auf *Cuba* erworben hatte, sein Kapital in die bevorstehende Unternehmung investiert. Er verpfändete z. T. seine Güter und nahm außerdem Schuldverschreibungen bei Handelsleuten auf. Dem Conquistador winkte als Gewinn neuer Reichtum in Form von Land, das er insgesamt für die spanische Krone in Besitz nehmen konnte, von dem ihm aber lohnende Anteile zukamen, und zu gewinnendes Gold, von dem ein Fünftel an die Krone abzuführen war. Die Soldaten erhielten keinen Sold vom König, sondern mußten aus den Gewinnen der Expedition mit einem Anteil abgefunden werden. So wird die „Gewinnsucht" des CORTÉS verständlich, er mußte seine Gläubiger durch die Gewinne der Unternehmung wieder abfinden [464]. CORTÉS unternahm Eroberungen für sich selbst, für die Ausbreitung der Macht des Königs und die Ausbreitung des Einflusses der Katholischen Kirche.

„Einzelne Theologen des Spätmittelalters wie der Erzbischof von Armagh, RICHARD FITZRALPH, behaupteten nun, daß der Mensch nur Herr über irdische Dinge ist, soweit er nach dem Ebenbild Gottes geschaffen ist. Wenn die Vernunft, die Grundlage seiner Gottähnlichkeit, ihm fehlt, hört er auf, eine rechtmäßige Gewalt über Mitmenschen und Güter auszuüben, selbst wenn er den Namen König oder Fürst führt. Unter solchen Umständen erscheinen die spanischen Eroberungskriege in Amerika gerechtfertigt. Der Jurist Lic. GREGORIO LÓPEZ, der von 1543 bis 1556 Rat im *Consejo de las Indias* war, vertrat die Auffassung, daß die Sünden der Indianer gegen Gott und die Natur einen Rechtstitel zur Eroberung *Amerikas* geben. Die Könige von *Spanien* können die Bewohner der Neuen Welt notfalls durch Krieg zwingen, daß sie nach dem Naturrecht leben. Damit wird ein Imperialismus im Dienste der Zivilisation moralisch begründet." KONETZKE [1378].

Die politische Situation bei den Indianerstaaten in Mexico war eine Vorbedingung für die Eroberung. Entscheidend sind für den Erfolg des HERNÁN CORTÉS die machtpolitischen Verhältnisse, die von den Spaniern auf dem mexicanischen Festland angetroffen wurden. Zu Beginn des 16. Jh. lag die Vormachtstellung nach wechselreichem Kampf der einzelnen Stadtstaaten untereinander bei den Azteken.

Den Azteken gelang in der zweiten Hälfte des 15. Jahrhunderts der Durchbruch durch das Land der Zapoteken nach S und bis an die Küste des *Golfes von Mexico* in das Gebiet der Totonaken. Erfolgreich hatten bis dahin der Stadtstaat Tlaxcala und das Reich der Tarasken widerstanden. Die Azteken waren bei ihren Nachbarvölkern gefürchtet. Viele der Indianer ,die zwangsweise dem aztekischen Heere helfen mußten, waren unzuverlässige Soldaten. Mythische Vorstellungen, in der Religion der Azteken begründet, ließen diese an bevorstehende, bedrohliche Ereignisse glauben.

Im Jahre *„8 Schilfrohr“* hatten sie ihrem Gott Huitzilopochtli bei einer Tempeleinweihung 20 000 Gefangene geopfert, deren Herzen der Adlerschale dargebracht, die Schädel vor der Pyramide aufgetürmt.

Der erste Bericht von der Küste traf ein: daß Wasserhäuser gekommen seien, die Segelschiffe der Spanier waren gesichtet. MOCTEZUMA soll überzeugt gewesen sein, daß die Rückkehr des weißen Gottes QUETZALCOATL bevorstand. Die Nachrichtenverbindung zur Küste dauerte mit Läufern nur ein bis zwei Tage, so daß Gesandte des MOCTEZUMA schon fünf Tage nach der Ankunft des CORTÉS dort eintreffen konnten. Es heißt, MOCTEZUMA glaubte in einem als Geschenk übersandten Helm den des HUITZILOPOCHTLI zu erkennen, er ließ ihn für CORTÉS mit Goldkörnern füllen [464].

MADARIAGA schreibt [464]: „es trafen zwei Religionen zusammen, von denen bei der einen der Mensch Gott aß (Abendmahl) und bei der anderen die Götter die Menschen aßen (Menschenopfer).“

Eroberung des Aztekenstaates. Zur ersten Berührung abendländischer und mesoamerikanischer Kultur war es 1502 gekommen. COLUMBUS war auf seiner vierten Reise einem mexicanischen Handelsboot im Golf von Honduras begegnet. COLUMBUS hatte *NO-Honduras* passiert, das später nach der Passage wegen der widrigen Winde *„Cabo gracias a Dios“* benannt wurde. 1511 war die Bootsmannschaft eines bei *Jamaica* gescheiterten spanischen Schiffes in die Gefangenenschaft der *Mayas* von *Yucatán* geraten. Zu ihr gehört GERÓMINO DE AGUILAR, einer der späteren Dolmetscher des CORTÉS.

Nach wechselvoller Laufbahn wurde CORTÉS Leiter einer spanischen Expedition, nachdem GRIJALVA von *Cuba* aus 1518 die mexicanische Küste vorläufig erforscht hatte. CORTÉS lief am 10. Februar 1519 mit einer Flotte von 11 Karavellen, 508 Soldaten, darunter mehrere angesehene Ritter als Offiziere (unter diesen ALVARADO, SANDOVAL, OLID), 1 Mönch, ein spanischer Schatzmeister, 1 Schiffsbaumeister, 32 Armbrustschützen, 110 Matrosen und 16 Pferde und mit nur 14 Geschützen und 13 Musketen nach *Yucatán* aus. Nach ersten erfolgreichen Kämpfen vor Yucatán bei *Cozumel*, 4. März 1519, und an der Küste von *Tabasco* gründete CORTÉS am 21. April 1519 die erste von Europäern auf dem amerikanischen Festland erbaute Stadt: *„La Villa Rica de Veracruz“*. Die von den Azteken als Sklavin verkaufte indianische Fürstentochter MALINTZA wurde ihm von den Indianern an der Küste als Geschenk gebracht. Sie wurde Begleiterin und *Dolmetscherin* des CORTÉS und erwies sich wegen ihrer Orts- und Sprachkenntnisse für den Eroberungszug als unentbehrlich. CORTÉS verbrannte seine Karavellen und trat am 15. August 1519 zu seinem Eroberungszug an, nahm nach schweren Kämpfen *Tlaxcala* (15. September 1519) ein, wobei er einem Heer von 30 000 Indianern widerstand, und gewann dann *Totonaken* und *Tlaxcalteken* als Bundesgenossen. Am 3. November sahen die Spanier von der Paßhöhe zum erstenmal die amphibische Hauptstadt der Azteken: *Tenochtitlán* im *Texcoco-See*. Nachdem er zuerst gastliche Aufnahme in der Hauptstadt *Tenochtitlán* gefunden hatte, mußte er einem ihm folgenden spanischen Heer, von seinem Gegner VELÁSQUES unter Führung von NARVÁEZ aus Cuba entsandt, entgegentreten und dieses schlagen (28. Mai 1519). Ein Negersklave dieser Truppe soll die ersten Pocken nach Mexico übertragen haben. Nach der Rückkehr wurde er mit seinen Soldaten in *Tenochtitlán* einquartiert und mißtrauisch beobachtet. Die Azteken wollten die Eindringlinge aus ihrem Land wieder vertreiben. MOCTEZUMA wurde von Indianern getötet. Der tapfere Aztekenführer CUAUHTÉMOC griff die Spanier an, die bei einem Ausbruch aus der Hauptstadt die Hälfte ihrer Mannschaft verloren. Die Soldaten, die zuvor die Schatzkammer ausgeräumt hatten, versanken großenteils, goldbeladen, durch den Zusammenbruch der Brücken. In jener denkwürdigen Nacht des 30. Juni 1519, der „*Noche triste*", wurde auch CORTÉS schwer verwundet. Er kehrte aber nach Monaten aus dem Raum um *Tlaxcala* neu gerüstet und mit Kriegsbooten für den Kampf auf dem Texcoco-See mit verbündeten Indianern zurück und zerstörte nach 75 tägigem furchtbarem Belagerungskampf die Märchenstadt *Tenochtitlán*, bei dem Hunderttausende von Indianern den Tod gefunden haben sollen. Damit war am 13. August 1521 das Aztekenreich zusammengebrochen, einer der nach Leistung und geschichtlicher Bedeutung bemerkenswertesten Kriegszüge war abgeschlossen, ein Ereignis, das auf die Fähigkeiten des Conquistadors CORTÉS und die Tatsache, daß die übrigen Indianerstämme sich als seine Verbündeten gegen die Aztekenherrschaft auflehnten, zurückzuführen ist [467].

Ein Stadtstaat als Machtzentrum wurde erobert, mit der „Kolonie" wurde ein großer Staat geschaffen. Durch Eroberungen entstand dann in einem Bereich, in dem zahlreiche Indianervölker verschiedenster Sprachgruppen lebten, die keine Zusammengehörigkeit als die zu ihrer Sippe oder ihrem Stamme oder die Unterwerfung durch andere indianische Stämme, zuletzt die der Azteken, kannten, das große Kolonialreich Neuspanien, „Nueva España", das alsbald wesentlich größere Gebiete, Azteken- oder Mayareiche, durch Eroberung gewann und unter Verwaltung stellte. 1523 wurde von Spanien der erste königliche Gouverneur für „Neuspanien" eingesetzt [457, 456].

BERNAL DIAZ schildert seine Meinung, wie es möglich war, daß eine so kleine Schar von Kämpfern ein großes Reich erobern konnte: CORTÉS hielt seine Gefolgsleute zusammen durch Versprechungen von Gold und Reichtum, die Zugehörigkeit zur katholischen Religion, Angst vor Strafe und sein Vorbild.

Durch „radiale" Exploration begann 1521 die Unterwerfung des zentralen Mexico [441] (Abb. 49 u. 50). Um die Unterwerfung zu beschleunigen, wurden CRISTÓBAL DE OLID nach *Michoacán*, GONZALO DE SANDOVAL ins Tal von *Oaxaca* entsandt. Die *Bergzapoteken* leisteten wiederholten Expeditionen der Spanier (1522, 1524, 1527, 1531) harten Widerstand. *Colima*, *Acapulco*, *Zacatula*, *Tehuantepec* und der *Rio Pánuco* mit dem Gebiet der *Huaxteken* wurden erreicht [462].

Kaiser KARL V. bestätigte CORTÉS als legitimen Regenten in Neuspanien. Andere „Eroberer" erschienen, PIÑEDO in *Pánuco*, GARAY in *Pánuco* von *Cuba* und *Jamaica* aus.
Nach Unterwerfung der Mixteken an der Küste von *Tututepec* (1522) zog PEDRO DE ALVARADO, 1523–25, [461] über *Tehuantepec* nach *Guatemala*, um das Land der *Quiché* und *Cakchiquel* zu erobern. OLID wurde von CORTÉS zu Schiff nach *Honduras* und *Guatemala* entsandt, um dort anderen Eroberern zuvorzukommen.

Am 13. 5. 24 landeten die ersten zwölf Missionare in Veracruz. 1524–26 unternahm CORTÉS die große beschwerliche Expedition nach Honduras durch die Länder der *Golfküste* und die Urwälder von *Tabasco* nach *Petén*, in deren Verlauf er CUAUHTÉMOC als Verräter hinrichten ließ. 1526 kehrte CORTÉS nach Mexico zurück und schiffte sich 1528 nach Spanien ein, um dem König zu berichten. CORTÉS wurde zum Generalkapitän von Neuspanien ernannt, nicht aber zum Statthalter. Er kam 1530 nach Mexico zurück, war „*Marqués del Valle de Oaxaca*", unternahm eine Expedition nach *Baja California* die zum wirtschaftlichen Fehlschlag wurde und kehrte 1540 endgültig nach *Spanien* zurück, wo er 1547 als 62jähriger starb.

1540–46 gelang FRANCISCO MONTEJO dem Jüng. nach zweimaligen vergeblichen Versuchen die Eroberung des größten Teiles von *Yucatán* und die Unterwerfung der Maya [443, 445].

Entdeckung, Erforschung und Eroberung des pazifischen Teils von Mexico im Anschluß an den Eroberungszug des CORTÉS [446, 451, 468] (Abb. 49). Hierzu sei der *„Atlas mexicana de la conquista"* erwähnt, den J. A. TOPETE 1958 herausgab, der auf 40 Karten und Beschreibungen die einzelnen Eroberungszüge darstellt [441].

Die Eroberung Mexicos durch die Spanier wurde ein Stück epochemachender Weltgeschichte, dessen weittragende Wirkung bis in unsere Zeit reicht [452, 466]. An Werken zur Information über die Geschichte der Eroberung von Mexico durch die Spanier unter der Führung von CORTÉS herrscht kein Mangel. An **Sekundärliteratur** gibt es zwei Standardwerke, die im Abstand eines Jahrhunderts erschienen und beide als klassisch zu bezeichnen sind: *„Die Eroberung von Mexico"* von W. H. PRESCOTT aus dem Jahre 1840 [469, 470, 471, 472] und die Biographie *„Cortés, Eroberer Mexicos"* von SALVADOR DE MADARIAGA, 1955 u. 1960 [464].

MADARIAGA über CORTÉS. Unter den vielen Darstellungen, die es über die Person des Conquistadors gibt, ragt die von SALVADOR DE MADARIAGA hervor. MADARIAGA, Spanier, Historiker und Diplomat, gibt eine Darstellung von Person und Leben des CORTÉS und von der Eroberung und Begründung des Vizekönigreiches Neuspanien. CORTÉS besaß außer seinen Qualitäten als Soldat und Feldherr Führereigenschaften und vor allem Verstand und Umsicht, das Eroberte und Zerschlagene wieder aufzubauen und neu zu ordnen. Er ließ Städte gründen, baute die Hauptstadt *Tenochtitlán* als México wieder auf, stiftete Hospitäler, legte Zuckerplantagen an. Andererseits wird ihm große Habgier nachgesagt. Seine Handlungsweise ist für die Begründung der Kolonie Neuspanien und das daraus erwachsene Vizekönigreich und des späteren Staates Mexico von großer Bedeutung.

CORTÉS verlor seinen Einfluß als erster Mann im neugegründeten Neuspanien, weil er glaubte, den abtrünnigen OLID selbst strafen zu müssen, und so den unglücklichen Zug durch Tabasco nach Honduras unternahm, wodurch er außerdem seine Gesundheit schwer schädigte. Ohne sein Verschulden mußte er erleben, daß er beim spanischen Hof entmachtet wurde. Er war dem Kaiser und allen Hofschranzen zu bedeutend geworden. Sie alle hatten seinen Taten nichts gleichwertiges entgegenzusetzen. So wurde CORTÉS, obwohl zum höheren Adel erhoben und als *Marqués del Valle de Oaxaca* immens reicher Grundbesitzer, womit er den angestrebten gesellschaftlichen Aufstieg seiner Zeit erreicht hatte, nicht selbst Statthalter in dem von ihm eroberten Land. Erster Vizekönig wurde der von der Krone gesandte MENDOZA. CORTÉS hatte wiederum alles eigene Kapital in die Unternehmungen zur Entdeckung des pazifischen Nordwestens gesteckt, um neues Land zu erobern und zu gewinnen. Die Entdeckung der Halbinsel Baja California und ihre geplante Eroberung wurden zum Fehlschlag, als dort nur steinige Wüsten gefunden wurden. Durch diese Unternehmung wirtschaftlich schwer zurückgeworfen, starb CORTÉS 30 Jahre nach seinen größten Erfolgen als Rechtsuchender bei Hofe, wohlhabend, aber nicht reich, 1547 nahe bei Sevilla.

Zeitgenössische Beschreibung der Person des HERNÁN CORTÉS nach BERNAL DÍAZ DEL CASTILLO. CORTÉS war gut gewachsen und wohl proportioniert. Er wirkte ernst. Er war ein ausgezeichneter Reiter, ein gewandter und mutiger Kämpfer, der mit allen Waffen umzugehen verstand und vor nichts zurückscheute. CORTÉS griff aber auch überall selbst mit an. Er schonte sich nicht und kämpfte immer in der vordersten Linie. Oft kam er in äußerste Lebensgefahr.

Quellen über die Eroberung von Mexico. Berichte der Indianer: Das Werk des SAHAGÚN [512, 513, 514] (nach einem Bericht von H. KELLENBENZ, 1966).

Die Eroberung des Aztekenreiches ist – ähnlich wie diejenige des Inkareiches – ein Ereignis, hinter dem sich die erstaunlichsten psychologischen Hintergründe verbergen. Die besten Aufschlüsse darüber vermitteln die Aufzeichnungen, die die Azteken selbst darüber gemacht haben, was mit außerordentlichen Schwierigkeiten verknüpft war, da es zunächst darum ging, die Nahuatl-Sprache, die nur über eine Bilderschrift verfügte, in lateinischer Buchstabenschrift zu erfassen. Das Verdienst, dies zustande gebracht zu haben, gebührt den spanischen Missionaren, insbesondere Fray BERNARDINO DE SAHAGÚN und Fray DIEGO DE DURÁN. Im Jahre 1535 wurde in *Tlatelolco* das *„Colegio de Santa Cruz“* gegründet, das dann ein Mittelpunkt aller künftigen Bemühungen wurde, das Nahuatl in die lateinische Buchstabenschrift zu übertragen.

Die Berichte der Spanier. Briefe des CORTÉS, Berichte des GÓMARA, DE ALVARADO und Bericht des Feldhauptmanns BERNAL DIAZ DEL CASTILLO.

CORTÉS berichtet in seinen Briefen an den Kaiser als rede- und schreibgewandter, gebildeter Mann [447, 448, 465]. Er hatte in Sevilla einige Zeit Jura studiert, war lange Zeit Schreiber und Alcalde auf Hispaniola und Cuba gewesen. Von den fünf Briefen, die CORTÉS an den Kaiser gerichtet hat, ist der erste, der am 10. Juli 1519 in *Veracruz* geschrieben wurde, verlorengegangen. Schon 1522 und 1523 wurden die Briefe von dem deutschen Drucker CROMBERGER in *Sevilla* veröffentlicht. 1524 und 1525 erschien die erste lateinische Ausgabe der Briefe mit einem Bild der Lagunenstadt Tenochtitlán, so daß sich die Kenntnis von dem großen Unternehmen des CORTÉS schnell in Europa verbreitete.

Der fünfte Brief des CORTÉS, in dem er über seinen strapazenreichen Zug durch die Urwälder von *Petén* berichtet, wurde erst im 18. Jahrhundert in der Wiener Bibliothek wieder aufgefunden. Dieser fünfte Brief wurde von F. TERMER 1941 [1387] in deutscher Sprache veröffentlicht und kommentiert. „CORTÉS Stil ist stets knapp und sachlich, so daß der häufiger gezogene Vergleich zu CÄSARS *„Gallischem Krieg“* nicht ungerechtfertigt scheint“ (G. KUTSCHER, 1956).

FRANCISCO LOPEZ DE GÓMARA, der Hauskaplan des CORTÉS, schrieb einen Bericht über die Eroberung [449], in dem aller Verdienst nur auf seinen Herrn, den CORTÉS zugeschnitten wurde, *„Primera y segunda parte de la historia general de las Indias, Zaragoza* 1552.

Die Briefe des ALVARADO wurden 1565 in *Venedig* veröffentlicht.

Bericht des BERNAL DIAZ DEL CASTILLO: *„Verdadera Historia de la conquista de la Nueva España“*, „Wahrhafte Geschichte der Entdeckung und Eroberung von Mexico. Der Bericht eines Soldaten“.

BERNAL DIAZ DEL CASTILLO, 1492 in Spanien in *Medina del Campo* geboren, wahrscheinlich von gleichem Alter wie CORTÉS, war schon 1514 als junger Mann in die Neue Welt gekommen. Er nahm an der mißglückten *Florida*-Expedition des HERNÁNDEZ DE CÓRDOBA teil, konnte sich als einer der wenigen retten, nahm an GRIJALVAS Fahrt nach *Yucatán* teil und hatte so bereits manche Abenteuer erlebt, als er sich 1519 der Expedition von CORTÉS anschloß, dem er einer der treuesten Begleiter blieb. Die Lektüre seines anschaulichen Berichtes gibt ein umfassendes Bild vom Abenteuer der Eroberung. Sein Bericht will nicht nur die Leistung eines Einzelnen beschreiben, wie CORTÉS Hausgeistlicher, Francisco LOPEZ DE GOMARA es tat, sondern die Leistung der gesamten Truppe. Die Gedächtnisleistung des BERNAL DIAZ war enorm, manches mag sich etwas anders zugetragen haben. Der Titel *„Verdadera historia“*, „wirkliche Geschichte der Eroberung“, deutet an, daß BERNAL sich verpflichtet fühlte, zu sagen „wie es wirklich war“.

Unklar bleibt, woher BERNAL die Kenntnis über Inhalt und Gespräche des CORTÉS mit Indianern und Offizieren, über Briefe an die spanische Obrigkeit und die Reaktion auf die Briefe in Europa nimmt. Er war ja im eigentlichen Sinne kein Chronist und der Bericht wurde erst 50 Jahre später niedergeschrieben. 1568 waren von seinen Kampfgenossen nur noch fünf am Leben, die übrigen fanden, laut seinen Worten, „ihre Gräber in den Bäuchen der Indianer und den Leibern von Tigern, Schlangen und Raubvögeln". Ihr Ziel war es, für den Kaiser Land und Ruhm zu erobern, heidnische Völker zu missionieren und für sich selbst Gold zu finden. BERNAL selbst erscheint in seiner Chronik als kastilischer Soldat: tapfer, ausdauernd, bedürfnislos und todesmutig. BERNAL lebte nach dem Zug nach Honduras bis 1540 in Coatzacoalcos als Regidor. Er segelte 1540 als der älteste der noch lebenden Eroberer nach Spanien, um für sich und Kameraden bessere Patente zu erwirken. 1542 zog er als Regidor nach Guatemala. 1550 war er Sprecher der alten Eroberer in Valladolid mit Sitz und Stimme im Indienrat.

BERNAL erlebte die Drucklegung seines Werkes nicht mehr, sondern erst seine Enkel im Jahre 1632.

NEUSPANIEN „NUEVA HISPAÑA“

Das „koloniale“ Mexico, eine neue Kulturlandschaft entsteht

Landnahme. In Neuspanien wurden die spanische Sprache und die katholische Religion als allgemein verbindlich eingeführt. Doch der Gegensatz zwischen *„Indianismus“* und *„Hispanismus“* war vorhanden und wurde auch durch die Vermischung der Rassen nicht beseitigt.

Im Gegensatz zur Landnahme des weißen Mannes im Bereich der *USA*, wo das Land von einer großen Zahl von Siedlern und Ackerbauern schrittweise gegen den dauernden erbitterten Widerstand der nordamerikanischen Indianer erkämpft werden mußte, wurde *Mexico* während einer kurzen Eroberungszeit spanisches Überseereich. In *Nordamerika* wurde der kämpfende Indianer verdrängt, er verlor sein Land. In *Mexico* ging die Eroberung über das Land schnell hinweg. Das gilt zumindest für das dichtbesiedelte Kulturland von Mexico, das zentrale Hochland. Zur Bildung einer *Frontier* kam es nur im Norden. Der Indianer überlebte und blieb als Ackerbauer seßhaft. Sein Land wurde ihm nur z. T. im Laufe der Zeit genommen. Geblieben sind die Flur- und Betriebsformen des indianischen Feldbaus. Sie haben z. T. 300 Jahre Kolonialzeit und 150 Jahre Republik überdauert und sind noch im Jahre 1965 für manche Siedlungs- und Agrarräume landschaftsbestimmend.

Die Geschichte Mexicos ist von der Zeit der *Conquista* an sehr von den bis heute unglücklichen *Agrarverhältnissen* bestimmt, die z. T. aus dem Indianischen übernommen sind, z. T. auch der ungerechten und fehlgeleiteten Kolonialherrschaft entstammen und sich in dauernder Landnot und schlechten Sozialverhältnissen auf dem Lande ausprägen.

Organisation von Neuspanien. Zur Zeit der frühen Entwicklung des zentralen Mexico zur Kolonie wurde die Eroberung des weiteren Landraumes fortgesetzt. Während CORTÉS dem 1523 nach Süden über *Oaxaca* und *Guatemala* vorgestoßenen ALVARADO durch *Honduras* nachzog, setzte eine für die Indios besonders schlimme Phase der Kolonisation in Zentralmexico ein. Viele starben infolge der Sklaverei, nachdem Hungersnot und Krankheiten schon unmittelbar im Anschluß an den Eroberungskampf zahllose Opfer gefordert hatten. So riet der Mönch LAS CASAS, auf den Schutz der Indios bedacht, zur Einführung von afrikanischen Negersklaven, und KARL V. stellte flämischen Kaufleuten ein Privileg dafür aus.

„BARTOLOMÉ DE LAS CASAS kam im Jahre 1502 zum ersten Male auf die Insel *Española*. Er nahm an einer Expedition nach *Kuba* teil und erhielt dort, wie üblich, einen Landbesitz zugewiesen, dessen indianische Landarbeiter ihm gegenüber im Rahmen eines *„Encomienda“*-Abkommens tributpflichtig wurden. Es war die Zeit der brutalsten Ausbeutung der Eingeborenen-Bevölkerung, an der auch die von König FERDINAND im Jahre 1512 verkündeten Gesetze von *Burgos* nichts änderten. Obwohl LAS CASAS nach dem Tode König FERDINANDS im Jahre 1516 Unterstützung für seine Bemühungen um eine Besserung des Loses der Indios bei dem Regenten (KARDINAL CISNEROS) fand, konnte er sich in *Española* nicht gegen die dort inzwischen ansässig gewordene spanische Herrschaftsschicht durchsetzen. Er unterbreitet dem neuen König KARL I. (= KAISER

ARL V.) im Jahre 1517 den von ihm später bedauerten Vorschlag, Negersklaven in die Karibische ee zu transportieren. Durch die offizielle Gewährung einer Transporterlaubnis (*„Asiento“*) in n flämisches Handelshaus zum Transport von 4000 Negersklaven wurde der Sklavenhandel zu inem staatlich sanktionierten Geschäft. 1522 trat LAS CASAS in den *Dominikaner*-Orden ein.“ I. A. STEGER [1322].

Die neuen Kolonien in Amerika unterstanden nicht dem Staate Spanien, sondern der Krone *Kastiliens.* 1516 erbte KARL V., der Enkel MAXIMILIANS und Sohn JOHANNAS, Tochter ISABELLAS von *Kastilien* und FERDINANDS von *Aragón*, diese Erwerbungen. Der Indienrat *(Consejo de las Indias“)* in Spanien setzte eine *„Audiencia“* in Mexico ein, ein richterliches und verwaltendes Kollegium. Da aber NUÑO DE GUZMÁN zunächst Präsident dieser Audiencia wurde, brach erst recht eine Schreckenszeit für die Eingeborenen aus, denn GUZMÁN, herrschsüchtig, skrupellos und gewinnsüchtig, begann mit einer rücksichtslosen Ausbeutung des Landes und der Suche nach Gold und Silber. Bei einem Eroberungszug des GUZMÁN in das Gebiet des heutigen *Jalisco* wurde das letzte Indianerreich, das der *Tarasken*, vernichtet. Viele Indios flüchteten in die Berge und besiedelten unzugängliche Gebiete. GUZMÁN hatte schon während seiner Zeit als Gouverneur in *Pánuco* 21 Schiffsladungen Indianersklaven von seinen anvertrauten Eingeborenen nach *Hispaniola* in die dortigen Goldminen verkauft. Aus dieser frühen Kolonialzeit stammen Berichte und Denkschriften, die die Schattenseiten der Kolonisation schonungslos darstellen, auch übertrieben schilderten, so die „Schwarze Legende“ des Mönches BARTOLOMÉ DE LAS CASAS, dessen Schriften zeitweilig verboten, dann wieder im 19. und 20. Jh. sehr verbreitet wurden, um „Mexico den Indianern wiederzugeben“. Der Bischof ZUMÁRAGA, später als Beschützer der Indianer gefeiert, versuchte Gemeinwesen zum Nutzen der Indianer einzurichten, was er nach dem Vorbild von TOMAS MORUS *„Utopia“* im *Taraskenland* teilweise realisieren konnte. Es war den Klagen des Bischofs ZUMÁRAGA zu verdanken, daß GUZMÁN schließlich abgesetzt wurde. 1534 wurde von Spanien aus ein **Vizekönig** an die Spitze Mexicos (**Neuspaniens**) gestellt. Die Vizekönige wurden von der Krone ernannt und kamen aus Spanien [546]. Von 1535 bis 1821 regierten insgesamt 63 Vizekönige in Neuspanien [1328]. 1528 wurde die *Audiencia* als höchste Rechtsinstanz in Mexico eingesetzt. Die *Audiencia* blieb als zweite Instanz neben dem Vizekönig bestehen und hatte Einfluß in der Justiz. Die *Oidores* wurden von der Krone ernannt, sie waren die Richter der *Audiencia.* Der erste Vizekönig, ANTONIO DE MENDOZA (Regierungszeit 1535 bis 1550), war bemüht, eine gute Verwaltung aufzubauen und förderte Mission und Bildung. Er ließ 1538 die erste Druckpresse in Mexico errichten [580].

„Die Aufstellung der Druckpresse in Mexico im Jahre 1538 diente den mit SAHAGÚN zusammenhängenden Publikationsbedürfnissen. Zwischen 1524 und 1572 wurden 66 Bücher in Nahuatl oder in ihm verwandten Dialekten geschrieben und publiziert, 13 in Taraskisch, 5 in Zapotekisch, 6 in Otomí. Die missionierenden Orden entwickelten eine umfangreiche Publikationstätigkeit: 80 Schriften wurden von den *Franziskanern,* 16 von den *Dominikanern* und 8 von den *Augustinern* im gleichen Zeitraum vorgelegt.“ H. A. STEGER [1322].

MENDOZA förderte die Erforschung des Landes, die sowohl von militärischer Seite als auch von der Kirche betrieben wurde. 1541 kam es zum großen Feldzug gegen die *Chichimeken* nördlich des Rio Santiago, die im Bergland, altem Brauch folgend, von ihren befestigten Wohnplätzen auf Berggipfeln, den *„penoles“*, erbitterten Widerstand leisteten. Indianer, gegen die die Spanier eine „Expedition“, eine *„entrada“*, unternahmen, wurden durch ein Manifest, das "requerimiento“, zu Untertanen und Christen gemacht.

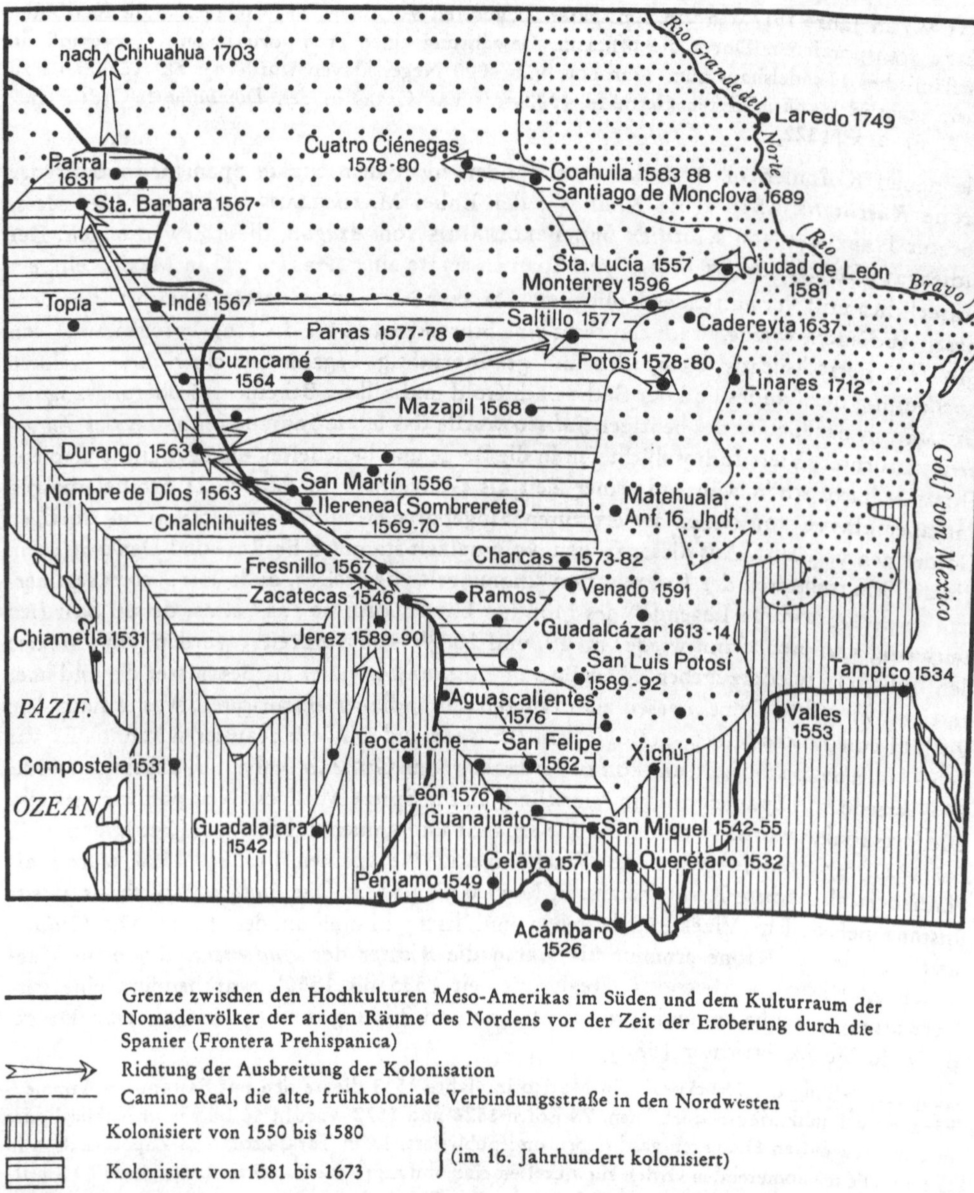

Grenze zwischen den Hochkulturen Meso-Amerikas im Süden und dem Kulturraum der Nomadenvölker der ariden Räume des Nordens vor der Zeit der Eroberung durch die Spanier (Frontera Prehispanica)

Richtung der Ausbreitung der Kolonisation

Camino Real, die alte, frühkoloniale Verbindungsstraße in den Nordwesten

Kolonisiert von 1550 bis 1580 } (im 16. Jahrhundert kolonisiert)
Kolonisiert von 1581 bis 1673

Kolonisiert von 1674 bis 1775 } (im 17. u. 18. Jahrhundert kolonisiert)
Kolonisiert von 1526 bis 1550

Abb. 50. Etappen der Kolonisation des Nordens von Mexico. (Nach W. J. Moreno)

Entrada: „Technischer Ausdruck der *Conquista* für Unternehmungen in unbekannte Gebiete oder solche, wo Indianerstämme zu befrieden waren, Mittelding zwischen militärischer Exploration, Entdeckungszug, Missionsvorstoß, um neues Land zu erkunden, unterwerfen und Indianer in Reduktionsgemeinden anzusiedeln." TERMER [473].

Sie wurden der Krone tributpflichtig, der *„Corregidor"* zog den Tribut ein. Der Vizekönig residierte in *Ciudad de México*, das die Spanier auf den Ruinen der Aztekenhauptstadt *Tenochtitlán* errichtet hatten. Neben *Ciudad de México* sanken alle anderen ehemaligen Indianerstädte zur Bedeutungslosigkeit herab. Die Vormachtstellung von *Ciudad de México* hat sich seit dieser Zeit erhalten und führte schließlich zu dem großen, zentralen Ort der Gegenwart weiter zum Ballungsraum. Gegen Ende des 16. Jh. gab es südlich der Grenze gegen die *Chichimeken* keine Militärgarnisonen mehr, sondern nur zivile Stadtverwaltungen. MENDOZA verließ Mexico 1551, wo nach 16jähriger Amtszeit Gesetz und Prestige der spanischen Krone wohl etabliert waren. Er wurde anschließend Vizekönig von *Peru* [577].

Das Zentrum des Kolonialreiches. Die Spanier fanden im zentralen Hochland eine Landschaft vor, die der ihrer Heimat sehr ähnlich war. Dort konzentrierte sich die eingesessene mexicanische Bevölkerung, dort entwickelte sich das Zentrum des Kolonialreiches [578] (Abb. 50). Die Küstenländer blieben vernachlässigt; auch die Region der *Mayareiche* auf *Yucatán* hatte nach der Eroberung untergeordnete Bedeutung für Neuspanien. Der Süden, d. h. *Balsastal, Oaxaca* und *Tehuantepec*, kam schnell in den Machtbereich der Spanier, doch dort stagnierten Bevölkerungsverteilung und indianische Wirtschaftsformen. Diese klimatisch zu den heißesten Landesteilen Mexicos zählenden, gebirgigen Regionen wurden, kleingekammert und unübersichtlich, durch die Kolonialzeit weniger verändert. Nur in einigen Regionen wurden Plantagen errichtet, so daß es zur Bildung von Latifundien kam. Es sind heute, bis auf die Plantagen, die rückständigsten Agrargebiete, in denen noch Wanderwirtschaft und Brandrodung dominieren. Dort ist auch ein großer Prozentsatz der Bevölkerung noch indianisch.

Um 1600 war ein neues Kulturland Mexico entstanden mit Bergbau, Rinderzucht, Zuckerplantagen, Handelsplätzen, Militärstützpunkten und Großhaciendas, die den riesigen Latifundien in Spanien entsprachen [550, 563, 572, 1305, 1308] (Abb. 53).

Der Name *„Nueva España"* umfaßt schon auf ältesten Karten aus der Conquistazeit alle eroberten Gebiete, einschließlich der zentralamerikanischen Region des heutigen *Guatemala* und *Honduras;* diese wurde später der *Audiencia* von *Guatemala* zugeteilt. Dem Generalkapitanat *Guatemala* unterstanden auch die Landschaften *Chiapas* und *Soconusco* des heutigen Mexico. 1570 wurden *Yucatán* und *Tabasco* der *Audiencia* von *Mexico* unterstellt. Das Generalkapitanat zählte zu *Nueva España.*

Die entfernten Besitzungen, wie *Texas, Arizona* und *Nueva Mexico,* waren Ziele von Expeditionen zur Erforschung (1609 wurde *Santa Fé* im heutigen New Mexico gegründet). 1636 umfaßte Neuspanien das heutige *Mexico* ohne den Nordwesten und *Californien,* aber mit *Guatemala, Honduras* und *El Salvador* [575] (Abb. 51).

Bis zur 2. Hälfte des 17. Jh. wurde Mexico in 4 Verwaltungseinheiten eingeteilt: *Nueva España* (Zentral-, Südmexico und Yucatán), *Nueva Galicia* (Westmexico, heutige Staaten Nayarit, Jalisco, Zacatecas), *Nueva Viscaya* (heutige Staaten Durango und Sinaloa), *Nuevo León* (NE, heutige Staaten Nuevo León und Tamaulipas). Während der Regierung

Abb. 51. Die politische Entwicklung Neuspaniens (Mexico) in der Kolonialzeit. Darstellung für die Mitte des 17. Jahrhunderts (1636), d. h. nach etwa 100jähriger Kolonialzeit. Die nördlichen Gebiete (hellgrau gerastert) wurden zu dieser Zeit bis auf punktweise Besiedlung am Mississippi noch nicht von anderen europäischen Mächten beansprucht. Gründung der Vereinigten Staaten von Amerika: 1776. Diese Gebiete des Nordens waren von Neuspanien aus von den Spaniern zum Teil erforscht, zum Teil durch Missionen und einzelne Siedlungen besetzt. In dieser Zeit war Florida spanisch. (Entwurf: GIERLOFF-EMDEN nach versch. Quellen)

CARLS III. wurde Mexico in 12 Bereiche aufgeteilt. Die Ausbreitung nach NW wurde durch die Einbeziehung neuer Provinzen betrieben (Abb. 51) (vgl. MÜHLENPFORDT [22]).

Indianer und Mestizen. „Die Diskriminierung der indianischen Rasse hat alsbald Widerspruch hervorgerufen und zu lebhaften Polemiken über die menschliche Natur der amerikanischen Eingeborenen Anlaß gegeben. Missionare und Theologen wurden die Wortführer in diesem Streit. Der Pater ANTONIO DE MONTESINOS suchte in seiner Adventspredigt von 1511 das Gewissen der Siedler von *Santo Domingo* wachzurütteln, indem er ihnen die Frage vorlegte: ‚Sind die Indianer keine Menschen? Haben sie nicht vernunftbegabte Seelen?“ Ein eifriger Dominikanermissionar, BERNARDINO DE MINAYO, begab sich nach Rom, um dem Papst zu berichten, wie man die Indianer als wilde Tiere betrachtete, und ein anderer Dominikaner, der Bischof von *Tlaxcala*, JULIÁN GARCÉS, widerlegte in einem Schreiben an den Papst die Argumente derjenigen, die die Indianer wegen ihrer Roheit und Barbarei nicht als vernünftige Wesen betrachten wollten. Darauf verkündete Papst PAUL III. in einer Bulle des Jahres 1537, daß die Indianer wirkliche Menschen seien und frei über sich selbst und ihr Eigentum verfügen können.“ R. KONETZKE, 1965 [1378].

Das für den Bestand der Indianer bedeutende Gesetz wurde 1542 von der Krone erlassen. Es sollte die Indianer schützen und diese zu „freien Untertanen" der Krone machen. Dieses Gesetz diente einer „*Reconquista*" der eroberten Gebiete für die Krone aus der Hand der Conquistadoren [577, 616, 1274].

Rassenmischung. Der Dominikaner BARTOLOMÉ DE LAS CASAS hatte für die Trennung der Rasse plädiert, da zuviele Indianer wegen schlechter Behandlung im Zusammenleben mit den Europäern starben (Abb. 52). Die Vermischung der eingewanderten Spanier mit den Indianern begann schnell, nachdem, noch auf Betreiben des CORTÉS, im Jahre 1537 durch päpstliche Bulle verkündet worden war, daß die Indios Sakramente empfangen konnten, so daß Mischehen zwischen Spaniern und Indianern anerkannt wurden. Dennoch dauerte es lange, ehe *Mestizen* auch in sozial besser gestellte Schichten gelangen konnten. In diesem Zusammenhang ist die Einstellung *Spaniens* zu Rassenfragen von Bedeutung. Zu dieser Zeit ging in *Spanien* die Inquisition um. Diese richtete sich dort nach TORQUEMADAS Richtlinien wie später gegen die „Lutheranische Ketzerei", besonders gegen die *Juden*, auch wenn diese „*conversos*" geworden waren, d. h. katholischen Glauben angenommen hatten, also „Neuchristen" waren. Es war die Inquisition, die nun mit dem neuen Begriff der „*limpieza di sangre*", der Reinheit des Blutes, arbeitete. Den *Juden* war die Einreise nach *Neuspanien* verboten, wie auch den *Zigeunern* und *Mauren*. Die „Neuchristen" mußten, juristisch gesehen, 200 Jahre warten, ehe sie als Vollchristen nach Neuspanien einreisen durften. Die Tätigkeit der *Inquisition* in *Neuspanien* blieb gering. Eine Vielzahl von Erlassen zielte darauf hin, die indianische Rasse getrennt von der euopäischen zu halten. So wurden den *Indianern*, wie den *Juden* die *Gettos* in *Spanien*, verschiedene Wohnbezirke in den Städten zugeteilt. Dennoch kam es zu einer raschen Rassenmischung (Abb. 52).

„BARÓN CASTRO cita un caso referido por BERNAL DÍAZ DEL CASTILLO, quien con pintoresca minuciosidad se refirió a la forma en que los „*soldados no perdían su tiempo*". El caso es el de uno llamado ALVAREZ, hombre de mar, quien en el término de tres años, tuvo treinta hijos e hijas, muriendo en Higueras con una incontable descendencia."

Missionierung. Im Jahre 1524 kamen 12 Franziskaner, die erste geschlossene Gruppe von Mönchen, aus *Spanien* in *Mexico* an. Sie begannen ihre Arbeit in *Tlaxcala*, *Huejotzingo* und *Texcoco*, verbreiteten ihre Religion und lehrten Handwerke. 1526 folgten *Dominikaner*, 1533 *Augustiner*. 1528 kamen 24 *Dominikaner*, sie wirkten zuerst in *Oaxaca*, dann in *Michoacán*. Sie begannen sogleich mit der Bekehrung der Eingeborenen, nahmen Taufen in großer Zahl vor und gewannen zumeist das Vertrauen der Indianer [1328]. Die *Christianisierung* meldete große Erfolge; obwohl es 1559 erst 380 *Franziskaner* mit 80 Häusern, 220 *Dominikaner* mit 40 Häusern und 212 *Augustiner* mit 40 Häusern gab, sollen bis dahin einige Millionen Indios getauft worden sein [1328]. Es wurden indianische Vorstellungen geschickt in die christliche Lehre eingebaut. Heilige nahmen die Stellung der Götter ein, Wunderglaube und mystische Vorstellungen waren nichts Neues, und Opfergaben in Form von Blumen oder Pflanzen, *Kopalharz* anstatt von Kerzen und andere Praktiken wurden geduldet. Der Genuß des ehemals auch für kultische Zwecke benutzten *Amaranthus*kornes wurde verboten. Die Ausübung der Gottesdienste erfolgte im allgemeinen getrennt nach Rassen. Die Priester waren angewiesen, in der Sprache der Indianer zu predigen. Es wurden zu diesem Zweck Sprachschulen errichtet.

Bis zur Gegenwart sind die christlichen Indianer Mexicos z. gr. T. in überkommenen Vorstellungen befangen, und indianische Tradition ist in Kunst und Brauchtum mit Ritus und Gedankengut der katholischen Kirche vermischt geblieben.

Bevölkerungsentwicklung in Neuspanien. Die Einwohnerzahl zu Beginn der spanischen Eroberung wird unterschiedlich beurteilt. Schätzungen geben 3 bis 9 Mio. E. an. Während der Kolonialzeit sollen etwa 300 000 Spanier eingewandert sein, darunter keine unverheirateten Frauen, d. h. diese nicht gesetzlich. Als blinde Passagiere sind sie zahlreich eingereist. Die Einwanderer kamen aus Spanien, vorwiegend aus den Provinzen *Andalusien, Altkastilien, Estremadura.*

Von 1519 bis 1600 sind schätzungsweise 85 % der indianischen Bevölkerung den Ereignissen der Eroberung und Folgen der Kolonialzeit erlegen. Da jegliche Immunität gegen die neuen, aus der Alten Welt eingeschleppten Krankheiten fehlte, wüteten Epidemien fürchterlich.

Über die **Einschleppung von Krankheiten** nach Mexico aus dem europäisch-asiatischen Raum mit der Eroberung durch die Spanier ist viel geschrieben worden, insbesondere über die Hinraffung der roten Rasse durch die Begegnung mit neuen Krankheiten. STICKER (1932–33) berichtet, daß die *Syphilis* schon vor der Entdeckung der Neuen Welt in Asien – Europa endemisch war. Diese Krankheit hat sich in Lateinamerika während der Kolonialzeit sehr ausgebreitet. SHATTUCK (1933) ist anderer Meinung. Sicher ist, daß die *Pocken*, die unter den Indianern furchtbar gewütet haben, von den Eroberern eingeschleppt worden sind. Nach den Berichten war ein mitgeführter Negersklave der erste Überträger. In den Jahren 1521, 1531, 1538, 1545, 1570, 1592, 1747, 1762 und 1779 traten jeweils große Epidemien im mexicanischen Raum auf. 1570 sollen innerhalb von 5 Monaten über 800 000 E. an der Seuche gestorben sein. Das *Gelbfieber*, für das die Küste von *Veracruz* einst berüchtigt war, wird als endemisch angesehen. *Typhus*-epidemien traten 1554, 1576, 1735 und noch 29 weitere Male auf, *Masern* 1595, 1760. Orts- und Flurwüstungen waren die Folge solcher Ereignisse.

Die Zahl der Neger blieb in Mexico gering [549]. Um 1650 gab es etwa 35 000 Neger in Mexico, um 1800 etwa 10 000, diese zumeist in der Küstenregion von *Veracruz*. Im Jahre 1813 lebten im Vizekönigreich Neuspanien etwa 75 000 Europäer und 1 Million *Kreolen*. In *Ciudad de México* waren im 16. Jhdt. von 7100 Einwohnern 50 Kreolen, nur 2 Europäer. R. KONETZKE, 1965 [1378] (Abb. 52).

Aus dem VIII. *Censo General de Población* 1960, Mexico D. F., können folgende Zahlen entnommen werden (Abb. 52). (Die Angaben aus beiden Quellen – Census und R. C. WEST differieren etwas):

Bevölkerungszahl 1521 = 9 120 000 E. oder = 7 264 000 E., 1793 = 4 483 680 E.,
1799 = 4 500 000 E., 1805 = 5 764 000 E., 1810 = 5 810 000 E.

COOK und SIMPSON errechneten für die Indianer *Zentralmexicos* (*Neuspanien* außer *Neu-Galicien*) folgende demographische Statistik [738, 739, 1384]: 1519 = 11 000 000; 1540 = 6 427 466; 1565 = 4 409 180; 1597 = 2 500 000; 1607 = 2 014 000; 1650 = 1 500 000; 1700 = 2 000 000 und 1793 = 3 700 000 Indianer. Nähere Angaben bei R. KONETZKE [1378]. Die Fortführung dieser Forschungen durch BORAH und COOK kam zu dem Ergebnis, daß Zentralmexico im Jahre 1548 etwa 7 400 000 Indianer zählte, also rund 1 Million mehr, als von COOK–SIMPSON ermittelt worden war.

Daß die Besiedlung zur Zeit der Eroberung dicht war, geht aus der Beschreibung von BERNAL DÍAZ DEL CASTILLO hervor. Indirekt kann das auch aus der Tatsache entnommen werden, daß kaum irgendwo Nahrung im Überfluß vorhanden war, wie die Soldaten bei ihrer „Versorgung" immer wieder feststellen mußten. Außerdem waren die Böden vielerorts durch Überbeanspruchung zerstört (vgl. Kapitel Böden) [739].

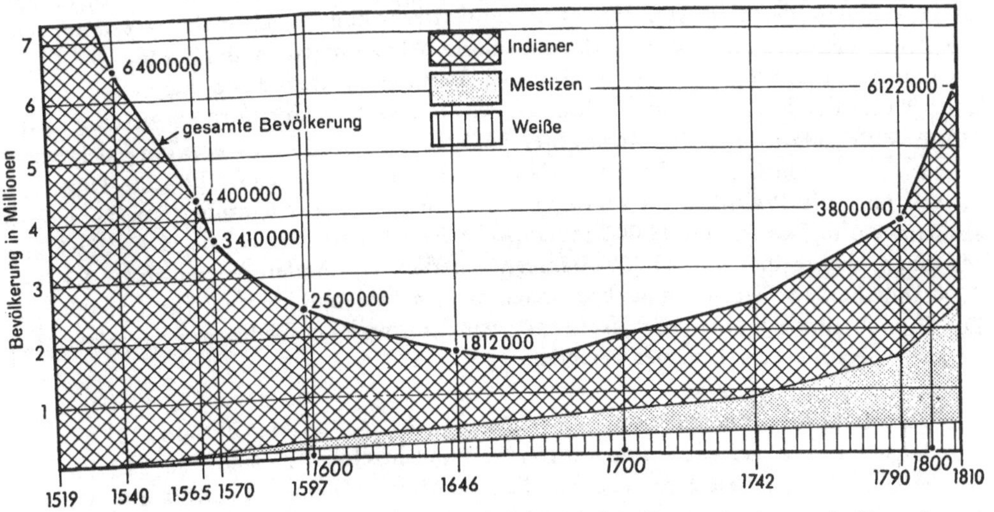

Abb. 52. Die Entwicklung der Bevölkerung und der rassischen Zusammensetzung in Zentral- und Südmexico während der Kolonialzeit von 1519–1810. (Nach R. C. WEST 1966)

Koloniale Kulturlandschaft. Im Jahre 1522 wurde CORTÉS als königlicher Gouverneur für *„Neuspanien"* eingesetzt. Das neuentdeckte und eroberte Land im Ganzen und der Landbesitz der *Kaziken* (Indianerfürsten) wurden automatisch Eigentum der Krone und vom König als Lehnsgut an Eroberer und Günstlinge vergeben. Der kleinbäuerliche Besitz und viele Dörfer mit geschlossenen Fluren wurden den Indianern belassen. Daher sind bis heute – auch in Zentralmexico – Bereiche solcher Kleinformen erhalten geblieben. Kriegsgenossen des CORTÉS wurden zu den ersten Grundbesitzern. Die Neuverteilung des Landes erfolgte nach der Rangliste: Vornehme und verdienstvolle Leute erhielten *„mercedes reales"*, *Latifundien* von königlichen Gnaden, mit Dörfern und Minen. (Indianer hatten das Gold meistens durch Waschen gewonnen.) Als *„encomiendas"* wurden solche Lehnsgüter bezeichnet, bei denen die auf dem Areal wohnhaften Indios dem Besitzer mit zugeteilt wurden [579]. Dadurch gerieten die Indios in kollektive Leibeigenschaft. Sie waren dem Besitzer, dem *„encomendero"*, zu bestimmten Dienstleistungen und Abgaben verpflichtet. Das *Encomienda*-System war schon in *Spanien* bekannt: in den von *Mauren* zurückeroberten Gebieten und auf den *Kanarischen Inseln* [1329, 557] (Abb. 53).

Die unrechtmäßige Ausnutzung der Eingeborenen führte bald zu Klagen beim Indienrat in Spanien, und diesem Lehnssystem wurde mehrfach durch Gesetze entgegengewirkt, doch im ganzen ohne Erfolg. Auch CORTÉS, der in der ersten Zeit dafür eintrat, daß die ihm ehemals verbündeten Indianerfürsten ihr Land behalten sollten, hielt das System der Encomiendas für notwendig, lehnte aber die Einführung der Kopfsteuer ab. Von seiten der neuen Kolonie wurde immer wieder betont, daß ohne Verpflichtung der Arbeitskräfte überhaupt keine Entwicklung möglich sei. Mit fortschreitender Entwicklung der Kolonie wurden die Kontrollen vom Heimatland her strenger; eine zu große Macht sollte sich nicht in den Händen einzelner konzentrieren. So wurde 1549 das *Encomienda-system* annulliert, die Indios sollten direkte Untertanen der Krone sein, Landbesitz und Arbeitskraft nicht mehr einzelnen Personen in Neuspanien unterstehen. Es ist u. a. diesen Richtlinien zu verdanken, daß bis in die Gegenwart geschlossene indianische Siedlungsgebiete erhalten blieben [561]. Eine *mercedes de tierra* konnte nun mehrere *peonías* oder *caballerías* umfassen. Die Krone wünschte durch Abstufungen in der Größe der Landverleihungen besondere Verdienste einzelner Personen entsprechend zu belohnen und durch Unterschiede der Besitzverhältnisse eine *hierarchische Gesellschaftsordnung* in der Neuen Welt aufzurichten (R. KONETZKE, 1965 [1378]. Die Landverteilung der ersten Zeit wird u. a. von BERNAL DIAZ DEL CASTILLO beschrieben. Dieser gibt seine Unzufriedenheit über die Praktiken mehrfach in seinem Bericht zur Kenntnis. CORTÉS erwarb *encomiendas* in *Oaxaca* mit 23 000 indianischen *Haushalten*. Die Krone, d. h. Vizekönig MENDOZA, wollte ihm nur 23 000 *Menschen* zuerkennen. Andere encomiendas besaßen 2000 Indianer. Die encomiendas bedeuteten an sich keinen Rechtstitel für Grundbesitz. Die Grundbesitztitel, *„mercedes de tierra"*, wurden unter der Bedingung vergeben, daß sie keinen Nachteil für Indianer brachten.

Die **Verteilung der „Encomiendas"** um 1572. Mc. CUTSCHEN Mc. BRIDE [830) gibt an, daß insgesamt 827 verteilt waren, davon 507 an einzelne Personen und 320 für den König vereinnahmt, diese z. gr. T. durch die Bischöfe von México, Tlaxcala und Michoacán. Die 507 an Private gegebenen encomiendas brachten jährlich 400 000 Pesos Tribut ein. Die Krone behielt noch 320 Tributdistrikte zurück für sich.

Für einige Landgebiete, besonders für solche mit Minenbesitz, wurde das System der *„repartimientos"* eingeführt [568]. Dort waren alle Indios der betroffenen Dörfer Leibeigene in Fronarbeit, *„Mita"*. Diese Indios sollten anfangs nur zu Arbeiten im öffentlichen Interesse herangezogen werden (Straßenbau, Minenwesen); die Ausnutzung des Systems durch die Großgrundbesitzer waren jedoch derartig, daß die Bevölkerungszahl stark abnahm.

Weniger vornehme Spanier erhielten *„caballerías"*. Diese Besitzungen umfaßten 40 bis 100 ha Fläche. Dort sollten im wesentlichen Weizen, Gerste und Hafer angebaut werden; der Viehbestand sollte 100 Rinder, 20 Pferde und 500 Schafe nicht übersteigen. Schließlich wurden an spanische Soldaten *„peonías"* vergeben, Landstellen für eine Familie, mit etwa 20 ha Fläche und weniger. König PHILIPP II. legte fest, daß diese aus einem Baugrundstück (10×30 m) und 100 *fanegas*, d. h. 6,5 ha Ackerland, bestehen sollten [1378] Für *Caballerías* und *Peonías* wurden keine Rechte über Eingeborene vergeben. Den zunächst für etwa hundert Jahre der Kolonialzeit noch den Indianerfürsten verbliebener Besitz nannte man *„cazicazgos"*. Es entstand also ein *Feudalsystem* und entgegen den Bestrebungen der Krone ein *Latifundienwesen*. Die Flächen der vier genannten Besitzformen bildeten den Grundstock der späteren Latifundien.

Die „reducción" („Zusammenlegung") war von großer Bedeutung für die Gestaltung der Kulturlandschaft. Vom spanischen König wurde 1547 eine Anordnung erlassen, nach der alle verstreut siedelnden Indios in *Mexico* und *Guatemala* erfaßt und in Dörfern angesiedelt werden sollten, um durch diese Zusammenfassung eine christliche Lebensführung zu gewährleisten. *„Congregación"*: Schon im *Codex von Burgos* wurde die Zusammenlegung indianischer Streusiedlungen zu Zentren gefordert. *„Recopilación de las leyes de los Reynos de los Indias"*. Der Tribut konnte so besser eingetrieben werden: 1 Peso pro Familie und Jahr.

Es kam so zur Gründung vieler Ortschaften, die, *„fundo legal"* genannt, ein Geviert von 1000 m umfassen sollten. Mit ihnen war eine Betriebsform und Besitzstruktur vorgeschrieben, die zwischen dem altindianischen, aztekischen Sippenbesitz und dem nach der Agrarreform von 1917 gegründeten *Ejido* steht.

Die Neugründung bekam im Kollektiv Gemeindeland (ejido), das nicht zur Bebauung, sondern als Weide bestimmt war. Die Gemeinde wurde zugleich Eigentümer des Landes, das den einzelnen Bauern als Besitz in der Umgebung der Gründung als Ackerland übergeben wurde. Das Gemeindeeigentum sollte unverkäuflich sein. Trotzdem gelangen später dem Großgrundbesitz und der Kirche durch Käufe oftmals ein Einbruch. Die Gemeinden und Fluren der durch die *reducción* gegründeten *fundos* und die Fluren der geschlossenen, alten präkolumbianischen Indianersiedlungen blieben z. T. bis zur Gegenwart erhalten und fügen sich in das Mosaik der heutigen Kulturlandschaft ein (Abb. 89). Die Eroberung der Hochbecken durch die Spanier führte zur Umwandlung der Milpawirtschaft der Indianer und um 1600 zu deren Umsiedlung aus Schwarmdörfern in schematische Rechteckdörfer im Zuge der sogenannten reducción.

Ein interessanter Plan der Indianersiedlungen des Agrarumlandes der Stadt *México* aus der Mitte des 16. Jh. ist als Plan auf Maguey-Papier im Ausmaß 238 × 168 erhalten. Ein Faksimile findet sich im „Catálogo de la colección de codices", hrsg. von J. B. Glass auf Taf. 5 [1041].

In Neuspanien wurden von 1602 bis 1605 etwa 250 000 Indianer umgesiedelt und fast 200 neue Indianerorte gegründet, von denen sich manche bald wieder auflösten.

Die *reducción* hatte schlimme Resultate, wenn die gegebenen Verhältnisse des Naturraums unbeachtet blieben. Auf der Halbinsel *Baja California* z. B. lebte zuvor eine Eingeborenenbevölkerung von über 30 000 Menschen, die durch extreme Anpassung an die spärliche pflanzliche Nahrung, meist als Sammler, in Familien verstreut in einer wüsten- und wüstensteppenartigen Naturlandschaft existieren konnten (vgl. Tabellen S. 162 und 163). An dörfliche Siedlungen war kaum zu denken. Nahrungs- und Wassermangel und verheerende sanitäre Verhältnisse führten daher innerhalb weniger Jahrzehnte in den *reducciónes* zum Aussterben fast der ganzen Bevölkerung. H. Aschmann [1085].

Spätere Regelungen sahen vor, daß Indianer nicht über zu große Distanzen umgesiedelt werden durften, z. B. nicht in zu unterschiedliche Klimagebiete (Abschn. Klima u. Mensch).

Neue Anbaukulturen und Landnutzung. Die Spanier führten den *Weizenanbau* in Neuspanien ein, span. *Trigo*, auch *„pan de castilla"*, also Brot von Kastilien. Da Weizen schon der Bewässerung bedarf, wo Mais noch ohne diese gedeiht, waren die Erfolge bei den Indianern im Weizenanbau nicht groß. 1597 soll die Produktion 1000 *fanegas* (550 Hektoliter) pro *caballería* betragen haben. F. Chevalier, 1956 [802] (Abb. 53).

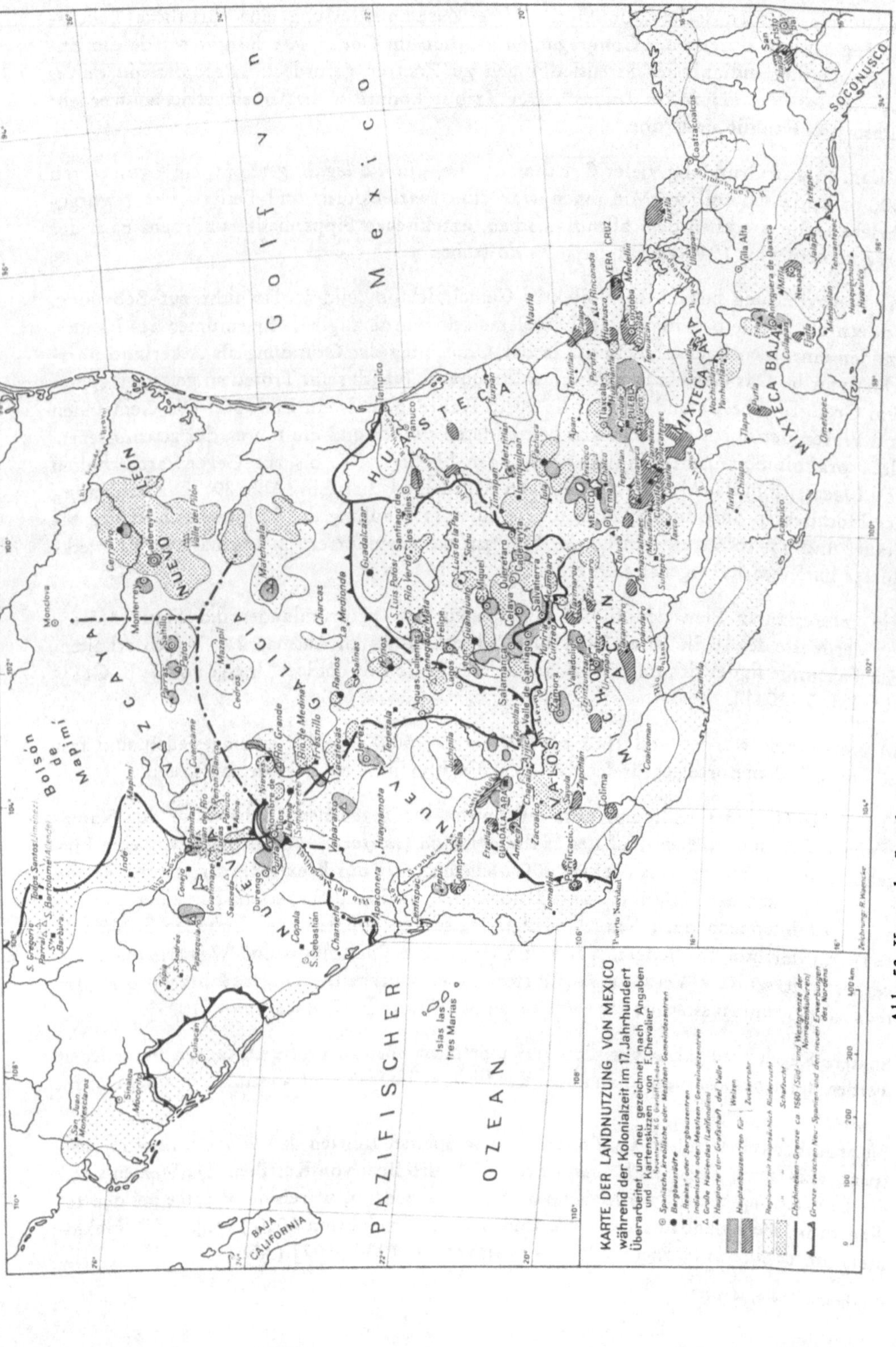

Abb. 53. Karte der Landnutzung von Mexico während der Kolonialzeit im 17. Jh.
(Überarbeitet und neu gezeichnet nach Angaben und Kartenskizzen von F. CHEVALIER)

Das *Zuckerrohr* wurde als Kulturpflanze von den Arabern aus *Südostasien* nach *Spanien*, von den Spaniern nach *Westindien* gebracht, *„caña de azucar"*. In Mexico breitete sich die Kultur zunächst in den kleinen Agrarwirtschaften aus, wurde aber alsbald wegen der großen Nachfrage auch in Großbetrieben angebaut. Da die Frachten mit rohem Zuckerrohr, *„panoche"*, zu umfangreich wurden, wurde die Verarbeitung am Anbauort betrieben. Eines der großen *„ingenios"* des CORTÉS aus dem 16. Jh., *„Buenavista"*, ist heute renoviert und zum Touristenhotel hergerichtet worden. Die erste größere Zuckermühle wurde 1533 bei *Orizaba* gebaut und vom Wasser des *Rio Blanco* angetrieben. Die Gebäude der Aufbereitungsanlagen *(ingenios)* gehörten neben den *fundiciones* (Schmelzen) zu den ersten Industriebauten Mexicos. Süßigkeiten, deren Grundstoffe bislang der einheimische Honig und der Saft des *Bisnagakaktus* waren, konnten nun in großer Menge hergestellt werden. Sie fanden in Mexico weite Verbreitung. *„Dulces"*, also Süßigkeiten, *candy*-artige Zucker- und Siruperzeugnisse, kann man auch heute in allen Siedlungen an Ständen kaufen. Zum Bild der ländlichen Kulturlandschaft gehören bis zur Gegenwart die kleinen, oft maultierbetriebenen Pressen, die *„trapiches"*.

Zu wichtigen Exportgütern entwickelten sich *Naturfarbstoffe*. *Indigo* wurde gewonnen. Aus den Blättern der in Mittelamerika heimischen, buschartigen Pflanze *(Indigofera suffroticosa)* hatten schon Indianer einen blauen Farbstoff erzeugt. Durch Kochen und Filtern wurden aus dem Strauch pastenartige Indigo-„Barren" oder -Kuchen gewonnen. 1550 soll es schon über 50 Indigofaktoreien auf *Yucatán* gegeben haben. Das Wasser für die Verarbeitung wurde durch Pumpen, die mit Hilfe von Eseln betrieben wurden, aus dem trockenen Boden der Halbinsel entnommen. Die Wassergewinnung durch Pumpen ist, durch Naturverhältnisse bedingt, in Yucatán aus jener Zeit überkommen (vgl. Abschnitt Wasserversorgung).

Der rote Farbstoff der *Cochenillelaus (Coccus cacti)*, die auf den *Nopalarten (Cactus nopalera cochinellitera)* lebt, war in Europa bald ein teurer, begehrter Artikel und wurde noch im 20. Jh. für Lippenstifte verwendet. Mexico besaß zwei Jahrhunderte das Weltmonopol für *Cochenille*. Indianer sammelten die Insekten (über 70 000 getrocknete Läuse für ein Pfund Farbstoff). Dieser Betriebszweig wurde besonders in Südmexico betrieben und führte zum Anbau des sonst wild wachsenden Kaktus (*Bild 15*, Abschnitt Vegetation). Wie bei Cochenille, so lag auch bei *Baumwolle*, *Kakao* und *Seide* die Erzeugung der Produkte bei den Indianern, der Vertrieb, Export und Gewinn bei den Spaniern. Schon vor der Conquista trugen die Indianer Baumwollkleidung. Das *Gossypium hirsutum*, eine einjährige, grasartige Pflanze, wurde zur Hauptanbauart. Es entstanden alsbald Textilbetriebe *(obrajes)*, in denen häufig gefangene Indianer arbeiten mußten. Später entwickelte sich daraus eine große Baumwollindustrie, so z. B. in Puebla. Diese blieb außer dem Minenwesen der bedeutendste Industriezweig bis zum Beginn der allgemeinen Industrialisierung nach 1940. Baumwolle ist gegenwärtig zum ersten Exportgut des modernen Mexico geworden.

Die *Seidenraupenzucht* wurde vorübergehend sehr gefördert, z. T. unter Anleitung der Padres, dann aber wegen des Seidenmonopols verboten [552]. Sie wurde zunächst auf einheimischen, später auf eingeführten Maulbeersträuchern angesetzt, besonders im Tal von *Puebla*. Den *Kakao*, der schon von den Indianern genutzt wurde, übernahmen die Kolonisten als Trink-Genußmittel und brachten ihn nach Europa. In Klein- und Mittelbetrieben wurde der Anbau von eingewanderten Spaniern betrieben.

Wurden die Agrarverhältnisse durch Intensivierung der einheimischen Kulturen stark verändert und durch eingeführte Pflanzen ergänzt, so waren durch die *Handelsmonopolbestimmungen* der Kolonie auch starke Beschränkungen auferlegt: *Wein* und *Oliven*, später auch Seide, durften z. B. *nicht* angebaut werden.

Die Spanier brachten die *Rinderzucht* nach Mexico. Die Latifundien wurden rasch zu großen Rinderzuchtgebieten mit jeweils mehreren tausend Stück Vieh.

Die **Viehzucht** wurde allmählich auf den dafür geeigneten Norden Mexicos ausgedehnt. Die Viehweiden hießen *„estancias“*. Dieser Name ging später auf die Rinderzuchtfarmen über, die seit dem 17. Jh. *„haciendas“* genannt wurden. Im Norden, in *Querétaro*, wurden die Rinder-*estancias* zu Festungen gegen nomadisierende Indianer ausgebaut. Festungstürme solcher Haciendas sind noch erhalten [802]. Die *Indianer* der weiten Ebenen und Sierren und Becken des großen ariden, kontinentalen *Nordmexico*, waren alsbald durch Diebstahl in den Besitz der von den Spaniern eingeführten Pferde gekommen. Da die Spanier in der Steppe des Nordens wegen der Naturausstattung nur extensive Viehzucht beginnen konnten, brauchten sie viele Pferde. Diese wurden, wenn sie gerade nicht benötigt wurden bzw. während der Aufzucht, auf freie Weide getrieben und verwilderten zum Teil. Die wieder eingefangenen Tiere wurden *„mesteños“* genannt. In der englischen Sprache entwickelte sich daraus später *„mustang“*. Die berittenen Indianerstämme, vorwiegend *Apachen*, bereiteten der Befriedung und planmäßigen Ausbreitung jahrhundertelang erhebliche Schwierigkeiten. Es entstanden Militärstationen, Forts, sogenannte *presidios*. Im Norden zog sich gegen Ende des 16. Jhs. die Grenze der Viehzuchtgebiete von *Culiacán* im W nach *Monterrey* im O (Abb. 50 u. 53). Der Norden wurde zum Land der Viehzüchter, der *„Señores de Ganados“*, *Hombres ricos y poderosos*, d. h. der Reichen und Mächtigen (F. CHEVALIER). Es entwickelte sich die „Verbundwirtschaft“, Viehestancias kombiniert mit Minenbetrieben unter einem *„Dueño“*, d. h. Eigentümer, wie in *Sombrerete* in *Zacatecas*. Einige estancias hatten eine Ausdehnung von 80 mal 60 km, wie die Latifundie von *„Ciénaga de Mata“*. Zu einer *Hacienda* gehörten z. B. um 1600 in *Orizaba:* 1500 Kühe, 28 000 Stück Rind (Ochsen), eine Zuckerfabrik mit 70 Arbeitern, 180 Maultiere, 90 Pferde, eine Getreidemühle u. a. Inventar! In *Zacatecas* gehörten oft 20 bis 30 000 Stück Rinder zu einer Hacienda. Die zentrale Bedeutung der Haciendas hatte eine auf diese radial gerichtete Anlage von Wegen und Straßen zur Folge, ein Tatbestand, der sich bis zur Gegenwart nachteilig erhalten hat, da es an diagonalen Verbindungswegen in Mexico mangelt.

Den Indianern wurde Rinderhaltung, *„ganado mayor“*, nicht gestattet. Ihre Haustierhaltung aus vorkolonialer Zeit wurde um Schafe, Ziegen, Schweine und europäische Hühnerrassen bereichert. Um den Besitz der Indianer zu schützen, durften laut Gesetz die estancias nicht in unmittelbarer Nähe der indianischen Siedlungen das Land zur Viehweide nutzen. Rinderherden wurden zur Verpflegung der Minendistrikte in Marsch gesetzt [800]. Die Überbestockung zerstörte alsbald Weiden und Boden. Teilweise wurde nur das *Leder* gewonnen und genutzt. 1598 sollen 150 000 Häute verkauft worden sein [802]. 1594 verschiffte die Flotte 150 000 Häute nach Sevilla. Für die Aufbereitung wurde viel *Salz* gebraucht.

Die Schafzucht nahm aus dreierlei Gründen großen Aufschwung: 1. da sie Indianern gestattet war, 2. da großer Bedarf an Talg für Kerzen, z. B. für Bergwerke, herrschte,

3. zur Wollerzeugung. Schon 1580 soll die Wollproduktion 300 000 Pfund betragen haben. Die Bestockung freier Areale mit Schafen hatte eine Veränderung des Bewuchses zur Folge. Oft stellten sich wegen der geschädigten Vegetation Erosionen und Verkarstung auf [101].

ein. Auf den für Köhlereien abgeholzten Arealen kam so erst recht kein neuer Bewuchs **Handwerk.** *Leder* wurde ein gefragter Artikel in Mexico für Sättel, Riemen, Lederbehälter für den Erztransport in den Bergwerken und als Packtaschen für den Transport vieler Güter sowie für die Armeen Europas. Heute ist unter den Handwerken die Lederverarbeitung nächst dem Silberschmieden bedeutend und arbeitet fast mehr für die Touristenindustrie als für den Konsum. *Talg* wurde für die Kerzenherstellung gebraucht, diese in großen Mengen für kulturelle Zwecke (Kirchen) und Beleuchtungszwecke (Bergwerke). Aus diesem Grunde wurde die *Schafzucht* gefördert, um Talg zu gewinnen.

Unter den Handwerkern gab es alsbald Weber, Sattler, Seiler, Schuster, Schneider, Zimmerleute, Kerzenmacher und bis zum Ende des 16. Jhs. fast alle Sparten [1328].

Als Folge der Nutzung gab es häufig Mißernten und Nahrungsmangel, da durch die Einführung des tiefer ins Erdreich greifenden Pfluges gegenüber dem Hackbau die Austrocknung des Bodens gefördert wurde. Bestockung der Bruchflächen mit Vieh hatte oft Wassermangel zur Folge.

Schon 1548 wurde vom Augustiner Fray Diego de Chavey der See von *Yuríria,* im heutigen Staate *Guanajuato* gelegen, künstlich aufgestaut. Er hat eine Fläche von 92 qkm. Es wurden die arabischen Bewässerungstechniken eingeführt, Staudämme, *„presas"* oder *„jagüeyes"* genannt, und Verteilungskanäle, *„acequias"*. Die mit Göpel betriebenen Holz-Schöpfräder, *„noria"*, waren z. T. auf dem Hochland gebräuchlich und sind in einzelnen Exemplaren noch heute anzutreffen.

In einigen Regionen (Tal von Tehuacán und Hochtal von México) wurden *Grundwassersammel-* und *-leitungstunnel* angelegt, sogenannte „galerías filtrantes", also dem orientalischen „Quanats" ähnliche Systeme zur Bewässerung. E. Seele berichtet in Boletin 35, Heft 3, des INAH, México, 1969, über solche „galerías filtrantes" aus dem Hochtal von Puebla, die mehrere km lang sind und meist 3–4, aber bis zu 28 m tief gelegen sind, insgesamt 100 Stück, die teilweise noch Wasser führen (Karte ebenda). C. Troll berichtete 1963 über solche Systeme aus Tehuacán.

Besonders in der frühen Zeit der Kolonisation verstanden die *Padres* ihre Tätigkeit auch in praktischen Bereichen des Lebens segensreich zu gestalten. Sie lehrten neben Lesen und Schreiben den Anbau europäischer Pflanzen, das Handwerk, den Gebrauch europäischer Werkzeuge aus Eisen, wie Beile und Äxte, mit deren Hilfe allerdings sogleich eine verstärkte Rodung und Raubbau an den Wäldern einsetzte, für den Hausbau, den Brückenbau, die Köhlerei, das Minenwesen (Abb. 57). Ein neuer, einschneidender Eingriff in die Vegetation begann sich auszuwirken (Abb. 53).

Entwicklung des Minenwesens. Spanien verwaltete seine Überseebesitzungen nach merkantilistischen Grundsätzen, d. h. mit dem Ziel der möglichst schnellen Ausbeutung der Kolonie und mit einem Handelsmonopol des Heimatlandes. Während der ersten Zeit wurde nur Gold gesucht. Die Ausbeute ging zunächst auf Wascherei von Goldseifen an Flüssen, die mit der *„batea"*, einer flachen runden Holzschüssel, betrieben wurde. An den Nebenflüssen des *Rio Balsas* gab es solche Goldwäschereien bis zum 19. Jh. Alsbald begann der Bergbau an sogenannten *„venas"* (wörtl. „Adern"), d. h. Gängen im Gestein.

Tabelle mexicanischer Maßsysteme

Mexicanisch		Metrisch	Englisch
Längenmaß	1 Pulgada	2.45 cm	~ 1 inch*)
	1 legua*)	4190 meter	2.6 miles
	1 vara = 4 palmos = 3 pies = 36 pulgadas	94 cm	33 inches
	= 48 dedos	838 meter	
	1 Milla= 1 Meile	1500 meter	
Flächenmaß	1 sitio de ganado mayor	1755 hectar	4336.6 acres
(Agrarische	1 sitio de ganado menor	780 hectar	1927.4 acres
Maße)	1 criadero de ganado mayor	438 hectar	1082.3 acres
	1 criadero de ganado menor	195 hectar	481.8 acres
	1 fanega de sembradura de maiz	3 hectar	7.413 acres
Raummaß	1 carga = 2 fanegas		
für trockene	1 fanega**) = 2 medios = 12 almudes		
Ware	= 48 cuartillos	90.815 liter	2.6 bushels
für flüssige	1 cuartillo = 2 medios = 4 cuartos	53.72 liter	48 quarts
Ware	1 tinaja***)		12.75 gallons
	1 pinte	0.95 liter	
Gewichte	1 quintal = 4 arrobas = 100 libras		
	= 1600 onzas = 921,600 granos	46.0246 kilogramm	101.44 pounds
	1 arroba	11.506 kilogramm	25.36 pounds
	1 carga (mexican. Traglast)	25 kilogramm	
	1 carga de Mula = 1 Maultierlast	90 kilogramm	

*) 1 Legua beruht auf der Reisestrecke von 1 Stunde, daher oft kaum miteinander vergleichbar; auch 5,5 km. MÜHLENPFORDT gibt 1 mexicanische legua so an, daß deren 26,63 auf 1 Meridiangrad gehen [22].

**) 1 fanega auch zu 2,6 Bushel gerechnet oder 1,6. 1 „fanega de sembradura“ = 1 fanega Getreide, auch zu 91 Liter.

***) Nach ULLOA, 1878. *) 1 inch = 2,54 cm.

Raummaße gleichen Namens waren für verschiedene Stoffe (Öl, Wasser) unterschiedlich. Raummaße für trockene Ware vgl. auch Abschnitt „Kaffee“ S. 352.

Maße und Gewichte der Kolonialzeit. Da zumeist beim Lesen spanischer Literatur der Bedarf nach Erklärung der alten Maßsysteme besteht, seien diese hier zusammengestellt. (Aus *Boletín de Geografía y Estadística 1863*, Vol. 10 und P. MEIGS [1101].)

Silberminen wurden bei *Tamanzula* in *Michoacán* schon 1525 ausgebeutet [1365, 476]. Binnen kurzer Zeit wurden Lagerstätten entdeckt bei *Guadalajara* (1543), *Zacatecas* (1546), *Guanajuato* (1549), bei *Pachuca* (zuerst 1524), dann 1551), *Durango* (1555) und *Fresnillo* (1569), 1549 in *Taxco*, wo ehemals reiche Silberminen heute z. T. erschöpft sind, wo sich aber das Silberschmiedehandwerk entwickelt und erhalten hat. Bald bildeten sich bei der Minenausbeute größere und kleinere Betriebe, letztere auf der Suche nach puren Gängen. Die Minenausbeute gehörte zum Monopol der spanischen Krone, daher waren die Gründungen *„real de Minas“* genannt, im Süden Mexicos auch *„asiento de minas“*. Die großen Betriebe an ausgedehnten Lagerstätten hinterließen Halden und Schächte und nach ihrer Einstellung Ruinen in der Landschaft (Abb. 17, *Bild 26* u. *70*). Die Aufbereitungsanlagen, auch *„hacienda de beneficio“* genannt, sind oft als Ruinen erhalten. Mehrfach dienten die mit gewölbten und dicken Mauern errichteten *„fundias“* bzw. *„fundiciones“* (Schmelzen) später noch anderen Zwecken. Einige werden heute als Hotels

Bild 26. Minen- und Schmelzanlagen bei Guanajuato, Gjto. Zahlreiche verlassene und verfallene Schachtanlagen und Schmelzen in der Umgebung der Stadt Guanajuato künden von der im 17. und 18. Jahrhundert großen Bedeutung des Bergbaus in der Minenstadt, wo man vorwiegend Silberminen ausbeutete. (GIERLOFF-EMDEN Juli 1964)

im Stil der frühen Kolonialzeit für den Touristenverkehr ausgenutzt. Die großen Betriebe waren für die Bevölkerungsentwicklung von Bedeutung, weil zunächst allein mit Menschenkraft gearbeitet wurde, d. h. mit Indianersklaven, deren Sterblichkeit sehr hoch war. Viele der Minenbetriebe wurden zum Kern für spätere ansehnliche Städte (Abb. 27, 53, 82, *Bild 53*). Es entstanden prächtige Stadthäuser der Mineneigner, oft an der *Plaza* der neuen Orte. Kleinstminen gehörten bis in 19. Jh. zum Landschaftsbild Mexicos. Diese typische Betriebsform war bedingt durch die zahllosen einzelnen, kleinen, hochwertigen Lagerstätten in den Bergen, die „*bonanzas*", d. h. „Taschen". Ihrer Auffindung und dem Wunsche, durch einen Fund reich werden zu können, ist die frühe Durchstreifung bis dahin nicht kolonisierter Gebiete durch die Sucher, die „*gambusinos*", zuzuschreiben. Der Ausbau des Minenwesens regte bedeutende Entwicklungen in anderen Wirtschaftszweigen an. Z. B. mußten zur Versorgung der Arbeiterlager Nahrungsmittel produziert und transportiert werden. Bis zur Mitte des 16. Jahrhunderts war nur das Schmelzen, nicht aber das Amalgamisieren bekannt. Beträchtliche Mengen von Holzkohle mußten aus den einst reichen Eichen- und Akazienbeständen, die die Hügel und Berge bei Zacatecas bedeckten, gewonnen werden. Über die Bedeutung der Anlage von Landbauregionen im Gefolge der Minen berichtet MÜHLENPFORDT [22].

Das Amalgamationsverfahren wurde 1557 durch BARTOLOMÉ DE MEDINA eingeführt, so daß auch weniger hochwertige Erze abgebaut werden konnten (vgl. Abschn. Bergbau). Für den *Amalgamisierungsprozeß* wurden in der ersten Zeit *Blei* und *Quecksilber* von *Peru* eingeführt [1365]. Es wurde außerdem *Salz* dazu benötigt. Zu diesem Zweck wurden die Salzkrusten des trockenen Innenlandes, z. B. bei *Peñol Blanco*, abgebaut, wozu auch Negersklaven eingesetzt waren. Wegen der großen Bedeutung waren diese Salzgewinnungsstätten, auch die an den *Salinen* der *Lagune* von *Yucatán,* unter die Kontrolle der spanischen Krone gestellt. In späterer Zeit arbeiteten die Minen nicht mehr mit Indianersklaven, sondern mit freien indianischen Arbeitern, wie auch A. v. HUMBOLDT berichtet. Die Träger, *„tenateros"*, und Arbeiter, *„faenoros"*, die das Erz von der Mine zur Verarbeitungsstätte *„de pachos"* brachten, waren gut bezahlt. Im 18. Jh. wurden die Minen z. T. durch europäische (vor allem auch deutsche) Fachleute reorganisiert (Abb. 53 [101]).

Silber und Gold aus Mexico. Während der Regierungszeit des Vizekönigs REVILLAGIGIDO (1789 bis 1794) wurden besonders durch Silberprodukte aus dem Bergwerkswesen riesige Einnahmen erzielt [1360]. Es sollen bis zum Ende des 18. Jhs. fast zwei Drittel allen in Umlauf befindlichen Silbers der Welt aus Mexico gekommen sein, davon ein Drittel allein durch die Minen von *Zacatecas. Zacatecas* und *San Luis Potosí* waren die großen Silberstädte [917]. Viel Gold und Silber kam als Schatz verarbeitet in die Kirchen. Die Bevölkerung trug reichlich Schmuck. Noch heute gilt auf *Yucatán* das Tragen vieler goldener Armbänder als Zeichen der Wohlhabenheit. Das staatliche Leihhaus von Mexico, *„Monte de Piedad"*, am Zócalo, wird als Pfandsammelstelle von Goldschmuck auch in der Gegenwart von keiner Institution der Welt übertroffen. Die Unterhaltung der Heere in Europa und die Flotte und Verwaltung der Weltmacht Spanien verschlangen ungeheure Summen. A. v. HUMBOLDT schätzte die gesamten Einnahmen Spaniens aus überseeischen Besitzungen für die Krone um 1804 auf 36 Millionen spanische Dollars, von denen die Regierung fast 30 Millionen nur für diese Gebiete für die Verwaltung ausgeben mußte, so daß nur ein jährlicher Reinertrag von 7,4 Millionen Dollar blieb.

Als Münzen geprägtes Geld war im präkolonialen Mexico unbekannt. CORTÉS ließ jedoch schon 1522 in Mexico Geld prägen. Es wurde zum Zwecke des Handels spanisches Münzengeld eingeführt. Nach der königlichen *Cédula* gründete der Vizekönig ANTONIO MENDOZA am 11. Mai 1535 eine Münze in Mexico (*Casa de Moneda* oder *Fundición* genannt, „fundición" wird sonst im allgemeinen eine Schmelze genannt).

Im Laufe der Kolonialzeit wurden über 2 Mrd. Stück Silbergeld geprägt. Aufeinandergestapelt würde das eine Geldrolle von über 5000 km Länge ergeben.

Die **Münzen in Mexico,** *„Pesos"*, waren bis 1675 ausschließlich in Silber geprägt. *1 Peso* = 8 *reales;* wurden ab 1675 auf Anordnung CARLOS II. auch in Gold geprägt [1328].

Die Politik der spanischen Krone strebte die Überführung des Goldes nach Spanien an, um in Mexico eine Silberwährung zu errichten. Da wesentlich mehr Silber (nach dem Wert) als Gold produziert wurde, stieg das Wertverhältnis zwischen Gold und Silber von 1537 (1:10,6) bis 1686 auf 1:16,55 an.

In Spanien wurden gerechnet:

„El Castellano", auch *„Excelente de Granada"*, später *„Ducado"* genannt, mit dem Wert von 375 *„Maravedís"* (*Maravedí* auch *Marabotino,* 1848 abgeschafft = spanische Kupfermünze) nach dem Recht von *Valencia* 1488 und *Medina* 1494, hatte 1950 = 500 *„Maravedís"*.

Der *Doblón* hatte 750 *Maravedís,* ein *„Escudo"* oder *„Corona"* 350 *Maravedís.* Von 1537 an (Währungsreform) wurde gerechnet:

1 *Escudo* = ein Achtundsechzigstel des Gewichtes einer Goldmark, d. h. 33,83 Gramm zu 22 Karat (916,6 Promille Feingold) [1328].

In Mexico wurde gerechnet:

1 *Peso de Oro de Minas*	= 450 *Maravedís*	= 2.43 *Peso*	d. Währung v. 1925 i. Mexico
1 *Peso de Oro commun*	= 300 *Maravedís*	= 2.75 *Peso*	" " "
1 *Peso de Oro tepuzque*		= 1.59 *Peso*	" " "

(nach J. R. Benítez [1328])

Währungsparitäten und -änderungen in der Kolonialzeit sind bei Benítez angegeben. 1 *Peso de Oro Castellano* entsprach etwa 49,— DM, 1 Golddukat 36,75 DM. Der *„Peso de Oro"* bekam auch den Namen *„Tepuzque"*, ein Indianerwort, mit dem die aztekischen Krieger ursprünglich die Kanonen des Cortés bezeichneten [453].

Übersicht des in der Kolonialzeit Mexicos geprägten Geldes

	Gold	Silber	Total
Münze in der Stadt *Mexico*	$ 68 716 830	$ 2 052 213 804	$ 2 120 930 634
Prägestätten in der Provinz, darunter Goldmünzen nur 1812 in *Guadalajara*	$ 61 581	$ 30 046 853	$ 30 108 434
	$ 68 778 411	$ 2 082 260 657	$ 2 151 039 068

Hierzu kommt noch ein kleiner Betrag an *Kupfermünzen* (Monedad de Vellón).
Während der Kolonialepoche wurden in Mexico geprägt $ 2 151 581 961 (Wittich [966]).

Städtegründungen in Neuspanien. Das 16. Jh. war in Mexico die Zeit der Städtegründungen. Durch ein königliches Dekret wurde ein einheitliches Bild der städtischen Siedlungen Mexicos erwirkt. Mit der Entsendung des Gouverneurs Ovando im Jahre 1501 nach *Hispaniola* begann der planmäßige Städtebau im spanischen Amerika.

„Der Landmesser Alonso García Bravo, der mit Pedrarias D'Avila nach *Panama* gekommen war, entwarf später im Auftrag des Hernán Cortés den schachbrettartigen Grundriß für den Wiederaufbau der Stadt *México*. Es ist dies die typische Form der spanischen Stadtsiedlung in Amerika geblieben. Die Ordonnanzen Philipps II. vom 13. Juli 1573 faßten die gesetzlichen Bestimmungen über den Städtebau in Amerika zusammen, die dann in das koloniale Gesetzbuch von 1680 übernommen wurden. Plätze, Straßen und Baugrundstücke sollen schnurgerade ausgerichtet werden, wobei mit der Abgrenzung des Hauptplatzes, der *Plaza Mayor,* zu beginnen ist und von dort das Straßennetz auszugehen hat." R. Konetzke 1965 (1378).

D. Stanislawski zeigte in seinem Aufsatz: *„Early spanish town planning in the New World"* (G. Rev. 1965), daß Philipp II. im Jahre 1573 geschriebene Instruktionen für die Städtegründungen ausgab, die ganz ähnlich denen des römischen Ingenieurs Vitruvius Pollio waren. Über Grundriß und Aufriß von Neugründungen im Hochtal von Mexico berichtet W. Trautmann, 1968, (Titel s. S. 172).

Daraus resultiert die Einheitlichkeit im Grundriß ohne Rücksicht auf die Funktion, die den Städten ein typisches, aber konformes Gepräge bis ins 20. Jh. gegeben hat: rechtwinkliger Straßengrundriß, schachbrettartig angelegt *(Bild 50, 51),* der N-S, O-W orientierte zentrale Platz *Plaza Mayor (Plaza de Armas),* kurz *„plaza"* genannt, später auch *Alameda* (als Park), mit Kirche bzw. Kathedrale, Verwaltungsbau und den Wohnhäusern einiger wohlhabender Bürger. Die Häuser an der Plaza haben zumeist Arkaden an der Frontseite *(„Portales")*, unter denen oft Verkaufsstände, *„Puestas"*, ihren Platz finden. Die

Bild 27. Bergbaustadt aus der Kolonialzeit: Álamos/Sonora. Álamos, gegründet 1531, ist eine der ältesten Städte Méxicos und war besonders seit 1683 Bergbauzentrum am Westrand der Sierra Madre Occidental für die umliegenden Silberminen. Obwohl durch Flutkatastrophe (1868) und Indianerangriffe mehrfach schwer beschädigt, zeigt es mit seinem rechtwinkeligen Straßengrundriß, der Plaza und vielen alten Häusern im Zentrum noch ein typisch kolonialzeitliches Gepräge. Bildmitte links die Plaza. Im Hintergrund der Steilabfall der 2000 m hohen Kante des Plateaus der Sierra Madre. (Gierloff-Emden Februar 1962)

rahmenförmige Bebauung der Siedlungsflächen zwischen den Straßen, *Cuadras,* war vorgeschrieben mit Seitenlänge der Cuadras usw. (Abb. 79, 83, 84, 85, *Bild 27, 50, 51*). Die Straßen haben zumeist eine vorgeschriebene Breite (14 *varas,* d. h. 11,9 m). Die Häuser haben im Grundriß die Form eines „U" oder „L". Der Innenhof, *Patio,* ist von der Straße oft durch eine Einfahrt, *„Zaguán"*, zu erreichen. Die Städte erhielten besondere Quartiere für die Indianer [773, 777, 790, 791]. Pläne kolonialzeitlicher Städte, wie z. B. *Cholula,* sind im *„Catálogo de la colección de códices"*, hrsg. von J. B. Glass [1041], zu ersehen. Der im hektischen Tempo seit den vierziger Jahren des 20. Jhs. erfolgte Neu- und Aufbau, der die mexicanischen Städte so sehr veränderte, konnte bis heute nicht Kern und Charakter der kolonialzeitlichen Anlage und Planung verwischen *(Bild 27).* Nur einige Städte wurden, durch Terrainverhältnisse bedingt, in unregelmäßiger Anlage erbaut, so *Guanajuato* (gegr. 1554) (Abb. 82, *Bild 53 u. 54*), *Taxco* und *Zacatecas.* Der erhöhte Wasserbedarf wachsender Städte wurde, wenn möglich, durch die Anlage von großen Aquädukten, *„acueductos"*, geregelt. Diese wurden, manchmal kilometerlang in großen Rundbögen aus Stein gemauert, zum Wahrzeichen vieler Städte *(Morelia, Guanajuato, Zacatecas) (Bild 29).* Der Aquädukt von *Chapultepec* im Zentrum von *Ciudad de México* wurde schon im 16. Jh. erbaut. Der Brunnen *(„fuente")* und der Wasserspender aus Stein mit Rohr *(„hidrante")* waren typische Bauelemente der Siedlungen. Auf dem zentralen

Hochland entstanden *Haciendas* mit Befestigungsanlagen, deren Ruinen z. T. heute noch erhalten sind [558, 802]. Als vorgeschobene Befestigungen entstanden „*Presidios*". Abbildungen und Pläne solcher Haciendas und Presidios, z. T. erhaltener, z. T. als Ruinen, finden sich im umfangreichen Werk „La Formacion de los grandes Latifundios en México" von F. CHEVALIER [802].

Stadtverwaltung. Offiziere wurden als Gouverneure der Städte eingesetzt. Dort wurde ein Stadtrat, „*Cabildo*", nach spanischem Vorbild eingerichtet, der aus 12 oder weniger „*Regidores*", Stadträten, bestand. Die Regidores wurden später von den Bürgern der Städte, den „*vecinos*", gewählt. Es wurden 2 Magistratsbeamte, „*alcaldes*", eingesetzt, diese von den Regidores gewählt. Es wurde ein Gerichtsdiener bzw. Polizist, „*alguacil*", von den Regidores eingesetzt. Die Städte erreichten während der zweiten „*Audiencia*" von Mexico einen ähnlichen Status wie die in Spanien.

Verkehr und Transport. Als **Transportmittel** gewann der Esel auch für Indianer große Bedeutung. Er löste den Menschen als Lasttier ab *(Bild 31)*. Der *arriero*, der Karawanentreiber, gehört bis ins Zeitalter des Flugzeugs zum typischen Straßenbild Mexicos, sowohl auf den einsamen, staubigen Pfaden der nördlichen Gebirge und Wüsten als auch auf den Wegen des tropischen Südens, auf denen in der Regenzeit kein Fahrzeug fahren kann *(Bild 11)*. Es wurden zahlreiche Raststationen, oft Kern späterer Siedlungen, errichtet, sogenannte „*Posadas*" *(Bild 30 u. 31)*. Einst wurden Erze, heute Früchte, Brennholz, Holzkohle und Töpferwaren im Marktverkehr der indianischen Agrargebiete so befördert. Esel und Maultiere trugen den Prospektoren ihr Werkzeug und die Ausrüstung durch die Berge. Zum Transport der Waren sind zwischen *Ciudad de México* und *Veracruz* im Jahre 1810 noch 97 000 Maulesel, 1817/18 noch je 40 000 eingesetzt gewesen [1328].

Verkehrswege, deren Hauptrouten, die „*caminos reales*", Leitlinien für viele moderne Straßen der Gegenwart geblieben sind, wurden mit dem Ersatz der Träger durch das Tragtier ausgebaut. Schon CORTÉS betrieb den Ausbau von Verkehrswegen. Auf seinem Zug nach Honduras („*Hibueras*") erkannte er die Notwendigkeit eines transisthmischen Weges von *Coatzacoalcos* nach *Tehuantepec*. Er ordnete 1522 den Bau einer Straße von *Veracruz* nach *Ciudad de México* an. Der erste Vizekönig, MENDOZA, führte den Dienst der indianischen Träger in ihren Siedlungsgebieten an diesen Verkehrswegen ein, der „*tamemes*", der „Stafetten-Lastträger", ohne Entlohnung. Diese benützten Traggestelle mit Stirnband, „*cacaxtli*", das von den Indianern schon in präkolonialer Zeit als Tragegerät benutzt wurde und von indianischen Händlern im Süden Mexicos noch heute benutzt wird *(Bild 31)* [1365]. Fray SEBASTIAN DE APURICIO eröffnete den Weg nach *Zacatecas* 1542, ALONSO PACHECO die Verlängerung bis nach *Durango* um 1570, die schon 1585 als Straße ausgebaut wurde. Um 1594 wurde durch LUIS DE VELASCO der Bau der Straße *México–Acapulco* projektiert, die schon MENDOZA geplant hatte. Auch die Wege nach *Guadalajara* und *San Luis Potosí* wurden frühzeitig ausgebaut. Außerdem wurde ein Netz von kleineren Wegen, „*Caminos de Herradura*", „Hufeisenwege", d. h. Reitwege, entwickelt.

Der Nordwesten wurde erschlossen. Die Verbindung des Weges am westlichen Rand des Hochlandes von *México–Zacatecas–Durango–Chihuahua–Paso del Norte (El Paso)* nach *Santa Fé*, der eigentliche „*Camino Real de la Tierra Adentro*", und der pazifische Küstenweg *México–Guadalajara–Culicán–Urés* wurden durch zwei Querverbindungen durch

Bild 28. Casa de Montejo in Mérida/Yucatán. Zu den ältesten Baudenkmälern aus der spanischen Kolonialzeit zählt das sogenannte Montejo-Haus in Yucatán. Erbaut wurde es 1549 für FRANCISCO DE MONTEJO, jun., der an der Eroberung Yucatáns maßgeblichen Anteil hatte. (GIERLOFF-EMDEN Mai 1964)

die *Sierra Madre Occidental* verbunden: von *Durango* nach *Mazatlán* (heute einzige Autostraße durch die Sierra Madre Occidental) und von *Tepehuanes* über *Topía* nach *Culiacán*, der sogenannte *Topía*-Weg (Abb. 50). Es wurde dieser Weg wegen der Silberfunde bei *Topía* in der Sierra ausgebaut, den IBARRA auf seinem Zug nach *Culiacán* 1563 benutzt hatte. Ab 1580 begann der Verkehr auf diesem Wege, der später zwischen 1877 und 1911 nach der verstärkten Bergbautätigkeit infolge US-amerikanischen Kapitals stark frequentiert wurde. Die Karawanen von *México* bis *Santa Fé* waren sechs Monate unterwegs! Karten hierzu finden sich bei R. C. WEST und J. J. PARSONS [982].

Ein kleiner zweirädriger Karren, *„carreta“*, diente dem Lokalverkehr, ein großer zweirädriger *„carro“* mit 1 bis 2 m hohen Rädern dem Überlandverkehr. Er wurde von acht bis zwölf Maultieren gezogen.

Von entscheidender Bedeutung für die Veränderung der Naturlandschaft, besonders in den gebirgigen Landesteilen, waren die Transportkarawanen *(Tropas)* und die Einführung des Rades wegen der Einschneidung in den Boden. Durch diese Anrisse wurde eine neue Phase der Landerosion eingeleitet.

Der koloniale Überseeverkehr. Schon 1503 war die *„Casa de Contratación* de las Indias“ als zentrales Handelshaus in *Sevilla* begründet worden (Abb. 54).

Bild 29. Aquädukt in Zacatecas. Große Aquädukte, die in der Kolonialzeit und im 19. Jahrhundert errichtet worden sind und zum Teil heute noch der Wasserversorgung der Orte dienen, sind das Wahrzeichen mehrerer Städte Mexicos. (GIERLOFF-EMDEN März 1962)

Mexicos Handelsverkehr im Atlantischen Ozean. Der spanische Staat beanspruchte 10 % des Handelserlöses für die erteilten Handelslizenzen. Eine privilegierte Klasse von Kaufleuten, die *„consulados"* (die höchste aller in Neuspanien gebildeten Gilden), war Hauptnutznießer. Spanischer Monopolhafen für *Westindien* und dann auch für *Mexico* war *Sevilla,* später mit dem Hafen *Horcadoc* an der Mündung des *Rio Guadalquivir,* später auch wegen der größer gewordenen Seeschiffe *Cádiz.* Es wurden mengenmäßig geringere, aber an Wert beträchtliche Güter transportiert: Cochenille, Indigo-Extrakt, Tabak, Silber, Gewürze. 1609 verließ die Flotte *Veracruz* mit 11 660 *Arrobas* Indigo (~ 128 260 kg = ~ 130 t! im Werte von 550 000 mex. $) (F. CHEVALIER, 1956). Der Handel mit einzelnen Gütern wurde Staatsmonopol, z. B. mit Salz, Pfeffer, Tabak und Spielkarten [576].

Die Geschichte der Handelsverbindungen Mexicos mit Spanien zeigt, daß verschiedene Epochen zu unterscheiden sind:

1. von 1519 bis 1565, während der jeglicher Überseehandel den königlichen Anweisungen zu gehorchen hatte. 1520 segelten 71 Schiffe von *Spanien* nach *Westindien.* In dieser Zeit benutzte man Schiffe von weniger als 80 t [1329].
2. von 1565 bis 1778, während der der Handel Mexicos auf die Verbindung *Veracruz – Sevilla* und *Cádiz* monopolisiert war. (Zu dieser Zeit wurden größere Schiffe bis zu 400 t gebaut und eingesetzt, z. T. mit schwerer Bewaffnung [1329]).
3. von 1778, als CARLOS III. das Monopol aufgehoben hatte, bis 1821 zur Unabhängigkeit von Mexico.

Bild 30. Typen aus der Zeit des frühen 19. Jahrhunderts: „Arrieros“, Maultiertreiber. (Von C. NEBEL aus PARRY)

Über die erste Periode liegen keine zusammenfassenden Dokumente vor. Von 1565 bis 1778 wurde fast jährlich ein *Konvoi,* nach 1700 weniger gefahren. Während der dritten Epoche fuhren jährlich von 1728 bis 1740 etwa 15 Schiffe, 1784–50, 1791–100, 1802–558, zwischen 1803 und 1819 zwischen 200 und 400 Schiffe jährlich, insgesamt 6318 zwischen Mexico und Spanien [1328].

Es erreichten Spanien:

Von 1565	bis 1600	14	Konvois	mit	84	Schiffen
„ 1600	„ 1700	104	„	„	624	„
„ 1700	„ 1800	49	„	„	1456	„
„ 1800	„ 1814	15	„	„	4896	„

Der spanische Überseeverkehr wurde frühzeitig durch andere Mächte gestört: englische und französische, später auch niederländische Freibeuter zwangen zum Konvoiverkehr (Abb. 54). Die Engländer und Franzosen erkannten auch den Vertrag von *Tordesillas* nicht an, der sie vom Reichtum der neuentdeckten Welt ausschloß. 1554 wurden *Santiago de Cuba* und *Habana,* Ausgangs- und Sammelpunkt der Flotte, geplündert. 1554 gingen 25 Schiffe an den Feind verloren. 1566 besetzten die Engländer Jamaica. Im April und August segelte die Flotte von Spanien ab, war 2 bis 3 Monate unterwegs, überwinterte in *Westindien* und *Neuspanien* und traf sich im März in *Habana,* um von dort den Weg durch die *Floridastraße* nach *Spanien* zu nehmen.

Viele Galeonen liefen im Sturm auf die Riffs vor *Florida* und versanken mit allen Schätzen. Für mehr als eine Milliarde D-Mark Gold, Silber und Juwelen aus jener Zeit sollen auf dem Meeresgrund liegen.

Bild 31. Typen aus der Zeit des frühen 19. Jahrhunderts: Indianische Holzkohlenträger mit Stirnband zum Tragen und Verkäufer (carbonero). (Von C. NEBEL aus PARRY)

Am 31. Juli 1715 geriet eine Flotte von elf Galeonen in der Höhe von dem Küstenstädtchen *Sebastian* in einen Wirbelsturm. Zehn Schiffe gingen unter mit 1000 Mann Besatzung an Bord. Gold und Silber im Wert von 55 Millionen D-Mark, kostbares Porzellan aus China und Smaragdschmuck für die Braut des spanischen Königs sanken auf den Meeresgrund.

250 Jahre danach, 1965, entdeckte K. WAGNER aus Florida nach langen Vorarbeiten die Stätte des Schiffbruchs, gründete eine Bergungsgesellschaft und hat für mehr als 12 Millionen D-Mark Schätze vom Meeresgrund heraufgeholt, dabei das kostbare Rangabzeichen des Generalkapitäns Don JUAN DE UBILLAS, seine goldene Signalpfeife mit schwerer vierfacher Golkette. Runde, 5 Kilogramm schwere Goldbarren wurden gefunden.

Mexicos Handelsverkehr im Pazifischen Ozean. Die Frachtkosten erhöhten sich wegen der Beiträge der Kaufleute für die Ausrüstung der Geleitschiffe. Aus den genannten Gründen wurden starke Festungen gebaut, deren Bauten und Ruinen bis zur Gegenwart erhalten sind: *Veracruz (Ulua)* und *Campeche* [417].

Im pazifischen Raum war von Acapulco (erster Bau von Schiffen 1531) die Verbindung mit den *Philippinen* aufgenommen (Abb. 49). ALVARO SAAVEDRA CERÓN hatte schon 1527–28 vom Hafen *Zihuatenejo* (im heutigen Staate Guerrero) aus die *Philippinen* erreicht. Als Ausgangshäfen wurden zunächst auch *San Blas* und *Navidad* benutzt. Diese Leistung und die spätere des VILLALOBUS ist hoch zu bewerten, denn die Schiffe waren einfach ausgerüstet. *Acapulco* erhielt 1581 das Handelsmonopol. Zwischen 1751 und 1821 betrug der Wert des über diesen Weg abgewickelten Warenhandels 380 Mio. Pesos, jähr-

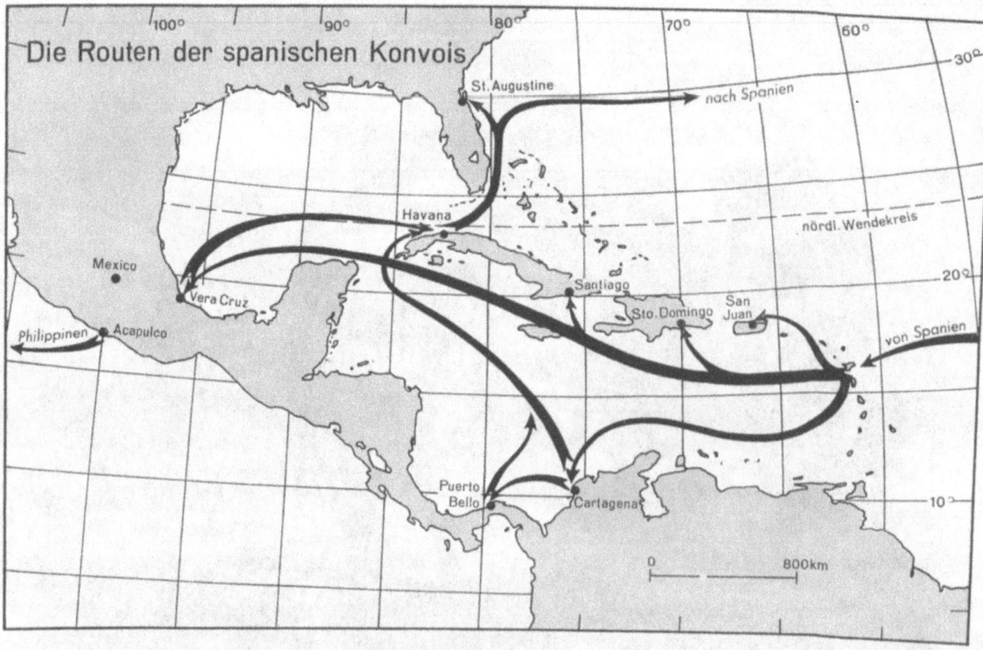

Abb. 54. Die Routen der spanischen Konvois in Westindien. (Nach R. C. West)

lich zwischen 3 und 5 Mio. Pesos [1329]. Für den Einkauf von Seide sollen von 1570 bis 1780 etwa 4000 bis 5000 t Silber nach *China* gegangen sein, z. gr. T. als Münzen [561]. Der Handel wurde mit seetüchtigen, 300 t großen Schiffen durchgeführt. Die ersten spanischen Schiffe liefen 1565 von *Manila* kommend *Acapulco* an. Die Waren wurden mit Tragtierkolonnen in 6 Wochen über die 900 km zum Golfküstenhafen *Veracruz* befördert. Chinesische Porzellane, Seidenstoffe und Gewürze wurden auf diesem Wege verfrachtet. P. Wheatley veröffentlichte 1961 eine Karte der Exportwege des chinesischen Porzellans, aus der der Handelsweg für dieses Gut von *Chuan-Chou* nach den Philippinen ersichtlich ist. Bei Ankunft einer pazifischen Flotte sollen aus der Hauptstadt México 5000 bis 8000 Kaufleute nach *Acapulco* gekommen sein. Im 16., 17. und 18. Jh. wurde die buchtenreiche Westküste *Baja Californias* zeitweilig zum Stützpunkt vieler Filibuster, die den Seeverkehr Philippinen–Mexico störten [561]. Von *Tehuantepec* aus hatte Diego Campo 1529 die erste Seeverbindung nach *Perú* aufgenommen, die bis 1596 aufrechterhalten wurde [554].

Die Verschiebung der Machtverhältnisse auf den Meeren im 17. und 18. Jh. ist nicht ohne Bedeutung für den spanischen Überseehandel mit Neuspanien geblieben. Ende des 18. Jhs. hatte *Spanien* 400 bis 500 Handelsschiffe, *England* 7000, *Holland* 6500. Ebenso waren deren Kriegsflotten nach Zahl und Qualität den spanischen Einheiten überlegen.

Die Kirche in Neuspanien. In Verwaltung und Kirche wurden die wichtigen Positionen von Spanien aus mit Spaniern besetzt, so daß sich zwei führende Gesellschaftsschichten in Neuspanien zu unterscheiden begannen: in Mexico geborene Spanier (*„criollos“*, Kreo-

Bild 32. Kirche aus der Kolonialzeit bei Ocotlán / südl. Oaxaca. Während der spanischen Kolonialzeit wurden in Mexico über 12 000 Kirchen erbaut. In ihrer Form repräsentieren sie meistens eine Mischung aus mehreren Baustilen. Typisch für die sogenannte Kolonialzeit ist dieses Exemplar mit dicken Wänden, lehmverputzt und weiß getüncht und mit barocken Glockentürmchen. (GIERLOFF-EMDEN Juni 1964)

len) – wohlhabende Guts- oder Minenbesitzer oder Kaufleute – und neu ins Land gekommene Spanier – Verwaltungsbeamte und hoher Klerus. Nach anfänglich freiem Wirken der Padres wurde einige Jahrzehnte später die kirchliche Tätigkeit durch die Brüderschaften und Bischöfe zentral gelenkt. Im Jahre 1572 kamen die Jesuiten nach Mexico. Diese mußten Mexico 1767 auf Befehl des spanischen Königs CARLOS III. verlassen. Es herrschte eine gewisse Sonderstellung Neuspaniens in der klerikalen Organisation: der spanische König besaß das durch den Papst verliehene Privileg des Vorschlagsrechts für die Ernennung hoher Würdenträger in Übersee; er hatte den Besitz der Kirche zu bestätigen. Das *Bistum México* wurde zum Erzbistum erhoben [1261]. Der Landbesitz der Kirche nahm im Schutze des Staates beträchtlich zu, obwohl zeitweilig verboten, geschah das oft durch Spenden. Die Orden wurden Eigentümer von Haciendas, Zuckerfabriken u. a. Die sechs großen „ingenios“ (Zuckerfabriken) der *Jesuiten* brachten jährliche Renditen von 100 000 Goldpesos ein [1328, 558 bzw. 802]. Die Entwicklung des geistigen und kulturellen Lebens wurde im wesentlichen von der Kirche bestimmt, sie gründete Schulen, auch Indioschulen, und bestimmte das Leben an der 1553 in der Hauptstadt México gegründeten Universität (vgl. Abschn. Hochschulen) (Abb. 55). Da nur die Einfuhr geistlicher Schriften in die Kolonie erlaubt war, blieben weltliche Wissenschaften zurück.

Mit dem Ziel, jedem Ort eine Kirche zu geben, wurden in 300jähriger Kolonialzeit über 12 000 Kirchen in Mexico gebaut [1269] (Abb. 56, *Bild 32*). Viel Arbeitskraft wurde damit investiert, die z. B. beim Bau von Verkehrswegen fehlte! Die zahlreichen Klöster *„conventos"* bzw. *„monasterios"* wurden z. T. als mächtige Festungen ausgebaut. Über 400 Klosterbauten wurden errichtet (Abb. 55).

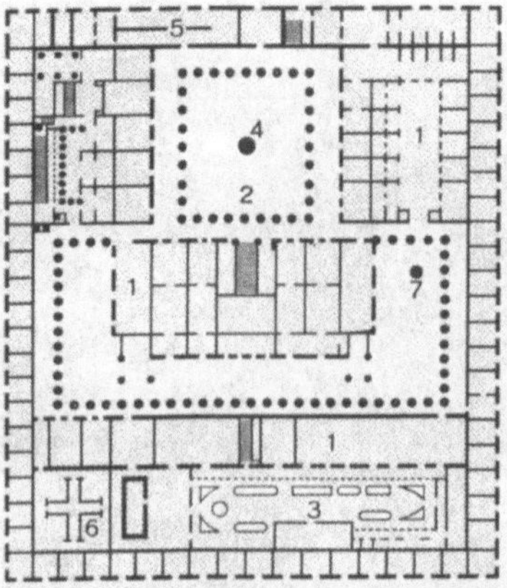

1 = überbauter Raum
2 = Hof
3 = überdachter Garten
4 = Brunnen
5 = Küche
6 = Kapelle
7 = Brunnen

Abb. 55. Grundriß des Colegio de las Vizcaínas, vollständiger Name „El Real Colegio de San Ignacio de Loyola". 1734 von spanischen Kaufleuten in Mexico gestiftet als Schule für Kinder aus armen Familien. (Bau aus der spanischen Kolonialzeit. Der Bau ist zweigeschossig, ca. 110 m lang)

„Die Stadt *México* umschloß im Jahre 1854 29 Klöster mit ungefähr 500 Mönchen und Nonnen. Jetzt sind alle Orden aufgehoben, und ihre großen Baulichkeiten dienen zum Teil als Wohnhäuser für Privatleute, zum Teil zur Unterbringung öffentlicher Anstalten, als Kasernen, Schulen u. dergl. Es sind prachtvolle Bauten unter ihnen, und die Schulen vor allem können sich zu den Räumen gratulieren, die man ihnen in den schönen Klöstern angewiesen hat.

Große Säle für die Vorlesungen, Zellen für die Internen, Höfe mit ringsumlaufenden Hallen, Gärten und Brunnen, kühle Gänge fehlen keinem dieser Häuser, die oft ein paar Hundert Fuß Front haben. Den Inquisitionspalast, welcher eines der schönsten Gebäude der Stadt ist, bewohnt jetzt die medizinische Schule, ein prächtiges Nonnenkloster die Rechtsschule, das große Jesuitenkloster, *San Ildefonso,* die sogenannte Escuela Preparatoria, welche unseren Gymnasien entspricht. Die Kirchen sind ihrer Bestimmung nicht in so ausgedehntem Maße entfremdet worden." F. Ratzel [500] (Abb. 55).

Die Kirchen, nach den Stadtgründungsplänen am Hauptplatz des Ortes, der Plaza, angelegt – in größeren Orten gibt es mehrere Kirchen an verschiedenen Plazas –, repräsentierten in ihren Baustilen einen großen Teil der in Bauwerken ersichtlichen Kultur des kolonialen Mexico [764]. In ihrer Gesamtheit gestalteten sie die Kulturlandschaft des Landes mit. Ein Landschaftsbild mit der Vielzahl der Kapellen ist im *„Catálogo de la colección de códices"* (J. B. Glass, Hrsg.) Taf. 102 ersichtlich [1041]. Die ersten Kirchen wurden festungsartig mit dicken Mauern angelegt, oft weiß getüncht, zunächst mit gotischen Stilelementen, oft ohne Turm. Der Einfluß der Renaissance wirkte dann formbildend bei manchen großen Kathedralen, z. B. denen von *Pueblo, Morelia* und *Ciudad de México* [85].

Die Kirchen sind zumeist reich verziert. Zuerst entwickelte sich der strengere *platereske Stil* (das Silberhandwerk in Stein umgesetzt), z. B. die Fassade der Festungskirche von *Alcoman* (16. Jh.) und Kathedrale von *Morelia* (1640–1744 erbaut), dann entwickelte sich das Hochbarock zum bizarren *Churriguerismus* (nach dem Architekten José Benito de Churriguera 1665–1725 genannt, aber auch von anderen Künstlern beeinflußt), wie die Kirche von *Ocotlán* in Tlaxcala.

a. Kirche in Oaxaca

b. Jesuiten-Mission in Caborca (Sonora), gegr. im 17. Jh. v. Pater EUSEBIO KINO

c. Kirche San Ignacio de Kadakaaman, Dominikaner 1786

d. Iglesia de El Carmen in Celaya, Querétaro, D. FRANCISCO EDUARDO TRESGUERRAS 1807

Abb. 56. Kirchenbaustile in Mexico (Zeichnungen a. bis d.: L. GIERLOFF-EMDEN)

Frühe Beispiele spanischer Barockkunst finden sich im Umkreis von *Pueblo* und *Cholula:* die Kirche *Santo Domingo* mit der Rosenkranzkapelle in *Puebla* und z. B. die Kirche von *San Francisco Acatepec* und *Santa Prisca* in *Taxco* und die Kathedralen von *Chihuahua* und *Durango.* Das schönste Beispiel des mexicanischen churrigueresken Stils ist die von Jesuiten gebaute, in der Mitte des 18. Jh. (1762) vollendete Kathedrale *San Martín* in *Tepotzotlan.*

In der Kirche von *Tonantzintla* ist das ganze Innere über und über mit Stuck bedeckt, kunstvoll vergoldet und in Rot, Grün, Blau und Karmesin bemalt. Es gibt dort Cherubine mit indianischen Gesichtern und aztekischem Federschmuck im Haar, von Früchten und Blumen umgeben. Indianische Engel spielen Cello. Die Handwerker haben solche Symbole der indianischen dekorativen Volkskunst benutzt, an der Mexico heute noch reich ist.

Die Kunst des Brennens farbiger Kacheln, der *„azulejos“*, von den Mauren nach Spanien gebracht, fand Eingang in die Töpferwerkstätten von *Puebla.* Puebla ist in Anlehnung an diese Entwicklung heute die Stadt mit den bedeutendsten Industrien für Steine, Erden, Keramik, Mosaikarbeiten und Steinfußböden. Es entstanden die mit gelben und grünen Kacheln bedeckten *Kuppeln* der großen Kirchen, die, in der Sonne glänzend, noch immer Hauptblickpunkt im Weichbild der modernen mexicanischen Städte sind (Abb. 56 d).

Nach J. R. Benítez [1328] wurden von 1520 bis 1820 in den einzelnen *„Intendencias“* an Kirchen erbaut: Guadalajara 1050, Guanajuato 1370, México 2025, Puebla 1600, Oaxaca 1300, Yucatán 1350, in den übrigen jeweils einige 10 bis 100, insgesamt 11 818 (andere Zahlen geben 12 850 an). Von diesen Bauwerken gehören nach Typen erbaut von: 1520–1600 im Kolonial-Stil 3100, 1600–1700 im Barock-Stil 6450, 1700–1800 im churrigueresken Stil 1700, 1800–1820 im klassischen Stil 168.

Besonders rege Bautätigkeit herrschte in der zweiten Hälfte des 17. Jhs., geringere ab 1710. Fast zwei Drittel der Kirchen wurden zwischen 1660 und 1710 erbaut. Nach 1800 wurden nur noch wenige Kirchen fertiggestellt, nach der Unabhängigkeit bis zum Jahre 1925 noch 166. Nach einer Klassifikation sind von den 11 818 Kirchen 41 als Kathedralen, 1130 als Pfarrkirchen, 3701 als einfache Kirchen und etwa 7000 als kleine Kapellen anzusehen [1328].

Fast jeder mexicanische Staat hat nur eine *Kathedrale* aufzuweisen (*México, Oaxaca* je drei). Während im Staate *México,* in *Puebla* und *Oaxaca* die Zahl der Pfarrkirchen und Kirchen besonders groß ist (über 500), weist *Guanajuato* mit über 1000 die größte Zahl der Kapellen auf.

Missionen. Insbesondere nach N und NW erfolgte die Ausbreitung spanischer Kultur durch Missionen (Abb. 57). 1697 begann die Kolonisation durch die Jesuitenmissionen unter Padre Eusebio Francisco Kino und Juan Maria Salvatierra, die, mit 15 Begleitern eintreffend, 1697 die Mission *San Juan Londa* und 1698 eine Mission bei *Loreto, Baja California,* gründeten [1094]. In den folgenden 70 Jahren wurden in *Baja California* 20 weitere Missionen gegründet. Die Gründung dieser Missionen verlief im allgemeinen ohne kriegerische Auseinandersetzungen. Nur im S ergaben sich Schwierigkeiten im Bereich der *Guaicurá*-Indianer, die 1720–1740 Aufstände entfesselten und deretwegen einige Missionen der Kapregion zeitweise wieder geschlossen werden mußten [1085].

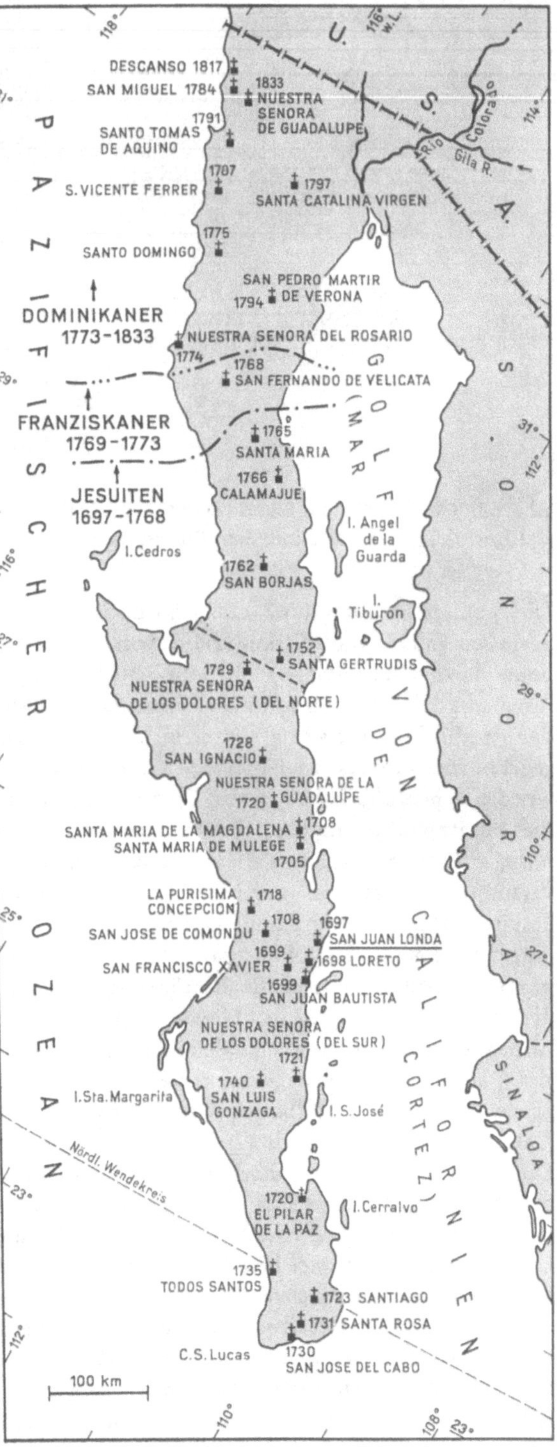

Abb. 57. Gründung und Ausbreitung der Missionen in Nordwest-Mexico (Baja California). (Entwurf: Gierloff-Emden nach Aschmann, Meigs und Irigoyen)

Abb. 58. Oben: Mission Santa Rosalía de Mulegé, gegr. 1705 von Jesuiten (Halbinsel Baja California). Unten: Mission San Borjas, gegr. 1762 von Jesuiten (Halbinsel Baja California)

Die Jesuiten mußten 1767 auf Anordnung des spanischen Königs CARLOS III. Mexico verlassen [559]. Die Missionierung wurde zunächst durch *Franziskaner* (1769 bis 1772), dann durch *Dominikaner* (1773 bis 1833) fortgesetzt [567]. Die letzte Gründung der insgesamt 33 Missionen in Baja California war 1797 *Santa Catarina de los Yumas*, womit der Anschluß an die schon weiter im N im Bereich des heutigen USA-Staates *California* gegründeten Franziskaner-Missionen gefunden war [560] (Abb. 57). Durch die Missionen wurden erhebliche Beiträge zur Erforschung des Landes geleistet. Wasserstellen wurden die Ansatzpunkte für die Missionsoasen wie z. B. *Santo Domingo, Comondú, La Purísima, Mulegé, San Ignacio.* Fast alle Anlageplätze waren sehr gut ausgewählt. Es wurde versucht, die Missionen möglichst bald auf eigener wirtschaftlicher Basis zu erhalten. Die Jesuiten gründeten nur dann eine neue Mission, wenn sie 10 000 Pesos Kapital zur Erstellung zusammenhatten. Wirtschaftliche Basis der Missionen war die Landwirtschaft. Von großer Bedeutung waren die Einführung und der Anbau von Nahrungspflanzen durch die Padres: Weizen, Mais, Gerste, Bohnen, Zuckerrohr, Tomaten, Kürbisse, Pfeffer, Birnen, Granatäpfel, Oliven, Wein, Feigenbäume und Datteln. Die Dattelpalmenbestände der Oase des Ortes *Mulegé* bei der ehemaligen Mission *Santa Rosalía de Mulegé* wurden zu den größten der Halbinsel *Baja California.* Dort werden noch jährlich mehrere 100 t Datteln erzeugt, die nach *Guaymas* verschifft werden. Vor allem zu den nördlichen Dominikanermissionen gehörten Herden mit Großvieh (Rinder), *„ganado mayor"* genannt, und Kleinvieh (Schafe, Ziegen, Schweine) und als Transporttiere Pferde, Maultiere, Esel. Damit ging eine beachtliche Beeinflussung der natürlichen Vegetation einher. Die Mission *San Miguel* besaß 1834 über 3000 Rinder und 1500 Schafe. Während die Missionen des Nordwestens über 100 Jahre eine große Zahl der Hauptsiedlungen ausmachten, gestaltete sich ihre Bedeutung in der Nachmissionsperiode sehr unterschiedlich. Einige Missionen wurden durch Siedler übernommen, einige Familien fanden dort eine Existenz. Die Einrichtungen sind meist sehr bald verfallen, z. T. gründeten entlassene Soldaten Ranchos auf dem Gelände. Einige Missionen blieben Siedlungszentren, erlebten einen weiteren Aufschwung und wurden Zentren kleiner Orte. Ihre Bewässerungsbauten und die Kirchen wurden wieder benutzt, z. B. *Santa Rosalía de Mulegé, Todos Santos, Santo Tomás, San Telmo, San Vicente, La Purísima, Comondú* (Abb. 58).

Verwaltung. Dem Vizekönig unterstanden die mehr oder minder selbständigen *Generalkapitanate.* Diese waren ihrerseits in *Provincias* unterteilt, die Provincias in *Alcaldías mayores*, deren es in Neu-Spanien rund 200 gab.

Im Interesse einer Verbesserung der Steuererhebung und Hebung der Staatseinnahmen wurde das neue *Intendencia-System* eingeführt, zunächst in *Cuba* (1764), dann in *Venezuela* (1777), im Vizekönigreich *Rio de la Plata* (1778) und in Peru (1785). In Neu-Spanien wurden durch Verordnung vom 4. Dezember 1786 elf *Intendencias* geschaffen und als zwölfte eine ihnen übergeordnete *Intendencia General.* Der *Intendente General*, dem zugleich die *Intendencia de México* unterstand, hatte seinen Amtssitz in der Hauptstadt *Ciudad de México* und war bis 1789 unmittelbar dem Indienrat, danach dem Vizekönig unterstellt. Neben den 12 Intendencias oder *Provincias* gab es seit 1793 drei dem Vizekönig unmittelbar unterstellte *Gobiernos: Baja California, Alta California* und *Tlaxcala.* Die Intendencias zerfielen ihrerseits in *Partidos*, auch *Subdelegaciónes* genannt, wegen der Übertragung ihrer Verwaltung an je einen *Subdelegado.* Damit fielen die entsprechenden *Alcadías mayores* der älteren territorialen Einteilung fort [538] (Abb. 60).

„Die von A. v. HUMBOLDT benutzte Karte zeigt die Intendencias von Neu-Spanien und basierte auf einer Karte, die von dem Militär-Ingenieur CARLOS DE URRUTIA, späterem Brigade-Kommandeur und Kommandanten von *Veracruz*, etwa in den Jahren 1790–1792 im Auftrage des Vizekönigs REVILLAGIGEDO entworfen wurde. Obgleich das Gesetz über die Intendencias von Neu-Spanien im Dezember 1786 veröffentlicht wurde und die 12 Intendencias in den Jahren 1787 und 1788 endgültig geschaffen wurden, wurde das eigentliche Intendenciasystem nicht vor der Amtszeit REVILLAGIGEDOS 1789–1794 wirksam. Die Einteilung Neu-Spaniens in Intendencias blieb bis 1824 bestehen, erfuhr aber zahlreiche territoriale Veränderungen, besonders vor dem Jahre 1806. Während A. v. HUMBOLDT offensichtlich einige der Veränderungen in seine Karte der Intendencias aufnahm und andere im Kapitel 8 seines Werkes erwähnte, waren sowohl Karte wie Text nicht frei von Irrtümern." D. BRAND, 1959.

Neuspanien war eines der vier von der spanischen Krone zur Verwaltung ihrer überseeischen Besitzungen geschaffenen Vizekönigreiche. Es bestand aus den Gebieten des heutigen Staates *México* ohne *Chiapas*, den Generalkapitanaten *Guatemala (mit Chiapas)* und *Habana* sowie dem Gebiete der heutigen *USA*-Staaten *Californien, New Mexico, Arizona, Texas, Louisiana* (1763 bis 1800) und *Florida* (1783 bis 1810) (Abb. 60).

Um 1700 reichte die spanische Verwaltung nordwärts in den amerikanischen Kontinent bis *El Paso* (1659) und *Santa Fé* (1609) [1119] (Abb. 51). Das spanische Einflußgebiet reichte an der pazifischen Küste bis nach *San Francisco* (1776 Mission) und schloß an der Golfküste Florida ein (*St. Augustine* 1565, *Pensacola* 1696). 1694 setzten sich die Franzosen in *Louisiana* fest und übernahmen in *New Orleans* einen spanischen Vorposten: das *„French-Quarter"* ist im spanischen Schachbrett-Grundriß errichtet worden. 1763 reichte der spanische Einfluß noch nördlich bis *San Francisco* (Mission *Sonoma*) [571] (Abb. 60). Die Russen, von *Alaska* ausgehend, hatten als Stützpunkt *Fort Ross* gegründet. *Louisiana* wurde 1763 von den Franzosen zurückgewonnen, jedoch ging im gleichen Jahre *Florida* an England verloren, der *Mississippi* war die Grenze zwischen englischem und spanischem Gebiet in Nordamerika und war seit 1783 Grenze der 13 Gründerstaaten der USA, *West-Florida* wurde 1810 bis 1813 von den USA besetzt, *Ost-Florida* 1845 übernommen. 1800 ging *Louisiana* wieder an Frankreich verloren und wurde 1803 von den USA gekauft (Abb. 51 und 60).

Die Grenze auf Grund des Vertrages zwischen den USA und Spanien von 1819 verlief durch *Utah* zum *Red River* bis an die Küste des *Golfes von Mexico*. 1848 wurden *Californien, Utah* und *New Mexico* von den USA übernommen, 1848 wurde *Texas* von Mexico anerkannter Freistaat, 1845 von den USA annektiert, 1853 der Grenzsaum Neu Mexicos südlich des Gila River von den USA durch Kauf erworben (Abb. 51, 60).

Vorgeschichte der Revolution. Womit war diese äußerlich scheinbar erfolgreiche Entwicklung der Kolonie Neuspanien erkauft worden? Die Suche nach dem Goldland hatte die phantastischen Hoffnungen nicht erfüllen können, das erste Gold war schnell verteilt, es mußte alsbald aus den Bergwerken gewonnen werden. Rücksichtslose Ausbeute führte zu einer schnellen Erschöpfung der oberflächlichen Lager, so daß schon ab 1600 ein Rückgang in der Silber- und Goldproduktion zu verzeichnen war, der erst Ende des 18. Jhs. eingeholt werden konnte. Raubbau war an der Substanz der neuen Kolonie, an der Bevölkerung getrieben worden, so daß der Mangel an Arbeitskräften die weitere Entwicklung lähmte (Abb. 52).

Die neue Art der auf Gewinnmachen abgestellten Lebensweise, die den Eingeborenen als Arbeiter einspannte, hat sicherlich zur geistigen Entwurzelung des Indios beigetragen und seine Widerstandskraft geschwächt. Die zentrale Gewalt indianischer Städte gab es nicht mehr. Die Städte waren Zentren der Spanier geworden, in der Stadt war der Indio armseliger als auf dem Lande. Grausame Praktiken der Steuereintreibung und der Ausbeutung der indianischen Bauern als Arbeitskräfte betrafen immer größere Teile der Bevölkerung. Die große Nachfrage nach Arbeitern für Plantagen, Zuckermühlen, Haushaltsdienste, Kanal- und Bewässerungsbau, Kirchenbau usw., die mit Hilfe von Zwangsmaßnahmen befriedigt wurde, brachte den größten Teil der Bevölkerung in wirtschaftliche Abhängigkeit von einer kleinen Oberschicht. Zusätzlich wurde Land der Indianer aufgekauft. Die katholische Kirche wurde Großgrundbesitzer und hatte schließlich zur Zeit der mexicanischen Revolution ein Drittel des besten Bodens in Besitz [594].

Die einzelnen Großgrundbesitzer hielten auf ihren *Haciendas* Läden, *„Tiendas de Rayas“*, in denen der Landarbeiter gegen Kredit kaufen konnte. Häufig wurden die Verhältnisse so gestaltet, daß Landarbeiter ewig verschuldet waren und auf der Hacienda bleiben mußten, um ihre Waren oder die Schulden ihrer Väter abzuarbeiten [558, 612]. Von dort aus wurden ihm auch eine Hütte und Ausrüstung für ein kleines Feld für den Eigenbedarf zur Verfügung gestellt. Durch dieses System war der Landarbeiter oft indirekt Leibeigener, und die Arbeitsschutzgesetze, die zum Schutze der Indios erlassen worden waren, wurden so umgangen. Andererseits genossen die *Peones* einen gewissen patriarchalischen Schutz und Sicherheit auf den *Haciendas*. Sie waren der individuellen Auseinandersetzung im Kampf um ihr Land und mit der Besteuerung nicht mehr ausgesetzt. So kamen manche Indios und Mischlinge freiwillig als Peones und fanden, wenn auf der Hacienda gute Verhältnisse herrschten, was auch vorgekommen sein mag, dort eine neue Heimat. Auf diese Weise entstand die Sozialstruktur der Landbesitzer *(hacendado)* und Landarbeiter (*peones*, auch *gañanes* genannt), die Funktion des Hacendados als *„Patron“* mit einer im guten Sinne ausgeübten *„Patronaje“*. Noch heute ist die Bezeichnung für den Eigentümer von Haciendas oder auch Geschäften „Patron" geläufig nebeı. der in Gewerkschaften und Geschäften gebräuchlichen des „*Jefe*", des Chefs.

Zu einer wichtigen Person wurde der Verwalter bzw. Vormann (*administrador* bzw. *mayordomo*, von „mayor" = groß und „domo" = Haus). Geographisch von Bedeutung war die Aufteilung des Landes in landwirtschaftlich extensiv genutzte kleine „Königreiche" [558, 1250]. Die Größe des Landbesitzes verschaffte Ansehen. Oft mußte ein prunkvolles Stadthaus in Ciudad de México unterhalten werden. Über die soziale Struktur der Haciendas berichten detalliert F. TANNENBAUM, N. WHETTEN sowie F. CHEVALIER.

J. STEPHENS berichtet, daß noch 1840 auf Yucatán Indianer eine Art Fronleistung auf der Basis der alten *encomiendas* zu verrichten hatten, sogenannte „luneras", d. h. „Montags-Arbeiter". Einige Haciendas hatten eine eigene berittene bewaffnete Truppe. Die Haciendas waren kleine, autarke Provinzen.

Diese Entwicklung ist kulturgeschichtlich so wichtig, weil sich daraus das Bild des Mexicaners aus der Perspektive des Europäers ergab. Ein „Mexicaner" war Land„edel"mann oder Minenbesitzer. Er besaß ein Stadtpalais und Stadtkarossen, edle Reitpferde mit silberbeschlagenem Zaumzeug und trug kostbare, silberverzierte Charrokostüme.

Indianische Tradition und europäische Kultur bestanden nebeneinander, sie beeinflußten einander wenig. Da die Indianer Kunsthandwerker waren, gaben sie den christlichen Ornamenten an Conventen und Kirchen ein eigenes Gepräge. Eine Mischung der Rassen war vor sich gegangen. Außer *Indios, Criollos* (in Mexico gebürtige Weiße, Nachkommen spanischer Eltern oder Großeltern) und Spaniern hatte sich ein beträchtlicher Anteil an Mischlingen eingestellt. Diese wurden zunächst „Farbige" genannt *(castas)*, später *Mestizen* (Mischlinge), gegenwärtig auch „*ladinos*", was etwa „der Schlaue" bedeutet. Es soll von „latino" abgeleitet sein und den unter der römischen Herrschaft durch lateinische Sprache und Wissen klüger gewordenen Einheimischen kennzeichnen. K. HELBIG [1209]. 1650 betrug die Zahl der Mestizen etwa 130 000, 1800 2,3 Mio. der 5,2 Mio. E. zählenden Bevölkerung (Abb. 52). Der Anteil der Neger blieb gering.

Die Wurzellosigkeit, der Ausschluß aus indianischer Gemeinschaft und spanischer Kultur trugen dazu bei, die Mestizen als Bevölkerungsklasse für kommende Revolutionen reif zu machen. Es fehlte nicht an Ideen, die Lebensverhältnisse der breiten Masse zu verbessern. Aber hohe Besteuerung, Bestechlichkeit der Verwaltung, Gewinnsucht einer dünnen Oberschicht behielten die Oberhand. Die Intensivierung des Bergbaues zum Ende des 18. Jhs., die Zusammenfassung der Indianer in Bergbaucamps, die restlose Abhängigkeit der Landarbeiter bewirkten eine steigende Unzufriedenheit des Volkes.

Für die **Universitäten** war der soziale Einzugsbereich im 17. Jh. von großer Bedeutung (nach H. A. STEGER 1967 [1322]). „Auch der soziale Einzugsbereich der Universität wurde weitgehend durch die in der Neuen Welt gültige Verwaltungsstruktur bestimmt. Die Führungspositionen wurden fast ausschließlich durch spanienbürtige Spanier besetzt. Die kreolische Bevölkerung war weitgehend auf die regionale Verwaltung und auf die wirtschaftlich-landwirtschaftliche Nutzung des Landes verwiesen. Dadurch wurde die geistige Scheidung zwischen Stadt und Land auch sozial verstärkt und die Herausbildung einer gesonderten, rural verwurzelten „americanidad" fast erzwungen. Der Vize-König und seine *Oidores*, seine „Minister", d. h. Mitglieder der „*Audiencia*", sowie der hohe Klerus waren, von ganz geringen Ausnahmen abgesehen, bis weit ins 17. Jh. samt und sonders Spanier aus Spanien. Während der gesamten Kolonialzeit waren unter 166 Vize-Königen, 558 Generalkapitänen, Gouverneuren und Provinz-Präsidenten, insgesamt also 724 staatlichen Würdenträgern, 18 Kreolen. Von 706 Erzbischöfen und Bischöfen, die nach dem Patronatssystem durch den König ernannt wurden, waren 105 Kreolen. Die Landgeistlichen hingegen stammten zum großen Teil aus der Schicht der Mestizen. Nicht ohne Grund ist von dieser Schicht dann auch die erste große Loslösungsbewegung, die schließlich zur Unabhängigkeit führte, getragen worden.

Aus dieser Situation ergab sich für die Spanier folgende Zwangslage: insofern sie sich nicht entschlossen, Kreolen zu werden, mußten sie Wert darauf legen, trotz des Bestehens eines lateinamerikanischen Hochschulwesens ihre Söhne auch weiterhin nach *Spanien*, vorzüglich nach *Alcalá* oder *Salamanca* zum Studium zu senden. Obwohl also bei der Universitätsgründung in Mexico gerade der Gesichtspunkt als Begründung in den Vordergrund gerückt worden war, daß eine Ausbildungs-Anstalt für die Söhne der Spanier geschaffen werden sollte, um die Gefahren der Seereise auf ein Minimum zu vermindern, hat sich dieser Gesichtspunkt für diejenigen, die im inneren Bereich der spanischen Hierarchie bleiben wollten, als nicht ausschlaggebend erwiesen.

Das Gros der Studenten der lateinamerikanischen Universitäten zu Ende des 17. Jh. zerfiel somit in zwei Gruppen: einmal in den kreolischen „Mittelstand" (den „Landadel", die Verwalter der *„encomiendas"*, die Besitzer der *„haciendas"* und das mittlere Verwaltungsbeamtentum), zum anderen in die aufstrebenden Mestizen-Schichten, die auf dem Weg über die Universität Anschluß an die „weißen" Bevölkerungsgruppen erhalten wollten."

Im öffentlichen Leben Neuspaniens im 17. und 18. Jh. dominierte die zentrale Polizeigewalt mit dem Ziel, das Land von Spanien abhängig zu halten und Profit einzutreiben. Lokale Aufstände einiger noch unabhängiger Stämme in entlegenen Gebieten konnten keine Änderung erwirken [564]. Ab 1700 entwickelten sich in Neuspanien eigene geistige und künstlerische Ideen. E. W. PALM hat Untersuchungen zur Kunst in Neuspanien angestellt. Danach war es in der Kolonie während der ersten 200 Jahre suspekt, realistische Darstellungen zu zeigen. Es gibt z. B. aus dieser Zeit kaum Landschaftsbilder, wohl aber viele repräsentative Porträts, ein bedauerlicher Mangel, da solche Darstellungen zur Rekonstruktion der Kulturlandschaft viel hätten beitragen können.

Schon im 17. Jh. kam es zu einigen Aufständen, *„Tumultos"* [616]. So 1624, die auf dem sich immer schärfer ausbildenden Gegensatz zwischen den „Criollos", im Lande Geborener, und den zuwandernden spanischen Verwaltungsbeamten basierten. Hungersnöte mobilisierten unzufriedene Massen aus der armseligen Stadtbevölkerung, zudem gab es 1691 bis 1692 wegen schwerer Sommerregen eine Mißernte. Das traditionelle spanische Handelsmonopol wurde geändert, Freihandel kam auf. Die Hauptstadt México wurde ausgebaut, der materielle Wohlstand in den führenden Gesellschaftsschichten war bedeutend. Der Reichtum der Epoche des 17. Jhs. im neuen Kolonialland prägte sich z. T. in überladenen Barockfassaden aus. Beamtete Geistlichkeit, Hacienderos und Minenbesitzer schmückten die Fassaden ihrer Stadtpaläste, Herrensitze und Adelshäuser aus, so daß noch A. v. HUMBOLDT México die Stadt der Paläste nannte.

Eine Zusammenfassung alter **Reiseberichte** von 1534 bis 1816 gab W. MAYER 1961 [497]. Unter diesen ist der von THOMAS GAGE, 1648, Engländer, zunächst Dominikaner, später Protestant, besonders interessant. THOMAS GAGE verblieb auf dem Wege nach den Philippinen zunächst in Westindien, dann von 1625 bis 1627 in Mexico.

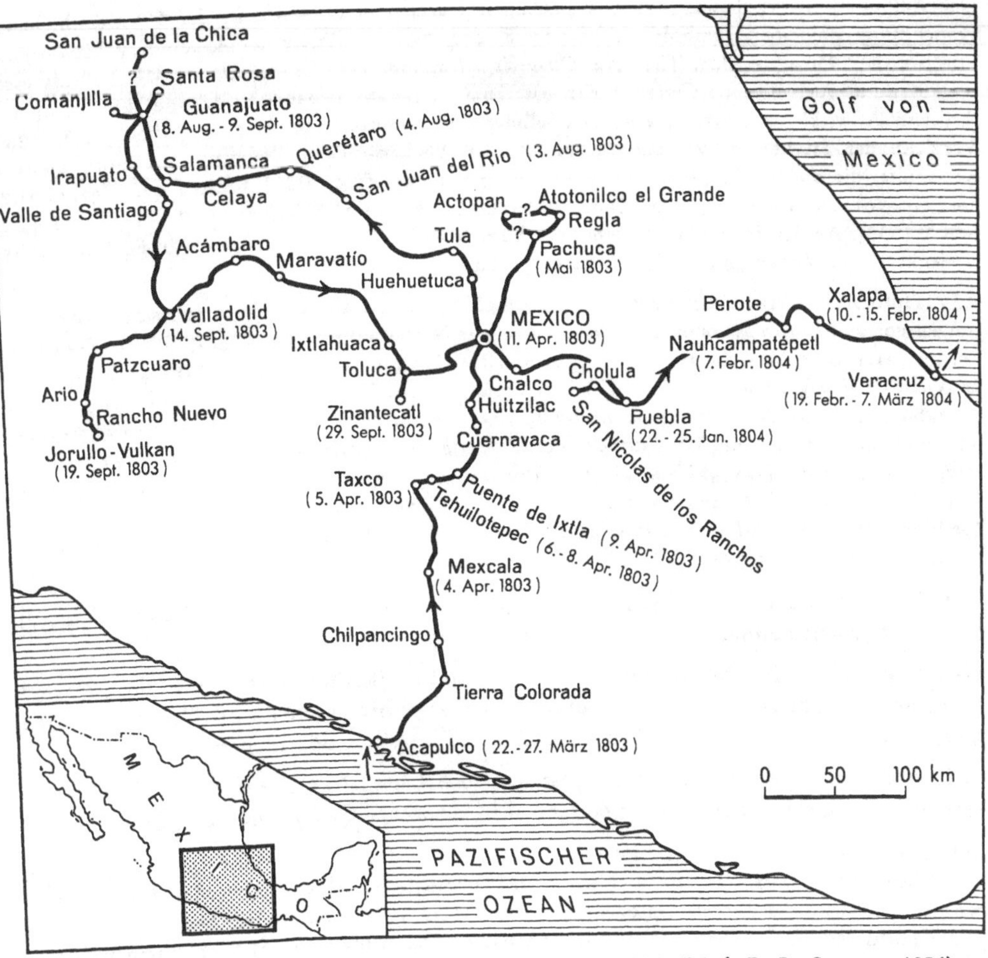

Abb. 59. A. v. HUMBOLDTS Reisen in Mexico von 1803–1804. (Nach R. L. STEVENS 1956)

In der Endphase der Kolonialepoche führte A. v. HUMBOLDT 1803/04 seine Reise in Neuspanien von Acapulco nach Veracruz durch (Abb. 59). Seine Berichte und Betrachtungen in dem 1811 erschienenen *„Essai Politique sur le Royaume de la Nouvelle Espagne"*, Paris (1941 in Mexico in 6. spanischer Auflage erschienen), schlossen Vorschläge zur Abschaffung der Indianertribute und des wenig leistungsfähigen Klassensystems ein, obwohl er im allgemeinen die Entwicklung der Kolonie lobend darstellte [10, 12, 14].

A. v. HUMBOLDTS **„Essai Politique sur le Royaume de la Nouvelle-Espagne."** Durch keine Darstellung rückte das Königreich Neuspanien so in den Gesichtskreis der europäischen Länder wie durch ALEXANDER VON HUMBOLDTS Veröffentlichungen [10, 11, 12, 13, 14]. In den 150 Jahren, seit der „Versuch" veröffentlicht wurde, sind viele Würdigungen HUMBOLDTS und seines Werkes erschienen, so von OSKAR PESCHEL, E. WITTICH [507], LOTHAR DÖRING (1931, Dissertation über HUMBOLDT als Geographen, in der speziell dem „Versuch" nur einige wenige Seiten gewidmet waren).

Der Aufenthalt A. v. HUMBOLDTS in Neuspanien wurde von H. BECK in der 1959 erschienenen großen Biographie über Humboldt dargestellt. R. L. STEVENS widmete der Arbeit A. v. HUMBOLDTS Studien, die 1956 unter dem Titel *„La Obra de Alexander von Humboldt en México"* als Heft im *Bol. de la Soc. Mex. de Geogr. y Est.* erschienen. STEVENS behandelt: 1. eine Würdigung der Arbeiten A. v. HUMBOLDTS, 2. eine Darstellung der Reiseroute in Mexico (Abb. 59), 3. einen Vergleich der Studien A. v. HUMBOLDTS mit den Beobachtungen STEVENS' auf einer gleichen Reiseroute, die dieser 150 Jahre später unternommen hat. Zum 100. Jahrestag der Unabhängigkeit Mexicos schenkte der deutsche Kaiser WILHELM II. im Jahre 1910 dem Lande eine HUMBOLDT-Statue [533]. An der Straße von *Ciudad de México* nach *Veracruz* steht eine große HUMBOLDT-Gedenktafel. In *Taxco* gibt es ein HUMBOLDT-Haus.

A. v. HUMBOLDT verfaßte Itinerare, nahm geologische Profile auf und barometrische Höhenmessungen vor und führte astronomische Messungen zur Verbesserung der geographischen Koordinaten mehrerer Orte Mexicos aus und gab den *„Atlas Géographique et physique du Royaume de la Nouvelle Espagne"* heraus, der 20 Seiten enthält. Von den Karten hat Humboldt 16 selbst gezeichnet, darunter die: *Carte générale du Royaume de la Nouvelle Espagne, depuis le parallèle 16° jusqu'au parallèle de 38° latitude nord, dressée sur observations astronomiques, et sur l'ensemble des materiaux qui existaient à Mexique au commencement de l'année 1804.* Diese Karte blieb lange Zeit Grundlage einer Anzahl von Karten von Mexico. Als Neudruck erschien 1969 der *„MEXIKO-Atlas"* mit Faksimilekarten von A. v. HUMBOLDT. (Besprechung von H. G. GIERLOFF-EMDEN in der Zeitschift *„Mundus"*).

A. v. HUMBOLDT gebraucht die Bezeichnung *„Neu-Spanien"* und *„Mexico"* ziemlich gleichberechtigt nebeneinander.

Neben den zahlreichen Messungen, Beobachtungen und Beschreibungen, z. B. des „Norte", widmete HUMBOLDT sich dem Zusammenhang zwischen Klima und Vegetation, dem *„physiologischen Klima"*, also dem Einfluß des Klimas auf den Menschen.

Es ist nach Ansicht des Verfassers interessant, die Arbeiten A. v. HUMBOLDTS über Mexico einmal im Lichte der Betrachtung einiger nicht deutscher Geographen zu sehen.

„HUMBOLDT war vom 23. März 1803 bis zum 7. März 1804 in Neu-Spanien, seit 1799 auf spanischem Gebiet. Der ‚Versuch' war in seinen verschiedenen Abschnitten gedanklich festgelegt worden und wurde zwischen Oktober 1803 und März 1808 niedergeschrieben, die eigentliche Veröffentlichung erfolgte 1808–1811. Die statistischen Daten über Neu-Spanien stammen hauptsächlich aus den Jahren 1763–1803. Der Bergbau erhielt besonders zwischen 1771 und 1783 Auftrieb durch Maßnahmen wie die Veröffentlichung eines Bergbaugesetzes und die Errichtung einer Bergbauschule. Infolge einer wirkungsvolleren Steuereintreibung, verbunden mit den Einnahmen aus dem im Jahre 1764 angeordneten Tabakmonopol, stiegen die öffentlichen Einnahmen während der Regierung des Vizekönigs REVILLAGIGEDO zu den höchsten Zahlen, die jemals in Kolonialzeiten in Neu-Spanien erreicht wurden. In dieser Zeit, 1789–1794, wurde auch *México City* zu einer modernen Stadt: die Straßenpflasterung wurde erneuert und vermehrt, die Straßenbeleuchtung endlich eingeführt, die Stadtentwässerung verbessert und eine Menge schöner Gebäude errichtet, die kommmunale Verwaltung neu organisiert – alles in allem wurden so viele Verbesserungen vorgenommen, daß REVILLAGIGEDO der eigentliche Gründer der modernen Stadt Mexico genannt worden ist.

HUMBOLDT war der glückliche Nutznießer einer in bemerkenswerter Weise gewandelten Haltung, die die spanische Krone gegenüber Reisen und Forschungen Fremder innerhalb ihres Gebietes an den Tag legte.

Es ist unmöglich, die meisten von HUMBOLDTS Quellen nachzuprüfen, da er keine Bibliographie brachte und seine handschriftlichen Quellen nur selten zitierte (mit Ausnahme derjenigen für die gesammelten Karten sowie Daten über Entwässerung und Bergbau und physikalische Angaben wie über Bodenerhebungen und geologische Struktur). Während die meisten physisch-geographischen Daten in dem ‚Versuch' sein Eigentum sind (ausgenommen für die Gegenden, die er nicht selbst besuchte), war HUMBOLDT für den Hauptteil der kulturellen Nachrichten von anderen abhängig." R. L. STEVENS, 1959.

D. D. BRAND, Austin, USA, schrieb 1959 im Festband der Gesellschaft für Erdkunde zu Berlin ‚*zu* A. v. HUMBOLDT, *Studie zu seiner Geisteshaltung*', über A. v. HUMBOLDTS *„Essai politique sur le Royaume de la Nouvelle-Espagne"*:

„Man kann sich heute wundern über HUMBOLDTS Feststellung (Essai II, S. 373), daß der indianische Bauer des mexicanischen Hochlandes ‚arm aber frei' war; oder daß er schreibt (Essai II, S. 377 f.), daß der mexicanische Indianer mit besonderer Vorliebe die rauhesten Gegenden bewohnt."

„Dem Bergbau wird, wie zu erwarten, die seiner Bedeutung entsprechende Behandlung zuteil, aber es herrscht ein überraschendes Schweigen hinsichtlich der großen hauswirtschaftlichen Wichtigkeit und Verwendung verschiedener Mineralien und Erden, so der porösen Lava, aus der Mühlsteine und andere Werkzeuge hergestellt werden, des Kalkes für die Bereitung von Maismehl und des Lehms für die Töpferei."

Der Abschnitt über die Industrie (nur 32 Seiten einschließlich 8 Seiten über die Münzherstellung) ist am wenigsten zufriedenstellend. Man findet praktisch nichts über Techniken, ganz wenig geographische Einzelheiten und wenig oder gar nichts über die „Haushandwerke" (cottage handicrafts, besonders die Verarbeitung von Steinen, Leder, Holz, Ton und Fasern) oder über die gremios oder Gilden (wie etwa die der Hutmacher, Sattler, Lichtzieher und Goldschmiede).

Der „Versuch" ist eine Lobrede auf Neu-Spanien. Obwohl HUMBOLDT Protestant, ausgesprochener Menschenfreund und der Inbegriff der Toleranz war, schlug er gegenüber kirchlichen Exzessen, der Negersklaverei, der Indianerausbeutung und ähnlichem gemäßigte Töne an.

Man kann sagen, HUMBOLDT habe eine Wirtschaftsgeographie von Mexico geschrieben, denn der „Versuch" ist in erster Linie auf die Quellen des Wohlstandes und ihre Verteilung und Nutzbarmachung gerichtet."

„Doch war HUMBOLDT kein blinder Verfechter der Lehre vom Determinismus der Umweltbedingungen. So lehnte er den dominierenden Einfluß des Klimas ab und schrieb vieles von der Ungewißheit, die in Mexico herrschte, den sozialen Bedingungen zu (Essai I, S. 433)." D. D. BRAND, 1959.

DAS UNABHÄNGIGE MEXICO

Politische Entwicklung von 1810-1910

Kämpfe um Unabhängigkeit Mexicos. Die Lage Spaniens war Anfang des 19. Jh. sehr schwierig geworden. NAPOLEON zwang den spanischen König zum Rücktritt. Die Erhebung Spaniens für den abgedankten König fand die Unterstützung der Kolonie, doch brachen Gegensätze zwischen Spaniern in der Verwaltung (*gachupines*, d. h. „die Beschuhten") Mexicos und den politisch bisher im Einfluß zurückgehaltenen *Criollos* auf, die dem König treu bleiben und die Junta in Spanien nicht anerkennen wollten.

Als Anlaß gelten die Auseinandersetzungen um die rechtliche Stellung Neuspaniens zum spanischen König. Als Ursachen sind der Kampf um die Macht zwischen Criollos und spanischen Beamten anzusehen.

Es erscheint schwierig, einer geistigen Strömung allein den Anfang der Unabhängigkeitsbewegung zuzuschreiben. Die Welle der Unabhängigkeits- und Freiheitsbewegungen, der Revolutionen, von deren Wesen und Erfolgen sich die Kunde nach der Französischen Revolution und der Unabhängigkeitserklärung der 13 nordamerikanischen Staaten über die Welt verbreitete, zeigte ihre Ergebnisse auch in Spanisch-Amerika. Die Freiheitsbewegung auf *Haiti* hatte dort schon Erfolg gezeitigt. Unter Anführung des Hacienderos DON GABRIEL YERMO setzten die Konservativen den Vizekönig ITURRIGARAY durch einen Staatsstreich ab und dafür General DON PEDRO GARIBEY ein. Die *Criollos* fanden sich in literarischen Clubs zusammen, denen Hauptmann ALLENDE und der damals 57jährige Pfarrer MIGUEL HIDALGO aus dem Orte *Dolores* bei *Guanajuato* angehörten. Einige Mitglieder des Clubs in *Querétaro* waren verhaftet worden. ALLENDE wollte die Befreiung organisieren und gewann HIDALGO für das Vorhaben. Dieser konnte unterdrückte Indianer für den Plan gewinnen. Da die überkommene Regierungsform und Sozialstruktur in Neuspanien nicht mehr den Gegebenheiten des Lebens um 1800 entsprachen, waren verschiedene Bevölkerungsgruppen zum Aufstand bereit.

Mit dem Freiheitsruf des Pfarrers HIDALGO, dem „*Grito de Dolores*", vom 15. September 1810 begann der Unabhängigkeitskampf. HIDALGO war kein exponierter Vertreter der Kirche. Wie 1960 in Spanien die Ortspfarrer die Partei der Arbeiter ergriffen, so nahm sich dieser Landpfarrer der Sache der kleinen Leute an. Der hohe Klerus nahm nicht an dieser Bewegung teil. Es war die einfache und unterdrückte Landbevölkerung, die sich seiner Führung anschloß. Tausende von *Peones,* oft Mestizen, folgten dem neuen Heerführer. Geographisch gesehen ist es interessant, daß die Revolution vom semiariden Hochland in der Landschaft der großen Haziendas ihren Ausgang nahm. Die Ziele des Aufstandes waren noch unklar, der Gedanke der Agrarreform tauchte unter anderen auf, die Unabhängigkeit von Spanien sollte erkämpft werden, mit der Entmachtung der spanischen Verwaltung sollten bessere Sozialverhältnisse gewonnen werden, der spanischen Kolonialverwaltung wurde alle Schuld an der Ausbeutung der Landbevölkerung zugeschrieben. Der Tag der Entstehung des Freiheitsheeres, der 16. September, ist heute der höchste nationale Feiertag in Mexico. Der Aufstand artete in Plünderungszüge aus. HIDALGO marschierte auf die Hauptstadt zu. Ein von *Ciudad de México* ausgezogenes Heer schlug die Aufständischen. HIDALGO wurde hingerichtet. Ebenso wurden die folgenden Aufstände unter Pfarrer JOSÉ MARIA MORELOS (1815) und unter VICENTE

Guerrero blutig niedergeschlagen, die in der Formulierung der Revolutionsziele sehr viel klarer und in der Art der Kriegsführung sehr viel geschickter waren. Morelos gab vor einem Kongreß in *Chilpancingo* im November 1813 eine Erklärung ab, die u. a. folgende Ziele umriß, die sich konkret auf die Abschaffung bisheriger Mißstände richteten: Unabhängigkeit von Spanien, Begrenzung der kirchlichen Macht auf religiöse Belange, Errichtung einer Regierung mit Gewaltentrennung in Legislative und Executive, alle Beamte sollten Mexicaner sein, Abschaffung der Sklaverei, gleiches Recht vor Gericht für alle Menschen, Recht auf Besitz, Abschaffung der Folter im Rechtswesen, Finanzierung der Regierung durch Einkommensteuer von 5 %. Morelos wurde gefangengenommen und hingerichtet. Mexico blieb zunächst noch unter spanischer Herrschaft, bis 1820 in Spanien die liberalen Kreise durch Revolution zu Einfluß gelangten. Die Konstitution von 1812 wurde zum zweitenmal proklamiert.

Augustin de Iturbide, ein kreolischer Offizier, der sich bei der Bekämpfung der ersten Aufstände ausgezeichnet hatte, verbündete sich mit Guerrero, um Unabhängigkeit von Spanien, Gleichberechtigung von Spaniern und Einheimischen und Aufrechterhaltung des katholischen Glaubens zu erlangen. Durch diese Freiheitsbewegung und mit Unterstützung der Kirche konnte der spanische Vizekönig in Mexico zur Abdankung gezwungen werden. Aus dem Vizekönigtum Neuspanien war die **Republik Mexico** hervorgegangen.

1821 gab Iturbide den *„Plan von Iguala"* bekannt. Er gab drei Garantien (*„Trigarante"*). Gleichheit von Spaniern und Kreolen, Anerkennung der katholischen Religion als der einzigen, Unabhängigkeit von Spanien. Als Folge der sechsjährigen Unruhen kam es zum wirtschaftlichen Stillstand und Niedergang im Land.

1822 wurde Iturbide als Augustin I. zum Kaiser von Mexico ausgerufen. Er trat unter dem Druck ehemaliger Freiheitskämpfer 1823 wegen innerer Zwistigkeiten zurück. *Zentralamerika*, das bisher zum Vizekönigtum Mexico gehört hatte, löste sich ab. 1824 wurde Mexico erneut Republik, 1825 räumten die Spanier ihre letzten Stützpunkte.

Das Vizekönigreich Neuspanien, das koloniale Mexico, bestand formell nicht mehr. Das Staatswesen „Estados Unidos Mexicanos" war geschaffen.

Die Vereinigten Staaten von Amerika erkannten im Jahre 1822 die Selbständigkeit *Kolumbiens* und *Mexicos*, später auch die anderer Staaten an. *England* folgte diesem Beispiel, und so wurde für die jungen Republiken der Weg zur internationalen Anerkennung frei [545].

Sozialstruktur. Allgemeinere Folgeerscheinungen des Unabhängigkeitskampfes waren unter anderem die Abschaffung der Inquisition, die teilweise Aufhebung des Indianertributs, die Maßnahmen gegen die Sklaverei, die Beseitigung der – nicht so sehr in sozialer als vielmehr in juristischer Hinsicht – Kastenunterschiede, die Einführung der Handelsfreiheit und günstiger Bestimmungen für die Einwanderung. Doch wirkten sich diese Änderungen nicht nachhaltig auf die Lage der ausgebeuteten Massen aus. Nach der Revolution blieben praktisch viele soziale Privilegien der Feudalgruppen bestehen. Der Revolution folgten Guerillakriege. Sie ließen in Mexico nur noch Waren- und Personenverkehr unter bewaffnetem Geleitschutz zu. In den Bergwerksunternehmen ging viel Kapital verloren, und große Teile der Viehbestände waren der Verpflegung der Truppen und dem um sich greifenden Brauch des Viehdiebstahls zum Opfer gefallen.

An der **agrarischen Besitzstruktur** und in der Wirtschaft änderte sich in der nach nordamerikanischem Vorbild geschaffenen föderativen Präsidialdemokratie nichts [540]. Die Spanier waren entmachtet, Ländereien und Bergwerke waren im Besitz von Criollos. Es folgte eine Zeit unruhiger politischer Entwicklungen, deren geographisch sichtbares Resultat die neueren politisch-topographischen Grenzen waren (Abb. 60).

Die Sozialstruktur war noch einfach, es gab *Konservative*, zu denen der obere Klerus, die Landbesitzer, Minenbesitzer und Kaufleute gehörten, die *Liberalen*, die antiklerikal, antispanisch waren, unter ihnen zahlreiche Besitzende und Wohlhabende, das Militär, zu dem die Offizierskaste gehörte, die während der Revolutionskämpfe zur Bedeutung gelangt war, und aus der zahlreiche *„Caudillos"*, Generale und Präsidenten hervorgingen, z. B. SANTA ANA, *Mestizen* und *Indianer*, die nun außer Land- und Industriearbeitern die zahlreichen Soldaten stellten.

Revolutionen und Kriege. 1829 scheiterte ein spanischer Rückeroberungsversuch. Von 1823 bis 1854 gab es in Mexico 33 verschiedene Regierungen!

Die Machthaber wurden z. gr. T. schnell wieder durch *„Pronunciamientos"*, d. h. Putsch, von anderen abgelöst. Wegen der Aufstände, die oftmals mit Waffengewalt ausgetragen wurden, gewannen Armee und Offiziere immer mehr Einfluß. Vom gesamten Nationalbudget in Höhe von 22 Millionen Pesos wurden z. B. 1841 18 Millionen Pesos vom Kriegsministerium vereinnahmt und verbraucht!

1836 lösten sich die anglo-amerikanischen Kolonisten in *Texas* von Mexico. Texas wurde nach siegreichem Kampf gegen die Mexicaner in der Schlacht von *San Jacinto* 1836 zur selbständigen Republik [509] (Abb. 60). 1846 griff Mexico in den 1845 zwischen Texas und den USA begonnenen Krieg ein. Die Armee bestand aus 20 000 Mann und 24 000 Offizieren (!), und die Staatskasse war leer, worauf 1847 die US-amerikanischen Truppen siegreich in die Hauptstadt Ciudad de México einzogen. Die Verteidigung des Schlosses von *Chapultepec* durch Kadetten, die berühmten *„Niños Héroes"*, nimmt in der Nationalgeschichte Mexicos einen wichtigen Platz ein.

SANTA ANA ging ins Exil nach Venezuela, nachdem er zehnmal Präsident gewesen war und neunmal aus der Regierung ausgeschlossen wurde. Bis zu dieser Zeit reichte der offizielle Besitz der USA von der atlantischen Küste bis zum *Mississippi*, der Anspruch der Republik Mexico als Erbe Neuspaniens weit nach N und nach O bis zum Mississippi. Im Friedensvertrag von *Guadalupe Hidalgo* verlor *Mexico* 1848 mit *Texas*, *New Mexico*, *Arizona*, Teilen von *Colorado*, *Utah* und *California* über ein Drittel seines Staatsgebietes, das dünn besiedelt und bis zur Zeit der Unabhängigkeit ungenau als zu Neuspanien gehörend abgegrenzt war. Nach dem Abfall der Gebiete Zentralamerikas *(Guatemala)* und der im 17. Jh. erworbenen Nordprovinzen bekam die **Republik Mexico** ihre politischen Grenzen, wie sie bis auf geringe Berichtigungen bis zur Gegenwart erhalten sind (Abb. 60). 1857 nahm der Filibuster WILLIAM WALKER *La Páz* ein und proklamierte eine unabhängige Republik in *Baja California*, die aber nur von kurzer Dauer war.

Die liberal-föderalistische Bewegung *„La Reforma"* setzte 1857 eine neue **Verfassung** durch, die bis 1917 in Kraft war und an deren Ausarbeitung der damalige Justizminister BENITO JUÁREZ, ein *Zapoteke* aus dem Staate *Oaxaca*, beteiligt war. JUÁREZ gilt als ein Mann des Rechtes, nicht nur wegen seiner Profession [542]. Die Verfassung *„Ley Lerdo"*

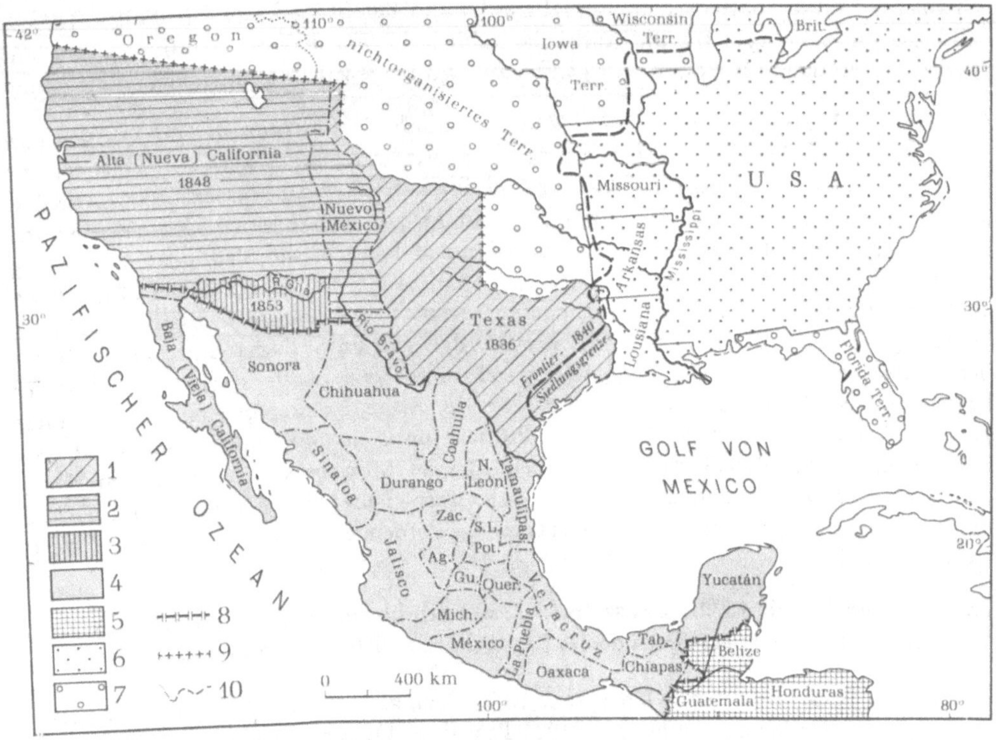

1 = Texas, wurde 1836 selbständig, gehört ab 1848 zu den USA, nachdem schon 1845 annektiert
2 = Alta California, 1848 zu USA, „Mexican Cession“
3 = 1853 durch „Gadsen“-Vertrag an USA verkauft
4 = Mexico, als hellgrau-Raster heutiges Staatsgebiet, unterlegt unter 1, 2, 3 als altes Territorium des Vizekönigreiches Neu-Mexico
5 = Mittelamerikanische Staaten (altes Generalkapitanat Guatemala)
6 = USA
7 = Florida-Territorium, ehemals span. Anspruch
8 = Neue Nordgrenze Mexicos (bis zur Gegenwart) entlang Rio Bravo
9 = Alte Nordgrenze auf Grund Adamis-Ottis-Vereinbarung von 1819. Vor 1819 galt die nicht genau kartierte Wasserscheide des Mississippi-Missouri als Grenze mexicanischer Territorialansprüche
10 = Temporäre Grenzen

Lage der Siedlungsgrenze (Frontier) der USA nach Westen, von 1840

Bemerkung: Wegen des unterschiedlichen Standes der Kartenaufnahme dieser Länder zur Zeit der Mitte des 19. Jh. ist eine Übertragung der damaligen Grenze auf moderne Karten problematisch. Beispiel: „Gadsen“ Verkauf von 1853 am Rio Gila.

Abb. 60. Politische Entwicklung Mexicos, Stand 1847. (Entwurf: Gierloff-Emden nach versch. Quellen. Detailliertere Angaben sind bei Mühlenpfordt [22] aufgezeichnet)

hatte die weitgehende Enteignung des Kirchenbesitzes und die Trennung von Staat und Kirche zum Ziel, Religionsfreiheit und Einführung der Zivilehe, ebenso Reformen gegen die weltlichen Großgrundbesitzer. Es kam (1857–1860) drei Jahre lang zu blutigen Revolutionskämpfen. Schließlich siegte Juárez über Zentralisten und Klerikale. Das Land war verarmt. Zahlreiche entlassene Soldaten mußten wirtschaftlich unterhalten werden. Die Kämpfe und die Verteilung von Land an Kleinbesitzer und die Auflösung von Kommunalbesitz (*ejidos*) hatten einen Einnahmeschwund der Staatskasse zur Folge. JUÁREZ stellte die Zinszahlungen für die Auslandsschulden ein. *Frankreich*, *Großbritannien* und *Spanien* waren davon betroffen und griffen zur Waffengewalt gegen Mexico.

Das Kaiserreich Mexico (1864–1867). Während jedoch *Großbritannien* und *Spanien* ihre Truppen bald wieder abzogen, glaubte der französische Kaiser NAPOLEON III., ein mit *Frankreich* eng verbundenes Großreich in Amerika aufrichten zu können. NAPOLEON III. bewegte den österreichischen Erzherzog MAXIMILIAN zur Annahme der Kaiserkrone von Mexico. 1863 marschierten bei Veracruz gelandete französische Truppen in Richtung *Ciudad de México*. Aus den preußischen Berichten, Briefe des seinerzeit bei MAXIMILIAN akkreditierten preußischen Ministerresidenten ANTON VON MAGNUS an BISMARCK (1866), herausgegeben von KÜHN, 1967, geht hervor, daß für Frankreichs Entschluß, sich aus dem Kampf zurückzuziehen, finanzielle Erwägungen eine Rolle spielten. MAXIMILIAN bewohnte das Schloß *Chapultepec*. Er war der Lage im zerrütteten Mexico nicht gewachsen, fiel in Querétaro in die Hände der Juaristen und wurde 1867 als Kaiser der „Weißen" auf Befehl des indianischen Führers Mexicos durch Erschießen hingerichtet. Die Witwe MAXIMILIANS, CHARLOTTE, starb, nachdem sie wahrscheinlich durch die Wirkung eines Pflanzengiftes geisteskrank geworden war. (Vgl. d. Abschn. Psychotrope Drogen).

Republik Mexico bis 1872. JUÁREZ *(Bild 32 a)* blieb bis zu seinem Tode im Jahre 1872 Präsident. Mit ihm ging eine Periode des Regierens nach dem Recht zu Ende.

Porfirismo. Nach mehreren Wirren kam 1876 General PORFÍRIO DIAZ, genannt „DON PORFÍRIO", an die Macht und blieb bis 1911 Präsident. DIAZ regierte als Diktator [1244]. Als General wußte er den Einfluß anderer Militärs auszuschalten, baute sich eine Militärhausmacht auf und bezahlte eine Staatspolizei, die *„rurales"*, die rücksichtslos jeden Gegner liquidierten. Die Bezeichnung „rurales" wird gegenwärtig noch für die Bundespolizeiwachen der Fernstraßen angewendet. Die Verwaltung wurde übermäßig vergrößert. Der hohe Klerus gewann wieder an Einfluß.

Das Programm des DIAZ war: erst wirtschaftlicher Wohlstand des Staates, dann politische Freiheit und soziale Reformen. Er erreichte das Einströmen fremden Kapitals und die Erschließung von Bergbau und Erdölreserven sowie die Entwicklung des Verkehrswesens, wie den Ausbau der Eisenbahnen, und leitete die Modernisierung ein. DIAZ ließ die Hauptstadt Ciudad de México aufräumen, die öffentlichen Anlagen in Stand setzen, elektrisches Licht anlegen, so daß die Stadt repräsentativ und attraktiv wurde (Bau des *Palacio de Bellas Artes)*. Ciudad de México wurde zu einer eleganten Weltstadt.

In diese Zeit fällt die Entwicklung großer Plantagen auf *Yucatán* zur Produktion der *Henequénfaser* aus der Sisalagave, und die Stadt *Mérida* erlebte ihren wesentlichen Aufschwung. Die Anlage von Kaffeepflanzungen in *Chiapas*, aus denen sich die heutige Kaffeeproduktion entwickelte, erfolgte durch deutsche Pflanzer. Es entstanden jedoch große soziale Spannungen, da Großgrundbesitz und Industrie zunehmend profitierten, während die Masse der Indianer und Mestizen in immer größeres Elend sank. Auf den großen Haciendas auf dem Lande herrschten leibeigenschaftsähnliche Verhältnisse, Willkür und z. T. brutale Ausübung des Rechtes durch eine besitzende Oberschicht. DIAZ zog mit dem Kolonisationsgesetz 1894 die genossenschaftlichen Landbesitze der Indianer

Bild 32a. Benito Juárez geb. 21. März 1806, gest. 18. Juli 1872. Genannt der Benemérito de Las Américas, geboren in San Pablo Guelatao, Oaxaca, als Zapotekenindianer.
Er war der „Mann des Rechts", vormals Regidor der Ayuntamiento von Oaxaca von 1831–1833, emigrierte 1853 nach Habana und New Orleans, war 1855 Justizminister, 1857 Regierungsminister von Mexico, während der Revolutionswirren 1858 in Panama, marschierte 1860 in die Hauptstadt Mexico ein. Kämpfte mit seinen Anhängern den „Juarístas" vom Hauptquartier des Nordens, Chihuahua und Paso del Norte, heute „Ciudad de Juárez" aus. Benito Juárez wurde 1865 rechtsmäßig Präsident von Mexico und 1867 wiedergewählt. Benito Juárez der siegreiche politische Gegenspieler des „Kaisers" Maximilian von Mexico gilt als der größte Reformator und Schöpfer der neuen, liberalen Gesetzgebung Mexicos und als einer der bedeutendsten Staatsmänner Mexicos und Latein-Amerikas. B. Juárez' Wahlspruch war: „El respeto al derecho ajeno es la paz"

ein und vergab diese Flächen z. T. an ausländische Kapitalgesellschaften zur Entwicklung von Fabriken und Großplantagen. Es entwickelte sich der Stand der Saisonlandarbeiter. Die *„peones alquilado"* kamen zur gelegentlichen Hilfe, die *„peones de año"* zur dauernden Arbeit. Sie wurden zu den *„asalariados"*, andere Schreibweise *„acasillados"*. Bei den *Yaqui-* und *Maya-Indianern* kam es zu Aufständen, die durch Militär und *„rurales"* niedergeschlagen wurden. Die Entwicklung von Großhaciendas hatte damit ihren Höhepunkt erreicht [558, 802]. Der damals größte Grundbesitzer, General Terrazas, rechnete große Gebiete des Staates *Chihuahua* zu seinem Privatbesitz, der über 400 km sich von S nach N von der Hauptstadt Chihuahua bis zur Grenze erstreckte.

Im Gebiet des *Rio-Colorado-Deltas* wurden 1886 Konzessionen an die US-amerikanischen *Development-Companien* vergeben. Wilde Landspekulationen wurden betrieben, 1885 übernahm die mit US-amerikanischem Kapital arbeitende *International Company of Mexico* 18 Mio. Acres, d. h. ein Gebiet von der Grenze bis 500 km nach S auf der Halbinsel *Baja California*. Ein Fünftel des Landes war durch Diaz im Zuge privater Engagements vergeben worden. Die Gebildeten waren zumeist in irgendeiner Form Nutznießer des Status „Don Porfírio", so daß ein Buch wie *„Los Grandes Problemas Nacionales"* von A. Molina Enriquez ohnehin keinen Einfluß auf die notleidende Masse der Bauern haben konnte.

In den Städten entstand ein Industrieproletariat. Die wachsende Unzufriedenheit der Masse wurde zur Revolution, als der Politiker Madero [543], selbst Großgrundbesitzer, gegen die verfassungswidrige Wiederwahl von DIAZ im Jahre 1910 protestierte. DON PORFÍRIO DIAZ mußte abdanken. Er verließ Mexico auf dem deutschen Schiff *„Ypiranga"*.

Die Republik Mexico des 19. Jh. in der Darstellung geographischer Literatur. Für die Landeskunde sind die politischen Verhältnisse insofern interessant, als durch diese landschaftliche und soziale Veränderungen bedingt sind. Das sind im 19. Jh. die Landkonzession, das Entstehen der großen **Haciendas,** der Bau von **Eisenbahnen** und Aquädukten, die Modernisierung der Minenbetriebe, das Anwachsen des städtischen **Proletariats** usw.

Aus der Zeit des 19. Jhs. gibt es eine Auswahl inzwischen klassisch gewordener Literatur in der politische, wirtschaftliche und soziale Verhältnisse Mexicos dargestellt sind. Wie für das koloniale Neuspanien so auch für das erste Jahrhundert des selbständigen Mexico gibt das Werk *„Many Mexicos"* von L. B. SIMPSON [616] einen tiefschürfenden, spannend geschriebenen Eindruck, aus dem für die vorhergehende Darstellung viele Tatsachen und Zusammenhänge entnommen wurden. War das Werk A. v. HUMBOLDTS das erste große über Mexico am Ende der abgeschlossenen „Kolonialphase Neuspaniens", so bewirkte die „Öffnung" Mexicos für Europäer, daß über diese Zeit mehrere Darstellungen geschrieben werden konnten. Eine Zeit der zweiten wissenschaftlichen Entdeckung Mexicos setzte ein. Zu den klassischen Werken, die uns ein Bild vom Mexico des 19. Jhs. geben, gehört auch R. W. HARDYS *„Travels in the interior of Mexico in 1825"* [828], 1829 [488].

R. W. HARDY, von der *„General Pearl and Coral Fishery Association"*, London, eingeladen und im Dienste dieser Companie stehend, schrieb dieses Buch, in dem besonders die Regionen von *La Páz, Mulegé* und *Rio-Colorado-Delta* erwähnt sind. Nächst A. v. HUMBOLDT's Werk hat das Buch von E. MÜHLENPFORDT als bedeutendste Länderkunde des 19. Jh. über Mexico zu gelten, das 1969 wieder aufgelegt wurde.

E. MÜHLENPFORDT, ein aus Deutschland emigrierter Bergingenieur, der 1827 nach Mexico kam und bis 1855 Direktor des Straßenwesens in *Oaxaca* war, gab mit seinem 1844 erschienenen Werk *„Versuch einer gethreuen Schilderung der Republik Mejico, besonders in Beziehung auf Geographie, Ethnographie und Statistik. Nach eigener Anschauung und nach besten Quellen bearbeitet"* in zwei etwa 500 Seiten starken Bänden eine umfassende Darstellung des Mexico der Zeit vom Anfang bis zur Mitte des 19. Jhs. [22]. Eine ausführliche Darstellung mexicanischer Trachten des frühen 19. Jhs. findet sich in Wort und Bild bei dem Bericht von LUKAS FISCHER, herausgeg. v. H. BECHER. Dort wurden auch Beiträge von MÜHLENPFORDT und SARTORIUS aufgenommen. J. BURKHART, der 1824 nach Mexico kam, der als Bergwerksfachmann arbeitete und 1848 die Sociedad Alemana in Mexico gründete, veröffentlichte 1836 sein Buch *„Aufenthalt und Reisen in Mexico in den Jahren 1825–1834. Bemerkungen über Land, Produkte, Leben und Sitten der Einwohner und Beobachtungen aus den Gebieten der Mineralogie, Geognosie, Bergbaukunde, Meteorologie, Geographie"* in zwei Bänden [476].

Zu den Werken gehört der Bericht von F. C. CALDERON DE LA BARCA, „Life in Mexico", der in englischer (1842) und spanischer Sprache erschienen ist [586]. F. C. DE LA BARCA weilte von Dezember 1839 bis Januar 1842 als Frau des spanischen Botschafters in Mexico. Ihr ausführlich geschriebenes Tagebuch über ihren Aufenthalt in der *Hauptstadt,* Reisen im *Hochtal von México,* nach *Puebla, Cuernavaca, Morelia, Uruapán* kann als vorzügliche sozialgeographische Studie gelten. Ihr klassischer Bericht gibt, wie später der von SARTORIUS, ein Bild von Land und Leuten des zeitgenössischen Mexico. F. C. DE LA BARCA beschreibt Empfänge, die Gesellschaft, deren Kleidung, Wohnungen, Landbesitze, die Hauptstadt, Kunst und Theater, das Nahrungsmittelangebot, dessen Zubereitung zu Speisen und die Preise auf den Märkten. Die sozialen Gegensätze werden deutlich: die Prachtentfaltung und der Aufwand der besitzenden Klasse, die Tendenz zur Investition in Repräsentation, Schmuck, europäischer Kleidung, das Leben in der Familie und der Gesellschaft, die soziale Stellung der Frauen, die Armut der Landarbeiter und der Arbeiter in den

Städten, die Plage durch Bettler, *„Léperos"*. Bergwerke bei *Real del Monte* (*Pachuca*), in denen englische, schottische Arbeiter neben den Indianern tätig waren, Zuckerindustrie und Baumwollfaktoreien in Puebla werden beschrieben. Die Erfahrung mit der Anstellung von Hausangestellten gab Aufschlüsse über die Mentalität der mexicanischen Bevölkerung: das unstete Verhältnis zum Arbeitsplatz, die Neigung zum häufigen Wechsel, über die die in den *USA* aufgewachsene Frau erstaunt ist; die nicht „das unübertreffliche Vergnügen kannte, einfach nichts zu tun". Man liest über Bestechlichkeit und Korruption im Kleinen und Großen, die Verhältnisse in den Klöstern und Gefängnissen ihrer Zeit, die Verkehrsverhältnisse in Abhängigkeit von der Jahreszeit, Straßen, die bei Regenfall „in fünf Minuten zu Strömen werden", den Lastentransport auf Maultieren (ein paar gute Maultiere kosteten um diese Zeit zwischen 500 und 1000 US-Dollar!), die Schluchten, *„Barrancos"*, und ihre Bedeutung als Verkehrshindernisse und Überfallsorte des ausgedehnten Banditenwesens im Mexico ihrer Zeit, die Plage der Insekten (Spinnen, Mosquitos, Skorpione) in Gasthäusern der heißen Zone. Ähnliche Schilderungen bei Mühlenpfordt [22].

Von großem Wert ist auch das Werk von J. L. Stephens *„Incidents of travel in Yucatán with engravings by* F. Catherwood" [504], in New York 1843 erschienen, sowie sein zweites Werk 1856, in dem Stephens die erste ausführliche Beschreibung von den Kulturstätten der Maya gab [505].

Aus der Zeit um 1850 stammt die Darstellung Mexicos von C. Sartorius [89, 90]. Sartorius wurde 1796 in *Gundershausen* in Deutschland geboren. Wegen Beteiligung an einer politischen Freiheitsbewegung verlor er seine Stellung als Lehrer und wanderte aus. Er begleitete einen Freund nach Mexico und baute dort eine eigene Zuckerplantage auf. Sein Hauptinteresse galt den Naturwissenschaften, und er arbeitete als Meteorologe und Botaniker eng mit der *Smithsonian Institution* von Washington zusammen und war Mitglied der Geographischen Gesellschaften Darmstadt und Frankfurt. Über seine Tätigkeit berichten I. K. Langman in der *„Revista de la Sociedad Mexicana de Historia Natural"* 1950, W. Pferdekamp in: *Auf Humboldts Spuren"*, 1958; und es gibt darüber einen Bericht in *Petermanns Mitteilungen,* Jahrgang 1857. Sartorius war eine der hervorragenden Persönlichkeiten unter den emigrierten Siedlern Mexicos seiner Zeit. Er gibt mit seinem Werk „Mexico about 1850" einen umfassenden Überblick über die Naturlandschaften Mexicos und einen ganz ausgezeichneten Einblick in die wirtschaftlichen, sozialen und völkischen Verhältnisse des Landes. Er beschreibt nach den ersten Eindrücken, die ein in Veracruz gelandeter Reisender gewinnt, in mehreren Kapiteln charakteristische Landschaftstypen Mexicos: die Küstenregion, die Savanne, die immergrünen Laubwälder und die Kiefernwaldregionen in Anlehnung an ihre Höhenstufung. Von den morphologisch bestimmten Landschaftstypen wählt er die Plateaus, die Vulkane und die Barrancos aus, wobei er in besonders gelungener Darstellung am Beispiel der Barrancos die Bedeutung dieser Form für Wasserhaushalt, Landwirtschaft, Siedlung und Verkehr für Mexico darstellt. Die Beschreibung wird ergänzt durch das typische Gepräge dieser Landformen darstellende Zeichnungen von M. Rugendas. Der größere Teil seiner Berichte ist der Bevölkerung und den Lebensverhältnissen gewidmet *(Bild 2).*

Für die zweite Hälfte des 19. Jhs. gibt es eine Reihe von Darstellungen über Mexico, darunter mehrere von deutschen Autoren und Reisenden. Vgl. Lit. Nr. 476, 609, 600, 607, 502, 503, 492, 484 u. 482 sowie 477, 475.

Die Hauptstadt México (nach F. Ratzel [500]). F. Ratzel, vormals Apotheker, dann 1880–1886 Ordinarius für Geographie an der TH *München,* später Universität Leipzig, berichtet in seinen *„Reiseskizzen aus den Jahren 1874 und 1875"* über seine Mexico-Reise, [500] die u. a. von der *Kölnischen Zeitung* finanziert worden war. Ratzel reiste von *San Franzisco* mit dem Schiff nach *Acapulco,* von dort nach *Ciudad de México,* von dort zum *Isthmus von Tehuantepec.*

„So hat denn auch Mexico seine schöne Plaza, seinen Stadtpark und seine Paseos oder Promenaden, und für die Enge seiner Straßen bieten im Innern der Häuser die selten fehlenden Höfe einigen Ersatz. Es fehlt Mexico nicht an Bauten von großer Anlage und reicher Durchführung, aber deren

Vorhandensein ändert nichts an dem schweren, massigen, etwas armen Gesamtcharakter der Architektur dieser Stadt, denn sie sind allzu zerstreut und vereinzelt. Man lobt die Türme und Türen der großen Kathedrale, den säulenumgebenen Hof des Palastes, die Front der Mineria u. a. Das will aber nicht viel heißen gegen den allgemein beengenden Eindruck der schmalen Gassen, der niedrigen, dickmaurigen Häuser, gegen die Nüchternheit, Ärmlichkeit und halbe Verfallenheit im Äußeren der großen Mehrzahl der Wohnhäuser und öffentlichen Gebäude, gegen den Hauch überhaupt von Vernachlässigung und ursprünglicher Einförmigkeit, der auch über dem äußeren Eindruck der Stadt schwebt. Nicht bloß die Straßenreinigung ist sehr unvollkommen, sondern auch in den Häusern, welche vom niedrigeren Volk bewohnt werden, herrscht ein Schmutz, der mit Gestank und Abfällen aller Art sich bis auf die Straßen hinaus geltend macht. In diesen Quartieren öffnen sich die Werkstätten, die zahllosen öffentlichen Küchen, oft selbst die Ställe weit nach Außen und hauchen ihre Dünste hinaus.

Die Mehrzahl der Häuser ist stockwerklos oder einstöckig; zweistöckige Häuser findet man nur in einigen Hauptstraßen häufig, und die mehrstöckigen sind zu zählen.

Selbst in den Straßen, in welchen jedes Haus im Erdgeschoß einen großen Laden trägt, sind die übrigen Stockwerke Privatwohnungen, und die Geschäftsleute wohnen meistens in demselben Hause, in welchem sie ihr Geschäft betreiben.

Ursprünglich konzentrierte sich der Handel und Verkehr wie in allen spanisch-mexicanischen Städten auf die Hallen, welche die Hauptplaza umziehen, und noch immer sind dort viele Gewölbe und eine Masse offener Verkaufsbuden, Hökerweiber u. dergl. zu finden.

In den übrigen Teilen der Stadt fehlt es nirgends an unzähligen kleinen *„Tienditas"* (Kauflädchen) aller Art, Pulqueschenken, offenen Werkstätten und Küchen, so daß hier die wenig belebten stillen, reinlichen „Wohnstraßen", die in anderen Hauptstädten ganze Quartiere zu bilden pflegen, überhaupt nicht vertreten sind".

Kolonisation. „Beim Fehlschlagen aller dieser Versuche zur Kolonisation im Großen, bleibt Mexico einstweilen auf die langsame und unregelmäßige Einwanderung angewiesen, welche indessen nicht bloß numerisch gering, sondern auch ihrer Qualität nach für das Land von keinem Werte ist, indem den meisten Einwanderern nicht darum zu tun ist, die Hilfsquellen des Landes für sich zu entwickeln, sondern nur dieselben auszunützen. Mit anderen Worten: Die Einwanderer kommen nicht, um ihre Kraft, ihre Intelligenz und ihre Kapitalien dauernd ihrer neuen Heimat zu widmen, sondern nur um baldmöglichst ein Vermögen zu machen, mit dem sie sich zur Ruhe setzen können. Nur von den Spaniern gilt dies nicht so ganz.

Man besitzt keine genaue Statistik der Fremden in Mexico. Schätzungsweise gibt man die Zahl der Deutschen einschließlich der Schweizer und Deutschösterreicher auf 500 bis 600 an, wovon die Hälfte in der Hauptstadt, die nächstgrößte Zahl in *Colima* und in *Veracruz* ansässig ist. De Morineau gibt die der *Franzosen* vor der Intervention auf 10 000 an, was aber wohl übertrieben ist, während andererseits die Zahl 15 000 für die *Spanier* eher zu niedrig gegriffen sein dürfte. Es ist jedoch gerade bei den Spaniern schwierig, eine genaue Statistik aufzustellen, denn eine große Zahl von ihnen zählt sich nach der Verheiratung mit einer *„hija del pais"* zu den Mexicanern. Von *Engländern* dürften kaum 100 im Lande sein. Die Zahl der *Anglo-Amerikaner* ist in den südlichen und mittleren Provinzen und auch in der Hauptstadt geringer, als die der Deutschen, aber im Norden und Nordwesten, besonders in *Sonora* und *Chihuahua*, größer."
F. Ratzel.

Darstellungen aus der späteren Zeit finden sich in den Berichten von E. Seeler (1897) *„Über seine Reisen in Mexico und Guatemala"* und *„Auf alten Wegen in Mexico und Guatemala, Reiseerinnerungen und Eindrücke aus den Jahren 1895–1897"* (1900), herausgegeben von C. Seeler-Sachs.

Das Schicksal der **Europäer-Siedlungen im tropischen Tiefland** von Mexico untersuchte STEVENS. „Während des 19. Jahrhunderts haben sich verschiedene Gruppen nichtspanischer Europäer in der *Tierra calientc* Mexicos niedergelassen. Von den sechs lebensfähigen Siedlungen bestehen heute noch drei, alle im Staate *Veracruz*. Den größten Erfolg hatte die französische Siedlung (gegründet 1833) am unteren *Rio Nautla*. Die *italienische Kolonie* (1857) am nahe gelegenen *Rio Tecolutla* löste sich in den letzten Dekaden zum Teil auf. Als lebensfähiger erwies sich eine Ansiedlung italienischer Kaffee- und Zuckerrohrpflanzer (1833) bei *Huatusco*, wo eine hohe Geburtenrate die Wanderungsverluste mehr als ausgleicht. Die italienischen Siedler von *Lombardia* und *Nueva Italia* im *Balsas-Tepalcatepec-Becken* zerstreuten sich nach der Enteignung der Latifundien, auf denen sie gearbeitet hatten. Außerdem waren 13 weitere Siedlungen gegründet worden, die sich jedoch als nicht lebensfähig erwiesen.

In den sechs lebensfähigen Kolonien ist die Gewöhnung an die tropische Umwelt gelungen, wenn auch mit unterschiedlicher Schwierigkeit. Die Auflösung der Siedlungen und die Einschmelzung in die mexicanische Bevölkerung gehen auf nichtphysische Faktoren zurück: 1. politische, während der unsicheren Jahre der Revolution von 1910 bis 1921 und der folgenden Agrarreform; 2. wirtschaftliche, und zwar a) die Konkurrenz einwandernder Indios und Mestizen, die billiger arbeiteten, und b) die Suche nach anderen wirtschaftlichen Vorteilen in Mexico. Die gleichen Kräfte zerstörten auch andere landwirtschaftliche Gemeinden von Europäern im außertropischen Mexico, wo allerdings einige religiöse Gruppen noch überleben, da sie sich mit ihrer besonderen Lebensweise von der übrigen Bevölkerung absonderten. Die französischen und italienischen Siedler im tropischen Mexico richteten keine konfessionellen Schranken auf, und die Sprachschwierigkeiten wurden schnell überwunden. Diese Umstände wie auch ihre geringe Zahl lassen ihr Fortbestehen als besondere Gruppen auf die Dauer unwahrscheinlich erscheinen.

Die heute noch bestehenden europäischen Siedlungen im tropischen Tiefland Mexicos zeigen, daß dort Europäer fähig waren, die Schwierigkeiten der tropischen Umwelt zu überwinden. Dies gelang ihnen vor allem durch die Übernahme der Technologie, die sie vorfanden und die sie mit wenigen eigenen Änderungen anwandten. Im Gegensatz zu deterministischen Anschauungen und im Unterschied zu anderen, fehlgeschlagenen Kolonisationsversuchen läßt sich der bemerkenswerte Erfolg dieser Siedler nur dadurch erklären, daß sie sich mit Ehrgeiz, Anpassungsfähigkeit und Geschick in der tropischen Umwelt zu behaupten wußten." R. L. STEVENS 1967 [1391]: *„European settlement ventures in the tropical lowlands of Mexico."*

Mexicos Handel zur Zeit vor der Jahrhundertwende. Eine Übersicht des Handels zur Zeit des DIAZ-Regimes gibt A. DORN 1892 in *„Die Seehäfen des Weltverkehrs*, II. Band".

„England wurde so zu Gunsten der einheimischen Baumwollindustrie zurückgedrängt, welche nur ordinäre Waaren erzeugt, weil die sogenannten ‚Indios', welche die Masse des Volkes bilden, sehr genügsam sind und jeder im Jahre nur etwa 15 Varas oder 12 Meter ordinärer Baumwollzeuge, sogenannte Estampados und Pintados verbraucht.

Zum Glücke für die Engländer hat ein französisches Consortium die einheimische Produktion monopolisirt und die Preise um 30 % hinaufgetrieben.

Der Bedarf der besseren Bevölkerungsklassen, die etwa 3 Millionen von den 11,5 Millionen Einwohnern umfassen, ist auch nicht zu groß, wird aber noch im Bezuge aller feineren Industrieartikel für lange Zeit von Europa und den Vereinigten Staaten von Amerika abhängig bleiben.

Von den Schafwollwaaren (1889 8250 q) werden hier besonders die französischen begünstigt, weniger die englischen und die deutschen. In gewöhnlichen Hosenstoffen hat Mexico eine ansehnliche eigene Industrie.

Leinenwaaren kommen nur aus England, Seidenwaaren (1889 1109 q) überwiegend aus Frankreich.

Nahrungs- und Genußmittel mit Einschluß von Wein, Spiritus und Bier (1889 5,365 746 Dollars) senden Spanien und Frankreich.

In Metallwaaren decken Frankreich und Deutschland je 30 % der Einfuhr, den Rest England und die Union. Die Höhe der Einfuhr ist abhängig von dem Bedarfe an Eisenbahnmaterialien.

Von Maschinen kommt die Hälfte aus England, 30 % aus der Union.

Bergbaumaschinen gehen jetzt meist auf dem Landwege nach Mexico (1889 1,3 Millionen Dollars).

Für Galanteriewaaren haben Frankreich und Deutschland ein Monopol.

Mexico verbraucht viel einheimisches Papier, und nur Spanien führt ordinäre Waare ein.

In die Einfuhr von Drogen und Chemikalien theilen sich Frankreich, Deutschland, die Union und England.

Die Einfuhr von Petroleum, welches ebenfalls einem Zolle unterliegt, besorgt die Union. Die größere ist Rohpetroleum, weil raffinirtes um vieles höher besteuert wird, so daß die in Vera-Cruz neu errichtete Petroleumraffinerie gute Geschäfte macht.

Zollfrei sind Kohlen (1889 430 000 q) und Quecksilber (6200 q); letzteres wird massenhaft bei der Gewinnung des Silbers verbraucht.

In der Ausfuhr sind, wie die Tabelle zeigt, Edelmetalle wichtiger als die Gesamtheit aller anderen Artikel, denn Mexico ist das erste Silberland der Erde. Dagegen ist die Ausfuhr von Erzen über Vera-Cruz nicht groß (1889 37 460 q), weil diese meist auf dem Landwege in die Union gehen.

Von den Erzeugnissen des Ackerbaues der Umgebung ist besonders hervorragend Kaffee, 1889 mit 118 905 q (5,4 Millionen Dollars), 1888 mit 58 044 q. Die Höhe der Ausfuhr ist zum großen Theil abhängig von dem Kaffeeconsume des Binnenlandes.

Der mexicanische Kaffee ist ausgezeichnet, er findet seinen Hauptabsatz in England.

Unverarbeiteter Tabak (1889 4084 q) geht nach Deutschland und Frankreich, verarbeiteter (Cigarren) (5964 q) nach England.

Die Ausfuhr von Zucker und Kautschuk erreicht keine besondere Höhe; wichtiger ist die von Stroh des wilden Reises „Zacaton“, das zur Erzeugung von Bürsten verwendet wird: 1889 20 676 q, Werth 505 000 Dollars.

Aus dem Thierreiche ist nur die Ausfuhr von Häuten und Fellen hervorzuheben: 1889 12 243 q, Werth 521 408 Dollars.

Die Edelmetalle werden zum grösseren Theile nach England, die Waaren nach Frankreich, der Union, Deutschland und Spanien versendet.

Die Ausfuhr von Henequen oder Sisalhanf hat ungeahnte Dimensionen angenommen. So wurden 1889 243 968 Ballen Sisalhanf fast ausschließlich nach den Vereinigten Staaten von Amerika ausgeführt, ferner 80 000 q Blauholz, Ochsenhäute und Rehfelle.

Die starke Ausfuhr hat eine bedeutende Einfuhr zur Folge, von der etwa ein Drittel auf Deutschland entfällt.

Den Hafen (gemeint ist Veracruz) besuchten 1889 810 Schiffe mit 545 894 Reg.-Tons. Die meisten waren mexicanische Küstenfahrer, dann nordamerikanische, britische, spanische und deutsche Schiffe.“

Die zweite Revolution 1910-1917 und die Zeit bis 1930

Im **Bürgerkrieg**, der 1910 ausbrach, wurde der aus Protest gegen die untragbaren Leibeigenenverhältnisse zum Bandenführer gewordene DOROTEO ARANGO unter dem Namen PANCHO VILLA als Mitkämpfer der Revolutionäre bekannt [516]. Die Taten und Untaten seiner „Reitertruppe des Nordens", der *Dorados*, füllen Bände der wechselvollen Revolutionsgeschichte [535], ebenso die des revolutionären Bauernführers im Süden, EMILIANO ZAPATA, Nationalheld im Kampf um die Befreiung vom Joch des Feudalsystems, der für die Rückgabe des Landes an die Kleinagrarier stritt [541]. DIAZ trat 1910 nach kurzem Kampf zurück und verließ Mexico. MADERO wurde 1911 Präsident und 1913 durch eine revoltierende Militärgruppe unter General HUERTA ermordet. Es kam zum Aufstand, wobei der Gouverneur von *Coahuila*, CARRANZA, und sein General ALVARO OBREGÓN die Aufständischen unter HUERTA bekämpften.

1914 landeten die US-Amerikaner in *Veracruz* [527]. Die US-amerikanische Intervention verletzte den Nationalstolz der Mexicaner erheblich und blieb nicht vergessen [540]. 1917 nahm die Mehrzahl der Revolutionsgruppen die neue Verfassung CARRANZAS in *Querétaro* an. Wegen der Anerkennung CARRANZAS durch die USA dehnte PANCHO VILLA seine Raubzüge auf die USA aus. Eine unter General PERSHING eingesetzte Armee konnte PANCHO VILLA nicht fangen [526].

Die Jahre zwischen 1910 und 1920 zählen nächst denen nach der Conquista zu den verheerendsten, die Mexico erlebte [1254, 1255, 1257, 1259]. Im Hin und Her der Kämpfe verschiedener Interessengruppen war das Land verwüstet, zeitweilig gab es drei Präsidenten zur gleichen Zeit, und PEDRO DE LASCURIA „regierte" nur 55 Minuten. Viele Dörfer und Häuser waren niedergebrannt, vor allem auch Großhaciendas, und die sagenhaften Viehbestände dezimiert worden, weil die Ackerböden nur noch zum Teil bestellt worden waren, und die Armeen, zu ihrer Verpflegung immer mehr auf die Rinderbestände zurückgriffen.

In dem Kampf für eine Agrarreform erlitt die Landwirtschaft in ihrer Substanz unendlich großen Schaden. Die Bevölkerung hatte etwa 1 Mio. Menschen – ein Zwölftel ihres Bestandes – verloren (Abb. 62). Die an ein Landsknechtsleben der Revolution gewöhnten Soldaten hatten für Landreformen gekämpft, waren dann aber schwer als Bauern ansässig zu machen [613].

Die **Geschichte der Revolution** 1910 bis 1917 wurde Gegenstand zahlreicher historischer und künstlerischer dramatischer Darstellungen in Mexico und im Ausland. Hintergründe und verwirrend erscheinende Zusammenhänge werden ausführlich dargestellt u. a. in den Werken von L. B. SIMPSON *„Many Mexicos"* [616], H. BAMFORD PARKES *„A History of Mexico"*, 1938 und 1960 [539], F. TANNENBAUM [617], A. BRENNER u. G. LEIGHTON [584].

Die Dekade nach der Revolution. Wieder hatten sich die eigentlichen Ziele erst während der Revolution klar abgezeichnet und waren in der Verfassung von 1917 präzisiert worden. Erst in ALVARO OBREGÓN, der Klerus und Reaktion der Feudalherren die Feinde der sozialen Revolution Mexicos nannte, fand Mexico (1920 bis 1924) einen Präsidenten,

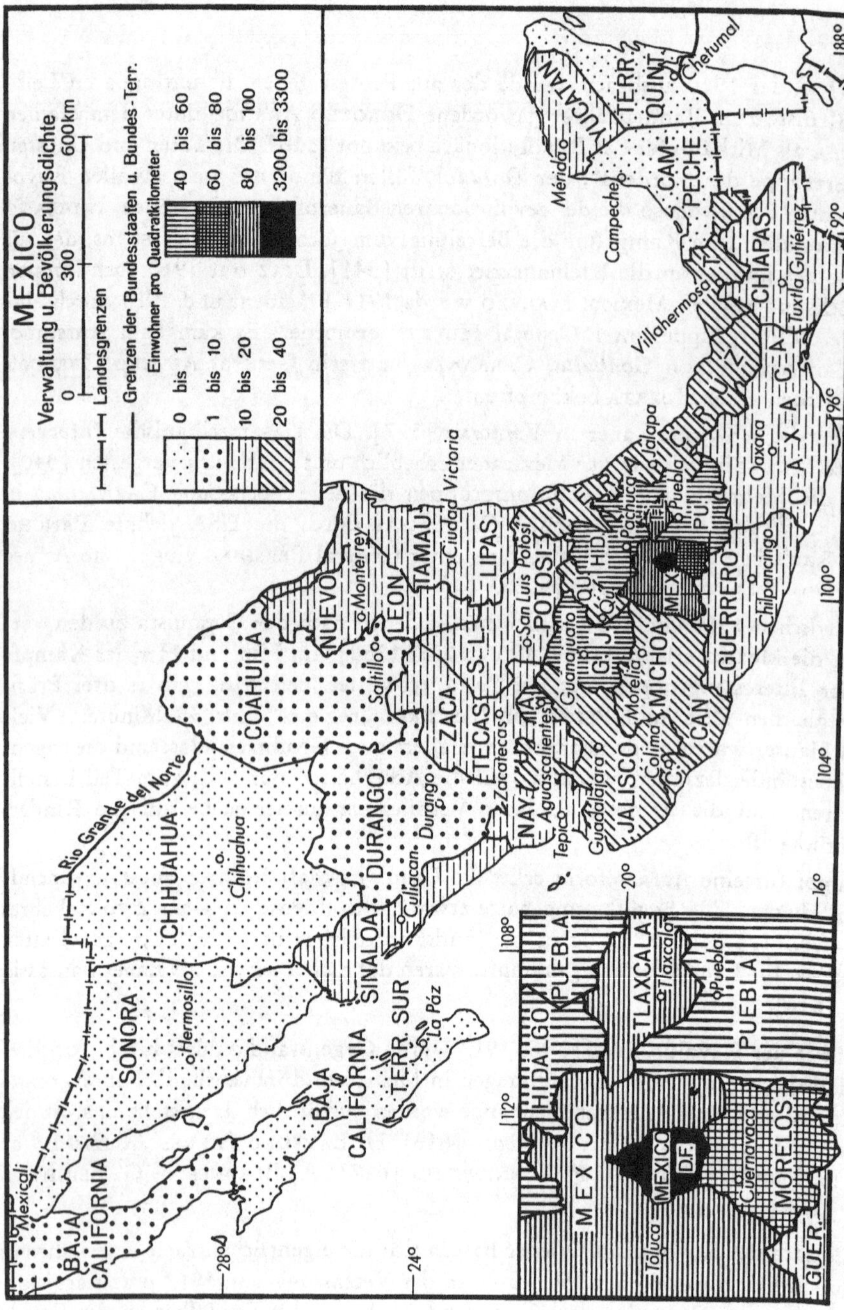

Einteilung in 5 Hauptzonen vgl. Tabelle S. 243.
Quelle zur Herstellung der Karte: *Distribución geográfica de la población en la República Mexicana*, UNAM, 1962 [743] (Abb. 61, 64).

Abb. 61. Mexico, Verwaltung u. Bevölkerungsdichte nach dem Census von 1960. (Entwurf: GIERLOFF-EMDEN)

der in uneigennütziger Weise für einige Verbesserungen der anarchischen Verhältnisse auf dem Lande, für Ruhe, Ordnung und soziale Gerechtigkeit eintrat und sie zum großen Teil durchsetzte. OBREGÓN erklärte 1927: „Das Programm der Revolution hat Gesetzeskraft". Das bedeutete Agrarreform, Enteignung der Großgrundbesitze der Kirchen und der Privaten, Verstaatlichung der Petroleumindustrie (1936) und anderer Schlüsselwirtschaftszweige, Gültigkeit des Zivilrechtes vor dem Kirchenrecht, Mindestlohn für Arbeiter, Schulpflicht (von den 15 Mio. Mexicanern konnten nur 3 Mio. lesen und schreiben), Abschaffung der Deklassierung der Indios und anderes mehr.

Unter der Regierung von OBREGÓN bis 1924 und CALLAS bis 1928 wurden die Revolutionsziele weiter verfolgt, die Aufteilung von Latifundien in Angriff genommen, die Lage der Arbeiter in den Städten verbessert. Im Kampf gegen die Kirche ließ CALLAS 1926 alle Kirchen schließen. Die Agrarreform wurde nach vielen früheren Fehlmaßnahmen in agrartechnisch besserer Weise gelenkt.

Mexico überstand die bitteren Jahre zwischen 1920 und 1934. In dieser Zeit ereigneten sich viele kritische Situationen: die Wirtschaftskrise, hervorgerufen durch die Enteignung der ausländischen Gesellschaften (die später entschädigt wurden) – die Folge waren Wirtschaftssanktionen gegen Mexico – der Kampf mit der katholischen Kirche vom Verbot 1926 bis zur Wiederzulassung 1929, innere Zwistigkeiten, Putschversuche, Weltwirtschaftskrise, Abwertung des Pesos u. a. Dennoch: Mexico war ohne neue Kriege und Revolutionen über die Jahre gekommen, und es herrschte im Vergleich zu den Revolutionsjahren von 1910 bis 1920 Ruhe im Land [591].

Politischer Aufbau, Verwaltung Mexicos. Die heute geltende mexicanische Verfassung stammt aus dem Jahre 1917 (Constitución); sie wurde zuletzt im Jahre 1952 abgeändert.

Mexico ist danach eine föderative Republik mit 29 Bundesstaaten, die weitgehende Selbstverwaltungsrechte besitzen und 2 Territorien. Die Gouverneure der Staaten werden von deren Bewohnern gewählt. Außerdem gibt es zwei Territorien und den Bundesdistrikt mit der Hauptstadt *Ciudad de México.*

Nach der Verfassung geht alle Macht vom Volke aus. Bürgerrecht und Wahlrecht haben alle Männer und Frauen über 21 Jahre, verheiratete Männer bereits vom 18 Jahre an.

Die höchste ausübende Gewalt liegt in den Händen des Staatspräsidenten, der auf sechs Jahre und direkt vom Volke gewählt wird, aber niemals wiederwählbar ist. Der Präsident muß gebürtiger Mexicaner, über 35 Jahre alt und weltlichen Standes sein. Er hat die vom Kongreß beschlossenen Gesetze zu veröffentlichen und durchzuführen, die Sekretäre des Kabinetts, den Bundesanwalt der Republik, die Gouverneure des Bundesdistrikts und der Territorien zu ernennen sowie die Generalstaatsanwälte der Territorien. Der Präsident kann die Richter der höheren Gerichte im Bundesdistrikt und in den Territorien mit Genehmigung der Abgeordnetenkammer ernennen und die Richter des Obersten Gerichts mit der Zustimmung des Senats. Er beruft auch die diplomatischen Vertreter und die höheren Beamten des Schatzamtes. Die Ernennung von höheren Diplomaten ist von der Zustimmung des Senats abhängig. Der Präsident führt diplomatische Verhandlungen und schließt Verträge mit Zustimmung des Bundeskongresses.

Dem Präsidenten stehen Staatssekretäre zur Seite, die ebenfalls gebürtige Mexicaner und über 30 Jahre alt sein müssen. Alle Anordnungen und Verfügungen des Präsidenten sollen von dem zuständigen Kabinettssekretär gegengezeichnet werden.

Die Gesetzgebung liegt in den Händen des Kongresses (Congreso), der aus zwei Kammern, und zwar dem Abgeordnetenhaus (Cámara de Diputados) und dem Senat (Cámara de Senadores) besteht.

Das Abgeordnetenhaus wird für drei Jahre gewählt und geht aus direkter Wahl hervor. Die Wiederwahl der Abgeordneten ist erst nach einer weiteren Wahlperiode zulässig. Sie müssen gebürtige Mexicaner und über 25 Jahre alt sein.

Der Senat setzt sich aus 60 Mitgliedern zusammen: zwei Angehörige jeden Staates und zwei für den Bundesdistrikt. Sie werden nach einfachem Mehrheitsprinzip für sechs Jahre gewählt. Die Senatoren müssen die gleichen Voraussetzungen wie Abgeordnete erfüllen, jedoch mindestens 35 Jahre alt sein. Senat und Abgeordnetenhaus tagen am gleichen Ort.

Der Präsident der Republik, die Abgeordneten und Senatoren und die Legislativen der Staaten besitzen das Gesetzesvorschlagsrecht. Der Kongreß hat auch in allen Angelegenheiten des Bundesdistrikts und der Territorien gesetzgebende Gewalt.

Der Kongreß hat das Haushaltsrecht; er kann Steuern beschließen, Grundsätze für Anleiheverhandlungen durch die Exekutive festlegen und Anleihen zustimmen sowie Schulen errichten und unterhalten.

Die richterliche Gewalt liegt bei dem Obersten Gerichtshof, dessen 21 Richter vom Kongreß auf Lebenszeit gewählt werden. Außerdem bestehen sechs Bezirksgerichte sowie Distriktsgerichte, deren Richter vom Kongreß auf sechs Jahre gewählt werden. Die Todesstrafe ist abgeschafft, außer für das Heer.

Die Nationalflagge ist grün-weiß-rot, Längsstreifen zum Stock. Das Nationalwappen zeigt einen Adler, der eine Schlange in seinen Fängen hält und der auf einem Nopalkaktus sitzt.

Angaben nach: „Mexico“ in „Ibero-Amerika, ein Handbuch“.

Politische Entwicklung des modernen Mexico. Aus kleinen Verhältnissen kommend, wurde Lázaro Cárdenas Revolutionskämpfer unter Zapata, später Berufssoldat in den Kriegen unter Obregón. Er wurde General, ging in die Staatsverwaltung und wurde Gouverneur von *Michoacán*, schließlich 1934 Präsident. Er kannte viele Landesteile Mexicos, die Revolution von den Anfängen her, und hatte Verwaltungskenntnisse. Cárdenas' Rechtschaffenheit, sein selbstloser Dienst am Wiederaufbau und sein persönlicher Mut und Einsatz haben ihn in Mexico zu einer legendären Figur, „Don Lázaro“, werden lassen. Cárdenas stellt sich bis zur Gegenwart der Arbeit am Gesamtwohl zur Verfügung, wie jüngst im Jahre 1964, wo er als Leiter der Comisión del Balsas im vom Erdbeben betroffenen Gebiet bei *Altamirano* ersten Hilfseinsatz leitete [622].

1928 schuf Calles den Einparteienstaat mit der *Partido Nacional Revolucionario*, „PNR“, von der alle Regierungsämter besetzt wurden. Als Führer dieser Partei behielt Calles bis 1934 auf drei ihm nachfolgende Präsidenten Einfluß. 1934 bildete Lázaro Cárdenas die Regierungspartei in die *„Partido Revolucionario Mexicana“*, „PRM“, um. Er enteignete die ausländischen Ölgesellschaften und gründete eine Arbeiterorganisation, auf deren Macht er sich stützen konnte. Außerdem leitete er endlich die *Bodenreform* in großem Stile ein. Die Spannungen mit den USA, England und Frankreich wegen der Enteignung der Ölindustrie konnten unter dem Druck des II. Weltkrieges von Mexico ausgeglichen werden. Die Enteignungen wurden vom Ausland anerkannt. Mexico erklärte 1942 Deutschland und den Achsenmächten den Krieg. Durch die Kriegskonjunktur erlebte Mexico einen starken wirtschaftlichen Auftrieb und fortschreitende Industrialisierung. Anfang 1946 wurde die Regierungspartei unter Präsident MIGUEL ALEMÁN VALDES (bis 1957) in die *„Partido Revolucionario Institutional"*, *„PRI"*, umgewandelt.

Infrastruktur und wirtschaftliche Entwicklung des modernen Mexico.
Unter dem zunehmenden Nahrungsmangel, der durch die rapide ansteigende Bevölkerungszahl entstand (Abb. 2, 3), wurde auch der Landwirtschaft besondere Aufmerksamkeit gewidmet. Das Programm hieß: Demokratie und soziale Gerechtigkeit. Mexico ist nach langen Wirren und schweren Revolutionskriegen zu einem modernen Staat geworden. Die Verfassung Mexicos sieht Enteignungsmöglichkeiten des privaten Besitzes zum Nutzen der Öffentlichkeit vor, außerdem Förderung des kleinen Besitzes und der landwirtschaftlichen Genossenschaften. In der Landespolitik sind Emanzipation der Arbeiterschaft, Agrarreform, Sozialversorgung, Indianismus und Nationalismus die Hauptprobleme. Seit den dreißiger Jahren setzte eine Zunahme der Bevölkerung in starkem Maße ein; von 1930 bis 1960 hat sich die Bevölkerungszahl mehr als verdoppelt (Abb. 62). Die Durchführung der Agrarreform, die neue Landverteilung, ein enormer Ausbau des Bewässerungswesens, der Bau von Stauanlagen, die Anlage von Bewässerungsflächen, Anwachsen und Ausbau der Städte und des Verkehrsnetzes haben seit den dreißiger Jahren eine nicht zu übersehende Veränderung der Natur- und Kulturlandschaft zur Folge gehabt.

DAS MODERNE MEXICO

Bevölkerung

Bevölkerungszahl, Altersgruppen, Verteilung, Rassen, Probleme. Für Mexico sind drei Sachverhalte für die Bevölkerung von übergeordneter Bedeutung: 1. das enorme Ansteigen der Einwohnerzahl seit den zwanziger bzw. dreißiger Jahren, 2. die außerordentlich ungleichmäßige Verteilung der Einwohner über das Land und 3. die rassische Zusammensetzung.

Seit 1930 ereignete sich in Mexico eine *„explosión demográfica"*, wie es in der amtlichen mexicanischen Statistik heißt. Eine rapide Bevölkerungszunahme seit der Zeit von 1930, als Mexico noch 16,5 Mio. Einwohner hatte, ist bis zur Gegenwart vorhanden und dauert an [1345]. 1968 hatte Mexico etwa 44 Mio. E. Zur Zeit der Eroberung durch die Spanier – 1519 bis 1521 – lebten auf dem Gebiet, das heute durch die Grenzen des Staates *„Estados Unidos Mexicanos"* umschlossen wird, nach Schätzung etwa 6 bis 11 Mio. Menschen, um 1800 etwa (nach anfänglich während der Kolonialzeit sehr starkem Rückgang) 4½ Mio. Menschen, im Jahre 1900 etwa 13 Mio. [737, 738, 741, 759]. Nach einer gewissen Stagnation und einem Rückgang während der Revolutionsjahre 1910 bis 1920, während denen über 1½ Mio. Menschen umkamen, hatte Mexico 1921 14,3 Mio. Einwohner (Abb. 52, 62). Das bedeutet, daß in 30 bis 35 Jahren mehr Menschen hinzugekommen sind, als etwa zu Beginn der Conquista oder um 1900 in Mexico gelebt haben. Die Ziele der Revolution waren nicht auf eine solche Entwicklung ausgerichtet, sie sollten für die Verhältnisse der Jahrhundertwende Besserung schaffen [750, 751, 744, 758].

Der enorme Bevölkerungszuwachs seit 1930 bedeutet für Mexico einen Kampf um die Versorgung der Menschen.

Von 1960 bis 1985 wird ein Zuwachs von 35 Mio. Menschen erwartet! Das heißt, man rechnet dann mit einer Einwohnerzahl von 70 bis 80 Millionen [1327].

Soziologen behaupten, die „Bevölkerungsexplosion", die nicht nur in Mexico zu beobachten ist, sei vor allem durch die verbesserte Gesundheitsfürsorge bedingt, die eine geringere Kindersterblichkeit zur Folge hat.

„Seit etwa 13 Jahren lebt ein Arzt in *Mitla*, mit dessen Ankunft die Kinder- und Säuglingssterblichkeit sprunghaft zurückging. Noch vor wenigen Jahrzehnten sollen in den Wintermonaten wöchentlich 6–12 Kinder an Keuchhusten, Masern, Pocken und Erkältungen gestorben sein, heute ist die Kindersterblichkeit dank ärztlicher Hilfe und Beratung vergleichsweise gering. Nicht zuletzt daraus ist der beträchtliche Bevölkerungsanstieg in den letzten Jahrzehnten zu erklären. 1962 wurden in Mitla etwa 5000 Einwohner gezählt. Dieser rasche Bevölkerungsanstieg wird das Dorf schon in wenigen Jahren vor erhebliche wirtschaftliche Schwierigkeiten stellen, da Landwirtschaft und Gewerbe nur in geringem Maße ausbaufähig sind" (G. Sandner 1964 [646]).

Von den 17,5 Mio. Einwohnern weiblichen Geschlechtes der Bevölkerung Mexicos von 1960 waren 7,3 Mio. im gebärfähigen Alter zwischen 15 und 44 Jahren, davon 3 Mio. im Alter zwischen 20 und 30 Jahren. Für 1980 beträgt die Schätzung der Frauen dieser Altersklasse die doppelte Anzahl. 1960 standen nur 52% der Bevölkerung im wirtschaftlich produktivsten Alter zwischen 15 und 65 Jahren (Abb. 63).

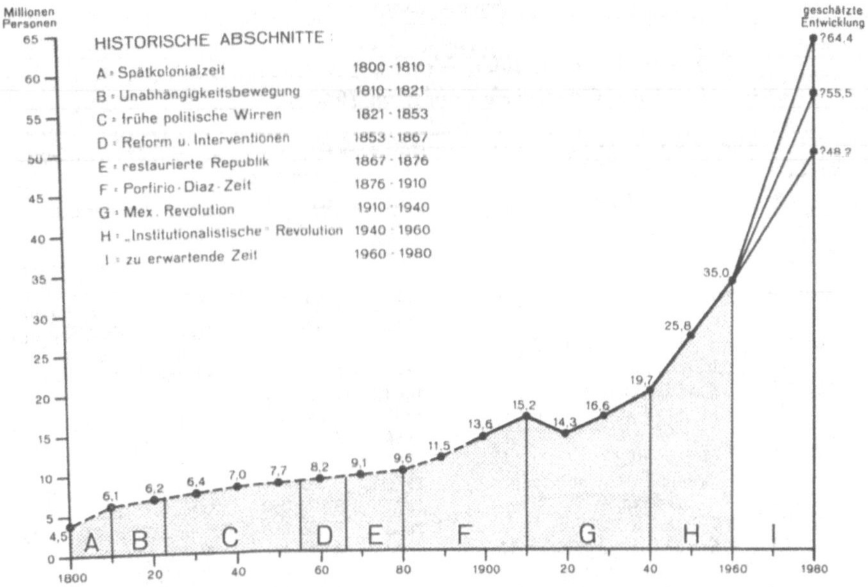

Abb. 62. Bevölkerungsentwicklung Mexicos von 1800 bis 1980. (Nach H. F. CLINE, gerasterte Fläche: nach Census-Zahlen)

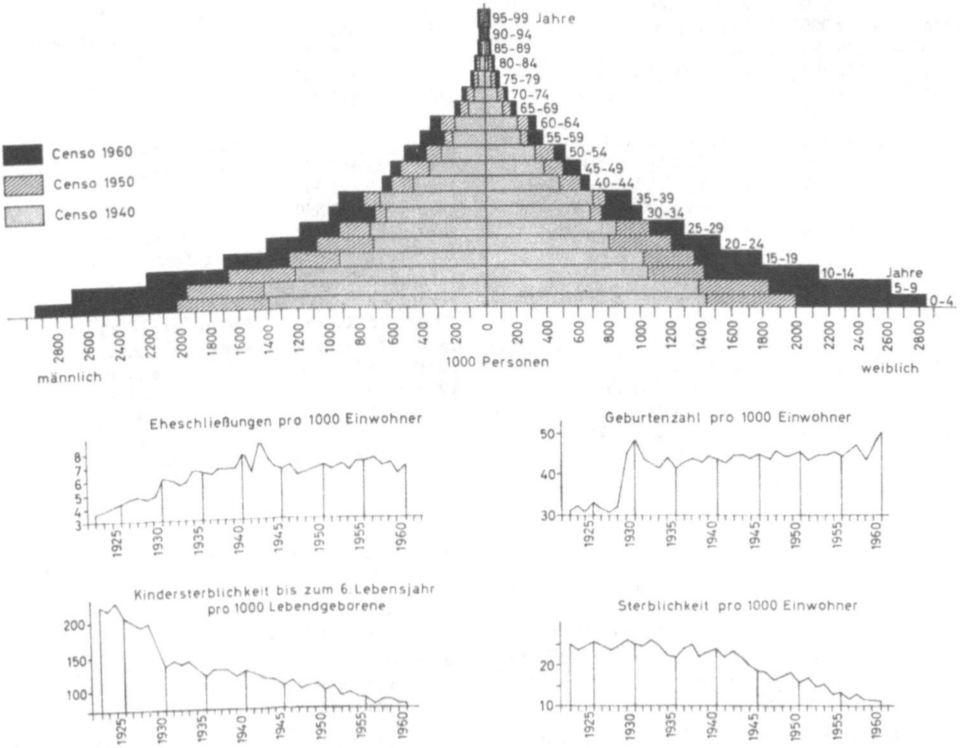

Abb. 63. Bevölkerungsstruktur von Mexico für die Jahre 1940, 1950 und 1960 nach Altersgruppen und Geschlecht („Bevölkerungspyramide"). (Nach Censo de Población, Mexico 1962)

Die Bevölkerungszahlen Mexicos von 1521 bis 1960 (nach VIII. Censo General de Población 1960. Mexico D. F. 1962)

Jahr	Bevölkerungszahl	Quelle	Jahr	Bevölkerungszahl	Quelle
1521	a 620 000	1	1862	8 396 524	J. M. Pérez Hernández 3
1521	9 120 000	C. A. Nieve 2	1862	8 816 174	Sociedad de Geografía y Estadística 18
1521	b 7 264 059	J. M. Pérez Hernández			
1793	4 483 680	Revillagigedo 4	1863	8 232 035	Orozco y Berra 23
1795	5 200 000	Revillagigedo 4	1864	8 629 982	F. Pimentel 24
1799	4 500 000	M. Abad y Queipo 5	1865	8 259 080	Orozco y Berra 23
1803	5 764 731	José Salas 6	1868	8 396 845	E. Lefevre 25
1803	5 837 100	Humboldt 7	1869	8 743 614	García Cubas 26
1805	5 764 731	Tribunal del Consulado	1871	9 097 056	Secretaría de Gobernación
1808	6 000 000	Lucas Alamán 9	1871	9 176 082	García Cubas 27
1809	6 500 000	Humboldt 7	1872	8 655 553	Congreso de la Unión
1810	5 810 005	Semanario Económico 10	1872	8 836 411	M. Payno 27
1810	6 122 354	Navarro y Noriega 11	1872	9 141 661	García Cubas 27
1811	6 000 000	Tribunal del Consulado	1873	8 994 724	Balcárcel 14
1817	5 000 000	M. Abad y Queipo 12	1873	9 209 765	Censo 28
1820	6 204 000	Cálculo del Primer Congreso Mexicano 13	1874	8 743 614	Rivera Cambas 29
			1874	9 343 470	García Cubas 14
1823	6 800 000	Humboldt 7	1875	9 495 157	García Cubas 30
1824	6 500 000	Poinsett 14	1877	9 384 193	Secretaría de Gobernación
1830	7 996 000	Burkart 3	1878	9 686 777	C. Pacheco 27
1831	6 382 264	Censo Publicado por Valdés	1879	9 908 011	Matías Romero 31
1834	7 734 292	Calendario de Galván	1880	9 577 279	E. Bustos 14
1836	7 843 132	15	1881	10 025 649	L. Castro 32
1838	7 009 120	Dictamen de la Comisión de la Cámara de Diputados	1882	10 001 884	Bodo von Flümer 14
			1885	10 447 984	García Cubas 33
1838	7 044 140	Cálculo del Instituto de Geografía y Estadística	1886	10 791 685	García Cubas 14
			1888	11 490 830	Dirección de Estadística
1842	7 016 300	Estimación para las elecciones del Congreso 16	1889	11 395 712	García Cubas 34
			1892	11 502 583	R. de Zayas Enríquez 1
1846	7 500 000	Almonte 17	1892	11 872 137	A. M. Domínguez 14
1852	7 661 919	Almonte 17	1895	12 632 427	Censo General 35
1854	7 853 395	Anales del Ministerio de Fomento	1900	13 607 259	Censo General 35
			1910	15 160 369	Censo General 35
1856	7 661 520	Lerdo de Tejada 18	1921	14 334 780	Censo General 35
1856	8 283 088	García Cubas 19	1930	16 552 722	Censo General 36
1857	8 247 660	Hermosa 20	1940	19 653 552	Censo General 37
1857	8 287 413	Orozco y Berra 21	1950	25 791 017	Censo General 37
1861	8 212 579	García Cubas 22	1960	34 923 129	Censo General 37

a = Familias

b = Imperio de Anáhuac. Tribus Aztecas

1 = Estadística de Anáhuac, mandada formar por Hernán Cortés después de la Toma de México. (Boletín de la Sociedad de Geografía y Estadística. México, 1870)

2 = Calculada sobre el Censo anterior, y sobre las noticias de los historiadores. (Boletín de la Sociedad de Geografía y Estadística. México, 1870)

3 = J. M. Pérez Hernández. „Estadística de la República Mexicana", 1862

4 = Sin las Intendencias de Veracruz, Guadalajara y Coahuila

5 = Manuel Abad y Queipo. „Colección de los escritos más importantes que en diferentes épocas dirigió al Gobierno". México, 1813

6 = J. Salas. „Tablas geográfico-políticas de Nueva España"

7 = Humboldt. „Ensayo político sobre la Nueva España"

8 = „Noticias de Nueva España en 1805". (Boletín de la Sociedad de Geografía y Estadística. México, 1864)

9 = L. Alamán. „Historia de México". México, 1849

10 = Sin las provincias de Nuevo México, Nuevo León, Californias, Coahuila y Texas

11 = „Memoria sobre la población del reino de Nueva España"

12 = Manuel Abad y Queipo. „Informes a Fernando VII sobre la Nueva España", 1817. (Manuscritos varios, Biblioteca del Museo Nacional, Fol. 15)

13 = Sin los territorios de Colima y Californias

14 = R. de Zayas Enríquez. „Los Estados Unidos Mexicanos, sus condiciones naturales y sus elementos de prosperidad". México, 1892

15 = Noticias de los Estados y Territorios de la República Mexicana

16 = Sin incluir Texas

17 = „Geografía de la República Mexicana"

18 = R. Durán. „Memoria sobre el Censo de la República Mexicana". (Boletín de la Sociedad de Geografía y Estadística. México, 1862)

19 = A. García Cubas. „Noticias Geográficas y Estadísticas de la República Mexicana". México, 1857

20 = J. Hermosa. „Manual de Geografía y Estadística de la República Mexicana". México, 1857

21 = Memoria de Ministerio de Fomento, 1857

22 = A. García Cubas. „Estado de la División, Extensión y Población de la República Mexicana". 1862

23 = Diario „El Mexicano", 15 de julio de 1866

24 = F. Pimentel. „Memoria sobre las causas que han originado la situación actual de la raza indígena". México, 1864

25 = E. Lefevre. „Historia de la intervención francesa en México". 1869

26 = A. García Cubas. „Extensión Territorial y población de la República". (Boletín de la Sociedad de Geografía y Estadística. 1869)

27 = C. Pacheco. „Memoria de Fomento, Colonización e Industria". 1877–1882

28 = „Memoria de Fomento, Colonización e Industria". 1877–1882

29 = M. Rivera Cambas. „Atlas y catecismo de geografía y estadística de la República Mexicana". México, 1874

30 = A. García Cubas. „The Republic of Mexico in 1876"

31 = Matías Romero. „Geographical and statistical notes in Mexico". 1898

32 = L. Castro. „The Republic of Mexico in 1882"

33 = A. García Cubas. „Cuadro geográfico, estadístico, descriptivo e histórico de los Estados Unidos Mexicanos". 1885

34 = A. García Cubas. „Etude geographique, statistique, historique, des Etatas Unis Mexicains". 1889

35 = Anuario de 1930. Departamento de la Estadística Nacional. Segundo época, Núm. 16

36 = Censo de población de 15 de mayo de 1930. Departamento de la Estadística Nacional. 1932

37 = Cifras definitivas

Zahlen zur Bevölkerungsstatistik von Mexico

Jahr	Bev.-Zahl in 1000	Geburten pro 1000 Einw. pro Jahr	Säuglingssterblichkeit pro 1000 Lebendgeburten
1895	12 600	Jahr des ersten offiziellen Census	
1900	13 607	34,2	266,4
1910	15 160	32,2	323,1
1921	14 335	31,4	223,1
1930	16 553	49,4	131,6
1940	19 654	44,3	125,7
1950	25 791	45,5	96,2
1954	28 853	—	—
1956	30 538	46,4	83,3
1960	34 923	48,0	49,0

Die Sterblichkeitsrate pro 1000 Einwohner betrug in Mexico im Jahr 1930 noch 49,4! Im Jahre 1960 = 14

Bevölkerungszahl und Zusammensetzung. Nach einem zunächst raschen Rückgang der Bevölkerungszahl durch die Folgen der spanischen Eroberung, Krieg, Seuchen, eingeschleppte neue Krankheiten und Sklaverei, gab es um 1800 erst wieder 4,5 Mio. Einwohner (Abb. 62). Während der Kolonialzeit waren 300 000 Spanier eingewandert, darunter wenige unverheiratete Frauen. Von 1828 bis 1952 waren 30 500 Menschen nach Mexico eingewandert, davon 40 % aus *Spanien* und 17 % aus *Guatemala*.

Eine bedeutende Anzahl von Mexicanern ist seit der Jahrhundertwende ausgewandert, zum größten Teil als Landarbeiter (braceros) nach den USA, vorwiegend nach *Kalifornien* und *Texas* [569], viele ohne Erlaubnis. Für 1924 werden z. B. 30 000 echte Emigranten in der Statistik geführt. 1955 sollen 400 000 Mexicaner als Saisonarbeiter in den USA tätig gewesen sein, viele von ihnen blieben dort [746]. Trotz scharfer Einwanderungsgesetze ist wohl eine größere Zahl, als listenmäßig erfaßt, in den USA geblieben [761]. Über dieses Problem gibt es eine Anzahl von Arbeiten, darunter die von J. A. Beegle, H. F. Goldsmith, Ch. P. Loomis 1960 [736] u. Humphrey [598], in der die spanischen Vornamen in US-amerikanischen Standesämtern erfaßt sind.

Über die Wanderarbeiter, d. h. *„braceros"*, die zum Arbeiten in die USA reisen vgl. Abschn. Mensch u. Wirtschaft. Ausführlich berichtet J. H. Alvarez zu diesem Problem [1338].

Die sehr starke Vergrößerung der Bevölkerungszahl seit 1930 erklärt sich aus einer Zunahme der Geburtenziffer und einem Rückgang der Kindersterblichkeit. Mexicos Geburtenrate pro 1000 E. betrug 1932 43 und 1950 45 und wird in Lateinamerika nur durch die *Guatemalas* von 50 übertroffen. Die Sterblichkeitsrate mexicanischer Kinder mit 10 wird nur von *Uruguay*, *Costa Rica* und *Argentinien* (8) unterschritten. Es wird gegenwärtig mit einer jährlichen Bevölkerungszunahme von einer Million gerechnet. Im Jahre 1950 waren von 25,8 Mio. E. über 5 Mio. Kinder unter 6 Jahren. 1960 waren 48 % der Bevölkerung jünger als 20 Jahre; 44,4 % Kinder unter 15 Jahren. Als Todesursache sind *Diarrhöe* und *Enteritis* vor allem bei Kindern bis zu 10 Jahren, *Tuberkulose* ab 15 Jahren, *Malaria* ab 14 Jahren besonders häufig aufgetreten (Abb. 63 u. 119).

Räumliche Verteilung der Bevölkerung. Es unterscheiden sich wegen einer sehr unterschiedlichen Bevölkerungsdichte:

1. Fast unbesiedelte Räume (weniger als 1 E. pro km²)
2. Nur sporadisch besiedelte Räume (1 bis 5 E. pro km²)
3. Mäßig dicht besiedelte Räume mit kleinen Orten (5 bis 30 E. pro km²)
4. Zentren der Besiedlung mit vielen Städten und Orten, Großstädten und äußerst dicht wohnender Agrarbevölkerung (30 bis 500 E. pro km²).

In den ariden Gebieten Nordwest- und Nordmexicos gibt es Dichtezentren bei den Bewässerungsgebieten, im tropischen Südmexico bei Plantagengebieten (z. B. für Kaffee, Abb. 65) und den Anbaugebieten der Industriepflanzen. Einziges dichtbewohntes Altsiedelgebiet im Süden ist das Indinanergebiet von Oaxaca. Im Bereich des zentralen Mexico von Veracruz bis Tepic leben auf nur 14 % der Fläche Mexicos über 50 % der Einwohner Mexicos. Dieser Bereich enthält das agrarische Altsiedelgebiet der südlichen

Mesa Central, der *Sierra Neovolcánica* und die Großstadt *México* in *México D. F.* (6,5 Mio. Einw.) (Abb. 64) [742].

Obwohl infolge der Binnenwanderung (siehe diese) eine besonders starke Zunahme der Bevölkerung in den peripheren Gebieten zu verzeichnen ist, lebt immer noch die überwiegende Zahl der Menschen Mexicos im Hochland, im Bereich von Klimaregionen, die grob zusammengefaßt nach der Klassifikation KOEPPENS als CW mit 50 % der Bevölkerung und BS mit 27 % der Bevölkerung zu bezeichnen ist.

Quellen:
1. *Censo general de Población de la República Mexicana.*
2. *Distribución Geográfica de la Población de la República Mexicana*, herausgegeben von der *Universidad Nacional Autónoma de México* 1962 mit 10 Karten [743].

Fläche, Zahl der Einwohner pro Fläche, **„Bevölkerungsdichte“** der Hauptregionen Mexicos: Auf 14 % der Fläche sind 50 % der Einwohner konzentriert! Nach der amtlichen Statistik wurde Mexico in 5 Zonen unterteilt (Abb. 61).

Region	Oberfläche in 1000 km²	%	Einwohnerzahl in 1000	%	Einwohner pro km² 1960
México gesamt	1 967	100,0	34 923	100,0	17,8
Pacífico Norte Baja California, Nayarit, Sonora, Sinaloa	414	21,1	2 613	7,5	6,3
Norte Coahuila, Chihuahua, Durango, Nuevo León, San Luis Potosí, Zacatecas, Tamaulipas	801	40,7	6 865	19,6	8,6
Central Aguascalientes, Guanajuato, Hidalgo, Jalisco, México D. F., Michoacán, Morelia, Puebla, Querétaro, Tlaxcala, Mexico	**275**	**14,0**	**17 099**	**49,0**	**62,3**
Golfo de México Campeche, Quintana Roo, Veracruz, Yucatán	239	12,1	4 057	11,6	16,9
Pacífico Sur Colima, Chiapas, Guerrero, Oaxaca	238	12,1	4 289	12,3	18,0

Städtische und ländliche Bevölkerung. Das Zahlenverhältnis städtischer zu ländlicher Bevölkerung hängt von der Definition *„städtisch“* ab. In Mexico wird als „städtisch“ ein Ort mit mehr als 2500 Einwohnern bezeichnet (im *Census*). N. L. WHETTEN [847] begründet seine Ansicht, erst Orte mit mehr als 10 000 E. in Mexico als städtisch zu rechnen, desgleichen M. T. GUTIÉRREZ u. MAC GREGOR, 1967, und A. BASSOLS-BATALLA, 1964, „in order, that a settlement might be considered as urban in Mexico it must have at least 10 000 persons“ in der Ansicht, daß diese Abschätzung der Realität am nächsten

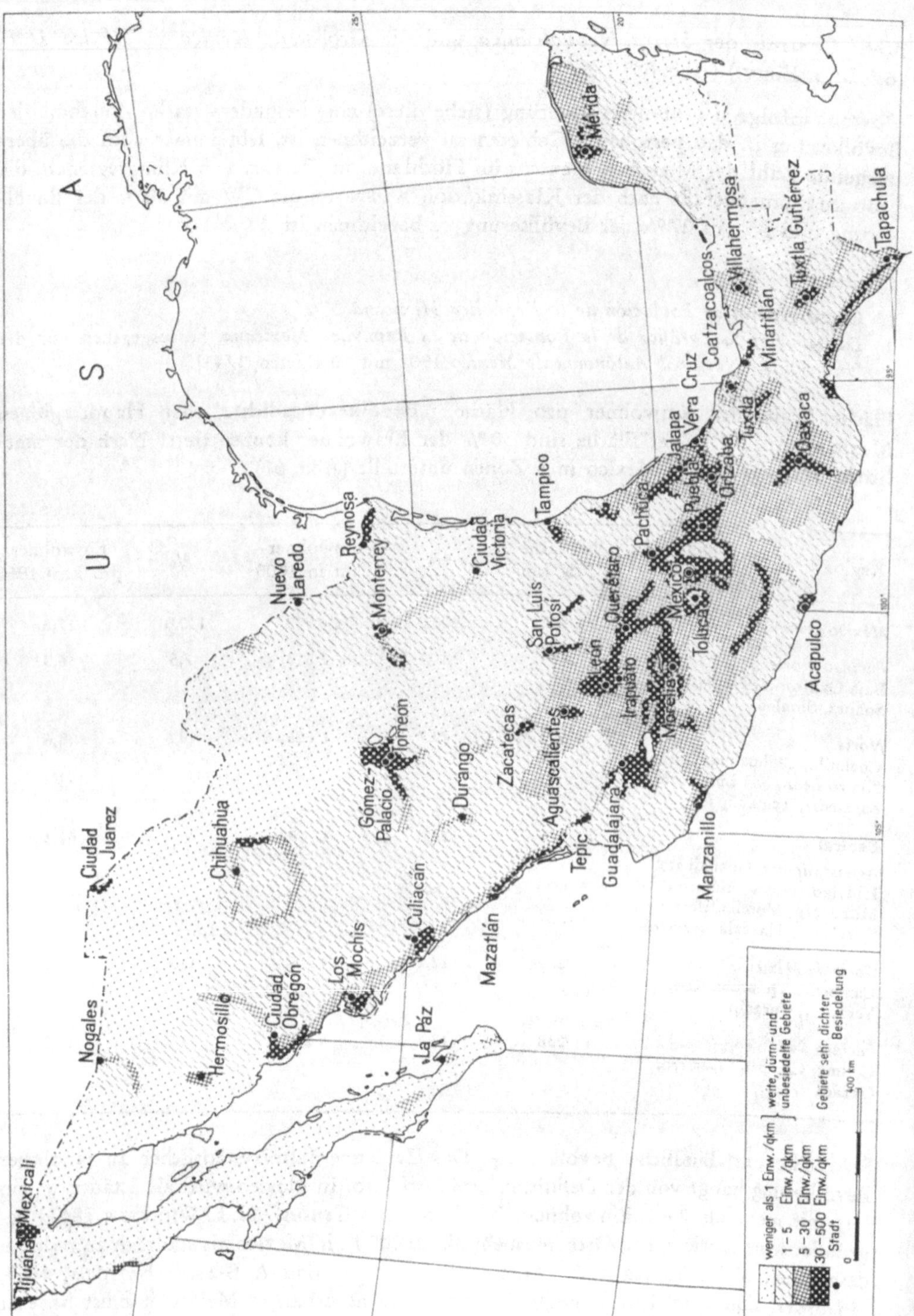
U
S
A
Tijuana
Mexicali
Nogales
Hermosillo
Ciudad Obregón
Los Mochis
La Paz
Ciudad Juarez
Chihuahua
Culiacán
Mazatlán
Gómez-Palacio
Torreón
Durango
Nuevo Laredo
Reynosa
Monterrey
Ciudad Victoria
Tampico
San Luis Potosí
Zacatecas
Aguascalientes
Tepic
Guadalajara
Manzanillo
León
Irapuato
Morelia
Querétaro
Pachuca
México
Toluca
Puebla
Jalapa
Vera Cruz
Orizaba
Acapulco
Oaxaca
Tuxtla
Coatzacoalcos
Minatitlán
Villahermosa
Tuxtla Gutiérrez
Tapachula
Mérida
30°
25°
20°
105°
100°
95°
weniger als 1 Einw./qkm
1 – 5 Einw./qkm
5 – 30 Einw./qkm
30 – 500 Einw./qkm
Stadt
weite, dürr- und unbesiedelte Gebiete
Gebiete sehr dichter Besiedelung
0
400 km

1 = Fast unbesiedelte Räume (weniger als 1 Einw. pro km²)
2 = Nur sporadisch besiedelte Räume (1–5 Einw. pro km²)
3 = Mäßig dicht besiedelte Räume mit kleinen Orten (5–30 Einw. pro km²)
4 = Zentren der Besiedelung mit vielen Städten und Orten, Großstädten und äußerst dicht wohnender Agrarbevölkerung (30–500 Einw. pro km²)

Den weiten, fast unbesiedelten Gebieten (1) und den großen, sporadisch besiedelten Räumen (2) stehen die äußerst dicht besiedelten Gebiete (4) kontrastreich gegenüber.
In den ariden Gebieten Nordwest- und Nordmexicos gibt es Dichtezentren bei den Bewässerungsgebieten, im tropischen Südmexico bei Plantagengebieten (z. B. für Kaffee) und den Anbaugebieten der Industriepflanzen. Einziges dichtbewohntes Altsiedelgebiet im Süden ist das Areal von Oaxaca. Im Bereich des zentralen Mexico von Veracruz bis Tepíc leben auf nur 14 % der Fläche Mexicos über 50 % der Einwohner Mexicos. Dieser Bereich enthält das agrarische Altsiedelgebiet der südlichen Mesa Central, der Sierra Neovolcánica und die Großstadt México (4,5 Mio. E.)

Abb. 64. Die Bevölkerungsverteilung in Mexico unter Verwendung von „*Distribución geografica de la población de República Mexicana*" UNAM 1962 [743]. (Entwurf: GIERLOFF-EMDEN 1964)

kommt, d. h., daß Orte mit weniger als 10 000 E. in Mexico nur selten und meist wenig städtische Aspekte (Aufriß und Funktion) haben. Gleich auf Grund welcher Basis der Zählung hat der Anteil der städtischen Bevölkerung Mexicos in den vergangenen Jahrzehnten zugenommen:

Jahr	städt. Bev. in Mio. E.	ländl. Bev. in Mio. E.
1930	5,5	11
1940	6,9	12,8
1950	11	14,8
1960	15	18,3

1910 und 1921 waren 16 bis 17 % der Bevölkerung als in städtischen Bezirken lebend registriert (vgl. Tabelle) (Census)

1960 waren 50 % der Bevölkerung als in städtischen Bezirken lebend registriert (vgl. Tabelle) (Basis: Städtischer Wohnbezirk als mit mehr als 2500 E. gerechnet). Auf der Basis von „städtisch" als einer Siedlung mit mehr als 10 000 E. lebten 1960 13 258 237 E. in Städten (38 % der Bevölkerung).

Nach der Veröffentlichung von: *Dirección General de Estadística de la Secretaría de Economía, Integración Territorial de los Estados Unidos Mexicanos,* localidades 6 de junio de 1950, *7. Censo General de Población* gilt folgendes für kleine Siedlungen: Nach der Landaufteilung im Zuge der Agrarreform wurden zahlreiche Haciendas und Fincas in Kleinbesitz umgewandelt, so daß eine größere Anzahl von Siedlungen mit nur wenig Einwohnern oder aber Siedlungsgruppen entstanden, die „*congregaciónes*", d. h. Ansammlungen von Häusern, genannt werden.

Nach dem Census von 1940 wurden 22 % aller Siedlungslokalitäten des Landes zu den sehr kleinen gerechnet, die von 1 bis 100 E. zählen. Unter diesen gibt es eine große Anzahl, die ein Gemeinschaftsleben und eine kommunale Organisation haben. Das gilt insbesondere für die Lokalitäten mit 100 bis 500 E. Es wurden nach dem Census angegeben für

1900	55 907	Lokalitäten
1910	70 830	„
1921	62 879	„
1930	84 452	„
1940	105 185	„
1950	90 603	„

Die Bevölkerungszahlen von Mexico für 1892, 1910, 1930, 1940, 1950 und 1960 (Quelle: Censo de Población 1892, 1910, 1930, 1940, 1950 und 1960)

Staat	Fläche km²	Flächenanteil in %	Bevölkerungszahl 1892	E. pro km² 1892*)	Bevölkerungszahl 1910	E. pro km² 1910
Est. Un. Mexicanos	1 967 183	100,00	11 885 607	6,1	15 160 400	7,63
Aguascalientes	5 589	0,28	140 180	23,0	120 500	15,67
Baja California N	70 113	3,57	} 34 668	0,2	9 800	0,13
Baja California S	73 677	3,75			42 500	0,56
Campeche	56 114	2,85	93 976	1,6	86 700	1,85
Coahuila	151 571	7,71	177 793	1,1	362 100	2,19
Colima	5 455	0,28	72 591	14,0	77 700	13,20
Chiapas	73 887	3,75	269 710	4,0	438 800	6,15
Chihuahua	247 087	12,56	298 073	1,3	405 700	1,74
Distrito Federal	1 499	0,08	575 747	479,7	720 800	480,82
Durango	119 648	6,08	265 931	3,0	483 200	4,41
Guanajuato	30 589	1,56	1 007 116	39,0	1 081 700	38,14
Guerrero	63 794	3,24	353 193	5,0	594 300	9,08
Hidalgo	20 987	1,07	506 028	22,0	646 600	28,90
Jalisco	80 137	4,07	1 250 000	13,0	1 208 900	13,93
México	21 461	1,09	798 490	40,0	989 500	41,30
Michoacán	59 864	3,04	801 913	12,0	991 900	16,93
Morelos	4 941	0,25	151 540	27,0	179 600	36,57
Nayarit	27 621	1,40	131 019	4,0	171 200	6,03
Nuevo León	64 555	3,28	244 052	4,0	365 200	5,63
Oaxaca	95 364	4,85	793 419	8,0	1 040 400	11,25
Puebla	33 919	1,72	839 125	26,0	1 101 600	32,73
Querétaro	11 769	0,60	213 525	22,0	244 700	21,02
Quintana Roo	42 030	2,14	**)		9 100	0,18
San Luis Potosí	62 848	3,20	546 447	8,0	627 800	10,10
Sinaloa	58 092	2,95	223 684	3,0	323 600	4,53
Sonora	184 934	9,40	150 391	0,8	265 400	1,34
Tabasco	24 661	1,25	114 028	5,0	187 600	6,98
Tamaulipas	79 829	4,06	167 777	1,9	249 600	3,13
Tlaxcala	3 914	0,20	147 988	36,0	184 200	46,34
Veracruz	72 815	3,70	660 616	9,0	1 132 900	15,69
Yucatán	43 379	2,21	**) 329 621	4,0	339 600	8,23
Zacatecas	75 040	3,81	526 966	8,0	477 600	7,53

*) Die Dichtezahlen für 1892 und 1940 beziehen sich auf ältere Flächenangaben der Staaten; die Grenzen sind seither geringfügig geändert worden.

**) 1892 umfaßte der Staat Yucatán das Gebiet des heutigen Staates und des heutigen Territoriums Quintana Roo.

Die Abnahme der Zahl der Lokalitäten von 1940 bis 1950 beruht darauf, daß eine Anzahl kleinerer Siedlungseinheiten wieder verlassen und entvölkert wurde, darunter auch Streusiedlungen mit Ranchos.

Die Zahl der sogenannten städtischen Siedlungen hat ständig zugenommen zwischen 1900 bis 1950:

1900	577 städt. Siedl.
1910	590 „ „
1921	540 „ „
1930	606 „ „
1940	700 „ „
1950	1010 „ „

1960 gab es 2367 *Municipios* (Gemeinden) in Mexico. Diese sind folgendermaßen verteilt (Abb. 61). Die Gebiete des Nordwestens mit den Staaten *Baja California Norte* und *Sur*), *Sonora, Sinaloa, Nayarit,* mit zusammen 20 % der Fläche Mexicos, sind dünn

Zusammenstellung nach Staaten und Einwohnerdichte. Wie z. B. die Einwohnerzahl von 1892 zeigt, bestehen Differenzen in den einzelnen Statistiken

Bevölkerungszahl 1930	Bevölkerungszahl 1940	E. pro km² 1940*)	Bevölkerungszahl 1950	E. pro km² 1950	Bevölkerungszahl 1960	E. pro km² 1960
16 552 722	19 653 552	10,0	25 791 017	13,1	34 923 129	17,8
132 900	161 693	29,4	188 075	33,7	243 363	43,5
48 327	78 907	1,1	226 965	3,2	520 165	7,4
47 089	51 471	0,7	60 864	0,8	81 594	1,1
84 630	90 460	1,6	122 098	2,2	168 219	3,0
436 425	550 717	3,6	720 619	4,8	907 734	6,0
61 923	78 806	15,1	112 321	20,6	164 450	30,1
529 983	679 885	9,1	907 026	12,3	1 210 870	16,4
491 792	623 944	2,5	846 414	3,4	1 226 793	5,0
1 229 576	1 757 530	1 185,1	3 050 442	2 035,0	4 870 876	3 249.4
404 364	483 829	3,9	629 874	5,3	760 836	6,4
987 801	1 046 490	34,2	1 328 712	43,4	1 735 490	56,7
641 690	732 910	11,3	919 386	14,4	1 186 716	18,6
677 772	771 818	36,9	850 394	40,5	994 598	47,4
1 255 346	1 418 310	17,4	1 746 777	21,8	2 443 261	30,5
990 112	1 146 034	53,5	1 392 623	64,9	1 897 851	88,4
1 048 381	1 182 003	19,6	1 422 717	23,8	1 851 876	30,9
132 068	182 711	36,8	272 842	55,2	386 264	78,2
167 724	216 698	8,0	290 124	10,5	389 929	14,1
417 491	541 147	8,3	740 191	11,5	1 078 848	16,7
1 084 549	1 192 794	12,6	1 421 313	14,9	1 727 266	18,1
1 150 425	1 294 620	38,0	1 625 830	47,9	1 973 437	58,2
234 058	244 737	21,3	26 967	24,3	355 045	30,2
10 620	18 752	0,4	286 238	0,6	50 169	1,2
579 831	678 779	10,7	856 066	13,6	1 048 297	16,7
395 618	492 821	8,4	635 681	10,9	838 404	14,4
316 271	364 176	1,9	510 607	2,8	783 378	4,2
224 023	285 630	11,2	362 716	14,7	496 340	20,1
344 039	458 832	5,7	718 167	8,9	1 024 182	12,8
205 458	224 063	55,6	284 551	72,7	346 699	88,6
1 377 293	1 619 338	22,5	2 040 231	28,0	2 727 899	37,5
386 096	418 210	9,4	516 899	11,9	614 049	14,2
459 047	565 437	7,6	665 524	8,9	817 831	10,9

besiedelt und in 118 Municipios eingeteilt. Die Gebiete des Nordens mit den Staaten *Chihuahua, Durango, Coahuila, Nuevo León, Tamaulipas, Zacatecas* und *San Luis Potosí* sind ebenfalls dünn besiedelt und in 342 *Municipios* eingeteilt [585].

Die dicht besiedelte Zentralregion und der Süden (mit Ausnahme von *Yucatán)* sind in zahlreiche kleine Gemeinden eingeteilt, es handelt sich um die Altsiedelgebiete.

Es gab 1960:	809	Municipios	mit einer	Bevölkerung	von	mehr als	10 000 E.
	520	„	„	„	„	„	5000–10 000 E.
	461	„	„	„	„	„	2500– 5 000 E.
	577	„	„	„	„	„	weniger als 2 500 E.

Binnenwanderung. Während der vergangenen Jahrzehnte hat in Mexico eine recht ungleiche relative Zunahme der Bevölkerungszahl in den einzelnen Landesteilen stattgefunden [763]. **Kolonisationsgebiete,** vornehmlich auf Grund von großen Bewässerungsprojekten entwickelte Agrarlandschaften, haben infolge Zuzug aus anderen Landesteilen eine starke **Zuwanderung** erfahren. Das gilt vor allem für die Bewässerungsgebiete am *Rio Colorado-Delta* in *Baja California* und in *Sonora* und *Sinaloa,* am unteren *Rio Bravo* in *Tamaulipas,* in *Veracruz* und *Tabasco* und *Nord-Oaxaca* (Projekt

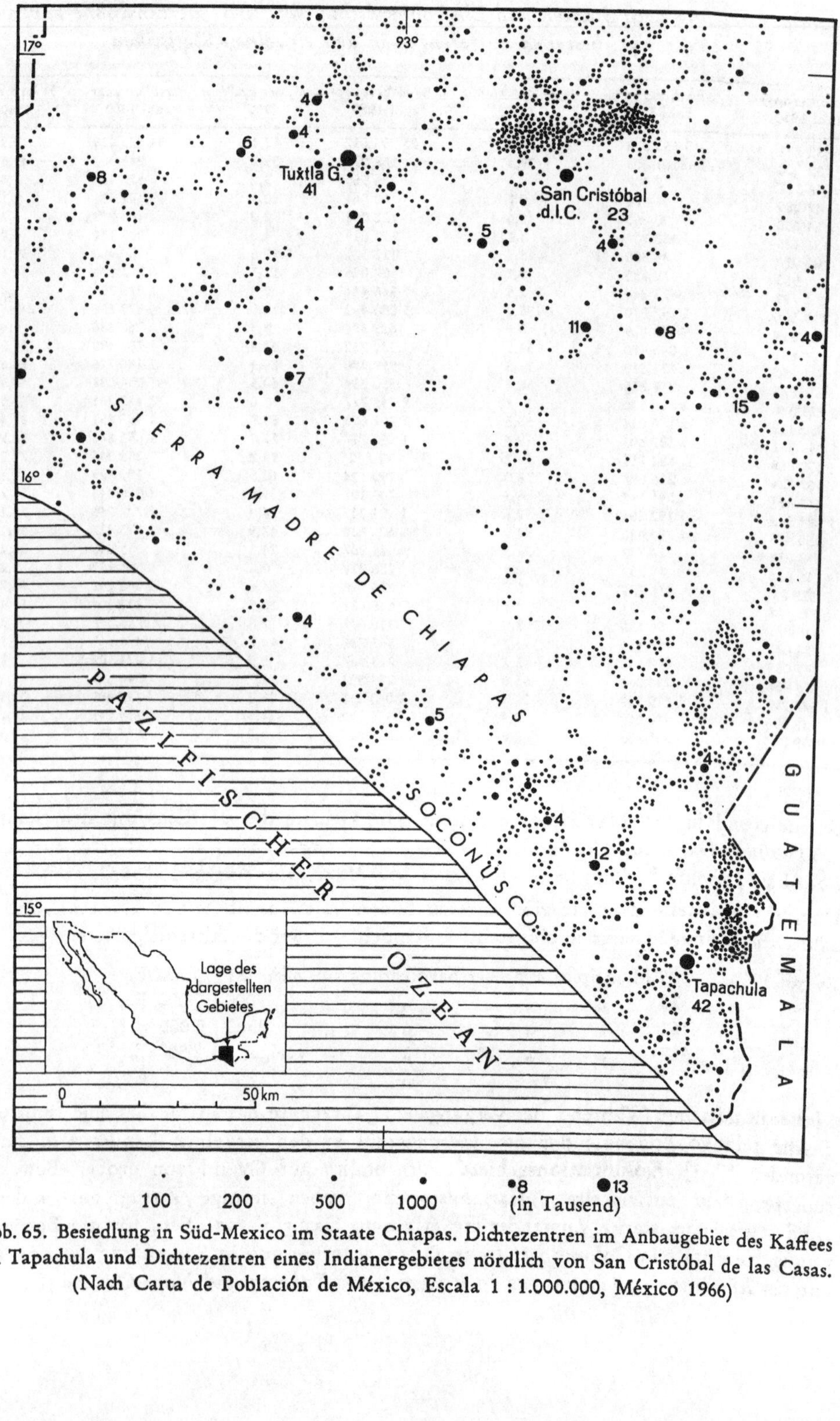

Abb. 65. Besiedlung in Süd-Mexico im Staate Chiapas. Dichtezentren im Anbaugebiet des Kaffees bei Tapachula und Dichtezentren eines Indianergebietes nördlich von San Cristóbal de las Casas. (Nach Carta de Población de México, Escala 1 : 1.000.000, México 1966)

Anteil städtischer und ländlicher Bevölkerung in den einzelnen Staaten Mexicos (Quelle: „Población Urbana y Rural. 8° Censo de Población, 1960. México D. F., Jan. 1962. Dirección general de Estadística)

Staat	Einwohnerzahl gesamt	davon leben in Städten	ländl. Bezirken
TOTAL	34 923 129	17 705 118	17 218 011
Aguascalientes	243 363	145 760	97 603
Baja California, Norte	520 165	404 063	116 102
Baja California, Sur	81 594	29 614	51 980
Campeche	168 219	106 284	61 935
Coahulia	907 734	605 841	301 893
Colima	164 450	101 640	62 810
Chiapas	1 210 870	295 867	915 003
Chihuahua	1 226 793	701 150	525 643
Distrito Federal	4 870 876	4 666 028	204 848
Durango	760 836	270 205	490 631
Guanajuato	1 735 490	805 483	930 007
Guerrero	1 186 716	305 539	881 177
Hidalgo	994 598	222 882	771 716
Jalisco	2 443 261	1 429 592	1 013 669
México	1 897 851	732 716	1 165 135
Michoacán	1 851 876	751 815	1 100 061
Morelos	386 264	205 534	180 730
Nayarit	389 929	166 231	223 698
Nuevo León	1 078 848	759 061	319 787
Oaxaca	1 727 266	420 906	1 306 360
Puebla	1 973 837	773 481	1 200 356
Querétaro	355 045	99 894	255 151
Quintana Roo	50 169	15 770	34 399
San Luis Potosí	1 048 297	352 611	695 686
Sinaloa	838 404	320 211	518 193
Sonora	783 378	451 003	332 375
Tabasco	496 340	132 261	364 079
Tamaulipas	1 024 182	612 757	411 425
Tlaxcala	346 699	152 154	194 545
Veracruz	2 727 899	1 079 341	1 648 558
Yucatán	614 049	367 143	246 906
Zacatecas	817 831	222 281	595 550

des *Rio Papaloapan*). Als **„Auswanderungsgebiete“** sind die überbevölkerten Areale des zentralen Hochlandes, *Süd-Oaxacas* und die Gebiete des Staates *Yucatán* und *Tehuantepec* zu nennen. Das Wachstum verschiedener Städte (s. Tab. S. 250) in peripheren Regionen des Landes hat ebenfalls eine sehr starke Zuwanderung zu den entsprechenden Staaten zur Folge gehabt. Die Verstädterung in Mexico ist eine sogenannte vielstädtische (d. h. es sind zahlreiche Großstädte entstanden und gewachsen), die im einzelnen verschiedene Gründe hat und nicht mit einer hierarchischen Ordnung der Städte zusammenhängt.

Mit einer Zunahme von (1940) 130 378 auf (1960) 601 759 E. übertrifft *Baja California* prozentual jede Vergleichszahl anderer mexicanischer Bundesstaaten. Absolut gerechnet bedeutet eine Zunahme von fast 1/2 Mio. Menschen in 20 Jahren auch in unserer Zeit, in der Massenemigrationen durch politische Ereignisse Gewohnheit sind, eine beachtliche Wanderbewegung. Die Zuwanderer kommen zum größten Teil aus *Sinaloa, Sonora, Chihuahua, Jalisco,* aber auch aus anderen Teilen Mexicos. Die Umsiedlung erfolgt nur zum Teil gelenkt, soweit Landabgabe in *Ejidos* damit verbunden ist, und so gleichen verschiedene Ballungszentren Karawansereien. Die Unterkünfte in einigen Bereichen von *Tijuana* und *Mexicali* sind oft schlechter als die aus rohen Stämmen und Ästen erbauten, palmstrohgedeckten, einsamen Ranchos [1094] *(Bild 84)*. Schwer lösbare soziale Probleme, wie Schul- und Gesundheitswesen, außerdem Trinkwasserversorgung und Abwasserkontrolle, können nicht so schnell geordnet werden, wie die wilde Zuwanderung erfolgt. Außer den Landsuchenden kommen die „Jobsuchenden", *„los buscadores de empleo"*, als Heimatlose nach Baja California. Alle Preise sind in viel größerem Maße gestiegen als im übrigen Mexico. Das Bier in der Brauereistadt *Tecate* ist pro Flasche doppelt so teuer wie im zentralen Mexico, obwohl gerade diese Marke *(Carta Blanca)* mit großen Kühlwagen über 2000 bis 3000 km nach Zentral-Mexico gefahren werden muß. Die sauberen, älteren, kleinen Landstädte der Kapregion mit ihren von blau blühenden Jacarandabäumen umstandenen Plazas und verputzten und bemalten Adobehäusern wirken wie ruhige Oasen gegenüber den viel zu schnell gewachsenen *Colonias*.

Vergleicht man die Zunahme der Bevölkerung nach Regionen, so ergibt sich folgendes Bild: die absolute Zunahme ist am größten in der Zentral- und Nordregion, die relative Zunahme ist am größten in der nordpazifischen und der Nordregion von Mexico.

Zunahme der Bevölkerung der mexicanischen Grenzstädte 1950 bis 1960

Stadt	1960 Einw.	% Zunahme 1950 bis 1960
Tijuana (Baja Calif., N.)	152 374	154
Mexicali (Baja Calif., N.)	174 540	170
Ensenada (Baja Calif., N.)	42 561	135
Nogales (Sonora)	44 992	63
Ciudad Juárez (Chihuahua)	262 119	114
Piedras Negras (Coahuila)	37 657	54
Nuevo Laredo (Tamaulipas)	92 627	61
Reynosa (Tamaulipas)	75 140	118
Matamoros (Tamaulipas)	92 327	102
Gesamt-Mexico	34 923 129	33

Quelle: Banco Nacional de México, *Review of the Economic Situation of Mexico*, August 1965.

Die rassische Zusammensetzung der Bevölkerung. Jeder Einwohner ist nach der Staatsangehörigkeit *„Mexicano"* und genießt vor dem Gesetz gleiches Recht. Die Kirche unterscheidet offiziell keine Rassen. Unterscheidungsmerkmal von Volksgruppen ist in offiziellen Darstellungen u. a. die Sprache. Über die rassische Zusammensetzung sind sehr schwer exakte Unterlagen zu bekommen (komplizierte Verwandtschaftsverhältnisse vgl. Abb. 133).

Der mexicanische Census von 1950 und 1960 unterscheidet u. a. folgende Merkmale:
Nach der Sprache:

	1950	1960
Anzahl der Einwohner	25 791 017	34 923 129
Es sprechen spanisch	19 272 593	31 892 875
spanisch und eine indianische Sprache	1 652 540	1 925 299
nur indianische Sprachen*)	795 069	1 104 955
demnach „Indianer"	2 447 609	3 030 254

*) Die Zahl der nur indianisch sprechenden Einwohner betrug 1940 noch 1 237 018.

Nach der Hauptnahrung:

Personen über 1 Jahr, die hauptsächlich Weißbrot essen 13 592 679, nicht hauptsächlich Weißbrot essen 11 383 923.

Nach dem Schuhwerk:

Schuhe tragen 13 567 102, Huarachas*) oder Sandalen tragen 6 640 673, barfuß gehen 4 786 827. Kinder unter 1 Jahr 814 415.

*) Huarachas sind selbstgefertigte Sandalen, zumeist mit einer Sohle aus alten Autoreifenstücken.

Weiße sind weißrassige Fremde und die große Zahl der **Kreolen** (*criollos*), d. h. im Lande geborene Abkömmlinge Weißer erster oder älterer Generationen. Die Bezeichnung *„criollo"* ist in Mexico auch bei Haustierrassen in ähnlich definiertem Sinne gebräuchlich.

Die **„Weißen"** Mexicos stammen fast ausschließlich von Europäern aus Spanien ab. Spanier der frühen Kolonialperiode wanderten vor allem aus *Andalusien* und *Kastilien* nach Mexico ein. Die Volkstypen waren und sind sehr differenziert.

Die Mehrzahl der Mexicaner ist zumeist teilweise spanischer Abstammung.

Jeder Weiße, der nicht als Mexicaner angesehen wird, ist für die Mexicaner automatisch US-Amerikaner; er ist ein „Gringo". Dieser Ausdruck soll vom Anfang des Liedes stammen, das die US-Soldaten im Kriege gegen Mexico gesungen haben: *„Green grows the Lilac in the Valley . . ."*, d. h. „grün wächst der Flieder im Tal". Die Mexicaner verballhornten *„Green grow"* in Gringo und nannten alle US-Amerikaner, später alle Weißen, so (Helbig 1967) [1392]. Kinder rufen dem Europäer *„Gringo"* nach und bedenken seine Begleiterin mit der Bezeichnung *„Ola gringola"*.

Über Franzosen berichtet A. Genin 1934 [747], über Deutsche H. Kruse 1923 [749] und W. Pferdekamp 1938 [753], über die *Kolonisation* von Einwohnern in *Veracruz*, R. L. Stevens 1967 [1391], über die große Volksgruppe der *Mennoniten* W. Schmiedehaus 1948 [755], über *russische Kolonisten* O. Schmieder 1928 [756] (vgl. Abschn. Mexico im 19. Jh. Kolonisierung). Fremde gab es 1960 106 315, davon aus: USA 30 454, Spanien 26 876, dem übrigen Europa 12 515, Kanada 6102, Guatemala 4613, Cuba 1612, China 5124, Japan 1550, dem übrigen Asien 926, Syrien und Libanon 3611, Israel 226.

Viele **Mestizen** (*„mestizo"*, von miscere, d. h. mischen) bezeichnen sich aus sozialen Gründen als Weiße. Unter den Mischlingen gibt es etwa 20 verschiedene Formen der Mestizierung: Mischlinge 1. Grades vermischten sich mit Indianern oder mit Mestizen 3. oder 4. Grades usw. Während der spanischen Kolonialherrschaft wurde die Abstammung aufmerksam vermerkt, nach den Revolutionen nicht mehr. (Komplizierte Verwandtschaftsverhältnisse, vgl. Abb. 133).

Die Mischlinge werden genannt 1. Mestizos, wenn die eine Hälfte des Elternpaares weiß (W), die andere indianisch (I) war. Von Mestizen (WI) mit Weißen (W) stammen *Castizen* (W_2I, von „casto" rein). Die Kinder von Castizen (W_2I) und Weißen (W) gelten als weiß (W_3I).

Aus Spezialarbeiten über diesen Fragenkomplex gibt die von J. Iturriaga folgende Zusammenstellung:

Bevölkerung	1940	%	1950	%
Indianer	1 486 717 E.	7,6	795 069	3,1
Indianer-Mestizen	1 458 378 E.	7,4	1 652 540	6,4
Mestizen	7 268 910 E.	37,0	9 776 306	38,0
weiße Mestizen	9 263 172 E.	47,1	13 384 395	51,8
Weiße	176 375 E.	0,9	182 707	0,7
Summe	19 653 552 E.	100	25 791 017	100

Die Statistik von 1960 gibt an: 3 658 870 Indianer, davon 3 030 254 älter als 5 Jahre und 1 925 299 bilingual, 1 104 935 monolingual, d. h. 10 % Indianer [670].

Da während der Kolonialzeit auch in Mexico Negersklaven eingeführt worden waren, kam es zur Mischung auch mit dieser Rasse [733, 734]. Es entstanden Bevölkerungsschichten als Abkommen von Weißen und Negern, Mulatten.

Nach J. Lauterer [82] kam es in Mexico zu folgenden Mischlingsgruppen: „*Neger* (N) mit *Weißen* (W), den *Mulatten* (NW), Mulatten (NW) mit Weißen (W) den *Morisken* oder *Terceron* (NW_2); Terzeronen mit Weißen (W), den *Salto atras* oder Rücksprung (*Quarteron* NW_3), dessen Hautfarbe bei negerhaftem Körperbau weiß ist. *Salto atras* heißt auch ein Weißer, welcher Negercharakter zeigt, selbst wenn die Beimischung von schwarzem Blut vor vielen Generationen stattfand. Neger (N) zeugen mit Indianern (I) den *Zambo* oder *Zampaygo* (NI). Der Zambo (NI) zeugt mit reinem Negerblut den *Zambo prieto* (N_2I, *prieto* = schwärzlich). – Mischlinge mit dreierlei Blut gelten in Mexico als ‚sekundäre' Bastardierungen.

1. *Zambos* (NI) zeugen mit *Mulatten* (NW) den *Calpan*-Mulatten (N_2IW, *calpan*). Die Sprößlinge des *Calpanmulatten* (N_2IW) mit *Zambos* (WI) heißen ‚Mit der Stütze in der Luft' *Tente en el aire* (N_3I_2W). Sie zeugen mit Mulatten (NW) den ‚Ich versteh' dich nicht' *No te intiendo* ($N_4I_2W_2$) = (N_2IW), welcher dem Calpanmulatten N_2IW wieder gleicht. Der ‚Ich versteh' dich nicht' (N_2IW) zeugt mit indianischem Blut (I) den ‚Da bist du' *Ahi te estas* (N_2I_2W).

2. Der Rücksprung (*Salto atras*, NW_3) zeugt mit indianischem Blut den *Chino* (NW_3I. Dieser ‚Chinese' hat aber krauses Haar). Die Kinder der Chinos mit Mulatten (NW) heißen *Gibaros* (N_3W_5I). Sie zeugen mit indianischem Blut (I) den ‚ins Weißliche spielenden' *Albarazado* ($N_3W_5I_2$). Die Kinder des letzteren mit Indianern (I) heißen ‚Masken', *Cambujos* ($N_4W_5I_2$). Der *Cambujo* zeugt mit Indianerblut (I) den $N_4W_5I_3$, welcher dem Zambo gleicht und auch so benannt wird."

Ähnliche und ausführlichere Darstellungen mit Beschreibung der somatischen Rassenmerkmale gab E. Mühlenpfordt [22].

Diese Unterscheidungen waren zur Zeit der Sklaverei von großer Bedeutung. In der Gegenwart gibt es nur ganz wenige Neger in Mexico, Negermischlinge vor allem in *Veracruz*.

Indianer im heutigen Mexico

Trotz der politisch geförderten Tendenz, das mexicanische Volk als indianisch gelten zu lassen, geben viele Indianer sich als Mestizen, „*Ladinos*" aus, besonders die in den Städten lebenden. Die wirkliche Zahl der indianischen Bevölkerung Mexicos dürfte daher größer sein, als in den Zahlen angegeben wird. Außerdem ist die Kinderzahl der Indianer größer als die der Weißen, die schon lange keinen Nachschub durch Einwanderung mehr bekommen haben. In einigen Gebieten des Landes, vor allem im Süden, haben sich die Indianer in geschlossenen Volksgruppen erhalten.

Die indianische Rasse scheint seit der Zeit der Conquista, d. h. etwa 20 Generationen, keine bemerkenswerte körperliche Veränderung durchgemacht zu haben. Ein verstärktes Längenwachstum, „Akzeleration", wie in Europa, das deutlich im Vergleich zu den Ritterrüstungen festzustellen ist, scheint bei den Indianern nicht vorhanden zu sein.

Nach den zahlreichen Bildbänden über Mexico zu urteilen, bestände das Land nur aus Ruinen alter Kulturen und Kirchen und wäre zu 90% von Indianern bevölkert. *Indios* vor der Kapelle, *Indios* mit Traglasten, *Indios* auf dem Markt und *Indiogesichter*, „aus denen uns eine uns fremde Welt anschaut". Bei allem Verständnis für fotogene Objekte kann nicht bestätigt werden, daß dieses Gesamtbild für Mexico repräsentativ ist. Dennoch, etwa 5 Mio. Indianer (andere Angaben 10 Mio.) machen in Mexico 10% bzw. mehr der Gesamtbevölkerung aus. Ihre Feldbaumethoden (z. gr. T. Brandrodung) tragen zur Gestaltung der Landschaft bei. Die Indianer bewirtschafteten 1960 insgesamt 2,2 Mio. ha Land. Sie würden zu guter Ernährung die doppelte Fläche benötigen. Ihre soziologische Struktur bildet mit dem „Pfennighandel", ihrem internen Markt, einen Wirtschaftskörper eigener Art in der Wirtschaftsstruktur Mexicos. Das jährliche Einkommen der Indianerbevölkerung wird auf 10% des Nationaleinkommens geschätzt. Das Pro-Kopf-Einkommen eines Indianers wird auf 300 mex. $ jährlich geschätzt, das Pro-Kopf-Einkommen eines Nicht-Indianers wird auf 687 mex. $ jährlich geschätzt (für 1960).

Die Indianer erzeugten 1960 durch:

Maisbau 307 Mio. mex. $, übr. Ackerbau 77 Mio. mex. $, Handwerk 150 Mio. mex. $, andere Produkte 212 Mio. mex. $, Arbeitslöhne 351 Mio. mex. $, zusammen 1097 Mio. mex. $.

Ihre handwerklichen Produkte beliefern den Markt für die Touristenindustrie. Eine allgemeine Übersicht gibt die Arbeit von R. C. West und R. Wauchope 1964, im „*Handbook of Middle American Indians*" [679].

Die Vielzahl ihrer Dialekte zersplittert die Indianervölker in viele kleine Volksgruppen. Von den über 5 Mio. gegenwärtig in Mexico lebenden Indianern gehören zu den Gruppen: *Maya* 2 500 000, *Otomi* 300 000, *Zapoteken* 250 000, *Totonaken* 90 000, *Tarasken* 45 000, *Mixteken* 50 000, *Nahua* 600 000.

Außerdem gibt es in Mexico etwa 60 Volksgruppen von Indianern mit verschiedenen Sprachen (Abb. 66).

Die Indianer gehören einer großen Zahl von Stämmen an (Abb. 66). Es sind 17 Sprachfamilien mit zusammen 34 Sprachen und über 120 Dialekten in Mexico bekannt. Karten [684, 670, 703] und Karte von M. Orozco y Berra 1864 [701], sowie C. Thomas und

Abb. 66. Verbreitung der Indianersprachen in Mexico. (Nach RUSSEL und EWING 1966)
Bemerkung: Eine Karte der Verbreitung der indianischen Völker nach „Instituto de Investigaciones Sociales de la UNAM", wie sie auch TAMAYO in seinem Atlas (1962) veröffentlicht hat, weist 46 Gruppen auf. Die Karte differiert etwas von der nach RUSSEL und EWING

J. R. SWANSON 1911 [725]. Die *Maya*, zum größten Teil auf *Yucatán* siedelnd, bilden eine große Sprachfamilie von über 20 Sprachen.

Die *Nahua* besiedeln verstreut über größere Gebiete einige Landschaften Mexicos. Sie sprechen das „*Nahuatl*", das eigentliche „*Mexicanisch*", das viele andere Stämme übernommen haben.

Zahl der Einwohner Mexicos, die indianische Sprachen sprechen (Bilingual und Monolingual): 1930: 2 251 086 1940: 2 490 909 1950: 2 447 609 1960: 3 030 254
Die „Sprachverwirrung" unter den Indianern wird aus nebenstehender Tabelle deutlich.

Der **Kontakt** zu den Indianern wird zumeist mit Hilfe der spanischen Sprache hergestellt. Nur wenige „Weiße" sprechen fließend Indianersprachen. Da aber eine nähere Kontaktaufnahme zu den Menschen am besten in ihrer Muttersprache erfolgen kann, drängt sich das politisch-soziologische Problem der Nachrichtenverbreitung in der Indianersprache auf. Das „*Instituto Indígena*" ist seit 1948 um die Pflege indianischer Sprachen in Forschung und Lehre bemüht *(Bild 83)*. Über 80% der Bevölkerung sprechen indianische

ahl der Einwohner Mexicos (5 Jahre alt und älter), die nur indianische Sprachen sprechen
(Nach R. Russel, C. Ewing 1966 [1331])

Indianersprache	Zahl d. Personen 1940	1950	1960
Nahuatl (Uto-Azteken)	360 071	212 813	297 285
Mixtec (Mixteken)	124 994	76 946	106 545
Maya (Maya)	114 011	50 912	81 013
Zapotec (Zapoteken)	104 661	60 680	78 763
Otomí	87 404	57 559	57 721
Totonac (Maya)	59 242	54 333	63 794
Mazatec	55 743	47 167	73 416
Tzotzil (Maya)	49 194	44 103	57 235
Mazahua	39 587	16 254	15 759
Tzeltal (Maya)	34 502	31 856	55 951
Mixe	27 238	21 005	34 587
Huastec (Maya)	25 628	17 276	18 724
Chinantec	20 387	15 702	23 066
Tarascan	19 637	9 796	12 432
Chol (Maya)	19 499	18 898	32 815
Tlapanec	14 411	12 234	23 997
Tarahumara (Uto-Azteken)	11 717	8 166	10 478
Chatino (Zapoteken)	8 586	8 259	10 231
Amuzgo (Mixteken)	7 540	5 839	11 066
Tojolobal	6 882	—	3 779
Mayo Uto-Azteken)	6 667	2 509	1 837
Zoque	6 581	4 804	7 683
Popoloca	6 298	1 564	3 053
Chontal	5 624	1 539	—
Cuicatec (Mixteken)	4 261	—	2 553
Mam (Maya)	2 555	—	—
Cora (Uto-Azteken)	1 724	228	3 731
Tepehuan (Uto-Azteken)	1 520	1 583	1 766
Chichimec	940	—	—
Huichol (Uto-Azteken)	795	1 035	3 932
Tepehua	733	—	—
Yaqui (Uto-Azteken)	307	199	545
Matlatzinca	123	—	—
Papago (Uto-Azteken)	91	—	—
andere (16 in 1940)	7 865	—	8 226
Summe:	1 237 018	795 069	1 104 955

Die Zahl der Indianer, die nur ihre Sprache sprechen, hat also abgenommen, obwohl die Bevölkerung zugenommen hat.

Sprachen in den Staaten: *Oaxaca* (*Zapoteken* und *Mixteken*), *Chiapas* (eine Vielzahl von Stämmen), auf der Halbinsel *Yucatán (Maya)*. Viele dieser Menschen sind, obwohl Mexicaner als Bürger, „vom Staate her mit allgemeinen Masseninformationsmitteln, wie Zeitung und Radio fast unerreichbar". Das Instituto Indígena bedient sich mit Erfolg des Puppentheaters zur Erziehung der Indios.

Der Begriff Indianer oder indianisches Mexico kann sehr verschieden interpretiert werden. Am einfachsten ist es, unter Indianern diejenigen Menschen Mexicos zusammenzufassen, die indianische Sprachen sprechen. Solche Volksgruppen sind, wie die Karte der Sprachverbreitung zeigt, vorwiegend in Zentral- und vor allem in Südmexico anzutreffen. Diese Angehörigen verschiedener Volksgruppen können sich in ihren verschiedenen Stammessprachen untereinander meist nicht verständigen. Als Handelssprache zur Zeit der Machtentfaltung der Azteken war das *Nahuatl* verbreitet. Seit der Kolonialzeit ist die Handelssprache spanisch. So kommt es, daß in den meisten Indianerdörfern in der Mehrzahl Männer spanisch sprechen. Ein Indianer kann „sozial" ein Mestize werden, wenn er spanisch spricht und spanische Lebensweise annimmt. Ein Mestize (nach der Rasse) kann wegen der Indianersprache kaum Indianer werden. Die einzelnen Indianergruppen haben untereinander wenig oder keine kulturelle oder wirtschaftliche Verbindung. Der Indianer lebt in seiner Dorfgemeinschaft *„Pueblo"*. Die jahrhundertealte Tradition einer Lebensgemeinschaft, im Existenzkampf oft am Rande von Leben und Tod, durch Hunger und Durst bedroht, hat eine eiserne Disziplin des Einzelnen gegenüber der Gemeinschaft erzwungen, in die der Indio hineingeboren wird und in der er lebt. Auch in der Erziehung der Kinder zu vollwertigen Mitgliedern solch einer Gemeinschaft herrschen spartanische Sitten: wer aus gutem Holz ist, überlebt und wird sich später behaupten können. Eine Dorfgemeinschaft wird keinen der ihren verraten, auch wenn er straffällig geworden ist und die Gemeinschaft heranziehende Unbilden zu dulden haben wird. Das sind Lebensformen, die so verschieden von der „Zivilisation" sind, daß eine Eingliederung in die moderne Konsumgesellschaft äußerst problematisch erscheint und ethisch nicht zu rechtfertigen ist.

Indianer sind nicht faul und arbeitsscheu. Wer ihre sehr sauber bestellten Feldfluren sieht, kann sich vom Fleiß der Bevölkerung überzeugen. Auch zählen nicht alle Indianer zu den Ärmsten des Landes. Nach der Religion wird die Mehrheit zu den Katholiken gezählt. Der Indio besucht die Veranstaltungen der katholischen Kirche, aber die ersten Maispflanzen des Jahres werden vielerorts mit dem Blute eines Truthahnes geweiht.

Eine starke Besinnung auf indianische Kultur, meist in Erinnerung an die präkoloniale Zeit, hat eine kulturelle Bewegung des *„Indigenismo"* hervorgerufen. Mexico wird in solchem Sinne als „Nación Azteca" bezeichnet [1353]. Im Jahre 1948 wurde durch Initiative prominenter Mexicaner wie Manuel Gamio und Alfonso Caso das *„Instituto Nacional de Indigenismo* (INI) gegründet, dessen Aufgabe es ist, indianische Kultur und Sprache zu erforschen und zu erhalten. Von diesem Institut wurde inzwischen Hervorragendes geleistet.

Die räumliche Verbreitung der Indianer ist in Mexico nicht geschlossen, d. h. regional gibt es kein indianisches Mexico als Staat im Staate. Die Indianer lebten 1960 in 893 *municipios* (Gemeinden) und 18 509 Siedlungslokalitäten. In Statistiken werden die Indianer entweder nach der Sprache oder nach recht fragwürdigen Merkmalen erfaßt. Das soziologische Merkmal derjenigen Einwohner Mexicos, die barfuß gehen, trifft nicht auf alle Indianer zu, wohl aber auf viele Mestizen. Das Merkmal „die Sandalen tragen" *(huarachas)* trifft nicht auf alle Indianer zu. Das Merkmal „die auf Matten schlafen" trifft ebenfalls nicht für alle Indianer zu. Die Indianer (Maya) und Mestizen Südmexicos schlafen in *„hamacas"*, „Hängematten", dem einzigen zweckmäßigen Ruhelager im tropischen Klima. Diese Hängematten sind ganz anders als die der europäischen Campingausrüstung oder der Schiffahrt gearbeitet. Sie sind aus sehr dünnem Material, bunt geflochten, sehr lang und breit, so daß die bequeme Ruhelage quer erfolgt. Luft hat von allen Seiten Zutritt, man schwitzt nicht wie auf einem Lager.

Anteil von Indianern und Mestizen an der Bevölkerung Mexicos in den einzelnen Regionen

Staat	Einwohner	% Ind.	% Mestizen
Aguascalientes	17 961	16,696	66,124
Baja California (N)	1 817	7,72	72,50
Baja California (S)	2 380	6,06	59,61
Campeche	33 176	43,41	41,45
Coahuila	44 779	11,38	77,88
Colima	23 854	26,00	68,54
Chiapas	200 927	47,64	36,27
Chihuahua	51 228	12,76	50,09
Distrito Federal	169 820	18,75	54,78
Durango	33 354	9,99	89,85
Guanajuato	25 456	2,96	96,33
Guerrero	248 526	43,84	54,05
Hidalgo	245 704	39,49	51,47
Jalisco	199 728	16,76	75,83
México	372 703	43,13	47,31
Michoacán	196 726	21,04	70,95
Morelos	36 131	34,93	61,24
Nayarit	29 773	20,38	73,45
Nuevo León	17 276	5,14	75,47
Oaxaca	675 119	69,17	28,15
Puebla	560 971	54,73	39,34
Querétaro	42 718	19,40	80,15
San Luis Potosí	136 365	30,60	61,88
Sinaloa	3 363	0,93	98,30
Sonora	37 914	14,00	41,04
Tabasco	38 920	18,50	53,67
Tamaulipas	39 606	13,89	69,77
Tlaxcala	97 670	54,70	42,44
Veracruz	406 638	36,60	50,09
Yucatán	155 155	43,31	33,83
Zacatecas	32 422	8,54	86,10

Quelle: Cinquenta Años de Revolución, 1961 [20].

Wegen der frühzeitigen starken Vermischung der Indianer mit den Spaniern und des Vorhandenseins aller Zwischenstufen von Mischlingen, lassen sich reine Indianer nach der von ihnen getragenen Kleidung dann besser ausgruppieren, wenn sie wie bei den *Huicholes* (nördlich *Guadalajara*) [671], bei *Zapoteken* oder den *Berglandmaya* von *Chiapas* eine spezielle Volkstracht tragen. Es gibt aber viele reinrassige Indianer, bei denen das nicht der Fall ist. Bei den Zapoteken und Mixteken hat sich jedoch, insbesondere bei den Frauen, eine Tracht entwickelt, die auch von Mestizenfrauen getragen wird. Auch diese erscheinen zu Festlichkeiten in sogenannter „typischer Nationaltracht", als *„chinas poblanas"*, die vor allem eines gemeinsam hat: sie ist sehr farbenfroh.

Indianer-Sprachen. Maya-Indianer, so wie sie in nachkolumbianischer Zeit bekannt geworden sind, bilden keine geschlossene ethnische Einheit, sondern gliedern sich in zahlreiche Völker und Stämme, deren Sprachen und Dialekte als eigene Sprachenfamilien angesehen werden [684]. Das Verbreitungsgebiet der Maya-Sprachen geht nach N und SW über *Guatemala* und *Yucatán* hinaus. Man unterscheidet innerhalb der Sprachenfamilie die beiden Zweige der (I) *mayaoiden* und der (II) *quichoiden* Sprachen mit jeweils mehreren Untergruppen bzw. Einzelsprachen.

Die Aussprache der Maya gilt als guttural. Die Stammwörter sind meist einsilbig, so daß die gesprochene Sprache viele Unterbrechungen zu haben scheint, keinen „Fluß" wie das Aztekische. Die Zahl der Laute ist größer als beim Aztekischen, oft untereinander sehr ähnlich. So ist z. B. das Wort für Schlange „*kan*", für Himmel „*kaan*" und für „Knochen" „*bak*", für „400" „*baak*". Nach E. H. SPICER [1331].

Es läßt sich nicht sagen, ob die Vorfahren der *Chontal* oder *Chol* an der klassischen Kultur teilhatten, oder ob sie erst nach deren Ende in das Gebiet kamen. Zu den mayaoiden Sprachen rechnet man auch das Idiom der *Huaxteken*, die von der Hauptgruppe weit entfernt im Grenzgebiet der mexicanischen Bundesstaaten *Veracruz* und *San Luis Potosí* leben. Man vermutet, daß sie bei einer Südwanderung der Maya zurückgeblieben sind. T. S. BARTEL, 1966.

Nahuatl. Noch in der Gegenwart werden in der näheren Umgebung (etwa 100 km) von *Ciudad de México* etwa 12 verschiedene Idiome des Aztekischen gesprochen. Das sogenannte klassische *Nahuatl*, eine „tote" Sprache wie Latein, ist verschieden von der gegenwärtig gesprochenen „*aztekischen*" oder „*mexicanischen*" Sprache, wie der „*milpa alta*"-Dialekt im Hochtal von Mexico. Um die Erforschung des klassischen Nahuatl haben sich die Padres (SAHAGÚN) große Verdienste erworben. Unter den zahlreichen Werken zum klassischen Nahuatl sei als eines der modernsten auf das von ZIMMERMANN [1283] verwiesen. Die gegenwärtig gesprochenen aztekischen Dialekte, allgemein als „*mexicanisch*" bezeichnet, gelten als „flüssig" in der Aussprache, sie haben nur 22 Laute (weniger als englisch!), es klingt für den Europäer nicht sehr verschieden vom japanischen, z. B. „*wa ininouka sowatl laliwis chipawak*", d. h. „diese Frau hier ist sehr weiß" (nach E. H. SPICER [1331]. Das häufig auftretende „*tl*" wie „*Tlaxcala*" wird als ein Konsonant wie stimmlos L gesprochen, also nicht so hart und zungenbrecherisch wie es in der geschriebenen Sprache aussieht. Der regelmäßige Wechsel von Konsonanten und Vokalen geben der Sprache die Tonfärbung eines „Singens". Über den Einfluß der Sprache auf Ortsnamen in den Karten Mexicos vgl. Abschn. Karten.

Zapoteken. Sehr unterschiedlich von der Sprache der Maya und Azteken ist die Sprachgruppe der *Zapoteken*. Sie ist in sehr viele lokale Dialekte zersplittert, was durch die z. T. abgelegenen Hochtäler des gebirgigen Landes zwischen *Rio Balsas* und *Isthmus von Tehuantepec* zu verstehen ist.

Sprache als Informations- und Signalmittel schließt auch die sogenannte „Pfeifsprache" ein. Sowohl bei den Zapoteken als auch bei den Mazateken ist eine Verständigungsmöglichkeit durch Pfeifsignale entwickelt, vermöge der sich die Indios dieser Bergländer über tiefe Schluchten hinüber verständigen können. Die Pfeifsprache der Mazateken ist dem singenden Tonfall der Sprache analog, also tonal, so daß auch längere Gespräche möglich sind [84].

Indianische Volksgruppen. Ausführliche Arbeiten über die Indianer Mexicos gibt es von C. O. SAUER und seinen Mitarbeitern, veröffentlicht in der Reihe „*Ibero-Americana*", Berkeley, und von anderen Autoren in der Reihe der „*Smithsonian Institution, Institution of Anthropology*", Washington.

ndianische Gruppen im Nordwesten. Es gibt keine scharf ausgeprägten Grenzen der iedlungsräume der Indianer. Sogenannte Reservationen sind nur für die *Yaqui*-Indianer n *Sonora,* für die *Yoma* und *Kiliwa* (nur einige 100 Menschen) in *Baja California* P. Meigs 1939 und C. Sauer and P. Meigs 1927) und für einige *Tarahumaragruppen* in *Chihuahua* eingerichtet worden. Über die Indianer der *Vizcaíno*-Wüste auf *Baja California* veröffentlichte H. Aschmann 1959 [1085] eine ausführliche Studie. Von den insgesamt 11 indianischen Enklaven des nördlichen Mexico enthalten die der *Tarahumara* n *Chihuahua* 50 000 Menschen, die der *Mayo* in *Sinaloa* 30 000 E., die der *Yaqui* in *Sonora* 20 000 E., die der *Huicholes* von *Jalisco* und der *Cora* von *Nayarit* je 4000 Menschen. Die zusammen 125 000 Indianer des Nordens haben sich über 400 Jahre ein abgeschlossenes Dasein und ihre Individualität gegenüber den zentralmexicanischen Indianerstämmen und der spanischen Herrschaft erhalten. Eine detaillierte Aufstellung der einzelnen Stämme des Nordwestens mit Bevölkerungszahlen von 1920 gab C. O. Sauer 1935 (Abb. 66).

Yaquis, als wilde Krieger bekannt, hatten 1617 die ersten Jesuitenmissionare freundlich aufgenommen und blieben über 125 Jahre ein friedliches Volk. Sie wurden Christen und Bewohner geschlossener Ortschaften [672] und leben im *Bacatete-Gebirge* mit dem Hauptplatz *Vicam* im Staate *Sonora* an der Westküste. Im 19. Jh. kämpften die *Yaqui* erfolgreich um ihr Land. Sie leben gegenwärtig z. T. auch in kleinen Orten entlang des unteren *Rio Yaqui* als Ackerbauern [649, 681, 683, 936]. Ihre Ortschaften mit den platzartigen Straßen scheinen weitläufig. Die *Yaquis* des Berglandes, die noch während der zwanziger Jahre dieses Jhs. die Stadt *Alamos* attackierten, um für ihr Land zu kämpfen, sind durch Anordnung von Präsident Calles in einem Reservationsgebiet untergebracht worden.

Nach einem langen Leidensweg, der vor 50 Jahren unter der Regierung von Porfírio Díaz begann, sind sie jetzt dem mexicanischen Gemeinwesen eingegliedert worden.

„Unter einem stolzen und tapferen Häuptling Cajeme hatten sich die *Yaquis* zum Aufstand entschlossen; dieser wurde blutig niedergeschlagen. Cajeme, nach dem heute eine Stadt seiner Heimat benannt ist, geriet in Gefangenschaft und wurde erschossen. Für jeden in der Schlacht getöteten Indianer zahlte die Díaz-Regierung gegen Ablieferung eines abgeschnittenen Ohres eine Geldsumme. Die Überlebenden verkaufte man als Zwangsarbeiter in die Sisalhanfpflanzungen auf der Halbinsel *Yucatán,* wo sie, aus den rauhen Bergen des Nordens kommend, von Tropenkrankheiten zu Tausenden dahingerafft wurden. Der Kaufpreis betrug um 125 DM pro Kopf, wovon 25 DM dem sogenannten *enganchador* (Sklavenfänger) zufielen" (W. Cordan [667]).

Tarahumara-Indianer bewohnen das rauhe Gebirgsland in der *Sierra Madre Occidental* im Bereich der Täler und Höhen des *Rio Verde* und *Rio Urique,* 250 km südwestlich der Hauptstadt *Chihuahua* [655, 1125]. Sie nennen sich selbst *Rarámuri.* Etwa 50 000 Indianer dieses Volkes trotzen seit 400 Jahren dem Einfluß der Zivilisation. Sie wurden von den Eroberern immer mehr in die Berge zurückgedrängt [677]. Obwohl sie körperlich von ungewöhnlicher Ausdauer und Widerstandsfähigkeit gegen die Unbilden des rauhen Bergklimas sind, wurde der Stamm von eingeschleppten Krankheiten dezimiert. Die Höhlenwohnplätze der Tarahumara im 19. Jh. beschrieb C. Lumholtz 1894 [694]. Die Tarahumara sind bekannt wegen ihrer ungewöhnlichen Leistungen im Dauerlauf. Strecken von 80 km werden im Gebirge in eineinhalb Tagen bewältigt. Laufleistungen von 170 km in zwei Tagen werden berichtet. Sie leben heute z. T. in kleinen Siedlungen bei Jesuiten-Missionen [665], Regierungs-Missionen und sogenannten „*Internadas*" mit den seltsamen Ortsnamen „*Sisoguichic*", „*Norogachic*", „*Sicurichic*", „*Guachochic*" u. a. 100 bis 150 km südlich von *Cuauhtémoc*, der *Mennoniten*-Siedlung.

Gajdusek 1953 [1125]. Pennington [705], C. Basauri 1949 [657], A. Artaud 1963 [655], W. C. Bennett u. R. M. Zingg 1935 [662] verfaßten Monographien über die Tarahumara-Indianer.

Durch ihr Gebiet führt jetzt die 1964 fertiggestellte Eisenbahn von Chihuahua nach Topolobampo. Seitdem 1608 der jesuitische Missionar Padre Juan Fonté mit der Bekehrung begann – später der berühmte Padre Eusebius Kino, genannt „Kino", der gebürtige Südtiroler Kühn – gelang es, einen Teil der im Norden streifenden Indianer seßhaft zu machen. Sie wohnen in derben, roh gefügten Blockhütten. Die *Jesuiten* leisteten dort eine selbstlose, schwere und hilfreiche Arbeit, u. a. der 1687 in Osterkappeln geborene Padre Hermann Glandorf.

Die Deutsch-Mexicaner Carlos Linga und Rodolfo Groth 1960 [1127] gaben einen ausgiebigen Bericht über ihre abenteuerliche, zu Pferd unternommene Reise in das Land der *Tarahumara (Bild 33)*.

„M. Ocampo, S. J., einer der verdienstvollen Gottesstreiter, vermittelt in seiner ‚Geschichte der Mission von 1900 bis 1950' die Eindrücke, die er auf diesem einsamen Vorposten empfangen hat. Er schreibt: ‚Der *Tarahumar* schläft auf der Erde oder hockt in seine Decke gehüllt am Feuer, neben ihm oder in seinen Händen der Krug mit *tesgüino*, er selber verschmutzt, lang fallen die Haare auf die Schulter, ein Lendentuch um die Hüfte; in Trunkenheit gezeugt, mit Maisschnaps genährt, damit berauscht seit seiner frühesten Kindheit, lebt er mit Alkohol bis zu seinem letzten Atemzug. Vielfach sind seine Füße mit Brandwunden bedeckt, die er sich betrunken am Lagerfeuer zuzieht. Dieses glüht bis in den Morgen hinein, bis die Sonne die Luft erwärmt. Die Hütten haben oben ein Loch, durch das der Rauch abzieht, denn sonst würden die Bewohner ersticken. Wo eine Ebene oder ein Bach vorhanden ist, gibt es immer ein Gehöft oder eine Höhle, die bewohnt werden. Die Hauptpfarrkirche für dieses Gebiet ist in *Sisoguichic*."

Vom Amtsort des Oberen der *Sociedad Jésu* (Jesuitenorden) in Sisoguichic werden die Internate für Indianerkinder, Werkstätten und die landwirtschaftliche Schulung geleitet. Von hier aus ist die nächste Mission in zehn Stunden und die entfernteste in zehn Tagen zu Pferde zu erreichen." R. Groth [1127].

Seris oder „*Kunkaak*", wie sie sich selber nennen, sind nach wechselvoller kriegerischer Geschichte fast ausgerottet. Ihre Restbestände, einige 100, leben auf der Insel *Tiburón* und an der Küste von Sonora ein steinzeitliches Leben als Fischer, Jäger, z. T. als temporäre Ackerbauern [696].

Über zahlreiche kleinere Stämme der nordwestlichen Region Mexicos berichtete C. O. Sauer 1935 [711, 714]. Ebenda Karte der Bevölkerungsgruppen. Unter den Indianern des westlichen Hochlandrandes sind die Huicholes bekannt wegen ihrer speziellen Trachten und Märkte. Sie leben in Gebieten nördlich von Guadalajara.

Tarasken. Im westlichen zentralen Mexico hatte sich im Bereich der heutigen Staaten *Michoacán*, *Guanajuato* und *Jalisco* um den *Pátzcuaro*-See und das fruchtbare Land des

Bild 33. Indianer aus den Bergen der Sierra Madre Occidental. Einer der letzten Apachen, die noch in den Bergen von Chihuahua und Sonora ein scheues Einzelleben führen, schickt sich an, auf den Rücken seines sattel- und zaumlosen Mustangs zu springen, um sich in raschem Galopp den Blicken unliebsamer Fremder zu entziehen. Der räuberische und blutdürstige Kriegerstamm der Apachen wurde in dem Gefecht von Tres Castillos im Staate Chihuahua unter Führung des Obersten JOAQUÍN TERRAZAS 1883 endgültig geschlagen und ausgerottet. Letzte Überlebende verloren sich in der Weite des westlichen Raumes. (Aus W. SCHMIEDEHAUS, Mexico. Wilhelm Goldmann Verlag, München)

Bajío de Guanajuato das Indianervolk der *Purépeca* im frühen 15. Jh. angesiedelt. Diese Völkerschaft, die später von den Spaniern „*Tarascos*" genannt wurde und unter diesem Namen heute bekannt ist, hatte ein Reich mit der Hauptstadt „*Tzintzuntzán*" aufgebaut und der aztekischen Eroberung bis zum Eintreffen der Spanier in Mexico widerstanden. Durch den verheerenden Eroberungszug des NUNO DE GUZMÁN wurde die Hauptstadt zerstört und die Indianer erlitten schwerste Verluste. Zum Glück der Tarasken kam nach der fürchterlichen Willkürherrschaft des GUZMÁN der Dominikaner VASCO DE QUIROGA als „*Oidor*", Richter, der zweiten spanischen Audiencia ins Land, der 1539 Bischof von Michoacán wurde. Von den Indianern „*Tata Vasco*" genannt, begann er mit einer intensiven Aufbauarbeit. Er gründete Siedlungskerne, in denen er besondere handwerkliche Fähigkeiten der Indianer pflegen ließ. QUIROGA war durch Ideen des Werkes von Sir THOMAS MORE, „*Utopia*", beflügelt. QUIROGA wirkte 30 Jahre im Land, wo er als 95jähriger, schon eine legendäre Gestalt, starb. In der fruchtbaren Landschaft, wo höhere Lagen an den vulkanischen Hängen von Kiefernwäldern bedeckt sind, entstanden durch das Werk QUIROGAS nach der gewaltsamen Entvölkerung handwerkliche und agrarische

Gemeinden, die sich bis heute erhalten haben. Ihre handwerklichen Erzeugnisse (Korbwaren, Holzschnitzereien, Lackarbeiten, Musikinstrumente u. a.) stellen als Produktionsgut für die Touristen den Grundstock eines bescheidenen Wohlstandes der gegenwärtigen dichtbevölkerten Region dar, die zum Zentrum des Fremdenverkehrs Mexicos geworden ist.

Eine Reihe von intensiven Studien über Land, Leute, agrarische und Sozialverhältnisse wurden über die Tarasken und ihr Siedlungsgebiet erarbeitet, von denen hier genannt seien: A. GERSTENHAUER, 1961 [1155]; G. M. FOSTER, 1948 [673]; R. L. BEALS, 1946 [623 u. 624]; D. D. BRAND u. J. D. NUNEZ, 1951 [625]; R. C. WEST [1161]; D. D. BRAND, 1943 [1150].

Die Tarasken waren äußerst geschickte Handwerker. (SAHAGÚN berichtet über Holzarbeiten, Steinschneidearbeiten, über Kupferschmieden, Töpferei und Bootsbau.) Infolge der von QUIROGA geplanten Spezialisierung der Handwerke auf einzelne Dörfer ist die Verbreitung des Handwerks in dieser Art bis zur Gegenwart erhalten; z. B. werden die Holzschnitzerei in *San Benito*, die Drechslerei in *Paracho*, die Holztellerfertigung in *Uruapán* und *Quiroga* (nach D. D. BRAND wurden 1950 dort 30000 bis 60000 Stück hergestellt), die Lackarbeiten in *Uruapán* und *Quiroga* betrieben. Neben diesen heute vornehmlich zum Zwecke des Verkaufs an Touristen hergestellten Artikeln, der Volkskunst, *„arte popular"*, gibt es eine Reihe von handwerklich hergestellten Artikeln für den Eigengebrauch der Indianer wie z. B. Matten, die als Unterlage zum Schlafen in der Hütte gebraucht *(Petates)* und aus dem Schilfrohr des *Pátzcuaro-Sees* hergestellt werden, oder die aus bunt gefärbten Agavenfasern geflochtenen Tragetaschen (*Morrales*), die übrigens schon in Massenproduktion hergestellt und bei *Macy's*, New Yorks größtem Kaufhaus, angeboten werden. Die männlichen Tarasken tragen häufig schwarzbraun gefärbte Wolldecken, Serapes genannt. Diese Erzeugnisse werden auf den Märkten angeboten. Die Märkte im Taraskenland, die R. C. WEST kartiert hat, zählen zu den buntesten und interessantesten Mexicos. Die Indianer, die gewohnt sind, dort untereinander ihre Waren zu Preisen zu verhandeln, die im Vergleich zu den städtischen sehr niedrig sind, werden mit dem wachsenden Aufkommen des Touristengeschäftes maßlos übervorteilt. Ihre Erzeugnisse sind in den *„Curiosidades"* (Geschäften) und den Andenkenboutiquen in den großen Touristenhotels, durch Aufkäufer und Händler vermittelt, zum 10fachen Preis angeboten. Zweifellos ist die geographische Lage des Taraskenlandes für das erwähnte Touristengeschäft von Bedeutung, da die große Autostraße von *Kalifornien* und von *Arizona* durch das Taraskenland nach *Ciudad de México* führt. Obwohl das Handwerk in moderner Zeit wieder so sehr an Bedeutung gewonnen hat, ist das Taraskenland immer noch Agrargebiet, in dem die Mehrzahl der Indianer in Dörfern und kleinen Städten als Kleinbauern im Familienbetrieb lebt. In der Reiseliteratur der Welt ist das Taraskenvolk als Fischervolk dargestellt. An den Ufern des *Pátzcuaro-Sees* und auf seinen Inseln lebt eine Indianerbevölkerung, deren Leben sich am Tageslauf des Fischers orientiert. Der herrliche See ist eine der malerischsten Landschaften Mexicos. Die Fischer mit ihren schmetterlingsförmigen Netzen an einem Kescher sind eines der beliebtesten Fotomotive Mexicos. Der Tageslauf von Familien und Familiengruppen bezüglich des stundenweisen Arbeitsablaufes ist nach mühevollster Aufnahme in detailliertester Form von G. M. FOSTER 1948 [673] dokumentiert worden. Dort sind auch bis ins einzelne gehende Berichte über Nahrung, Mahlzeiten, Arbeitsstunden auf dem Felde und

Preise gegeben, sowie über Fischereiwerkzeuge, Bootsbau, Töpfereitechnik und Ackerbaugeräte. Beachtenswert sind die Beobachtungen über den internen Reiseverkehr im Taraskenland, aus dem hervorgeht, daß besonders die Männer im arbeitsfähigen Alter zwischen 16 und 55 sehr häufig auf Markt-, Geschäfts- und Besuchsreisen zu Fuß, aber auch mit dem Esel und dem Autobus unterwegs sind. Detaillierteste soziologische Studien wurden dort durch Beals 1946 [623, 624] durchgeführt. Die geschlossenen kleinen Ortschaften der Tarasken mit ihren aus Brettern erbauten rechteckigen Häusern zählen zu den saubersten Indianersiedlungen Mexicos (Abb. 67).

Abb. 67. Gehöft der Taraskenindianer in Michoacán

Nahua. Obwohl die Gruppe der *Nahuatl* sprechenden Indianer einen bedeutenden Prozentsatz der indianischen Bevölkerung Mexicos ausmacht, erscheint sie in der räumlichen Verteilung im Siedlungsbild nicht als so geschlossene Gruppe wie beispielsweise die der Tarasken oder Maya. Infolge der Arbeit von R. Redfield 1930 [642], über das Dorf *Tepoztlán* in *Morelos* mit dem Untertitel *„A Mexican village"*, das zur völkerkundlichen Weltliteratur gehört, wird häufig „das" mexicanische Indianerdorf *Tepoztlán* als das typische angesehen. Dieses Dorf wurde durch eines der ebenfalls weltbekannt gewordenen Werke von O. Lewis [637], Verfasser des Buches „Die Kinder von Sánchez" geschildert (vgl. auch [648]).

Die fast 1 Million zählende Nahua-Indianergruppe der *„Azteken"* bzw. *„Mexicaner"* gehört seit Jahrhunderten zu den Ackerbauern und hat ihre eigene Kultur mehr oder weniger innerhalb der Gemeinden erhalten, die im zentralen mexicanischen Hochland die Eroberung durch die Spanier und die Revolutionen 1810 und 1910 überstanden haben. Diese Azteken leben als Volksgruppen in Dörfern oder kleinen Städten [699]. Sie stellen wirtschaftlich und soziologisch, auch ethnisch keinen Stamm dar, wie die *Yaqui* oder *Tarahumara*. Häufig sind die gegenwärtig von ihnen bewohnten kleinen Orte historisch aus ehemals größeren Städten wie *Tlaxcala* hervorgegangen (Abb. 74). Infolge der Revolutionen trat in solchen Dörfern wie *Tepoztlán* meist ein Wechsel in der sozialen Schichtung ein. *Tepoztlán* gehörte beispielsweise nach der Eroberung durch die Spanier zur *Encomienda* des Sohnes von Cortés. Während der Kolonialzeit bildeten eingesetzte Häuptlinge, Kaziken *(Cazigos)*, und deren Familien die Oberschicht.

Infolge der langen *„Peonaje"*, d. h. langen Zugehörigkeit zu *Haciendas* als *Peones* oder der Verdrängung von Besitz, sind die *Nahua* z. gr. T. im Vergleich zu ihrer vorkolonialen

Geschichte „dekulturisiert“ [601]. Dennoch, nicht alle Indianer dieser Region sind als arm zu bezeichnen.

„A. v. HUMBOLDT berichtete beispielsweise aus der Zeit der ausgehenden Kolonialepoche: „In den Intendencias *Oaxaca* und *Valladolid* im *Toluca*-Tal und zumal in der Umgebung der großen Stadt *Puebla de los Angeles* leben einige Indianer, die unter dem Anschein äußerster Armut beträchtlichen Reichtum verbergen. Als ich die kleine Stadt *Cholula* besuchte, wurde eine alte Indianerin beerdigt, die ihren Kindern Agavenfelder im Werte von 36 000 Francs hinterließ ...“ HUMBOLDT nennt mehrere Familien mit Namen, die jede ein Vermögen von 800 000 bis 1 000 000 Livres Tournois besitzen. „Sie werden von den tributpflichtigen Indianern hoch geachtet, gehen aber gewöhnlich barfuß einher und tragen wie die ärmlichen Eingeborenen ein grobes, dunkles, mexicanisches Hemd“ MADARIAGA [1308].

MÜHLENPFORDT [22] berichtet dagegen von Indianern, die ihr verdientes Geld vergruben, um den Erben das Unglück des Geldes zu ersparen.

Solche Eigentumsverhältnisse haben z. T. auch die beiden Revolutionen Mexicos überstanden.

Nach den Revolutionen wurde vom mexicanischen Staat in vielen solcher Dörfer die Wirtschaftsform des *Ejido*-Systems eingeführt. Mit dem Einfluß staatlicher Schulen gewann die spanische Sprache in den Aztekendörfern auch als Umgangssprache an Einfluß (1920 sprachen z. B. in *Tepoztlán* noch 95 % der Einwohner das *Nahuatl* [REDFIELD], gegenwärtig sind es nur noch 50 %). Es ist jedoch nicht ausreichend bekannt, ob dieses Beispiel repräsentativ für die überwiegende Mehrzahl aztekischer Siedlungen ist. Infolge wachsenden Anteils von Mestizen in den Gemeinden der Nahuastämme ist ein Prozeß der Synthese mit sogenannter moderner mexicanischer Kultur dort im Gange. Kirche und Schule gewannen in den Indianersiedlungen des zentralen mexicanischen Wirtschafts- und Kulturraumes, hier also bei den Nahuagruppen, schneller und mehr Einfluß als beispielsweise auf *Yucatán* bei den *Maya*. Die Schulen wurden zumeist unmittelbar an die Kirchen angebaut, so daß ein räumlich ausgezeichneter, durch Adobeziegelmauern umrahmter Komplex, oftmals *Campo Santo* genannt, zum Bildungszentrum für die Jugend wurde (E. H. SPICER 1967 [1331]). So vollzieht sich das Dasein in den Aztekendörfern des zentralen Hochlandes zwischen den Lebensbereichen der landwirtschaftlichen Arbeit mit dem Ochsenpflug auf den kleinen Maisfeldern *(Milpas)*, dem aus Adobeziegeln errichteten Wohnhaus, wo es als Nahrung Tortillas aus Mais, Chile und Bohnen, aber auch die Zutaten Zucker, Kaffee und Coca Cola gibt, und dem Zentrum des Ortes mit Plaza, Schule, Kirche und neuerdings Kino und Schallplattenmusik. Eine eigene schöpferische Kultur oder eine traditionell bedingte handwerkliche Kultur ist z. B. gegenüber den Tarasken nur in geringem Ausmaß vorhanden. Allerdings gibt es auch innerhalb der Nahua-Gemeinschaften einige handwerkliche Zentren, deren Spitzenprodukte auf dem Touristenmarkt Mexicos von Bedeutung sind, z. B. die Wolldecken aus *Amecameca*.

Als zu den von Azteken entwickelten besonderen landbaulichen Wirtschaftsformen gehörig muß die noch im Hochtal von Mexico gepflegte *Chinampa*-Kultur genannt werden [837] (vgl. Abschn. Landwirtschaft).

Zapoteken. Vornehmlich der Osten des Staates *Oaxaca* bis zum *Isthmus von Tehuantepec* ist von *Zapoteken* besiedelt. Dichtezentren zapotekischer Siedlungen finden sich südlich der Stadt *Oaxaca* und nördlich davon im Bergland des sogenannten *Villa Alta*-Distriktes. Dort etwa 60 km nordöstlich der Stadt Oaxaca sind über eine Fläche von

80×60 km über 60 Dörfer und Ortschaften vorhanden [656, 668]. Über die Ortschaft *Yalalag* und ihre Bewohner ist von J. DE LA FUENTE ein umfangreiches Werk in der völkerkundlichen Serie des *Museo Nacional de Antropología*, México, 1949, erschienen [632]. L. NADER veröffentlichte eine Studie, 1964, über die sozialen Verhältnisse der Zapoteken in den Dörfern *Talea* und *Juquila* [639]. Über die Bevölkerung und ihre Ernährung in einem Zapotekendorf schrieb SH. F. COOK 1958, *„Santa Maria Ixcatlán"*, O. SCHMIEDER erarbeitete die 1930 veröffentlichte Studie über *Zapoteken* und *Mijé-Indianer* in Oaxaca [715], zu der G. SANDNER nach einem Besuch 35 Jahre später eine vergleichende Studie herausgab [646]. M. COVARRUBIAS 1962 [1194] behandelt in seinem Werk *„Mexico South"* Landschaft und Kultur der *Zapoteken* am *Isthmus* von *Tehuantepec*. Die *Zapoteken* hatten vor der Eroberung durch die Spanier eine wechselvolle Geschichte gehabt. Ihre Zentren *Monte Albán* und *Mitla* waren um 1500 von den Mixteken eingenommen worden *(Bild 19)*. Gegenwärtig, und das gilt wahrscheinlich schon für frühere Zeiten, ist zwischen den Zapotekenindianern des Hochtales von *Oaxaca* und der Gruppe der Bergzapoteken, *„Serranos"* genannt, im *Villa Alta*-Distrikt zu unterscheiden. Unter den Bergindianern ist übrigens noch eine durch Pfeifsignale ausgeübte Form der Signalsprache erhalten. Einer der bedeutendsten Mexicaner, BENITO JUÁREZ, war Zapotekenindianer.

Die Zapoteken, die schon in der Vorkolonialzeit in Gruppen zu mehreren Stadtstaaten gehörten, stellen auch gegenwärtig eine Volksgruppe von großer Differenziertheit dar. Obwohl das Gebiet um Oaxaca schon frühzeitig von den Spaniern in Besitz genommen wurde – CORTÉS wurde *„Marqués del Valle de Oaxaca"* – ist der spanische Einfluß geringer geblieben als im zentralen Hochland bei den Nahuaindianern. Der Süden Mexicos, d. h. das Gebiet südlich des *Balsas-Tales*, wird heute im allgemeinen noch als Indianerland bezeichnet. *Oaxaca* ist wohl die Großstadt Mexicos, in der das Vorhandensein indianischer Bevölkerung am augenfälligsten erscheint. Die Vielzahl der Produkte zapotekischer handwerklicher Erzeugnisse, wie Töpferwaren, Leder- und Metallarbeiten, werden auf den großen Straßenmärkten der Stadt Oaxaca in überreicher Auswahl angeboten. Zapotekische *Folklore* dient als Touristenattraktion in ihrer Landeshauptstadt. Besonderes Interesse erwecken die Zapoteken wegen ihrer Volkstrachten. Nächst den Indianern des großen geschlossenen Siedlungsgebietes von *Guatemala* tragen die Zapoteken in ihren verschiedenen Landesteilen auch in der Gegenwart noch die buntesten und reichsten indianischen Volkstrachten, die man in Mittelamerika findet.

Die Zapoteken sind Ackerbauer, ihre Dörfer, Feldfluren und ihr Wirtschaftssystem sind in den genannten Studien, besonders von O. SCHMIEDER [715], ausführlich beschrieben.

Infolge der Maßnahmen während der frühen Kolonialzeit kam es zu einer großen Anzahl von Neugründungen von Siedlungen, den sogenannten *„Pueblos Nuevos"* im Gegensatz zu den schon länger bestehenden Siedlungszentren, den *„Pueblos Viejos"* (SCHMIEDER), die noch heute unterschieden werden. Die Ortsnamen in Oaxaca sind in der Mehrzahl zapotekischer Herkunft (Abb. 76).

Ihre typischen schmalen Streifenfluren lassen schon vom Flugzeug aus sowohl im Bewässerungsland des flachen Hochtales als auch an den Hängen im Bergland die Siedlungsagglomerationen erkennen *(Bild 56)*. Außer dörflichen Siedlungen kommen Weiler, lockere Gruppierungen von Ansiedlungen und vor allen Dingen im südlichen Teil von Oaxaca viele einzelne kleine *Ranchos* im Zapotekenland vor. Bei den Zapoteken wurden die gerodeten Fluren, *„terreno“*, oder an den Hängen, wenn waldbestanden, *„paraje de monte“* genannt, in große Blöcke aufgeteilt, *„tablones“* genannt, die zur Bewirtschaftung in einzelne Streifen unterteilt wurden, *„fracciónes“* genannt. Infolge der herrschenden Realteilung wurden die unter den bearbeitenden Mitgliedern einer Familie aufgeteilten *„fracciónes“* immer kleiner.

Da das Zapotekenland sehr gebirgig ist – *Oaxaca* weist im Gegensatz zum zentralen Hochland Mexicos, wo die Tarasken- und Nahua-Indianer leben, keine ausgedehnten Hochflächen auf –, reicht wegen der starken Reliefunterschiede das Siedlungsgebiet der Zapoteken vertikal durch mehrere Klimaregionen von heißen Tälern bis zu windig-kühlfeuchten Hängen unter den Berggipfeln. Daher werden von den einzelnen Dörfern außer Mais, der in allen Höhenlagen angebaut werden kann, je nach der Klimaregion die verschiedensten Pflanzen kultiviert, z. B. Walnüsse, Bananen, Früchte, Kaffee. Aus diesem Grunde kam es frühzeitig zu einem internen Warenaustausch der verschiedenen Anbauregionen und damit zur Differenzierung und Arbeitsteilung. Diese Verhältnisse förderten auch die lokale Spezialisierung von Handwerkern in Abhängigkeit von den Naturprodukten. Warenaustausch, Trägertransport und Märkte waren im Zapotekenland schon in der vorkolonialen Zeit vorhanden und stellen heute dort eine ausgeprägte Lebensform dar. So findet der Reisende auf den bunten Märkten des Zapotekenlandes Waren, die aus den entlegenen Bergtälern herantransportiert worden sind, z. B. Spielzeug mit reich bemalten Miniaturen. Zu den spezifischen Produkten des Zapotekenlandes gehören die Handweberei und die Gewinnung von *Cochenille (Bild 15 u. 75)*.

Maya von Chiapas. Der größte Teil der *Maya* Mexicos bewohnt ein klimatisch verhältnismäßig einheitliches Gebiet, das Tiefland von *Yucatán*. Ein kleinerer Teil der *Maya* Mexicos gehört zur Maya-Hochlandbevölkerung, so die im Staate *Chiapas* lebenden, zu den Sprachgruppen der *Tzotzil* und *Tzeltal* gehörenden [1210, 1211, 1217, 1219] (Abb. 65 u. 66).

Im Hochland von *Chiapas* tragen nicht nur wie in anderen Gebieten Mexicos die Frauen, sondern auch die Männer Volkstrachten, die voneinander sehr verschieden sind, und die Herkunft der Bewohner aus den einzelnen Orten anzeigen. Die Männer tragen schwere Ledersandalen, die an die „klassische Maya-Fußbekleidung“ erinnert (allerdings werden Sohlen oft aus alten Autoreifen gefertigt), ein umhangartiges Hemd, *„Poncho“*, weiße dreiviertellange Baumwollhosen und einen sorgfältig geflochtenen bebänderten Hut. Diese auffällige Bekleidung wird nur von den Indianern getragen, so daß diese auf den Märkten und Straßen wohl unterschieden von Mischlingen sind, die in Chiapas *Ladinos* genannt werden. Der ethnische und soziale Unterschied zwischen Indianern und den Ladinos ist in Chiapas bedeutend größer als bei den Nahua-Indianern in Zentralmexico. Der Hauptunterschied besteht in Kleidung, Lebensweise, Sprache und Wohnung und auch im Ackerbau. „Die Indianer sind im Leben des Ackerbauers oder Handwerkers als Daseinsform persönlich engagiert, während die Ladinos am Geldverdienen an sich interessiert sind“ (K. Helbig [1210, 1392]) (Abb. 76).

Einzelne Ortschaften der Maya, wie *Zinacantán*, befinden sich noch auf demselben Platz wie vor der Kolonialzeit. Die Sozialform in den Mayadörfern stellt eine Mischung aus präkolonialen überkommenen Sitten und kolonialzeitlich eingeführten Verwaltungsformen dar.

Charakteristisch ist die hierarchische Struktur innerhalb der Dörfer, in der die jungen Männer schließlich bis zur Ältestengruppe, den *„Principales"*, aufrücken. Manche Gruppen treiben eine Art Wanderfeldwirtschaft und kehren dann regelmäßig in ihr Heimatdorf zurück. Die Hochlandmaya waren von Einfällen der Azteken und Tributleistungen an diese verschont geblieben. Sie lebten in autonomen Gruppen von Dörfern. Diese Struktur hat sich bis heute erhalten. Die relativ ungestörte Fortsetzung ihres gewohnten Lebens auch während der frühen Kolonialzeit verdanken die Hochlandmaya dem Wirken des Dominikanermönches BARTOLOMÉ DE LAS CASAS, dem Kämpfer für die Rechte der Indianer, dem zu Ehren die Stadt (frühere Hauptstadt von Chiapas) *San Cristóbal* den Zusatz *„de las Casas"* erhielt. So wurden die Maya von Chiapas nicht in dem Maße vom *Encomienda*-System desintegriert wie die Zapoteken und insbesondere Azteken.
Im 19. Jh. kam es im Gefolge der Ausübung einer eigenen Form katholischer Religion (dem die Kreuzigung eines eigenen Mayajugendlichen „Christus" vorhergegangen war) 1869 zu einem Aufstand der *Tzotzil* gegen die Ladinos. Aberglaube und Zauberglaube sind in diesen Indianerdörfern besonders verbreitet.

Die Indianer von Chiapas haben San Cristóbal zu ihrem steten Treffpunkt erkoren *(Bild 35)*.

„So finden sie sich hier Tag um Tag in Scharen zusammen; die Leute von *Zinacantán* mit ihren knappen kurzen weißen Hosen und den mit bunten Bändern verzierten breiten, geflochtenen Hüten – früher schmückten sie sie statt dessen mit dem herrlichen Gefieder des nun leider auf der *Mesa Central* ausgerotteten Königsvogels *Quetzal;* die von *Chamula* mit den langen, durch bestickte Gürtel zusammengehaltenen härenen Überwürfen (ein kurzes Untergewand nennen sie *‚cotón'*, einen längeren Überwurf *‚chuj'*); die ein wenig als streitsüchtig verrufenen derben Gestalten der *Huixtecos* aus dem einsam gelegenen Bezirk von *Huixtán;* und die *Tojolabales* oder *Chañabales* aus den weiter ostwärts folgenden Hochflächen um *Teopisca, Amatenango del Valle* und *Aguacatenango,* deren Frauen durch ihre wunderschönen roten Schärpen über den langen indigofarbenen Röcken und reich bestickten Blusen auffallen. Alle gemeinsam gehören sie zu der großen Gruppe der *Tzotzil-* und *Tzeltal-* oder *Tsendal*-Völker und diese wieder zu den *Maya-Quiché."* (K. HELBIG [1392]).

Die **Chamula** leben in einer Reihe kleiner, in sich abgeschlossener Volksgruppen im Hochland von *Chiapas* [641]. Trotz 400jähriger Versuche, sie zu christianisieren und dem Wirtschaftsleben Mexicos anzuschließen, erhielten sie sich rassisch unvermischt. Die *Chamula* fallen äußerlich durch Körperbau und Kleidung auf. Die Männer sind für mittelamerikanische Indianer groß, 165 bis 175 cm; sie sind schlank und sehnig. Die Frauen sind auffallend klein, meist unter 150 cm. In der Kleidung fallen die Männer wegen ihrer kurzen Baumwollhosen auf. Ihre bloßen und athletischen Beine stecken in rohen, derben Ledersandalen. Dazu tragen sie mit Lederschnur verzierte Strohhüte, baumwollene, hemdartige *Ponchos,* einen Ledergürtel und die ständig mitgeführte lederne Wandertasche am Schulterriemen. Die *Chamula* leben im kühlen, rauhen Karstbergland in der Umgebung von *San Cristóbal de las Casas (Bild 34, 35).* Sie leben in geschlossenen kleinen Dörfern oder Weilern als Ackerbauer. Siedlungen und Felder sehen sauber aus im Vergleich zu diesen Indianern selbst. Während sich die meisten Indianergruppen Mexicos recht sauber halten, scheinen die barfüßig herumlaufenden Chamulafrauen sich nur selten zu waschen. Sogar in den Autobussen der *„Terziera clasa"* wird ihnen vom Fahrer der Platz im äußersten hinteren Winkel des Wagens zwischen Hühnern und Frachten zugewiesen. Die Chamula stellen in den Bergen Holzkohle her, die sie als Stirnbandlasten über 30 km hin zum Markt in der Stadt tragen. Der Erlös wird zum großen Teil gleich

Bild 34. Chamula-Indianerinnen aus der Umgebung von San Cristóbal de las Casas (Chiapas). Die Chamula tragen selbstgewebte Kleider aus Baumwolle und Wolle. Durchschnittliche Körpergröße der Frauen unter 1,50 m. Im Hintergrund ein Chamulahaus aus Stangen, mit Stroh gedeckt. (GIERLOFF-EMDEN Juni 1964)

anschließend in *Comiteco* umgesetzt, dem in der Gegend von *Comitán* hergestellten Zuckerrohrschnaps. Die Trunksucht ist unter ihnen besonders verbreitet. Auch ihre Frauen, die während des Markttages unter sich in Gruppen durch die Stadt ziehen, sind am Nachmittag an den Ausfallstraßen und auf den Wegen zu ihren Siedlungen oft in angetrunkenem Zustand zu finden. Die Männer in *Tenejapa* tragen an ihren Feldflaschen stets einen kleinen Trichter aus Blech mit sich, der zum Abfüllen von Schnaps, „*Trayo*", dient. Einige Chamulaindianer sind als Saisonarbeiter in den Kaffeeplantagen von Chiapas tätig *(Bild 34)*. Berühmt ist der „Feuerlauf" in San Juan de Chamula, ein Fest, dessen Brauch als Reinigungsritual aus vorkolonialer Tradition angesehen werden muß.

Lacandones. Über die fast auf steinzeitlicher Stufe stehenden Lacandones, die in den unwegsamenKalksierren von NO-Chiapas leben, gaben M. B. TRENS [727] und CORDAN [480] ausführliche Beschreibungen [1215].

Maya von Yucatán. Die große Gruppe der Mayaindianer im tropisch-heißen Tiefland von *Yucatán*, die die Staaten *Quintana Roo* und Ost-*Campeche* bewohnen, gehören rassisch einer verhältnismäßig einheitlichen Volksgruppe an [653, 724, 731] *(Bild 36)*. Die heutigen Maya ähneln im Aussehen noch ihren Vorfahren: Sie sind klein, kräftig, unter-

Bild 35. Indianermarkt in San Cristóbal de las Casas (Chiapas). Der Markt wird von den Indianerstämmen der Umgebung besucht. Die Stadt liegt nahe an einem dichtbesiedelten Indianerland (vgl. Abb. 65). Beliebt ist die Schultertragetasche, besonders bei Chamula-Männern, die im Bild links kurze Hosen und Sandalen tragen. (Gierloff-Emden Juni 1964)

setzt, breitschultrig, mit kurzem Hals und großem Kopf, haben kupferfarbenen Teint und sind fast bartlos [485]. Ihre Füße sind wie die Hände kurz, breit und plump, die Zehen kurz und dick. Sie haben den breiten Gang wie japanische Jiu-Jitsu-Kämpfer.

Auf *Yucatán* werden die „reinrassigen" Maya-Indianer *„Mestizos"* genannt, während die Mestizen *„catrines"* genannt werden.

Völkisch unterscheiden sich die fast 400 000 Indianer nach ihrer Lebensweise insofern, als ein Teil „akkulturisiert" ist, ein anderer noch nach alten Lebensformen eigenständig lebt [667, 706, 720, 726, 718]. Viele dieser Maya, besonders die in und um *Mérida* lebenden, sprechen außer ihrem Dialekt die spanische Sprache. Eine große Zahl dieser Maya sind bei den *Henequén*-Pflanzungen und deren Faserfabriken beschäftigt, viele sind nach der Revolution von 1910 Ejidobauern geworden. Die Maya sind in den Städten auch häufig im Dienstleistungsgewerbe zu finden, z. B. in Hotels. Dort tragen die Männer meist keine indianische Kleidung, sondern häufig Hemd und Hose aus der mexicanischen Konfektion. Die Frauen dagegen tragen dort am Tage während des Dienstes das knöchellange weiße Hemd, *„huipil"* genannt, das zwar an den Säumen mit den althergebrachten Motiven in Form von Blumenborten geschmückt ist, die aber meist nicht mehr handgestickt, sondern maschinengestickt oder gedruckt sind und aus der Konfektion Mexicos oder gar Japans stammen (*Bild 36*). Nach der Arbeit tragen dieselben Indianer oft „europäische" Kleidung. Diese Maya in den Städten werden von der ländlichen Bevölkerung *„Dzules"* genannt [1276].

Bild 36. Maya-Indianerin aus Chichén Itzá. Angestellte eines Touristenhotels in weißem Kleid, das der Bekleidung der früheren Maya-Bevölkerung ähnlich ist: Weiße Baumwolle mit buntem Muster. Goldarmbänder sind das Zeichen von Wohlhabenheit und werden von Indianern und Nichtindianern auf Yucatán getragen. Durchschnittliche Größe nicht über 1,50 m. Typisch sind für die Maya-Indianer die geringe Körpergröße und der große Kopf und kurze Hals.
(GIERLOFF-EMDEN Mai 1964)

Demgegenüber haben die in den vielen kleinen Dörfern im Buschwald Yucatáns lebenden Maya ihre überkommene Lebensform erhalten [789]. Sprache und Kleidung sind verhältnismäßig einheitlich wie die Formen ihres ländlichen Hauses. Die Hütte von ovalem Grundriß auf einem Bruchsteinsockel aus Kalk als lehmverkleidetes Stangenholzbauwerk, mit strohgedecktem Giebeldach (meist Palmstroh), an Vorder- und Rückseite walmartig abgerundet, ist aus der vorkolonialen Zeit überkommen [792] *(Bild 40)*. Die präkoloniale klassische Mayakultur hatte ihren Höhepunkt vor Ankunft der Spanier überschritten, so daß es um 1527 keine größeren Machtkonzentrationen in Form von Staaten gab. Obwohl nach der Eroberung *Yucatáns* durch MONTEJO auch dort das Encomiendasystem eingeführt wurde, blieb der spanische Einfluß auf Yucatán gering. Das Land war entlegen vom zentralen Machtzentrum der Spanier im Hochland von Mexico. Im 19. Jh. gab es mehrere Aufstände, nach deren Abschluß viele Maya in das Buschland von *Yucatán* und *Quintana Roo* auswichen. Der sich zum Boom ausweitende Henequénplantagenbau wurde z. T. mit importierten *Yaqui*-Indianern in Gang gebracht. Die Maya der ländlichen Bevölkerung nennen sich stolz: „*mazehua*", also „Maya".

R. Redfield veröffentlichte mit seiner Arbeit: „*A village that chose progress, Chan Kom revisited*", 1962 [644], ein Buch, das auf Grund von intensiven Studien am Orte nach Aufenthalten 1930–33 und 1948 Lebensweise und deren Wandel im Verlaufe von 15 Jahren in einigen Mayadörfern beschreibt (u. a. auch „*The Folkculture of Yucatán*", 1941). Diese Studie legt z. B. dar, wie sich das Dorf *Chan Kom* von 1931 bis 1948 verändert hat. Gab es in diesem Dorf 1931 nur wenige rechteckige Adobeziegelhäuser an der Hauptstraßenzeile der Plaza, so waren 1948 schon mehrere Blocks in dieser Form bebaut. Es sind ein Baseballfeld und ein Kino hinzugekommen. Das Dorf hat Verbindung nach *Chichén Itzá* durch eine neue Autostraße. Das Ejidowesen wurde ausgebaut, wobei einzelne Parzellen auf dem Ejidoland den Kleinbauern als Privatbesitz gegeben wurden (nicht Privateigentum).

Das Konterfei der 1931 und 1961 von Redfield genommenen Fotos des Gemeindevorstehers zeigt auf dem neueren Bild ein Attribut, das als Symbol des Fortschritts bei der mexicanischen Bevölkerung, ganz besonders bei der mexicanischen Landbevölkerung gelten kann: das Schreibwerkzeug am Clip in der Brusttasche des Hemdes. *Chan Kom* hat wie andere Gemeinden eine Schule bekommen, die mehr oder weniger regelmäßig von den Kindern besucht wird.

Einer der besten Kenner der Maya, der deutschgebürtige W. Cordan, der schon mit einer Reihe von Veröffentlichungen über die Maya entlegener Gebiete auf *Yucatán* hervorgetreten war [480, 667], ist im Jahre 1967 nach Herausgabe seines letzten großen Werkes, „*Mexico, Land der hundert Gesichter*", 1968 verlegt, verstorben.

Totonaken. Nordöstlich der Hauptstadt Ciudad de México im Nordteil der Staaten *Puebla* und *Veracruz* leben eine Reihe von Indianervölkern: die *Totonaken*, die *Tepehuas*, die *Otomís* und die *Huasteken*. Dicht von Indianern bevölkertes Gebiet ist die Region der südlichen *Sierra Madre Oriental* mit Schwerpunkt nördlich der Stadt *Tulancingo*. Dieses Gebiet wird auch *Totonacapán* genannt. Die Gesamtbevölkerung der Totonaken beträgt über 100 000, von denen mehr als die Hälfte kein Spanisch sprechen. Ihre Sprache ist der Mayagruppe verwandt. Ihre Prähistorie und Geschichte verlief sehr wechselvoll. Eine kleinere Gruppe von Totonaken bewohnt den Bereich von *Papantla*, eine andere den von *Jalapa*. I. Kelly und A. Palerm lieferten eine ausführliche Studie über die *Tajín-Totonaken*, 1952 [1240]. Anthropologisch ist das Ergebnis interessant, daß nur ein sehr kleiner Teil der Bevölkerung, unter 25 %, älter als 50 Jahre und nur ein sehr kleiner Anteil, unter 10 %, älter als 60 Jahre ist. Für andere Indianergruppen sind solche statistischen Erhebungen, „Bevölkerungspyramiden", bisher nicht zusammengestellt worden. Die *Totonaken* wohnen in Streusiedlungen, aber auch in Dörfern. Kolonialzeitliche Landnahme durch die Spanier und mehrere Bodenreformen mit wechselnder Wirtschaftsform lösten in der Vergangenheit in *Totonacapán* einander ab. Häufig sind Siedlungsagglomerationen auf einem sogenannten „*fundo legal*", einem in Felder aufgeteilten Gebiet, wo die Hütten teilweise auf dem bewirtschafteten Grundstück stehen, „*lotes*". Bewirtschaftetes Land auf den Bergen der *Sierra Madre* sind die „*Parcelas*", wo Einzelsiedler wohnen. Land mit dem nur noch sehr selten vorhandenen, ursprünglichen Wald heißt „*monte alto*". Die Häuser sind z. gr. T. aus Wänden aus Stangenholz errichtet und tragen ein mit Palmstrohwedeln gedecktes Dach, weshalb sie von den Spaniern „*casa de palma*" genannt werden. Teilweise (im Hochland) wird zum Dachdecken auch das harte *zacategras* verwendet. Seltener findet sich ein aus Stangenholz errichtetes Haus mit Ziegeln gedeckt. Im Tiefland von *Veracruz* wird für die Stangen häufig Bambus verwendet. Die Häuser bestehen meistens aus einem Raum und haben einen rechteckigen Grundriß. Teilweise gibt es rechteckige Anbauten als Schuppen für Vieh und Mais. Des öfteren besteht ein Anwesen aus mehreren Hütten. Die Totonaken sind geschickte Holzhandwerker. Die heimische Textilindustrie ist hochentwickelt in Form von Handweberei und Stickerei. Auffällig sind die der europäischen Kreuzstickerei ähnlichen figürlichen Darstellungen, insbesondere Tiere und stilisierte Bäume. Bienenzucht ist wie bei den Maya sehr verbreitet. Zu den einheimischen Produkten gehört im Tiefland und in den heißen Tälern *Vanille*. Die Frauen tragen fast ausnahmslos lange weiße Hemden, verziert mit Stickereien [687].

Fiesta und Folklore in Indianersiedlungen sind z. T. auf dem Lande immer noch unverfälscht (vgl. „voladores“ in Abschn. „Das präkoloniale Land und indianische Kulturen“ unter „Totonaken“). Über die Fiestas und das Volksleben wird in zwei umfangreichen Werken berichtet: E. Fergusson [593] und F. Toor [619].

Der Namenstag des Dorfheiligen wird in jedem mexicanischen Dorf zu einem großen Ereignis. Die Fiestas dauern mehrere Tage, oft sogar länger als eine Woche, wie die „*Semana Santa*“ zu Ostern [593].

Fiesta für die Gottesmutter von *Zapopán* in *Guadalajara*: „Rund um die kleine Kirche, deren Mauern bis an den Dachfirst mit Blumenbuketts zugedeckt sind, hat sich ein Markt aufgetan, Tarasco-Indianer, die vom Lande hereingekommen sind, um ihre Waren anzubieten, Früchte, Maiskolben, Töpferwaren, Fetische, Liebestränke, Spielsachen, Sombreros, Tortillas, Tacos, Melonendrinks, Trompeten, Tequilaschnaps, magere Schweine, Aztekenhunde, Gürteltiere, Leguane, Hühner, Ziegen, Gewehre, Felle, Gürtel, Sättel, Schrauben, Autoteile, Konfetti, mit Mehl und Wasser gefüllte Eier, die man auf dem Höhepunkt der Lustbarkeit auf dem Kopf des Nebenmannes zerplatzen lassen soll. – Die enge Calle vor der Kirche ist dicht mit grünem Gras ausgelegt, und dort knien viele schwarzgekleidete Indianerfrauen, die murmelnd auf die Gebete des Priesters in der Kirche antworten, welche mittels Lautsprecher nach draußen getragen werden. Dazwischen Luftballons, Losverkäufer, Mariachis mit ihrem schmalzigen Bänkelgesang. Feuerwerk, Böllerschüsse, aus allen Fenstern die grün-weiß-rote mexicanische Flagge. Hinter der Kirche am Nachthimmel brennt ein riesiges Feuerrad mit dem Bild des Präsidenten ab.“

Während der Fiesta wird getanzt, wobei mit vielen Variationen der „*jarabe*“ als Nationaltanz gilt. Für solche Fiestas gibt die Landbevölkerung viel Geld aus. Vielerorts sparen die Familien ein bis zwei Jahre, um eine Hochzeit im Dorfe als großes Fest begehen zu können.

Die eigentlichen Dorfmusikanten spielen fröhlich und improvisierend. Die Mexicaner haben die meisten Musikinstrumente von *Spaniern* übernommen. Die Musik des alten Mexico, die Melodien der *Maya* und *Azteken,* sind in Vergessenheit geraten. Jedes Dorf hat seine eigene Musikkapelle, und zur Fiesta werden zusätzlich noch die Mariachis eingeladen. Die *Mariachis,* mit ländlicher Kleidung und riesigen Hüten, singen zu Gitarren, Violinen und Trompeten. Sie entbieten ihre Dienste bei den Festen. Der Ausdruck „Mariachi“ soll vom französischen „mariage“ kommen und von den französischen Besatzungstruppen während des 19. Jhs. eingeführt worden sein. K. Helbig [1392].

Mennoniten

Mennoniten sind als besondere geschlossene Volksgruppe in Mexico zu erwähnen. Mehr als 35 000 Menschen dieser Gemeinschaft leben innerhalb geschlossener Siedlungsformationen im NW des Landes nahe der Stadt *Cuauhtémoc,* ca. 50 km westlich der Stadt *Chihuahua* (Abb. 68, *Bild 37 u. 38*). R. GROTH [1127] berichtet von seinen Reisen zu den Mennoniten, und W. SCHMIEDEHAUS, der ehemalige deutsche Vizekonsul in *Chihuahua,* der seit Beginn der zwanziger Jahre als Apotheker dort und in *Cuauhtémoc* lebt und der zur Zeit der Ankunft der Mennoniten schon dort wohnte und seitdem Verbindung zu diesem Volk hat, widmete der Gruppe ein Buch: *„Ein feste Burg ist unser Gott"*, erschienen 1948 in *Blumenort* [755], in dem der Wanderweg eines christlichen Siedlervolkes beschrieben wird.

Der Verfasser hatte Gelegenheit, i. J. 1964 mit SCHMIEDEHAUS durch das Siedlungsgebiet der Mennoniten zu fahren. Die Geschichte des Volkes ist abenteuerlich. Aus der Gemeinde des MENNO SIMONS (1492–1559), eines evangelischen Täufers der Reformationszeit, bildete sich eine Volksgruppe in den *Niederlanden* und *Ostfriesland,* die ihren Glauben auf der Odyssee durch die Welt bewahrte. Selbständigkeit der Gemeinde, selbständige Ausübung des Glaubens, Erwachsenentaufe, Bewahrung der Muttersprache und Ablehnung von Soldatendienst sowie Ausübung des Landwirtberufes sind ihre Richtlinien. Sie mußten wegen dieser Lebensgrundlagen ihre Heimat in den Niederlanden, dann in Ostfriesland verlassen. Sie zogen zur Urbarmachung der Sümpfe nach Westpreußen, mußten auch dort wegen Einhaltung ihrer Grundsätze und auch wegen Raummangel weiterziehen. Sie fanden 1732 bei König AUGUST II. von Polen Schutz, später bei KATHARINA II. von Rußland, 1797, und siedelten bei *Dnjepropetrowsk* in der *Ukraine.* Von dort mußten sie 1874 bis 1880 nach *Canada* auswandern, da sie auch in Rußland keinen Waffendienst leisten wollten. Sie zogen mit 15 000 Angehörigen zum Zwecke neuer Kolonisation nach *Manitoba* in Canada. Da auch dort ihr Schulrecht angegriffen wurde, folgten sie ihren Ältesten nach Mexico. Dort hatten sie sich 1921 von der Regierung bei der *Laguna Bustillos* Land gekauft, auf dem Grunde der ehemaligen enteigneten Latifundie *Hacienda Bustillos.* Als durchaus wohlhabende Bauern kamen sie mit ihren Familien und Viehbestand in Sonderzügen 1922 bei *Cuauhtémoc* an. Sie hatten ihr eigenes Saatgut mitgebracht. Mit unglaublichem Fleiß machten sie aus diesem Stückchen Erde nach schwerer Arbeit eine Oase. Sie bauten dort Häuser nach ihrer Art *(Bild 38).* Sie gründeten Siedlungen, die sie Rosenthal, Rosenfeld, Blumenfeld usw. nannten (Abb. 68). Sie übernahmen zu dem traditionellen Pferdegespann Traktoren und installierten viele Windmotoren zur Wassergewinnung. Die Familienvorstände heißen: Johann Friesen, Julius Löwen, John Rempel, usw. Sie tragen heute noch derbe Bauernschuhe mit Schäften, blaue Hosen und wie einst (seltsam genug in Mexico) eine blaue Schirmmütze, und die Frauen haben ihre Tracht täglich an. Die Familien sind kinderreich. 12 und 15 Kinder sind keine Seltenheit. Die Anwesen der Mennoniten gedeihen. Sie nahmen bis über 30 000 ha unter den Pflug, und es werden pro ha 1700 kg Hafer und 1250 kg Mais erzeugt. Das sind Höchsterträge für Mexico. Die Mennoniten entwickelten die Milchwirtschaft, und sie haben großen Anteil am Käsemarkt der Hauptstadt México. Bei der wachsenden Bevölkerungszahl ist Landmangel eingetreten. Sie erkennen das mexicanische Schulwesen nicht an; sie wollen für die mitarbeitenden Kinder keine staatliche Sozialversicherung, denn in ihren Familienbetrieben gibt es keine Angestellten. Es heißt, daß ihre Vertrauensmänner erste Fühlung in *Honduras, Uruguay* und *Australien* aufgenommen haben, wohin sie vielleicht in eine weitere fremde und neu zu gewinnende Heimat auswandern müssen.

Bild 37. Mennoniten. Der deutsche Bauer in der mexicanischen Steppe ist ein Freund der Geselligkeit. Nach getaner Arbeit trifft man sich von Dorf zu Dorf an Sonntagnachmittagen zu Verlobungen, Heiraten, Taufen oder Beerdigungen. Bei den großen Entfernungen, die man dabei mit Pferd und Wagen – Autos sind grundsätzlich nicht im Gebrauch – zurückzulegen hat, ist Bewirtung mit Speise und Trank eine Selbstverständlichkeit. Mädchen und Frauen in unverändert gegliebener Volkstracht bewirten dabei die Männer, die an gesonderter Tafel speisen. (Aus W. SCHMIEDEHAUS, Mexico; Wilhelm Goldmann Verlag, München)

„Wenn man durch eine Dorfstraße geht, glaubt man sich in deutsches Land versetzt. Gemüse, Blumen und – eine Seltenheit in einem Sonnenland wie Mexico – Johannisbeeren wachsen und gedeihen mit Erdbeeren, Stachelbeeren, Himbeeren und Steinobst um die Wette. Dazwischen leuchten große goldgelbe Sonnenblumen. Sogar Wein wird gezogen! Manche Wohnhäuser sind, wie in der Urheimat der Siedler, wie in den niedersächsischen Bauernhöfen, unter einem Dach mit dem Stall. Vom Mexicaner hat der Mennonit gelernt, das Vieh abends in den corral zu treiben, das ist ein dicht beim Hause oder nicht weit davon liegender offener eingezäunter Ort, wo unter freiem Himmel die Tiere die Nacht zubringen. Bei den Landwirten gibt es dazu noch Futterkrippen, gesonderte Stände, Einstreu, Wasserleitung und Abflußrinnen. Jeden Tag werden die Pferde gestriegelt; es sind schwere Belgier für den Acker. Vor dem beliebten kleinen buggy,

le:
tsnamen
= Klefeld
= Neuendorf
= Thalbach
= Neuthalbach
= Gnadenthal
= Gnadenfeld
= Hamburg
= Steinbach
= Reinland
= Neureinland
= Gruenthal
= Reinthal
= Rosenbach
= Rosenthal
= Rosenort
= Rosenfeld
= Rosengart
= Reinfeld
= Kronsthal
= Kronsfeld
= Hochfeld
= Einlage
= Schoenthal
= Hoffnungsfeld
= Neuhorst
½ = Eigenheim
= Eichenfeld
= Hochstaedt
= Edenburg
= Blumengart
= Blumenfeld
½ = Gruenland
= Friedensruh
= Osterwick
= Schanzenfeld
1 = Springwasser
2 = Kleindorf
3 = Gruenwald
4 = Hoffnungsort
1.T. = Edenthal
01 = Thalheim
02 = Gruenland
03 = Steinberg
04 = Springstein
05 = Ebenfeld
306 = Eichenbach

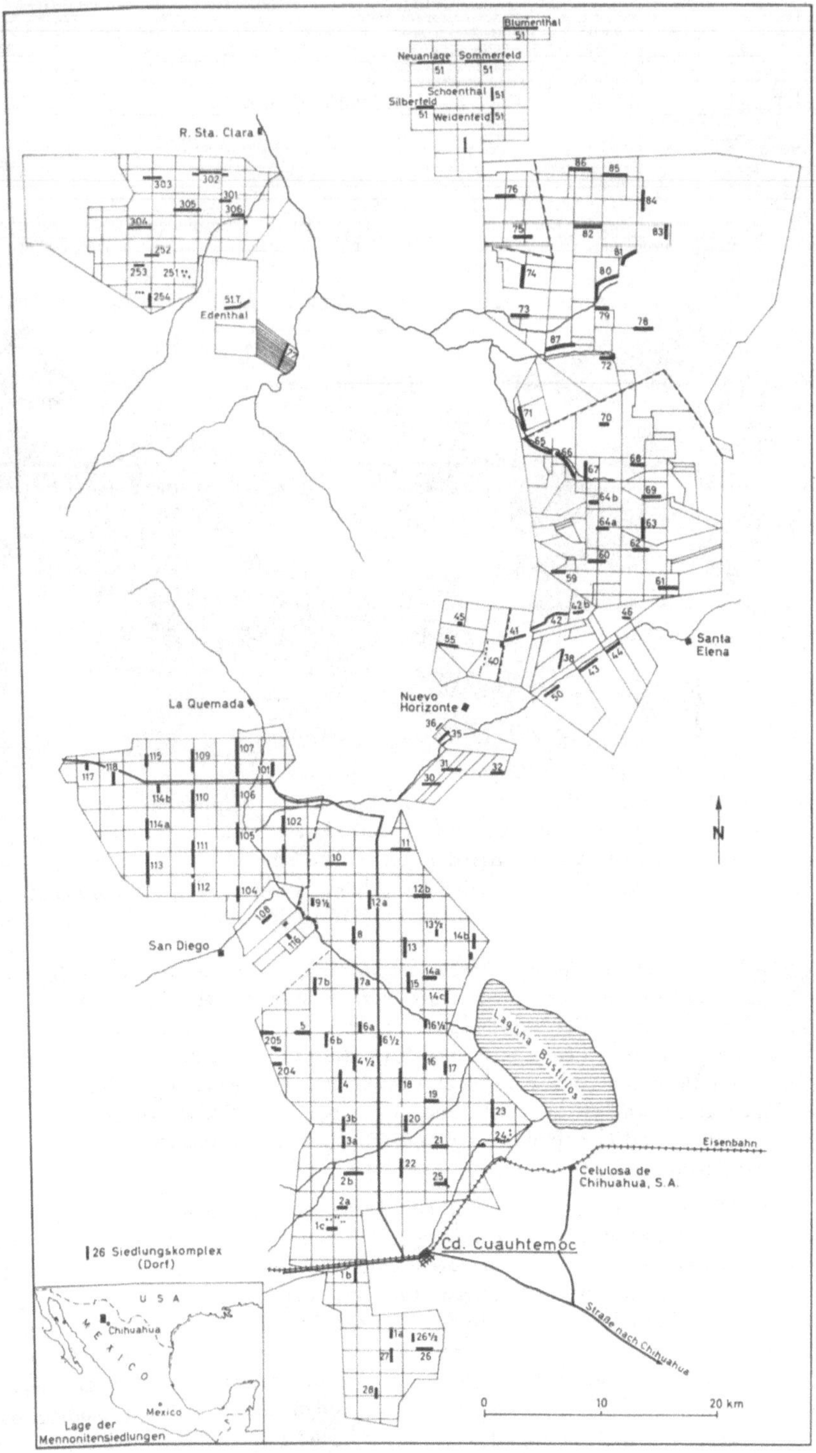

Abb. 68. Mennonitensiedlungen in Mexico bei Ciudad Cuauhtémoc (vormals „San Antonio" genannt). (Gezeichnet nach einer Karte, die von den Mennoniten selbst aufgenommen und gedruckt und dem Verfasser ausgehändigt worden ist). In der Legende sind Beispiele der Namen der Siedlungen aufgeführt, die von den Mennoniten gegeben worden sind, Zustand 1963. In südl. Hälfte, westl. Lag. Bustillos die „Manitoba-Kolonie", 62 728 ha, zwischen San Diego und La Quemada die „Swift-Kolonie", 29 928 ha, wie sie bis 1935 ausgebaut war, nach Angabe bei E. Meynem

Bild 38. Mennonitensiedlung bei Ciudad Cuauhtémoc (Chihuahua). Die sauberen Gehöfte der Mennoniten-Bauern sind auch aus den luftgetrockneten Adobeziegeln aufgemauert. Jedoch haben die Häuser ein ausgebautes Dachgeschoß unter dem Schindel- oder neuerdings mit Eternit gedeckten Giebeldach. Zu dem großen Gehöft gehören mehrere Wirtschaftsgebäude und Stallungen. (GIERLOFF-EMDEN Juli 1964)

einem hochrädrigen Einspänner, traben sie aber auch lustig zur Stadt und in die Nachbardörfer. Wie in einer richtigen Bauernwirtschaft werden überall viele Kühe, Schweine, Hühner, Enten und Gänse gehalten. War anfangs nur Ackerbau üblich, so haben sich der Wohlstand und die Krisenfestigkeit der Mennoniten gewaltig gehoben, seitdem Molkereien, Käsefabriken und Schlachtereien in der Kolonie angelegt worden sind, von denen aus Milch, Butter, Käse, Schmalz, Schinken und Speck weit in das Land, bis zum fernen Süden, verschickt werden. Zeitgemäße Brutmaschinen sind eingeführt; ein Beweis dafür, daß man die zweckmäßige Betriebsführung zu schätzen beginnt.

In den Häusern blitzt es vor Sauberkeit; da stehen feste Stühle und Bänke, messingbeschlagene Truhen mit Riesenschlüsseln, wie sie vor Jahrhunderten gebräuchlich und erforderlich waren. Die Geschirrschränke enthalten buntes Porzellan. Fußböden, Fensterrahmen, Möbel und Kissen haben lustige gelbe, blaue und rote Farbtöne und stehen in starkem Gegensatz zu den nüchternen und strengen Farben der Tracht. Bilder oder sonstiger Wandschmuck fehlen völlig. Der Verfasser sah selbst aber noch eine der alten russischen Bauernuhren mit Messinggewichten, die über Rußland und Kanada nach Mexico gelangt war. Auch diejenigen neueren Datums zeigen deutlich den russischen Einfluß auf ihrem Ziffernblatt und in ihrer Bemalung. Doch in diesen einfachen Räumen entbehrt man wirklich keinen Schmuck und Putz, denn die blitzblanken Fußböden, die hellen Gardinen und vor allem die vielen Blumentöpfe bringen Freude und Behaglichkeit hinein ...". R. GROTH [1127] *(Bild 37).*

E. MEYNEM beschrieb diese Siedlungen in seiner Arbeit: „Dorf und Farm, Das Schicksal Altweltlicher Dörfer in Amerika".

Siedlungen in Mexico

Größenordnung und Definition der Siedlungstypen. In welcher Art von Siedlungen leben die Mexicaner? Auf dem Lande gibt es einzelne Hütten in Streusiedlung, in indianischen Gebieten oft „*parajes*" genannt. Als „*lugar*" mit angefügtem Lokalnamen werden solche Plätze bezeichnet, an denen sich keine Dauersiedlungen, sondern nur Überbleibsel von solchen, zeitliche Feldhütten, Übernachtungsschutzdächer usw. befinden, bzw. die nur Erinnerung an eine einstige Siedlung bedeuten. Eine einzelne Landstelle nennt man „*rancho*", eine kleine „*ranchito*", indianisch auch „*jacal*"; sie entspricht unserem Gehöft. „*Rancherías*" sind Weiler, in Chiapas auch „*caserio*" genannt. Ländliche Siedlungen, die zu einer Gemeinde gehören, nennt man *aldeas,* sie haben einen „*alcalde auxiliar*" (Hilfsbürgermeister). Ein „*pueblo*" ist ein Dorf typisch indianischer Gebiete. Ein Flecken wird „*villa*" genannt, eine Stadt „*ciudad*". Als „*congregaciones*", Ansammlungen, werden lockere Siedlungsformen in der Statistik bezeichnet. „*Municipio*" ist eine Gemeinde, also ein Verwaltungsbezirk. Dieser besitzt einen Hauptort, „*cabecera*", und eine Anzahl von ländlichen Siedlungen, „*aldeas*". Diese Begriffe werden jedoch in der Statistik und im landläufigen Sprachgebrauch nicht einheitlich verwendet. *Ciudad,* Stadt, ist ein rechtlicher Begriff; ein Dorf kann mehr Einwohner haben als eine solche „Stadt", und die allgemeine Redensart, wenn jemand zur Siedlung (Dorf oder Stadt) geht, reitet oder fährt, heißt „*al pueblo*", d. h. zur Siedlung. Die kleinere Stadt ist nach ihrer Funktion und dem Warenangebot ausgezeichnet. Vom Lande kommend heißt es von solch einem Orte: „*hay de todo*", d. h. „es gibt dort alles". Für die zentrale Funktion eines Ortes sind zu berücksichtigen: Markt, Schule, Arzt, Apotheke, Motel, Propangasverteilung, Tankstelle, Landmaschinenwerkstätte, Kino.

Städtische und ländliche Siedlungen. Das Zahlenverhältnis städtischer zu ländlicher Bevölkerung hängt von der Definition städtisch ab. In Mexico wird als „städtisch" ein Ort mit mehr als 2500 E. bezeichnet (im Census). N. L. Whetten 1948 [846, 847] begründete seine Ansicht, erst Orte mit mehr als 10 000 E. in Mexico als städtisch zu rechnen: ‚in order that a settlement might be considered as urban in Mexico it must have at east 10 000 persons" in der Ansicht, daß diese Abschätzung der Realität am nächsten kommt, d. h., daß Orte mit weniger als 10 000 E. in Mexico nur selten städtisch sind und meist wenig städtische Aspekte (Aufriß und Funktion) haben. Desgleichen M. T. Gutierrez de Mac Gregor 1967, und A. Bassols-Batalla 1964. Gleich auf Grund welcher Basis der Zählung hat der Anteil der städtischen Bevölkerung Mexicos in den vergangenen Jahrzehnten zugenommen: 1910 und 1921 waren 16 bis 17% der Bevölkerung als in städtischen Bezirken lebend registriert (Census); 1960 waren 51% der Bevölkerung als in städtischen Bezirken lebend registriert (vgl. Tabelle) (Basis: städtischer Wohnbezirk als mit mehr als 2500 E. gerechnet). Auf der Basis von „städtisch" als einer Siedlung mit mehr als 10 000 E. lebten 1960 13 258 237 E. in Städten (38% der Bev.). Nach dem Census von 1950 lebte fast die Hälfte aller Menschen Mexicos in Ortschaften von der Größe von 100 bis zu 2500 E., d. h. meist in Dörfern, nur 7% in Einzelsiedlungen und Weilern, 14% in Siedlungen von 2500 bis 10 000 E., nur 15% in Städten

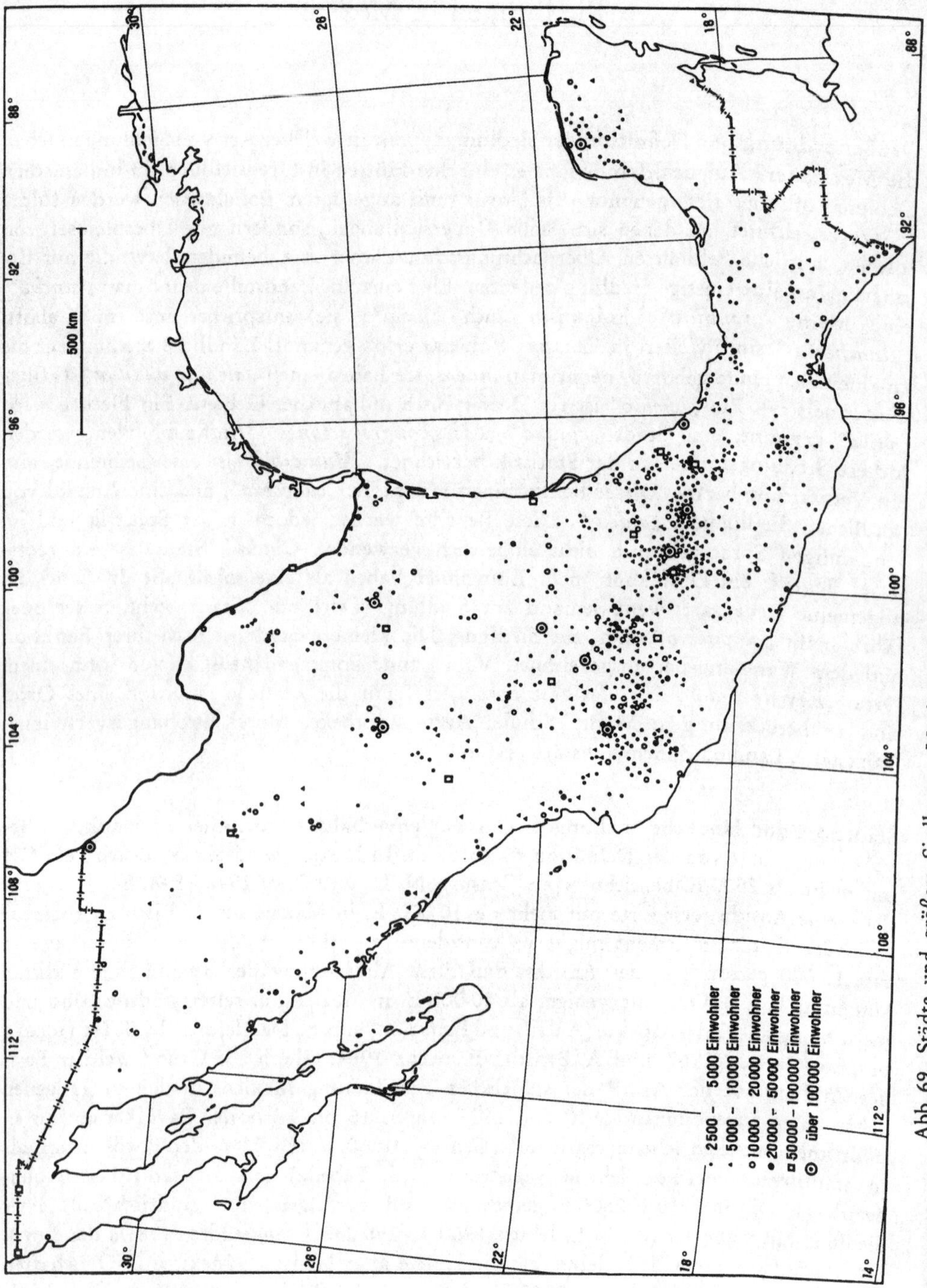

Abb. 69. Städte und größere Siedlungen Mexicos. (Entwurf: GIERLOFF-EMDEN nach dem Census v. 1950)

von 10 000 bis zu 100 000 E., 3,9 Mio. (15 %) wohnten in Großstädten und in der Hauptstadt *México*. 70 % der Bevölkerung lebten in Orten kleiner als 10 000 E. Für 1960 werden eine städtische Bevölkerung von 17,7 Mio. (50,7 %) und eine ländliche Bevölkerung von 17,2 Mio. (49,3 %) angegeben (Abb. 69 u. 78, Tab. S. 295 u. 296).

H. F. CLINE, 1952, veröffentlichte eine Bibliographie zu „*Mexican community studies*" [626]. Siehe auch [627, 628, 630, 632, 633, 634, 639, 640, 641, 788, 789].

Es hat sich eine prozentuale Zunahme der städtischen Bevölkerung im Vergleich zur ländlichen Bevölkerung ereignet. Aber bei der Berechnungsgrundlage der ländlichen Bevölkerung, d. h. Einwohner in Orten bis zu 10 000, sind es nur 38 % städtischer Bevölkerung in Mexico, d. h. absolut gerechnet, hat die ländliche Bevölkerung wesentlich an Einwohnern zugenommen.

Die Mehrzahl kleiner und kleinster Siedlungen findet sich im Süden Mexicos, zumeist in *Guerrero*, *Oaxaca* und auf *Yucatán*, also in den Indianersiedlungsgebieten. Die Indianer lebten 1960 in 893 municipios und in 18 509 Siedlungslokalitäten.

Verteilung der Siedlungseinheiten nach der Größe und Verteilung der Einwohnerzahl auf die Siedlungen (nach Dezimal-Schema) (zusammengestellt nach dem Census von 1950)

Siedlungen der Größe mit E.-Zahl von–bis	Zahl d. Siedl. Gesamt	E.-Zahl*) Gesamt	E.-Zahl Anteil in %
1– 99	65 090	1 772 256	6,9
100– 499	24 979	5 752 995	22,3
500– 999	4 940	3 406 603	13,2
1 000– 2 499	2 598	3 858 445	15,0
2 500– 4 999	609	2 063 467	8,0
5 000– 9 999	215	1 472 397	5,7
10 000– 19 999	92	1 259 484	4,9
20 000– 29 999	22	554 806	2,1
30 000– 39 999	10	323 135	1,2
40 000– 49 999	11	507 855	2,0
50 000– 74 999	11	653 303	2,5
75 000– 99 999	3	274 703	1,1
100 000–249 999	7	955 335	3,7
250 000–499 999	2	710 438	2,7
500 000 u. mehr	1	2 234 795	8,7

*) Die E.-Zahl Gesamt ergibt sich aus diesen Teilsummen um 10 000 E. differierend von anderen Statistiken.

Anzahl der Siedlungen der Größenklasse

Jahr	1–100 E.	101–500 E.	501–2500 E.
1900	31 599	16 968	4 756
1910	45 293	19 425	5 083
1921	38 962	17 254	4 796
1930	48 102	18 493	5 274
1940	75 673	22 894	5 918
1950	57 412	24 825	7 356

Quelle: *Censo de Población* 1950

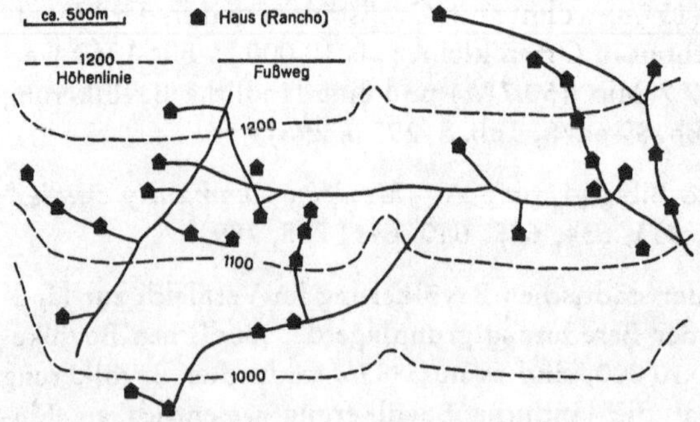

Abb. 70. San Juan Juquila. Streusiedlung der Indianerbevölkerung. (Nach NADER 1964)

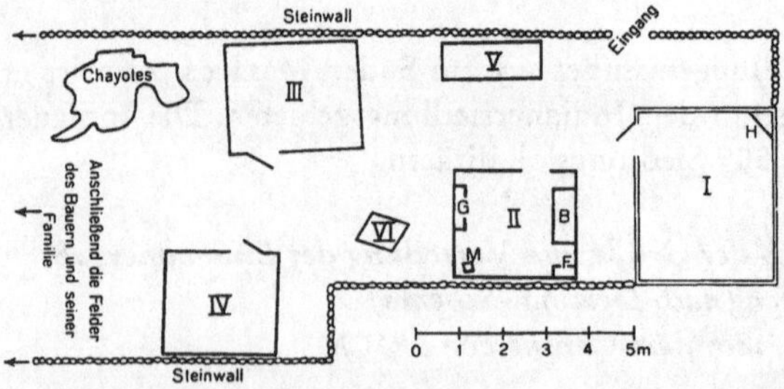

Abb. 71. Anwesen im Dorf San Gregorio Atlapulco. Die an den Hofplatz anschließenden Felder sind chinampas und liegen im Bereich des ursprünglichen Sees Xochimilco. (Nach SCHILLING)

I = Hütte, die dem Bauern, seiner Frau und zwei Töchtern als Schlafraum dient. Die Wände sind aus adobe, das Dach aus Stroh. Die Einrichtung besteht aus mehreren Matten und Decken und einem Hausaltar (H)

II = Küche aus Holzstäben mit Strohdach. Einrichtung: Bank (B), Geschirrbrett (G), Feuerstelle (F), Mahlstein (M)

III = Schlafhütte des ältesten Sohnes, seiner Frau und seiner drei Kinder

IV = Schlafhütte des jüngeren Sohnes, seiner Frau und seines Kindes

V = Schweinestall, aus ein paar Holzstäben zusammengestellt

VI = Maisschober (Abb. 72)

Chayotes: Sechium edule Sw. Kürbis

Gehöfte und Weiler. *Ranchos* und *Rancherías.* Wie die statistische Aufstellung zeigt, gibt es in Mexico über 65 000 Siedlungen mit weniger als 100 E. und 25 000 Siedlungen mit 100 bis 500 E. Diese Einzelsiedlungen und kleinere Agglomerationen sind entweder Gehöfte, Weiler oder *„ejidos"*, also landwirtschaftliche Kommunen (vgl. Abschn. Landwirtschaft und Abb. 69). Über die Gehöfte bestehen eine Anzahl detaillierter Darstellungen, z. B. NADER, *Talea* und *Juquila* [639], R. L. BEALS u. a. [765], J. DE LA FUENTE, *Yalalag* [632], SCHILLING, *Xochimilco* [837] (Abb. 71), COVARRUBIAS *Tehuantepec* in *„Mexico South"* [1194], R. REDFIELD u. A. VILLA ROJAS 1962, *Chan Kom,* ein Mayaort [643].

Fast alle Einzelsiedlungen sind durch Lesesteinmauern oder Kakteenhecken umgrenzt (Abb. 67, 71, *Bild 39).* Häufig findet sich ein mit Ziegeln überdachtes Eingangstor auf Holzpfosten oder gemauerten Pfeilern mit einer Lattenpforte vor den *ranchos* oder *jacales,* D. D. BRAND u. J. D. NUÑEZ *Quiroga* [625]. Zum Gehöft gehört ein Schuppen als Speicher, *troje* bei den Tarasken, *cuescomate* oder *zencal* bei den Nahua genannt (Abb. 72), oder ein Unterstand für Tragtiere (Esel), *enramada,* neuerdings in den Ejidosiedlungen und den Einzelgehöften in manchen Bewässerungsgebieten auch Geräteschup-

Abb. 72. Formen indianischer Maisspeicher. (Zeichnung: GIERLOFF-EMDEN)
In Zentral- und Südmexico die sogenannten „cuescomate" zweite Form von links. 1 und 3 nach R. C. WEST. (Mais ist in solchen Speichern bis zu 5 Jahren lagerfähig. (E. MÜHLENPFORDT [22])

pen [1094] *(Bild 39)*. In indianischen Siedlungen gehört zum Gehöft auch das gemauerte Schwitzbad, *„temazcal"*, wie im Tal von *Puebla*. In der Nähe oder auf den Ländereien sind einzelne als Schattenspender fungierende Strohdächer auf 4 Pfähle gesetzt, sogenannte *ramadas*.

Dörfer. Über den Siedlungsbegriff „Dorf" gibt eine Darstellung von K. HELBIG ein treffendes Bild.

„Nicht lange bevor ich nach Chiapas kam, waren in den Dörfern, soweit man sie einigermaßen erreichen konnte, Bestandsaufnahmen durchgeführt worden, um zu ermitteln, was eigentlich an den uns gewohnten und selbstverständlichen Einrichtungen vorhanden war. Ich will hier ein Durchschnittsergebnis anführen – nicht etwa ein besonders nachteiliges –, und zwar aus einem großen Dorf mit damals 672 Einwohnern; ich habe es später auf meinen Märschen selber besucht. Folgende Fragen wurden mit einer ‚Null' oder einem ‚Nein' beantwortet:

Öffentliche und private ärztliche Versorgung einschließlich Hebamme, Dentist, Krankenhelfer; gereinigtes Trinkwasser, Stromversorgung, Autostraße, Motorfahrzeuge und Motoren für sonstige Zwecke; Flugverkehr, Telegraf, Telefon (das einzig vorhandene für das Gemeindeamt war gerade ‚in Reparatur' – und die kann in Mexico bis in alle Ewigkeit dauern!), Radio, Postdienst; Kirche, Priester, Dorfheiliger; Militär, Polizei, Kontrolle der Prostitution; Markt, Bäder, Abfallbeseitigung, Aborte oder Gemeinschaftslatrinen, Drainage; Bibliothek, Zeitungen, Kino; intellektuelle oder soziale Vereinigungen, solche von Frauen (für sie gab es immerhin ‚einige Zusammenkünfte im Lehrerhaus'), Vereinigungen von Jugendlichen, Patrioten oder politisch Interessierten ... Für alles das lautete die Antwort also ‚keine' oder ‚nein'. Eine traurige, aber sehr reale Bilanz, die ein Schlaglicht auf das armselige Dasein dieser Menschen wirft!" K. HELBIG [1392].

O. SCHMIEDER [647] besuchte 1921 im Rahmen kulturgeographischer Arbeiten mit C. O. SAUER die alten indianischen Dörfer *Mitla* der *Zapoteken* in *Oaxaca* und *Cuajimalpa* der *Azteken* (Mije) bei *México D. F.*, die seit der Zeit vor der spanischen Epoche bestehen. Beide Dörfer wurden 1962 von G. SANDNER wieder besucht und beschrieben 1964 [646], *Mítla* wurde 1964 vom Verfasser besucht (Abb. 73, *Bild 39*).

Bild 39. Siedlung bei Mítla (Oaxaca). Indianer und Mestizen in der Umgegend von Mítla bewohnen Einfamilienhäuser, deren Wände aus Adobeziegeln erbaut sind. Die Dächer sind mit Ziegeln gedeckt. Die Grundstücke sind durch Kakteenhecken voneinander getrennt. Rechts im Bilde als Anbau ein Backofen. (GIERLOFF-EMDEN Juni 1964)

Mitla, ein Zapotekendorf. „Das Ortsbild hat sich gegenüber 1929 nur sehr geringfügig verändert. Mächtige Hecken aus Orgelkakteen, dichte Rohrzäune und Opuntienhecken schließen die Höfe gegen die staubigen Dorfstraßen ab und gliedern die einzelnen Baublöcke in unregelmäßige Parzellen. Die unverputzten, einstöckigen Lehmziegelhäuser, die noch 1935 vorwiegend mit Rohr gedeckt waren, tragen heute flache Ziegeldächer und sind nur gegen die kahlen Hofplätze geöffnet. Hier und da schließen sich kleine Gartenstücke mit Mais, Agave, Opuntie und Gemüse den Höfen an. Gegenüber 1929 ist die Bebauung erheblich dichter geworden, aber nur auf dem kleinen *Paraje Yeg-wala-ro* im Nordosten wuchs das Dorf über seine alten Grenzen hinaus. In der Nähe der kleinen *Plaza* entstanden vor wenigen Jahren die ersten Ziegelhäuser, die als Läden, Lagerschuppen und Apotheke dienen. 1935 erhielt das Dorf eine Wasserleitung, 1961 Telephonanschluß, und in einigen Jahren wird es vielleicht an das Elektrizitätsnetz angeschlossen. Fügt man den genannten Neuerungen einige kleine Bauten auf der staubigen Plaza hinzu, so sind alle wesentlichen Veränderungen des Ortsbildes innerhalb der letzten drei Jahrzehnte erfaßt. 1929 stellte SCHMIEDER fest: „The present population is 2007 (Zählung von 1921; 1929 etwa 3000 einschließlich der heute selbständigen Ranchería mit 15 Familien, d. Verf.) . . ."

„Im Volkstum sind nur geringe Veränderungen gegenüber 1929 zu beobachten. Umgangssprache ist nach wie vor das Tzapotekische, die Schulkinder unterhalten sich allerdings vielfach spanisch, das von den meisten Einwohnern verstanden und zumindest mit tzapotekischem Akzent gesprochen wird."

„Da in der Landwirtschaft und im Gewerbe des Dorfes keine zusätzlichen Beschäftigungsmöglichkeiten bestanden, gingen 1945 die ersten Wanderhändler als Fremdarbeiter nach Texas und Kalifornien. 1962 arbeiteten schon 150 Männer zeitweilig in den Vereinigten Staaten. Sie ver-

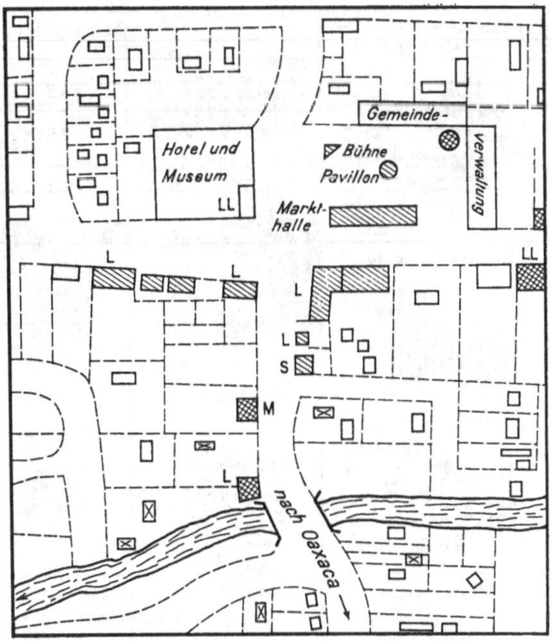

Abb. 73. Dorfzentrum von Mítla. (Nach E. C. PARSON 1931, verändert von G. SANDNER)

dienen 1,00 bis 1,25 Dollar in der Stunde und übernehmen Kontrakte für 6–8 Wochen oder 6–8 Monate ausschließlich im Sommerhalbjahr."

„Alle Fremdarbeiter kehren wieder nach Mitla zurück und investieren das verdiente Geld in Kleidung, Radio, Hausbau und Mobiliar." G. SANDNER 1964 [646].

Im Hochtal von México gibt es eine Anzahl von Indianersiedlungen, die z. T. aus präkolonialer Zeit oder aus der zweiten Hälfte des 15. Jh. der frühen Kolonialzeit stammen. Diese Siedlungen haben unterschiedliche Grundrißformen. Ein Beispiel zeigt das Aztekendorf **Cuajimalpa.** Es liegt 20 km südwestlich des Stadtkernes von Ciudad de México in einem kuppigen Hügelland (Abb. 75). „Der von SCHMIEDER beschriebene und teilweise reproduzierte *Codex Cuajimalpa* aus dem Jahre 1534 zeigt, daß der Ort als Rodungssiedlung in einem Kiefernwaldgebiet entstand und seine Gemarkung den gleichen Typ einer schrittweise ausgedehnten *Paraje*-Flur aufweist wie die Tzapotekensiedlungen. Dabei wurde gelegentlich Landbesitz der benachbarten Haciendas aufgekauft, die sich im Laufe des 16. Jahrhunderts in der Umgebung des Dorfes entwickelt hatten. Wie in Mitla ist hier jedes *Paraje* in eine Vielzahl kleiner Parzellen verschiedener Eigentümer aufgeteilt, doch fehlt in *Cuajimalpa* der in *Mitla* noch so umfangreiche Gemeinbesitz. Einschließlich des Waldes und der Ödländereien soll 1929 bereits der gesamte alte Gemeinbesitz aufgeteilt gewesen sein, so daß sich bei der Neuanlage von Feldern durch Rodung sogleich wieder kleine Besitzeinheiten herausbildeten". G. SANDNER.

„Wenn auch die regelmäßige, schematische Gliederung der spanischen Kolonialstadt fast überall auch auf die ländlichen Siedlungen, auch die jüngster Gründung, übertragen zu sein scheint, so gilt das doch nicht allgemein. Besonders in der Umgebung von *Tlaxcala* und *Cholula* sind lockere Schwarmdörfer zu beobachten, aus denen sich offenbar durch örtliche Verdichtung die sog. „Barriosiedlungen" entwickelt haben, das sind aus mehreren Ortsteilen mit eigener kirchlicher Organisation bestehende größere Dörfer. Dort liegen teilweise die Gehöfte noch, wie es wohl in der vorspanischen Zeit die Regel war, inmitten des Feldstückes. Bezeichnenderweise finden sie sich dort, wo die indianische Bevölkerung besonders lange geschlossen erhalten geblieben ist." F. TICHY 1968.

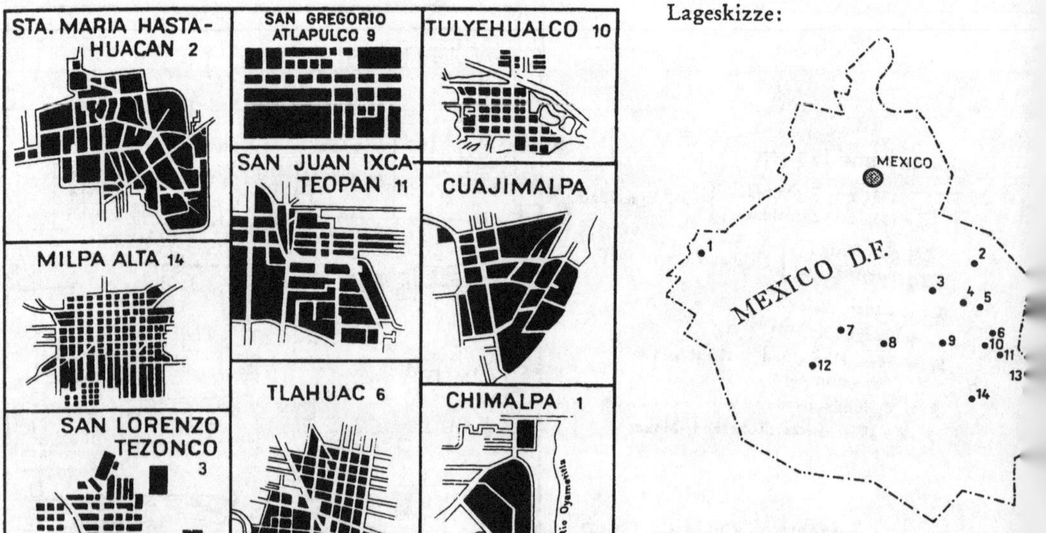

Abb. 74. Alte Siedlungen im Hochtal von México in der Umgebung der Hauptstadt. Bemerkung: Cuajimalpa hat Nr. 15, in Lageskizze ausgelassen. Es liegt auf halber Strecke zwischen „12" und Ciudad de México. (Entwurf: GIERLOFF-EMDEN)

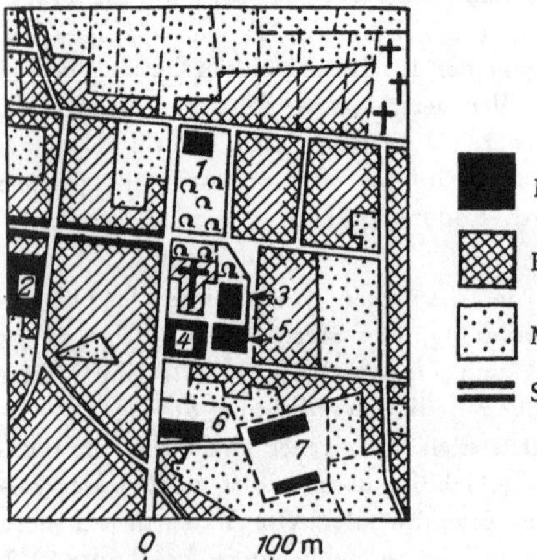

Moderne Betongebäude, 1961–62 gebaut

Bebaute Fläche, Adobehäuser und Gartenparzellen

Maisfeld mit Agavenhecke

Straßenverbreiterung, Neubau 1962

Abb. 75. Dorfzentrum von Cuajimalpa 1962. (Nach G. SANDNER)

„Seit 1929 hat *Cuajimalpa* einen tiefgreifenden Strukturwandel und, im Gegensatz zu Mitla, eine grundlegende Umformung des Dorfbildes erlebt. Nach einem beträchtlichen natürlichen Bevölkerungszuwachs zählte *Cuajimalpa* 1962 zwischen 8000 und 9000 Einwohner. Nach Auskunft des Bürgermeisters lebt kaum noch eine Familie ausschließlich von der Landwirtschaft. Auf den ererbten kleinen Parzellen werden in erster Linie Mais und Agave für den Eigenbedarf angebaut, nur wenige Einwohner besitzen einige Kühe oder Gemüsefelder. Gegenüber *Mitla* fehlen Ansätze gewerblicher Wirtschaft, und auch das Warenangebot der kleinen Läden ist weitaus dürftiger, als nach der Einwohnerzahl zu erwarten wäre." „Im Gegensatz zu den streng konservativen Besitzverhältnissen Mitlas herrscht in *Cuajimalpa* eine auffällige Beweglichkeit, die sich auch im Siedlungsbild äußert. In allen *Parajes* entstanden in den letzten Jahrzehnten kleine Einzelhöfe und Hütten. Auf den nordöstlich des Dorfkernes gelegenen Flurteilen ließen sich Stadtbewohner und einige Ausländer nieder, an der Autostraße entstand eine lockere Reihe armseliger Hütten, die mit Tankstellen, Reparaturwerkstätten und einigen Kleinbetrieben zur Autoreifenverwertung oder Autobemalung abwechseln. Der Dorfkern selbst befindet sich seit 1961 in einem tiefgreifenden Umbruch. Die Dorfstraßen sind asphaltiert und verbreitert, sie tragen jetzt stolze *Avenida*-Namen. Die alten Adobehäuser wurden auf beiden Straßenseiten um 3–5 m zurückversetzt oder durch 1–2stöckige, bunte Ziegel- oder Betonhäuser ersetzt. Bei diesem Umbau, mit dem zugleich die Anlage von Kanalisation und Wasserversorgung erfolgte, wurden zahlreiche Parzellenteile entschädigungslos enteignet oder, bei größeren Parzellen, zwangsweise aufgekauft. Moderne Glasbetonbauten für die zentrale Markthalle, eine höhere und zwei Volksschulen, die Polizeiverwaltung, das Gesundheitsamt, eine kleine Freilichtbühne und das moderne dreistöckige Gemeindeamt auf der Plaza Central kontrastieren scharf mit den ärmlichen Lehm- und Holzhütten in den noch nicht sanierten Straßen. Dieser nahezu explosive Ausbau des Dorfes wurde nur durch das geschickte politische Verhalten der Dorfdelegation bei der Provinzialregierung möglich und ist als ‚Demonstrativmaßnahme im Rahmen der Erneuerung des Mexicanischen Dorfes' zu verstehen." G. Sandner, Wandel und Beharrung in zwei mexicanischen Dörfern 1929–1962; 1964 [646].

Wohnstätten

Das Wohnungswesen ist ein Aspekt des Lebensstandards, der sich seit 1940 in nur sehr geringem Maße gebessert hat. Mit der rapiden Zunahme der Bevölkerung und der Verstädterung sind die in den Elendsvierteln herrschenden Zustände und die Überfüllung in den Städten tatsächlich noch schlimmer geworden. Von den 5,2 Millionen Wohnungen, die der mexicanische Census 1950 anführt, bestanden 60 % nur aus einem Raum und 25 % aus zwei Räumen, 70 % aller Häuser waren aus luftgetrockneten Ziegeln, Holz, Pfählen und geflochtenen Zweigen erbaut und nicht mehr als 18 % aus richtigen Mauern und Ziegelsteinen. Nur 17 % der Häuser hatten eine eigene Wasserleitung.

Die Wohnstätten. Die *Indianer* leben traditionsgemäß meist in Hütten (Abb. 76). Unverändert sind die typischen ovalen Hütten der *Maya* seit der Zeit vor der Eroberung Mexicos durch die Spanier bis zur Gegenwart gebräuchlich *(Bild 40)*.

Als extrem dürftige Wohnstätte auf der unteren Stufe der Zivilisation gibt es die aus zusammengestellten Holzstangen und Sträuchern erstellten Schutzhütten der wenigen, noch als Sammler lebenden Indianer auf der Halbinsel *Baja California* [1101, 1085], und als Randerscheinung der Moderne die in Form von Brettern und Blechen zusammengenagelten Hütten der Slums am Saum einiger Städte, wie z. B. in *Tijuana* [1094] *(Bild 84)*. Obwohl große Armut bei der unteren Sozialgruppe vorherrscht, gibt es in Mexico kaum

Menschen, die keine, sei es auch noch so primitive Hütte besitzen und die auf der Straße oder im Freien schlafen, wie dies in den Ländern des Orients der Fall ist. Es kommen einige Ausnahmen vor, die, wie z. B. in *Coatzacoalcos*, zu temporären Elendslagern geführt haben: dort „bewohnen" Indianer die Schienenwege unter abgestellten, ausrangierten Waggons der transisthmischen Eisenbahn. In *Mexicali* werden die schmalen Streifen „Ödlandes" zwischen Bewässerungskanälen und Straßen als Siedlungsgasse der Armen genutzt. Ein beachtlicher Prozentsatz der Stadtbevölkerung lebt in Elendsquartieren oder Armenvierteln, die unter der Bezeichnung *vecindades* bekannt sind. Dort entbehren die Einwohner zureichende Wasserversorgung und es gibt nur mangelhafte sanitäre Einrichtungen. Gewöhnlich bestehen diese *vecindades* aus einer oder mehreren Reihen ein-

Verteilung der Einwohner nach den verschiedenen Arten der Haustypen (unterschieden nach Baumaterial) (nach Census 1950)

Staat	Wohngemeinschaften	Baumaterial						
		Adobe	Holz	Ziegel	verputzt mit Lehm	Natursteinblöcke	Zement u. Kunststein	Andere
Estados Unidos Mexicanos	**6 409 096**	**3 183 566**	**588 486**	**1 546 946**	**494 554**	**170 562**	**75 756**	**394 226**
Aguascalientes	42 152	31 020	252	9 658	254	123	105	740
Baja California	98 889	31 888	28 171	14 178	6 859	803	36	16 954
Baja California T. S.	14 429	1 719	5 063	2 905	2 470	273	82	1 917
Campeche	30 648	8 814	1 882	4 654	6 058	7 259	148	1 833
Coahuila	165 130	121 062	7 202	18 219	2 580	842	992	14 233
Colima	30 949	16 265	2 025	8 343	2 216	94	69	1 937
Chiapas	226 075	56 720	41 846	31 654	70 312	2 322	131	23 090
Chihuahua	226 885	191 446	16 512	9 371	1 302	914	1 923	5 417
Distrito Federal	902 083	191 314	44 466	618 962	2 617	21 413	4 708	18 603
Durango	135 404	114 323	10 206	6 836	1 206	799	519	1 515
Guanajuato	311 981	182 909	3 216	65 366	6 293	15 260	13 114	25 823
Guerrero	222 234	89 982	31 924	13 236	70 605	1 602	280	14 605
Hidalgo	183 750	72 316	22 287	30 382	14 197	23 339	4 161	17 068
Jalisco	433 157	312 978	10 833	80 983	8 913	3 787	6 502	9 161
México	342 997	222 327	28 265	56 649	5 933	6 976	8 594	14 253
Michoacán	340 067	217 461	45 867	36 061	17 583	5 134	4 192	13 769
Morelos	73 552	36 019	3 460	21 606	5 585	1 878	263	4 741
Nayarit	71 598	31 040	11 041	16 674	5 872	933	484	5 554
Nuevo León	194 641	109 652	12 039	44 094	5 977	2 063	5 556	15 260
Oaxaca	339 576	134 613	65 214	35 880	72 480	4 545	1 018	25 826
Puebla	368 785	162 862	54 342	73 046	25 443	25 746	3 532	23 814
Querétaro	68 190	19 799	5 184	9 323	7 565	9 666	8 752	7 901
Quintana Roo	9 836	3 737	1 387	1 716	2 176	258	9	553
San Luis Potosí	192 553	113 725	10 427	27 866	21 230	4 166	4 838	10 301
Sinaloa	132 095	37 694	12 971	38 613	24 475	3 040	420	14 882
Sonora	137 862	72 443	11 718	31 655	8 994	1 508	343	11 201
Tabasco	77 368	36 153	4 393	20 347	5 020	3 105	87	8 263
Tamaulipas	197 115	60 769	41 755	42 009	30 944	4 437	992	16 209
Tlaxcala	65 245	50 304	1 178	3 599	1 113	3 563	331	5 157
Veracruz	507 912	251 616	51 295	135 919	48 061	8 934	1 028	11 059
Yucatán	117 475	68 773	1 036	34 380	8 407	3 092	92	1 695
Zacatecas	148 463	131 823	1 029	2 762	1 814	2 688	2 455	5 892

1. Reihe (von links): Plankenhaus der Tarasken, Michoacán (nach R. C. West, Middle America)
Haus der Nahuaindianer (nach O. Schmieder, Mije)
Rundhütte der Huaxtekenindianer im nördlichen Veracruz (nach R. C. West, Middle America)

2. Reihe (von links): Blockhütte der Mije-Indianer in Oaxaca (nach O. Schmieder, Mije)
Hütte der Zapoteken in Oaxaca (nach O. Schmieder, Mije)
Haus der Zapoteken in Oaxaca (nach O. Schmieder, Mije)

3. Reihe (von links): Indianerhütte der Bergindianer von Chiapas. Wände: gespaltenes Stangenholz, Dach: Palmstroh (nach K. Helbig, Chiapas)
Tzotzil-Haus in Chiapas (nach R. C. West, Middle America)
Hütte in der Küstenebene (Veracruz–Tabasco) aus pflanzlichem Material erbaut (nach K. Helbig, Soconusco)

Abb. 76. Hütten, zumeist Wohnstätten der Indianer. (Zeichnung: L. Gierloff-Emden)

stöckiger Wohnhäuser mit ein oder zwei auf den gemeinsamen Hof führenden Zimmern. Die Wohnhäuser sind aus Zement, Ziegelsteinen oder Lehm erbaut. Sie bilden eine gut übersichtliche Einheit und erinnern an ein kleines, abgeschlossenes Gemeinwesen. In Form und Größe sind die *vecindades* sehr verschieden. Manche bestehen nur aus einigen

Bild 40. Maya-Hütte bei Uxmal (Yucatán). Die Hütten der Maya-Landbevölkerung sind meist von ovalem Grundriß. Auf einem Sockel von gesammelten Natursteinen sind Stangenhölzer – zum Teil mit Lehm beworfen – aufgestellt. Das Dach ist palmstrohgedeckt. (GIERLOFF-EMDEN Juni 1964)

wenigen Wohnungen, andere hingegen aus etlichen hundert. Einige befinden sich nahe dem Geschäftszentrum von Ciudad de México. Es handelt sich dabei um verfallene, zwei- oder dreigeschossige Häuser, die noch aus der spanischen Kolonialzeit stammen.

Mexico ist ein Land mit viel Raum, mit Arealen, die praktisch immer noch ungenutzt sind, die Niemandsland sind. Es ist also vielerorts Platz zum Bau einer Behausung. Die Menschen hängen am Milieu ihrer eigenen Hütte. Wo Hüttensiedlungen zu Sanierungszwecken abgerissen werden, verlieren diese Menschen ein Stück Heimat. Abgesehen davon, daß diese Bewohner zumeist einem Sozialstand angehören, der ihnen das Mieten einer Wohnung auch in im Sozialbau errichteten neuen Wohnblock nicht erlaubt, bietet die Hochhauswohnung ihnen keinen Ersatz für ihren intimen Lebensraum, wie ihn die Hütten oder Höfe bieten, wo sie z. B. Kleinvieh halten können.

Die **Hütten und Häuser** der ländlichen Siedlungen sind entweder aus luftgetrockneten Lehmziegeln, den *Adobeziegeln* (Lehm und Stroh gemischt) erbaut, – wo diese Bauart vorherrscht, wie im nörlichen zentralen Hochland zwischen Zacatecas und Chihuahua *(Bild 41)*, bestimmt das sonnengedörrte Braun das Bild der Siedlungen – oder aus lehmverschmierten Stangenholzwänden hergestellt, *„bahareque“* [766]. In den hohen Sierren kommen auch Blockhäuser mit Bretterwänden vor (Abb. 77). Die Dächer sind mit Palmstroh oder hartem Grasstroh gedeckt, (Abb. 77, *Bild 42*). Sehr detaillierte Beschreibungen sowie fotografische Darstellungen und Zeichnungen finden sich in I. KELLY und A. PALERMS Arbeit über die *Tajin-Totonaken* [1240], bei denen die handwerkliche Kunst,

Bild 41. Gehöft in Adobeziegelbauweise bei Ciudad Cuauhtémoc (Chihuahua). Besonders im trockenen Hochlandgebiet von Mexico sind die Häuser aus Adobeziegeln errichtet. Die Mauern enthalten keine Stangenhölzer. Die Dächer sind flach und aus Holzstangen, die mit Lehm bedeckt sind, errichtet. Die Vieh-Corrals sind zum Teil von Adobeziegel-, zum Teil von Lesestein-Mauern umgeben. Das kubische Adobeziegel-Gehöft ist für Zentral- und Nord-Mexico typisch. (GIERLOFF-EMDEN Juli 1964)

Dächer mit Flechtwerk ohne Nägel zu decken, noch erhalten ist. Oft genug enthalten die Hütten nur einen einzigen Innenraum, teilweise auch Kochraum und Schlafstätte – z. T. durch Matten getrennt *(Bild 43)*. Über das Inventar berichten mehrere Autoren ausführlich, so z. B. SCHILLING [837], COVARRUBIAS [1194] u. a. (Abb. 71 u. *Bild 43*). Eine Übersicht über die Verteilung der Hausformen des pazifischen Nordwestens gab G. PFEIFFER [1116], der die einzelnen Typen von *Sonora* und *Sinaloa* beschrieb und in eine Karte einzeichnete. Weit verbreitet sind Veranda-Vorbauten [1194] und vorspringende Dächer auf Säulen, auch zur Straßenseite, sogenannte *portales* (Abb. 77). Über die Ziegelherstellung und Baustoffe zum Hausbau im Tal von Puebla berichtet E. SEELE.

Die Mexicaner haben eine sehr starke Bindung zu Wohnstätten, die sich gleichermaßen aus der bäuerlich indianischen Tradition wie aus der spanischen Lebensweise ableitet. Diese Beziehung zum „Heim" findet ihren Ausdruck auch in der Redensweise *„es su casa"* als Höflichkeitsformel gegenüber den neuen Bekannten oder dem Gast, die Wendungen *„mi casa"* und *„su casa"* tauchen sehr häufig in Gesprächen auf. Das von spanischer Kultur überkommene Haus, gleich ob Eigentum und ganz von einer Familie bewohnt oder als Mietwohnung in den eingeschossigen Häuserzeilen der *„cuadras"* hat *„den Rücken"* nach außen gekehrt, es besitzt als zentralen Wohnplatz den Innenhof, sei es als blumengeschmückten *Patio* oder als Wirtschaftshof, teils von Regendächern geschützt *(Bild 44)* [781, 786]. Diese Tradition wird seit zwei Jahrzehnten entscheidend durch-

Bild 42. Einfamilienhaus in Cosoleacaque, westlich Minatitlán in Tabasco. Das rechteckige Haus, aus Holzstangen und Flechtwerk errichtet, mit Lehm verputzt und mit Kalk getüncht, fensterlos und mit einem Palmstrohdach gedeckt, stellt den Typ des älteren Dorfhauses dar (soweit nicht wie im Norden Mexicos aus Adobeziegeln erbaut), wird aber auch in der Gegenwart noch erbaut, weil die Erstellung aus dem Material der Umgegend billig ist. (GIERLOFF-EMDEN Juni 1964)

brochen. Mit dem Ausbau der Städte und der Anlage von *„colonias"*, Villenvierteln vor der Stadt, aber auch der Erneuerung von reihenhausartigen Bauten in Altstadtvierteln wurden Häuser aus Zement und gebrannten Ziegeln erbaut, die mitteleuropäische Formen „mit dem Blick nach außen" haben *(Bild 89)*. Vom alten Sicherheitsbedürfnis konnte man sich selten lösen, so daß die Fenster vergittert blieben, sofern nicht die unschönen Eisenrutenfenster verwendet wurden. Der Innenhof fehlt oft. Um dem einfallenden

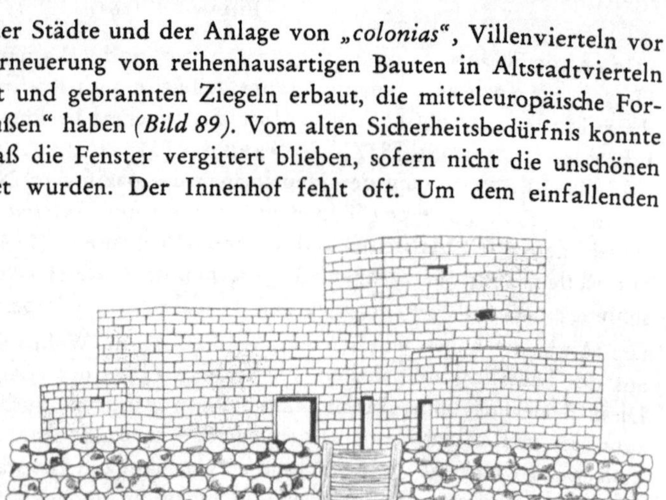

Links: „bahareque" oder „embarro"-Haus. Wände aus Knüppelwerk mit Lehmbewurf, Dach aus Kiefernholzschindeln, durch Holzstifte befestigt, aus der Region von Chiapas (nach K. HELBIG)
Rechts: Flachdachhaus aus Adobe-Ziegeln, häufig in Nord- und Zentralmexico (nach R. C. WEST)

Abb. 77 a. Mexicanische Wohnstätten

Bild 43. Feuerstelle in einem indianischen Haus in Zinacantan (Chiapas). Zum häuslichen Inventar aller indianischen Wohnplätze und vieler kleineren Ranchos gehört die seit Jahrtausenden gebräuchliche Einrichtung zum Zerquetschen der Maiskörner: Eine Mahlplatte aus Stein (Metate) und eine dazugehörige Steinrolle, meist aus vulkanischem Gestein gefertigt (Mahlplatte im Bilde rechts).
(K. Helbig)

grellen Sonnenlicht von außen zu begegnen, gibt es Schattenleisten aus Beton, und um die Temperatur im Hause im Sommer kühl zu halten, wie es durch Bauweise beim alten z. T. von *Arkaden* umgebenen *Patiohaus* gegeben war, hat man elektrische Kühlaggregate.

Links: Ländliches Haus in Nord-Ost-Mexico (nach R. C. West)
Rechts: Haus typ. südspanischen Ursprungs, in Mexico und Zentralamerika eingeführt. Ein Dach mit roten Ziegeln gedeckt und geschnitzte Balken der Veranda sind typisch (nach R. C. West)
Abb. 77 b. Mexicanische Wohnstätten

Bild 44. Innenhof (Patio) in San Cristóbal de las Casas (Chiapas). Der Patio ist für die Gebäudeanlage vieler Stadt- und Landhäuser in Mexico typisch. Das Gebäude umschließt einen rechteckigen Hof. Die Zimmer haben ihre Türen zum Hof. Der überdachte Umgang wird von Balken oder Säulen gestützt. Gepflegte Häuser weisen große Blumenkübel und Keramiken im Hofe auf. (GIERLOFF-EMDEN Juni 1964)

Bei aufwendigen Häusern wird auch Natursteinverkleidung verwendet, in der Mehrzahl herrschen verputzte oder gekalkte Wände vor *(Bild 45 u. 46)*. Einzelnstehende Häuser sind z. T. immer noch von Mauern umgeben. Gepflegte Rasenflächen sind wegen der brennenden Sonne selten vorhanden.

Eine treffende Beschreibung städtischer Häuser lieferte F. RATZEL (1878) [500]:

„Die Mehrzahl der Häuser ist eingeschossig. Sie haben fast durchaus flache Dächer, und der massige Eindruck ihrer sehr soliden Bauart wird noch erhöht durch die verhältnismäßig geringe Anzahl der Fenster. Die niedrigen Häuser in den Nebenstraßen und Vorstädten haben oft außer den Thoren gar keine Oeffnung nach Aussen. In den grösseren Häusern ist die innere Einrichtung meist derart, dass man durch eine breite Einfahrt in einen Hof tritt, aus dessen Hintergrund eine Treppe zu dem offenen Corridor hinaufführt, der rings um das erste Stockwerk herumläuft und fast ausnahmslos mit zahlreichen Zierpflanzen geschmückt ist. Auf diesen Corridor öffnen sich die Fenster und Glasthüren. Bei kleineren Häusern tritt an seine Stelle ein breiter, offener Gang, der nur eine oder zwei Seiten des ersten Stockwerkes umzieht und auf den sich oft nur ein einziges Zimmer öffnet, welches dann den Zugang zu allen übrigen bildet. Diese Höfe und Corridore sind

Bild 46 (rechts unten). Straßenreihenhaus in Zamora (Michoacán). Eingeschossige Bebauung mit geschlossenen Zeilen zur Straße herrscht in allen mexicanischen Städten vor, sofern nicht in den letzten 20 Jahren Neubauten erfolgten. Die Häuser haben oft nur eine Tür zur Straße. Der Bürgersteig ist wegen der Regenfälle hoch, manchmal mit Fliesen ausgelegt. Die Dächer sind mit römischen Ziegeln gedeckt. (GIERLOFF-EMDEN April 1962)

Bild 45. Bauweise in Wohnvierteln der Städte, z. B. in Tuxtla Gutiérrez (Chiapas). Die Wohnviertel sind zum Teil mit modernen Häusern aus Beton und gebrannten Ziegeln erbaut (im Bild links). Häufig werden für die Mauern auch noch Adobeziegel verwendet (Bildmitte). Diese Wände sind meist verputzt und geschlämmt (im Bild rechts). (GIERLOFF-EMDEN Juni 1964)

Bild 47. Patrizierhaus in Tuxtla Gutiérrez. Die Spanier brachten die Kunst des Kachelbrennens nach Mexico. Viele Stadtwohnhäuser reicher Bürger wurden mit Kacheln-Fassaden, „Azulejos", ausgestattet. Dieses Haus dient jetzt als Verwaltungsgebäude. (GIERLOFF-EMDEN Juni 1964)

in besseren Häusern wahre Schmuckkästchen, kühl, mit glatten Steinen belegt, die Wände bunt bemalt und eine Fülle von Pflanzen ringsumher; oft sind auch Vasen und Statuen aufgestellt. Besonders schön nehmen sich in einem solchen Hofraume Bananen oder Palmbäume aus, deren stille, große Formen vortrefflich zur Architektur passen. Kräftige Bananen zu jeder Seite des Treppenaufgangs sind ein nicht ungebräuchlicher Schmuck. Es finden sich Geranien, Fuchsien und andere Blumen. Die Zimmer selbst sind durchschnittlich weit und hoch" *(Bild 44* u. *46)*.

Auch F. CALDERON DE LA BARCA [586] berichtete 1842 bei ihren Milieuschilderungen mexicanischer Häuser immer über die Größe und Vielzahl der Zimmer in den großen Stadtwohnhäusern (*Bild 47*).

„In vielen deutschen Miethshäusern der besseren Art würde man vergeblich nach so schönen Räumen suchen, wie hier selbst bescheidene Häuser sie bieten. Die Böden sind meistens mit Steinen belegt; hölzerne Fußböden findet man nur in besten Häusern. Die Fenster gehen fast immer bis auf den Boden herab und öffnen sich wie Thüren auf die kleinen eisernen Balcone, die vor ihnen angebracht sind. Ebenso sind die meisten Thüren Doppelthüren und wo möglich mit Glas eingesetzt. Gute Familien wohnen nie im Erdgeschoss, mittlere selten, alle ziehen den ersten oder zweiten Stock vor."

Allerdings ist das Mobiliar im Vergleich zu Wohnungen vergleichbarer Sozialschichten in den Niederlanden, Dänemark oder Deutschland oft karg oder völlig überaltert. Große Räume mit spärlichem Mobiliar gibt es vielfach. Ein Kruzifix oder ein Coca-Cola-Kalender sind – z. T. beides – mit der an einer Kabelschnur von der Decke hängenden kahlen Glühbirne und einigen Stühlen oft das einzige Inventar.

Regionale Anordnung der städtischen Siedlungen mit mehr als 20 000 E.:

In den 65 Städten dieser Größe leben etwa 8,6 Mio. Menschen, d. h. knapp ein Viertel der Gesamtbevölkerung. 18 Städte befinden sich im zentralen Hochlande (Abb. 69).

Lage und Funktionen in ihrer Bedeutung zur Stadtentwicklung. Verkehrslage. Entlang der großen Verkehrsstränge liegen Städte, die sich in jüngerer Zeit rasch entwickelt haben. In der nördlichen Küstenregion liegt eine Gruppe von Städten, die z. T. Zentren von Bewässerungsgebieten sind, z. B. *Hermosillo, Guaymas, Ciudad Obregón, Los Mochis, Culiacán* und die Hafenstadt *Mazatlán,* die sich alle, an der 1955 eröffneten großen pazifischen Autostraße von *Nogales, USA,* nach *Ciudad de México* liegend, seitdem schnell weiterentwickelt haben, wie einst die Reihe der Städte am alten Binnenweg nach N, dem „*Camino Real*", wie *Querétaro, Celaya, León, Aguascalientes* und die Bergbaustädte *Zacatecas, Fresnillo, Durango, Chihuahua.* An der Nordgrenze sind in den letzten Jahren eine Reihe von Großstädten entstanden – eine Folge des Touristenverkehrs an den Einfallstraßen aus den USA: *Reynosa, Ciudad Juárez, Tijuana, Mexicali* (vgl. Abschn. Binnenwanderung). In den Becken und auf den Plateaus des nördlichen Zentralmexico und zwischen den Längstälern der *Sierra Madre Oriental* haben sich kaum neue Großstädte entwickelt, es gibt dort meist alte Bergbaustädte *(Chihuahua, Durango).* In Nuevo León liegt eine Gruppe von Städten mit *Monterrey* als Mittelpunkt. In Veracruz gibt es eine Gruppe von drei Städten (*Orizaba, Córdoba* und *Veracruz*). Die Hafenstädte der südlichen pazifischen Küste und der Golfküste lagen bisher verhältnismäßig isoliert, mit *Mérida* als zentralem Ort Yucatáns. Eine Weiterentwicklung der Kette der Städte am ausgebauten Verkehrsstrang der Golfküste, *Veracruz – Alvarado – Minatitlán – Coatzacoalcos – Villahermosa – Ciudad del Carmen – Campeche – Mérida* hat begonnen (Abb. 114 u. 115).

Einwohnerzahl und Städte der 8 Hauptzonen Mexicos

Zone	1940 Einw.	1940 %*)	1940 Anzahl d. Städte	1960 Einw.	1960 %*)	1960 Anzahl d. Städte	Städte-Zahl Zunahme 1940–1960	
I Noroeste	190 035	44,7	12	1 007 637	14,8	21	75	(dünn bevölkert,
II Norte	660 406	19,1	17	2 033 478	7,4	33	94	Städte Mexicali,
III Noreste	174 634	15,1	5	579 067	5,4	12	140	Tijuana)
IV Pacifico S	149 224	6,4	9	579 919	4,3	25	177	
V Centro Occ.	838 682	4,3	26	2 438 289	17,6	58	123	
VI Centro S	1 960 193	4,0	11	6 070 858	44,2	27	145	(dicht bevölkert,
VII Golfo Mex.	280 382	3,4	11	739 243	4,2	24	118	viele Städte)
VIII Penins-Yuc.	132 119	3,0	3	278 224	2,1	7	133	
	4 385 675	100	94	13 726 715	100	207	120	

*) bezogen auf alle städt. Bev.

Quelle: *Congreso Nacional de Geografía,* México.

Unter den städtischen Siedlungen kann man in Mexico 5 Gruppen von größeren Städten nach der Einwohnerzahl unterscheiden (Abb. 78).

	Gruppe	Einwohnerzahl	Anzahl:
1.	Städte mit Einwohnern von	100 000–200 000	17
2.	Städte mit Einwohnern von	50 000– 70 000	16
3.	Städte mit Einwohnern von	30 000– 40 000	20
4.	Städte mit Einwohnern um	20 000	ca. 100

Ballungsräume. Hinzu kommen vier Städte, die sehr hohe Einwohnerzahlen aufweisen und der fünften Gruppe zuzuordnen sind (*Census* 1960):

México Distrito Federal mit *Ciudad de México* 4,87 Mio., *Guadalajara* 736 000, *Monterrey* 597 000, *Puebla* 289 000.

Es ist für Mexico von großer Bedeutung, daß diese vier Städte während der letzten 20 Jahre prozentual und absolut am meisten an Bevölkerung zugenommen haben.

México D. F.	hatte 1910	720 800 E.	1950	3 050 400 E.	1960	4 870 900 E.
Ciudad de México	„ „	471 100 E.	„	2 234 800 E.	„	2 832 100 E.
Guadalajara	„ „	119 500 E.	„	377 000 E.	„	736 800 E.
Monterrey	„ „	78 500 E.	„	333 400 E.	„	596 900 E.
Puebla	„ „	96 100 E.	„	211 300 E.	„	289 000 E.

Bei Monterrey und Guadalajara wurden während dieser Zeit mehrere Eingemeindungen vorgenommen. Die Stadt Ciudad de México ist über ihre Grenzen in den Distrito Federal hineingewachsen.

Es gibt also 4 Ballungsräume, die einen wahrhaft großstädtischen Charakter nach Zahl der Bevölkerung, Funktion und Industriebedeutung haben. Nach Einwohnerzahl und Aufrißbild unterscheidet sich *Puebla* noch sehr von den drei größten mexicanischen Stadtkomplexen.

Die Bevölkerungszahl und ihre Veränderung

Veränderung der Einwohnerzahl der Städte infolge Zu- und Abwanderung von 1950–1960

Gemeinde	Staat	Bevölkerung 1960	Zu- bzw. Abwanderung	Zunahme der Bevölkerung auf Grund der Zuwanderung in %
Ciudad de México	D. F.	2 832 133	— 233 805*)	— *)
Guadalajara	Jalisco	740 394	209 351	58,1
Monterrey	Nuevo León	601 085	107 443	41,0
Puebla	Puebla	297 257	15 720	25,1
Mexicali	Baja California	281 333	73 394	46,8
Cd. Juárez	Chihuahua	276 995	87 952	60,4
Culiacán	Sinaloa	208 982	— 7 147	—
Torreón	Coahuila	203 982	— 5 114	—
San Luis Potosí	San Luis Potosí	193 670	— 17 779	—
Toluca	México	156 033	— 241	—
Aguascalientes	Aguascalientes	154 211	— 10 838	—

Quelle: VIII *Censo General de Población*, 1960: *Informes estadísticos no publicados*, Ciudad de México, Oficina de Censos.

*) Die Einwohnerdichte im „City"-Bezirk (Centro) der Hauptstadt hat infolge Sanierung, Straßenbau, Geschäftsbau abgenommen, während sich die Stadt über die alten Gemeindebezirke hinaus ausgedehnt hat.

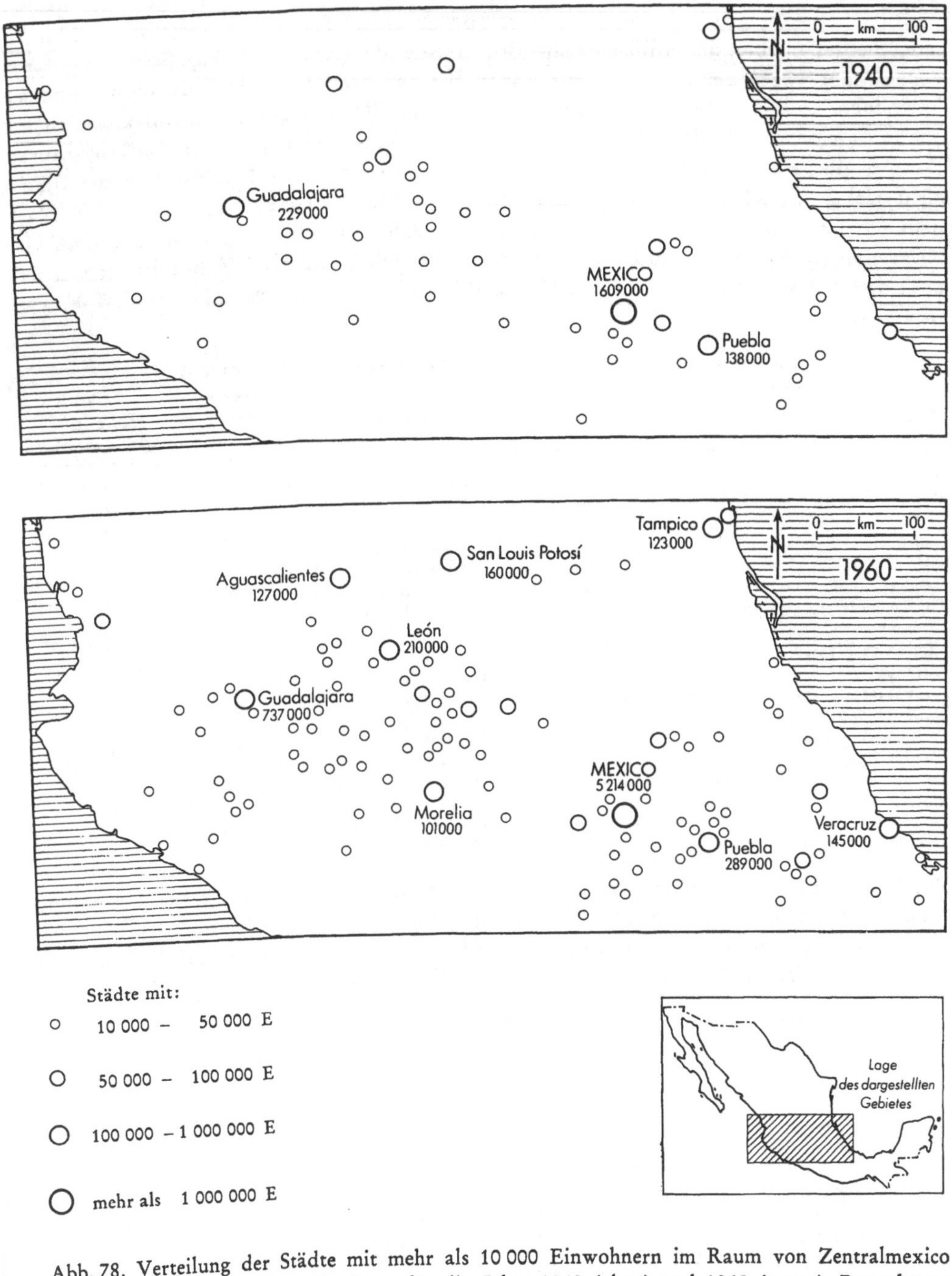

Abb. 78. Verteilung der Städte mit mehr als 10 000 Einwohnern im Raum von Zentralmexico 1940 und 1960. Darstellung der Lage für die Jahre 1940 (oben) und 1960 (unten). Bemerkung: Andere Angabe für Aguascalientes 154 000 E. (Vgl. Abb. 69). (Nach CENSO von 1940 und 1960, nach H. SANCHEZ CAMPERO 1966)

Verteilung der städtischen Siedlungen nach der Höhenlage. Die Mehrzahl der großen städtischen Siedlungen befindet sich immer noch in einer Höhenlage von über 1500 m im alten Siedlungsgebiet des südlichen zentralen Hochlandes (Abb. 69 u. 78). So günstig dieser Lebensraum wegen des Klimas dieser Lagen für den Menschen als Individuum und als Bewohner ländlicher Siedlungen in der tropischen Breitenlage Zentralmexicos ist, so ungünstig erweist sich dieser Raum hinsichtlich der Wasserversorgung der Ballungsräume. Denn es gibt, mit Ausnahme der *Sierra Madre Occidental*, nach dem Ausmaß der Fläche nicht viel große höher gelegene Areale, die ausreichend Niederschlag bekommen. Nach dem Census von 1940 lebten 23 % aller Mexicaner in Klimaregionen, die nach der KOEPPENschen Einteilung als BS bezeichnet werden, 56 %, die als CW bezeichnet werden, nach dem Census von 1960 jedoch 27 % in BS-Klimaregionen und 50 % in CW-Klimaregionen.

Höhenlage der Hauptstädte der einzelnen Staaten Mexicos

Hauptstadt	Höhe in m. ü. d. M.	Hauptstadt	Höhe in m. ü. d. M.
Aguascalientes	1 888	Cuernavaca	1 542
Mexicali	0	Tepic	915
La Páz	10	Monterrey	538
Campeche	5	Oaxaca de Juárez	1 550
Saltillo	1 599	Puebla de Zaragoza	2 162
Colima	508	Querétaro	1 865
Tuxtla Gutiérrez	528	Chetumal	0
Chihuahua	1 430	San Luis Potosí	1 877
Ciudad de México	2 300	Culiacán	84
Durango	1 889	Hermosillo	237
Guanajuato	2 050	Villahermosa	10
Chilpancingo	1 360	Ciudad Victória	321
Pachuca	2 426	Tlaxcala	2 252
Guadalajara	1 567	Jalapa	1 427
Toluca	2 680	Mérida	9
Morelia	1 941	Zacatecas	2 496

Quelle: Secretaría de Agricultura y Ganadería. Dirección General de Geografía y Meteorología.

Zur Verteilung der Siedlungen ist bemerkenswert, daß im Gebiet dichtester Besiedlung Mexicos, im zentralen Hochland, sowohl die Mehrzahl von größeren und mittleren Städten vorhanden ist, als auch wegen der Kleinheit der Parzellen die rückständigsten Agrargebiete der ländlichen Siedlungsräume in diesem Raum vertreten sind.

Verteilung der städtischen Bevölkerung Mexicos nach der Höhenlage der Siedlungen, bezogen auf Siedlungen mit mehr als 10 000 E. (nach Census)

Höhenlage	Einwohnerzahl n. Census v. 1940	%*)	Einwohnerzahl n. Census v. 1960	%*)	Anstieg d. Zahl**) v. 1940 bis 1960
0 bis 200 m	606 033	13,8	2 292 873	17,3	278,34
200 bis 1000 m	373 141	8,5	1 337 931	10,1	258,55
1000 bis 2000 m	1 429 578	32,5	4 062 621	30,6	184,18
2000 bis 3000 m	1 988 467	45,2	5 564 812	42,0***)	179,85

*) Bezogen auf die gesamte städtische Bevölkerung Mexicos.
**) Bezogen auf die gesamte städtische Bevölkerung Mexicos.
***) Hier kommt das große Gewicht der Bevölkerungszahl der Hauptstadt Ciudad de México zum Ausdruck.

Seit 1950 hat eine starke Zunahme der E.-Zahl einiger Städte, die nicht im alten Siedlungsgebiet liegen, zu einer beträchtlichen Veränderung der Verteilung der Großstädte geführt, z. B. *Mexicali* und *Tijuana* in Baja California, *Ciudad Juárez* an der Nordgrenze u. a. Nach der Zählung der *Dirección General de Estadística* war 1960 die Reihenfolge der größten Städte:

México D. F.*)	3 638 844	Matamoros	93 300
andere Angaben	2 832 133	Culiacán	84 000
Guadalajara	736 800	Irapuato	83 505
Monterrey	596 993	Toluca	76 870
Puebla	287 952	Reynosa	74 000
Ciudad Juaréz	261 683	Oaxaca	72 360
León	209 650	Mazatlán	72 000
Torreón	179 955	Orizaba	69 670
Mexicali	172 554	Ciudad Obregón	68 000
Mérida	170 500	Querétaro	67 277
San Luis Potosí	159 640	Pachuca	64 564
Tijuana	151 939	Gómez Palácios	60 700
Chihuahua	149 437	Jalapa	60 300
Veracruz	144 232	Celaya	58 700
Aguascalientes	126 222	Tepic	54 000
Tampico	122 200	Ciudad Madero	53 500
Morelia	100 258	Villahermosa	51 600
Saltillo	99 100	Ciudad Victoria	50 700
Durango	97 520	Acapulco	48 800
Hermosillo	96 100		
Nuevo Laredo	93 800		

Für Monterrey auch 700 000 E. angegeben (Eingemeindungen)

*) *nur eigentliches Stadtgebiet*

Charakter und Ausbau der Städte. Die größten Städte nächst *Ciudad de México* (1960 = 2,8 E., als Siedlungskomplex mit Vororten 4,9 Mio. E.) sind: *Guadalajara* (737 000 E.), eine traditionsreiche Stadt des kolonialen Mexico und Handels- und Kulturzentrum des Westens von Zentralmexico, *Monterrey* (600 000 E.), ein junges Industriezentrum des Nordens, *Puebla* (290 000 E.), die alte Hauptstadt des dichtbesiedelten Hochbeckens, *Ciudad Juárez* am Rio Bravo (262 000 E.) und *León* (210 000 E.). Es gibt noch ein Dutzend weiterer Städte mit über 100 000 E.

Städte im Hochland. Die Straße nach *El Paso, USA,* ein Teil der *Carretera Interamericana,* führt von der Hauptstadt Ciudad de México aus über *Celaya, Querétaro,* an *Guanajuato* [1160] vorbei über *León, Aguascalientes, Zacatecas, Durango* und *Chihuahua,* Städte, in denen heute noch der koloniale Charakter vorherrscht, ebenso wie in den übrigen Städten des Hochlandes wie *Morelia* (dort mit französischem Einfluß in der Architektur), *Toluca, Pachuca, San Luis Potosí* und *Saltillo.*

Guanajuato kann als eine der eigenartigsten, malerischsten Städte Mexicos bezeichnet werden, da ihr koloniales Gepräge besonders erhalten blieb. Guanajuato blieb Wohnstadt für den Bergbau (Abb. 82, *Bild 48, 53 u. 54*).

Guadalajara nimmt eine Sonderstellung ein. Dort scheint alles im rechten Verhältnis gewachsen. Die Funktion als zentraler Ort und Handelsplatz des volkreichen, reichen Agrarstaates *Jalisco* und *Nordwestmichoacáns,* die aus der Tradition erwachsene Verwaltungsfunktion, die Konsumgüterindustrie, Bildungsinstitute, die Lage an der Verkehrsachse Ciudad de México–Westküste sind Voraussetzung dafür, daß neben schon sehr alten Vierteln auch neue Teile entstehen konnten.

Die mexicanischen Städte der einzelnen Klimaregionen weisen Unterschiede auf, z. B. herrschen in semiariden Räumen Flachdächer vor wie in *Mérida, Culiacán, Hermosillo, Chihuahua,* während am niederschlagsreichen Rande des Zentralplateaus Städte wie *Orizaba* und *Uruapán* mit Häusern mit traufenständigen Schrägdächern mit Ziegeln und weit überstehendem Dach vorhanden sind. Nach dem Baumaterial ist das aus getünchtem Kalkstein erbaute *Mérida „weiß“*, das aus vulkanischem Gestein erbaute *Oaxaca* [775] „grün“. So heißen sie dann auch „weiße“, bzw. „grüne“ Stadt.

Villahermosa, im **Tiefland** auf den Flußuferwällen, von denen man den trägen, grüngelben Grijalvafluß und die weite, üppige Tropenlandschaft überblickt, gelegen, ist eine außerordentlich farbenfreudige Stadt. Nicht nur sind alle Häuser verschieden, in starken bunten Farben vom giftigen Grün bis zum Blau und Zinnoberrot bemalt, sondern auch die Straßen in ähnlich bunten Ornamenten gepflastert. Mit den farbigen Kostümen der eingeborenen Frauen, den Auslagen der Geschäfte und den vielfachen Reklamen ergibt sich so ein jahrmarktartiges, buntes Bild. Selbst die Sonne erscheint zumeist als eine gelbe oder rötliche Scheibe über der Dunstatmosphäre und feuchten Dschungelhitze, die die Stadt überdecken (Abb. 80).

Taxco die koloniale Silberminenstadt am Rande des Hochlandes:

„Mitten in und auf diesem tollen Gewirr von Erhebungen und Senken wächst, türmt und schachtelt sich hinter jähen, die Sicht hemmenden Abstürzen in gut 1700 m Höhe plötzlich die ‚Silberstadt‘ vor einem auf, geschart um den in der Mitte auf einem der vielen Hügel errichteten Förderturm der einstigen Borda-Mine. Ein grandioses Gemälde in Weiß, Rot und Grün unter dem leuchtenden Blau der Himmelskuppel: *Taxco, ‚donde el reloj del tiempo se detuvo‘*, sagen die Mexicaner – ‚wo die Uhr der Zeit stehenblieb‘ und stehenbleiben mußte, weil auf höheren Beschluß der städtebauliche Charakter des 18. Jahrhunderts in *‚Taxco Viejo‘* (Alt-Taxco; daneben gibt es ein durchaus modernes Neu-Taxco) zwecks Förderung des Tourismus nicht verändert werden darf.

In der Tat, ein Mosaik vergangener Jahrhunderte. In seiner Zusammensetzung aus steilen Straßen mit grobem Pflaster aus Kalksteinen und glasigen Lavabrocken, aus engen Gassen und Treppen bald in dieser, bald in jener Richtung, Mauern und Winkeln, Nischen mit geschmiedeten Lampen und grellbemalten Heiligenbildern, Arkaden, Balkönchen und Gittern könnte es alten Bergstädten in den Pyrenäen oder im Kantabrischen Gebirge ähneln“ K. Helbig [1392].

Städte im Nordwesten. Von neuen städtebaulichen Formen wird der Reisende jedoch stärker in den Städten des Nordwestens beeindruckt, wie *Ciudad Obregón, Mazatlán, Culiacán, Los Mochis, Guaymas* und *Hermosillo.* Diese Städte haben neue Stadtteile bekommen mit Geschäftshäusern, Wohnhäusern, Supermarkets und vielen Auto- und Landmaschinenverkaufslagern, in den daran anschließenden Wohngebieten, *„Colonias“*, gepflegte Einzelhäuser – Wohnstätten der neuen wohlhabenden Schicht, wie Kaufleute, Ärzte, Ingenieure, Anwälte – und moderne Motels, die sich wie eine Kette entlang der großen Verkehrsachsen von den USA her durch Mexico bis zur Hauptstadt aneinanderreihen, um den ständig wachsenden Strom der Touristen beherbergen zu können.

Eine Neugründung in der Größe wie die VW-Stadt Wolfsburg, ist *Cuidad Obregón*, eine Stadt, die sich in modernen Anlagen und Bauten mit nordamerikanischen Städten messen kann, Zentrum eines neuen Agrargebietes an den Bewässerungskanälen der unteren *Rio-Yaqui*-Region. Ciudad Obregón ist Handelsplatz und Wohnstadt, ein moderner zentraler Ort (Abb. 84). *Acapulco* und *Mazatlán* sind zu Zentren des internationalen und mexicanischen Fremdenverkehrs geworden, mit vielen Hotels, Swimming Pools und Motorbootflotten, mit Volkskunst- und Andenkenläden und Bars *(Bild 82).*

Der nördliche Grenzsaum. *Chihuahua* und *Saltillo*, die alten Vorposten im Norden, sind weniger verändert. Entlang der US-amerikanischen Grenze ist eine Kette früher bedeutungsloser Orte zu Städten, z. T. zu Großstädten und Geschäfts- und Rummelplätzen des kleinen Grenzverkehrs herangewachsen: *Tijuana* hatte 1920 noch 1000 E., 1940 erst 16 500, 1960 aber 150 000. *Mexicali* (175 000 E.) ist z. B. als Agrarzentrum des Coloradogebietes groß geworden; *Nogales* und *Ciudad Juárez* (1900 noch 7000 E.), der End- und Anfangspunkt der mexicanischen *Carretera Interamericana* gegenüber dem US-amerikanischen *El Paso*, und *Reynosa* sind etwa seit Beginn der zwanziger Jahre mit dem Ausbau der Fernstraßen, in progressiver Entwicklung seit 1945, aufgekommen. Die neuen, nur z. T. schönen Städte entstanden im überhasteten Ausbau, im Boom. Mehr als eine Mio. Mexicaner leben in diesen Städten am nördlichen Grenzsaum.

Monterrey verdankt seinen Ausbau der Groß- und Schwerindustrie, Keramik- und Zementfabriken, Brauereien und vor allem Eisen- und Hüttenwerken.

Im Süden sind *Oaxaca* (70 000 E., *Bild 50*), die Indianer- und Kolonialstadt, das moderne *Veracruz* (150 000 E.), der größte Hafen Mexicos, und *Mérida* (170 000 E.) die größten Städte. *Mérida*, ganz als „saubere Tropenstadt" erbaut, ähnelt nach Funktion und seiner Eigenständigkeit in gewisser Weise Guadalajara, nicht aber äußerlich. Es sind maurische Elemente und ein sehr malerischer Tropen-Phantasiestil, viele weiße Mauern und Arkaden, die der Stadt besondere Reize verleihen (Abb. 79).

Grundriß der Städte. Insgesamt ist der Grundriß der Städte recht einheitlich. Die Geschichte der heutigen Städte, soweit in Anlage und Bau sichtbar, beginnt erst mit der *Conquista* (vgl. Abschn. Kolonialzeit über Städtegründung). 300 Jahre kolonialer, zentraler Gewalt wirkten sich aus [787]. Die *Plazas*, je nach der Größe der Stadt zwischen 100 × 120 m, bis 100 × 200 m, in Puebla 120 × 200 m messend, mit den oft aus verschnörkeltem Gußeisen hergestellten Musikpavillons (wie in *Hermosillo* oder *Chihuahua*), sind zumeist von hohen steinernen Bordsteinen umgrenzt und mit blaublühenden Jacarandabäumen, rotblühenden Bougainvillas oder Feuerbäumen, „malinche", bestanden (*Bild 48, 50, 51*). Die Kirchen und die Verwaltungsgebäude sind überall gleich angelegt. H. J. Nelson 1963 [780]. Ausnahmen von der schematischen Grundrißanlage mexicanischer Städte sind, durch natürliche Verhältnisse bedingt, die Bergbaustädte *Guanajuato* (Abb. 82, *Bild 53*), *Pachuca, Taxco* und die Städte im Sumpfland von *Tabasco*, wie *Villahermosa*, die „schöne" Stadt (Abb. 80 u. 81) sowie Hafenstädte wie *Tampico, Topolobampo* und Touristenorte wie *Acapulco (Bild 81)* und *Mazatlán*.

Infolge der wirtschaftlichen Erschließung des tropischen Tieflandes von *Tabasco* ist die Stadt *Villahermosa* durch einen planmäßigen, sehr modernen Ausbau entwickelt worden, so daß der alte, verfallene Stadtkern fast ganz in der Neuanlage aufgegangen ist, als Handelsplatz und zentraler Ort von neuartigem Gepräge (Abb. 80).

Eine Ausnahmeerscheinung stellt *Mexcaltitán* dar. Als amphibische Siedlung liegt *Mexcaltitán* in einer Lagune des pazifischen Litoral an der Mündung des *Rio Pedro* im Staat *Nayarit*. Über schlechte Landstraßen und über Kanäle, durch Salzsümpfe und Flachseen ist das Dorf der Garnelenfischer schwer zu erreichen. Mexcaltitán ist auf der Karte (Fig. 2) der Arbeiten von C. O. Sauer und D. D. Brand 1932 [713] eingetragen, die Siedlungen sind in dieser Arbeit aber nicht näher beschrieben. Der

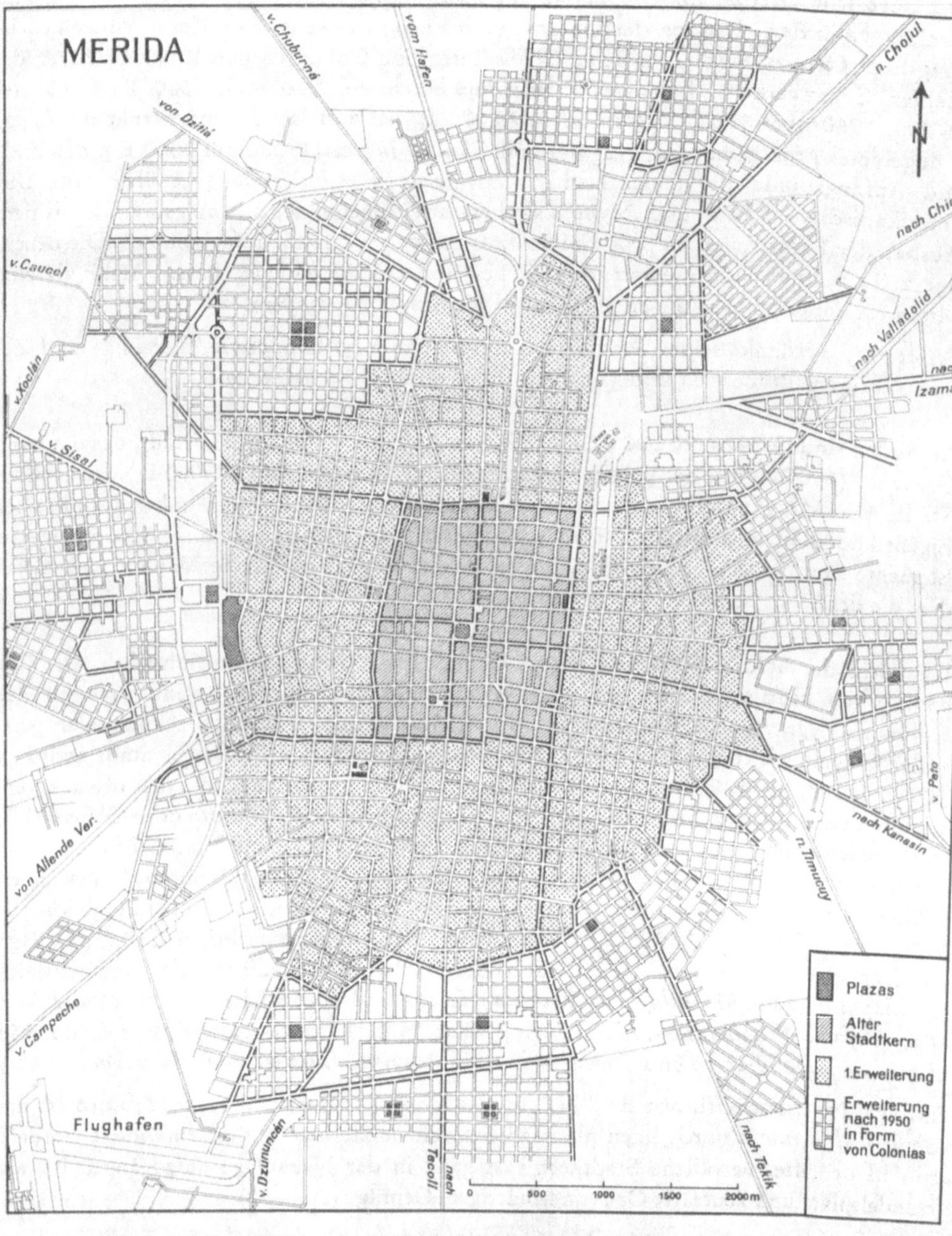

Abb. 79. Mérida. Beispiel einer Stadtvergrößerung durch in zentrifugaler Richtung angelegte neue Stadtteile. Die erste Erweiterung wurde mit dem Boom des Sisalagavenanbaus Ende des 19. Jhdts. ausgeführt. (Entwurf: GIERLOFF-EMDEN nach Stadtplänen und Begehung)

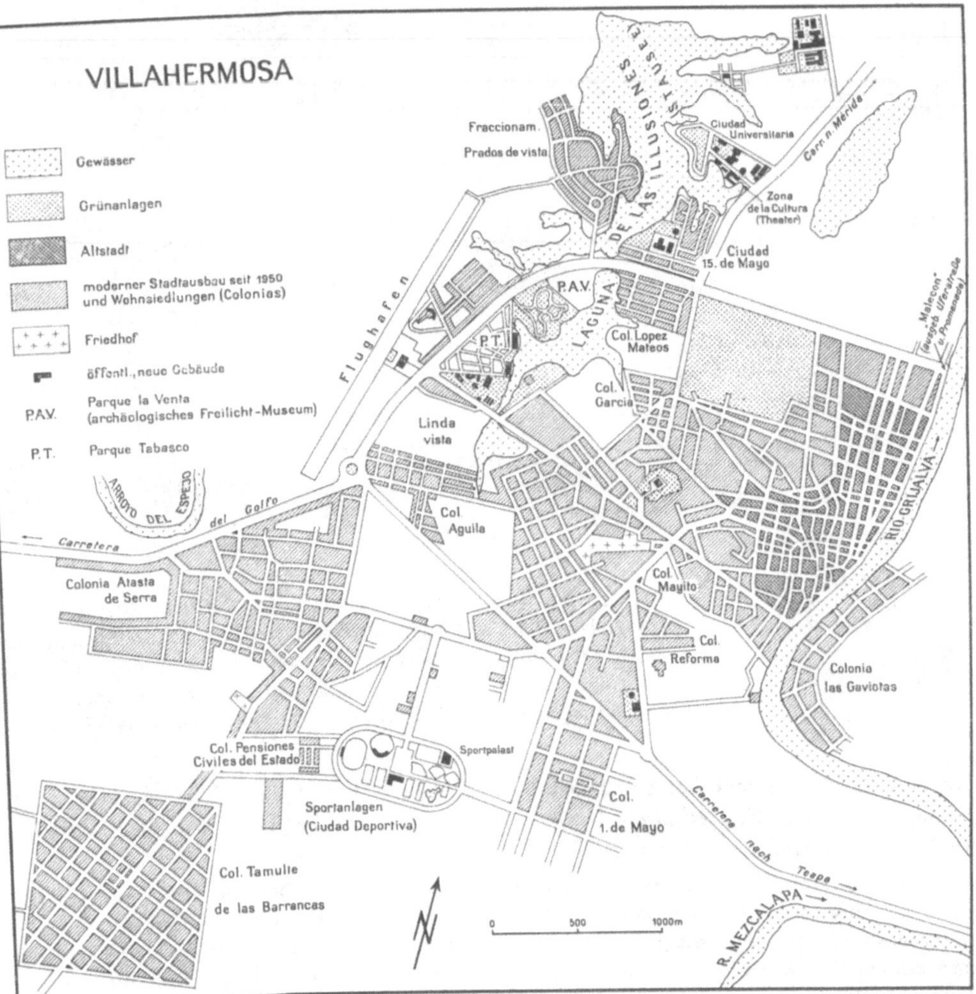

Abb. 80. Villahermosa. Beispiel einer Stadt mit Colonias in aufgelockerter Form und Anpassung an die Bodenverhältnisse (Flußuferwälle, Sümpfe und Stauseen). (Entwurf: Gierloff-Emden nach Stadtplänen und Begehung)

Ort Aztatlan ist auch auf der in dieser Arbeit im Faksimile beigegebenen Karte aus dem Ortelius-Atlas von 1570 hier eingetragen. Einige Forscher neigen dazu, Mexcaltitán mit Aztlán gleichzusetzen, das die aztekischen Ursprungssagen und Wanderungsüberlieferungen als eine Insel mitten in einem Binnensee beschreiben. Zweifellos reicht die Besiedlung der Insel weit in vorkoloniale, vorspanische Zeit zurück. Ehemals soll das Dorf *Mexticacán* geheißen haben, und bis heute finden sich im Brauchtum der Fischer Spuren der Mondverehrung. Das Kreuz, das vier Gassen der den Ortskern umschließenden Ringstraße beschreiben, soll nach der örtlichen Tradition die Teilung des Himmelsgewölbes in die „Vier Ecken der Welt" darstellen (Abb. 81 a).

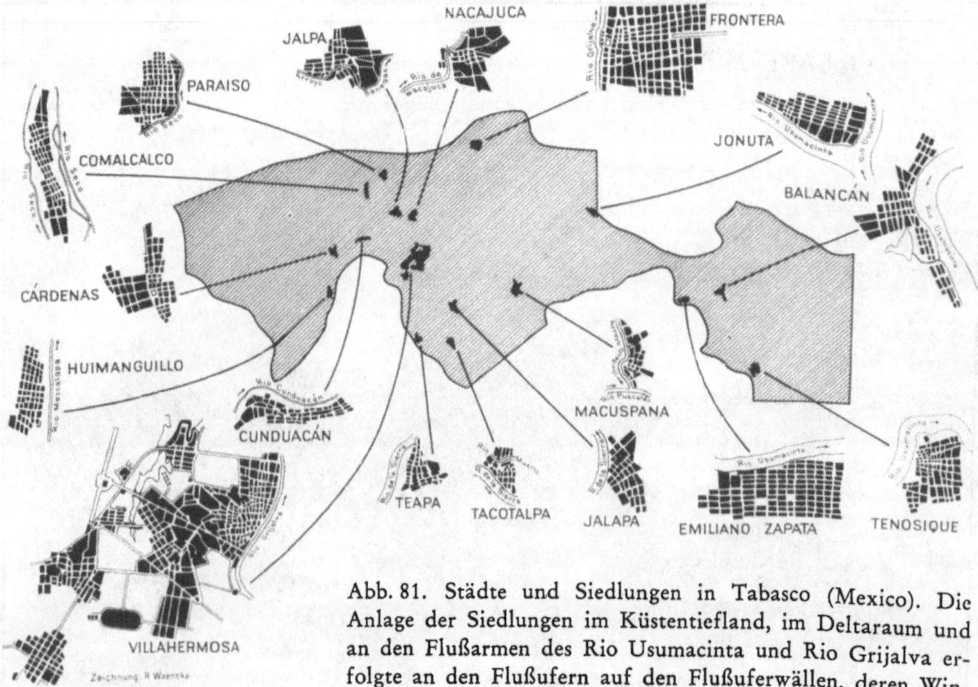

Abb. 81. Städte und Siedlungen in Tabasco (Mexico). Die Anlage der Siedlungen im Küstentiefland, im Deltaraum und an den Flußarmen des Rio Usumacinta und Rio Grijalva erfolgte an den Flußufern auf den Flußuferwällen, deren Windungen folgend (vgl. Bild 7). (Entwurf: Gierloff-Emden)

Das **Bild der Städte** veränderte sich nicht bis zur Revolution von 1910. Vielerorts sind noch Verhältnisse dieser Zeit erhalten, besonders in den Altstadtbezirken, wie sie Lauterer, 1908 [82], beschrieb:

„Fast jedes mexicanische Haus hat seine eigene Benennung, bald unabhängig vom Geschäft, bald auf dieses hinweisend. Smaragd ‚la esmeralda', Perle ‚la perla', Afrikanerin ‚la Africana', Siegerin ‚la vencedora', traurige Nacht ‚la noche triste' usw. liest man überall. In der *zapatería* verkauft man Schuhe, der Schneider ist in der *sastrería* zu finden, *panadería* heißt der Brotladen, in der *lechería* verkauft man Milch, in der *pulquería* Pulque, in der *tocinería* Speck und Würste. Der Schneider schreibt noch ‚el mundo elegante', die elegante Welt hinzu, am Schuhladen steht als nähere Bezeichnung ‚el calzado universal', am Milchgeschäft ‚la hoja de lata', die Platte Milch. *Tienda* ist ein Kaufladen, *almacén* ein Warenhaus, *empeño* ein Bazar, *cantina* eine Bier- und Weinwirtschaft ohne Pulque, *casa de huespedes* ein Gasthaus zum Wohnen."

Die neue Bauepoche seit 1940, der *Boom*, der in der Gegenwart stark wirksam die mexicanischen Städte umformt, bringt kaum etwas Eigenes; er bringt vielerorts nur die Zementkonfektion unserer Tage, die dem Aufriß der Städte des amerikanischen Doppelkontinents noch einheitlichere Züge verleiht, als er ohnehin schon besitzt [780].

In den Städten ist sehr oft ein Funktionswechsel bei älteren Bürgerhäusern, Patrizierhäusern, eingetreten. Diese dienen häufig als Büro-, Lager- und Geschäftsräume. Gleichzeitig sind die älteren Viertel mit neuen kubischen unschönen Zementbauten durchsetzt worden, z. B. in *Toluca* und *Léon*. In den Städten entstehen in zunehmendem Maße die international stereotypen 3 bis 5stöckigen Bankgeschäfts- und Versicherungsgesellschafts-

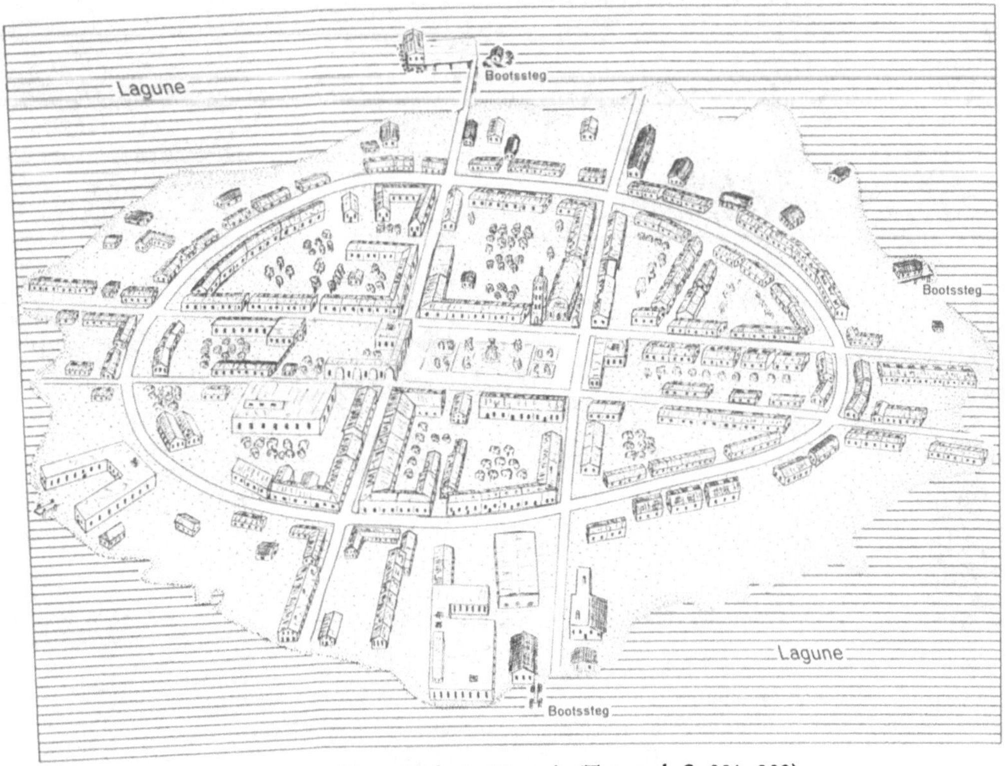

Abb. 81 a. Mexcaltitán in Nayarit (Text vgl. S. 301, 303).
(Gezeichnet nach einem Luftfoto von 1968)

bauten als Zeichen des modernen, komplexen Geschäftslebens, im Erdgeschoß oft mit Läden internationaler Handelsvertretungen ausgestattet, wie z. B. für Büromaschinen oder Elektroartikel. Die alten Stadtkerne sind nach der Anlage ihrer Straßen den Anforderungen des modernen Verkehrs (Durchfahrt, Belieferung und Parkmöglichkeit) nicht mehr gewachsen. Die Energieversorgung hat nicht so sehr zur typischen Veränderung im Stadtbild beigetragen, wie einst die Einführung der Kokereiwerke mit ihren Gasometern in den Städten Europas, denn das in Pipelines herangeführte Erdgas und Erdöl kommt fast unsichtbar in die Städte, wenn nicht, wie an der Golfküste oder in *México D. F.* Raffinerien errichtet worden sind. Für die Stromversorgung wird die Energie z. gr. T. an den Stauwerken gewonnen. Es wurden einige Überlandleitungen und Umspannwerke angelegt, und an Masten verlegte Versorgungsleitungen, Überlandleitungen und Umspannwerke verunzieren das Straßenbild. Die Wasserversorgung, ehemals sichtbar durch große Aquädukte [785] *(Bild 29)*, wird heute mit Hilfe von unsichtbaren Rohrleitungen bewerkstelligt. Am stärksten treten die Auswirkungen des modernen Verkehrs hervor: Ein- und Ausfallstraßen sind mit Bogenlampen am Peitschenmast (diese in ganz Mexico einheitlich) beleuchtet, meist doppelspurig als Autobahn angelegt. Die Errichtung von Flugplätzen für das innermexicanische Netz hatte die Anlage von breiten Zufahrtstraßen zu und in den Städten zur Folge. Sozialprestige bedingte die Ansiedlung von neuen Villenvierteln. *„colonias"*, entlang dieser meist als Prachtstraßen zum Flugplatz aus-

Bild 48. Innenstadt und Universität von Guanajuato. Die Bergbaustadt Guanajuato hat eine kleine Universität (Gebäude im Hintergrund). Das Bild zeigt eine Plaza an der Kathedrale mit zweigeschossigen Bürgerhäusern, die während des 18. Jahrhunderts wohlhabenden Familien gehörten.
(GIERLOFF-EMDEN Juli 1964)

Bild 49. Straße in Pátzcuaro (Michoacán). Der schachbrettartige Straßengrundriß ist auf dem hügeligen Stadtgelände nicht zweckmäßig; das herabrinnende Regenwasser hat die Straße völlig erodiert. Überhängende Dächer, wie an dieser Straßenzeile, finden sich in México außer in Pátzcuaro z. B. in Uruapán und Orizaba. Der Mann in der Bildmitte trägt die Wolldecke mit Kopfschlitz (Serape).
(GIERLOFF-EMDEN März 1962)

Bild 50. Oaxaca (voller Name: Oaxaca de Juárez). Blick nach W. Oaxaca, die Hauptstadt des gleichnamigen Staates, hatte 1960: 72 000 Einwohner. Sie liegt in 1550 m Höhe über dem Meere im Hochtal von Oaxaca. Die Stadt ist von regelmäßigem schachbrettartigen Grundriß. In der Bildmitte die Kathedrale und Plaza. Im Mittelgrund des Bildes der Bergrücken Monte Albán, auf dessen Plateau (etwa 500 m über der Stadt gelegen) die großen Pyramiden und Ruinen präkolumbianischer Kulturen zu erkennen sind. Im Hintergrund die Berge der Sierra Madre von Oaxaca mit der Sierra Pencoles und Sierra Nochixtlán. (Vgl. Abb. 43 u. Bild 19). (Compañía Mexicana Aerofoto, S. A., México, Bild-Nr. 314)

gebauten Anfahrtswege. Wie die Bahnhofshallen Deutschlands zum Versammlungsplatz der Gastarbeiter wurden, so sind die Flugplatzanlagen und Empfangsgebäude zum Rendezvousplatz der wohlhabenden Bevölkerungsschicht geworden, die man mit dem Auto erreicht und wo zahlreiche Motels und *Drive-in*-Restaurants errichtet wurden. Als bemerkenswerte Neuanlagen sind die Sportplätze mit Baseballstadien in großen und kleinen Städten hinzugekommen.

Der Aufriß der Städte. Der Aufriß der kolonialen Städte war bestimmt durch in der Mehrzahl eingeschossige Häuser und gleichförmige Fassaden. Die Siedlung wurde überragt von der Kathedrale, *„catedral"*, oder Pfarrkirche, *„parroquia"*, mit ihren von gelben Kacheln bedeckten Kuppeln und dem Kirchturm [773, 777] *(Bild 85)*. In der heutigen Zeit sind es Geschäftshäuser und öffentliche Bauten, die die „skyline" bestimmen *(Bild 87)*, dazu Krankenhäuser der *„seguro social"*, z. B. in *Mazatlán*, oder Universitäts- und Schulbauten, z. B. in *Villahermosa* oder *Hermosillo*, oder Hotelbauten, z. B. in *Acapulco (Bild 82), Giudad de México*, oder große Kinos *(Bild 52)* [1302]. Die Fotos solcher Bauten die den Aufriß der modernen Städte bestimmen, haben schon viele Bildbände über Mexico gefüllt. Diese sogenannte „Mexicanische Architektur" wird sichtbar im Bau der Universität von Ciudad de México, UNAM: sie hat sich darauf beschränkt, von der Archäologie bekannt gewordene präkolumbianische Formen zu übernehmen und entwickelte sich

Bild 51. Mazatlán. Dieses Bild soll den typisch rechtwinkeligen Straßengrundriß mexicanischer Städte mit seinen eng bebauten Cuadras zeigen. Im Bilde oben eine Plaza, im Bilde links eine der wenigen Diagonalstraßen. Das Hinterhofgelände im Inneren der Cuadras ist hier für Wohn-, Handwerks- und Industriezwecke genutzt. (Compañia Mexicana Aerofoto, S. A. México, Bild-Nr. 13185; aufgenommen am 27. 3. 1957)

dabei zu einer Art von nationaler Baukunst *(Bild 92)*. Als neue Schöpfung ist der Bau des anthropologischen Nationalmuseums zu nennen (vgl. diesen Abschn.). Für moderne Zweckbauten seien als Beispiel die Düngemittelfabrik in *Monclova* und die chemische Fabrik in Autlán genannt *(Bild 74)*.

Der soziale Wohnungsbau hat schon Ergebnisse gezeitigt, die erwähnenswert sind, wie der Wohnblock *Nonoalco-Tlaltelolco* in einem ehemals besiedelten Teil der Stadt Ciudad de México (*Bild 24*). Die Wohnraumbeschaffung gehört zu den dringendsten Problemen, denen sich Mexico gegenübersieht, nicht nur wegen Verbesserung der Lebensverhältnisse, sondern in Anbetracht der großen Wachstumsrate der mexicanischen Bevölkerung.

Der Bau von Wohnraum verändert Grundriß und Aufriß der ehemals kolonialen Städteanlagen in zweierlei Hinsicht: durch Anlage von Mietwohnblocks und durch Anlage von Einzelhaussiedlungen vor der Stadt (Abb. 80, 86, 143, *Bild 24, 91*). Eine stark florierende Grundstücksspekulation entwickelte sich, Bureaus zum Verkauf von Baugrundstücken sind in jeder Stadt reichlich vertreten. Es entstehen geplante Wohnvorstädte, „Wohnanlagen“, „*Colonias*“, vor den alten Städten (Abb. 143, *Bild 91*). Die Zeitungen bringen Anzeigen über die neuen Anlagen wie z. B. die folgende:

Bild 52. Kino in *México D. F.* In den größeren Städten Mexicos gibt es große moderne Kinobauten. Bemerkenswert ist die Fassade, die aus quadratzentimetergroßen Mosaiksteinen hergestellt worden ist. Diese Darstellungen zeigen immer wieder Motive aus der Kolonialgeschichte und den Revolutionskämpfen Mexicos im Stile des mexicanischen Malers Diego Rivera. (GIERLOFF-EMDEN Februar 1955)

„El lugar mas bello de Tuxtla Gutiérrez, al aire libre con el mejor clima del mundo, que le ofrece lotes urbanizados entre jardines a la orilla del rio.
Fórmula de cortesía: A los primeros veinticinco compradores, cinco años para pagar ... sin intereses ... y desde trescientos cincuenta pesos mensuales. Totalmente urbanizado. – Inversión plenamente garantizada –.
Aceptamos segunda hipoteca para la construcción de su casa, hagase dueño de un magnífico terreno y construya una casita de ensueño, junto al boulevard mas bello del sureste ... y con todo, luz, agua y drenaje."

Wohnquartiere (Die Gliederung der Städte nach sozialen Merkmalen). Mit dem sprunghaften Bevölkerungsanstieg, der Industrialisierung und dem Ausbau der Städte hat sich eine starke Umgruppierung der Wohnviertel entwickelt. Vormals bewohnten die Familien der oberen Klassen große Stadtwohnhäuser im Zentrum, umgeben von den Quartieren der Mittelklasse, zumeist entlang der Bebauungsquadrate, der *„cuadras"*, auch *„manzanas"* genannt. Die Familien der unteren Sozialklassen hatten sich am Stadtrand angesiedelt, teils in den kümmerlichen Mietwohnungen der eingeschossigen Häuserzeilen, teils in erbärmlichen Notquartieren, häufig entlang der zahlreichen *„barrancos"*, die die mexicanischen Städte durchziehen, diese als natürliche Abwasseranlage benützend. Die einzelnen Quartiere heißen *„barrios"*. Sie werden auch *„cuartel"* genannt, während das *„carcél"* das Gefängnis ist. Der Ausbau der Städte erfolgte mit der Anlage von Wohnquartieren außerhalb der alten Stadtwohnbezirke in Form von sogenannten

„colonias", die z. T. die Gestalt moderner Villenviertel annahmen [781]. Dorthin sinc nicht selten die wohlhabenden Familien umgesiedelt bzw. haben sich neu angesiedelt. Die Bewohner der alten großen Häuser im Zentrum sind nur in seltenen Fällen Familienangehörige der einstigen Erbauer, von deren Existenz oft noch Stuckwappen über der Tür zeugen. Die alten Familiensitze im Zentrum wurden Geschäfts- und Gewerbegebäude *(Bild 47 u. 48)*. Vielfach wurden auch nur die Erdgeschosse zu Geschäfts- und Gewerbebetrieben, während die wohlhabenden Familien im 1. Obergeschoß wohnen. Eine moderne detaillierte Untersuchung zu diesem Komplex liegt von A. H. Whiteford, 1964, vor [651], *„Two cities of Latin America"*, in der als Beispiel aus Mexico die Stadt *Querétaro* analysiert wird.

Mexicanische Städte. Nach ihrer gegenwärtigen Funktion unterschieden, sollen eine Reihe von Städten als Beispiel beschrieben werden. Es sind genannt für den Typ:

1. einer Bergbaustadt mit kolonialzeitlichem Gepräge: Guanajuato (wie Pachuca, Taxco);
2. einer Kleinstadt: Tlaxcala;
3. einer Grenzstadt im Norden: Tijuana (wie Ciudad Juárez, Laredo, Reynosa);
4. einer Neugründung als Zentrum eines Bewässerungsgebietes: Ciudad Obregón;
5. einer Großstadt als industrieller Ballungsraum: Monterrey;
6. eines internationalen Seebades sowie Touristenzentrums: Acapulco (wie Mazatlán).

Guanajuato, eine Bergbaustadt (Abb. 82, *Bild 48, 53 u. 54)*. Der Name des Ortes bedeutet im altindianischen Tarasken-Dialekt „Quahashuato", auch „Quanaxhuato", d. h. Hügel der Frösche. Guanajuato ist Stadt und Hauptstadt des gleichnamigen Staates und Municipios mit 1960: 28 212 E. (1880: 78 000 E., 1910: 35 000), in Zentralmexico am südwestlichen Rand der Cordillera de Guanajuato, in einem engen Tal, dem *Cañada de Marfil*, in 2000 bis 2100 m ü. d. M. gelegen. Die umgebenden Berge sind im N 2300 m und im W 2500 m hoch.

Guanajuato ist Mittelpunkt eines Bergbaugebietes mit Silber-, Kupfer-, Blei-, Quecksilber- und Kobaltabbau. Es war vor der Kolonialzeit Indianersiedlung, wurde 1554 gegründet und ist seit 1741 Stadt. Guanajuato ist Zentrum eines seit 1548 ausgebeuteten Silberbergbaus, der zur Kolonialzeit zeitweise der reichste Mexicos war. Die Silbererzgänge in der Nähe der Stadt, darunter die bekannte große Mine *„Veta Madre"*, die in einem Gebirgskörper aus gefaltetem Schiefer, Diabasen und tertiären Eruptivgesteinen auf Bruchspalten entstanden sind, lieferten im 18. Jh. für 280 Mio. Pesos Silber. Guanajuato besitzt eine alte Universität, gegründet und erbaut 1732, eine Münze und eine Bergbauschule. 1810 wurde die Stadt von dem mexicanischen Freiheitshelden Hidalgo mit seinen Anhängern eingenommen (erste Machtposition der mexicanischen Unabhängigkeitsbewegung). Die Grundrißanlage der Stadt ist unregelmäßig; das Hauptbaugelände ist etwa 1,5 km lang und 100 bis 400 m breit. Viele Straßen sind schmal, gewunden und haben starkes Gefälle. Eigenartig am Grundriß ist, daß die Hauptstraße der tiefsten Rinne des Tales folgt, während die grätenartig abzweigenden Straßen auf den Seitenkämmen liegen, die die Nebenschluchten des Tales teilen. Die Hauptstraße folgt dem trockengelegten Cañon des Flusses, der ausgemauert etwa bis 10 m unter dem Niveau der Stadt liegt und an der Hauptkreuzung einige Blocks untertunnelt. Die Bebauung ist wegen der schwierigen Geländeverhältnisse und der ereignisreichen Geschichte der Stadt sehr unterschiedlich und reichhaltig an architektonischen Besonderheiten, so daß Guanajuato zu den buntesten mexicanischen Städten zählt: es gibt prachtvolle Kirchen, eine Kirche mit Kuppelbau und große öffentliche Gebäude verschiedener Bauepochen, darunter ein prachtvolles Theater (Teatro Juárez), das Ende des 19. Jhs. im klassizistischen Stil erbaut wurde und vom ehemaligen Reichtum der Stadt zeugt; aus dem Jahre 1904 eine riesige Markthalle, moderne Geschäftshäuser, prächtige Wohnhäuser (bürgerliche Wohnhäuser, mehrstöckig, bis zu 3 Geschossen), Hütten und armselige Massenquartiere. Berühmt sind die zahlreichen

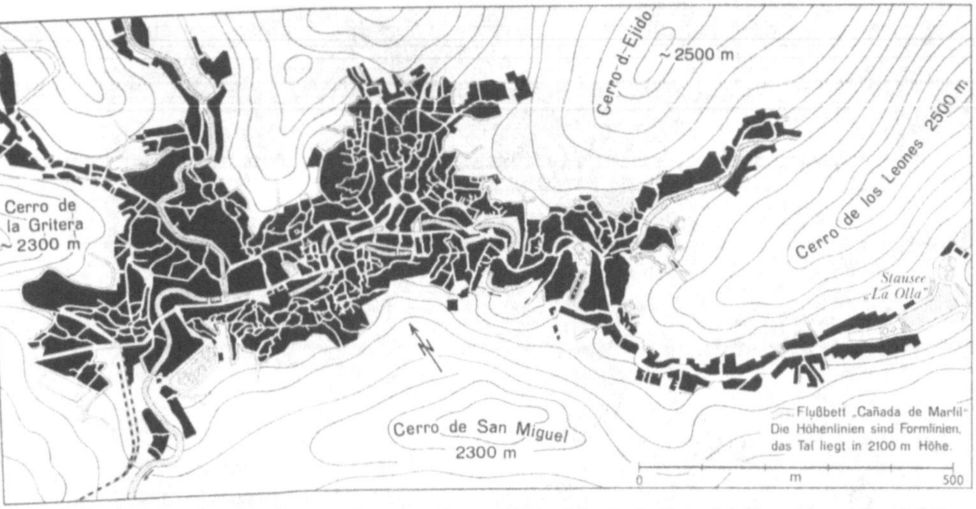

Abb. 82. Grundriß der Bergbaustadt Guanajuato (Gto., Mexico). Beispiel für nicht rechtwinkligen Straßengrundriß. Die Stadt ist in einem schmalen, gewundenen Tal erbaut worden. (Entwurf: Gierloff-Emden nach Stadtplänen und Begehung)

malerischen Brunnen und Wasserstellen in der Stadt. Etwa 3 km nordwestlich der Stadt gibt es zahlreiche Bergbauanlagen, stillgelegte Schächte und das zu einem Touristenhotel ausgebaute *Castillo de Santa Cecilia.* Vor dem Stadtzentrum liegt die Festung *Alhóndiga de Granaditas* (Alhóndiga heißt staatliche Getreidesammelstelle, später Herberge), 1810 erbaut, wo man 1811 die Köpfe des hingerichteten Freiheitskämpfers Hidalgo und seiner drei Genossen in einem Käfig aushängte. Etwa 1 km oberhalb der Stadt befindet sich der Stausee *La Olla* (50 × 200 m), der den *Rio Saucepan* durch einen der ältesten gemauerten Dämme Mexicos (1749 erbaut) aufstaut. Etwa 10 km nördlich der Stadt wurde 1894 die große Staumauer von *Esperanza* erbaut (über 40 m hoch). In der Nähe der Stadt im *Cañon de Marfil* lebten 1890 etwa 30 000 Menschen; die Siedlung, die verlassen wurde, nachdem 1905 im Juli durch Regen alle Bergwerksschächte ertranken, ist in Ruinen erhalten. Guanajuato ist wegen seiner malerischen Lage und Bebauung zu einem der ersten Touristenzentren Mexicos geworden.

Tlaxcala, eine Kleinstadt. Einige Kleinstädte wurden von E. Gormsen, 1966 [1395], untersucht *(Tlaxcala, Chiautempan, Apizaco)* (Abb. 83).

„*Tlaxcala,* mit 7545 Einwohnern (Censo 1960. In dieser Zahl sind das auf der Höhe südöstlich der Stadt gelegene Dorf Ocotlan – 1091 Einwohner – sowie einige kleinere, ebenfalls eng mit der Stadt verbundene Barrios nicht enthalten.), liegt in einer Talweitung des *Rio Zahuapan,* der oberhalb *Apizaco* entspringt und hier, am Rand des Blocks von *Tlaxcala,* ein über 100 m tiefes Tal mit steilen Hängen gegraben hat. Von den Spaniern schon um 1530 als kirchlicher und weltlicher Verwaltungssitz gegründet, zeigt der Plan wohl ein rechtwinkliges Straßennetz. Doch ist dieses weit entfernt von der Regelmäßigkeit der *Cuadras,* die wir in Puebla, Mexico und anderen Kolonialstädten vorfinden. Auf halber Höhe der südöstlich ansteigenden Talflanke wurde 1536 der Franziskanerkonvent angelegt, heute noch als Gesamtanlage, vor allem aber wegen der einmaligen Holzdecke seiner Kirche eines der wertvollsten Baudenkmäler Mexicos aus dem 16. Jahrhundert. Doch diente die Stadt nicht nur der geistlichen und staatlichen Autorität der Spanier, die das großzügigere Puebla bevorzugten, sondern vor allem der semiautonomen Regierung der Stammesfürsten von *Tlaxcala,* die ihre Wohnsitze in den umliegenden *„cabeceras"* (Hauptorte) hatten.

Bild 53. Guanajuato. Hauptstadt des gleichnamigen Staates, in 2000–2100 m Höhe über dem Meere, in einem langgestreckten schmalen Tal angelegt. Die umgebenden Berge erreichen 2500 m Höhe. Wegen des Reliefs hat diese Bergbaustadt einen dem Wasserlauf folgenden gewundenen Grundriß. Die Hauptstraße verläuft im betonierten Hauptwasserlauf, der oberhalb der Stadt gestaut ist und auch nur während der Regenzeit Wasser führt. Der Ort wurde 1554 gegründet, 1741 Stadt und war berühmter Silberbergbauort. Bevölkerung 1880: 78 000, nach Rückgang der Ausbeute 1960: 28 000. Die Berge sind entwaldet, da das Holz für den Bergbau (Grubenholz und Holzkohle)

Bild 54. Straße in Guanajuato. Die Bergbaustadt Guanajuato hat wegen der Lage im engen Tal windungsreiche steile Straßen mit mehrgeschossigen Wohnhäusern. Die Fundamente sind meist aus Natursteinen errichtet. Viele Häuser haben schöne Balkons. Das Trinkwasser wird ausgetragen und verkauft (Träger im Bild links). (GIERLOFF-EMDEN Juli 1964)

Heute ist Tlaxcala Amtssitz des Gouverneurs des Staates, und rings um die *Plaza*, sowie über die ganze Stadt verstreut treten die verschiedensten Behörden und Verwaltungsstellen in Erscheinung, zu denen auch die Garnison im Norden zu rechnen ist. Als weitere Zentraleinrichtungen sind in neuerer Zeit Höhere Schulen und Fachschulen hinzugekommen, die in den anderen Städten fehlen. Selbst in *Tlaxcala* kann man erst seit 1938 die Reifeprüfung ablegen, während man früher zu diesem Zweck nach Puebla gehen mußte. Überhaupt ist seit dem letzten Krieg ein Ausbau aller staatlichen, kulturellen und sozialen Institutionen vorgenommen worden, durch den versucht wird, größeren Bevölkerungsteilen bessere Bildung und Gesundheitsfürsorge zu ermöglichen. So steht der Staat *Tlaxcala* beim Neubau von ländlichen Schulen und „*Centros de Salud*" an der Spitze aller mexicanischen Staaten. Und diese Tatsache hat insofern auf die Hauptstadt zurückgewirkt, als hier die entsprechenden Planungs- und Verwaltungsbüros sowie die zentralen Krankenhäuser erweitert bzw. neugegründet wurden.

Neuerdings haben sich darüber hinaus die Gouverneure bemüht, das Gesicht der Stadt anziehender zu gestalten, sowohl durch die Anlage von kleinen Parks und Kinderspielplätzen als auch durch die Pflege der vorspanischen und kolonialen Bauten, unter denen neben dem Franziskanerkloster die Wallfahrtskirche von *Ocotlan* im rokokoähnlichen *churrigueresken Stil* des 18. Jahrhunderts eine Sonderstellung einnimmt. Anders in Tlaxcala, wo sich besonders am „dia de plaza", dem samstäglichen Wochenmarkt das ganze Städtchen in einen ländlichen Marktplatz verwandelt. Dies ist denn auch neben der Verwaltung die wesentlichste Zentralfunktion der Stadt. Außer Puebla mit mehreren täglich geöffneten Markthallen sind im weiten Umkreis nur die Märkte von *Texmelucan* und *Tepeaca* größer als der von *Tlaxcala*, wo ich gut 1000 Verkaufsstände zählte. Darunter befinden sich freilich, wie überall, viele Frauen, die einfach am Boden sitzen

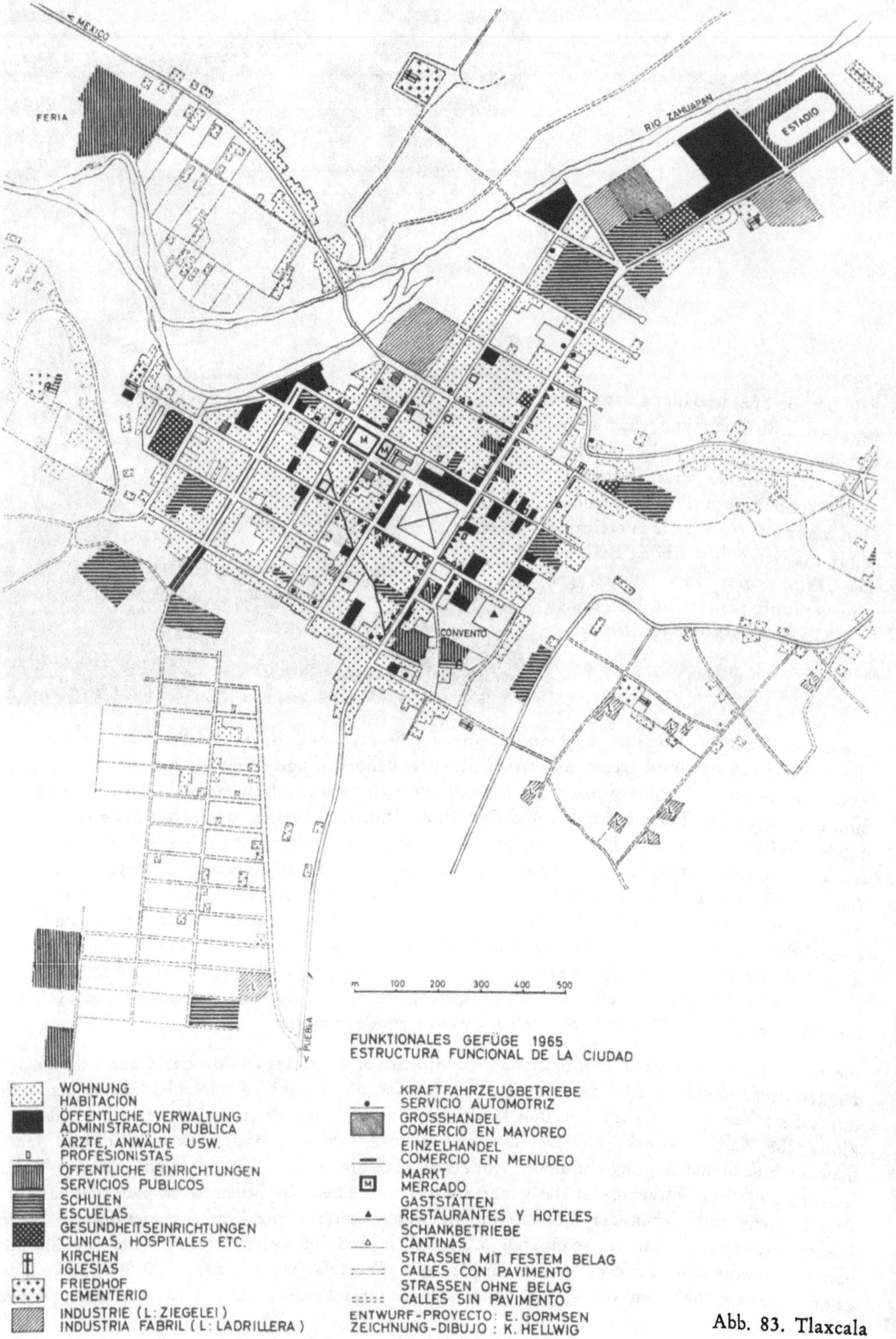

Abb. 83. Tlaxcala

und etwas Gemüse oder Obst feilhalten. Doch werden in der neuen Halle große Mengen von Schuhen, Textilien, Haushaltsgeräten und Möbeln in einfacher Qualität angeboten. Demgegenüber spielt der fest etablierte Handel in der Stadt, der sich vorwiegend um den Mercado konzentriert, eine relativ geringe Rolle. Er geht im Warenangebot nur wenig über den ambulanten Handel hinaus, etwa mit billigen Elektrogeräten oder Gaskochern. Die Bevölkerungsschicht mit höheren Ansprüchen und entsprechenden Mitteln ist noch sehr dünn, zumal die Lehrer- und Angestelltengehälter außerordentlich niedrig sind. Sie fährt zu größeren Einkäufen, auch von Kleidungsstücken, nach *Puebla* oder gar in die Landeshauptstadt. Auch eine breitere, einigermaßen gut verdienende Industrie-Arbeiterschaft fehlt noch, wenn auch in den letzten Jahren drei leistungsfähige Fabriken gegründet wurden, eine Baumwollweberei mit 317 und eine Käserei mit 61 Arbeitern, sowie ein kleinerer Viehfutterbetrieb (Angaben von den Gewerkschaften)." E. Gormsen.

Tijuana, eine Grenzstadt (vgl. Abschn. Tourismus).

Ciudad Obregón, eine Neugründung. Ciudad Obregón war vormals die Ortschaft „Cajeme". Der Ortsname besteht seit 1928. Ciudad Obregón ist Stadt, Hauptstadt des Municipios *Cajeme* mit 1960: 67 956 E. (1950: 31 000 E., 1955: 40 000 E.). Die Stadt liegt im Staate *Sonora,* NW-Mexico, im N der pazifischen Küstenebene, in 100 m ü. d. M. an der Autostraße *Ciudad de México–Mazatlán–Guaymas–Nogales,* an der pazifischen Eisenbahn *Guaymas–Mazatlán–Ciudad de México,* 100 km südöstlich von *Guaymas* und an einem Bewässerungskanal, der von *Rio Yaqui*-Staudamm abgeleitet ist.

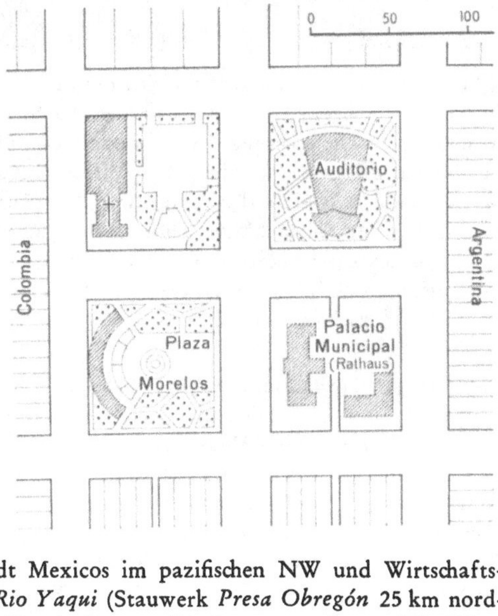

Abb. 84. Modernes Stadtzentrum Ciudad Obregón. (Entwurf: Gierloff-Emden)

Heute ist Ciudad Obregón die modernste Stadt Mexicos im pazifischen NW und Wirtschaftszentrum des Bewässerungsgebietes des unteren *Rio Yaqui* (Stauwerk *Presa Obregón* 25 km nordöstlich der Stadt, *„Angostura* und *El Oviachic"*) mit Baumwollentkernungsanlagen, Ölmühlen, Molkereien, einer Brauerei, Baumwollspinnerei, Landmaschinen-Verkaufslagern, Auto- und Traktoren-Ersatzteillagern. Im umliegenden Bewässerungsgebiet werden Weizen, Baumwolle, Mais angebaut. Ciudad Obregón ist eine planmäßige Stadtgründung (5 × 3 km im Grundriß) mit weiten Geschäfts-, Wohn-, Villen-, Erholungs- und Industrievierteln, breiten Straßen, modernen mehrstöckigen Geschäftshäusern und öffentlichen Plätzen, Verwaltungsbauten, Schulen und schönen Einzelhäusern, die ausgedehnte Bereiche einnehmen, sowie ganz modernen Mehrfamilienhochhäusern und einem Stausee, an dem öffentliche Sportanlagen liegen (Abb. 84).

Bild 55. Monterrey, die große Industriestadt im N Mexicos (Einwohnerzahl 1960: 700 000), im Staate Nuevo Leon, an den Ostkämmen der Sierra Madre Oriental in 640 m Höhe gelegen. Blick nach NW von der Richtung des Kalkberges La Silla (1400 m hoch) in Richtung auf den in der Bildmitte oben gelegenen Kalkberg Las Mitras (1200 m). Durch die Stadt fließt (im Bilde links von Westen nach im Bilde rechts nach Osten) der Rio Santa Catarina. Im Bilde links die Kämme der Kalkketten der Sierra Madre Oriental, die hier nach NW und W in Richtung auf das zentrale Hochland umbiegen. Nach links oben im Bilde führt die Paßstraße nach Saltillo. Unten links im Bild die nach S führende Straße nach Ciudad Victoria – México D. F. (Compañía Mexicana Aerofoto, S. A., México; Bild-Nr. 12100; aufgenommen am 20. 10. 1955)

Monterrey, ein Ballungsraum (Abb. 85 u. 86, *Bild 55*). Monterrey war 1560 Niederlassung einiger spanischer Familien und wurde 1582 von CARVAJAL als Paß-Station zwischen der Küste am Ostrand der *Sierra Madre* und dem inneren Hochtal nach *Saltillo* gegründet und *Villa de San Luis* genannt. Nach Indianerkämpfen fast ganz aufgegeben, erfolgte 1596 von DIEGO DE MONTEMAYOR eine Neugründung, durch den Vizekönig GRAF DE MONTERREY *„La Ciudad Metropolitana de Nuestro Señor de Monterrey“* benannt. Monterrey spielte in den Kriegen im 19. Jh. eine bedeutende Rolle. Es ist Hauptstadt des gleichnamigen Municipios und des Staates *Nuevo León.* 1960: 596 939 E. (1900: 72 250 E. 1930: 137 388 E.).

Mit Rücksicht auf die vorhandene Industriekonzentration wird der Raum *„Zona Metropolitana de Monterrey“* genannt, zu dem 1966 1 Mio E. gezählt wurden. Seit über 20 Jahren ist eine ständig wachsende Abwanderung der Landbewohner aus den 52 politischen Gemeinden des Staates nach Monterrey zu verzeichnen. Vor 1945 überwog noch die Landbevölkerung gegenüber der Stadtbevölkerung. Im Jahre 1960 lebten 70 % der Bevölkerung von *Nuevo León* in der Stadt (im Großbereich von Monterrey). Man schätzt, daß im Jahr 1970 die Einwohnerzahl der *„Zona Metropolitana“* 1,3 Mio. überschreiten wird. Nach dem Zensus von 1960 arbeiteten in Nuevo León bereits 32,4 % der berufstätigen Bevölkerung in der Industrie und nur noch

32,3 % in der Landwirtschaft. In der gesamten mexicanischen Republik betrug dieses Verhältnis 19 % (Industrie) zu 54,2 % (Landwirtschaft).

Zu Ende des vergangenen und zu Anfang dieses Jahrhunderts haben Europäer und Mexicaner zum wirtschaftlichen Aufschwung *Monterreys* beigetragen. Besondere Bedeutung für die industrielle Entwicklung hatten spanische Einwanderer im 19. Jh., unter deren Abkömmlingen die heute weitverzweigten Familien GARZA und SADA eine Schlüsselstellung in der Industrie *Monterreys*, insbesondere der Bierindustrie (*Cuauhtémoc S. A.*) und der Stahlindustrie (*Fundidora de Fierra y Acero de Monterrey S. A.*), innehaben. Ihre Namen fehlen selten unter den leitenden Persönlichkeiten irgendeines geschäftlichen, kulturellen oder caritativen Zusammenschlusses.

Monterrey hat besonders während der letzten 30 Jahre eine wachsende Bedeutung für die mexicanische Industrie erlangt. Auf Grund dieser Tatsache wurde auch europäisches Kapital in verschiedenen Wirtschaftszweigen investiert: schweizerisches in der elektrotechnischen Branche und in der Textilindustrie und deutsches in der Metallverarbeitungs- und der chemischen Industrie. Ferner bestehen Beteiligungen von italienischen, schwedischen, holländischen, belgischen und englischen Firmen. Vorrangig sind die USA beteiligt. Die Grenze nach Texas liegt nur 230 km von *Monterrey* entfernt. Die Wirtschaft, von den Firmennamen und der Benutzung der englischen Sprache bis zu den vielen nordamerikanischen Besuchern der großen Hotels, wird sehr von den USA beeinflußt [1140].

Die Zahl der Neugründungen der Industrie und des Handels belief sich 1966 auf etwa 230 im Monat. Zwei von den drei großen Hotels der Stadt begannen mit umfangreichen Erweiterungsbauten. Büro- und Hotelhochhäuser mit großzügigen Anlagen verleihen *Monterrey* das Gepräge einer modernen Industriestadt. Die Skyline der Stadt soll in naher Zukunft durch einen Wolkenkratzer von 64 Etagen, damit das höchste Gebäude von Lateinamerika (höher als der *„Torre Latinoamericano* in *Ciudad de México* bestimmt werden. Mit Einnahmen von 68 Mio. Pesos (etwa 22 Mio. DM) liegt der Haushalt *Monterreys*, vom Budget der mexicanischen Hauptstadt abgesehen, an der Spitze aller Gemeindehaushalte in Mexico.

Monterrey liegt in Nord-Mexico, an den Ostketten der *Sierra Madre Oriental* in 490 bis 640 m Höhe ü. d. M., in einem flachen, weiten Tal, das nach NO zur Küstenebene hin offen ist. Monterrey wird im NW von dem Kalkberg *Las Mitras* („Bischofsmütze", 1200 m hoch), im SO vom *La Silla* („Sattelberg", 1400 m hoch) und im W und S von Kalkketten der Sierra Madre Oriental umgeben. Durch das Tal und durch die Stadt fließt von W nach O am Südrande des ältesten Siedlungskernes der *Rio Santa Catarina*. Monterrey ist der große Verkehrsknotenpunkt des Nordens, von dem fünf Eisenbahnlinien ausgehen. Es ist Verkehrskreuz der OW-Verbindung *Matamoros* (Hafen *Brownsville*, USA) – *Mazatlán* und der Nord-Süd-Linie *Nuevo Laredo – Ciudad de México*. Die Stadt liegt an der *Carretera Interamericana*, die von *Ciudad de México* über Monterrey nach *Laredo* führt. Das Ereignis der Annexion von *Texas* durch die USA (1848) bedeutete den ersten Aufschwung für Monterrey, das bislang nur Marktort und Paßstadt war. 1882 wurde die Eisenbahn nach *Laredo* gebaut, 1891 folgte die Strecke nach *Tampico*, 1905 diejenige nach Matamoros.

Die ersten Eisenindustrien entstanden 1890 bis 1910. Der Aufschwung der Stadt wurde durch die von 1920 bis 1940 gebauten Autofernstraßen Mexicos gefördert. 1612 wurde die Stadt durch eine Überschwemmung zerstört, und etwas weiter nach S zum heutigen Platz verlegt. 1909 gab es nach Starkregenfällen, *„avenidas"*, große Überschwemmungen und 5000 Tote in der Stadt. Der *Rio Santa Catarina*, der früher seinen Lauf mehrmals verlegt hatte und zwischen 100 und 500 m breit war, wurde 1951 im Bereich der Stadt kanalisiert und ist auf dieser Strecke 100 m breit und 8 m tief, wodurch in der ehemaligen Flußebene 25 ha Siedlungsland gewonnen wurden. Der nach dem 2. Weltkrieg entstandene Siedlungskomplex von Monterrey umfaßte 1959 150 km². Die Ost-West-Ausdehnung der Stadt beträgt über 10 km, die Nord-Süd-Ausdehnung etwa 7 km. Die Stadt wurde am stärksten nach N, O und W ausgebaut und erst in den letzten

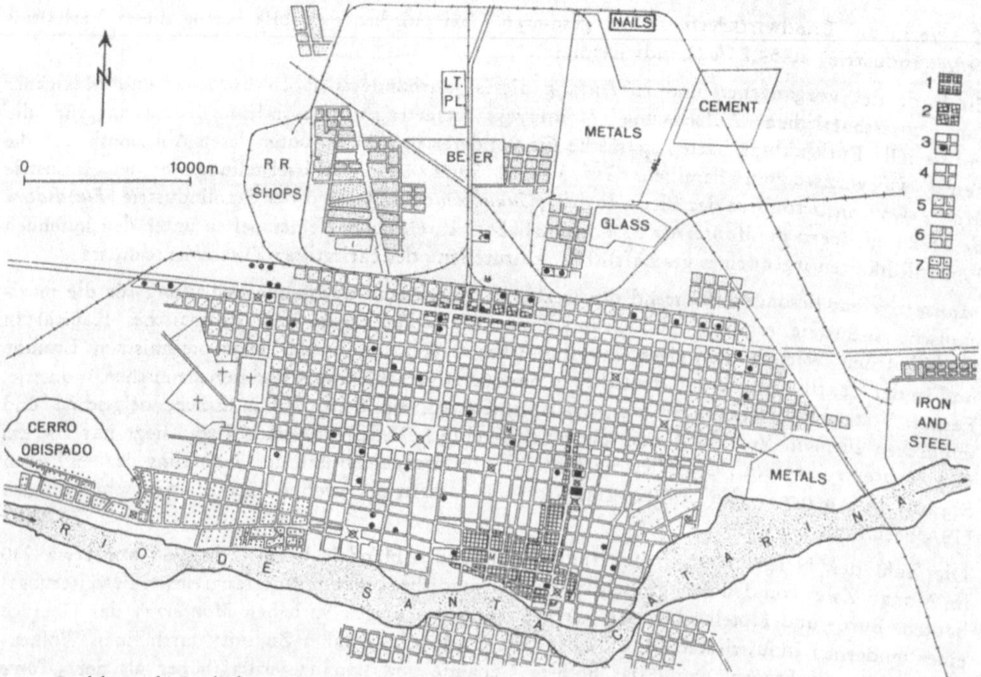

1 = Stadtkern als Geschäftszentrum
2 = Einkaufs- und Ladengegend für Arbeiter
3 = einzelne Industriebetriebe (keine Schwerindustrie)
4 = Stadt-Siedlungsbereich
5 = desgl.
6 = Arbeitersiedlungen
7 = Raum für zukünftige Stadterweiterungen

Abb. 85. Monterrey. Funktionale Gliederung der Stadt. (Nach McGee 1958)

Jahren auf das Südufer des Rio Catarina ausgedehnt, den vier Brücken überqueren. Eine mangelhafte Planung und schlechte Bodennutzung haben Großindustrie und Wohnsiedlungen entstehen lassen, die sich gegenseitig behindern und die zu verschachtelt sind, um Ausbauten zuzulassen. Der alte Stadtkern mit Geschäften, Wohnhäusern und Kleinindustrie liegt am nördlichen Flußufer. Er wurde während der 60er Jahre durch vier- und mehrgeschossige Geschäfts- und Bürobauten bereichert. Nach W schließt sich das beste Wohnviertel an, das auf dem *Cerro Obispado* liegt, einem Hügel, der die Flußebene um 100 m überragt. Nach N folgen abwechselnd Großindustrieflächen und, dort auch *Jacales* genannte, Arbeiterwohnviertel mit schachbrettartigem Grundriß, mit einstöckigen Holzhäusern, Baracken und Wellblechhütten bebaut und mit schlechten ungepflasterten Straßen. Außerdem gibt es *colonias,* moderne schöne Wohnviertel für Angestellte und Angehörige höherer Einkommensschichten. Bemerkenswerte Bauten sind die Kathedrale an der *Plaza Zaragoza,* 1630 begonnen, 1833 fertiggestellt, 1840 im amerikanischen Krieg beschädigt, der *Palacio Gobierno,* in rotem Granit errichtet, mit säulenumstandenem *Patio,* der bischöfliche Sitz auf dem Hügel. 1777 gab die Errichtung eines Bischofssitzes der Stadt Monterrey Bedeutung. Sie ist im Wochenendverkehr von den USA (Texas) aus bequem mit dem Auto zu erreichen. Die Stadt wurde zu einem der meistbesuchten Touristenzentren Mexicos. Dementsprechend sind viele Speiserestaurants, Bars, Kaufhäuser und Andenkenläden entstanden. Eine eingehende Studie von Monterrey erarbeitete M. C. McGee 1958 [778].

Naturgeographische Bedingungen des Ballungsraumes. Die Abwanderung der Bevölkerung vom Umland in die Industriezone wird durch die klimatischen Verhältnisse begünstigt, unter denen die Landwirtschaft in *Nuevo León* und der Umgebung von *Monterrey* zu leiden hat. Extrem

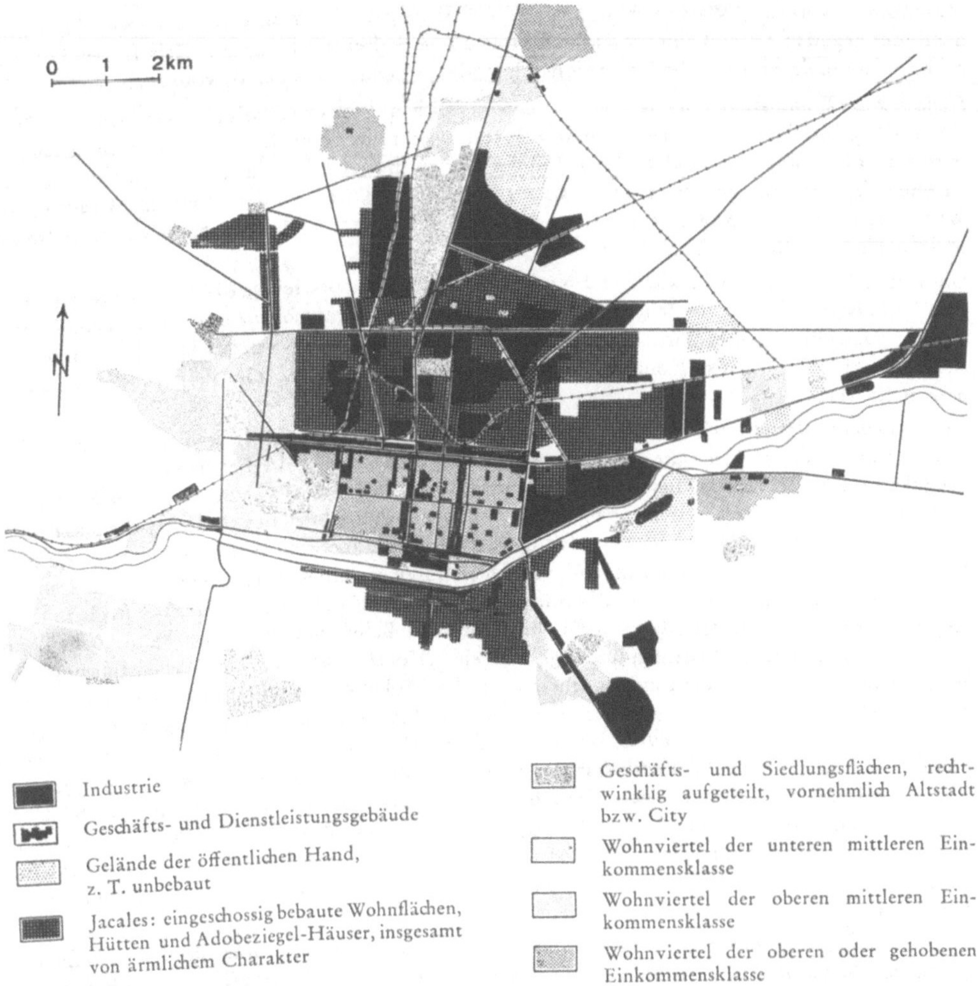

Abb. 86. Monterrey. Gliederung und Nutzung des Gesamtbereiches. (Nach McGee 1958)

heiße Sommer (45 °C) und relativ kalte Winterzeiten mit morgendlichem Frost kommen vor. Ständige Temperaturschwankungen von etwa 30 °C innerhalb weniger Stunden erschweren darüber hinaus das Leben in Monterrey, vor allem für Europäer. Hinzu kommt gerade im Sommer eine durchschnittliche Luftfeuchtigkeit von 90 %. Kein Wunder, daß gerade hier die Fertigung von Industriekühl- und -klimaanlagen einen bedeutenden Sitz und ein entsprechend gutes Absatzgebiet hat. Die jährlichen Niederschläge erreichen 500 mm, von denen 370 mm von Mai bis September fallen. Es gibt durchschnittlich 91 Regentage im Jahr. Monterrey liegt an der Grenze des atlantischen Einzugsbereiches: 30 km östlich der Stadt betragen die jährlichen Niederschläge 900 mm, 40 km westlich davon nur 300 mm.

Die Wasserversorgung der Stadt und Industrie ist noch ungenügend, die großen Eisenhütten verbrauchen pro Jahr je 150 Mio. m^3 Wasser. Für den Verbrauch von 300 l je Tag und Person sowie für industrielle Zwecke sind 500 Pumpen in der Umgebung und zwei 20 km entfernte Groß-Tiefbrunnen in den Bergen in Betrieb (Abb. 9). Eine grundlegende Verbesserung der problematisch gewordenen Wasserversorgung des Großbereichs von Monterrey soll erreicht werden, damit der negative Einfluß eines Standortfaktors ausgeschaltet wird, der zur Zeit führende Unternehmen veranlaßt, größere Neuinvestitionen in anderen Bereichen Mexicos vorzunehmen.

Sozial- und Wohnverhältnisse. Obwohl die wesentlichen Industriezweige *Monterreys* im Besitz weniger Großfamilien sind, scheinen soziale Spannungen nicht zu groß zu sein. Von Unternehmerseite wird die in anderen mexicanischen Industriezonen, insbesondere im Hauptstadtbezirk, kaum zu findende Betriebstreue der Arbeiter gelobt – ein Faktor, der zu dem stetigen Wachstum der Wirtschaft Monterreys beigetragen hat. Die Familie GARZA hat frühzeitig ein vielseitiges System sozialer Fürsorge für ihre Betriebsangehörigen entwickelt.

Die zweitgrößte Brauerei Mexicos und Vorbild eines sozialen Betriebes, die *Cervecería Cuauhtémoc S. A.*, begann bereits im Jahre 1890 mit Hilfe deutscher Braumeister und spanischen Kapitals mit der Herstellung eines guten Bieres. Im Laufe der Jahrzehnte wurde das Unternehmen zu einem in sich geschlossenen Konzern, in dem alle Zusatzartikel für die Verpackung des Bieres hergestellt werden.

Die *„Vidriera Monterrey“*, eine der größten Glasfabriken Mexicos, liefert die Flaschen. Die Firma *„Cartón Titán“* stellt die Bierkartons her. Insgesamt sind es 15 Fabriken, die sich um die Produktion der *„Cervecería Cuauhtémoc“* gruppieren und in denen etwa 7000 Arbeiter beschäftigt sind. Diese verdienen zwar etwas weniger, als der Durchschnittslohn des mexicanischen Arbeiters (1964 waren es 1,50 DM in der Stunde) beträgt, werden aber mit einer Reihe von sozialen Vergünstigungen bedacht, die ihnen und vor allem ihren Familien einen weit besseren Lebensstandard ermöglichen, als es bei ihren Berufskollegen im übrigen Mexico anzutreffen ist, besonders bei ihren Familien, weil der Mann den Lohn nicht nach Belieben verbrauchen kann. Zum Lohn kommen noch besondere Leistungszuschläge und ein „Moralbonus“ für gute Lebensführung. An erster Stelle der sozialen Leistungen steht ein großes Wohnungsbauprogramm, das bereits über 3000 fertiggestellte Einheiten umfaßt, die eine zweckmäßige, mit Grünanlagen durchzogene Siedlung, *„colonias“*, auch *„barrios“* genannt, bilden. Die Häuschen, die meistens drei Schlafräume, zwei Bäder, einen Aufenthaltsraum und eine Küche haben, gehen nach 20 Mietjahren in das Eigentum des Arbeiters über. Die monatliche Miete ist niedrig und beträgt etwa 60 DM. Sie beträgt ungefähr ein Fünftel des Monatsgehalts des Familienvaters. Bemerkenswert ist, daß dabei keine der großen Mehrfamilienhäuser, *„multifamiliares“*, errichtet wurden, wie sie in den letzten Jahren in der mexicanischen Hauptstadt gebaut werden. Mexicaner sind nur selten geneigt, in eine solche „Wohnmaschine“ einzuziehen.

Es gibt Kindergärten sowie Volks- und Höhere Schulen, die sich im Eigentum der Firma befinden. Es werden Stipendien für Fachschulbesuche geboten, sowohl für die Arbeiter als auch für ihre Kinder, großzügige Rabatte auf Lebensmittel- und Kleiderkäufe in werkseigenen Läden (die keine *„tiendas de rayas“* der Kolonialzeit sind!), kostenlose Lebensversicherungen, freie ärztliche Betreuung für Arbeiter und Familienangehörige in einer eigenen Klinik ohne Einschränkung der ohnehin bestehenden staatlichen Sozialversicherung sowie kostenlose Benutzung von Sport- und Unterhaltungseinrichtungen wie Kino, Leihbüchereien u. a.

Neben der Universität gibt es in *Monterrey* eine moderne Hochschule für den Ingenieurnachwuchs, die aus privater Initiative (Industriellen-Familienstiftung) entstanden ist, das *Instituto Tecnológico y de Estudios superiores de Monterrey* (vgl. Abschn. Schulwesen, Bildung).

Der Einfluß der Geschäftsleute in *Monterrey* ist groß. Bei den Bürgermeisterwahlen hatte der Kandidat der führenden mexicanischen Oppositionspartei *„Partido de Acción Nacional“* (PAN), die der Privatwirtschaft nahesteht, den Sieg gegenüber der „revolutionären“ Staatspartei (PRI) davongetragen.

Wichtigster Industriezweig Monterreys ist die Eisen- und Stahlindustrie. Diese Industrien haben der Stadt Attribute wie „Das Ruhrgebiet“ oder „Pittsburg“ Mexicos eingebracht (vgl. Abschn. Eisenindustrie).

Mexico - ein Agrarland

Agrarwirtschaft und Agrarproduktion

Mexico hat bei rascher Entwicklung der Industrie immer noch den Charakter eines Agrarlandes. 7 Mio. Menschen, 53 % der arbeitenden Bevölkerung, sind in der Landwirtschaft tätig. Im Jahre 1950 waren 4,8 Mio., im Jahre 1967 waren 7,2 Mio. Menschen in der Landwirtschaft tätig. 10 Mio. Menschen lebten 1960 im „indokolonialen" Stil, nur 7 Mio. im „europäischen" Stil, wie es die mexicanischen statistischen Veröffentlichungen unterscheiden. Dem wachsenden Bedarf an Nahrungsmitteln infolge des raschen Anstiegs der Bevölkerungszahl und der Verbesserung der Lebensbedingungen und dem damit verbundenen größeren Verbrauch von Lebensmitteln wurde durch Ausbau und Intensivierung der Landwirtschaft begegnet. Seit 1940 war der Zuwachs der jährlichen Agrarproduktion größer als der Zuwachs an Bevölkerung, bezogen auf den Index von 1939 (Abb. 3 u. 87). Die Handelsbilanz konnte durch den Export von landwirtschaftlichen Erzeugnissen verbessert werden. Diese landwirtschaftliche Entwicklung hat zur Umwandlung der Kulturlandschaft sehr beigetragen. Alte und neue Feldflächen überdecken große Areale des Landes, ehemalige Waldgebiete wurden durch frühe Brandrodung und Wanderwirtschaft vernichtet (*Bild 16*). In der Gegenwart werden Kakteensteppen im pazifischen Küstenland mit Baggermaschinen umgebrochen, in Felder aufgeteilt und zu Bewässerungslandschaften umgewandelt. Im feuchttropischen Süden, in Tabasco, wird mit Hilfe der Entwässerung neues Kulturland angelegt. Das gegenwärtige Bild der Agrarlandschaft ist das Ergebnis der Geschichte der Landnutzung und der Revolutionen, die um der Änderung der Agrar- und damit der Sozialstruktur willen stattfanden [812, 815, 1335]. Das Schrifttum zum Agrarwesen Mexicos ist kaum noch aufzuzählen. Es liegen einige umfangreiche Werke aus der jüngeren Zeit vor, die Zusammenfassungen und Aufschluß über die mexicanische Agrarwirtschaft- und Gesellschaft geben: 1. Die schon klassisch gewordene Studie „*Rural Mexico*" von N. L. Whetten, 1948, [846] (1964 in der vierten Auflage), ein Werk von 670 Seiten mit zahlreichen Literaturangaben und 2. A. Gonzales Santos, 1957: „*La Agricultura*", herausgegeben vom *Fondo de Cultura Económica*, 1957 [821] u. a. [823, 830]. 3. E. Flores „*Tratado de economía agrícola*"; 1961 [1245], außerdem [1252]. Zwei kleine Studien zur Übersicht stammen von A. Gerstenhauer, 1958, 1962 [819, 820]. Ein Vergleich Mexicos mit den übrigen Ländern Lateinamerikas zeigt, daß Mexico in bezug auf den Wert seiner Agrarprodukte unter den ersten drei Ländern rangiert. G. Borgström [1368] gibt an, daß Mexicos landwirtschaftliche Anbaufläche pro Kopf der Bevölkerung mit 59,8 Ar nach der Sowjetunion mit 106 Ar und Dänemark mit 60,9 Ar vor den Ländern BRD 14,4 Ar, DDR 29,6 Ar, Japan 6,9 Ar liegt. Mit solcher vereinfachten Statistik kann jedoch nur wenig über die Agrarstruktur und die Ernährungsprobleme für ein Land ausgesagt werden.

Die landwirschaftlich nutzbare Fläche. Der Faktor, der die Möglichkeiten der Landwirtschaft bestimmt und begrenzt, ist für Mexico die nutzbare Feuchtigkeit. Über 50 % der Fläche sind so trocken, daß eine Nutzung nicht möglich ist [833] (Abb. 4 u. 5). Im zentralen Hochlandsblock reicht der Ackerbau ohne Bewässerung nicht weiter als bis

Mexico als Agrarland im Vergleich mit anderen Ländern Lateinamerikas

	Prozentanteil der beschäftigten Bevölkerung, der in der Landwirtschaft Tätigen 1960	Kalorien pro Kopf Bev.	Agrarische Produktion für 1964 wenn für 1958 = 100 gesetzt	
			gesamt	pro Kopf
México	54	2,580	183	131
Guatemala	68	1,970	196	142
El Salvador	60	2,000	203	150
Honduras	66	2,330	162	117
Nicaragua	68	2,190	226	166
Costa Rica	55	2,520	119	78
Panamá	46	2,370	144	104
Cuba	42	2,730	86	68
República Dominic.	56	2,020	144	99
Haití	83	1,780	104	83
Venezuela	32	2,330	176	117
Colombia	54	2,280	135	99
Ecuador	53	2,100	195	138
Perú	46	2,060	136	105
Bolivia	72	2,010	160	125
Paraguay	54	2,400	117	92
Chile	28	2,610	122	95
Argentina	19	3,220	122	101
Uruguay		3,030	110	92
Brasil	58	2,710	131	94
Lateinamerika	47	2,570	133	98

Quellen: *The 1965 Western Agricultural Situation.* ERS-Foreign 113. US-Dept. of Agriculture, Tafel 5, 1, 2.
Statistical Bulletin for Latin America, op. cit., Vol. II, No. 2, Tafel 19.
Economic Survey of Latin America, 1963. Economic Commission for Latin America (UN), Tafel 257, 6.
Statistical Bulletin for Latin America, op. cit., Vol. II, No. 1, Tafel 3.
FAO *Production Yearbook,* 1963, op. cit. Tafel 5 a 1961.

Produktion von Hauptnahrungspflanzen von 1930–1963 in 1000 t

Jahr	Mais	Weizen	Bohnen	Reis	insgesamt	Bev. Mio.	pro Kopf
1930	1,377	370	83	75	1,905	16,55	115,1
1940	1,640	464	97	108	2,309	19,65	117,5
1950	3,122	587	250	187	4,146	25,79	160,7
1960	5,386	1,190	528	328	7,432	34,92	212,8
1963	6,424	1,786	700	266	9,176	38,95	235,6
1967	8,800	1,860	985	448	12,093	43,00	355,0

Zacatecas und *San Luis Potosí*, nach N bis dort nicht als geschlossene Kulturlandschaft, sondern fleckenweise (Abb. 35, 37, 39). Einzelne Flächen mit Feldern liegen dort zwischen kahlen Hügeln und Bergen der Umgebung *(Bild 12)*. Die Erweiterungsmöglichkeiten durch künstliche Bewässerung sind bemessen. Große Flächen sind wegen ihres stark ausgeprägten Reliefs agrarisch nicht nutzbar (Abb. 6 u. 7). Die Obergrenze des Anbaus für Hülsenfrüchte liegt bei 2900 bis 3100 m, für Mais bei 3000 m (Abb. 90). Mais und Weizen in höchsten Lagen werden am Hang des Vulkans *Malinche* bei *Puebla* angebaut. Nur 7 % der Fläche sind von Natur aus dauernd landwirtschaftlich nutzbar, r 15 % mit Hilfe künstlicher Maßnahmen. Die Fläche der nutzbaren Böden wurde 52 auf 18 Mio. ha (das sind 9 % des Staatsgebietes) geschätzt. Sie wurde 1907 mit ,2 Mio., 1930 mit 14,5 Mio. und 1940 mit 14,9 Mio. ha, 1960 mit 30 Mio. ha (*Ing. drául.*) angegeben (Abb. 87). Große Flächen liegen nach einer Bebauung 1 Jahr, 3 bis Jahre oder gar 10 Jahre brach. Durch Bodenerosion sind 9 Mio. ha schwer geschädigt. egionen mit guten Böden und Niederschlägen lassen zwei und drei Ernten im Jahr edeihen. Die tatsächlich bebaute Nutzfläche betrug 1950 8,0 Mio. ha, 1960 11 Mio. ha, . h. etwas mehr als die Hälfte der Fläche der Bundesrepublik Deutschland. Abgesehen avon, daß die bebaute Fläche an sich schon nicht ausreicht, macht das augenblickliche Bevölkerungswachstum die zusätzliche Nutzbarmachung von jährlich etwa 350 000 ha Land erforderlich, nur um den jetzigen Stand der Versorgung aus dem eigenen Lande zu halten. Die Gefährdung der Ernten durch klimatisch bedingte Katastrophen wie Dürre, Starkregenfälle oder Hurrikane ist groß, Dürre besonders im Norden des Landes [832] (Abb. 32, 33).

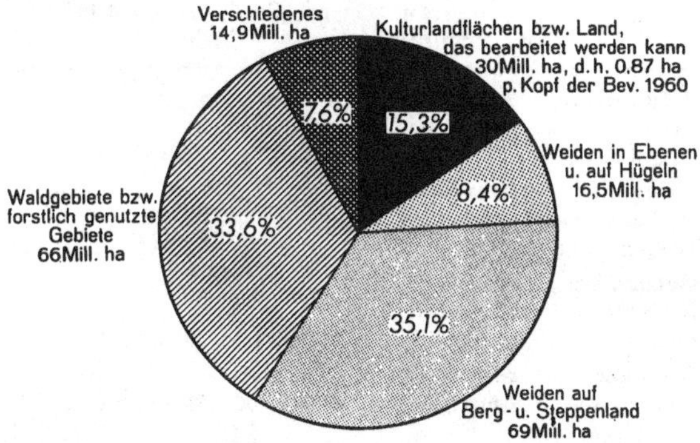

Abb. 87. Anteile der nutzbaren Flächen Mexicos. (Nach Ing. Hidr. 1961, Nr. 4)

Die durch den Zyklon „*Beulah*" 1967 und die Überschwemmungen in der Landwirtschaft angerichteten Schäden betrafen vor allem die Mais- und Henequén-Ernten im Gebiet von *Yucatán* sowie die Baumwoll-, Mais- und Sorghumhirse-Ernten im Staate *Tamaulipas*. Hinzu kommen noch die Katastrophenschäden in anderen Landesteilen, die nur von Ausläufern des Orkans gestreift wurden, wie z. B. *San Luis Potosí*, *Querétaro*, *Jalisco* und *Guanajuato*. Nach Angaben des Landwirtschaftsministeriums wurden mehr als 120 000 ha Kulturland überschwemmt und Erträge im Wert von über 950 Mio. mex. $ vernichtet.

Monokulturen sind in dem warmen Klima dem Schädlingsbefall viel stärker ausgesetzt als z. B. in Nordeuropa. Bei Kulturen wie Kaffee und Bananen können aus diesem Grunde empfindliche Verluste eintreten.

Unter Berücksichtigung aller Schwierigkeiten (Entwässerung, Bewässerung, Hochwasserschutz, Trinkwasserversorgung) rechnet man damit, daß sich die nutzbare Fläche um 7 Mio. ha auf insgesamt 25 Mio. ha = 250 000 km² = 12,7 % (andere Angabe 30 Mio. ha, d. h. 15,3 %) des Staatsgebietes erweitern läßt. Durch umfangreichen Ausbau der künstlichen Bewässerung wurden 1951 54 607 ha, 1952 121 540 ha, 1954 204 066 ha und 1956 225 829 ha gewonnen. Die künstlich bewässerten Ländereien konnten von 1926 mit 700 000 ha bis 1958 auf 3,2 Mio. ha erweitert werden, davon 2 Mio. durch Arbeiten der „*Secretaría de Recursos Hidráulicos*", der Rest durch sogenannte Kleinbewässerung, wie Brunnen, Pumpen und alte Anlagen. Die Verbesserung der Anbaumethoden und der betriebswirtschaftlichen Verhältnisse bietet noch Möglichkeiten der Ertragssteigerung. Die Qualität des Ackerlandes wird nach seinem Wasserhaushalt beurteilt:

1. *Tierras de riego*, Landflächen mit künstlicher Bewässerung, sind von Höhenlage und Niederschlag unabhängig und lassen zwei Ernten im Jahr zu.
2. *Tierra de jugo o humedad*, d. h. „saftige", feuchte Böden, vorwiegend in den feuchten Tropengebieten Mexicos gelegen, machen vom Gesamtagrarland nur einen kleinen Anteil aus [834].
3. *Tierra de temporal*, d. h. Land, auf dem der Anbau bei den natürlichen Niederschlags- und Bodenfeuchtigkeitsverhältnissen durchgeführt werden kann, also Regenfeldbau. Solche Fluren sind hinsichtlich ihrer Bodenqualität, Höhenlage usw. sehr unterschiedlich [819, 820].

Die Nutzung und Nutzbarkeit der Bodenfläche Mexicos

Areale	mexican. Terminus	nach Schätzungen 1958 in ha		Census 1950 in ha	Census 1960 in ha
Gesamtfläche der Bewässerungskultur	Área bruta bajo riego	(davon netto 80 % im Anbau)*)	5 347 500	2 503 719	3 515 310
Gesamtfläche, in Kultur gen. (Regenfeldbau)	Área bruta de temporal y humedad		23 913 100	(841 846 + 16 582 696) = 17 424 542	(19 408 114 + 893 189) = 20 301 303
Gesamtfläche, für Kulturen nutzbar	Superficie total abierta al cultivo	(15 %)*)	29 260 600	19 928 200	23 816 912
Wald und Mangrove	Bosque y mangle	69 078 300	195 238 700		43 678 641
Dornbuschsteppe	Chaparral	69 078 300			
Weide	Pastizal	10 414 700	85 687 200	67 379 000	79 092 227
Waldweide	Ramonal	6 194 200			
Kulturfläche für landw. Prod.	Incultas productivas			7 777 100	11 192 714
Areale, die nicht für landw. Zwecke (Anbau u. Weide) oder forstl. Zwecke nutzbar sind (Wüste, Sümpfe etc.)	Superficies no aprovechables para fines agrícolas, ganaderos y forestales	(7,2 %)*)	14 081 200	11 596 800	11 303 714
erfaßte Fläche	Superficie censada			145 516 900	169 084 208
nicht erfaßte Fläche	Superficie no censada			51 034 800	27 467 492
Gesamtfläche des Landes	Superficie total del país		195 238 700	196 551 700	196 551 700

*) bezogen auf Gesamtfläche des Landes.

Bemerkung: Zwischen den zahlreichen Statistiken zur mexicanischen Landwirtschaft gibt es eine beträchtliche Zahl unterschiedlicher Angaben. Die einzelnen Kolonnen stimmen in der Summe nicht, da für verschiedene Areale die Angaben fehlen.

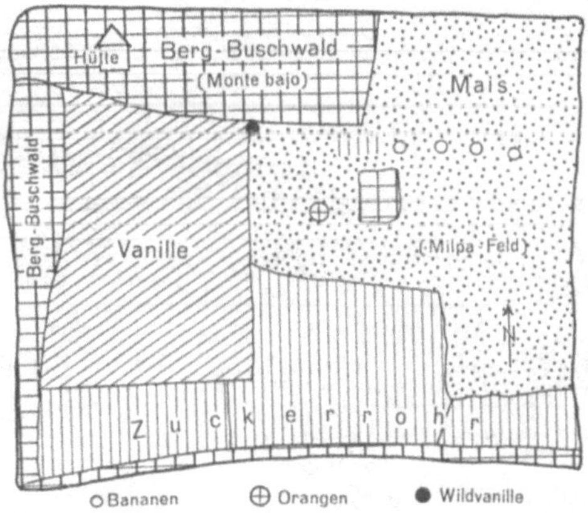

Abb. 88. Typisches Feld der Tajín-Totonaken. (Nach KELLY und PALERM 1952)

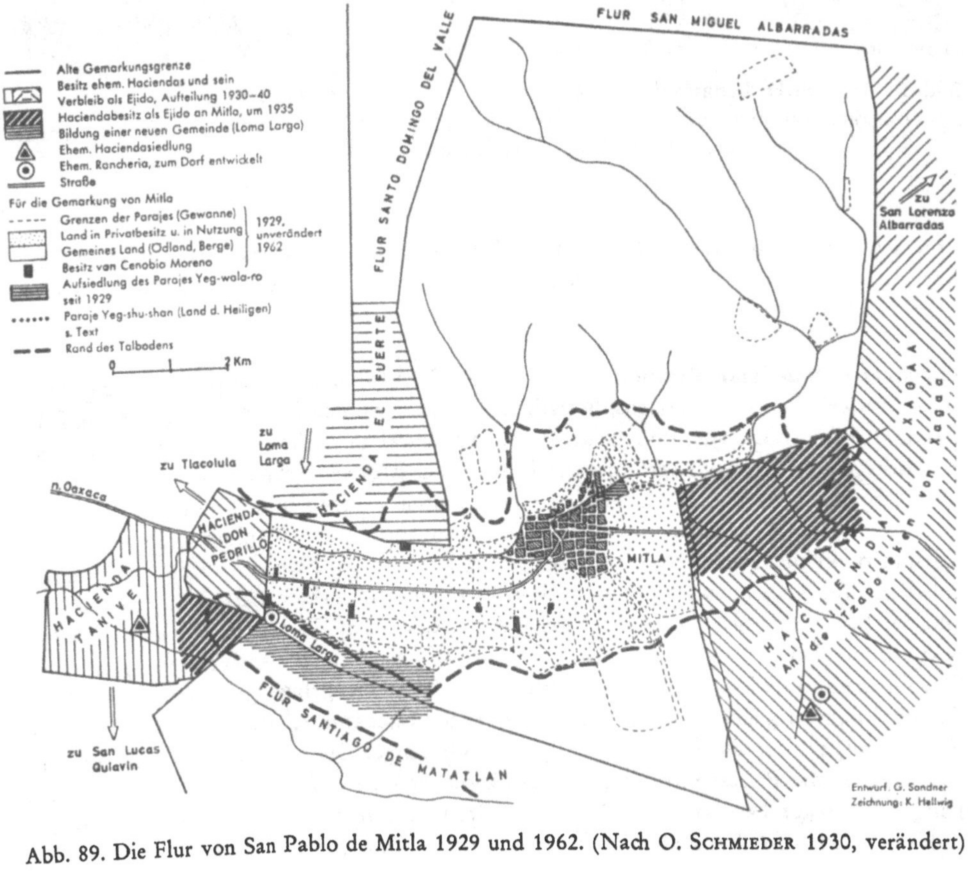

Abb. 89. Die Flur von San Pablo de Mitla 1929 und 1962. (Nach O. SCHMIEDER 1930, verändert)

Bild 56. Indianische Langstreifenflur bei Ejutla (Oaxaca). Die einzelnen Flurstücke sind durch Agavenhecken getrennt. Langstreifenfluren sind typisch für die Landwirtschaft der Azteken, Mixteken und Zapoteken. (GIERLOFF-EMDEN Juni 1964)

Von den Indianern wurden 1960 etwa 2,2 Mio. ha Land bewirtschaftet. Um für diese eine gute Ernährung zu gewährleisten, müßten sie etwa 2 Mio. ha Land mehr bewirtschaften können.

Wirtschafts- und Anbauformen. In peripheren Landschaften, in den Bergen der *Sierra Madre Oriental* und Südmexicos, herrscht noch die Form der Brandrodungswirtschaft mit Axt und Pflanzstock vor, und zwar als Wanderhackbau *(shifting cultivation)*, bei dem die aschegedüngten Rodungsfelder nach wenigen Ernten verlassen werden *(Bild 16)*. Das Abbrennen wird auch bei großen eingezäunten Feldern und Weiden durchgeführt. Selbst steile Hänge wurden durch diese Nutzungsform ihres Waldbestandes entkleidet. Sie sind dann der Bodenerosion preisgegeben. Riesige Waldflächen wurden und werden auf diese Weise – gegenwärtig z. B. noch in *Chiapas* – vernichtet [1210]. Im Landschaftsbild der Brandrodungsgebiete erscheinen die verschiedenen Flächen von Äckern, Brachen, Sekundärbusch und Wald (Abb. 88). In den indianischen Altsiedelgebieten gleicht das Flurbild dem mit Blockfluren und Streifenfluren in Gemengelage (Abb. 89). Eine Fläche, die mit Pflanzen gleicher Art bebaut ist, wird *mata* genannt (Südmexico). Die einzelnen Felder *(milpas)* der Dorfbewohner liegen im Gemenge. Durch Erbteilung und An- und Verkäufe ist die Besitzsplitterung sehr groß, die Bewirtschaftung daher unrentabel. Die Länge der Äcker beträgt z. B. 200 m, die Breite oft nur 6 m oder 2 m. Beim Brandrodungssystem – für Maisanbau auch *„Milpasystem“* genannt nach *„milpa“* (SH. F. COOK,

Bild 57. Landbearbeitung durch Ochsenpflug bei San Andrés Tuxtla (Süd-Veracruz). Tiefgründige Böden der Talungen werden von der bäuerlichen Bevölkerung mit dem Pflug bearbeitet. (GIERLOFF-EMDEN Juni 1964)

1921 [805]) = Maisfeld – wird etwa die vierfache Fläche zur Ernährung einer Familie gebraucht als beim Dauerfeldbau (Abb. 88, *Bild 56*).

Nach SANDERS braucht eine Familie bei Brandrodungsbau mit langen Ruhezeiten 1200 ha, bei Brandrodungsbau mit kurzen Ruhepausen und kleinem Garten, der durch Abfälle gedüngt wird, 650 ha; beim Gemischtbau, bei dem sowohl Brandrodungsbau als auch Bewässerungsbau angewendet werden, 86 ha. Bei einem reinen Bewässerungsbau schätzt SANDERS (zitiert nach PALERM, 1955 [411]) einen Bedarf von 57 und 70 ha pro 100 Familien, z. B. bei der Form von „Chinampas". KELLY berichtet, daß die *Totonaken* das Maisstroh nach der Ernte nicht abbrennen, sondern als Auflage gegen Unkraut auf dem Boden belassen, wie bei der „Mulsch-Kultur".

Im zentralen Hochland ist Dauerfeldbau vorherrschend, der heute mit dem Pflug, meist ochsenbespannt, betrieben wird *(Bild 57)*. Hölzerne Hakenpflüge mit eisenbeschlagener Spitze werden sowohl im NW (*Mulegé* [1094]) als auch in der *Mixteca Alta* von *Oaxaca*, in *Yalalag* [632] benutzt, sogenannte *„Arados"*. Der Grabstock wird noch von Indianern beim Maisanbau auf steilen Hängen verwendet. Mais wird nicht in allen Fällen „gesät". Im Hochtal von *Puebla, Tlaxcala,* wird Mais nach künstlicher Vorkeimung gesteckt (SEELE). Je nach den örtlichen Gegebenheiten wird Regenfeldbau mit Brache, Zweifelder-Wechselwirtschaft und Bewässerungsfeldbau mit alljährlicher Bebauung betrieben (Abb. 91). Durch Waldrodung werden in der Nadelwaldregion über 3100 m Höhe gegenwärtig neue Ackerflächen für den Dauerfeldbau von Kartoffeln mit dem Pflug gewonnen

Bild 58. Xochimilco ist ein Blumen- und Gemüseanbaugebiet in dem von Kanälen durchzogenen „Marsch"-Gebiet, etwa 25 km südlich vom Stadtzentrum Méxicos gelegen. Die Ortschaft Xochimilco wurde 1270 von den Chichimeken gegründet. Durch das Netzwerk der Kanäle entstanden Inseln, die durch Flechtwerk befestigt sind, und durch künstliche, mit Weidengeflecht angelegte Inseln (Topfkultur) entstanden sogenannte schwimmende Gärten, „Chinampas". Die Feldfluren sind schmal, oft streifenförmig. Das Ortszentrum ist links im Bild. Schon in der Aztekenzeit wurden Früchte und Blumen zum Markt der Aztekenhauptstadt Tenochtitlán gefahren. Gegenwärtig ist Xochimilco Gemüseerzeugungsgebiet zur Versorgung von Ciudad de México. Noch im 19. Jahrhundert wurde das Gemüse auf dem Kanalwege in die Stadt gefahren. Xochimilco ist gegenwärtig auch eine Attraktion für den Fremdenverkehr. (Compañía Mexicana Aerofoto, S. A., México; Bild-Nr. 1692/102; aufgenommen am 13. 3. 1963; Aufnahmehöhe: 2800 m)

(TICHY [1344]). Durch die Einführung des Pfluges konnten die Ebenen in wesentlich stärkerem Maße für den Ackerbau genutzt werden. Die Indianer hatten die unteren Hänge der Berge bevorzugt, weil dort die ehemaligen Waldböden leicht sind. Die Hauptanbauperiode reicht von Mai bis Oktober, liegt also in der Regenzeit. Bei dem präkolonialen Landbau war Terrassierung besonders in der *Sierra Madre Occidental* im Staatsgebiet von *Chihuahua* und *Sonora* bekannt; dort wurden die Ackerbauer *„trincheras“* genannt. Terrassierte und bewässerte Gartenflächen, sogenannte *„tablones“*, kommen in verschiedenen Regionen vor. Sowohl in der Nähe der Städte als auch in kleinen Siedlungen wird neben dem Feldbau auch Gartenbau betrieben. Die Gartenbauländereien, *„huertas“*, dienen dem Anbau von Gemüse und Blumen.

Die Chinampas von Xochimilco stellen eine einzigartige Form der Landwirtschaft im Hochtal von México dar. Eine Studie über diese Betriebsform lieferte E. SCHILLING, 1939 [837] *(Bild 58)*.

„Unweit der Hauptstadt México liegt die Gemeinde *Xochimilco*. Bis auf den heutigen Tag hat sich in ihr eine Wirtschaftsform erhalten, die ihresgleichen in der neuen Welt nicht hat und nur in den niederländischen Gemüseanbaugebieten ein altweltliches Gegenstück findet. Durch diese besondere Wirtschaftsform hat die Landschaft *Xochimilco* ein einzigartiges Aussehen, das ihr beim Vergleich mit allen anderen Gemüseanbaugebieten der Welt eine Sonderstellung verschafft. Wie bereits im 15. Jahrhundert ‚liegen auch heute künstlich geschaffene, intensiv bebaute Gemüse- und Blumenbeete, durch Kanäle voneinander getrennt, zu Hunderten nebeneinander. Mit ihren Erzeugnissen wird fast der gesamte Blumen- und Gemüsebedarf der modernen Millionenstadt *Ciudad de México* gedeckt– wie einst der Markt der Aztekenhauptstadt Tenochtitlán damit versorgt wurde“ *(Bild 58)*.

„Der Xochimilco-See verdient nach unseren Begriffen den Namen eines Sees nicht mehr, denn er besteht heute nur noch aus einem verwirrenden System von Kanälen, deren größte Breite wohl 20 m nicht überschreitet, die aber auch oft so eng sind, daß die schmalen Einbäume der Indianer grade noch hindurchfahren können. Zwischen den Kanälen und von ihnen umgrenzt, liegen Hunderte und aber Hunderte von kleinen künstlichen Inselchen in dem früheren See, die von den Indianern „chinampas“ genannt werden und eine ganz besonders eigenartige Form hochentwickelter altmexicanischer Landwirtschaft darstellen. Schon auf Karten, die das Landschaftsbild z. Z. der Ankunft der Spanier wiedergeben, ist die Seefläche des *Xochimilco*-Sees teilweise mit kleinen Rechtecken bedeckt, die die *chinampas* bezeichnen (Abb. 46). Sie sollen mehr ihr Vorhandensein überhaupt als ihre räumliche Verteilung über den See anzeigen. Auf den Karten der nächsten Jahrhunderte ist der See stets fast völlig von der Signatur für die *chinampas* bedeckt. Da er in früherer Zeit eine bedeutend größere Ausdehnung hatte, ergibt sich für das 15. Jahrhundert eine viel größere Anzahl *chinampas*, als sie der Xochimilco-See heute aufweist (Abb. 44).

Die meisten Inseln sind rechteckig, 4–6 m breit und 5–100 m lang. Sie sind ein Werk des Indianers und durch künstliche Anhäufung von schwarzem Faulschlamm, Schilf, Ästen und Wurzeln auf eine Art Floß von Buschgezweig entstanden. Zunächst, während seiner Entstehung und bis zu seiner Fertigstellung, schwimmt das eben beschriebene Floß, genannt *cinta*, frei im See umher, was die Spanier veranlaßte, bei der Beschreibung der Landschaft von „schwimmenden Gärten“ zu sprechen. Es wird dann aber durch Einstecken von schnell ausschlagenden Weidenzweigen der *Salix Bonplandiana* (von den Indianern *ahuejote* genannt) im Boden befestigt. Die Ränder der Inseln, die kaum über 1/2 m hoch sind, wie auch die flachen Seeufer selbst, sind mit diesen Weiden sowie mit Schilf, Binsen und zahlreichen anderen Sumpfpflanzen bewachsen.“

Bild 59. Ochsenkarren in Oaxaca. Bei den Indianern im Hochtal von Oaxaca werden — wie in anderen Gebieten — Ochsenkarren als Fuhrwerke benutzt. Wagen und Räder, wie auch Zugtiere, gab es in der präkolumbianischen Zeit nicht. Mit der Einführung von Ochsenkarren kam es zur Ausbildung von Hohlwegen und zur verstärkten Schluchterosion. (GIERLOFF-EMDEN Juni 1964)

M. D. COE berichtet in einem Aufsatz *„The chinampas of Mexico"* in *„Scientific American"*, Juli 1964, über neuere Forschungen zu der *Chinampa*-Kultur. Danach scheint diese Kultur schon 2000 Jahre alt zu sein, was nach Schätzungen an Fundstücken von Tonfiguren, die in diesem Kulturland gefunden wurden, belegt wird. Es konnte festgestellt werden, daß das rechtwinklige System von Be- und Entwässerungsgräben die gleiche Orientierung aufweist, wie das schachbrettartige Straßensystem der Stadtsiedlungen der alten Teotihuacán-Kulutur, nämlich eine Versetzung um 15–17° gegen die N-S-Richtung.

Die Frischwasserzufuhr erfolgt von etwa 20 bis 30 Quellen, die am Südrand des Chinampa-Kulturlandes zwischen *Xochimilco* und *Tezompa* an der Flußfläche der südlichen Gebirgsschwelle gelegen sind.

Wahrscheinlich hat die Schlammdüngung der Feldflächen schon frühzeitig stattgefunden. Der Schlamm wird von Booten aus mit an Stangen befestigten Behältern aus den Kanälen gefischt. Wie P. ARMILLAS u. R. C. WEST berichten, wurden Teile der angetrockneten, aufgebrachten Schlammschicht zu rechtwinkligen Placken, *„chapin"* genannt, zerschnitten und als Einheiten für die Aufzucht von Saat, insbesondere von Dahlien, verwendet.

Es gibt *Chinampa*-Flächen, von denen jährlich bis zu 7 Fruchtfolgen geerntet werden, darunter zweimal Mais. Die Probleme des Hochhaltens des Wasserspiegels und des Schutzes vor Überschwemmungen wurden frühzeitig mit Hilfe von Hauptkanälen und Dämmen gemeistert.

Wirtschaftsformen im Hochtal von Puebla. „Für die Möglichkeit der landwirtschaftlichen Nutzung sind die Boden- und Wasserverhältnisse entscheidend. In der Ebene sind im Norden am Fuß des Blockes von *Tlaxcala* feuchte alkalische Böden, Salz- und Kalkböden verbreitet, während

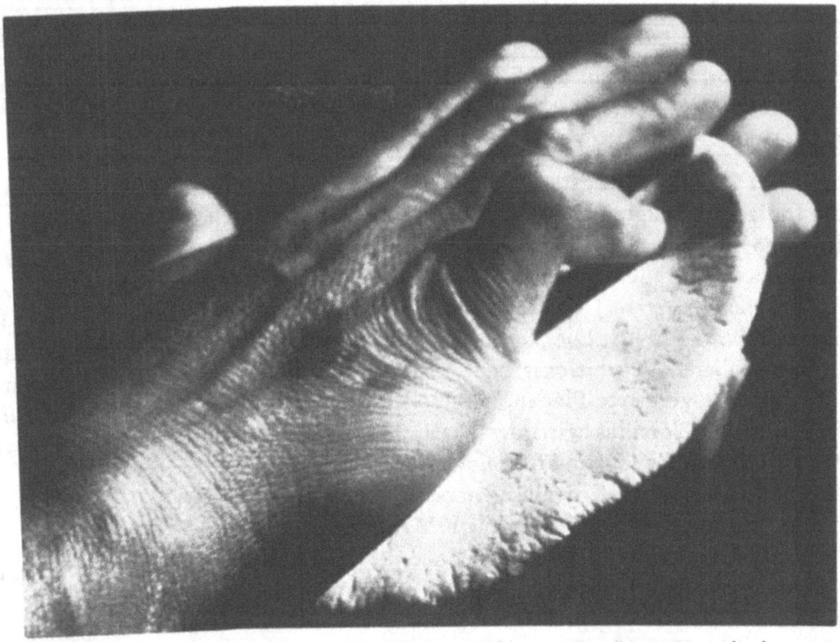

Bild 60. Tortillas – das Brot Mexicos. Symbol der Nahrung. Das Hauptgrundnahrungsmittel der Mexicaner war seit mehr als 3000 Jahren der Mais. Die gekochten Maiskörner werden auf einer Steinplatte (Metate) mit einer Steinrolle zerquetscht, dann wird mit den Händen der Teig zu Fladen geformt. Die Fladen werden geröstet. Heute ernähren sich von 40 Mio. Mexicanern nur noch etwa 20 Mio. ausschließlich von Maisbrot, weitere 20 Mio. essen Maisfladen und Weizenbrot bzw. nur Weizenbrot. Täglich werden in Mexico weit über 100 Mio. Tortillas verzehrt. (Nach einem käuflichen Foto 1964)

alle übrigen Böden aus sandigen Ablagerungen der Wildbäche und Flüsse oder aus vulkanischen Tuffen entstanden sind und saure Reaktion zeigen. Aus Tiefen bis zu 20 m wird in der Ebene Brunnenwasser gewonnen und zum Anbau von Gemüsearten, Blumen und Futterpflanzen, Luzerne und Hafer in der winterlichen Trockenzeit benutzt. Feuchtböden in der Nähe der Flüsse *Atoyac* und des über *Tlaxcala* von NE her kommenden *Zahuapan* dienen meist dem Anbau von Weizen und Luzerne. Oberflächenwasser liefern die Gletscher der *Ixtaccíhuatl* zur Bewässerung, während die Bevölkerung auf den Hängen der unvergletscherten Malinche im Winter unter Wassermangel leidet. Brunnen bis zu 60 m Tiefe können den Bedarf der Dorfbevölkerung nur ungenügend befriedigen. (Tichy)

Die **Mechanisierung der Landwirtschaft** ist besonders auf den neuangelegten Bewässerungsflächen weiter fortgeschritten, in vielen Altsiedelgebieten mit kleinen Parzellen noch sehr wenig entwickelt (*Bild 59*). Mexico verfügt über 40 000 Traktoren (soviel wie *Brasilien*). Etwa 25 % der Landwirtschaft waren 1960 mechanisiert. Die Mehrzahl der mechanisierten Betriebe liegt im Norden des Landes. Von 2,1 Mio. ha, die 1964 bewässert waren, waren 42 % mechanisiert bewirtschaftet, 20 % nichtmechanisiert, der Rest gemischt. Der Anteil von Privatbetrieben am mechanisiert bewirtschafteten Land war größer als der von *Ejidos* bewirtschaftete: 52 % des privaten Landes, 30 % des Ejidolandes waren mechanisiert (*Ing. Hidrául.* 1964).

Bei einem Gesamtbestand von 40 000 Traktoren war die durchschnittlich von einem Traktor bewirtschaftete Fläche 30 bis 60 ha groß [810]. Die Verwendung von künstlichen Düngemitteln nimmt rasch zu. 60 % der Düngemittel werden schon im Inland erzeugt, neue Fabriken wurden zu deren Herstellung in *Minatitlán*, *Coatzacoalcos* und *Chihuahua* errichtet.

Nahrung. Mais ist das wichtigste Grundnahrungsmittel der mexicanischen Bevölkerung. Allein die Indianer erzeugten 1960 für 307 Mio. mex. $ Mais. Mais muß in einigen Jahren zusätzlich importiert werden (1952 24 000 t, 1957 817 000 t). Wegen der vielen Varietäten hat Mais klimatisch großen Spielraum und kann vom heißen Tiefland, *tierra caliente*, bis zur kühlen Zone, *tierra fría*, angebaut werden. Die obere Grenze liegt bei 3150 m am Vulkan *Malinche* [1344]. Die Vegetationszeit beträgt zwischen 90 Tagen im Tiefland und 180 an der oberen Vegetationsgrenze von der Aussaat bis zur Ernte. Aus dem Mais werden die *tortillas*, geröstete Fladen, hergestellt, die das Brot des Landes sind *(Bild 60)*. Außer in Form von Tortillas wird der Mais als sogenannte *„tamales“* (mit Fleisch und Gewürzen gefüllte, in Bananenblätter eingerollte Tortillas), *„tacos“* mit Bohnen, *„enchiladas“* und um Käse gerollte Tortillas genossen. Vielfach werden noch die Maiskörner auf den aus der Indianerzeit überkommenen Mahlsteinen, *„metate“*, mit der Steinrolle, *„mano“*, ausgewalzt *(Bild 43)*. Die Körner werden in kalkigem Wasser vorgeweicht. Die Tortilla-Fladen werden zwischen den Händen geformt. Nur die *Maya* klopfen die Fladen auf Holzbrettern flach. Aus geröstetem Mais wird mit Gewürzen aus Kakao, Anis, Zucker, Ingwer oder Zimt ein Getränk hergestellt, indem diese Mischung mit Wasser vermengt wird, *„pinole“*. Bedeutende Mengen von Mais werden zur Herstellung des stark berauschenden Maisweines *„Tesgüino“* verbraucht; andere Mengen werden verfüttert. Ratzel [500] gab an, daß Pferde und Maultiere bis zu 6 Pfund Mais pro Tag bekamen. Da der Mais in Mexico jährlich nicht in allen Anbauregionen gleich gut gedeiht, war und ist Mais ein häufig anzutreffendes Transportgut.

Wo immer sich viel Volk versammelt, an Festen, Paraden, auf Märkten, Pilgerzügen und in Fußballstadien, findet man die fliegenden Händler mit ihren *„tacos“*. Tacos sind Tortillas, dünne, ungesäuerte Maisfladen, in die alles mögliche und unmögliche eingewickelt wird: Brathühnchen, Truthahn, Schweinefleisch, Speckseiten, aber auch eher eigenartige Dinge, wie eine besondere Art von gerösteten Würmern – eine Delikatesse! – und allerlei Innereien.

Nicht zu vergessen sei die vorkolumbianische *„mole poblano“*, eine Sauce, die je nach Machart bis zu 30 verschiedene Ingredienzen erfordert: mehrere Arten Chili – es gibt deren 92! –, Mandeln, Avocados, Erdnüsse, Trauben, Schokolade, schwarzen Pfeffer und so weiter. Die Sauce wird zu verschiedenen Fleischarten, vor allem aber zu Geflügel, serviert.

Außerdem sind Weizen, *trigo*, und Bohnen, *frijoles*, auch Gerste, *cebada*, und in steigendem Maße Reis, *arroz*, Grundnahrungsmittel. Weizen gewinnt mit fortschreitender Verstädterung der Bevölkerung an Bedeutung [809]. Bohnen sind nach Mais das zweitwichtigste Grundnahrungsmittel der indianischen und Mestizen-Landbevölkerung. Die Weizenproduktion hat in den 50er Jahren bedeutend zugenommen (1945: 346 757 t, 1950: 464 000 t, 1960: 1,1 Mio. t).

Während die Gebirgsböden für die Landwirtschaft nur untergeordnete Bedeutung besitzen, bieten die Schwarzerden, vor allem im Gebiet zwischen *Querétaro* und *Guadalajara*,

h. im westlichen Teil des sog. „*Bajío*", auf einer weiten Ebene beiderseits des *Río Lerma*)r allem für den Getreidebau recht gute Nutzungsmöglichkeiten. Mehr als 50 % werden ute in den nordpazifischen Gebieten auf Bewässerungsland erzeugt, wo mit modernen ethoden bessere Hektarerträge erzielt werden als in den alten Weizenanbaugebieten *Guanajuato* (*Granero de Bajío,* d. h. Kornkammer des Bajío) und *Michoacán*. Bohnen werden in Mexico wie der Mais vielerorts angebaut. Die Vielzahl von Nutz- und Industriepflanzen, zu denen z. B. Kichererbsen, Melonen, Chili u. a. gehören, sind z. gr. T. die gleichen wie zur Zeit vor der Conquista. Die Verwendung dieser nicht altweltlichen Pflanzen wurde im Abschnitt „Vegetation und Landnutzung" erwähnt [807]. Andere Kulturpflanzen, wie z. B. Bananen, von denen es über 10 Arten gibt (Koch- und Eßbananen), sind hier nicht einzeln besprochen (Bananen z. B. bei „Entwässerungsprojekt *Tabasco*").

„Durch den hohen Bedarf an Mais und Bohnen und bis zu einem gewissen Grad auch an Weizen wird weitgehend die Rotation im Anbau bestimmt. Eine durch die Anwendung von Kunstdünger geförderte Bodenpflege ist im Bajío noch nicht weit verbreitet und beschränkt sich vorwiegend auf die größeren Privatbetriebe. Insbesondere in den Bewässerungsgebieten ist, bei dem in vielen Betrieben üblichen, mehrmals hintereinander erfolgenden Anbau der gleichen Frucht, Düngung des

Arbeitseinsatz beim Weizenanbau bei Tarasken-Bauern in Tzintzuntzan bei 13 verschiedenen Bauern (nach FOSTER)

Typ des Ackers nach der Lage	Areal (Hektare)	Anzahl der Tage Arbeitszeit pro 1 Mann						Saatgut Liter		Erträge				
		Pflügen	Pflanzen	Ernten	Dreschen	Gesamtzeit	pro Hektar[1])	pro milpa	pro Hektar	Liter	„Cargas"	Liter per Liter Saatgut	Cargas pro Hektar	Tagewerke Arbeit pro carga Nahrung
Seeufer	2,15	24	24	20	8	76	35	[2]) 150	70	[3]) 3 300	15	22	7	5
»	0,45	3	3	4	2	12	27	24	54	550	2,5	23	5,6	4,8
»	3,10	48	12	22	10	92	30	108	35	[4]) 3 960	18	37	5,8	5,1
»	1,45	9	9	10	6	34	24	[2]) 110	76	1 540	7	14	4,9	4,9
Ortslage	0,15	1	1	1	1	4	27	10	67	125	0,6	12,5	3,8	6,7
»	1,20	—	—	—	—	—	—	50	42	440	2	9	1,7	—
Hügellage	0,70	4	4	3	1	12	17	24	34	[5]) 100	0,45	4	0,6	26
»	0,50	3	3	2	1	9	18	20	40	[5]) 108	0,5	5	1	18
»	0,50	4	5	5	2	16	32	22	44	250	1,1	11	2,2	14,5
»	0,60	3	4	3	2	12	20	20	33	[5]) 108	0,5	5	0,8	24
»	0,55	4	5	3	2	14	31	20	36	[5]) 100	0,45	5	0,8	31
»	0,70	6	6	8	2	22	30	30	43	440	2	15	2,9	11
»	0,55	4	5	5	2	16	25	24	44	[5]) 500	2,25	21	4,1	7,1

1) nach *Beals* (1946) werden 26,5 Tagewerk Arbeit pro 1 Mann und Hektar angegeben für das Dorf Cherán. Dort sind die Erträge um 50 % geringer.
2) die Menge für Saatgut erscheint hoch angegeben.
3) die Menge für Ernte erscheint zu hoch angegeben.
4) im 5-Jahresdurchschnitt. Im Trockenjahr 1945 war es nur ein Bruchteil.
5) Angaben für das Dürrejahr 1945. Bei den anderen Angaben wurden die Mengen für das gute Erntejahr 1946 angegeben.

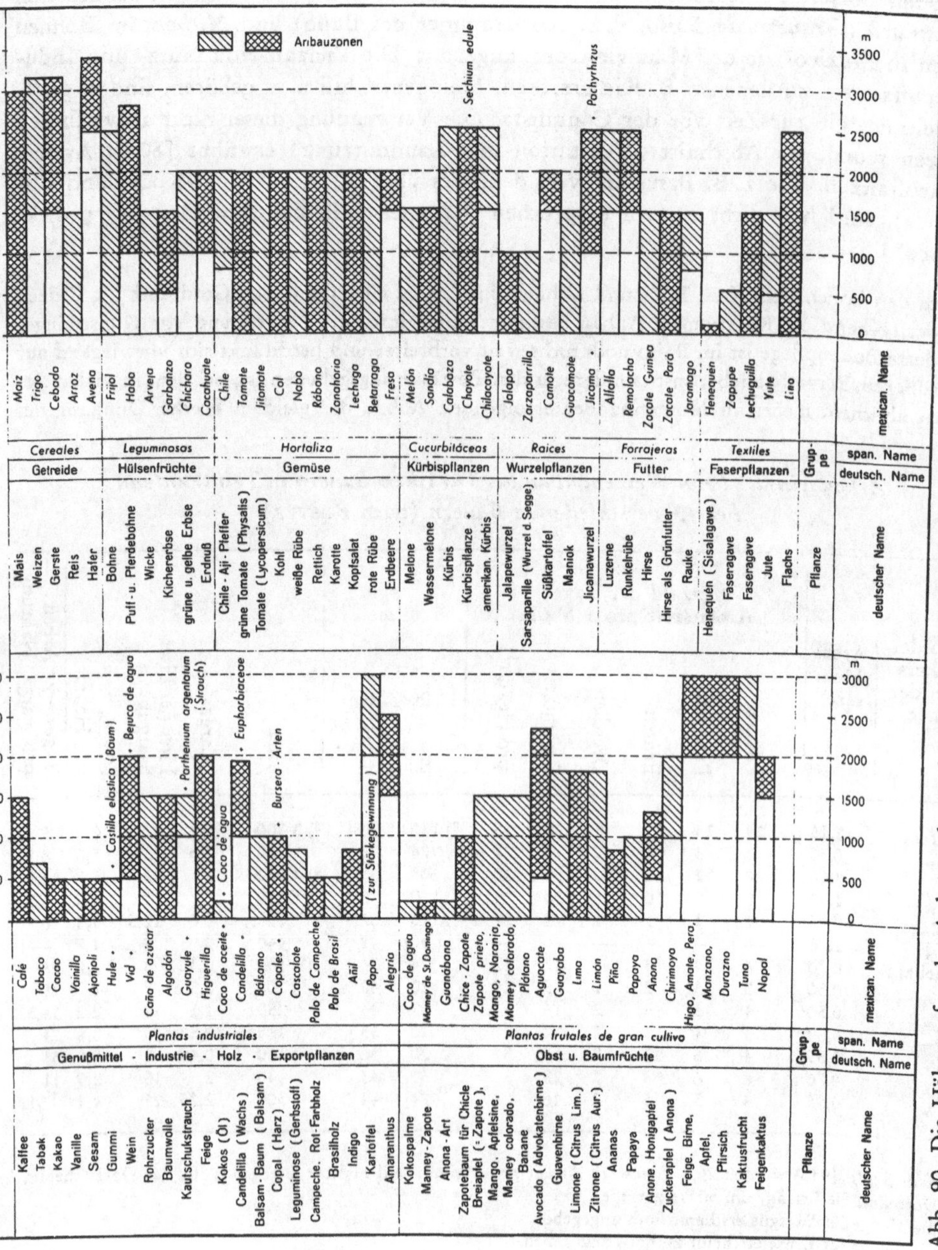

Abb. 90. Die Höhenstufen des Anbaues der Kulturpflanzen in Mexico. Bemerkung: Papaya wird bis zu 1600 m Höhe angebaut. (Entwurf: GIERLOFF-EMDEN 1965, unter Verwendung von Aufstellungen von J. GALINDO Y VILLA 1950)

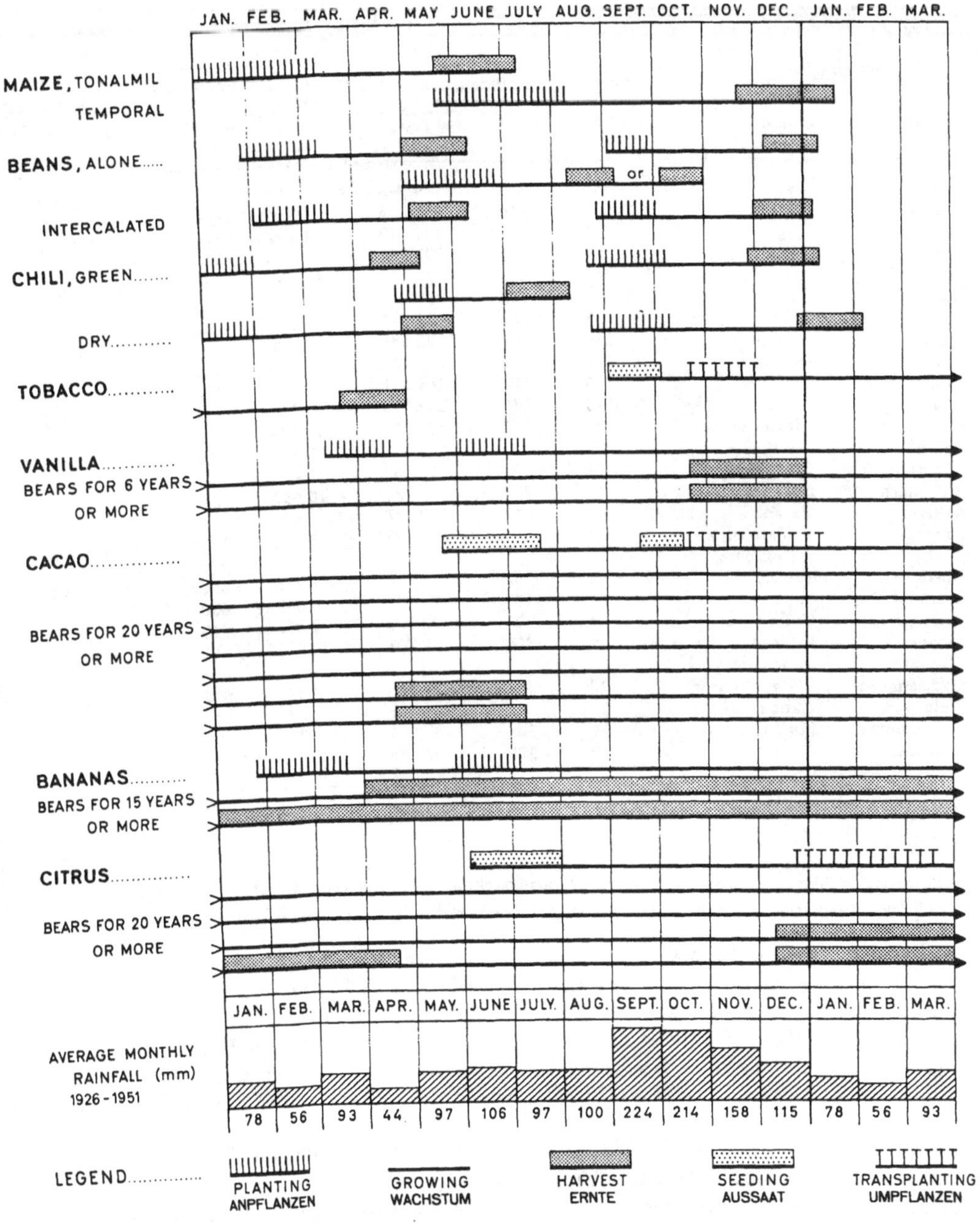

Abb. 91. Ablauf des landwirtschaftlichen Jahres in San Rafael, Veracruz. Anpflanzung, Ernte, Wachstum und Aussaatzeiten wichtiger Kulturpflanzen. (Nach R. F. STEVENS 1967)

Anbauflächen und Produktion der Haupt-Anbaupflanzen Mexicos nach Menge und Wert

Kulturpflanze Name deutsch	spanisch	1961 Anbaufläche in 1000 ha	1961 Produktion Menge in 1000 t	1961 Produktion Wert in 1000 Pesos	1961 Ertrag pro ha kg	1961 durchschnittl. Preis mex. $ pro t	1967 Anbaufläche in 1000 ha	1967 Produktion in 1000
Mais	Maíz*	**6 391**	5 561	**4 114 946**	870	740		8 800
Bohnen	Fríjol*	1 555	616	832 495	397	1 350	1 995	985
Weizen	Trigo	837	1 402	1 278 419	1 676	912	770	1 860
Baumwolle	Algodón pluma	794	449	2 893 536	566	6 430	714	576
Zuckerrohr	Caña de azúcar	347	**19 167**	1 021 865	**55 141**	53	376	22 000
Kaffee	Café	307	127	989 251	412	7 813	285	174
Gerste	Cebada en grano	233	174	130 315	747	748		
Sesam	Ajonjoli	216	147	295 791	678	2 010	575	1 250
Sisalagave	Henequén	174	156	281 426	895	1 800		
Kichererbsen	Garbanzo	156	135	148 811	863	1 100	180	168
Reis	Arroz	146	333	308 990	2 275	954	202	448
Alfalfa	Alfalfa verde	91	4 230	428 407	46 498	101		
Erdnuß	Cacahuate	75	94	105 336	1 250	1 120		
Kokosnuß	Coco de agua	74	53	20 865	—	390		
Apfelsinen	Naranja	72	772	509 772	10 650	660		
Kakao	Cacao	68	27	150 147	396	5 570		
Tomate	Tomato rojo (jitomate)	62	453	317 187	7 342	700	60	418
Tabak	Tabaco	52	67	256 624	1 276	3 830	51	85
Kartoffel	Papa	46	303	181 987	6 639	600	54	488
Chile, grün	Chile verde	34	97	90 990	2 837	940		
Bananen	Plátano, diversas variedades	29	306	195 703	10 600	640		
Kochbananen	Plátano roatán	27	341	204 525	2 400	600		
Chile	Chile seco*	24	17	104 108	720	6 050		
Citrus, limon	Limón agrio	14	103	88 934	7 200	860		
Avocado	Aguacate	9	108	162 086	12 450	1 500		

Quelle: Secretaría de Agricultura y Ganadería. Dirección General de Economía Agrícola.

Bodens besonders dringlich, um seine Fruchtbarkeit zu erhalten. In den nicht bewässerten (*Temporal*-)Gebieten lassen sich bei der Fruchtfolge verschiedene Praktiken beobachten:

Da vor allem der Mais den Nährstoffgehalt des Bodens schnell erschöpft, werden, abgesehen von dem gemeinsamen Anbau mit Bohnen und gelegentlich auch mit Kürbissen, vielfach auch den Stickstoffhaushalt des Bodens aufbessernde andere Hülsenfrüchte, deren Vegetationsperiode sich der des Mais anschließt, also auf das Winterhalbjahr fällt, vor allem Kichererbsen, in die Fruchtfolge eingeschaltet. Besondere Bedeutung kommt in den unbewässerten Gebieten jedoch der Brache zu, z. B. liegt jeweils fast die Hälfte des Ackerlandes im Bajío brach." J. Friedrich [1396]

Die **Anbauzeit** variiert mit der Hang- und Tallage. In *Tlaxcala*, im Zentrum Mexicos, werden Mais (*temporal*, Regenfeldbau) im März angebaut und im Oktober geerntet, Weizen im September–Oktober angebaut und im Mai–Juni geerntet, Bohnen im Mai angebaut, im August–Oktober geerntet, Kartoffeln (*riego*, Bewässerung) im Januar angebaut, im Mai geerntet. Für 1 ha Mais sind von indianischen Bauern im Taraskenland von der Saat bis zur Ernte 45 Tage Arbeit zu leisten (Abb. 91).

Wichtige landwirtschaftliche Produkte Mexicos: Zucker, Baumwolle, Weizen, Kokospalmen und Kaffee hatten 1960 eine mehr als um das doppelte gesteigerte Produktion als im Jahr 1950 (Abb. 92).

Das Jahr 1961 war landwirtschaftlich kein Ausnahmejahr. Die Werte für 1962 wurden zum Vergleich herangezogen. Sie weichen nicht wesentlich von denen des Jahres 1961 ab. Gegenüber der Produktion von 1957 ist eine Steigerung von durchschnittlich 10 bis 20 % zu verzeichnen. Die Zuverlässigkeit der Angaben ist unterschiedlich. Während für landwirtschaftliche Produkte, die zur Verarbeitung oder zum Export kommen (Zucker, Baumwolle, Kaffee), wegen der Ausfuhrstatistiken und Zölle verhältnismäßig genau geführte Statistiken vorliegen, sind Angaben über Hauptnahrungsprodukte unsicher, da nicht alle Ernteerträge erfaßt werden können. Als Überschlagsrechnung ist anzuwenden: Wenn etwa 60 % der Mexicaner täglich 1 kg Mais als Nahrung verbraucht haben (vgl. Angaben bei „Kaffee, eine arbeitsintensive Kultur"), d. h. 20 Mio. Menschen pro Jahr, so ergibt das eine Menge von 7,3 Mio. t, gegenüber 5,6 Mio. t nach der Tabelle für 1961, also sind die Größenordnungen zutreffend. Mais für Futter, Bierherstellung und dgl., Saatgut ist darin nicht enthalten. Die gesamte Produktion liegt also durchschnittlich höher, denn die Maiseinfuhr macht nicht den Differenzbetrag aus.

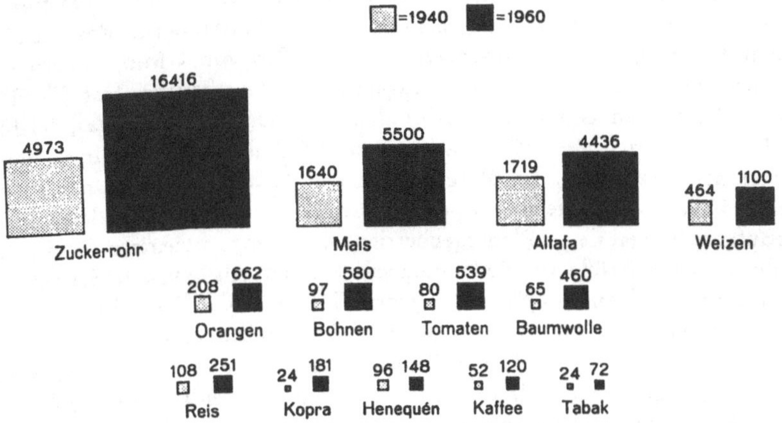

Abb. 92. Landwirtschaftliche Erzeugung (in Tausend t). (Nach „The New York Times" 1962 und UNO-Angaben)

Die Beeinflussung der Agrarwirtschaft durch katastrophale Ereignisse wurde wiederum 1969 deutlich:

„Das **Wirtschaftsgeschehen** Mexicos stand in den vergangenen Wochen *unter dem Eindruck der riesigen Überschwemmungen*, die sich als Folge einer Reihe orkanartiger Wirbelstürme und heftiger Regenfälle in verschiedenen Landesteilen ereigneten. Am schwersten wurden die Bundesstaaten Veracruz, Oaxaca, Chiapas und Tabasco sowie das Territorium Yucatán betroffen; die Zahl der in diesen Gebieten geschädigten und großenteils *obdachlos gewordenen Personen* wird auf *über dreihunderttausend* geschätzt. Pressemeldungen zufolge sollen allein in Tabasco über 1 Mio ha Kulturland überschwemmt worden sein, was den Gesamtverlust der Ernten von Mais, Bohnen und Reis befürchten läßt; außerdem sind mehrere hundert Stück Vieh ertrunken.

Bis jetzt ließ sich die Höhe des Gesamtschadens, den die Bevölkerung der durch die Naturkatastrophe heimgesuchten Gebiete erlitten hat, noch nicht abschätzen; hinzu kommen die der einheimischen Landwirtschaft durch die außergewöhnlich lange Dürreperiode des Frühsommers entstandenen Schäden" (nach Mitt. Deutsche Überseeische Bank, Dez. 1969).

Agrarstruktur

Die Agrarreform. Besitzverhältnisse. Der Großgrundbesitz der DÍAZ-Zeit wirtschaftete z. gr. T. auf monokultureller Grundlage wie mit den *Henequén*-Pflanzungen auf *Yucatán*, den Kaffeeplantagen in *Chiapas*, den Zuckerrohrpflanzungen im Staate *Morelos*, den Agavenpflanzungen der *Meseta* und den Vieh-Haciendas des zentralen und nördlichen Hochlandes. Der Besitzer, meist in der Stadt wohnend, setzte Verwalter *(Mayordomos)* und Vorleute zur Betriebsführung ein. Als ausführlichste Arbeit über diese Besitze und ihre Wirtschaftsform erschien F. CHEVALIER's „La Formación de los grandes Latifundios en México", 1956 [802], 1963 in englischer Übersetzung [558]. Vgl. u. a. F. TICHY, 1966, „Politischer Umsturz und Kulturlandschaftswandel im Hochtal von Mexico" [1344].

Während der Revolution von 1910 bis 1917 wurde der Großgrundbesitz durch Gesetz von 1917 im wesentlichen liquidiert und auf maximal 300 ha Fläche pro Besitz begrenzt. Die Reform ist bis zur Gegenwart nicht abgeschlossen (Abb. 93). Sie begünstigt vor allem Klein- und Mittelbesitz und *ejidos* (Gemeinbesitz). Die Bauern der *Ejidos*, die *Ejidatarios*, stellen heute fast 60 % aller Landbesitzer. 1910 besaßen von 1 Mio. Bauern nur knapp 500 000 nutzbares Land als Eigenbesitz, dagegen 3000 Gutsbesitzer fast die Hälfte aller Ländereien. Die großen Güter, die Latifundien, wurden als *Haciendas*, Viehhaciendas auch als *Estancias* bezeichnet. 1951 gab es noch 1,5 Mio. landlose Bauern und 1 Mio. mit weniger als 1 ha Besitz. Im Vergleich zu den 6000 *Haciendas*, die es 1910 gab, existierten 1950 etwa 4500, die aber wesentlich kleiner waren. Einige große Haciendas wurden nicht aufgeteilt, weil sie als Plantagenbetrieb oder Viehzuchtzentren für die Wirtschaft Mexicos nur in dieser Größe von Bedeutung sein können. Als landwirtschaftliche Betriebe mittlerer Größe *(mediana propiedad)* werden die *„ranchos"* bezeichnet. Es gab 1900 etwa 33 000 Ranchos, 1950 dagegen 58 000. Der rancho entspricht dem Typ eines europäischen Bauernhofes, der von den Familienangehörigen und einigen Saisonarbeitern bestellt wird und auf dem vielfach die verschiedensten Feldfrüchte angebaut werden [829, 830]. Ein landwirtschaftlicher Gemischtbetrieb mittlerer Größe, vornehmlich mit Milcherzeugung, wird *granja* genannt, sein Besitzer *granjero*. Der Landwirt im allgemeinen ist der *colono*. In den letzten Jahren wirtschaftlicher Prosperität sind manche *ranchos* von wohlhabenden Geschäftsleuten gekauft worden, wie Bauernhöfe in Deutschland seit etwa 1955. Es wurde Mode, einen Landbesitz zu haben, eventuell mit Jagd, und man fühlt sich als Landedelmann alten Stils mit Reitpferden und Trachten im Stil feudaler Haciendados der Latifundien [1155]. Im gesamten Landbesitz gibt es außer Eigentum auch viele Pacht- und Teilpachtverhältnisse. Die verschiedenen Besitzformen sind nicht mit bestimmten Sozialgruppen identisch, es gibt wohlhabende Ejidatarios und sehr arme Einzeleigentümer.

Die Entwicklung der mexicanischen Landwirtschaft wurde in einer Studie von F. TANNENBAUM dargestellt: *„The mexican agrarian revolution"*, 1929 [843], die 1952 übersetzt und erweitert wurde [844]. J. FRIEDRICH stellt (1968) in einer Dissertation, *„Die Agrarreform in Mexico"*, Bedeutung und Verbreitung des Ejidosystems in den wichtigsten Anbaugebieten des Landes dar [1396].

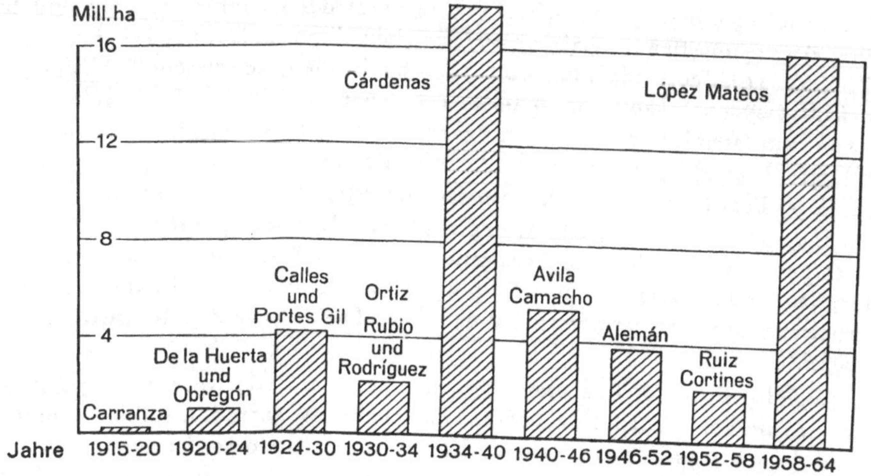

Abb. 93. Die Durchführung der Landreform in Mexico während der verschiedenen Präsidentschaften. Unter der Amtszeit von G. Díaz Ordaz wurden von 1964 bis 1969 3,7 Mio. ha Land an 63 000 Landwirte verteilt. (Nach Informes Presidenciales aus Memoria del Cuarto Congr. Nac. de Geogr. Okt. 1965)

„Wichtig ist vor allem der Tatbestand, daß Siedlungsgemeinschaften *(grupos comunales)* jeder Art, die einen gemeindlichen Status aufweisen können, ein Anrecht auf den Besitz von Grund und Boden (einschließlich Waldland und Gewässer) zuerkannt wurde.

Hierzu wurden verschiedene Verordnungen zur (Teil-)Enteignung und Aufteilung des Großgrundbesitzes erlassen, denen u. a. folgende Richtlinien zugrunde liegen:

1. Für jeden Bundesstaat wird eine Höchstgrenze des individuellen privaten Bodeneigentums festgelegt. Sie schwankt zwischen 100 ha bei Bewässerungsland und 500 ha in Trockengebieten.
2. Was über diese Grenze hinausgeht, wird als „superficie afectable" (enteignungsfähige Fläche) betrachtet und kann im Bedarfsfalle jederzeit enteignet werden.

Der Zweck dieser Enteignung besteht letztlich darin, den Siedlungsgemeinschaften, Dörfern usw. soviel Land zur Verfügung zu stellen, wie sie zur Sicherstellung ihrer Versorgung brauchen. Dieser der Gemeinschaft überlassene Grund und Boden einschließlich des Dorfes und seiner Bewohner wurde als *Ejido* bezeichnet." J. Friedrich [1396].

Folgen der Landreform. Die schon von den Präsidenten Carranza, Calles, Madero und vor allem Cárdenas eingeleiteten Bodenreformen sind unter Manuel Avila Camacho am 27. April 1943 durch den *„Nuevo Código Agrario de los Estados Unidos Mexicanos"* gesetzlich verankert worden. Nach Paragraph 104 dieses „Agrargesetzes" dürfen bei „Kulturen von Bananen, Kaffee, Sisal, Gummi, Cocos, Wein, Oliven, Chinarinde, Vanille, Kakao und Fruchtbäumen die einzelnen Besitzer nur bis zu 300 Hektar in Eigentum haben". Die Mehrzahl der Fincas war weit größer. In vielen Fällen gelang es zwar, durch Aufteilung innerhalb der Familie oder notfalls des Freundeskreises mehr als 300 ha bei dem einstigen Besitz zu belassen. Aber durchweg mußten auch große Gelände entweder an Kleinbesitzer *(„proprietarios pequeños")* veräußert oder aber den in *„Colonias"* zusammengeschlossenen, bisher landlosen *„agraristos"* überlassen werden (K. Helbig).

Ejidos. Ejidos sind eine besondere, vieldiskutierte Form des Landbesitzes. Sie sind hinsichtlich ihrer Besitz- und Bewirtschaftungsstruktur sehr differenziert [1253]. E. N. SIMPSON, 1937, 1952, veröffentlichte zwei umfangreiche Studien zu diesem Problem *„The ejido, Mexico's way out"* [840], in spanischer Übersetzung [841]. Das Wort *„ejido"* leitet sich von dem lateinischen *exitus* = Ausgang ab. In Spanien wurde mit *„ejido"* eine vor dem Dorfe liegende Gemeindeparzelle, die oft als Dreschplatz genutzt wurde, bezeichnet. Der Begriff wurde nach Mexico übertragen und bedeutete allgemein Kommunalland. Nach einem Erlaß König PHILIPP II. von Spanien (1573) wurde als *„ejido colonial"* ein Stück Land bezeichnet, das etwa 5 km im Quadrat maß, vor der Siedlung lag, und auf dem Indianer Vieh halten konnten, zumeist Schafe und Ziegen, da Rinderhaltung den Spaniern vorbehalten blieb. Die Gemeindetrift wird auch als *campillo* bezeichnet.

„FELIPE II mandó, en *1573,* que „los sitios en que se han de formar los *pueblos* y *reducciones,* tengan comodidad de aguas, tierras, montones, entradas, salidas, labranzas que un *ejido* de una *legua* de largo donde los indios puedan tener su ganado sin confundirlo con los españoles."

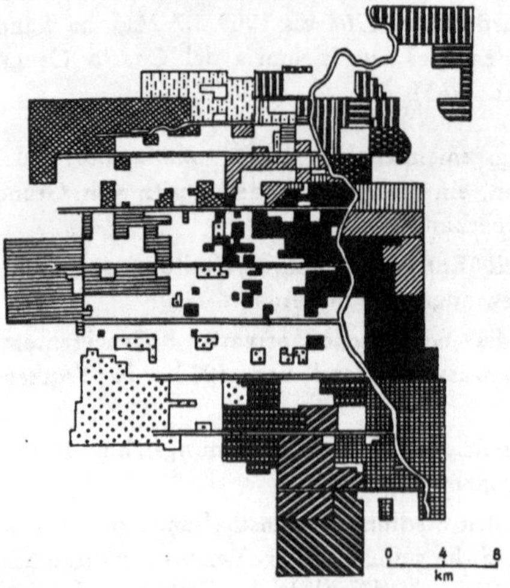

Abb. 94. Landaufteilung von 14 Ejidos im Bewässerungsgebiet des Rio Yaqui. Jede Signatur bedeutet ein unterschiedliches Ejidogebiet. Die weiß gebliebene Fläche innerhalb der Ejidos bedeutet Privatbesitz. (Aus WHETTEN [846])

Da es schon vor der *Conquista* Formen des Gemeindebesitzes gab, *„altepetlacalli"* bei den Azteken – bei ihnen gab es auch Sippenbesitz (*calpulli*) –, knüpfte der Ausdruck in gewisser Weise an die Agrarverhältnisse der präkolonialen Zeit an. Weil die Revolution von 1910 sich sowohl gegen das Latifundienwesen richtete als auch gegen die Diskriminierung der Indianerrasse, schien der Ausdruck *„ejido"* auch als Schlagwort bei der Agrarreform geeignet. Es trifft aber nicht zu, daß dem mexicanischen *campesino* sein Anteil am Boden des Vaterlandes in der aus der indianischen Zeit stammenden Form gegeben wurde, so sehr auch die Pflege der indianischen Tradition aufgenommen und propagiert wurde. Nutznießer des Gemeinschaftslandes in indianischer Zeit war der Stammesfürst, dessen Tributforderungen eine beträchtliche Belastung für den kleinen Bauern bedeuteten, besonders unter der Aztekenherrschaft. Die neuen, seit der Agrarreform eingerichteten *Ejidos* sind geschlossene, abgegrenzte Landeinheiten, oft um einen alten Siedlungskern, wenn es sich um Aufteilung ehemaliger Großgrundbesitze handelte und bei neuangelegtem Bewässerungsland auf bisher nicht in Kultur genommenem Boden (Abb. 94). Der Bezirk ist Eigentum der Ejidogemeinde, eines Kollektivs [793]. Die innere Struktur ist jedoch nicht einheitlich. Formen des Individualbesitzes und des Kommunalbesitzes bestehen nebeneinander. Beim kleineren Teil der Ejidos gehören die Ländereien einem Dorf gemeinschaftlich; sie werden gemeinsam bewirtschaftet, und die Erträge werden verteilt. Es gibt auch Ejidos, in denen jeder ein bestimmtes Stück Land besitzt und individuell bewirtschaftet und nur der Verkauf der Ernte, die Anschaffungen und gewisse Arbeiten (z. B. Bewässerung) gemeinsam vorgenommen werden, und andere Formen und Übergänge mehr.

„Der weitaus größte Teil der Ejidos ist in Parzellen aufgeteilt, nur sehr wenige werden gemeinschaftlich bewirtschaftet. Jedem Familienoberhaupt wird eine solche Parzelle zugeteilt, die es zusammen mit seiner Familie zu bewirtschaften hat. Stirbt es, so geht die Parzelle ungeteilt in den Besitz des ältesten Sohnes bzw. seiner Frau über, um einer weiteren Zersplitterung des Grundbesitzes vorzubeugen.

Der Ejido besteht jedoch nicht nur aus Einzelparzellen, sondern setzt sich aus folgenden vier Komponenten zusammen:

a) Ackerland, b) Siedlungskern, c) Schulparzelle, d) Forst-, Weide- und Ödland.

a) Das Ackerland wird entweder gemeinschaftlich oder individuell (parzellenweise) bewirtschaftet. In letzterem Falle sind die Parzellen genau abgegrenzt." J. Friedrich [1396].

Außer den Familienangehörigen sind z. T. auch Landarbeiter im Dauer- oder Saisonarbeiterverhältnis auf einem Ejidobauernbesitz tätig. Der Anteil reinen Ackerlandes an der Gesamtfläche eines *Ejidos* ist bei den individuell bewirtschafteten am größten. Für den Individualbesitz gilt: Jedem *Ejidatario* steht ein Anteil des Landes als erblicher, aber nicht teilbarer Besitz zu. Der Bauer ist Besitzer, nicht Eigentümer. Der Anteil ist unverkäuflich und fällt bei Freiwerden an den *Ejido* zurück. Der Bauer ist zur Bewirtschaftung verpflichtet. Verkauf, Handel und Spekulation sowie Verfall des Kulturbodens durch Nachlässigkeit ist damit in gewissem Maße vorgebeugt. Es sind aber Bauern zusätzlich in den Besitz solcher Parzellen gekommen. Von den ackerbaulich bearbeiteten Kulturflächen gehörten 1930 erst 15 % zu *Ejidos*. 1950 (Census) gab es etwa 17 500 *Ejidos*, 200 vorläufige Ejidos und 800 landwirtschaftliche Einheiten, die dem System der *Ejidos* angeschlossen sind. Damit gehörten 1950 etwa 50 % des bebauten Ackerlandes zu *Ejidos*. Es gab 1950 etwa 1,4 Mio. *Ejidatarios*, d. h. mehr als die Hälfte aller Ackerland besitzenden Mexicaner (2,7 Mio. Agrargrundstücke) waren Ejidatarios.

Nach dem Census von 1960 gab es 18 699 *Ejidos* mit 1 597 691 *Ejidatarios* mit 44 497 075 ha Land.

Für 1964 werden 20 127 *Ejidos* mit zusammen 53 359 435 ha Land angegeben. Von 1960 bis 1964 wurden besonders in *Chihuahua* mit 500 000 ha, in *Sinaloa* und in *Guerrero* und *Veracruz* mit 250 000 ha zahlreiche *Ejidos* neu geschaffen (Abb. 93).

Nachdem im Zuge der Agrarreform während des Jahres 1966 weitere *2 808 882 ha Land an 66 394 bäuerliche Familien zur Verteilung* kamen, appellierte Präsident Diaz Ordaz eindringlich an die Bauern und Viehzüchter, ihre Produktion zu steigern. Mit Unterstützung des *Fondo Nacional de Fomento Ejidal* konnten 1338 *Ejidos* und Produktionsgemeinschaften insgesamt 84 Mio mex. $ in Projekte der sozialen Wohlfahrt und der produktionstechnischen Entwicklung investieren.

Der Landbesitz der *Ejidos* ist regional sowohl zahlenmäßig als auch nach der Einzelgröße sehr ungleich verteilt. Im Bereich des Hochlandes von Zentralmexico gehörten 1950 38 % der gesamten landwirtschaftlichen Fläche *Ejidos* an, im übrigen Mexico nur 22 %.

Privater, kommunaler und staatlicher Grundbesitz 1960: Zahl und Gesamtfläche der Grundstücke nach Größenordnung

Fläche in ha	Zahl der Besitzungen	Gesamtfläche (in 1000 ha)
unter 1	498 399	182,3
1,1 – 5	400 709	1 145,8
5,1 – 10	94 310	678,8
10,1 – 25	132 292	2 104,1
25,1 – 50	70 103	2 484,0
50,1 – 100	58 679	4 136,9
100,1 – 200	41 196	5 679,4
200,1 – 500	26 802	8 185,5
500,1 – 1 000	10 689	7 340,9
1 000,1 – 5 000	9 409	22 023,2
5 000,1 u. darüber	3 854	70 626,2
Summe	1 346 442	124 587,1

Quelle: Censo Agrícola Ganadero y Ejidal 1960.

„In diesen Zahlen enthalten sind 8200 Staats- und Gemeindegrundstücke mit einer Gesamtfläche von 21,8 Mill. ha, die in der Statistik nicht gesondert ausgewiesen werden, so daß sie in obige Tabelle aufgenommen werden mußten. Ihr Anteil an der nicht-ejidalen Gesamtfläche ist mit 16 % jedoch gering.

Das Verbreitungsgebiet der erst nach 1936, vor allem unter Präsident Cárdenas, gegründeten kollektiven Ejidos erstreckt sich in erster Linie auf das Baumwollgebiet von La Laguna und auf die Henequén-Anbauregion in Yucatán. Auf beide zusammen entfallen 92 % dieser Betriebe (65 % bzw. 27 %). Es sind dies landwirtschaftlich verhältnismäßig hochentwickelte Gebiete, in denen unter Anwendung behördlichen Drucks versucht wurde, die Haciendas als Struktureinheit zu erhalten, um eine großbetriebliche Produktivität zu gewährleisten. Die Ergebnisse sind jedoch größtenteils unbefriedigend, und es zeigen sich in vielen dieser Betriebe Desintegrationserscheinungen, was vor allem auf den Mangel an qualifizierten Führungskräften, unzureichende Arbeitsdisziplin und schlechte Arbeitsmoral zurückzuführen sein dürfte. Hinzu kommen noch andere Erschwernisse: die in Gemeinbesitz befindlichen Einrichtungen, wie der Maschinenpark u. a., werden oft ohne jede Sorgfalt und fachliche Vorbildung benutzt; die einzelnen Arbeitsführer werden nicht selten aus rein politischen Gründen gewählt, ohne das nötige Fachwissen zu besitzen, was natürlich zu folgenschweren Fehlentscheidungen führen kann. Außerdem, und das ist ebenfalls von großer Bedeutung, fehlt der in dieser Situation unbedingt erforderliche Gemeinschaftsgeist. Zwischen den Zielstrebigen und den Unbekümmerten kommt es zu Spannungen, die vielfach zur schon erwähnten Aufsplitterung der Ejidogemeinschaften in mehrere Gruppen führen. Das wiederum bringt Schwierigkeiten bei der Überwachung der Kredite, bei der Durchführung von Anbauplänen und Bewässerungsvorhaben, um nur einige zu nennen, mit sich" (J. Friedrich [1396]).

Wenn als durchschnittliche Betriebsgröße 17 ha pro *Ejidatario* und davon 4,8 ha als reine Ackerfläche angegeben wurden, so besagen diese Mittelwerte nichts über die Agrarverhältnisse. Die ackerbaulich genutzte Ejidoparzelle im *Colorado-Delta* ist im Mittel 15,3 ha groß, und es herrscht dort eine ziemlich gleichmäßige Flächenverteilung vor, die Ejidoparzellen in Zentralmexico im Staate *Hidalgo* dagegen umfassen nur 2,7 ha, die in *Oaxaca* nur 2,3 ha, die in *Puebla* und im Staate *México* noch weniger. Da die großen Parzellen im NW des Landes oft reines Bewässerungsland sind, während die kleinen in Zentralmexico meist nur *„Temporalland"* umfassen, erhöht sich der Nutzwert noch zugunsten der großen *Ejidos* im Nordwesten. Während also gewisse *Ejidos* beachtenswerte neue leistungsfähige und modern bewirtschaftete Agrareinheiten sind, erfüllen viele wegen ihrer unzureichenden Größe kaum die Aufgabe der Selbstversorgung und sind auch betriebswirtschaftlich rückständig. Die sozialen Unterschiede sind also in dieser durch die Agrarrevolution geschaffenen Landbesitzergruppe ungemein groß. Als Ursache ist anzusehen, daß das Hochland Zentralmexicos schon immer sehr dicht besiedelt war, und daß dort die aufgeteilten Latifundien nicht so sehr groß waren. Von staatlichen, eigens für die Ejidos geschaffenen Kreditanstalten wurden Kredite und Vorschüsse an die neuen *Ejidos* gezahlt. Nicht immer stellte sich der erhoffte Erfolg ein. Die ersten Ejidos dienten der Selbstversorgung [838]. Seit längerer Zeit wird versucht, diese Betriebe von Selbstversorgung auf marktorientierte Wirtschaft zu lenken. Die Regierung erkannte, daß für eine Reform, die sich über 40 Jahre hinzog, die gegenwärtigen Forderungen andere sein müssen als kurz nach der Revolution 1910–17. Eine selbstversorgerische Wirtschaft so großer Agrarkapazität ist im modernen Staat, der in der Industrialisierung steht, nicht tragbar. Ertragssteigerung und Spezialisierung im Anbau ist inzwischen bei manchen *Ejidos* erreicht worden. 1950 betrug der Anteil des Wertes an geernteten Nahrungspflanzen, der von *Ejidos* produziert wurde, 32 % gegenüber 68 % Anteil von privatem Land. Es gibt Forst-, Baumwoll- oder Gemüse-Ejidos, die z. T. in ihrer Betriebsstruktur früheren Großbesitzen gleichen und unter der Leitung von Sachkennern stehen. Besonders rückständig sind naturgemäß die *Ejidos* in den dicht bewohnten Altsiedelgebieten Zentralmexicos, bei denen das erreichte Ziel, die neue Landverteilung nach der Revolution, nun zum Hemmschuh einer modernen Entwicklung geworden ist.

Als Vorbild werden dagegen die *Ejidos* hingestellt, die später vornehmlich in peripheren Gebieten, besonders im Zusammenhang mit von der Regierung vorbereiteter und installierter künstlicher Bewässerung auf vorher unbesiedeltem Land neu eingerichtet worden sind, und wo Betriebsgröße, Art des Produktes und Ertrag in so günstigem Verhältnis stehen, daß sie fruchtbare, nützliche Zellen der Agrarwirtschaft des ganzen Landes sind.

Solche Beispiele sind der Distrikt von La Laguna von *Torreón* (Abb. 94) [839] und das Gebiet in *Sinaloa* bei *Ciudad Obregón*.

„Wie groß die Unterschiede allein innerhalb des kleinen Bundesstaates *México* sind, mögen folgende Beispiele zeigen: Von den knapp 1000 vorwiegend individuell bewirtschafteten Ejidos dieses Staates besitzen 60 % Parzellen mit weniger als 1 ha effektiv ackerbaulich nutzbarer Fläche, bei 25 % der Ejidos weisen die Parzellen Größen zwischen 1 und 3 ha auf; lediglich bei den restlichen 15 % liegt die Parzellengröße über 3 ha. In dem relativ begünstigten Ejido *„Agostadero"* im Nordwesten des Staates verfügt jeder Ejidatario über 2 ha Temporal- und 1 ha Bewässerungsland. Bei einer verhältnismäßig vorteilhaften Lage des Ejidos innerhalb des weiteren Ausstrahlungsgebietes der Landeshauptstadt, wichtigster Absatzmarkt des gesamten Bajío, bezieht jeder Ejidatario ein durchschnittliches Jahreseinkommen von gut 9000 Pesos – unter den gegebenen Umständen eine recht hohe Summe, die ausreicht, um die elementaren Bedürfnisse einer Familie befriedigen zu können. Dagegen befinden sich im nahe Toluca gelegenen Ejido *„San Mateo Atenco"* 940 ha unbewässerbares Land in Händen von 1900 Ejidatarios (1921 waren es noch weniger als 700). Der auf einer Parzelle erwirtschaftete Reinertrag übersteigt kaum die 1500-Peso-Grenze, so daß alle Ejidatarios gezwungen sind, auch außerhalb des Ejido, als Land- oder Industriearbeiter, einer Beschäftigung nachzugehen, um wenigstens ein das Existenzminimum deckendes Einkommen zu erreichen. Dabei sind alle Ejidatarios und „Minifundistas" des Staates *México*, der mit 90 Einwohnern/km² der dichtest besiedelte der Republik ist, insofern begünstigt, als in den letzten 20 Jahren durch die zunehmende Konzentration von Industriebetrieben im weiteren Umkreis Mexico-Citys in großem Umfang neue (komplementäre) Arbeitsmöglichkeiten für die Landbevölkerung aus der Umgebung geschaffen worden sind. Auf 60 % der Ejidos des oben genannten Bundesstaates widmet der Ejidatario seiner Parzelle 60 bis 100 Arbeitstage, auf 20 % arbeitet er weniger als 60 Tage und lediglich in 10 % aller Ejidos hält sich der Ejidatario fast das ganze Jahr über (100 bis 250 Arbeitstage) als Arbeitskraft zur Verfügung. J. FRIEDRICH [1396].

Dennoch ist das Ejidowesen bei Sachkennern und in der Öffentlichkeit gut angesehen, da es auch dort, wo *Ejidos,* gemessen an modernen landwirtschaftlichen Betrieben rückständig arbeiten, ein Bollwerk gegen die Landspekulation und eine nicht erwünschte, unübersehbare Umstrukturierung der Besitzverhältnisse darstellt. Es erfüllt eine sozialpolitische Aufgabe (Abb. 116, 117).

Gesamtfläche der kultivierbaren Böden Mexicos 1960 nach Staaten. Fläche in 1000 ha

Staat	Kulturfläche	Im Besitz von Ejidos	Prozentanteil des Besitzes von Ejidos	Staat	Kulturfläche	Im Besitz von Ejidos	Prozentanteil des Besitzes von Ejidos
Estados Unidos Mexicanos	23 818	10 329	43,4				
60–75 % kultivierbar				Colima	169	80	47,3
Morelos	143	106	74,1	Puebla	984	449	45,6
Aguascalientes	144	105	72,9	Veracruz	1 973	889	45,0
Nayarit	438	291	66,4	Jalisco	1 322	560	42,3
San Luis Potosí	786	451	59,9	weniger als 40 % kultivierbar			
50–60 % kultivierbar				Campeche	474	184	38,8
Chiapas	1 176	699	59,4	Durango	974	374	38,1
Querétaro	258	148	57,3	Baja California	380	144	37,8
Michoacán	1 180	664	56,2	Chihuahua	1 148	421	36,6
Tlaxcala	229	126	55,0	Tabasco	447	169	35,5
México	612	330	53,9	Guerrero	1 502	523	34,8
Hidalgo	544	285	52,3	Distrito Federal	39	13	33,3
Sinaloa	836	432	51,6	Tamaulipas	804	254	31,4
Coahuila	707	351	49,6	Nuevo León	556	169	30,0
40–50 % kultivierbar				Sonora	775	221	28,5
Yucatán	1 040	515	49,5	Oaxaca	1 744	321	18,4
Guanajuato	1 092	527	48,2	Quintana Roo	322	54	16,7
Zacatecas	958	457	47,7	Baja California Sur	60	7	11,6

Quelle: *IV Censos Agrícola-Ganadero y Ejidal,* 1960, México, D. F., 1965.

Kleinbesitz. Während der Agrarreform wurde auch die Vermehrung des freien Kleineigentums betrieben. Es wurde als *„propiedad pequeño"* bezeichnet, oft auch als *„minifundio"* (im Gegensatz zur früheren *Latifundie*). Der Landbesitz wurde begrenzt auf 100 bis 150 ha guter Böden, die bewässerungsfähig sind oder z. T. zwei Ernten pro Jahr ermöglichen (*tierrenas de riego* oder *de humedad*), auf 200 bis 250 ha bei Ländereien, die ausreichend natürlichen Niederschlag bekommen (*tierrenas de temporal*), und auf 500 ha bei Ländereien, die nicht immer mit ausreichendem Niederschlag versorgt sind. Der neu zugeteilte Privatbesitz ist Eigentum mit gewissen Auflagen: Das Land muß bearbeitet werden, es darf nicht als Rentkapital genutzt werden, und in vielen Gebieten darf es nur innerhalb der Gemeinde an andere Kleinbesitzer verkauft werden. Etwa 25 % des Agrarlandes Mexicos befinden sich in Kleinbesitz, besonders im Hochland von Zentralmexico. In den dichtbesiedelten Landgebieten der Staaten *Puebla, Morelos, Tlaxcala, Hidalgo* und *México* zeigt schon das Mosaik der Felder die kleinparzellierte Agrarfläche an. Die wirtschaftlich rückständigsten Betriebe liegen z. gr. T. nahe bei den großen städtischen Siedlungszentren. Durch die Landverteilung seit der Revolution wurde die Zahl der Kleinbetriebe von 577 000 (1930) auf eine Million (1950) erhöht. Die durchschnittlichen Ernteflächen verkleinerten sich von 9,4 ha (1930) auf 3,9 ha (1950). Regional gesehen, nimmt die Erntefläche der Agrarbetriebe vom S Mexicos, von der Landenge von *Tehuantepec* her, nach N und NW zur Grenze nach den USA hin an Größe zu. Die Größe der Betriebe im NW ist z. T. durch schlechtere Böden in ariden Gebieten bedingt, z. T. umfassen sie aber wirklich ertragreiche größere Flächen in Bewässerungsländereien. Nach den statistischen Angaben bildet z. B. das südmexicanische *Oaxaca* eine Ausnahme, wo die Betriebsgrößen oft mit 60 bis 70 ha angegeben werden. Da dort aber Wanderwirtschaft besteht und die Felder 6 bis 10 Jahre brachliegen, ist die pro Jahr kultivierte Fläche pro Betrieb sehr klein. 53 % aller landwirtschaftlichen Betriebe Mexicos, die nur 1 bis 5 ha groß sind, und ⅔ aller Betriebe, die kleiner als 1 ha sind, liegen im Bereich der zentralen Staaten von *Jalisco* bis *Hidalgo*. Die Zone der dichten Besiedlung vereinigt also die Masse der kleinbäuerlichen Betriebe privaten und ejidalen Besitzes.

F. Tichy veröffentlichte 1966 nach einjähriger Aufnahmearbeit im Gelände eine Studie zu: *„Politischer Umsturz und Kulturlandschaftswandel im Hochland von Mexico“* [1344], aus deren Karte die Strukturwandlung der Agrarverhältnisse sichtbar ist (Abb. 95 u. 96).

Die Aufteilung in Kleinbesitz, eines der Hauptziele der Revolution, stellt die Agrar- und Volkswirtschaft nun vor neue, große Aufgaben. Rationalität, Produktion und Konsumfähigkeit der Landbevölkerung sind für die sich entwickelnde Industriewirtschaft nicht immer günstig. Einige Kreise in Mexico warnen vor weiterer *„polverisación“* der Betriebe. Die landwirtschaftliche Produktion Mexicos stammt zu je 40 % aus Mittelbetrieben und *Ejidos*, zu 10 % aus Kleinbetrieben, *„minifundias“*. Die infolge des Steigens der Bevölkerungszahl notwendige größere Produktion von Lebensmitteln wäre wohl durch eine rationellere Einteilung der Flächen besser zu erreichen als durch weitere Splitterung. Auch die These, daß Land nur dem gehören solle, der es bearbeitet, läßt sich nicht ganz realisieren, denn dann gäbe es nur Kleinstbetriebe. So besteht auch eine Landarbeiterklasse (*„asalariados“*, d. h. Entlohnte); etwa 340 000 Landarbeiter, die kein Land besitzen, heißen *„jornaleros“* (Tagelöhner), solche, die selbst eine kleine Parzelle haben, *„aparceros“*. Dauernd an einem Ort tätige Landarbeiter, oft mit Kleinstbesitz, sind die *„estacionales“*. Diejenigen, die Besitz haben und staatliche Kredite nehmen können, wie vom *Crédito Ejidal* und *Crédito Agricola*, gehören zur *sociedad*. Zur Zeit der Revolution schien es sinnvoll, jedem Unzufriedenen ein Stück Land zu geben. Für den inzwischen teilweise industrialisierten Staat ist ein solches Ziel nicht mehr ausreichend. Der Landbesitzer muß auch Konsument werden, Lieferant für den Markt und Verbraucher städtischer Güter. Diese neuen Probleme finden in der im allgemeinen nicht auf Erwerb, sondern auf Selbstgenügsamkeit eingestellten Masse besondere Schwierigkeiten. Die neu heranwachsenden Arbeitermassen in den Städten können nur leben, wenn die Produkte verkauft werden, die sie herstellen, kaufen müßte auch der Landwirt! Die Revolution wird deshalb zur Evolution. Es wird versucht, nachdem das Land verteilt ist, mit Krediten die Mechanisierung zu fördern. Dem Ruf nach der Landverteilung sind die Frage nach Kredit, nach Wasser und Maschinen gefolgt. Nach den Angaben des mexicanischen Instituts für Wirtschaftsforschung werden (1958) 12 % der Nutzfläche mechanisch, 80 % mit Tieren und 8 % in reiner Handarbeit bewirtschaftet. Die Inten-

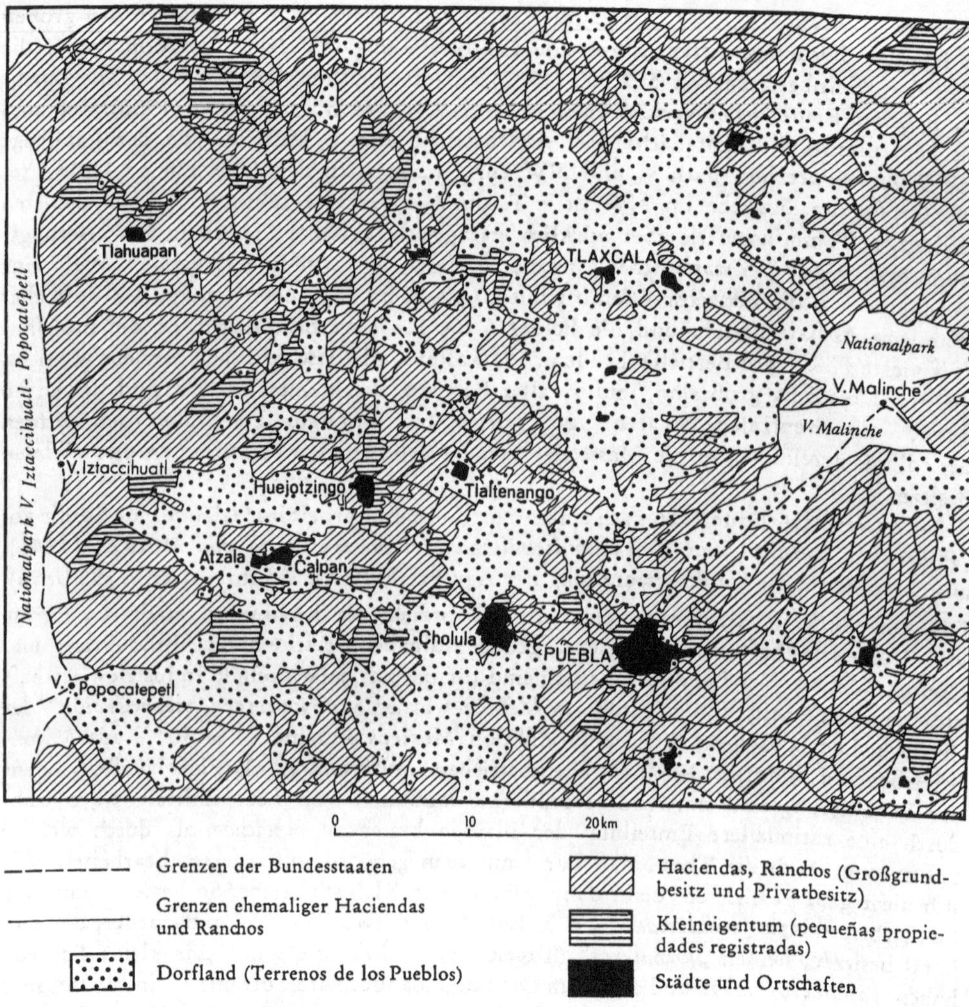

Abb. 95. Grundbesitzverteilung nach Besitztypen vor der Agrarrevolution 1910–1915. Quellen: Mapas ejidales der Staaten Puebla (1 : 50 000) und Tlaxcala (1 : 30 000). Kleine Verzerrungen sind noch nicht ausgeglichen. (Nach F. Tichy 1965)

sivierung erfordert ein tiefgreifendes Umdenken bei vielen Bauern, die bisher ganz auf einen sicheren Minimalertrag eingestellt waren.

Selbst mexicanische Fachleute erkennen, daß die Prinzipien der Landverteilung zum großen Teil durch politische und soziale Aspekte bestimmt wurden. Die ökonomischen Motive rangierten oft an zweiter Stelle. Die volkswirtschaftlichen Probleme der Landwirtschaft können nicht als gelöst betrachtet werden [815].

Kreditprobleme der Landwirtschaft. Nachdem Staatspräsident Díaz Ordaz 1967 erneut auf die dringende Notwendigkeit einer weitgehenden Förderung und Modernisierung der Landwirtschaft hingewiesen hatte, strebt die mexicanische Regierung an, private

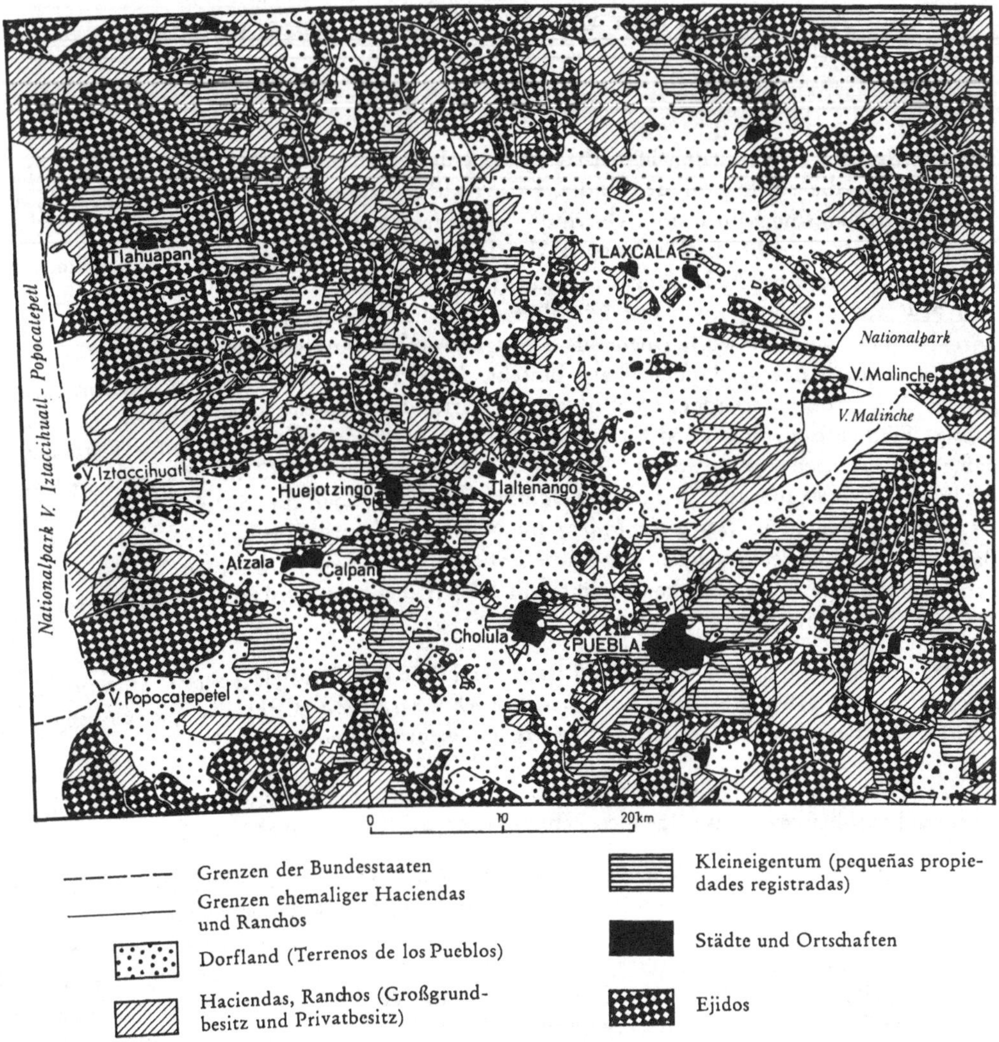

Abb. 96. Grundbesitzverteilung nach Besitztypen der Gegenwart nach der Großgrundbesitzaufteilung und Ejido-Bildung. Quellen: Mapas ejidales der Staaten Puebla (1 : 50 000) und Tlaxcala (1 : 30 000). Kleine Verzerrungen sind noch nicht ausgeglichen. (Nach F. Tichy 1965)

Banken zur Ausweitung ihrer Kreditgewährungen zugunsten der kleinen Landwirte und Farmer zu veranlassen. Es gibt zwei von der Regierung in Form des *„Banco Nacional de Crédito Agrícola"* und des *„Banco Nacional de Crédito Ejidal"* geschaffene Kreditinstitute, die für die Befriedigung der finanziellen Bedürfnisse der Kleinlandwirte und Gemeinschaftsbauern *(Ejidatarios)* gegründet worden sind.

Jedoch die durch die beiden staatlichen Landwirtschaftsbanken zur Verfügung gestellten Gelder reichen bei weitem nicht aus, um den großen Finanzbedarf bei der teilweise dringend nötigen Modernisierung der Betriebe zu decken.

Baumwolle und Bewässerungslandschaften. Die Baumwolle ist eine Kulturpflanze der Neuen Welt, die schon von den Indianern vor der Kolonialzeit genutzt wurde (vgl. Abschn. „Indianische Kulturen"). Durch die Sonneneinstrahlung, die Mexico wegen seiner Lage empfängt, sind bei Bewässerung optimale Erträge zu erzielen. Die Baumwolle hat für Mexico besondere Bedeutung für Industrie und Export. Sie wird besonders im N und NW auf großen Flächen mit künstlicher Bewässerung angebaut [949]. In Mexico wird langfaserige Baumwolle (mehr als 1 *Pulgada* á 2,54 cm) von erstklassiger Qualität produziert, nach der große Nachfrage besteht. Infolge der Ausweitung des Baumwollanbaus sind große Veränderungen in der Naturlandschaft verursacht worden [1115]. Riesige Flächen der mit großen Kandelaberkakteen bestandenen Steppe *Sonoras* wurden dafür umgebrochen und bewässert. Wegen der Anbaugebiete im *Colorado-Delta* wurde die große Autostraße zum pazifischen Hafen *Ensenada* über die bis dahin völlig unwegsame 2000 m hohe *Sierra de Juárez* im N Baja Californias erbaut [1095]. In den Baumwollanbaugebieten wurden zahlreiche Entkernungsanlagen, Ölmühlen, Preßanlagen, Sackfabriken und Seifenfabriken errichtet [1095]. Die Ernte erfolgt z. T. durch Handarbeit, z. T. mit Maschinen.

Die Hauptanbaugebiete waren 1957/58 nach der Höhe der Erträge: *Sonora, Matamoros (Tamaulipas)* [1248], *Mexicali (Baja California), La Laguna (Coahuila und Durango)* [1131], *Delicias (Chihuahua)* und *La Páz (Baja California)* und *Sinaloa* [937].

Welche Gefahren aus katastrophalen Witterungserscheinungen gerade die Baumwollkulturen bedrohen, mag aus folgenden Bemerkungen deutlich werden:

„Ungünstig sind die Ernteaussichten nur für das Anbaugebiet von *Tampico-Altamira-Mante* im Staate *Tamaulipas* und *San Luis Potosí* infolge anhaltender Dürre, zumal die diesjährige Regenperiode bereits zur Hälfte vorüber ist." Oder: „Der nicht unerhebliche Rückgang der mexicanischen Baumwollernte 1966/67, die mit einem Gesamtergebnis von 2,2 Mio. Ballen um rund 14 % geringer war als im Vorjahr, soll nach Informationen des Nationalen Baumwollpflanzerverbandes „CAARM" *(Confederación de Asociaciones Algodoneras de la República Mexicana, A. C.)* im wesentlichen auf die Wirbelsturmschäden vom Herbst 1966 im Küstengebiet von *Tamaulipas* zurückzuführen sein, wo der Anfang Oktober d. J. im Gebiet *Tampico-Altamira-Mante* aufgetretene Wirbelsturm ‚*Inés*' rund 60 % der Baumwollkulturen vernichtet hat." (Deutsche Überseeische Bank), oder: „1967 wurden die Baumwollkulturen auf der Halbinsel *Baja California* bei *Mexicali* von starkem Schädlingsbefall um drei Viertel dezimiert, so daß dort nur 20 000 Ballen statt 74 000 Ballen (1966) geerntet werden konnten."

Wie zur Zeit der Azteken- und Mayakultur ist auch heute noch die Baumwolle der bedeutendste Rohstoff für die Bekleidung der Menschen Mexicos. Die Landbevölkerung trägt fast ausschließlich Baumwollhemd- und Hose. Die Baumwolle wird in den großen Textilindustrien von *Puebla, Guadalajara* und *Monterrey* verarbeitet (vgl. Abschn. „Industrie").

Da die Baumwolle bedeutende Anteile des Wertes des mexicanischen Exportes ausmacht (1960 noch 32 %) (Abb. 124 a), wird die Konjunkturabhängigkeit der Landwirtschaft vom Weltmarkt deutlich. Die Baumwolle wird z. gr. T. nach Japan und in die USA exportiert.

Seit Jahren nahm Mexico in der Weltbaumwollausfuhr den zweiten Platz ein und hat in den letzten 5 Jahren (1961/62 bis 1965/66) durchschnittlich 1,69 Mio. Ballen jährlich exportiert. Als Devisenbringer steht Baumwolle auch weiterhin an erster Stelle unter den Ausfuhrprodukten Mexicos: Die Devisenerlöse aus dem mexicanischen Baumwollexport sind seit 1961/62 erheblich gestiegen: das Erntejahr 1961/62 erbrachte 180 Mio. US $, das Erntejahr 1965/66 260 Mio. US $.

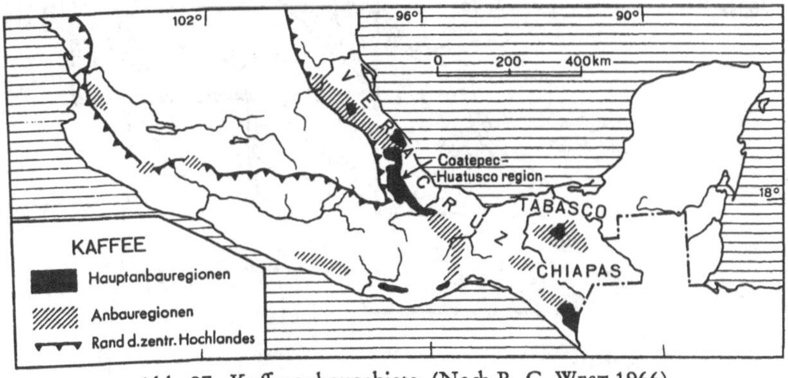

Abb. 97. Kaffeeanbaugebiete. (Nach R. C. West 1966)

Kaffeeproduktion 1946 bis 1968

Jahr	Anbaufläche ha	Produktion Sack je 60 kg	ha-Erträge in kg
1946/47	135 405	923 333	409
1951/52	166 144	1 034 993	374
1956/57	215 368	1 621 533	406
1961/62	307 320	2 400 000	
1966/67		2 700 000	
1967/68		3 300 000	

Kaffee und Kaffeewälder. Nach Produktionsmenge und Export gehört Mexico zu den bedeutendsten Kaffeeländern der Erde. Es folgt laut Handelsstatistik für 1966 nach *Brasilien, Kolumbien, Angola, Uganda* und *El Salvador* an 7. Stelle der Weltexportländer. Viele Berghänge, die im Grün tropischer Wälder prangen, sind von Kaffeewäldern bedeckt. Der Kaffeestrauch gedeiht in Mexico als Schattenpflanze unter den Baumkronen der *„madre de cacao"*, die schon den *Maya* als Schattenspender für Pflanzen bekannt war. In Chiapas werden zu diesem Zwecke Leguminosen wie der *chalum*-Baum (Inga m.) und der Caspirol (Ingalaurina) verwendet. Der Kaffeeanbau wurde Ende des 19. Jhs. vorwiegend von deutschen Pflanzern (*finqueros*) in *Chiapas* entwickelt. Diese kamen von der *„Costa Cuca"*-Region aus Guatemala herüber, wo der Anbau schon hohe Erträge gebracht hatte [948]. Als *finca* wird der mittlere bis große Landbaubetrieb, ohne wesentliche Viehhaltung, namentlich für Exportgewächse bezeichnet. Hauptsächlich werden *Coffea arabica* und *Maragogype* kultiviert. Als tropische Höhen-

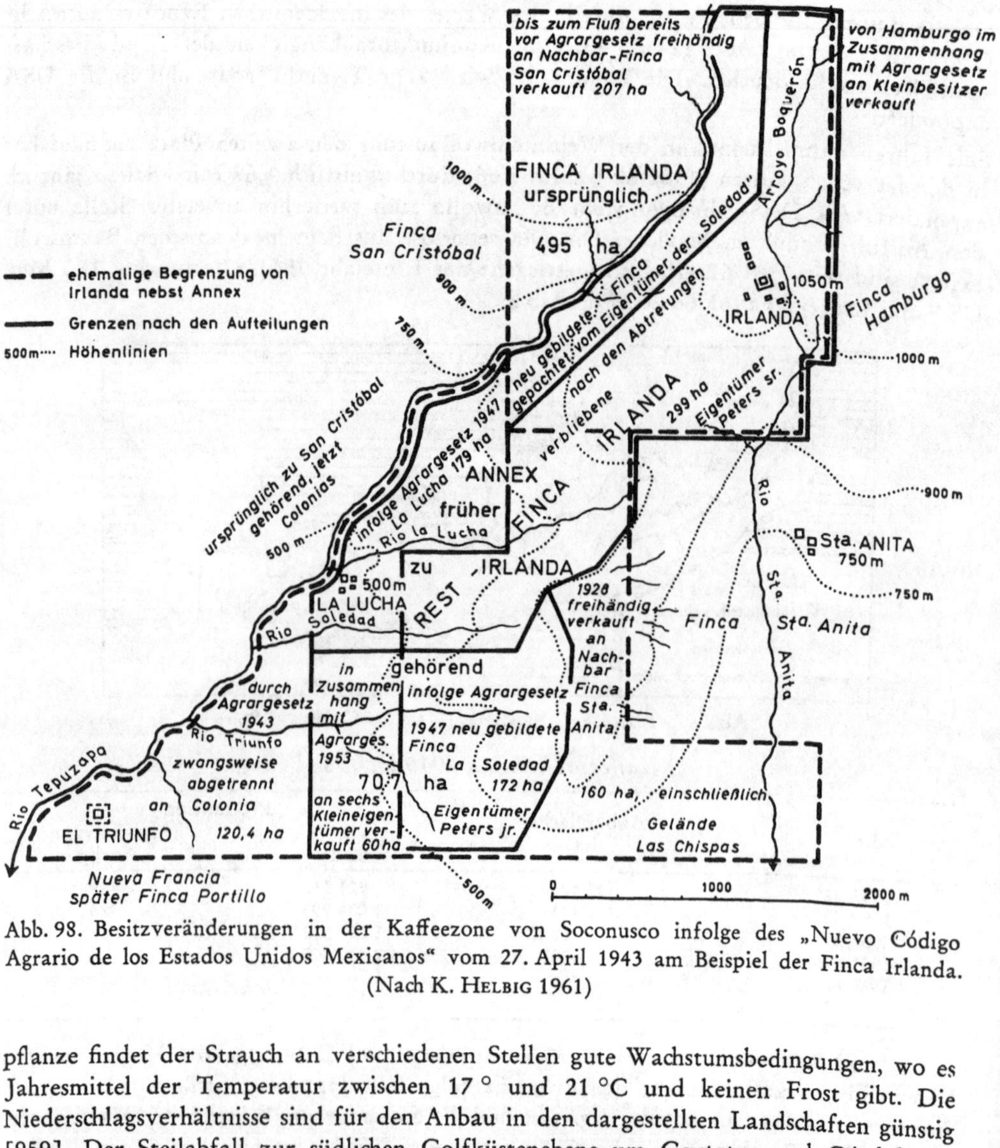

Abb. 98. Besitzveränderungen in der Kaffeezone von Soconusco infolge des „Nuevo Código Agrario de los Estados Unidos Mexicanos" vom 27. April 1943 am Beispiel der Finca Irlanda. (Nach K. Helbig 1961)

pflanze findet der Strauch an verschiedenen Stellen gute Wachstumsbedingungen, wo es Jahresmittel der Temperatur zwischen 17 ° und 21 °C und keinen Frost gibt. Die Niederschlagsverhältnisse sind für den Anbau in den dargestellten Landschaften günstig [959]. Der Steilabfall zur südlichen Golfküstenebene um *Coatepec* und *Córdoba* in *Veracruz* und die östliche Landschaft *Soconusco* in *Ostchiapas* am Hang der *Sierra Madre* mit vulkanischen, mineralreichen Böden sind besonders geeignet. Außerdem wird Kaffee in *Oaxaca, Tabasco* und in geringen Mengen in *Guerrero, Colima, Michoacán, San Luis Potosí, Puebla* und *Hidalgo* angebaut (Abb. 97). In jüngster Zeit werden die Kulturen an der *Küste des Golfes von Mexico* nach N ausgedehnt. Besonders eingehende Beschreibungen über die Kaffeewirtschaft von *Chiapas* mit ihren Problemen (Enteignung der deutschen Farmer, Ejidobildung, Wanderarbeiter zur Erntezeit und Krankheiten gab K. Helbig [1209] (Abb. 98 u. 99). L. Waibel [1218] gab für 1927/28 für das Gebiet 96 Kaffeeplantagen an, davon waren 32 im Besitz von Deutschen. In *Chiapas* hat die

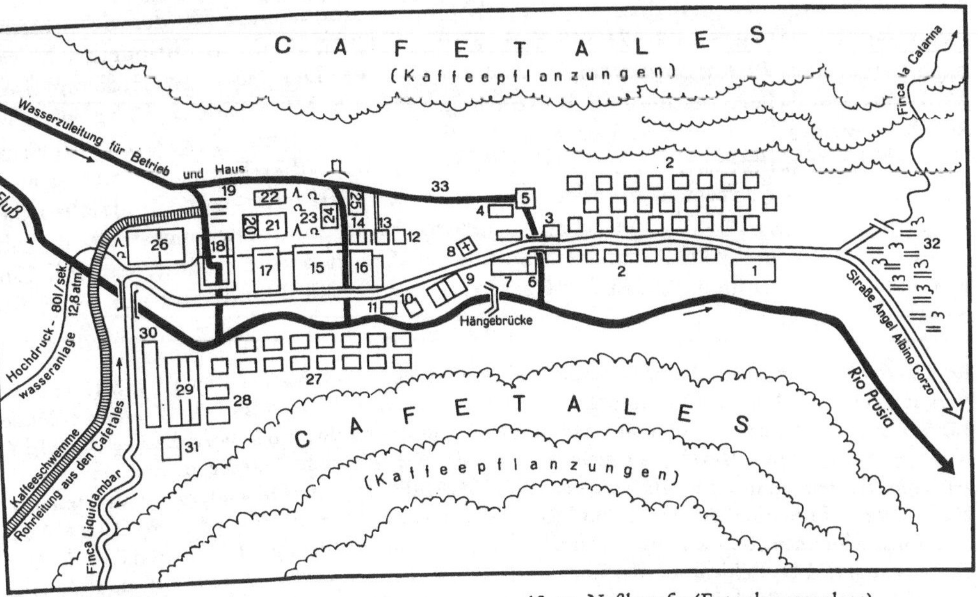

1 = Sportplatz
2 = 74 Häuser für Arbeiterfamilien
3 = Tienda (Laden) der Finca, verpachtet
4 = Privat-Tienda
5 = Waschplatz
6 = Schlachtplatz
7 = Marktstände
8 = Kirche
9 = Angestelltenwohnungen und Schule
10 = Tankstellen, Zementschuppen
11 = Maultierstall
12 = Cárcel (Haftlokal)
13 = Maissilo für 100 t
14 = Werkstätten und Garagen
15 = Patios (Kaffee-Trockenhöfe)
16 = Trockenbenefiz, mit Schäl-, Trocken-, Sortiermaschinen usw., Kraftanlage, Kaffeespeicher, Maisspeicher für 150 t, Maismühlen, Verladerampe
17 = Bodega (Ausrüstungslager) Zementdach dient als Patio
18 = Naßbenefiz (Entpulpungsanlage)
19 = Kaffeekirschen-Empfang
20 = Büros und Polyklinik
21 = Wohnhaus des Verwalters
22 = Wirtschaftsgebäude
23 = Garten
24 = Tennisplatz
25 = Schwimmbassin mit Wasserfall
26 = Angestellten- und Gästehaus
27 = Junggesellenhäuser für Arbeiter
28 = 2 Häuser für Comitecos, mit Küchenhaus
29 = Kaffee-Pflanzbeete
30 = Junggesellenbaracke für 400 Chamulas
31 = Hauptküche mit Maismühle, Tortilla-Maschinen (i. d. Hauptsaison täglich bis zu 15 000 Stück, Gesamtverbrauch jährlich ± 200 t Mais, 17 t Bohnen, 9 t Zucker, 3 t Salz, wöchentlich 1–2 Rinder)
32 = Pulpe-(Kaffee-Kirschenfleisch-)Kompostierungsanlage
33 = Dynamo und Waschplatz

Abb. 99. Wirtschafts- u. Wohnkomplex einer Kaffee-Groß-Finca in Chiapas. (Nach K. Helbig 1961)

Vermehrung der Kaffeefliege (*„mosco de café“*, lat. *Eusimilium)*, die die Augenkrankheit *Onchocercosis*, eine *Filarienseuche*, überträgt, erhebliche gesundheitliche Schäden für die Bevölkerung gebracht. 20 000 Krankheitsfälle wurden im Jahre 1960 gemeldet. Die Fliege sitzt auf der Unterseite der Kaffeesträucher und überträgt die Parasiten durch Stich auf die Arbeiter.

Kaffee-Export. Großabnehmer für den mexicanischen Kaffee sind die USA mit 80 % Anteil am mexicanischen Export.

Auf Grund der in London im Rahmen des Internationalen Kaffee-Abkommens (ICA, *International Coffee Association)* erfolgten Neufestsetzung der im Jahre 1967/68 gültigen

Kaffee-Ausfuhrquoten der dem ICA angehörenden Produzenten-Länder darf Mexico insgesamt eine Menge von 1 371 348 Sack Kaffee á 60 kg in die traditionellen Märkte exportieren, d. h. 79 969 Sack weniger als 1965 bis 1966. Der Gesamtwert der im Jahre 1967 für den Export bestimmten Kaffeemenge von 1,5 Mio. Sack á 60 kg wird auf 800 Mio. mex. $ veranschlagt. Das mexicanische Kaffee-Institut *„Federación Mexicana de Café“* kauft Kaffee auf, um einem Angebotsdruck überreicher Erntejahre zu begegnen. Die aufgekauften Kaffeemengen sollen auf sog. „neuen Märkten“ – z. B. in sozialistischen Ländern – oder im Inland untergebracht werden. Es erscheint erwähnenswert, daß die DDR, die als „neuer Markt“ für mexicanischen Kaffee in Betracht käme, seit Juli 1967 eine unter der Bezeichnung *„Officina Comercial“* gegründete Handelsagentur in Ciudad de México unterhält.

Im Interesse der engeren Zusammenarbeit auf dem Gebiet des Kaffee-Exporthandels und der Verteidigung der Mildkaffeepreise auf dem Weltmarkt haben *Mexico und die 5 MCCA-Länder kürzlich beschlossen*, gemeinsam eine *neue Kaffee-Organisation* unter der Bezeichnung „*CAMEX*“ (*Central America* and *Mexico*) zu gründen, von der sich die sechs beteiligten Staaten offenbar größeren Nutzen versprechen als von der „FEDECAME“ (*Federación Cafetalera de America*). Nach einer Information des mexicanischen Kaffee-Instituts werden die sechs im *CAMEX* zusammengeschlossenen Staaten eine besondere Gruppe innerhalb der Internationalen Kaffee-Organisation (ICO) bilden, in der die Kaffeepreise *El Salvadors, Guatemalas* und *Mexicos* als Indikatoren im Selektivsystem für die Mildkaffee-Produzentenländer gelten sollen (Deutsche Überseeische Bank).

Böden und Kaffee-Erträge. Über die Kaffeeproduktion schreibt K. Helbig [1209] (Abb. 99): „Was die Böden anbelangt, so sind sie in diesen Gebieten keineswegs einheitlich, denn im Untergrund liegen – wie namentlich am *Tacaná* und einigen benachbarten Vulkanstöcken – bald außerordentlich mineralreiche basische Vulkangesteine, vor allem *Andesite,* bald – weiter nach Westen hin – quarzreichere und somit saurere *Granite* oder *Gneise,* und streckenweise, so vor allem im Nordosten, reine *Kalksteinmassen.* Der Kaffee nimmt sie alle an, sofern sie nur eine genügend mächtige und von Humus durchsetzte Verwitterungsschicht gebildet haben, nicht allzu feucht sind, praktisch also möglichst an Hängen liegen, aber auch wieder nicht so schräg, daß die Erosion den Boden leicht abspülen könnte.“

Angaben über die Produktion von Kaffee. „1895 wurden zwei Millionen Sack Kaffee im *Soconusco* produziert, eine weitere Million im übrigen *Chiapas.* 1908 erbrachte Soconusco 9200 Tonnen; der Hektarertrag soll 30 bis 40 *Quintales* betragen haben (de la Peña, 1951). Bei der erstgenannten Zahl bleibt unklar, ob *‚oro‘*, also marktfertiger, oder *‚pergamino‘*, ungeschälter Kaffee, gemeint ist. Zur Erzielung von 1 qt = 46 kg in *Oro* werden 57,5 kg *Pergamino* benötigt, also rund $^5/_4$ *Pergamino* entsprechen $^4/_4$ *Oro,* oder 100 kg *Pergamino* = 80 bis 81 kg *Oro,* und der Rest ist *‚cascara‘*, Schale. Falls mit den Hektarziffern Kaffeekirschen: *‚ceriza‘* oder *‚uva‘* (Beeren) gemeint sind, würde der genannte Ertrag allerdings nur 11 bis 14 qt *Oro* je Hektar ergeben, denn man rechnet, daß 4 kg *Ceriza,* das ist der gute Durchschnitt eines volltragenden Strauches, 1,5 kg *Oro* bringen. Bei den Ziffern für Kaffee herrscht stets einiges Durcheinander. Die Produktion wird immer im spanisch-mexicanischen ‚Zentner‘ dem *Quintal* von 46 kg, gegeben. Exportiert wird nach ‚Sack‘ je 70 kg *Oro brutto,* 69 kg *netto,* bzw. umgerechnet in *Tonnen.* Bei Packtierlasten dagegen enthält der Sack nur 60 kg netto; man rechnet dann nach *‚carga‘*, einer Packtierlast von zwei Säcken. Der einheimische Kleinerzeuger verkauft im allgemeinen nach einem Hohlmaß *‚arroba‘* je ± 11,5 kg, also 4 davon auf 1 *Quintal.*“

„Am Ende des Zweiten Weltkriegs, 1946, befanden sich am *Vertiente del Pacifico* von *Chiapas* 26 868 ha Anpflanzungen (insgesamt, nicht nur tragende) und ergaben 14 043 t Produktion.
Der Kaffee ist eine arbeitsintensive Kultur.
Gegenwärtig (1960) steht dem *Finca*-Arbeiter ein Tagelohn von nicht unter 12,5 *Pesos* = 1 US$ zu (1958 waren es 10 *Pesos*), in der Ernte kann er im Akkord auf ± 20, mit seiner Familie bis auf 30 und mehr *Pesos* kommen. Außerdem erhält er bei dreizehnwöchigem Erntekontrakt ein Wegegeld von 35 *Pesos* sowie eine Tagesverpflegung von gewöhnlich 1100 g Mais (= 3 × 7 *Tortillas*), 130 g Bohnen, 130 g Fleisch, 40 g Kaffee sowie Zucker, Salz und Gewürze. Manchmal wird etwas weniger Fleisch, dafür mehr Mais- und Bohnenkost gegeben. Die Unterbringung der *Solteros* (Alleinstehenden) in Gemeinschaftsbaracken *(galeras)* und der Familien in Einzelhäuschen wird überwacht." K. Helbig.

Kaffeeanbau, betriebswirtschaftlich. „Vom Saatbeet *(semillero)* wird das Kaffeepflänzchen nach dem Aufgehen der beiden ersten Keimblätter als ‚*mariposa*' (‚Schmetterling') oder etwas später als ‚*plumero*' (Federbusch) in die unter Wald, schnellwachsendem *Rhizinus* oder Dachschatten, angelegten Vorpflanzungen (*almácigo*) übernommen. Nach weiteren ein bis zwei, seltener drei Jahren erfolgt bereits die Auspflanzung (*siembra*) auf Neuland oder (*resiembra*) zur Aufstockung in bereits bestehende Cafetales. Nach wiederum ein bis zwei Jahren wird durch Umbiegen des Strauches und Verankerung mit Hilfe einer Astgabel die Bebuschung des Cafetos vorbereitet. Später werden durch entsprechenden Schnitt (*corta*) die besten Ruten begünstigt. Regelmäßige Reinigungen (*limpia*) des Geländes von Unkraut mit dem üblichen Schlagmesser (*machete*) gehen nebenher. Mit fünf Jahren läßt der Kaffeestrauch eine erste ‚halbe', mit spätestens acht Jahren volle Ernte (*cosecha* oder *tapisca*: Pflück) zu. Sie muß, da bei dem herrschenden, nicht von klaren Trockenzeiten unterbrochenen Klima Blüten- und Fruchtbildung über einen monatelangen Zeitraum vor sich gehen, in mehreren Pflücks (*pasadas*) von frühestens Ende Oktober bis spätestens Anfang März durchgeführt werden.
Die von den Pflückern auf eigenem oder Maultierrücken zur Fabrik *(beneficio)* geschafften bzw. mit Hilfe von Schwemmleitungen, Drahtseilbahnen oder kleinen Lastwagen dorthin gelangten, nach Kisten *(cajas)* in bestimmten Größen abgerechneten Früchte kommen sofort in Waschbecken oder unter Wasserdruckrohre, um den kleineren und minderwertigeren, später gesondert behandelten ‚*vano*' durch Abschwemmen von den hochwertigen Früchten zu trennen. In Entpulpern (*despulpadores*) wird das Fruchtfleisch (*pulpa*) abgeschlagen bzw. aufgerissen und beim Weitertransport zu den Fermentierkammern in gewundenen Waschkanälen völlig von den Bohnen entfernt (Abb. 99).
Je nach klimatischen Bedingungen dauert der anschließende *Fermentier*- und Entschleimungsprozeß bis zu drei Tagen, in der Regel 48 bis 56 Stunden. Durch Zusatz von *Mais* und *Rohzucker (panela)* kann die Gärung beschleunigt werden. Der nunmehr erzielte *Pergamino* wandert über Abtropfsiebe zur ± fünftägigen, durch häufiges Umwenden geförderten, bei ungünstiger Witterung entsprechend erschwerten Trocknung auf die zementierten Höfe *(patios)* und dann ins *Trockenbenefiz*, über das jede größere Finca heute verfügt. Mit Holz und Kaffeeschalen *(cáscara)* beheizte Trocknungsöfen (*guardiolas*) können zwecks Abkürzung der Sonnendarre auf den *Patios* eingeschaltet werden. In der ‚*retrilla*' wird das ‚*cascabillo*', die hornige Schale, entfernt, in der ‚*pulidora*' die ‚*pelicula*', das Silberhäutchen, abgeputzt. Elevatoren tragen die Bohnen in eine ‚*separadora*' oder ‚*catadora*' zwecks Gewichtssortierung mittels Gebläse. Ein Schüttelsieb (*saranda separador* oder *chichinero*) scheidet nach Größe und Formen z. B. in ‚elefante' (die größten Bohnen), ‚*concha*' (‚Schnecke': die mehr gebogenen), ‚*caracolillo*' (die sehr begehrten mehr zusammengedrückten), ‚*desmanche*' (die ungleichförmigen, fleckigen) u. a. Letzte Auslese per Hand korrigiert unvollkommene Auslese der Maschinen und beseitigt vor allem die im Handel unerwünschten Fehlfarben. Nach Gewicht, Größe, Farbe, Form und Flecken können mehr als 20 Sorten ausgeschieden werden, doch begnügen sich die Fincas in der Regel mit nicht mehr als sechs." K. Helbig.

Kaffeeproduktion – Kosten – Transport – Absatz. „Auf die hohen Abgaben, denen der Kaffee im Lande selbst unterworfen ist, wurde hingewiesen. Sie lassen sich aufteilen nach ‚*impuestos del estado*‘, das sind die an den Staat *Chiapas* abzuführenden Steuern von 37,95 *Pesos* je Sack *Oro* von 69 kg netto, und nach ‚*gastos puerto*‘, die bis zur Ausfuhr vom Hafen noch weiter hinzukommenden Kosten. Im Jahre 1955/56 beliefen sich diese auf weitere 316 *Pesos* je Sack, unter Zugrundelegung eines festgesetzten Exportpreises von 11,50 Pesos je kg. Ab März 1958 wurde dieser auf 9,75, seitdem noch um einiges weiter gesenkt. Von diesem Exportpreis nimmt die Föderalregierung 25 % Steuern zuzüglich 2 % Aufschlag. Der *Comisión Nacional del Café*, als der von der Regierung eingesetzten Dachorganisation der gesamten Kaffeewirtschaft, fallen vier *Centavos* je kg zu. Der Rest der vor der Ausfuhr fälligen Summe sind Eisenbahnfracht von *Soconusco* bis zum Hafen *Coatzacoalcos*, Versicherung und Lagergebühr“ (vgl. auch Abschn. Verkehr).

„Außerdem liegen die Transportkosten durchweg hoch. Das gesamte Wege- bzw. Straßennetz innerhalb der Fincazonen beiderseits der Sierra geht zu Lasten der Unternehmer. Die Baukosten für roh geschüttete Autowege belaufen sich je nach Untergrund und Topografie des Geländes zwischen 5000 und 15 000 Pesos je Kilometer. Nur für wenige Zufahrtsstraßen haben die Behörden, mehr noch die Unionen der Fuhrunternehmer, die Instandhaltung übernommen. Fast alle *Finqueros* verfrachten ihre Ernten nicht mit eigenen Lastwagen, weil diese während des größeren Teiles im Jahr unbeschäftigt bleiben würden, sondern übergeben sie Fuhrunternehmern. Eine 32 km von der Bahnstation *Huixtla* entfernte Pflanzung zahlte 1958 je kg 5 Ctvs. Fracht bis dort.

In *Soconusco* geht heute der gesamte Kaffee zu den Bahnstationen *Tapachula, Huehuetán, Huixtla* und *Pueblo Nuevo (Despoblado)*. Der vor dem 1908 fertiggestellten Bau der Eisenbahn zur Verschiffung nach *Salina Cruz* dienende kleine Hafenplatz *San Benito* hat jegliche Bedeutung als solcher verloren. Er dient jetzt, unter dem neuen Namen *Puerto Madero*, einem gelegentlichen, jedoch noch recht primitiven Badeverkehr. Der *Ferrocarril Panamericano* hat Anschluß an die *Isthmus*-Bahn und befördert nahezu den gesamten Exportkaffee von *Chiapas* zum modern ausgebauten Golfhafen *Coatzacoalcos*, dem früheren *Puerto México*. Hauptziele der Verladungen sind *Rotterdam/Bremen/Hamburg*, weniger *New York* und skandinavische Plätze.

Sehr viel schwieriger und noch kostspieliger ist der Abtransport von den am Nordrand der *Sierra* gelegenen Plantagen. Mit Maultieren über das unbewohnte, dicht bewaldete Gebirge und hinunter zur Bahn befördert heute – neben zahlreichen Kleinpflanzern – nur noch die deutsche *Finca La Catarina*. Sie besitzt noch keine Straße talabwärts, übrigens bisher auch kein Trocken-Benefiz. Sie verfrachtet ihren Pergamino in 118 kg schweren Lasten 70 km weit zur Bahnstation *Mapastepec* – hin und zurück fünf Tage Marsch. Von dort geht er zur Weiterverarbeitung in Oro zu einem großen Trocken-Benefiz in *Tapachula* und wieder zurück über Mapastepec zum *Isthmus*. Rückladung für die Packtiere sind hauptsächlich Zement, Wellblech, Treibstoff, Lebensmittel. Im übrigen wird seit 1948 der zwar weitere, aber mit Autos befahrbare – noch außerordentlich schlechte, größtenteils nur in das Gelände hineingefahrene – Weg in den Llanos der oberen *Grijalva*-Talung nach *Tuxtla* gewählt. Dort besteht Anschluß an die tadellose *Carretera Interamericana* (Pan American Highway). Die Lastwagen benötigen von den großen deutschen Fincas bis *Tuxtla* für 150 bis 180 km Fahrt 12 bis 14 Stunden; Fracht je kg 8 bis 10 Centavos.“ K. Helbig, 1949.

Zuckerrohr ist die älteste, von den Spaniern eingeführte Kulturpflanze in Mexico. Es entstanden frühkolonial kleine Zuckermühlen, *ingenios* (vgl. Abschn. Kolonialzeit). Auf dem Lande, wo das Zuckerrohr zum Eigenverbrauch angebaut wird, finden sich immer noch kleine Zuckerpressen, z. T. als Göpel von Mauleseln getrieben *(trapiches)*. Die gepreßten brikettartigen Stücke werden mit Tragtieren zum Markt gebracht. Brauner Zucker *(panela)* wird auf allen Märkten Mexicos angeboten. Der Umsatz an Süßigkeiten, *„dulces“*, ist

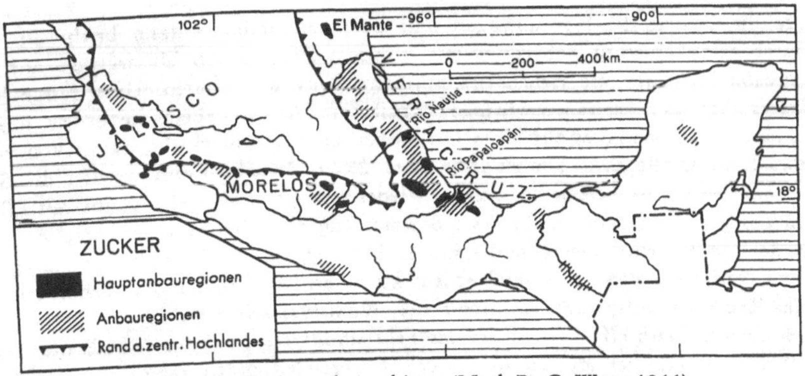

Abb. 100. Zuckeranbaugebiete. (Nach R. C. West 1966)

groß. Zum Straßenbild gehört der Zuckerrohrstand, an dem handlich geschnittene Stücke als Süßigkeit verkauft werden. Fast jeder Landarbeiter, der am Abend heimgeht, kaut auf Zuckerrohrstückchen. Von großer Bedeutung ist Zucker als Rohstoff für vielerlei Spirituosen. Obgleich Zuckerrohranbau im ganzen Land verbreitet ist, konzentriert sich der kommerzielle Anbau vor allem auf die Staaten *Veracruz, Sinaloa, Puebla, Jalisco, Tamaulipas* [931], *Morelos, Michoacán, Oaxaca* und *San Luis Potosí* [1249] (Abb. 100). Die Ebenen von Veracruz und Tabasco sind am besten für Zuckerrohrkulturen geeignet. Ohne besondere Pflege und künstliche Bewässerung gedeihen dort die Pflanzen bis zur Ernte. Hauptarbeitsgeräte der Arbeiter sind das Buschmesser *(machete)* oder das sichelartige, kurze gekrümmte Haumesser, die *„coa"*, auch *„macaña"* genannt. 1959/60 befanden sich 74 Zuckerfabriken, *„ingenios"* [1249], in Betrieb, die 16,5 Mio. t Zuckerrohr vermahlen haben. Pro vermahlener Tonne Zuckerrohr sind 91 kg Zucker erzeugt worden. Die Mehrzahl der Fabriken liegt am Fuße des mexicanischen Hochlandblockes sowie am südlichen Rand, zum *Balsas-Tal* hin [960]. Von den 74 Fabriken befinden sich 23 in *Veracruz* (Produktion 600 000 t), 9 in *Jalisco* (Produktion 125 000 t), 6 in *Morelos* (Produktion 128 000 t), 6 in *Tabasco* (Produktion 14 000 t), 5 in *Sinaloa* (Produktion 160 000 t) (Angaben für 1965). Die größte der Fabriken, *San Cristóbal* in *Veracruz*, erzeugte 140 000 t. Die Zahl der Zuckermühlen ist rückläufig zugunsten neuer großer Betriebe (1967 gab es 57 Zuckermühlen in Betrieb) (*„Manuel azucarero Mexicano"* [950]).

Wie stark der Zuckerrohranbau in Mexico ausgedehnt wurde, geht aus der Tatsache hervor, daß die Anbaufläche von 1960 57 % größer war als die von 1954/55.

Nach Angaben des mexicanischen Zuckerproduzentenverbandes Unpasia *(Unión Nacional de Productores de Azúcar)* betrug die Zuckerproduktion 1966 2,01 Mio. t. Hiervon sind folgende Mengen verkauft worden: 1 430 277 t im inländischen Markt, 437 936 t an die USA, 62 086 t im restlichen Weltmarkt.

G. Pfeifer gab in seiner Arbeit über Sonora und Sinaloa, 1939, eine Beschreibung der Zuckerrohrwirtschaft in diesem Gebiet [1116]:

„Die Zuckerrohrfelder werden in moderner Weise bewirtschaftet. Die Zeit meines Besuches war außerordentlich günstig, denn da die Reifezeit des Rohres etwa 11 bis 12 Monate beträgt, so drängt sich in den trockenen Wintermonaten der ganze Wirtschaftsvorgang in einer ‚*Campagne*' zusammen. Während des Restes des Jahres ist dann verhältnismäßig wenig zu tun. Die Bestellung beginnt mit der Einebnung des Geländes. *Mula*-Gespanne ziehen große Scharbretter über die Felder, die hier abtragen und dort anhäufeln. Sodann bricht ein mächtiger Raupentraktor amerikanischen Fabrikates mit schweren Pflügen den Untergrund auf, während kleinere Fordson-Traktoren die Arbeit des Furchenziehens übernehmen. Unterdessen haben besonders ausgesuchte und vertrauenswürdige Arbeiter in Akkordarbeit die etwas über spannlangen Rohrstücke des Saatgutes auf ihren Gesundheitszustand untersucht, damit von vornherein kein krankes Rohr in die Erde kommt. Mit etwa 25 cm Zwischenraum werden die Saatstücke dann von den Arbeitern in die Furchen gelegt. Wieder erscheinen Mula-Gespanne mit Pflügen, die die Furchen zuschütten. Jetzt kann die erste Bewässerung über die Felder geleitet werden. Dazu werden wieder einige Leute abgeteilt, die mit kleinen Spaten das Wasser regelmäßig über die Felder leiten. Nach dem Bewässern muß erneut kultiviert werden, um zu verhindern, daß der Boden beim Trocknen aufspringt. Während der Wachstumszeit wird etwa ein- bis zweimal monatlich bewässert. Nach elf Monaten ist das Feld schnittreif. Fünf bis sechs Ernten kann man von einer Pflanzung nach der sog. *„Ratoon-Methode“* erzielen, indem man das Rohr wieder neu ausschlagen läßt. Dann muß der Boden ruhen. Düngung und Fruchtwechsel (mit *Alfalfa* oder den wenig Arbeit erfordernden Bohnen) wird bereits angewandt. In Navolato findet regelmäßiger Fruchtwechsel mit Leguminosen und Alfalfa nach 4–6jährigem Zuckerrohranbau statt. Von den Erträgen wird nur wenig verkauft, das meiste dient zur Fütterung der Zugtiere. Je kürzer im allgemeinen die *Ratoon-Periode* ist, desto intensiver ist die Bewirtschaftung. Die Erträge belaufen sich auf etwa 50 t pro ha in *El Roble* und *Navolato,* auf 60–80 t in *Los Mochis* und *El Dorado,* die bessere Böden besitzen.

Gleichzeitig konnte ich auch die Ernte beobachten. Wenn das Rohr eine leicht gelbliche Farbe annimmt, ist es zum Schnitt reif. Zur Vorbereitung wird unter Aufsicht der Arbeiter ein Feuer angelegt, das rasch durch das Rohrdickicht eilt und es vom überflüssigen Blattwerk befreit. Die schwärzlichen Rohrstengel werden dann mit der Machete geschlagen. Diese Arbeit auf dem Felde muß nun mit dem Arbeitsgang in der Fabrik in enge Übereinstimmung gebracht werden, denn länger als 24 Stunden darf das gebrannte Rohr nicht unverarbeitet ruhen, da sich sonst der Zuckergehalt in unkristallisierbare Glukose umsetzt. Große Ochsenkarren oder vier- bis sechsspännige Maultierwagen, bei den größeren Hacienden, wie *Navolato, El Dorado* und *Los Mochis,* auch kleine Feldeisenbahnen (meist mit Zugtierantrieb), bringen das Rohr zur Fabrik. Hier wird Wagen für Wagen abgewogen und die Last mit einem mächtigen Kran auf dem Vorratshaufen zur Verarbeitung abgeladen.

Das Rohr gelangt auf ein laufendes Band, das zu hydraulischen Pressen führt, die es zerbrechen und den Saft ausquetschen. Das holzige Überbleibsel, die *‚Bagasse‘*, liefert einen willkommenen Zusatz zur Feuerung, und es ist der Ehrgeiz des Betriebsleiters, mit diesem Abfallbrennmaterial möglichst weit zu kommen. Der Zuckersaft wird in Dampfkesseln auf den Siedepunkt gebracht, durch Kalkzusatz unter ständiger Beobachtung durch den Werkchemiker auf den richtigen Säuregehalt abgestimmt. In Vakuumanlagen erfolgt die weitere Verdickung. Zentrifugen trennen dann die schwärzliche Masse in Zucker und Melasse. Der gelblich-weiße, noch ungebleichte Zucker wird in Pressen zu Stückenzucker umgeformt, der in gewärmten Trockenschränken versandfertig gemacht wird. Da die Produktion fast ausschließlich auf den inneren Markt Mexicos ausgerichtet ist, läßt man den Zucker *‚plantation white‘* und verzichtet auf die verteuernde Bleichung. Die restliche Melasse wandert in die Alkoholfabrik, die fast mit jeder Zuckerhacienda verbunden ist. In einigen Betrieben *Nayarits* ist die Alkoholproduktion sogar die Hauptsache. Die Fabrik selbst braucht zu ihrer Instandhaltung weitere Anlagen, in denen sich Licht- und Kraftmaschinen (Deutz Dieselmotoren) und eine kleine Gießerei für Maschinenteile befinden.“

An der Bewirtschaftung in diesem Gebiet bei Los Mochis hat sich noch nicht viel geändert. Als der Verfasser 1962 diese Landschaft besuchte, wurden noch Esel für den Rangierbetrieb leerer Eisenbahnwaggons eingesetzt.

E. Mühlenpfordt [22] gab ausführliche Darstellungen über den Zuckerrohranbau im 19. Jh.

Bild 61. Agavenanbau zur Fasergewinnung bei Mérida (Yucatán). Die Sisal-Agave liefert Fasern, die aus den schwertförmigen Blättern gewonnen werden: Henequén heißt dieses Produkt. (GIERLOFF-EMDEN Juni 1964)

Agaven und Agavenlandschaften. Henequén. Die Hauptanbaugebiete der Faseragave *Henequén (Amaryllіaceae)* sind *Yucatán* und *Campeche*, Nebenanbaugebiete *Tamaulipas, Chiapas, Sinaloa* und *Oaxaca*. 1957 wurden 113 400 t produziert, davon 73 % in *Ejidos*, 17 % auf den restlichen alten, großen Haziendas. Als Exportware hat die Faserpflanze wegen der Entwicklung chemischer Fasern ihre große Bedeutung verloren. Eine eingehende Studie zum *Henequénanbau* auf *Yucatán* lieferte D. J. Fox [942, 1222].

Zum Hauptanbaugebiet wurde gegen Mitte des 19. Jhs. NW-*Yucatán* entwickelt. 1845 wurden 320 000 Sack Sisalfasern exportiert. Die Stadt *Mérida* (Abb. 79) verdankt ihr Anwachsen dem Reichtum aus der von den Pflanzern gehaltenen Monokultur zur Belieferung des internationalen Marktes für Sisal zur Herstellung von Matten und Tauwerk. 1847 war nach einem Indianeraufstand *(Guerra de Castas)* infolge der Strafmaßnahmen ein großes Areal um *Mérida* entvölkert worden. 1907 wurde dem Arbeitermangel durch Versklavung von 8000 *Yaqui*-Indianern abgeholfen, die im Nordwesten Mexicos aufständig geworden waren. 1910 arbeiteten 120 000 *Maya*-Indianer und 3000 *Chinesen* auf den Sisal-Plantagen Yucatáns. 1916 wurden 200 000 t *Henequén* für 25 Mio. US $ verkauft [938]. Der steppenhaft trockene, aber tropisch heiße NW der Halbinsel bot besonders günstige Bedingungen (Abb. 27, 28 a, 29 u. 30). Flachgründige Terra Rossa-Böden auf dem Kalk erlaubten den Anbau dieser in Mexico beheimateten Pflanze [941] *(Bild 61)*.

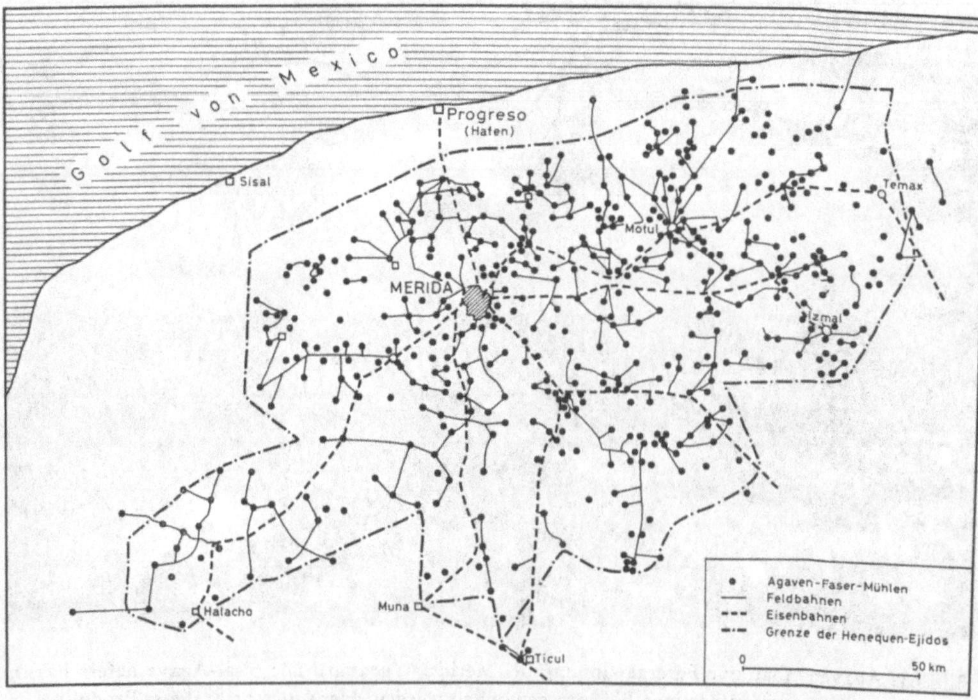

Abb. 101. Die Henequénfaser-Mühlen und die Feldeisenbahnen in Yucatán. (Nach D. J. Fox)

Die lanzettförmigen Blätter werden vom unteren Teil der mindestens 6jährigen Pflanze geschnitten, mit spatenartigen Messern gestoßen und in den Mühlen zerquetscht, um die Fasern, dann „*sosquil*“ genannt, zu gewinnen. Die Fasern werden anschließend gewaschen und getrocknet. Die einzelnen Pflanzen können etwa 15–20 Jahre genutzt werden. Seit 1950 wurden zahlreiche kleine Mühlen stillgelegt. 1958 arbeiteten noch 28 von ehemals 286 Mühlen. Eine Kulturlandschaft ganz eigener Prägung ist durch den Henequénanbau entstanden: über 1000 Haciendas, riesige Felder, von Lesesteinen umsäumt, Feldeisenbahnen (über 3000 km!) und Aufbereitungsfabriken sowie der Verladehafen *Progreso* (Abb. 101). Die zahlreichen großen Villen in *Mérida* künden von dem Reichtum, den die Familien durch die Sisalfarmen *(Henequenéros)* erworben haben [1223].

Mit Einführung der Landreform wurden viele der großen Haciendas aufgeteilt, die ehemaligen Arbeiter wurden als *Ejidatarios* mit ihrer Bewirtschaftung, d. h. Anbau, betraut. 1958 gab es 260 *Ejido*-Gemeinden auf *Yucatán*, die *Henequén* anbauten, mit 45 000 Mitgliedern, die etwa 1 Mio. ha bewirtschaften. Den Privatbesitzern sind maximal noch 700 ha zur Bewirtschaftung erlaubt (Abb. 102) [1349].

Gegenwärtige **Grundbesitz-** und **Wirtschaftsstruktur:**

Der Zerfall des „*Gran Ejido Henequenero*“ führte im Jahre 1955 zur Entstehung von 313 Einzelejidos, die jedoch als solche weiterhin gemeinschaftlich bewirtschaftet wurden und im Gegensatz zu den Kollektivejidos der *Laguna*-Region (bisher) nicht in einzelne sog. „Sektoren“ zerfallen sind. Das dürfte vornehmlich auf die Besonderheiten des Henequén-Anbaus, insbesondere auf den relativ hohen, durch die siebenjährige Wachstumsperiode der *Henequén*-Agave bedingten Kapitalbedarf zurückzuführen sein. Jeder dieser Ejidos steht über eine „*Sociedad local de crédito ejidal*“

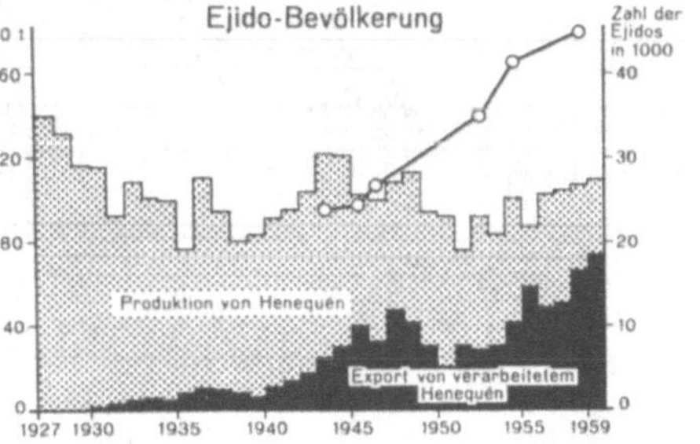

Abb. 102. Produktion, Export und Verarbeitung von Henequén-Faser von 1927–1959 sowie Anteil der Ejido-Bevölkerung auf Yucatán. (Nach D. J. Fox)

(lokale Kreditgenossenschaft) mit der *Ejido*-Bank in Verbindung. Nur über diese Genossenschaften werden Anbau- und sonstige Kredite, fast ausnahmslos für den Henequén-Anbau und die dazu erforderlichen Nebeninvestitionen, an die gemeinsam haftende Ejido-Gemeinschaft vergeben.*)

Wie schon 1937, werden gegenwärtig knapp 75 % des gesamten Henequén-Gebietes (der gesamten Nutzfläche einschließlich der brachliegenden Areale, 160 000 + 70 000 ha) von Ejidos eingenommen. Trotz der veränderten Absatzlage ist die Anbaufläche nicht verkleinert worden. Nach J. Friedrich [1396].

Die Fasern werden zum großen Teil in Mexico verarbeitet. Um 1960 kamen nur noch 10 % der Ernte unverarbeitet zum Export. In den Spinnereibetrieben sind über 4000 Arbeiter beschäftigt. 1960 erzeugten die Betriebe *Yucatán's* 85 % der *Henequén*-Produktion Mexicos, d. h. ein Sechstel der Weltproduktion.

Zum Vergleich 1960: Produktion in t: Sisal: Tanganjika 200 000 t, Brasilien 120 000 t, Welt 540 000 t, Henequén: Mexico 112 000 t, Welt 122 000 t.

Agavenfelder und Pulque. Besonders auf der Mesa Central wird die *Maguey-Agave (Agave atrovirens, Maguey Verde Grande)* zur Gewinnung des weinähnlichen Nationalgetränkes „*Pulque*" angebaut [934]. Agavenkulturen bestimmen das Landschaftsbild im südlichen Teil des Staates *Hidalgo*. Die *Agaven* werden auf riesigen Feldern und auch als Einfassung von Getreidefeldern gepflanzt (Abb. 103).

Teilweise wird Weizen als zweite Kultur zwischen den in großen Abständen gepflanzten Agaven angebaut, im Gegensatz zur Agavenkultur in jahreszeitlichem Rhythmus (L. Waibel, 1930 [964]). Der *Maguey*-Agaven-Anbau war die Wirtschaftsform großer *Haciendas* der Kolonialzeit. Infolge der Landreform sind vielfach *Ejidos* an deren Stelle getreten.

Erst nach sieben bis fünfzehn Jahren kann die Pflanze genutzt werden, indem aus dem herausgeschnittenen Blütenschaft täglich die zuckerhaltige Flüssigkeit „*agua miel*" entnommen wird. Es werden pro Pflanze täglich bis 8 l, und das über eine Zeit von 4 bis 8 Monaten, gewonnen. Das geschieht in Abständen, meist dreimal am Tage, mit Hilfe eines aus Pflanzenhohlteilen gefertigten Saughebers, *acoyote*, in *Oaxaca* übrigens mit einem langen Holzlöffel (Sh. F. Cook 1958). Der gesammelte Saft wird einer kurzen, 6 bis 12tägigen Hefegärung unterzogen. Es scheint sicher, daß die im *Pulque* enthaltenen Stoffe, Vitamin B (von der Hefegärung) und C (von der Pflanze) einen notwendigen

*) Informe del Banco Nacional de Crédito Ejidal 1960.

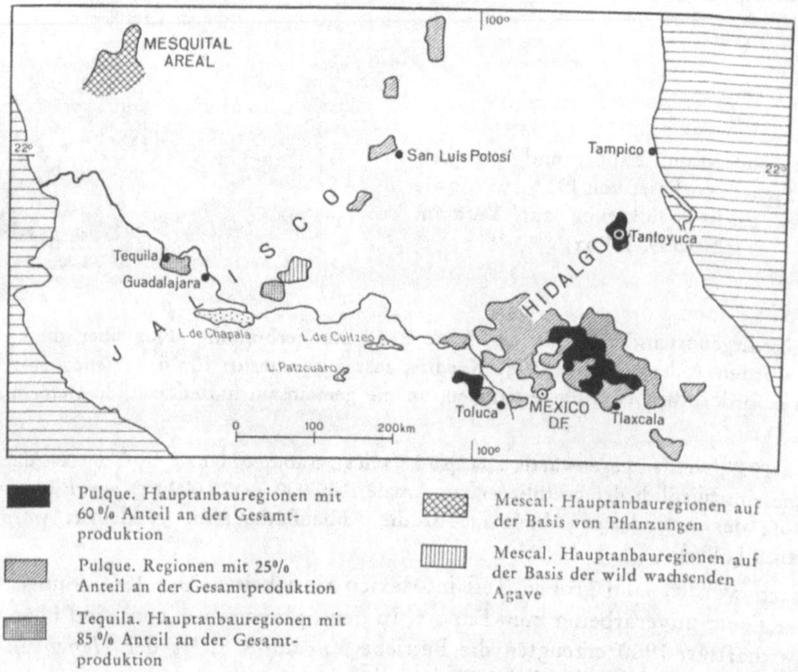

Abb. 103. Regionen des Anbaus der Agave zur Gewinnung alkoholischer Getränke. (Nach R. C. WEST 1966)

Bedarf im Nahrungshaushalt der ärmeren Bewohner des mexicanischen Hochlandes ausmachen, die nur sehr einförmige Pflanzenkost wie Mais und Bohnen zur Verfügung haben (C. TROLL). Aus anderen Agavenarten wird der *Mescalbranntwein* hergestellt, in *Jalisco* der *Tequila* aus den oberirdischen Stammknollen (Abb. 103).

„Eine eigenthümliche Speise, die Manchem nicht munden dürfte, ist die sogenannte *Magueyraupe*, eine fette, fingerlange Larve, dem Engerling ähnlich, welche in den fleischigen Blättern der *Maguey-Agave* lebt. Sie wird in Butter oder in ihrem eigenen Fett gebacken und nicht blos von den Indianern, sondern auch von den Creolen als Leckerbissen geschätzt". F. RATZEL [500].

Über den Genuß von *Pulque*, der von den Gärungsstätten *(Haciendas de Cascos)* in Lederschläuchen abtransportiert wird, ein Getränk, das auch *„Leche de vacas verde"*, „Milch der grünen Kühe" genannt wird, berichtet K. SAPPER 1936 [836]:

„Unter so vielen eigenthümlichen Speisen und Getränken behauptet doch immer der *Pulque*, dieses mexicanische Nationalgetränk (*Vino del pais*) die erste Stelle. Auf der ganzen mexicanischen Hochebene ist er das Getränk, das vollkommen unseren Wein und unser Bier ersetzt und dadurch den Genuß des Branntweins, besonders soweit die niederen Classen in Betracht kommen, heilsam beschränkt. Man berechnet, daß jährlich gegen 30 Millionen Kilogramm *Pulque* in der Stadt Mexico verbraucht werden.

Die Locale, wo dieser Nektar ausgeschenkt wird, die *Pulquerias*, sind zumeist offene Trinkhallen mit langen Schenktischen, wo die Meisten stehend ihr Quantum vertilgen. Man trinkt ihn meistens aus großen Gläsern oder schenkt ihn aus eben so großen weißen Flaschen ein, in denen seine etwas durchscheinend milchweiße Farbe vortheilhaft zur Geltung kommt. Im Beginn der

Gährung, wo er noch vielen Zuckerstoff enthält, heißt er *Pulque dulce*, in den späteren Stadien, wo die Kohlensäure- und Weingeistbildung so ziemlich allen Zucker aufgezehrt hat, *Pulque fuerte*. Er moussirt nur schwach, da man ihn nicht fest verschlossen hält, aber im Geschmack macht sich die Kohlensäure durch ein angenehmes Prickeln bemerklich. Sein Geruch erinnert manchmal an den Hautgoût alten Fleisches oder selbst an Käsegeruch, was wohl von den Häuten herkommt, in denen er gährt, und den Schläuchen, in denen er versandt wird; aber nicht aller *Pulque* hat diesen Geruch. Trotzdem viel geklagt wird über den starken Consum dieses Getränkes und das starke Contingent, das die Pulquetrinker zu der immer wachsenden Zahl der Raufer und Todtschläger lieferten, so fehlen hier doch wenigstens die zerrüttenden Nachwirkungen des Branntweins und ist in so fern der Pulque eher als ein Segen, denn als eine Schädlichkeit für Mexico zu bezeichnen."

Erzeugung alkoholischer Getränke

Getränk	hergestellt aus	mexicanischer Name	Erzeugung in Region
Acachul	Früchte	Frutas	Puebla
Bacanora	Agave	Maguey	Sonora
Colonche	Beere v. Kaktus	Tuna	San Luis Potosí, Guanajuato
Comiteco	Zuckerrohr	Caña	Chiapas
Charanda	Zuckerrohr	Caña	Michoacán
Chichihualco	Zuckerrohr	Caña	Guerrero
Chumiates	Kirschenart	Capulín	México, Tulancingo
Guasimo	Ananas	Piñachiquita	Tabasco
Habanero	Zuckerrohr	Caña	Campeche, Veracruz
Holanda	Zuckerrohr	Caña	Guerrero
Holcatzien	Blüte v. Gräsern u. Rum	Yerba y Ron	Chihuahua
Huikimo	Kirschenart	Capulín	Campeche
Lechuguilla	Zuckerrohr	Caña	Sonora, Puebla
Mezcal	Agave	Maguey	San Luis Potosí, Oaxaca
Moscos	Früchte	Frutas	Toluca, México
Nanche	Früchte	Frutas	Veracruz, Nayarit, Campeche
Pulque 1)	Agave	Maguey	zentrales Hochland, Altiplanicie Central
Rompope	Milch u. Eier	Huevos y leche	Michoacán
Sider-Sidra 2)	Apfel	Manzanas	Huejotzingo, Puebla
Tequila	Agave (Knolle)	Maguey	Tequila, Jalisco
Tesgüino 3)	Mais	Maíz	Tarahumara, Sierra Madre Occ.
Xtabentun	Wildpflanze	Planta	Yucatán
Sotol	Agave	Maguey	Chihuahua

1) Agaven„wein" bzw. Most. 2) Auch alkoholfrei. 3) Mais„wein".

Vanille wird in Veracruz in der Region um *Orizaba* angebaut. Diese Pflanze ist dort heimisch. (Vgl. Abschn. Vegetation und Landnutzung).

Mexico war im Jahre 1959 mit 151 345 t drittgrößter Vanilleproduzent der Erde, übertroffen nur von *Madagaskar* mit 398 000 t und *Tahiti* mit 177 000 t. 1969 ging die Produktion auf 118 000 t zurück. Praktisch die ganze Ernte geht in die USA und befriedigt deren Bedarf zu 23 %. Mexico hat die Anbaufläche im Laufe der letzten Jahre vergrößert.

Kakao, ehemals auf der Tributliste der Indianer Südmexicos für die Azteken zu finden (vgl. diesen Abschnitt), wird im letzten Jahrzehnt wieder in Form von Plantagen im tropischen Tiefland von Tabasco angebaut, insbesondere auf Flußuferwällen *(Bild 7)*. Dort gab es 23 Mio. Sträucher, 20 Mio. fruchtreife, wovon 40 000 Familien leben (im Jahre 1960). Es wurde in Tabasco produziert: 1956: 5 587 446 kg, 1960: 7 096 879 kg, 1963: 18 761 574 kg.

Die Sträucher werden im Schatten des Baumes *„Madre de Cacao"* *(Gliricidia sipium)* angebaut, der auch für Bauholz genutzt wird.

Kokosplantagen, *„Cocales"*, z. gr. T. für Kopraherstellung, sind an verschiedenen Küstenstrecken angelegt. Die Kopraerzeugung ist seit 1948 auf das Doppelte angestiegen, auch sie wird zu 90 % im Inland verbraucht. Kokosfleisch dient als Schweinefutter. Pflanzenfette werden außerdem aus Sesam, Erdnuß und Baumwollsamen gewonnen.

Früchte. Der Erdbeeranbau ist bei *León* konzentriert, der Apfelanbau im Hochtal von *Puebla*, wobei der Apfelsaft *cidral* große Bedeutung für die Hauptstadt Ciudad de México mit Getränken hat; Dattelanbau gibt es im NW, z. B. in der Oase *Mulegé*. Der Anbau von Citrusfrüchten wird in *Tamaulipas* bei *Ciudad Victoria* und der Anbau von Tomaten in den pazifischen Bewässerungsgebieten, z. gr. T. in Kulturen, betrieben und dient u. a. für

Bild 62. Papaya-Plantage bei Chapala (Jalisco). Von den vielen Früchten Mexicos hat in jüngerer Zeit die melonenartige Frucht Papaya an Bedeutung gewonnen. Sie gedeiht an 3–4 m hohen Stämmen; eine Pflanze liefert 30–40 Früchte im Jahr. Der Anbau erfolgt in Gebieten bis zu 1600 m Meereshöhe. Die Papaya wird vornehmlich als Frucht zum Frühstück gegessen. (GIERLOFF-EMDEN März 1962)

die Herstellung von Saft in Konserven. Mit der Übernahme US-amerikanischer Lebensgewohnheiten ist die Fruchtbeilage zum Frühstück immer mehr Sitte geworden. Außer Tomatensaft und Grapefruit wird besonders die *Papaya* zum Frühstück genossen. Papaya *(carica papaya)*, der Melonenbaum, eine aus der Karibik stammende Pflanze, dort *paw paw* genannt, wurde schon in präkolonialer Zeit genutzt. Heute gibt es Pflanzungen, besonders in *Jalisco* in der Nähe des *Chapala-Sees (Bild 62)*.

Viehwirtschaft. In vielen Darstellungen über Mexico wird dieses als eines der großen Viehzuchtländer bezeichnet. Das traf für die klassische Zeit des Welthandels von 1880 bis 1910 zu. Während der Epoche des Porfírio Díaz war Mexicos Viehzucht für die Wirtschaft von größter Bedeutung, und das Bild des zu Pferde sitzenden Mexicaners, sei es im *Charro*-Kostüm als *„hacendado"*, sei es als „Cowboy", d. h. *„peón* oder *vaquero"*, ist zum Klischee geworden. Die an Fläche größten *Haciendas* des Landes, besonders im N, waren Vieh-*„estancias"* (vgl. Abschn. „Koloniale Viehwirtschaft").

Vor der spanischen Eroberung gab es in Mexico außer Hund und Truthahn keine Haustiere. Tierischer Dünger fehlte. Erst die Spanier brachten Rinder ins Land. Großgrundbesitz mit Rinderzucht entwickelte sich vor allem im N des Landes. Trotz günstiger natürlicher Bedingungen und Erweiterungsmöglichkeiten der Weideflächen durch Brunnenbau *„pozos"*, die zum Landschaftsbild des ariden Nordwestens gehören, ist die Rinderwirtschaft bis zur Gegenwart hinter ihren Möglichkeiten noch zurückgeblieben. Während der Bürgerkriege von 1911—1929 wurden die Rinderbestände sehr dezimiert. Zeckenplage und zeitweilige Einfuhrsperren für Rinder in die USA hielten die Entwicklung zurück. Lebendexport in die USA 1954: 4645 Stück, 1957: 350 567 Stück (Aufhebung der Sperre) 1963: 544 832 Stück. Die größten Rinderbestände (jeweils über 1 Mio. Stück) haben die Staaten *Chihuahua, Jalisco, Veracruz, Michoacán* [1126]). Geringe Bestände haben die Staaten *Guerrero* und *Oaxaca*, wo indianische Bevölkerung überwiegt. Erwähnenswert sind die neuaufgeschlossenen Viehzuchtgebiete in der Feuchtsavannenlandschaft von *Tabasco*, wo durch Entwässerung und Schädlingsbekämpfung die Rinderhaltung heute rentabel ist. In der Landschaft *„Huasteca"* am *Rio Pánuco (Veracruz)* hat sich auf der Grundlage des Savannengrases eine Mastwirtschaft entwickelt.

Eine wesentliche Verbesserung der einheimischen *Criollo*-Rinderbestände durch Zucht (*Hereford*- und *Holstein*-Rind und indisches *Zebu*-Rind) und eine Entwicklung der Milchviehwirtschaft sind seit 1950 in größerem Umfang im Gange. Wegen des warmen Klimas ist die Milchpulverherstellung sehr stark intensiviert worden, da Transport und Lagerung des Pulvers einfacher sind. Die größte Konzentration von Milchfarmen ist um Ciudad de México entstanden. Als Futtermittel wird *Alfalfa* (Luzerne) aus Bewässerungskulturen verwendet. Die Viehzucht im S der Halbinsel *Baja California* ist extensiver Art. 1930 gab es im *Bereich des Territorio Sur* etwa 160 000 Rinder und 11 000 Pferde, 1956 etwa 100 000 Rinder und 8000 Pferde. Die Rinderzucht wird dort entweder von großen Haciendas oder von einzeln gelegenen Ranchos aus betrieben. Im Dornbuschland südlich *La Páz* müssen 10 bis 15 ha pro Rind zur Verfügung sein, nördlich La Páz mehr. In dieser Landschaft hat sich die Form der Betreuung durch berittene *Vaqueros* gehalten, die das Vieh mit der *reata*, einem ledernen Lasso, einfangen. Diese Wirtschaftsform stellt Anforderungen an spezielle Ausrüstung für die berittenen Viehhirten im Dornbuschwald. Eine handwerkliche Kultur existiert, die ihre Verarbeitungszentren für das Lederhandwerk in *Santiago* und *San Bartolo* hat [1094].

Ein solcher *Rancho* nahe bei *Loreto* war z. B. von einer Familie bewirtschaftet, die aus 13 Personen bestand. Es wurden dort vier Pferde, vier Esel, fünf Schweine und vierzig Ziegen gehalten. Pro Tag konnten etwa 8 kg Käse gewonnen werden, der nach Loreto verkauft wurde. Für den Erlös wurden andere Nahrungsmittel eingekauft, inklusive Mais. Kleine Betriebe nutzen auch die Brandrodungsflächen als Weiden, *„potreros"*, die mitunter eingezäunt werden.

Ziegen sind das Vieh des kleinen Mannes. Es gibt 8,5 Mio. Stück Ziegen in Mexico, wegen ihrer Genügsamkeit selbst in den ödesten semiariden Gebieten gehalten. Die Ziegenhaltung ist jedoch eine der Ursachen für die Zerstörung der Vegetationsdecke.

Die *Schafzucht* hat an Bedeutung zugenommen. Für die Landbevölkerung ist die Wolldecke, auf dem Lande meist in den natürlichen Wollfarben braun und schwarz, mit einem Loch in der Mitte, durch das man den Kopf stecken kann *(sarape)*, noch immer ein unentbehrliches Kleidungsstück. Farbige Exemplare mit indianischen Mustern werden fast nur für den Verkauf an Touristen hergestellt.

Die Mehrzahl der Häute wird gegenwärtig im Lande verarbeitet. Es werden Zaumzeug für die vielen Pferde der Landwirtschaft, Taschen, Riemen, Schuhe und Fein-Lederwaren besonders zum Verkauf an Touristen hergestellt.

Die Viehzucht ist heute wertmäßig in der gesamten Wirtschaft Mexicos nur von untergeordneter Bedeutung.

Der gegenwärtige Viehbestand Mexicos reicht noch nicht für eine gute Versorgung der gesamten Bevölkerung bzw. kommt dieser nicht als Fleischnahrung zugute. Steaks von den frei weidenden Rindern der Trockengebiete sind außerordentlich schmackhaft, besonders wegen der Kost für das Vieh, die aus Kräutern und auch aus Kakteenfrüchten besteht [1094]. Steaks sind aber sehr teuer und gehören nicht zum Mittagstisch der breiten Masse [1251].

Für *Hühnerfarmen* wird als Futter das billige Eselfleisch in eigens zu diesem Zweck errichteten Schlachthäusern verarbeitet.

Nutztierbestände Mexicos 1902 bis 1960

Nutztierart	span. Name	1902	1926	1930	1950	1960
Rinder	(Bovino)	5 142 457	5 600 000	10 082 958	15 713 091	25 000 000
Pferde	(Equino)[1]	859 217	1 000 000	1 887 478	3 581 115	9 990 000
Maultiere	(Mular)	334 435	700 000	751 343	1 539 124	ca. 3 300 000
Esel	(Asnal)[2]	287 991	800 000	2 159 734	2 767 991	ca. 3 500 000
Ziegen	(Caprino)	4 260 011	5 400 000	6 544 129	8 521 854	12 300 000
Schafe	(Ovino)	3 424 430	2 700 000	3 673 887	5 086 268	6 800 000
Schweine	(Porcino)	616 139	2 400 000	3 698 233	6 896 230	12 200 000
Geflügel	(Aves)	—	—	21 851 738	56 994 218	89 500 000
Bienenvölker	(Colmenas)	—	—	1 318 111	1 017 939	1 985 000
Bienenzucht	(Apicultura)					

Quelle 1930–60: *Nacional Financiera,* S. A. Departamento de Estudios Económicos. México, D. F., 1962.
Quelle 1902: *La Ganadería Mexicana.* LEONARDO MARTÍN ECHEVERRÍA. Banco de México, S. A. Departamento de Investigaciones Industriales. México, D. F., 1960.
— Keine Angaben.

[1]) Das Pferd „el caballo" wird bei der Landbevölkerung auch „bestia" genannt.
[2]) Der Esel als Tragtier wird bei der Landbevölkerung „burro" genannt.

Mexicos Nahrungsreserve im Meer

Obwohl Mexico eine 9200 km lange Küste hat, ist seine Fischerei noch wenig entwickelt, so daß in ihr und den angeschlossenen Industrien nur 1 % der arbeitenden Bevölkerung tätig ist und die jährliche Produktion seit 1965 nur etwa 210 000 t beträgt. Dementsprechend erreicht der Fischverbrauch Mexicos kaum 3 kg jährlich pro Kopf der Bevölkerung (1960), zum Vergleich: Pro-Kopf-Verbrauch in Deutschland (BRD) über 12 kg, in Portugal 21 kg, in Japan 27 kg.

In Mexico bestand schon in der präkolonialen Zeit keine Bevölkerungsballung an den Küsten, und auch gegenwärtig lebt der größte Teil der Bevölkerung, über 70 %, im Innern des Landes und auf dem Hochland. Nur zahlenmäßig geringe Anteile der Bevölkerung lebten an den Küsten von der **Fischerei**, zumeist an den Lagunen und z. B. am Golf von Kalifornien, wo das Fischen mit der Angel, mit Pflanzengift und Steinfallen im Gezeitenbereich bekannt war. Die Binnenfischerei hat nur lokale Bedeutung. Als Fischer bekannt sind die *Tarasken* am *Pátzcuaro-See*. Auch bei den *Azteken* war die Fischerei im *Texcoco-See* von Bedeutung. Kleinfischerei wird in den vielen Küstenlagunen betrieben. Hauptschwierigkeit für den Transport von Frischfisch zum Inland ist das heiße Klima. Es gibt bisher keine geschlossene Kühlkette. Der Absatz ist wegen des geringen Einkommens vieler Bevölkerungsschichten noch nicht ausgedehnt genug. Da Mexico ein Land mit vorwiegend katholischer Bevölkerung ist, stellt Fischnahrung einen geschätzten Beitrag zur Nahrung für diejenige Bevölkerung dar, die sich an die Fastenzeiten hält. Trockenfisch, z. T. importiert, wird auch auf den Märkten kleiner Dörfer verkauft. Der Ausbau einer leistungsfähigen Konservenindustrie ist noch im Gange. Größere Fischkonservenfabriken gibt es in mehreren Orten an der pazifischen Küste, so z. B. am Golf in *Guaymas*, in *Cabo San Lucas* und *Ensenada* auf *Baja California* und an anderen Plätzen. Dennoch werden in den Supermärkten der Hafenstädte oft Konserven aus *Portugal* und *Deutschland* (Kiel) angeboten.

Die Fischanlandungen Mexicos 1960

	kg	Wert in mex. $
erste Zone: *Baja California, Nayarit, Sinaloa, Sonora*	82 368 111	336 648 190
zweite Zone: *Colima, Chiapas, Guerrero, Jalisco, Michoacán, Oaxaca*	10 256 452	65 636 430
dritte Zone: *Tamaulipas, Veracruz*	30 751 834	65 901 239
vierte Zone: *Campeche, Quintana Roo, Tabasco, Yucatán*	18 613 859	118 603 498

Mexico besaß 1956 8130 Fischerboote mit zusammen 33 000 t. Fischerei wird z. T. kooperativ (170 Betriebe) und privat (5000 Fischer) betrieben. Eine französische Finanzgruppe hat Mexico einen Kredit in Höhe von 35 Mio. US$ für den Aufbau einer umfangreichen Fischerei-Industrie angeboten.

Es werden in der gewerblichen Fischerei etwa 30 Arten gefischt. Unter diesen haben größte Bedeutung (Werte für 1960) [1375]:

Nach der Menge der Anlandung:		Nach dem Wert der Fänge:	
Atún (Thunfisch)	60 000 000 kg	*Camarón* (Krabben)	386 000 000 Pesos
Camarón (Krabben)	36 500 000 kg	*Atún* (Thunfisch)	185 000 000 Pesos
Sardina (Sardinen)	17 000 000 kg		
Ostion (Austern)	16 900 000 kg		

Quelle: *Oficina de Estadística. Dirección General de Pesca.*

Es wurden 1960 folgen Rohprodukte und Industrieprodukte aus der Fischerei Mexicos hergestellt:

	(in kg) 1960	Wert in 1000 mex. $
Fischöl	180 619	1 830,31
Austermuscheln	233 000	466,00
Düngemittel	601 453	4 811,62
Fischmehl	4 494 754	44 947,54
Haifischleber	356 712	16 067,56

Für den Export Mexicos hat die Fischerei an Bedeutung zugenommen. Mit etwa 3 % des Gesamtexportwertes, vorwiegend aus Garnelenfängen stammend, übertreffen die Produkte der Fischerei alle anderen tierischen Produkte für den Export.

Für den Export, z. gr. T. in die USA, sind von großer Bedeutung: Krabben, Austern, Hummer, Seeohr *(Haliotis, Abulón).*

Fischgründe. Die Küstenlänge Mexicos am Pazifischen Ozean wird mit 6608 km, am Atlantischen Ozean (Golf von Mexico u. Karibisches Meer) mit 2611 km angegeben. Nach einem Abkommen lateinamerikanischer Länder, das 1965 in *Rio de Janeiro* getroffen wurde, beansprucht *Mexico* eine 12-sm-Zone als Staatsseegebiet. Breitere Schelfregionen, die für den Fischreichtum und die Fangmöglichkeiten von Bedeutung sind, gibt es am Pazifischen Ozean vor der Westküste der Halbinsel *Baja California* am *Golf von Vizcaíno* und an der *Laguna Magdalena,* im nördlichen *Golf von Kalifornien* und im *Golf von Mexico* vor den Küsten von *Tabasco* und *Yucatán (Yucatán-Bank).* Das 1953 gegründete „*Institutio Nacional de Pesca*" befaßt sich mit der wissenschaftlichen Exploration dieser Regionen. Im Jahre 1968 wurde in Hamburg ein etwa 400 BRT großes Forschungsschiff, speziell für biologische und Fischereiforschung, im Auftrage des mexicanischen Staates erbaut.

„Auf Grund der ozeanographischen Verhältnisse kann man die mexicanischen Gewässer in vier Gebiete gliedern (Tamayo, 1949): 1. Die Westküste *Baja Californias,* 2. Der *Golf von Kalifornien,* 3. Die pazifische Südküste (Küste der Staaten *Colima, Jalisco, Michoacán, Guerrero, Oaxaca* und *Chiapas*) und 4. Der *Golf von Mexico.* Die ‚*Dirección General de Pesca*' unterscheidet vier Seefischereizonen, die sich mit den Gebieten nicht decken, die auf Grund ozeanographischer Gemeinsamkeiten sich herausheben: 1. Die *kalifornischen* Gewässer, 2. Die *pazifische* Südküste, 3. Die Golfküstengebiete von *Veracruz* und *Tamaulipas* und 4. Die Küstengewässer der Halbinsel *Yucatán*." A. GERSTENHAUER, 1960 [943].

Der pazifische Nordwesten. Der kühle Kalifornienstrom bringt nährstoff- und sauerstoffreiches Wasser von N. Es gibt kalte Auftriebswässer aus etwa 200 m Tiefe, die den Nährstoffreichtum verstärken. Auf dieser natürlichen Grundlage ist die Nahrungskette Plankton – Sardinen – Thunfisch entwickelt.

WILHELMY, 1962, hat in seiner Arbeit die Wanderung und den Rückgang der Sardinenschwärme untersucht.

Die gewerbliche Fischerei *Baja Californias* ist seit etwa 20 Jahren beträchtlich ausgebaut worden und dient sowohl dem Export, insbesondere mit den genannten spezialisierten Fängen, als auch der Nahrungsversorgung Mexicos und nimmt gegenwärtig unter den mexicanischen Versorgungsfischfanggebieten mit denen von *Yucatán* zusammen den ersten Platz ein. Nach der Menge des Fanges sind Sardine und Thunfisch von größter Bedeutung. Die Sardine ist in den Gewässern vor der Küste Kaliforniens reichlich vertreten, wurde aber zum größten Teil von US-amerikanischen Fischern aus Monterrey abgefischt. Die Schwärme scheinen hauptsächlich vor der Insel *Cedros* und vor *Ensenada* reichlich zu sein. So ist vor allem Ensenada mit einer Fangflotte und einer Konservenfabrik für Sardinenfang und -verarbeitung eingerichtet. In der Verpackungsfabrik *(empacadora)* des „Fischkonservenkönigs" in *El Saucal* sind mehr als 650 Arbeiter beschäftigt. Tomatenanbaugebiete südlich *Ensenada* beliefern diese Industrie mit Früchten für die Soßen. Andere *„Empacadoras"* und Fischereistützpunkte wurden auf der *Isla Cedros*, *Bahía Tortugas*, auf der *Isla Margarita* und bei *Cabo San Lucas* errichtet, einsam gelegene Siedlungen, zu denen jegliche Nahrung hintransportiert werden muß. Der Hafen *Puerto Alcatraz* in der *Magdalena Bay* bekommt sein Trinkwasser in Fässern mit Schiffen antransportiert. *Cabo San Lucas* ist vor allem auf Verarbeitung der Thunfische spezialisiert, die von dort, von *Isla Cedros*, von *San Quintín* und ebenfalls von *Ensenada* aus gefangen werden, Hauptfangzeit: Juni bis Oktober. Die US-amerikanischen Fischer fingen 1955 im Gebiet von etwa 24° N Breite 32 000 t Thunfisch. Dies führte zu Rechtsstreitigkeiten und Anspruch Mexicos auf den Kontinentalsockel mit Schelf.

Der Fang von Haifischen erfuhr während der Zeit des zweiten Weltkrieges einen boomartigen Aufschwung. Die Haifischleber wird auch gegenwärtig noch wegen ihres Vitamin-A-Gehaltes gewonnen.

Die *Abulones*, Seeohr (*Haliotis*), wurden als Nahrung gefischt und werden auch gegenwärtig von der gewerblichen Fischerei, besonders von Ensenada aus, eingebracht und als Steaks, in Konserven verpackt, in die USA exportiert. Sie dienen außerdem den Sportfischern als Köderfleisch. Die Schalen werden gesammelt und nach *Taxco*, dem Hauptsilberschmiedeort in Zentralmexico, transportiert, wo die Perlmuttschale als Einlegematerial für Silberschmuck Verwendung findet.

Die Langusten sind für die gegenwärtige gewerbliche Fischerei zum großen Fanggeschäft geworden. Mit *Puerto Alcatraz* auf der Insel *Santa Margarita* hat sich ein Fangzentrum entwickelt, wo jährlich in der Saison von Oktober bis Mai 180 t Langusten gefangen werden, die z. T., wie in *Ensenada*, zu Konserven verarbeitet, z. T. frisch mit Flugzeugen nach *San Diego* und *Los Angeles* transportiert werden, wo sie hohe Gewinne einbringen. Riesenexemplare von bis zu $^3/_4$ m Länge werden gefangen.

Wegen der reichen Garnelenbestände im nördlichen flachen Golfbereich wurde *San Felipe* zu einem Zentrum des Garnelenfanges. Die hochbezahlten Fänge gehen mit Kühlwagen nach *Mexicali* und *San Diego*, dort „Shrimp" genannt [1094].

Meeresschildkröten wurden schon in präkolonialer Zeit von den Indianern gefangen, ihre Eier gesammelt. Die Bestände wurden im 19. Jh. für die Schildpattgewinnung erheblich dezimiert. Von 1910–1925 wurden monatlich 1000 Schildkröten von der Bahía *Magdalena* nach *San Diego* verschifft. Für Fleischkonserven und Suppe werden heute noch beachtliche Mengen gefangen.

Der pazifische Küstenraum von Colima bis Chiapas. Bei hoher Wassertemperatur, stabiler Wasserschichtung, also „tropischen" Bedingungen, und auf schmalem Schelf ist der Artenreichtum der Meerestiere groß, die Populationszahl klein. Diese Zone ist vergleichsweise arm an Fischen und bezüglich der Absatzbedingungen besonders schlecht dran. Die Landverkehrswege zu den Konsumgebieten sind kaum vorhanden oder ausgebaut. *Manzanillo* und *Salina Cruz* sind als Zentren für die Seefischerei ausgebaut. Eine leistungsfähige Kleinwerftindustrie wurde in Salina Cruz entwickelt, von der Hochseekutter in Holzbauweise gebaut werden (*Bild 63*).

Das Golfküstengebiet. Für den Inlandmarkt ist diese Zone sehr wichtig. Fast aller Frischfisch, der im Lande gegessen wird, kommt aus diesem Gebiet. Hier liegen die bedeutendsten Häfen *(Veracruz, Tampico, Tuxpan)*, von denen günstige Verbindungen in die Bevölkerungszentren führen. Der hohe Wert des Anteils der Bank von *Yucatán* beruht auf dem Fangwert der *Camarones*, die fast ausnahmslos exportiert werden. Für die Versorgung des eigenen Landes ist das Gebiet unbedeutend. Die Küste des Karibischen Meeres ist fischereiwirtschaftlich kaum erschlossen. Einer der ältesten Zweige gewerblichen Fischens im Golfgebiet ist die Jagd auf Schildkröten, deren Bestände sehr dezimiert wurden. Schildpattgegenstände füllen heute noch die Andenkenläden von *Veracruz*.

„Ein besonders eindrucksvolles Beispiel für die auf die Ausfuhr eingestellte Fischerei bietet *Ciudad del Carmen*. Kaum zehn Jahre ist es her, daß der Ort neue Impulse durch die Fischerei erhielt (*Séptimo Censo General de Población* 1952). 1950 fuhren schon etwa 100 Boote, und man schätzte das Anlagekapital auf mehr als 20 Mio. Pesos. Es war bereits eine Vereisungsanlage eingerichtet worden.

Ende 1957 sind 306 Kutter im Einsatz gewesen. Zwölf Eisfabriken mit einer Jahresproduktion von 84 000 t versorgen die Boote, und neun Exportfirmen übernehmen den Absatz. Die Boote sind in privaten Händen. Die größte Reederei zählt 20 Einheiten; im allgemeinen aber sind die Reedereien ganz klein. Die 306 Kutter z. B. gehören 155 Eignern. Ein Zehntel des gesamten mexicanischen Garnelenfangs wird heute in *Ciudad del Carmen* angelandet.

Die kräftigen Kutter werden zum größten Teil in Ciudad del Carmen gebaut. In Hafennähe findet man überall Bootswerften, die z. T. über 100 m landeinwärts liegen. Die fertigen Boote werden dann auf Rollen zum Wasser gebracht. Diese Holzboote haben sich in den Tropen besser bewährt als eiserne. Die Betriebskosten sind recht hoch. Alle drei Monate müssen die Fahrzeuge wegen des starken Bewuchses aus dem Wasser genommen werden. Sie sind dann auch in den meisten Fällen reparaturbedürftig. Fast ein Viertel aller Boote liegt in der Werft, so daß ständig etwa 80 Einheiten für den Fang ausfallen." A. Gerstenhauer [943].

Sportfischerei. *Acapulco* ist (mit dem noch in der nördlichen Zone gelegenen *Mazatlán*) das mexicanische Zentrum für die Sportfischerei. Ungewöhnlich gute Möglichkeiten für die Groß-Sportfischerei haben in den letzten fünf Jahren zur Errichtung von Hotels und Bootsflotten entlang der Küsten geführt, die von vielen Sportfischern aus den USA besucht und benutzt werden, wodurch jährlich Millionen von Dollars ins Land kommen. Scheine für die Sportfischerei kosten für 3 Tage 6 mex. $, für 1 Monat 10 und für 1 Jahr 50 mex. $. Die Gäste, zum allergrößten Teil aus den USA kommend, werden schon am

Bild 63. Bootsbau in Salina Cruz (Oaxaca). Der Hafen von Salina Cruz ist Fischereistützpunkt. Dort werden hochseefähige Kutter für den Fischfang in Holzbauweise hergestellt. Im Hintergrund rechts auf den Hügeln Petroleumtanks, die durch Pipeline-Anschluß über den Isthmus von Tehuantepec aus dem Erdölgebiet um Minatitlán versorgt werden. (GIERLOFF-EMDEN Juni 1964)

Flughafen von „Schleppern" in Empfang genommen, die sie für ihre jeweilige Fanggruppe zu gewinnen suchen. Es können moderne Boote zu beträchtlichen Preisen gemietet werden. Große Boote kosten pro Tag bis zu 800 DM (Angaben für 1964 (*Bild 80*), vgl. Abschn. Tourismus).

Wasserangebot und Wassernutzung in Mexico

Niederschlag – Abfluß – Verdunstung. 1,5 Mio. km², d. h. 77 % der Fläche Mexicos, sind trockenes Land, wo ganzjährig oder zumindest für einen großen Teil des Jahres Dürre herrscht [256, 274] (Abb. 4 u. 5). Diese Gebiete werden als „arid" und „semiarid" bezeichnet. Die Verdunstung von Wasser aus dem Boden, *„Evaporation"*, übersteigt dem Betrage nach die Menge des jährlichen Niederschlags. Schon in präkolonialer Zeit war der größte Teil des unter natürlichen Verhältnissen für den Anbau verwertbaren Landes von Menschen für die Produktion von Nahrungsmitteln genutzt! Überschwemmungen und Sümpfe schränken die Nutzungsmöglichkeit in den Tieflandregionen von Veracruz, Tabasco, Campeche, Quintana Roo und Chiapas ein (Abb. 115). Wegen der Lage im wechselfeuchten, semiariden und ariden Klimabereich und der periodischen, jahreszeitlich sehr stark schwankenden Wasserführung seiner Flüsse ist die Sorge um das Wasser in Anbetracht der schnell steigenden Bevölkerungszahl zur Rohstoff- und Lebensfrage Nr. 1 für das Land geworden.

Wasser ist unerläßlich bei allen Formen der Nahrungsmittelproduktion, sei es auf dem Feld, im Stall, in den Schlachthöfen, Verarbeitungsfabriken und Molkereien. Für seinen persönlichen Gebrauch beansprucht jeder Mensch in den hochzivilisierten Ländern pro Tag im Durchschnitt etwa 200 Liter, vier Liter als Trinkwasser! In vielen nordamerikanischen Städten beträgt der Wasserverbrauch 400 bis 600 Liter pro Einwohner. Wegen zusätzlicher Kühl-, Klima- und Gefrieranlagen werden rapid größere Wassermengen benötigt.

Für den größten Teil Mexicos bedeutet der Niederschlag für die Vegetation den Klimafaktor im Minimum. Nach seiner Breitenlage (15° bis 33° N) ist Mexico innerhalb der zonal ausgebildeten planetarischen Klimaräume den Regionen zwischen *Tripolis* und dem *Tschad-See* bzw. etwa *Alexandria-Khartoum* vergleichbar. So gibt es in Mexico bis auf lokale und höhen- bzw. küstenlagebedingte Abweichungen große trockene Regionen. Diese Räume sind nicht für den Regenfeldbau nutzbar. Für solche Wirtschaftsform sind in Mexico etwa 600 mm Jahresniederschlag notwendig (ohne Berücksichtigung der jahreszeitlichen Verteilung) (Abb. 30).

Von der Fläche des Territoriums Mexico, 196,9 Mio. ha, sind nur 30 Mio. (d. h. 15 %) für den Ackerbau nutzbar. Nur 7 Mio. ha (d. h. 4 % der Gesamtfläche) bedürfen keiner Form der Bewässerung für agrarische Nutzung (Abb. 4 u. 5). Mit Hilfe der oberflächlich abfließenden Wassermenge in Flüssen könnten 7 Mio. ha bewässert werden (nach Angaben der *Secretaría de Recursos Hidráulicos).* Von diesen 7 Mio. ha wurden bis 1962 2,4 Mio. ha zu Bewässerungsflächen entwickelt.

Diese Bewässerungslandschaften sind zu Kernräumen der mexicanischen Agrarwirtschaft geworden!

Der größte Anteil des Niederschlagswassers verdunstet (vgl. Abschnitt Klima), der zweitgrößte Anteil fließt oberflächlich ab, nur der kleinste Teil versickert im Boden. Deutlich zeigen die Abflußkurven mexicanischer Flüsse der Ost- und Westseiten den jahreszeit-

Wassernutzung in Mexico

(Nach Ing. Hidr. en México, Vol. XXII 1968, Nr. 1)

Nutzung	Verbrauch geschätzt durch S. R. H.		Verbrauch in Zukunft Schätzungen durch Secretaria de Recursos Hidráulicos			
	1964–1960		1964–1980		1967–1982	
	Millionen m³	%	Millionen m³	%	Millionen m³	%
Trinkwasser	822	2,5	2 033	2,4	11 500	10,8
Bewässerung	30 000	90,0	65 800	77,6	63 900	60,3
Industrie	2 480	7,5	16 944	20,0	30 700	28,9
Gesamt	33 302	100,0	84 777	100,0	106 100	100,0

lichen Rhythmus des wechselfeuchten Klimas an der pazifischen Seite und des ganzjährig mit Niederschlägen versehenen atlantischen Einzugsbereiches an [260, 262] (Abb. 30, 104). Flüsse werden als „*río*" bezeichnet. Flußbetten, z. T. trocken in Schluchten, als „*quebrada*", temporäre Bäche als „*arroyo*". Für Seen hat man die Bezeichnung „*Lago*", auch „*Laguna*", für temporäre Lachen „*aguajal*" oder „*aguada*".

Viele der größeren und kleineren Flüsse im trockenen nördlichen Hochland Mexicos erreichen keine Küste, oft keinen größeren Strom, so der *Rio Nazas* in *Durango* oder der *Rio Carmen* in *Chihuahua*. Sie verlieren sich im weiten Land, ihr Wasser versickert, verdunstet oder wird einer der flachen Lagunen zugeführt, die temporär die Landschaft als Seen bereichern (z. B. *Laguna Guzmán, Laguna de Parras* u. a).

Vom Typ temporär fließender Flüsse „*arroyos*" oder „*quebradas*" gibt es eine große Anzahl auf der Halbinsel *Baja California* und an der Küste der Staaten *Sonara, Sinaloa*. Im zentralen mexicanischen Hochland werden viele der tiefeingeschnittenen Schluchten, der „*barrancos*", während der Regenzeit von Bächen durchflossen und unpassierbar.

Hydrographische Verhältnisse. Schätzungen zum Wasserhaushalt in Mexico

(Nach Angaben der Ing. hidrául. [261])

Wassermengen in Mexico	%	jährl. Volumen in Mio. m³
oberflächlicher Abfluß	25	357 000
Versickerung	14	197 000
Verdunstung	61	859 000
gesamte Niederschlagsmenge	100	1 408 000

Wasserführung der Flüsse. Die Wasserführung schwankt von Jahr zu Jahr sehr (vgl. Abschnitt Klima, Niederschläge). Als Beispiel sei die im Monat November (Trockenmonat!) abgeführte Wassermenge des *Rio Mayo (Sonora)* genannt (Jahr und Abfluß im November in Mio. m³, nach *Ing. hidrául.)*: 1949 14,6, 1950 3,9, 1951 16,2, 1952 3,5, 1953 1,9, 1957 10,4, 1958 0,0, 1959 27,0, 1960 31,0, 1961 92,1. Die Flüsse der Trockenräume mit ihrer stoßweisen Wasserführung mäandrieren z. T. stark und erzeugen viele Laufverlegungen, z. B. der *Rio Conchos* am Zufluß zum *Rio Bravo*. Laufverlegungen bei *El Chamizal* hatten Jahrzehnte währende Grenzkonflikte mit den USA zur Folge (vgl. Abschn. Grenzen). Die temporären Flüsse stellen im Unterlauf morphologisch breite Sandtransportbänder dar. Die Flüsse am Golf von Kalifornien bauen vor ihren Mündungen mit ihren Sinkstoffen und ihrem Geschiebe Deltas auf den Schelf auf.

Die Materialzufuhr ist bei zahlreichen Flüssen beträchtlich. Die Flüsse sind zur Hochwasserzeit mit grobem Verwitterungsmaterial der Trockenräume (Sinkstoffe) und feinem Verwitterungsmaterial der tropisch-wechselfeuchten und feuchten Räume (Schwebstoffe) beladen. Das zeigt sich in der oft rötlich-braunen Färbung der Gewässer an. Für den Bau von Stauanlagen ergeben sich wegen dieses starken Schweb- und Sinkstofftransportes Schwierigkeiten. So ist z. B. die Stauanlage von *Rodriguez* am *Rio Tijuana* seit ihrem Bau (1937) in Dammnähe fast bis zur Krone zugeschüttet worden.

In wechselfeuchten und trockenen Räumen Mexicos erfolgt der oberflächliche Abfluß oft in Form von Schichtfluten, die nach den seltenen, nicht regelmäßigen jährlichen Starkregen auftreten und große Materialmengen verfrachten.

Flüsse. Größter Fluß Mexicos ist der *Rio Grande del Norte (Rio Bravo)*, ein typischer Wüstensteppenfluß (2800 km lang, 1500 km Grenzfluß nach den USA). Das breite, kies- und geröllerfüllte Bett wird November/Dezember bis Juli/August nur von einem dürftigen Rinnsal durchflossen. Während der Regenperiode wird das Gewässer zum wilden, brausenden Strom [265]. Infolge der Niederschläge, die durch den Wirbelsturm *„Beulah"* im September 1967 verursacht wurden, stieg die Wasserführung des Rio Bravo von 200 m^3 pro sec am 20. September auf 6300 m^3 pro sec am 22. und 23. September an! Bei *Nuevo Laredo* wurden maximal 20 300 m^3 pro sec Wasserführung gemessen (nach Ing. Hidr. 2, 1968). Ähnliche Abflußverhältnisse weisen viele mexicanische Flüsse auf, so der *Rio Yaqui* in *Sonora* und der *Rio Colorado*, der nur mit dem Mündungsbereich am *Golf* von *Kalifornien* durch Mexico fließt. Bei den genannten Flüssen sind durch den Bau von Stauanlagen erhebliche Veränderungen im Abfluß- und Schwebstofftransport die Folge.

Der *Rio Balsas (Mezcala)*, etwa 900 km lang, findet seinen Weg durch Süd-Mexico durch tiefe Gebirgsschluchten und Täler zum Pazifischen Ozean. Er ist wasserreich und hat viele Stromschnellen (*„raudales"*). Sein Tal verläuft in der *Balsas-Senke*, die Nord- und Zentralmexico von Südmexico trennt. Der *Rio Lerma* entspringt im Hochtal von *Toluca* und entwässert die zentrale Region der *Cordillera Neovolcánica*, fließt in bzw. um

---

Abb. 104 (rechts). Abflußdiagramme der wichtigsten Flüsse Mexicos. Anmerkung: Die auf den Ordinaten der Diagramme angegebenen Abflußmengen haben nicht alle den gleichen Maßstab Die Flüsse 12, 16, 17, 18 und 20 (Lage siehe untere Karte) sind von erheblich größerer Wasserführung als alle anderen Flüsse Mexicos; 16, 17 und 20 liegen im tropischen Klimabereich der Golfküste. Deutlich zeigen die Abflußkurven der Flüsse der pazifischen Seite den jahreszeitlichen Rhythmus des wechselfeuchten Klimas und der Flüsse der atlantischen Seite die Verteilung der Niederschläge über das ganze Jahr, allerdings mit Maxima. (Nach Darstellungen aus Ingeniería Hidráulica)

Diagramm Nr.	Flußnamen, Staat Meßstation und Abflußperiode
1 =	Rio Tijuana, Baja California (Territorio Norte), Station Presa Rodriguez, 1938–1955
2 =	Rio Sonora, Sonora, Station El Orégano, 1942–1955
3 =	Rio Bravo (Rio Grande del Norte), Texas (USA), Station El Paso, 1900–1915
4 =	Rio Sabinas, Coahuila, Station Sabinas, 1938–1954
5 =	Rio Conchos, Chihuahua, Station Lago Toronto, 1898–1955
6 =	Rio Bravo (Rio Grande del Norte), Tamaulipas, Station San Pedro Roma, 1931–1953
7 =	Rio Yaqui, Sonora, Station P. Alvaro Obregón, 1928–1955
8 =	Rio Pesquería, Nuevo León, Station Los Herreras, 1942–1955
9 =	Rio Nazas, Durango, Station Presa Lázaro Cárdenas, 1897–1955
10 =	Rio La Laja, Guanajuato, Station Begoña, 1940–1955
11 =	Rio Guayalejo, Tamaulipas, Station San Gabriel, 1943–1955
12 =	Rio Grande de Santiago, Nayarit, Station Yago, 1942–1955
13 =	Rio Tula, Hidalgo, Station Binola, 1935–1950
14 =	Rio Bobos, Veracruz, Station Martínez de la Torre, 1953–1955
15 =	Rio Lerma, Michoacán, Station P. Tepuxtepec, 1923–1955
16 =	Rio Papaloapan, Oaxaca, Station Papaloapan, 1948–1955
17 =	Rio Grijalva, Chiapas, Station Las Peñitas, 1948–1955
18 =	Rio Balsas, Guerrero, Station Santo Tomás, 1953–1955
19 =	Rio Tchuantepec, Oaxaca, Station Las Cuevas, 1936–1955
20 =	Rio Usumacinta, Tabasco, Station Boca del Cerro, 1949–1955

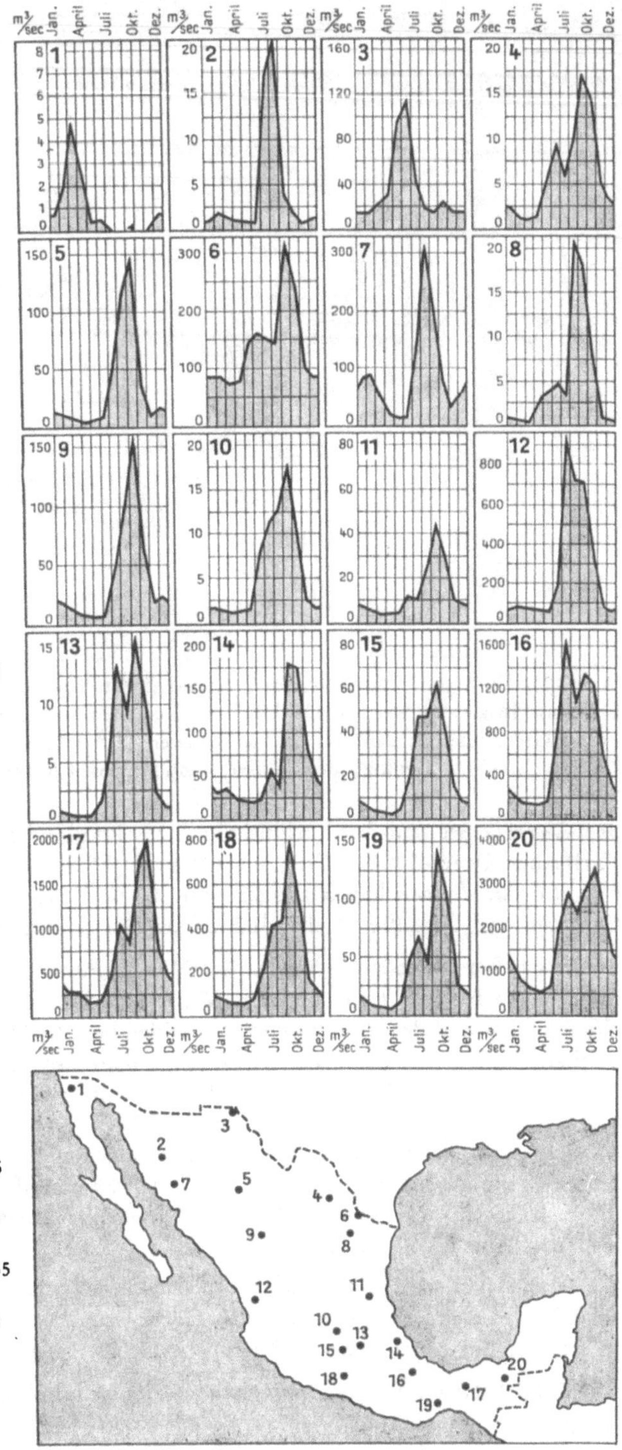

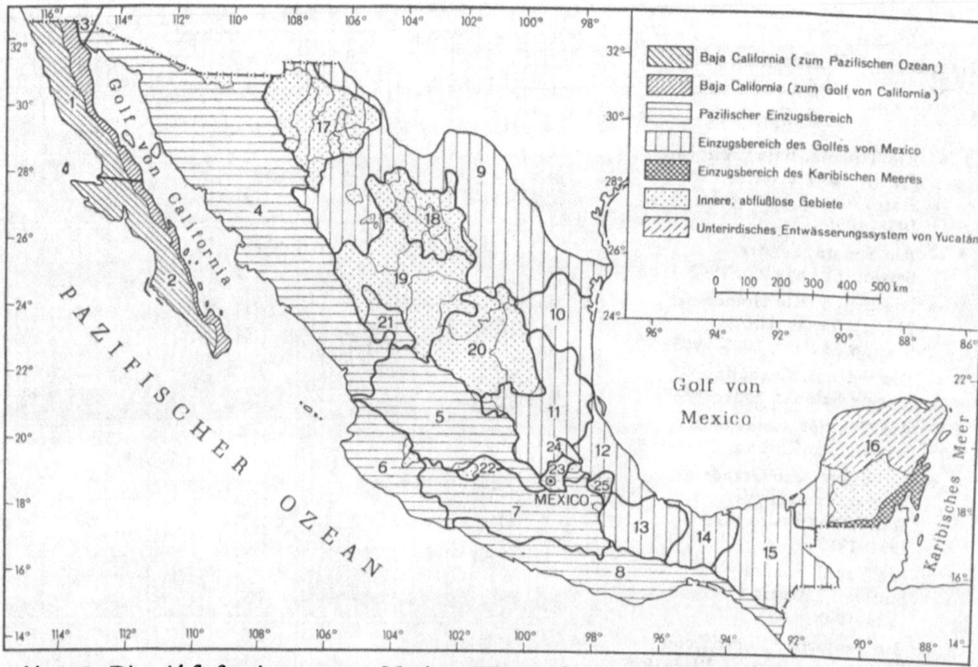

Abb. 105. Die Abflußregionen von Mexico (Wasserscheiden, Einzugsbereiche und abflußlose Gebiete). Insgesamt werden 42 abflußlose Regionen unterschieden, hier als Subregionen durch dünne Grenzlinien in den abflußlosen Gebieten 17 bis 25 kenntlich gemacht. (Nach Instituto de Geología de la Universidad Nacional Autónoma de México)

den *Chapala*-See und durch schluchtenreiches Bergland als *Rio Grande de Santiago* zum Pazifischen Ozean [1196]. Die zum Golf von Mexico entwässernden Flüsse *Rio Pánuco* und *Rio Papaloapan* haben Längen von 680 und 540 km, entspringen in 2000 m hohen Gebirgen und durchfließen den 100 km breiten Küstenstreifen als Flachlandflüsse.

In diesem Bereich mäandrieren sie stark und sind 100 bis 250 km aufwärts von ihren Mündungen bei *Tampico* und nahe *Veracruz* schiffbar. Besonders wasserreich sind der *Rio Grijalva* und der *Rio Usumacinta*, beide über 700 km lang. Ihre Quellen liegen nahe beieinander im Hochland von *Altos Cuchumatanes* in *Guatemala*. Sie umfließen die Landschaft *Nordost-Chiapas* und treffen sich im Sumpftiefland von *Tabasco* am *Golf von Campeche* in ihrem Mündungsbereich [264] (Abb. 115). Während der vergangenen 400 Jahre kam es zu mehreren Laufverlegungen und Durchbrüchen im Unterlauf der beiden Flüsse im Tiefland von Tabasco. Ihr Schwebstofftransport ist beträchtlich, besonders zur Hochwasserzeit [263]. Beide Flüsse sind streckenweise für kleine Fahrzeuge schiffbar (Abb. 13 u. 115, *Bild 7*).

Von der Gesamtmenge des abfließenden Wassers werden 60 % durch 7 große Flüsse abgeführt, die mit ihrem Gebiet eine Fläche von 23 % der Gesamtfläche Mexicos entwässern, in der Aufstellung die Nummern 15, 13, 14, 11, 7, 5 [260].

Allein das System des *Rio Usumacinta – Grijalva* führt 30 % der Gesamtmenge des hier angegebenen Wassers ab.

Die Abflußregionen von Mexico

(Nach O. BENASSINI u. a. [253]) (zu Abb. 105)

Region	Fläche des Einzugsgeb. km²	mittl. jährl. Abfluß in Millionen m³*)	%
1 — Baja California Norte	37 260	312	0,087
2 — Baja California Sur	27 920	262	0,073
3 — Rio Colorado in Mexico	3 840	1 850	0,518
4 — Pacífico Noroeste	261 360	28 858	8,078
5 — Cuenca del Rio Lerma-Santiago	127 240	11 457	3,207
6 — Pacífico Centro	43 220	11 333	3,172
7 — Cuenca del Rio Balsas**)	116 460	12 186	3,411
8 — Pacífico Sur	77 365	50 116	14,028
9 — Cuenca del Rio Bravo (— Grande del N.)	238 440	4 780	1,338
10 — Golfo Norte	57 450	3 473	0,972
11 — Cuenca del Rio Pánuco	66 300	18 860	5,279
12 — Golfo Centro	37 320	28 098	7,865
13 — Cuenca del Rio Papaloapan	37 380	41 135	11,514
14 — Golfo Sur	21 120	28 632	8,014
15 — Sistema Rio Grijalva-Usumacinta	122 050	105 200	29,446
16 — Península y Yucatán		5 811	1,627
17 — Cuencas cerradas del Norte (Zona Norte)	44 680	856	0,240
18 — Bolsón de Mapimí			
19 — Cuencas cerradas del Norte (Zona Sur)	88 530	1 592	0,446
20 — Valle El Salado			
21 — Durango-Becken		711	0,199
22 — Lagos de Cuitzeo y Pátzcuaro		413	0,116
23 — Valle de México	7 476	362	0,101
24 — Valle de Metztitlán		740	0,207
25 — Valle de Oriental, Libres y El Seco		220	0,062
Summe	1 416 111	357 257	100 %

Eine detaillierte Aufstellung der Größe der Einzugsgebiete *(cuencas)* aller Flüsse und ihrer mittleren jährlichen Abflußmengen sowie der Abflußmengen bezogen auf das Einzugsgebiet pro km² wird aufgeführt in *„Resumen de los Recursos Hidráulicos del País“*, in *Ingeniería hidráulica en México“*, 1957, III.

*) Die Gesamtmenge des jährlichen Abflusses der Flüsse und Seen in Mexico beträgt 357 000 Millionen m³. Zum Vergleich: der Mississippi hat eine mittlere jährliche Abflußmenge von 620750 Millionen m³ Wasser.

**) Cuenca = Abflußgebiet.

Natürliche Seen. Die großen rezenten Binnenseen Mexicos liegen im zentralen Mexico in Höhen von 1500 bis 2000 m. Auf einer Insel des heute salzigen *Texcoco*-Sees wurde einst *Tenochtitlán*, die Aztekenhauptstadt, erbaut. Der See ist fast ganz trockengelegt worden, ursprünglich besaß er die Ausdehnung des *Bodensees*. Der flache *Chapala-See* in *Jalisco* ist der größte See Mexicos (80 km lang, 20 km breit). Im zentralen Mexico gibt es den *Pátzcuaro-See* und *Cuitzéo-See* [258, 268]. Diese Seen hatten während der Glazialzeit und noch im Postglazial eine größere Ausdehnung (vgl. Abschn. Klimaschwankungen). Der *Cuitzéo-See* nördlich von *Morelia* fällt während der Monate Dezember bis

Bild 64. Bewässerungsleitung nahe am Lago de Cuitzéo bei Morelia (Michoacán). Zum Teil wurden für die moderne Feldbewässerung alte Viadukte nutzbar gemacht. Die Wasserleitung wird durch ein Holzschott abgeschlossen bzw. geöffnet. (GIERLOFF-EMDEN April 1962)

Mai fast ganz trocken, so daß Fahrwege über seinen salzverkrusteten Grund führen. Im zentralen nördlichen Mexico gibt es Seen, die mit den jahreszeitlichen Niederschlägen sehr an Größe wechseln, wie die *Laguna Bustillos* bei *Chihuahua*. Zahlreiche künstliche Seen sind durch Stauwerke geschaffen worden. Die Seen haben Bedeutung für Fischerei und Tourismus. Die Wasservorräte dieser Seen sind lokal von größter Bedeutung für die Landschaft, Landwirtschaft und Nutzung des Wassers für Siedlungen (*Chapala-See* für *Guadalajara*, vgl. diesen Abschnitt).

Wasserwirtschaft und Bewässerungswesen sind lebensnotwendig für Mexico. Es scheint, daß die Einführung europäischer Agrarmethoden (Eisenpflug statt Hacken) für den Wasserhaushalt des Bodens zunächst ungünstig war. Die Hacke unterbricht die oberen Kapillaren, das Pflügen durchmischt den Boden besser, erlaubt aber längere zusammenhängende Kapillaren in den oberen Erdklumpen, so daß die Verdunstung gefördert wird. Die Einführung der Viehzucht brachte oft eine Bestockung der Brachflächen und Erosion mit sich, die Wasserreserven wurden mehr angegriffen.

Die Kulturen der Indianerzeit und der Kolonialzeit waren von Wasserversorgung und Bewässerung landwirtschaftlicher Nutzflächen mitbestimmt [853, 854, 865]. Wasserträger, Wasserverkäufer *(aguador)* mit Karren und Behältern, „*cántaros*", öffentliche Brunnen, Hydranten im Zentrum von Siedlungen und Aquädukte, „*acueductos*", kleinere auch „*alcantarillas*" genannt, waren und sind noch typische Erscheinungen im Volksleben und in

Bild 65. Staumauer und Stausee „Presa Calles" in Aguascalientes am Rio Santiago. Höhe der Staumauer 67 m. Fassungsvermögen der Stauanlage 340 Mill. cbm, in Betrieb genommen 1931. Die Stauanlage dient im wesentlichen der Bewässerung. Diese Anlage zählt nicht zu den größten Stauanlagen Mexicos, die bis zu 40mal größer sind. (Compañía Mexicana Aerofoto, S. A., México; Bild-Nr. 908)

der Landschaft Mexicos *(Bild 29 u. 68)*. Während der Kolonialzeit wurden schon Bewässerungsanlagen gebaut. Eine Anzahl kleiner Dämme aus dieser Zeit werden noch benutzt *(Bild 64)*. Die Lagune von *Yuriria* mit 97 km² Fläche im Staate *Guanajuato* wurde 1548 von dem Augustiner FRAY DIEGO DE CHAVEZ angelegt. Der Stausee von *La Olla* bei der Stadt *Guanajuato* wurde 1749 mit Hilfe eines gemauerten Dammes aufgestaut und ist noch in Betrieb.

Seit 1926 ist die Wasserversorgung für Mensch und Industrie, Regulierung der Flüsse, Bau von Stauanlagen, Ausbau von Bewässerungsland, in so großem Maße und so intensiv in Angriff genommen worden, daß Mexico inzwischen zu einem der bedeutendsten Wasserwirtschaftsländer der Welt geworden ist. Viel wurde auf den Gebieten der Bewässerung, Wasserspeicherung, Trinkwasserversorgung und hydroelektrischen Energiegewinnung geleistet.

Organisation des Bewässerungswesens in Mexico. Die heutige Behörde *„Secretaría de Recursos Hidráulicos"* wurde als staatliche Organisation 1912 gegründet. 1926 wurde die *„Comisión Nacional de Irrigación"* gegründet. Sie wurde 1946 als *„Secretaría de Recursos Hidráulicos"* als Ministerium mit beträchtlich größerem Aufgabenkreis und Kompetenzen dem Präsidenten der Republik unmittelbar unterstellt, ihre beiden großen Abteilungen sind die *„Jefatura de Irrigación y Control de Ríos"* und die *„Jefatura de*

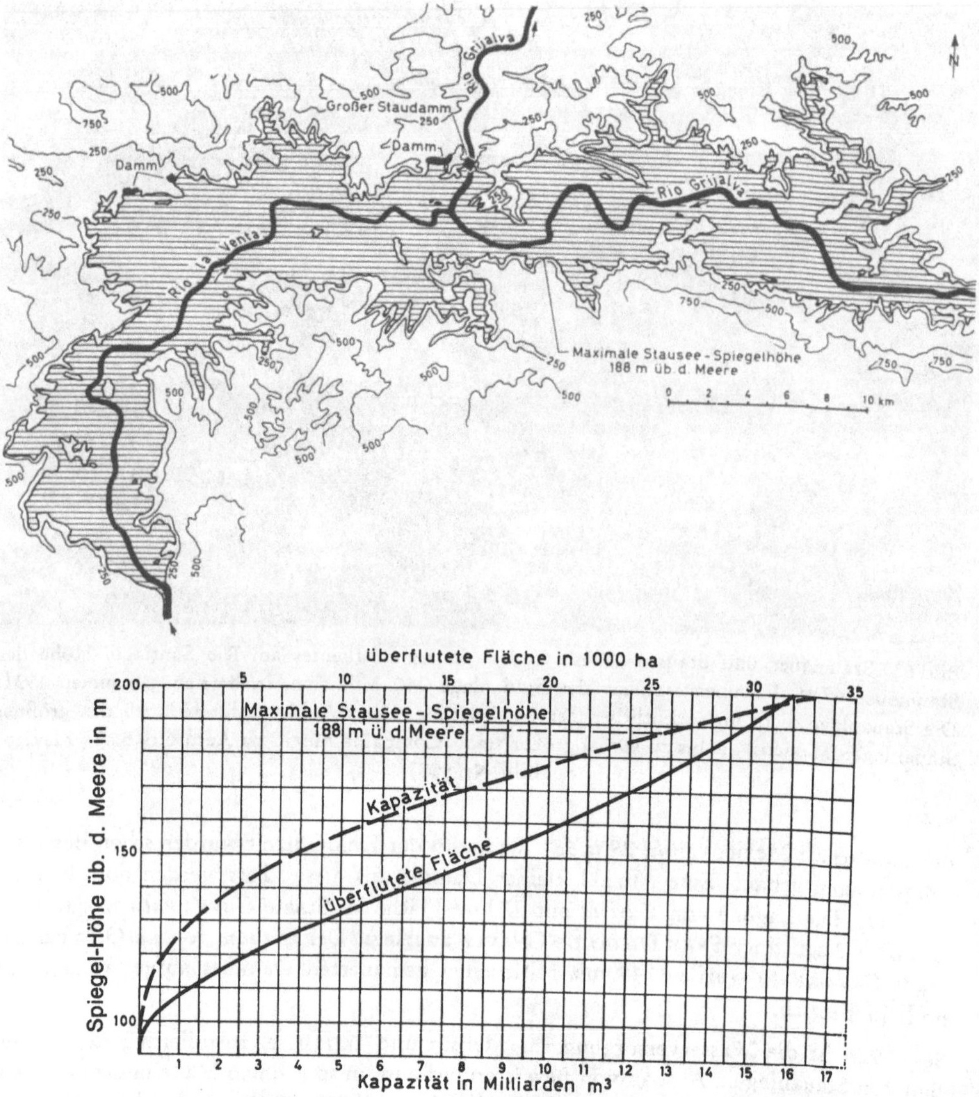

Abb. 106. Stausee von Malpaso im Rio Grijalva-System (Presa Netzahualcóyotl) (vgl. Abb. 13, 107 u. 114). (Nach d. Material der Secretaría de Recursos Hidráulicos, México)

Ingniería Sanitaria", die Bewässerungswesen und Trinkwasserversorgung kontrollieren. Diese Behörde zählt nach Ausbau ihrer Organisation und Tätigkeit zu den führenden in der Welt. Ihre Arbeiten wirken sich in großem Maße landschaftsumgestaltend aus. Ihre Zeitschrift, die „*Ingeniería Hidráulica*", hat für den landeskundlich arbeitenden Geographen Bedeutung. Vier moderne große Wasserbaulaboratorien mit je bis zu 2000 m^2 großen Modellversuchsflächen und Hunderte von Ingenieuren gehören zur Organisation.

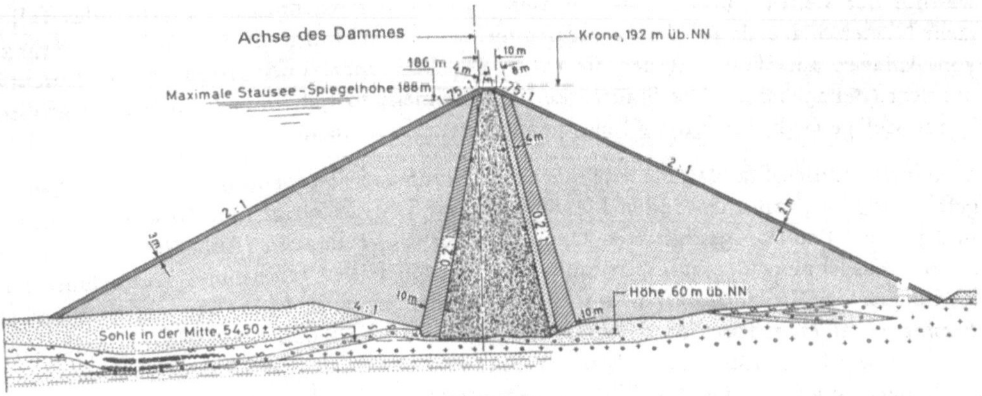

Rauminhalte der Bauelemente

Sohlen-Ausraum	149 725 m^3
undurchlässiges Material	667 400 m^3
Sand- u. Schotterfilter	117 160 m^3
Zwischenlage	328 790 m^3
gemischte Schotter aus Fels gewonnen	3 622 920 m^3
Steinpackung	338 590 m^3
Gesamtvolumen des Staudammes	5 077 280 m^3

Geologische Untergrundverhältnisse

- Sand
- Schlamm und Ton
- Geröllschotter
- Konglomerat (sandig)
- Konglomerat (steinig, granit)
- sandiges Material

Baumaterialien

- undurchlässiges Material
- Sand- und Schotterfilter
- Zwischenlage
- gemischte Schotter, aus Fels gewonnen
- Decke (Steinpackung)

Abb. 107. Staudamm „Presa Raudales de Malpaso". Querschnitt durch den Staudamm (480 m Kronenlänge) an der breitesten Stelle (500 m Sohlenbreite) (vgl. Abb. 106 u. 114). (Nach d. Material der Secretaría de Recursos Hidráulicos, Mexico)

Über 660 Klimastationen und 500 hydrometrische Stationen wurden für die Durchführung der Projekte aufgebaut.

Das in Mexico geltende Wasserrecht wird auf eine Bulle des Papstes ALEXANDER VI. zurückgeführt, der die zu entdeckenden neuen Ländereien mit allen Naturschätzen, d. h. Flüssen und Seen, dem König zusprach. Das Wasserrecht wurde von den Gemeinden wahrgenommen. Dieses Recht ging auf die mexicanische Nation als Rechtsnachfolger des Vizekönigreichs Neuspanien über und ist in § V des Artikels 27 der Konstitution der heutigen Republik verankert [1354].

Auch die Grundwassernutzung von Landeigentümern kann vom Bundesstaat kontrolliert werden.

Wasserspeicher und Stauanlagen sind die Voraussetzung für eine ausgedehnte Bewässerungswirtschaft. Die Gesamtkapazität der bis 1965 erbauten Stauanlagen „*presas*", wird mit 30 Mrd. m^3 angegeben. Es gibt über 90 Stauwerke, die mehr als eine halbe Milliarde m^3 Wasser fassen. Im Jahre 1964 waren bereits 23,5 Milliarden m^3 Wasser gestaut. Damit waren über 60 % der gesamten Speicherkapazität ausgenutzt (Abb. 106). Die Staubecken für Stauwasser werden auch „*embalse*" genannt. Fliegt man über den zentralen und nördlichen Hochlandsblock, so fallen die blaugrünen Stauseen im öden Trockenland auf *(Bild 65)*. Von großer Bedeutung für die Verteilung der Niederschläge in Mexico ist das Relief. Sowohl an der Golfküste wie auch an der pazifischen Küste ostwärts und westlich der steilen Abfälle des zentralen nördlichen mexicanischen Hochlandes fallen mehr Niederschläge als auf dem zentralen mexicanischen Hochland. So wurde ein „Kranz" von Anlagen am Westrand der *Sierra Madre Occidental* und *Sierra Madre Oriental* angelegt (Beilagekarte). Die Stauwerke liegen zumeist so tief, daß die Regionen größter Niederschläge (vgl. Abschnitt Klima) genutzt werden können.

Vielerorts wurden Staudämme erbaut anstatt Staumauern, „*cortinas*", da die Erdbebengefährdung im pazifischen Süden Mexicos sehr groß ist. Material und Grund und Boden sind für den Bau von geschütteten Dämmen reichlich vorhanden (Abb. 107). Wegen der großen Ausdehnung der Stauseen mußten in einigen Fällen fruchtbares Kulturland und Siedlungen der Tallandschaften aufgegeben werden, so z. B. beim Bau des Stauwerkes *Presidente Alemán*, Rio Tonto-Papaloapan-System, wo 20 000 Mazatekenindianer umgesiedelt werden mußten. Zum Bau der Stauwerke wurden Straßen, Arbeiterlager und Siedlungen angelegt, die das Bild der Kulturlandschaft Mexicos um einige Elemente ergänzen [731].

Presa Netzahualcóyotl. Der von ihr gebildete Stausee faßt bei einem Niveau von 188 m ü. M. eine Staumenge von 13 000 Mio. m³, womit eine Fläche von 300 km² entsteht. Der Damm dient außer zur Hochwasserkontrolle der Erzeugung von 2754 Mio. Kilowattstunden jährlich, der Bewässerung von 350 000 ha Land im Gebiet der Küstenzone und schließlich der Verbesserung der Schiffahrtsbedingungen auf dem Unterlauf des Flusses und einer Schiffahrt auf dem Stausee selbst. Die Talsperre liegt 2,5 km unterhalb der Einmündung des *Rio La Venta* in den *Grijalva* und 40 km östlich von dem Punkt, wo die drei Staaten *Veracruz, Oaxaca* und *Chiapas* sich berühren. Der Damm besteht wie derjenige von *Infiernillo* im Kern aus undurchlässigem Material und einer Felsummauerung. Bei 137 m größter Höhe ist er 478 m lang und seine Krone 10 m breit (Volumen: 5,1 Mio. m³).

Um Stellen zu schließen, die beim Höchstwasserstand unter diesem Niveau liegen, mußten drei zusätzliche Dämme gebaut werden. Haupt- und Nebendämme stauen und kontrollieren die Wassermenge des oberen *Grijalva*, der in *Malpaso* eine durchschnittliche Wasserführung von 18 960 Mio. m³ bei einem Einzugsgebiet von 33 740 km² aufweist. Die größte gemessene Hochwassermenge war die vom 5. September 1963 mit 8200 m³/sec. Die Kontrollanlagen und der Überlauf befinden sich auf dem linken Ufer neben dem Hauptdamm. Der Überlauf besteht aus zwei Wehren, die durch Pfeiler in sieben Flächen von je 15 m Breite unterteilt sind. Drei Schleusentore liegen auf der Höhe 163,7 m ü. M., vier weiter nach links, d. h. vom Damm entfernt, in Bogenform und mit den Massen 15,00 × 18,70 m auf der Höhe 167,6 m. Beide Wehre haben zusammen ein maximales Fassungsvermögen von 21 750 m³/sec.

Der Bildhauer Federico Canessi schuf aus dem anstehenden Fels oberhalb des Staudammes eine Skulptur „*Mural*" von riesigen Ausmaßen (260 m lang und 27 m hoch), die den König *Netzahualcóyotl* verherrlichen soll. Aus verschiedenen Entfernungen – zwischen 200 und 1000 m – leitete der Künstler mit Hilfe eines Fernglases den Fortgang der Arbeiten, wobei er durch einen Kurzwellensender den Steinmetzmeistern die nötigen Anweisungen gab." H. Wiebe, in: Regio Basiliensis, 1968.

Stauanlage und Stausee von Infiernillo am Rio Balsas. „Der Stausee hat eine Fläche von 400 km², eine größte Länge von 120 km und ein Fassungsvermögen von 12 500 Mio. m³. Er erstreckt sich über den Lauf des Rio Balsas und den Unterlauf des schon erwähnten Rio Tepalcatepec, der ihm von NW aus dem Staat Michoacán zuströmt. Die Talsperre ist vom Typ „Kern aus Tonerde mit

Zum Vergleich der Dimensionen mexicanischer Stauanlagen mit denen anderer großer Anlagen der Erde seien einige Daten genannt [869]:

Stauanlage	Fluß	Fassungsvermögen in Mio. m^3	Land
Nizhne	Obi	225 000	UdSSR
Kariba	Sambesi	169 000	Rhodesien
Assuan Alta	Nil	130 000	Ägypten
Krasnoyarsk	Jenissei	77 000	UdSSR
Kuybyshev	Wolga	58 000	UdSSR
Hoover	Colorado	37 600	USA
Malpaso (Netzahualcoyotl)	Grijalva	12 520	Mexico
Grand Coulee	Columbia	11 740	USA
Morelos	Balsas	11 000	Mexico
Presa Alemán	Tonto	8 000	Mexico
A. Lopez Mateos (Infiernillo)	Balsas	5 700	Mexico

Felsverschalung" und hat folgende Abmessungen: Größte Höhe 148 m, größte Breite an der Basis 575 m, Breite des Kerns an der Basis 48 m, Länge der Dammkrone 344 m, Breite der Dammkrone 10 m.

Die Dammkrone liegt auf 180 m ü. M. – Das Volumen des Dammes entspricht mit 5,7 Mio. m^3 dem doppelten der Cheopspyramide. Er weist auf der flußaufwärts gerichteten Seite eine Neigung von 1,75 : 1 bis zum 24 m breiten Absatz in der Höhe 106,50 m auf, dann 2 : 1 bis zum einstigen Flußbett; auf der flußabwärts gerichteten Seite beträgt die Neigung durchweg 1,75 : 1. Der Damm gehört zu den größten seiner Bauart, die bisher auf der Erde errichtet wurden (drei Dämme in den USA sind höher; an vierter Stelle steht die Talsperre Göscheneralp in der Schweiz mit 155 m). Allerdings sind gegenwärtig andere Dämme von größerer Höhe im Bau; nämlich in Rußland, USA und Österreich.

Der Besucher ist erstaunt über die riesigen Ausmaße der Entnahme- und der Überlaufanlagen. Je zwei Schleusentore von 3,50 × 9,80 m bilden den Einlaß zu den (bisher) zwei Treibwasserleitungen. (Der Bau einer dritten Leitung für zwei weitere Turbinen ist für später geplant.)

Die drei Tunnelschächte für die Überwasser können je 3450 m^3/sec, d. h. zusammen 10 350 m^3/sec fassen. Jeder Tunnelschacht hat an seinem Eingang drei radiale Schleusentore von 15,00 m × 7,40 m Größe. Auf 174 m Länge wird das Wasser in einer Neigung von 48° vom Niveau 154 m auf das Niveau 60 m herabgelassen und läuft dann mit geringem Gefälle (Durchmesser des Tunnels im oberen Teil 16 m, im unteren 13 m) bis zum Auslaß auf dem Niveau 56 m. Die Durchschnittslänge der drei Tunnel liegt bei 500 m.

Das Krafthaus ist unterirdisch angelegt und durch einen 400 m langen Tunnel von der dem Stausee abgewendeten Seite des Berges her zugänglich. Zu seinem Bau mußten rund 100 000 m^3 Fels ausgehoben werden." H. Wiebe, in: Regio Baseliensis, 1968.

Neue Projekte sind inzwischen fertiggestellt bzw. in Angriff genommen worden. Anfang Januar 1967 wurden einige neue Stauanlagen im Gesamtwert von über 750 Mio. mex. $ fertiggestellt, die der Bewässerung von zusammen etwa 75 000 ha Land zugute kommen werden, darunter:
das Stauwerk *„Josefa Ortíz de Dominguez"* am *Rio Alamos* zur Bewässerung von 40 000 ha;
das Stauwerk *„Ignacio Allende"* am *Rio Laja* im Bundesstaat Guanajuato zur Bewässerung von 10 000 ha im Gebiet des *Bajío*.

Talsperren und Stauanlagen in Mexico in Betrieb, bzw. im Bau, mit mehr als 5 Millionen m³ Fassungsvermögen, die von der Secretaría de Recursos Hidráulicos angelegt worden sind (bis 1963), geordnet nach dem Fassungsvermögen

Nr.	Stauanlage (Name)	Lage im Staat	Lage am Fluß	Typ	Staudamm Höhe in m Basis – Krone	Fassungsvermögen der Stauanlage in Mio. m³	Nutzung	Jahr der Inbetriebnahme
1	Raudales de Malpaso*)	Chiapas	Río Grijalva	Dg	130	12 500,0	H–E–B–S	1968
2	A. López Mateos (Infiernillo)	Jalisco	Río Balsas-Tepalcatepec	D, E+St	148	12 000,0	E–B	1966
3	Presidente Alemán	Oaxaca	Río Tonto	D, E+St	76	8 000,0	H–E–B–S	1955
4	Falcón	Tamaulipas	Río Bravo	Dg	50	5 038,0	B–E–H	1953
5	Presidente Adolfo López Mateos (ElHumaya)	Sinaloa	Río Humaya	D, E+St	107	3 150,0	B–E–H	1968
6	Lázaro Cárdenas (El Palmito)	Durango	Río Nazas	Dg	95	3 000,0	B–H	1947
7	Alvaro Obregón (El Oviachic)	Sonora	Río Yaqui	Dg	90	3 000,0	B–E–H	1952
8	Miguel Hidalgo (El Mahone)	Sinaloa	Río Fuerte	Dg	74	2 300,0	B–E–H	1956
9	Venustiano Carranza (Don Martín)	Coahuila	Río Salado	Dk	35	1 385,0	B–H	1932
10	Mocúzari	Sonora	Río Mayo	Dg	82	1 000,0	B–H–E	1955
11	Marte R. Gómez (El Azucar)	Tamaulipas	Río San Juan	Dg	49	1 080,0	B	1946
12	Presidente Benito Juárez (El Marqués)	Oaxaca	Río Tehuantepec	Dg	88	942,0	B	1961
13	El Granero	Chihuahua	Río Conchos	M, GI,	65	850,0	B–E–H	Im Bau
14	Sanalona	Sinaloa	Río Tamazula	Dg	81	845,0	B	1948
15	La Angostura	Sonora	Río Bavispe	MB	92	840,0	B–E	1942
16	Solís	Guanajuato	Río Lerma	DE	52	800,0	B–E	1949
17	Francisco I. Madero (Las Vírgenes)	Chihuahua	Río San Pedro	Dk	57	425,0	B	1949
18	Manuel Ávila Camacho (Valsequillo)	Puebla	Río Atoyac	D, E+St	85	405,0	B	1946
19	Calles	Aguascalientes	Río Santiago	MB	67	340,0	B	1931
20	Abelardo Rodríguez	Sonora	Río Sonora	DE	36	250,0	B	1948

Erklärungen:

DE, Bogengewichtsmauer; Dg, gestufter Damm mit Steinbelag; D, E + St, Damm, Erde u. Steine; Dk, Damm, komplexer Bau; M, GL, Gewichtsmauer, Leicht; MB, Erddamm; M, Mauer; D, Stm, Bruchsteinmauerwerk; MG, Gewichtsmauer; M, PB, Pfeilerstaumauer mit Bogensegmenten.

Nutzung: B, Bewässerung; E, Energiegewinnung; H, Hochwasserschutz; W, Wasserversorgung; S, Schiffahrt; IV, Industriewasserversorgung.

*) Endgültig „Netzahualcóyotl" genannt.

Es befindet sich u. a. im Bau: das Projekt des mit mexicanischer Beteiligung mit den USA gemeinschaftlich zur Durchführung gelangenden Staudammbaues *La Amistad* am *Rio Bravo/Rio Grande del Norte*, dessen Fassungsvermögen 7 Mio. m³ betragen soll.

Bewässerungsflächen, -anlagen und -gebiete. Mexicos moderne Entwicklung der Bewässerungswirtschaft kann ein Wirtschaftswunder genannt werden. Mit Hilfe der erbauten Stauwerke wurden fast 2 Mio. ha Bewässerungsland vom Staat geschaffen. Dank der großen Fortschritte, die in der Landbewässerung zu verzeichnen waren, beträgt die *bewässerte Anbaufläche Mexicos 1966 insgesamt 2,54 Mio. ha;* an 38 Staudämmen, die sich bereits im Bau befinden und die Bewässerung weiterer 124 000 ha Land ermöglichen sollen, wird z. Z. noch gearbeitet. Es ist geplant, die Bewässerungsfläche auf 5 Mio. ha innerhalb der nächsten 10 Jahre auszuweiten [885] (Abb. 108).

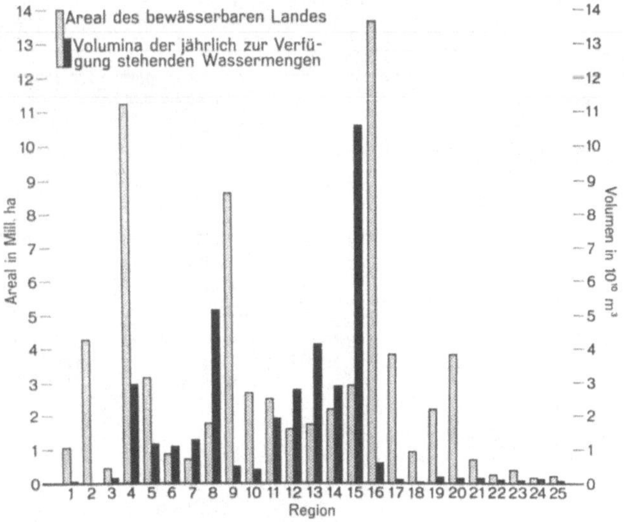

Abb. 108. Areal des bewässerbaren Landes und die zur Verfügung stehende Wassermenge nach den Abflußregionen von Mexico (vgl. Abb. 105)

Die Gesamtbewässerungsfläche der Welt betrug 1965: 2 024 000 km², andere Angaben 1 800 000 km²; davon etwa: *China* 740 000 km², *Nord-, Mittelamerika* 193 000 km², *USA* 740 000 km², *Ägypten* 24 800 km², *Mexico* (1964) 23 500 km² (E. FELS, 1965). Im Landwirtschaftsjahr 1964–65 waren 2,4 Millionen ha bewässert. Als Bewässerungsland werden 3,2 Millionen ha angegeben [885, 878].

In die großen Bewässerungsgebiete wird das Wasser durch Kanäle von den Stauseen aus hineingeführt. Die alten Flußläufe bleiben als Sand- oder Sumpfbänder in der Landschaft zurück.

Kombinierte Be- und Entwässerungsbereiche wurden in *Veracruz* und *Oaxaca* am *Rio Papaloapan* und in *Chiapas* und *Tabasco* am *Rio Grijalva* geschaffen.

Bewässerungsfläche und Volumina der zur Bewässerung verwendeten Wassermengen in Mexico

Quelle: Secretaría de Recursos Hidráulicos (vgl. Abb. 108)

	1960–1961			1961–1962		
	Bewässerte Fläche in ha	Volumen d. zur Bew. verwend. Wassers in Mill. m³	Zahl der nutzenden Betriebe	Bewässerte Fläche in ha	Volumen d. zur Bew. verwend. Wassers in Mill. m³	Zahl der nutzenden Betriebe
Summe:	1 880 504	22 897 135	287 872	1 914 205	22 574 562	305 242
davon mit Wasser aus Stauanlagen	1 179 079	12 554 953	169 464	1 173 578	12 302 235	193 853
mit Wasser aus Flüssen (direkt)	362 122	6 734 863	86 576			
mit Wasser aus Flüssen, mit Pumpen	71 236	790 456	6 886			
Mit Wasser von Grundwasser, entnommen mit Pumpen aus tiefen Brunnen	268 067	2 816 863	24 946			

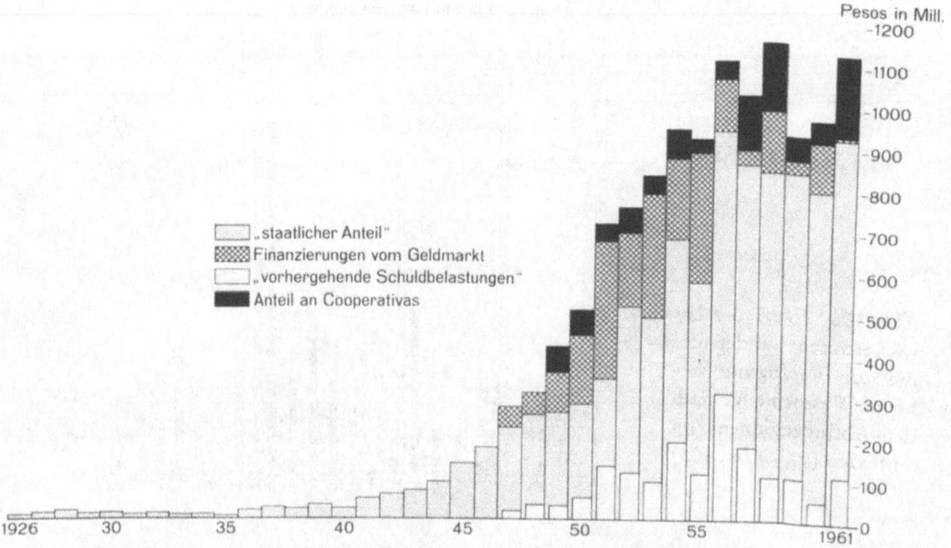

Abb. 109. Kostenaufwand der Secretaría de Recursos Hidráulicos für Bewässerungsanlagen in Mexico von 1926 bis 1961. (Quelle: Ingeniería Hidráulica)

Der größte Teil der Stau- und Bewässerungsanlagen wird vom mexicanischen Bundesstaat finanziert. Von 1926–1961 wurden 12 Mrd. Pesos (3 Pesos etwa 1 DM) für die Wasserwirtschaft ausgegeben (Abb. 109) [882, 895]. Vom mexicanischen Wasserbauministerium (Secretaría de Recursos Hidráulicos) wurde 1967 mit einer Gesamtinvestition von 1,14 Mrd. mex. $ ein Bewässerungsprogramm zur Kultivierung von weiteren rund 300 000 ha Neuland geplant.

Wasserverbrauch durch Bewässerungsanbau. In den Bewässerungsgebieten werden sehr große Wassermengen verbraucht, wovon einige Angaben nach G. Borgstrom, 1967 [1368], eine Vorstellung geben sollen:

Wasserverbrauch zur Produktion von Nahrung

	Liter Wasser pro kg organischer Substanz		Liter Wasser pro kg organischer Substanz
Hirse	440– 560	Gemüse	6 700– 11 000
Weizen	760–1 100	Milch	22 000
Kartoffeln	1 300–1 800	Fleisch	44 000–110 000
Reis	3 300–4 400		

„Die Schätzungen für Fleisch und Milch umfassen das Wasser, das für die Produktion des Futters nötig ist. Diese Angaben gelten für die Bedingungen im gemäßigten Klima. In wärmeren Breiten ist die Verdunstung höher und damit auch die Menge des in der Landwirtschaft verbrauchten Wassers. Der Durchschnittswert für Australien liegt bei 897 m³ Wasser pro Tonne Weizenkörner. Bei der Produktion von Fleisch, Milch und Eiern muß zu dem Wasser, das für die Erzeugung der Futtermittel verbraucht wird, noch die Wassermenge gerechnet werden, die die Tiere selbst ei ihrem Stoffwechsel benötigen, um gesund und voll produktiv zu bleiben; dabei kommt bei Rindern auf jedes Pfund Fleisch, das sie produzieren, ein Wasserverbrauch von etwa 16 m³. Die Tabelle gibt den ungefähren Wasserverbrauch der verschiedenen Nutztiere in gemäßigten Breiten an.“

Wasserverbrauch des Viehbestandes (pro Tier)

	l/Tag		l/Tag
Milchvieh*) (je nach Ertrag)	90–110	Schafe	9
Schweine	18	100 Eier produzierende Hühner	18
Pferde, Stiere, nichtlaktierende Rinder	54		

*) 68 bis 90 Liter werden zusätzlich pro Tag für das Reinigen der Ställe und Milchgefäße benötigt.

Die für den Anbau von Weizen im zentralen Hochland von Mexico am Rio Lerma jährlich benötigte Wassermenge entspricht einer Bedeckung der Anbaufläche mit 95 cm Wasser, für Mais mit 65 cm Wasser! (Nach Angaben der Ing. hidrául. 1964, I.)

Im Landwirtschaftsjahr 1964/65 wurden 2 370 000 ha Land für den Anbau bewässert. Die Wassermenge, die verbraucht wurde, würde einer Schicht von 103,5 cm über den Bewässerungsflächen entsprechen.

Bewässerung mit Grundwasser. In *Baja California Sur (Valle Santo Domingo)*, in *Sonora* bei *Hermosillo*, im zentralen Hochland, im Karstgebiet von *Yucatán* und anderen Gebieten wird Grundwasser gebohrt und durch Pumpen gefördert. Die Formen der kleinen Bewässerungskulturen sind vielseitig: Entnahme aus Flüssen, Nutzung des Grundwassers mit Motorpumpen, Wasserrädern und – bei *Tehuacán* –, indem wie bei den *Foggaras* der Sahara das Wasser durch Kanäle an die Oberfläche stärker geneigten Landes geführt wird. Diese Maßnahmen bergen die größten Gefahren für den Boden und die Landwirtschaft Mexicos.

Übermäßige Verwendung von hochgepumptem Grundwasser führt zu falschen Vorstellungen über das landwirtschaftliche Potential. Der Kapazität der heutigen Motorpumpen sind praktisch keine Grenzen gesetzt. Die Zahl der Brunnen kann beliebig vergrößert werden, und die Brunnen können immer tiefer gebohrt werden, wodurch eine Erschöpfung und Austrocknung beschleunigt wird, bis die Wasserreserven erschöpft sind oder der Grundwasserspiegel so tief gesunken ist, daß die Kosten für das Pumpen zu hoch werden oder salzhaltiges Wasser angebohrt wird. Die **Versalzung** des **Bewässerungslandes** hatte schwere Rückschläge der Wirtschaft zur Folge. Wegen der starken Sonneneinstrahlung und der täglichen Sonnenscheindauer in weiten Gebieten Mexicos erreicht die Verdunstung sehr hohe Beträge (bis zu 2000 mm jährlich). Es mußten aufwendige Entwässerungsgräben und -netze für die Bodenwaschungen und -spülungen zur Abfuhr der oberflächlich angereicherten Salze gebaut werden (Abb. 110). Im Jahre 1967 wurden 229 Mio. mex. $ für die Erhaltung des Bodens, Entwässerung zur Entsalzung und Ableitung der Wasser aufgeboten, besonders in den Gebieten des *Rio Fuerte, Rio Yaqui, Rio Mayo, Rio San Juan* in *Tamaulipas*, wo bis zu 10 % der gesamten Fläche der bewässerten Böden versalzen sind [879, 880] (Abb. 110).

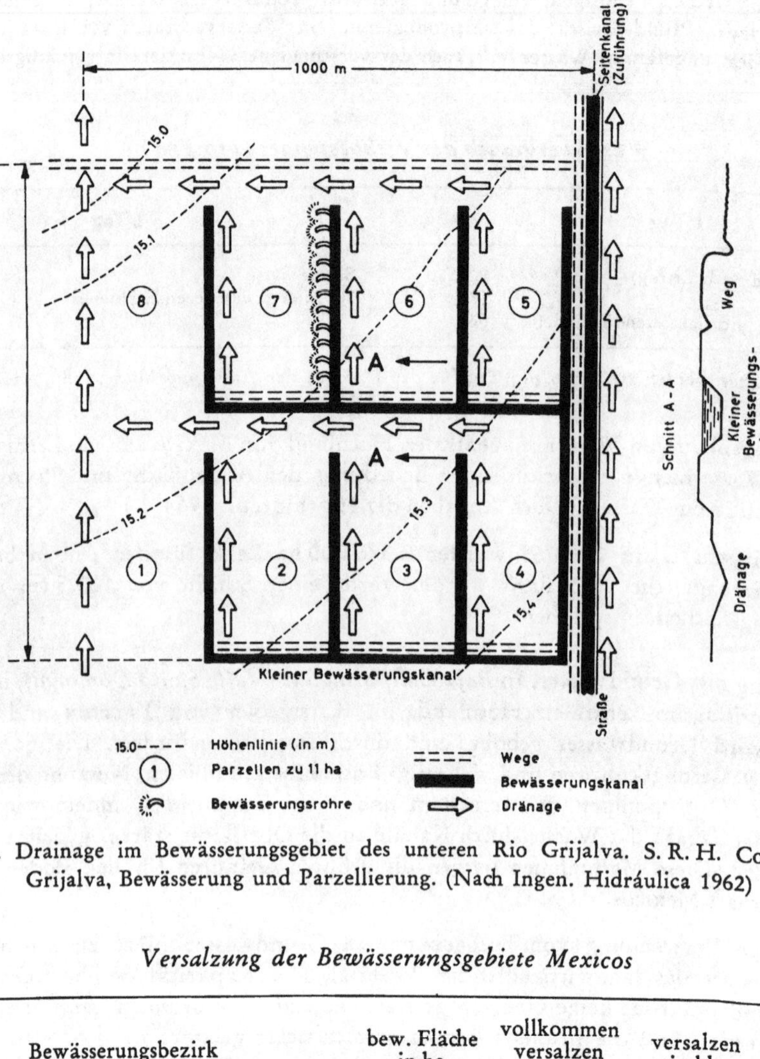

Abb. 110. Drainage im Bewässerungsgebiet des unteren Rio Grijalva. S. R. H. Comisión del Grijalva, Bewässerung und Parzellierung. (Nach Ingen. Hidráulica 1962)

Versalzung der Bewässerungsgebiete Mexicos

Bewässerungsbezirk	bew. Fläche in ha	vollkommen versalzen sind ha	versalzen sind ha	nicht versalzen sind ha
Río Colorado, B. C.	220 000	28 000	50 000	142 000
Río Fuerte, Sin.	230 000	10 000	40 000	180 000
Bajo Río Bravo, Tamps.	220 000	4 400	9 750	205 850
Alto Lerma, Gto.	98 000	1 675	21 000	75 325

Stau-, Be- und Entwässerungsanlagen als Beispiel für Umgestaltung und Wertwandel von Naturlandschaften

tau-, Bewässerungs- und Hochwasserschutzanlagen am Rio Bravo. In den USA wird .er Fluß *Rio Grande del Norte,* in Mexico auch *Rio Bravo del Norte* genannt. Der Name ?io *Bravo,* „Wilder Fluß", entstammt der Beobachtung, daß zeitweilig nach Unwettern ›eftige Hochwasser auftreten können. Internationale Projekte zur Bewässerung und :ur Hochwasserkontrolle wurden 1945 zwischen den USA und Mexico beschlossen. Wie ıotwendig diese Anlage wäre, bestätigt die 1967 aufgetretene Überschwemmungs-katastrophe, über die eine Zeitungsnotiz (Neue Zürcher Zeitung) folgende Meldung gab:

„Harlingen, 27. Sept. 1967. Die Überschwemmungen, die in *Texas* durch den Wirbelsturm *‚Beulah'* hervorgerufen wurden, nehmen gigantische Ausmaße an. Das ganze Tal des *Rio Grande* hat sich in einen See verwandelt, aus dem nur noch die Dächer hervorragen. In *Harlingen* haben die Fluten am Dienstag nachmittag das Geschäftszentrum erreicht, nachdem am Montag die Wohnquartiere überschwemmt worden waren. Hunderte von Freiwilligen stehen bis zu den Hüften im Wasser und kämpfen vergeblich mit Sandsäcken gegen die vordringenden Fluten an. *Falfurrias,* eine Stadt von 7000 Einwohnern, die seit zwei Tagen von der Umwelt abgeschnitten ist, steht zu 70 Prozent unter Wasser."

Der Rio Bravo ist Grenzfluß zwischen den USA und Mexico, etwa 2800 km lang. Er entspringt auf der kontinentalen Hauptwasserscheide in den *San Juan Mountains* in *Süd-West-Colorado.* Er bildet ein Delta zwischen der *Laguna Padre* im N in *Texas* und der *Laguna Madre* im S in *Tamaulipas* (Mexico). Der *Rio Bravo* bildet für etwa 1500 km die internationale Grenze USA – Mexico. Die Hauptnebenflüsse sind der *Pecos River* in Texas und der *Rio Conchos* sowie *Rio Salado* und *Rio Sabinas* in Mexico. Er entwässert ein Gebiet von 433 820 km², davon 238 440 km² auf mexicanischem Gebiet. Die jährliche Abflußmenge beträgt 4780 Mio. cbm, der maximale Abfluß wurde im September 1967 beobachtet mit 20 300 cbm/sec. Der mittlere maximale Abfluß beträgt im September 320 cbm/sec., der mittlere maximale Abfluß im März 80 cbm/sec. (Abb. 104). Durch den unregelmäßigen Abfluß liegt das Flußbett häufig über große Strecken trocken, der untere Abschnitt wegen der Errichtung der Stauanlagen [265].

Von den USA wurden von 1900 bis 1916 insgesamt 17 Stauanlagen am *Rio Bravo* erbaut, darunter die *„Elephant Butte"*-Stauanlage mit 3,3 Mrd. m³ Fassungsvermögen bei *El Paso;* sie wurde 1948 in Betrieb genommen [277, 280, 894]. Im Jahre 1948 wurde von Mexico der *Boquilla-*Damm am Nebenfluß *Rio Conchos* fertiggestellt (3 Mrd. m³). Größtes Stauwerk ist die *Presa Falcón* mit 5 Mrd. m³ Fassungsvermögen, der Stausee ist 80 km lang. Er wurde 1953 etwa 100 km flußaufwärts von *Reynosa* errichtet zur Bewässerung von 220 000 ha Land zwischen den Städten *Camargo* und *Reynosa,* 59 % des Wassers werden in die USA, 41 % auf mexicanisches Gebiet geleitet [875, 894].

Am 3. Dezember 1966 kam am *Rio Bravo* zwischen den Staatsoberhäuptern der Nachbarstaaten USA und Mexico, Lic. Díaz Ordaz und L. B. Johnson, anläßlich einer Besichtigung des gemeinschaftlich finanzierten Staudamm-Projekts *„La Amistad"* ein Treffen zustande. Dieser auf 178 Mio. US$ veranschlagte Damm soll bis zum Jahre 1969 fertiggestellt sein. Dadurch wird eine Regulierung dieses Flußlaufs ermöglicht, so daß künftig Überschwemmungskatastrophen auf beiden Stromufern verhindert werden können. Durch den 80 m hohen und 10 km langen Staudamm wird einer der größten Wasserspeicher Nordamerikas geschaffen, der gleichzeitig zur

Gewinnung elektrischer Energie genutzt werden kann. *„La Amistad"* ist bereits das zweit wichtige Wasserspeicherprojekt, das nach dem Dammbau von *„Falcón"* bei *Laredo/Texas* und *Nuev Laredo/Tamaulipas* von beiden Ländern gemeinschaftlich am *Rio Bravo/Rio Grande* durchgeführt wird.

Das Bewässerungsgebiet des Colorado-Deltas. (Abb. 111). Den entscheidendsten Anteil an der wirtschaftlichen Entwicklung von *Baja California* hat der Ausbau des *Rio-Colorado-Deltas* zum Großbewässerungsgebiet. Die Delta-Region wurde innerhalb von 15 Jahren zum Wirtschaftsschwerpunkt der Halbinsel. Dort ist das am dichtesten bevölkerte Areal mit der größten Stadt der Halbinsel, *Mexicali*, entstanden, wo 1961 mit 265 000 E. ein Drittel der Gesamtbevölkerung der Halbinsel Baja California lebte.

Als natürliche Ausstattung enthält diese Region die größte zusammenhängende Fläche nutzbarer Böden *Baja Californias* innerhalb des fast ebenen Deltas (höchster Punkt 43 m über dem Meere, über 200 000 ha groß) und eine mengenmäßig für das Anbaujahr ausreichende Wassermenge, die durch den *Rio Colorado* und den *Gila River* und durch Grundwasserpumpen zugeführt wird. Das sonnige Klima begünstigt Getreide- und Baumwollanbau.

Der *Rio Colorado*, der durch Vereinigung des *Green River* und des *Grand River*, die in den Felsenbergen von *Wyoming* entspringen, gebildet wird, erreicht über 2700 km Länge. Sein Einzugsgebiet beträgt über 676 000 km², davon 3840 km² in Mexico. Er durchfließt als klimatisch allochthoner Fluß, wie der Nil, im Unterlauf ein Wüstengebiet. Seine Abflußmenge beträgt jährlich etwa ein Viertel der des Nils, nämlich 1850 Mio. m³.

Über die Wasserführung des *Rio Colorado* bei *Yuma* gibt es seit 1880 Berichte. Die maximale Wasserführung, Periode 1902–1950, wird mit 250 000 Fuß pro sec angegeben (22. Januar 1916), die minimale mit 18 Fuß pro sec (25. August 1934). Dabei betrugen die Spiegelhöhen 34 bzw. 8 Fuß. Jährliche Extreme treten meistens auf: im Januar 10 000 bis 20 000 Fuß pro sec (18 Fuß Spiegelhöhe) und 1000 Fuß (9 Fuß Spiegelhöhe) im September. Hochfluten erscheinen im *Colorado* im Gefolge der Schneeschmelze vom Colorado-Bergland oder nach Gewitter-Starkregen im Einzugsbereich des *Gila River* [1106].

Der *Rio Colorado* war vor seiner Veränderung durch Staudämme besonders stark beladen durch den Transport von Sinkstoffen und Geschiebe. Sein Verhältnis von Wasser zu Feststoffen (vorwiegend Sinkstoffe, silt) übertraf mit 1 : 277 das entsprechende Verhältnis im Mississippi um das Sechsfache. Die Menge des jährlich bei *Yuma* transportierten Materials betrug 160 Mio. t. Andere Angaben geben für frühere Zeiten einen Materialtransport an, der eine Fläche von 100 000 ha jährlich um einen Fuß Feststoffe sedimentiert. Nach Angaben von J. V. Byrne und K. O. Emery, 1960, betrug die Sedimentationsmenge im submarinen Bereich des *Colorado-Deltas* früher jährlich 180 Mio. t, nach den Dammbauten gegenwärtig nur noch 8 Mio. t. Der Küstenstrich zwischen Colorado-Mündung und *San Felipe* ist durch Sedimentation von 1899 bis 1925 um über 3 km seewärts gewachsen [1099].

Vegetationsmäßig hat die Landschaft des Colorado-Deltas eine Veränderung durch die entlang der Gräben, Straßen und Siedlungen angepflanzte *Casuarinacee Pinillo Salado (Casuarina sp.)* erfahren, die gegenwärtig als Charakterbaum des Deltas gelten kann.

Historische Entwicklung. Seit etwa 1850 wurde das Delta als Weide für Rinderherden genutzt. Die erste Wasserkonzession für das Wasser des Rio Colorado wurde 1875 für das *Imperial Valley* in den USA vergeben. Der erste Plan zur Bewässerung stammt von Dr. Wosen Craffs, 1853. 1878 wurden von Mexico an Guillermo Andrade Landkonzessionen im Delta-Bereich vergeben, 1886 und 1897 ging der größte Teil der eigentlichen Delta-Region über an die *„California Devel-*

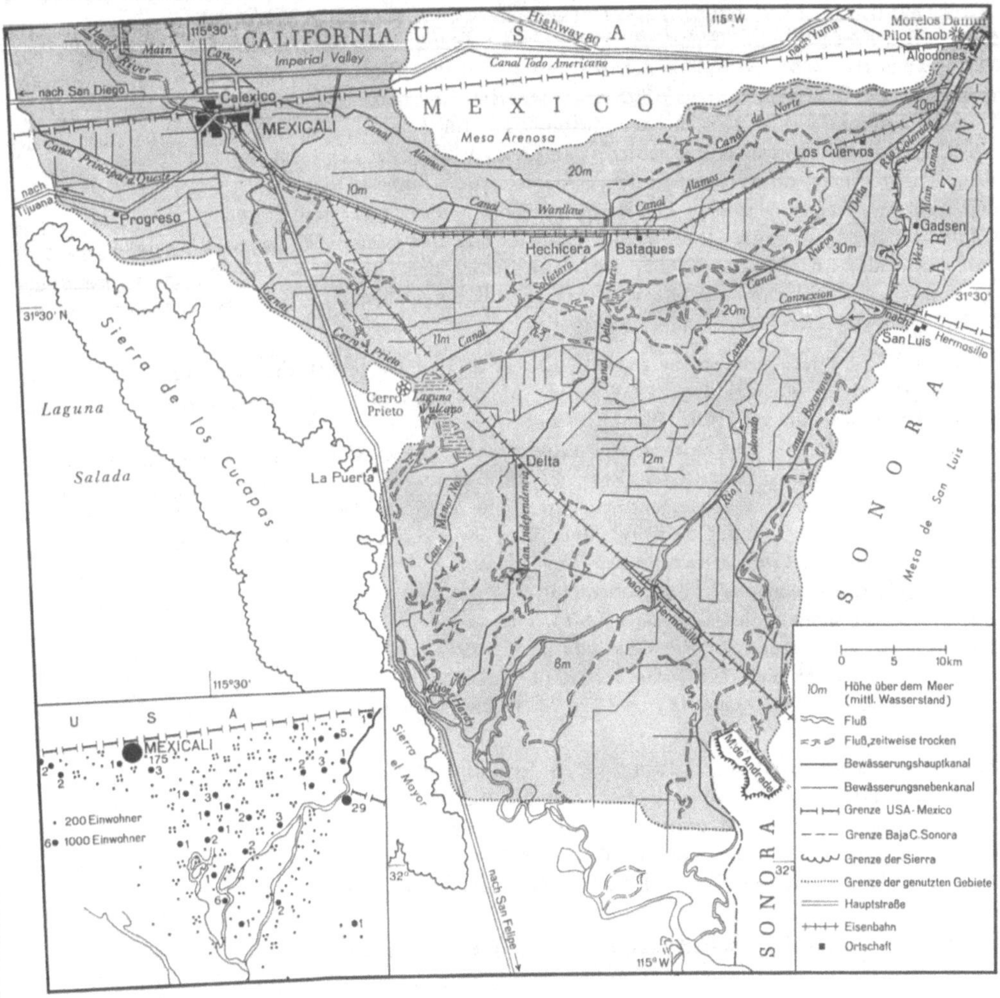

Abb. 111. Rio Colorado-Delta: Bewässerungsgebiet in Baja California (Mexico). (Entwurf: Gierloff-Emden nach versch. Angaben d. Secretaría Hidráulica u. eig. Unterlagen). Diese Region wurde von Satellitenaufnahmen der „Apollo"-Raumflüge aufgenommen. Farbaufnahme und Infrarotaufnahme erlaubten eine genaue Analyse der Anbaukulturen und der Feldeinteilung. (In: J. Bodechtel u. H. G. Gierloff-Emden: *Weltraumbilder der Erde*, München: List Verlag, 1969)

(Zahlenangaben größtenteils nach Material, das dem Verfasser von der *„Cámara Comercial"*, *Mexicali*, zur Verfügung gestellt wurde)

Nebenkarte: Siedlungen im Deltagebiet des Rio Colorado. Gesamtbevölkerung des Colorado-Delta-Gebietes: (mexicanischer Anteil) 1960: 260 000, davon in der Landwirtschaft tätig 1960: 34 000. Einwohnerzahl von Mexicali (1960): 172 500

opment Company" und „*Colorado River Land and Cattle Company*", die von den US-Amerikanern OTIS und CUDAHY kontrolliert wurden. 1902 wurde 900 m nördlich der Staatengrenze zuerst Wasser aus dem *Rio Colorado* für das *Imperial Valley* entnommen. 1904 wurde die von den USA organisierte Kompanie „*Sociedad de Irrigación de Terrenos de Baja California*" gegründet. Die USA hatten das Recht, Wasser zur Bewässerung aus dem *Rio Colorado* zu entnehmen und über mexicanisches Gebiet zu leiten. 1905 trat der *Rio Colorado* über seine Ufer, durchbrach die Dämme und ergoß sich z. T. in den *Salton Sea*. Im Interesse der früheren Entwicklung des US-amerikanischen Bewässerungsgebietes „*Imperial Valley*" wurde 1906 das gesamte Wasser über den *Alamo River* durch mexicanisches Gebiet zum *Imperial Valley* geleitet. 1910 wurden 665 Mio. m^3 Wasser vom Rio Colorado abgeleitet, von denen nur $5^1/_2$ % dem mexicanischen Gebiet für Bewässerungszwecke zugute kamen. Die bewässerte Fläche betrug zu dieser Zeit auf mexicanischem Gebiet 6600 ha, auf dem Gebiet der USA 73 600 ha. Noch während der mexicanischen Revolution wurde im Jahre 1917 die mexicanische „*Comisión Irrigadora del Rio Colorado*" gegründet [1087].

1920 wurde die Bewässerungszone geplant, und ab 1925 erklärte sich die "*Colorado River Land Company*" bereit, Wasser für 122 000 ha an Mexico abzugeben. 1929 begann die eigentliche wissenschaftliche und technische Planung, wobei die Rückgabe von Wasser- und Landrechten im Delta-Gebiet in drei Abschnitten vorbereitet wurde. 1934 erklärte die mexicanische Regierung den Delta-Bereich zum „*Distrito del Riego del Rio Colorado*", aber noch 1936 war die „*Colorado River Land Company*" Haupteigentümer im Valle Mexicali. 1946 kaufte Mexico die Anteile der „*Colorado River Land Company*" und überführte das Land in mexicanischen Besitz. Die neugegründete „*Compania Mexicana del Rio Colorado S.A.*" verpflichtete sich 1948, im Verband mit der „*Comisión Nacional de Colonización*", 67 000 ha zu kultivieren. 1941 begann der Bau der Verbindungskanäle des *Imperial Valley* mit dem *All-American Canal*. Der mexicanische Anteil der Wassernutzung am *Rio Colorado* betrug 1941 erst 34 %. Die Wasserverteilung wurde durch internationale Verträge vom 3. 2. 1944 und vom 8. 11. 1955 geregelt, wonach Mexico zunächst 1 850 234 000 m^3 und später 2 096 931 000 m^3 zugesichert wurden [1105].

Ausbau und Landschaftsumgestaltung. Es ist wesentlich der Initiative des mexicanischen Präsidenten LÁZARO CÁRDENAS zu verdanken, daß der Ausbau der mexicanischen *Colorado*-Bewässerungslandschaft seit 1936 vorangetrieben wurde. Es wurden kultiviert bis: 1937 84 700 ha, 1942 107 250 ha, 1946 119 580 ha, 1947 137 703 ha, 1950 165 197 ha, 1951 192 214 ha, 1957 192 500 ha. In das Projekt wurden von 1939 bis 1951 159 Mio. mex. $ investiert.

Mit der Entwicklung des Bewässerungsgebietes stieg die Bevölkerungszahl rasch.

Die Einwohnerzahlen betrugen für das Delta-Gebiet der „*Delegación Mexicali*", d. h. des Landesteiles von *Baja California*:			Für den Anteil Sonoras betrugen die Bevölkerungszahlen der „*Delegación San Luis*" für den Landbezirk:		Die gesamte Bevölkerung im Colorado-Delta-Gebiet betrug:	
1940	25 400 E.; für *Mexicali*	18 775 E.	1940	670 E.;	1940	45 600 E.
1950	59 600 E.; für *Mexicali*	64 658 E.	1950	4 000 E.;	1950	137 200 E.
1957	86 000 E.; für *Mexicali*	91 000 E.	1957	15 000 E.;	1957	192 500 E.
1960	für *Mexicali*	172 550 E.			1960	260 000 E.

1960 waren über 34 000 Menschen in der Landwirtschaft des Deltagebietes beschäftigt.

Die neue Landverteilung wurde durch Präsident LÁZARO CÁRDENAS im Jahre 1937 eingeleitet. Dabei wurde Land in verschiedene Besitzverhältnisse vergeben: *Ejidos*, Kommunaleigentum in Familienbesitz, bis zu 20 ha pro Familie; *Colonias*, von denen wiederum einige frei verkäuflich und wiederverkäuflich sind. Bis 1952 waren 221 653 ha Land an 8017 Besitzer verteilt, davon 77 000 ha an Ejidos. Es wurden 70 Ejidos gegründet, von denen einige später zusammengelegt und umbenannt wurden. Der Besitz einzelner *Ejidatarios* ist immer in Gruppen zu *Ejidos* zusammengefaßt, denen etwa entsprechend große Regionen von *Colonias* anliegen, an denen jeweils ebenfalls einige Einzelbesitzer ihren Anteil haben, so daß sich eine oft mosaikartige Landaufteilung größerer Blöcke von Colonias und Ejidos ergeben hat. Z. T. liegen mehrere *Ejidos* und *Colonias* zusammen und bilden größere, geschlossene Bezirke. Mit dem Aufbau der Landwirtschaft im Delta wurde ein Kreditwesen aufgebaut, das durch staatlich beaufsichtigte Banken dirigiert wird.

Die sozialen Unterschiede im *Colorado-Delta* sind groß. Neben dieser geschilderten modernen Anbau- und Bewirtschaftungsform mit Maschinen sieht man besitzlose Menschen, die mit einem Sack auf der Schulter entlang den Straßen bis zum Paß der Sierra wandern, um die beim Transport heruntergefallenen und verwehten Baumwollflocken aufzusammeln und pfundweise zu verkaufen.

Landaufteilung nach Betriebsgrößen für 1960

1. Landbesitz	bis 20 ha	5100 Ejidatarios und 638 Einzelbesitzer mit 106 550 ha
2. Landbesitz	von 21– 50 ha	1613 Einzelbesitzer mit 55 137 ha
3. Landbesitz	von 51–100 ha	556 Einzelbesitzer mit 43 774 ha
4. Landbesitz	größer als 101 ha	110 Einzelbesitzer mit 16 192 ha
		221 653 ha

Insgesamt gehören über 77 000 ha zu den Ejidos.

Anbauzeiten. Anbau und Bewässerung betrugen im Jahre 1951 183 460 ha Anbaufläche, 2 295 458 m³ Bewässerungsmenge; im Jahre 1956 173 652 ha Anbaufläche, 2 116 995 m³ Bewässerungsmenge.

Der Baumwollanbau hatte sich in den 50er Jahren zur Monokultur entwickelt. Es wurden erzeugt auf einer Anbaufläche von: 114 674 ha 1955/56 420 381 Ballen (à 227 kg); 139 300 ha 1960/61 rungsmenge.

Agrarproduktion

Damit stand das *Colorado*-Anbaugebiet in diesen Jahren durchschnittlich an dritter Stelle, 1954/55 sogar an erster Stelle unter den sieben großen Baumwollerzeugungsgebieten Mexicos: *La Laguna (Coahuila), Matamoros (Tamaulipas), Sonora, Sinaloa, Delicias (Chihuahua), Anáhuac (Nuevo León)* und *Colorado-Delta*. Nach der Ertragshöhe pro Feldeinheit nahm das Colorado-Gebiet einen mittleren Rang ein, nach Sonora und Tamaulipas die 3. Stelle. Der Wert der Ernte betrug von 1953–1957 jährlich zwischen 400 und 800 Mio. mex. $. Außerdem wurden erhebliche Mengen an Baumwollkernen gewonnen (1958/59 193 000 t). Es wird mit etwa 400 Kilo Kernen pro erzeugtem Ballen gerechnet. Für die Bearbeitung von 1 ha Baumwolland werden an Geldern benötigt: 30 % für allgemeine Arbeiten, für das Saatgut 15 %, für Bewässerungswasser 25 %, für die Erntearbeit 20 %, für Transport, Düngemittel und Schädlingsbekämpfungsmittel 10 % der Gesamtunkosten. Der Export wurde zu 70 % über den Hafen *Ensenada* und zu 30 % über *San Diego* abgewickelt. Dabei kommt der Anlage der neuen Autostraße von *Mexicali* über die 2000 m hohe *Sierra de Juárez* über den Ort *Tecate* nach *Ensenada* (insgesamt

305 km) große Bedeutung zu. Es wurde 1960 mit etwa 200 mex. $ (~ DM 67,—) Unkosten für das Sammeln pro Ballen gerechnet. Der Transport kostete pro Ballen etwa 47 mex. $ (~ DM 16,-) vom Feld zur Entkernungsanlage. 91 mex. $ (DM 30,-) pro Ballen per LKW betrug die Frachtrate bis nach *Ensenada*. Die Feldbearbeitung und -bestellung erfolgt mit Traktoren und Maschinen. Oft sind die offenen Schuppen bei den Häusern und Siedlungen, in welchen die Maschinen abgestellt werden, größer als die Wohnhäuser.

Weizen und *Alfalfa* sind nach der *Baumwolle* die bedeutendsten Anbaupflanzen im Colorado-Delta.

Anbauzeiten im Colorado-Delta

Kultur	Anbauzeit	Bewässerung	Ernte
Baumwolle	15. Februar–31. Mai	1. 15. Februar–30. Februar 2. Mai 3. Juni 4. Juli 5. August und September	Beginn September hauptsächlich November–Dezember
Alfalfa	30. September–März	über 12 Monate schubweise von September bis September	April–Juli
Weizen	Oktober–Dezember	Oktober–März	ab Mai
Mais	Juni–Juli	Juni, Juli, August	September
Futtermais	März oder Ende Juni	drei Bewässerungen zu je 30 Tagen	Märzanbau im Juni Junianbau im Oktober

Die Bewässerung der Colorado-Delta-Region. Das Wasser wird dem Delta zum größten Teil durch den *Rio Colorado* mit seinem Nebenfluß *Gila River* zugeführt. 95 km des Flusses führen vor der Mündung in den Golf von Mexico durch mexicanisches Gebiet. Mehrere Dämme und Stauseen, darunter der *Hoover-Damm* bei *Boulder City* (seit 1937), der *Davis-Damm*, der *Parker-Damm* mit dem *Havasu-Lake*, von dem aus die Großstadt *San Diego* per Pipeline mit Trinkwasser versorgt wird, der *Imperial-Damm* und der *Laguna-Damm* nahe *Yuma*, der *All American Canal* sowie der *Morelos-Damm* auf mexicanischem Gebiet nahe der Staatsgrenze, regeln Wasserführung und -verteilung für die Bewässerungsgebiete des *Imperial Valley* in den USA und des *Colorado-Delta*-Gebietes in Mexico.

Die Zuführung des Wassers für das mexicanische Gebiet wird durch mehrere große Kanäle und ein System von Kanalverzweigungen besorgt. Über 640 km Kanäle sind im Delta-Gebiet angelegt worden. Die großen Kanäle im Delta sind 15 m breit, der *Álamo-Kanal* ist 18–20 m breit. Etwa 2 Mrd. m³ Wasser werden über die Kanäle jährlich zur Bewässerung von etwa 120 000 ha geleitet *(Bild 66)*. Etwa 60 000 ha werden durch Brunnen und Pumpen bewässert: es gibt 284 bundeseigene und 180 private Bohrungen, dazu 100 Kollektivbohrungen, zusammen 564 Brunnenbohrungen im Delta-Gebiet. Die Pumpen fördern mit durchschnittlich 180 l/sec Leistung (Angaben für 1960).

Die Böden im Delta-Gebiet sind allgemein gut nutzbar. Sie sind meist reich an Kalziumkarbonat, arm an Stickstoff, Phosphat und organischen Materialien. Sie sind bis in größere Tiefen locker und von Wurzeln gut zu durchdringen. Der pH-Wert beträgt zwischen 7,5 und 8,1. Nach der Güte eingeteilt, kann man unter den nutzbaren Böden drei Klassen unterscheiden, von denen die erste 50 dz Weizen pro ha jährlich erbringt, die zweite 70 bis 80 % davon, die dritte 50 bis 70 %

Bild 66. Bewässerungsgraben im Bewässerungsgebiet von Mexicali/Colorado-Delta (Baja California). In den großen Bewässerungsgebieten werden die großen Kanäle vom Staat von der Secretaría die Recursos Hidráulicos geplant und erbaut. Die kleineren Gräben in den Feldern werden von den Besitzern instand gehalten. Im Bild links ein abgeerntetes und gepflügtes Baumwollfeld, rechts ein Getreidefeld. Im Hintergrund grenzt die bewässerte, agrarisch genutzte Fläche an steiniges Trockenland. Im Hintergrund die Sierra von Cucapas. Hinten rechts die Siedlungen der Kolonisten. (GIERLOFF-EMDEN Dezember 1961)

davon. 1955/56 wurden 33 000 t Düngemittel verbraucht, vor allem Stickstoff, Phosphor und organische Substanz. Die Menge der zur Insektenbekämpfung verbrauchten Schädlingsmittel betrug 8000 t.

Die Versalzung. Mit der vom *Rio Colorado* zugeführten Wassermenge von jährlich über 2 Mrd. m^3 erreicht die Bewässerungsschicht eine Mächtigkeit von 1,25 m, d. h. etwa den halben Betrag der jährlichen Verdunstungshöhe. Da der Salzgehalt des Coloradowassers am Morelos-Damm 0,9 g pro l beträgt, werden den Böden beträchtliche Salzmengen zugeführt: 50 000 t Salz jährlich, insgesamt bisher 360 000 t. Auf vielen Äckern sind bereits schwere Versalzungsschäden eingetreten. Eine Untersuchung ergab 1959 folgenden Zustand für das Gesamtgebiet des Deltas. M. PEREZ ESPINOSA, 1959.

1. mit < 0,20 % Salzgehalt, praktisch salzfrei	60 575 ha = 19,6 %
2. mit 0,20–0,60 % Salzgehalt	138 090 ha = 44,6 %
3. mit 0,60–2,00 % Salzgehalt, für die meisten Pflanzen bedeutend schwere Schäden	67 585 ha = 21,8 %
4. mit > 2,00 % Salzgehalt, nicht nutzbar	43 480 ha = 14,0 %
	309 530 ha = 100,0 %

Unter den Salzen sind durchschnittlich 33 % NaCl, 42 % Na_2SO_4 und 25 % $CaSO_4$ vertreten. Die Tiefen von 80 cm bis zu 4 m sind meist salzfrei, die Salzanreicherung ist in den oberen Schichten erfolgt.

Ein großes Programm zur Entsalzung ist seit 1953 ausgearbeitet worden und angelaufen. 1959 wurden 1285 km Drainage gelegt, darunter längere Strecken von 4 m tiefen Gräben, die 92 600 ha entwässern sollten. Etwa 10 % der jährlichen Einkünfte mußten für die Bodenwiederherstellung ausgegeben werden. Es sollen zwei Waschperioden von je 30 Tagen im Jahr eingeführt werden, mit Hilfe derer die Böden durchspült werden, so daß mit der Drainage wieder Salz abgeführt werden kann. Eine Verbesserung der Erträge um 8 bis 12 % pro Fläche konnte nach diesen Maßnahmen nach 5 bis 6 Jahren festgestellt werden.

Mexicali als zentraler Ort für das Colorado-Delta. Die Stadt *Mexicali* wurde zum Wirtschafts- und Industriezentrum des *Colorado-Deltas.* Von 13 Konzernen wurden insgesamt 45 Baumwollentkernungsfabriken aufgebaut. 7 weitere Fabriken sind im Delta vorhanden, außerdem 16 in *San Luis.* Es wurden in Mexicali 5 Ölmühlen und 3 Großpreßanlagen für Ballen errichtet. Es wurden Sackfabriken eingerichtet und Tafelfett- und Seifenfabriken, die das Baumwollöl verarbeiten.

Die Stadt *Mexicali* hatte 1900 etwa 1000 E., 1920 6700 E., 1930 14 500 E., 1940 19 000 E., 1950 64 660 E. und 1960 172 550 E. und war damit die achtgrößte Stadt Mexicos. Der Ausbau ließ neue Straßen und Wohnviertel entstehen. Mexicali hat u. a. seinen wirtschaftlichen Aufschwung den Gesetzen der „Zona Libra“, der 1937 geschaffenen Freihandelszone, zu verdanken (die 1967 aufgehoben werden sollte), was insbesondere die Einfuhr von Maschinen und vielen Autos aus den USA möglich machte, die das Straßenbild der Stadt beherrschen. Banken, Kinos, Supermarkets, Bekleidungs- und Ausrüstungsläden, Versicherungen, Maschinen- und Autoreparaturwerkstätten sowie Autovertretungen haben sich in Mexicali niedergelassen.

Die Entwicklung des pazifischen Nordwestens. Wenige Landschaften Mexicos wurden während des letzten Jahrzehnts so verändert wie der Nordwesten, so in *Sonora* und *Sinaloa* [1110, 1114, 1117]. Diese Gebiete verdienen besonders erwähnt zu werden, da die deutschen Geographen Leo Waibel, 1927 [1118], und G. Pfeifer, 1930 [1115, 1116], umfangreiche Studien darüber veröffentlichten. Der Verfasser bereiste diesen Raum 1962. C. L. Dozier [1111] veröffentlichte 1963 eine weitere Studie über die Bewässerungswirtschaft von *Sonora* und *Sinaloa.*

Seit der Zeit der Loslösung Mexicos vom Mutterland erfuhr der Nordwesten einen wirtschaftlichen Aufschwung. Europäische Kaufleute ließen sich an der Küste nieder, Häfen wie *Guaymas, Topolobampo* und *Mazatlán* wurden ausgebaut. *Guaymas* erhielt Verbindung mit dem amerika-

---

Bild 67 (rechts). Bewässerungsgebiet des Rio-Colorado-Deltas. Ausschnitt aus dem Gebiet nördlich des Cerro Prieto-Vulkans, 30 km südöstlich von Mexicali. Im Bild unten links der „Canal Cerro Prieto“; diagonal von links oben nach rechts unten Flußarme des Rio Hardy; unten rechts (hellgrau) das La-Laguna-Gebiet mit Schwemmfächern und Sümpfen; oben rechts (in der Bildecke) die Eisenbahn von Sonora nach Mexicali; rechts am Rande die Siedlung Morelos; die zahlreichen Bewässerungsgräben sind mit Baumreihen bestanden (Compañía Mexicana Aerofoto, S. A., México; Bild-Nr. 14416/61; aufgenommen am 12. 5. 1961, Maßstab etwa 1 : 20 000; Aufnahmehöhe 3800 m)

N

nischen Eisenbahnnetz. Die Kupfererze von *Bisbee* und *Nordsonora* konnten zum Meer transportiert werden. *Nacozari* und *Cananea* wurden auf mexicanischer Seite zu städtischen Mittelpunkten dieses Gebietes. In *Sonora* werden heute über 50 % des mexicanischen Kupfers gefördert. Lager von Wolfram, Blei, Kobalt und Graphit werden abgebaut. Die Bevölkerung hat beträchtlich an Zahl zugenommen. War der *Camino Real* die Hauptleitlinie für das Vordringen des spanischen Einflusses gewesen, so wurde die Eisenbahnlinie von N, die 1929 *Guadalajara* erreichte, zur Leitlinie des amerikanischen Einflusses. Den Bergleuten und Eisenbahnern folgten Landspekulanten, Viehzüchter und schließlich Farmer als Ackerbauern. Riesige Teile des Landes gingen in amerikanischen Besitz über. Die US-Amerikaner waren es, die die seit der indianischen Zeit brachliegende Landwirtschaft zunächst wieder belebten. Sie bauten Bewässerungsanlagen und bearbeiteten den Boden mit modernen Maschinen. Dann übernahm der Staat Mexico die weitere Entwicklung dieses Raumes. Inzwischen ist der Großgrundbesitz liquidiert. Im Jahre 1958 wurde in *Sonora* der letzte große nordamerikanische Besitz, die *Cananea Ranch* (160 000 ha), enteignet und parzelliert. Acht moderne Stauanlagen wurden von der mexicanischen Regierung gebaut, so daß heute über 400 000 ha in den Niederungen der großen Flüsse bewässert werden können, wo vor allem Weizen, Baumwolle, Zuckerrohr und Gemüse angebaut werden. Die künstliche Bewässerung und der kurze, milde Winter machen es in Sinaloa möglich, daß Frühgemüse (Tomaten) zwei Monate eher als in Kalifornien geerntet werden kann.

Als **zentraler Ort** der *Yaqui-Oase* ist *Ciudad Obregón* (Abb. 84) (vgl. dort, Abschnitt Siedlung) zu einer modernen Stadt mit über 85 000 E. geworden. Auf Karten vor 1930 ist dieser Ort noch nicht verzeichnet. Die mexicanische Regierung will in den nächsten Jahren 1,2 Mrd. mex. $ zur Weiterentwicklung dieses Gebietes ausgeben, insbesondere für Grundwasserbohrungen und zur Verkehrserschließung.

Nach Angaben der Ingeniería Hidráulica 1968, I, ist geplant, die Küstenebene der Staaten *Sinaloa* und *Sonora* zu einem Verbundsystem von Stau- und Bewässerungsanlagen zu entwickeln, das mit mehr als 20 Anlagen sich von *Guaymas* bis zur südlichen Grenze von *Sinaloa* erstrecken soll.

Im Jahre 1961 wurde die Eisenbahn von *Chihuahua* nach *Los Mochis-Topolobampo* fertiggestellt und in Betrieb genommen, die schon 1880 trassiert war, die den trockenen Nordraum des mexicanischen Hochlandes mit der Küste verbindet und die *Sierra Madre Occidental* im *Cañon el Cobre* durchquert.

Das aus den Wüstensteppen, Kakteen- und Buschsteppen mit Hilfe von Bewässerungsanlagen kulturfähig gemachte Land gehört in diesem Distrikt drei verschiedenen Besitzgruppen an:

1. *Ejidos.*
2. *Colonias:* Das sind Zusammenschlüsse privater Landwirte (*„Colones“*), die Land nach dem Kolonisationsgesetz von 1946 (bis 1963 gültig) (*Ley Federal de Colonización de 1946*) aus Staatseigentum bekommen haben. Das Land der *Colonias* wird z. T. gemeinschaftlich bewirtschaftet.
3. *Particulares:* Das sind Privateigner, *„Pequeña propiedad“*, Landwirte, die keinen Colonias angehören und die ihr Land aus eigenen Mitteln erworben haben. Obwohl für diese Besitzform nach dem Gesetz: *„Código Agrario“*, Artikel 70, Titel I, Artikel 104, Titel I, vorgeschrieben ist, daß das Eigentum 100 ha nicht übersteigen soll, wurden für Spezialkulturen wie Baumwolle 150 ha und Zucker (im *Rio Fuerte-Tal*) 300 ha für *„Particulares“* zugelassen.

Wegen der hohen Versalzungsgefahr und -effekte bei den zumeist „überentwickelten“ Bewässerungsflächen dieser Region wurde der Anbau begrenzt, teilweise sogar Bewässerungsgebiete reduziert [873].
Bis zu 60 000 Wanderarbeiter arbeiten während der Baumwollernte im *Rio-Mayo-* und *Rio-Yaqui-Bewässerungsgebiet.* Gekürzt nach D. A. HENDERSON 1965 [1390].
Der pazifische trockene Nordwesten Mexicos bezieht das Wasser aus dem Gebiet der westlichen *Sierra Madre Occidental,* wo jährlich mit großer Wahrscheinlichkeit Niederschläge fallen [851].

Ausbau der Bewässerungsdistrikte am Rio Yaqui, Rio Mayo und Rio Fuerte

		ha 1932–52	ha 1952–58	zusammen
Rio Yaqui:	älteres Bewässerungsland	65 989		
	neueres Bewässerungsland (durch *Angostura Stauanlage)*	50 366		
	neueres Bewässerungsland (durch *Alvaro Obregón* Stauanlage und *Canal Alto*)		101 500	217 855
Rio Mayo:	älteres Bewässerungsland	7 440	17 000	
	neueres Bewässerungsland (durch *Canal Principal Tesia, C. Margen Derecha* und *Mocuzari*-Stauanlage)	11 880	29 680	66 000
Rio Fuerte:	älteres Bewässerungsland	40 600		
	neueres Bewässerungsland (durch *Canal Sicae, C. Cahuinahua, C. Valle del Fuerte* und Stauanlage *Miguel Hidalgo*)	29 400	130 000	200 000

Städtische Bevölkerung

		1940	1950	1960
Rio Yaqui:	Ciudad Obregón	12,497	30,991	68 000
Rio Mayo:	Navojoa	14,00	17,073	32,800
Rio Fuerte:	Los Mochis		21,000	30,000

Landwirtschaftliche Produktion (metrische Tonnen) des Bewässerungslandes

		1951	1960	% für 1960
Rio Yaqui:	Weizen	64,880	204,226	41
	Baumwolle	32,873	114,465	35
Rio Mayo:	Weizen	21,120	26,751	27
	Baumwolle	4,800	42,353	40
Rio Fuerte:	Baumwolle	10,419	63,298	20
	Zuckerrohr	422,584	805,500	8
	Reis	6,275	126,982	31

Das zentrale mexicanische Hochland – ein Bewässerungsgebiet in der Regenfeldbauzone. Das *Rio Lerma-Rio Grande de Santiago*-Flußsystem in Zentralmexico, am Nordrand der Sierra Neovolcánica, ist etwa 1000 km lang. Der Hauptfluß Rio Lerma mündet in den *Lago de Chapala*, der vom Rio Grande de Santiago in den Pazifischen Ozean entwässert wird. Der *Lago de Chapala* wird auch durch einen Kanal umgangen. Das Gesamteinzugsgebiet beträgt 127 240 km², d. h. 6,4 % der Fläche von Mexico, davon gehören 40 500 km² zum Einzugsgebiet des *Rio Lerma*; der jährliche Gesamtabfluß beträgt 11 457 Mio. m³. Innerhalb dieses Stromgebietes liegen die Areale dichtester Besiedlung Mexicos.

Der *Rio Lerma* entspringt in den *Lagunas de Lerma* im Hochtal von *Toluca* in 2600 m ü. d. M. Bei *Tepuxtepec* ist er aufgestaut, ein E-Werk beliefert Ciudad de México mit Strom. Im Bereich der Strecke vom Stauwerk *Tepuxtepec* über *Acámbaro, Salamanca* sind mehrere Stauverteiler und Regelungsanlagen am Fluß errichtet worden (z. B. *Presa Solis* mit 800 Mio. m³ Fassungsvermögen), so daß dieses Gebiet des „*Alto Rio Lerma*", des oberen Rio Lerma, zu einer intensiven Bewässerungslandschaft um *Valle de Santiago* ausgebaut worden ist. Bei *Tula, Atotonilco, Celaya, Irapuato (Bajío Guanajuato), León, Morelia* und *Zamora* sind Bewässerungslandschaften geschaffen worden, die zu den am intensivsten genutzten Agrargebieten Mexicos gehören. Die Vielzahl kleiner Stauanlagen prägt hier das Landschaftsbild. Im Anbau herrscht neben Weizen und Mais eine Vielzahl von Gemüsearten vor. Zwiebel-, Tomaten-, Melonen-, Kürbis-, Chile-Pfeffer- Erdbeer- und Blumenkulturen gestalten die Agrarlandschaft abwechslungsreich. Bewässerungszeiten für die verschiedenen Kulturen sind vor allem November bis Mai.

Grundbesitzstruktur im Bajío-Gebiet (Zentral-Mexico) 1960

Bundesstaat	Zahl der Besitzer bzw. Ejidatarios (in 1000)			durchschn. Ackerfläche je Privatbesitzer bzw. Ejidatario		
	Privatbesitz über 5 ha	Privatbesitz unter 5 ha	Ejidatarios	Privatbesitz über 5 ha	Privatbesitz unter 5 ha	Ejidatarios
Guanajuato	21,8	22,7	69,6	23,8	1,8	7,5
Jalisco	34,3	22,6	74,5	21,0	2,0	7,5
México	8,7	146,3	157,8	17,8	0,9	2,1
Michoacán	17,1	27,5	96,8	27,3	1,9	6,8
Querétaro	4,0	10,6	22,7	23,6	1,6	6,4

Quelle: *Censo Agrícola, Ganadero y Ejidal* 1960.

„Über die bewässerten Areale innerhalb des Bajío-Raumes stehen detaillierte Angaben zur Verfügung. Die im Vergleich zu den nicht bewässerten Flächen geringe Ausdehnung dieser Areale steht allerdings, wie noch zu zeigen sein wird, in krassem Gegensatz zu ihrer (wertmäßigen) Bedeutung als Produktionsgebiete. Da statistische Angaben über die landwirtschaftliche Nutzfläche, insbesondere über die Ackerfläche für das Bajío-Gebiet nicht verfügbar sind, wurden, vornehmlich um eine Vorstellung der herrschenden Relationen vermitteln zu können, die für die fünf Bundesstaaten gültigen Zahlen herangezogen, zu deren Territorium Teile des Bajío gehören (von West nach Ost): der Nordwesten Méxicos, der Süden Querétaros, der Süden Guanajuatos, der Norden Michoacáns und der Nordosten Jaliscos. In diesem Zusammenhang sind vor allem die Angaben über Guanajuato, México und Querétaro als repräsentativ zu betrachten, da schätzungsweise etwa 50 % ihres Acker-, Gras- und Weidelandes zum Bajío zu rechnen sind, während weite Teile Jaliscos und Michoacáns, im Gegensatz zu den drei erstgenannten Staaten, außerhalb des Hochlandsockels liegen." (J. Friedrich, [1396]).

Der *Rio Lerma* durchfließt die *Laguna de Yuríria*, die älteste künstliche große Stauanlage in Amerika. Das Einzugsgebiet des Rio Lerma bis zum *Lago de Chapala* beträgt 40 500 km², der jährliche Zufluß zum See 2000 bis 3000 Mio. m³.

Der *Rio Grande de Santiago* entwässert den *Lago de Chapala*, er mündet einige Kilometer nördlich des Hafens von *San Blas* in den pazifischen Ozean. Vier große Kraftstationen sind nahe der Stadt Guadalajara am *Rio Grande de Santiago* errichtet worden.

Der Chapala-See und seine Problematik für die Wasserwirtschaft. *„Donde muere un Lago, nace un desierto"* („Ramón Rubin"), d. h. „Wo ein See stirbt, entsteht eine Wüste", wird von den Gegnern der „Austrockner" von Mexicos größtem natürlichen See zitiert.

Der *Lago de Chapala* ist Mexicos größter natürlicher See im zentralen Hochland in den Staaten *Jalisco* und *Michoacán* (80 km lang, 18 km breit) (Abb. 112).

See und Landschaft. Die nach Menge der jährlichen Niederschläge schwankende Wassermenge betrug bis 1940 zwischen 5 und 12 Mrd. m³. Der Seespiegel liegt bei mittlerem Wasserstand 1521 m ü. d. M., die mittlere Tiefe beträgt 6 m, die größte Tiefe 12 m. Das ursprünglich natürliche Wasserbecken des Sees erhielt sein Wasser zur Hauptsache durch den Zufluß des *Rio Lerma* und wurde durch den *Rio Santiago* entwässert. Fischreichtum und klares Wasser ließen den See zum Zentrum eines Siedlungsgebietes werden, in dem für Fischerei, Ackerbau und Viehzucht gegenüber dem sonst verhältnismäßig trockenen mexicanischen Hochland besonders günstige Naturbedingungen vorhanden waren. Die Mitte des Sees und die Nordseite sind z. T. (1960 = 220 km²!) mit Wasserpflanzen bedeckt, da sich die „Wasserpest", die *Eichhornia*, dort *„Liria"* genannt, sehr stark ausgebreitet hat. Sie wurde durch Überschwemmungen sehr verbreitet [269]. In der Mitte des Sees gibt es die kleinen Inseln *Presídio* und *Alacranes*, früher Fort, dann Gefängnis. Das *Chapala*-Becken ist umgeben von vulkanischen Bergreihen und zerschluchteten Tiefebenen. Das Talbecken von Chapala (etwa 10 000 km² groß) wurde im Pleistozän durch 30 bis 100 m mächtige Basaltströme, die inzwischen vom *Rio Grande de Santiago* durchschnitten sind, abgeschlossen. Die ehemaligen Waldbestände am See sind vernichtet; sie sind nur noch auf den 2000 m hohen umgebenden Sierren erhalten. Die großen alluvialen Uferflächen des Sees sind erst im Zuge der künstlichen Entwässerung entstanden. Die Viehzucht in der Chapala-Senke ist bedeutend; berittene Rinderhirten betreuen die Herden. Hohe Ziehbrunnen gehören zum Bild der Kulturlandschaft. In der Stadt Ocotlán wird in den Nestlé-Milchfabriken die Milch verarbeitet [871, 872].

Der Chapala-See hat große Bedeutung als Wochenend- und Feriengebiet der benachbarten Stadt *Guadalajara* und als Touristenzentrum.

Schon seit Jahrzehnten, besonders aber seit 1940, seit die künstliche Entwässerung betrieben wird, schrumpft der Chapala-See zu einem kleinen, flachen Gewässer zusammen. Einerseits soll mit der teilweisen Trockenlegung neues Agrarland gewonnen werden, andererseits versucht man durch Abschneidung des Zuflusses, des *Rio Lerma*, der durch einen Kanal direkt in den *Rio Santiago* geleitet wurde, und durch zusätzliche Wasserentnahme aus dem See durch Pumpen größere Wassermengen für die hydroelektrischen Werke des oberen Rio Santiago zu gewinnen. Sein Inhalt, 1901 noch 8,5 Mrd. m³, war 1955 auf 1,2 Mrd. m³ zurückgegangen (Abb. 112). K. Helbig, der eine ausführliche Studie über diesen größten See Mexicos veröffentlicht hat, schreibt [872]:

„Man sah bereits die fruchtbaren Gefilde des Seebodens gleich herrlichen Visionen aus der Tiefe aufsteigen. In der Tat, dort, wo der Lerma seinen fruchtbaren Schlamm abgelagert hatte, im Umland von *Jamay*, konnten unwahrscheinlich reiche Marschländereien unter den Pflug genommen werden,

Bewässerungsdistrikt Nr. 11 im Bereich des Alto (oberen) Rio Lerma

Zeitplan der Bewässerung verschiedener Kulturen des Anbauzyklus 1963-1964 (nach Ing. Hidr.)

Kultur	ha	Zahl d. Bewäss.	Höhe in cm*)	Zahl der Bewässerungen 1.	2.	3.	4.	5.	6.	7.	Aussaat hauptsächlich	Vegetationsperiode	Ernte hauptsächlich
Alfalfa (Neuanbau)	1 286	10	170	1. 11.	20. 11.	10. 12.	30. 12.	10. 1.	30. 1.	1. 3.	1. 11.	4 Jahre	März
Alfalfa (alte Kultur)	2 009	9	153	1. 11.	1. 12.	1. 1.	1. 2.	1. 3.	20. 3.	10. 4.	1. 11.	4 Jahre	
Anis	125	7	70	1. 2.	20. 2.	10. 3.	30. 3.	15. 4.	30. 4.	15. 5.	1. 2.	120 Tage	Mai
Hafer für Futter	28	4	80	1. 11.	12. 12.	8. 1.	30. 1.				1. 11.	120 Tage	Februar
Erdnuß	1 083	2	40	10. 3.	15. 5.						1. 4.	165–170 Tage	15. Sept.
Kürbis	136	7	70	1. 2.	15. 2.	28. 2.	7. 3.	15. 3.	22. 3.	29. 3.	1. 2.	60 Tage	1. April
Süßkartoffel	1 072	3	60	1. 3.	10. 3.	15. 5.					1. 3.	210 Tage	September
Zuckerrohr (siembra)		3		1. 3.	10. 4.	10. 5.					1. 3.	21 Tage	1. Dez.
Zuckerrohr (1. Schnitt)	576	6	132	15. 11.	1. 1.	1. 2.	1. 3.	1. 4.	10. 5.				
Zuckerrohr (2. Schnitt)	500	6	132	15. 11.	1. 1.	1. 2.	1. 3.	1. 4.	10. 5.				
Gerste	691	4	80	1. 12.	15. 1.	15. 2.	15. 3.				1. 12.	135 Tage	15. April
Zwiebel	105	7	70	1. 11.	20. 11.	10. 12.	30. 12.	15. 1.	30. 1.	15. 2.	1. 11.	120–150 Tage	März
Chile-Pfeffer (grün)	199	9	90	1. 3.	15. 3.	30. 3.	15. 4.	30. 4.	10. 5.	20. 5.	1. 3.	120 Tage	1. Juli
Chile-Pfeffer (seco)	284	9	90	1. 3.	15. 3.	30. 3.	15. 4.	30. 4.	10. 5.	20. 5.	1. 3.	120 Tage	1. Juli
Spargel	7	5	100	1. 12.	1. 1.	1. 3.	10. 3.	1. 5.			1. 11.	120 Tage	1. März
Erdbeeren	516	26	208	1. 10.	alle 20 bis 8 Tage						1. 10.	2 Jahre	Februar
Bohnen	10 217	5	100	10. 1.	7. 3.	10. 4.	26. 4.	10. 5.			1. 2.	110 Tage	20. Mai
Kichererbse	7 239	1	20	November							20. 10.	150 Tage	April
große Bohnen	1 924	6	100	1. 11.	25. 11.	25. 12.	15. 1.	10. 2.	28. 2.		15. 9.	180 Tage	15. März
Tomaten	2 386	5	75	1. 2.	20. 2.	15. 3.	5. 4.	25. 4.			1. 2.	90–120 Tage	1. Mai
Mais (3 Bew.)	19 073	3	60	15. 1.	15. 3.	1. 5.					1. 2.	270 Tage	Oktober
Mais (2 Bew.)	8 780	2	40	1. 4.	10. 5.						1. 4.	210 Tage	Oktober
Mais (1 Bew.)	8 879	1	20	1. 5.							1. 5.	150 Tage	Oktober
Melone	263	4	60	1. 2.	1. 3.	1. 4.	1. 5.				1. 3.	120–130 Tage	Juni
Sorghum	981	3	60	1. 3.	10. 4.	10. 5.					1. 3.	150 Tage	September
Weizen (4 Bew.)	8 341	4	80	1. 12.	15. 1.	20. 2.	20. 3.				1. 12.	180 Tage	Mai
Weizen (5 Bew.)	30 000	5	100	1. 12.	15. 1.	15. 2.	10. 3.	30. 3.			1. 12.	180 Tage	Mai

*) Zur Bewässerung insgesamt verwendete Wassermenge; Höhe der Wasserschicht in cm.

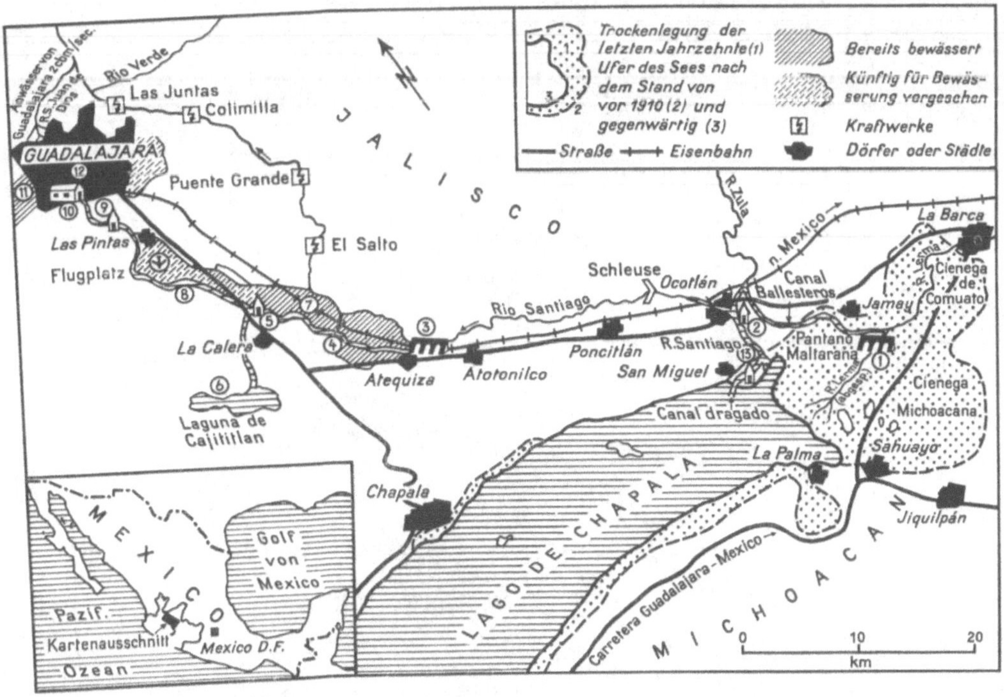

1 = Staudamm Maltaraña, um das Wasser des Río Lerma durch den 27 km langen Kanal Ballesteros nach Ocotlán zum Río Santiago zu bringen

2 = Pumpstation Ocotlán, um zusätzliches Wasser aus dem Chapala-See in den Río Santiago und in diesem 40 km abwärts zu führen bis zum:

3 = Stauwerk Corona, an dem sich der Trinkwasser- und Bewässerungskanal vom Río Santiago abzweigt

4 = Kanal von Atequiza, 25 km lang, Kapazität 12 cbm/sec.

5 = Pumpstation Nr. I., um das Wasser in den zweiten Kanalabschnitt zu heben

6 = Laguna de Cajititlán, 52 Mill. cbm Kapazität, als Ersatz-Reservoir

7 = Bewässerungsgebiet von Atequiza und vom Toluquilla-Tal

8 = Zweiter Kanalabschnitt: Canal Las Pintas, 25 km lang, Kapazität 8 cbm/sec.

9 = Pumpstation No. II, um das Wasser in den dritten Kanalabschnitt Canal El Cuatro zu heben

10 = Trinkwasserwerk Guadalajara

11 = Bewässerungs- und Infiltrationszone

12 = Stadtgebiet Guadalajara

13 = Kanal zum zurückweichenden See und Pumpstation San Miguel für die Compañía Eléctrica, um Wasser in den Río Santiago zu führen

Abb. 112. Trockenlegung des Chapala-Sees, Wasser- und Stromversorgung der Stadt Guadalajara. (Nach K. Helbig 1958)

bis sie nach drei Jahren durch immer weiteres Abrücken des Seeufers auszutrocknen, zu verhärten und zu versauern begannen und der ätzende Humus des Bodenschlicks die Pflanzen verbrannte. Da endlich begann man, vom bereits angekündigten Verkauf von weiteren 18 000 ha Seeboden und der Gewinnung von mehr als 150 000 ha künftigen Bewässerungslandes in der *Lerma-Santiago-Cuenca* etwas weniger laut zu reden. Die schon 1948 in Dienst gestellte gewaltige Pumpanlage bei *Ocotlán* entzog mit ihren 15 Maschinen langsam dem bis zu 12, durchschnittlich nur 5 m tiefen *Lago de Chapala* sein Wasser. Im Zeitraum 1954/55 griff nun auch noch die „höhere Gewalt“ ein. In einer ausnehmend langen Trockenzeit sank der im Jahre 1901 noch

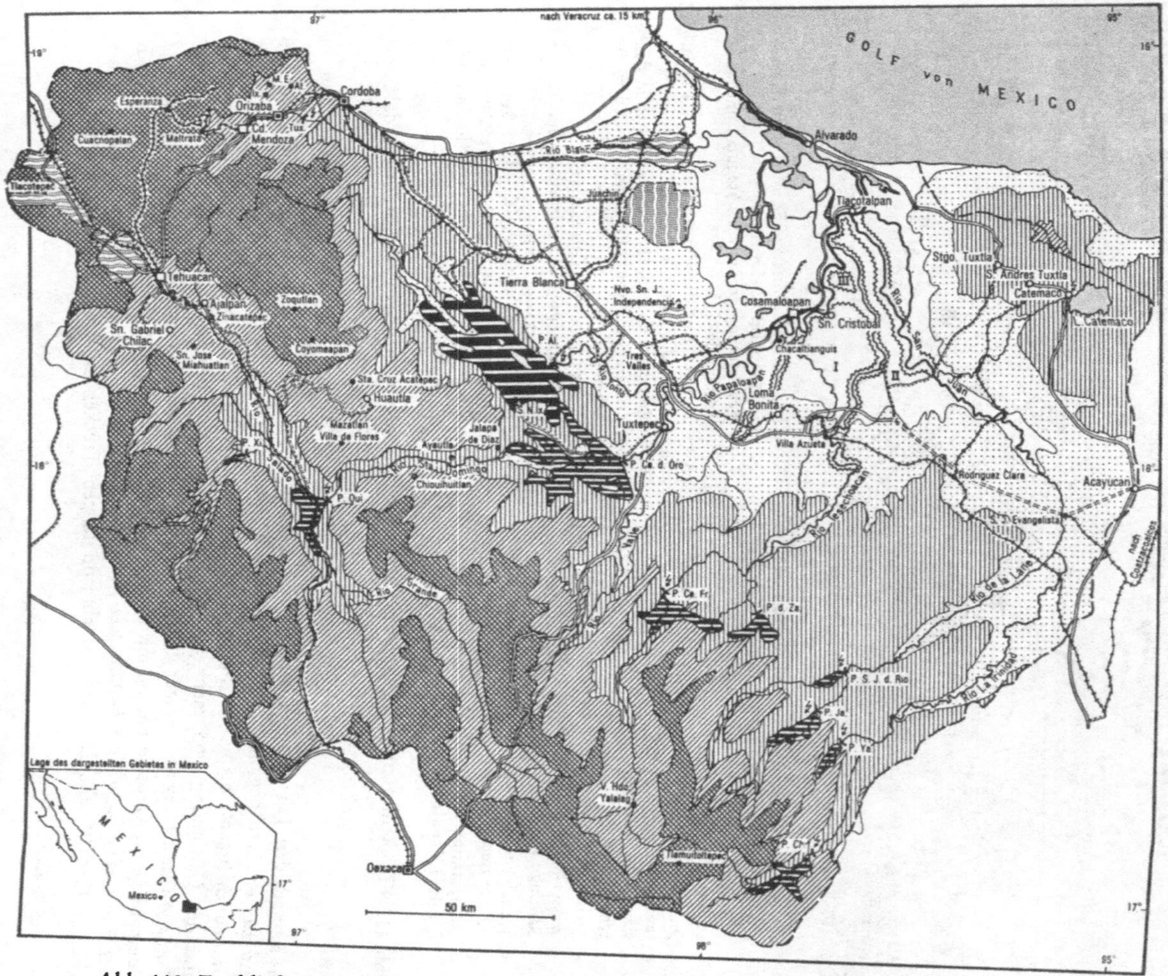

Naturlandschaft

- Grenze des Einzugsgebietes des Rio Papaloapán (schließt Regionen der Staaten Veracruz, Puebla und Oaxaca ein, die Staatengrenzen sind nicht eingetragen)
- Flüsse
- natürliche Seen, Lagunen und erweiterte Flußarme und Meeresgebiet des Golfes von Mexico
- Gebiete von 0– 10 m Höhenlage ü. d. M.
- Gebiete von 10– 100 m Höhenlage ü. d. M.
- Gebiete von 100–1000 m Höhenlage ü. d. M.
- Gebiete von 1000–2000 m Höhenlage ü. d. M.
- Gebiete von über 2000 m Höhenlage ü. d. M.

Kulturlandschaft

- Stadt mit mehr als 25 000 Einwohnern
- Stadt mit 10 000–24 999 Einwohnern
- Ort mit 5 000– 9 999 Einwohnern
- Ort mit 2 500– 4 999 Einwohnern
- Eisenbahn
- Autostraße (Fernstraße) mit fester Decke im Bau bzw. projektiert
- Autostraße (Fernstraße) mit fester Decke
- einfache Allwetterstraße
- Deich im Bau bzw. projektiert
- Stausee „Aleman"
- Stausee im Bau bzw. projektiert
- Staudamm
- E-Werk

(Die Staudämme liegen fast alle in solchen Regionen, daß die höchsten Niederschlagsmengen, die in den Höhenlagen von ca. 500 m bis 1200 m ü. d. M. fallen, aufgefangen werden können)

- Bewässerungsgebiet
- Bewässerungsgebiet in Entwicklung
- I, II, III, Agrargebiete, die im Schutze der Deiche in bisherigen Überschwemmungsgebieten entwickelt werden sollen, z. T. mit Hilfe von Be- und Entwässerung

At. = Atzacan
Ix. = Ixhuatlancillo
M.E. = Mariano-Escobedo
Tux. = Tuxpango
P. Al. = Presa Aleman
P. Ce. Fr. = *Presa Cerro Frio*
P. Ce. d. Oro = Presa Cerro de Oro
P. Ch. = Presa Chuxnaban
P. Ja. = Presa Jalahui
P. S. J. d. Rio = Presa S. J. del Rio
P. Qui. = Presa Quiotepec
P. Xi. = Presa Xiquila
P. Ya. = Presa Yaveo
P. d. Za. = Presa del Zapote

Abb. 113. Erschließung und Umgestaltung der Landschaft im Einzugsgebiet des Rio Papaloapán.

auf 8,5 Mrd. m³ berechnete Inhalt des Sees auf 1,2 Mrd. ab, und der Wasserspiegel erniedrigte sich bis dahin um insgesamt 6,20 Meter. Reichliche Regenfälle im Herbst 1955 hoben ihn zwar wieder um 3,20 an, so daß oberflächlich betrachtet wieder ein ziemlich großer See vorhanden war. Doch bis April 1956 sank der Spiegel erneut um 80 cm ab. Sein Verlust im Jahre 1957 betrug laut Meldung am Jahresende nicht weniger als 144 Mill. m³. Unverhältnismäßig hohe Niederschläge im Sommer 1958 füllten ihn – wie lange? – erneut auf seinen Stand von vor dem Großangriff. Normalerweise beträgt die Wassertiefe des restlichen *Chapala-Sees,* auf dem Ende des vorigen und Anfang des gegenwärtigen Jahrhunderts ein lebhafter Dampferverkehr herrschte, weithin kaum noch einen Meter. Kilometerbreit sind die Ufer des Sees trockengefallen. Die Fischerdörfer, Häfen, Badeplätze, Hotels und Touristenbungalows liegen nicht mehr wie einst am klaren Wasser, sondern am Rande riesiger Schlamm- und Staubflächen, und auch die Kraftwerke am Rio Santiago funktionieren nicht mehr einwandfrei, weil die gewaltigen Abzapfungen aus dem oberen Rio Lerma ihnen nicht mehr genügend Wasser übriglassen."

Es trat Verschlammung des Sees und Gefährdung der Trinkwasserversorgung der Stadt *Guadalajara* ein. Die auf dem neugewonnenen Seeboden angelegten Kulturflächen trockneten aus und versalzten, die Elektrizitätswerke litten unter Wassermangel. Nach der gewaltsamen Veränderung der Naturlandschaft droht der ehemals fruchtbaren Chapala-Senke die Versteppung. Es sind heftige innenpolitische Kämpfe über die Frage einer Trockenlegung oder Erhaltung des Sees im Gange. Das Auftreten von großen Überschwemmungen (1912, 1926, 1935, 1941, 1958) wurde u. a. als Grund für die Entwässerungsmaßnahmen geltend gemacht. Die Erhaltung des größten Wasserreservoirs im Binnenlande von Mexico scheint dem Gesamtwasserhaushalt dienlicher zu sein.

„Nueva Hollandia" in Mexico: Kombinierte Be- und Entwässerungswirtschaft in der feuchttropischen Golflandschaft. Zu den ganz großen, landschaftsumgestaltenden Projekten zählt die Kontrolle des *Rio Papaloapán* [867, 899, 1143, 1148] (Abb. 113).

Der **Rio Papaloapán** ist ein Fluß und Flußsystem mit vielen Zuflüssen im Golfküstenbereich in den Staaten *Veracruz, Puebla* und *Oaxaca* und einer der wasserreichsten Flüsse Mexicos. Quellflüsse kommen *(Rio Salado)* von N aus dem Tal von *Tehuacán* (dann *Rio Santo Domingo* genannt), vom Südhang der *Sierra Neovolcánica,* von W *(Rio Trinidad)* und von S *(Rio Tomeltín,* Zufluß zum *Rio San Juán)* aus den Bergen von *Oaxaca.* Der Unterlauf, d. h. Zusammenfluß des *Rio Santo Domingo* und des *Rio Tonto* nahe *Tuxtepec* am Eintritt in die Küstenebene, ist der Unterlaufabschnitt des Flußsystems, der *Rio Papaloapán* genannt wird. Der Unterlauf durchquert in weiten Schlingen die Küstenebene und mündet in der *Laguna de Alvarado* bei *Alvarado* in den *Golf von Mexico.* Der *Rio Tuxtla* entwässert den *Lago de Catemaco* im *Tuxtla*-Vulkangebiet und fließt über den *Rio San Juan* zu. Der Unterlauf hat ein Gefälle von nur 0,4 m auf 44 km. Die unteren 220 km sind schiffbar.

Der Gesamteinzugsbereich (mit *Rio San Juan*) beträgt 37 380 km² (ohne *Rio San Juan* 29 000 km²), der mittlere jährliche Abfluß 41 Mrd. m³, ohne den *Rio San Juan* 31 Mrd. m³, der mittlere Abfluß für den *Rio Papaloapán* (ohne den *Rio San Juan*) im Juli 1600 m³/sec., im März 180 m³/sec., maximal wurden (im Oktober 1950) 6600 m³/sec. gemessen. Die Breite des Rio Papaloapán beträgt zwischen 100 bis 200 m, die jährliche Sinkstoff-Fracht 14 Mio. t. Da sein Einzugsgebiet im regenreichsten Areal Mexicos liegt (1000 bis 4000 mm Jahresniederschlag), ist das Tal oft im Gefolge von Hurrikanen von schwersten Überschwemmungen heimgesucht worden (1840 bis 1945 etwa 15mal). Die Wasserführung erreicht dann im Unterlauf 8000 m³/sec. (Abb. 104 u. 113). Schwere Überschwemmungen im letzten Jahr forderten 50 Tote und 180 000 Obdachlose. Mit Sprengungen wurde versucht, ein rascheres Abfließen des Hochwassers des Papaloapan in den Atlantik zu ermöglichen.

Seit 1961 ist ein Programm, das seit 1947 projektiert ist, zur Regelung des Wasserhaushaltes in Angriff genommen worden, wobei 2 große und 3 mittlere Stauanlagen im *Papaloapán*-System und 4 mittlere im *San Juan-System* angelegt werden. Am *Rio Tonto* wurde das Stauwerk *Miguel Alemán* (8 Mrd. m³ Fassungsvermögen) 1955 in Betrieb genommen. Der Stausee ist 45 km lang und 20 km breit. Im Unterlauf sollen die Überschwemmungsgebiete eingedeicht und als Agrarfläche genutzt werden. Drei große Bewässerungsgebiete westlich von *Alvarado* bei *Piedras Negras*, bei *Joaquín (Rio Blanco)* und bei *Los Naranjos* sind in Entwicklung. Das Talgebiet *„Valle Nacional"* soll dann künstlich be- und entwässert und agrarisch genutzt werden [867, 1143]. Obwohl Wasserüberschuß zu manchen Zeiten herrschte, bewirkten Dürreperioden während der trockenen Winterzeit, daß nicht mehr als eine Ernte pro Jahr eingebracht werden konnte.

Bisher waren vom Einzugsgebiet des *Papaloapán*-Systems nur die Regionen um *Orizaba, Tehuacán, Tuxtla* und *Huautla* dichter besiedelt worden, wo vor allem Zuckerrohr angebaut wurde. Die um 1900 fertiggestellte Eisenbahnlinie durch das Gebiet hat kaum zur Besiedelung beigetragen. Bei der Ansiedlung von Landwirten gab es bei diesem Projekt Rückschläge. Vom Siedlungsgebiet her hat sich in der jüngsten Zeit eine Art Frontier in das mit tropischen Vegetationsformen bedeckte Areal nach S und O entwickelt, eine ungelenkte Kolonisation, wie sie G. Sandner, 1961, von *Costa Rica* beschreibt. Zwischen 1940 und 1960 sind etwa 45 000 Menschen aus anderen Regionen Mexicos als „Frontier"-Siedler eingewandert [1202]. Das Land wurde, soweit offiziell erworben, für 30 bis 40 mex. $ pro ha gekauft. Insbesondere fehlten Erfahrungen in der Kolonisation im tropischen Tiefland, sofern es sich nicht um Bananenplantagen handelte, sowohl bei den offiziellen Organisatoren als auch bei den eingewiesenen Kolonisten. Die Verkehrserschließung durch wetterfeste Straßen wurde betrieben. Um 1960 wurde die Autostraße durch *Süd-Veracruz* fertiggestellt. Es wurden bisher über 30 Trinkwasserwerke erbaut, um Städte und Siedlungen zu versorgen. Die verbreitete Malariaplage wurde erfolgreich bekämpft. Eine Reihe von Wasserkraftwerken zur Erzeugung elektrischer Energie ist fertiggestellt bzw. im Bau.

Die Erschließung des Südens im Stromgebiet des Rio Grijalva in Chiapas und Tabasco (Abb. 114). F. Termer, 1927 [1216], schilderte *„Die gegenwärtigen wirtschaftlichen und sozialen Zustände in den mexicanischen Staaten Chiapas und Tabasco"* so: „... Sie sind gegenüber denen, die ich in Mittelamerika kennenlernte, noch sehr im Rückstand." Das heiße, unwirtliche Land hatte, vorwiegend durch die Viehzucht genutzt, durch die Revolution und folgende Jahre in seiner Wirtschaft schwersten Schaden erlitten. Es gab kaum Straßen und nur dürftige Verkehrsverbindungen. Im Tiefland von *Tabasco* waren nur die Hügellandschaften („Savannen"), die Flußuferwälle im Delta und die Strandwall-Landschaften agrarisch genutzt. Die weiten Sumpfflächen waren Überschwemmungen ausgesetzt (Abb. 115, *Bild 7*).

R. C. West (1966) gab eine Übersicht über die zur Zeit der Abfassung des Manuskriptes dieses Buches in Mexico „gegenwärtigen Zustände". In der Zeit zwischen beiden Berichten wurde der Süden, wie K. Helbig [1200] schrieb, wirklich großenteils erschlossen. Nach 400jähriger Abgelegenheit vom Zentrum des Landes Mexico wurde seit 1940 in *Nord-Chiapas* und in *Tabasco* viel geleistet. „El rápido desarollo económico de *Tabasco* desde 1940 constituge un ejemplo de los recientos cambios que han ocurrido en muchas llanuras tropicales de México y Centroamérica durante este siglo." R. C. West [1334].

Abb. 114. Erschließung und Umgestaltung der Landschaft im Einzugsgebiet des Rio Grijalva, Mexico (vgl. Abb. 13, 106 u. 107 u. *Bild 7*), (Entwurf GIERLOFF-EMDEN nach dem Material der Secretaría de Recursos Hidráulicos, Mexico)

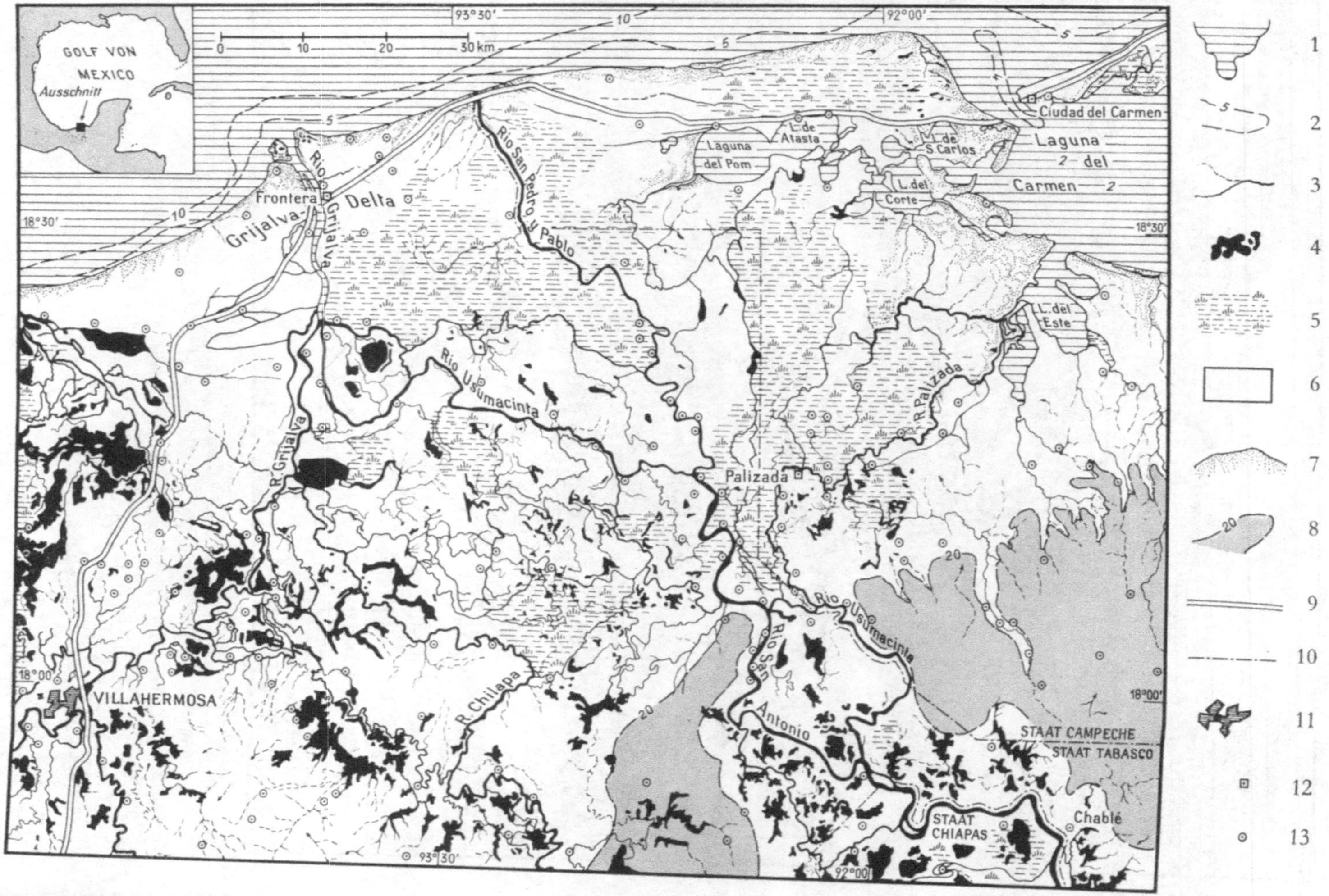
GOLF VON MEXICO
Ausschnitt
0 10 20 30 km
93°30'
92°00'
18°30'
18°00'
10
5
2
20
Ciudad del Carmen
Laguna del Carmen
L. de S. Carlos
L. de Atasta
Laguna del Pom
L. del Corte
L. del Este
Frontera
Rio Grijalva
Grijalva-Delta
Rio San Pedro y Pablo
Rio Usumacinta
R. Palizada
Palizada
R. Grijalva
R. Chilapa
Rio San Antonio
VILLAHERMOSA
STAAT CAMPECHE
STAAT TABASCO
STAAT CHIAPAS
Chablé
1
2
3
4
5
6
7
8
9
10
11
12
13

1 = Meer (Golf von Mexico und Lagunen mit Verbindung zum Meer und Flußunterlauf)
2 = Tiefenlinien im Meer
3 = Flüsse und Flußarme
4 = Seen und Altwasserarme
5 = Sumpfgebiete, temporär überschwemmte Gebiete
6 = Küstentiefland (z. T. mit Regenwaldformation oder Palmsavannen bedeckt, z. T. besonders entlang der Flüsse auf den Flußuferwällen als Kulturland genutzt [Kakaoplantagen])
7 = Strandwälle
8 = Pleistozäne Terrassen, Gebiete, die über der 20-m-Höhenlinie liegen
9 = Golfküsten-Autofernstraße Veracruz-Mérida, Abschnitt Villahermosa-Ciudad del Carmen
10 = Grenze der Bundesstaaten
11 = Größere Stadt
12 = Städte
13 = Siedlungen

Abb. 115. Sumpf- und Delta-Landschaft im Unterlauf der Flüsse Rio Grijalva (Mezcalapa) und Rio Usumacinta in Tabasco und Campeche (vgl. *Bild* 7). Entwurf: GIERLOFF-EMDEN nach Karte 1 : 500 000 von Mexico, nach Luftbildern und Befliegung)

Schon heute gibt es ertragreiche Kulturlandschaften in Tabasco; Kokosplantagen auf den Strandwällen, Kakaopflanzungen (eine Kultur aus präkolonialer Zeit in *Tabasco*!) auf den fruchtbaren Flußuferwällen der Deltalandschaft und Viehzuchtgebiete auch in feuchten Savannen, die z. T. entwässert sind (*Bild* 7). Die Verkehrserschließung zu Erdölfeldern in *Tabasco*, der Bau der Fernstraße von *Veracruz* über *Coatzacoalcos* – *Villahermosa* – *Campeche* – *Mérida* schloß *Tabasco* ans moderne mexicanische Transportnetz an. Die Eisenbahn umging das Delta und wurde durch das unbewohnte „Hinterland“ am trockenen Gebirgsfuß entlang über Teapa geführt. Hauptanliegen des Projektes der *Comisión del Rio Grijalva* ist die Bändigung und Nutzung des wasserreichsten Stromsystems von Mexico, des *Rio Grijalva*. Dieser Name kommt dem letzten Tieflandabschnitt des – 1518 vom spanischen Kapitän JUAN DE GRIJALVA an der Mündung entdeckten – Flusses zu. Weiter hinauf bis zum langen und rund 600 m tiefen *Sumidero-Cañon* (*Bild* 6) nahe der Hauptstadt von *Chiapas*, *Tuxtla Gutiérrez*, trägt er den Namen *Mezcalapa*. Innerhalb des *„Valle Central“*, des langen und breiten Hochtales zwischen der zentralen und der pazifischen Sierra, wird er *Rio (Grande de) Chiapa* oder kurz *Rio Grande* bzw. *Rio Chiapa*, oberhalb des *Angostura-Cañons* auch *Rio Chejel* genannt. Seit den Arbeiten der *„Secretaría de Recursos Hidráulicos“* wird vereinfachend der gesamte Stromlauf unter der einheitlichen Bezeichnung *„Grijalva“* erfaßt. Quellflüsse sind der *Rio San Miguel*, *Rio Cuilco* (aus der *Sierra Madre de Chiapas* kommend) und der *Rio San Gregorio* (aus den *Alto Cuchumatanes* von *Guatemala*). Kurz nach Vereinigung der Quellflüsse auf mexicanischem Gebiet durchfließt der *Rio Grijalva* das große Längstal von *Chiapas* in NW-Richtung und biegt 30 km östlich von *Tuxtla Gutiérrez* nach NW nach *Tabasco* zum *Golf von Campeche* ein, durchschneidet im 600 m tiefen *Cañon Sumidero* (100 m Schluchtbreite am Fluß, Wasserführung dort etwa 260 m^3/sec) die *Meseta von Chiapas* und fließt dann nach NW und N dem Tiefland von *Tabasco* zu. Hier ist er schiffbar. Im Unterlauf fließt der Fluß an *Villahermosa* vorbei und mündet bei *Barra de Frontera* in den Golf. Im Unterlauf besteht Verbindung zwischen dem *Rio Grijalva* und dem *Rio Usumacinta*. Dieser Flußarm wurde in historischer Zeit infolge Überschwemmungen oft verlegt. Die Gesamtlänge der *„cuenca“* des *Rio Grijalva*, also seines Stromgebietes, ist von dem mexicanischen Ingenieur ECHEGARAY auf 766 km, seine Fläche auf 52 182 km^2, seine jährliche abgeführte Wassermenge im Mittel auf 40 419 Mio. m^2 (sechsfache Menge der Elbe oberhalb Hamburgs), zusammen mit der des im Unterlauf einmündenden, noch wasserreicheren Usumacinta auf 105 Mrd. m^3 berechnet worden [264] (Abb. 114, 115).

Wasserführung und Feststoffe. Rund ein Viertel der gewaltigen Wassermenge des *Rio Grijalva* sammelt sich bereits in der *„cuenca alta"*, also dem oberen Stromgebiet. In schweren Regenjahren kann diese Menge sich verdreifachen. Im Jahre 1952 z. B. steigerte sie sich von durchschnittlich 9 bis 10 auf 28,5 Mrd. m^3, davon allein 8,062 Mrd. = 28 % im Monat Oktober, den zusammen mit dem September stets die größten Wassermassen und gleichzeitig die größte Menge an schwebenden Bestandteilen erbringt. 1949 z. B. flossen bei Beobachtungsstation *Puente Colgante* kurz vor dem *Sumidero-Cañon* nur gut 8,03 Mrd. m^3 Wasser durch; sie führten 13,7 Mio. m^3 schwebenden Schlamm. Nicht weniger als 7,3 Mio. m^3 davon passierten mit 2,01 Mrd. m^3 Wasser im Oktober und 3,56 Mio. mit 2,04 Mrd. m^3 Wasser im September. Einzelne besonders schwere Wolkenbrüche können in dem weithin waldlosen bzw. entwaldeten Land die doppelte und dreifache Menge Schlamm der üblichen Hochwasser erbringen [263].

Die von der Regierung Mexicos geplanten Stauanlagen am *Rio Grijalva* zählen zu den größten des Kontinents [868]. Fertiggestellt wurde die Stauanlage von *Raudales Malpaso* Netzahuacóyote (12,5 Mrd. m^3 Fassungsvermögen) (Abb. 106 u. 107) am Zufluß des von W kommenden *Rio la Venta*, 60 km nordwestlich von *Tuxtla Gutiérrez* am N-Rand der *Sierra de los Lacandones* (Abb. 114 [889]. Im Unterlauf sind weitere Maßnahmen geplant, bei *Cárdenas* westlich von *Villahermosa* wird ein großes Be- und Entwässerungsprojekt (*El Limón*) ausgeführt (Abb. 116, 117) [852, 866, 897, 1201].

1953 und 1958 wurden von der *Comisión del Rio Grijalva de Secretaría de Recursos Hidráulicos* sechs große Entwässerungskanäle in der *Chontalpa*-Region erbaut, wodurch die agrarische Nutzung erheblich entwickelt werden konnte. Diese Zone hatte mit der Hauptstadt *Villahermosa* 1960 über 326 000 E. Der Plan sieht eine Bevölkerungszahl in diesem Gebiet von 500 000 E. vor (Abb. 114) [1199].

1962 wurde das Kolonisationsprojekt von El Limón, westlich *Cárdenas* in Angriff genommen (Abb. 116). Die landwirtschaftliche Planung im Agrargebiet (Abb. 114) sieht eine weitere Entwicklung der Viehzucht vor (Abb. 116). Für 1950 wurde eine Rinderzahl von 284 000 Stück, für 1960 schon eine Zahl von 700 000 Stück angegeben! Die Weiden wurden auf 910 000 ha ausgedehnt. Dieser Aufschwung ist dem Verkehrsanschluß des Gebietes, dem Anbau von Futtergräsern und der Zuchtarbeit zu verdanken. Es wurden die lokalen Rinderrassen mit importierten indischen Zebu- und Brahma-Rindern gekreuzt, so daß Hitzebeständigkeit des Viehs erreicht wurde. Schädlingsbekämpfung, Seuchenbekämpfung, Musterformen, die Einführung von Maschinen und die vorbildliche Entwicklung des Wirtschafts- und Handelszentrums von *Tabasco*, der Stadt *Villahermosa*, trugen zum Erfolg bei (Abb. 80). Besondere Erwähnung verdient die Einrichtung einer hygienisch einwandfreien Trinkwasserversorgung im tropischen Tiefland [860, 862] (Abb. 118). Die Nutzung der Wasserkraft aus den Stauwerken wird den Ausbau von Industrien erlauben und den erhöhten Stromverbrauch für Kühlaggregate in den Siedlungen decken können.

Im Jahre 1963 wurden schon 2 Mio. Bündel Bananen zu je 40 kg und 25 mex. $ erzeugt, außerdem 21 Mio. kg Kopra in den Kokosplantagen *(cocales)*.

Die **Ansiedlung im neuerschlossenen Gebiet** (Abb. 116, 117). Um für die landwirtschaftliche Pionierarbeit Siedler zu gewinnen, wurde von der *Comisión del Rio Grijalva* u. a. ein Heft herausgebracht, das, mit farbigen Zeichnungen jeden Satz illustrierend, Texte bietet, die den neuen Lebensstandard mit folgenden Symbolen anzeigen, um die Interessenten in der Art der Comic-strip-Bildstreifen zu informieren:

Que beneficiara a familias campesinas con tierra drenada

y . . maquinaria!	Bild: Hier ein Siedler auf einem Traktor sitzend
y . . crédito oportuno!	Bild: Peso-Schein

y .. caminos	Bild: Autostraße mit Lieferwagen
y .. canales de Riego!	Bild: Arbeiter schaut am Bewässerungskanal dem fruchtbringenden Wasser nach
y .. ayuda técnica!	Bild: Arbeiter gehen in moderne Agrarschule
y .. casa habitación!	Bild: Ein hübsches Landhaus, die ehemals gebräuchliche Hütte daneben durchgestrichen
Hospital!	Bild: Moderne Klinik
Mercado!	Bild: Moderner Supermarkt, daneben Bild mit Handel auf offener Straße durchgestrichen
Escuelas!	Bild: Kinder gehen in modernes Schulgebäude
Auditorio!	Bild: Raum für Veranstaltungen
Deportes!	Bild: Sportanlagen
Luz!	Bild: Elektrisches Licht, Steckdose
Agua Potable!	Bild: Wasserleitung im Haus, Wasserträger daneben durchgestrichen
Drenaje!	Bild: Ein W.C.

Dann werden die Bedingungen geschildert, in gleicher Form, auf jeder Seite ein Satz und eine Illustration:

No es un regalo, pero tu puedes adquirirlo	Dies ist kein Geschenk, aber Du kannst es erwerben
Bedingungen:	
Si estas dispuesto a pagarlo con tu trabajo	Wenn Du es mit Deiner Arbeit bezahlen willst
Si eres Mexicano	Wenn Du Mexicaner bist
Si vives en la región	Wenn Du in der Region lebst
Si deseas progresar	Wenn Du vorankommen willst
y no tienes tierra	Und kein Land hast
y compruebas que eres un auténtico campesino	Und wenn Du nachweislich ein Landarbeiter bist
Con callos en las manos	mit Schwielen in der Hand Bild: Hand mit Schwielen
Si eres un hombre sano	Wenn Du ein gesunder Mann bist Bild: Athlet mit Schaufel
Si estas casado „por la ley“	Wenn Du „gesetzlich“ verheiratet bist Bild: Familie mit Kind und Heiratsurkunde
Si sabes leer y escribir	Wenn Du lesen und schreiben kannst Bild: Mann vor einem Plakat
Si no has tenido cuentas con la justicia	Wenn Du keinen Konflikt mit dem Gesetz hattest Bild: Mann hinter Gittern
Si no eres amigo del alcohol	Wenn Du kein Freund des Alkoholes bist Bild: Betrunkener mit Flasche, auf der Straße liegend
Dann: *Tu puedes adquirir 10 hectares*	Dann kannst Du 10 ha erwerben
Este proyecto requiere de tu trabajo personal en la parcela	Dieses Projekt verlangt deinen persönlichen Arbeitseinsatz auf der Parzelle

Dann folgen weitere Belehrungen über den technischen und administrativen Ablauf der Bewerbung, auch über Kredite zum Aufbau und Bedingungen.

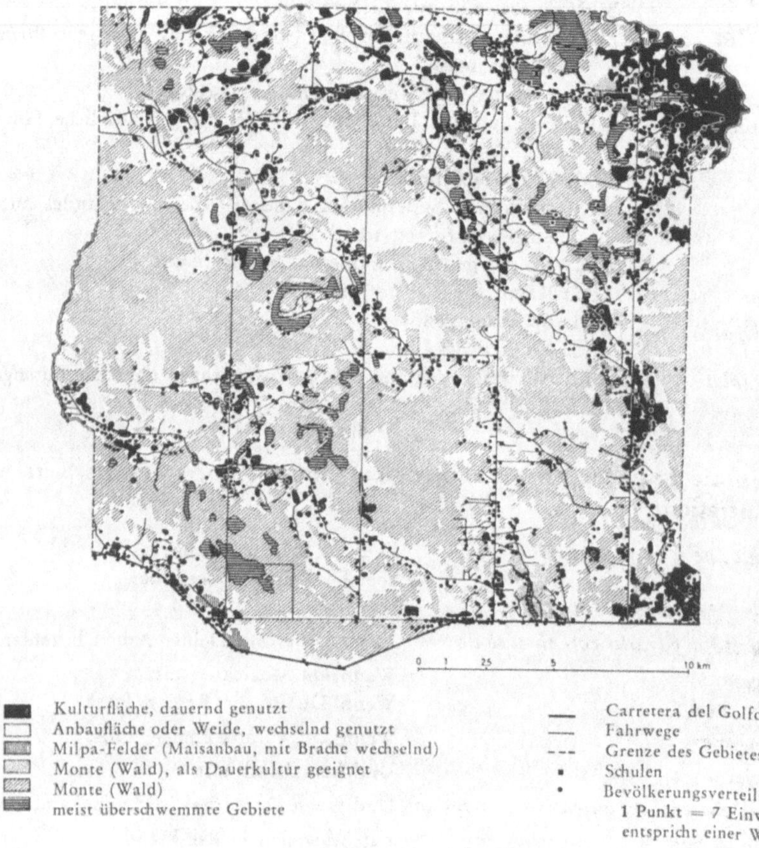

Abb. 116. Besiedlung und Landnutzung im Entwicklungsgebiet von La Chontalpa (El Limón) im Deltabereich des Rio Grijalva in Tabasco, Mexico. (Nach Unterlagen der Recursos Hidráulicos Nr. IV, Lage vgl. Abb. 114)

Beispiel: Bewässerung mit Grundwasser: Das Bewässerungsgebiet auf Baja California bei Santo Domingo (Llanos del Hiray). Das zweite große Bewässerungsprojekt der Halbinsel wurde 1950 im südlichen Territorium in Angriff genommen: in der Küstenebene östlich der *Bahía Magdalena,* in den *Llanos del Hiray* und dem *Valle de Santo Domingo.* Die *Llanos del Hiray* (auch *Yray* geschrieben) dehnen sich über 80 km von NW nach SO und in 8 bis 25 km Breite als Ebenen, z. T. flache Mulden aus. Sie werden nach W zum Pazifischen Ozean durch 5 bis 10 m hohe Dünenketten *(Médanos)* abgedämmt. Die Böden sind tiefgründig von Schlamm-Sandstruktur. In diesem Gebiet wurden 1950 zunächst fünf Brunnen erbohrt, bis 1953 waren es 40, bis 1959 521 Brunnen [863].

1960 gab es dort 500 Landwirte, die in 71 Colonias angesiedelt waren. Eine Anzahl von Parzellen gehört kapitalkräftigen Mexicanern, die nicht in Baja California leben und ihr Grundstück aus Spekulationsgründen erworben haben, ohne es zu sehen [863]. Im *Valle Santo Domingo* wie auch im *Valle de los Planes* fehlt es an billigen Kreditmöglichkeiten für kleine Landwirte, so daß die wirtschaftlich-soziale Entwicklung meist nicht in stabiler Form vor sich ging. Die zugeteilte Fläche betrug 1960 51 054 ha, von denen 39 752 ha von Trockenbuschvegetation gerodet waren.

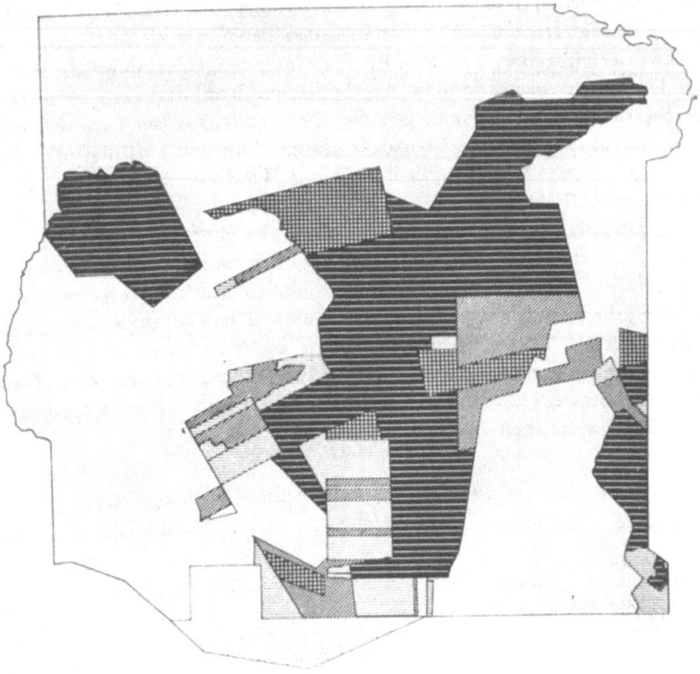

Verteilung der Besitzgrößen

	Zahl der Betriebseinheiten	Fläche zusammen	Proz. der Gesamtfläche
Ejidos		31 386.22	60.03
Comisión del Grijalva	2	1 562.82	2.99
Privatbesitz			
von 0 bis 10 ha	8	64.68	0.12
von 10 bis 20 ha	16	235.82	0.45
von 20 bis 50 ha	67	2 345.68	4.49
von 50 bis 100 ha	36	2 983.60	5.71
von 100 bis 200 ha	13	2 209.05	4.22
größer als 200 ha	23	11 495.48	21.99
Gesamtfläche		52 283.35	100.00

Abb. 117. Besitzaufteilung im Bewässerungsgebiet von La Chontalpa (El Limón) Tabasco (Lage vgl. Abb. 114). (Nach Plano No. CG–366–T–I–F–30 de la Secretaría de Recursos Hidráulicos, Comisión del Grijalva, aus Ingen. Hidráulica 1962)

Die genutzten Flächen betrugen 1953 860 ha, 1957 26 000 ha, 1959 17 000 ha. Die Llanos fallen von NO nach SW von 45 m über dem Meere auf einer Strecke von 45 km auf 2 m über dem Meere ab. Die Brunnen haben Tiefen von 22 bis 45 m, erreichen also gerade das Niveau des Meeresspiegels, da die Bewässerungslandschaft etwa in 20 bis 50 m Höhe über dem Meere liegt. Aus wasserwirtschaftlichen Gründen wurde von weiteren Bohrungen abgesehen und die Zahl der mit Pumpen zur Wasserförderung ausgerüsteten Brunnen auf 384 festgesetzt. Es wurde von der *Secretaría Hidráulica* errechnet, daß diese Brunnen bei einer Durchschnittsförderung von 40 l pro sec. etwa 240 Mio. m³ Wasser jährlich fördern, womit etwa 26 000 ha Land dauernd bewässerungsfähig sein würden. Das zum Bewässerungsgebiet nach den Naturverhältnissen gehörige Niederschlagsgebiet beträgt etwa 10 000 ha vom Kamm der *Sierra de la Giganta* im O der Halbinsel bis zum Bewässerungsgebiet im W. Die Halbinsel zeigt im Querschnitt die Form einer Synklinale, auf der die zu bewässernden Areale liegen. Von der sanften Westabdachung der östlich gelegenen Sierra versickern oder fließen die Niederschlagswasser nach W. Marine Sedimente und Laven vom Paläozän bis zum Pleistozän (ohne Oligozän) füllen die Mulde aus. Die Niederschläge betragen durchschnittlich jährlich an der Westküste 50 mm, auf den Llanos 50 bis 150 mm, auf der Sierra 300 mm. Sie fallen z. gr. T. im Juli und September, oft auch im Oktober und Dezember. Es gibt niederschlagsfreie Jahre. Etwa alle fünf bis sieben Jahre gibt es heftige Niederschläge infolge von *Chubascos* im September. Bis zum Dezember gibt es viele kleine Tümpel und Wasserlachen (aguajales). Nach katastrophalen Starkregen können die Llanos überschwemmt sein. Pro Jahr kann im Durchschnitt mit einer Niederschlagsmenge von $1250 \cdot 10^6\ m^3$ gerechnet werden, wovon 4 % oberflächlich abfließen, 60 % verdunsten, 36 % versickern (etwa $450 \cdot 10^6\ m^3$). Nach dieser Rechnung können im Bewässerungsgebiet aus den jährlich erneuerten Bodenwasservorräten höchstens $260 \cdot 10^6\ m^3$ entnommen werden; das würde zur Bewässerung von höchstens 26 000 ha ausreichen [864].

Als Anbaufläche wurden im Valle Santo Domingo genutzt:

Jahr	entnommene Brunnen-wassermenge in Mill. m^3	Baumwolle ha	Weizen ha	Mais ha	Bohnen ha	Versch. ha
1953	7 000	400	20	100	50	30
1955	95 000	8 500	1 100	300	110	70
1957	235 460	19 480	5 000	600	120	300
1959	127 540	400	6 300	300	180	2 500

Daraus ist ein erheblicher Wechsel der Anbaupflanzen zu erkennen: weg von der Baumwollmonokultur. Der Anbau vollzieht sich jahreszeitlich wie folgt:

Monate	J	F	M	A	M	J	J	A	S	O	N	D
Baumwolle			×	×	×	×	×	×				
Weizen	×	×	×	×							×	×
Mais		×	×	×	×			×	×	×		
Bohnen	×									×	×	×

Wasserversorgung von Mensch und Industrie

Mit der schnell an Zahl zunehmenden Bevölkerung Mexicos ist seit zwei Jahrzehnten auch die Versorgung der Menschen mit Trink- und Brauchwasser zu einem ernsten Problem geworden. Die schnell gewachsenen Städte mit ihren Bevölkerungsballungsgebieten und die zunehmenden Zivilisationseinrichtungen verbrauchen große Mengen von Wasser, täglich 200 bis 400 l pro Person. Die *Secretaría de Recursos Hidráulicos* hat mit ihrem Organisationszweig zur Trinkwasserversorgung bisher staunenswerte Leistungen vollbracht [849, 891, 893]. Sowohl die Versorgung nach der Wassermenge konnte bisher geleistet werden als auch die Verbesserung bestehender Anlagen durch kontrollierte Anlagen zur Versorgung mit qualitativ einwandfreiem Wasser, die Versorgung der Siedlungen mit *„agua potable“* (auf dem Lande *„agua dulce“* genannt), hygienisch gutem Trinkwasser [895]. 1948 existierten noch 89 000 Wohnplätze in Mexico mit 23 Mio. E. ohne kontrollierte zentrale Trinkwasserversorgung. 4 Mio. Menschen vergeuden täglich Arbeitszeit mit dem Wassertransport durch Tragen! Noch immer wird in manchen Städten Trinkwasser mit Karren oder Tragtier gebracht (*Bild 68*). Die Bauern nehmen ihre Tagesration Wasser im Gefäß des Kalebassenkürbis mit aufs Feld. Moderne Versorgungsanlagen sind im

Bild 68. Wasserversorgung am Stadtrand von San Andrés Tuxtla (Veracruz). Vielerorts wird sauberes Trinkwasser noch durch Esel und Multiere ausgetragen. Zum Teil wird auch Milch auf diese Weise geliefert. (GIERLOFF-EMDEN Juni 1964)

Bild 69. Trinkwasser-Versorgungsanlage bei Cárdenas (Tabasco). Versorgungsanlagen für Trinkwasser wurden von der Secretaría de Recursos Hidráulicos in vielen Städten und Dörfern angelegt. Ihre Anlagen gehören zum Bild der modernen Kulturlandschaft. (GIERLOFF-EMDEN Juni 1964)

tropischen Tiefland von *Tabasco* entstanden (Abb. 118, *Bild 69*). Ein ganz modernes Projekt wird geplant: die Export-Import Bank genehmigte einen 4 Mio. US-$-Kredit zugunsten der staatlichen Elektrizitätsgesellschaft „CFE" *(Comisión Federal de Electricidad)* für die Mitfinanzierung einer Meerwasser-Entsalzungsanlage in *Rosarita* unweit der Grenzstadt *Tijuana*. Der für den Betrieb dieser bisher größten Entsalzungsanlage der Welt erforderliche Dampf soll von dem in *Rosarita* errichteten Atomkraftwerk geliefert werden. Die Entsalzungsanlage wurde 1969 in Betrieb genommen und hat einen Tagesausstoß von 28 Mio. l Trinkwasser.

Wasserversorgungsanlagen der präkolonialen und kolonialen Zeit. Die Siedlungen der präkolonialen Zeit waren großenteils an Flüssen, Bächen und Seen angelegt. Die Siedlungen der erobernden Spanier wurden ebenfalls, oft heimischer Tradition folgend, an natürlichen Wassergerinnen gegründet. Zur Eroberung der Aztekenhauptstadt *Tenochtitlán* wurde von CORTÉS die kunstvoll angelegte Trinkwasserversorgungsleitung für die Stadt unterbrochen, so daß in der Stadt Seuchen ausbrachen. Für die wachsenden Städte der Kolonialzeit wurden, sofern nötig, große Aquädukte *(acueductos)* angelegt, die, erbaut

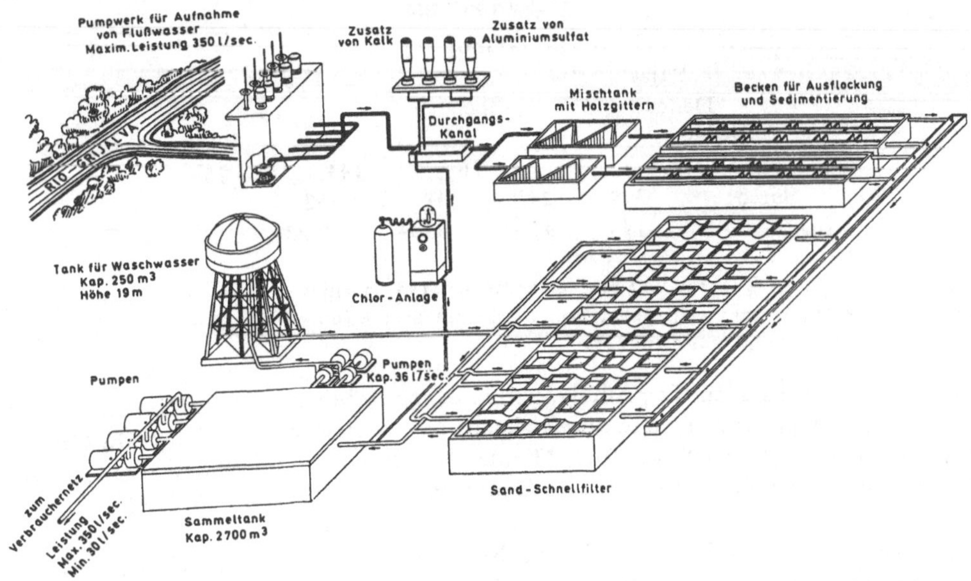

Abb. 118. Trinkwassergewinnung aus Flußwasser mit der Anlage bei Villahermosa/Tabasco (Planta Potabilisadora), projektiert für die Versorgung von 60 000 Einwohnern, Kapazität 350 l/sec. (Nach Ingen. Hidrául. en México III, 1960)

nach dem Vorbild der römischen Wasserleitungen im Trockenraum um das Mittelmeer für Jahrhunderte bis zur Gegenwart steinerne Wahrzeichen von Städten wie *Guanajuato, Morelia* (8,7 km lang!) [893], *Zacatecas, Querétaro* u. a. sind *(Bild 29)*. In den Städten wurden kunstvolle Hydranten und Verteilerbrunnen *(fuentes)* erbaut [853, 854]. Die unterschiedlichsten Formen zur Trinkwasserversorgung wurden angewendet. Man grub *pozos, jagüeyes* (zum Regenwassersammeln), *aljibes* (Wasserlöcher), Brunnen und Zisternen zum Sammeln von Grund- und Regenwasser. Große Haciendas hatten ihre eigenen Versorgungsanlagen. Weizen- und Zuckermühlen wurden hydraulisch betrieben, die Bergwerke und Schmelzen brauchten Wasserversorgungsanlagen. Zur Versorgung der Hauptstadt *Ciudad de México* wurden im Laufe der Jahrhunderte ausgedehnte Anlagen errichtet, u. a. unterirdische Zuleitungskanäle von den Hügeln des Südwestens, deren Ventilationsschächte mit ihren Turmbauten z. T. bis in die jüngste Zeit erhalten geblieben sind. Bekannt sind die Leitungen *„Cañería“* von *Tacuba* von 1627, der *Acueducto de Chapultepec*, der 1676–77 renoviert wurde, der Verteiler *„Salto de Agua“* bei *Calle Juárez*, die Verteilerbrunnen *„Fuente de Alameda“* und *„Bucareli“*. 1786 wurden vier unterirdische Leitungen, *„ramos“*, in Blei von je 5 bis 6 km Länge zur Versorgung der Stadt verlegt. Insgesamt gab es um 1900 etwa 60 km Röhrenleitungen, *„cañerías“*. 1891 wurde bei *Chapultepec* die erste Dampfpumpe installiert [855, 859].

Spezielle Maßeinheiten gab es für die Menge des Wassers zur Versorgung im kolonialen Mexico, woran auch die Bedeutung zu erkennen ist, die dem kostbaren Naß beigemessen wurde [853, 854].

Maßverhältnisse

						Granos
					Pajas	$1^7/_9$
				Dedos	9	16
			Reales	2	18	32
		Naranjas	8	16	144	256
	Surcos	3	24	48	432	768
Buey	48	144	1152	2304	20 736	36 864

1 buey = 1 vara im Quadrat und hat 48 surcos und 144 naranjas. 1 surco = 3 naranjas, 1 naranja = 8 reales, 1 real = 18 pajas, 1 paja erbringt in 1 Minute ein „libra“ bzw. „cuartillo“ Wasser, das sind $14^1/_2$ quintales am Tag.

Die Maße bezogen sich auf Durchflußquerschnitte von Röhren. Zwischen *Naranja* (Apfelsine) und *Reales* gab es z. T. noch *„Limón“*, also einen kleineren Querschnitt. Die Öffnung von Querschnitt „1 paja“ gab pro Minute ein „Pfund“, „Libra“, Wasser. (Ramón Gamboa, nach *„Memoria económica de la municipalidad de México en 1830)*.

Wasserverbrauch der Industrie. Auch die Lebensmittelindustrie benötigt Wasser in riesigen Mengen, wie Konservenfabriken, Zuckerraffinerien, Schlachthöfe und Molkereien. Für die Produktion einer Scheibe Brot werden vom Saatkorn an gerechnet 150 l Wasser gebraucht. Der Wasserverbrauch in der Nahrungsmittelindustrie beträgt pro Tonne produzierten Nahrungsmittels für Zucker 70 m^3, Bier 8 m^3, Speiseöl 35 m^3.

Zur Produktion synthetischer Fasern sind zwischen 2500 m^3 und 3500 m^3 Wasser pro Tonne Kunstfaser nötig, während für die Verarbeitung einer Tonne Baumwollfaser nur 6 m^3 erforderlich sind [1368]. Die Verarbeitung pflanzlicher Produkte ist im Wasserverbrauch weitaus wirtschaftlicher als die Herstellung synthetischer Produkte in der Industrie.

Der Wasserverbrauch in der Industrie pro Tonne hergestellter Produkte beträgt:

	m^3 Wasser		m^3 Wasser
Synthetischer Gummi	2500–3000	Stahl	160–260
Kohle	2250–2750	Benzin (aus Kohle)	500–900
Zeitungspapier	900–1000	Öl (Raffination)	30– 60
Papierbrei	175– 250		

Dies zeigt eine Seite der Industrialisierung, die häufig bei Planungen für Entwicklungsgebiete übersehen wird. Einige Regionen verbrauchen bereits nahezu alles verfügbare Wasser für die Produktion der Grundnahrungsmittel. Für einige Regionen bleibt die Alternative: entweder Industrie oder Nahrung.

Unglücklicherweise haben sich die beiden größten *Industrieballungsgebiete* Mexicos gerade in Landschaften natürlichen Wassermangels entwickelt: *México D. F.* im zentralen Hochland über dem es in topographisch höherer Lage nur wenige Wassersammelgräben und

Wasserüberschußareale gibt. Das Wasser muß zur Versorgung schon „bergauf" aus dem *Rio Balsas* gepumpt werden, so auch in *Monterrey* im trockenen Norden des Landes, wo bisher mit Hilfe von Tiefbrunnen aus den Grundwasservorräten Wasser beschafft werden konnte [874, 876]. Auf die Kostenfrage sei hier nicht näher eingegangen (vgl. Abschn. Städte, Monterrey).

„Agua Negra": Die trübe Flut Mexicos. Eine Flut verunreinigten Wassers ergießt sich täglich über das Land. Noch in der Bundesrepublik sind 40 % der täglich abgeleiteten 30 Mio. m^3 Wasser (entspricht der Wasserführung der Weser) gar nicht gereinigt. In Mexico sind die Abwässer noch weniger kontrolliert. Großenteils dienen die Flüsse noch, wie übrigens auch in Europa, der Trinkwasserentnahme, der Wäsche von Kleidern und Autos und der Abwasseraufnahme. Selbst in den Städten gibt es noch fotogene Motive: die Wäscherinnen am Fluß bzw. am Kanal, wie in *Aguascalientes,* wo das Wasser vom Fluß in die Stadt zum Waschplatz und unterhalb wieder zum Fluß geleitet wird. Auch auf diesem Sektor ist in Mexico während der letzten Jahrzehnte viel geschafft worden. Zahlreiche Kleinstädte haben inzwischen Kanalisation und moderne Abwasseranlagen bekommen.

Abwässer, Trinkwasserverunreinigung, Volksseuchen. Diese Kette der Ereignisse ist leider noch sehr bedeutend für Mexico. Ein enger kausaler Zusammenhang zwischen der Natur der Trinkwasserverhältnisse, der Art der Trinkwasserversorgung und der Verbreitung von Magen- und Darmkrankheiten, insbesondere solche mit tödlichem Ausgang, ist festzustellen (Abb. 119). Die *Gastroenteritis,* in Mexico mit 200 bis 400 Fällen pro 100 000 Einwohner, führt die Statistik der Todesursachen an. Ihre statistisch-regionale Verbreitung zeigt drei Gebiete mit besonders hoher Rate an, bei denen sich eindeutig der Zusammenhang mit der Trinkwasserversorgung aufzeigen läßt. Es sind dies 1. die Gebiete dichtester Besiedlung im zentralen Hochland. Dort, obwohl nicht unter tropischen Klimabedingungen, ist wegen der sehr engen Nachbarschaft von Siedlungen die Trennung von Trink- und Abwasser nicht immer vollzogen. 2. Das Gebiet der relativ dicht besiedelten Agrarzone der Indianer in *Oaxaca-Tehuantepec-Chiapas* mit noch wenig kontrollierter Trinkwasserversorgung (Abb. 119).

Im September 1969 sind im Staate Guerrero 300 Menschen bei einer Ruhrepidemie gestorben. Ursache war eine Gewässerverschmutzung im Gefolge von Überschwemmungen.

Oft sieht es noch so aus:

„Schon bei meiner ersten Ankunft in Oaxaca hatte ich oberhalb der Stadt auf einem Bergvorsprung am Rande der Hochebene ein großes Denkmal aufragen sehen. Sobald ich Zeit fand, stieg ich hinauf, nicht der Autostraße folgend, sondern auf kürzestem Wege durch ärmliche Hütten und verwahrloste Geröllfelder. Die in der Sonne dörrenden Exkremente der Hüttenbewohner verbreiteten einen entsetzlichen Geruch. Selbst hier, unmittelbar am Rande dieser namhaften, 50 000 Einwohner zählenden Stadt, gab es weder Wasserleitung noch Kanalisation, Aborte, elektrischen Strom oder sonstige uns selbstverständliche Einrichtungen der Zivilisation. Ich atmete auf, als ich die Hütten hinter mir und die aus dem Berghang herausgearbeiteten Gartenterrassen mit dem Denkmal vor mir hatte" (K. Helbig 1967 [1392]).

3. Das Gebiet auf der Halbinsel *Yucatán.* Dort fließen die Abwässer wegen der Karstwasserführung unfiltriert in Zisternen und unterirdische Gerinne. Der Boden ist bis zu 200 m Tiefe für schnellste Versickerung durchlässig, so daß auch tiefere Wasserhorizonte schnell verseucht werden. Das tropisch-heiße Klima wirkt besonders gefährdend. Während

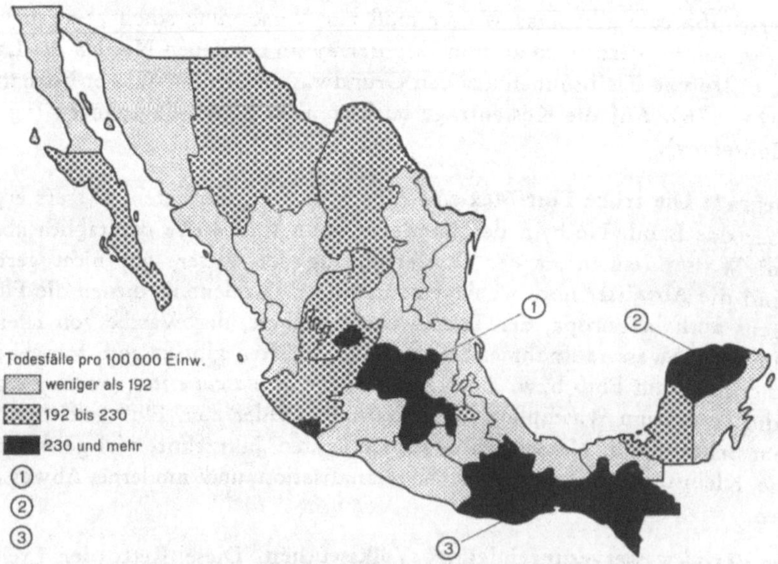

1 = Große Zahl der Todesfälle im Gebiet dichtester Besiedelung im zentralen Hochland
2 = Große Zahl der Todesfälle im Gebiet der Karst-Wasserführung (agua negra) auf Yucatán
3 = Große Zahl der Todesfälle im Gebiet mit wenig entwickelter und nicht voll kontrollierter Trinkwasserversorgung im Indianer-Siedlungsraum von Süd-Mexico

Abb. 119. Todesfälle durch Gastroenteritis in Mexico nach Regionen. (Nach Ing. hidrául.)

der Hauptregenzeit von Juni bis Oktober kommt, durch den Abfluß vieler verunreinigter versiegelter Flächen wie Straßen und Höfe, das schmutzige Wasser, *„agua negra"*, schnell in die Horizonte, aus denen die Brunnen schöpfen. Die Kindersterblichkeit ist dort in 41 % aller Fälle auf aus verunreinigtem Trinkwasser entstandene Infektionen zurückzuführen. Von 2555 Todesfällen im Sommer 1959 waren 971 Fälle durch *Gastroenteritis*, 653 Fälle durch *Enterocolitis*, 620 Fälle durch *Enteritis*, 159 Fälle durch *Toxicosis* und 18 Fälle durch *Typhus* verursacht. Größte Sorge macht also die Abfuhr des verunreinigten Wassers. Bei den von Natur aus schwierigen Verhältnissen auf *Yucatán* sollen die Abwässer unter Grund- und Süßwasserhorizonten in den unter Meeresspiegelhöhe gelegenen Salzwasserhorizont gepumpt werden [272, 877] (Abb. 23, *Bild 8*).

Die Versorgung Mexicos mit elektrischer Energie. Für die elektrische Stromversorgung der Haushalte und Straßenbeleuchtung der Städte ist die geographische Breitenlage Mexicos von Bedeutung: die Tageslängen im Sommer und Winter sind nicht sehr verschieden; ab 18 Uhr ist künstliche Beleuchtung fast während des ganzen Jahres notwendig. Da wegen der Tageshitze die dunklen kühlen Abendstunden bis Mitternacht reichen, ist die Stromentnahme zu Beleuchtungszwecken in großen Regionen hoch.

Bis 1966 wurden insgesamt 2877 Ortschaften mit elektrischem Strom durch die CFE und ihre Filialen beliefert, was bei einer Gesamtzahl von 3879 elektrifizierten Städten und Dörfern Mexicos einen Anteil von fast 75 % bedeutet. Das elektrische Verteilernetz soll ausgebaut werden, denn nach Schätzungen hatte 1965 immer noch die Hälfte der Bevölke-

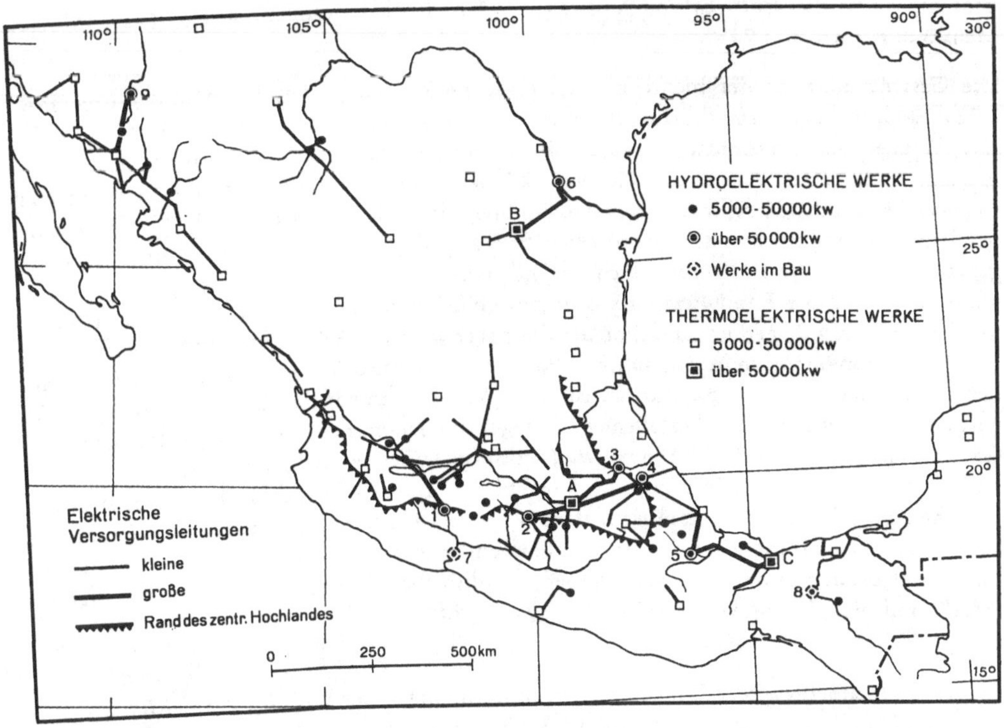

Hydroelektrische Werke
1 = Cupatizio
2 = Miguel Alemán Komplex
3 = Necaxa
4 = Mazatepec
5 = Papaloapán System
6 = Falcón System
7 = Infiernillo (Balsas)
8 = Malpaso (Rio Grijalva)
9 = Novillo

Thermoelektrische Werke
A = Ciudad de México (drei große Werke)
B = Monterrey (zwei große Werke)
C = Minatitlán (ein großes Werk)

Abb. 120. Elektrische Energiegewinnung, Stationen und Versorgungsleitungen in Mexico 1964. (Nach R. C. West 1966)

rung keinen eigenen Stromanschluß. Für die Durchführung eines Elektrifizierungsprogramms zugunsten abgelegener, ländlicher Gebiete mit insgesamt 1054 Ortschaften von zusammen 1,1 Mio. Bewohnern hat die CFE Investitionen von rund 250 Mio. mex$ gemacht; insgesamt mußten 4941 km an elektrischen Stromleitungen für die Belieferung dieser Ortschaften installiert werden. Leider werden die Versorgungsleitungen zum größten Teil oberirdisch und recht provisorisch verlegt, so daß das Bild der Siedlungen erheblich beeinträchtigt wird. Wie in den USA beherrschen die Leitungspfähle und Drähte oft das Straßenbild (*Bild 77*). Die Versorgung der Häuser drückt sich bisher zumeist im Anschluß von einigen unverkleideten Glühlampen aus, die an einer Strippe von der Decke hängen, sowie im Anschluß eines Radioapparates. In tropisch-heißen Tieflandlagen werden mit steigendem Wohlstand und Ausbau des bürotechnischen Wesens immer mehr Kühlaggregate für Privat- und Geschäftshäuser installiert. Kühlschränke gibt es auch in entfernten Dörfern. Das heiße bzw. warme Klima, das eine umfangreiche Getränkeindustrie bedingt, hatte die Entwicklung zahlreicher Ausschankstellen zur Folge (vgl. Abschn. Mensch u. Klima, *Bild 72*).

Die Gesamtkapazität der mexicanischen Kraftwerke betrug am Ende des Jahres 1960 3 021 000 kW. Die tatsächliche Erzeugung betrug in diesem Jahr 10,6 Mrd. kWh. Die Anlagen der Öffentlichen Dienste, die zu 97,5 % im Besitz der mexicanischen Regierung sind, haben eine Kapazität von 2,3 Mio. kW, private Installationen für den Eigenverbrauch der Fabrikbetriebe verfügen über eine solche von 614 000 kW. Die durchschnittliche Produktivität der installierten Energieanlagen wurde für 1960 mit 40 % angegeben (Abb. 120). 1960 verbrauchten Industrie 60 %, Handel 18 %, private Haushalte 16 % und die Landwirtschaft 6 % des gelieferten Stromes. Da der Energiebedarf Mexicos bedeutend stärker zunimmt als die gegenwärtig 3,6 % betragende Zuwachsrate der Bevölkerung, müssen in den Jahren 1967 bis 1970 große Anstrengungen zur Erhöhung der installierten Gesamtkapazität um rund 2,2 Mio. kW durch den Bau neuer Kraftwerke und die Erweiterung schon bestehender Anlagen unternommen werden. Erklärungen der CFE *(Comisión Federal de Electricidad)* zufolge wird damit gerechnet, daß sich der elektrische Energiebedarf Mexicos von 1967 bis 1972 um 70 % erhöhen wird. Das erforderliche Kapital kann Mexico nur auf dem Wege von Krediten aufbringen. Mexico besitzt inzwischen Organisationen, die den Aufbau und die Bewirtschaftung dieser modernen Energieversorgung bewerkstelligen können, nämlich die *„Compañía de Fuerza y Electricidad“* und die *„Industría Eléctrica Mexicana“* [924].

Hydroelektrische Kapazität einiger Stauanlagen der Welt im Vergleich zu mexicanischen Anlagen

Land	Stauanlage	Fluß	Kapazität in kW
UdSSR	Nizhne	Ob	11 850 000
Rhodesien	Kariba	Sambesi	8 200 000
UdSSR	Kuybyshev	Wolga	2 300 000
USA	Lewiston	Niagara	1 950 000
Ägypten	Assuan	Nil	1 920 000
USA	Hoover	Colorado	1 249 800
Mexico	Malpaso	Grijalva	1 000 000
Mexico	Infiernillo	Balsas	670 000

Wasserkraftwerke im Ausbau. Sonne und Relief schaffen natürliche Voraussetzungen für eine große potentielle Energie für Mexico, die durch Wasserkraftwerke genutzt werden kann [861]. In den nächsten fünf bis zehn Jahren sollen drei weitere hydroelektrische Kraftwerke mit einer Gesamtkapazität von rund 2,88 Mio. kW im Gebiet der Flüsse Grijalva und Usumacinta im Südosten (Tabasco) errichtet werden.

Malpaso gilt als eines der großen Elektrizitätswerke der Welt. Es ist nicht nur für die Belieferung der Industrieorte auf dem *Isthmus von Tehuantepec* wichtig, sondern auch für die Versorgung der Stahl- und Aluminiumwerke von *Puebla* [889].

Das Wasserkraftwerk *„El Infiernillo“* am Rio Balsas soll Ciudad de México weitgehend versorgen.

Es ist vorgesehen, die für Wasserkraftwerke ausnutzbaren Energiequellen durch Aufforstung und Befestigung der in Betracht kommenden Flußgebiete weitgehend zu schützen bei größtmöglicher Sicherung der Anlagen gegen Naturschäden wie Überschwemmungen, Erdbeben und Wirbelstürme.

Nutzung vulkanischer Erscheinungen. Geographisch interessant ist die Erweiterung der mexicanischen Elektrizitätserzeugung nach dem Programm der CFE zur Ausnutzung der geothermischen Energiequellen im Gebiet von *Mexicali,* das die Gewinnung elektrischer Energie aus den Naturdampfvorkommen am *Cerro de Prieto* (Abb. 111) vorsieht. Ab 1990 soll dieses Kraftwerk Baja California und Teile von *Sonora* mit elektrischem Strom versorgen können.

Bodenschätze Mexicos und ihre Nutzung

Erdöl. Mexico nahm 1960 unter den lateinamerikanischen Förderländern mit 17,2 Mio. t den zweiten Platz ein. Die Welterdölförderung betrug 1960 11 633 Mio. t, davon in Nordamerika 453 Mio. t, in Südamerika 237 Mio. t. Die spanischen Eroberer trafen Indianer mit Booten an, die verpicht waren. Erdpech, Teer, *„chapopote"*, war also bekannt gewesen. Erdöl wurde in Mexico schon 1876 von englischen und US-amerikanischen Interessengruppen gesucht. Ein erstes Erdölgesetz wurde 1901 erlassen. Ab 1907 begannen ausländische Gesellschaften mit der Förderung in großem Ausmaß (Abb. 121 a). Seit ihrer Verstaatlichung im Jahre 1938 wurde die Erdölindustrie vom staatlichen Ölkonzern PEMEX *(Petróleos Mexicanos)* übernommen [910, 1361]. Die Erdöl- und Erdgasvorkommen Mexicos liegen in der Golfküstenregion zwischen Rio Bravo und der Halbinsel Yucatán [909] (Abb. 121). Die sogenannte Nord-Zone, das wichtigste und älteste mexicanische Fördergebiet, umfaßt vier Feldergruppen: *Ebano-Pánuco, Faja de Oro, Nuevo Faja de Oro* und *Poza Rica.* Sie liefern mehr als 75 % der Gesamtförderung. Die ab 1901 erschlossenen, sehr ausgedehnten *Ebano-Pánuco-Felder* westlich von *Tampico* haben einen Förderanteil von 16 %; (Hauptfeld ist *Tamaulipas-Constituciones*).

In einem etwa 27 km breiten und 80 km langen Streifen zwischen *San Diego* und *San Isidro* liegt eine in den Jahren 1908 bis 1928 erschlossene Kette ergiebiger Felder, *„Faja de Oro"* genannt. Dort wurden durch eine einzige Bohrung in *Cerro Azul* pro Tag mehr als 30 000 Tonnen Erdöl eruptiv gefördert (bisher größte Menge in der Welt). Mit der Förderung von dieser Feldergruppe wurde Mexico von 1918 bis 1926 zweitgrößter Erdölproduzent der Welt. Die Rohölförderung, die 1921 30 Mio. t betrug, sank nach den Nationalisierungsmaßnahmen 1938 auf 5,5 Mio. t und erreichte erst 1957 wieder 12,7 Mio. t (1,6 % der Weltförderung) (Abb. 121 a). Drei Viertel der Menge werden für den Inlandsbedarf verbraucht; acht Raffinerien sorgten 1965 für die Aufbereitung.

Bisher ergaben die *Faja de Oro*-Felder eine Gesamtausbeute von mehr als 170 Mio. t. Ihr Förderanteil beträgt jetzt noch 4 %. Vor der Küste dieser Felder, nahe der *Laguna de Tamiahua,* stieß man 1963 auf den Inseln *Arrecife Medio* und *Isla de Lobos* auf aussichtsreiche Ölvorkommen. In den Jahren 1952 bis 1956 wurden die *Nueva Faja de Oro*-Felder entdeckt, die sich kettenartig bis *Tecolutla* hinziehen und ein Zehntel der mexicanischen Förderung liefern. Das 1965 ergiebigste Förderrevier der Nord-Zone enthält die *Poza Rica*-Felder. Von dort stammten 1965 45 % der mexicanischen Förderung. Zweitwichtigstes mexicanisches Fördergebiet ist die Süd-Zone mit etwa 18 % Anteil. Die Isthmus-Felder zwischen *Minatitlán* und *Villahermosa,* die auf Salzdomen liegen, die auch die Schwefellager enthalten, liefern Erdöl. Bei *Ciudad Pemex* wurden ertragreiche Gasvorkommen gefunden. Das dort seit 1951 in *José Colomo* geförderte Erdgas wird durch eine 810 km lange Ferngasleitung nach México D. F. gepumpt. Der Bedeutung nach an letzter Stelle steht die Veracruz-Zone mit den 1953 entdeckten *Angostura*-Feldern, deren Anteil an der Ölförderung Mexicos 6 % beträgt.

Erdgas hat für Mexico besondere Bedeutung gewonnen. Es dient als Energieträger für die Schwerindustrie (*Monterrey:* Schwammeisenverfahren) und überall in Mexico zum

Kochen. Damit wird der dauernden Abholzung zu Hausbrandzwecken und der Holzkohleherstellung in gewissem Maße Einhalt geboten. Große Lagertanks vor den Städten, von denen aus Lieferwagen transportable Stahlflaschen abholen, sind zusätzliche Gestaltelemente der städtischen Siedlungen geworden.

Die Nordost-Zone am Unterlauf des *Rio Grande* weist fast ausschließlich Erdgasvorkommen auf. Zentrum dieses größten mexicanischen Erdgasreviers ist das 1948 entdeckte Feld *Reynosa,* das sich über den *Rio Grande* in die USA erstreckt. Von Reynosa führen Ferngasleitungen nach Torreón und Chihuahua.

Pipeline-Systeme verbinden diese Fördergebiete mit den Verbrauchszentren des Landes. Von den beiden größten mexicanischen Raffinerien, *Minatitlán* und *Madero* bei *Tampico,* führen Produktenleitungen mit mehrfachen Verzweigungen nach *México D. F.* und *Chihuahua.* Eine Verlängerung der Gasleitung von *Chihuahua* nach *Mexicali* ist *geplant* (Abb. 121). Bis 1965 waren 16 Ölleitungen mit einer Gesamtlänge von 3900 km erbaut. Der gesamte pazifische Raum wird per Schiff von *Salina Cruz* aus versorgt. *Salina Cruz* wird per Pipeline über den *Isthmus* von der Golfküste aus zur Ölspeicherung versorgt. Im pazifischen Raum sind die Häfen *Guaymas, La Páz, Mazatlán, Manzanillo, Acapulco* dann die zentralen Versorgungsstätten für ihr Hinterland, das mit Hilfe von Tankwagen beliefert wird. Die hohe Umschlagsziffer der Häfen Tampico-Ciudad Madero, Coatzacoalcos und Salina Cruz ist das Ergebnis der Erdölfrachten. Für die Erneuerung der PEMEX-Tankerflotte wurde 1966 ein Kreditabkommen mit Japan über eine Summe von 586 Mio. mex.$ unterzeichnet, womit der Kauf von 14 Schiffseinheiten mit einer Gesamttonnage von 237 150 tdw finanziert wird.

Die Erdölförderung soll erhöht werden. 1966 wurden mehr als 400 ehemals geschlossene Quellen wieder in Betrieb genommen. Um die unter den mexicanischen Küstengewässern entdeckten Erdölvorkommen *(Petróleo difícil)* erschließen zu können, müßten Bohrungen bis zu 6000 m Tiefe niedergebracht werden. Bei Tuxpán wurde 1967 eine unterseeische Bohrung fündig und lieferte täglich 10 000 Faß. Von den 176 im Jahre 1967 vorgenommenen Bohrungen sind 120 fündig geworden [1298]. Die für 1968 geplanten Ausgaben der PEMEX belaufen sich auf 15,5 Mrd. mex. $.

Bei einer pro Tag durchschnittlich 366 000 Faß betragenden Erdölproduktion konnten die PEMEX-Raffinerien 1966 durchschnittlich 356 000 Faß pro Tag verarbeiten. Gleichzeitig erreichte die Erdgasförderung einen Tagesdurchschnitt von 1343 Mio. Kubikfuß. Bis Mitte 1966 wurden die gesamten Erdöl- und Erdgasreserven der PEMEX mit 5125 Mio. Faß angegeben, was bei dem derzeitigen Verbrauch ausreichen würde, um den Bedarf der mexicanischen Wirtschaft an Erdöl und Erdgas für 20 Jahre decken zu können. Wegen der zunehmenden Bedeutung des Erdöls für die industrielle Entwicklung Mexicos soll eine von der PEMEX vorgeschlagenen Schaffung eines speziellen Erdölinstituts mit der Bezeichnung *„Instituto Mexicano de Petróleo"* verwirklicht werden, das sich wissenschaftlichen Forschungsaufgaben sowie der Ausbildung von Arbeitskräften widmen soll. Das Institut soll innerhalb der *„Colonia Industrial-Vallejo"* von *Azcapotzalco, México D. F.,* errichtet werden [911].

Petrochemische Anlagen entlang der Felder an der *Golfküste* und in *México D. F.* künden ihre Tätigkeit weithin durch ihre stinkenden gelben Abgase an und tragen so zu einer Veränderung des Landschaftsbildes sichtbar bei. Mexico besitzt unter allen lateinamerika-

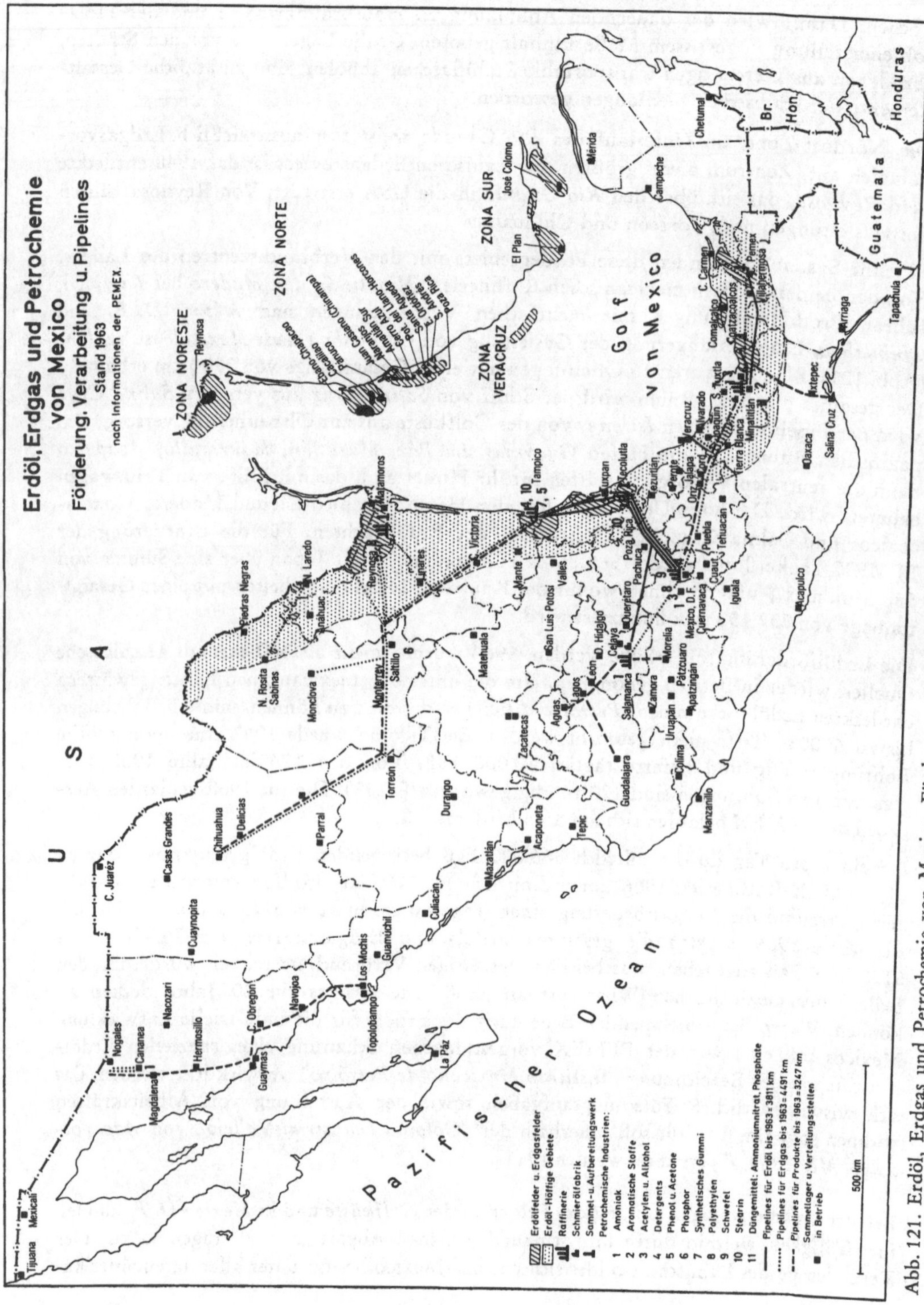

Abb. 121. Erdöl, Erdgas und Petrochemie von Mexico. Förderung, Verarbeitung und Pipelines. Stand 1963. (Nach Informationen der PEMEX)

Erdöl- und Erdgasförderung in Mexico
(Mengen in 1000 cbm)

Zone und Distrikt	1960 Erdöl	1960 Gas
Insgesamt	17 293	9 664 828
Zona Norte	3 260	3 891 441
Distrito Noroeste–Reynosa	511	3 427 190
Distrito Norte-Tampico	1 761	350 301
Distrito Sur–Tampico	988	113 950
Zona Centro	153	5 485
Cuenca del Papaloapán	153	5 485
Zona Sur	4 711	3 659 246
Istmo de Tehuantepec	1 176	153 702
Tabasco	3 535	3 505 544
Distrito Poza Rica	9 169	2 108 656
Poza Rica	7 594	1 959 552
Nueva Faja de Oro	1 575	149 104

Quelle: Petróleos Mexicanos.

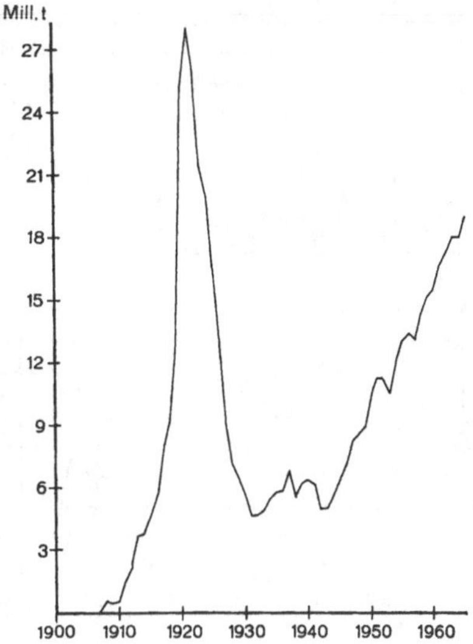

Abb. 121 a. Die Erdölproduktion von Mexico

nischen Ländern die am meisten ausgebaute petrochemische Industrie. 1966 waren 120 Produktionsanlagen mit einer Gesamtinvestition von 2,75 Mrd. mex.$ in Betrieb, während sich weitere 38 mit einer Investitionssumme von 1,74 Mrd. mex.$ noch im Bau befinden. Bei diesen handelt es sich vor allem um Anlagen für die Produktion wichtiger Grundstoffe wie Butadien, Styrol, Ammoniak, Aethylen, Azetaldehyd u. a. Zu den von der PEMEX hergestellten Hauptprodukten gehören Ammoniak, Polyäthylen, Dodecylbenzol, Esterin, Vinylchlorid, Azetaldehyd, Toluol und Xylen. Seit der 1938 erfolgten Verstaatlichung der mexicanischen Erdölindustrie haben die mexicanischen Regierungen bestimmt, daß die Herstellung petrochemischer Grundstoffe ausnahmslos der PEMEX vorbehalten bleibt. Nach Art. 27 der mexicanischen Verfassung und ihren späteren Ergänzungen hat die Nation ein unmittelbares Eigentum am Erdöl und an allen festen, flüssigen und gasförmigen Kohlenwasserstoffen.

Kohle wurde in Mexico erst seit Mitte des 19. Jh. in nennenswerter Menge gefördert (Abb. 122 u. 123). Von den gegenwärtig genutzten Kohlevorkommen, die auf 4 Mrd. t geschätzt werden und zum großen Teil im Bereich des Staates *Coahuila* liegen, stieg die Förderung von 1940 872 000 t auf 1,4 Mio. t im Jahre 1957 an. Die Reserven der *Coahuila* Provinz werden auf 1,7 Mrd. t geschätzt, davon 1 Mrd. t im *Sabinas*-Bezirk. Die Förderung betrug 1961 etwa 1 Mio. t. Es werden auch andere Angaben geführt. Eine der größten Kokereianlagen Mexicos wurde von der deutschen Firma Koppers aus Essen bei der Stadt *Monclova* während der Jahre 1960–62 errichtet. Während der letzten Jahre wurden große Anstrengungen zur Erkundung weiterer Kohlevorkommen unternommen.

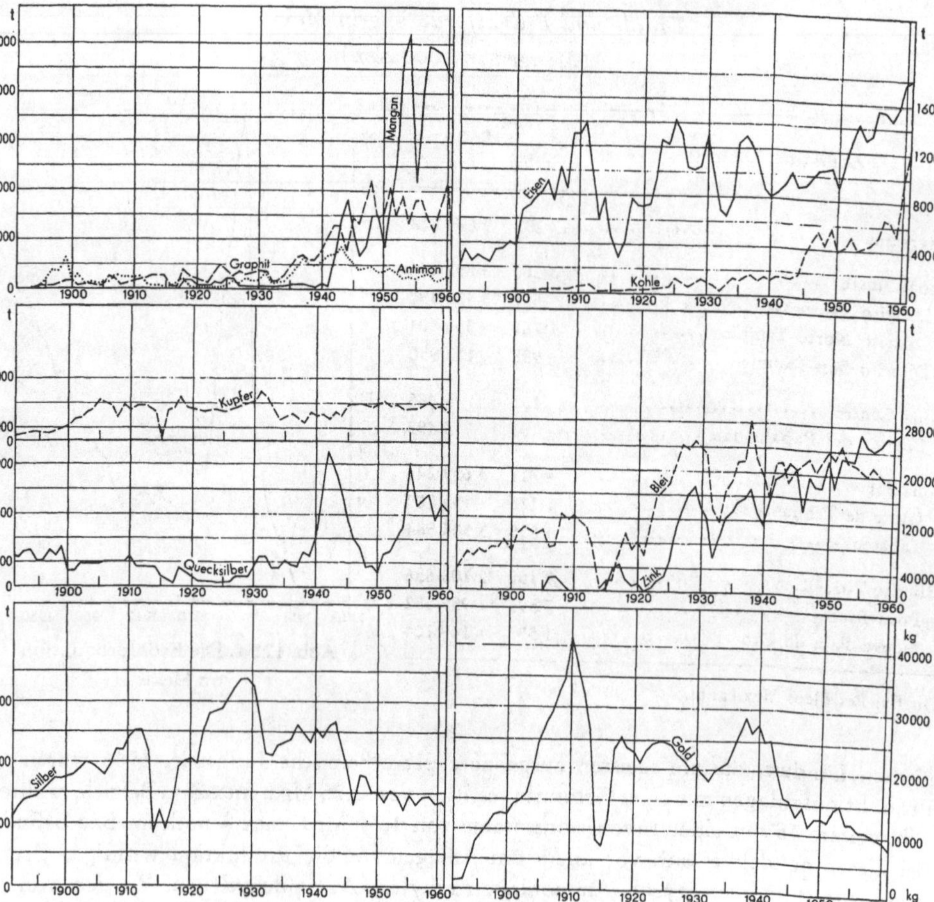

Abb. 122. Die Bergbauproduktion von Mexico in der Zeit von 1891 bis 1961. (Nach Anuario de Geografía. Universidad de México. Año IV, 1964)

Im Staate *Oaxaca*, NW der Stadt Oaxaca, wurden ausgedehnte Lagerstätten gefunden, die als Reserve für spätere Erschließungen von großer Bedeutung sein dürften.

Der **Erzbergbau** in Mexico hat von seiner großen Bedeutung vergangener Zeiten viel verloren. Der Anteil des Bergbaues am Nationaleinkommen betrug 1960 3–4 %. Der Bergbau hat im Landschaftsbild Mexicos seine Auswirkung gefunden. Alte und neue Stollen, viele Abraumhalden, verfallene und neue Minen sind weit verbreitet im Lande anzutreffen *(Bild 26, 70, 71)*. Typische Bergbaustädte sind z. B. *San Luis Potosí*, *Durango*, *Pachuca*, *Zacatecas*, *Fresnillo*, *Guanajuato* und ehemals *Taxco* mit alten, großen Privathäusern ehemaliger Minenbesitzer und Siedlungen der Minenarbeiter *(Bild 27 u. 48)*. Schmucklose, z. T. provisorische „Behausungen" und Wohnsiedlungen, deren Dächer oft mit Minenstaub bedeckt sind, im Verein mit Halden und häßlichen Anlagen sind für einige Kulturlandschaften Mexicos typisch. Über den mexicanischen Bergbau der Kolonialzeit hat R. C. West [921] für den *Parral*-Bezirk eine umfangreiche Studie veröffentlicht.

Abb. 123. Erz- und Mineralproduktion von Mexico nach Angaben für das Jahr 1961. Anteil der Produkte in Prozent an der Gesamtproduktion jeweils der Erze und Minerale in Mexico. (Bemerkung: Quecksilber in unterer Abbildung weist Dreieck in der Legende um 180° gedreht auf)

Silber für Industrie und Schmuck. Die Ausbeute an Silber belief sich 1900 auf 110 Mio. Mark, wovon 50 Mio. Mark zu mexicanischem Geld geprägt wurden (vgl. Abschn. Kolonialzeit – Bergbau und Münze).

Demgegenüber sind Mexicos Einnahmen aus „veredeltem Silber“ ganz außerordentlich gestiegen. Die „Veredelung“ erfolgt durch Kunsthandwerk und Industrie zu Schmuck und Andenkengegenständen aller Art, auch Tafelsilber, zum Verkauf an Touristen. Da gegenwärtig der Tourismus eine große Einnahmequelle Mexicos darstellt, sei darauf hingewiesen, daß ein großer Teil davon aus dem Erlös von an Touristen verkauften Silberwaren stammt. Silberbeschlagenes Zaumzeug, mit Silber eingelegte Sporen und Waffen, Silberknöpfe für *Charro*-Kostüme, für deren Herstellung einst zahlreiche Handwerksbetriebe tätig waren, werden heute z. T. an Mexicaner, z. T. an finanzkräftige Touristen verkauft. Immer noch wird Silber in der Münze zum Prägen von Pesostücken verwendet.

Die Silberminen mit der größten Produktion waren 1961 (Abb. 123):

Aquiles Serdán	in Chihuahua	mit	67 440 kg
San Francisco del Oro	in Chihuahua	mit	57 301 kg
Santa Bárbara	in Chihuahua	mit	119 906 kg
Saucillo	in Chihuahua	mit	66 463 kg
San Dimas	in Durango	mit	95 624 kg
Guanajutao	in Guanajuato	mit	41 774 kg
Mineral el Chico (Pachuca)	in Hidalgo	mit	166 594 kg
La Páz	in San Luis Potosí	mit	53 490 kg
Fresnillo	in Zacatecas	mit	79 636 kg
diese zusammen			748 228 kg
von insgesamt etwa 1200 t in Mexico			

Die Erzeugung von Edelmetallen geht seit den 20er Jahren stark zurück: Gold hat als Schmuck in Form von Wertanlage und Prestigeschmuck eine überragende Bedeutung. Die Silbererzeugung betrug 1941: 2438 t, 1957 1466 t (davon kam 90 % zum Export), 1962: 1282 t, 1966: 1306 t. Dennoch ist Mexico mit 20 % der Gesamtweltproduktion der bedeutendste Silberproduzent unter den Ländern der Erde.

Die Bedeutung des Zink-, Blei- und Eisenerzbergbaues hat dagegen zugenommen, in neuester Zeit auch die Mangan– [916] und Wolframgewinnung (Abb. 122, 123). Es werden außerdem Antimon, Graphit, Quecksilber, Arsen, Cadmium, Zinn [907] und Molybdän gewonnen. Seit 1945 hat Mexico die zweitgrößte Bleiförderung der Welt aufzuweisen (1957: 214 880 t; davon 120 000 t bei der Stadt Chihuahua). Der Anteil der Erze am Gesamtexport Mexicos betrug 1964 noch 25 %. Die Hauptposten lieferten folgende Erze (in Mio. mex$): Zink 533, Silber 523, Schwefel 469, Blei 291, Fluorit 209, Kupfer 183 und Mangan 58. Kupfer wird in bedeutenden Mengen gewonnen, Abnehmerland ist vor allem USA [1028, 1040, 1054]. Etwa 35 % der Bergbauprodukte Mexicos wurden 1961 im Lande verbraucht, etwa 65 % exportiert.

Erzlager gibt es in fast allen Teilen des Landes [908]. Die bedeutendsten Minengebiete liegen im Bereich der *Sierra Madre Occidental* und der *Sierra Madre Oriental*. Für die Haupterzförderung der Metalle Gold, Silber, Blei, Kupfer und Zink sind gegenwärtig 240 Minen in Betrieb, davon 38 im Staate *Chihuahua*, der 43 % der Gesamtförderung Mexicos bringt. Von diesen 43 % kommen 90 % aus vier Großminen *Chihuahuas* [1123,

Bild 70. Kupferbergbaugebiet von Santa Rosalía (Baja California). Föderturm und Halden als Kulturlandschaftselemente in der Trocken- und Wüstensteppe des östlichen Baja California. Im Vordergrund Kandelaberkaktus mit Nistlöchern von Vögeln. (GIERLOFF-EMDEN Februar 1962)

Bild 71. Industrieabgaswolken über der Landschaft von San Luis Potosí. Die Landschaft, die durch bergbauliche Anlagen gestaltet ist, wird von den Abgaswolken der Schmelzen überschattet. (GIERLOFF-EMDEN Juli 1964)

Der Export mexicanischer Bergbauprodukte hat sich wie folgt entwickelt

(wie aus nachstehender Gegenüberstellung der in den Jahren 1966 und 1967 erzielten Ausfuhrergebnisse hervorgeht (in 1000 US-$): Es wurden zwei aufeinanderfolgende Jahre gewählt, damit die durch die Weltmarktlage und Handelsverträge bedingte starke Schwankung erkenntlich wird)

	1966	1967	in %
Schwefel	35 401	47 953	+ 35,9
Blei (raff.)	28 251	20 646	— 27,9
Gewöhnliches Salz	34 258	53 548	+ 56,7
Zinkerz und -konzentrate	20 123	17 552	— 12,9
Flußspat	15 326	16 046	+ 4,7
Quecksilber	6 508	4 731	— 27,3
Zink (raff.)	8 129	7 043	— 13,4
Kupfer	7 242	6 471	— 10,7
Baryt	2 901	1 716	— 40,9
Mangan	1 042	2 939	+ 18,2
Unraffiniertes Blei	4 493	2 900	— 35,4

Die mexicanische Montanproduktion

Produkt		1960 Menge in t	1960 Wert[1]) in 1000 Pesos	1962 Menge in t	1962 Wert[1]) in 1000 Pesos
Edelmetalle		10 724	639 921	8 646	652 060
Gold[2])	Oro	9 339	130 368	7 364	102 305
Silber	Plata	1 385	509 553	1 282	549 755
Industriemetalle		1 160 045	2 576 840	1 954 637	2 383 544
Antimon	Antimonio	4 231	29 723	4 769	40 584
Arsen	Arsénico	12 131	15 042	10 903	11 993
Wismut	Bismuto	272	16 855	356	22 078
Cadmium	Cadmio	1 181	46 130	608	29 072
Kupfer	Cobre	60 330	502 432	47 125	370 058
Zinn	Estaño	371	10 331	585	18 758
Graphit	Grafito	34 316	26 080	29 023	22 058
Eisen	Hierro	ca. 1 000 000	145 980	1 353 622	359 904
Mangan	Manganeso	71 856	119 281	62 869	104 362
Quecksilber	Mercurio	693	53 385	650	45 525
Molybdän	Molibdeno	100	2 077	97	2 251
Blei	Plomo	190 670	633 318	193 298	514 412
Selen	Selenio	3	598	1	177
Wolfram	Tungsteno	110	2 977	48	771
Zink	Zinc	262 425	972 631	250 683	841 541
Nichtmetallische Industriemineralien		1 973 870	504 215	2 262 912	568 352
Schwefel	Azufre	1 336 168	387 489	1 442 517	418 339
Bar	Barita	270 757	37 906	318 138	44 539
Fluor	Fluorita	366 945	78 820	502 257	105 474

[1]) Wert bezogen auf den Metallgehalt der Erze.
[2]) Gold in kg.
Nach dem Wert der Produktion rangieren: Zink, Silber, Blei, Kupfer, Eisen. Nach Dirección General de Estadística.

1128]. Im Staate *Zacatecas* werden 19 % der Gesamtförderung erbracht. Eine Wirtschaftskarte also, auf der alle Bergwerke (*almadén* oder *minas*) eingetragen sind, vermittelt nicht das Bild der wirklichen Verhältnisse, da in einigen 4–8 Minen über die Hälfte der gesamten Förderung gewonnen wird, in einigen 20 fast der gesamte Rest; nur ein Bruchteil der Gesamtgewinnung kommt auf die anderen 200 Minen. Das ist u. a. eine Folge der Rationalisierung und Modernisierung der großen Betriebe [987]. Besonders große Minenbetriebe sind für Blei: *Chihuahua*; Kupfer: *Cananea* und *Santa Rosalía*; Mangan: *Autlán*; Eisen: *Durango* und *Camargo*; Zink: *San Francisco del Oro*; Silber: siehe vorhergehende Tabelle; Quecksilber: *Zacatecas, Durango, Querétaro* und *San Luis Potosí* (Abb. 123, *Bild 70, 71*).

Besitzverhältnisse im Bergbau. Seit der Díaz-Zeit waren 90 % des Bergbaukapitals in ausländischem Besitz, seit den vierziger Jahren im wesentlichen der USA, denen die Großbetriebe gehörten. Als ein Beispiel für das Schicksal mexicanischer Minenbetriebe sei hier das der Kupfergewinnung von *Santa Rosalía* (Baja California) angegeben [1094]: Kupfer wurde bei *Santa Rosalía* seit 1872 in geringerem Maße, seit 1884 in großem Maße gewonnen. Größere Lager von Kupfer- und Manganerzen sind in lehmigen Tuffen der sogenannten *Boleo*formation, eines 15 bis 75 m mächtigen Schichtpaketes des unteren Pliozän mit vier haupterzführenden Schichten, vorhanden. In einzelnen Schichten reicht der Abbau bis zu 190 m Tiefe. Der Abbau wurde von Casa Möller & Co., *Guaymas*, eingeleitet. Seit 1884 baute die *Boleo-Companie*, eine französische Kapitalgesellschaft des Hauses Rothschild, Paris, die die Konzessionen aufkaufte, die Vorräte in den Arroyos *„Boleo“* und *„Purgatorio“* ab. Es wurden jährlich etwa 10 000 t Kupfer gewonnen. Ein Hafen mit Mole wurde angelegt, eine Schmelze errichtet. Nach einem vorübergehenden Boom während des 2. Weltkrieges, als das Kupfer nach *Tacoma* (USA) verschifft wurde, legte man die Minen 1954 still. Sie werden seit 1955 unter staatlicher mexicanischer Regie in geringerem Maße genutzt. Von der Boleo-Companie wurde der erste Ort schnell ausgebaut im Stile einer Kolonialsiedlung mit hölzernen „Tropenbaracken“, d. h. Häusern mit Wellblechschrägdach, Holzbalkensäulen und überstehenden Dächern in regelmäßiger Blockanlage. Gegenwärtig scheint alles dem Verfall preisgegeben, und Armut, Alkoholkonsum und Slums machen diesen Ort zu einem der traurigsten Mexicos. Dort gehen Polizeistreifen mit Hunden und Peitsche, und in Kneipen ist die Musikbox durch einen „Käfig“ aus Hühnerdraht gegen Beschädigung gesichert.

Nach der am 7. Dezember 1963 im *„Diario Oficial“* erfolgten Veröffentlichung der Ausführungsbestimmungen zum mexicanischen Bergbaugesetz gemäß Verfassungsartikel 27 heißt es *„corresponde a la Nación el dominio directo de todos los minerales o substancias que en vetas, mantos, masas o yacimientos, constituyen depósitos cuya naturaleza sea distinta de los componentes de los terrenos“*.

Durch dieses Gesetz wird die Ausbeutung und Nutzung von Mineralien mit Ausnahme von Erdöl und allen festen, flüssigen oder gasförmigen Kohlenwasserstoffen in Mexico geregelt. Ausbeutungs- bzw. nutzungsberechtigt sind sowohl der Staat und Gesellschaften mit staatlicher Beteiligung als auch juristische oder natürliche Personen nach entsprechender Konzessionserteilung. Gemäß den Richtlinien der sogenannten „Mexicanisierungs“-Politik wird dabei die Beteiligung mexicanischen Kapitals in Höhe von 51 % bzw. 66 % je nach Konzessionsart zur Auflage gemacht.

Der hohe Grad der Mexicanisierung des Bergbaus geht aus einer vom mexicanischen Schatzministerium 1965 abgegebenen Erklärung hervor, wonach der sich in mexicanischem

Besitz befindliche Anteil an dem jährlich etwa 4500 Mio. mex. $ betragenden Wert de gesamten Bergbauproduktion Mexicos 80 % erreicht haben soll. Die US-amerikanisch „*Smelting & Refining Co.*" produzierte 1961 noch 40 % der Bergbauprodukte in Mexico Eine besondere Struktur hat noch die „*Cananea Copper Co.*", eine Tochtergesellschaf der „*Anaconda Copper Co.*", da große Mengen ihrer Produktion in Mexico verarbeite werden.

Einer Produktionssteigerung bei den führenden mexicanischen Erzen Blei und Zink dürfte nicht nur die Preissituation auf dem Weltmarkt entgegenstehen, sondern auch die Besorgnis über ein 1968 zu erwartendes Anwachsen der Betriebskosten der Gesellschaften infolge *Lohnerhöhungen* um durchschnittlich 15,5 %. Einen die Bergbauproduktion hemmenden Faktor stellen die hohen Steuern dar, die auf Ausbeutung und Export erhoben werden und etwa 40 % der gesamten Gestehungskosten ausmachen.

Der mexicanische Schatzminister gab die Grundzüge des Regierungsprogramms für den Bergbau bekannt, das u. a. folgende Punkte umfaßt (nach Deutsche Überseeische Bank):

Fortsetzung der bisherigen Anstrengungen, die auf den Ausbau der weiterverarbeitenden Industrien von Bergbauprodukten bei gleichzeitiger „Mexicanisierung" – d. h. Überführung von Bergbauunternehmen in den Besitz mexicanischer Eigentümer – hinzielen;
Förderung der Mutung und Ausbeutung von metallischen und nichtmetallischen Mineralien, die von der inländischen Industrie benötigt werden und zugleich zu einer Verminderung der Einfuhren beitragen;
die Anwendung modernster technischer Methoden in neuen Industrien soll staatlich überwacht werden;
Beseitigung aller gesetzlichen, verwaltungsmäßigen und anderen Hindernisse, die der Aktivität der kleinen Bergbaubetriebe im Wege stehen oder sie verlangsamen;
Verbesserung der technischen Hilfe für kleine Bergbaubetriebe;
die Einhaltung der Sicherheitsvorschriften in den Bergwerken soll staatlich kontrolliert werden.

Eisenbergbau und Produktion. Mit der modernen industriellen Entwicklung Mexicos haben die Eisenerze eine größere Bedeutung erlangt. Die Förderung betrug 1955 570 000 t, 1957 890 000 t. Seit 1903 begann die Entwicklung der Roheisen- und Stahlproduktion in Monterrey, wo vier der fünf großen Werke Mexicos liegen.

Produktion von Eisen und Stahl in 1000 t

	1953	1960	1965	1967
Roheisen	242	777	1161	1600
Stahlblöcke	525	1540	2156	2900

Unter den Stahl produzierenden Ländern Lateinamerikas steht Mexico an zweiter Stelle hinter Brasilien.

Bis etwa 1950 versorgte Mexico sich mit inländischem Eisenerz fast ausschließlich vom *Cerro de Mercado*. Dieser 250 m hohe Berg, an dessen Fuß die Stadt *Durango* liegt, enthält Eisenerz (Hämatit) mit 64 % Eisengehalt, das im Tagebau abgebaut wird. Die Vorräte werden auf 80 Mio. t geschätzt. Das Erz wurde bisher per Eisenbahn zu dem

450 km entfernten *Monterrey* befördert [904]. Nach Schätzungen gibt es 108 Eisenerzvorkommen in den verschiedenen Gebieten Mexicos. Im nördlichen Bereich existieren 7 Vorkommen in *Chihuahua*, 2 in *Durango*, 2 in *Nuevo León* und 4 in *Zacatecas* [906] Der Vorrat wird auf etwa 132 Mio. t geschätzt. Im nördlichen pazifischen Bereich gibt es: 17 Vorkommen in *Baja California*, 2 in *Sonora*, 3 in *Sinaloa*, die zusammen Reserven von 63 Mio. t aufweisen. zentralpazifischen Bereich haben *Jalisco* 8 Vorkommen, *Colima* 4, *Michoacán* 4 und *Guerrero* 7 mit Gesamtreserven von 281 Mio. t. In diesem Bereich befinden sich die bekannten Vorkommen von *Las Truchas* in *Michoacán* und von *Peña Colorada* in *Colima*. Diese haben den Vorzug der Lage durch ihre Nähe zum Meer. Expansionspläne schließen die Errichtung von Gießereiunternehmen in *Las Truchas* ein, während die Vorkommen in *Peña Colorado* vornehmlich dem Export dienen sollen. Die Errichtung des Wasserkraftwerkes von *Infiernillo* mit einer Kapazität von 670 000 kW läßt die Errichtung einer Gießerei und eines Stahlwerkes in *Las Truchas* mit Elektroöfen günstig erscheinen. Im Süden weisen *Oaxaca* 24 Vorkommen, *Chiapas* 1 und der Staat *Veracruz* 4 Vorkommen mit zusammen 57 Mio. t auf. Das Zentralplateau hat 1 Vorkommen im Bundesstaat *México*, 2 in *Morelos*, 2 in *Puebla* und 2 in *Hidalgo* mit 37 Mio. t. Diese Vorkommen befinden sich innerhalb eines Radius von 300 km um die Hauptkonsumzentren des Landes. Damit verfügt Mexico gegenwärtig über 570,8 Mrd. t an Eisenerzvorkommen von 60 % Eisengehalt und höher, die für 150 bis 350 Jahre ausreichen würden. Mexico ist also eines der eisenerzreichsten Länder Lateinamerikas.

„Eine *grundlegende Änderung* in der Eisenerz- und Stahlversorgung Mexicos *dürfte* nach Verwirklichung der beiden *Großprojekte „Peña Colorada" (El Mamey)* im Teilstaat *Colima* und *„Las Truchas"* in *Michoacán eintreten*. Die bereits vorgenommenen geologischen Untersuchungen haben ergeben, daß die Vorkommen von *Peña Colorada* mindestens 130 Mio. t hochwertiges Eisenerz enthalten, die eine jährliche Ausbeute von 1,2 Mio. t versprechen mit der Möglichkeit einer späteren Erhöhung auf 2 Mio. t. Das Projekt „Las Truchas" bildet einen aus Erzminen und Verhüttungsanlagen bestehenden Komplex in Verbindung mit einem Stahlwerk, das jährlich bis zu 500 000 t Stahlerzeugnisse herstellen soll, die hauptsächlich in der Bauindustrie Verwendung finden" (Deutsche Überseeische Bank).

Ausbau der Eisen- und Stahlindustrie. Angesichts des außergewöhnlichen Wirtschaftswachstums und der rasch fortschreitenden Industrialisierung Mexicos soll die Kapazität der Gußeisenproduktion bis zum Jahre 1970 um 2,2 Mio. auf 3 205 000 t erweitert werden, um jährlich bis zu 4,5 Mio. t Stahl erzeugen zu können. 1965 waren in Mexico fünf Hochöfen in Betrieb, von denen sich zwei in *Monclova (Coahuila)* befinden und eine Kapazität von zusammen 600 000 t haben – entsprechend 60 % der mexicanischen Gesamtkapazität; ein dritter Hochofen steht in *Piedras Negras (Coahuila)* mit einer Kapazität von 80 000 t (= 8 % der mexicanischen Gesamtkapazität), und zwei weitere Hochöfen befinden sich in *Monterrey* mit einer Kapazität von zusammen 325 000 t (= 32 % der mexicanischen Gesamtkapazität). 1966 wurden zwei neue Hochöfen in Betrieb genommen, einer in *Monterrey* mit einer Kapaziät von 520 000 t und ein anderer in *Monclova* mit einer Kapaziät von 430 000 t. – In der mexicanischen Hüttenindustrie sind rund 30 000 Personen beschäftigt, während weitere 100 000 in den dazugehörigen Nebenbetrieben arbeiten.

Ein Stahl erzeugendes Werk soll unmittelbar am Erzberg *Cerro de Mercado* in *Durango* errichtet werden, um die hohen Kosten des Transportes nach Monclova und Monterrey einzusparen. Zusammen mit dem Stahlunternehmen *„Fundidora de Ferro y Acero de Monterrey S. A."* hat die *„Hojalata y Lámina S. A."* mit einem Investitionsaufwand von 2 Mrd. mex.$ ein Stahlwerk bei der Ortschaft *Angelópolis* im Staate *Puebla* errichtet. Diese Anlage soll 7000 Arbeitskräfte beschäftigen und Profile und Bleche herstellen. Sie soll mit elektrischer Energie vom Stauwerk *Malpaso* am *Rio Grijalva* beliefert werden.

Monterrey wurde über seine Grenzen hinaus bekannt durch seine Eisen- und Stahlindustrie [778]. Diese Branche hat der Stadt Attribute wie „das Ruhrgebiet" oder „das Pittsburg Mexicos" eingebracht. In diesem Produktionsbereich zählen hauptsächlich zwei Firmen, die *„Compañía Fundidora de Fierra y Acero de Monterrey"* und die *„Hojalata y Lámina"*, abgekürzt „HYLSA". Die beiden Monterreyer Firmen und der staatliche Stahlerzeuger *„Altos Hornos"* produzierten im Jahre 1965 zusammen 2 452 000 t Rohstahl, 945 000 t Roheisen und 250 000 t Schwammeisen (HYLSA). Die *„Fundidora"* ist größter privater Stahlproduzent Lateinamerikas. Diese wurde schon im Jahre 1900 gegründet und wies ursprünglich eine Jahresproduktion von 90 000 t Stahl auf. Der damalige Hochofen der Firma war der erste in Iberoamerika installierte. 1965 produzierte das Werk mit zwei Hochofenanlagen bereits 448 000 t Rohstahl. Die HYLSA ist Mexicos drittgrößter Stahlproduzent und besitzt das Patent für das sogenannte Schwammeisenverfahren, das durch die Tochtergesellschaft der HYLSA, die *„Fierro Esponja"*, als einzigem Unternehmen in der Welt zur Produktionsreife entwickelt und für den eigenen Konzern nutzbar gemacht worden ist. Die Anlage hat eine Jahreskapazität von 300 000 t. Dort werden Erze aus *Pihuamo* und *Durango* zerkleinert und in Reaktoren gefüllt. Einige der Erze werden zunächst zu einem geringeren Schwefelgehalt geröstet. Dann wird Erdgas, das in den nordöstlichen Feldern Mexicos reichlich vorhanden ist, in ein wasserstoffreiches Reduktionsgas durch eine katalytische Dampfumwandlung umgeformt. Das Reduktionsgas läuft durch die mit Erz aufgefüllten Reaktoren und entzieht ihm 90 % des Sauerstoffs und 85 % des Schwefelgehaltes. Das reduzierte Produkt enthält 85 % metallisches Eisen und 15 % Eisenoxyd. Elektrobogenöfen schmelzen dann das reduzierte Erz zusammen mit Schrott zu Stahl. Nachdem eine neue Erdgasleitung von *Minatitlán* am Golf von Mexico über Puebla auf die zentralmexicanische Hochfläche bis nach México D. F. angelegt worden ist, konnten auch die von der HYLSA seit längerem beabsichtigten Erweiterungspläne in Angriff genommen werden. So wurde bereits 1966 mit dem Bau eines modernen kontinuierlichen Feinstahl- und Drahtwalzwerks auf der Basis des Schwammeisenverfahrens in der Nähe von *Puebla* begonnen. **Deutschland** ist am Ausbau der mexicanischen Stahlindustrie beteiligt. Die DEMAG plant ein erstes Oxygenstahlwerk in Mexico. Auf Grund der Vorstudie eines westdeutschen Stahlunternehmens über die Errichtung eines neuen Hüttenwerks zur Ausbeutung der riesigen Eisenerzvorkommen von *„Las Truchas" (Guerrero)* scheint die Möglichkeit gegeben, durch Verarbeitung von Roheisen und Schrott jährlich 617 000 t Stahl zu erzeugen.

Kupfer. Als in Mexico die Herstellung von elektrolytischem Kupfer aufgenommen wurde, war sie ausschließlich auf den Export ausgerichtet. Mit der zunehmenden Ausdehnung einer eigenen mexicanischen Industrie wurde die Produktion mehr und mehr im Inland aufgenommen. Die mexicanische Industrie produziert noch nicht alle Kupferartikel, die auf dem inländischen Markt benötigt werden. Die Produktion von elektrolytischem Kupfer betrug 1953 14 940 t, 1960 27 923 t, 1965 46 363 t.

Aluminium. Die erste Aluminiumfabrik Lateinamerikas entstand in *Veracruz.* Das Anfangskapital wird zu 65 % von einer mexicanischen Gruppe, der *Internacional S. A.*, aufgebracht, während die US-amerikanische Firma ALCOA das restliche Kapital stellt. 1965 wurden 19 000 t produziert. *Bauxit* soll aus *Jamaika* eingeführt werden.

Nichtmetallische Mineralien. Ton zur Töpferei wurde schon von den verschiedenen präkolumbianischen Kulturen benutzt. Neben die traditionelle Verarbeitung von Gebrauchsgegenständen aus diesem Material trat in der Kolonialzeit die Verarbeitung von Ton zu glasierten Kacheln, eine uralte Handwerkskunst, die von den Spaniern nach Mexico gebracht wurde, und deren Produkte als *„azulejos"*, meist als gelbe oder gelb-blau gemusterte Kacheln, zahlreiche Kuppeln mexicanischer Kirchen decken und weit ins umliegende Land hineinleuchten. Verarbeitungszentrum wurde die Stadt *Puebla*, auch heute ein Zentrum der Industrie der Steine und Erden. In jüngster Zeit kam die Herstellung von Artikeln des Töpferhandwerks für den Tourismus, dem ein Verarbeitungszentrum bei *Tlaquepaque* nahe *Guadalajara* dient, zu großer wirtschaftlicher Bedeutung. Die Gewinnung, Verarbeitung und Ausfuhr von Onyx-Marmor wird in Mexico seit langer Zeit betrieben. Bekannt wurde der grüne Onyx von *Oaxaca.*

Mexico besitzt große Kaolinlager, die erst teilweise für industrielle Zwecke genutzt werden, so z. B. bei *Minatitlán* in *Tabasco,* von wo das Material mit der Eisenbahn zum Verarbeitungszentrum *Monterrey* transportiert wird.

Salz. Mexico deckt seinen Salzbedarf nur zum Teil aus *„minas"* (Bergwerken), zum größeren aus *„salinas"* (Salzgärten) [922]. Teils wird in letzteren das Salz unmittelbar durch Verdampfung von Seewasser gewonnen, teils aber auch durch Filtrierung salzreicher Lagunenerde. In den Salinen der *Cuyutlán-Lagune* im Staate *Colima* wird der aufgebrochene trockene Salzschlamm während der mit Sicherheit regenlosen Monate in Säcken zu einem Filtertrichter geschafft, und die abtropfende hochkonzentrierte Sole wird dann in flachen Bassins mit Hilfe der Sonne verdampft. Wie eine Kette liegen die Salinen entlang der pazifischen Küste Mexicos. An der *Scammons-Lagune (Laguna Ojo de Liebre)* gibt es in den Salzflats (30 km lang, 110 bis 500 m breit), die nur selten von Meerwasser überschwemmt werden, etwa 13 Mio. t Salz, das in ½ m dicker Schicht vorhanden ist und nur abgebaut zu werden braucht. Das Meerwasser hat schon im Inneren der Lagune 44 % Salzgehalt und wird durch Kanäle in Verdunstungsbecken geleitet, um sich dort weiter zu konzentrieren. Es werden dort jährlich 2 Mio. t Salz gewonnen. Zum Zwecke des Abtransportes wurde die Hafen-Verladeeinrichtung *Venustiano Carranza* erbaut, die wegen der Ausfuhr des Massengutes in den Statistiken als „großer Hafen" erscheint. Zahlreiche Arbeiter kommen von *Rosalía* in *Guerrero Negro* an, um dort einen der gutbezahlten Jobs zu bekommen. So sind Hilfsquartiere und armselige Hütten schnell in großer Zahl entstanden. Geographisch von besonderem Interesse ist die Salzausbeute bei *San Quintín.* Dort wurde schon zur Missionszeit Salz von den Indianern gewonnen und an die russischen Schiffe verkauft, die im Zusammenhang mit der Pelztierausbeute dort aufkreuzten. Gegenwärtig werden jährlich 75 000 t gewonnen, von denen auch ein Teil in der Fischindustrie *Ensenadas* Verwendung findet. Salinen mit beachtlicher Produktion gibt es außerdem auf der Südseite der *Isla del Carmen* im Golf, wo jährlich 35 000 t Salz gewonnen werden, kleinere Salinen bei *Salina* südöstlich *La Páz*,

Bahía Pichilingue, auf der *Isla de San José* in der *Bahía Magdalena,* bei *Las Salinas* nördlich *San Felipe* und an anderen Stellen. In Chiapas betreiben die Zinancateros Salzgewinnung aus Solen und traditionsgemäß den Salzhandel.

Einen Bericht über die **„Wirtschaftslandschaft" der Lagunen** am Beispiel **von Cuyutlán** gibt K. HELBIG [947].

„Etwa Anfang März –, können die *Salineros* mit ihren Arbeiten beginnen.

Zunächst heißt es für sie, die in der vorigen Saison stark abgenutzten und zum Teil mit überschwemmt gewesenen *„éras"* (eigentlich: Beet, Tenne), die Verdunstungsbecken, wieder in Stand zu bringen. Die meisten *Socios* haben zwischen 12 und 24 dieser 3 bis 5 m im Quadrat messenden, wenige Zentimeter tiefen Becken. In Gruppen angeordnet liegen sie an und auf dem künstlichen Hügel, der sich inmitten jeder Zona im Laufe der Jahrzehnte aus der verarbeiteten Salzerde gleich einer Wurt angehäuft hat. Diese 3 bis 6 m hohen Hügelchen sind die auffälligsten Landschaftsteile in dem sonst so eintönigen Lagunengelände. Opuntien und Säulenkakteen, mimosenblättriges, im Frühjahr mit langen Hülsenfrüchten behangenes Mesquite-Gestrüpp, Gräser und Stauden haben sich auf ihnen oberhalb der Hochwasserlinie angesiedelt; unterhalb von ihr wuchert der *„vidrio"*. Mit trockenen Palmblättern aus den nahen Kokoswäldern sind die *éras* und die übrigen Arbeitsplätze der Saline eingezäunt, mit dornbewehrten Mesquite-Zweigen die Zugänge verbaut. Eine schattenspendende Wand aus Kokoswedeln besäumt auch die auf dem höchsten Punkt des Hügels angebrachte *„taza"* (eigentlich: Tasse), den Filtertrichter. Schmale Pfade oder in die Erde gegrabene Treppchen führen zu ihm hinauf und hinunter zu dem stets in ihrer Nähe liegenden Wasserloch, dem *pozo.* Ein schlichtes Holzkreuz auf dem Palmzaun der *„taza"* als nirgends fehlendes Schutzsymbol überragt alles. In langen Reihen, einige hundert Meter gegenseitig entfernt, ziehen sich diese „Wurten" im Süd- und Nordteil der Laguna entlang.

Zur Anfertigung der *éras* benötigen die *Salineros* außer dem auf dem Grundstück vorhandenen Wasser zwei Rohstoffe: Sand und Kalk. Den ersteren holen sie teils mit eigenen Maultiergespannen, teils mit Lastwagen und Traktoren, die der Cooperativa gehören, vom unfernen Strand bei *Cuyutlán* und verwenden ihn nach seiner Auslaugung zur Mörtelbereitung. Die tonige, quarzarme Erde des Lagunenbodens eignet sich nicht zu Bauzwecken. Kalk liefern die kurz *„La Calera"* (der Kalkbruch) genannten Kalkabbauplätze unfern *Manzanillo;* und zwar werden von den Salzgenossenschaften jährlich rund 1000 t, neben einem mehrfachen an Sand, verbraucht. Aus dem Sand-Kalk-Mörtel werden die *éras* erstellt; während der *Zafra* werden sie mehrmals frisch mit Kalk ausgestrichen, um dem Zerfressenwerden der Bassins durch das Salz vorzubeugen.

Ab Mitte März, wenn die Sonne Mexicos am heißesten brennt und Regenfälle zu den größten Wundern gerechnet werden müßten, wird mit der Salzgewinnung selbst begonnen. Nur wenige der *Socios* sind zu träge oder aber wohlhabend genug, um sie durch angeworbene freie Arbeiter vornehmen zu lassen. Die meisten gehen selber an die Arbeit, verstärkt durch Familienangehörige und gelegentlich ein bis zwei bezahlte Hilfskräfte. Die absolut ebenen Schlammflächen, die *„salitres"*, zwischen den Hügeln sind jetzt völlig fest. Mit Hilfe einer von einem Maultier gezogenen siebenzähnigen *„gata"* (Egge) werden sie in zwei senkrecht zueinander stehenden Richtungen etwa 3 cm tief aufgerissen. Die teils in kleine Schollen, teils in Staub zerbrochene *„tierra salitrosa"* (Salzerde) wird mit Holzschiebern in Häufchen gebracht. Dann setzt in den frühen Morgenstunden des folgenden Tages das schwerste Stück Arbeit ein. Mit zwei flachen, handlichen Holzspateln wird je ein Häufchen – 40 bis 60 kg Erde – in einen Sack gekratzt. Der *Salinero* wirft ihn sich auf den – nur zuweilen durch einen geflochtenen Tragring, *„tenamaste"*, geschützten – Kopf und eilt damit, meistens im Laufschritt, zu der *„taza"* auf dem Hügel. Diese Trichter von gut 3 m Durchmesser am oberen Rand fassen im Durchschnitt 40 bis 50 Sack Erde. Sie werden mit 150 *„botes"* – alten Benzinblechen je 15 l Inhalt – Wasser aus dem pozo überschüttet.

Die Beschaffenheit der *„taza"* dürfte sich seit den Zeiten der ältesten Indios nicht geändert haben, sie kann nicht primitiver sein. Über einem in die Hügelwand seitlich eingegrabenen, ebenfalls mit Kalkmörtel ausgestrichenen runden Bassin von knapp 2 m Durchmesser liegt ein tragender Boden aus Baumstämmen und dünnen Bambusröhren. Er ist bis zu 1 m hoch mit *„zacate"* (Gras) bedeckt. Es handelt sich um ein Wildgras mit dünnen strohartigen Halmen, das überall auf den Wurten und am Rande der Lagune zu finden ist. Auf diesem pflanzlichen Filter liegt eine Schicht Holzkohle und über dieser feiner Küstensand, oberflächlich durch Schlammerde verfestigt. Ein seitlich in der Trichterwand angebrachtes Blech oder Brett ermöglicht die Öffnung der *„taza"* zu einem hier beginnenden Graben. In ihm wird der ausgelaugte, allerdings immer noch einen erheblichen Salzgehalt befassende *„lodo"* (Schlamm) am Hügelrand abgeschwemmt, und er vergrößert stetig den Umfang der Wurt.

Die ziemlich rasch durch die Filter tropfende *„salmuera"* (Sole) sammelt sich in dem ebenfalls *„pozo"* genannten Bassin. Mit einem *„pesador"* (Schweremesser in Form eines Thermometers), dem sorgfältig in einem Erdloch versteckten kostbarsten Gerät des *Salineros*, wird sie von Zeit zu Zeit geprüft. Zeigt sie etwa 22 grados oder Gewichtseinheiten, also 220 g Salz je kg, so ist sie brauchbar zum Ausbringen in die *éras*. Diese Arbeit geht wiederum mit dem Allerweltsgerät *„bote"*, dem ausgedienten Benzin- oder Petroleumbehälter, vor sich. In eine *éra* werden je nach Größe 20 bis 30 Bleche voll Sole geschüttet. Anfangs, nach der Neuanfertigung der Bassins, wartet man bis zu sieben Tagen mit dem Einsammeln des Salzes, damit der frische Mörtel sich gut dichtsetzt und allzu starke Versickerung für die Zukunft verhindert wird. Später wird nach jeder Beschikkung geerntet; unter der gnadenlosen Sonne verdunstet die 2 bis 3 cm tiefe Flüssigkeit in 1 bis 3, gewöhnlich in 2 Tagen. Mit scharfkantigen Abschnitten von Palmblattstielen *(palo)* wird das niedergeschlagene, sehr grobkörnige Salz zusammengekratzt, mit kleinen Besen aus Pflanzenfasern *(escoba)* gereinigt, vorwiegend von abgeplatzten Mörtelteilchen. In etwa 25 kg fassenden Körben von 60 cm Durchmesser, sogenannten *„canastres"* oder *„chiquihuites"* – ein aus der alten Chichimeca-Sprache übernommener Ausdruck – wird das nunmehr fertige Produkt, ein trotz seiner Grobkörnigkeit und seines hohen Gehaltes an Magnesium bzw. Sulfaten allenthalben sehr beliebtes Küchen- und Speisesalz, auf den Vorratshaufen getragen. Es gilt allgemein als das beste und sauberste Salz von Mexico; hier seine chemische Analyse: 96,8 % NaCl, 1,050 % $CaSO_4$, 0,322 % $MgSO_4$, 0,193 % Na_2SO_4, 1,344 % Feuchtigkeit, 0,291 % unlösbare Substanz.

Weithin leuchten die schneeweißen Salzkegel auf und neben den Hügeln über die grau verstaubte, reizlose Lagunenlandschaft der *„temporada de secas"*, der Trockenzeit. Ein fleißiger *Salinero* mit 24 *éras* von je 4,5 × 4,5 m – das sind etwa die größten Salinen – erzielt nach jeder Verdunstung aus 12 *éras* 1000 bis 1200 kg, in der *Zafra* von März bis Mai etwa 80 toneladas (Tonnen je 1000 kg) Salz. Sie bringen ihm zur Zeit (1954) nach Abzug der kooperativen Unkosten für Angestellte, Fahrzeuge, Transport, Lagerung und 35 Pesos Steuer je tonelada reichlich 8000 Pesos ein, nämlich z. Z. 110.– Pesos je Tonne, bei einem erzielten Verkaufspreis seitens der Cooperativa von 225 Pesos (wobei bis April 1954 8,60 Pesos, seitdem 12,50 Pesos gleich 1 US-$ sind).

Die Cooperativa holt mit Maultiergespannen oder Lastwagen das Salz in rund 100 kg fassenden Säcken auf den Salinas ab zu den beiden großen *„bodegas"* (Lagerschuppen) neben dem Bahnhof von *Cuyutlán*. Dort wird gewogen und abgerechnet. Was nicht im Orte selbst und per Packtier oder Lastwagen in der Nachbarschaft bleibt, befördern die Ferrocariles Nacionales (die frühere Südpazifische Eisenbahngesellschaft ist 1953 mit in den staatlichen Eisenbahnen aufgegangen) ins Binnenland, vorwiegend nach *Guadalajara* und *México* D. F. zwecks Versorgung des mittleren Teiles der Republik. Süd- und Nordmexico decken ihren Bedarf vornehmlich aus den übrigen oben genannten Produktionsstätten. Sie alle gemeinsam machen Mexico von fremden Salzzufuhren unabhängig. Verwendet wird das Salz vornehmlich zu Küchenzwecken, als Viehsalz, in der Fleischkonservierung, der Butter- und Käsezubereitung, in Färbereien, Töpfereien und Eisfabriken, aber noch kaum in chemischen Industrien.

Die Mehrzahl der *Socios* bringt es nicht über 40 toneladas Salz im Jahr, will sagen in den 2 bis 2 1/2 Monaten der *Zafra*. Manche Salinen liegen aber auch unberührt – ihre Eigner haben sich zu der anstrengenden Arbeit nicht aufgerafft, ein Versagen, das dortzulande nicht allzu tragisch genommen wird. Fast alle *Salineros* haben für den Rest des Jahres ihre andere Beschäftigung, sie besitzen in der Nachbarschaft Land, Vieh oder Pferde, arbeiten in der Baumwolle, auf den Zuckerrohrpflanzungen oder in den *„ingenios"* (Zuckerfabriken) von *Colima*. Manche der nicht in *Cuyutlán* ansässigen *Socios* haben hier noch ein zweites eigenes kleines Grundstück, auf dem sie während der *Zafra* mit ihren Familien leben. Die meisten wohnen dort von März bis Mai jedoch zur Miete in sehr bescheidenen *„chozas"*, zeitlichen Hütten mit Dächern und Wänden aus lose aneinandergefügten Kokospalmblättern, die Regen weder abhalten könnten noch in der Regel abzuhalten brauchen, jede etwa 3 × 3 m im Geviert und nur mit dem allernötigsten versehen.

Diese Kleinbetriebe sind insofern interessant, als es sich bei ihnen um Cooperativ-Unternehmen von *„socios"* (Genossenschaftlern) handelt. Gleich vielen Ländereien, Wäldern, Gewässern und Bergbaugeländen gehörten auch die Salzfelder Mexicos früher zu *„encomiendas"*, das heißt zu den großen Herrengütern, die seitens der spanischen Krone verdienstvollen Persönlichkeiten verliehen worden waren. Die Besitzer vergaben vielfach die Nutzungsrechte über ihr Eigentum an landfremde Unternehmer und Pächter. Unter dem Präsidenten L. Cárdenas wurden 1936 unter anderem auch die Salzfelder gegen entsprechende Entschädigung enteignet und den *„salineros"* (Salzarbeitern) zur unmittelbaren Nutzung übergeben. Ein staatlicher *„Banco Nacional de Fomento Cooperativo"* (Nationale Bank für kooperativen Aufbau) übernahm die geldliche Unterstützung der *socios;* der Absatz wurde durch eine „Nationale Vereinigung der Salzproduzenten" geregelt und gesichert".

Schwefel. „Der vulkanischen Tätigkeit alter Zeit verdankt Mexico den Schwefel von *San Antonio* und *Guascaman (San Luis Potosí)*, sowie den von *Mapimí (Durango)* und *Michoacán*. Der Sternberg bei *Orizaba* und der *Popocatépetl* liefern Schwefel genug. Letzterer Berg, von der Regierung einst dem General Sanchez Ochoa zum Geschenk gemacht, steht für 25 Mio. Mark zum Verkauf. Der ‚Ölkönig' Rockefeller und eine Pittsburger Ölgesellschaft bewerben sich darum." Lauterer [82].

Schon Cortés ließ zur Ergänzung seiner Schießpulvervorräte Schwefel von den Vulkanbergen holen [453].

Die Schwefelfabriken Mexicos hatten 1965 eine Kapazität von 286 232 t. Zwei befinden sich in der Bundeshauptstadt, sechs in der Umgegend von *México D.F.*, eine in *Michoacán*, eine in *San Luis Potosí*, eine in *Coahuila* und eine in *Nuevo León*. In der Mehrzahl wird Schwefel aus dem Vorkommen des *Isthmus von Tehuantepec* oder aus der Rückgewinnung der staatlichen mexicanischen Erdölgesellschaft verwendet. Die Fabriken in *Coahuila* und *San Luis Potosí* benutzen aus den durch die Röstung von Mineralien abziehenden Gasen zurückgewonnenen Schwefel. Im Verlaufe von Ölbohrungen im Gebiet des *Isthmus von Tehuantepec* bei *Minatitlán* wurden schon 1915 Schwefellager auf Salzdomen festgestellt, in einer Region, die geologisch der von *Osttexas* und *Louisiana* ähnlich ist. 1954 wurde von US-amerikanischen Gesellschaften mit Hilfe des sogenannten *„Frasch"*-Verfahrens (nach Hermann Frasch) hier Schwefel gefördert. Dabei wird überhitzter Wasserdampf in die Bohrlöcher gepreßt, so daß der Schwefel in seiner unterirdischen Lagerstätte schmilzt und mit Luftdruck gefördert wird. Die gelben Halden sind im Ausfuhrhafen *Coatzacoalcos* aufgeschüttet. Künstliche Seen wurden angelegt, um stets Wasserreserven für den Förderdampf zu haben.

Die Lagerstätten bei *Minatitlán* werden auf 58 Mio. t geschätzt. Am 26. August 1959 wurde das Gebiet des Isthmus von einem Erdbeben betroffen, wonach die Anlagen einer Companie zeitweilig beeinträchtigt waren. Die Stadt *Minatitlán* hat ihren jüngsten Aufschwung z. gr. T. der Entwicklung der Schwefelgewinnung und der in der Nähe befindlichen, an diese Produktion angeschlossenen Düngemittelindustrie zu verdanken [913]. Nachdem zur Ausbeutung der großen Schwefelvorkommen im Gebiet des Isthmus von Tehuantepec 1964 weitere zwei Gesellschaften unter der Firmenbezeichnung *„Azufres Anáhuac S. A.“* und *„Sotavento S. A.“* konzessioniert wurden, an denen kanadisches und US-amerikanisches Kapital bis zu 34 % beteiligt sein soll, war die Zahl der mit ausländischer Kapitalbeteiligung in Mexico arbeitenden Schwefelgesellschaften auf insgesamt 10 gestiegen. Zu der gegenwärtig auf 23,6 Mio. t geschätzten Weltproduktion an Schwefel tragen Mexico und die USA zusammen rund 90 % bei. Als zweitgrößter Schwefelproduzent der Welt nach den USA konnte Mexico seine Produktion 1967 auf 1,87 Mio. t erhöhen. Im Interesse einer ausreichenden Versorgung der einheimischen Düngemittel- und Schwerindustrie mit diesem wichtigen Rohstoff hat das Industrie- und Handelsministerium eine Begrenzung der Schwefelausfuhr auf 1,5 Mio. t verfügt. Nur 10 % der entdeckten Schwefelvorkommen sollen bis zur Normalisierung der Lage, d. h. bis zur Erreichung einer auf 25 Mio. t festgesetzten Mindestreserve an Schwefel ausgeführt werden.

Die reichen **Gipsvorkommen** (150 Mio. t) auf der kleinen Insel *San Marcos* im Golf von Kalifornien werden seit 80 Jahren abgebaut, gegenwärtig in moderner Weise durch die *Compañía Occidental Mexicana,* einer Tochtergesellschaft des US-amerikanischen *Kayser-Konzerns.* Jährlich werden von dort 1 Mio. t Gips abtransportiert, zumeist nach den USA. Auf der kleinen Insel leben 500 Arbeiter [1094].

Die **Zementindustrie** hat mit dem Ausbau von Städten, Straßen, Industrien und Stauanlagen seit 1945 einen besonders starken Aufschwung erlebt. Die Produktion betrug 1950: 1 387 000 t; 1965: 4 200 000 t; 1967: 5 400 000 t.

Es produzierten 1960 22 Fabriken. Deren größte produzieren in: *Hidalgo, Monterrey, Lagunas* (Oaxaca), *León, Guadalajara, Orizaba.* Bei den im Land erzeugten Zementsorten handelt es sich außer Klinker- vorwiegend um Portlandzement, also auch hochwertige Zemente. Ferner werden hergestellt: Hüttenzement, hydraulischer Zement, Ölbohrspezialzement, Spezialmörtel, Zementkalk, Farbzement, Betonzusätze und Zementfarben.

Moderne Prospektierung der Naturschätze. „Im Interesse einer wirtschaftlichen Nutzung und rationellen Ausbeute der *natürlichen Reichtümer Mexicos* und dadurch zu verwirklichender neuer Projekte des öffentlichen Sektors für eine optimale Wirtschaftsentwicklung hat die Regierung Díaz Ordaz kürzlich einen diesbezüglichen *Plan* gebilligt, der mit einem Kostenaufwand von 350 Mio. mex. $ eine vollständige *Bestandsaufnahme* aller verfügbaren Mittel innerhalb von 8 Jahren vorsieht. Die *mittels fototechnischer Bildmessung* vorzunehmenden Untersuchungen erstrecken sich auf die Entdeckung neuer Bergbauzonen, Erdölvorkommen, Lokalisierung unterirdischer Wasserläufe und die Registrierung von Wäldern sowie anderen natürlichen Reichtümern“ (nach Mitt. Deutsche Überseeische Bank).

Industrie, Wirtschaft, Finanzen, Handel

Seit den vierziger Jahren nahm die wirtschaftliche Entwicklung Mexicos einen stürmischen Verlauf; das moderne Mexico erlebte seitdem „Gründerjahre“ in Industrie und Handel. Das wurde z. gr. T. durch Investitionen von Fremdkapital, zumeist aus den USA, bewirkt. Mit der Verdoppelung der Bevölkerungszahl von 1930 bis 1958 setzte die Entwicklung der Wirtschaft auf allen Sektoren ein: Intensivierung der Landwirtschaft, Gewinnung neuen Kulturlandes, Wiederaufforstung, Ausbau des Verkehrs im Straßennetz und von Seehäfen, Modernisierung der Städte, Veränderung des Wirtschaftslebens mit dem Ausbau des Sozial- und Versicherungswesens, Umstellung des Bergbaues auf Industriebedarf wie Eisen, Wolfram und Schwefel, Bau von Wasserkraftwerken [3, 20, 27, 926, 927, 932, 939].

Zahlreiche Betriebe wurden in der Konsumgüterindustrie erweitert oder neu gegründet; sie erzeugen ein breites Sortiment, vom Autoreifen bis zum Brausewasser. Die Getränkeindustrie hat, durch das warme Klima bedingt, einen enormen Aufschwung erlebt. Coca Cola wird in die fernsten Dörfer transportiert. Die Zement-, Papier- und Elektroindustrie zeigen im Konsum stark steigende Zahlen an; die Fabrikation kann kaum nachkommen, und Mexico steht vor der Notwendigkeit sehr großer Investitionen. Erdöl- und Energiewirtschaft sind als Schlüsselindustrien verstaatlicht. Ungewöhnliche Steuervergünstigungen sollen das Ansiedeln ausländischer Betriebe bewirken und beschleunigen, wobei vor allem darauf Wert gelegt wird, nicht nur US-amerikanisches Kapital hereinzubekommen. Die Zukunftsaussichten für das Arbeitspotential sind sehr günstig, denn fast die Hälfte der Bevölkerung steht im Alter von unter 20 Jahren. Außerdem verfügt das Land noch über große Reserven an weiblichen Arbeitskräften, da der Anteil der Frauen an der Gesamtzahl der Erwerbstätigen mit 16,8 % noch sehr gering ist.

Als Außenhandelspartner dominieren die USA. Die USA vereinigen 80 % des in Mexico investierten Fremdkapitals auf sich. So brachte der Baumwollexport einen willkommenen Handelsaustausch mit Japan. Japanische Waren dringen auf dem mexicanischen Konsumgütermarkt vor. Noch sind nicht alle Bevölkerungskreise an den inländischen Markt oder den Konsum importierter Waren angeschlossen. Etwa 4 Mio. Indianer haben an der Gesamtwirtschaft nur wenig teil. Sie leben in selbstversorgerischer Genügsamkeit und tauschen Waren auf ihren eigenen Märkten, auf denen Seilwerk, Decken, Hüte, Sandalen und Werkzeuge gegen Agrarerzeugnisse gehandelt werden *(Bild 72)*. Die Märkte auf dem Lande stellen einen Übergang zu den *Mercados* der Städte dar, die meist in Hallen stattfinden und auf denen z. T. an jedem Tag an allen Ständen verkauft wird *(Bild 73)*. Als ein merkwürdiger Vorläufer des modernen Supermarktes bietet der Mercado Lebensmittel, auch Fleisch und Gemüse, und Bedarfsartikel, wie Taschen, Tonwaren, Stoffe usw. an. Er gehört und paßt besser zur Mentalität des Mexicaners, weil an jedem Stand bedient und auch ein wenig gehandelt wird, als die in den großen Städten aufgekommenen Supermärkte, die zwar wegen der Vielzahl der Konsumartikel aus den USA und Japan nicht über Besuchermangel zu klagen haben, aber die persönliche Bedienung, die Funktion des Kontaktes um des Handelns willen, fehlt dort, wo alles fertig verpackt ist, und wo es nur Festpreise gibt. Dennoch ist dieser Verteilungsform von Gütern ein breiter Einbruch in ältere, überlieferte Lebensformen gelungen. Auch der große amerikanische Filialläden-konzern *J. C. Penney* sucht nach *Sears Roebuck* und *F. W. Woolworth,* den seit Jahrzehnten bestehenden Kettenunternehmen, nun als dritter die steigende Massenkaufkraft der mexicanischen Bevölkerung auszunutzen und zu diesem Zweck Läden zu eröffnen.

Mexico steht auf der Wohlstandsleiter der Welt am Beginn des zweiten Viertels von unten gerechnet. Die Währung Mexicos ist von allen lateinamerikanischen Ländern am stabilsten; es gibt keine Devisenschwankungen, und die Handelsbilanz ist dank des drittstärksten Faktors, des Fremdenverkehrs, annähernd ausgeglichen. Jährlich kommen mehr als eine Million Nordamerikaner nach Mexico, die über 250 Mio. Dollar ins Land bringen. Von großer Bedeutung für jegliche Weiterentwicklung ist der Ausbau des Verkehrsnetzes. Die Straße hat absoluten Vorrang vor der veralteten Eisenbahn. Das Personenflugnetz ist sehr gut ausgebaut und auf kleinen Linien Volksverkehrsmittel geworden, eine Folge der großen Entfernungen, des Fehlens von Straßen und der sporadischen dichter besiedelten Gebiete außerhalb des zentralen Hochlandes. Umfangreiches Zahlenmaterial zu diesem Kapitel gibt W. O. FREITHALER, 1968 [1370], mit seinem Buch *„Mexicos foreign trade and economic development"*.

Mexicos Industrie und ihre Entwicklung. Wie ein 1965 durchgeführter Zensus ergeben hat, bestanden in dem genannten Jahre 134 708 Unternehmen und Einrichtungen der verarbeitenden Industrien mit zusammen 1 340 438 Beschäftigten und einem Produktionswert von insgesamt 45 Mrd. mex. $. Besitzer der großen und kleinen Betriebe sind die neuen Wohlhabenden und Reichen Mexicos, sie haben die Haciendados abgelöst [929].

Das Bruttosozialprodukt nahm im Jahre 1966 in realen Werten um 7 % zu, was eine der höchsten Wachstumsraten in der Welt bedeutet. Es betrug im Jahre 1968 etwa 330 Mrd. mex. Pesos. Die Verarbeitungsindustrie hat in erster Linie zu diesem Ergebnis beigetragen. Sie konnte 1966 26,3 % des Bruttosozialprodukts auf sich vereinigen. 15,5 % der arbeitenden Bevölkerung sind in diesem Industriezweig tätig. Bauindustrie und Elektrizitätswirtschaft konnten 1966 ihre Erzeugung um 16 % bzw. 10 % steigern. Insgesamt lieferte die Industrie 36,4 % des Bruttosozialprodukts, wuchs um 8,6 % und beschäftigt in ihrem Bereich 21,6 % der mexicanischen Arbeitskräfte.

Unter der Exportgüterindustrie nimmt die Chemie den ersten Platz ein, und zwar mit 716,9 Mio. mex. $, gefolgt von der Textilindustrie zusammen mit der Schuhindustrie mit einem Exportwert von 574,6 Mio. mex. $. An dritter Stelle steht die metallverarbeitende Industrie mit 345,4 Mio. mex. $, gefolgt von nachstehenden weiteren Verarbeitungsbereichen: Lebensmittel (322,4 Mio.), nichtelektrische Maschinen (152,8 Mio.), andere als metallische Verarbeitungsprodukte (128,9 Mio.) und elektrische Maschinen, Apparate und Zubehörteile (114,3 Mio. mex. $) (Angaben für 1965).

Die **chemische Industrie** konnte ihren Gewinn im Jahre 1967 *um 28,7 %* steigern. Die 1967 auf dem chemischen Sektor getätigten Investitionen werden mit 1,3 Mrd. mex. $ angegeben. Für das Jahr 1968 sind Neuinvestitionen in Höhe von rund 3 Mrd. mex. $ vorgesehen. Der Chemieverband gibt an, daß die mexicanische Chemieproduktion bis 1970 einen Wert von mindestens 20 Mrd. mex. $ darstellen wird. – Bis Ende 1967 sind in Mexico innerhalb eines Jahres rund fünfzig neue chemische Werke errichtet und bestehende Anlagen z. T. stark erweitert worden. So hat z. B. das staatliche Unternehmen

Bild 72. Straßenmarkt in Quiroga (Michoacán). Am Straßenmarkt sind besonders die Indianer beteiligt. Hier Frauen der Taraskenindianer, die Gemüse anbieten (Pfennighandel). Im Hintergrund typische Bürgerhäuser im kolonialen Baustil. Auffallend sind die zahlreichen Hinweise auf Getränkeverkauf. (GIERLOFF-EMDEN März 1962)

„Sales y Alcalis S. A." in *Pajaritos (Veracruz)* die Produktion von Ätznatron und -chlor aufgenommen; in *Puebla* hat die *„Síntesis Orgánicas S. A."* ihre Jahresproduktion mit neuen Ausrüstungen verfünffacht. *„Indústria del Álcali S. A."* bei *Monterrey* begann mit der Herstellung von 6000 t Soda-Asche pro Monat; und die Firma *„Guanos y Fertilizantes de México"* (Düngemittel) errichtet in der Nähe von *Guadalajara* ein neues Werk für die Produktion von Ammoniumsulfat. Die Firma *„Poliresinas S. A."* hat 1,83 Mio. mex. $ in ihre Fabrik *„Xalostoc"* in der Nähe der mexicanischen Hauptstadt investiert, um die Erzeugung von Phenol-Harzen und Polyester-Harzen aufzunehmen. In *Ciudad Camargo (Chihuahua)* ist im Herbst 1967 eine Ammoniakfabrik in Betrieb genommen worden.

Papier. Unter den wichtigsten Industriezweigen Mexicos nimmt die *Papier- und Zellstoffindustrie* den fünften Platz ein. Am Ende des Jahres 1960 betrug die Zelluloseproduktion 240 000 Jahrestonnen, womit gegenüber dem Jahre 1956 eine Steigerung von 78 % erzielt wurde. Die Papierproduktion betrug im Jahre 1960 400 000 t, im Jahre 1967 631 000 t. Unter amerikanischer Minderheitsbeteiligung wurde die erste Fabrik zur Herstellung von Sulfatpulpe für die Zeitungspapierherstellung gegründet, die *Maderera Maya S. A.*, und wird im südlichen Bundesstaat *Chiapas* errichtet werden.

Gegenwärtig baut die Firma *„Kimberly Clark de México"* mit einer Investitionssumme von 700 Mio. mex. $ in *Orizaba (Veracruz)* ein großes Werk zur *Herstellung von Papier*

Bild 73. Markthalle (Mercado) in San Andrés Tuxtla (Veracruz). Die Sanierung alter Markthallen steht im Mittelpunkt des Programms der Modernisierung der Siedlungen Mexicos. Große luftige Betonbauten mit Trink- und Brauchwasseranschluß wurden in vielen Orten errichtet. Dadurch werden die Hygiene gefördert und Seuchenherde eingedämmt. Diese Sanierungsmaßnahmen sind die Ursache für den Rückgang von Magen- und Darmkrankheiten und auch den Rückgang der Kindersterblichkeit in Mexico. (GIERLOFF-EMDEN Juni 1964)

und Zellulose, das rund 1500 Arbeitern Beschäftigung bieten wird. Für 1968 ist die Errichtung einer *Zellulosefabrik* in *Tabasco* geplant, die aus *Bambusrinde* hochwertiges, hauptsächlich für den Export nach Nord- und Südamerika bestimmtes Papier herstellen soll (*Bild 74*).

Damit wurde eine neue Phase der Holznutzung bzw. des Holzraubbaus an den Beständen Mexicos eingeleitet.

Von der Vielzahl der Industrien seien beispielsweise einige erwähnt:

Die Getränkeindustrie hat sich in Mexico enorm entwickelt. Jedem Reisenden wird die Unzahl von Werbeplakaten für Getränke auffallen, ob für Bier oder Coca Cola, und aus den Radiosendungen tönt es in kurzen Abständen *„Coca Cola Grande“* als Werbung für das große Flaschenformat. Zu jeder Tageszeit sieht man Kinder und Frauen in Städten, auf Straßen, in Geschäften, die Cola-Flasche in der Hand. Parkplätze und die Umgebung von Erfrischungsständen sind übersät mit Flaschenkapseln (*Bild 72*). Mexico hat verbreitet ein heißes oder heiß-trockenes Klima, und der Durst stellt sich natürlicherweise mehr und öfter ein als in Mitteleuropa (vgl. Abschn. Klima u. Mensch). Der Umsatz an Getränken in Flaschen und Dosen übersteigt jedes in Europa vorstellbare Maß. So gehören Kraftwagen mit Flaschenladungen zum Straßenbild Mexicos wie einst die Wasserträger.

In den großen Städten liegen die modern gestalteten Gebäude der Abfüllanlagen für Getränke an bevorzugten Plätzen, oft an den breiten Ausfallstraßen. Selbst in entlegensten Siedlungen, so auch in allen Stadtteilen der Hauptstädte, gibt es Lokale oder Stände mit *„aguas frescas"* bzw. *„refrescos"*, Erfrischungen, z. T. noch in Form selbsthergestellter Limonaden, wobei die synthetischen Essenzen zumeist die herkömmlichen wie *„Naranja"* (Apfelsine) oder *Tamarindo* oder *Kokosmilch* verdrängt haben *(Bild 72)*. Außer diesen Getränken ist Bier zum Nationalgetränk geworden, von dem unzählige Hektoliter mehr getrunken werden als vom traditionellen *Pulque* (vgl. Abschn. Agrarwirtschaft). Der Bierkonsum betrug 1958: 7 231 070 hl, d. h. 22 l pro Einwohner jährlich; 1962: 8 557 220 hl. 1965 wurden 10 Mio. hl produziert. Die Produkte *„Carta blanca"*, *„Moctezuma"*, *„Dos XX"* (sprich: *dos ecces*) und *„Corona"*, um nur einige zu nennen, entstammen den großen Brauereien in *Monterrey*, *México D. F.*, *Tecate* und anderen Orten. Vergoren werden auch Mais und Reis für das Bier, das in Flaschen und Dosen in den Handel kommt. Bier ist das Männergetränk gegen Durst in Mexico geworden. An „Drinks" werden u. a. angeboten: „Cuba libre", d. h. „Freies Cuba", eine Lokalbezeichnung für eisgekühlte Coca-Cola mit Rum und Zitrone, oder *„Jaiboll"*, das ist die mexicanische Aussprache des angloamerikanischen „Highball" (Whisky mit Soda). Leider ist Milch noch kein Volksgetränk, jedoch wird in zunehmendem Maße Pulvermilch hergestellt. Kaffee wird überall am Morgen getrunken, aber nicht so verbreitet, wie man von einem Kaffeeland glauben sollte. Die Bereitung des Getränkes aus Pulverkaffee ist weit verbreitet. Die kürzlich fertiggestellte zweite Nescafé-Fabrik ist zugleich die größte ihrer Art in Lateinamerika. Mit einem erweiterten Angebot von Pulverkaffee soll der landeseigene Kaffee-Konsum angeregt werden, der mit einer Pro-Kopf-Quote von etwas über 1,5 kg im Jahr noch sehr niedrig ist. Es werden in Schweden 12, in den USA 7, in Brasilien 6, in Kolumbien 5 und in El Salvador 3 kg konsumiert. Eine Erhöhung des Inlandkonsums würde im Falle eines gelegentlichen Stagnierens der Kaffeeausfuhr für die mexicanische Volkswirtschaft sehr nützlich sein. Es hängt die Existenz von etwa 600 000 Familien wirtschaftlich von Kaffeeanbau und -aufbereitung ab (vgl. Abschn. Kaffeeanbau).

Klein- und Großindustrie für **Konsumgüter. Textilien.** Wollverarbeitung wird in Form der Kleinindustrie betrieben. Sie hat kolonialzeitliche Tradition. In präkolumbianischer Zeit gab es keine Haustiere. Die Schafzucht, *„ganado menor"*, als Kleinviehbesitz wurde den Indianern von den Spaniern genehmigt. Bald wurden dann Wollprodukte neben den herkömmlichen Baumwollgeweben gebräuchlich. Die Herstellung von Baumwollprodukten wurde zur ersten Industriestufe in Neuspanien. Dort wurde ungebleichte Baumwollware, *„manta"*, in großer Menge hergestellt („Obrajes", vgl. Abschn. Kolonialzeitliches Mexico). Baumwollkleidung in Form von Hemd und Hose für Männer und Jungen und Kleidern für Frauen und Mädchen ist noch immer die gebräuchlichste für große Teile der mexicanischen Bevölkerung. Die traditionellen Hosen aus ungebleichter Baumwolle, *„calzones"*, und Hemden werden nur noch teilweise von der Landbevölkerung bevorzugt, während die haltbaren „Blue Jeans" und bunte oder Khakihemden von Landarbeitern und Industriearbeitern immer mehr getragen werden.

Verarbeitungszentren der Baumwolle zu Textilien sind Puebla, ein traditioneller Standort, und México D. F. 1965 bis 1967 verarbeitete die mexicanische Baumwollindustrie jährlich 700 000 Ballen. Die Produktion der Wollspinnereien und -webereien ist betriebs-

Bild 74. Chemische Fabrik in Autlán (Jalisco), 100 km südwestlich von Guadalajara. Zur jüngsten Entwicklung in der mexicanischen Industrie gehört der Ausbau der chemischen Industrie. (Compañía Mexicana Aerofoto, S. A., México)

technisch auf einem niedrigeren Niveau geblieben als die der Baumwollindustrie und die Industrie der synthetischen Fasern. Nach 1950 ist die Wollindustrie in ihrer Bedeutung im Rahmen der gesamten Textilindustrie durch die Kunstfaserindustrie vom zweiten Platz verdrängt worden. Im letzten Industriezensus (von 1956) ist die Zahl der Betriebe in der Fabrikation von Wolltextilien mit 753 angegeben worden, eine Zahl, die größer ist als die der Kunstfaser- und sogar die der Baumwolltextilfabriken. Hierzu ist zu bemerken, daß viele der Betriebe in der Wollindustrie kleine Werkstätten sind, die ihre Waren nur für den lokalen Verbrauch herstellen. Das geht auch aus der Tatsache hervor, daß die Anzahl der in den Betrieben der Baumwollindustrie beschäftigten Arbeiter sich durchschnittlich auf 221 beläuft, daß die Arbeiter-Durchschnittszahl pro Betrieb in der Kunstfaserindustrie 142 beträgt, obwohl die moderne Kunstfaserindustrie nicht immer als Arbeitsintensivbetrieb angelegt ist, in der Wollindustrie dagegen nur 35. Moderne Betriebe mit einer Produktion größeren Stils für den einheimischen Bedarf gibt es in der Wollindustrie nur wenige. Die Wollimporte sind von 1958 bis 1962 gestiegen. Feine Wollwaren werden aus Europa eingeführt, z. B. aus der Schweiz und Frankreich.

Schuhe. Es wurde schon gesagt (Abschn. Bevölkerung), daß mit der amtlichen Statistik Menschengruppen unterschieden werden, die „Schuhe tragen" oder „Sandalen tragen" oder „barfuß gehen". Während die Sandalen, „*huarachas*", zum großen Teil in vielen kleinen Werkstätten hergestellt werden, aus Autoreifen die Sohle, aus Lederriemen die Halterung, und auf jedem Markt angeboten werden, ist die Herstellung von Schuhen eine Sache der Großindustrie. In Mexico werden jährlich 40 Mio. Paar Schuhe für den

Inlandmarkt und den Export hergestellt. Schuhe sind die ersten äußeren Kennzeichen des sozialen Aufstiegs, wie in der oberen Mittelklasse das Auto. Schuhgeschäfte haben häufig bevorzugte Standorte, so z. B. an der Plaza, in renovierten Gebäudeteilen oder Neubauten. Diese Schuhe auch blank zu tragen, ist die nächste Stufe auf der sozialen Leiter. So lebt ein Heer lizenzierter und nichtlizenzierter Schuhputzer, das sich vom Jungen bis zum Greis aus allen Altersklassen zusammensetzt, vom Geschäft des Schuhputzens auf Hochglanz. Die Angehörigen dieser Berufsgruppe bevölkern zentrale Plätze der Siedlungen. In der Hauptstadt Ciudad de México tragen sie eine Berufskleidung mit blauem Overall und Lizenzschild aus Messing. Sie führen nägelbeschlagene, buntbemalte Putzkästen mit sich.

Die Automobilindustrie. Die Informationen entstammen dem Inhalt von Berichten der Deutschen Überseeischen Bank und anderen Wirtschaftsberichten. Bei der Bedeutung, die dem Auto in einem modernen Staat als Verkehrsmittel, Konsumartikel und soziales Statussymbol zukommt, seien über diesen Produktionsgegenstand einige Ausführungen gegeben.

Noch 1950 hatte der Import von Fahrzeugen Vorrang vor der Inland-Fertigung. Folglich häuften sich in Mexico die Typen und Fabrikate ausländischer Automobile. Bereits die Regierung RUIZ CORTINES (1952 bis 1958) hatte die Zahl der damals in Mexico vertretenen Automobiltypen (etwa 75!) reduziert, jedoch ließ die Regierung LÓPEZ MATÉOS (1958 bis 1964) zunächst wieder sämtliche Fabrikate zu, so daß in der Zeit von 1959 bis 1961 noch mehr als 40 verschiedene Typen in Mexico auf dem Markt waren. Erste Ansätze zu einer Montagefabrikation gab es vor etwa 40 Jahren. Ab 1962 wurde von der Regierung ein neuer Auswahlprozeß eingeleitet. Von diesem Datum an wurde die Einfuhr von Explosionsmotoren für Last- und Personenwagen verboten. Das Industrie- und Handelsministerium genehmigt nur noch die Einfuhr von Einzelteilen für die Herstellung von Motoren und sonstigen Aggregaten. Die Zahl der Montagebetriebe ging danach bis auf sieben zurück. Es sind dies *Ford Motor Co. S. A.*, *General Motors de México S. A. de C. V.*, *Fabricas Automex S. A.* (Chrysler), *Vehículos Automotrices Mexicanos S. A. de C. V.* (Rambler), *Volkswagen de México S. A. de C. V.*, *Diesel Nacional S. A.* (Renault) und *Nissan Mexicana S. A.* (Datsun). Diese japanische Firma errichtete große Montageanlagen nahe Cuernavaca. Außer einigen Lastwagenfabrikaten bieten die Firmen insgesamt 18 verschiedene Grundtypen von Personenwagen an. Mit deren Herstellung waren in Mexico 19 114 Personen beschäftigt, die im Jahr 1966 ein Einkommen von insgesamt 503 Mio. mex. $ erhielten.

Die Richtlinien der mexicanischen Industriepolitik auf dem Automobilsektor besagen: Die Betriebe, denen die Herstellung von Automobilen erlaubt ist, müssen eine mexicanische Kapitalmehrheit besitzen. Der größere Teil der seitens der Regierung jährlich festzusetzenden Produktionsquoten soll denjenigen Firmen zugeteilt werden, die bereits bei der Montage der Regierungspolitik nachkommen. Das Kapital der neu zu gründenden Zuliefererunternehmen muß sich zu mindestens 51 % in mexicanischen Händen befinden. Die bereits in Mexico arbeitende Industrie ist dabei primär als Zulieferer für die Autoindustrie zu berücksichtigen.

Das Industrie- und Handelsministerium legt jährlich die Produktionsquoten und die Höchstpreise für den Verkauf fest. Nach einer Gesamtquote (ohne Lastwagen) von über

80 000 Einheiten im Jahr 1964 betrug die Quote 1965 90 000 Wagen und wurde für das Jahr 1966 auf 110 000 Fahrzeuge (mit Lastwagen) erhöht.

Es wurden in Mexico produziert:

	1965	1966	1967
PKW	67 309	84 802	85 821
LKW und Busse	29 131	31 901	37 930

Die US-amerikanischen Firmen hatten aus geographischen Gründen weniger Schwierigkeiten, ihre Zulieferwerke zu bewegen, sich selbst in Mexico zu beteiligen. Diese Firmen kamen aber wegen des fehlenden metrischen Systems in den wenigsten Fällen auch als Zulieferer für die europäischen Automobilfabrikate in Frage. Das mexicanische Volkswagenwerk konnte zum Beispiel bis jetzt erst drei der deutschen Zulieferer dazu bewegen, sich in Mexico kapitalmäßig zu beteiligen. Eine dieser Firmen ist die Firma Bosch. Die Problematik des Nationalisierungsexperimentes auf diesem Industriesektor läßt sich erkennen: Importrückgang zugunsten der Zahlungsbilanz, Preiserhöhungen wegen der unrentabel arbeitenden Zulieferungsindustrie. Die Möglichkeiten des Exportes mexicanischer Automobile in den mittelamerikanischen Gemeinsamen Markt und die Länder der lateinamerikanischen Freihandelszone *(ALALC)* sind begrenzt, denn die Kaufkraft dieser Länder läßt einen verstärkten Erwerb von Automobilen noch nicht zu. Länder wie Brasilien, Argentinien, Chile und Peru kommen wegen der Entwicklung eigener Automobilindustrien als Exportländer für Mexico nicht in Betracht.

Die **Borgward**-Fabrik in Monterrey. Das nach jahrelangen Vorarbeiten fertiggestellte mexicanische *Borgward*-Automobilwerk in *Monterrey* ist im Sept. 1967 offiziell eingeweiht worden. Das mit einem Kostenaufwand von 160 Mio. DM errichtete Werk, das Wagenkonstruktionen des Bremer Automobilunternehmens Borgward nachbaut, wird anfangs nur den „großen Borgward" herstellen. Für das Jahr 1968 ist auch die Wiederaufnahme der Produktion des Typs „Isabella" gedacht. Das Werk hat eine Konzession zum Bau von 12 000 Wagen im Jahr. Es ist unter Verwendung von maschinellen Einrichtungen aus den Bremer Werken errichtet worden. Mexicanische Industrielle hatten 1963 Fertigungseinrichtungen und Rechte aus der Konkursmasse des Bremer Werks erworben und nach Mexico gebracht. Daß die inzwischen errichteten drei Hallen mit ihren Fertigungsstraßen ein vorbildliches Aussehen erlangt haben, ist weitgehend den zwanzig deutschen Meistern und Mechanikern zu verdanken, die sich seinerzeit von der mexicanischen Firma anstellen ließen und den Aufbau des Werkes leiteten. Der Betrieb leidet an Facharbeitermangel, der sich durch die Rückkehr der Mehrzahl der deutschen Techniker in ihre Heimat noch verschärft hat. Der Absatz des etwa 55 000 mex. $ teuren Wagens ist nicht gesichert, da in Mexico in dieser Wagen- und Preisklasse bereits mehrere Typen der im Lande seit Jahren fabrizierenden US-amerikanischen Firmen angeboten werden.

Volkswagen in Mexico. 1967 ist das Volkswagenwerk in Puebla durch den Staatspräsidenten Díaz Ordaz eingeweiht worden. Seit der im Jahre 1964 erfolgten Produktionsaufnahme in ihrer bisherigen Werkanlage von *Xalostoc* bei *México D. F.* hat die *„Volkswagen de México S. A."* 40 000 Einheiten hergestellt. Die Gesamtzahl der 1967 in Mexico zugelassenen VW-Autos wird mit 70 000 Einheiten angegeben (entspricht einem Marktanteil von 20 %). Der Endverkaufspreis des in *Puebla* hergestellten VW 1200 beträgt 25 000 mex. $ (= rd. 8000 DM). Wegen seiner guten Bodenfreiheit und „Geländegängigkeit" ist der VW für viele Fahrwege und Pisten Mexicos besonders gut geeignet, wegen der Luftkühlung auch auf den vielen Bergstrecken. Da die Unterbringung vielköpfiger Familien in diesem Wagen schwierig ist, sind der Verbreitung des Modells als Familienwagen Grenzen gesetzt.

Auswirkungen auf „Sekundärindustrie". Autoverkaufsläden, Reparaturwerkstätten und Tankstellen haben das Siedlungsbild Mexicos „bereichert". Tankstellen liegen im ganzen Lande an allen Straßen, Verkaufsläden an bevorzugten Plätzen der Stadt, oft an den als Prachtstraßen ausgebauten Ausfallstraßen, und Reparaturwerkstätten im Altstadtviertel, wo ältere Bürgerhäuser verlassen wurden, deren ehemaligen Einwohner in den *„Colonia"*-Siedlungen am Stadtrand leben. Höfe und Hinterhöfe sind für eine Unzahl oft kleiner Werkstätten selbständiger, tüchtiger Automechaniker genutzt, wie in *Guadalajara* mehrere Straßenzüge oder in *Tijuana* die Straße der *„Upholsterías"*, der Aufpolsterer alter Wagen. Zahlreiche Läden bieten neue und alte (Ausschlachten der Wagen wird groß geschrieben!) Ersatzteile aller Art an, und die allerorts gegenwärtige Werbung *„General Popo"* (d. h. Popocatépetl) prägt den Konsumenten diese Reifensorte ein wie *„Michelin"* in Frankreich.

Auf einer Schotterstraße *„brecha"* erlebte der Verfasser, daß die Frontscheibe des VW bei der Fahrt von einem faustgroßen Stein durchschlagen wurde, den ein entgegenkommender LKW aufgewirbelt hatte. Mit den Hilfswerkzeugen Glasschneider und Schraubenzieher schaffte es ein Mechaniker, in drei Stunden die alte Scheibe herauszunehmen, eine neue aus Verbundglas zuzuschneiden und perfekt einzusetzen. Neben perfekter Handarbeit wird auch äußerst geschickt improvisiert.

Mexicos „handwerkliche Industrien". In dieser Bemerkung liegt kein Widerspruch, da handwerklich, aber serienmäßig gearbeitet wird. In den USA nennt man diese Art der Industrie „Cottage Industry", d. h. Heimarbeit, z. B. sind etwa 2 Mio. (!) Personen beschäftigt, um Webwaren, Hüte, Lederwaren, Töpfereiwaren für den Verkauf z. gr. T. an Touristen herzustellen [1365]. Die Handwerker verkaufen zumeist ihre Produkte nicht selbst. Die Geschäfte werden z. gr. T. vom Zwischenhandel getätigt. Oft ist eine Arbeitsteilung nach Rassen zu bemerken: Der Indio ist der Handwerker, der Mestize der Händler [631, 635, 592]. Es werden 62 Arten von *Serapes* (Decken, oft als Umhang verwendet) *(Bild 75)* hergestellt und 96 Arten von *Sombreros*, z. B. ist *Teocaltiche* nahe *Aguascalientes* ein Zentrum für die Herstellung von Sombreros, ebenso *Yucatán* [1220]. Die berühmte Hutflechtearbeit aus Palmstroh wird im trockenen *Yucatán* in feuchten Cavernen von Frauen betrieben. 30 Armspannen, *„brazas"*, Flechtwerk sind für einen Hut nötig, der den Gegenwert von 3 kg Mais bedeutet. In zahlreichen Ortschaften werden Korbwaren aller Art, Matten, Flechtarbeiten oder, wie in *León* und *Tijuana*, Lederarbeiten hergestellt, wie Koffer, Kollegtaschen, Brieftaschen, Portemonnais und Geschenk-Artikel, zumeist gepunzt (handgehämmert). Etwa 700 Städte und Dörfer sind z. gr. T. am Töpfereigewerbe beteiligt. Im Tal von *Atemejac* bei *Guadalajara* gibt es fünf Töpfereizentren, darunter *Tonalá* und *Tlaquepaque*, wo zusammen 20 000 Arbeiter in dieser Industrie beschäftigt sind. Berühmt sind auch die schwarzen Tonbrandarbeiten der Töpfereien des Tales von *Oaxaca*. Das grenznahe *Tijuana* entwickelt ein *Töpfereizentrum* für Gartenvasen, die z. gr. T. nach den USA verkauft werden. In und um *La Piedad de Cavadas* in NW-*Michoacán* arbeiten 7000 Personen an der Herstellung von *Rebozos* (Schals für Frauen). In *Uruapán* und *Quiroga (Michoacán)* werden Lackarbeiten auf Holzgegenständen hergestellt, insbesondere Holzschalen, *„jicaras"*, in *Paracho*

Bild 75. Deckenweberei in Mítla (Oaxaca). Handgewebte Decken werden von den Indianern Mexicos noch immer zum eigenen Gebrauch hergestellt (für Umhängedecken: Serape). Gegenwärtig ist die Deckenweberei zum Großteil für das Touristengeschäft tätig. Für die roten Farben dieser Decken wird zum Teil noch Cochenille als Farbstoff verwendet. Im Bilde ein Zapoteke beim Weben. Er trägt die typischen Sandalen (Huarachas). (GIERLOFF-EMDEN Juni 1964). (Vgl. Bild 15)

Gitarren und Mandolinen. Dort im Lande der *Tarasken* gibt es die wahrscheinlich am weitgehendsten nach Örtlichkeiten spezialisierte Handwerks-Industrie, über die R. C. WEST [1161] eine spezielle Studie lieferte und über die bei der Besprechung des Taraskenvolkes berichtet wurde.

Die **Industrie-Standorte** Mexicos haben sich zumeist historisch entwickelt [915] und werden erst in neuester Zeit nach einem gesamtwirtschaftlichen Aspekt geplant [833]. Die Bergwerksindustrie war von jeher durch die Lage der Minen standortbestimmt. Das gilt z. gr. T. für die Erdöl-, petrochemische (Golfküste) und Schwefelindustrie *(Minatitlán)* heute noch. Für die verarbeitende Industrie jedoch stellt *México D. F.* das größte Zentrum dar, das fast 40 % der gesamten verarbeitenden Industrie des Landes auf sich vereint, und zwar in breitester Streuung über alle Branchen [928, 1182]. *Monterrey* gilt als größtes Schwerindustriezentrum (Eisen, Metalle, Glas, Keramik, Papier, Brauerei), dem in weiterem Sinne als Ballungsgebiet *Saltillo-Monclova* zugehört. *Guadalajara* ist das dritte Industriezentrum des Landes, *Puebla* das vierte. Während in *Guadalajara* eine besonders breite Streuung der Industriezweige vorhanden ist, herrschen in *Puebla* die Branchen Steine und Erden, Textil-, speziell Baumwollverarbeitung (mit 40 % aller

Beschäftigten dieser Branche), und Kraftwagenindustrie vor. Die Kunststoffaserverarbeitung ist in *México D. F.* etabliert. Das ist wegen ihres enormen Wasserverbrauchs ein besonders ungünstiger Standort. Eine Industriegasse mit etwa 50 großen Betrieben hat sich entlang der jüngst durch eine Autobahn mit *México D. F.* verbundenen Städte *Celaya-Salamanca–Irapuato* entwickelt, ein weiterer Schwerpunkt um *León*. L. Waibel gab 1921 eine Studie zur wirtschaftlichen Gliederung Mexicos heraus [964], vgl. auch [945, 946]. C. Bataillon, 1963 [929], widmete der Gliederung von wirtschaftlichen „Aktivitätsregionen" Mexicos eine besondere Studie. Den historischen Werdegang einzelner Regionen behandelt A. Bassols Batalla, 1966, der zu einer Einteilung Mexicos in acht „geoökonomische Zonen" kommt, die insgesamt 108 Untergruppen enthalten.

Große Regionen Mexicos konnten noch nicht durch die zunehmende Industrieentwicklung beeinflußt werden. Die Verarbeitungsindustrie konzentriert sich auf sechs Bundesstaaten einschließlich des Hauptstadtbezirks. Von der mit 45 Mrd. mex. $ Wert angegebenen Produktion im Jahr 1965 kamen 39,9 % von *México D. F.*, 15,7 % von dem angrenzenden Bundesstaat *México* und 10,1 % von dem Bundesstaats *Nuevo León* mit dem Industriegebiet von *Monterrey*. Diese drei Bezirke liefern zwei Drittel der wertmäßigen Gesamtproduktion der Verarbeitungsindustrie. Mit *Jalisco* mit dem Industriebereich von *Guadalajara* (4,7 %), *Veracruz* (4,6 %) und *Coahuila* (4,1 %) ergibt sich, daß in diesen sechs Bezirken knapp vier Fünftel der gesamten Fertig- und Halbfertigprodukte Mexicos hergestellt werden. Von den 1 340 438 Beschäftigten der Verarbeitungsindustrie haben die genannten sechs Bundesstaaten einschließlich Hauptstadtbezirk 829 419 Arbeiter und Angestellte; das sind 63 %. Auf *México D. F.* kommt hiervon der Anteil von 479 246, auf den Staat *México* 160 916, auf *Nuevo León* 95 178, auf *Jalisco* 94 437, auf *Veracruz* 61 310 und auf *Coahuila* 83 303. Im übrigen Teil des Landes, in dem 61 % der Bevölkerung leben, sind nur 30,7 % in der verarbeitenden Industrie beschäftigt.

Um der nach Naturverhältnissen ungünstigen Konzentration zu begegnen, die wegen der in den Ballungszentren auftretenden Erscheinungen, wie Wassermangel, nicht wünschenswerte Folgen hat, regte der Wirtschaftsminister eine verstärkte Zusammenarbeit zwischen der Regierung und der Privatwirtschaft an. Die Regierung soll sich in verstärktem Maße der Schaffung der Grundlagen für neue Industrieansiedlungen in den bisher vernachlässigten Bereichen des Landes in Form der Entwicklung und Verbesserung der Infrastruktur bestätigen.

Industrieentwicklung. Das Industrie- und Handelsministerium hat das Förderungsprogramm zur Schaffung von 370 neuer Gruppen solcher Industrieprodukte bekanntgegeben, für die in den nächsten Jahren eine vermehrte Nachfrage zu erwarten ist und die zu international konkurrenzfähigen Preisen in Mexico hergestellt werden könnten. Von diesen 370 Gruppen gehören 18 der Eisen- und Stahlbranche an, 5 beziehen sich auf Maschinen und Ausrüstungen zur Erzeugung, Übertragung und Verteilung von elektrischer Energie; 23 kommen auf die Automobilindustrie, 31 betreffen den elektronischen, elektrischen und fernmeldetechnischen Sektor; 6 gehören der Feinmechanik an, 83 der chemischen und petrochemischen Industrie; 65 Produkte gehören in den Bereich der chemisch-pharmazeutischen Industrie und 12 in den der Zelluloseproduktion; 24 Erzeugnisse betreffen den landwirtschaftlichen und 9 den Bergbausektor. Einige dieser 370

Industrieprodukte sind bereits in der vor drei Jahren aufgestellten Liste enthalten gewesen, die insgesamt 450 Warengruppen umfaßte, von denen bis jetzt 391 Projekte mit einem Investitionsaufwand von 13 Mrd. mex. $ verwirklicht werden konnten. Gleichzeitig sind dadurch 86 000 neue Arbeitsplätze geschaffen worden.
Bei einem so stürmischen Wachstum der Industrie wie in den letzten 20 Jahren in Mexico, z. T. staatlich gelenktem oder aus Prestigegründen auch fehlgelenktem, z. T. angetrieben vom Gewinnstreben Einzelner, können Mißerfolge und Rückschläge nicht ausbleiben. Ein Beispiel ist der Aufbau der „*Caburos*"-Werke in Guadalajara.

„Sie waren vor einigen Jahren unter großem technischen und finanziellem Aufwand zur Produktion von Karbid und anderen im Lande sehr benötigten Kalziumprodukten errichtet worden. Doch hatte man die Rohstoffvorkommen allzu optimistisch abgeschätzt, und wegen ihrer frühzeitigen Erschöpfung sank die Produktion auf ein Zehntel der anfänglichen Ergebnisse." K. Helbig [1392].

Wirtschaftsausbau und Finanzierung. Mit dem starken Bevölkerungswachstum Mexicos (3,5 % pro Jahr) müssen jährlich etwa 500 000 neue Arbeitsplätze geschaffen werden. Hierfür würden industrielle Neuinvestitionen in Höhe von ungefähr 40 Mrd. mex. $ im Jahr erforderlich sein – ein Betrag, der die Investitionen der vergangenen Jahre um ein Vielfaches übersteigt. Trotz des starken Wirtschaftswachstums hat einstweilen erst der kleinere Teil der mexicanischen Bevölkerung von der Wirtschaftsentwicklung profitiert. Es ist für Mexico unumgänglich, ausländische Finanzmittel aufzunehmen. Nach Angaben der *Nacional Financiera* betrugen die Auslandsinvestitionen in Mexico im Jahre 1911 85 % und im Jahre 1939 (ein Jahr nach der Enteignung der Erdölindustrie) 15 % der gesamten Neuinvestitionen. Die private US-amerikanische Wirtschaft als größter Handelspartner Mexicos ist mit 82 % Anteil an ausländischen Investitionen der bedeutendste Investor [1256]. Beteiligt sind auch Kanada, Frankreich, Westdeutschland, Großbritannien, die Schweiz, Italien und in letzter Zeit besonders Japan. Die gesamten Investitionen von US-amerikanischen Unternehmen in Mexico würden 1968 beinahe 100 Mio US-$ betragen (Handelskammer). Damit werden die Investitionen der USA in Mexico auf insgesamt 1,3 Mrd. US-$ anwachsen. Schätzungen besagen, daß zur Zeit 13 % aller US-amerikanischen Investitionen in Lateinamerika Mexico betreffen. Der größte Teil des Kapitalzuflusses von 1967 aus den USA steht im Zusammenhang mit dem von der mexicanischen Regierung ausgearbeiteten Industrialisierungsprogramm für die nördlichen Grenzzonen.

Die jüngere Geschichte Mexicos war z. gr. T. bestimmt durch die Gegenwehr gegen den mächtigen Nachbarn im Norden. Dieser Kampf um wirtschaftliche, damit nationale Unabhängigkeit spricht auch aus Darstellungen in den naiv-gigantischen Wandbildern und Mauermosaiken.

„Mexicanisierung". Die rasche Industrieentwicklung mit Hilfe fremden Kapitals bewirkt eine Angst vor der Überfremdung [1381]. Ausländische Investitionen wären noch größer, wenn nicht der Begriff der sogenannten „Mexicanisierung" abschreckend wirken würde. Viele Ausländer, besonders diejenigen, die mit Enteignung im Ausland in den letzten Jahren bittere Erfahrungen machen mußten, identifizieren die Mexicanisierung mit Verstaatlichung. Das trifft jedoch nicht zu. Als Mexicanisierung wird eine Politik der Regierung bezeichnet, die darauf abzielt, daß einheimisches Kapital an ausländischen Firmen in Mexico möglichst in starkem Umfange teilhaben soll.

Bei jeder Industriegründung in Mexico ist ausländisches Kapital nur in Höhe von 49 % zugelassen, während 51 % in Händen mexicanischer Gesellschafter sein sollen. Für Banken und Versicherungen gelten besondere Vorschriften. Hinsichtlich des Personalbestandes in der Geschäftsleitung bestehen für ausländische Firmen keine Beschränkungen mehr. Zwar sind, um der Konkurrenz durch ausländische Arbeitskräfte zu begegnen, alle Arbeitgeber verpflichtet, den Anteil mexicanischer Beschäftigter in ihren Betrieben auf mindestens 90 % zu halten, doch bezieht sich diese Bestimmung nicht auf Direktoren und leitendes Personal. Auf ein einschlägiges Werk zu wirtschaftlichen Problemen Mexicos sei an dieser Stelle hingewiesen: *„Public Policy and private Enterprise in Mexico"*, (1964); herausg. von R. VERNON [962, 963].

Die mit der Organisation von Betrieben beauftragten leitenden Angestellten ziehen erfahrungsgemäß die ihnen vertrauten Produkte ihrer Heimat zur Neueinrichtung vor, z. B. im Büro- und Fertigungswesen, so daß z. B. US-amerikanische Erzeugnisse für Büroeinrichtung ihre Wege nach Mexico finden. Damit geht eine Beeinflussung der Lebensgewohnheiten einher, die dann in mexicanischen Behörden in Organisation und Ausstattung ihren Niederschlag findet.

Das industrielle Wachstum Mexicos darf nicht darüber hinwegtäuschen, daß es insbesondere einem systematisch geförderten Protektionismus zu verdanken ist. Neue Unternehmen werden, soweit sie eine für das Land wichtige Industrie verkörpern, wahrscheinlich auch in Zukunft damit rechnen können, daß sie fiskalische Vergünstigungen und gegebenenfalls auch einen Importschutz gegenüber der ausländischen Konkurrenz erhalten, sei es auch nur für einige Jahre (Zu diesem Thema vgl. Hinweis auf S. 463).

Rentabilität. So notwendig eine Preissenkung mexicanischer Fertigwaren für Inlandkonsum und Steigerung des Exports wäre, so unmöglich muß in vielen Fällen wegen der in Mexico noch sehr hohen Betriebskosten dieses angestrebte Ziel erscheinen. Die hohen Kosten moderner Maschinen und andere Faktoren ließen noch kein Preisniveau zu, das mit dem moderner Industrieländer vergleichbar wäre. Durch die Garantiepreise für Mais, Weizen, Baumwollsaat usw. wurde die mexicanische Landwirtschaft einseitig begünstigt, wobei sich die hoch gehaltenen Agrarpreise verteuernd auf die Produktionskosten der aus den subventionierten Agrarerzeugnissen hergestellten Güter auswirkte. Die geringe Stückzahl der Produktion wirkt sich kostenerhöhend aus. Dieser Punkt, d. h. geringe Stückzahl, ist dagegen bei den Erzeugnissen der Druckereien nicht zutreffend, da die spanische Sprache hohe Auflagen und einen weiten Markt zuläßt. Aus der Heraufsetzung der Mindestlöhne für 1966/67 ergaben sich Mehrbelastungen, die im Landesdurchschnitt 16,75 % ausmachten; gleichzeitig wurden die von den Arbeitgebern zu leistenden Pflichtbeiträge zur Sozialversicherung um 12,5 % angehoben. Auf Grund des neuen Mindestlohnprogramms ist auch die Landwirtschaft in das Sozialversicherungssystem einbezogen worden.

In Mexico gilt eine strenge Arbeitsgesetzgebung, nach der Entlassungen nur mit einer mindestens dreimonatigen zusätzlichen Zahlung als Abfindung durchgeführt werden können.

„Im einzelnen schreibt Artikel 123 die Zahl der Arbeitsstunden, einen Mindestlohn, Gewinn-Beteiligung und den Schutz für Frauen und Kinder vor; er regelt die Kündigung und setzt die

Bezahlung von drei Monatslöhnen bei ungerechtfertigter Entlassung fest; er gewährt den Arbeitern Koalitionsfreiheit und ebnet den Weg für Kollektivverträge. Er legalisiert den Streik als Mittel zur Herstellung des Gleichgewichtes zwischen den verschiedenen Produktionsfaktoren. Er schreibt weiter vor, daß eine Fabrik nur dann die Arbeit einstellen darf, wenn dies zur Stützung der Preise notwendig ist und die staatliche Schlichtungsbehörde zustimmt. Er macht das Unternehmen für Betriebsunfälle haftbar, enthält Bestimmungen über den Gesundheitsschutz, führt die Sozialversicherung ein und schreibt diese in einer Novelle vom August 1939 für Invalidität, Arbeitslosigkeit, Unfall und Krankheit zwingend vor. Er legt den größeren Unternehmen eine Reihe von Verpflichtungen auf, wie z. B. die Bereitstellung von Wohnungen zu festen Preisen und die Errichtung von Schulen. Von großen Unternehmen wird auch verlangt, daß sie für ihre Arbeiter Krankenhäuser unterhalten und in den von ihren Arbeitern bewohnten Gemeinden für bestimmte öffentliche Dienste aufkommen. U. a. sieht das Gesetz auch die Errichtung von Schlichtungsausschüssen für Arbeitgeber und Arbeitnehmer vor, die sich aus Vertretern der Arbeiterschaft, der Unternehmer und des Staates zusammensetzen sollen." F. TANNENBAUM, 1967 [1363].

Es gibt eine Anzahl von Betrieben, die entweder unrentabel mit Arbeitskräften weiterarbeiten müssen, die sich als ungeeignet erwiesen haben, oder nicht maschinell rationalisieren können oder in Konkurs gehen müssen. Auch solche Maßnahmen sind teuer, da Arbeiter eine Abfindung in Höhe mehrerer Monatslöhne beanspruchen können.

Produktion und Konsum. Von der raschen wirtschaftlichen Entwicklung hat nur ein Teil der Bevölkerung direkten Nutzen. Die Einkommensverhältnisse weiter Bevölkerungskreise sind bisher so nahe am bescheidensten Existenzminimum oder wenig darüber geblieben, daß Millionen von Mexicanern keine Konsumenten oder dieses nur in sehr bedingtem Maße für die Industrieprodukte des Landes sind. Indianer und Mestizen als Kleinbauern sind Mitglieder eines Wirtschaftssystems der Selbstversorgung, des Pfennigeinkommens und -handels, das nur über wenige Zweige an die moderne Industrieproduktion angeschlossen ist. Allenfalls finden Getränke, einfache Textilien, nicht immer Schuhe, und einiger billiger Tand Eingang in diese Wirtschaftsgruppe [732]. (Vgl. Abschn. Bevölkerung).

Inventarbedarf. F. TANNENBAUM, einer der besten Kenner der politischen und wirtschaftlichen Verhältnisse Mexicos führt zu diesem Problem aus:

„Diese wirtschaftliche Isolierung zeigt sich auch in den im Besitz der einzelnen Bauern befindlichen Gegenständen. Wenige Dinge kommen von außerhalb: die schon erwähnten Werkzeuge aus Eisen, die Nähmaschine und das Heiligenbild. Alles andere wird an Ort und Stelle erzeugt oder auf dem benachbarten Markt erstanden. Die Besitztümer einer Familie sind von Dorf zu Dorf und je nach Klimazone verschieden; typisch sind indes: Schlafmatten, ein kleiner Tisch, ein paar Stühle oder Schemel, *Ponchos*, die tagsüber von den Männern getragen werden und zur Nachtzeit als Decken für Mann und Frau dienen, ein Kasten für besondere Kleidungsstücke, Heiligenbilder, Kerzen, Kerzenhalter, Blumenständer, eine Leiter, ein Querbalken als Aufhängevorrichtung. Die Küche enthält in der Regel einen hölzernen Haken, an dem Geräte aufgehängt werden, einen Baumstumpf und einen flachen Stein für den Kienspan, Maisstrohmatten als Topflappen, irdene Bratpfannen, mehrere runde und ovale Holzschüsseln, eine Wurzelbürste, ein Sieb, geflochtene Körbe, irdene Krüge, einen Besen, ein Buschmesser, Suppenschüsseln, ein Holzkohlebügeleisen, Trinkgefäße, Porzellanteller, Tassen und Schüsseln, eine Teekanne, hölzerne Löffel, einen Zinnkrug für Wasser, einen Schokoladeschläger, einen Korb für Maisfladen, einen irdenen Wasserkrug, zwei Henkeltöpfe, eine Feuerstelle aus Lehm, eine Kohlenpfanne, einen Mahlstein zum Kornmahlen, einen Tisch, kleine Stühle, ein Messer und gelegentlich einige Gabeln, ein Tischmesser und sogar einen Konservenöffner. Im Hof befinden sich gewöhnlich ein glatter Stein und eine Holzkeule zum Waschen der Kleider, ein ausgehöhlter Baumstamm als Futtertrog für die Schweine, eine hölzerne Mistgabel, ein hölzerner Haken, ein Tragkorb, ein Lehmbackofen und eine Hacke *(Bild 43)*.

Dieser Bestand an beweglicher Habe, so verschieden er von Haus zu Haus und von einer Klimazone zur anderen auch sein mag, zeigt dennoch die relative Unabhängigkeit der Familie von den Industrieerzeugnissen der größeren Städte."

„Es ist schwierig, das Realeinkommen der Landbevölkerung in Geld auszudrücken. Neben der Landwirtschaft übt der Dorfbewohner in der Regel noch andere Beschäftigungen aus: Er flicht Hüte, webt Decken, stellt Hängematten, Feuerwerkskörper, Töpferwaren her oder führt andere, nach Orten verschiedene, Handarbeiten aus, aber nur als Ergänzung zur bäuerlichen Arbeit. Ein großer Teil der landwirtschaftlichen Produktion bleibt außerhalb der Geldwirtschaft, und sogar nichtlandwirtschaftliche Erzeugnisse werden für gewöhnlich auf benachbarten Märkten im Tausch gehandelt. Im Dorf *Atzumpa* in *Oaxaca* zum Beispiel ist jede Familie an der Herstellung von Töpferware beteiligt. Am Montag schaffen die Leute den Ton herbei, am Dienstag werden die Töpfe geformt, am Mittwoch werden sie gebrannt, am Donnerstag werden die Farben bereitet und die Töpfe bemalt, um am Freitag nochmals gebrannt zu werden. Am Samstag werden sie zum Markt gebracht – und am Sonntag ist Ruhetag. Am folgenden Montag beginnt der Zyklus von neuem. Jede Familie hat auch ein Stück Land, das sie bewirtschaftet; sie besitzt ein Haus, ein oder zwei Tiere und ein paar Obstbäume. Das geringe Bargeldeinkommen, das sie aus dem Verkauf der Töpfe erzielt, wird für den Erwerb von Gütern, die in der Regel in Nachbardörfern angefertigt werden, ausgegeben."

„Der regionale Markt zieht Händler aus der weiteren Umgebung an. Die *arrieros* treiben ihre mit Stoffen beladenen Maultiere oder *burros,* tage- ja wochenlang über schmale Pfade und bringen Waren aus entfernten Orten und verschiedenen Klimazonen von einem Dorfmarkt zum anderen. Man hat festgestellt, daß der Markt in einer Stadt *Michoacáns* von Händlern aus ungefähr zwanzig verschiedenen Gemeinden besucht wurde. Auf diesem Markt wurden folgende Waren zum Verkauf angeboten: Frischwasser, Avocado-Birnen, Ringe, Knoblauch, Ohrringe, Seile, Stickereien, Suppen, gekochte Bataten, Zwiebeln, Kirschen, Körbe, Aprikosen, Paprika, Kohl, Blumenkohl, Kandiszucker, Pfirsiche, Palmwedel, Bohnen, Gitarren, Saubohnen, frisch gekochte Maiskolben, Feigen, gewobene Säcke, Äpfel, Lattich, süße Zitronen, Töpferware, Stoffe, Schürzen, Wurzeln, Holzäpfel, Glasperlen, Möbel, Orangen, Nüsse, Brot, Kuchen, Kartoffeln, Regenmäntel aus Stroh, Birnen, getrocknete Fische, Bananen, Käse, Shawls, Decken, Ponchos, Zitrusfrüchte, Grapefruits, Samen, Strohhüte, Tomaten, indische Feigen, Violinen, Gewürze, Minzen, Schuhe. Dieser Markt zählte 138 Verkäufer. Alle Produkte kamen ausschließlich aus den auf dem Markt vertretenen Orten. Sie waren Teil semi-autarker Dorfwirtschaften; ihre Bedeutung für den nationalen Markt war gering. Diesem Beispiel könnten noch hundert andere hinzugefügt werden."

Allmählich jedoch werden immer mehr Mexicaner in die Verbrauchergewohnheiten der modernen Konsumgesellschaft einbezogen. Die Verkaufsmethoden der amerikanischen Warenhäuser sind durch Geschäfte wie *Woolworth* und *Sears Roebuck u. Co.* in den

Außenhandel

Jahr	1962	1964	1966
Import	1143	1494	2500 Mio. mex. $
Export	950	1023	2156 Mio. mex. $

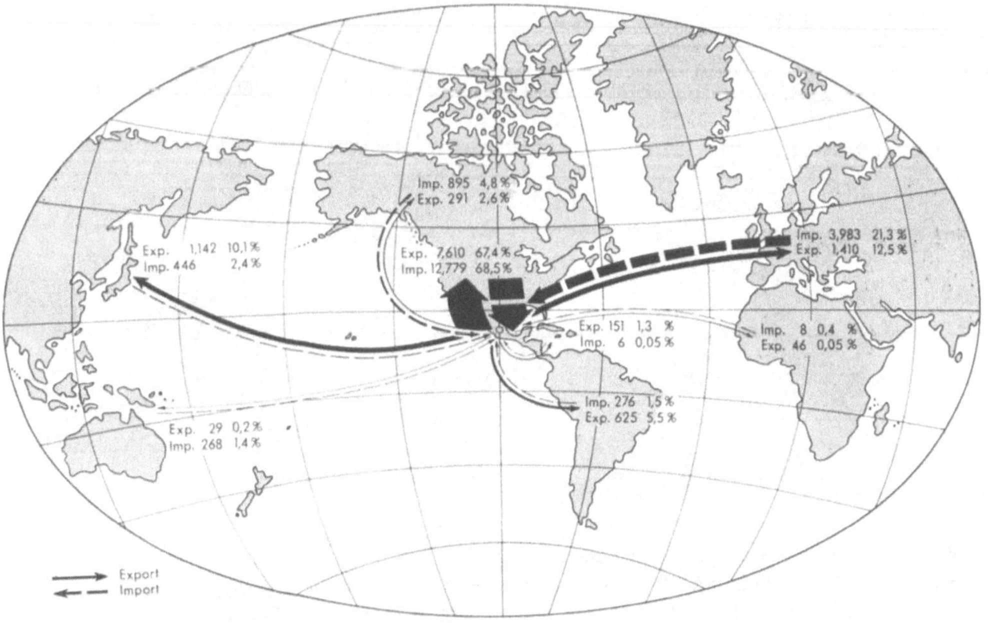

Abb. 124. Außenhandel (Import und Export) Mexicos mit anderen Ländern der Erde in Millionen Pesos für 1964 (Angaben differieren etwas von Statistiken in Tabellen). Stärke der Pfeile verdeutlicht Anteil in % des Gesamtex- und Imports. (Quelle: Banco Nacional de Comercio Exterior, S. A.)

meisten großen Städten Mexicos allgemein verbreitet. Supermärkte mit Selbstbedienung bieten dem unaufhörlich wachsenden Mittelstand viele amerikanische Lebensmittel, hauptsächlich Markenartikel an.

Laut statistischen Angaben des Industrie- und Handelsministeriums hat sich das *Außenhandelsvolumen* Mexicos im vergangenen Jahr gegenüber 1966 um rd. 4,7 % erweitert. Da jedoch einem Importanstieg von 15,8 % ein Ausfuhrrückgang um 0,6 % gegenüberstand, hat sich das chronische Handelsbilanzdefizit um 29,2 % erhöht.

Günstig hat sich ausgewirkt, daß die Wirtschaft Mexicos im Gegensatz zu anderen lateinamerikanischen Ländern sich nicht auf eine Monokultur stützt, sondern darauf, daß 75 % seiner gesamten Ausfuhren aus acht verschiedenen Produkten bestehen. Damit zeigt sich die Umgestaltung der mexicanischen Wirtschaft gegenüber früheren Jahrzehnten. Noch 1918 bestand die Ausfuhr zu 75 % aus mineralischen Rohstoffen. Es rangierten 1918 nach dem Wert: Silber 35, Kupfer 16, Erdöl 16, Blei 14, Sisal 8, Gold 5, Zink 2, Häute 2, Kaffee 1, Baumwolle 1 % [933, 1069] (Abb. 125).

Import und Export werden über die Aufsichtsgesellschaften abgewickelt (Abb. 124). 1960 ersetzte die staatliche Kompanie für öffentliches Interesse an Nahrungsmitteln, CONASUPO" (*Compañía Nacional de las Subsistencias Populares*) die bisherige „CEIMSA" (*Compañía Exportadora-Importadora Mexicana S. A.*), d. h Export-Import-Companie.

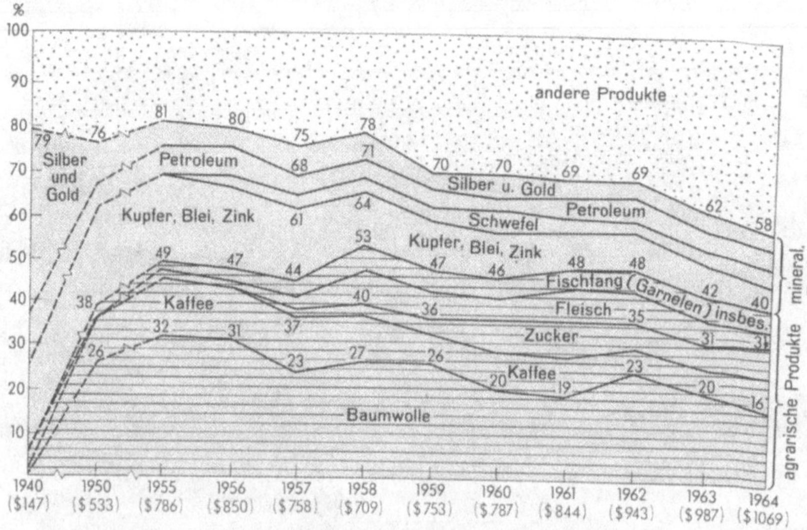

Abb. 125. Übersicht über die Zusammensetzung der Export-Handelsgüter Mexicos (nach dem Wert in US-Dollar und nach dem prozentualen Anteil an der Gesamtausfuhr; Werte sind angegeben in Million-US-Dollar). Aus der Darstellung geht hervor: Die einzelnen Exportgüter nehmen einen ständig gewachsenen Anteil am Gesamtexport ein. Die Ziffern an den Kurven geben, von unten und dabei in senkrechter Folge gelesen, die Summen der Prozentanteile der einzelnen Exportgüter an. (Nach W. O. FREITHALER, 1968, S. 65, Fig. 1)

Diese Organisation kauft z. B. produzierte Nahrungsmittel bei den Erzeugern auf, um Preiswucher im Zwischenhandel vorzubeugen, durch die *„Banco Nacional de Crédito Ejidal"* oder die *„Banco Nacional de Crédito Agrícola"*. Die Ware wird durch die *„Almacenes Nacionales de Depósito S. A."*, d. h. „Nationale Lagerhäuser", gelagert und dann zum Export gebracht. Bis zum 31. Januar 1962 blieben die Gebiete von *Chetumal, Cozumel, Xkalak* und *Islas de Mujeres* im Südosten Mexicos Zollfreizonen. Für Einfuhren in diese Gebiete wurde kein Einfuhrzoll und keine Einfuhrlizenz verlangt, wenn die Waren nicht in andere Landesteile weitergegeben werden. Zu den Zollfreigebieten gehören außerdem noch weitere, vom Mutterland her sporadisch besiedelte Gegenden an der US-amerikanischen Grenze und in Baja California *(Zona Libra)*. Dort war *Ensenada* Freihafen.

Export. Von den *wichtigsten Exportprodukten* hatten im Jahre 1967 insbesondere Mais, Zucker, Krabben, Schwefel, Salz, Obst, Hormone, Melasse, Zitronenöl-Essenz, Mangan und Bücher mehr oder weniger bedeutende Ausfuhrsteigerungen zu verzeichnen; hingegen war der Export von Baumwolle, Kaffee, Rindvieh, Tomaten und Frischgemüse zum Teil stark rückläufig (in Mio. US-$). (Siehe Tabelle auf S. 457 oben).

Der wertmäßige Anteil der sechs wichtigsten Ausfuhrprodukte Mexicos am Gesamtexportergebnis von 1966 erreichte 42,2 % und verteilt sich wie folgt: Baumwolle 12,3 %; Mais 7 %; Zucker 6,5 %; Krabben 6,2 %; Salz 5,2 % und Kaffee 5 %.

Exportgüter in Mio. US-$ (nach Deutsche Überseeische Bank)	1966	1967
Baumwolle	160,53	127,08
Mais	46,74	72,62
Zucker	57,08	67,24
Krabben	52,55	64,09
Salz	34,26	53,55
Kaffee	70,92	51,74
Schwefel	35,40	47,95
Erdöl und -derivate	39,53	39,51
Frischfleisch	27,47	22,37
Tomaten	21,06	20,71
Raffiniertes Blei	28,25	20,65
Obst	18,74	20,57
Weizen	3,97	20,50
Rindvieh	20,92	18,58
Zinkerz und -konzentrate	20,12	17,55
Hormone	16,38	17,16
Flußspat	15,33	16,05
Melasse	9,18	14,62
Eingezuckerte Erdbeeren	16,44	11,54
Bücher	7,38	11,29
Henequén-Faden oder -Strick	10,81	9,74
Kunstgewerbliche Gegenstände aus gewöhnlichem Metall	7,38	6,32
Frischgemüse	6,42	5,70

Import. Im gleichen Zeitraum zeigte die *Einfuhrseite u. a. folgende Ergebnisse* (in Mio. US-$):

Importgüter in Mio. US-$ (nach Deutsche Überseeische Bank)	1966	1967
Mechanische Maschinen und Ausrüstungen etc.	388,40	431,93
Elektrische Maschinen und Ausrüstungen etc.	112,07	148,66
Organische Chemieprodukte	101,18	102,66
Eisen- oder Stahlwaren	63,83	67,91
Automobile für Inlandsmontage	67,28	66,73
Präzisions- und Meßinstrumente	41,42	44,13
Anorganische Chemieprodukte	41,01	43,85
Kfz.-Teile	45,53	39,91
Erdöl- und -derivate	35,50	37,62
Eisenbahn-Material	31,32	35,96
Chassis für Inlandsmontage	26,88	32,40
Eisen- und Stahlschrott	27,47	27,78
Papier oder Pappe in Rollen etc.	24,48	26,28
Wolle (ausgenommen gekämmte Wolle)	19,98	21,75
Natur- und Kunstgummi	26,08	19,91
Diverse Minerale	19,03	18,84
Formeln und Präparate für die chemische Industrie	13,59	17,76
Büchereibedarf	14,29	15,25
Papiermasse	10,50	15,16
Landwirtschaftliche Traktoren	17,35	14,79

Ein Vergleich mit Statistiken früherer Jahre ist sehr schwierig, da die Aufgliederung nach Warengruppen in den verschiedenen Jahren und Statistiken unterschiedlich ist. Dies erklärt sich z. T. aus veränderten Handelslizenzen, z. T. aus den veränderten Warenpreisen am internationalen Markt.

Die Statistiken lassen auch selten die Gründe erkennen, die für Mexicos Produktionsziffern von großer Bedeutung sind: z. B. Naturkatastrophen (vgl. Abschn. Klima). So stand das Wirtschaftsgeschehen Mexicos im Oktober 1967 unter dem Eindruck der Überschwemmungskatastrophe, die sich als Folge des Wirbelsturms „*Beulah*" und anschließender heftiger Regenfälle während der zweiten Septemberhälfte in fast allen Landesteilen ereignete.

Zahlungsbilanz. Im Jahresdurchschnitt ging der Export 1967 um fast 4 % zurück, während die Einfuhr um 9 % stieg. Der Anteil der Privatwirtschaft an den Gesamteinfuhren ging von 82,7 % im Jahre 1966 auf 76,5 % im Jahre 1967 zurück. Der starke Import der staatlichen Gesellschaften beruhte auf dem verstärkten Ausbau der Infrastrukturanlagen auf dem Gebiet der Erdölförderung sowie der Petrochemie, der Eisenbahnen, des Stromnetzes und der Erzeugung von elektrischer Energie.

Die Konsequenz dieser Maßnahmen ist ein Anstieg des Handelsbilanzdefizits um 45,7 % gegenüber 1966. Mit 601 Mio. mex. $ (1966: 412,7 Mio. mex. $) ist es das höchste seit 1960. Durch Ernteverluste, insbesondere bei Baumwolle, sowie durch Preisfall bei anderen Agrarprodukten ist die Außenhandelssituation Mexicos damit in ein kritisches Stadium getreten.

Der Fremdenverkehr gleicht die Zahlungsbilanz z. T. aus. Er brachte 1949 186 Mio. US-$ ein, 1958 schon 565 Mio. US-$, 1965 fast 1 Mrd. US-$ und stand damit an dritter Stelle als nationale Einnahmequelle.

„Im Jahr 1966 wurden aus dem internationalen Fremdenverkehr, Grenzhandel und anderen Dienstleistungen einschließlich der Lohnüberweisungen mexicanischer Saisonarbeiter aus den USA, Netto-Deviseneinnahmen von insgesamt 1,48 Mrd. US-$ erzielt." (Deutsche Überseeische Bank, Juni 1967).

Der Außenhandel Mexicos 1963 bis 1967 nach seiner Verteilung auf andere Länder

Nach bankstatistischen Angaben waren die *12 wichtigsten Handelspartner Mexicos* in den vergangenen Jahren folgende Länder (in Mio. mex. $):

Land	1963 Einfuhr	1963 Ausfuhr	Land	Januar bis Oktober 1967 Einfuhr	Januar bis Oktober 1967 Ausfuhr
USA	10 614,2	8 275,1	USA	11 442,1	6 476,9
BR Deutschland	1 027,5	278,0	BR Deutschland	1 356,6	220,4
Canada	531,3	113,4	Japan	760,8	923,3
Großbritannien	544,5	130,5	Frankreich	718,4	553,7
Frankreich	415,5	160,0	Großbritannien	708,7	111,6
Italien	367,0	212,7	Schweden	399,6	10,6
Japan	322,2	1 138,6	Canada	368,1	95,2
Schweiz	341,4	138,2	Italien	347,2	132,5
Australien	133,7	33,0	Schweiz	297,6	454,8
Belgien	95,3	50,8	Niederlande	208,0	96,4
Schweden	200,1	7,5	Australien	207,4	43,7
Niederlande	165,7	109,4	Belgien	180,9	50,9

Quelle: Deutsche Überseeische Bank, November 1967.

Haupthandelspartner waren 1956 mit 76 % bei der Einfuhr und 72,5 % bei der Ausfuhr die USA, darauf folgten die Bundesrepublik Deutschland mit 5 % und Japan. Im Vergleich zu der guten warenmäßigen Differenzierung in der Ausfuhr konnte eine größere geographische Streuung der Handelsbeziehungen bis 1967 erreicht werden (Abb. 124).

Handel mit Ländern in Südamerika, ALALC (ALALC = *Asociación Latinoamericana de Libre Comercio).* Mexico bezieht aus den Ländern der lateinamerikanischen Freihandelszone etwa hundert verschiedene Artikel. Nach dem Wertanteil gehören dazu folgende Produkte: Fischmehl (18 %), Wolle (11 %). Zu den Artikeln, die Mexico in die ALALC exportiert, gehören vor allem Baumwolle und Bücher (je 14 %), ferner Weizen, veredeltes Zink und Waffen. Ein Anstieg der mexicanischen ALALC-Exporte beruhte hauptsächlich auf vermehrten Lieferungen von Eisen- und Stahlröhren, Chemikalien, diversen Industrieartikeln und Büchern und Spielfilmen für Kinos.

Handel mit Zentralamerika. Die industrielle Entwicklung der meisten ALALC-Länder, vor allem Argentinien und Brasilien, böte größere Chancen eines Güteraustausches mit Mexico als die industriell relativ wenig entwickelten Länder Zentralamerikas. Außerdem sind die Exportgüter dieser Länder, wie Kaffee, Baumwolle, Zucker, die gleichen wie die Mexicos. Der zentralamerikanische Markt ist auch wegen der verhältnismäßig geringen Einwohnerzahl (13 Mio.) weniger aufnahmefähig als der südamerikanischer Länder [965]. Das durchschnittliche Pro-Kopf-Einkommen zentralamerikanischer Länder liegt unter dem lateinamerikanischen Durchschnitt. Der Warentransport zwischen Mexico und Zentralamerika wird durch die geographische Nähe beider Wirtschaftsregionen nicht wesentlich begünstigt. Wegen der mangelhaften Landverbindungen vollzieht sich der Güteraustausch hauptsächlich auf dem Seewege. Die zentralamerikanischen Länder nehmen nur etwa 1 bis 1,3 % der mexicanischen Exporte auf, während Mexico etwa 0,1 % seiner Importe aus Zentralamerika bezieht. Nach den In- und Exportwerten steht Guatemala an 1. Stelle.

Handel mit Japan. Japan gewann als Handelspartner Mexicos zunehmend an Bedeutung. Abkommen über den gegenseitigen Handelsaustausch und in bezug auf technische Hilfe Japans für den Ausbau des mexicanischen Fleischereiwesens wurden vereinbart. Mexico strebt einen vermehrten Zustrom japanischen Kapitals und japanischer Investitionsgüter in Verbindung mit wichtigen Rohstoffen für die Industrie an. Die mexicanischen Gegenlieferungen bestehen in einer Reihe von Landwirtschafts- und Bergbauprodukten, wie z. B. Baumwolle, Salz, Zink-Konzentrate und – in kleinerem Umfang – Mais, Kaffee, geschliffene Opale, Sisal, Zucker, Manganerz, Honig, Vanille und Leder. Das Vordringen japanischer Erzeugnisse auf dem mexicanischen Markt ist zu beobachten, vor allem werden Artikel wie Transistorradios, Ferngläser, Fotoapparate, Uhren, Uhrarmbänder, Plastikwaren und Spielzeug in großem Ausmaß auf den „*Mercados*" angeboten bzw. von ambulanten Händlern mit ihren Autos in entfernteste Landesregionen gebracht und abgesetzt. Diese Artikel sind vergleichsweise billiger als die europäischen und US-amerikanischen Angebote und entsprechen in ihrer bunten Ausstattung mehr dem Geschmack der Käufer.

Handel mit Europa. Es ist seit Jahren der Wunsch staatlicher und privatwirtschaftlicher Stellen Mexicos, durch die Belebung der Handelsbeziehungen mit europäischen Ländern eine breitere geographische Verteilung seines Außenhandels herbeizuführen. Der gegenseitige Wirtschaftsaustausch mit europäischen Ländern leidet an einer zumindest nach mexicanischen Angaben sehr unausgeglichenen Handelsbilanz. Mexicos Export nach Europa enthält die bekannten landwirtschaftlichen und mineralischen Güter wie Baumwolle, Kaffee, Mais, Honig, Erdnüsse, Tabak, Schwefel, Kupfer in Barren, Silber und Blei sowie Bleioxyd. Dagegen sind industrielle Waren aus Qualitäts- und Preisgründen entweder gar nicht oder nur in ganz begrenztem Maße auf dem europäischen Markt absetzbar. Ausnahmen bilden kunstgewerbliche Artikel, sowie Silberwaren. Es sind Bestrebungen im Gange, den Handel mit den osteuropäischen Ländern wie mit der Tschechoslowakei und Jugoslawien zu intensivieren.

Handel mit Deutschland. Nächst den USA und Japan ist Deutschland der bedeutendste Handelspartner Mexicos. Die wirtschaftlichen Beziehungen zwischen Deutschland und Mexico haben eine 150 Jahre alte Tradition. Schon um 1800 kamen deutsche Segelschiffe nach *Veracruz.* Bald darauf entstanden die ersten Niederlassungen deutscher Exportfirmen in Mexico, 1832 wurde ein Handelsabkommen zwischen *Mexico* und den freien Hansestädten *Hamburg* und *Bremen* abgeschlossen. Seit 1861 bestanden Konsularbeziehungen mit den deutschen Königreichen *Preußen* und *Bayern.* 1874 gründete STEPHAN BENECKE in der mexicanischen Hauptstadt die *Cámara Nacional de Comercio* und wurde ihr erster Präsident. Um die Jahrhundertwende gab es deutsche Importhäuser in der Hauptstadt *Ciudad de México,* in *Veracruz, Tampico, Guaymas* und in *Mazatlán.* F. RATZEL [500] berichtete von seiner Reise: „In den meisten Häfen der mexicanischen West- und Südküste übertreffen die deutschen Kaufleute alle anderen an Zahl, Reichtum und Einfluß.“ In den Jahren seit 1945 haben sich die Handelsbeziehungen zwischen Deutschland und Mexico wieder entwickelt. Namhafte deutsche Firmen sind in Mexico vertreten.

An Mexico liefert die Bundesrepublik vor allem industrielle Erzeugnisse wie elektrotechnische, maschinenbautechnische, feinmechanische, optische und chemische Produkte. Die Bundesrepublik rangierte beim Kauf mexicanischer Waren, wobei es sich fast ausschließlich um Rohstoffe und landwirtschaftliche Produkte wie u. a. Silber, Baumwolle, Kaffee, Honig handelt, im Jahre 1965 erst an vierter Stelle.

Der Anteil der Bundesrepublik stimmt nach der mexicanischen Statistik nicht mit dem nach der deutschen Statistik überein, u. a. weil zahlreiche Lieferungen Mexicos über die USA erfolgen.

Kreditwesen: Es bleibt eine Mexico-Hypothek: „Die beginnende Zeichnung der 100 Mio. DM Mexico-Anleihe weckt in der Bundesrepublik einige Erinnerungen. In Zeitungsanzeigen wird darauf hingewiesen, daß Mexico seine alten Vorkriegsanleihen noch nicht zurückgezahlt hat. Es handelt sich um Goldmarkanleihen aus der Regierungszeit des 1910 gestürzten mexicanischen Diktators PORFIRIO DÍAZ, deren Tilgung und Verzinsung 1914 eingestellt wurde. Schuldenregelungsabkommen der Jahre 1922 und 1929 erwiesen sich als unzureichend, und als Tilgung und Verzinsung der alten Anleihen in den Jahren 1942 und 1946 endgültig geregelt wurden, blieben Anleihestücke in deutschem, bulgarischem, rumänischem und ungarischem Besitz als ein „Feindbesitz“ davon ausgenommen. Dabei blieb es.“ (Nach einer Tageszeitung, 5. 6. 68).

Illegaler Handel (Schmuggel). Der Schmuggel an Mexicos 2600 km langer Nordgrenze hat Tradition. Besonders während der Jahre der Prohibition in den USA wurden, wie auch an der Grenze der USA zu Kanada, beträchtliche illegale Geschäfte abgewickelt. Die Berichte der Spezialtruppe der USA, der *„Border Patrol"*, beschreiben viele abenteuerliche Unternehmungen im Grenzraum des *Rio Bravo*, einem Schmuggelparadies mit alten Flußarmen, Sandbänken und Ufergestrüpp. Der Warenschmuggel, der die reguläre Ausfuhr sehr schädigt, betrifft besonders Luxus- und Konsumgüter der Textil- und Bekleidungsindustrie (Nylonstrümpfe) sowie elektrische Haushaltsgeräte und Automobile und reicht vom Trägerverkehr bis zu ganzen Waggonladungen von Maschinen und Industrieausrüstungen.

Dieses Problem tritt jedes Jahr im Monat Dezember in ein besonders kritisches Stadium, da vor den Festtagen insbesondere die Mexicaner auch aus dem Landesinnern teilweise riesige Einkäufe in den Grenzstädten der USA tätigen und so die einheimische Industrie und den Handel um das erhoffte Weihnachtsgeschäft bringen. Der hierdurch in dieser Jahreszeit bewirkte Devisenabfluß beträgt über 430 Mio. mex. $. Da sich seit Jahren die dort über 3 Mio. zählende Bevölkerung im kleinen Grenzverkehr oder auf illegale Weise in den USA mit diesen Erzeugnissen eindeckte, haben die einheimischen Fabrikanten bzw. der Handel dieses Gebiet fast vollkommen vernachlässigt.

Nach einer vom *Banco Nacional de Comercio Exterior S. A.* auf Grund verschiedener Angaben der mexicanischen Zahlungsbilanz vorgenommenen Berechnung soll das Ausmaß dieses Grenzschmuggels auf mindestens 200 bis 250 Mio. US-$ pro Jahr zu veranschlagen sein, d. h. ein Betrag, der etwa der jährlichen Netto-Auslandsverschuldung Mexicos gleichkommt! In Zusammenarbeit mit der Privatwirtschaft hat deshalb das Finanzministerium besondere Pläne zur Bekämpfung dieser Schmuggeltätigkeit entwickelt.

Der Peso mit dem Aztekenkalender. Die Währung Mexicos gilt als stabilste der lateinamerikanischen Länder. Zwei Valutaabwertungen des Pesos, 1949 und 1954, wurden durch die schlechte Zahlungsbilanzsituation erzwungen [1275]. Ausländisches Geld kann in Mexico zum festgesetzten Kurs gewechselt und gekauft werden. Der US-$ entspricht in beiden Fällen 12,49 mex. $ In den USA kann zum gleichen Kurs umgetauscht werden (Angaben für 1968) [1187].

In Mexico werden nicht, wie in einigen anderen Ländern (wo Staatsstreiche häufig sind), große Werte von Fluchtkapital auf Spezialkonten gehalten und so der Wirtschaft entzogen, sondern das Kapital wird im Lande angelegt.

Die innere und äußere Schuld des öffentlichen Sektors wird inoffiziell auf 1,9 Mrd. US$ geschätzt.

„Der Anteil der Importe am mexicanischen Bruttosozialprodukt beträgt etwa 9 %, ein Verhältnis, das nach Ansicht mexicanischer Finanzexperten eine relativ hohe Verschuldung erlaubt, insbesondere dann, wenn der Großteil der ausländischen Kredite zum Ausbau der Infrastruktur und somit zu integralen Förderungszwecken verwendet wird." (NZZ vom 14. 12. 67).

Die Entwicklung der mexicanischen Wirtschaft 1950–1966. Die *Banco Nacional de México* hat einen Bericht über die Entwicklung des Nationaleinkommens in Mexico ver-

Jahr	National-einkommen Mio. mex. $**)	Pro-Kopf-Einkommen mex. $	Anstieg des Großhandels-preisindex*)
1950	37,500	1,453	—
1955	74,760	2,517	13,6
1960	120,200	3,474	5,0
1966	248,000	5,340	21,0

*) 210 Artikel, Basis 1954 = 100.
**) Diese Zahlen stimmen nicht mit den als Bruttosozialprodukt veröffentlichten überein (Abb. 129).

öffentlicht und stellte das Einkommen und die Veränderung der Einwohnerzahl gegenüber.

Großhandelspreise (1939 = 100 gesetzt), hatten im Jahre 1963 die Zahl 657 erreicht; Lebenshaltungskosten (1958 = 100 gesetzt), hatten im Jahre 1963 die Zahl 111 erreicht; Löhne der Industriearbeiter (1958 = 100 gesetzt), hatten im Jahre 1963 die Zahl 163 erreicht. Staatspräsident Díaz Ordaz erklärte in seinem Jahresbericht 1966, daß das wirtschaftliche Wachstum Mexicos jährlich mindestens 6,5 % ausmachen müsse, um eine spürbare Hebung des Lebensniveaus der sich z. Z. um 3,5 % vermehrenden Bevölkerung erzielen zu können, wofür in der Periode 1966 bis 1970 Investitionen von insgesamt 275 Mrd. mex. $ erforderlich wären. Zur Gewährleistung einer gesunden Wirtschaftsentwicklung und weitgehender Hebung der Kaufkraft der Konsumenten sollte der Binnenhandel eine größtmögliche Förderung erfahren. Das *Bruttosozialprodukt* ist in den ersten 3 Jahren der Regierung Díaz Ordaz – also vom Dezember 1964 bis Dezember 1967 – um insgesamt 20,5 % gestiegen. Dieses Ergebnis basiert auf einer 9,9%igen Zunahme der landwirtschaftlichen Erzeugung (Ackerbau, Viehzucht, Waldnutzung und Fischfang) sowie einer 26,6 % betragenden Steigerung der Produktion des Sekundärsektors (Bergbau, Erdöl- und -derivate, verarbeitende Industrie, Bauwirtschaft und Elektrizitätserzeugung) und einem 20%igen Anstieg im Handel und Dienstleistungsverkehr. Als schwerwiegende Hypothek der mexicanischen Wirtschaftsexpansion bleibt der Konjunkturverlauf in den Industrieländern, die mit Mexico in enger Beziehung stehen, also insbesondere der USA. Jegliche bedeutende Verringerung des Finanzengagements der USA in Mexico wird erhebliche Auswirkungen auf die mexicanische Zahlungsbilanz haben. Es ist einzusehen, wie ein Ausbleiben des US-amerikanischen Touristenverkehrs nach Mexico sich auf die Wirtschaft dieses Land auswirken müßte. (Zahlen nach Angaben der Deutschen Überseeischen Bank.)

Im mexicanischen Bundeshaushalt für 1967 betragen die Ausgaben 22 108 Mio. (für 1966 20 132 Mio.) mex. $. Der Anstieg beträgt weniger als 10 %. Die größten Erhöhungen sind bei den Einzelposten des Kultusministeriums, des Ministeriums für Wasserwirtschaft und des Ministeriums für öffentliche Arbeiten vorgenommen worden. Für Erziehungsaufgaben, die von jeher mit dem größten Anteil am Staatsbudget beteiligt waren – 1967 sind es 26 % –, stehen 5775 Mio. mex. $ gegenüber 5182 Mio. im Jahre 1966 zur Verfügung. Die entsprechenden Zahlen für die Wasserwirtschaft betragen 2102 (1631) Mio. und für öffentliche Arbeiten 1572 Mio. mex. $ an Stelle von 1240 Mio. mex. $ im Jahr 1966. Im Gegensatz zu den hohen Ausgaben für das Erziehungswesen beträgt der Ansatz für das Verteidigungsministerium nur ungefähr 9 % des Gesamthaushaltes!

Die Steuereinnahmen des Staates setzten sich 1965 wie folgt zusammen: Steuern aus: Löhnen 38 %, Einkommen 9 %, Exporthandel 13 %, Umsatz 14 %, andere, darunter Zölle, 26 %. Der Staat gab von diesen Einnahmen aus für: Industrieentwicklung 35 %, Transport- und Verkehrsentwicklung 17 %, Sozialwesen 16 %, Bildung 17 %, Verteidigung 5 %, Verwaltung 3 %, andere Ausgabeposten 13 % (Abb. 131).

Zu diesem Themenkreis sind zahlreiche Informationen zu entnehmen aus: A. Bohrisch: *„Probleme privater Auslandsinvestitionen in Mexico"*, Heft 11, Schriftenreihe des Institutes für Ibero-Amerika-Kunde, Übersee-Verlag: Hamburg 1969.

Nach Mitteilungen der „DEUTSCHE UEBERSEEISCHE BANK (JANUAR 1970)" sind für 1970 die *größten Ausgabenposten wieder für Erziehungswesen und Wasserbau* vorgesehen.

„Auf der *Ausgabenseite* des neuen Federalhaushalts entfällt der *Hauptanteil* mit 7 946,89 Mio mex$ (Vorjahr=7 347,63 Mio) – d. h. 28 % der Gesamtausgaben – wiederum auf das Erziehungs- und Unterrichtsministerium, gefolgt vom Ministerium für Wasserbau mit 2 419,99 Mio mex$ (2 338,48 Mio) und dem Etat für Öffentliche Arbeiten mit 1 800,78 Mio mex$ (2 237,85 Mio). Die übrigen Etatposten verteilen sich folgendermaßen (in Mio mex$, Vergleichszahlen von 1969 in Klammern): Landesverteidigung 1 797,79 (1 677,03); staatlicher Schuldendienst 1 803,65 (1 519,89); Verkehrs- und Transportwesen 1 619,90 (1 464, 77); Gesundheits- und Sozialwesen 1 476,89 (1 397,39); Finanzministerium 835,77 (819,14); Handelsschiffahrt 823,49 (705,62); Landwirtschaft einschließlich Viehzucht 593,14 (498,37); Ministerium für Nationalvermögen 335,09 (333,19); Ministerium für Auswärtiges 288,07 (251,00); Industrie- und Handelsministerium 237,38 (192,60); Ministerium für Inneres 165,37 (153,09); Justizministerium 109,74 (107,18) und Fremdenverkehr 92,66 (90,61).

Obige Zahlen verdeutlichen, daß sich das Augenmerk der mexicanischen Regierung in erster Linie auf die Förderung des *Erziehungs- und Bildungswesens* richtet, während der *infrastrukturelle Ausbau* des Landes zugleich großzügig vorangetrieben wird; die betreffenden *Etatposten machen rd. 44 % dieses Haushalts aus"*. Im Zusammenhang mit der Kritik an Korruption, Spekulation, Privilegienwirtschaft und Bürokratisierung, die als schwerste Hypotheken der Modernisierung angesehen werden, verstärken sich die Tendenzen zugunsten *staatlicher Interventionen* in der Wirtschaft, insbesondere zur Sicherung einer gerechteren Verteilung des Volkseinkommens, und von *staatlicher Wirtschaftsplanung*.

Verkehrsverhältnisse

Häfen. Die Länge der mexicanischen Küsten beträgt 7131 km, 4520 km am Pazifischen Ozean, 2611 km am Atlantischen Ozean (Golf von Mexico und Karibisches Meer).

Zur Verkehrsgeographie der Häfen. Am Golf von Mexico gibt es keine natürlichen Häfen. Die Mündungen der Flüsse sind von Barren umgeben. Die Hafenplätze *Veracruz* (Stückgut für das Industriezentrum México D. F., Export von Zucker und Kaffee), *Tampico* (Erdöl), *Coatzacoalcos* (Erdöl, Schwefel) und *Mérida* (Hafen *Progreso*) (Sisal), *Campeche* (Holz) haben Standorte an Wirtschaftslandschaften.

Diese Häfen sind 3000 km vom Wirtschaftszentrum der Ostküste der USA *(New York)*, d. h. für Frachtschiffe 7 bis 10 Tagesreisen, 8000 km von den Nordseehäfen *Mitteleuropas*, d. h. 18 bis 24 Tagesreisen, 2700 km vom *Panamakanal* und 6000 bis 8000 km von südamerikanischen Häfen in *Peru, Chile, Brasilien, Argentinien,* 17 000 km von Ostasien, d. h. 25 bis 35 Tagesreisen, entfernt (Abb. 47, 48). Am Pazifischen Ozean besitzt Mexico mehrere gute natürliche Hafenplätze an felsigen Buchten mit tiefem Wasser wie: *Ensenada, Guaymas, Mazatlán* und *Acapulco.*

Zu den Häfen Europas sind diese 12 500 km weit entfernt (25 Tagesreisen), zur Westküste der USA sind sie 3000 km entfernt (*Acapulco–San Franzisco*), zum Panamakanal 3000 km (*Acapulco–Panama*), nach *Ostasien* über 12 000 km. Diese Hafenplätze der Westküste haben Standorte, die lokal sehr begrenzten Wirtschaftslandschaften dienen: *Venustiano Carranza* (Salz), *Santa Rosalía* (Kupfer), *Ensenada, Manzanillo* (Baumwolle, Zucker). Dem transkontinentalen Verkehr dienen nur *Topolobampo* mit Bahnanschluß nach *Chihuahua* und *Torreón* (Verschiffung von Baumwolle und Zucker), *Mazatlán* (Straßenanschluß nach *Durango,* Baumwolle und Zucker) und *Salnia Cruz* (Bahnanschluß und Pipelineanschluß nach *Coatzacoalcos* am Golf von Mexico, Erdöl) [970]. Der kolonialzeitlich bedeutendste Transkontinentalverkehr *Acapulco–Ciudad de México–Veracruz* für den Handel *Spaniens* mit den *Philippinen* ist heute ohne Bedeutung (Vgl. Abschn. Kolonialzeit).

Die übrigen Häfen dienen fast ausschließlich dem innermexicanischen Verkehr. Es besteht eine große Anzahl kleiner und kleinster Häfen und Ankerplätze, *„fondeaderos"*.

Wegen der Lageverhältnisse zum Weltschiffahrtsverkehr und dem Verschiffungsangebot der Frachtgüter ist die Situation zum Welthandel wie zum landesinternen Handel auf dem Seewege nicht günstig. Nur die Lage von *Veracruz* und *Tampico* zum Wirtschaftszentrum der USA am Golf von Mexico mit den Häfen von *Houston* mit dem Anschluß an den US-amerikanischen *„Intracoastal Waterway"* bietet günstige verkehrsgeographische Voraussetzungen.

Seeschiffahrtsverkehr. Die in mexicanischen Häfen umgeschlagene Fracht der Hochsee- und Küstenschiffahrt belief sich 1963 auf 21,1 Mio. t. Davon waren 7,6 Mio. t (36 %) eingehende Fracht (mit 10 661 Schiffen) und 13,5 Mio. t (64 %) ausgehende Fracht (mit

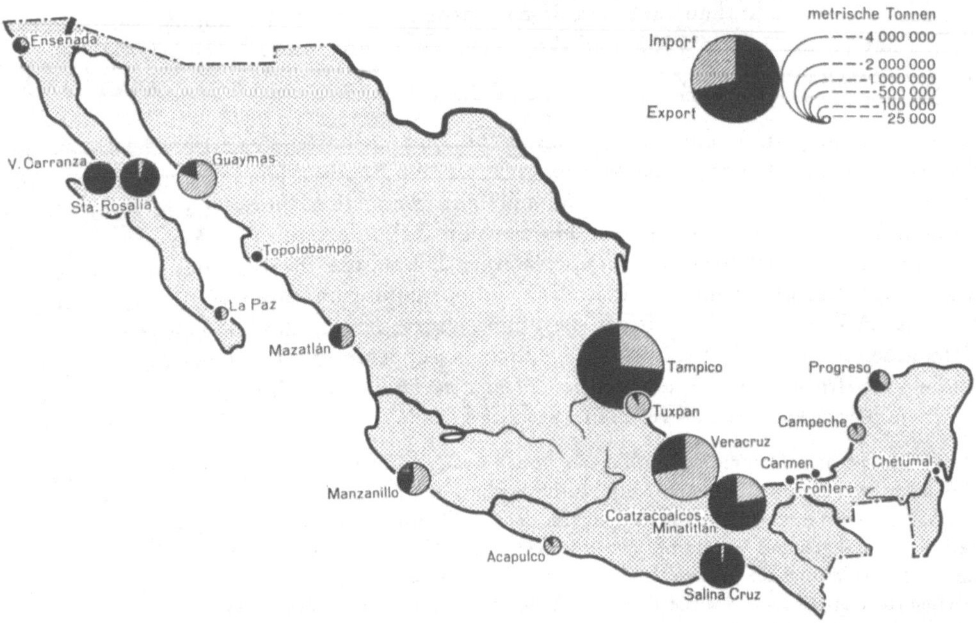

Abb. 125a. Güterumschlag der mexicanischen Seehäfen: Export und Import. Durchschnitt der Mengen der Jahre 1959–1961. Die exportierte Warenmenge der Häfen ergibt sich aus dem Erdölumschlag von Tampico, Coatzacoalcos, Salina Cruz, Kupfer von Santa Rosalia, Salz von V. Carranza. (Nach R. C. West)

10 721 Schiffen). Der Seeverkehr ist am mexicanischen Export sehr viel stärker beteiligt als am Import, da die Importe aus den USA zum großen Teil auf dem Landwege hereinkommen. Im Frachtverkehr der direkten Hochseeschiffahrt sind 1963 in mexicanischen Häfen 991 000 t gelöscht worden; im gleichen Jahr sind 6,7 Mio. t geladen worden (Abb. 125 a).

Für den Passagierverkehr sind die mexicanischen Häfen gegenüber dem Flugverkehr fast bedeutungslos geworden. 1963 trafen 19 200 Passagiere in mexicanischen Häfen ein, es reisten 17 900 aus. In dieser Zahl sind Passagiere von Kreuzfahrten der Karibik, die in *Progreso* kurzfristig landen, inbegriffen.

Für den Ausbau von Häfen wurde in den letzten Jahren einiges unternommen, z. B. soll mit einer anfänglichen Investition von 240 Mio. mex. $ die Küstenstadt *Alvarado* zu einem großen Hafen für Fischerei, Fracht- und Küstenverkehr ausgebaut werden. Der Ausbau eines Küstenkanals im Bereich der sich in schneller wirtschaftlicher Entwicklung befindlichen Küstenstaaten *Veracruz–Tabasco–Campeche* von *Tonalá* bis *Alvarado Obregón* wurde in Angriff genommen [1210].

Schiffahrt. Die mexicanische Handelsflotte zählte nach Angaben der *Nacional Financiera* im Jahr 1963 insgesamt 13 096 Einheiten, davon 20 Hochseeschiffe, 212 Küstenfahrzeuge, 19 Schiffe der Erdölflotte (Pemex), 7543 Fischereifahrzeuge, 534 Schleppkähne und 4768 Fluß-Schiffe. Die Tonnage betrug 1963 453 037 BRT. Die mexicanische Gesellschaft *Transportación Marítima Mexicana S. A.*, unterhält seit 1960 einen Liniendienst zwischen den mexicanischen Golfhäfen und *New York, Philadelphia, Baltimore, New Orleans* und *Houston.* Der Ausbau einer größeren eigenen Handelsflotte könnte dienlich sein. Mexico hat in den Jahren 1965 und 1966 mehr als 1 Mrd. mex. $ Frachtkosten an ausländische Schiffahrtslinien gezahlt.

Hafeneinrichtungen. Hohe Hafengebühren und mangelhafte Verladeeinrichtungen behindern in vielen Fällen einen wettbewerbsfähigen Export. Die Kosten einschließlich der Ausgaben für die Verpackung sind teilweise zehnmal so hoch wie in europäischen Ländern. Der Bürokratismus in der Hafen- und Zollabfertigung wirkte sich ungünstig aus. Obwohl seit mehreren Jahren die lateinamerikanische Freihandelszone besteht, ist es z. T. schneller und billiger, mexicanische Exportgüter zunächst nach Europa und von dort aus an ihre südamerikanischen Bestimmungsorte zu verschiffen. Die mexicanischen Hafenarbeitergewerkschaften üben eine ihren Gruppeninteressen dienende Macht aus. Solche Verhältnisse sind keineswegs neu. Von den Transportbedingungen im Hafen von *Veracruz* berichtet A. Dorn 1892, in „Seehäfen des Weltverkehrs", Bd. II auf S. 168:

„Aber dass an dem Damme des Zollhauses von Vera-Cruz kein Krahn steht, dass das Geleise der Eisenbahn, welches ins Zollhaus führt, nicht benützt werden darf, dass auf der kurzen Strecke von 550 m, welche die Eisenbahnstation von dem Zollhause trennt, keine Schienen gelegt werden, weil die Lastträger und Frachtenführer von Vera-Cruz thatsächlich ein ausschließliches Privilegium auf die Beförderung der Handelslasten haben und dieses auch ausnützen, das sind alte, wenn auch privilegirte Uebelstände, welche den Besuch des Hafens so vertheuern, dass man für eine Tonne Güter, die von Bord zur Eisenbahnstation gebracht werden, 35 Dollars Auslagen hat."

Solche Verhältnisse sind kein Geheimnis im Lande. Der mexicanische Marineminister hat in einer Rede vor den Mitgliedern des Verbandes der Importeure und Exporteure mit großer Offenheit das Fehlen geeigneter Hafen- und Schiffahrtseinrichtungen genannt. Die Häfen *Ensenada* in *Baja California* am Pazifischen Ozean und *Tampico* am Atlantischen Ozean bedürfen besonderer Förderung, diese Häfen sind der starken amerikanischen Konkurrenz von *San Diego* und *Brownsville* ausgesetzt. Die mexicanischen Unternehmer bevorzugen in vielen Fällen den amerikanischen Hafen *Brownsville* gegenüber *Tampico* wegen seines moderneren Service.

Veracruz. Eine besondere Bedeutung hatte seit der Zeit der Eroberung Mexicos durch die Spanier der Hafenplatz Veracruz [776]. Es genoß seit der Gründung der ersten Niederlassungen durch die Spanier bis 1884 trotz seiner wenig sicheren Lage fast das ausschließliche Monopol des Gütertransportes von Europa nach dem Innern Mexicos. Für die Entwicklung von Veracruz und dem mexicanischen Handel ist historisch der Bericht aus den „Seehäfen des Weltverkehrs" von A. Dorn, 1892, von Interesse:

„Vera-Cruz ist ein Einfuhrhafen und bietet den Schiffen selten ausreichende Rückfracht, so daß die Tarife aus Liverpool nach Veracruz um 100 % höher sein müssen als die von Liverpool nach New Orleans." Edelmetalle machten den größten Wert der ausgeführten Güter aus.

Weit über drei Viertel des Werthes der Einfuhr liefert England, ein Zehntel Frankreich, den Rest die Union und Deutschland.

Der Schiffsverkehr von Veracruz umfaßte: 1889 676 Dampfer mit 768 115 Tons und 478 Segler mit 59 705 Tons.

Die mexicanischen Schiffe treiben fast nur Küstenschiffahrt, welche ihnen allein vorbehalten ist, und nützen ihr Monopol derart aus, daß sie für die Fracht 30–50 % mehr begehren als die ausländischen Schiffahrtsunternehmungen rechnen würden.

Veracruz hat regelmäßige Dampfschiffsverbindung mit Hamburg über Habana durch die Hamburg-Amerikanische Packetfahrt-Actiengesellschaft."

Veracruz hatte 1960 144 681 E. (1895 24 100 E., 1930 70 000 E.). Es liegt an der Golfküste in der Küstenebene zwischen kahlen Felshügeln und sumpfigen Teichen. Das Klima ist feucht und heiß. Veracruz war noch in jüngster Zeit als Malaria-Fieberort berüchtigt. Die Monatsmitteltemperaturen betragen von Juni-Aug. 27,2 °C, im Jan. 21,1 °C, die mittleren jährlichen Maxima übersteigen nicht 33 °C, fallen aber bei Northers bis zu 6 °C. Die jährlichen Niederschläge betragen 1540 mm, von Juni–Nov. fallen über 1300 mm, maximal pro Monat 350 mm (im Sept.). Zwischen Okt. und März können Northers (bis Windstärke 8) auftreten. Während der Northers ruht die Arbeit im Hafen.

In der Küstenschiffahrt wurden 1962 60 000 t geladen und 1 Mio. t gelöscht, in der Hochseeschiffahrt 530 000 t geladen und 578 000 t gelöscht. 90 % der mexicanischen Einfuhr gehen über diesen Hafen, die jährliche Schiffsbewegung beläuft sich auf 3 Mio. BRT. Veracruz wird von vielen internationalen Schiffahrtslinien angelaufen. Ausgeführt werden u. a. Kaffee, Tabak, Baumwolle, Zucker, Gummi und wichtige Nutzhölzer wie Zedern, Mahagoni, Ebenholz, Farbhölzer. Eingeführt wird vorwiegend Stückgut. Der Hafen liegt an einer ungünstigen Flachküste und war ehemals offener Reedehafen.

Acht große Korallenriffe umgeben im Umkreis von 5 bis 8 km den Hafenplatz, der zwischen den strandnahen Riffen *„La Gallega"* im NW und *„Hornus"* im SO angelegt worden ist. Lange Molen wurden gebaut, die eine Insel mit dem alten Port *San Juan de Ulúa* [771] auf dem Korallenriff *„La Gallega"* (erbaut von 1532–1750, später bis 1914 Staatsgefängnis) mit einbeziehen und so ein Hafenbecken von 2500 × 1000 m umschließen. An zwei großen inneren Hafenbecken gibt es u. a. fünf Kailängen für Seeschiffe. Schienenanlagen schließen sich an den Hafen an, der Eisenbahn- (424 km bis México D. F., 1873 eröffnet) und Straßenverbindung zum zentralen Hochland von Mexico hat [776].

Eisenbahnen. Das Streckennetz der mexicanischen Eisenbahnen hatte 1962 eine Gesamtlänge von 23 501 km, davon waren 17 041 km Haupt- und Nebenstrecken der *Ferrocarriles Nacionales de México (FNM)*, 2560 km der *Ferrocarril del Pacífico* und 1377 km der *Ferrocarril Chihuahua-Pacífico (Ojinaga/Chih.-Topolobampo/Sin.)*. Der überwiegende Teil der Strecken ist eingleisig (Abb. 126). Die Streckenentfernungen sind groß, es gibt viele Steigungen, und so ist die Reisegeschwindigkeit nicht hoch.

Das Eisenbahnnetz wurde z. gr. T. unter der Regierung von Porfirio Díaz von 1876 bis 1910 erbaut. Es ist in der Ausrüstung großenteils überaltert [968, 971, 973, 1282, 1242]. Mit dem Eisenbahnnetz entstanden in den Städten die Bahnhöfe, *„estaciones"*, als zentrale Plätze, die inzwischen zumeist erneut ausbauungsbedürftig sind, und die Wasser- und Kohlehaltestellen, *„paradas"*, im weiten Lande. Die Eisenbahn wurde in Mexico nicht wie in den USA zur „Pionierspur" für Siedler, sie verband bestehende Zentren. Für die damalige Zeit waren enorme technische Leistungen vollbracht worden, da das zu überwindende zerschnittene Gelände an Höhenunterschied extreme Schwierigkeiten bot. Die wirtschaftliche Bedeutung der Eisenbahn für Mexico war einst sehr groß.

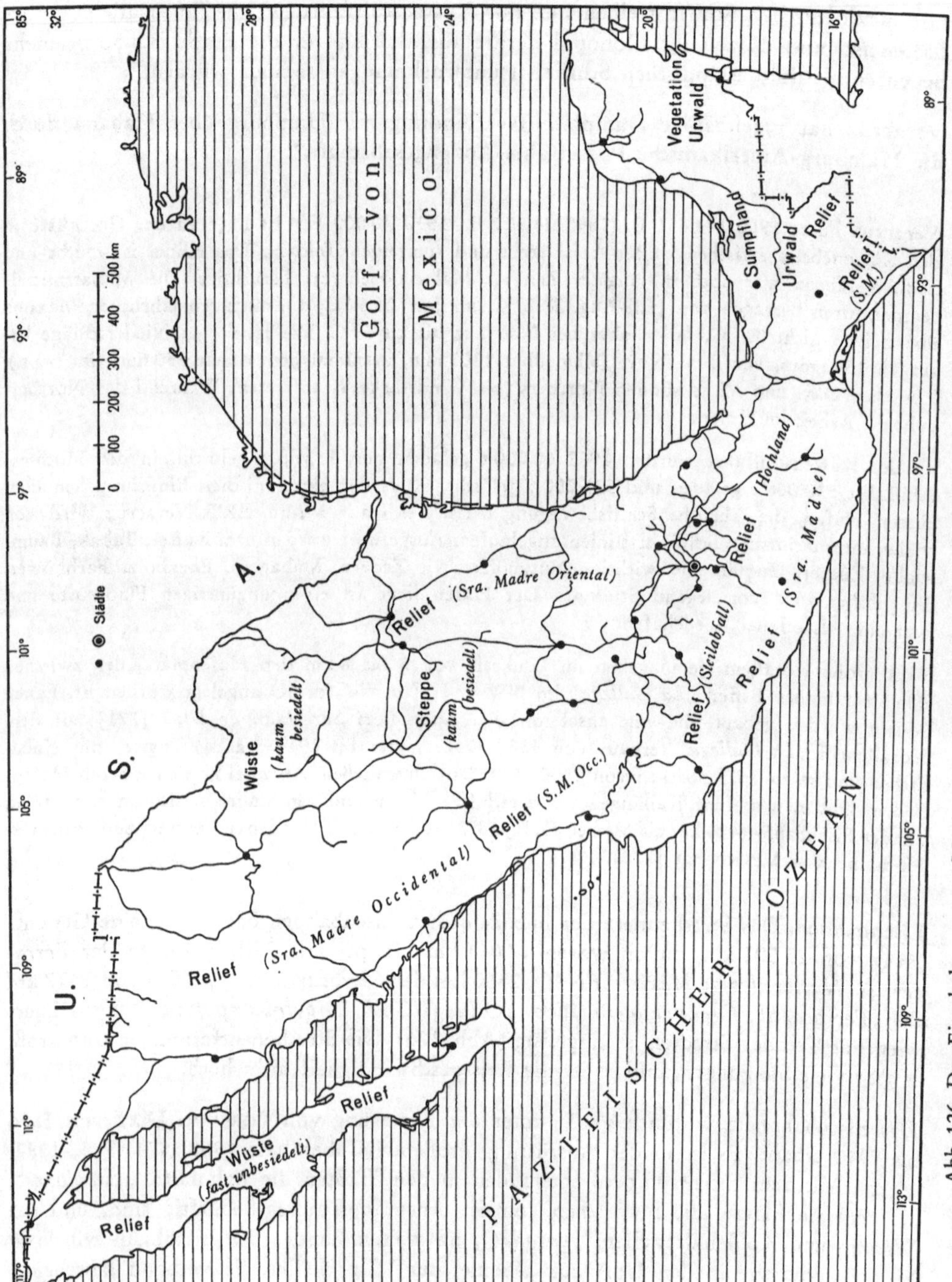

Abb. 126. Das Eisenbahnnetz von Mexico. (Nach Secretaría de Communicaciones y Transportes, Mexico 1962)

Länge der wichtigsten Bahnlinien (Abb. 126)

México–Nuevo Laredo	1 290 km
México–Ciudad Juárez	1 971 km
México–Piedras Negras	1 356 km
México–Veracruz	424 km
México D. F.–Ciudad Hidalgo (Grenze von Guatemala)	1 409 km
México D. F.–Guadalajara–Mexicali	2 642 km
Matamoros–Torreón	717 km
Tampico–Aguascalientes	670 km
Coatzacoalcos–Salina Cruz	303 km
Coatzacoalcos–Progreso	954 km
Chihuahua–Pacífico	1 402 km

Die transisthmische Eisenbahn von Coatzacoalcos nach Salina Cruz war vor dem Bau des Panama-Kanals zeitweilig ein Verkehrsweg von internationaler Bedeutung [1203].

Als Truppentransportmittel hatte die Eisenbahn für Mexico während der Revolutionsjahre große Bedeutung.

Im Zuge der Modernisierung der Schienenstränge sind von Jahr zu Jahr neue Abschnitte der Schmalspur in die Normalspur (1,435 m) umgewandelt worden. 1962 verliefen 22 053 km auf Normalspur, 1260 km mit einer Spurweite von 0,914 m und 183 km mit anderen Spurweiten oder mit drei Schienen.

Im Jahre 1961 wurde die Strecke *Chihuahua – Los Mochis – Topolobampo* auf einer in den achtziger Jahren des 19. Jh. vorbereiteten Trasse fertiggestellt. Diese Strecke führt entlang an steilen Bergwänden *(Cañon el Cobre)* und über Schluchten mit 70 Tunneln und 50 Brücken, und stellt die zweite Verbindung quer durch die *Sierra Madre Occidental* dar [1130]. Für die Verbesserung und Erneuerung der mexicanischen Staatsbahnen sind 1965 142 Mio. mex. $ aufgewendet worden. Im gesamten Eisenbahnsystem gab es 1962 1061 Lokomotiven, von ihnen waren 903 im Dienst. Der Bestand an Diesel-elektrischen Zugmaschinen war 1962 auf 702 gestiegen. Der Wagenpark bestand 1961 aus 25 594 Güterwagen und 1684 Personenwagen (einschl. Post-, Gepäck- und Spezialwaggons). 1950 wurden 18 992 000 t Fracht und 28 561 000 Passagiere befördert. 1960 wurden 28 977 000 t Fracht und 29 885 000 Passagiere befördert. 1961 sind 33,6 Mio. Personen und 30,6 Mio. t Fracht durch die Eisenbahn befördert worden. (Quelle: Banco de México, *Informe Anual*, 1960.)

Für den Personenverkehr hat die Eisenbahn zugunsten des Autobusverkehrs relativ an Bedeutung verloren.

Straßen. Ein ausgedehntes Wegenetz wurde in Mexico während der spanischen Kolonialzeit angelegt, zunächst als *„caminos de herradura"* (d. h. „Hufeisen", also Reitwege und Wege für Tragtierkolonnen), so z. B. von *Veracruz* nach *Ciudad de México*, dann von dort nach *Acapulco*, *Oaxaca* und nach NW nach *Zacatecas*. Erst zu Beginn des 18. Jh. wurden diese Reitwege zu Landstraßen ausgebaut (vgl. Abschn. Kolonialzeit). Reit- und Tragtiere sowie Karren sind noch heute wichtige Verkehrsmittel auf dem Lande *(Bild 76)*. Diese *„Caminos Reales"*, die z. T. gepflasterte Allwetterstraßen waren, führten

Bild 76. Straße nach Pacayal (Chiapas). Im Schatten der Zypressen sind – an einem Markttag – Reit- und Packtiere von Besuchern abgestellt worden. Dieses Bild dokumentiert, daß um 1960 noch vielerorts, besonders in entlegenen und unzugänglichen Gebieten das Pferd oder Maultier als Reittier allgemein gebräuchlich war. (K. HELBIG)

von der Hauptstadt zu den wichtigsten Provinzorten wie *Veracruz, Córdoba, Oaxaca, Morelia, San Luis Potosí, Querétaro, Guanajuato* und *Guadalajara.* Diese alten Straßen werden in abgelegenen Gegenden noch heute benutzt, und auch der moderne Straßenbau in Mexico verwendete die Verkehrswege der Kolonialzeit oftmals als Fundament für Straßenneubauten oder folgte zumindest in der Straßenführung dem Verlauf der alten *„caminos reales“* [975, 978, 982]. Noch während der Zeit des DÍAZ-Regimes war das Straßennetz völlig unzureichend ausgebaut, wie aus dem Bericht von F. RATZEL [500] deutlich wird:

„Es ist früher erwähnt worden, daß Landstraßen nur im mittleren Theile des Landes die wichtigeren Städte verbinden, während im Süden und Norden und in den Küstenländern eine Reise, welche mit der Eisenbahn in einem halben Tage zu machen wäre, so viel Zeit und Mühe erheischt und unter Umständen (besonders in der Regenzeit) so gefährlich ist, daß nur die äußerste Nothwendigkeit dazu bewegen kann, sie auszuführen. Um von der Grenze von *Guatemala* nach *Chihuahua* zu reisen; braucht man sechs bis acht Wochen, von *Matamoros* nach *Mazatlán* drei Wochen. Eine solche Reise ist für den, der sie gemacht hat, ein Ereignis, das er sein Lebtag nicht vergißt. Bei solcher Lage der Dinge ist es gewiß nicht wunderbar, wenn z. B. in den besseren Kreisen einer Stadt wie *Tehuantepec* die Zahl derer, welche irgend einmal in der Hauptstadt gewesen sind, eine verschwindend geringe ist, wenn hauptstädtische Zeitungen zu den größten Seltenheiten gehören und die dortigen Begebenheiten nur ganz unmerklich aus der Ferne wirken. Und doch ist hier die Entfernung nicht mehr als zehn bis zwölf Tagereisen. Eben so wenig ist es zu verwundern, wenn in den peripherischen Provinzen wie *Sonora, Chihuahua, Chiapas,* die Beziehungen zu den nächst angrenzenden Ländern und deren Hauptstädten oft inniger sind als zu der Landeshauptstadt selbst."

Im Jahre 1930 gab es in Mexico erst vier befahrbare Autostraßen (damit sind nicht die jahreszeitlich befahrbaren Pisten gemeint): von *México D. F.* nach: 1. *Veracruz,* 2. *Acapulco,* 3. *Guadalajara,* 4. *Monterrey-Laredo.* Von 1940 bis 1952 wurden 23 000 km Straßen und 40 000 km Wege gebaut. Damit wurden im wesentlichen die vier großen „*Ejes*", Achsen, angelegt:

1. pazifische: *México D. F.–Guadalajara–Mazatlán–Nogales;*
2. innere westliche: *México–Querétaro–Durango–Chihuahua–Ciudad Juárez;*
3. innere östliche: *México D. F.–Cd. Victória–Monterrey–Piedras Negras;*
4. Golfküstenstraße *Tampico–Veracruz,* die 1965 bis *Campeche–Mérida* ausgebaut wurde und *Yucatán* an das Zentralgebiet anschließt.

Es wurden ausgebaut:

5. „Carretera Interamericana" von *México D. F.* zum S über *Oaxaca* nach *Chiapas;*
6. 1960–61 die erste große Querverbindung von *Mazatlán* über die *Sierra Madre Occidental* nach *Durango.*

Das Netz der staatlichen Allwetterstraßen hatte 1963 eine Länge von 47 360 km erreicht (Abb. 127). Das 1965 begonnene Straßenbauprogramm des Ministeriums für Öffentliche Arbeiten (*Secretaría de Obras Públicas*) (1891 begründet), das sich über einen Zeitraum von 10 Jahren erstreckt, umfaßt insgesamt mehr als 200 Projekte, u. a. den Bau von 1457 km neuer Straßen einschließlich der Zubringer zu den Autobahnen, Fertigstellung von 4612 km im Bau befindlichen Straßen – davon 3444 km mit harter Decke. Dadurch hat sich das nationale Straßennetz auf insgesamt 62 000 km erweitert; es besteht aus 36 000 km gepflasterten Straßen, 19 300 km Asphaltstraßen und 6700 km Schotterstraßen. Zur Erschließung landwirtschaftlicher Zonen wurden außerdem über 200 Verbindungswege gebaut oder verbessert. Auf solchen Verkehrswegen werden die Fahrzeuge und Reifen arg strapaziert. Als „*brechas*" werden die Straßen bezeichnet, die nur während der Trockenzeit befahrbar sind.

Von der Hauptstadt *Ciudad de México* aus sind z. T. 6- bis 8spurige Autobahnen zu den Hauptverkehrszentren der Umgebung im Bau bzw. fertig, so nach *Toluca, Cuernavaca, Querétaro, Puebla,* die als Zollstraßen nach Inbetriebnahme die Baukosten wieder einbringen sollen (Abb. 138). Eine *Carretera Transpeninsular* ist von *Tijuana* bis nach *La Páz* längs durch die Halbinsel *Baja California* geplant [1094]. Der Straßenbau in Mexico ist wegen der Landoberflächenform und klimatischen Verhältnisse sehr schwierig und kostspielig. Das ausgeprägte Relief und die großen absoluten Höhenunterschiede, die zu überwinden sind, gestalten die Arbeiten aufwendig und zeitraubend. Für die *Carretera Interamericana,* die sich mit einer Streckenlänge von 3477 km durch das Land windet, mußten 6430 Brücken gebaut werden, wofür ein Aufwand von 500 Mio. mex. $ nötig war. Am schwierigsten war der Straßenbau im SO des Landes, vor allem im Staate *Tabasco.* Dort mußte ein 100 km langer Damm durch die Mangrovesümpfe gebaut werden, um die Fernstraße *Veracruz–Villahermosa–Campeche–Mérida fertigzustellen* (Abb. 114). Sturzregen und Überschwemmungen machen auch sogenannte Allwetterstraßen oft unpassierbar, wie aus zwei Tagesmeldungen aus dem Jahre 1967 hervorgeht (*Bild 77*):

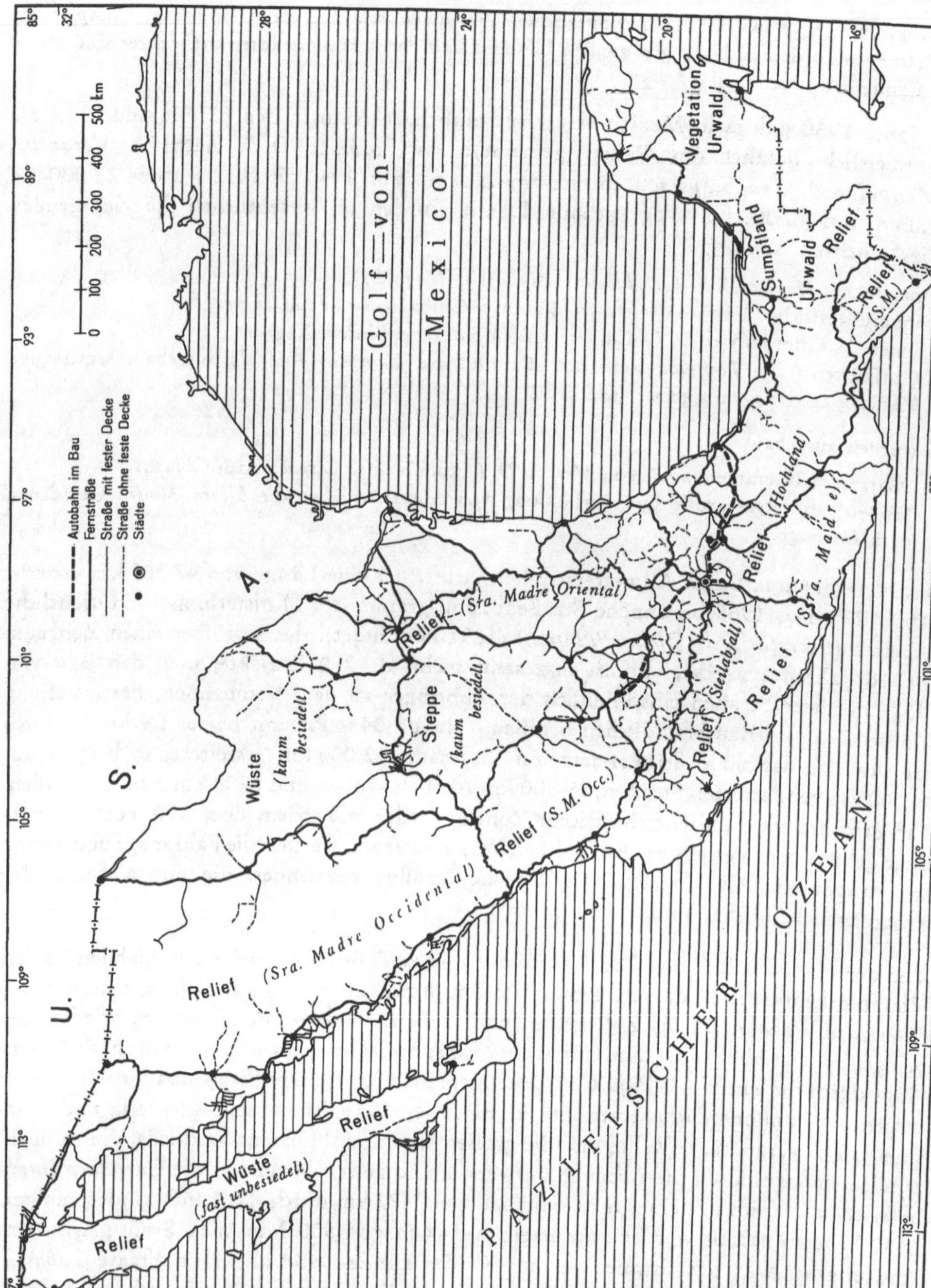

Abb. 127. Das Straßennetz von Mexico. (Nach Secretaría de Communicaciones y Transportes, México 1962)

Bild 77. Überschwemmte Straße in Tijuana (Baja California). Tijuana in der Nordwestecke von Baja California liegt im Gebiet der Winterregen-Region. Während 3/4 des Jahres der Boden staubtrocken ist, kommt es nach Regenfällen zu Überschwemmungen, die die Straßen unpassierbar machen. (GIERLOFF-EMDEN Februar 1962)

„*Mexico*, 28. Sept. Im mexicanischen Gliedstaat *Guerrero* haben die heftigen Niederschläge, die seit einer Woche andauern, 12 Tote gefordert. In der Hauptstadt *Chilpancingo* zählt man 5000 Obdachlose. Auf der Autobahn *Ciudad de México–Acapulco*, die an mehreren Stellen durch die Überschwemmungen unterbrochen wurde, liegen 500 Autos fest. Ein von den Behörden organisierter Notdienst sucht den Automobilisten zu Hilfe zu kommen."

und:

„*Acapulco*, 22. Sept. Zwischen *México D. F.* und der Ortschaft *Pinotepa Nacional*, südwestlich der Hauptstadt, ist am Donnerstag ein Autobus von einem Schlammstrom fortgerissen worden. Der Bus stürzte in den stark angeschwollenen Fluß Arenas und verschwand in den Fluten. Die 20 Insassen ertranken. Trotz einer sofort eingeleiteten Rettungsaktion konnte das Fahrzeug noch nicht geborgen werden."

Die Entfernungen in Straßenkilometern in Mexico sind enorm, z. B. *México D. F. – Nogales* 1850 km, *México D. F. – Tijuana* 2420 km, *México D. F. – Acapulco* 430 km, *México D. F. – Tuxtla Gutiérrez (Chiapas)* 1200 km und die vielbefahrene zentrale Achse *México D. F. – Guadalajara* 700 km! Das entspricht der Strecke *Hamburg – Karlsruhe*. Die Streckenkilometerzahl beträgt oft ein mehrfaches der Luftlinienentfernung, z. B. *México D. F. – Veracruz* Luftlinie etwa 300 km, Straßenkilometer etwa 500 km. Fahrzeit etwa 8 Stunden!

Es gibt erstklassige Straßenkarten von Mexico, die von den Ölgesellschaften *Pemex* oder *Esso* herausgegeben werden [57]. Außerdem sei auf die von der „*Asociación*

Nacional Automobilística" herausgegebene große Karte „*Carta Geográfica de México*, Maßstab 1 : 2,5 Mill., 2. Ausgabe 1965/66" hingewiesen. Komplettester Führer ist der „*Caminos de México*" von der *Goodrich-Euzkadi*-Reifenfirma, herausgegeben mit fast 400 Seiten zuverlässiger Teilstreckenkarten [43].

Verkehrsdichte. Die mexicanischen Straßen sind sehr ungleich frequentiert. Stärkste Belastung hat das „Verkehrsspinnennetz" um *México D. F.* auf der Strecke nach *Puebla – Veracruz, Querétaro – León – Guadalajara, Acapulco* sowie die Strecke zwischen *Monterrey* und *Texas (USA)*, und *Chihuahua – Ciudad Juárez* sowie *Ensenada – Tijuana – Mexicali* wegen des internationalen Grenzverkehrs. Das Netz der Tankstellen wird ständig erweitert. Jeder Mexicaner nimmt, wenn er über Land fährt, jedoch einen großen Reservetank mit Benzin und einen anderen mit Wasser im Wagen mit. Am Eingang von Städten hat die Regierung ein drastisches Mittel angewendet, um die Autofahrer zur Geschwindigkeitsdisziplin zu zwingen: quer über die Straße sind schwere Gesteinsbrocken in den Asphalt eingelassen, durch die das Auto nur sehr langsam hindurchlavieren kann.

Der Lastenverkehr hat in Mexico ohne Übergang vom Maulesel und der Traglast, die der Indianer im Traggestell, „*cacaste*", am Stirnband, „*mecapal*", auf dem Rücken trägt, zum großräumigen Lastwagen übergewechselt [983]. Die mächtigen drei- oder vierachsigen Lastautos mit einer Länge bis zu 18 m, beherrschen die mexicanischen Straßen. Die Leistungsfähigkeit dieser 10- bis 25-t-Lastzüge ermöglicht den Transport auch von Massengütern. Besonders fallen auf den Fernstraßen die großen Tankwagen der PEMEX und Kühlwagen auf.

Motorisierung. Die Anzahl der registrierten Automobile in Mexico betrug im Jahre 1955 550 646, im Jahre 1965 1 137 572, davon mehr als 500 000 in *México D. F.*

Fahrzeuge		1940	1960	1963
Es gab	Pkw	93 632	483 101	540 000
	Omnibusse	10 141	26 126	30 000
	Lkw	41 935	293 423	360 000
	Motorräder	3 747	24 367	25 000
	Fahrräder	Keine Angaben	473 047	

Je 100 Einwohner gab es nach der Statistik die Zahl von 2,8 Automobilen. Die entsprechenden Zahlen für europäische Länder mit etwa der gleichen Einwohnerzahl – wie Frankreich und England – betragen 16 Autos je 100 Einwohner. Autofahren ist in Mexico verhältnismäßig billig, dank der niedrigen Benzinpreise, der geringen Steuern (über 10 Jahre alte Wagen sind steuerfrei) sowie der nicht obligatorischen Versicherung gegen Sach- und Personenschäden. Aus diesen Gründen kann sich in Mexico ein großer Bestand an Altwagen halten. Das trägt wegen des Fehlens einer geeigneten technischen Überwachungsbehörde nicht zur Verkehrssicherheit bei. Am Autobesitz als Statussymbol des Mexicaners – auch wenn er sich durch den Besitz eines Fords oder Chevrolets, Baujahr 1947 oder 1950 ausdrückt – möchte man nicht rütteln, solange wegen der außerordentlich teuer arbeitenden einheimischen Automobilindustrie die Anschaffung eines

Neuwagens noch auf lange Sicht gesehen ein ausgesprochen „kapitalistisches" Unterfangen bleiben wird, das – abgesehen von Geschäftswagenkäufen – grundsätzlich nur einer verhältnismäßig kleinen, gut verdienenden Schicht vorbehalten bleibt. In manchen Städten gibt es am Sonnabend einen Autokorso anstatt des Spaziergangs um die Plaza. Landwirte kommen mit ihren *„camionettas"*, ihren Kleinlastwagen, auf deren Ladefläche die ganze Familie steht, und fahren die Promenade auf und ab. Die Wohlhabenden können ein Eis oder Bier an einem *„Drive in"*-Restaurant im Wagen einnehmen, wo gleichzeitig Plattenmusik geboten wird, wo man sieht und gesehen wird.

Die heutige Preisskala der Personenwagen reicht vom billigsten Typ (Renault 4 L) mit 22 000 mex. $ (rund 7300 DM) bis zum teuersten Luxusmodell (Ford Country Sedan) mit 71 633 mex. $ (rund 24 000 DM) (Angaben für 1967).

Wie den statistischen Angaben des mexicanischen Automobilproduzenten-Verbandes „AMIA" (*Asociación Mexicana de la Industría Automotriz A. C.*) zu entnehmen ist, wurden 1965 insgesamt 96 654 in einheimischer Produktion hergestellte Kraftfahrzeuge verkauft, d. h. 5,5 % mehr als 1964. Bei diesem Ergebnis ist zu berücksichtigen, daß die erzielte Zunahme den um fast 32 % gestiegenen Verkäufen von 66 900 Personenkraftwagen zu verdanken ist, während für die der Lastkraftwagen gleichzeitig ein Rückgang um 7,3 % auf 29 754 Einheiten zu verzeichnen war.

Autobusse sind zum wichtigsten Personenverkehrsmittel Mexicos geworden. Man unterscheidet Omnibusse 1. Klasse, das sind moderne, klimatisierte Wagen, die über 100 Stundenkilometer fahren, nach dem Muster der US-amerikanischen Greyhound-Busse. Die mexicanischen Fernlinien, die mit solchen Bussen beschickt werden, heißen: *„Flecha Azul"* (blauer Pfeil) oder *„Estrella del Oro"* (Goldener Stern) usw. – Omnibusse 2. Klasse, die, ohne Klimanalage, aber mit großen neuen Wagen beschickt, noch als Transitbusse gelten; Omnibusse 3. Klasse, zumeist ältere Fahrzeuge.

Die Strecke *Veracruz* bis *Ciudad de México*, also 500 km, kostete 1964 im 2.-Klasse-Omnibus 40 mex. $, also 13 DM. Der Omnibus 3. Klasse ist noch um die Hälfte billiger. Er hält allerdings „an jeder Straßenecke" (*„parada"*), und man darf ihn auch unterwegs anhalten. Im Lokalverkehr auf dem Lande und auf schlechten Straßen übernehmen umgebaute, offene Lastkraftwagen die Personen- und Warenbeförderung. Diese durablen Fahrzeuge haben Ladekästen unter dem Chassis für Getränke wie Cola und Bier und verstärkte Dachstützen für Stückgutaufladung sowie am Wagenheck angebaute Ladekästen für Kleinvieh, das nach den Märkten befördert wird *(Bild 78)*. Der Autobusverkehr und seine Nebenerscheinungen sind zu einem Teil des mexicanischen Volkslebens geworden, zu einem geographischen Phänomen, wie einst in der Kolonialzeit Maultierkolonnen mit ihren Treibern *(Arrieros)* [1124]. Autobusbahnhöfe wie in *México D. F.*, *Guadalajara* (die Stadt *Guadalajara* besitzt nach *New York* den größten Autobusbahnhof Nord- und Südamerikas mit täglich 1000 Abfahrten), *Monterrey* und auch in kleinen Orten sind zu zentralen Plätzen geworden. Reparaturwerkstätten, Raststätten, wie an Autobahnen in Deutschland, sowie kleine Restaurants und Verkaufsstände gehören zu diesem Transportsystem. Vom Bus aus erlebt man auf den Autofernstraßen oft sehr einsame „Straßenlandschaft", z. B. die neue Autostraße, die von *Monterrey* nach *Ciudad de México* durch eine kahle Felsenlandschaft führt, ist eine einsame Schnellstraße, die von

Bild 78. Autobus bei Mazatlán (Sinaloa). Der Personen- und Frachtverkehr wird zum großen Teil durch Autobusse aller Art bewerkstelligt. Über schlechte Wegstrecken zu kleineren Bevölkerungszentren sind zum Autobus umgebaute Lkws eingesetzt, die stabil gebaut und für den besonderen Zweck hergerichtet sind: Sonnendach, Gestell für Dachlast, Haltevorrichtung für Getränke unter dem Wagen, angebautes Heck, Lastraum für Kleinvieh. Dieser Wagen verkehrte von Mazatlán nach Chicuras (Sinaloa). (Gierloff-Emden Februar 1962)

Touristen, die Zeit haben, die landschaftlich reizvollere Küstenstraße zu benutzen, wenig befahren wird. Hier und dort stehen ein paar Baumgruppen, die die Indianer noch nicht gefällt haben, um daraus ihre primitiven Hütten in den nördlich gelegenen Dörfern zu bauen. An Stelle der Dörfer aus Holzhütten sieht man hier und dort ein Steinhaus, aber die meisten Siedlungen sind nicht zu sehen; sie liegen jenseits des Bergkammes, und die Straße scheint durch eine leere, unbewohnte Welt zu führen.

„*Raststation San Roberto;* 130 km bis *Saltillo*", kündet die Inschrift an einem schmucklosen Neubau mitten in der *Yucca*-Steppe. Es ist dreizehn Uhr geworden: Unser Fahrer legt Mittagspause ein. Was sind das für traurige Plätze in dieser flimmernden Öde unter dem blassen, milchigen Himmel und dem Glutball der Sonne! Zivilisationsinseln mit Versorgung von Mensch, Motor und Kühler, weiter nichts. „Verkehrsoasen" könnte man sagen.

Irgendwo steht „*Trópico de Cancer*" auf einem Schild: „*Wendekreis des Krebses*"; ein kleiner Rastplatz ist auch dabei. Bald darauf fahren wir in *Matehuala* ein, fast wie in eine Oasenstadt. Es ist der größte Platz dieses Bolsóns (Beckens). Die gewohnten Stadtbilder aus dem mittleren und alten Mexico darf man nicht nach hier übertragen. Diese jüngeren Plätze im Norden, die mit dem Bau der Straßen aufschießen wie Pilze, könnten ebensogut in den Südstaaten der USA stehen: knallbunte flachdachige einstöckige Häuser, draußen vor der Stadt gleich ein halbes

Dutzend modernster Motels mit Springbrunnen und Badebassins, eleganten Restaurants, Phantasiemauern, nachgeahmten Speichenrädern, wie sie die alten Planwagen auf den Trecks besaßen, und sonstigem albernem Touristenbeiwerk in einem bißchen Grün, das ständiger Bewässerung oder Besprühung bedarf." K. HELBIG, 1967 [1392].

Die Autobusfahrer sind zu einer besonderen Gruppe der modernen Gesellschaft Mexicos geworden. Lebensnah schildert K. HELBIG seine Eindrücke, 1967 [1392]:

„Der überprüfte es (das Geld) blitzschnell durch eine Glasscheibe und händigte den Fahrschein aus. Den übrigen wechselte er die abgegriffenen, in der Regel wahllos zusammengeknüllten und aus irgendeiner Tasche herausgeholten Pesoscheine mit der rechten Hand, sie gleichzeitig mit geübtem Griff glättend, während er bereits wieder angefahren war und mit der linken steuerte. Schräg vor dem nur mit Hemd, Hose und Schuhen bekleideten, kaum zwanzigjährigen „chófer" befand sich ein breites Zahlbrett mit passenden Schlitzen für die verschiedenen Münzen aus Kupfer, Nickel und Silber. Nachdem alle Zugestiegenen abgefertigt waren, entleerte er den Zahlkasten, sortierte, wieder mit einer Hand noch dabei immer fahrend, die Geldstücke und stellte sie aufrecht in die Schlitze; er hatte das so im Griff, daß er nicht einmal hinsah. Die überzähligen Münzen warf er in ein geöffnetes Ledersäckchen links neben sich am Boden des Fahrzeuges. Dann mußte er bereits umschalten, vor der nächsten Haltestelle bremsen und die Tür mit einem Hebelarm öffnen. Bevor die neuen Fahrgäste einstiegen, fand er noch eben Zeit, einen Schluck aus einer Coca-Cola-Flasche zu nehmen; sie stand griffbereit neben dem Zahlbrett. Der Mann war ununterbrochen eingespannt, ganz anders als die stundenlang herumlungernden Gepäckträger, die jeden Handgriff zu einem Weltereignis zu steigern sich bemühten, die trägen, ewig gähnenden, weniger auf ihren Dienst als auf den Inhalt der Brieftaschen ihrer Opfer bedachten Zollbeamten und manche anderen Bummler im Hafen und in der Stadt. Trotzdem fuhr er mit schlafwandlerischer Sicherheit ein hohes Tempo inmitten ununterbrochener Ketten anderer Wagen. Anhalten und Abfahren erledigte er mechanisch mit kaum sichtbaren Fingerbewegungen, die schlanke kaffeebraune Hand auf dem Rand des Lenkrades bewegte sich kaum jemals. Er war Teil seiner Maschine geworden, genau wie ein hochqualifizierter Industriearbeiter bei uns. Dennoch – und das hingegen paßte nicht im geringsten zu dem Vergleich – glaubte er die Verantwortung für die Sicherheit nicht bei sich suchen zu müssen, sondern übertrug sie schicksalsgläubig einer ‚höheren Gewalt'. ‚*Yo manejo – Dios guia*', das heißt ‚Ich steuere – Gott führt', stand mit ungelenken Schriftzügen an der Stirnwand vor dem Führersitz geschrieben. Über dem Bild der Jungfrau Maria – in der Gestalt der Nationalheiligen, der braunen Jungfrau von Guadalupe –, wie ich es später, flankiert von bunten Lämpchen und umkränzt mit Papiergirlanden, in jedem Autobus des Landes wiederfand, war zur besonderen Fürbitte ein Zweig frischer, leuchtendroter Hibiskusblüten befestigt worden."

An der Auf- und Abfahrt zu schwierigen Bergstrecken stehen Kruzifixe, wo der Fahrer vor und nach der halsbrecherischen Strecke anhält und einen Dank ausspricht. Dort stehen auch Sammelbüchsen, für die die Passagiere Spenden bereithalten und die dem Hilfswerk für die Busfahrer dienen.

Zu erwähnen ist noch die große Reiselust der Mexicaner, die auch alle Indios haben. Sie reisen zum Markt, besuchen Verwandte oder verlassen plötzlich ihr Dorf, ihre Stadt, steigen in einen Bus, fahren ins Ungewisse und kehren vielleicht nach einem oder zwei Jahren zurück. Die Beförderungsgebühr ist so niedrig, daß sie ein Billet lösen können. Der Fahrpreis für die Fernautobusverbindung von *Mexicali* nach *Ciudad de México* das ist eine Strecke von etwa 2300 km die in 52 Stunden bewältigt wird, beträgt 340 mex. $, das sind 80 DM. Welch veränderte Verhältnisse gegenüber der Zeit vor 70 Jahren, die

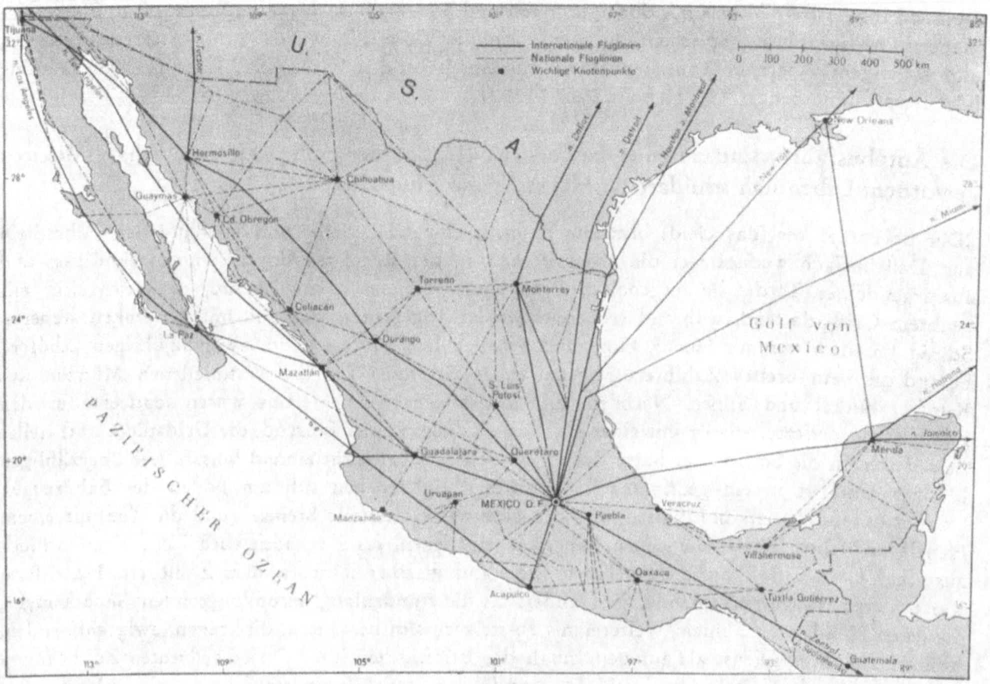

Abb. 128. Die Fluglinien in Mexico 1965

Ratzel (s. oben) beschrieb. Diese Gegebenheiten und Bedingungen tragen zu einer für Mitteleuropa unvorstellbaren spontanen Mobilität der Bevölkerung bei.

Flugverkehr. Mexico besaß 1958 37 Flughäfen, 302 Landeplätze und 453 provisorische Landeplätze. Es wurden 1958 1,6 Mio. Personen durch Flugverkehr befördert. Der Luftverkehr wurde bis 1963 intensiviert. 2 021 810 Passagiere sind befördert worden. Die Personenkilometer betrugen 3 149,8 Mio. im Jahre 1963. 73 590 t Fracht sind transportiert worden, davon 36 441 t Güter, 4621 t Post und 32 528 t Gepäck. Die Anzahl der Flüge betrug 82 200 im Jahre 1963. Die Flugstunden betrugen 198 000. Das Flugnetz ist sehr auf *México D. F.* zentralisiert (Abb. 128). Der Flugverkehr wird von 25 Gesellschaften, darunter vier großen inländischen, durchgeführt. Die nationalen Luftverkehrsgesellschaften *„Compañía Mexicana de Aviación"* und *„Aeronaves de México"* sind die größten. Mexico besitzt 10 große Flugplätze. Eindrucksvoll an architektonischer Schönheit und technischer Vollkommenheit ist der Flughafen von *Ciudad de México*. Es gibt auch Flugplätze, die nur aus einer Waldschneise oder einem trockenen Fußballplatz bestehen. Das nationale Flughafen-Bauprogramm wurde 1966 mit einer 85 Mio. mex. $ betragenden Investition für die Modernisierung bzw. Errichtung folgender Flughäfen eingeleitet: *Ciudad de México, Acapulco, Guadalajara, Puerto Vallarta, Tijuana, Matamoros, Mazatlán, Hermosillo, Cd. Obregón, Cd. Juárez, Uruapán, Isla de Mujeres, Veracruz, Tampico* und *Durango.*

1966 ist zwischen den Regierungen Mexicos und der Bundesrepublik Deutschland ein Abkommen zur Regelung des Flugverkehrs zwischen beiden Ländern unterzeichnet worden. Es soll die kommerziellen, touristischen und kulturellen Beziehungen zwischen beiden Ländern enger gestalten helfen. Es gibt in Mexico weite bis dahin unentwickelte Provinzen, die erst durch das Flugzeug erschlossen wurden, z. B. Kaffeeanbaugebiete, die ihre Produkte über die Urwälder durch Lastenflugzeuge abtransportieren lassen.

Tourismus

Der **Tourismus** ist die neue „Goldmine" des alten Bergbaulandes Mexico. Er ist eine der drei führenden Exportindustrien, unmittelbar nach der Landwirtschaft und dem Bergbau. Er bringt die Devisen, mit deren Hilfe Mexico seine Zahlungsbilanz z. T. ausgleichen und damit die Stabilität seiner Währung sichern kann. Es ist damit zu rechnen, daß die große Wachstumsrate des Tourismus die Fremdenverkehrswirtschaft in wenigen Jahren weiter an die Spitze der mexicanischen Industrien bringen wird.
Die Touristenländer Europas verzeichnen jährlich 13 Mio. Besucher in Spanien, mehr als 20 Mio. Besucher in Italien. Laut OECD-Statistik hat Italien im Jahre 1966 932 Mio. US$ von den Touristen eingenommen, Frankreich 717 Mio. und Spanien 679 Mio.

Mexicos Bilanz aus dem Tourismus, Angaben in Mio. US$
(nach R. C. Ewing, 1967 [1331]):

Jahr	Zahl der Touristen	Einnahmen von den Touristen	Ausgaben mexicanischer Touristen im Ausland	Netto-Einnahmen aus dem Tourismus für Mexico
1939	139 010	30.7	9.0	21.7
1945	164 782	60.9	10.0	50.9
1950	390 097	162.4	6.3	156.1
1955	572 000	379.8	167.9	211.9
1961	859 000	556.7	287.5	269.2
1965	1 395 000	782.1	413.6	368.5
1967	1 700 000	1 170.0		

Die US-Amerikaner dürfen für 200 US$ Waren (Geschenke) mit nach Hause nehmen, wenn sie mehr als 24 Stunden in Mexico waren, zusätzlich für 300 Dollar, wenn sie mehr als 12 Tage in Mexico waren. Antiquitäten dürfen nicht ausgeführt werden. Gekauft werden Souvenirs: Lederwaren, mexicanische Töpferwaren, Gegenstände aus geblasenem Glas, Schmuckwaren aus Silber, Gold und Kupfer und Schmuck mit Topasen, Opalen und Türkisen. Der größte Teil der gezählten Touristen gelangte per Auto und Flugzeug nach Mexico. Die durchschnittliche Zahl der Aufenthaltstage liegt bei 15, gibt aber wenig Aufschluß über den Charakter dieser Angelegenheit, denn unter den Autotouristen, z. gr. T. US-Amerikaner, sind viele, die mehrere Wochen in Mexico bleiben, aber auch viele, die nur ein bis zwei Tage über die Grenze zu Kurzbesuchen kommen. Die Touristen aus den USA kommen z. gr. T. aus *Texas* und *Kalifornien.*

Von diesen Touristen kommt eine große Zahl mit dem Auto, oft auch mit einem Trailer (Wohnwagenanhänger). Für Unterkunft ist entlang der Strecken gesorgt: Eine Kette von modernen Motels, z. gr. T. mit Klimaanlage, ist entlang der vier großen Straßen entstanden, die von den Einfahrtsorten von den USA bis nach México D. F. führen. Außerdem gibt es eine Zahl von Campingplätzen für Trailer, auch an den Stränden *(Bild 79).* Allein für Investitionen an den Küsten hat Präsident Ordaz den Fremdenverkehrsbehörden 500 Mio. mex. $ (170 Mio. DM) bewilligt. Für etwa 170 Mio. DM soll der

Bild 79. Motel bei San Quintín (Baja California). In Anlehnung an eine alte Zuckerfabrik aus der Zeit der Jahrhundertwende wurden an der Bucht von San Quintín Motels für amerikanische Touristen errichtet. (GIERLOFF-EMDEN Dezember 1961)

Reichtum der archäologischen Stätten Mexicos für den Tourismus erschlossen werden. Und, was für Touristen aus den USA unumgänglich notwendig ist, für Hygiene wird garantiert. In der Werbebroschüre des *„Mexican Government Tourism Department"* heißt es unter Punkt 6.: „Health Conditions and Medical Care":

„There are no more health risks in México than in the United States or Canada. All better hotels, motels and restaurants have modern refrigeration. Vegetables, fruits and eggs are apt to come from some nearby ranch and will be found to be unusually fresh and tasty. Well-known mineral waters and soft drinks, fine beers and table wines, offer alternatives for quenching thirst.

Eat regularly and well, but do not over-indulge, particularly in higher altitudes where digestion is slower.

Competent physicians, surgeons, dentits and oculists are available in almost every town and city throughout México. Many hotels have English-speaking house physicians."

Organisation des mexicanischen Tourismus. Der mexicanische Präsident DIAZ ORDAZ nannte das Reisegewerbe „die Industrie ohne Rauchfänge". Die außerordentliche Entwicklung des Touristengewerbes ist z. gr. T. konsequent und großzügig geführter Werbung hauptsächlich in den USA zuzuschreiben, die das mexicanische Reisegewerbe betreibt, und dem *„Departamento de Turísmo"* einer 1958 gegründeten Regierungsbehörde mit einem Generaldirektor im Ministerrang. Der frühere Staatspräsident MIGUEL ALEMÁN sagte: „Ist ein Wirtschaftszweig, der Mexico mehr als doppelt so viele Devisen einbringt wie seine traditionellen Exporte – Baumwolle, Kaffee, Blei, Zink, Kupfer –, nicht der

Mühe eines früheren Präsidenten wert?“ In Mexico sagt man, daß der Direktor an seiner Aufgabe nicht schlecht verdiente. Dem Departament stehen ein Budget von 7 Mio. US$ zur Verfügung. Geschickt werden alle touristischen Attraktionen Mexicos präsentiert. Der Staat legt nur etwa 4,50 US$ pro geworbenen Besucher aus. Nach Angaben der Bank von Mexico gibt der Durchschnittsbesucher während seines Besuches rund 200 US$ aus. Auskünfte in Mexico gibt der *Consejo Nacional de Turismo, Departamento de Turismo, México D. F.*

Mexicanische Fremdenverkehrsbüros gibt es in Europa z. B. in Paris, London, Rom, Zürich, Madrid und Frankfurt. Auskünfte und Führungen übernehmen Fremdenführer „aller Art“, an denen kein Mangel ist; es gibt aber spezielle, vom Ministerium ausgebildete Kräfte. Zwei Jahre dauert die Schule für offizielle Fremdenführer. Zum Stundenplan gehören die alte und neue Geschichte Mexicos, Geographie, Archäologie, Ethnologie, die Kunst der Indianer, die Volkskunst. Eine gediegene Kenntnis des Landes und der Touristenzentren wird verlangt. Fremdenführer müssen rasiert und gut gekleidet sein, sie sollen ihrer Arbeit, wie es heißt, „pünktlich, ehrlich und höflich“ nachgehen.

Bisher blieb die Touristenwerbung auf die offizellen Stellen beschränkt. Mit einem Grundkapital von 80 000 US$ wurde neuerdings die *„Cia. Impulsora de Empresas Turísticas S. A.“* geschaffen, die auf privater Basis Werbung betreiben will. Diese Gruppe plant die Einrichtung neuer Kur- und Ferienorte, kleiner Flugplätze für Privatflugzeuge, Wohnwagenstandplätze sowie die Entwicklung vieler kleiner Orte, die dem Jäger, dem Fischer, dem Berg- und Naturfreund und anderen Sportlern Gelegenheit geben sollen, ihre Lieblingsbeschäftigungen auszuüben.

Mexicos Touristensekretariat plant, zukünftig auch mehr westeuropäische Touristen zum Besuch anzuregen. 50 000 Europäer sollen nach diesen Plänen in Zukunft jedes Jahr Mexico besuchen, darunter mindestens 10 000 Deutsche. Wenn aber die Preise in guten Hotels nur wenig unter dem US-amerikanischen Preisniveau liegen, dann ist das für einen Reisenden, der D-Mark, Franken oder ähnliche Währung verdient, teuer.
Viele Fluglinien verbinden Europa mit *Ciudad de México.* Von *Frankfurt* aus gibt es eine Direktverbindung. Als Hauptreisezeit gilt Dezember bis Ende Mai, denn von Mai bis September dauert die Regenzeit.

Die Mexicaner wollen sich noch eine Devisenquelle erschließen: den „permanenten Tourismus“. Eine beträchtliche Anzahl älterer Leute aus den USA und Kanada verzehren ihre Pension in Mexico. Ihr Zustrom, auch aus Europa, soll durch ein Gesetz verstärkt werden, das ihnen die Einreise erleichtert und gestattet, ihre Habe zollfrei ins Land zu bringen. Sie müssen nachweisen, daß ihr monatliches Einkommen mindestens 240 US$ plus 80 US$ für jedes Familienmitglied beträgt: Pensionäre als Devisenbringer. Die mexicanischen Devisenreserven würden verstärkt, und den älteren Ausländern reicht ihr Einkommen in Mexico meist weiter als im Heimatlande.

Den Besuchern standen 1967 in 3200 Hotels 100 000 Zimmer zur Verfügung (1929: 1540 Hotelzimmer). Es gab 248 Reisebüros und 1700 Fremdenführer. Die Preise für ein Einzelzimmer liegen zwischen US$ 6,— und US$ 28,—, für ein Doppelzimmer zwischen US$ 8,— und US$ 28,—. Luxuriös ist der Aufenthalt auf den alten Haciendas im Innern des Landes, die in Hotels umgebaut wurden, oder wie z. B. das Schloß *Santa Cecilia* in *Guanajuato* oder die umgebauten *Fundiciones* (Schmelzen), wie in Zimapán.

Man findet kleinere Hotels, in denen nicht mehr als 20 DM für ein Zimmer mit Dusche zu bezahlen sind.

„Mexico als Scheidungsparadies" bringt Tourismus wegen besonderer Rechtsverhältnisse. In Mexico ist die Ehescheidung ein Exportgeschäft. Jährlich fliegen 40 000 Bürger der USA nach Mexico, um sich in den mexicanischen Grenzstädten scheiden zu lassen. In der Mehrzahl sind es Männer und Frauen, die nicht genügend Geld haben, um sich vor der Scheidung sechs Wochen in den amerikanischen Staaten *Idaho* oder *Nevada* niederzulassen, wie es die Gesetze dort vorschreiben. In *Ciudad Juárez* und *Tijuana* genügt ein Tag der Anwesenheit, und als Scheidungsgrund genügt beiderseits beglaubigte Abneigung. Oft wird unmittelbar anschließend eine neue Heirat in Mexico geschlossen. Dort geschlossene Zivilehen haben Gültigkeit in allen US-Staaten. „There is no red tape, no waiting. All details are taken care of, to include everything, even a corsage for the bride, a wedding photo, and a bride-and-groom toast" heißt es in den Schriften der Werbebüros in den USA.

Touristenziele sind Sonne, Strand, möglichst mit der *„ola verde"*, der „grünen Welle", also der Brandung, oder Baudenkmäler der indianischen Kulturen, der kolonialzeitlichen Städte und Kunstschätze. Aufgesucht werden vor allem die Hauptstadt *Ciudad de México* außerdem die bekanntesten und am besten erschlossenen archäologischen Stätten wie *Teotihuacán, Tula, Monte Albán* in *Oaxaca, Chichén Itzá* und *Uxmal* auf *Yucatán,* die Badeorte für Wassersport aller Art mit ihren Stränden, *„playas"*, allen voran *Acapulco,* aber auch *Mazatlán (Bild 80, 81, 82), Guaymas* und in zunehmendem Maße *Cozumel,* die Orte mit kolonialspanischem Ambiente wie die Bergbaustädte *Taxco* und *Guanajuato* oder das Bad *Cuernavaca,* oder für Kurzbesucher aus den USA die Attraktionen der schnell gewachsenen Grenzstädte *Tijuana* (von *San Diego,* Kalifornien, aus), *Ciudad Juárez* (von *El Paso* aus), *Laredo* und *Reynosa* (von Texas aus); oder eine Vielzahl kleiner Orte für Fischerei und Jagd. Für die Ausübung der Jagd sind zu zahlen: 16 US-Dollar für das Konsulatszertifikat, 5 US-Dollar für die Touristikkarte, 19 US-Dollar für die Lizenz; zusammen 40 US-Dollar bzw. etwa 500 Peso für einen Antragsteller! (Preis für 1965).

Das Angebot von sternförmigen Standard-Exkursionen in die Umgebung der Hauptstadt ist groß. Es gibt zahlreiche Reiseagenturen, die sie arrangieren. Zu den Tagesausflügen gehören Touren in die nahe Umgebung von *Ciudad de México,* wie nach *Teotihuacán* und *Xochimilco,* nach *Taxco, Puebla* und *Cholula* oder *Toluca,* zu prächtigen kolonialzeitlichen Kirchen, Bauten der Conquistadorenzeit, zu großen Märkten, die von der indianischen Landbevölkerung von weither besucht werden, und zu den archäologischen Fundstätten. Am bekanntesten in der Welt ist *Acapulco* geworden [1195].

Da ist das **Acapulco** der Illustrierten: Baden, Segeln, Sportfischen, Unterwassersport, Party-Bootsfahrten. 70 Swimming-pools und eine Flotte von 130 rosa angestrichenen Jeeps stehen den Gästen zur Verfügung *(Bild 80).* Das neue Hilton steht unten am schönsten Teil der Bucht, an der von morgens bis nachmittags sonnigen *„playa hornos"*. Der vollklimatisierte Riesenbau gehört dem ehemaligen mexicanischen Präsidenten Miguel Alemán und wird von der Hilton-Company verwaltet: Ein tropischer Garten wurde ringsum angepflanzt, der Swimming-pool umfließt das ganze Hotel, das wie

Bild 80. Motorboote in Acapulco für den Sportfischfang. In den mexicanischen Touristenorten werden für die große Zahl der ankommenden Sportfischer ganze Flotten komfortabler Motorboote für den Hochseefischfang bereitgehalten. Von diesen Booten aus, deren Miete sich auf 50–200 $ pro Tag beläuft, werden von einem Anglerstuhl am Heck des Bootes aus nach Möglichkeit große Fische, wie z. B. der Segelfisch (Pez Vela), gefangen, dessen Exemplare bis zu 2 m lang werden (Werbung für diesen Fischfang auf der Tafel im Bild rechts). Für den evtl. gelungenen Fang steht im Hintergrund rechts des Bildes ein Gestell zum Aufhängen der Trophäe für das gewünschte Foto bereit. (GIERLOFF-EMDEN Juni 1964)

auf einer Insel steht. Der Preis pro Pensionstag beträgt zwischen 200 und 450 DM. Am selben Strand stehen weitere weiße Wolkenkratzerhotels, sämtlich mit Privatstrand und allem Komfort.

Acapulco, geographisch *(Bild 81 u. 82).* Der vollständige Name ist seit 1873 *„Acapulco de Juárez"*. Acapulco ist Stadt und Hafen und Hauptstadt des gleichnamigen Municipio. Der Name Acapulco bedeutet in der Nahuasprache *Aca-pol-co,* d. h. „dort, wo die Zuckerrohrhalme stehen". Die Stadt hatte 1960 48 849 E. (1900 4900 E., 1920 5700 E., 1940 10 000 E.). Acapulco liegt im Staate *Guerrero* an der pazifischen Küste in einer malerischen, 6 km breiten, 20 m tiefen ovalen Felsenbucht. Stadtkern und Hafen liegen am Ostufer der inneren Bucht, die von Bergen, aufgebaut aus Granitgesteinen, den Ausläufern der *Sierra Madre del Sur,* umgeben ist. Im Hintergrund der Stadt erreichen die Berge in 10 km Entfernung schon 800 m Höhe. Der Autoweg über die Autofernstraße (430 km) nach *Ciudad de México* beträgt etwa 6 bis 9 Stunden. Außerdem führt von Acapulco aus eine Autostraße entlang der pazifischen Küste nach NW in Richtung auf *Zihuatanejo,* ein neuentwickeltes Badezentrum. Der Hauptpersonenverkehr wird mit dem Flugzeug bewältigt. Der Flugplatz befindet sich 15 km östlich der Stadt auf der Nehrung, die der *Laguna Papagayo* vorgelagert ist. Das Klima ist meist feucht-heiß mit Monatsmitteln im Mai–August 28,1 °C, Januar–Februar 25,5 °C, mittleren Extremwerten 34,6 °C und 17,1 °C. Die Jahresniederschläge betragen 1380 mm; sie fallen zu 95 % von Juni–Oktober. Januar–April sind niederschlagsfrei. Die Regenzeit setzt im Juni (419 mm) plötzlich und heftig ein. Tropische Zyklonen richteten 1810 und 1938 schwere Zerstörungen an. Am schönsten ist das Wetter vor Beginn der Hauptsaison, die von Anfang November bis Ende Januar reicht. Für diese Zeit muß man Zimmer Monate vorher reservieren lassen, denn der Ort ist überfüllt wie jedes Seebad zur Hochsaison.

In der Gegenwart liegt die größte Bedeutung Acapulcos im Badebetrieb. Acapulco ist als Fremdenverkehrszentrum international so bedeutend geworden, daß es in die Reihe der Plätze *Riviera, Tahiti, Hawaii* gestellt werden kann. Über 100 große Hotels (viele mit eigenem Strand und zusätzlichem Süßwasser-Swimming-pool), davon viele im Hochhausstil, wurden an den Buchten und auf den Felsen der Buchten von Acapulco errichtet, dazu eine große Zahl von Privatvillen. Viele Strände der umliegenden sandigen Buchten sind in das Großstrand-Areal von Acapulco eingegliedert. Das Bild der Stadt wird durch Restaurants, Kinos, Nachtlokale, Badeanstalten und Luxusläden mit Bedarfsartikeln für Strandleben (z. B. Strohhüte in größten Mengen) und Wassersport bestimmt sowie durch Andenkenläden und -betriebe. Die schwierige Wasserversorgung von Acapulco soll durch Sammeltanks in den Bergen verbessert werden. Acapulco erlitt durch Erdbeben mehrfach schwere Schäden.

Über den Hafen werden Kaffee, Zucker, Häute und Kopra ausgeführt; er ist aber für den Weltfrachtverkehr von geringer Bedeutung.

Acapulco ist Fischereihafen für den gewerblichen Fischfang sowie erstes Zentrum der Sportfischerei, für die Hunderte von Motorbooten und Jachten im Hafen bereitliegen. Von CORTÉS wurde 1531 der gute Naturhafen entdeckt. Dort wurden die Schiffe gebaut, mit denen CORTÉS 1532 zur weiteren Entdeckung des Pazifischen Ozeans MENDOZA aussandte. Der Hafen Acapulco erhielt das Monopol für den Handel Spaniens mit den *Philippinen*. Die ersten spanischen Schiffe von *Manila* kommend liefen Acapulco 1565 an. Die Waren wurden mit Tragtierkolonnen in sechs Wochen über die 900 km zum Golfküstenhafen Veracruz befördert. Chinesische Porzellane, Seidenstoffe und Gewürze wurden auf diesem Wege verfrachtet. Bei Ankunft einer pazifischen Flotte sollen aus der Hauptstadt Ciudad de México 5000 bis 8000 Kaufleute nach Acapulco gekommen sein. 1803 nahm ALEXANDER VON HUMBOLDT mit BONPLAND von Acapulco aus seine Forschungsreise auf. Acapulco wurde 1598 durch PHILIPP II. zur Stadt erhoben. Dies wurde 1799 durch KARL IV. bestätigt. Im 18. Jh. wurde in Acapulco das *Fort San Diego* erbaut, heute Museum.

„Wertwandel von Landschaften unter dem Einfluß des Tourismus". Beispiel: Die wirtschaftliche Entwicklung Baja Californias durch den Fremdenverkehr. Seit Ende der 30er Jahre setzte für Baja California eine sprunghafte Entwicklung ein. Der Ausbau des Bewässerungsgebietes des *Rio-Colorado-Deltas* und die Entwicklung *Tijuanas* zum vorwiegend US-amerikanischen Vergnügungszentrum auf mexicanischem Boden und die Entwicklung *Ensenadas* als Sportfischereizentrum brachten binnen kurzer Zeit ein enormes Wirtschaftswachstum des äußersten Nordens mit sich. Tijuana hatte 1900 etwa 500 E., 1920 erst 1000 E., 1930 8400 E., 1950 60 000 E., 1960 154 000 E. Schon während der Zeit der Prohibition in den USA in den 20er Jahren wurde Tijuana ein gern besuchter Ort; der Spirituosenhandel blühte.

Für den hochindustrialisierten Ballungsraum wohlhabender Amerikaner des US-Staates Kalifornien sind *Tijuana, Ensenada* und *Mexicali* das nächste Mexico. Die periphere Lage vom 3000 Straßenkilometer entfernten Zentralmexico und die durch die Wüsten Arizonas und des mexicanischen Sonora ausgebildete „Insellage" des US-amerikanischen pazifischen *Kalifornien*, des „fernen Westens", garantieren dem in wenigen Autostunden erreichbaren nordwestlichen Grenzstreifen Mexicos, der eigentlich kein traditionsgebundener, typisch mexicanischer Kulturraum ist, den wirtschaftlichen Erfolg als Touristenareal

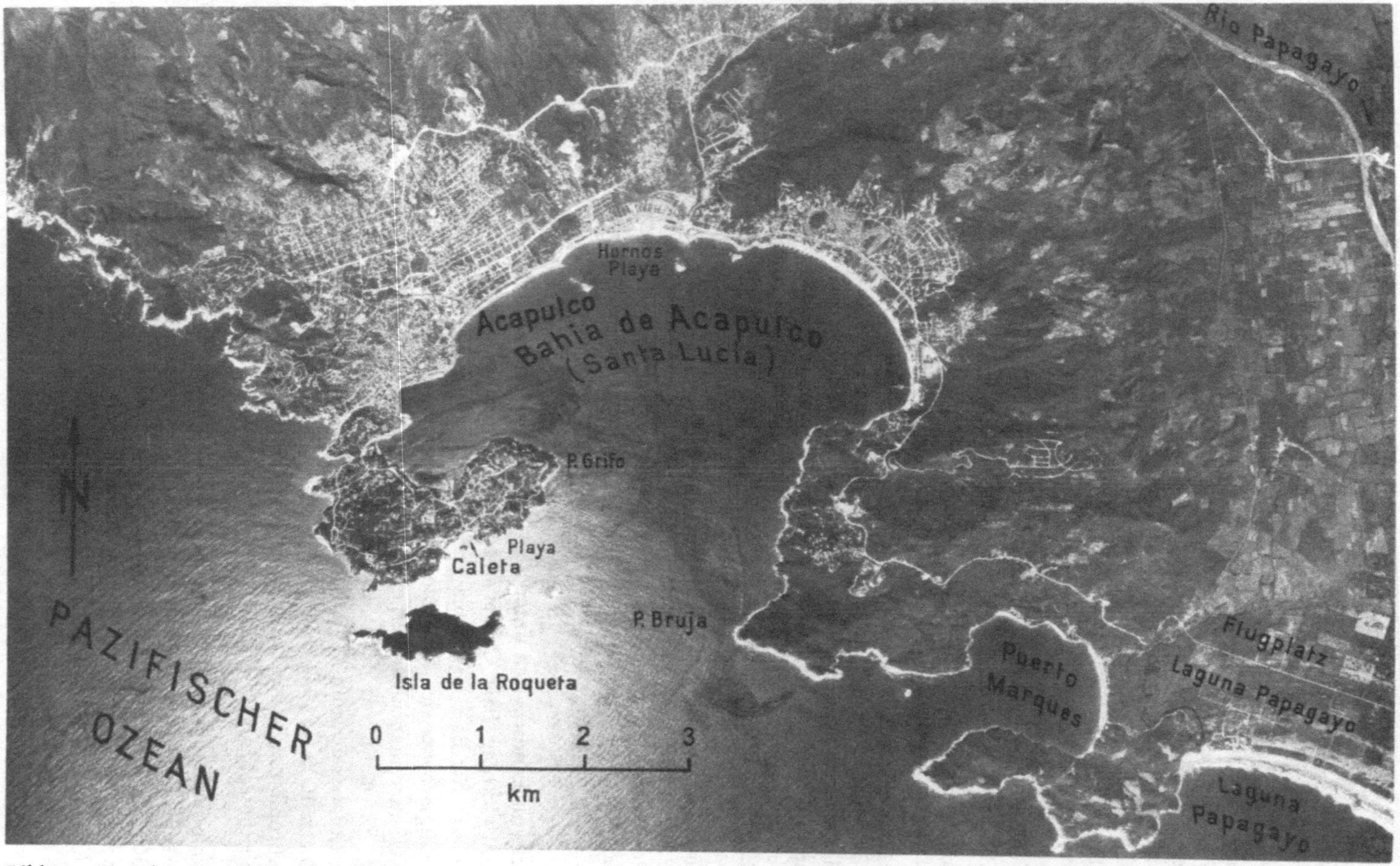

Bild 81. Acapulco (Luftbild). Das Bild stellt einen ca. 15 km langen Ausschnitt der pazifischen Küstenregion dar. Im Mittelpunkt liegt die Bucht von Acapulco. Die Stadt liegt am nordwestlichen Ufer der Bucht. Entlang der Bucht und der Halbinseln gibt es zahlreiche neue Touristenhotels. Von der Bucht aus steigen die vegetationsarmen Berge langsam nach N und O an. (Compañía Mexicana Aerofoto, S. A., México; Bild-Nr. 1606; Flughöhe 8500 m; Maßstab ca. 1 : 75 000)

Bild 82. Mexicos größtes Seebad am Pazifischen Ozean: Acapulco (1960 rund 50 000 Einwohner). Die malerische Bucht wurde 1531 von Cortés als Hafen genutzt. An den reichgegliederten Stränden und Buchten der umliegenden Halbinseln sind eine große Zahl moderner Hotels errichtet worden. Im Vordergrund Playa Caleta, im Hintergrund die Bucht von Acapulco. (Compañía Mexicana Aerofoto, S. A., México; Bild-Nr. 14 014; aufgenommen am 12. 2. 1958)

in Mexico. Die letzten Vorposten dieser Touristenorte südlich von Ensenada sind schon über das gegenwärtige Ende der Autostraße mit fester Decke vorgeschoben.

Jährlich passieren 20 Mio. Bürger aus den USA die Grenze nach Mexico. In den vielen kleinen und einigen großen Läden gibt es zwar zollfrei, jedoch nur angeblich billig Waren aus aller Welt: Parfüm aus Frankreich, Strickwaren aus Italien, englische Pfeifen, Schweizer Uhren, chinesische Kunstgegenstände, viel japanische Ramschware und natürlich Unmengen mexicanischen Silberschmucks. *Tijuana* ist hauptsächlich Besuchsort für Tagestouristen, die für drei Tage ohne Paß und Visum einreisen können, diese werden nicht als „Touristen" gezählt. Die Stadt besitzt unzählige mexicanische Restaurants, chinesische Speiselokale, Hotels, Vergnügungsstätten, Nachtlokale und Andenkenläden, *„tiendas típicas"*, und eine sehr große Lederverarbeitungsindustrie für Taschen aller Art und Bongotrommeln. Ein großzügiger Neuausbau bezieht eine kilometerlange Strandpromenade, eine neue Stierkampfarena – mit 25 000 Plätzen eine der größten der Welt – und Sportanlagen in den Stadtbereich ein. Die Stadt besitzt eine große Pferderennbahn.

Alle Betriebszweige des in den USA streng gehandhabten Wettgeschäftes sind stark entwickelt. In der berühmten Arena von *Tijuana* (bisher 11 000 Plätze; größte Einnahmen dadurch, daß mit US-amerikanischen Dollars gerechnet wird) kann der in den USA verbotene blutige Stierkampf ausgetragen werden, außerdem werden Pferderennen geboten – die nachts bei künstlichem Licht gestartet werden – und Greyhoundrennen. Dann gibt es berufsmäßige *Jai-Alai*-Spiele, mit Wettbüros im Restaurant der riesigen Spielhalle, und viele andere Attraktionen, darunter auch „Ton"taubenschießen auf lebende Tauben. Große Mengen von *Tequila* (Agavenschnaps) werden konsumiert. Besonders aus dem nahe gelegenen Großstadtareal von *Los Angeles* kommen die Touristen nach Tijuana. Das Touristenbüro gibt an, daß zum Wochenende oft mehr als 40 000, an langen Wochenenden bis zu 70 000 Besucher aus den USA kommen! In den Abendstunden ensteht in der Stadt durch Autos, Musikboxen, Warenausrufer, Gesang aus den Kneipen und Stripteaselokalen und Feuerwerksdetonationen beträchtlicher Lärm. Für die USA stellt Tijuana ein beachtliches Schmuggelzentrum für Narkotika dar.

Tijuana besitzt als Endstation der mexicanischen Fluglinien einen sehr großen modernen Flughafen. Durch Autostraßen besteht Verbindung über die *Sierra Juárez* nach *Mexicali* (214 km) und nach Süden, 100 km entlang der Küste nach *Ensenada.*

Auf dem Wege von Tijuana nach *Rosarito* sind die Böden oft tonig. Die Landschaft ist schichtstufenartig aus weichem Ton, Sand und Kalksandsteinschichten aufgebaut. Die Tonvorkommen wurden zur wichtigen Rohstoffgrundlage für eine Keramikindustrie, deren Produkte im wesentlichen dem Verkauf an Touristen dienen (z. B. Gartenvasen). Bis nach *Ensenada* gibt es verschiedene Touristencamps. Sowohl direkt an der Grenze bei Tijuana *(Rosarito Beach)* als auch um Ensenada sind Vorstädte aus Motels und Hotels entstanden. Der ungeheure Aufschwung, den die Sportfischerei in den USA nach dem 2. Weltkrieg genommen hat, machte den Ausbau neuer Ausgangsbasen entlang der pazifischen Küste rentabel. Das angenehme Klima, mit mittleren Temperaturen von 25 °C im Juli – bei trockener Luft (45 % Feuchte) – und 20 °C im Januar und der Fischreichtum vor der Küste sind Voraussetzungen für ein ideales Erholungs- und Sportfischereigebiet. *Ensenada* hatte 1900: 1000 E., 1930: 3000 E., 1950: 18 000 E., 1960 43 000 E.

Für die **Sportfischerei** liegt im Hafen eine große Bootsflotte bereit. Boote bis zu 18 m Länge, die 25 Touristen bis zu einer Woche aufnehmen können und die mit modernstem Gerät ausgerüstet sind, geben dem Sportangler alle Möglichkeiten der Hochseefischerei. Ensenada gilt als Zentrum der *„Yellowtail"*-Angelei. Es gibt hier jegliche Ausrüstung für die Sportfischerei zu kaufen. 53 Hotels und Motels sind vorhanden, z. T. mit geheizten Swimming-pools, es gibt Bars und Restaurants mit Essen im „Mexican Style" und über 15 Trailer Parks. Große Andenkenläden, in denen vor allem Silberschmuck aus Zentralmexico verkauft wird, und viele andere Läden bieten Waren aus aller Welt zu niedrigen Preisen an, da Ensenada Freihafen ist, so daß die Touristen dort Schweizer Uhren, italienische Modewaren und französische Parfüms kaufen können.

Ensenada ist auch als letzte Stadt an der Route nach Süden Ausgangspunkt für die Pioniere unter den Touristen, die bis *San Quintín* fahren wollen, 207 km weit, davon nur 84 km auf einer Straße, den Rest auf einem Fahrweg. Dieser Teil der Küste südlich von Ensenada gilt als zukünftiges Ausbaugelände für den Tourismus. Südlich der Stadt endet die *„Zona Libra"*, dort befindet sich eine Zoll- und Paßbehörde für Reisende, die nach S weiterfahren *(Bild 79)*.

Der Tourismus und die Entwicklung des Südens von Baja California. Geeignete Plätze für die Anlage von Hotels am Küstenstreifen der Kapregion wurden in den letzten Jahren angekauft, um eine Sportfischereibasis, und zwar in luxuriöser Ausführung, zu erstellen. Die Gäste aus den USA, häufig aus Hollywood, kommen mit dem Flugliniendienst bis La Páz und werden von dort mit kleinen Maschinen direkt bis zur Landebahn des Hotels geflogen. Warmes, sonniges Wetter mit frischer Seebrise und reiche Fischgründe bietet die Natur, und ansehnliche, sehr moderne Motorbootflotten sind während des ganzen Jahres bereit.

Da der Grundstückserwerb für Nichtmexicaner sehr schwierig ist, entstanden diese Zentren meist durch eine „Kompanie", in der ein mexicanischer Geschäftsmann für das Grundstück sorgt, während das Kapital und „Management" von US-amerikanischen Interessenten geboten wird.

Zur Infrastruktur der mexicanischen Bevölkerung

Einkommensverhältnisse und Berufsstruktur. Mexico rangierte nach dem statistischen Pro-Kopf-Einkommen seiner Bevölkerung 1960 am oberen Anfang des dritten Drittels der Länder der Erde mit 1150 DM = 3474 Pesos (Abb. 129). Obwohl bis 1965 ein Pro-Kopf-Einkommen von 5250 mex. \$ im Jahr erreicht wurde, liegt noch ein sehr starkes Mißverhältnis in der Einkommensverteilung vor.

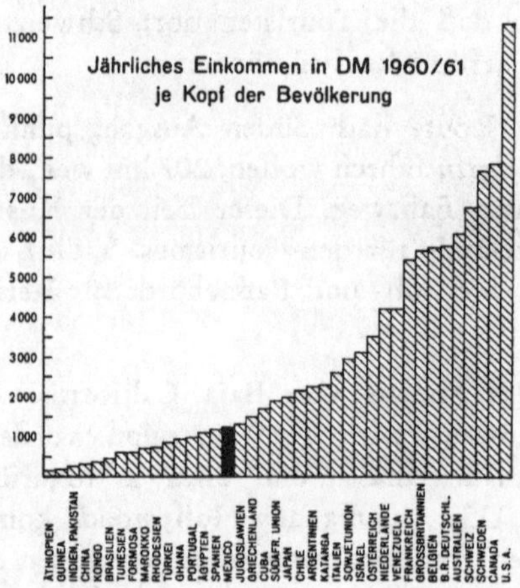

Abb. 129. Jährliches Einkommen in DM 1960/69 je Kopf der Bevölkerung. (Nach *„The New York Times“*, 1962, und UNO-Angaben)

Bruttosozialprodukt (in Preisen von 1950)
(Index 1940 = 100)

Jahr		
1940	20,7 Mrd. mex. \$	100
1950	41,5 Mrd. mex. \$	200
1960	67,0 Mrd. mex. \$	320

	Bevölkerung	Index
1940:	19 654 000	100
1950:	25 791 000	120
1960:	34 923 000	180

	Industr.-Pr.	Realeink.
1940	100	100
1950	225	150
1960	375	180

Nach einer UN-Untersuchung kommen in Mexico auf nur 5 % der Einkommen beziehenden Bevölkerung 36,7 % des gesamten mexicanischen Volkseinkommens.

Auch in der Regionalverteilung des Einkommens gibt es große Unterschiede, wie aus einer Broschüre der Deutsch-Mexicanischen Industrie- und Handelskammer zu entnehmen ist: Das Pro-Kopf-Einkommen Mexicos betrug etwa 5250 mex. \$ im Jahre 1965 und über 10 000 Pesos im Jahre 1968. 20 % der Bevölkerung haben einen Jahresverdienst, der 1,8mal höher ist als das genannte Durchschnittseinkommen. Dieser Teil der Bevölkerung wohnt z. gr. T. in dem Bundesdistrikt und dem nordwestlichen Grenzgebiet. In *México D.F.* werden 62 % der Gesamtsumme der mexicanischen Löhne ausgezahlt. Etwa 32 % der Bevölkerung erreichen lediglich das Durchschnittseinkommen. Diese Einkommensgruppe wohnt z. gr. T. im Nord- und Golfgebiet Mexicos. Fast die Hälfte der Bevölkerung, nämlich 48 %, erreicht nur zwei Drittel des Durchschnittseinkommens. Diese ungünstige Einkommenslage ist vor allem in einigen Zentralgebieten und im Süden des Landes festzustellen. Eine ähnliche regionale Verteilung liegt auch bei der zahlenmäßigen Verteilung der arbeitenden Bevölkerung vor. Nur etwas weniger als ein Drittel der mexicanischen Gesamtbevölkerung steht im Arbeitsprozeß.

Die Bevölkerungsexplosion (3,6 Prozent Zuwachs im Jahr) stellt die Regierung vor neue Probleme. 800 000 Arbeitsplätze müßten jährlich geschaffen werden. Der Wohnungsbau muß gefördert und das Schulwesen der rapide anwachsenden Bevölkerungsdichte angeglichen werden.

Verteilung des monatlichen Einkommens von Familien nach Regionen, Juli 1958
(Nach W. O FREITHALER 1968)

Region	Durchschnittl. Einkommen pro Familie Pesos	% von Familien in jeder Einkommensgruppe Unter 300	301–500	501–750	751–1000	1001–2000	2001–3000	3000+	% unter dem Mittel (825 pesos)
Reiche Regionen									
Baja Calif., N.									
städt.	2066		1.4	6.7	12.0	44.2	22.6	13.0	11.7
ländl.	1775			24.9	23.0	31.5	9.3	11.3	31.8
Sonora									
städt.	1361		9.2	14.4	23.7	39.5	5.9	7.2	30.7
ländl.	1100	6.1	16.6	19.0	15.8	32.8	6.9	2.8	46.4
Chihuahua	1365	7.2	24.3	13.6	14.0	21.7	8.7	5.5	54.3
Distrito Federal	1449	6.9	16.3	13.4	17.2	24.0	8.0	9.2	46.8
México	825		47,5	19.7	12.6	14.0	3.5	2.7	71.0
Arme Regionen									
Aguascalientes									
städt.	558	32.3	34.6	13.9	7.9	9.4	1.9		83.1
ländl.	343	58.2	22.9	12.9	4.3	1.1	0.7		95.2
Hidalgo									
städt.	847	8.8	20.5	22.2	23.2	20.8	4.4		58.6
ländl.	386	47.2	29.8	19.9	2.8	0.4			97.6
Oaxaca									
städt.	682	27.7	30.2	20.6	6.8	9.3	3.2	2.1	80.4
ländl.	475	40.9	22.7	19.4	10.1	6.8			86.1

Quelle: Secretaría de Industria y Comercio, México D. F. 1960.

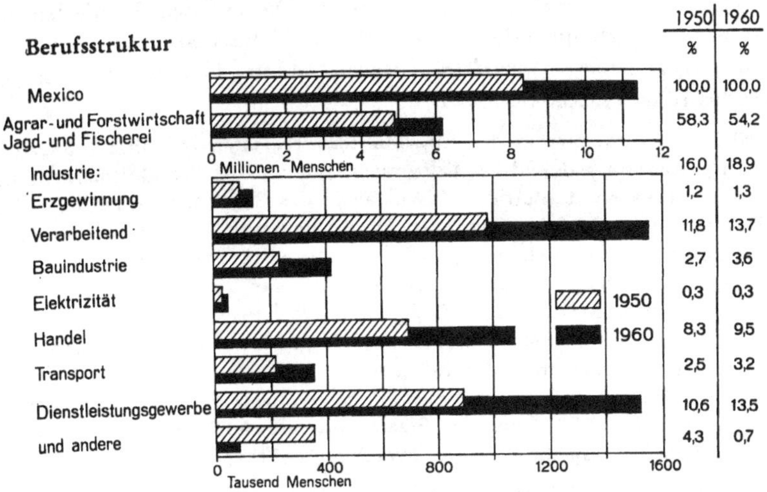

Abb. 130. Zahl der beschäftigten Menschen in den verschiedenen Berufsgruppen in Mexico. (Nach Censos 1950–1960; nach Nacional Financiera S. A. für 1964: Agrar + Forst + Jagd + Fischerei 52 %, Verarbeiten 15 %, Dienstleistung 14 %, Handel 10 %, Bau 4 %, Transport 3 %, Erz 1 %, andere 1 %)

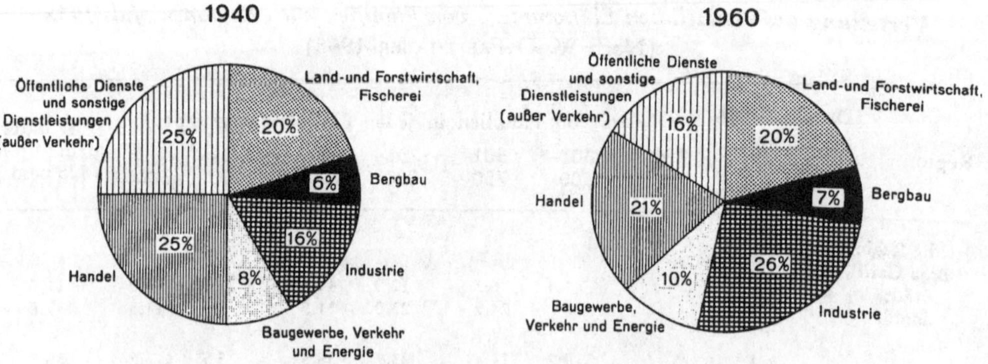

Abb. 131. Anteile am Volkseinkommen

Einkommensverhältnisse. Die alle zwei Jahre neu festgesetzten Mindestlöhne werden nur mäßig erhöht; für den *Distrito Federal* und die Industriezonen des Teilstaates *México* wurden sie 1967 auf 28,25 mex$ (Stadtbetriebe) und 26,25 mex$ (Landbetriebe) pro Tag erhöht (1965: 25,00 bzw. 23,00 mex$). — Durch die zu erwartende Beschleunigung der Wirtschaftstätigkeit soll mit einer stärkeren Zunahme des Bruttosozialprodukts zu rechnen sein. Für das Jahr 1967 wurde inoffiziell eine Steigerungsrate zwischen 7 und 7,5 % angegeben.

Unbefriedigend ist die Lage vor allem in ländlichen Gebieten, wo 52 % der im Arbeitsprozeß stehenden Mexicaner ihr Einkommen nach wie vor aus Tätigkeiten in der Landwirtschaft beziehen. Im Industriebereich arbeiten nur 20 % und im Dienstleistungsbereich 28 % der erwerbstätigen Bevölkerung (Abb. 131). Das Einkommen der Landbevölkerung bleibt das wichtigste wirtschaftspolitische Problem. Die auf dem Lande lebende Hälfte aller Mexicaner muß sich mit nicht einmal 20 % des Volkseinkommens begnügen (Tageslohn für den Tagelöhner, *„jornalero"*, *„mozo"* oder *„bracero"* genannt, auf einer Hacienda: 5 bis 10 mex$, 1,60 bis 3,20 DM).

„Die 175 000 Palmenhutflechter in der Alta Mixteca verdienten im Jahre 1939 an einem 10-Stunden-Tag 16 centavos, während ein Kilogramm Getreide auf den Dorfmärkten 12 centavos kostete. Im Jahre 1944 wurde durch eine Maßnahme der Regierung bezüglich des Kaufes wie auch des Verkaufes ihrer Produkte ihr Tageslohn auf ungefähr 40 centavos hinaufgesetzt. Eine Untersuchung aus dem Jahre 1938 zeigt, daß die täglichen Aufwendungen für Nahrungsmittel bei 14 verschiedenen Indianer-Gruppen durchschnittlich nur 26 centavos betrugen. Sogar im Taraskergebiet im Herzen Mexicos lagen die Löhne in Dörfern, wo der Pan American Highway vorüberführte, in den Jahren 1940/41 zur Erntezeit zwischen 40 und 45 centavos pro Tag zuzüglich eines Ährenleserechtes und fallweise einer Mittagsmahlzeit. Und sehr viel anders ist es in den entlegenen Gebieten auch heute noch nicht. So verdiente z. B. ein Landarbeiter im Jahre 1961 im Staate Chiapas 4,80 Pesos, im Staate Guerrero 6,15 Pesos, im Staate Querétaro 5,43 Pesos als minimalen Taglohn" (F. TANNENBAUM [1363]).

Die Landwirtschaft hat in erster Linie mit ihren Deviseneinnahmen eine Grundlage für die Wirtschaftsentwicklung Mexicos gebildet, sie hat aber in keiner Weise die entsprechende Belohnung in einer angemessenen Erhöhung des Lebensstandards ihrer Bevölkerung erhalten. Weite Kreise der Privatindustrie und der Banken sehen eine Hebung des Lebensstandards der gesamten mexicanischen Bevölkerung nur mit Hilfe einer weiteren

Industrialisierung des Landes als erfolgversprechend an. Die Einstellung einer Konsumgesellschaft im modernen Industriestaat ist aber nicht durchweg vorhanden. Immer noch genügen den Maya-Bauern 70 Arbeitstage im Jahr zum genügsamen selbstversorgerischen Leben. Etwa 300 000 Angestellte, *„empleados"*, werden jährlich für die Verwaltung neu benötigt. Im Vergleich zu den anderen lateinamerikanischen Staaten nimmt Mexico bezüglich des in der Landwirtschaft tätigen Anteils seiner Beschäftigten eine mittlere Stelle ein und gehört mit der Nahrungsversorgung nach Kalorien pro Kopf (2580) zu den besser ausgerüsteten Ländern, nach den landwirtschaftlichen und industriellen Produkten pro Kopf der Bevölkerung zu den führenden Ländern.

Mexicaner als Fremdarbeiter. Zahlreiche Mexicaner suchen Arbeit im benachbarten USA. Sie bringen Dollarlöhne zurück ins Land und werden die *„braceros"*, wörtlich „Arm"-tätige, genannt [596, 1338].

Ausreise von landwirtschaftlichen Wanderarbeitern von Mexico in die USA nach Staaten geordnet

Staat	1958	1960	1962
Estados Unidos Mexicanos	432 491	319 412	198 322
Aguascalientes	6 963	5 245	7 621
Baja California	2 252	277	419
Campeche	9	30	110
Coahuila	24 160	11 887	6 194
Colima	1 236	468	299
Chiapas	64	43	89
Chihuahua	37 402	32 897	10 765
Distrito Federal	2 222	2 967	2 432
Durango	38 627	16 937	10 196
Guanajuato	61 381	35 804	23 917
Guerrero	10 993	10 928	9 843
Hidalgo	1 909	2 631	2 257
Jalisco	41 224	32 494	23 115
México	7 168	7 911	5 967
Michoacán	46 654	38 152	23 796
Morelos	1 763	1 817	2 213
Nayarit	2 855	4 856	5 556
Nuevo León	23 285	21 631	6 339
Oaxaca	11 690	10 125	6 677
Puebla	4 609	5 892	6 360
Querétaro	3 568	4 635	4 144
Quintana Roo	2	1	1
San Luis Potosí	23 308	17 120	7 534
Sinaloa	3 691	6 731	5 821
Sonora	3 114	6 967	3 662
Tabasco	244	476	461
Tamaulipas	8 200	7 473	567
Tlaxcala	1 565	2 422	2 968
Veracruz	670	892	392
Yucatán	1 055	2 063	1 976
Zacatecas	45 086	21 416	16 631
(1)	15 522	6 224	

(1) Trabajadores especiales contratados en las ciudades fronterizas (d. h. Arbeiter mit Spezialverträgen aus den Grenzstädten).
Quelle: Secretaría de Gobernación. Dirección General de Población.
Die Herkunft aus den zentralen Staaten Guanajuato, Jalisco und Michoacán überwiegt.

Einige kehren als gescheiterte Existenzen zurück, die in Mexico zu den dortigen Löhnen nicht mehr arbeiten wollen und versuchen, irgendwie auf Kosten anderer zu leben. Sie werden *„pachucos"* genannt.

Rückeinreise von landwirtschaftlichen Wanderarbeitern, die aus den USA zurückkehrten (nach Einwanderungsdienststellen)

Büro	1958	1960	1962
Total	436 353	325 999	217 761
Mexicali, B. C.	142 997	135 573	129 830
Ciudad Juárez, Chih.	82 210	67 501	30 719
Ciudad Reynosa, Tamps.	101 515	67 860	24 723
Piedras Negras, Coah.	90 340	42 842	24 632
Nogales, Son.	19 291	12 223	7 857

Quelle: Secretaría de Gobernación. Dirección General de Población.

Dieser Arbeitsmarkt scheint sich für Mexico jetzt zu verschließen. Erhebliche Bestürzung hat in México die Tatsache hervorgerufen, daß durch Nicht-Erneuerung der sog. *„contract labour act"* seitens der US-Regierung den landwirtschaftlichen Saisonarbeitern aus México, die Jahr für Jahr zu Tausenden über die Grenze gekommen waren, in Zukunft die Einreise in die USA untersagt wurde. Hier stehen sich die Interessen der US-Gewerkschaften und der Wunsch der mexicanischen *„braceros"* nach Arbeitsmöglichkeiten zunächst noch unversöhnlich gegenüber, doch ist zu hoffen, daß auch dieses Problem gelöst wird, gegebenenfalls durch die Schaffung neuer Arbeitsplätze in den mexicanischen Grenzgebieten.

Soziale Stellung der Frau.

Strenge spanische Familiensitten sind verbreitet noch wirksam, elterliche und kirchliche Autorität spielen im umfangreich entwickelten Klein- und im oberen Bürgertum noch immer eine bedeutende Rolle.

Jedoch nicht jede gutsituierte Mexicanerin möchte mehr nur Mittelpunkt der Familie sein und in Dingen des öffentlichen Lebens unselbständig bleiben; sie möchte ihren Anspruch auf Selbständigkeit, der ihr gesetzlich seit langem zusteht, auch realisieren. Diese gesetzlich zugestandenen Rechte der Frau als Staatsbürgerin sind nicht gering, aber doch begrenzt, eine Mexicanerin z. B. verliert durch die Ehe mit einem Ausländer nicht die mexicanische Staatsangehörigkeit. Einen Paß zur Durchführung einer Auslandsreise bekommt sie jedoch nur mit Genehmigung des Mannes.

F. Ratzel [500] schilderte die Eindrücke seiner Zeit vom Leben der Frauen: „Ich habe sagen hören, daß in einer Familie von vier, fünf Köpfen fast den ganzen Tag eines der Weiber oder Mädchen mit der Bereitung von Tortillas beschäftigt ist. In der Tat wurde ein Weib, das über einen Holzblock gebeugt ist, auf dem sie den Maisbrei zerquetscht und reibt, zu einer ebenso charakteristischen Staffage hiesiger Interieurs wie der Mann, der in der Hängematte der Ruhe pflegt." Für die Frau der gehobenen sozialen Schichten gab es im Hause die Blumenzucht und als gesellschaftliche Abwechslung *„tortulias"*, d. h. Besuche.

Der „klassische" und am weitesten verbreitete Beruf für die Mädchen der unteren Volksschichten ist immer noch der des Dienstmädchens: *„criada"*, *„sirviente"*, *„muchacha"* genannt, von denen es allein in der Hauptstadt etwa 1/2 Mio. gibt. Viele Frauen wirken heute am Aufbau des Bildungswesens, der Krankenhäuser und der Sozialfürsorge mit. In den Büros der Verwaltung, Post, Bank und sogar im konsularischen Dienst haben sich die Frauen im ehemals katholischen, reinen Männerstaat angesehene Arbeitsplätze erobert. Das Land verfügt noch über große Reserven an weiblichen Arbeitskräften, da der Anteil der Frauen an der Gesamtzahl der Erwerbstätigen mit 16,8 % noch sehr gering ist, verglichen mit Frankreich (34 %), Großbritannien (31 %), der Bundesrepublik Deutschland (36 %) und den USA (27 %).

Sozialklasse und Lebenshaltung. Eine Neubildung der Sozialstruktur ist im Gange, breite Mittelstandsschichten haben sich entwickelt. 1954 wurden 25 % der Bevölkerung dazu gezählt, gegenüber 7 % im Jahre 1917 (Abb. 132). Die untere Schicht in den Städten, die im Jahre 1900 16,3 % der Bevölkerung ausmachte, betrug 1960 32,2 % der Bevölkerung. Die Mittelklasse machte 1900 in den Städten 5,7 % der Bevölkerung aus, im Jahre 1960 7,2 %.

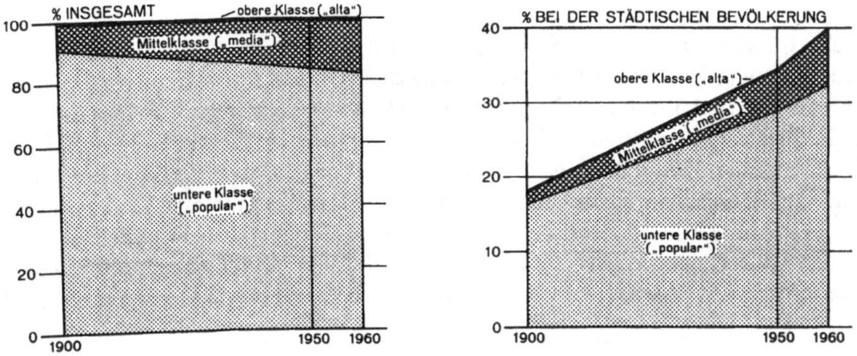

Abb. 132. Anteil der Sozialklassen an der Bevölkerung Mexicos von 1900 bis 1960. Der Anteil der unteren Sozialklasse „popular" bei der städtischen Bevölkerung ist seit 1900, wo er 16,3 % betrug, bis 1950 auf 28,6 % und bis 1960 auf 32,3 % angestiegen. (Nach „50 años de Revolución", 1961)

Trotz der erhöhten Produktion und der offensichtlichen Prosperität läßt die ungleichmäßige Verteilung des sich ständig mehrenden Volkseinkommens den Unterschied zwischen reich und arm kraß hervortreten. Obwohl im Lebensstandard der Bevölkerung im allgemeinen ein gewisser Aufstieg nicht zu leugnen ist, waren im Jahre 1956 60 % der Bevölkerung einseitig ernährt, in unzulänglichen Wohnungen untergebracht und schlecht gekleidet. In demselben Jahr gab es noch 40 % Analphabeten, und 46 % aller Kinder besuchten keine Schule. Im amtlichen Census wurden interessanterweise Personen unterschieden, die hauptsächlich Weißbrot essen, und solche, die nicht zur Hauptsache Weißbrot (Weizen) essen, je 50 % der Bevölkerung, eine Tatsache, die zeigt, daß die alte Vormachtstellung des Mais doch beträchtlich an Übergewicht verloren hat und eine weitere Verbreitung spanisch-europäischer Haushaltsführung zu vermerken ist [992, 994]. Außerdem werden Personen unterschieden, die Schuhe tragen (etwa 50 % der Bevölkerung), solche, die Sandalen tragen (Huarachas, meist aus alten Autoreifen gefertigt), und solche, die barfuß gehen (etwa 15 % der Bevölkerung). Eine seit 1940 anhaltende

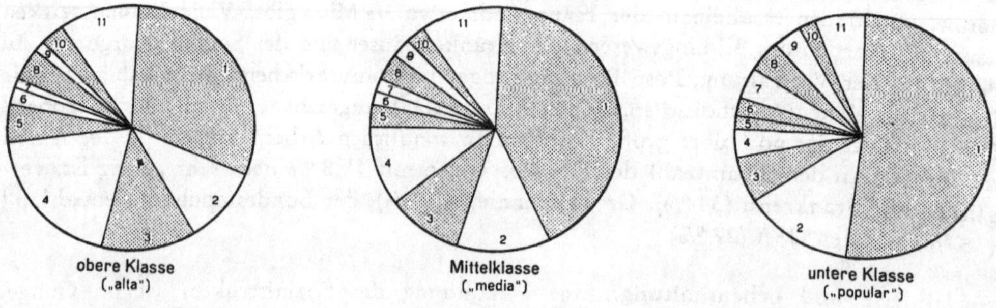

1 = Lebensmittel
2 = Kleidung
3 = Miete, Licht
4 = Möbel und Einrichtung
5 = Schulgebühren
6 = Brennmaterial (Küche)
7 = Medikamente und Arztkosten
8 = Verschiedenes
9 = Reisen
10 = Steuern
11 = Dienstleistungskosten im Hause

Abb. 133. Verteilung der Ausgaben von Familien verschiedener Sozialklassen in Mexico im Jahre 1956. (Nach „50 años de Revolución", 1961)

chronische Inflation wirkt sich sehr ungünstig auf das Realeinkommen der Armen aus. Die Lebenshaltungskosten der Arbeiter haben sich in Ciudad de México seit 1939 um mehr als das Fünffache erhöht. (Im Jahr 1955 bezahlte der Verfasser für ein Hotelzimmer mit Dusche inklusive Frühstück, nahe dem Stadtzentrum gelegen, 30 mex$, im Jahre 1962 für das gleiche Zimmer 55 mex$). Eine in etwa europäischen Maßstäben angepaßte Lebensführung ist für Durchschnittshaushalte mit einem Monatseinkommen unter 6000 mex$ praktisch nicht möglich. Auch unter Berücksichtigung der quantitativ und qualitativ sehr unterschiedlichen Ernährung der verschiedenen Sozialklassen muß festgestellt werden, daß die untere Einkommensklasse fast 50 % ihres Lohnes für Nahrung ausgeben muß (Abb. 133).

Sozialprobleme und Bildende Kunst. Soziale und politisch historische Probleme sind auch in der bildenden Kunst beherrschend. Weltbekannt wurden die Wandgemälde des Diego Rivera, die, z.B. in den Säulengängen des Nationalpalastes, den Leidensweg der von der Conquista besiegten Indios und ihres „Vaterlandes" darstellen, die aber nicht immer historisch einwandfrei, sondern von Tendenzen des Nationalismus beherrscht sind, die monumentalen Halbplastiken an öffentlichen Bauten, wie den Instituten der neuen Universität oder dem Ministerium für öffentliche Arbeiten, oder an Krankenhäusern und auch an Portalen großer Kinos, oft in Mosaiktechnik hergestellt. Hier ist die Revolution die beherrschende Thematik, wie bei den Werken des großen Malers Orozco, für die es ein Museum und Ausstellungen gibt.

David Alfaro Siqueiros gehört mit Rivera und Orozco zu den Großen der mexicanischen Malerei. Siqueiros wurde 1896 geboren, nahm an den Revolutionskämpfen teil, war Hauptmann in der revolutionären Armee, wurde später Partei- und Gewerkschaftssekretär, ging ins Exil und war während des spanischen Bürgerkrieges Truppenkommandant. 1960 wurde er zu acht Jahren Zuchthaus verurteilt, 1964 jedoch aus der Haft entlassen.

Die Bildtitel sind Aufrufe oder Parolen: „Für vollständigen Arbeitsschutz aller Mexicaner", „Das Volk auf die Universität, die Universität dem Volke", „Verherrlichung des zukünftigen Sieges der mexicanischen Wissenschaft über den Krebs".

Sozialprobleme und Literatur. „Die große echte und eigene Dichtung, wie sie als Folge der spanischen Kulturblüte mit Namen wie RUIZ DE ALARCON oder Sra. JUANA INES DE LA CRUZ auch in Mexico im 17. Jh. klassische Höhe gewann, hat die heutige mexicanische Literatur noch nicht wieder erreicht. Mit einigen Ausnahmen ist keiner der modernen Schriftsteller weltbekannt. Aber Mexico hat seinen starken Anteil an der mächtig aufstrebenden Literatur Lateinamerikas, z. B. mit dem großartigen Romancier MARTIN LUIS GUZMÁN zur älteren Generation. Auch über Mexico hinaus bekannt, durch sein Buch *„Los de abajo"* (Die Rotte, Rowohlt) hat er eine ganze Generation von Romanschriftstellern beeinflußt, deren Zentralerlebnis die mexicanische Revolution ist, und die mit naturalistischer Treue Grausamkeit, Elend, Blut und Schmerzen bei der Geburt des modernen Mexico schildern. Danach dringen die Folgen der sozialen Umwälzung in die Literatur. Den hervorragenden Platz in der heutigen Literatur hat die Prosa. Hier sind es Roman und Erzählung, die das Abenteuer des mexicanischen Lebens, die Schilderung seiner Besonderheiten, das Leben in der menschenfressenden Großstadt oder auf dem von der Revolution erfaßten Lande zum Stoff haben oder auch der historische Roman, der die Wurzeln des heutigen Mexico spiegeln will. Nicht Liebe und menschliche Beziehungen, sondern soziale Fragen sind wichtigstes Anliegen." (M. O. DE BOPP, Übersee Rdsch., H. 2, 1966).

Bildungswesen

Schulwesen. Die Schlacht der *„alfabetisación"* ist noch im Gange: 1910 waren 70 % der Einwohner Mexicos Analphabeten, 1960 weniger als 30 % *(Bild 83)*.
Eine Verbesserung des Schulwesens war ein frühes Ziel der Nachrevolutionsregierungen. JOSÉ VASCONCELES hat sich große Verdienste für sein Land auf diesem Sektor erworben. Es wurde erkannt, daß die Schule zu einem einigenden Band aller Schichten des Volkes werden könnte. Sehr eingehende Untersuchungen zum Thema der Verbreitung des Analphabetentums führte WHETTEN [846, 847] durch. Daraus geht hervor, daß auf dem Lande und in kleinen Siedlungen der größte Prozentsatz von Illiteraten lebt. Aus Karten für 1940 ist ersichtlich, daß insbesondere die Regionen mit indianischer Bevölkerung, wie *Guerrero, Oaxaca* und *Chiapas* den absolut und relativ größten Anteil hatten.
„Gelegentlich meines eigenen Besuches in diesem Dorf *(Paso de la Vega)* waren von 208 schulpflichtigen Kindern nur 95 eingeschrieben; davon waren durchschnittlich beim Unterricht 82 anwesend, verteilt auf zwei – völlig unzureichend bezahlte und daher auf Nebenverdienst angewiesene – Lehrkräfte, den Lehrer und seine Frau. In einem der größten Schulbezirke des Staates *Chiapas* kamen nach Auskünften eines Inspektors von 19 000 registrierten schulpflichtigen Kindern – also solchen zwischen fünf und vierzehn Jahren – nur 3800 tatsächlich zur Schule. Für die anderen waren die Wege zu weit, oder sie befanden sich bereits im Arbeitseinsatz, obwohl Kinderarbeit gesetzlich verboten ist, oder die Eltern standen dem Schulunterricht ablehnend gegenüber, oder es hatte sich zu den schlechten Bedingungen kein Lehrer bereitgefunden, oder die Gemeinde hatte noch kein Schulgebäude errichten können, oder ... oder ... oder" (K. HELBIG [1392]).
In dem Prozentsatz der Analphabeten, die 1950 älter als 15 Jahre waren, rangierte Mexico mit 38 % unter dem Durchschnitt Lateinamerikas (43 %).
Öffentliche Schreib- und Diktierstuben und -„stände" gehören zum Straßenbild. Dort lassen sich Menschen die ihnen zugegangenen Briefe gegen Entgelt vorlesen oder diktieren. In steigendem Maße besuchen heute Kinder indianischer Eltern die Volksschule, in einigen Fällen anschließend noch eine Fachschule. Diese Menschen wandern häufig in die Städte und arbeiten sich, wenn sie fleißig, sparsam und intelligent sind und Glück haben, zum

Bild 83. Ganze Familien der Otomí lernen gemeinsam das Alphabet. (Aus BERNATH u. GROSSMANN, Mexico. Umschau Verlag, Frankfurt a. M.)

Die Alphabetisierung Mexicos
Illiteraten und Literaten von 1900 bis 1960

Jahr	Einwohner über 6 Jahre alt	Literaten	Illiteraten	Literaten (%)	Illiteraten (%)
1900	11 260 920	2 536 139	8 724 781	22,5	77,5
1910	12 527 201	3 271 676	9 255 525	26,1	73,9
1921	12 460 880	3 564 767	8 896 113	28,6	71,4
1930	13 542 305	4 786 419	8 755 886	35,3	64,7
1940	16 220 316	7 263 504	8 956 812	44,8	55,2
1950	21 038 742	11 766 258	9 272 484	55,9	44,1
1960	28 245 802	17 884 397	10 361 405	62,0	38,0
1973 (geschätzt)				80,0	20,0

Quelle: Statistiken des Erziehungsministeriums.

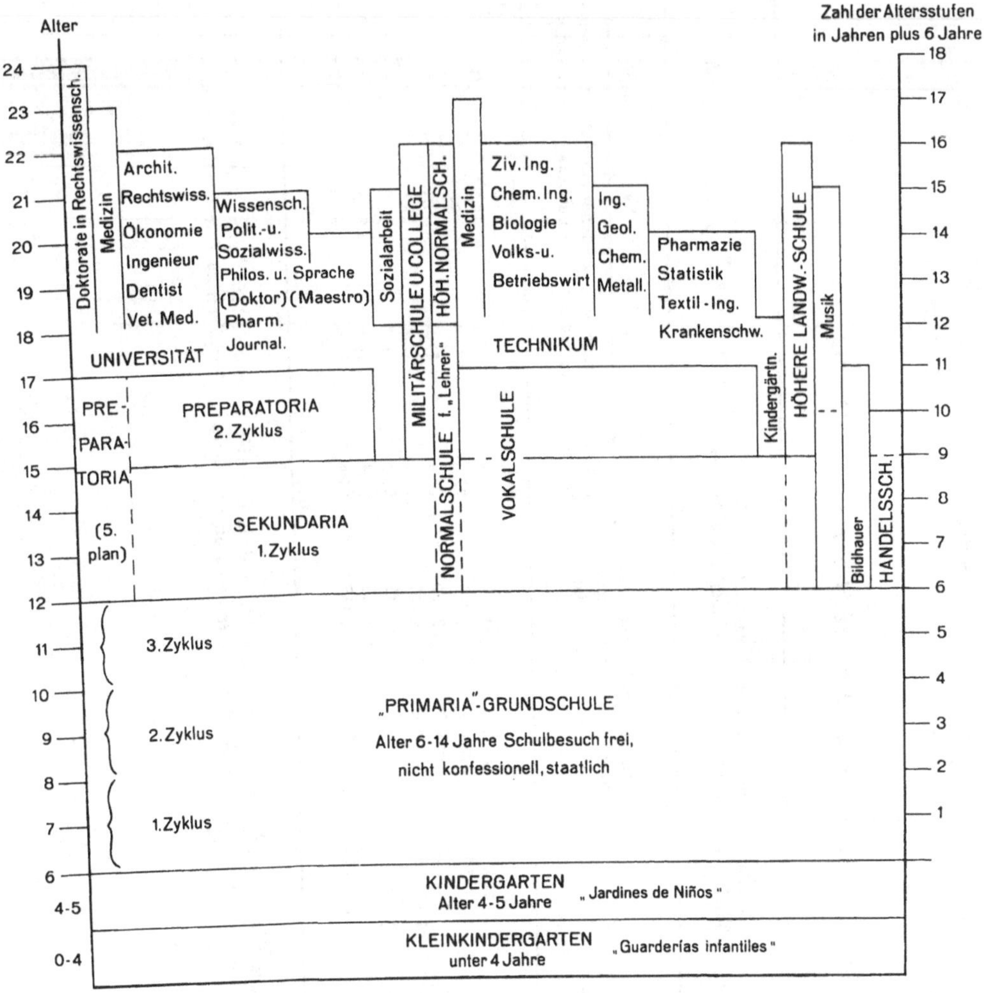

Abb. 134. Das Bildungswesen in Mexico. (Nach H. F. CLINE)

Mittelstand empor. Zum Ausbau von Schulen wurde in Mexico außerordentlich viel getan. Für viele kleine Orte repräsentiert das neue Schulgebäude das geistige Zentrum wie einst in der Kolonialzeit die Kirchen, die heutzutage oft verfallen sind. Im Dorf ist die Lehrerin, die *„Profesora"*, eine sehr angesehene Person. Die Schulpflicht ist auf 6 Jahre festgesetzt. In den Schulen wird nicht mehr Französisch, sondern Englisch als erste Fremdsprache unterrichtet. Die höheren Schulen, offiziell *„secundaria"* genannt, waren einst überwiegend kirchlich oder privat organisiert. Die Schülerinnen tragen meist weiße oder blaue Kittel als Schuluniform. Von großer Bedeutung sind die *„escuelas normales"*, die der Ausbildung von Lehrern dienen. Die Zahl der Schüler und Studenten in den offiziellen Lehranstalten betrug im Jahre 1969 etwa 9 Mio.

Das Bildungswesen in Mexico wird auch in der Abbildung 134 veranschaulicht.

Entwicklung der Grundschulen und Schülerzahl in Mexico 1900–1959

Jahr	Grundschulen	öffentl. Grundschulen	private Grundschulen	gesamt Schülerzahl	öffentl. Schulen Schüler	Privatschulen Schüler	öffentl. Schulen	Privatschulen	öffentl. Schulen Schüler	Privatschulen Schüler
	escuelas primarias	Escuelas primarias públicas	Escuelas primarias privadas	alumnos inscritos	Alumnos inscritos escuelas públicas	Alumnos inscritos escuelas privadas	% Escuelas públicas	% Escuelas privadas	% Alumnos escuelas públicas	% Alumnos escuelas privadas
1900	12 006	9 341	2 665	842 877	661 658	181 219	77,8	22,2	78,5	21,5
1910	12 418	9 692	2 726	889 509	698 117	191 392	78,0	22,0	78,5	21,5
1920	9 222	8 161	1 061	752 357	679 897	72 460	88,5	11,5	90,4	9,0
1930	13 608	11 379	2 229	1 786 300	1 299 899	486 401	83,6	16,4	72,8	27,2
1940	23 345	21 784	1 561	2 113 900	1 960 745	153 145	93,3	6,7	92,8	7,2
1950	24 075	20 559	3 516	3 031 691	2 494 040	537 651	85,4	14,6	82,3	17,7
1959	30 853	26 335	4 518	4 705 041	3 884 586	820 455	85,4	14,6	82,6	17,4

Quelle: Estadísticas continuas de la Secretaría de Educación, publicadas en los Anuarios Estadísticos de la Dirección General de Estadística. Nach: México 50 Años de Revolución, 1961. Der Anteil der öffentlichen Schulen und die Zahl der Schüler in öffentlichen Schulen haben im Verhältnis zu Privatschulen zugenommen.

Hochschulen. In echter geistiger Auseinandersetzung mit der modernen Welt steht erst die neue Generation der Studierenden an der freien **„Universidad Nacional Autónoma de México"**, genannt „UNAM" (Abb. 135 auf Seite 503 zeigt das Gelände dieser Universität), dem neuen Bildungszentrum, dem alle Hochachtung gebührt. Über die Anlage dieser auf der Welt wohl größten geschlossenen Campusuniversität (nach der räumlichen Ausdehnung) ist viel geschrieben worden. Fotos ihrer Bauten fehlen in keiner Veröffentlichung über Mexico *(Bild 92)*. Der Komplex wurde unter der Präsidentschaft von Miguel Alemán errichtet und wurde 1954 mit der deutschen Industrieausstellung eingeweiht. Dem Initiator Alemán wurde seinerzeit unrealisierbarer Futurismus vorgeworfen. Als der Verfasser im Jahre 1955 die Anlage besichtigte, war sie noch nicht von Studenten belebt, im Gegenteil, man transportierte gerade Bestände der Bibliothek zurück in die alten Gebäude nördlich des *Zocalo* im Stadtzentrum. Dann kam, schneller als erwartet, die Studentenlawine, und 1965 studierten 70 000 Studenten in dem einst für 50 000 geplanten Komplex.

Diese Universität wurde zum Stolz der Nation. Das Denkmal des Miguel Alemán mußte allerdings mit Brettern vernagelt werden, da Studenten nachtragend gegen sein Regime protestierten. Die Professoren, *catedráticos* genannt, sind überlastet mit Unterrichtsveranstaltungen und unterbezahlt.

Seit 1967 ereigneten sich Studentenkrawalle in der Universität, die im Jahre 1968 vor Beginn der Olympiade zu Straßenschlachten führten.

„Natürlich muß das Land, wenn es weiterhin so hohe Summen in die latente Begabung seiner Jugend investieren soll, sich vernünftigerweise eines angemessenen Ergebnisses versichern; jedes Ausleseverfahren für Studierende aber läuft dem Revolutionsprinzip zuwider, daß auch die höhere Schulung allen offenstehen muß. Nach Jahrzehnten kostspieliger Versuche und Fehler wurde diese wahllose Immatrikulation unvorbereiteter Studenten an Universitäten als untragbar erkannt. Die Kosten für säumige Studenten, die übrigens nur das Heer der politisch Unzufriedenen vergrößern, haben sich als zu hoch erwiesen. Von tausend Studenten, die in die Nationaluniversität eintreten, versagt die Hälfte schon am Ende des ersten Jahres, und nur zweihundert promovieren. In der Fakultät für Architektur erreichen nur 2 % den Abschluß, beim Ingenieurwesen 18 %. Viele verlassen die akademische Laufbahn zwischen dem 3. und 4. Jahr. Andere wechseln die Fakultät und fahren fort, die Hörsäle zu verstopfen und dem überarbeiteten Lehrpersonal zur Last zu fallen.

Universitätsprofessoren geben der unzulänglichen Vorbildung die Schuld, besonders der Tatsache, daß nur zwei Jahre Schule von der *preparatoria* bis zur eigentlichen Universitätsimmatrikulation verlangt werden. Die *preparatoria*-Lehrkräfte ihrerseits machen die Oberstufe verantwortlich, und diese die Grundschule.

Nur wenige Leute geben zu, daß der Fehler in dem unkritischen Versuch liegt, aus jungen Menschen ohne Fähigkeit zur Übernahme geistiger Verantwortung Akademiker und Akademikerinnen zu machen. Immerhin sind sich sowohl der Erziehungsminister Agustín Yañez als auch der Rektor der Nationaluniversität darüber im klaren, daß die meisten der 60 000 Studenten der Universität (einschließlich derer der *preparatoria*) in einer technischen oder landwirtschaftlichen Fortbildungsschule besser aufgehoben wären." I. Nicholson [1420].

Die Universität von *Mexico* kann auf eine alte Tradition zurückblicken. Sie war nach der Eroberung Mexicos durch die Spanier die erste auf dem amerikanischen Festland. Ihre offizielle Gründung erfolgte (Wiedergründung) am 25. Januar 1553 nach einem Dekret vom 21. September 1551, wobei als Muster die Universität von *Salamanca* in Spanien diente.

Hierüber berichtet H. A. STEGER 1967 wie folgt [1322]:

„Nach der Verkündung der königlichen Gründungs-Urkunde (21. September 1551) dauerte es noch 2 Jahre, ehe der Vorlesungsbetrieb wirklich aufgenommen wurde. Es wurden 7 Gründungs-Lehrstühle geschaffen: Theologie, H. Schrift, Kanon. Recht, Röm. Recht, Künste, Rhetorik, Grammatik. Auffällig ist, daß die Medizin fehlte und erst 1582 hinzugefügt wurde. Auffällig ist weiter, daß die päpstliche Bulle fehlte: die Universität war eine Institution *‚respectu regni‘*. Der Gründungssenat bestand zunächst nur aus dem durch den Vize-König ernannten Prinzipal (*‚maestrescuela‘*) und dem Rektor, die beide Mitglied seines Regierungsgremiums, der Königlichen Audiencia, waren.

Durch den Vize-König und die Audiencia wurden auch die ersten Berufungen ausgesprochen. Prinzipal, Rektor und erstberufene Professoren bildeten den Senat (*‚Claustro‘*), an dessen Vollsitzungen der Vize-König und die Mitglieder der (übrigens nicht von ihm, sondern vom König ernannten) *‚Audiencia‘* teilnahmen. Außerdem wurden ein Universitäts-Sekretär, ein Kanzler und ein Pedell ernannt."

Inzwischen ist der Einfluß der alten, konfessionellen Universität radikal überwunden worden. Von der neuen Universität gehen die Studenten zurück in die Provinz, in den Kreis ihrer Familie. Sie werden nur zum Teil wieder Anschluß finden. Es besuchen Kinder aller Schichten, nicht nur der Bürger, die Universität. Das Zeitalter der Technik drückt diesem z. T. als höhere Fachschule zu bezeichnenden Zentrum seinen Stempel auf. Es besuchen immerhin zur Zeit mehr als 70 000 Studenten die Universität, darunter weibliche, und überall im Land ist der Anwalt, Arzt oder Ingenieur stolz auf den Zusatz unter seinem Namen: *Universidad Nacional Autónoma.*

Nach einer Untersuchung von H. A. STEGER, 1967 [1322], rangierte Mexico unter den lateinamerikanischen Staaten 1958 mit 123 254 Studenten an zweiter Stelle knapp hinter Argentinien, weit vor Brasilien. Auch nach dem Prozentsatz (5 %) der Studenten an der Gesamtbevölkerung rangiert Mexico an zweiter Stelle hinter Argentinien (10 %) und vor dem Durchschnitt Lateinamerikas (3 %). Als Studenten in diesem Sinne gelten auch Krankenschwestern usw. Auffallend ist dabei nach der Art der Fachrichtung der große Teil von Studenten der Erziehungswissenschaften (32 %) und von Ingenieurwissenschaften. In der Fachrichtung Rechtswissenschaften rangiert Mexico an 18. Stelle (!) als letztes Land Lateinamerikas. In dieser Zusammensetzung prägt sich deutlich aus, daß das Studieren in Mexico nicht mehr eine Ausbildung für wenige privilegierte Familien ist.

Insbesondere der Titel *„Ingeniero"* ist erstrebenswert. Er gilt auch für alle naturwissenschaftlichen Berufe; im Volksmund ist ein Geologe, *„Geólogo"*, ein *„Ingeniero"*, der auch häufig in Verwaltungsstellen tätig ist, wo Fachkenntnisse geschätzt werden. Dennoch hat sich auch der Nimbus des Rechtsgelehrten aus der spanischen Tradition erhalten. Der akademische Titel des Anwaltes, des *„Abogado"*, ist *Licenciado*, abgekürzt *Lic.*, den viele hohe Regierungsbeamte, so auch der z. Z. amtierende Präsident, erworben und nicht etwa ehrenhalber verliehen bekommen haben.

Die große Achtung vor den Gebildeten hat mehrere Ursachen. Wissen ist der neue Weg zum Aufstieg, der allen offensteht. Darauf ist man stolz, es ist ein Erfolg der Revolution. Jedoch ist zweifellos ein uraltes Gefühl des Aufsehens zum Wissenden aus jahrhundertelanger patriarchalischer und despotischer Priesterherrschaft zu verstehen; darin waren sich präkoloniale und koloniale Kultur nicht wesensfremd.

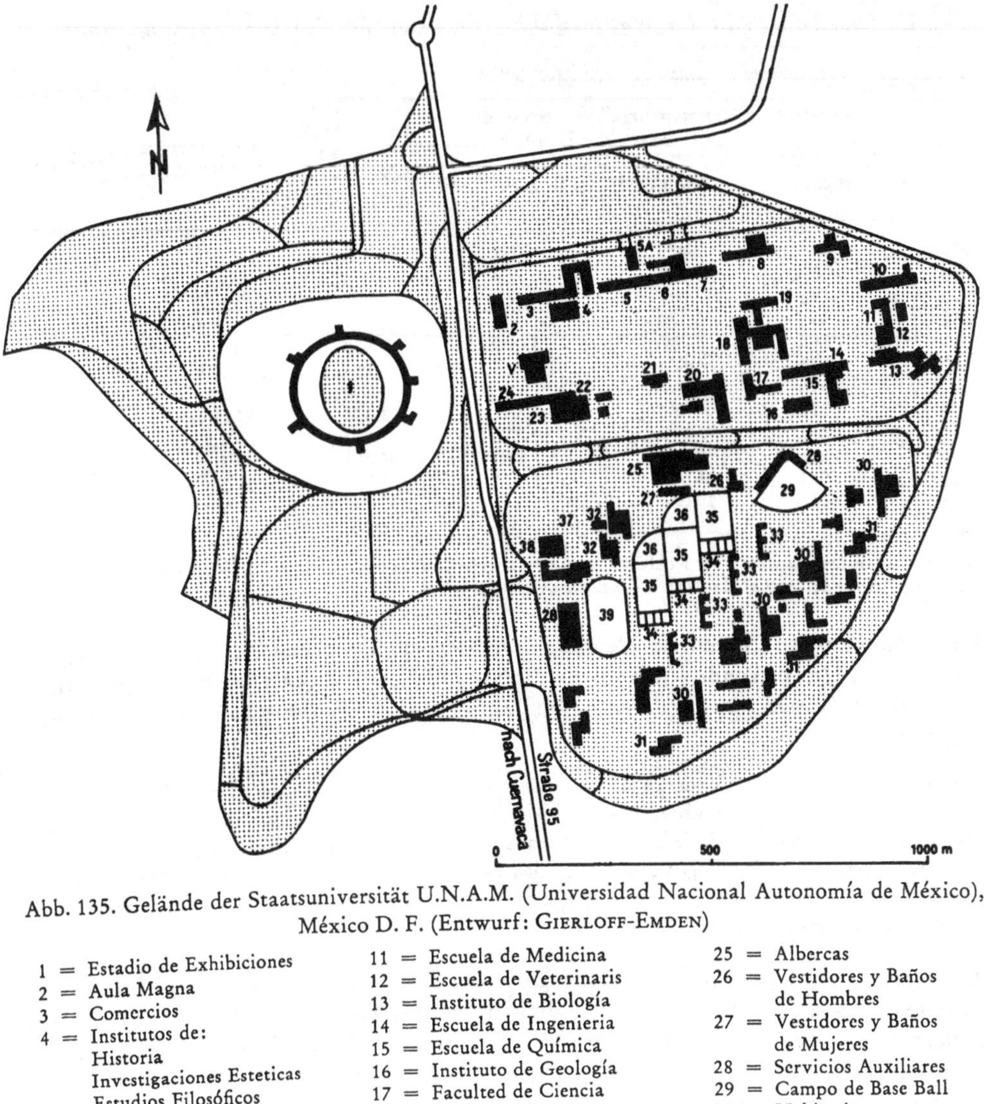

Abb. 135. Gelände der Staatsuniversität U.N.A.M. (Universidad Nacional Autonomía de México), México D. F. (Entwurf: GIERLOFF-EMDEN)

1 = Estadio de Exhibiciones
2 = Aula Magna
3 = Comercios
4 = Institutos de:
Historia
Investigaciones Esteticas
Estudios Filosóficos
Investigaciones Filológicas
Derecho Comparado
Coordinador Humanidades
5 = Facultad de Filosofía
5A = Escuela de Ciencias Políticas y Sociales
6 = Escuela de Jurisprudencia
7 = Escuela de Economía e Institutos
8 = Escuela de Comercio
9 = Escuela de Odontología
10 = Rayos Cósmicos
11 = Escuela de Medicina
12 = Escuela de Veterinaris
13 = Instituto de Biología
14 = Escuela de Ingenieria
15 = Escuela de Química
16 = Instituto de Geología
17 = Faculted de Ciencia
18 = Institutos de:
Matemáticas
Fisica
Química
Geofísica
Geografía
Coordinador de Ciencias
19 = Laboratorio Físicia Nuclear
20 = Club Central
21 = Biblioteca
22 = Escuela de Arquitectura
23 = Museo de Arte
24 = Rectoría
25 = Albercas
26 = Vestidores y Baños de Hombres
27 = Vestidores y Baños de Mujeres
28 = Servicios Auxiliares
29 = Campo de Base Ball
30 = Habitationes para Hombres
31 = Habitaciones para Estudiantes Forañeor o Extranjeros
32 = Habitaciones para Mujeres
33 = Frontonea
34 = Canchas de Basquet Ball
35 = Campos de Foot Ball
36 = Campos de Soft Ball
37 = Canchas de Tennis
38 = Casino para Estudiantes
39 = Estadio de Entrenamientos

Einschreibungen in der Nationaluniversität von Mexico von 1925 bis 1961

Jahr	„secundaria" mit Grad der höheren Schulen	„Preparatoria" mit Grad nach 10 bis 11 Schuljahren	Spezielle Universitätskurse z. B. f. Ausländ.	Berufstätige (Sozialwerk, Krankenschwestern, Sportlehrer)	Reguläre Studenten	Insgesamt
1925	–	2 810	555	1 698	6 068	11 131
1930	–	1 528	772	1 156	6 105	9 561
1935	1 416	2 065	464	554	5 614	10 113
1940	1 086	3 379	1 955	782	9 888	17 090
1945	1 500	4 387	1 906	1 037	14 470	23 300
1950	1 978	4 805	764	993	16 389	24 929
1952	2 390	6 510	495	1 019	18 685	29 099
1954	3 121	7 277	563	1 173	21 294	33 428
1956	2 718	7 885	771	1 063	25 322	37 759
1958	3 291	9 883	870	1 185	29 565	44 794
1960	2 850	16 642	1 007	1 961	37 510	59 970
1961	3 833	20 076	1 400	2 197	40 986	68 492

Quellen: Jährliche Berichte des Rektors der Universität, und Muñoz Ledo, „*La educación superior*", in México, *50 Años de revolución*, Vol. IV, La cultura (México: Fondo de Cultura Económica, 1962).

Polytechnikum in Ciudad de México. Besonders zu erwähnen ist das von Präsident Cárdenas 1936 gegründete Nationale Polytechnikum, das als großer Campusdistrikt in *Ciudad de México* errichtet wurde. Im Jahre 1954 waren dort schon 24 000 Studenten eingeschrieben.

Heute hat das Polytechnikum 28 Fakultäten angewandter Wissenschaften, in denen auf fünf verschiedenen Stufen unterrichtet wird. Jede Ausbildungsstufe ist in sich abgeschlossen, so daß die Schüler ihre Studien mit jeder Stufe beenden können und dabei ein vollgültiges Fähigkeitszeugnis für bestimmte Stellungen in industriellen Berufen erwerben. 1963 zählte das Polytechnikum 36 000 Studenten, rund halb so viele wie die Universität; es wächst aber ebenfalls rasch, denn 1958 waren es erst etwas über 22 000.

In vielen Bundesländern Mexicos gibt es moderne Hochschulen. Einige sind besonders erwähnenswert, so die **„Technische Hochschule in Monterrey"**. Die starke Industrialisierung von *Monterrey* brachte mit sich, daß die Hochschuleinrichtungen für den Ingenieurnachwuchs in den letzten zwei Jahrzehnten beachtlich modernisiert und erweitert wurden. Außer der in *Monterrey* beheimateten Universität von *Nuevo León* ist besonders das 1943 gegründete *„Instituto Tecnológico y de Estudios Superiores de Monterrey"* oder, wie es allgemein in Monterrey genannt wird, das *„Tec"* zu nennen. Die Errichtung dieser Hochschule, die ihrem nordamerikanischen Vorbild, dem *„Massachusetts Institute of Technology"*, in Arbeitsweise und Unterrichtssystem sehr nahe kommt, ist vor allem der Initiative und finanziellen Hilfeleistung der Industriellenfamilie Garza zu verdanken.

Der ursprünglich als private Institution ins Leben gerufenen Hochschule verlieh ein Präsidentialdekret im Jahre 1952 den Status einer offiziellen autonomen Universität. Im Wintersemester 1965/66 waren 9547 Studenten immatrikuliert. Bezeichnend für die Bedeutung dieser Hochschule ist die Tatsache, daß von der Gesamtzahl der Studenten nur 30 % aus dem Staate *Nuevo León* kamen, dagegen 60 % aus den übrigen Regionen *Mexicos*. Das „*Tec*" ist nicht nur für Mexico eine führende Ausbildungsstätte für Ingenieure, sondern es zieht auch viele Studenten aus ganz Lateinamerika an. Außer den regulär eingeschriebenen Studenten besuchen etwa 3000 Personen die in der Hochschule stattfindenden Abendkurse. Unter ihnen befinden sich vor allem Angestellte der größeren Firmen aus Monterrey, die ihren Betriebsangehörigen diese berufliche Fortbildung ermöglichen. Kürzlich wurde ein Institut für Meeresforschung innerhalb der Hochschule gegründet, zu dem ein hochmodernes Forschungszentrum in der Hafenstadt *Guaymas* an der pazifischen Küste Mexicos gehört. Diese meereskundlichen Einrichtungen sollen dem von der Regierung unterstützten Ausbauprogramm für die Fischindustrie Mexicos dienlich sein.

Mit erheblichem Aufwand wurde die Landwirtschaftliche Hochschule in *Chapingo* nahe *México D. F.* ausgebaut. In *Tabasco* soll das tropische Landwirtschaftszentrum und in verschiedenen anderen Gegenden sollen die dortigen regionalen Landwirtschaftsschulen ausgebaut werden.

Geographie als Lehrfach ist von besonderem Interesse für den Geographen. Aus diesem Grunde sei hier folgende Aufstellung gegeben:

Die Geographie als Lehrfach in Mexico

	Plan 1945			Plan 1961	
Nivel correspondiente a la enseñanza secundaria	1er. Año	2o. Año	3er. Año	1er. Año	2o. Año
Escuelas secundarias dependientes de la Secretaría de Educación Pública	Geografía Física 3 Hs. Sem.	Geografía Humana 3 Hs. Sem.	Geografía de México 3 Hs. Sem.	Geografía Física y Humana 3 Hs. Sem.	Geografía de México 3 Hs. Sem.
Escuelas incorporadas a la Universidad Nacional Autónoma de México	Geografía Física y Humana 4 Hs. Sem.	Geografía de México 2 Hs. Sem.	No se enseña Geografía *)	Geografía Física y Humana 4 Hs. Sem.	Geografía de México 3 Hs. Sem.
Escuelas prevocacionales. Nivel correspondiente a la secundaria. Instituto Politécnico Nacional	Geografía Física 3 Hs. Sem.	Geografía Humana 3 Hs. Sem.	Geografía de México 3 Hs. Sem.	Geografía Física y Humana 4 Hs. Sem.	Geografía de México 3 Hs. Sem.
Escuelas especiales o tecnológicas. Nivel correspondiente a la secundaria				Geografía Física y Humana 3 Hs. Sem.	Geografía de México 3 Hs. Sem.

Quelle: Memoria del Cuarto Congr. Nac. de Geogr. Okt. 1965, México 1966; aus: IV Congreso Nacional de Geografía, Sociedad Mexicana de Geografía y Estadística.

*) 3er. Año: Keine Geograph.

Das **Colegio de México** ist schon seit vielen Jahren ein rein mexicanisches Institut, doch es trägt noch immer Züge seiner europäischen Mitbegründer. Seinen Ursprung hat es in der *„Casa de España"* mit der im Jahre 1938 der mexicanische Dichter und Historiker ALFONSO REYES den aus ihrer Heimat emigrierten spanischen Wissenschaftlern Gelegenheit zur Forsetzung ihrer Lehr- und Forschungstätigkeit geboten hatte. Bald schlossen sich mexicanische Wissenschaftler an. Das führte im Oktober 1940 zur Gründung des *Colegio de México.* Das Colegio ersetzt keine Universität. Es soll hervorragenden Absolventen aller mexicanischen Universitäten die Möglichkeit geben, ihre wissenschaftlichen Studien zu vertiefen. Zu diesem Zweck gibt es dort für verschiedene geistes- und sozialwissenschaftliche Fächer Spezialkurse für sog. *„post-graduados"*.

Besonders wichtig für die Gegenwartskunde sind die Kurse und Forschungsprogramme der Abteilung für ökonomische und demographische Studien.

Aus der Kolonialzeit sind wertvolle Bibliotheken überkommen, so z. B. die *Biblioteca Palafoxiana* aus dem Jahre 1646 in *Puebla.* In dem *Archivo de la Nación* in *Ciudad de México* finden sich zahlreiche Bände, die *informas, memorias, noticias, descripciones, padrones* (Materialien über Volkszählungen) usw. enthalten.

Masseninformationsmittel. Schreiben und vor allem Lesen lernt man nicht nur in der Schule. Von den Bildreihen der Comic-Strips mit ihren Sprechblasen vor den Mündern der Helden, Zauberer, Kraftmenschen, Weltraumpiloten, Verbrecher, Agenten und der Schönen wird für alle Altersstufen eine überreiche Produktion in grellen Farben angeboten und gekauft. Mit einer so im Gange befindlichen Alphabetisierung wird Kitsch in Massen unter die Menschen gebracht, der die Geister verwirrt und mit allem auf Erden gedruckten Unfug bestürmt. Mit Menschen, deren Vorstellungswelt auf diese Weise entwickelt wird, werden zukünftige Probleme in Politik, Sozialwesen und Wirtschaft sicher nicht viel leichter zu bewältigen sein als mit Illiteraten. Die mit Druckschriften der genannten Art vollgestopften Zeitungsstände und Kramläden gehören zum Straßenbild der Städte und vieler Dörfer Mexicos.

Über die Zeitungen ist wenig Besonderes zu sagen, es liefe auf eine Beurteilung am Vergleich des deutschen Blätterwaldes hinaus. Das Zeitungswesen hat in Mexico eine lange Geschichte. Im 17. Jh. gab es den „Diario" seit 1650 und „La Gaceta" seit 1671. Eines ist aber von Bedeutung: die *„Sociedades"*, die Gesellschaftsnachrichten, die in keiner mexicanischen Zeitung fehlen und die über Heirat, Geburt, Reisen und Parties der Reichen berichten. Auch ärmere Schichten der Bevölkerung besitzen häufig ein Radiogerät als Nachrichtengerät. Wissen, Bildung und Ausbildung finden ihren Weg über Zeitung, Rundfunk und Kino. Buch- und Fachbuchhandlungen sind stets voller Besucher und Käufer.

Die wichtigsten Programme der Fernsehstationen werden von großen Firmen, die mit ausländischem Kapital arbeiten – wie Nestlé, General Motors, Ford, Procter & Gamble, Colgate –, weitgehend unterstützt und gefördert. Die Werbung dieser Firmen bestimmt daher die Programmgestaltung. Da das Fernsehen außerhalb der Großstädte noch wenig ausgebaut ist, hat das Kino eminente Bedeutung für die Entwicklung sozialer Verhältnisse; mit dem Film kommt die US-amerikanische Gegenwart und Traumwelt nach Mexico, und deren ursprünglich ganz andere Probleme und Familienverhältnisse beginnen Ziel,

Vorbild zu werden, besonders die rechtliche Einordnung und Emanzipation der Frau in Gesellschaft, Beruf und Familie. In vielen großen Städten sind die Kinopaläste an der *Plaza* zu aufrißbeherrschenden Gebäuden geworden wie in *Hermosillo, Chihuahua, Tuxtla Gutiérrez* u. a. und verkörpern, neben oder gegenüber der Kathedrale aufgestellt, die neue Zeit. An Sonntagnachmittagen bilden sich lange Schlangen vor den Kassen, und der Kinobesuch wird zum wichtigsten Ereignis der Woche, neben Fußball, Baseball und Stierkampf. Mexico besitzt unter den lateinamerikanischen Staaten eine führende Rolle in der Filmindustrie, die somit für den Export zum gewinnbringenden Artikel geworden ist. Oft kommen US-amerikanische Gesellschaften nach Mexico, um dort zu drehen, wegen des Wetters, der Landschaft und der Preisgestaltung. Eine sichere sonnige Trockenzeit bedingt einfache Kalkulationsgrundlagen für die Zeitspanne der Drehtage. Die pittoresken Landschaftspanoramen der *Sierra Madre Occidental* oder der pazifischen Küsten mit ihren felsigen Buchten sind gesucht für Western und Seeräuberfilme; *Durango* und *Mazatlán* sind somit zu attraktiven zentralen Orten für das Filmgewerbe geworden. Zwar sind die Gewerkschaftsbestimmungen streng: für jeden ausländischen Darsteller muß für die gleiche Arbeitszeit das Honorar für einen mexicanischen Darsteller an die Gewerkschaft gezahlt werden, jedoch sind Statisten billig.

Kirche, Religion und Staat. Vor der Unabhängigkeit der Nation hatte die Kirche eine geistig und materiell beherrschende Position in Mexico. Mit der Unabhängigkeitsbewegung, mit den Regierungen JUÁREZ und CALLES wurde die Kirche mehr und mehr aus ihrer Position verdrängt. Da die Schulerziehung früher weitgehend von den kirchlichen Institutionen wahrgenommen wurde, war nach ihrer Ausschaltung zunächst ein beträchtlicher Rückgang auf dem Bildungssektor die Folge, der aber inzwischen überwunden werden konnte. Stillschweigend wird das religiöse Wirken der Kirchen wieder geduldet. Man sieht die Menschen, meistens Frauen, am Aschermittwoch mit Kreuzen auf der Stirn in den Straßen der Siedlungen einhergehen. Man sieht offene Beichtstühle im Freien. Mitten im Kommen und Gehen der Kirchgänger knien „Priester und Sünder“ zu beiden Seiten einer Trennwand und sprechen miteinander. Man sieht Frauen und auch Männer in die Kirche gehen, um eine Andacht zu halten, man sieht zahlreiche Läden, die Goldkreuzchen an Halsketten und Medaillons der Schutzheiligen anbieten, und viele Menschen, die diese Symbole tragen. In vielen Wohnungen hängt ein Kruzifix neben dem Pepsi-Cola-Kalender an der Wand und einzelne Häuser tragen über der Tür den Spruch: „*Esa es un hogar católica*“, „dies ist ein katholisches Heim für die Familie“.

Die fiesta-ähnlichen Veranstaltungen vor der Kirche von Guadalupe mit aller Betriebsamkeit um die braune Madonna wurden in Bildbänden und Filmen ausführlich dargestellt. Für den Nordeuropäer erscheint die Feier des Allerseelentages besonders merkwürdig. Zu diesem Tage wird Brot, in Form von Menschenschädeln gebacken und mit Zuckerguß verziert, in den Schaufenstern der Bäckereien aufgetürmt. Offiziell besteht ein Gegensatz von Kirche und Staat. Der amtliche Atheismus erlaubt den Padres nicht, die Straße in der Soutane zu betreten. Als General DE GAULLE im Jahre 1966 Mexico besuchte, mußte er auf die Begleitung des Staatspräsidenten zur Kirche verzichten.

Einer der besten Kenner mexicanischer Verhältnisse, F. TANNENBAUM [1363], schreibt zu diesem Thema:

„Der religiöse Konflikt in Mexico erscheint als ein Teil des Partikularismus der kleinen Dörfer, die niemals zu Rom, Madrid oder Mexico City gehörten. Zur Zeit der Unabhängigkeit verehrten die Indianer Gott in hundert Sprachen, von denen sie keine lesen oder schreiben konnten. Als der Kampf zwischen Kirche und Staat zum Ausbruch kam, wurde er von den Gebildeten in der Stadt ausgefochten, zwischen den Intellektuellen der Mittelklasse, mit den Advokaten auf der einen und den Priestern auf der anderen Seite. Die Advokaten gewannen die Schlacht. Die Masse der indianischen Gemeinden blieb am Rande, ohne zu verstehen, worum es in dem Streit ging, wenn nicht ihre eigene Kirche und ihr unmittelbarer Heiliger verletzt wurden. Erst ein solcher Angriff konnte ihnen den Konflikt vor Augen führen; doch im großen und ganzen nahm der Krieg zwischen Kirche und Staat nie diese Formen an, denn auch in den bittersten Zeiten des Konfliktes, unter CALLES, als überall in Mexico die Kirchen in den Städten geschlossen wurden, blieben sie in den kleinen Dörfern, wo die Priester wie immer nur gelegentlich den Dienst versahen, geöffnet. Der Antiklerikalismus in Mexico war zu allen Zeiten eine geistige Strömung europäischen Ursprungs, die von der Mittelklasse getragen wurde, wie auch die Vorstellung von der allumfassenden Kirche zumindest in Mexico der Mittel- und Oberschicht und der europäischen Geisteswelt angehörte."

Nach der Verfassung ist in Mexico die Kirche vom Staat getrennt. Das hindert nicht, daß der Staat z. T. verfallene Kirchen und Klöster restauriert oder in Museen umwandelt. Ein Beispiel dafür ist die Kirche von *Tepotzotlán* an der Straße von *México D. F.* nach *Querétaro.* Hier hatten Franziskaner bald nach der Eroberung eine Kirche erbaut. 1580 wurde sie vom Erzbischof von Mexico den Jesuiten übergeben. Um 1670 wurde die heutige Kirche erbaut, ein Musterbeispiel des spanischen Barocks. Das Äußere ist von großem Reichtum an Schmuck, im Innern glänzt es von Gold. Im gepflegten Klosterhof mit Brunnen und Orangenbäumen fühlt man sich in die Vergangenheit versetzt. Daß vielerorts gerade die Kirchen als Kunstdenkmäler Anziehungspunkte für Touristen sind, kann der Regierung nur recht sein [610].

Engere Verbindung als zur Kirche haben die Mexicaner zu ihren Schutzheiligen. Was auf diesem Gebiete möglich ist, schildert TRAVEN in einem seiner Romane über Mexico. Überkommener Aberglaube macht einen Teil der Religion vieler Mexicaner aus [652, 1291]. Was in Mexico noch vorkommt, deutet eine Zeitungsmeldung über Mexico aus dem Jahre 1967 an:

„Ermordung einer ‚Hexe' *(bruja)*". *Oaxaca,* 6. Februar. Gegen 18 Bewohner des mexicanischen Dorfes *San Miguel Aloapan* ist Anklage wegen Ermordung der als ‚Hexe' verschrienen Bernardina Perez erhoben worden. Einer der Angeklagten hatte die Frau beschuldigt, den Tod seines Enkels durch ihre ‚Hexenkünste' verschuldet zu haben. Bernardina Perez wurde in das Ortsgefängnis eingesperrt, verschwand jedoch während einer Nacht. Nach Ansicht der Polizei wurde die Frau von den 18 Beschuldigten aus dem Gefängnis entführt und stranguliert. Die Verwandten der Toten sollen von den Mördern gezwungen worden sein, eine Erklärung zu unterschreiben, daß Bernardina Selbstmord begangen habe."

Soziale Probleme

Die Lösung aus alten, untragbar gewordenen, despotischen Bindungen durch die Gesellschaft begann mit der Unabhängigkeitsbewegung Mexicos 1820. Bis 1910 jedoch geschah nichts tiefgreifend Veränderndes. Als 1910 die Revolution ausbrach, nahm unter dem Diktator DÍAZ eine Feudalschicht, die zahlenmäßig 1 % des Volkes ausmachte, 80 %

des Volkseinkommens ein. Noch 13 Jahre später besaßen 110 Haciendados fast sechs Zehntel des Bodens. Dann kam der Bruch mit der Vergangenheit des kolonialen Mexico, mit Latifundienherrschaft und Kirche. Enteignung, Neuverteilung des Landes und Vorrang ziviler Gesetze brachten tiefgreifende Veränderungen, als Präsident OBREGÓN 1927 verkündete: „Die Ziele der Revolution haben Gesetzeskraft."

Revolutionstradition und Rechtsunsicherheit. Noch bis in die zwanziger, ja Anfang dreißiger Jahre unseres Jahrhunderts zogen Insurgentengruppen gewalttätig durchs Land; Partisanen terrorisierten den Staat *Morelos;* PANCHO VILLAS Banden wüteten in *Chihuahua* und wechselten manchmal auf das Gebiet der USA über, um dort Postämter und Bankfilialen zu überfallen. Die Nation Mexico hatte um ihr Ansehen mit Individuen und Gruppen zu kämpfen, die den Besitzausgleich auf eigene Weise vornahmen, vom notorischen Bettler bis zum berittenen Räuber. (Schilderungen über die Verhältnisse im 19. Jh. bei E. MÜHLENPFORDT [22].

Mexico war einst ein Land, in dem Unsicherheit auf den Landstraßen herrschte, wo die Bewohner der Städte sich durch Mauern, Gitter und Riegel ausreichend sichern mußten und dies aus Angst vor Dieben, *„ladrones"*, heute noch tun. Die Schutzkäfige aus Draht, die auf den Dächern der modernen Häuser der Hauptstadt die Wäschetrockenplätze umkleiden, sind dafür sichtbare Zeugnisse. Nach internationaler Statistik hält Mexico den Rekord an Tötung mit Feuerwaffen, so im 19. Jh. mit Stichwaffen [22].

Die Mordstatistiken der mexicanischen Polizei weisen bei einer Bevölkerungszahl von über 30 Mio. jährlich mehr als 20 000 Morde aus. Das sind in der Größenordnung ebenso viele Todesfälle, wie sie sich in der Bundesrepublik Deutschland jährlich durch Autounfälle ereignen. Allein im Bundesstaat Guerrero – nach Fläche und Bevölkerung etwa drei Prozent Gesamt-Mexicos – werden jährlich 2400 Morde und Totschläge verübt. Der Verfasser sah noch 1955 in einem Hotel der Stadt México, in dem vorwiegend Ingenieure, Kaufleute des Mittelstandes und Landbesitzer aus der Provinz „gut bürgerliche" Unterkunft suchten, fast jeden Mann mit einer Pistole oder einem Revolver im Hosenbund. Das war und ist natürlich auch z. T. ein Symbol des freien Bürgers und der Männlichkeit des Familienoberhauptes. Das „Image" des Mexicaners wird in Europa und USA entstellend geboten:

„In einer glänzenden, mit Gold und Silber bestickten Tracht tummeln sie sich auf ihren Pferden, die reichhaltig mit Silber verzierte Sättel tragen. Der gewaltige Revolver an der Seite erinnert noch an unsichere Zeiten." Ausrüstungen dieser Kostüme werden von den Touristen gekauft. Ein guter, echter *„charro"*-Hut kostet zwischen 400 und 1500 DM! Dazu kommen silber- und goldgetriebene Sporen und Waffen bis zu 2000 DM und mehr!

Kino und Werbung haben in ihrem Profitstreben wie die Zigeuner, Apachen und Neapolitaner so auch den „charro" entstellt und von seiner Person, seinen Gebräuchen und Gewohnheiten als „typischem" Mexicaner ein Klischee geschaffen.

Ursprünglich war ein „charro" ein Bauer aus der Gegend von *Salamanca* in *Spanien:* Als Charro wurde auch der breitrandige Filzhut der Reiter bezeichnet. Heute ist der *„charro"* ein ausgezeichneter Reiter und besitzt Mut, sein Leben aufs Spiel zu setzen. Er soll ritterlich sein, was der Mexicaner einen *„hombre cabal"* (von „caballero"), einen untadeligen Mann, nennt. Die *„charrería"* ist keine Kaste, sie ist ein Sport. Wie die

Anhänger des Baseballs oder Fußballs haben sich auch die charros in Verbänden zusammengefunden, die für die Beobachtung und Einhaltung der sportlichen Regeln und die traditionellen Tugenden der „charrería" eintreten. Das Wettkampffest, die „*charreada*", kurz „*charra*" auch „*jaropeo*" genannt, ist dem US-amerikanischen *Rodeo* ähnlich. In der *Casa Chata* in *Tlalpan*, México D. F., befindet sich das Charro-Museum [610]. F. Toor [619] gab ein umfangreiches Werk über Volkskunst und Volksleben Mexicos heraus.

Soziale Schichtung. Soziale Unterschiede sind in Mexico groß. Auch in einer mittleren Stadt sind die nebeneinander existierenden drei sozialökonomischen und rassischen Schichten Mexicos zu beobachten: Weiße, Mestizen und Indianer (Abb. 131 u. 132) (vgl. Abschn. Bevölkerung).

Reiche. In der Weltstadt *Ciudad de México* wird von der sozialen Oberschicht unbekümmert der Reichtum zur Schau getragen in exklusiven Restaurants und privatbewachten Wohnvierteln. In der Nähe gibt es Elendsquartiere oder *Vecindades*, geschlossene Siedlungen der Armen. Modernste Komfortappartements, Stadtvillen und Vorstadtvillen sind die Wohnplätze der Begüterten, die oft zusätzlich ein Landhaus in den Bergen und an den bevorzugten Küstenplätzen oder in Cuernavaca haben. Zu ihrem Lebensstandard gehören Autos, Reisen in die USA und nach Europa, gesellschaftlicher Prunk, Essen in teuersten Restaurants. Ihr Gesellschaftsleben füllt die Spalten der „*Sociedades*", der Zeitungen, im Kampf ums „Dabeisein", mit Beschreibung der Kleidung und des Schmucks, wie z. B.:

„Estrella Gonzalez A. celebró su dia onomástico con alegre fiesta. En esta foto, Estrellita, en los momentos de apagar la simbólica vela de su pastel." Oder: „Un ‚Baby Shower' le ofrecieron a Dinora S., esposa del arquitecto A., quienes viven en Cuernavaca. La fiesta fue en la residencia de la señora Carmela de F. En esta foto, de izquierda a derecha: (es folgen Namen der Gäste).

In ihren Clubs sind die Wohlhabenden exklusiv. Gesellschaftliche Bünde haben, wie in ganz Amerika, eine große gesellschaftliche und wirtschaftliche Bedeutung.

Der Verfasser hatte Gelegenheit, in ein Landestreffen der „*Leones*" (XXX Convent), (Lions-Club) zu geraten, das über eine Woche lang in der Stadt *Oaxaca* begangen wurde. 5000 Leones mit Familien aus ganz Mexico waren gekommen. Konferenzen, Versammlungen, Empfänge und Bälle lösten sich bis zum grauen Morgen ab, und fünf Tage lang gab es kein Hotel in der Stadt, in dem nicht getagt und gefeiert wurde. Männer von Einfluß und Reichtum, dargestellt in Form von Autos, Kleidern und Schmuck, waren in massiertem Aufgebot zu sehen, und Oaxaca war für eine Woche zu einem Schaufenster eines Teiles der Wohlhabenden Mexicos geworden. Märkte, Häuser und Straßen der Armen, Indianer und Bettler standen in starkem Gegensatz zu diesem Bild.

Die Armen. Demgegenüber präsentiert sich dem Reisenden die untere Schicht „*Los de Abajo*", wie z. B. in *Acapulco*, dem „Luxusbad" (nach einem Reisebericht):

„Einige Schritte weg vom Hotel, rund um die Plaza, wo das alte Acapulco liegt, die kleine, ‚typisch mexicanische' Hafenstadt mit Marktlärm und wenig aufgeräumten Straßen, gewahrt man nur noch Mestizen. Fährt man ‚durch den Dschungel in der Umgebung von Acapulco', so sieht man nach zehn Minuten Fahrt im Jeep und im Kanu durch die Mangrovensümpfe andere Siedlungen. Die Steinzeit tut sich auf, die primitiven Pfahlbauten der Indios und Mischlinge schauen hinter den Bananenstauden hervor, nackte Kinder tummeln sich zwischen Hunden und Schweinen."

Über die geschlossenen Indianersiedlungen wurde im Abschnitt Indianer berichtet.

Sozialer Aufstieg. Wenig Einzelne nur „schaffen es". Hier ergeben sich große Probleme für die Regierung. Sie muß nicht nur die Agrarfrage lösen, sie muß auch die Bevölkerung, die sich in Städten zusammenballt, an die Lebensform eines modernen Industriestaates gewöhnen. Viele Mexicaner haben in den USA gearbeitet. Junge, durch das Vorbild der Amerikaner ehrgeizig gemachte Männer, die in die Stadt kommen, um etwas zu werden, finden Arbeit, sie verdienen – im Vergleich zu dem, was sie gewohnt waren – nicht schlecht, sie finden ein Zimmer, Tisch, Stuhl und Radiogerät. Die Verwandtschaft draußen auf dem Land hört vom sagenhaften Glück ihres städtischen Mitglieds. Alsbald bricht der ganze Clan auf, von der Urgroßmutter bis zum Enkelkind, um an diesem Glück teilzunehmen, er quartiert sich bei ihm ein, er erfüllt sein Zimmer mit dem Geschrei von Kleinkindern, Weibern, mit dem Geruch der Wäsche. Die Vettern des Jungen haben nichts gelernt, lungern in den *Vecindades* herum und lassen sich auf Trinkereien und Messerstechereien ein. Bald leben zwanzig Menschen in dem kleinen Raum, der ursprünglich für einen bestimmt war, demoralisieren einander und den ehemals ehrgeizigen jungen Mann, der etwas werden wollte.

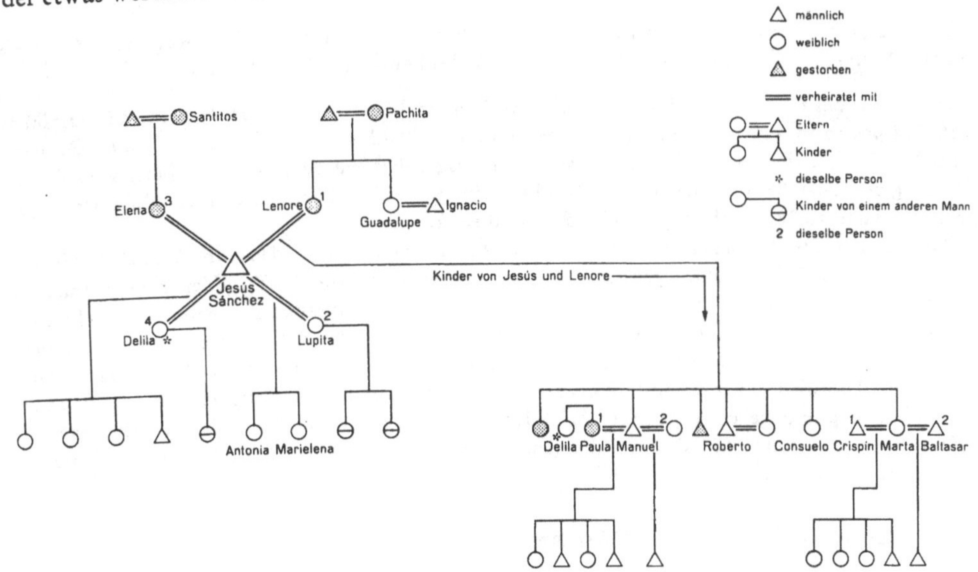

Abb. 136. Verwandtschaftsverhältnisse einer mexicanischen Familie (Beispiel Sánchez)

Die in solchen Wohnverhältnissen entstehenden verzweigten Verwandtschaftsverhältnisse aus nicht staatlich registrierten Lebensgemeinschaften sind sehr komplex und bedeuten fast unlösbare Probleme für Versicherungs- und Sozialorganisationen des Staates, wie z. B. Renten- und Krankenversorgungsansprüche (Abb. 136).

O. Lewis schildert in seinem Buch recht eingehend die Familienverhältnisse der unteren Schicht. Wie auch das Diagramm der Verwandtschaftsverhältnisse der Familien des Sánchez zeigt, kamen komplizierte und verzweigte Formen der Verwandtschaft vor. Unter den Armen und den Indios haben sich besondere Verhältnisse eingebürgert. So berichtet K. HELBIG (1961), daß in einer großen Gemeinde von Chiapas „102 kirchlich sanktionierte, 206 bürgerlich legitimierte und 7743 freie eheliche Vereinigungen als Form des Zusammenlebens" festgestellt wurden. Viele Frauen der armen Sozialschicht heiraten aus mehreren Gründen nicht: z. B. weil sie dann dem Mann, wenn er unerträglich wird und alles Geld vertrinkt, weglaufen können; Männer heiraten deshalb nicht, weil sie die Gebühren für Heirat und Scheidung sparen.

An der Errungenschaft der *Seguro Social* können nur Mitglieder teilhaben, die mindestens 700 mex. $ im Monat verdienen.

„Wegen seiner Jugend (es mußten noch nicht viele Altersrenten ausbezahlt werden, obwohl ihre Zahl steigt und jetzt auf ungefähr 73 000 steht) ist das Sozialversicherungs-Institut eine der reichsten Organisationen Mexicos. Es wurde 1944 gegründet und arbeitete zuerst in der Metropole, dehnte sich allmählich auf andere große Städte und schließlich auch auf das Land aus.

Die obligatorische Sozialversicherung erfaßt Gehaltsempfänger in Industrie, Handel und Transportwesen, Genossenschaftsmitglieder, festangestellte Farmarbeiter, *ejido*-Farmer und Neusiedler sowie Kleingrundbesitzer. Man hofft, bald auch Hausangestellte, Handwerker und Leute mit kleinen industriellen Familienunternehmen anschließen zu können.

Die Beiträge sind zwischen Arbeitgeber, Arbeitnehmer und Staat im Verhältnis 50 : 25 : 25 % aufgeteilt und belaufen sich insgesamt auf 6 bis 9 % des Lohnes des Versicherten.

Das Institut besitzt über das Land verteilt 167 Krankenhäuser mit 11 636 Betten, 425 Kliniken, 228 Arztposten in wichtigen Industrieanlagen und 90 Hilfskliniken in kleinen ländlichen Gemeinden. Die Hilfe auf dem Lande muß noch weiter ausgedehnt werden, was aber bereits im Gange ist. Es gibt ferner 86 Jugendzentren, 34 industrielle Ausbildungszentren und 13 Wohnsiedlungen mit insgesamt 10 885 Wohnungen oder Einfamilienhäusern."

„Das bedeutendste der Wohnzentren ist *Unidad Independencia* im Süden von *Ciudad de México.* Es besteht aus 2500 Wohnungen und Einfamilienhäuschen, die 12 500 Menschen aufnehmen können. Es soll einen Querschnitt durch die mexicanische Bevölkerung der unteren Mittelklassen aufnehmen, so daß die verschiedenen Einkommensgruppen nicht mehr getrennt leben, sondern sich in einem ausgewogenen sozialen Leben vermischen. Für nicht viel mehr als 300 Dollar können Mieter ein Häuschen mit drei Schlafzimmern mit Gebrauchsmöbeln von der Regierung ausstatten, und die Mietpreise gehen von ungefähr 9 Dollar monatlich aufwärts. Selbst in den teuersten Wohnungen zu rund 65 Dollar Monatsmiete sind keine Dienstbotenzimmer vorhanden." I. NICHOLSON [1420].

Das Leben in Wohnvierteln der Armen

„In *Guadalajara,* einer in jeder Hinsicht weit solideren Stadt als *México D. F.* und manche andere Großsiedlung, fand ich schon vor Jahren in der führenden Tageszeitung die erschütternden Ergebnisse einer Untersuchung in den *,vecindades'*, den Massenquartieren der Vorstadt, wie sie später der nordamerikanische Soziologe OSCAR LEWIS in *Ciudad de México* zur Grundlage seiner *,Kinder von Sánchez'* nahm. In ihrer unverblümten Sprache sind sie ein bitterer Aufschrei und zugleich eine Mahnung für jene, die nicht wie diese Armen in solchen Elendsquartieren wohnen müssen: Registriert wurden, bei einer Gesamteinwohnerzahl der Stadt von rund einer halben Million (sie hat inzwischen die erste volle Million überschritten), 143 208 in insgesamt 1326 Vecindades hausende Menschen. Jedes dieser Quartiere bestand durchschnittlich aus rund 18 Räumen mit je 6,8 Personen. Es kam im Mittel ein Abtritt auf 57 Personen, ein Bad auf 109, ein Waschraum auf 136, eine Glühbirne auf 119, ein Wasserhahn auf 61, ein Bett auf immerhin nur 13,8, ein Radioapparat sogar auf nur 22 Personen, ein Gasherd auf 121, ein Gasolinherd

Bild 84. Ungeregelte Massensiedlung in Tijuana. In den schnell wachsenden Grenzstädten des Nordens gibt es ungeplante Hüttensiedlungen am Stadtrand, die noch keine Wasserversorgung und Kanalisation haben. (GIERLOFF-EMDEN Dezember 1961)

In den sogenannten „vecindades“ wohnt der größte Teil der Bevölkerung in Wohnungen mit nur einem oder oft keinem Fenster sowie nur einer Tür. Der gesamte Hausstandsbesitz solcher Familien beträgt pro Haushalt zwischen 120 US $ und 940 US $, zumeist nur 50 US $ pro Person, 340 US $ pro Familie. In 14 Haushalten gab es für 83 Personen nur 23 Betten. In der armen Region Mexicos halten die wenigsten Familien eine Zeitung. (O. LEWIS, The Possessions of the poor, Scientific American, Okt. 1969)

auf 17. Monatliches Durchschnittseinkommen je Familie von im Mittel 6,8 Personen, von denen nur 1,2 in Arbeit stehen, betrug 226 Pesos (etwa 75,– DM). 43 Prozent waren Analphabeten. 67 Prozent der aus Guadalajara stammenden Strafgefangenen kamen aus den Vecindades, ebenso 78 Prozent der Jugendlichen in Zwangserziehungsheimen und 92 Prozent der Kinder im öffentlichen Waisenhaus. Und dann die Schlußzahl: 61 Prozent aller Sterbefälle von Guadalajara – wohlgemerkt: einer als vorbildlich geltenden Stadt – ereigneten sich in den Vecindades!“ Entnommen aus *„El Informador“*, Guadalajara, Jal., No. 30, April 1958. (K. HELBIG, 1967)

„Clasa Popular“. Der amerikanische Soziologe OSCAR LEWIS, der auch durch andere Veröffentlichungen über Mexico hervorgetreten ist, hat dem armen Drittel der mexicanischen Bevölkerung mit seinem Werk: *„Die Kinder von Sánchez, Selbstporträt einer mexicanischen Familie“* ein Denkmal gesetzt. (Original: *The children of Sánchez*, 1961, Deutsche Übersetzung 1963). Aus dem Vorwort des schon als ein klassisches in die Weltliteratur eingegangenen Werkes seien einige Zitate gegeben, die die Realitäten der Sozialverhältnisse in *Ciudad de México* unvergleichlich schildern:

„Dieses Buch berichtet von einer armen Familie, die in Mexico-City lebt, von dem Vater, dem fünfzigjährigen JESÚS SÀNCHEZ und seinen vier Kindern: dem zweiunddreißigjährigen Manuel, dem neunundzwanzigjährigen Roberto, der siebenundzwanzigjährigen Consuelo und der fünfundzwanzigjährigen Marta.

Den Rahmen für diese Lebensgeschichten bildet die *Casa Grande-Vecindad*, eine große einstöckige Armensiedlung im Herzen von *Mexico-City*. Die *Casa Grande* ist eine von den hundert *vecindades*, geschlossenen Siedlungen. Die vecindad liegt in der Nähe des Stadtzentrums, nur zehn Minuten vom Hauptplatz, dem Zócalo, mit seiner großen Kathedrale und dem Palast des Präsidenten. Eine halbe Stunde weit entfernt ist das der Heiligen Jungfrau von Guadalupe, der Schutzpatronin von Mexico, geweihte Nationalheiligtum, wohin Pilger aus allen Schichten der Bevölkerung wallfahren. Die *Casa Grande* und die Panaderos befinden sich in *Tepito*, einem ärmlichen Stadtteil, wo einige wenige kleine Fabriken und Lagerhäuser, öffentliche Bäder, pausenlos spielende drittklassige Kinos, überfüllte Schulen, Kneipen, *pulquerías* (Tavernen, in den *pulque*, ein billiges alkoholisches Getränk aus Agavensaft, ausgeschenkt wird) und viele kleine Läden anzutreffen sind. *Tepito*, der größte Trödelmarkt von *Mexico-City*, auch als der „Diebesmarkt" bekannt, liegt nur einige Häuserblöcke entfernt. *La Merced* und *La Lagunilla*, die beiden anderen großen Märkte von *Mexico-City*, sind gleichfalls schnell zu erreichen. In diesem Stadtteil sind Mord, Totschlag, Trunkenheit und andere Delikte an der Tagesordnung. Die Gegend ist dicht bevölkert. Sowohl während des Tages als auch nach Einbruch der Dunkelheit sind die Straßen und Torwege voll Menschen. Sie kommen und gehen oder drängen sich vor den Eingängen zu den Geschäften. Frauen verkaufen *tacos* oder Suppe in kleinen fliegenden Küchen am Straßenrand. Die Straßen und die Bürgersteige sind breit und gepflastert, aber Bäume, Grasflächen und Gärten gibt es nicht. Die meisten Menschen leben in Hinterhöfen, in Einzimmerwohnungen, deren lange Reihen an der Rückseite der Läden oder hinter *Vecindad*-Mauern liegen und von der Straße aus nicht zu sehen sind.

Die *Casa Grande* erstreckt sich zwischen der Bader-Straße und der Klempner-Straße. Sie umfaßt einen ganzen viereckigen Block, bietet siebenhundert Menschen Unterkunft und bildet eine kleine, abgeschlossene Welt für sich, die im Norden und Süden von hohen Mauern und an den beiden anderen Seiten von Läden begrenzt ist. Diese Geschäfte – Lebensmittelläden, eine chemische Reinigung, eine Glaserei, eine Tischlerei, ein Damenfriseur – versorgen, zusammen mit dem Markt und den öffentlichen Bädern in der Nähe, die Bewohner der *vecindad* mit allem, was sie brauchen. So kommt es, daß viele der dort Wohnenden nur selten die unmittelbare Nachbarschaft verlassen und die übrigen Stadtteile gar nicht kennen.

Innerhalb der *vecindad* finden wir vier längliche, ungefähr 4,50 m breite *patios* oder betonierte Höfe. Den Höfen zu öffnen sich, in gleichmäßigem Abstand von je 3,60 m, einhundertsiebenundfünfzig fensterlose Einzimmerwohnungen mit einer knallrot gestrichenen Tür. Neben den meisten Türen stehen tagsüber rohgezimmerte Leitern, die zu den niedrigen, flachen Dächern oberhalb der Küche hinaufführen. Diese Dächer haben eine vielseitige Aufgabe. Gewöhnlich hängt dort Wäsche auf der Leine, und alles ist vollgestopft mit Hühnerkäfigen, Taubenschlägen, zum Kochen dienenden Gasflaschen, Blumentöpfen oder Kästen mit Heilpflanzen; gelegentlich sieht man sogar eine Fernsehantenne.

Am Tage wimmeln die Höfe von Menschen und Tieren, Hunden, Hühnern, Truthühnern und Schweinen. Auch die Kinder spielen hier, weil es sicherer ist als auf der Straße". „Im westlichen Teil des Hofes finden wir das öffentliche Bad und eine kleine, von wenigen Bäumen umgebene Rasenfläche, die der Jugend als Treffpunkt dient, sowie eine ruhige

Ecke, wo die älteren Leute gern sitzen, plaudern oder ihre Zeitung lesen. Hier steht auch eine kleine Holzbude mit einem Schild „Verwaltung", wo eine Liste mit den Namen jener Familien aushängt, die mit der Zahlung ihrer Miete im Rückstand sind.

Die Bewohner der Casa Grande stammen aus 24 der 32 mexicanischen Staaten. Einige kommen aus dem fernen Süden, aus Oaxaca oder Yucatán, andere wieder aus dem Norden, aus Chihuahua und Sinaloa. Die meisten Familien haben 15 bis 20 Jahre lang, einige sogar dreißig Jahre lang in der *vecindad* gelebt. Mehr als ein Drittel der Familien haben Blutsverwandte innerhalb der *vecindad,* und ungefähr ein Viertel sind verschwägert und einander durch Patenschaft *(compadrazgo)* verbunden. Diese Bindungen tragen – zusammen mit den niedrigen Mieten und der Wohnungsnot in der Stadt – dazu bei, daß selten jemand aus der *vecindad* auszieht".

„Die hier lebenden Menschen verdienen ihr tägliches Brot mit verschiedenen Beschäftigungen; manche üben ihren Beruf in der *vecindad* selbst aus: Frauen übernehmen Wasch- und Näharbeiten, Männer betätigen sich als Schuhmacher, reinigen Hüte oder verkaufen Früchte und Süßwaren. Einige der Bewohner arbeiten in Fabriken oder Geschäften außerhalb der Casa Grande, andere als Fahrer oder als Kleinhändler. Der Lebensstandard ist zwar recht niedrig, aber bei weitem nicht der niedrigste in Mexico-City. Die Menschen in der Nachbarschaft sehen in der Casa Grande sogar einen vornehmen Ort".

„Im Jahre 1956 besaßen 79 % der Mieter der Casa Grande Radioapparate, 55 % kochten mit Gas, 54 % trugen Armbanduhren, 49 % benützten Messer und Gabel, 46 % hatten eine Nähmaschine, 41 % kochten in Aluminiumtöpfen, 22 % besaßen elektrische Mixgeräte und 21 % Fernsehgeräte".

„Das auf den Kopf berechnete Monatseinkommen betrug in der Casa Grande 23 bis 500 Pesos (entspricht bei dem damaligen Umrechnungskurs etwa 7,70 bis 166 DM). 68 % der Einwohner hatten pro Kopf monatliche Einkommen von 200 Pesos (66 DM) oder weniger, bei 22 % schwankte das monatliche Einkommen zwischen 201 und 300 Pesos (100 DM) und bei 10 % zwischen 301 und 500 Pesos.

Die monatliche Miete für eine Einzimmer-Wohnung betrug in der Casa Grande 30 bis 50 Pesos (10–16 DM), in der Panaderos hingegen nur 15 bis 30 Pesos (5–10 DM). Viele Familien, das heißt Mann, Frau und vier kleine Kinder, brachten es fertig, ihren täglichen Bedarf an Lebensmitteln mit 8 bis 10 Pesos zu bestreiten. Ihre Nahrung bestand aus schwarzem Kaffee, *tortillas,* braunen Bohnen und *chile.*

Die durchschnittliche Schulzeit betrug 4,7 Jahre. Nur 8 % der Mieter waren Analphabeten, und 20 % der Ehen beruhten auf einer freien Bindung.

In der Panaderos betrug die durchschnittliche Schulzeit 2,1 Jahre. Kein einziger Bewohner hatte die Grundschule absolviert, 40 % waren Analphabeten, und 46 % der Ehen beruhten auf einer freien Bindung.

In Mexico umschließt die Kultur der Armut zumindest das untere Drittel der Stadt- und Landbevölkerung. Bezeichnend für diesen Teil der Bevölkerung sind: eine verhältnismäßig höhere Sterblichkeitsziffer, eine geringere Lebenserwartung und eine relativ größere Zahl junger Menschen; infolge von Kinder- und Frauenarbeit ist auch die Zahl derer, die im Arbeitsprozeß stehen, relativ größer als in anderen Schichten. Einige dieser Indexziffern sind in den Armenvierteln der Hauptstadt höher als in den ländlichen Teilen Mexicos. Die Kultur der Armut ist in diesem Land provinziell und örtlich orientiert. Die zu diesem Lebenskreis gehören, sind nur zum Teil in das Leben der Nation integriert und leben am Rande der Gesellschaft, auch wenn sie mitten in der Großstadt wohnen. In Mexico-City zum Beispiel haben die meisten Armen nur sehr wenig gelernt und können kaum lesen und schreiben. Sie sind weder in einer Gewerkschaft noch in einer politischen Partei. Der Leistungen der Sozialversicherung *(Seguro Social)* wie der Krankenhilfe, Wochenhilfe und Altersversorgung werden sie nicht teilhaftig, und Krankenhäuser nehmen sie kaum in Anspruch.

Besonders charakteristisch sind die wirtschaftlichen Grundzüge der Kultur der Armut; dazu gehören: der ständige Kampf ums Dasein; Arbeitslosigkeit und Kurzarbeit; niedrige Löhne, eine Fülle ungelernter Berufe und Kinderarbeit; das Fehlen von Ersparnissen; dauernde Geldknappheit und das Fehlen von Lebensmittelvorräten – daher die Gewohnheit, täglich mehrmals kleine Mengen Lebensmittel einzukaufen, gerade soviel, wie man im Augenblick braucht; Verpfändung persönlicher Gegenstände; Anleihen zu Wucherzinsen bei irgendwelchen Geldverleihern und gegenseitiges Borgen von allem Möglichen unter Nachbarn; Verwendung von altem Hausrat und getragenen Sachen" (O. Lewis).

Ungefähr anderthalb Millionen Menschen der annähernd vier Millionen zählenden Gesamtbevölkerung von Ciudad de México leben unter ähnlichen oder noch schlechteren Bedingungen. Die Tatsache, daß 50 Jahre nach der großen mexicanischen Revolution in der größten Stadt des Landes die Armut beharrlich fortbesteht, läßt uns die ernste Frage stellen, inwieweit die Revolution ihre sozialen Ziele verwirklicht hat. Nach der Familie Sánchez, ihren Freunden, Nachbarn und Verwandten zu urteilen, muß das eigentliche Versprechen der Revolution noch erfüllt werden.

Gesundheitliche Verhältnisse und Krankheiten. Darmkrankheiten, Lungenentzündung, Malaria und Typhus sind die hauptsächlichsten Todesursachen in Mexico. Entsprechend der Klimaregion kommt Malaria häufig in Südmexico *(Tabasco, Veracruz, Chiapas)* vor. Tuberkulose tritt besonders häufig in Nordmexico auf. Typhus kommt häufig in den dichten Siedlungsgebieten Zentralmexicos wegen der oft noch unzureichenden Trinkwasserqualität vor. Darmkrankheiten erscheinen in der Sterblichkeitsstatistik an 1. Stelle (Abb. 119).

In den Jahresdurchschnitten von 1923–1940 gab es nach den Angaben der *Ing. Hidrául.* 1950, Nr. 1, pro 10 000 E. noch im Jahresdurchschnitt an Todesfällen: 10 durch Malaria, 5 durch Typhus, 30 durch Lungenentzündung, 3 durch Diphtherie, 4 durch Tuberkulose. Die Sterblichkeit betrug im Jahr 1922 noch 292 Fälle pro 10 000 E., 1940 noch 228 Fälle pro 10 000 E. (zum Vergleich: Neuseeland hatte zu dieser Zeit 86 Fälle pro 10 000 E.).

„Tome medicina" ist stehende Redensart bei Unwohlsein, und das Schild *„Se Ponen Injecciónes"*, „hier werden Spritzen gegeben", d. h. es besteht Genehmigung, verschriebene Ampullen als Spritze zu verabreichen, ist in vielen Straßen zu sehen. Die *„farmacias"*, die Apotheken, sind stets überfüllt von wartenden Menschen. Auf dem Lande werden noch häufig Gesundbeter, *„curanderos"*, aufgesucht, die mit ihren Zauberformeln helfen sollen.

Wunderglaube ist tief in der Seele der Mexicaner verankert. Das zeigt sich auch im praktischen Leben. Nirgendwo in Europa und wohl auch nicht in den USA werden so viele Pillen gekauft wie in Mexico und Zentralamerika. Auf dem Lande sind es die vielen Kräuterheilmittel, die teilweise ihre Wirkung tun und an die man glaubt.

Malaria, „*Paludismo*", ist in Mexico über ein Areal von 1,1 Mio. km² verbreitet, in dem 18 Mio. Menschen leben. Mit Unterstützung der UNESCO wurden Maßnahmen gegen diese Krankheit durchgeführt, die erhebliche Erfolge zu verzeichnen hatten. Im Lande sind die gelben Einsatzwagen mit der Aufschrift „Kampf der Malaria", „*Campagna al Paludismo*", anzutreffen.

Todesfälle durch Malaria

Jahr	Todesfälle Zahl	pro 100 000 E.
1942	174 945	847,0
1945	121 658	547,2
1950	63 029	244,1
1955	40 591	136,7
1958	7 090	21,9
1959	1 416	4,3

Sterblichkeit und Lebenserwartung nach Regionen in Mexico

Region und Staat	Sterblichkeit Kinder pro 1000	Sterblichkeit pro 1000	Alter der Lebens-erwartung
Centro Puebla, México, Hidalgo, Tlaxcala, Michoacán, Distrito Federal	91,2	15,7	55
Centro-Oeste Nayarit, Jalisco, Colima	85,6	10,8	62
Centro-Norte Durango, Zacatecas, San Luis Potosí, Aguascalientes	79,6	13,4	61
Noroeste Baja California, Baja California T. S., Sonora, Sinaloa	75,4	12,8	58
Norte Chihuahua, Coahuila, Nuevo Léon	64,8	9,7	63
Golfo Tampico, Veracruz, Tabasco	75,1	11,0	61
Sur Guerrero, Oaxaca, Chiapas	57,1	10,7	62
Península de Yucatán Campeche, Yucatán, Quintana Roo	68,3	14,4	52
Total del país	78,3	13,0	60

Calculado por el Laboratório de Epidemiología y Bioestadística del Instituto de Salubridad y Enfermedades Tropicales, para el año de 1961.

Nach: *Memoria del Cuarto Congr. Nac. de Geogr.* Okt. 65; Sociedad Mexicana de Geografía y Estadística.

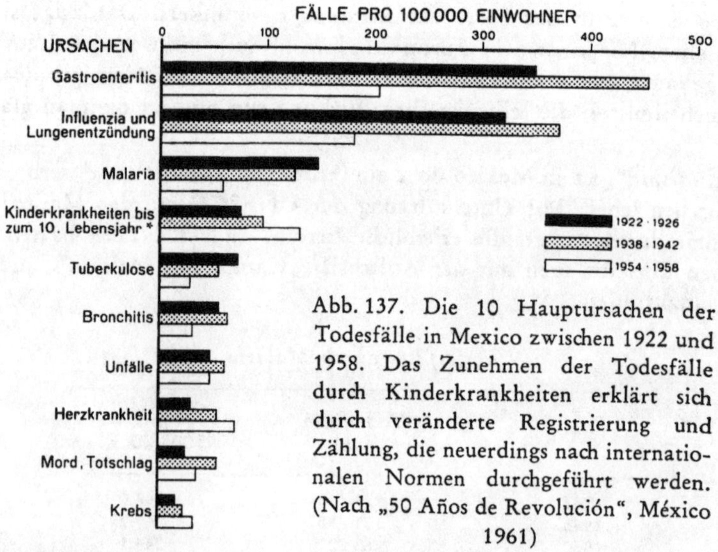

Abb. 137. Die 10 Hauptursachen der Todesfälle in Mexico zwischen 1922 und 1958. Das Zunehmen der Todesfälle durch Kinderkrankheiten erklärt sich durch veränderte Registrierung und Zählung, die neuerdings nach internationalen Normen durchgeführt werden. (Nach „50 Años de Revolución", México 1961)

Eine Häufung der Fälle tritt jeweils während der Monate August bis November, d. h. zum Ende der Regenzeit ein. Von den Malaria übertragenden Mosquitoarten in Mexico verursacht die Art im Tiefland von *Tabasco*, die *Anopheles Darlingii*, die Mehrzahl der Todesfälle. Über die durch Stechfliegen übertragene Augenkrankheit *„Onchocercosis"* siehe Abschn. Tierwelt [745].

Wo es unzureichende hygienische Verhältnisse und Armut gibt, sind Magen- und Darmkrankheiten und Hautkrankheiten verbreitet (vgl. Abschn. Trinkwasserversorgung). In Mexico kamen Hautleiden oft vor, wenn auch nicht so verbreitet wie im Orient. Häufig sieht man Hautverfärbungen:

„Man hatte es mit der im tropischen Amerika heimischen Hautkrankheit *Mal del Pinto*, der *Dermatomycosis polyspilosica* zu tun, welche schon die alten Azteken als *‚Tzaltzayanaliztli‘* kannten und die man heute in *Michoacán ‚jiricua‘* und in Spanien *‚carate‘* (Larve) heißt. Sie wird durch einen *Coccobazillus* (Pilz) verursacht und durch den Stich des Moskitos *‚Jejen‘* weiter geimpft und äußert sich durch große erst rot erscheinende Flecken auf der Haut, welche dann blau und zuletzt weiß werden." J. Lauterer [82].

Lepra kommt in Mexico vor. Von allen Arten zusammen wurden 1960 über 15 000 Fälle registriert, es soll mehr als 30 000 Fälle geben. Vor allem in zwei Regionen tritt diese Krankheit auf: im pazifischen Westen in den Staaten *Sinaloa, Guerrero* sowie im Hochland um *Guanajuato,* außerdem im Staate *Yucatán.* Fast frei von dieser Krankheit sind Chiapas und Tabasco, jeweils eine Hochland- und eine tropische Tieflandregion.

Hygiene, Lebenserwartung und Sterblichkeitsziffer. Die mittlere Sterblichkeitsziffer von 272 pro 10 000 E. beträgt im dichtesten Siedlungsgebiet in Zentralmexico (Staat *Puebla*) 300 und 184 im Bereich des pazifischen Nordens. (Vgl. Abschnitt Bevölkerung).

Zur Verbesserung der hygienischen Verhältnisse ist noch viel Arbeit zu leisten. Am Rande der Siedlungen und Städte werden Abfälle und Fäkalien abgelagert, z. T. auf großen offenen Flächen. Da in Mexico die Wasserspülleitungen der WC's im Querschnitt zu klein sind, um Papier aufnehmen zu können, stehen auf den Toiletten Pappkartons für das benutzte Papier bereit, die oft unachtsam weggeworfen werden. Am Nordrand der Stadt *Guadalajara* waren 1961 einige Quadratkilometer Fläche mit solcher Art Unrat bedeckt, aus dem der Wind ansehnliche Mengen wieder in die Siedlungen trug (vgl. auch Abschnitt Siedlungen der Indianer in Oaxaca). In den Kleinstädten werden die Bürgersteige allerdings von den Hausbesitzern rein gehalten. Dort wird jeden Morgen vor der Tür mit dem Strauchbesen, *„escobar"*, gekehrt *(Bild 46)*. Die zahlreichen Garküchen und *„comedores"*, d. h. Speiselokale, entsprechen nicht den mitteleuropäischen Hygieneanforderungen.

„Die Gäste – sie sahen aus, wie die Ärmsten der Straße eben aussehen. Der Wirt – genauso ärmlich, aber jedenfalls sehr beflissen und höflich. Ich bestellte, was er zu bieten hatte, und er brachte es eifrig: *Tortas con queso de puerco und tortas con chorizas* (große Brötchen mit einer Art Sülze und mit gebratener, rotgefärbter Wurst), dazu *Chilitos* (Zwiebeln, Mohrrübenstückchen u. a. in gepfeffertem Essig), als Nachtisch *Café con leche*, den in Mexico sehr beliebten Milchkaffee in großen, klobigen Gläsern, mit *Churros:* durch eine Düse gepreßte, in Fett gebratene und in Zucker gewälzte lange Teigstangen. Von der klebrigen, kreuz und quer zerschnittenen Tischplatte und dem häßlichen Blechgeschirr abgesehen, war das alles ganz in Ordnung.

Aber dieses Milieu! Das war nun der abendliche Aufenthalt jener, die auf der Schattenseite leben. Kein Körnchen Putz mehr an den Wänden, keine Farbe auf den primitiven Möbeln, Fußboden und Decke in grauenhaftem Zustand, zwei matte, verschmutzte, schirmlose Glühbirnen an lose herabhängenden, von Spinnweben verklebten Pendelschnüren. Nicht der geringste Schmuck, keine Gardine, keine Gemütlichkeit. Auf der nüchternen Theke ein billiger Gaskocher, Gläser, ein verrostetes Blechschränkchen mit den Eßwaren. Ringsherum in dem kleinen Geviert ein paar durch rohe Bretter abgeteilte Boxen mit den Tischen, neben der letzten in der Ecke übergangslos ein schulterhohes Mäuerchen, ohne Tür, ohne Vorhang, ohne Spülung: das Pissoir; und schließlich noch ein winziger Verschlag aus Latten mit einem bis Kniehöhe offenen, unverschließbaren Brettertürchen davor: der Abtritt. Alles im gleichen Raum vereint. Reihenweise gab es solche „Gaststätten" mitten im Zentrum und in den Wohnvierteln der Arbeiter." K. Helbig [1392].

Moderne Maßnahmen gegen Seuchen (Malaria, Darmkrankheiten) und Kindersterblichkeit haben zum steigenden Ruf moderner Medizin beigetragen. Zahlreiche neue Kliniken und Krankenhäuser konnten in den letzten Jahren erbaut werden, z. T. aus eigenen, z T. aus UNESCO- und Weltbankgeldern. Besonders erwähnenswert sind die Krankenhäuser der *„Seguro social"*, die, wie z. B. in *Mazatlán*, als repräsentative Bauten auf bevorzugtem Baugelände aufgeführt sind, dort wie auch in *La Páz*, am *„malecón"*, an der Strandpromenade.

Politik

Revolutionspartei und Evolution. In der Innenpolitik herrscht seit der 1917 abgeschlossenen Revolution eine sozialreformerische Tendenz, deren tragende Gruppe, mehrfach reorganisiert und neu benannt, *Partido Revolucionario Institucional* heißt.

Zur Pri gehören einige Mio. Mexicaner als Mitglieder. Die Partei wird von einer Gruppe von älteren Revolutionären und ehemaligen Präsidenten geleitet, die F. Tannenbaum

„The Family of Revolution" nennt. Diese Gruppe bestimmt die politischen Geschicke des Landes, auch die Nominierung des zukünftigen Präsidenten. Einige andere Parteien sind öffentlich zugelassen, sie dürfen öffentlich in die Wahlproganda eingreifen, haben aber zu wenig Einfluß, um einen Präsidenten durchbringen zu können. Es gibt neuerdings die PAN *(Partido de Acción Nacional)*, die Oppositionspartei des katholischen Elements, die PP *(Partido Popular)*, die Partei linksradikaler Zentren und die bedeutendere PNM *(Partido Nacionalista de México)*.

Die Staatspartei PRI vereinigt in sich nahezu alle politischen Richtungen des Landes, von der äußersten Linken bis zur konservativen Rechten. Sie faßt gemäßigtere und radikalere Politiker zusammen. So ist es verständlich, daß die sechs lebenden Expräsidenten Mexicos noch immer aktiv am Regierungsgeschehen Anteil nehmen. Die **Politik** nimmt in Mexico eine zentrale Stellung im öffentlichen Leben ein. Generäle und die Armee sind keine politisch bedeutenden Faktoren wie in anderen lateinamerikanischen Ländern.

Präsidenten. Mexico hatte seit der Revolution fähige Präsidenten, nicht nur Revolutionspolitiker. Expräsident General LÁZARO CÁRDENAS war einer der bedeutendsten Präsidenten Mexicos. Es heißt, er soll z. T. indianischer Abstammung aus dem Taraskenland sein. Sein Kampf gegen die Korruption und sein in dieser Hinsicht untadeliges Vorbild haben ihm im Volke bleibendes Ansehen verschafft, er ist für den einfachen Mann *Don Lázaro*.

Lic. G. DIAZ ORDAZ, der im Juli 1964 mit 88 % der Stimmen gewählt wurde, trat im Dezember 1964 sein Amt an und ist bis 1970 Staatsoberhaupt und Regierungschef der Vereinigten Staaten von Mexico. Sein Weg zum höchsten Staatsamt gleicht mehr einer Beamtenlaufbahn als der Karriere eines Politikers. Als Sohn eines Bauern wurde er im Jahre 1911 in einem kleinen Ort im Bundesstaat *Puebla* geboren. Nach dem Studium der Rechtswissenschaft schlug er im Alter von 26 Jahren die Laufbahn eines Zivil- und Strafrichters ein. Nach wenigen Jahren war er Präsident des obersten Gerichtshofes seines Heimatstaates und Vizerektor der Universität von Puebla. Von 1943 bis 1946 gehörte er dem Bundesparlament als Abgeordneter, dann bis 1952 als Senator an. Im Jahre 1952 trat er als Direktor für juristische Angelegenheiten in das Innenministerium ein. Als *Secretario de Gobierno* übernahm er die Leitung dieses Ministeriums. Er gilt als erfahrener Verwaltungsfachmann.

Parteien und Sozialverhältnisse. In Mexico gibt es keine politischen Häftlinge und keine Todesstrafe. Es gibt aber unsichtbar einen mächtigen Parteiapparat, auch finanzielle Begünstigungen, über die viel in der Presse in Mexico und im Ausland geschrieben wird und über die auch F. R. BRANDENBURG (1964) [67] in seinem Buch *„The making of modern Mexico"* berichtet. Ausgeprägtere Formen der Wirtschaft im eigenen Interesse der Person kommen in den Gewerkschaften vor, da es einige tausend in Mexico gibt und für deren Eigennutz ihrer Funktionäre in Mexico der Begriff „mordida", „der Biß" (am Geld der Massen) gebräuchlich ist. Auf manche Verhältnisse, die nicht zum besten stehen, weisen auch Nachrichten aus der mexicanischen Presse hin:

„Blutige Schlacht zwischen Genossenschaftlern in Mexico.

Acapulco, 21. August 1967. Mit dem Tod von 15 Bauern endete am Sonntag in der mexicanischen Stadt Acapulco eine Auseinandersetzung innerhalb einer Landwirtschaftsgenossenschaft. 25 Personen wurden verletzt. Etwa 500 Genossenschaftsmitglieder waren aus den umliegenden Dörfern in die Stadt gekommen, um die Leitung der Genossenschaft zu stürzen. Als die aufgebrachten Bauern in das Genossenschaftsgebäude eindringen wollten, wurde aus dem Haus heraus das Feuer eröffnet. Etwa 180 Personen wurden verhaftet. Der Schießerei wurde erst durch den Einsatz von Polizei und Militär ein Ende gemacht. Mit Lautsprechern forderte die Polizei die in dem Gebäude befindlichen Personen auf, die Waffen aus dem Haus zu werfen und sich zu ergeben."

„Unzufriedene Agavenpflanzer. *Mexico City*, 21. September 1967. Die Hauptstadt des mexicanischen Gliedstaates Yucatán, *Mérida*, wurde nach einer Kundgebung, bei der 2000 Agavenpflanzer teilgenommen hatten, unter militärische Kontrolle gestellt. Die Kundgebung hatte mit einem Angriff auf das Regierungsgebäude, der Zerstörung von Automobilen und der Plünderung mehrerer Geschäfte geendet.

Die Manifestanten beklagten sich, daß sie nicht in den Genuß einer Subvention gekommen seien, welche die Regierung den Agavenpflanzern kürzlich zugesprochen hatte, um ihnen den garantierten Preis für ihre Ware, der über dem Weltmarktpreis liegt, zu sichern."

Die Revolution hat ihre äußeren Ziele erreicht. Ein Stein des Anstoßes – der Großgrundbesitz – ist durch die Bodenreform weitgehend beseitigt. Die alten Revolutions-Schlagworte sind nicht mehr recht anwendbar. Sie sind von der Wirtschaftsentwicklung förmlich überrollt worden. Die politisch-soziale Agrarreform wird zur sozial-ökonomischen und agrartechnischen Reform. Die Regierung steht vor neuen Aufgaben. Jährlich gibt es eine Mio. Menschen mehr im Staate, Industrialisierung und Landwirtschaft müssen in gleichem Maße beachtet und gefördert werden. Dennoch wird die Revolutionsidee wachgehalten und tritt den Besuchern z. B. in den vielen Straßennamen entgegen, die an nationale Gedenktage erinnern: *Calle: 5. de Mayo, 16. de Septiembre, Articulo 123* usw. Das Andenken an Kämpfe um die Unabhängigkeit wird sehr gepflegt, ja propagiert. So z. B. in *Puebla:* Auf einer der Höhen am Stadtrand liegt die alte Festung *Loreto*, eine Art Alkazar, in Gängen und Sälen im Innern voller patriotischer Symbole mit Fahnen, Uniformen und Porträts der Helden. Einerseits soll die Tradition der Revolution gepflegt werden, andererseits sieht jeder ein, daß Ingenieure heute notwendiger sind als Revolutionsphilosophen. Auch in Kreisen der regierenden Revolutionspartei ist bekannt, daß Mexico nicht von der heroischen Geschichtsauffassung leben kann; sie steht vor dem Problem, reiner Sachverwalter werden zu müssen, sich an der Wirtschaftslage, also der Sachstruktur orientieren zu müssen und andererseits den Dogmen und der Propaganda den nötigen Tribut zu bringen, um noch Revolutionspartei sein zu können. Die *„Partido Revolucionario Institucional"*, die mit ihrem Namen die Revolution zur Institution machte, versucht, die Evolution Mexicos zu steuern. Die nächsten Präsidentenwahlen in Mexico finden im Jahre 1970 statt.

„Die Beteiligung an den **Präsidentschaftswahlen** hat sich in den letzten vier Jahrzehnten nicht wesentlich verändert: Es wählten von der zwanzig Jahre alten und älteren männlichen Bevölkerung 1929 52,89, 1934 53,60, 1940 57,46, 1946 42,64, 1952 57,89 Prozent; von der zwanzig Jahre und darüber alten männlichen und weiblichen Bevölkerung – seit Oktober 1953 haben die Frauen auch das Wahlrecht in Präsidentschafts- und Deputiertenwahlen – 1958 49,40 und 1964 54,05 Prozent. Für die Präsidentschaftswahlen von 1964 haben sich 77,85 Prozent (13 589 594 von 17 455 071) der zwanzig Jahre und darüber alten Bevölkerung registrieren lassen und damit ihre Wahlberechtigung erworben, jedoch nur 69,43 Prozent (9 434 908) hiervon haben ihre Stimme abgegeben." Nach R. K. FURTAK, 1969, *Revolutionspartei und politische Stabilität in Mexico"*, Schriftenreihe des Institutes für Ibero-Amerikakunde, 12.

1 = Siedlungen und Städte
2 = Ciudad de México, bebautes Gebiet der Hauptstadt 1965
3 = große Pyramiden
4 = Grenze des „Valle de México“, des Einzugsgebietes des Hochtales von México
5 = Lavagebiet von S. Ángel Pedregal am Südrand von Ciudad de México
6 = „Marschland“ von Xochimilco („Schwimmende Gärten“)
7 = Sumpfgebiete
8 = Seen
9 = Flüsse
10 = Kanäle
11 = Verdunstungsspirale
12 = Gebirgsregionen der Sierra Volcánica transversal“ über 3000 m ü. d. M. und (hellgrau) Hügel und Bergregionen mit Höhenlagen zwischen 2300 m und 3000 m ü. d. M.
13 = Steilabfall des zentralen Hochlandes von Mexico nach Süden zur Balsas-Senke
14 = Ausgebaute Autobahn (bis 1965)
15 = Autofernstraße
16 = Einfache Autostraße

Abb. 138. Der zentrale Siedlungsraum Mexicos: Die Hochtäler von México, Puebla, Toluca (vgl. Abb. 11). (Entwurf: Gierloff-Emden)

Ciudad de México, Metropolis im Hochtal

Die **Hauptstadt** erfüllt mit ihrer bebauten Fläche z. gr. T. den Bereich des bundeseigenen Verwaltungsbereiches *„México, Distrito Federal"*, abgekürzt *„México D. F."*, im Sprachgebrauch *„México De-Effe"*, was auch als Bezeichnung für den Hauptstadt-Komplex verwendet wird. Der Stadtkomplex ist über die Grenzen des Bezirks D. F. hinausgewachsen, in die Bereiche der Staaten *México, Hidalgo, Puebla* und *Tlaxcala* im Hochtal. Dieses Hochtal, im S des zentralmexicanischen Hochlandes gelegen, erstreckt sich etwa 110 km von N nach S und 80 km von W nach O (Abb. 138, 139).

Ciudad de México wird verwaltungstechnisch in 12 *„cuarteles"*, d. h. Quartiere, und die umliegenden Areale in 12 *„Delegaciones"* eingeteilt. [1165].

Die Hauptstadt liegt 2265 m hoch (mittl. Höhe) ü. d. M. im Westteil der ebenen Beckenlandschaften des inneren Hochtales von Mexico (40 km O-W und 50 km N-S Erstreckung), das von zahlreichen kleinen Vulkanbergen und Aschenkegeln überragt wird und von hohen Bergen umgeben ist: im SO dem schneebedeckten *Popocatépetl*-Vulkan [155, 177], im O dem ebenfalls über 5000 m hohen Vulkan *Ixtaccíhuatl*, im NW der *Sierra Guadalupe* (3029 m) im SW dem 3940 m hohen *Ajusco* und im S von 3000 m hohen Sierren [107, 1166] (*Bild 3, 4*).

Das Hochtal von Mexico

Staat	km²	% Anteil
México	4 800	50
Hidalgo	2 500	26
Distrito Federal	1 320	14
Tlaxcala	840	9
Puebla	100	1
insgesamt	9 560	100

Quelle: Secr. de Rec. Hídr. 1960.

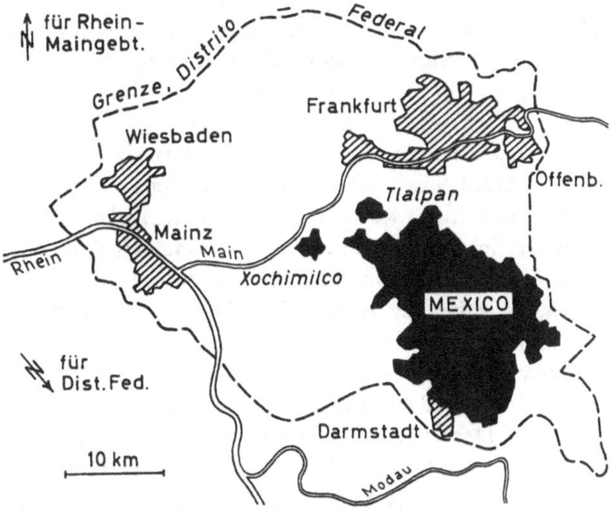

Abb. 139. Größenvergleich: México, Distrito Federal, und Stadtgebiet von México im Vergleich zum Rhein-Main-Gebiet. (Nach A. GERSTENHAUER)

Ciudad de México ist die größte Stadt der Erde in über 2000 m **Höhenlage.** Sie ist neben Kalkutta die größte Stadt der Erde in der Tropenzone (Abb. 139). Das Hochtal nimmt 0,45 % der Fläche Gesamtmexicos ein. Dort leben 15 % der Bevölkerung des Landes; dort sind 60 % der Industrie des Landes konzentriert. Im Hochtal, nördlich der Stadt, fünfzig Kilometer entfernt, liegt *Teotihuacán*, das Ruinenfeld altindianischer Kultur mit der Sonnen- und der Mondpyramide (*Bild 18*).

Es gibt keine sicheren Nachrichten über das Anwachsen der Bevölkerung der Stadt in den ersten 1½ Jahrhunderten seit der Eroberung durch die Spanier. Von 1772 datiert der erste Census, der 112 462 Einwohner angibt [1177]. Nach A. v. HUMBOLDT gab es 1804 in der Stadt 137 000 E. Eine ausführliche Geschichte des Hochtales schrieb A. DE VALLE-ARIZPE 1946 [1190]. (Abb. 140, 141 u. 142).

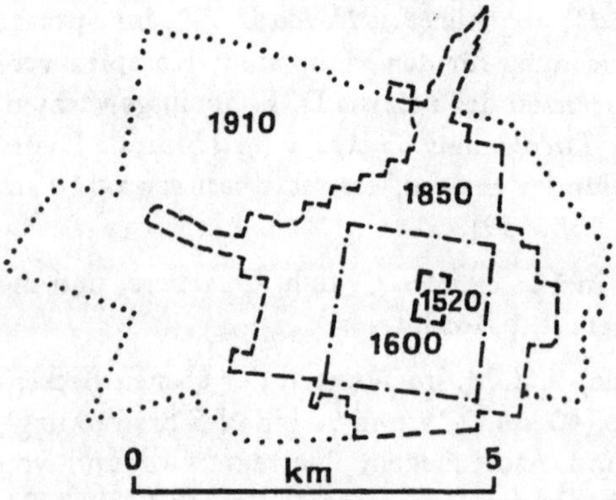

Abb. 140. Wachstum des Stadtkernes von Ciudad de México von 1520 bis 1910 (aus Ing. Hidr.). (Vgl. Abb. 145)

Stadtgründung. Die Azteken hatten, von N kommend, entsprechend einer Prophezeiung für den Stamm haltgemacht, wo sie einen Adler fanden, der auf einem Kaktus sitzend eine Schlange verzehrte. Das Ereignis fanden sie am Ufer des *Texcoco-Sees* und gründeten am 18. Juli 1325 (PRESCOTT [469, 470]) eine Stadt mit dem Namen *Tenochtitlán*, „Platz, wo ein Kaktus auf einem Felsen steht". Die *Azteken* bauten Kanäle und Dämme und kultivierten das Tal der abflußlosen, flachen, schilfbestandenen Seen, deren es fünf gab, die nur durch schmale Landstreifen voneinander getrennt waren bzw. ineinander übergingen: Lago de: *Zumpango, Xaltocan, Texcoco, Xochimilco* und *Chalco.* Auf einer Insel legten sie *Tenochtitlán* an, eine Wasserstadt wie Venedig (Abb. 44, 45, 142 a u. 145) [1185]. Die Tempelstadt nahm einen Platz ein, auf dem heute auf 600 × 400 m das Zentrum der Stadt Mexico steht: der größte Platz, der *Zócalo,* liegt auf der Südhälfte der alten Stadt Tenochtitlán, wo einst der Sonnentempel stand. Nach der Zerstörung Tenochtitláns durch die Spanier wurde auf dem Grund des *Quetzalcoatl*-Tempels eine Kirche erbaut (Abb. 142 a). Eine Folge von Plänen, welche die Entstehung und Entwicklung der Stadt aufzeigen, gaben O. APENES [1164] und M. CARRERA STAMPA [1167] (Abb. 45). Ein geographisch besonders interessanter Plan des agrarischen unmittelbaren Umlandes des Stadtzentrums ist aus der Mitte des 16. Jhs. erhalten. Dieser ist auf Maguey-Papier im Format 238 × 168 cm gezeichnet und zeigt Straßen, Kanäle und amphibische Gartenbaulandschaft. Der Plan ist im Faksimile als Tafel 5 des *„Catálogo de la colección de códices"* abgebildet, J. B. GLASS, 1964 [1041] (im Ausschnitt ähnlich Abb. 46).

Die fünf ehemaligen Dammstraßen zum Tempelbezirk dienten als Leitlinien für die Straßenführung. (Nach W. TRAUTMANN, ebenda nähere Aussagen zur frühen Bebauung der Stadt.)

Straßen. Die ursprünglichen Trassen der ersten Stadtanlage des 16. Jh. sind nur noch am *Zócalo* erhalten [1176]. Die Spanier benannten zunächst alle Straßen nach Heiligennamen bzw. den dort erbauten Kirchen und Klöstern. Offiziell wurden 1889 diese Namen abgeschafft und an deren Stelle eine schematische Benennung gesetzt:

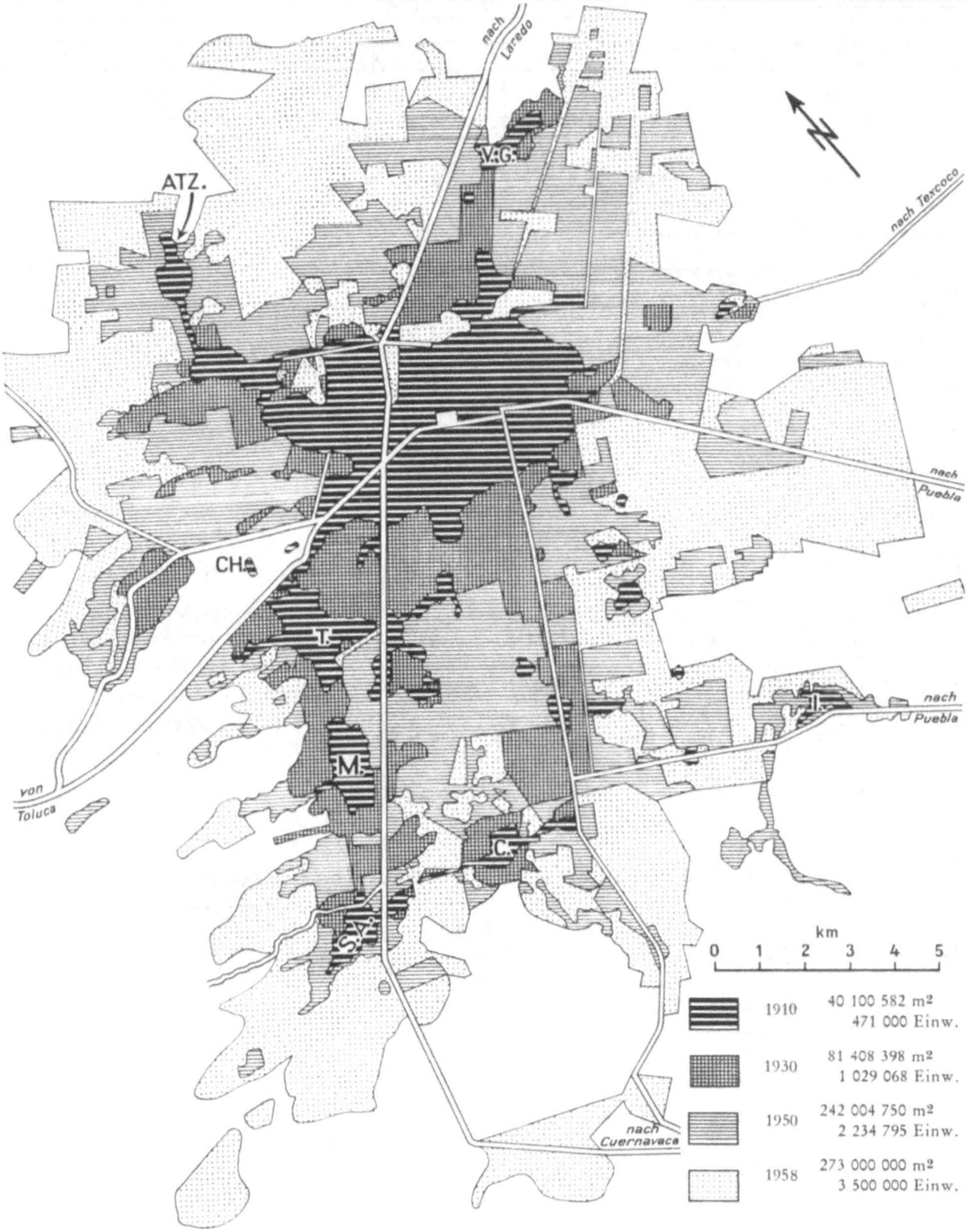

Alte Stadtkerne:

V. G.	=	Villa Guadalupe	C.	=	Coyoacati
T.	=	Tacubaya	S. A.	=	San Ángel de Pedregal
I.	=	Ixtapalapa	CH.	=	Chapultepec
M.	=	Mixcoal	ATZ.	=	Atzcapotzalco

Abb. 141. Das Wachstum der Hauptstadt von México von 1910 bis 1958 (vgl. Abb. 145). (Nach E. Flores 1959, ergänzt)

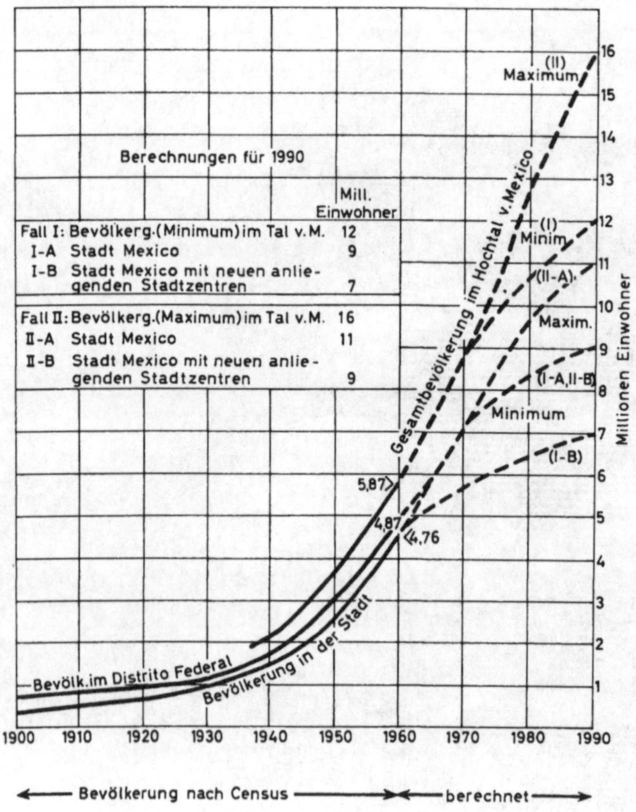

Abb. 142. Die Bevölkerungszunahme in der Stadt México, im Distrito Federal und im Hochtal von México

Bemerkung: Der Wert „Bevölkerung in der Stadt" differiert für das Jahr 1960 von den Angaben nach anderen Quellen (untenstehende Tabelle)

Zunahme der Bevölkerungszahl und Stadtfläche von Ciudad de México

Jahr	Einw. México D. F.	Einw. in % v. 1900	Stadtsiedl.-fläche km²	Einw. „Ciudad de México"	Einw. in % v. 1900	Einw.dichte México D. F.
1524	30 000		270			
1600	58 500		548			
1700	105 000		661			
1800	137 000		1 076			
1900	541 000	100	2 714	368 898	100	
1910	721 000	133	4 010	471 060	128	
1920	906 000	167	4 638	767 519	208	
1930	1 230 000	227	8 609*)	1 029 068	305	829
1940	1 760 000	324	11 724	1 448 422	393	1 185
1950	3 050 442	563	24 059*)	2 234 795	606	2 058
1960	4 870 876	917	27 198	3 638 844	986	3 286
1964	5 890 204					3 974

Quelle: Manuel Rejón Núñez u. G. Loyo [1177]. Simposio sobre el Valle y la Ciudad de México. Tom. IV. Ed. de la Soc. Mex. de Geogr. y Est. (ergänzt).

*) Angaben differieren etwas von Quelle zu Abb. 141.

Für die Bevölkerungsentwicklung im Hochtal von México von 1900 bis 1960, die Zunahme der städtischen und Abnahme der ländlichen Bevölkerung gibt es folgende Zahlen:

Census	Bev.zahl	Zunahme in %	Ländl. Bev.zahl	Veränd. in %	Städt. Bev.zahl	Veränd. in %
1900	891 189		463 898		427 291	
1910	1 065 143	19,5	461 286	−0,56	603 857	41,3
1921	1 234 266	15,8	441 505	−4,2	792 761	31,2
1930	1 595 814	29,7	457 703	3,6	1 138 111	43,5
1940	2 191 652	37,3	520 422	13,7	1 671 230	46,8
1950	3 573 764	63,0	660 289	26,9	2 913 475	74,3
1960	5 661 724	58,4	292 669	−55,7	5 369 055	84,2

Quellen:

1 M. T. Gutiérrez de MacGregor, „*Desarollo y distribución de la población urbana en México*". Instituto de Geografía, UNAM, México, 1965.

2 *Plano de la Cuenca del Valle de México*, Comisión Hidrológica de la Cuenca del Valle de México.

3 F. Mooser, *La Cuenca Lacustre del Valle de México*. Instituto Mexicano de Recursos Naturales Renovables. Mesas redondas sobre problemas del Valle de México, 1963.

4 F. Mooser, *Informe sobre la Geología de la Cuenca del Valle de México y zonas colindantes*. Secretaría de Recursos Hidráulicos, Comisión Hidrológica de la Cuenca del Valle de México, 1961.

5 E. García, „*Los climas del Valle de México*". Instituto de Geografía (inédito).

6 P. Mosiño, „*Tiempo superficial y configuraciones del flujo aéreo superior en México*". Revista de la Unión Geofísica Mexicana, UNAM, México, 1964.

7 Departamento del Distrito Federal, de la Dirección General de Obras Públicas.

8 Mapas del Distrito Federal de la Dirección General de Obras Públicas.

Die O-W verlaufenden Straßen nannte man „*Avenidas*", die N-S verlaufenden Straßen nannte man „*Calles*", und numerierte diese. Den Anfang der Zählung bildete die Alameda, nördlich gelegene Avenidas wurden mit ungeraden Zahlen 1, 3, 5 usw., die südlich gelegenen mit 2, 4, 6, mit geraden Zahlen, ebenso die *Calles* östlich der *Alameda* mit 2, 4, 6, geraden Zahlen, die westlich gelegenen mit 1, 3, 5, ungeraden Zahlen numeriert. *Calles* und *Avenidas* wurden auf ihrer jeweiligen Teilstrecke nördlich oder südlich der Alameda mit dem Zusatz „*norte*", „*sur*" bzw. östlich oder westlich der Alameda gelegen, mit „oriente" und „poniente" benannt.

Im Jahre 1900 hatte Ciudad de México 304 Straßen, 104 kleinere Straßen, „*Callejones*", 64 Plätze, „*Plazas*", 12 Brücken, „*Puentes*", und 2 „*barrios*", d. h. „Slum"-Wohnbezirke [1160, 1178].

Schema

	1. Calle *norte*	2. Calle *norte*	
1. Avenida, *poniente*			1. Avenida, *oriente*
2. Avenida, *poniente*			2. Avenida, *oriente*
	1. Calle *sur*	2. Calle *sur*	

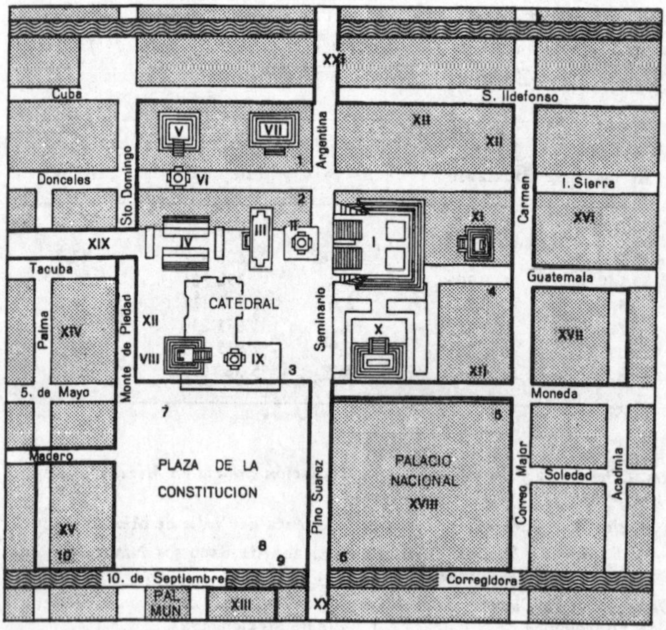

Bauwerke innerhalb des Tempelbezirks:

I = Hauptpyramide mit den Tempeln Tlalocs und Huitzilopochtlis
II = Großes Quauhxicalli (= „Stein des Tizoc")
III = Schädelgerüst (Tzompantli)
IV = Götterballspielplatz
V = „Adlerhaus", der Sonnentempel
VI = Quauhxicalli des Adlerhauses (= sog. „Kalenderstein")
VII = „Schlangentempel"
VIII = Xipe-Tempel
IX = Stein für das Kampfopfer (Temalacatl)
X = Tezcatlipoca-Tempel
XI = „Colhuacan-Tempel", die älteste Kultstätte Huitzilopochtlis
XII = Schlangenmauer

Bauwerke außerhalb des Tempelbezirks:

XIII = „Schwarzes Haus", der Tempel der Coatlicue
XIV = Palast Moctezumas I.
XV = „Haus der Gesänge"
XVI = Palast Axayacatls
XVII = „Vogelhaus"
XVIII = Palast Moctezumas II.
XIX–XXI = Beginn der Dammstraßen nach Tacuba, Iztapalapa und Tepeyacac

Fundorte großer Steindenkmäler:

1 = Quauhxicalli in Jaguargestalt
2 u. 3 = Kolossalköpfe von „Türkisschlangen"
4 = „Indio triste", einer der Bannerhalter des Haupttempels
5 = Chacmool-Figur
6 = „Teocalli des Heiligen Krieges"
7 = Stein des Tizoc
8 = Sog. Kalenderstein
9 = Kolossalfigur der Coatlicue
10 = Steinblock mit toltekischer Kriegerprozesion

Die Wellenlinien im N und S des Planes bezeichnen den Verlauf alter Kanäle

Abb. 142 a. Rekonstruktion des Stadtzentrums von Tenochtitlán auf einem modernen Stadtplan von Ciudad de México. (Nach Krickeberg)

Über die indianischen und politischen Namen vgl. Abschn. „Karten".

Nur eine Straße in der Hauptstadt erinnert an die Herrschaft der Spanier. Sie ist nach der Königin Isabella der Katholischen benannt, weil Isabella den Indianern staatsbürgerliche Rechte verliehen hatte. Bribiesca [854, 855, 859] berichtet, daß die Straßen größtenteils auch zur Müllablage und Abwasserführung dienten. Tragtiere und Zugtiere der Karren verunreinigten die Straßen zusätzlich mit Exkrementen. Straßenpflasterung und Straßenbeleuchtung wurden in *Ciudad de México* nicht vor Ende des 19. Jh. eingeführt.

Der Stadtkomplex. Im Mittelpunkt der Stadt liegt der *Zócalo*-Platz mit der zweitürmigen Barockkathedrale (1573–1667 erbaut, die 92 m hohen Türme wurden erst 1791 fertig) und dem weitläufigen Block des Nationalpalastes (1720–1724 erbaut) (Abb. 142 a), *(Bild 85)*. In der Umgebung, der Altstadt, gibt es noch zahlreiche, ehemals prachtvolle Häuser und Paläste im spanischen Stil, an denen z. T. wenig erneuert wurde. A. v. HUMBOLDT nannte México die Stadt der Paläste. In der *Calle de Moneda* z. B. sind die Paläste der MAYORAZGO DE GUERRERO, der Palast des *Grafen de* VALPARAISO, in dem jetzt Büros der Staatsbank untergebracht sind, in der *Calle 5de Mayo* der Palast des ITURBIDE, ein Bau aus dem 18. Jh., erhalten. Die Fassaden sind reich verziert mit Steinmetz- und Stuckarbeiten und Kacheln, aber leider oft in schlechtem Zustand. Besonders erwähnenswert ist das Haus der Fliesen des *Grafen des Tales von Orizaba* aus dem 16. Jh., das heute SUNBORN's bekanntes Touristen-Restaurant beherbergt.

„Im Süden ist die *Plaza* vom Rathaus, *Diputación* oder *Ayuntamiento,* und weiter östlich von einem Kaufladenblock mit Arkaden *(‚Portales de las Flores‘)* abgeschlossen. Ersteres, zwischen 1720 und 1724 für 200 000 Mark vollendet, enthält im Ratssaal die Bilder aller Vizekönige und Regenten Mexicos seit CORTEZ bis heute.

Der Westseite der Plaza entlang läuft abermals ein Kaufladenblock mit Arkaden *(Portales de Mercaderes),* unter denen man in kleinen Verkaufsbuden allerlei Kram (Spielwaren, Tabak, Bücher) feilhält, während in den Schaufenstern der Kaufläden dahinter feine Waren, wie Kleider, Hüte, Seidenstoffe ausgelegt sind. Geht man weiter nördlich, so kommt man westlich von der Kathedrale an das Staatsleihhaus, *Monte de Piedad,* vom Minenbesitzer Graf REGLA 1775 gegründet, um das Volk vor Wucherern zu schützen. Er gab 1 200 000 Mark dazu. Das Institut war seither zweimal bankrott; 40–50 000 Pfandanleihen im Betrage von 4 Mio. Mark werden hier jährlich gemacht.“ LAUTERER 1908 [82].

Diese Schilderung für das Zentrum am Zócalo ist noch heute zutreffend, sieht man vom Autoverkehr ab.

An Samstag- und Sonntagabenden und an Festtagen ist der Zócalo illuminiert. Über die Kirchen, Klöster, Museen, Kunstschätze, Bibliotheken und Verwaltungsbauten der Ministerien, die Ciudad de México beherbergt, kann hier nur gesagt werden, daß der Besucher Wochen benötigt, um das Bedeutendste zu sehen. Erwähnenswert sind die modernen Bauten des Ministeriums für Verkehr, *„Edificio de la Secretaría de Communicaciones y Obras Públicas“*, und des riesigen Hospitals und zahlreiche Gebäude, die die vielfältige moderne Architektur in unterschiedlichster Form verkörpern: das interamerikanische Institut für Sozialforschung, das medizinische Institut für Sozialfürsorge, das von DIEGO RIVERA entworfene *Anáhuac-Calli*-Museum in präkolonialem Stil, das *Lerma*-Wasserwerk, die hypermoderne Kirche *La Medalla Milagrosa,* der moderne Klosterbau auf dem ehemaligen Rancho *El Atillo* und die Gebäude des Technikums und der Universität.

1955 gab es 168 Märkte, davon nur 59 in festen Gebäuden. 1965 gab es 190 Märkte.

Nahe am Zócalo finden interessante Märkte statt. Der *Lagunilla*-Markt ist der größte. Bekleidung aller Art wird hier verkauft, sowie Möbel und Antiquitäten. Der *Mercado La Merced,* nicht weit vom Zócalo, ist der größte Lebensmittelmarkt. Auf dem Markt *San Juan* werden Körbe, auch *Serapes, Rebozos* und andere Kleidungsstücke, Blumen und *Piñatas,* die in fröhlichen Farben dekorierten Pappmaché-Puppen und -tiere in allen Größen angeboten. Hinter dem *Mercado Lagunilla* in der *Calle de las Aztecas* liegt der

Bild. 85. Cd. México. Zócalo mit Kathedrale. Blick von SE nach NW. Der Zócalo (Plaza de la Constitución) liegt im alten Stadtzentrum von
México. An der Nordseite die Kathedrale. Rechts an der Kathedrale die Kirche Sagrario Metropolitano, erbaut 1749–68. Rechts im Bilde an der
Ostseite des Zócalo der große Komplex des Palacio Nacional, erbaut auf dem Gelände des ehemaligen Palastes des CORTÉS, der 1692 durch Feuer
zerstört wurde. Der jetzige Bau wurde zu Beginn des 18. Jahrhunderts erstellt. An der Südseite des Zócalo der Palacio Municipal (bis 1948 als
solcher genutzt). Gegenüber der Kathedrale an der N-W-Seite des Platzes das Gebäude von Monte de Piedad, das berühmte staatliche Leihhaus.
An der NO-Ecke des Platzes (Bild oben rechts) historische Monumente aztekischer Bauwerke, deren Fundamente freigelegt worden sind. Auf
diesem Platz stand der Aztekentempel von Teocalli. Nördlich der Kathedrale alte Stadtteile mit rechtwinkeligem Straßengrundriß. Der Platz
Zócalo wurde 1958 wieder zu einem freien Steinplatz umgestaltet, nachdem viele Jahrzehnte Blumenrabatten in Form einer Plaza angelegt
waren. (Compañía Mexicana Aerofoto, S. A., México; Bild-Nr. 16 936; aufgenommen am 24. 2 .1962)

Flohmarkt *Tepito*. Westlich des Zócalo liegt das alte Hauptgeschäftsviertel mit Hunderten von kleinen Geschäften, Silberläden, Juwelieren, *„joyerias"*, Textil- und Lederwarengeschäften sowie Buchhandlungen und alten Cafés. An der Kreuzung der belebten Geschäftsstraße *Avenida Juárez* am Südrand der *Alameda* und der *Calle San Juan Letran* mit ihren Bürgerhäusern wurde der lateinamerikanische Turm (*Torre Latinoamericano*) erbaut, ein Hochhaus mit 43 Stockwerken und einem Restaurant in der Höhe, von dem aus die Stadt und das Hochtal bei klarem Wetter bis zu den schneebedeckten Vulkanen Popocatépetl und Ixtaccíhuatl zu übersehen sind. Gegenüber steht der Palast der schönen Künste, *„Palacio de Bellas Artes"*, dessen Folklore-Ballett, „Ballet Folklorico", berühmt ist und der im Inneren mit Wandgemälden von RIVERA, OROZCO, SIQUEIROS und TAMAYO ausgestattet ist.

Das Bild der Innenstadt ist das einer Metropole, einer Millionen-Weltstadt, eines nationalen und internationalen Geschäfts- und Amüsierzentrums für Arm und Reich, in der die Reiseagenturen und die großen Luftfahrtgesellschaften ihre Büros haben, wo zahlreiche Banken, Luxus- und Andenkenläden, Restaurants und Hotels darauf hinweisen, daß Ciudad de México eines der größten Touristenzentren der Welt, das bedeutendste Verkehrszentrum zwischen Nord- und Südamerika ist, mit einem der größten und modernsten Flugplätze des Kontinents *(Bild 86 u. 87)*.

Die Prachtstraße *Paseo de la Reforma*, von Geschäftshochhäusern gesäumt, die seit 1954 erbaut wurden, führt von der *Avenida Madero* an der *Alameda* nach SW zu einem Platz mit einem COLUMBUS-Denkmal. Unter den Monumenten an der *„Reforma"*, die, 60 m breit, 8 km lang, mit ihrer 6spurigen Haupt- und je 2spurigen Seitenfahrbahn den *Champs Elysees* ähnelt, und an den Kreuzungen zu großen Rondells ausgebaut ist, befindet sich nur eines für einen spanischen König: das Reiterstandbild CARLOS IV. (*„Cavallito"*, Pferdchen, heißt es im Volksmund). Ein anderes Denkmal an dieser Straße erinnert an CUAUHTÉMOC, den letzten Aztekenkaiser. Dem Eroberer CORTÉS ist dort kein Denkmal gesetzt *(Bild 87 u. 88)*. Die *Paseo de la Reforma* führt zum *Chapultepec Park*, dem Volkspark von Ciudad de México. Dort gibt es für Vergnügen und Erholung Teiche, Restaurants, Pavillons, Spielwiesen, botanische Gärten, einen Zoo, ein Polofeld. In ihm stehen auf einem Porphyr-Felsen das 1790 erbaute, später von Kaiser MAXIMILIAN bewohnte Schloß Chapultepec (*Castillo de Chapultepec*) und der Rundbau des

Hauses für Moderne Kunst mit Bildern zeitgenössischer Maler (*Orozco, Rivera, Tamayo, Siqueiros*). Von der Terrasse des Schlosses hat man einen prächtigen Ausblick auf die Stadt México. Am Rande des Parks auf der Höhe liegt das Villenviertel *Llomas de Chapultepec* in bevorzugter Klimalage. Im Park an der Reforma liegt auch das neuerbaute Anthropologische Museum, architektonisch, ästhetisch und ausstellungstechnisch eines der schönsten Museen der Welt (vgl. Abschn. Altindianische Kulturen) (*Bild 91*).

Westlich vom Zentrum an der Alameda liegt das neue Geschäftsviertel mit Hochhäusern, die mit geradlinigen und geschwungenen Fassaden aus Glas und Stahl das neue Zentrum der Metropole darstellen. Dort wird die Paseo Reforma von der längsten Straße gekreuzt, der 30 km langen *Avenida Insurgentes*, die sich geradlinig durch den Siedlungskomplex der Stadt zieht. Sie führt nach S, zu den Stadtteilen *Villa Obregón* und *San Ángel Pedregal*, und zur Universität „*Ciudad Universitaria*", 18 km südlich vom Stadtzentrum *(Bild 92)*.

Auf einem Lavagrund, der vor 25 Jahren noch wertlos war, und der zu einem der teueren Baugründe Mexicos geworden ist, stehen seit 1950 die Wohnhäuser in San Ángel Pedregal. Phantasievolle und bizarr gestaltete Privatvillen auf Lavabrocken sind in allen Formen moderner Architektur dort errichtet worden *(Bild 89)*. Am Nordrand der Stadt liegt die Basilika *Guadalupe*, das 1622 vollendete Heiligtum, das jährlich Tausende von Pilgern anzieht. An dieser Stelle erschien der Legende nach im Dezember 1531 die Jungfrau Maria dem Indianer JUAN DIEGO, kurz nachdem CORTÉS dieses Gebiet erobert hatte. Die braune Madonna gilt als Heiligtum der katholischen Gläubigen Mexicos.

Das indianische *Tenochtitlán* und das frühkoloniale México waren amphibische Städte (Abb. 145). Auf Kanälen wurde bis zum 20 Jh. das Gemüse aus dem südlich gelegenen *Xochimilco*, dem Dorf der schwimmenden Gärten, gebracht. Am Sonntag ist ein Ausflug in die spreewaldähnliche Landschaft nach *Xochimilco* interessant, dann ist das Treiben der blumengeschmückten Barken (*trajineras*) auf den Kanälen am buntesten: Musikboote mit Mariachis werden an die flachen, grellfarbenen Mietboote gekoppelt, ein Kahn mit Küche hinten angehängt. Die Mexicaner kommen familienweise. Der Kanal für den Olympia-Rudersport für 1968 wurde in diesem Wasserstraßengebiet angelegt.

Das **Stadtbild** im ganzen spiegelt die **Unausgeglichenheit** eines jungen, schnellen Wachstums: „*Multifamiliares*", **Groß-**

Bild 86. Ciudad de México. Der Bildausschnitt zeigt im Bilde links den Park von Chapultepec mit Schloß. Bildmitte oben nach Bildecke oben rechts die Prachtstraße Paseo de la Reforma. Bildecke unten rechts das moderne Krankenhausviertel Centro Medico Buenos Aires. Daneben die moderne Großsiedlung (Multi-Familiares) Centro Urbano Presidente Juárez mit Betonhochhäusern. Das Bild wird von S nach NO von der Avenida Insurgentes gekreuzt (etwas rechts von der Bildmitte unten in Richtung Bildrand oben rechts). (Beschreibung auf den N-Pfeil orientiert). Die Avenida Insurgentes in México, genannt die längste Straße der Welt, zieht sich über eine Länge von 25 km durch die Stadt von S nach N. Die ovale Siedlungsanlage (Bildmitte unten) ist das sogenannte Hippodromo mit dem San Martin Park. Der Stadtgrundriß ist im Ausschnitt durch viele Diagonalstraßen gekennzeichnet, die die einzelnen Blocks der rechteckigen Quadras kreuzen. (Compañía Mexicana Aerofoto, S. A., México: Bild-Nr. 1692-193; aufgenommen am 13. 3. 1963; Uhrzeit: Mittag 13 Uhr; Flughöhe 3300 m; Maßstab 1 : 20 000)

Bild 87. *Ciudad de México.* Blick nach N über das moderne Stadtzentrum. Das Bild wird diagonal gekreuzt von links unten nach rechts oben von der Hauptstraße Paseo de la Reforma. In der Bildmitte der Platz mit dem Denkmal von COLÓN. An dem Platz mit der „Estatua de Colón“ links das Gebäude mit der gewundenen Fassade: Banco de Londre. Gegenüber das Gebäude mit dreieckigem Grundriß, Sitz der Secretaría de Recursos Hidráulicos. Im Hintergrund in der Bildmitte das Monumento de la Revolución. Am rechten Bildrand Einmündung der Paseo Reforma in die Avenida Juárez. Entlang der Paseo Reforma, der Prachtstraße Méxicos, sind seit 1950 viele moderne Hochhäuser erbaut worden. Auf dem im Bilde sichtbaren Teil liegen an der Paseo Reforma die Mehrzahl der Büros der internationalen Luftfahrtgesellschaften. (Compañía Mexicana Aerofoto, S. A., México; Bild-Nr. 16 330; aufgenommen am 2. 12. 1960)

wohnkomplexe mit 1800 Wohnungen mit vollelektrischer Ausrüstung, stehen dicht neben alten *Adobe*-Ziegelhäusern und spanischen Einfamilien-*Patio*-Wohnhäusern aus dem 19. Jh. Die großen Wohnhäuser haben auf dem Dach ihren eigenen Wassertank; sie sind mit Fernsehantennen besetzt.

Nach statistischen Angaben und Arbeiten von D. RIQUELME DE REJON (1964) ist die Stadtfläche wie folgt bebaut (Abb. 141):

Neue Häuser	6641 ha, d. h. 36,3 %
Alte Häuser	3463 ha, d. h. 19,9 %
Häuser der Arbeiterklasse	4292 ha, d. h. 23,5 %
Barrios „populares“	
„Slums“ in alten Häusern „Vecinos“	2148 ha, d. h. 11,8 %
Slums, Hütten	1729 ha, d. h. 8,5 %

Typisch für die Stadtsiedlung ist das Bestehen von Kleinvierteln: Arbeiterwohnblocks liegen auch zwischen und in vornehmeren Vierteln. Es sind zum Teil alte Dorfkerne, die ehemals vor der Stadt lagen, und zum Teil Kleinbesitze, die von Grundstücksspekulanten durch Kleinstparzellierung von Baugebieten geschaffen wurden. GERSTENHAUER [1171]. So gibt es in den alten Ortskernen sehenswerte Dorfkirchen aus der Kolonialzeit wie in *Tlacopac* oder *Coyoacán* und schöne ehemalige Gutshäuser im Stadtgebiet oder auch Klöster mit bemerkenswerten baulichen Anlagen wie *Churubusco.* Viele Einwohner leben in unzureichenden Behausungen, den sogenannten *„vecinos“* (vgl. Abschn. Sozialwesen). Der Bürgermeister URUCHURTO wurde in allen Zeitungen genannt, weil er solche Quartiere mit Baggern wegschieben ließ, um Durchgangsstraßen und neue Wohnblocks zu bauen. Im zentralen Stadtgebiet sowie am Rande sind neue Siedlungskomplexe entstanden und noch im Bau *(Bild 90).* Im Hauptstadtbezirk wuchs die Anzahl der fertiggestellten Arbeitsräume 1966 um 50,9 % gegenüber nur 15,4 % im ersten Vierteljahr von 1965. Die bebaute Bodenfläche nahm um 37,1 % zu gegenüber nur 8,2 % im Vorjahreszeitraum. Dagegen stieg die Fertigstellung von ganzen Gebäuden mit 5,9 % nicht so schnell wie in den ersten drei Monaten des Jahres 1965 (9,6 %), ein Zeichen dafür, daß, verglichen mit der gestiegenen Fertigstellung von Arbeitsräumen, ein Zug zum Bau größerer Baueinheiten vorherrscht.

Auf dem Weg nach *Teotihuacán* liegt der „Platz der drei Kulturen“ *(Bild 24).* Hier liegen aztekische Ruinen, eine Kirche der Kolonialepoche und das größte Projekt des sozialen Wohnungsbaus im modernen Mexico beieinander. Das Viertel mit dem aztekischen Namen *Nonoalco-Tlaltelolco* ist für 75 000 Menschen geplant.

Bild 88. Moderner Geschäftsbau in der Hauptstadt México. Dieses Gebäude an der Paseo Reforma beherbergt Büros der Secretaría de Recursos Hidráulicos und eine Bank. Die moderne Bauweise aus Stahl und Glas wird immer mehr angewandt. Die Wände sind aus dunklem Glas zum Schutz gegen das grelle Licht. (GIERLOFF-EMDEN Juli 1964)

Diese **Satellitenstadt** von Ciudad de México entsteht z. T. aus Kunststoff. In einem neuen, zeit- und kostensparenden Verfahren werden Tragskelette von Hochhäusern mit einer Außenhaut aus Kunststoff umkleidet. Die Kunststoffplatten wurden von den *Farbwerken Hoechst* geliefert (*Bild 24*).

Im NW entstand eine andere *Ciudad Satélite* nahe dem Petrochemischen Industriezentrum von *Azcapotzalco* (Abb. 143). Dort teilt sich die sechsspurige Ausfallstraße nach Querétaro. Über 60 m hohe Betonpfeiler, die aus der Ferne die Skyline eines Manhattan vortäuschen, wurden inmitten des Verkehrsweges errichtet. Während der Regierungszeit des Präsidenten LÓPEZ MATEOS, 1959–1964, wurden in México D. F. gebaut: 403 km Abwässerkanäle, 33 km Stadtautobahn, 170 Schulen, 88 Markthallen, 17 Krankenhäuser, 10 Sportplätze. Es wurden „Brigaden" der städtischen Müllabfuhr und Stadtreinigung entwickelt und mit vielen Müllabfuhr-Spezial-LKW ausgerüstet.

Es bestehen auch ungelenkt Siedlungsbezirke, wie „*Netzahualcóyotl*", etwa 20 km vom Stadtzentrum entfernt. 1965 gab es dort 250 000 E, die in Lehmhüttensiedlungen hausten, 1968 schon 500 000 E. Aus der mexicanischen Zeitung „*Exelsior*" ist zu entnehmen, daß dort die Mehrzahl der Hütten kein Licht hat und keine Kanalisation.

Bautätigkeit für die Olympiade 1968. Die ohnehin hektische Bautätigkeit in der Hauptstadt hat noch weitere Impulse erhalten. Das frühere Universitätsstadion, ein 80 000 Personen fassender

Bild 89. Moderne Einzelhäuser in México D. F. Im Südwesten der Stadt ist auf den Lavafeldern von San Angel Pedregal durch Parzellierung eine ausgedehnte Einzelhaussiedlung entstanden. Die Grundstücke sind durch Lavamauern voneinander getrennt. Unter dem Haus befindet sich ein Schwimmbad im Felsboden. Die Grundstückspreise sind in diesem Gelände enorm angestiegen. (GIERLOFF-EMDEN Februar 1955)

Bau, wurde zum Olympiastadion umgebaut und modernisiert. Dort fanden die Leichtathletikwettbewerbe statt (*Bild 92*). Das 1966 eingeweihte Aztekenstadion in Ciudad de México gehört zu den fünf größten der Welt und ist wohl das modernste. Hier fanden während der Olympiade 1968 die Fußballspiele statt. Mit 105 000 Plätzen ist das Aztekenstadion noch größer als das Olympiastadion. Es besitzt mehr als 70 Rangsitzreihen. Die riesige Arena ist 60 Meter hoch, das Spielterrain mißt 105 × 70 Meter. Ein Aluminiumdach, das das Stadion auf beiden Seiten je 30 Meter überdeckt, schützt die Hälfte der Zuschauer vor Regen. Dort soll 1970 die Fußballweltmeisterschaft stattfinden. Für mehr als 40 000 DM kann man eine Loge auf Lebenszeit (mit eigenem Waschraum und Parkplatz) mieten. Eigentümer des Stadions ist das mexicanische Fernsehen, das drei eigene Profimannschaften unterhält. So wird auch die Finanzierung nur z. T. aus Zuschauereinnahmen, weitgehend aus der Fernsehreklame bestritten. Fußball gehört dort wie Stierkampf und Lotterie zum Massenbelustigungsmedium. Von den 20 Hauptwettkampfplätzen befinden sich 18 in der Hauptstadt oder am Stadtrand. Erbaut wurde ein Sportpalast für 24 000 Zuschauer, sowie ein olympisches Schwimmstadion (10 000 Zuschauer). Baugrund für das olympische Dorf war das Lavafeld von *Pedregal*, im S der Stadt, zwischen der Universität und dem Aztekenstadion in der Nähe von historischem Boden, der über 2000 Jahre alten, ovalen Pyramide von *Cuicuilco* gelegen.

Schließlich sei noch erwähnt, daß in Ciudad de México, teilweise zur Vorbereitung für die im Jahre 1968 stattgefundenen Olympischen Spiele, 200 Mio US-$ in Hotelneubauten bzw. Hotelanbauten investiert wurden, was der Stadt zusätzliche 7000 Hotelzimmer brachte. Mit dem Bau

Bild 90. Abbruch und Neubau in mexicanischen Städten: Ciudad de México. Eine Neuplanung und ein Neubau von Hauptdurchgangsstraßen in der Stadt México verlangt rigoros Durchbrüche durch ältere und jüngere bestehende Viertel. Hier werden für die Verlängerung der Straße Paseo de la Reforma nach Nordosten ältere Häuser aus der Kolonialzeit (Bild rechts), mit geschnitzten Holzbalkonen und Kachelfassaden, aus massivem Bruchstein-Bauwerk, und Industriegebäude jüngeren Datums in Betonbauweise (Bild links) zum Zwecke der Straßendurchführung abgerissen. Im Bild links oben die typischen Tanks zur Wasserversorgung der Häuser auf dem Dach.
(Gierloff-Emden Juli 1964)

des „größten und modernsten Hotels der Welt" wurde im Park von *La Lama* begonnen. Es wird den 44stöckigen *Torre Latinoamericano* noch um 11 m überragen. Neben 1350 Zimmern wird das Superhotel rotierende Restaurants, mehrere Swimming-Pools, Spiel- und Sportanlagen, Museen und einen künstlichen See haben. Der Maler Siqueiros arbeitet dort an einem über 3000 m^2 großen Wandbild.

Ballungsraum México D. F. Für die Republik ist Ciudad de México gleichzeitig Verwaltungszentrum und größte Geschäfts- und Industriestadt. Es sind im Stadtzentrum vor allem zahlreich vertreten: Apotheken, Drogerien, Buchhandlungen, Textilläden, Schuhgeschäfte, Möbelgeschäfte, Juwelierläden, Andenkenläden, Glaswarenhandel und die vielen Bäckereien, *„Panaderías"*, Restaurants sowie zahlreiche Betriebe der Dienstleistungsgewerbe, wie Banken und Versicherungen. Ähnlich wie in Berlin oder Paris sind neben der Konsumgüterindustrie vor allem die chemische, Textil-, Elektroindustrie und der Kraftfahrzeugbau dominierend. Fernsehen, Filmindustrie, Zeitungswesen, Verlage sind fast ausschließlich in der Hauptstadt konzentriert. Fast die Hälfte der mexicanischen Industrieproduktion wird im Raume der Hauptstadt geleistet. México D. F. ist eine riesige Karawanserei. Das Millionenwachstum in kurzer Zeit wurde z. gr. T. durch

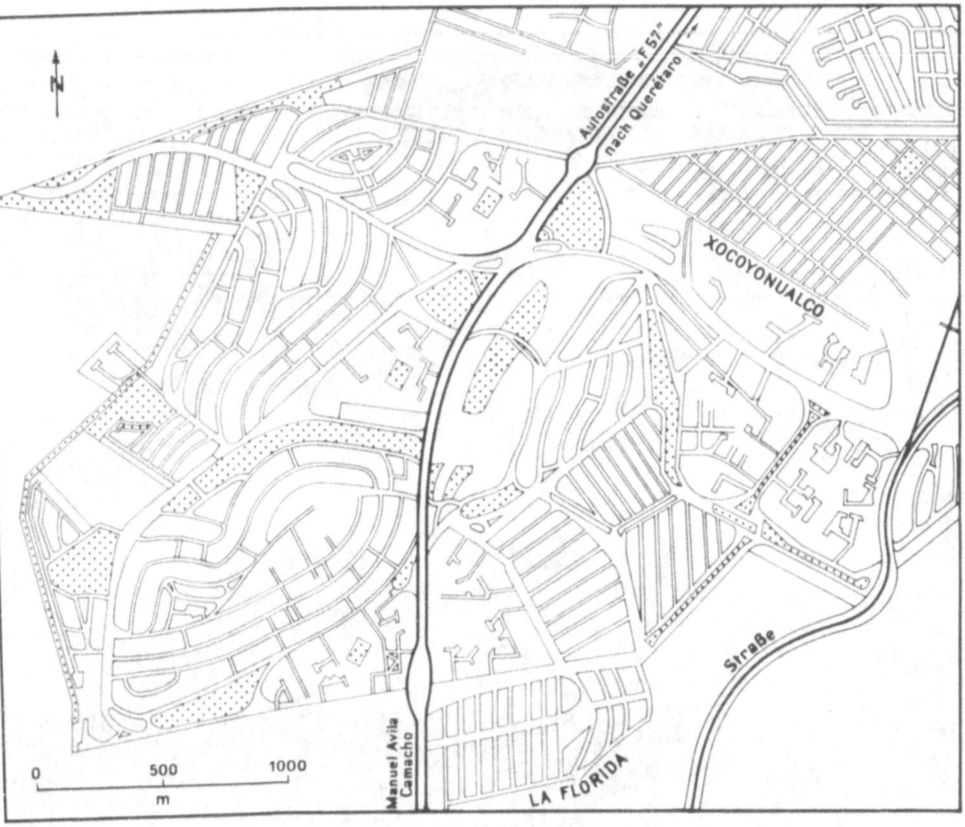

Abb. 143. Satellitenstadt Ciudad Satélite im Nordwesten der Hauptstadt México, ca. 12 km NW vom Zentrum. Kreuzungsfreie, gewundene Zugangsstraßen zu den Wohnblocks und -parzellen. (Entwurf: GIERLOFF-EMDEN nach Stadtplänen und Begehung)

Zuzug verursacht, die Stadt ist Zentrum der Landflüchtigen, der Glück- und Jobsuchenden geworden. Dynamik im Bau, Grundstücksspekulation und Geschäftswesen haben einen Riesen heranwachsen lassen, von dem niemand so recht weiß, wohin die Entwicklung noch führt. Der Boom soll nicht gestört werden, so fehlt es an Lenkung und Planung. 300 Fabriken mit einer beträchtlichen Baufläche befinden sich in der speziellen Industriezone der Hauptstadt. Diese Unternehmen beschäftigten 1967 etwa 30 000 bis 40 000 Arbeiter und verfügten über ein Kapital von 1,8 Mrd. mex. $. Die mexicanische Hauptstadt ist das größte Ballungszentrum des Landes. Die Behörden bemühen sich, Fabrikneugründungen nach Möglichkeit außerhalb der Hauptstadt ansiedeln zu lassen, da durch die Kessellage der Stadt eine räumliche Ausdehnung kaum noch möglich ist, die Möglichkeiten für den Wohnraumbau schon stark beschränkt sind und darüber hinaus ein erheblicher Wassermangel herrscht.

Von den Beschäftigten der Industrie in México D. F. sind 23 % in der metallverarbeitenden Industrie, 17 % im chemischen Gewerbe, 14 % in der Nahrungsmittelbranche und

14 % in der Textilbranche tätig [928]. Von 639 industriell-gewerblichen Fabriken und Betrieben sind 300 in *Naucalpan*, 140 in *Tlalnepantla* angesiedelt. Allein im Stadtteil *Tlalnepantla* sind 40 000 Arbeiter beschäftigt [1182]. Über eine Pipeline aus den Fördergebieten der Golfküstenebene von *Pozarico* wird die Stadt mit Erdöl und Erdgas versorgt.

Verkehrsprobleme. Breite Avenuen, Ringstraßen, „*periféricos*", Stadtautobahnen durchschneiden und verbinden die Stadtgebiete. Auf manchen Straßen fahren drei und vier Kolonnen Autos nebeneinander, je in beiden Richtungen. Die Frage ist aber nicht, ob der Fahrgast Platz in einem Verkehrsmittel – sei es Bus, Taxi oder Privatauto – findet, sondern ob diese Fahrzeuge auf den verstopften Straßen überhaupt vorwärtskommen. Es gibt nur wenige Straßenbahnen, „*trolés*". Für mitteleuropäische Begriffe mag der Straßenverkehr als chaotisch gelten, in Mexico wird er mit anderen Nerven oder anderer Mentalität ertragen und abgewickelt. Der innerstädtische Verkehr wird in dichter Folge mit Omnibussen, „*camiones*" (1954 im Stadtgebiet fast 5600 Stück), und 28 000 Taxis (Vergleich: Hamburg besitzt 3000 Taxis) durchgeführt, wenn auch nicht unbedingt „bewältigt". Die Autobusse haben sehr niedrige Fahrtgebühren, für 1/2 mex. $ kann der Fahrgast bis zu 15 km befördert werden. Es verkehren Busse auf über 100 Linien. Man unterscheidet verschiedene Arten von Taxis. Die Fahrer großer Wagen, die von den großen Hotels vermittelt werden, haben Fremdsprachenkenntnisse und sind als Fremdenführer ausgebildet. Viele dieser Wagen sind mit dem Wort „*Turismo*" gekennzeichnet; diese haben feste Preise ohne Taxameter. Normale Taxis (in verschiedenen Farben der Privatbesitzer) sind billig. Der Preis wird von Taxametern angezeigt. Mit „*peseros*" kann man auf den großen Boulevards (*Paseo de la Reforma, Insurgentes*) für 1 bis 2 mex. $ (1 = 32 Pfennig) weite Strecken fahren. Man erkennt sie daran, daß ihre Chauffeure, wenn noch Platz ist – sie nehmen bis zu fünf Personen auf –, die Hand aus dem Fenster strecken und die freie Platzzahl mit Fingern andeuten. Die vielen Taxis, ursprünglich als „schnelles" Beförderungsmittel gedacht, sind wegen ihrer geringen Kapazität als Massenbeförderungsmittel unzureichend und verstopfen sich selbst den Weg.

Auf den Distrito Federal konzentriert sich die größte „Motorisierungsdichte" Mexicos. Es gab dort, jeweils im Vergleich zur Gesamtzahl in Mexico, folgende Motorfahrzeuge, die in einer Aufstellung auf S. 543 wiedergegeben sind. Von der Parkschwierigkeit braucht bei diesen Zahlenangaben nicht

Bild 91. Ciudad de México. Stadtteil Llomas Chapultepec im W der Hauptstadt Méxicos. Das hügelige Gelände von Chapultepec wurde zu einer ausgedehnten Villenanlage ausgebaut, wobei viele Straßen, dem Gelände folgend, einen gewundenen Verlauf zeigen. Llomas Chapultepec gehört zu den teuersten Wohnvierteln Méxicos und ist vorwiegend ein- bis zweigeschossig und mit Einzelhäusern bebaut. Im Bilde rechts unten Wassertanks, die Wasser des Rio Lerma aufnehmen. Im Bilde rechts oben die Paseo de la Reforma. (Compañía Mexicana Aerofoto; S. A., México; Bild-Nr. 1692–245; aufgenommen am 13. 3. 1963; Uhrzeit: 14.00; Flughöhe 2800 m; Maßstab 1 : 20 000)

Bild 92. Ciudad Universitaria, 1955 eingeweiht. Blick von W nach O über das Gelände der UNAM und das Hochtal von México. Im Vordergrund das Universitätsstadion, das über 80 000 Zuschauern Platz bieten kann. In der Bildmitte das Gelände der Universität, das sich über 1,5 km Länge erstreckt. Im Vordergrund (Bildmitte) das Hochhaus der Universitätsverwaltung; links an der linken Ecke des Hauptplatzes das Hochhaus der Bibliothek. Rechts anschließend an die Universität Sportanlagen. Im Hintergrund im Hochtal von México (hellgrau) die Colonia San Pablo in 6 km Entfernung. In der Mitte hinten der vulkanische Cerro Estrella in 10 km Entfernung. (Compañía Mexicana Aerofoto, S. A., México; Bild-Nr. 16 763; aufgenommen am 22. 11. 1961) (Vgl. Abb. 135 u. 138)

Jahr	Vergleich: Gesamt-Mexico und D. F.	Automobile PKW	Autobusse	Lastwagen	Motorräder
1929	República	62 461	6 299	16 031	744
	Distrito Federal	20 154	1 887	6 152	260
1940	República	93 632	10 141	41 935	3 747
	Distrito Federal	35 520	2 225	8 616	1 743
1950	República	173 080	18 466	111 252	5 408
	Distrito Federal	55 014	4 280	12 895	2 138
1960	República	483 101	26 126	293 423	24 367
	Distrito Federal	192 567	6 910	35 161	13 410

viel gesagt zu werden. Parkhochhäuser gibt es bisher kaum. Da México D. F. das „zentrale Verkehrsspinnennetz" für das Land darstellt (Abb. 138), sind die Ausfallstraßen überlastet. Seit einigen Jahren konnte durch den Ausbau von Autobahnen nach O, *Puebla,* S, *Cuernavaca,* und nach NW, *Querétaro,* eine Verbesserung der Verbindungen erreicht werden. Die Autobahnen werden als Wegzollstraßen bewirtschaftet. In México D. F. soll das seit längerer Zeit geplante Projekt einer Untergrundbahn für die Hauptstadt verwirklicht werden. 1968 wurde mit dem Bau begonnen. Die erste Teilstrecke von O nach W von 12 km wurde 1969 eröffnet. Bis 1970 ist die Fertigstellung von zwei Hauptlinien vorgesehen. Das Streckennetz ist auf 42 km projektiert. Bei der Durchführung des Bauvorhabens wird Mexico von französischer Seite beraten werden. Die Kosten der Vorstudien für das Gesamtprojekt betrugen 65 Mio. mex. $. Die Gesamtkosten werden mit 1,5 Mrd. mex. $ angegeben.

Autoverkehr, Stadtklima und Freizeitaufenthalt

Bislang bleiben die starke Verkehrsdichte mit den durch die Autos und Busse verursachten Auspuffgasen und die Luft in den engen Straßen der Altstadt oft unerträglich: Die Gase bewirken eine direkte erhebliche Aufheizung der bodennahen Luftschicht um 4–5 °C, so daß im Stadtgelände oft eher heiße als kühlgemäßigte Höhenluft herrscht. Bei dem auf der Höhe von 2400 m ü. d. M. herrschenden niedrigen Luft- und Sauerstoffdruck verbrennt das Benzin nicht vollständig. Die Auspuffgase enthalten weit mehr Kohlenmonoxyd als in niedrigen Lagen. Oft sieht man die Durchblicke der sich rechtwinklig kreuzenden Straßen der Innenstadt bei schräg einfallendem Sonnenlicht im bläulichen Auspuffdunst der Automobile schimmern. Nach den Worten eines führenden mexicanischen Neurologen ist Ciudad de México ein riesiges Krankenhaus für Nervenleidende. M. Velasco Suárez erklärte in der mexicanischen Hauptstadt, daß 1,5 Mio. der 3,3 Mio. Einwohner der Stadt an Neurosen, Psychosen oder anderen Nervenkrankheiten litten. Der Arzt, der Begründer und Leiter des mexicanischen neurologischen Institutes ist, führte dies auf die hektische Aktivität des modernen Großstadtlebens in Ciudad de México zurück. Der Stadt bzw. dem Ballungsraum zu entfliehen, ist das Ziel der Einwohner am Wochenende.

Die Angehörigen des Mittelstandes, die Autos besitzen, fahren zu Campingplätzen im Bereich der umliegenden Berghänge, die Armen verbleiben „etwa hinter *Tacubaya* weit im Westen, wo *La Ciudad Satélite,* der ‚Satellit' der Metropole, im Entstehen begriffen war. Oder nach anderen Richtungen hin, dort, wo jetzt noch am Wochenende die anspruchsloseren Ausflügler zwischen aufgerissenen Gräben, Sandhaufen, Treibstofflagern, elenden Hütten, vertrocknetem Gras und Abfällen jeder Art Erholung suchen.

Die begünstigteren entfliehen in ihren schnittigen Limousinen dem Hexenkessel *México City* auf größere Distanzen, in die Seebäder beider Küsten, die kühlen Pensionen am Fuße der Schneeberge, in das traumhafte Hotel *Ruíz Galindo* in *Villa Fortín de las Flores* am Hang des *Pik von Orizaba,* dem Sammelpunkt der Politiker und der Geldaristokratie mit seinem weltberühmten Schwimmbad, in das täglich Tausende von frischen Gardenienblüten geschüttet werden, oder in die ebenso mondänen wie verschwiegenen Unterkünfte auf dem abgelegenen Gelände einstiger Großhazienden." K. Helbig [1392].

Klimatische Verhältnisse. Das Hochtal von Mexico liegt in der Übergangszone von der *tierra templada* und der *tierra fría,* ungefähr 2400 m ü. d. M. (mittl. Luftdruck 575 mm Hg), und hat wintertrockenes, warmgemäßigtes Klima. (Über Höhenlage vgl. Abschn. Klima). Entsprechend der hohen Lage kann es nachts in der Stadt, besonders im Winter, erheblich kühl werden. Bei Temperaturen von nur 10 °C am Abend und Morgen werden in der größten Stadt in den Tropen Mäntel getragen. Die sommerlichen Mittagstemperaturen betragen 22 bis 24 °C auf freier Fläche.

In den nur wenig verschiedenen Höhenlagen des Siedlungsgeländes gibt es recht unterschiedliche Klimate, auch in bezug auf die Temperaturwerte. Höchste Temperaturen treten im April und Mai, niedrigste im Januar auf.

Die Niederschlagsmengen differieren innerhalb des Hochtals bis zu 50 %, eine Folge der Luv- und Leelagen zu den umgebenden Bergketten [1173]. Diese Verhältnisse zeigt auch die Vegetationsbedeckung. Trockenpflanzen, wie Agaven, Kakteen, u. a. Nopal, bedecken die tieferen Teile des Beckens; Kiefern, Zedern und Tannen bekleiden die Höhen [1268]. Bei etwa 4000 m liegt die Waldgrenze. Die beiden großen Vulkane tragen dauernd Schnee. A. Gerstenhauer, 1958 [1171]. An den randlichen Bergen des Hochtales sind eine Anzahl von National-Naturschutzparks angelegt.

Sonnenschein ist häufig von Februar bis Mai, im August und Oktober bis November. Die mittleren Maxima der tageszeitlichen Schwankungen betragen im März 14,9, im September 9,7 °C. Jahresextremtemperaturen 24,4 °C (April um 14 h) und 6,8 °C (Januar um 6 h) kommen jährlich vor (Abb. 144).

Klimawerte im Hochtal von México

Station	mittl. jährl. Temp. in °	maximale Extreme	minimale Extreme	Niederschläge in mm jährl.
Amecameca	14,0	31,0	− 6,5	987,8
Azcapotzalco	16,0	33,0	− 6,0	644,4
Desierto de los Leones	10,7	29,6	− 7,5	1 219,3
Presa Tacubaya	14,7	32,0	− 7,0	819,6
Tepexpan	15,9	41,6	−10,0	567,5
Tepotzotlán	15,6	33,6	− 9,0	677,4
Texcoco	15,9	36,0	−11,0	729,6
Villa Obregón	14,9	35,0	− 8,9	724,9
Xochimilco	15,8	34,8	− 7,0	1 205,2

Quelle: P. Vázquez Zepeda, *Simposio sobre el valle y la ciudad de México.* Ed. de la Soc. mex. de Geogr. y Estadist. T. IV.

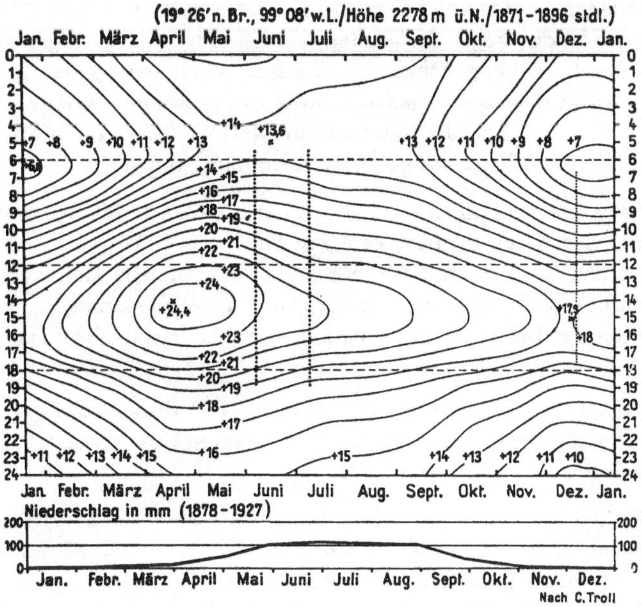

Abb. 144. Thermoisoplethen-Diagramm von México (Stadt). (Nach TROLL 1955)

Die Monatsmittel von Temperatur und Niederschlag betragen (1931–1941): *Tacubaya*-Station) [294]

Monat	Temperatur (°C)	Niederschlag (mm)
I	11,7	4,8
II	13,4	–
III	15,1	7,3
IV	16,5	11,3
V	16,6	21,1
VI	16,8	58,6
VII	15,8	115,8
VIII	15,6	171,8
IX	15,3	168,2
X	14,5	155,0
XI	12,8	6,2
XII	11,8	10,2
im Jahr	14,7	730,3

Es kommen auch beträchtliche Schwankungen von Jahr zu Jahr vor. So wurden gemessen in den Jahren (*Tacubaya*-Station) 1910: 450 mm und 1953: 491 mm Niederschlag, 1914: 860 mm, 1951: 852 mm, 1959: 810 mm, 1958: sogar 1036 mm [294].

Von großer Bedeutung ist, daß diese Niederschläge, die sich normalerweise auf die Monate Juni–Oktober verteilen, z. gr. T. in Form von verheerenden Wolkenbrüchen niedergehen. Dagegen herrscht während der Trockenzeit Dürre und Staub im Tal und in der Stadt. Wegen der großen Ausdehnung der Stadt und der Anlage zahlreicher Straßen in der Umgebung haben die so gegen Versickerung der Regenfälle versiegelten Flächen ein beträchtliches Ausmaß angenommen. Es kommt daher nach Regenfällen zur Ausbildung von Schichtfluten, die mit verheerender Wirkung auf nicht geschützte Flächen ablaufen. Dort greifen Erosion und Ausschwemmung um sich.

Dezember bis Juni ist die Zeit, in der Ciudad de México von den gefürchteten *„Tolvaneras“*, den Staubstürmen, heimgesucht wird [1174]. War einst durch die natürliche Ausbreitung der Seen und Sümpfe eine in begrenztem Rahmen amphibische Kultur im Hochtal entwickelt, so ist durch die künstliche Entwässerung das Gleichgewicht gestört worden. Schon der Ingenieur F. DE GARAY sagte 1876 zum Problem der Entwässerung des Hochtales:

„Quando está bajo el Lago de Texcoco, en las orillas de este desierto se levantan nubes de polvo, que pueden compararse con las de los desiertos de Africa.“ F. GARAY, Anales de la Secretaría de Fomento, T. VI, México 1881.

Die gefürchteten Staubwolken bilden sich über dem ausgetrockneten Seeboden. Die Staubstürme dauern 1 bis 3 Stunden, meist treten über 65 pro Jahr auf, davon dauern 28 länger als 3 Stunden. 1924 wurden 94 Staubstürme gezählt, 1941 waren es 44. Eine Häufung tritt von Dezember bis Juni ein, mit stärkstem und häufigstem Auftreten im März, wo durchschnittlich 13 solcher Ereignisse auftreten! In der Großzirkulation scheinen Zusammenhänge mit dem Auftreten von *Nortes* zu bestehen [297, 300]. Während der *Tolvaneras* sinkt die Sichtweite in der Stadt auf wenige Meter, und der Straßenverkehr kommt zum Stillstand. Staub und Dunst in der Luft, vermehrt durch die Abgase der Autos, verhüllen die Wahrzeichen Mexicos, die 60 km entfernten, schneebedeckten Vulkane *Popocatépetl* und *Ixtaccíhuatl*, während mehr als der Hälfte aller Tage des Jahres. Die Glashauswirkung der Dunstglocke in dieser Höhenlage hat bei der dünnen Luft zu Schwülewerten beigetragen, die in früheren Zeiten nicht auftraten.

Baugrund. Die Stadt liegt auf dem Gelände des ehemals weit ausgebreiteten Texcoco-Sees (Abb. 145). Bis zu 50 m Tiefe wechseln Lagen von grünem und braunem Lehm ab [1168]. Erst in 40 m Tiefe steht verfestigter grüner Lehm an. Das Hochtal hat Gefälle nach S. Die Lehmschichten enthielten bis zu 83 % ihres Volumens Wasser [1350]. Fünf abflußlose Seen waren z. Z. der Eroberung vorhanden. Sie entwässerten nach S in den *Texcoco-See*, der als Endsee salzig war. (Früher Salzgewinnung; Salzgehalt heute 10 %.)

Die Azteken hatten *Tenochtitlán* gegen den höher gelegenen nördlichen Teil der Hochebene vor Überschwemmungen durch Dämme zu schützen versucht. Der große Deich des *Netzahualcóyotl* führte über 15 km von N nach S östlich der Stadt entlang durch das Tal. Schwoll das Wasser des *Texcoco-Sees* durch ungewöhnlich reichlichen Zufluß aus seinen Nebenseen bei gleichzeitig starken Regengüssen an, dann war die Stadt von einer großen Überschwemmung bedroht. Von großen Überflutungen in den Jahren 1449, 1500, 1517 wird berichtet.

Während der Kolonialzeit hatte es immer wieder katastrophale regenzeitliche Überschwemmungen infolge *„aguaceros“*, d. h. Starkregenfälle, gegeben, so 1523, 1527, 1555,

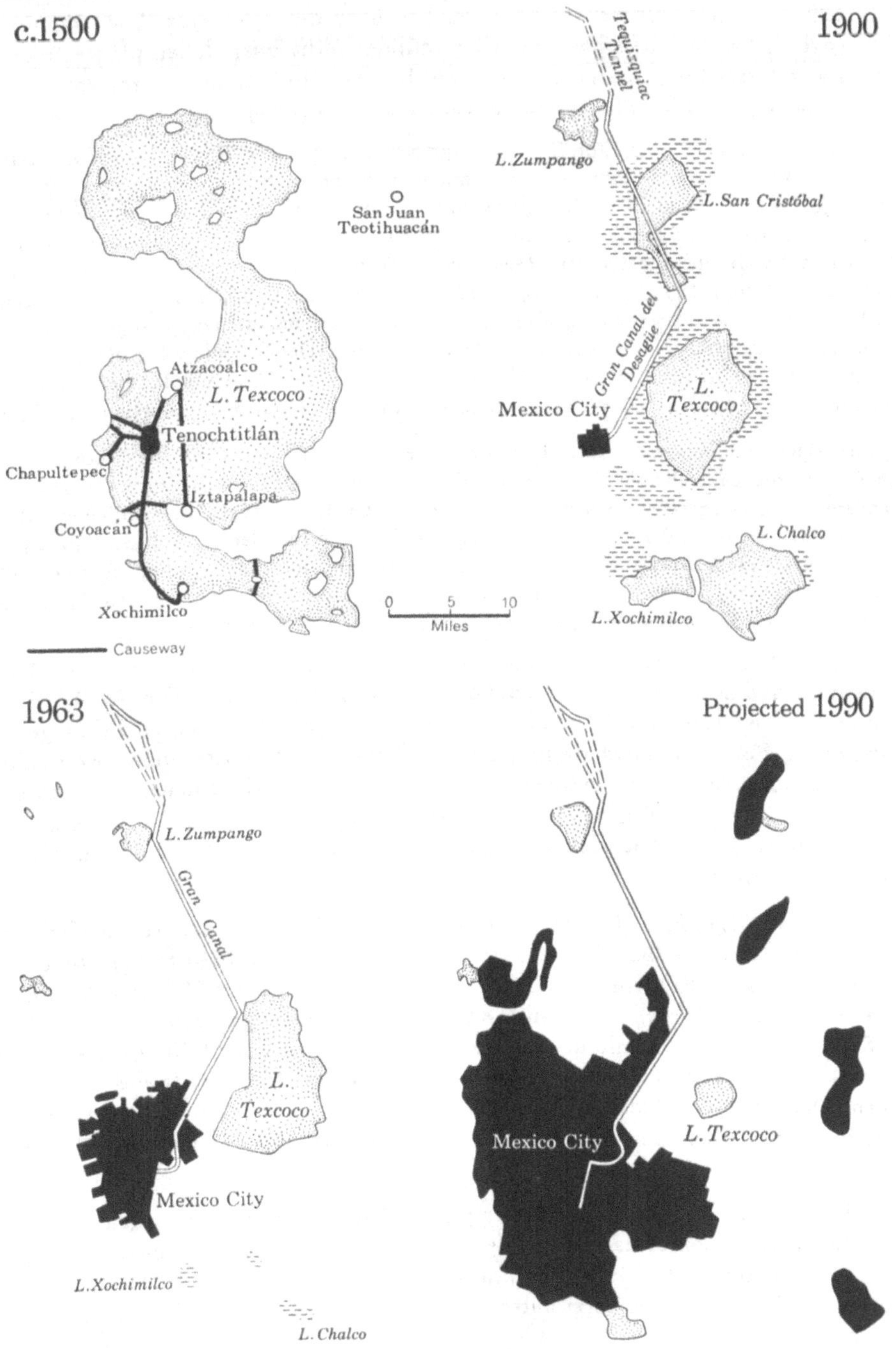

Abb. 145. Entwicklung der Stadt Ciudad de México und Rückgang bzw. Trockenfallen des Sees im Hochbecken von México. (Nach D. F. Fox 1965)

1607, 1629 und 1634, als der verkleinerte See über die Ufer trat. Die Dämme zum Schutz gegen schwere Überschwemmungen reichten nicht aus; daher plante man 1607 ein groß angelegtes Entwässerungssystem, welches das Hochtal mit einem 25 km langen Kanal an das *Rio-Pánuco*-Flußsystem anschließen sollte [859].

„Da trat der königliche Kosmograph Enrico Martinez, ein deutscher Wasserbaumeister, Heinrich Martin, welcher zugleich Buchdrucker war, mit dem Plane hervor, den *Zumpango* unter dem *Nochistongo*-Gebirge hindurch in den *Quautitlan*, einen Beifluß des *Pánuco*, abzuleiten. 47 000 Indianer vollendeten das große Werk in sechs Monaten. Der 6½ km lange Tunnel von 3,5 m Höhe und 4,2 m Breite begann bei *Huehuetoca* (40 km nördlich von Mexico) und war mit getrockneten Lehmquadern (adobé) ausgekleidet. In dem nassen Jahre 1627 fiel ein Teil des Tunnels ein: eine Überschwemmung drohte; man setzte den Baumeister gefangen. Als er nach zwei Jahren wieder frei wurde, war es zur Abhilfe zu spät. Der See stieg, für die nächsten fünf Jahre die Straßen Mexicos bis zur Höhe von 1 m überdeckend. Viele Häuser stürzten ein, 30 000 Menschen kamen um, 20 000 Familien zogen nach Puebla, nur 4000 Einwohner blieben.

Im Jahre 1767 grub man den Tunnel zu einer freien Schlucht aus *(Tajo de Nochistongo)*, in welcher heute die Zentralbahn läuft, da seit Kaiser Maximilian teilweise nach Garays Plänen ein anderer Wasserweg gebaut wurde, der als 8 m breiter Kanal zuerst allen Schmutz Mexicos aufnimmt, dann zwischen der Veracruzbahn und dem Texcoco (den letzteren niederhaltend) durch den *Cristóbal* und *Xaltocan* zum *Zumpango* weiterzieht und hier endlich in einen 10 km langen Bergausschnitt übergeht, welcher durch die *Xalpan*-Höhen hindurch den *Tequixquiac*, einen Beifluß des *Pánuco* erreicht.“ Lauterer [82], Plan in [1164] Apenes.

Die Seen trockneten teilweise aus und waren schon um 1800 in fünf kleine Becken zerfallen; Ciudad de México lag schon außerhalb des eigentlichen Sees *Texcoco*. 1840 baute Iturriagay einen Kanal. 1807 wies A. v. Humboldt auf die Folgeerscheinungen der Entwässerung für die Landschaft hin, auf die Erosion und Entwaldung. Er beschrieb die Verkrustung der Böden infolge Salzausblühung von Karbonaten *„tequisquite“*. 1894 wurden die tiefer gelegenen Teile der Stadt durch einen 9,8 km langen Kanal entwässert. Von 1607 bis 1830 sollen Ausgaben in Höhe von 8 Mio. US-$ für die Entwässerung gemacht worden sein [1180].

Nach Plänen von Ing. F. de Garay, 1856, wurde um 1900 ein verbesserter Abfluß durch einen Tunnel geschaffen (bei *Tequixquiac*). Der Tunnel wurde 1940 fertiggestellt, 1946 ein zweiter gebaut [1181]. Um die jährlich anfallenden Abwässer in Höhe von ½ Mrd. m^3 zu klären und abzuführen, wurde auch die große Verdunstungsspirale *„el caracol“* auf dem Seeboden, die jedem mit dem Flugzeug Ankommenden auffällt, gebaut und das Kanalsystem ausgebaut (Abb. 147). Dort werden Salze für industrielle Zwecke gewonnen. Die durch Verdunstung angereicherte Salzlake, aus Natriumchlorid und Natriumchlorat wird dem Zentrum der Schnecke zugeleitet und dann in eine Transportleitung gepumpt.

Die radikale Senkung des Grundwasserspiegels hatte Baugrundsenkungen zur Folge (Abb. 146). Das Nationaltheater z. B., der *„Palacio de Bellas Artes“*, ein schweres, ganz aus Marmor errichtetes Gebäude, hat sich seit der Fertigstellung 1905 um 3 m gesenkt, so daß ehemalige Freitreppen jetzt unter dem Vorplatzniveau liegen *(Bild 93)*. D. J. Fox [1350].

In den Jahren 1891 bis 1959 sind im Zentrum der Stadt Absackungen des Terrains bis zu 7 m erfolgt. Der Innenstadtraum ist um 6 m abgesunken (Abb. 146).

Bild 93. Ciudad de México: Palacio de Bellas Artes. Der massive Bau des Palacio in der Hauptstadt México ist seit seiner Erbauung um fast 3 m abgesunken. Jetzt führen Treppen (Bild rechts) von der Straße herunter zu dem im Bilde noch gerade sichtbaren Theaterbau. Im Hintergrund des Bildes die Straßenfront der Avenida Juárez und der Park Alameda. (GIERLOFF-EMDEN Juli 1964)

Das Kanalisationssystem ist dauernd Brüchen und Verschiebungen ausgesetzt. Die Abwässer der tiefgelegenen Stadtmitte müssen mit Hilfe von Pumpen in den *„Gran Canal Desagüe"* gefördert werden (Abb. 147).

Die modernen Hochhäuser und Geschäftsbauten werden z. T. auf große, im schlammigen Untergrund verankerte Tanks gegründet. Vielfach wird durch Pumpen der Grundwasserspiegel konstant gehalten, um ein weiteres Absacken zu verhindern. Das Hochhaus *„Torre Latinoamericano"* ist auf einer mächtigen, dreistöckigen Betonwanne errichtet, die wiederum auf 30 m langen Betonpfählen steht. An Stelle der flachen Seen dehnt sich in der Trockenzeit eine braungraue, verkrustete Lehmebene aus. Kanaldurchzogene Felder traten an die Stelle der Süßwasserseen. So ist als neue Plage nach der progressiven Entwässerung der Seen des Hochtales die Erscheinung der Staubstürme, der *„Tolvaneras"*, aufgetreten.

Wasserversorgung der Hauptstadt und des Hochtales. Ein geographisches Problem liegt darin, daß in den umliegenden Regionen, die höher gelegen sind als die Hauptstadt, nicht mehr genügend Niederschlagsmengen zur Verfügung stehen, um México D. F. zu versorgen. Die katastrophale Versorgung mit Trink- und Brauchwasser soll durch groß angelegte Projekte verbessert werden [883]. Zu diesem Zweck muß Wasser aus tieferen Lagen heraufgepumpt werden [884].

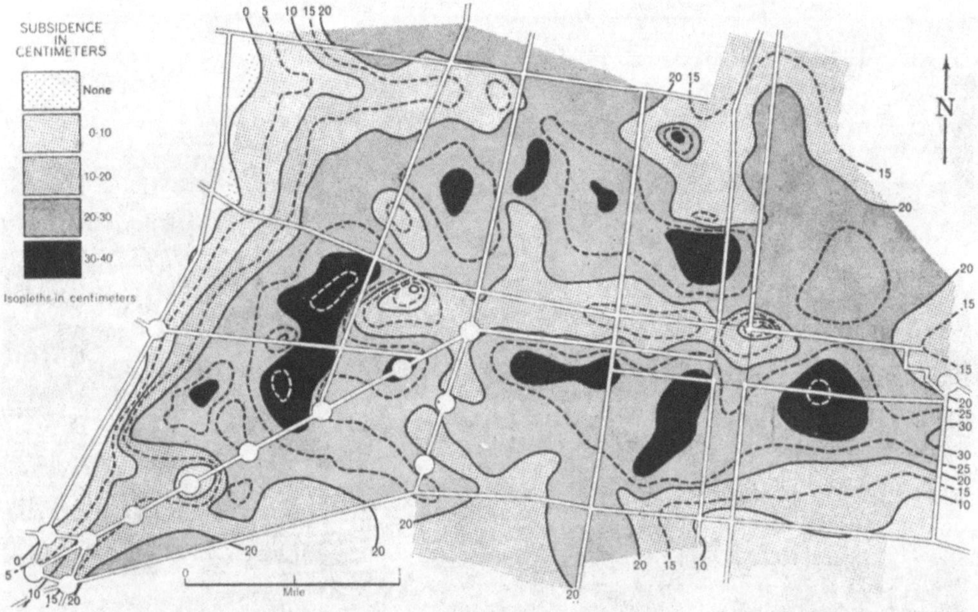

Abb. 146. Das Absinken des Terrains im Zentrum der Stadt Ciudad de México von Dezember 1957 bis Juni 1959. (Nach D. F. Fox 1965)

Nach Berechnung der *Secretaría de Recursos Hidráulicos* (F. Vizcaino u. P. Bistrain, 1952) kann jährlich im Hochtal als Haushalt mit 2000 Mio. m³ Wasser gerechnet werden, davon 25 % aus oberflächlichem Abfluß, 64 % aus Grundwasserbeständen. Es werden 744 Mio. m³ Wasser pro Jahr zur Versorgung benötigt.

Ins Hochtal entwässern jährlich folgende Mengen oberflächlich: 60 Mio. m³ v. O, 261 Mio. m³ v. W, 42 Mio. m³ v. S; zusammen 363 Mio. m³ (Abb. 147).

Für 1965 wurde folgender Verbrauch berechnet:

México D. F., „*colonias proletarias*“	2 Mio. E.,	*)tägl.	50 l,	jährl. 36,5 Mio. m³
México D. F., übrige Siedlungen	3,2 Mio. E.,	**)tägl.	631,8 l,	jährl. 638,2 Mio. m³
übriges Hochtal	0,98 Mio. E.,	*)tägl.	75,9 l,	jährl. 27,2 Mio. m³
insgesamt	6,18 Mio. E.,		– l,	jährl. 701,9 Mio. m³

*) pro Einwohner. **) pro Einwohner und Industrie.

Dafür sollen entnommen werden: aus Oberflächenwasser 280 Mio. m³ jährlich, aus Grundwasser 306 Mio. m³, aus dem *Rio-Lerma*-System 158 Mio. m³.

Die enorm schnelle Entwicklung und Ansiedlung der Industrie im Hochtal (synthetische Faser z. B.) und das rasante Ansteigen der Bevölkerungszahl ereigneten sich nach einer Zeit der Versuchslösungen für die Wasserversorgung bis etwa 1930 [898] (Abb. 148). Über die Wasserversorgung während der Kolonialzeit vgl. Abschn. Bewässerung, Wasserversorgung in Mexico.

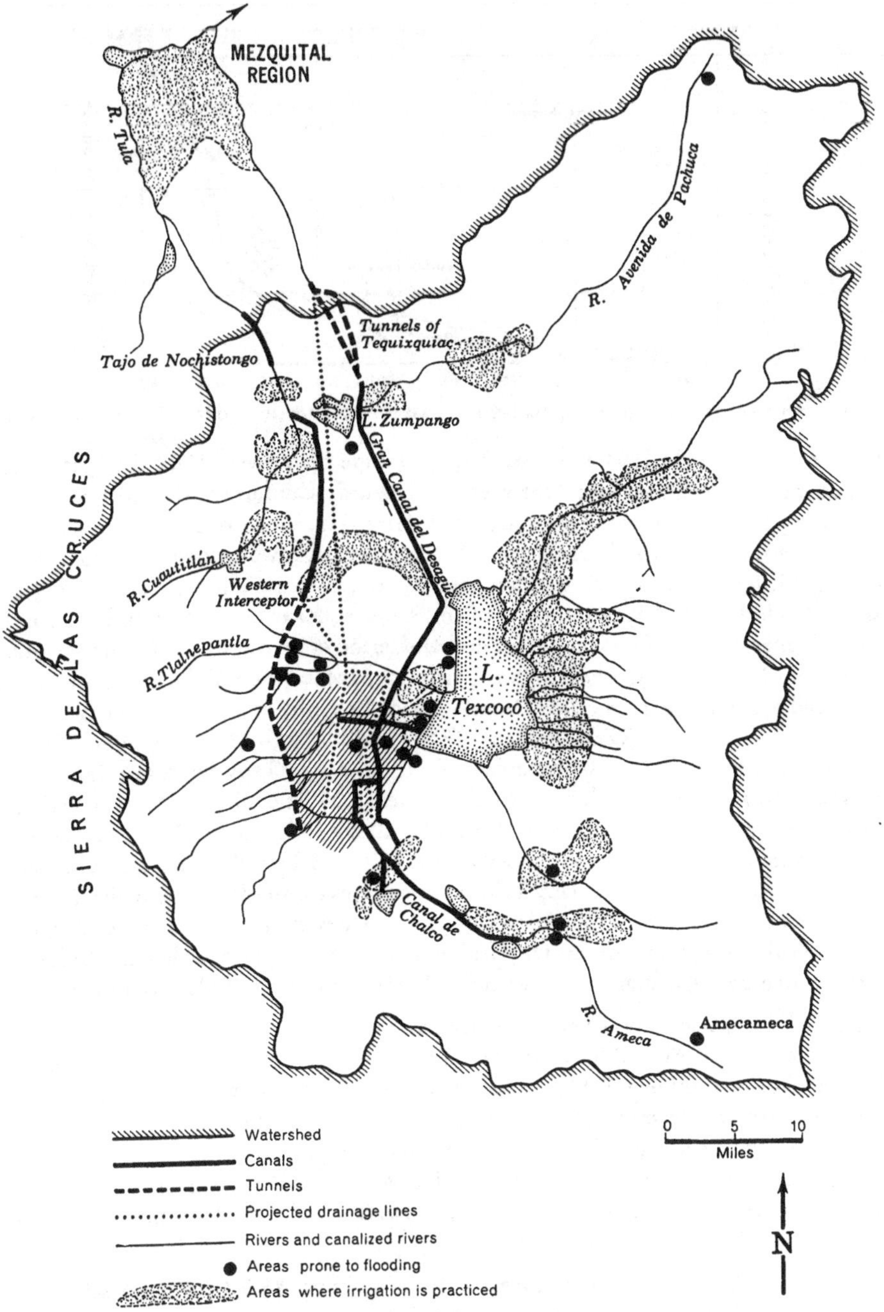

Abb. 147. Das Drainage-System des Hochtales von México (Wasserscheide, Kanäle, Tunnel, projektierte Drainage, Flüsse und kanalisierte Flüsse, Bewässerungsgebiete, Areale, die überflutungsgefährdet sind). (Nach D. F. Fox 1965. Geogr. Rev., Oct., 1965)

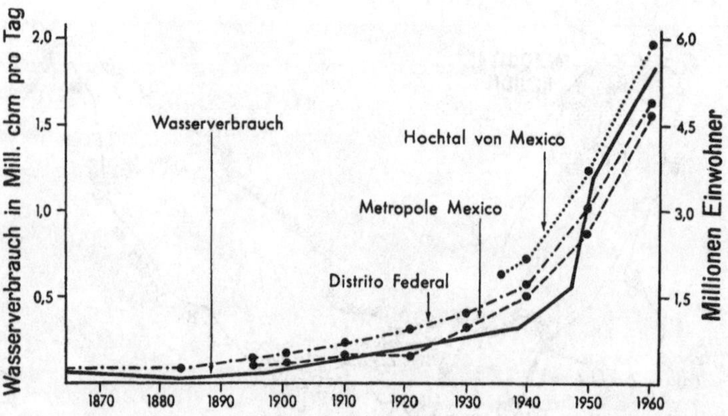

Abb. 148. Anstieg der Bevölkerungszahl und Wasserverbrauch in México D. F. von 1864–1960

In México D. F. wurde 1891 die erste Dampfpumpe installiert; 1908 die ersten elektrischen Pumpen. Über einen Aquädukt von 26 km wurde Ciudad de México aus der Region von *Xochimilco* versorgt, seit 1936 durch Rohrleitungen. Der Aquädukt von *Chapultepec* aus der Kolonialzeit ist noch erhalten. 1922 wurden durch Pumpen 63 Mio. m^3 Wasser jährlich gefördert. 1940–1946 wurden aus 58 artesischen Brunnen täglich 234 000 m^3 Wasser gefördert. 1942 begann man mit dem Projekt „*Alto Lerma*", d. h. aus dem 275 m höher gelegenen Tal von *Toluca*, in dem der Rio Lerma entspringt, Wasser für México D. F. zu gewinnen. Ein Aquädukt von 24 km Länge im Hochtal von *Toluca* soll an die 14 km Tunnelstrecke durch die *Sierra Los Cruces-Ajusco* anschließen. Der Tunnel ist mit einem Durchmesser von 2,6 × 3,2 m geplant [855, 859]. Nach Angaben des Wasserbauministeriums ist im Mai 1967 die Inbetriebnahme des ersten Teils der Wasserleitung gemäß dem „*Plan Alto Lerma*" erfolgt; dadurch können 1,08 Mio. E. im Distrito Federal mit Trinkwasser beliefert werden. Die 2. Etappe dieses mit einem Kostenaufwand von 550 Mio. mex. $ kalkulierten Vorhabens sollte 1967/68 betriebsfertig sein und weiteren 1,08 Mio. E. zugute kommen. Das Trinkwasserprojekt umfaßt zugleich die Erneuerung des Verteilernetzes in über 400 Ansiedlungen und dessen Ausdehnung auf bisher noch nicht angeschlossene Gebiete im Distrito Federal. Außerdem wurden zahlreiche Stauanlagen in den umliegenden Bergen errichtet [1350], mehr als 25 Anlagen im W.

Eine zusätzliche Versorgungsquelle soll erschlossen werden: die Schmelzwasser der *Sierra Nevada*, die aus den Firnfeldern (untere Grenze 4400 m) der Vulkanberge *Popocatépetl* und *Ixtaccíhuatl* stammen [192, 193, 194]. Man rechnet mit einer Abflußmenge von 1,5 bis 2 m^3 pro sec. in etwa 3600 m Höhe, zu $^2/_3$ oberflächlich, zu $^1/_3$ subterran [255]. Als kühnster und teuerster Plan zur Versorgung des Hochtales mit Wasser sollen vom *Rio-Balsas*-System mit einem Aufwand von 1,1 Mrd. mex. $ 10 m^3 pro sec. in Rohren bei einer Fließgeschwindigkeit von 1 m/sec. „gefördert", d. h. ins Hochtal hinaufgepumpt werden.

Landwirtschaft im Hochtal von Mexico. Es gibt etwa 86 000 ha agrarisch genutztes Kulturland im Hochtal, davon werden 30 000 ha mit Hilfe von Bewässerung genutzt.

Mais, Alfalfa und Bohnen machen nach Menge und Wert den größten Anteil des Anbaues aus. Einerseits lebt die kleinbäuerliche Bevölkerung von dieser Landwirtschaft, andererseits sind landwirtschaftliche Kulturen zur Versorgung der Großstadt von größter Wichtigkeit, z. B. für Milch und Frühgemüse. Während Frühgemüse z. gr. T. in kleinbäuerlichen Betrieben erzeugt werden, stammen die Milchprodukte aus Großbetrieben. Jedenfalls ist für diese Nutzung eine ungeheure Menge von Wasser notwendig, allein in Anbetracht der Verdunstungsmengen der Pflanzen [1191]. Die Nutzviehhaltung ist bedeutend.

Landbeschaffenheit und -nutzung im Hochtal von Mexico

	Areal in ha	% Anteil	hügelig ha	in %	gebirgig ha	in %
Prozentanteil am Hochtal	18,1	23,9	58,0			
Städt. Siedlungen	23 700	16,0	15 140	7,7	–	–
Kulturland	85 990	58,0	156 360	80,3	124 300	26,4
Seen	20 220	13,6	720	0,4	–	–
versalzt	18 410	12,4	22 580	11,6	–	–
Wald	–	–	–	–	86 680	18,3
zur Wiederbesiedlung	–	–	–	–	172 920	36,5
versch. Nutzung	–	–	–	–	88 280	18,8
zusammen	148 320	100,0	194 800	100,0	472 180	100,0

Quelle: *Ing. Hidr.* 1, 1961.

Entwicklung und Planung. Daß Wachstum an Bevölkerungszahl, Zunahme der Industrie und ihre Versorgung, dadurch bedingtes Absinken des Grundwasserspiegels und Versteppung des Hochtales nicht mehr im bisherigen Tempo weitergehen können, wenn nicht eine fürchterliche Metropolis in Wüstenstaub, Abgas und Abwasserschlamm anstelle der einst fruchtbaren, lieblichen, grünen amphibischen Landschaft der Aztekenkultur das Resultat werden soll, ist den Mexicanern klar [890].

In „*Mesas Redondas sobre Problemas del Valle de México*" wurde im Rahmen der Kommission des „*Instituto Mexicano de Recursos Naturales Renovables*" [1183] sowie des öfteren in der *Ingeniería Hidráulica* [1175] über die Probleme und Pläne und zu ergreifenden Maßnahmen zur groß angelegten Landesplanung für das Hochtal publiziert.

Die Planung schließt die Hochtäler von *Puebla* im O und des *Rio Mézquital* im N mit ein [1159]. Danach soll das gegenwärtig bebaute Stadtgebiet *Ciudad de México* vornehmlich nur noch nach S um etwa 5 km ausgebaut werden. Für weitere städtische Siedlungen sind die Fußflächen der Hänge der *Sierra Rio Frío* und *Sierra Nevada* im O des Hochtales sowie vor der *Sierra de las Cruces* im NW des Hochtales um *Cuautitlán* vorgesehen. Satellitenstädte von 100 000 bis 200 000 E. sollen entstehen. Der Talboden soll vornehmlich landwirtschaftlich genutzt werden, gegen Staubstürme sollen Waldstreifen entlang der Kanäle des *Texoco*-Seebodens angelegt werden. Die umliegenden Berge sollen aufgeforstet werden.

Mensch, Wohnsiedlungen, Industrieanlagen, Landwirtschaft, Bewässerung, Naturschutzgebiete, Erholungsgebiete, Wasserversorgung und Abwasserreinigung sollen aufeinander abgestimmt und in ihrem Ausmaß und ihrer regionalen Verteilung in ein Ordnungssystem eingebracht werden, das vor der gefürchteten Vision des „Siedlungsbreies" der Metropolis bewahrt, wenn es noch nicht zu spät dazu ist!

Neueste Zahlen zur Bevölkerung)*

Mexico: Fläche und Bevölkerung 1967 (Nach WITTHAUER 1969)

Staaten und Territorien	km²	Sch. 1967 Einw.	E/km²	Hauptstadt	Z. 1960 Einw.
Baja California	71 627	934 202	13	Mexicali	174 540
Baja California Sur	72 465	100 354	1	La Paz	24 253
Nayarit	27 053	480 442	18	Tepic	54 069
Sinaloa	58 488	1 019 361	18	Culiacán	85 024
Sonora	182 553	1 059 770	6	Hermosillo	95 978
Coahuila	150 395	1 068 416	7	Saltillo	98 839
Chihuahua	245 612	1 594 319	6	Chihuahua	150 430
Durango	123 520	869 384	7	Durango	97 305
Nuevo León	65 103	1 407 596	22	Monterrey	596 939
San Luis Potosí	63 241	1 209 480	19	San Luis Potosí	159 980
Tamaulipas	79 602	1 315 870	16	Ciudad Victoria	50 797
Zacatecas	73 454	945 919	13	Zacatecas	31 701
Aguascalientes	5 486	291 928	54	Aguascalientes	126 617
Distrito Federal	1 483	6 778 031	4 570	Ciudad de México	2 832 133
Guanajuato	30 575	2 095 634	68	Guanajuato	28 212
Hidalgo	20 870	1 110 905	53	Pachuca	64 571
Jalisco	81 058	3 096 430	38	Guadalajara	736 800
Michoacán	60 093	2 234 363	37	Morelia	100 828
Morelos	4 964	493 714	99	Cuernavaca	37 144
Puebla	33 995	2 263 520	66	Puebla	289 049
Querétaro	11 480	413 368	36	Querétaro	67 674
Tlaxcala	4 027	398 588	99	Tlaxcala	7 545
Campeche	50 952	210 926	4	Campeche	43 874
Quintana Roo	50 350	77 765	1	Chetumal	12 855
Tabasco	25 337	619 369	24	Villahermosa	52 262
Veracruz	71 896	3 348 844	47	Jalapa	66 269
Yucatán	38 508	693 445	18	Mérida	170 834
Colima	5 205	215 245	41	Colima	43 518
Chiapas	74 415	1 484 873	20	Tuxtla Gutiérrez	41 244
Guerrero	64 458	1 421 038	22	Chilpancingo	18 022
Oaxaca	94 211	1 982 159	21	Oaxaca	72 370
Inseln	5 379				
Estados Unidos Mexicanos	1 969 269	43 596 675	22		

*) Die in der Tabelle von WITTHAUER aufgeführten Zahlen weisen z. T. Differenzen mit den Zahlen der Tabellen dieses Buches auf, u. a. Zahlen der Gemeinden und der Städte gleichen Namens. Von Bedeutung sind hier in dieser Tabelle die geschätzten Zahlen von 1966 und 1967.

Für die erstaunlich rasch wachsenden Großstädte wurden von der mexicanischen Statistik Mitte 1966 folgende Einwohnerzahlen errechnet:

Ciudad de México, D. F.	3 269 335
Guadalajara, Jal.	1 124 018
Monterrey, N. L.	872 578
Ciudad Juárez, Chih.	415 495
Puebla de Zaragoza, Pue.	349 459
Mexicali, B. C.	318 756
León, Gto.	290 512
Tijuana, B. C.	268 175
Torreón, Coah.	220 105
Chihuahua, Chi.	209 632
Mérida, Yuc.	190 390
San Luis Potosí, S. L. P.	185 448
Veracruz Llave, Ver.	179 652
Hermosillo, Son.	155 002
Aguascalientes, Ags.	152 298
Tampico, Tamps.	143 572
Villa de Guadalupe, D. F.	141 683
Matamoros, Tamp.	141 222
Morelia, Mich.	133 949
Durango, Dgo.	130 737
Nuevo Laredo, Tamp.	123 442
Saltillo, Coah.	121 990

Mexico zählt zu den Ländern mit gegenwärtig über jährlich 3 % liegenden Bevölkerungszunahmen, und die Einwohnerzahlen 1966/67 dürften 42,3 und 43,6 Millionen betragen.

Vorwort zur Bibliographie

Im Verlaufe meiner während der Reise in Mexico seit 1955 begonnenen Arbeiten über dieses Land habe ich mein Augenmerk u. a. auf die Sammlung von Material zu einer geographischen Bibliographie von Mexico gerichtet. Während meiner Reisen in Mexico 1955, 1961, 1962 und 1964 bot sich zu dem genannten Zweck außerdem während meiner Gastprofessuren in den USA in Berkeley (Kalifornien) 1961 und in Baton Rouge (Louisiana) 1964 Gelegenheit zur Auswertung der dortigen Universitätsbibliotheken. Es wurde eine Bibliographie zur geographischen Literatur von Mexico, eine speziell länderkundliche Bibliographie erarbeitet und zusammengestellt, die unter Berücksichtigung spanischer, englischer und deutscher Literatur eine nach geographischen Sachgebieten geordnete und aus vielen tausend Titeln herausgearbeitete Auswahl darstellt.

Die Art der Anordnung der Kapitel wurde vom Material her entwickelt. Diese Bibliographie umfaßt 1420 Titel.

Eine geographische Bibliographie von Mexico von BASSOLS BATALLA mit etwa 4000 Titeln hat mehr den Charakter einer Sammlung, berücksichtigt alle aufgefundenen Titel und ist nach Staaten geordnet. Die Bibliographie der „American Geographical Society of New York" umfaßt den Hausbestand der dortigen Bibliothek in Form von photographierten Karteikarten. Bei Aufnahme aller Titel, die in den im Anhang genannten Bibliotheken und Archiven auffindbar sind, würde die Gesamtliste auf über 10 000 Titel anwachsen. Schon Bibliographien zu einzelnen Staaten sind sehr umfangreich: HELBIG zu Chiapas, 200 Titel, GIERLOFF-EMDEN zu Baja California, 486 Titel. Mit solcher Sammlung würde viel Material erfaßt werden, das für die allgemeine Information und länderkundliche Arbeit nicht in erster Linie gebraucht würde. Zur Archäologie, deren Literatur zu Mexico überaus zahlreich ist, wurde hier nur eine geringe Zahl von Titeln aufgenommen, darunter auch zusammenfassende Sekundärliteratur, die dem Länderkundler und nicht speziell dem Archäologen zur Information dienen kann.

Da jede Bibliographie, wenn sie nach Sachgebieten aufgestellt wird, in ihrer Anordnung einen gewissen subjektiven Charakter trägt, wurden, um eine möglichst allgemeine Benutzung zu ermöglichen, nach jedem Kapitel als Hinweis diejenigen Titel mit Nummern aufgeführt, die u. a. auch zu dem jeweiligen Kapitel Bezug haben, aber vom Verfasser der Bibliographie wegen ihrer hauptsächlichen Bedeutung unter einem anderen Kapitel ausführlich aufgeführt worden sind. So soll den Ansprüchen der Benutzung in jeweils mehr regionaler oder mehr allgemein-geographischer Hinsicht genügt werden. Die Bibliographie soll über den Rahmen des Buches hinaus die Möglichkeit zur Information über Mexico geben.

Ein Autorenregister wurde nach den aufgeführten Titeln zusammengestellt und ermöglicht den Eingang vom Autorennamen her.

Die Bibliographie ist bibliographisch einheitlich aufgestellt und durchgearbeitet worden, d. h. technische Aufstellung, Ordnung, Abkürzungen u. dgl., Datum, Ausgabe, Ortsangabe sind einheitlich weitgehend unter Berücksichtigung allgemeiner bibliographischer Richtlinien dokumentiert. Diesen technischen Teil bearbeitete L. GIERLOFF-EMDEN.

Da länderkundliche Bibliographien, insbesondere nach geographischen Sachgebieten geordnet, besonders dann eine wissenschaftliche Informationsquelle darstellen, wenn sie von einem Fachwissenschaftler zusammengestellt worden sind und nicht nur die Materialsammlung technisch versierter Bibliothekskräfte darstellen, sollten etwa auftretende bibliographisch-technische Mängel für den Geographen nicht gravierend sein.

Inhaltsverzeichnis zur Bibliographie

Bibliographie zu Mexico

1. Länderkunden, Handbücher

1. *Anuario de Geografía* 1961. Vol. 1. México D. F., UNAM, Fac. filos. y lettras 1962. 330 S., Kt., Fig.

2. Callegari, G. V. e A. A. Michieli [1931]: *Messico, America Centrale e Arcipelago Colombiano.* Milano 1931. 347 S., 7 Kt., 9 Taf., 192 Abb. u. Kt. i. Text. (Terra Nazioni, Geogr. univ. Bd VI.)

3. *Estructura económica y social de México.* México D. F.: Fondo de cultura económica. (Ca. 40 Bde vorgesehen.)

4. Galindo y Villa, J. [1950]: *Geografía de México.* 2. Ed. rev. por Dolores Galindo y Villa. Barcelona 1950. 235 S., 2 Kt., 20 Taf., 65 Abb. (Colección labor. Secc. 7: Geografía, Nr 275.)

5. Garcia Cubas, A. [1885]: *Cuadro geográfico, estadístico, descriptivo e histórico de los Estados Unidos Mexicanos.* México: Oficina de tipografía de la secretaría de fomento 1885. 474 S., Ill.

6. Gierloff-Emden, H. G. [1963]: *Mittelamerika.* Gütersloh: Bertelsmann Verlag 1963. (Die Große Bertelsmann Lexikon Bibliothek. Bd 13: Die Große Illustrierte Länderkunde. Bd 2. S. 915–1058.)

7. Hagen, H. B. [1934]: *Mexiko.* Potsdam: Akad. Verlagsges. Athenaion 1934. (Handbuch der geographischen Wissenschaft von Klute. 1. Bd: *Nord- und Mittelamerika, die Arktis in Natur, Kultur, Wirtschaft.* S. 390–442, Taf. 23–24, Abb. 357–384.

8. *Handbook of Middle American Indians.* Hrsg. R. C. West and R. Wauchope. Vol. 1–11. Austin 1964. (Ed. at Middle Am. Research Inst., Tulane Univ.) Vol. 1: Hrsg. R. West: Natural environment and early cultures. 570 S., zahlr. Textabb., Kt., Tab. Bibliogr. und Index.

9. Humboldt, A. de [1807]: *Voyage aux régions équinoxales du Nouveau Continent* fait en 1799, 1800, 1801, 1802, 1803 et 1804 par Alexandre de Humboldt et Aimé Bonpland, redigé par A. de Humboldt. Paris: Schoell, Dufour, Maze et Gide 1807 et années suivantes.

10. Humboldt, A. von [1809]: *Versuch über den politischen Zustand des Königreiches Neuspanien.* Tübingen 1809. T. 1–5. Im Ausz.: 2 T. in 1 Bd. Stuttgart um 1910. XII, 312, 264 S.

11. Humboldt, A. de [1811]: *Atlas géographique et physique du royaume de la Nouvelle-Espagne.* Fondé sur des observations astronomiques, des mesures trigonométriques et des nivellements barométriques par A. de Humboldt. Paris: Schoell 1811. 20 Ct. Paris: Dufour 1812. 2 Bl., 4 S. Mit 12 Kt. u. 8 Kupfertaf. auf 18 Bl. (Nach Graesse Bd XIX des großen Amerika-Reisewerkes.)

12. Humboldt, A. de [1811]: *Essai politique sur le royaume de la Nouvelle-Espagne.* Paris 1811. 5 Bde. 1 Kt. oder dass.: Paris: Schoell 1811. 2 Vol. avec un atlas de 20 cartes in Fol., XCII, IV, 904 S.

13. Humboldt, A. de [1825–27]: *Voyage aux régions équinoxales du Nouveau Continent* fait en 1799, 1800, 1801, 1802, 1803 et 1804 par Alexandre de Humboldt et Aimé Bonpland, redigé par A. de Humboldt. 2. franz. Aufl., Vol. XXV et XXVI.

14. Humboldt, A. de [1941]: *Ensayo político sobre el reino de la Nueva España.* Übers. von V. A. Robles. 6. span. Aufl. Bd 1–4 u. Atlas. México D. F.: Robredo 1941. (Edición crítica, con una introducción biográfica, notas y arreglado de la versión española.)

15. Izquierdo y Croselles, J. [1929]: *Geografía de México.* Granada: Ed. Urania 1929. 139 S., 5 Kt., 149 Abb.

16. James, P. E. [1942]: *Latin America. Mexico:* S. 146–158, Kt. 28, 29. New York 1942.

17. Länder-Lexikon [1958–60]: *Mexiko:* S. 1179–1216. A. Schmidt (Bearb.). 2. Aufl. Bd III. Hamburg: Hamburgisches Welt-Wirtschafts-Archiv. 1958–60.

18. Lauersen, W., K. Heinrich u. a. [1956]: *Mexiko.* Hrsg. Inst. f. Weltwirtsch. a. d. Univ. Kiel gemeins. m. d. Wirtsch.-Vereinig. Eisen- u. Stahlind. Kiel: Inst. f. Weltwirtsch. 1956. 7. 117 S. m. Darst. 1 Faltkt. (Stahlwirtsch. Länderber. H. 4.)

19. *México 1960.* [1962]. México D. F.: Banco nacional de comercio 1962. 366 S., Kt.

20. *México, 50 años de revolución.* [1960–62]. Prólogo de Adolfo López Mateos. Vol. 1–4. México D. F.: Fondo de cultura económica 1960–62. Vol. 1: La economía. 1960. Ca. 550 S. Vol. 2: La vida social. 1961. 570 S. Vol. 3: La política. 1961. 588 S. Vol. 4: La cultura. 1962. Ca. 550 S.

21. *México, 50 años de revolución* [1963]. La economía. La vida social. La política. La cultura. (Zsfassung des 1960–62 in 4 Bdn erschienenen Werkes.) Prólogo de Adolfo López Mateos. México D. F.: Fondo de cultura económica 1963. 502 S.

22. Mühlenpfordt, E. [1844]: *Versuch einer getreuen Schilderung der Republik Mejico besonders in Beziehung auf Geographie, Ethnographie und Statistik.* Nach eigener Anschauung und den besten Quellen bearb. Bd 1 u. 2. Hannover: Kins 1844. Bd 1: Überblick über das Land im allgemeinen. 472 S. Bd 2: Beschreibung der einzelnen Landestheile. 552 S.

23. Noriega, E. [1898]: *Geografía de la República Mexicana.* México: Bouret 1898.

24. Riquelme-Inda, J. [1946]: *Monografías geográficas sintéticas.* Datos históricos, geográficos, estadísticos, agricolas, comerciales, vias de comunicación. Con los 28 mapas de los 28 estados más una carta de la República. México D. F.: Confederación de camaras nacionales de comercio 1946. 432 S., Kt., Ill.

25. Sanchez, P. C. [1938]: *Geografía física, con aplicaciones a la República Mexicana.* 4. Ed. México D. F. 1938. 146 S., Kt. (Inst. panam. Geogr. Hist. Publ. Nr 7.)

26. Santibañez, E. [1921]: *Geografía nacional de México.* México D. F. 1921.

27. Sapper, K. [1928]: *Mexiko. Land, Volk und Wirtschaft.* 2. Aufl. Wien: Seidel 1928. 164 S., 28 Fotos, 1 Kt.-Skizze.

28. Schmieder, O. [1943]: *Länderkunde Mittelamerikas. Westindien, Mexiko* (S. 77–142) *und Zentralamerika.* Leipzig u. Wien: Deuticke 1943. 194 S., 39 Kt. u. Prof., 24 Abb.

29. Schmieder, O. [1962]: *Die Neue Welt.* 2 Bde. 1. T.: *Mittel- u. Südamerika.* S. 1–60 Allg., S. 112–205 *Mexiko.* Heidelberg u. München: Keyser 1962.

30. Schumacher, K. von [1928]: *Mexiko und die Staaten Zentralamerikas.* Zürich u. Leipzig 1928. (Aufbau moderner Staaten. Bd 3.)

31. Sorre, M. [1928]: *Mexique, Amérique Centrale. Mexique:* S. 15–71. Paris: Colin 1928. 234 S., Kt., Ill., Abb. (Géographie universelle. T.14. Ed. Vidal de la Blache.)

32. Staub, W. u. C. Seler-Sachs [1927]: *Mexiko.* Leipzig 1927. (Das Erdbild der Gegenwart. Bd 2. S. 653–691, Kt., Fotos.)

33. Tamayo, J. L. [1961]: *Geografía moderna de México.* Ajustado a los programas vigentes de segunda enseñanza. 4. Ed. México D. F.: Trillas 1961. 405 S., Kt., Ill., Fotos.

34. Tamayo, J. L. [1962]: *Geografía general de México.* 2. Ed. Vol. 1–4. Atlas. México D. F.: Inst. Mexicano de investigaciones económicas 1962. Vol. 1: Geografía física. 562 S. Vol. 2: Geografía física. 648 S. Vol. 3: Geografía biológica y humana. 618 S. Vol. 4: Geografía económica. 777 S. Atlas geográfico general de México. (Atlas thematischer Karten.)

35. Velasco, A. L. [1889–1898]: *Geografía y estadística de la República Mexicana.* Vol. 1–20. (Versch. Staaten Mexicos.) México: Oficina de tipografía de la secretaría de fomento 1889–1898.

36. Vivo, J. A. [1958]: *Geografía de México.* 4. Ed. México D. F., Buenos Aires 1958. 349 S., 39 Abb.

37. Zepeda, T. [1961]: *La República Mexicana.* Geografía y atlas. 2. Ed. México D. F.: Ed. Progreso 1961. 160 S. (Geografías de la Editorial Progreso).

Siehe auch → Nr 1315, 1365.

Zu diesem Kapitel sind viele Literaturhinweise in den Titeln Nr. 7, 28, 29, 31 enthalten.

2. Atlanten, Lexika, Reisehandbücher

38. *Atlas correspondiente al libro de itinerarios y derroteros de la República Mexicana* [1926]. Hrsg. Secr. de guerra y marina, Dep. de estado mayor. México D. F. 1926. 37 Faltkt., versch. Maßstäbe.

39. *Atlas general de la República Mexicana* [1939]. Von R. Velasco u. Torribio jr. México D. F. 1939. 79 S. u. Kt.

40. *Atlas geográfico general de México* [1962]. Von G. L. Tamayo. 2. Ed. México D. F. 1962. 66 S. (Atlas thematischer Karten.)

41. *Atlas geográfico de la República Mexicana* [1923]. Hrsg. v. P. C. Sanchez. México D. F.: Secr. de agricultura y fomento, Dir. de estudios geográficos y climatológicos 1919–1921. 2. Ed. México D. F. 1923. 32 Kt., z. T. Faltkt. mehrfarb. i. Maßstab 1 : 1 Million o. 1 : 2 Millionen, jeweils m. 1 Bl. d. Orographie.

42. *Atlas geográfico de la República Mexicana por estados* [1946]. 95 cartas geográficas a colores y cada estado consta de las cartas política, orohidrográfica y municipal ... México D. F.: Secr. de agricultura y ganadería, Dir. general de geografía y meteorología 1946.

43. *Caminos de México* [1958]. 4. Ed. México D. F.: Goodrich-Euzkadi 1958. 310 S., Kt. (Guia Goodrich-Euzkadi i. Zsarb. m. d. Soc. mex. Geogr. Estad.)

44. *Catálogo de datos numéricos, geográficos y topográficos de la República Mexicana* [1935]. México D. F. 1935. (Secr. de agricultura y fomento, Dir. de estudios geográficos y climatológicos, Publ. Nr 8.)

45. *Coordenadas geográficas y alturas en metros sobre el nivel del mar de las cabeceras municipales de la República* [1944]. México D. F.: Secr. de la economía nacional, Dir. general de minas y petroleo, Oficina de explotación 1944. 66 S.

46. *Diccionario Porrua de historia, biografía y geografía de México* [1964]. México D. F.: Porrua 1964. 1721 S.

47. *División municipal de las entidades federativas* [1960]. Diciembre de 1959. México D. F.: Secr. de industria y comercio, Dir. general de estadística 1960. 99 S.

48. Emory, W. H. [1857]: *Report on the United States boundary survey.* Washington 1857. (34. Congr., 1 Sess. House, Ex. 135.)

49. Friederici, G. [1926]: *Hilfswörterbuch für den Amerikanisten.* Lehnwörter aus Indianersprachen und Erklärungen altertümlicher Ausdrücke. Deutsch-Spanisch-Englisch. Hamburg 1926. 115 S. (Abh. Geb. Auslandskde.)

50. Friederici, G. [1960]: *Amerikanistisches Wörterbuch mit Hilfswörterbuch für den Amerikanisten.* Deutsch-Spanisch-Englisch. 2. Aufl. Hamburg 1960. 831 S. (Abh. Geb. Auslandskde. Bd 53. Nr 29.)

51. Gierloff-Emden, H. G. [1963]: *Mexiko.* 85 S., Kt., Ill. Braunschweig. (Westermanns Lexikon der Geographie.)

52. Grenze gegen USA [1891–96]. *Report of the International Boundary Commission, United States and Mexico 1891–1896. Kt.*

53. Hepburn, A. [1960]: *Complete guide to Mexico.* New York: Doubleday & Co. 1960. 160 S., Kt., Fotos (American Travel Series.)

54. Holmer, N. M. [1964]: *The Indian place names in Mexico and Central America.* Uppsala, Kopenhagen 1964. 49 S. (Essays and Studies on American Language and Literature. 16.)

55. *Ibero-Amerika* [1960]. Ein Handbuch. Hrsg. Ibero-Amerika-Verein, Hamburg. 4. Ed. T. Mexiko S. 400–447. Hamburg 1960.

56. Leduc, A. y L. Lara Pardo [1910]: *Diccionario de geografía, historia y biografía Mexicanas.* Mexico D. F. 1910.

57. *Mexico and Central America* [1960–61]. A catalog of complete travel information. Ed. 1960–61 of the American Automobile Association, Washington. 303 S., Kt., Fotos.

58. *Mexico* [1956]. Official standard names approved by the United States Board on Geographic Names. Prepared in the Office of Geography, Dep. of the Interior. Gaz. Nr 15. Washington 1956. 750 S.

59. *Mexico* [1960]. Pref. by M. J. Camp. (Orig. text by Y. and A. Camp, Engl. version by L. Hudson.) Genf: Nagel 1960. 436 S., 2 Farbkt., 1 Taf. (The Nagel Travel Guide Series.)

60. Peñafiel, A. [1897]: *Nomenclatura geográfica de México.* Etimologías de los nombres de lugar correspondientes a los principales idiomas que se hablan en la República. México 1897. 564 S., 190 Taf.

61. Santa Maria, F. J. [1942]: *Diccionario general de americanismos.* Bd 1–3. México D. F.: Robredo 1942.

62. Santa Maria, F. J. [1959]: *Diccionario de mejicanismos.* México D. F.: Porrua 1959. 1221 S.

63. Sociedad Mexicana de geografía y estadística 1833–1933. [1933]. *Primer Centenario.* México D. F.: Soc. mex. Geogr. Estad. 1933. Vol. I: 456 S., 15 Taf. u. Kt. Vol. II: S. 457–774, 8 Taf., 8 Tab. (Enthält versch. Aufsätze zur Landeskunde von Mexico und einzelnen Landschaften.)

64. *The United States of Mexico* [1950]. S. 3–196. New York 1950. (Latin American Republics. Ed. E. P. Hanson. 3. Ed.)

65. Timm, Ch. A. [1941]: *The International Boundary Commission United States and Mexico.* Austin 1941. 291 S., Kt. (Univ. Texas Publ. Nr 4134.)

Siehe auch ➞ Nr 229, 1166, 1260, 1318, 1366.

3. Allgemeine Werke und Abhandlungen

66. Bahlsen, G. [1961]: *Mexiko.* Aufruhr und Beharrung. Stuttgart: Cotta 1961. 299 S.

67. Brandenburg, F. [1964]: *The making of modern Mexico.* Introd. by F. Tannenbaum. Englewood Cliffs, N. J.: Prentice-Hall 1964. 378 S.

68. Brehme, H. [1925]: *Mexiko.* Baukunst, Landschaft, Volksleben. Mit einer Einleitung von W. Staub. Berlin: Wasmuth 1925. 21 S., 256 ganzs. Fotos.

69. Bright, R. [1958]: *The Land and people of Mexico.* New York: MacMillan 1958. 90 S., Kt.

70. Brocklehurst, T. V. [1883]: *Mexico to-day.* A country with a great future and a glance at the prehistoric remains and antiquities of the Montezumas. 2. Ed. London: Murray 1883. 259 S., 56 Taf., Ill.

71. Cardona, S. A. de [1905]: *México y sus capitales.* Reseña histórica del país desde los tiempos más remotos hasta el presente; en la cual también se trata de sus riquezas naturales. México: Aguilar Vera Comp. 1905. 864 S., Ill., Fotos.

72. Carson, W. E. [1909]: *Mexico.* The wonderland of the south. New York: MacMillan 1909. 439 S.

73. Chevalier, M. [1864]: *Le Mexique ancien et moderne.* Paris 1864.

74. Downing, T. [1940]: *The Mexican earth.* New York: Doubleday 1940. 337 S., Ill.

75. Enock, R. C. [1912]: *Mexico.* Its ancient and modern civilisation, history and political conditions, topography and natural resources, industries and general development. Mit einer Einl. v. M. Hume. 3. Ed. London u. Leipzig: T. Fisher Unwin 1912. 362 S., 1 Kt., 75 Ill. (South Am. Ser. 3)

76. Farnham, T. J. [1846]: *Mexico.* Its geography, its people and its institutions. New York 1846.

77. Frank, J. M. [1938]: *Mexiko ist anders.* Eine Reise ins Land der Azteken. Berlin: Universitas 1938. 354 S., 1 Kt., 135 Fotos.

78. Gruening, E. [1928]: *Mexico and its heritage.* New York u. London: Stanley Paul & Co., The Century Co. 1928. 728 S., 1 Kt., 105 Ill. u. Fotos.

79. Helfritz, H. [1960]: *Mexiko.* Eine Reise durch alte Kulturen und moderne Zivilisation. (Neubearb. d. 2. T. d. 1954 ersch. Bandes „Mexiko und Zentralamerika".) Berlin: Safari 1960. 256 S., 2 Farbtaf., 2 Kt., 66 Fotos.

80. Humboldt-*Festschrift* [1910]: Wissenschaftliche Festschrift zur Enthüllung des von seiten seiner Majestät Kaiser Wilhelm II dem mexikanischen Volke zum Jubiläum seiner Unabhängigkeit gestifteten Humboldt-Denkmals. Von E. Wittich, H. Beyer, F. C. Damm y Palacio, P. Henning, K. C. Hoffmann, A. Krumm-Heller, O. Peust, P. Waitz. México: Müller Hnos 1910. 261 S., Kt. u. Abb.

81. Kusch, E. [1957]: *Mexiko im Bild.* Kultur, Land, Menschen. Nürnberg 1957. 200 S., 154 Abb., 160 Fig.

82. Lauterer, J. [1908]: *Mexiko.* Das Land der blühenden Agave einst und jetzt. Nach eigener Anschauung und Quellenstudien. Mit

117 Abb. nach altmexikanischen Originalen sowie nach photographischen Naturaufnahmen. 2. Aufl. Leipzig: Spamer 1908. 360 S., 117 Abb.

83. Lemcke, H. [1900]: *Mexiko, das Land und seine Leute.* Ein Führer und geographisches Handbuch unter besonderer Berücksichtigung der gegenwärtigen wirtschaftlichen Verhältnisse des Landes. Berlin 1900.
84. Leuenberger, H. [1962]: *Mexiko.* Land links vom Kolibri. Stuttgart: Steingrüben 1962. 315 S., Fotos.
85. MacHugh, R. J. [1914]: *Modern Mexico.* (Appendix mit dem vollen Text der mexikanischen Verfassung S. 229–336.) New York: Dodd, Mead 1914. 342 S., 1 Kt.
86. MacNally, E., E. Grumbine and A. MacNally [1947]: *This is Mexico.* New York: Dodd, Mead & Co. 1947. 216 S. Ill., Fotos.
87. Müller, J. W. v. [1865]: *Beiträge zur Geschichte, Statistik und Zoologie von Mexico.* Leipzig: Brockhaus 1865. 643 S., 1 Kt., 1 Prof.
88. Pferdekamp, W. [1955]: *Mexikokunde im deutschen Schrifttum.* 1955. (Mitt. Inst. Auslandsbez. 5–8. S. 206–213.)
89. Sartorius, C. [1859]: *Mexico und die Mexicaner.* Darmstadt 1859.
90. Sartorius, C. [1961]: *Mexico about 1850.* Repr. of „Mexico. Landscapes and popular sketches". Darmstadt 1858. „With 18 ill. by Moritz Rugendas." Stuttgart: Brockhaus 1961. 202 S.
91. Sauer, C. O. [1941]: *The personality of Mexico.* New York 1941. (Geogr. Rw Vol. 31. Nr 3. S. 353–364.)
92. Schmiedehaus, W. [1960]: *Mexiko.* Das Land der Azteken an der Schwelle der Zukunft. München: Goldmann 1960. 276 S., Fotos.
93. Staub, W. [1925]: *Mexiko.* Baukunst, Landschaft, Volksleben. Berlin 1925. 256 Abb. (Orbis Terrarum.)
94. Stevens-Middleton, R. L. [1956]: *La obra de Alexander von Humboldt en México.* Fundamento de la geografía moderna. México D. F. 1956. (Boln Soc. mex. Geogr. Estad. Vol. 81. Nr 2. 269 S., 1 Kt.)
95. Storm, M. [1932]: *Little-known Mexico.* The story of a search for a place. London: Hutchinson & Co. 1932. 288 S., 16 Taf.
96. Thümmel, A. R. [1848]: *Mexiko und die Mexikaner in physischer, socialer und politischer Beziehung, ein vollständiges Gemälde des alten und neuen Mexiko, mit Rücksicht auf die neueste Geschichte nach deutschen, französischen, englischen und amerikanischen Quellen dargestellt.* Erlangen: Palm 1848. 478 S.
97. Traven, B. [1928]: *Land des Frühlings.* Berlin 1928. 429 S., 64 Abb.
98. Tweedie, A. [1901]: *Mexico as I saw it.* London: Hurst & Blackett 1901. 472 S., 1 Kt., Ill., Fotos.
99. Verissimo, E. [1958]: *Mexiko – Land der Gegensätze.* Übers. a. d. Portug. v. T. Silbitzer. Wien, Berlin, Stuttgart: Neff 1958. 382 S.
100. Vivo, J. A. [1956]: *La enseñanza de la geografía en México.* México D. F.: Comisión de Geografía 1956. 132 S. (Colección „Enseñanza de la Geografía".)
101. Wolf, E. R. [1959]: *Sons of the shaking earth.* The people of Mexico and Guatemala, their land, history and cultures. Chicago 1959. 302 S., Abb. (Univ. Chicago Pr.)

Siehe auch → Nr 588, 1194, 1325, 1326, 1331, 1340, 1341, 1352, 1363, 1370, 1371. Zu diesem Kapitel sind viele Literaturhinweise in den Titeln 67, 100 enthalten.

4. Geologie, Bodenkunde

102. Anderson, C. A. [1950]: *The 1940 E. W. Scripps cruise to the Gulf of California.* P. 1: Geology of islands and neighboring land areas. Baltimore 1950. (Geol. Soc. Am., Mem. 43. 53 S., 3 Taf., 19 Fig.)
103. Beal, C. H. [1948]: *Reconnaissance of the geology and oil possibilities of Baja California.* Baltimore 1948. 138 S., Kt. (Geol. Soc. Am., Mem. 31.)
104. Böse, E. [1908]: *Zur Frage der Entstehung des sogenannten mexikanischen Zentralplateaus.* Stuttgart 1908. (Neues Jb. Min. Geol. Paläontol. 2., 21 S., 2 Taf.)
105. Congreso geologico internacional, México [1956]. *Exkursionen u. diverse Schriften.* México D. F. 1956. 74 S., 4 Kt.
106. Cserna, Z. de [1956]: *Tectónica de la Sierra Madre Oriental de México, entre Torréon y Monterrey.* México D. F. 1956. (XX. Congr. Geol. Intern. S. 1–87. 2 Kt., zahlr. Abb.)
107. Cserna, Z. de [1958]: *Notes on the tectonics of Southern Mexico.* In: Weeks, L. G.: Habitat of oil. 1958. (Am. Ass. Petrol. Geol. S. 523–532.)
108. Cserna, Z. de [1960]: *Orogenesis in time and space in Mexico.* Stuttgart 1960. (Geol. Rdsch. Vol. 50. S. 595–605.)
109. Eardley, A. J. [1962]: *Structural geology of North America.* 2. Ed. New York: Harper & Row 1962. 743 S., 15 Farbkt., viele Kt. i. Text. (Umfangreiche Bibliogr.)
110. Edwards, J. D. [1955]: *Studies of some early tertiary red conglomerates of Central Mexico.* Washington 1955. (US geol. Surv., Profess. Pap., 264 H, S. 153–185.)
111. Emmons, S. F. and G. P. Merrill [1894]: *Geological sketch of Lower California.* Baltimore 1894. (Bull. geol. Soc. Am. Vol 5. S. 489–514.)
112. Erben, H. [1956]: *Der Lias und der Dogger Mexikos und ihre intrakontinentalen Beziehungen.* Stuttgart 1956. 52 S., 4 Taf., 4 Kt., 7 Fig. (Sonderausg. d. N. Jb. Geol.)
113. Felix, J. u. H. Lenk [1889–1899]: *Beiträge zur Geologie und Paläontologie der Republik Mexiko.* 3 T. Leipzig 1889–1899.
114. Freudenberg, W. [1921]: *Geologie von Mexiko, dargest. nach d. Literatur und nach*

eigenen Forschungen. Berlin 1921. 232 S., 29 Kt., 1 Taf. (Enthält S. 158–166 Vulkanliste von Mexico mit Ausbruchszahlen. Nach J. AGUILERA. Aus „Handbuch der regionalen Geologie" ... Vereinigte Staaten von Nordamerika.)

115. FRIES, C. jr [1957]: *Bosquejo geológico de la región entre México D. F. y Acapulco, Guerrero*. México D. F. 1957. (Boln As. mex. Geol. Petrol. Vol 9. S. 287–434.)

116. FRIES, C. jr Ed.: *Estúdios geocronologicos de rocas Mexicanas*. México D. F. (Boln Inst. Geol. UNAM.)

117. FRIES, C. jr [1960]: *Geología del estado de Morelos y de partes adyacentes de México y Guerrero, región central meridional de México*. México D. F. 1960. 236 S., Kt. (Boln Inst. Geol. UNAM. 60.)

118. GARCIAS, V. R. y T. C. CHAPIN [1949]: *Geología de México*. México D. F. 1949. 202 S., 1 Kt., 6 Fig.

119. GONZALES REINA, J. [1959]: *Economic geology of Mexico and the importance of its problems*. Leipzig 1959. (Gerlands Beitr. Geoph. 68. 2. S. 65–74.)

120. GUZMAN, E. J. [1950]: *Geología del noreste de Guerrero*. México D. F. 1950. (Boln As. mex. Geol. Petrol. Vol. 2. S. 95–156.)

121. HEIM, A. [1940]: *The front ranges of Sierra Madre Oriental, Mexico, from Ciudad Victoria to Tamazunchale*. Basel 1940. (Ecl. Geol. Helv. Vol. 33. Nr. 2. S. 313–352.)

122. HOVEY, E. O. [1907]: *A geological reconnaissance in the western Sierra Madre of the State of Chihuahua, Mexico*. New York 1907. 41 S., 18 Taf., zahlr. Kt. u. Abb. (Bull. am. Mus. nat. Hist. 23.)

123. IMLAY, R. W. [1936]: *Geology of the western part of the Sierra de Parras*. Baltimore 1936. (Bull. geol. Soc. Am. Vol. 47. Nr 5. S. 1109–1152, Kt.)

124. IMLAY, R. W. [1938]: *Geology of the middle part of the Sierra de Parras, Coahuila, Mexico*. Baltimore 1938. (Bull. geol. Soc. Am. Vol. 49. S. 1651–1694, Kt. u. Abb.)

125. IMLAY, R. W. [1944]: *Cretaceous formations of Central America and Mexico*. 1944. (Bull. am. Ass. Petrol. Geol. Vol. 28. S. 1077–1196.)

126. KELLUM, L. B. [1936]: *Geology of the mountains west of the Laguna District, Mexico*. Baltimore 1936. (Bull. geol. Soc. Am. Vol. 47. S. 1039–1090.)

127. KELLUM, L. B. [1937]: *Geology of the sedimentary rocks of the San Carlos Mountains, Mexico*. Ann Arbor 1937. (Univ. Michigan Sts, Sci. Ser. Vol. 12. S. 1–97.)

128. KELLUM, L. B. [1944]: *Geologic history of northern Mexico and its bearing on petroleum exploration*. 1944. (Bull. am. Ass. Petrol. Geol. Vol. 28. S. 301–376.)

129. KELLUM, L. B., R. W. IMLAY and W. C. KANE [1936]: *Evolution of the Coahuila peninsula, Mexico*. P. I. Baltimore 1936. (Bull. geol. Soc. Am. Vol. 47. Nr 7, S. 969–1009.)

130. KELLY, W. A. [1936]: *Evolution of the Coahuila peninsula, Mexico*. P. II.: Geology of the mountains boardering the valleys of Acatila and Las Delicias. Baltimore 1936. (Bull. geol. Soc. Am. Vol. 47. S. 1009–1038, Taf., 2 Kt., Abb.)

131. KING, P. B. [1942]: *Tectonics of northern Mexico*. Washington 1942. (Proc. 8th Am. Sci. Congr. 1942. Vol. 4. S. 395–398, Kt.)

132. KING, R. E. [1939]: *Geological reconnaissance in northern Sierra Madre Occidental of Mexico*. Baltimore 1939. (Bull. geol. Soc. Am. Vol. 50. Nr 11. S. 1625–1722, Kt.)

133. KING, R. E. [1942]: *Paleozoic stratigraphy of Mexico*. Washington 1942. (Proc. 8th Am. Sci. Congr. 1942. Vol. 4. S. 109–119.)

134. KING, R. E. u. a. [1944]: *Geology and paleontology of the permian area northwest of Las Delicias, southwestern Coahuila, Mexico*. Baltimore 1944. (Geol. Soc. Am., Spec. Pap. 52.)

135. KRUCKOW, TH. [1959]: *Das Miozän der Golfküstenebene von Mexiko*. Stuttgart 1959 (Neues Jb. Min. Geol. Paläontol. Abh. 109, S. 130–146.)

136. KUEGELGEN, H. [1958]: *Der Aufbau der zentralen Sierra Madre Oriental, Mexiko*. Stuttgart 1958. (Z. dt. geol. Ges. Sonderausg. Bd 110. S. 117–142, 1 Kt., 1 Tb., 6 Fig.)

137. LOZANO GARCIA, R. [1951]: *Geología económica de los valles de San Vicente y de San Marcos, estado de Coahuila*. México D. F. 1951. (An. Inst. Geol., UNAM. Vol. 10. S. 1–59, Kt.)

138. MÜLLERRIED, F. K. G. [1948]: *Exploraciones geológicas en el centro de la región oriental del estado de Coahuila y en las porciones limitrofes del Nuevo León*. México D. F. 1948. (Boln Soc. mex. Geogr. Estad. Vol. 65. Nr 1. S. 15–118, Kt.)

139. MÜLLERRIED, F. K. G. [1957]: *La geología de Chiapas*. México D. F.: Gobierno const. del estado de Chiapas 1957. 180 S., 7 Kt., 5 Fig., 10 Abb.

140. MUIR, J. M. [1936]: *Geology of the Tampico region, México*. 1936. 280 S., 16 Taf., 3 Kt., 35 Fig., 9 Tab. (Am. Ass. Petrol. Geol.)

141. PALMER, R. H. [1928]: *Geology of southern Oaxaca, México*. Chicago 1928. (J. Geol. Vol. 36. Nr 8. S. 718–734.)

142. RICHARDS, A. F. [1959]: *Geology of the Islas Revilla Gigedo*. La Jolla, Calif. 1959. (Contribns Scripps Inst. Oceanogr. N. S. 1/38. Und: Boln volcanol. 1959. Ser. 2. Vol. 22. S. 73–123, Kt.)

143. SALAS, G. P. [1949]: *Bosquejo geológico de la cuenca sedimentaria de Oaxaca*. México D. F. 1949. (Boln As. mex. Geol. Petrol. Vol. 1. S. 79–156.)

144. SAPPER, K. [1899]: *Über Gebirgsbau und Boden des nördlichen Mittelamerika*. Gotha 1899. 119 S., 3 Kt., 25 Prof. (Peterm. geogr. Mitt. Erg. H. 127.)

145. SCHUCHERT, C. [1955]: *Atlas of paleographic maps of North America*. New York 1955.

146. SEGERSTROM, K. [1962]: *Geology of south-central Hidalgo and northeastern Mexico, Mexico*. Washington 1962. (US geol. Surv. Bull. Nr 1104–C. S. 87–162, Kt.)

147. SPENCER, J. W. [1897]: *Great changes of level in Mexico and the interoceanic connections.* Rochester 1897. (Bull. geol. Soc. Am. Vol. 9. S. 13–34, Abb. Fotos.)

148. STAUB, W. [1925–26]: *Die Hauptlinien im Bauplan von Mexiko.* Basel 1925–26. (Ecl. Geol. Helv. 19.)

149. STAUB, W. [1939]: *Ost-Mexiko, das Nordwest-Ende der mediterranen, orogenen Zone.* Stuttgart 1939. (Geol. Rdsch. 30. Nr 3–4. S. 346-351, 2 Kt.)

150. VILLADA, M. M. [1960]: *Suelos de la República Mexicana.* México D. F. 1960. (Ingen. hidrául. Vol. 14. Nr 2. S. 51–71. Nr 3. S. 63–73. Nr 4. S. 99–112, Kt.)

Siehe auch ➞ Nr: 158, 221, 222, 223, 224, 226, 227, 238, 248, 250, 259, 260, 273, 282, 351, 1002, 1013, 1016, 1026, 1028, 1040, 1054, 1062, 1063, 1064, 1066, 1070, 1073, 1077, 1089, 1091, 1093, 1094, 1108, 1134, 1168, 1198, 1225, 1233, 1307, 1348.

Zu diesem Kapitel sind viele Literaturhinweise in den Titeln Nr.: 103, 109, 114, 118, 138, 139, enthalten.

5. Vulkanismus

151. AGUILERA, J. [1937]: *Die tätigen Vulkane und erloschenen Kraterberge von Mexiko.* Heidelberg: Carl Winters Universitätsbuchhdlg 1937. (Handbuch der regionalen Geologie S. 60 ff. Siehe hierzu auch Nr 114.)

152. BLASQUEZ L., L. [1956]: *Volcanismo terciario y reciente del eje volcánico de México.* México D. F. 1956. (XX. Congr. geol. intern. Exk. 15.)

153. BLASQUEZ L., L., F. MOOSER, A. REYES LAGOS Y J. L. LORENZO [1961]: *Fenómenos geológicos de algunos volcanes Mexicanos.* México D. F. 1961. 108 S., Taf., Kt., Fotos. (Boln Inst. Geol. UNAM. Nr 61.)

154. BULLARD, F. M. [1947]: *Studies on Parícutin volcano, Michoacán, Mexico.* Baltimore 1947. (Bull. Geol. Soc. Am. Vol. 58. Nr 5. S. 433–449.)

155. CAMACHO, H.: *Apuntes acerca de la actividad actual del Popocatépetl en relación con la sismología.* México D. F. (An. Inst. Geol. UNAM. Vol. 2. Nr 1–3. S. 38–60.)

156. DIAZ, P. S. [1906]: *Efemerides del volcan de Colima.* Segun las observaciones practicadas en los observatorios de Zapotlan y Colima de 1893 a 1905. México: Secr. de Fomento 1906. 199 S., Taf.

157. DIETZ, R. S. and A. F. RICHARDS: *Volcanic eruption of San Benedicto Island, Mexico.* Baltimore. (Bull. geol. Soc. Am. Vol. 64. S. 1503 ff.)

158. DURHAM, J. W., A. R. V. ARELLANO and J. H. PECK jr. [1955]: *Evidence for no cenozoic Isthmus of Tehuantepec seaways.* Baltimore 1955. (Bull. geol. Soc. Am. Vol. 66. Nr 8. S. 977–92.)

159. ESPERANZA YARZA, L. [1948]: *Los volcanes de México.* México D. F. 1948. 187 S., 11 S. Abb. (Soc. mex. Geogr. Estad. Temas de México, Ser. geogr. 3.)

160. FOSHAG, W. F. and J. GONZALES-REYNA [1956]: *Birth and development of Parícutin volcano, Mexico.* Washington 1956. (Bull. US geol. Surv. 965–D. VI. S. 355–489, Kt., Abb.)

161. FRIEDLÄNDER, I. [1923]: *Über das Vulkangebiet von San Andrés Tuxtla in Mexiko.* Berlin 1923. (Z. Vulkan. Bd 8. S. 162–173, 8 Taf.)

162. FRIEDLÄNDER, I. [1930]: *Über die mexikanischen Vulkane Pico de Orizaba, Cerro de Tequila und Colima.* Berlin 1930. (Z. Vulkan. Bd 8. H. 3. S. 154–164, 8 Taf., 3 Kt.)

163. GONZALEZ-REYNA, J. [1958]: *Erupción del Volcán de Fuego de Colima.* 1958. 18 S., 8 Taf., 8 Abb.

164. KRAUSKOPF, K. B. [1948]: *Mechanism of eruption at Parícutin volcano, Mexico.* Baltimore 1948. (Bull. geol. Soc. Am. S. 1267–1283.)

165. ORDOÑEZ, E. [1936]: *Principal physiographic provinces of Mexico.* 1936. (Bull. am. Ass. Petrol. Geol. Vol. 20. Nr 10. S. 1277–1307.)

166. SALAS, G. P. Y LOPEZ-RAMOS, E. [1951]: *Geología y tectónica de la región de Macuspana, Tabasco y parte norte de Chiapas.* México D. F. 1951. (Boln As. mex. Geol. Petrol. Vol. 3. Nr 1 u. 2. S. 3–56.)

167. SANCHEZ, P. C. [1942]: *Los sismos y volcanes en la República Mexicana.* México D. F. 1942. (Inst. panamer. Geogr. Hist. Publ. Nr 66. S. 29–44.)

168. TERMER, F. [1952]: *Der Parícutin-Vulkan in Michoacán, Mexiko.* Hamburg 1952. (Mitt. geogr. Ges. Hamburg. Nr 50. S. 5–41, Kt.)

169. WILCOX, R. E. [1954]: *Geology of Parícutin volcano, Mexico.* Washington 1954. (US geol. Surv. Bull. Nr 965–C. S. 281–349, Ill.)

170. WILLIAMS, H. [1945]: *Geologic setting of Parícutin volcano.* 1945. (Transact. am. geophys. Un. Vol. 26. Nr 2. S. 255–256.)

171. WILLIAMS, H. [1950]: *Volcanoes of the Parícutin region, Mexico.* Washington 1950. (US geol. Surv. Bull. Nr 969–B. S 165–279, Kt.)

Siehe auch ➞ Nr 165, 198, 233, 1162, 1312.

6. Morphologie

172. BONET, F. [1953]: *Cuevas de la Sierra Madre Oriental en la región de Xilitla.* México D. F. 1953. 96 S., 11 Kt., Abb. (Boln Inst. Geol. UNAM. Nr 57.)

173. COOK, SH. F. [1949]: *Soil erosion and population in Central Mexico.* Berkeley: Univ. Calif. Pr. 1949. 86 S., 22 Fig. (Ibero-Americana. 34.)

174. COOK, SH. F. [1963]: *Erosion morphology and occupation history in western Mexico.* Berkeley 1963. (Anthropol. Rec. Vol. 17. Nr 3. S. 281–334, 3 SK., 12 Fig., 10 Tab.)

175. CORBEL, J. [1959]: *Karsts du Yucatán et de la Floride.* Paris 1959. (Bull. Ass. Géogr. franç. Nr 282–283. S. 2–14, Kt.)

176. ENJALBERT, M. H. [1964]: *Phénomènes karstiques au Mexique et au Guatémala.* Paris 1964. (Bull. Ass. Géogr. franç. Nr 324–325. S. 30–58, Abb.)

177. FRÜH, J. [1898]: *Neue Reisen in die Schneeregion des Popocatépetl und Ixtaccíhuatl.* Braunschweig 1898 (Globus. Bd 73. Nr 4. S. 1–5, Abb.) (Skizze des Gletscherendes.)

178. GERSTENHAUER, A. [1960]: *Der tropische Kegelkarst in Tabasco, Mexiko.* Berlin 1960. (Z. Geomorph. Supplementbd 2. S. 22–48, 11 Abb., 3 Kt., 2 Prof., 2 Tab.)

179. HEALD, W. F. [1958]: *How deep are those Mexican barrancos?* 1958. (Pacific discovery. Vol. 11. Nr 5. S. 22–27, Kt.)

180. LOPEZ, E. [1921]: *Los regiones naturales de México.* México D. F. 1921. (Mem. Rev. Soc. Cient. Vol. 45. S. 147–164.)

181. LORENZO, J. L. [1959]: *Los glaciares de México.* 2. Ed. México D. F. 1959. 124 S., Kt. (Inst. Geof. UNAM. Monografias 1.)

182. MAYERS, A. [1958]: *Caves of Yucatán and Guatemala.* Washington 1958. (Bull. Nat. Speleolog. Soc. Nr 20. S. 51–57, Kt.)

183. ORDOÑEZ, E. [1942]: *Las provincias fisiográficas de México.* México D. F. 1942. (Rev. geogr. Inst. panamer. Geogr. Hist. Vol. 1. Nr 2 u. 3. S. 133–181.) Vergl. hierzu Nr 165.

184. POWELL, J. [1963]: *Three caves of Yucatán.* Washington 1963. (Nat. speleolog. Soc. news. Vol. 21. Nr 11. S. 170–172.)

185. SANDERS, E. M. [1921]: *The natural regions of Mexico.* New York 1921. (Geogr. Rw. Vol. 11. Nr 1. S. 212–226, 5 Kt., 1 Zeichng)

186. SEGERSTROM, K. [1950]: *Erosion studies at Parícutin, state of Michoacán, Mexico.* Washington 1950. 164 S., Kt. (US geol. Surv. Bull. Nr 965–A.)

187. SEGERSTROM, K. [1960]: *Erosion and related phenomena at Parícutin in 1957.* Washington 1960. 18 S. (US geol. Surv. Bull. Nr 1104–A.)

188. TAMAYO, J. L. [1941]: *Morfología de la República Mexicana y división regional de la misma.* México D. F. 1941. (Rev. geogr. Inst. panamer. Geogr. Hist. Vol. 1. Nr 2–3. S. 221 bis 233.)

189. THAYER, W. N. [1916]: *The physiography of Mexico.* Chicago 1916. (J. Geol. Vol. 24. Nr 1. S. 61–94.)

190. WAIBEL, L. [1928]: *Die Inselberglandschaft von Arizona und Sonora.* Berlin 1928. (Z. Ges. Ekde Berlin. Sonderbd z. Hundertjahrfeier d. Ges. S. 68–91.)

191. WAITZ, P. [1943]: *Un sistema importante de lineas tectónicas y estructurales de México.* Sus relaciones con accidentes geográficos. México D. F. 1943. (Rev. geogr. Inst. panamer. Geogr. Hist. Vol. 3 Nr 7–9. S. 7–26, Kt.)

192. WHITE, S. E. [1954]: *The firn-field on the volcano Popocatépetl.* 1954. (J. Glaciol. 16. S. 389–92.)

193. WHITE, S. E. [1956]: *Probable substages of glaciation on Ixtaccihuatl, Mexico.* Chicago 1956. (J. Geol. Vol. 64. S. 289–295.)

194. WHITE, S. E. [1962]: *Late pleistocene glacial sequence for the west side of Ixtaccihuatl, Mexico.* Baltimore 1962. (Bull. geol. Soc. Am. Nr 73. S. 935–958, Kt.)

195. WITTICH, E. [1918]: *Morfología y origen de la Mesa Central, México.* México D. F. 1918. (Boln Soc. mex. Geogr. Estad. 8. S. 128–141.)

196. WITTICH, E. [1935–36]: *Höhlen- und Karsterscheinungen in Mexiko.* Berlin 1935–36. (Mitt. Höhlen Karstforschg T. I, Jg. 1935. 3. S. 81–87. T. II, Jg. 1936. 1. S. 1–16.)

197. WITTICH, E. [1940]: *Neue Beiträge zur Kenntnis der Höhlen in Mexiko.* Berlin 1940. Mitt. Höhlen Karstforschg Jg. 1940. 2/4. S. 49–57.)

198. WYSS, E. [1934]: *Pic d'Orizaba (Citlaltepetl).* Bern 1934. (Les Alpes. 10. S. 467–476, Abb.)

Siehe auch → Nr: 224, 282, 1020, 1094, 1096, 1136, 1218, 1229, 1330, 1369.

7. Küstenmorphologie

199. BRAND, D. [1957–58]: *Coastal study of southwest Mexico.* Ass. by Pablo GUZMAN-RIVAS and Alfonso GONZALES-PEREZ. 2 Vol. Austin: Univ. Texas, Dep. Geogr. 1957–58. P. 1: 140 S., Fotos. P. 2: 278 S., 169 Taf. Fotos, 23 Faltkt.

200. DAVIDSON, G. [1897]: *The submerged valleys off the coast of California, USA, and off Lower California, Mexico.* San Francisco 1897. (Proc. Calif. Acad. Sci. 3rd Ser. Geology. Vol. I. Nr 2. S. 74–103, 9 Taf.)

201. DORBECKER, N. [1944]: *Laguna del Carpintero.* México D. F. 1944. (Boln Soc. mex. Geogr. Estad. Vol. 59. Nr 3–4. S. 225–233.)

202. EMERY, K. O. [1958]: *Shallow submerged marine terraces of Southern California.* Baltimore 1958. (Bull. geol. Soc. Am. Vol. 69. S. 39–60.)

203. EMERY, K. O. [1963]: *Estudios regionales. Arrecifes coralinos en Veracruz, México.* Regional studies. Coral reefs off Veracruz, Mexico. México D. F. 1963. (Geofis. intern. Vol. 3 (1). S. 11–17.)

204. FOSBERG, F. R. [1962]: *A brief survey of the cays of the Arrecife Alacran, a Mexican Atoll.* 1962. (Atoll research Bull. Nr 93. S. 1–30.)

205. IVES, R. L. [1951]: *High sea levels of the Sonoran shore.* New Haven 1951. (Am. J. Sci. Vol. 249. Nr 3. S. 215–223, Kt.)

206. IVES, R. L. [1959]: *Shell dunes of the Sonoran shore.* New Haven 1959. (Am. J. Sci. Vol. 257. S. 449–457, 3 Abb.)

207. MUÑOZ LUMBIER, M. [1941]: *La fisiografía de los costas Mexicanas del Atlántico.* México D. F. 1941. (Rev. mex. Geogr. Vol. 2. Nr 3 u. 4. S. 21–50, Ill.)

208. MURRAY, G. L. [1961]: *Geology of the Atlantic and Gulf Coastal Province of North*

America. New York 1961. (Harpers geosci. Ser. Kt.)

209. Phleger, F. B. and G. Ewing [1962]: *Sedimentology and oceanography of coastal lagoons in Baja California, Mexico.* Baltimore 1962. (Geol. Soc. Am. Vol. 73. S. 145–182.)

210. Shepard, F. P. [1961]: *Submarine canyons of the Gulf of California.* Kopenhagen 1964. (Reports 21st. Intern. geol. Congr. Norden 1960. P. 26. S. 11–23.)

211. Yañez Amado, C. [1963]: *Batometría, salinidad, temperatura y distribución de los sedimentos recientes de la Laguna de Terminos, Campeche, México.* México D. F. 1963. (Boln Inst. Geol. UNAM Nr 67. P. 1. 47 S., 17 Abb. u. Kt.)

Siehe auch ➞ Nr: 215, 216, 244, 249, 251, 290, 1109.

Zu diesem Kapitel sind viele Literaturhinweise enthalten in dem Titel Nr 208.

8. Meere und Küsten

a) pazifische Seite

212. Allen, W. E. [1938]: *The Templeton Crocker expedition to the Gulf of California in 1935.* The phytoplankton. (Am. Micros. Soc. Transact. 67. S. 328–335.)

213. Anderson, C. A. [1950]. In: J. W. Durham, F. P. Shepard, M. L. Natland and R. Revelle: *1940 E. W. Scripps Cruise to the Gulf of California.* Baltimore 1950. (Geol. Soc. Am. Mem. 43. S. 1–52.)

214. Byrne, J. V. and K. O. Emery [1960]: *Sediments of the Gulf of California.* 1960. (Bull. Geol. Soc. Am. Vol. 71. S. 983–1010.)

215. Cuny, V. and F. P. Shepard: *Submarine topography of the Californian coast.* Baltimore. (Geol. Soc. Am. Spec. Pap. 31.)

216. Curray, J. R. and D. G. Moore [1964]: *Pleistocene deltaic progradation of continental terrace, Costa de Nayarit, Mexico.* 1964. (Marine Geol. of the Gulf of California, Sympos. Mem. 3. Am. Assoc. Petrol. Geol. S. 193–215.)

217. Curray, J. R. and D. G. Moore [1964]: *Holocene regressive littoral sand, Costa de Nayarit, Mexico.* Elsevier 1964. (Deltaic and shallow marine deposits. Proc. 6th Intern. Sediment. Congr. 1963. S. 76–82, 2 Fig., 2 Fotos. Ed. L. M. J. U. van Straaten.)

218. Durham, J. W. [1947]: *Corals from the Gulf of California and the North Pacific Coast of America.* Baltimore 1947. 68 S. (Geol. Soc. Am. Mem. 20.)

219. Emery, K. O. [1960]: *The sea off Southern California.* (A modern habitat of petroleum.) New York u. London: John Wiley & Sons 1960.

220. Emery, K. O. and R. D. Terry [1956]: *A submarine slope of Southern California.* 1956. (J. Geol. Vol. 64. Nr 3. S. 271–280.)

221. Ewing, M., D. B. Ericson and B. C. Heezen [1958]: *Sediments and topography of the Gulf of Mexico.* S. 995–1053 in: Weeks, L. (Hrsg.): Habitat of oil. 1958. (Am. Ass. Petrol. Geol. 1384 S.)

222. Fisher, R. L. [1961]: *Middle America trench; topography and structure.* Baltimore 1961. (Bull. Geol. Soc. Am. Vol. 72. S. 703–720.)

223. Hamilton, W. [1961]: *Origin of the Gulf of California.* Baltimore 1961. (Bull. Geol. Soc. Am. Vol. 72. S. 1307–1318.)

224. Heacock, J. G. jr. and J. L. Worzel [1955]: *Submarine topography west of Mexico and Central America.* Baltimore 1955. (Bull. Geol. Soc. Am. Vol. 66. S. 773–776.)

225. Holway, R. S. [1905]: *Cold water belt along the west coast of the United States.* Berkeley: Univ. Calif. Pr. 1905. (Univ. Calif. Publ. Bull. Dept. of Geol. Vol. 4. Nr 13. S. 263-286, Taf. 31–37.)

226. Moore, D. G. and J. R. Curray: *Structural framework of continental terrace northwest Gulf of Mexico.* Baltimore 1963. (J. geophys. Res. Vol. 68. S. 1725–1747.)

227. Moore, D. G. and J. R. Curray [1964]: *Sedimentary framework of the drowned pleistocene delta of Rio Grande de Santiago, Nayarit, Mexico.* Elsevier 1964. (Deltaic and shallow marine deposits. Proc. 6th Intern. Sediment. Congr. 1963. S. 275–281, 2 Fig. Ed. L. M. J. U. van Straaten.)

228. Munk, W. H. [1941]: *Internal waves in the Gulf of California.* 1941. (Sears Found. J. marine Sci. Vol. 4. S. 81–91.)

229. *Oceanic observations of the Pacific 1955. The Norpac Atlas.* Prepared by Norpac committee. Berkeley: Univ. Calif. Pr. 1960.

230. Osorio Tafail, B. F. [1946]: *Contribución al conocimiento del Mar de Cortés.* México D. F. 1946. (Boln Soc. mex. Geogr. Estad. Vol. 62. S. 89–130.)

231. Reid, J. L. jr, G. I. Roden and J. G. Wyllie [1958]: *Studies of the California current system.* La Jolla 1958. (Contr. Scripps Inst. Oceanogr. N. S. Nr 998. S. 293–323. Auch: Calif. cooper. ocean. Fisher. Inv. San Francisco.)

232. Revelle, R. [1950]: *E. W. Scripps expedition to the Gulf of California 1940.* T. V: Sedimentation and oceanography. Baltimore 1950. (Geol. Soc. Am. Mem. 43.)

233. Richards, A. F. [1957]: *Volcanism in eastern Pacific Ocean Basin 1945–55.* México D. F. 1957. (20. Congr. Geol. Intern. Ciudad de México 1956. Secc. I. P 19–3.)

234. Roden, G. I. [1958]: *Oceanographic and meteorological aspects of the Gulf of California.* Honolulu 1958. (Pacific Sci. Vol. 12. Nr 1. S. 21–45.)

235. Roden, G. I. [1959]: *On the heat and salt balance of the California current region.* 1959. (Sears Found. J. marine Res. Vol. 18. Nr 1. S. 36–61.)

236. Roden, G. I. and G. W. Groves [1959]: *Recent oceanographic investigations in the Gulf of California.* 1959. (Sears Found. J. marine Res. Vol. 18. S. 10–35.)

237. Shepard, F. P. [1950]: *Submarine topography of the Gulf of California.* T. III in: 1940 E. W. Scripps cruise to the Gulf of California. Baltimore 1950. (Geol. Soc. Am. Mem. 43. 30 S., 11 Kt., 10 Taf.)

238. Shor, G. G. jr and R. L. Fisher [1961]: *Middle America trench.* Seismic refraction studies. Baltimore 1961. (Bull. Geol. Soc. Am. Vol. 72. S. 721–730.)

239. *Surface water temperatures, Pacific North and South America and Pacific Ocean islands.* 5. Ed. Washington: Superintendent of Documents, Government Printing Office 1956. Spec. Publ. 280.

240. Thorade, H. [1909]: *Über die Kalifornische Meeresströmung.* 1909. (An. Hydrogr. Marit. Met. Vol. 37. S. 17–34 and 63–67.)

241. *Tidal current tables.* Pacific coast of North America and Asia. Washington: U.S. Dept. of Commerce. Coast and Geodetic Survey. U.S. Government Printing Office 1961.

242. U.S. Hydrographic Office, Publ. Nr 130: *Central America and Mexico Pilot.* Washington: U.S. Government Printing Office 1939.

243. U.S. Hydrographic Office. *Atlas of surface currents:* northeastern Pacific Ocean. Publ. 570. Washington 1947.

244. *West coast of Central America and United States Pilot.* Compr. the western coasts of Panama (westw. of Punta Mariato), Costa Rica, Nicaragua, Honduras, Salvador, Guatemala and Mexico; also the western coast of the United States from its southern boundary to Cape Flattery. 5. Ed. Publ. for the Hydrographic Department, Admiralty by His Majesty's Stationary Office Nr 2093. London 1935. 448 S. Supplement Nr 3 – 1939. Corrected to 11th May 1939. London 1939.

245. Wilhelmy, H. [1962]: *Temperaturschwankungen in den kalifornischen Küstengewässern und ihre Rückwirkungen auf die Sardinenfischerei Montereys.* Tübingen 1962. (Hermann von Wissmann-Festschrift. S. 271–288.)

Siehe auch ➝ Nr: 1094.

Zu diesem Kapitel sind viele Literaturhinweise enthalten in den Titeln Nr: 219, 237, 1094.

b) atlantische Seite

246. Dietrich, G. [1939]: *Das amerikanische Mittelmeer.* Ein meereskundlicher Überblick. Breslau 1939. (Z. Ekde. H. 3–4. S. 103–130, 7 Kt., 2 Abb.)

247. Grover, N. C. (Hrsg.) [1932]: *Western Gulf of Mexico Basins.* Washington 1932. 131 S. (Surface water supply of the USA 1930.)

247a. Leiper, D. F. [1954]: *Physical oceanography of the Gulf of Mexico.* 1950–54. (College of Texas, Contrib. in oceanogr. and meteor. Nr 1–30, A and M.)

248. Murray, G. L. [1961]: *Geology of the Atlantic and Gulf coastal provinces of North America.* New York: Harpers Broth. 1961. 692 S., viele Abb. (über 2000 Titel Bibliogr.)

248a. Ortiz, N. G. [1964]: *Numerisch-Hydrodynamische Untersuchungen im Golf von Mexiko.* Hamburg 1964. Diss. 107 S., Abb. Kt.

249. Psuty, N. P. [1965]: *Beach-Ridge development in Tabasco, Mexico.* Washington 1965. (Ann. Ass. am. Geogr. Vol. 55. Nr 1. S. 112–124.)

250. Staub, W. [1931]: *Zur Entstehungsgeschichte des Golfes von Mexiko.* Basel 1931. 1 Taf., 6 Kt. (Ecl. Geol. Helv. 24. 1.)

251. *Westindien-Handbuch.* T. 3: Cuba, Bahama-Inseln, Florida-Straße und Golf von Mexico. Abgeschloss. mit „Nachrichten für Seefahrer". Ausg. 24 vom 17. Juni 1939. Mit 174 Küstenansichten. 2. Aufl. Inhaltl. unveränd. Nachdr. der Ausg. 1939 mit Ausnahme des Abschnitts „Oberflächenströmungen". (Nebst:) Nachtrag 1958 ... Hamburg: Deutsches Hydrographisches Institut 1952. 705 S. (Nebst:) Nachtrag 1958 ... 1939. Abgeschloss. mit „Nachrichten für Seefahrer" Ausg. 16 vom 19. April 1958.

252. Wüst, G. [1964]: *Stratification and circulation in the Antillen-Caribbean Basins.* T. I: Spreading and mixing of the water types. With an oceanographic atlas. New York 1964. 201 S., Kt., Taf. Tab. Diagr.

Siehe auch ➝ Nr: 200, 202, 207, 208, 210, 211, 1021, 1022, 1094, 1089, 1109, 1299.

Zu diesem Kapitel sind viele Literaturhinweise enthalten in dem Titel Nr 248.

9. Hydrographie

253. Benassini, O. y A. Garcia Quintero [1956]: *Regiones hidrográficas del país.* México D. F. 1956. (Ingen. hidrául. Vol. 10. Nr 3. S. 127 ff.)

254. Benassini, O. [1961]: *El terreno considerado como un valioso recurso natural.* México D. F. 1961. (Ingen. hidrául. Vol. 15. Nr 1. S. 9–21.)

255. Bistrain, P. [1963]: *Los recursos hidráulicos de los volcanes Ixtaccíhuatl – Popocatépetl y los del alto Balsas.* México D. F. 1963. (Ingen. hidrául. Vol. 17. Nr 2. S. 57–95. Kt.)

256. Blasquez L., L. [1959]: *Hidrogeología de las regiones deserticas de México.* México D. F. 1959. 172 S., Fig. u. Kt. (An. Inst. Geol. UNAM. Vol. 15.)

257. *Boletín hidrológico* [1952]. Vol. 9. Datos de la región sureste hasta Deciembre de 1951. 305 S., Kt. Hrsg. Secr. de recursos hidráulicos. México D. F. 1952.

258. Buen, F. de [1941]: *El lago de Pátzcuaro.* México D. F. 1941. (Rev. geogr. Inst. panamer. Geogr. Hist. S. 20–44.)

259. Carreño, A. O. de la [1950]: *Geohidrología de México.* México D. F. 1950. (Boln Inst. Geol. UNAM. Nr 56.)

260. Carreño, A. O. de la [1950]: *Las provincias geohidrológicas de México.* P. 1 México D. F. 1950. P. 2 México D. F. 1954. 166 S., 8 Kt. 2 Fig. 5 Tab. (Boln UNAM.)

261. Cravioto Guerrero, E. [1954]: *Escurrimientos superficiales en la República Mexicana.* México D. F. 1954. Ingen. hidrául. Vol. 8. Nr 3–4. S. 11–18.)

262. Del Rio, F. R. [1962]: *Panorama hidrológico de la República Mexicana en general y del Valle de México en particular.* México D. F. 1962. (Ingen. hidrául. Vol. 16. Nr 1. S. 41–61).

263. Echeagaray Bablot, L., E. Cravioto y D. Diaz Herrera [1956]: *Los inundaciones en Tabasco.* México D. F. 1956. (Ingen. hidrául. Vol. 10. Nr 2. S. 11–38, Kt.)

264. Echeagaray Bablot, L. [1957]: *La cuenca del Grijalva-Usumacinta a escala nacional y mundial.* 2. Ed. México D. F.: Secr. de recursos hidráulicos 1957. 149 S., Kt.

265. Follansbee, R. u. a. [1915]: *Water resources of the Rio Grande Basin 1888–1913.* Washington 1915. Including Surface Water Supply and Irrigation Paper 358.

266. Hernandez, A. [1936]: *Hidrología del Valle de Morelia, Michoacán.* México D. F. 1936. (An. Inst. Geol. UNAM. Vol. 6. S. 1–44, Kt.)

267. Herrera, H. [1946]: *Monografía del Rio Hondo, Quintana Roo, E. U. Mexicanos.* México D. F. 1946. 160 S., Kt. (Soc. mex. Geogr. Estad., Temas de México, Ser. geogr. 1. und Boln Soc. mex. Geogr. Estad. Vol. 56. Nr 2. 1942. S. 209–241.)

268. Hutchinson, G. E., R. Patrick and Deevey [1956]: *Sediments of Lake Pátzcuaro, Michoacán, Mexico.* Baltimore 1956. (Bull. geol. Soc. Am. Vol. 67. Nr 11. S. 1491–1512, 2 Abb.)

269. *Lago de Chapala.* (El lirio en el lago) [1962]. México D. F. (Ingen. hidrául. Vol. 16. Nr 2. 55 S. Comisión Lerma-Chapala-Santiago.)

270. Mooser, F. [1963]: *La cuenca lacustre del Valle de México.* México D. F. 1963. (Ingen. hidrául. Vol. 17. Nr 2. S. 47–57, Kt.)

271. Müllerried, F. K. G. [1942]: *El Valle de Tixtla, cuenca de desagüe subterráneo temporal en el estado de Guerrero.* México D. F. 1942. (Rev. geogr. Inst. panamer. Geogr. Hist. Vol. 2. Nr 4–6. S. 17–48.)

272 Pearse, A. S. [1936]: *The cenotes of Yucatán, a zoological and hydrographic survey.* Washington 1936. (Carnegie Inst. Publ. Nr 457.)

273. Quintero, A. G. [1941]: *Hidrología de la República Mexicana.* México D. F. 1941. (Irr. en Méx. Vol. 22. Nr 5. S. 349–359.)

274. Quintero, A. G. [1955]: *Hidrología de las zonas aridas de México.* México D. F. 1955. (Ingen. hidrául. 9. S. 9.)

275. Quiros Martinez, R. [1933]: *Las aguas minerales de México.* México D. F. 1933. (Irr. en Méx. Vol. 7. Nr 4. S. 363–373.)

276. *Reviews of research on arid zone hydrology* [1953]. Paris: UNESCO 1953. 211 S.

277. Schroeder, K. [1958]: *Der Rio Grande del Norte unter dem Einfluß der modernen Wasserwirtschaft.* Berlin 1958. (Erde. 89. Jg. H. 3–4. S. 321–334.)

278. Tamayo, J. L. [1946]: *Datos para la hidro logía de la República Mexicana.* México D. F. 1946. 448 S., Kt. (Inst. panamer. Geogr. Hist. Publ. 84, 2.)

279. Waitz, P. [1957]: *Las lagunas en el crater del Nevado de Toluca.* México D. F. 1957. (Ingen. hidrául. Vol. 11. Nr 2. S. 9–18.)

280. *Water Bulletin 25* [1957]. International Boundary and Water Commission United States and Mexico. Flow of the Rio Grande and related data from Elephant Butte Dam, New Mexico to the Gulf of Mexico 1955. Water Bulletin 25. El Paso and Ciudad Juarez 1957.

Siehe auch ➞ Nr: 179, 871, 872, 1074, 1075, 1105, 1106, 1154, 1180, 1181, 1191, 1220, 1221, 1350.

10. Klima

281. *Atlas climatológico de México.* Dirección de geografía, meteorología e hidrología, Secretaría de agricultura y fomento. Tacubaya, México D. F.: Serv. met. mex. 1939. 78 S., 74 Kt.

282. Blasquer L., L. [1943]: *La edad glacial en México.* México D. F. 1943. (Boln Soc. mex. Geogr. Estad. Vol. 48. Nr 3–6. S. 263–305, 42 Abb. auf Taf.)

283. Bryan, L. [1948]: *Los suelos complejos y fósiles de la altiplanicie de México, en relación a los cambios climaticos.* México D. F. 1948. (Boln Soc. Geol. mex. 13.)

284. Contreras Arias, A. [1942]: *Mapa de las provincias climatológicas de la República Mexicana.* México D. F.: Secr. de agricultura y fomento. Dir. de Geogr., Meteor. e Hidrol. 1942.

285. Cravioto Guerrero, E. [1953]: *La lluvia en la República Mexicana.* México D. F. 1953. (Ingen. hidrául. 7. S. 85 ff.)

286. Domingez Aguirre, E.: *Semblanzas climáticas del puerto de Veracruz.* México D. F. 1952. (Boln Soc. mex. Geogr. Estad. Vol. 74. Nr 1–3. S. 239–262, Kt.)

287. Fournier d'Albe, E. M. [1960]: *Recherches sur la zone aride au Mexique.* (Untersuchungen über die aride Zone in Mexico.) Paris 1960. (Zone aride. 8. S. 13–19.)

288. Garcia, E., C. Soto y F. Miranda [1960]: *Larrea y clima.* México D. F. 1960. (An. Inst. Biol. Vol. 31. Nr 1 u. 2. S. 133–171, 6 Kt., 4 Fot., 3 Tab.)

289. Guzman, J. [1903]: *Climatología de la República Mexicana desde el punto de vista higienico.* México 1903. (Mem. Rev. Soc. Cient. Vol. 20. S. 181–289.)

290. Heusser, C. J. [1960]: *Late-pleistocene environments of North Pacific, North America:* An elaboration of late-glacial and postglacial climatic, physiographic and biotic changes. New York 1960. 308 S., 78 Diagr., 11 Kt.,

25 ganzs. Fotos. (Geogr. Soc. Am. Spec. Publ. Nr 35.)

291. Instituto Mexicano de recursos naturales renovables [1955]: *Mesas redondas sobre problemas de las zonas aridas de México.* México D. F. 1955. 262 S. Kt. (Ed. Inst. mex. Recurs. nat. renov. A. C.)

292. Ives, R. L. [1949]: *Climate of the Sonoran desert region.* Washington 1949. (Ann. Ass. am. Geogr. Vol. 39. Nr 3. S. 143–187.)

293. Jaeger, F. [1927]: *Forschungen über das diluviale Klima in Mexiko.* Gotha 1927. (Peterm. geogr. Mitt. Erg. Bd 1925–27. H. 190.)

294. Jauregui, E. [1959]: *Notas sobre la precipitación en Tacubaya para el periodo 1900–1958.* México D. F. 1959. (Ingen. hidrául. Vol. 13, Nr. 4. S. 29–36.)

295. Jauregui, E. [1961]: *El clima de la ciudad de Cuernavaca.* México D. F. 1961. (Ingen. hidrául. Vol. 15. Nr 4. S. 89–104.)

296. Lopez, E. [1923]: *Climatología de la República Mexicana.* 2. Ed. México D. F. 1923. Mem. y Rev. Soc. Cient. Vol. 40. S. 109–144. (1922).

297. Lopez, E. [1927]: *Estudio sobre Nortes.* México D. F. 1927. (Mem. y Rev. Soc. Cient. Vol. 45. S. 467–557.)

298. Lucio, R. [1930]: *Ciclones tropicales cruzando el altiplano de México.* México D. F. 1930. (Rev. Met. Aerol. Vol. 1. Nr 6. S. 114–128.)

299. Mallery, T. D. [1936]: *Rainfall records for the Sonoran desert.* Brooklyn 1936. (Ecology. Vol. 17. Nr 1. S. 110–121 u. Nr 2. S. 212–216.)

300. Mosiño, P. A. [1958]: *Las configuraciones del flujo aereo sobre la República Mexicana.* México D. F. 1958. (Ingen. hidrául. Vol. 12. Nr 2. S. 9.)

301. Mosiño, P. A. [1959]: *La precipitación y las configuraciones del flujo aereo en la República Mexicana.* México D. F. 1959. (Ingen. hidrául. Vol. 13. Nr 3. S. 9 ff.)

302. Noble, G. y M. Lebrija [1957]: *Previsión de la sequía en México.* México D. F. 1957. (Ingen. hidrául. Vol. 11. Nr 2. S. 19.)

303. Noble, G. y M. Lebrija [1957]: *La sequía en México y su previsión.* México D. F. 1957. (Boln Soc. mex. Geogr. Estad. Vol. 83. Nr 1–3. S. 145–173 u. Vol. 84. Nr 1–3. 2 Kt.)

304. Olson, L. [1943]: *Climatology and agriculture in Mexico.* New York 1943. (Geogr. Rw. Vol. 33. S. 249–253.)

305. Page, J. [1930]: *Climate of Mexico.* Washington 1930. (Monthly Weath. Rw Suppl. 33. 30 S.)

306. Pedrero, J. J. [1963]: *Apuntes sobre condiciones de aridez en México.* México D. F. 1963. (Ingen. hidrául. Vol. 17. Nr 4. S. 9–27. Kt.)

307. Robles Ramos, R. [1948]: *La desertización de la República Mexicana.* México D. F. 1948. (Ingen. hidrául. Vol. 2. Nr 2. S. 5–67.)

308. Sanchez, P. C. [1929]: *Estudio de climatología comparada con aplicaciones a la República Mexicana:* Clasificación provisional de sus climas. Tacubaya, México D. F. 1929. 13. S. 9. Kt. (Dirección de estud. geogr. y climatol., Secr. de agricultura y fomento. Publ. 19.)

309. Sapper, K. [1931]: *Klimaänderungen und das alte Mayareich.* Leipzig 1931. (Gerlands Beitr. Geoph. 34. S. 333–353.)

310. Sapper, K. [1932]: *Klimakunde von Mittelamerika.* Berlin 1932. 74 S., 13 Abb. (Köppen-Geiger: Handbuch der Klimatologie. Bd 2. T. H.)

311. Vivo, J. A. y J. Gomez [1946]: *Climatología de México.* México D. F. 1946. 77 S. Kt. (Inst. panamer. Geogr. Hist. Publ. Nr 19.)

312. Walker, H. J. [1954]: *A study of the rainfall of Mexico.* Berkeley 1954. Unveröff. (Thesis Univ. of Berkeley, Calif., Dep. of Geography.)

313. Wallen, C. C. [1955]: *Some characteristics of precipitation in Mexico.* Stockholm 1955. (Geogr. Annlr, Bd 37. Nr 1–2. S. 51–85. Kt.)

314. Wallen, C. C. [1956]: *Fluctuations and variability in Mexican rainfall.* Washington 1956. (Am. Ass. for the Advancement of Science. Publ. 43. The future of arid lands. Papers and documentations from 1st Intern. Arid Lands Meeting. S. 141–155, Kt.)

315. Ward, R. D. C., C. F. Brooks y M. A. Connor [1938]: *The climates of North America.* T. 1: Mexico. Berlin 1938. (Köppen-Geiger: Handbuch der Klimatologie. Bd 2: Regionale Klimakunde. T. J. S. 8–79, 52 Fig. Bibliogr.)

Siehe auch ➞ Nr: 193, 194, 229, 231, 234, 240, 245, 256, 260, 274, 338, 349, 745, 832, 1014, 1084, 1113, 1172, 1173, 1174, 1286, 1300, 1336, 1337, 1347.

Zu diesem Kapitel sind viele Literaturhinweise enthalten in den Titeln Nr: 310, 312, 315.

11. Vegetation

Bemerkung: Leopold Starker, A., ist irrtümlich unter Nr. 348 geführt.

316. Alvarez del Villar, J. [1952]: *Esquema geobotánico de Chiapas.* México D. F. 1952. (Boln Soc. mex. Geogr. Estad. Vol. 73. Nr 1–3. S. 95–124. Kt.)

317. Blanco, C. E. [1938]: *Los pinos de México.* México D. F. 1938. 248 S. (Boln Dep. for. Méx. 3.)

318. Brand, D. D. [1936]: *Notes to accompany a vegetation map of northwest Mexico.* Albuquerque 1936. (Univ. of New Mexico, Biol. Ser. Vol. 4. Nr 4. 27 S., Kt.)

319. Brandegee, T. S. [1889]: *Plants from Baja California.* San Francisco 1889. (Proc. Calif. Acad. Sci. Ser. 2. Vol. 2. S. 117–232.)

320. Brandegee, T. S. [1890]: *Flora of the Cape Region of Baja California.* San Francisco 1890. (Proc. Calif. Acad. Sci. Vol. 3. S. 108–182, 218–231.)

321. GENTRY, H. S. [1942]: *Rio Mayo Plants.* A study of the flora and vegetation of the valley of the Rio Mayo, Sonora. Washington 1942. 327 S. (Carnegie Inst. Publ. 527.)

322. GILL, T. [1931]: *Tropical forests of the Caribbean Tropical Plant Research Foundation.* 1931. 318 S. 100 Abb.

323. GILL, T. [1955]: *Los bosques tropicales de México.* México D. F. 1955. (Mesas redondas sobre problemas del trópico Mexicano. Ed. Inst. mex. Recurs. nat. renov., A. C. S. 57–103.)

324. GOLDMANN, E. A. [1951]: *Biological investigations in Mexico.* Washington 1951. (Smithson. Inst. Misc. Coll. Vol. 115. 70 Fotos (of life zones).

325. GUERRA, F. y H. OLIVIERA [1954]: *Las plantas fantásticas de México.* Introducción a la farmacología del . . . peyote . . . México D. F.: Impr. Diario Español 1954. 122 S.

326. GUTIERREZ, I. [1930]: *Protección a los bosques de la República.* México D. F. 1930. (Boln Soc. mex Geogr. Estad. Vol. 42. Nr 2. S. 87–176, 4 Taf.)

327. HEINE-GELDERN, R. [1958]: *Kulturpflanzengeographie und das Problem vorkolumbianischer Kulturbeziehungen zwischen Alter und Neuer Welt.* Fribourg 1958. (Anthropos. Vol. 53. S. 361–402.)

328. HELBIG, K. [1961]: *Das südlichste Mexiko und seine Pflanzenwelt.* Braunschweig 1961. (Geogr. Rdsch. 13. Nr 3. S. 93–99, Kt.)

329. HELIA BRAVO, H. [1937]: *Las cactaceas de México.* México D. F.: UNAM 1937. 755 S., 325 Fig.

330. LOOCK, E. E. M. [1950]: *The pines of Mexico and British Honduras.* Pretoria 1950. 244 S. (Union of South Africa For. Bull. 35.)

331. LUNDELL, C. L. [1939]: *Plants, probably utilized by the old empire Maya of Petén and adjected lowlands.* Ann Arbor 1939. (Pap. Michigan Univ. Sci. Arts Letters. P. 1. Vol. 24. S. 37–56.)

332. MARTINEZ, M. [1933]: *Las plantas medicinales de México.* México D. F.: Botas 1933. 645 S., Abb.

333. MARTINEZ, M. [1937]: *Catálogo de nombres vulgares y científicos de plantas Mexicanas.* México D. F. 1937. 552 S.

334. MARTINEZ, M. [1953]: *Las pináceas Mexicanas.* México D. F.: Dirección Forestal 1953. 345 S., 300 Abb.

335. MARTINEZ, M. [1959]: *Plantas útiles de la flora Mexicana.* México D. F.: Botas 1959. 621 S., Abb.

336. MIRANDA, F. [1941–42]: *Estudios sobre la vegetación de México.* México D. F. 1941–42. (An. Inst. Biol. Vol. 12. Nr 2. 1941, S. 569–614. Vol. 13. Nr 1. 1942, S. 53–70. Vol. 13. Nr 2. 1942, S. 417–459.)

337. MIRANDA, F., and A. J. SHARP [1950]: *Characteristics of the vegetation in certain temperate regions of eastern Mexico. Brooklyn* 1950. (Ecology. Vol. 31. Nr 3. S. 313–333.)

338. MÜLLER, C. H. [1939]: *Relations of the vegetation and climate types in Nuevo León, Mexico.* Notre Dame, Ind. 1939. (The am. Midland Natural. 21. Nr 3. S. 687–729, 3 Kt.)

339. O'GORMAN, H. [1961]: *Mexican flowering trees and plants.* México D. F. 1961. 228 S., 112 farb. Abb.

340. PESMAN, W. M. [1962]: *Meet flora Mexicana.* An easy way to recognize some of the more frequently met plants of Mexico as seen from the main highways. Globe, Ariz.: King 1962. 278 S., Kt. n. STARKER, zahlr. Ill.

341. SANTA MARIA, F. J. [1942]: *Diccionario general de americanismos.* Bd 1–3. In Bd 3: Index der vulgären und wissenschaftlichen Pflanzen- und Tiernamen. México D. F.: Robredo 1942.

342. SAUER, C. O. [1947]: *Early relations of man to plants.* New York 1947. (Geogr. Rw. Vol. 37. S. 1–25.)

343. SAUER, C. O. [1950]: *Cultivated plants of South and Central America.* Washington U.S. Government Printing Office 1950. (Handbook of South American Indians. Vol. 6. S. 487–543. Smithson. Inst. Bur. am. Ethnol. Bull. 143.)

344. SHAW, G. R. [1909]: *The pines of Mexico.* 1909. 96 S. (Arnold Arboretum. Publ. 5.)

345. SCHENCK, H. [1922]: *Vegetationsbilder aus der Sierra de Mixteca, Mexiko.* Jena 1922. (Vegetationsbilder. 14. R. H. 5–6.)

346. STANDEY, P. C. [1920–26]: *Trees and shrubs of Mexico.* Washington 1920–26 und 1961. (Contribns US Nat. Herbar. 23. 5 P.)

347. STANDLEY, P. C. [1930]: *Flora of Yucatán.* Chicago 1930. (Field Mus. nat. Hist. Publ. 279. Bot. Ser. Vol. 3. Nr 3.)

348. LEOPOLD STARKER, A. [1950]: *Vegetation zones of Mexico.* 1950. (Ecology. 31. Nr 4.) Übers.: Zonas de vegetación en México. México D. F. 1952. (Boln Soc. mex. Geogr. Estad. Vol. 73. Nr 1–3. S. 45–93, Kt.)

349. TROLL, C. [1957]: *Forschungen und Beobachtungen auf Reisen: Forschungen in Zentralmexiko 1954.* Die Stellung des Landes im dreidimensionalen Landschaftsaufbau der Erde. Wiesbaden 1957. (Deutscher Geographentag Hamburg 1.–5. Aug. 1955. Tagungsbericht und wissenschaftliche Abhandlungen. S. 191–213, 4 Kt., 4 Abb.)

350. *Vegetationsbilder.* Hrsg. KARSTEN und SCHENCK [1903–1922]. H. I, 4. I, 8. II, 3–4. V, 8. 13, 3–4. 14, 5–6. Jena 1903–1922.

351. WAGNER, H. O. u. H. LENZ [1948]: *El bosque y la conservación del suelo, su importancia cultural y económica.* México D. F. 1948. 170 S.

352. WAGNER, P. L. [1962]: *Natural and artificial zonation in a vegetation cover.* Chiapas, Mexico. New York 1962. (Geogr. Rw. Vol. 52. Nr 2. S. 253–274, 5 Kt., 4 Abb.)

Siehe auch ➻ Nr: 269, 288, 582, 620, 807, 808, 827, 828, 845, 934, 938, 941, 942, 949, 950, 959, 961, 1085, 1094, 1113, 1212, 1213, 1239, 1267, 1268, 1278, 1284, 1285, 1289, 1290, 1307, 1334, 1351, 1358, 1359, 1373, 1374, 1376.

12. Tierwelt

Bemerkung: Leopold Starker, A., ist irrtümlich unter Nr. 357 geführt.

353. Goldman, E. A. [1951]: *Biological investigations in Mexico.* Washington 1951. 476 S. (Smithson. Inst. Misc. Coll. Vol. 115.)

354. *Las pesquerías de México.* México D. F. 1950. (Probl. agr. industr. Méx. Vol. 2. Nr 1.)

355. Schmiedehaus, W. [1954]: *Jagd in Mexiko.* Erlebnisse in Steppe und Prärie. Reutlingen: Ensslin & Laiblin 1954. 79 S.

356. Simpson, G. G. [1950]: *History of the fauna of Latin America.* Burlington 1950. (Am. Sci. Vol. 38. S. 361–389.)

357. Leopold Starker, A. [1959]: *Wildlife of Mexico.* The game birds and mammals. Berkeley: Univ. Calif. Pr. 1959. 568 S., 193 Fig.

358. Stilwell, H. [1948]: *Fishing in Mexico.* New York 1948.

359. Sutton, G. M. [1951]: *Mexican birds.* Norman: Univ. Oklahoma Pr. 282 S.

360. Vargas, L. y A. Martinez Palacios [1950]: *Estudio taxonomico de los mosquitos anofelinos de México.* Hrsg. Secr. de salubridad y asistencia, oficina de la campaña nacional contra el paludismo. México D. F. 1950.

Siehe auch ➞ Nr: 7, 34 Vol. 3, 212, 245, 341, 372, 745, 930, 940, 943, 1094, 1206, 1208, 1288, 1289.

Zu diesem Kapitel sind viele Literaturhinweise enthalten in dem Titel Nr 357.

13. Altindianische Kulturen (Archäologie, präkolumbianische Völkerkunde)

(Kurze Auswahl zu einem Kapitel, über das besonders reichhaltig Literatur vorhanden ist, d. h. viele tausend Titel)

361. Apenes, O. [1943]: *The "Tlateles" of Lake Texcoco.* Menasha, Wisc. 1943. (Am. Antiqu. Vol. 9. S. 29–32.)

362. Armillas, P. [1950]: *Teotihuacán, Tula y los Toltecas.* Buenos Aires 1950. (Runa. Vol. 3. Nr 1–2. S. 37–70.)

363. Aveleyra Arroyo de Anda, L. [1962]: *Antigüedad del hombre en México y Centroamérica.* Catálogo razonado de localidades y bibliografía selecta (1867–1961). México D. F. 1962. (Cuadernos Inst. Hist. Ser. Antropol. Nr 14.)

364. Barlow, R. H. [1949]: *The extent of the empire of the Calhua Mexico.* Berkeley: Univ. Calif. Pr. 1949. (Ibero-Americana. 28.)

365. Bernal, I. [1962]: *Bibliografía de arqueología y etnografía Mesoamerica y norte de México 1514–1960.* México D. F. 1962. (Inst. nac. Antropol. Hist. Mem. 7.)

366. Bernal, I. [1963]: *Mexico before Cortez: Art, history, legend.* Forew. and transl. by Willis Barnstone. (Orig. Titel: Tenochtitlán en una Isla.) Garden City, N. Y.: Doubleday 1963. 135 S., 25 Zeichng. 23 Fotos.

367. Bernal, I. [1963]: *Teotihuacán.* Descubrimientos, reconstrucciones. México D. F. 1963. (Inst. Antropol. Hist.)

368. Brainerd, G. W. [1954]: *The Maya Civilization.* Los Angeles 1954.

369. Caso, A. [1958]: *The Aztecs, people of the Sun.* Ill. by Miguel Covarrubias. Transl. by Lowell Dunham. Norman: Univ. Oklahoma Pr. 1958. 125 S.

370. Caso, A. [1964]: *Relations between the Old and New Worlds:* A note on methodology. México D. F. 1964. (Actas del 35. Congr. Intern. American. Vol. 1. S. 55–71.)

371. Chavez Orozco, L. [1933]: *Historia gráfica de México.* Epoca precortesiana. México D. F. 1933. 100 S., 170 Abb. d. Códices.

372. Coe, M. D. and K. V. Flannery [1964]: *Microenvironments and Mesoamerican prehistory.* Fine-scale ecological analysis clarifies the transition to settled life in pre-columbian times. Washington 1964. (Science. Vol. 143. S. 650–653.)

373. Dipeso, C. C. [1963]: *Cultural development in Northern Mexico.* In: Meggers and Evans: Aboriginal cultural development in Latin America, an interpretative review. Washington 1963. (Smithson. Misc. Coll. Vol. 146. Nr 1. S. 1–15.)

374. Disselhoff, H. D. [1953]: *Geschichte der altamerikanischen Kulturen.* München 1953.

375. Drucker, P. [1952]: *La Venta, Tabasco.* A study of Olmec ceramics and art. Washington: United States Government Printing Office 1952. 257 S., 66 Taf. 64 Fig. (Smithson. Inst., Bureau am. Ethnol. Bull. 153.)

376. Drucker, P. and R. F. Heizer [1960]: *A study of the Milpa system of La Venta island and its archaeological implications.* Albuquerque, New Mexico 1960. (Southw. J. Anthropol. Vol. 16. S. 36–45.)

377. Drucker, P., R. F. Heizer and R. J. Squier [1959]: *Excavations at La Venta, Tabasco, 1955.* Washington 1959. (Smithson. Inst., Bureau am. Etnol. Bull. 170.)

378. Dumond, D. E. [1961]: *Swidden agriculture and the rise of Maya civilisation.* Albuquerque, New Mexico 1961. (Southw. J. Anthropol. Vol. 17. S. 301–316.)

379. Duran, D. [1867–80]: *Historia de las Indias de Nueva España e islas de tierra firme.* Bd 1 u. 2. Atlas. México 1867–80.

380. Ekholm, G. F. [1953]: *A possible focus of Asiatic inference in the late classic cultures of Mesoamerica.* Menasha, Wisc. 1953. (Soc. am. Archaeol. Mem. Nr 9. S. 72–89.)

381. Ekholm, G. F. [1964]: *The possible Chinese origin of Teotihuacán cylindrical tripod pottery and certain related trails.* México D. F. 1964. (Actas 35. Congr. intern. American. Vol. 1. S. 39–45.)

382. Goncalves de Lima, O. [1956]: *El Maguey y el pulque en los códices Mexicanos.* México D. F. 1956.

383. Haberland, W. [1962]: *Zur Geschichte der ackerbauenden Kulturen in Mexiko und Mittelamerika.* Freiburg i. Br. 1963. (Saeculum 8. H. 1. S. 35–70.)

384. HAGEN, V. W. von [1959]: *Die Welt der Azteken.* Dt. v. A. STUZKA. 1959. 279 S., 16 Taf., 56 Abb.

385. HAGEN, V. W. von [1960]: *Die Kultur der Maya.* Kunst, Architektur, Astronomie, Religion, Brauchtum. 1960. 228 S., Ill.

386. HAGEN, V. W. von [1960]: *The ancient sun kingdoms of the Americas: Aztec, Maya, Inca.* 1960. 768 S., 150 Ill. u. Kt.

387. HAGEN, V. W. von [1964]: *The Aztec: Man and tribe.* Ill. by Alberto Beltrán. Rev. Ed. New York: The New American Library 1964. 224 S.

388. HEINE-GELDERN, R. [1959]: *Chinese influence in the pottery of Mexico, Central America and Colombia.* San José 1959. (Actas 33. Congr. intern. American. Vol. 1. S. 207–220.)

389. HEINE-GELDERN, R. [1960]: *Theoretical considerations concerning the problem of Precolumbian contacts between the Old World and the New.* In: A. F. C. WALLACE (Hrsg.): Men and cultures. S. 277–281. Philadelphia 1960.

390. HEINE-GELDERN, R. [1964]: *Traces of Indian and southeast Hindu-Buddhist influences in Mesoamerica.* México D. F. 1964. (Actas 35. Congr. intern. Americ. Vol. 1. S. 47–54.)

391. HEIZER, R. F. [1960]: *Agriculture and the Theocratic state in lowland southeastern México.* Salt Lake City 1960. (Am. Antiqu. Vol. 26. Nr 2. S. 215–222.)

392. JENNINGS, J. D. and E. NORBECK [1963]: *Prehistoric man in the New World.* Chicago 1963. 684 S.

393. KELLEY, J. C. [1956]: *Settlement patterns in North Central Mexico.* In: WILLEY (Hrsg.): *Prehistoric settlement patterns in the New World.* New York 1956. (Viking Fund Publ. Anthropol. Nr 23. S. 128–139.)

394. KIRCHHOFF, P. [1964]: *The diffusion of a great religeous system from India to Mexico.* México D. F. 1964. (Actas 35. Congr. intern. American. Vol. 1. S. 73–100.)

395. KRICKEBERG, W. [1949]: *Felsplastik und Felsbilder bei den Kulturvölkern Altamerikas mit besonderer Berücksichtigung Mexikos.* Bd 1: Die Andenländer. Die Felsentempel in Mexiko. Berlin 1949. 260 S., 49 Taf., 94 Abb. Bd 2: Felsbilder Mexicos als historische, religiöse und Kunstdenkmäler. Aus dem Nachlaß hrsg. v. K. HAHN-HISSINK, M. B. FRANKE u. D. EISLEB. Berlin: Dietrich Reimer 1969. Ca. 350 S., 123 Textfig., 41 Taf. m. 91 Fotos, 2 Kt.

396. KRICKEBERG, W. [1956]: *Altmexikanische Kulturen.* Kulturgeschichte der mexikanischen Frühkulturen von den Olmeken bis zu den Azteken. Berlin 1956. 380 S., 200 Abb. a. Taf., 100 Abb.

397. KRICKEBERG, W. u. a. [1961]: *Die Religionen des alten Amerika.* In: Die Religionen der Menschheit. 7. 1961. 397 S., Kt.

398. LINNE, S. [1942]: *Mexican highland cultures.* Stockholm 1942.

399. LOTHROP, S. K. [1964]: *Das vorkolumbianische Amerika.* Genf: Sammlung Skira 1964. 122 Taf.

400. MACGOWAN, K. and J. A. HESTER [1962]: *Early man in the new world.* With drawings by Campbell Grant. Rev. ed. Garden City, N. Y.: Doubleday 1962. 333 S. (The nat. Hist. Libr. 22.)

401. MACNEISH, R. S. [1958]: *Preliminary archaeological investigations in the Sierra de Tamaulipas, Mexico.* Philadelphia 1958. (Transact. am. philosophic. Soc. Vol. 48. T. 6.)

402. MACNEISH, R. S. [1961/62]: *First (and second) annual report of the Tehuacán archaeological-botanical project.* Andover, Mass. 1961/62. (Robert S. Peabody Found. Archaeol. Tehuacán archaeol.-botan. Proj. Rep. Nr 2.)

403. MACNEISH, R. S. [1964]: *Ancient Mesoamerican civilisation.* A long archaeological sequence from Tehuacán, Mexico, may give new data about the rise of this civilization. Washington 1964. (Science. Vol. 143. Nr 3606. S. 531–537.)

404. MACNEISH, R. S. [1964]: *El origen de la civilización Mesoamericana visto desde Tehuacán.* México D. F. 1964. (Inst. nac. Antropol. Hist. Dep. Prehist. Publ. Nr 10.)

405. *Mexiko. Präkolumbianische Wandmalereien.* Vorw. v. J. SOUSTELLE. Einl. v. I. BERNAL. 1958. 25 S., 32 Farbtaf., 5 Abb. (Unesco-Sammlung. Bd 10.)

406. MILLON, R. [1957]: *Irrigation systems in the valley of Teotihuacán.* Salt Lake City 1957. (Am. Antiqu. Vol. 23. S. 160–166.)

407. MILLON, R. [1964]: *The Teotihuacán mapping project.* Salt Lake City 1964. (Am. Antiqu. Vol. 29. S. 345–352.)

408. MILLON, R. and J. A. BENNYHOFF [1961]: *A long architectural sequence at Teotihuacán.* Salt Lake City 1961. (Am. Antiqu. Vol. 26. S. 516–523.)

409. MORLEY, S. G. [1958]: *The ancient Maya.* Rev. by G. W. BRAINERD. Stanford: Stanford Univ. Pr. 1958. 507 S.

410. OROZCO Y BERRA, M. [1880]: *Historia antigua y de las culturas aborigenes de México.* Con un atlas pictográfico y arqueológico. Vol. 1, 543 S. Vol. 2, 508 S., 26 Abb. México 1880. Neuausg. 1954.

411. PALERM, A. [1955]: *La base agricola de la civilización urbana en Mesoamérica.* In: Las civilizaciones antiguas del Viejo Mundo y de América. Washington 1955. (Union panam. Est. monogr. Nr 1. S. 29–44.)

412. PETERSON, F. A. [1962]: *Ancient Mexico.* An introduction to the Pre-Hispanic cultures. Maps and drawings by José L. Franco. New York: Capricorn Books 1962. 313 S.

413. POLLOCK, H. E. D., R. L. ROYS, T. PROSKOURIAKOFF and A. L. SMITH [1962]: *Mayapán, Yucatán, Mexico.* Washington 1962. (Carnegie Inst. Publ. 619.)

414. RIVET, P. [1960]: *Maya Cities.* London: Elek Books 1960. 234 S.

415. ROBERTSON, D. [1964]: *Architektur Amerikas vor Kolumbus.* Ravensburg 1964. (Große Zeiten und Werke der Architektur. Bd 10.)

416. ROPPERT, C. [1952]: *Chichén Itzá.* Architectural Notes and Plans. Washington 1952. Ca. 200 S. (Carnegie Inst. Publ. 595.)

417. SARTORIUS, C. [1869]: *Fortificaciones antiguas (estado de Vera Cruz).* México 1869. (Boln Soc. mex. Geogr. Estad. La Epoca. Bd 1. S. 818–827.) (zu Kap. Kolonialzeit)

418. SATTERTHWAITE, L. and E. K. RALPH [1960]: *New radiocarbon dates and the Maya correlation.* Salt Lake City 1960. (Am. Antiqu. Vol. 26. S. 165–184.)

419. SAUER, C. O. and D. BRAND [1931]: *Prehistoric settlements of Sonora.* With special reference to Cerros de Trincheras. Berkeley: Univ. Calif. Pr. 1931. (Univ. Calif. Publ. Geogr. Vol. 5. Nr 3. S. 67–148, Taf. 7–18, 7 Abb.)

420. SCHULTZE-JENA, L. [1952]: *Gliederung des alt-aztekischen Volks in Familie, Stand und Beruf.* Aus dem aztekischen Urtext übers. u. erl. Stuttgart: Kohlhammer Verlag 1952. 338 S. (Quellenwerke zur alten Geschichte Amerikas.)

421. SCHULTZE-JENA, L. [1950]: *Wahrsagerei, Himmelskunde und Kalender der alten Azteken.* Aus dem aztekischen Urtext B. d. SAHAGUN's übers. u. erl. Stuttgart 1950. 404 S. (Quellenwerke zur alten Geschichte Amerikas.)

422. SHOOK, E. H. [1952]: *The great wall of Mayapán.* Cambridge 1952. (Carnegie Inst. Washington, Dep. archaeol. Current Rep. Nr 2.)

423. SOUSTELLE, J. [1962]: *The daily life of the Aztecs on the eve of the Spanish conquest.* New York: MacMillan Co. 1962. 319 S., 2 Kt., 39 Ill.

424. SPINDEN, H. J. [1928]: *Ancient civilization of Mexico and Central America.* 3. Ed. New York 1928. 242 S., 46 Taf., 2 Kt., 84 Abb. (Am. Mus. Nat. Hist. Handbook S. 3.)

425. TERMER, F. [1952]: *Die Mayaforschung.* Leipzig 1952. (Nova Acta Leopoldina. N. F. Bd 15. Nr 105. 66 S., 1 Kt., 32 Abb.)

426. TERMER, F. [1965]: *Geographische und archäologische Probleme der Ruinen von Cantona im Staat Puebla, Mexiko.* Wiesbaden 1965. (Geogr. Z. 1. 53. Jg. S. 51–60.)

427. THOMPSON, J. E. S. [1927]: *A correlation of the Mayan and European calendars.* Chicago 1927. (Field Mus. nat. Hist. Anthropol. S. Vol. 18. Nr 1.)

428. THOMPSON, J. E. S. [1933]: *Mexico before Cortez, an account of daily life, religion and ritual of the Aztecs and Kindred peoples.* New York and London: Charles Scribners Sons 1933. 298 S., 33 Taf.

429. THOMPSON, J. E. S. [1956]: *The rise and fall of Maya civilisation.* London 1956.

430. THOMPSON, J. E. S. [1958]: *The civilization of the Mayas.* Chicago 1958. 96 S., zahlr. Abb. (Chicago nat. Hist. Mus. Pop. S., Anthropol. Nr 25.)

431. TRIMBORN, H. [1958]: *Raumerschließung und Planung in den Hochkulturen des alten Amerika.* Bremen 1958. (Forschgs. u. Sitzungsber. Akad. Raumforschg. u. Landespl. 10.)

432. TRIMBORN, H. [1959]: *Das alte Amerika.* Mexico u. Maya S. 14–39). Stuttgart: Kilpper 1959. 270 S. (Große Kulturen der Frühzeit. N. F.)

433. TRIMBORN, H. [1963]: *Die indianischen Hochkulturen des alten Amerika.* Berlin, Göttingen, Heidelberg 1963. (Verständl. Wissensch. Bd 82.)

434. *Uxmal.* Guia oficial del Inst. nac. Antropol. Hist. México D. F. 1956. 51 S., 1 Plan, zahlr. Abb. (Führer durch die Mayastätten in Uxmal, Yucatán.)

435. WHITAKER, T. W., H. C. CUTLER and R. S. MACNEISH [1957]: *Cucurbit materials from three caves near Ocampo, Tamaulipas.* Salt Lake City 1957. (Am. Antiqu. Vol. 22. S. 352–358.)

436. WILLEY, G. R. [1955]: *The interrelated rise of the native cultures of Middle and South America.* New interpretations of aboriginal American culture history. Washington 1955. S. 28–45.

437. WILLEY, G. R. [1956] (Ed.): *Prehistoric settlement patterns in the New World.* New York 1956. (Viking Fund Publ. Anthropol. Nr 23.)

438. WILLEY, G. R. [1961]: *New world prehistory.* Washington 1961. (Annual Rep. Smithson. Inst. for 1960. S. 551–575.)

439. WOODBURY, R. B.: *Prehistoric water systems in the Tehuacán valley, Mexico.* (Actas 36. Congr. intern. American.)

440. ZAVALA, L. J. (Ed.) [1962]: *Bibliografía antropológica.* Trabajos publicados en México 1955. México D. F. 1962. (35. Congr. intern. American. México.)

Siehe auch ➝ Nr: 49, 50, 54, 60, 309, 325, 327, 331, 332, 343, 504, 505, 664, 723, 724, 726, 762, 768, 784, 853, 881, 888, 969, 972, 974, 979, 981, 1041, 1057, 1059, 1146, 1185, 1265, 1266, 1273, 1277, 1280, 1283, 1287, 1292, 1293, 1294, 1295, 1296, 1306, 1309, 1332, 1333, 1357, 1358, 1359, 1311, 1314, 1384, 1385, 1386, 1389.

Zu diesem Kapitel sind viele Literaturhinweise enthalten in den Titeln (u. a.) Nr: 368, 374, 383, 384, 387, 396, 404, 409, 412, 432.

14. Entdeckung und Eroberung

441. AMAYA TOPETE, J. [1958]: *Atlas mexicano de la conquista.* Historia geográfica en 40 cartas. México D. F., Buenos Aires: Fondo de cultura económica 1958. 32 S., 40 Kt.

442. ARAGON, J. O. [1931]: *Expansión territorial del Imperio Mexicano.* México D. F. 1931. (An. Mus. nac. Arqueol. Hist. Etnogr. Vol. 7. Nr 1. S. 5–64.)

443. BLOM, F. [1936]: *The conquest of Yucatán.* New York 1936.

444. BOLTON, H. E. [1916]: *Spanish explorations in the South-West.* 1916.

445. CHAMBERLAIN, R. S. [1948]: *The conquest and colonization of Yucatán, 1517–1550.* Washington, D. C. 1948. 365 S., 2 Kt., 10 Ill. (Carnegie Inst. Publ. Nr 582.)

446. CHAPMAN, C. E. [1916]: *The founding of Spanish California:* The northwestward expansion of New Spain, 1687–1783. New York 1916.

447. Cortes, H. [1960]: *Cartas de relación de la conquista de la Nueva España.* Escritas por Cortes al emperador Carlos V., y otros documentos relativos a la conquista, 1519–1527. El „Códice vindobonensis S. N. 1600" de la Biblioteca nacional de Viena en completa facsimile. Geleitwort J. Stummvoll. Einleit. u. Bibliogr. Ch. Gibson. Beschreibung F. Unterkircher. 1960. 27 S., 399 Faks.-Bl.

448. Cortes, H. [1964]: *Cartas y documentos de* Hernan Cortes. Introd. M. H. Sanchez-Barba. México D. F. 1964. 637 S.

449. *Cortés.* The life of the conqueror of Mexico by this secretary Francisco López de Gómara. Transl. by L. B. Simpson from „Istoria de la conquista de México". Berkeley, Calif. 1964. 480 S.

450. Cronau, R. [1892]: *Amerika.* Die Geschichte seiner Entdeckung von der ältesten bis an die neueste Zeit. Bd 1, 480 S. u. Bd 2, 531 S. 45 Taf., 37 Kt., 500 Abb. Leipzig: Abel & Müller 1892.

451. Davidson, G. [1887]: *Early spanish voyages of discovery on the coast of California.* 1887. (Calif. Soc. Sci. Bull. S. 325–335.)

452. Descola, J. [1961]: *Gold, Seelen, Königreiche.* Die Geschichte der spanischen Eroberer. Stuttgart 1961. 515 S. 38 Taf. 64 Abb.

453. Diaz del Castillo, B. [1950]: *Historia verdadera de la conquista de la Nueva España.* Bd 1. 2. México: Garcia 1904. Neubearb.: México D. F. 1950. 4. Ed. Bd 1, 513 S. Bd 2, 517 S. México D. F.: Porrua 1955. Dt. Ausg.: Die Entdeckung und Eroberung von Mexiko nach des Bernal Diaz del Castillo gleichzeitiger Erzählung, bearb. von de Vasari. Hamburg, Gotha 1848. 580 S.

454. (The) Bernal Diaz Chronicles. *The true story of the conquest of Mexico.* Transl. and ed. by Albert Idell. Garden City, N. Y.: Doubleday 1956. 436 S.

455. Friederici, G. [1925 u. 1930]: *Charakter der Entdeckung und Eroberung Amerikas.* 3 Bd, 580, 571 u. 520 S. Stuttgart 1925 u. 1936.

456. Gann, T. [1936]: *Mexico from the earliest times of the conquest.* 1936.

457. Garcia, G. [1948]: *Carácter de la conquista española en América y en México.* Según los textos de los historiadores primitivos. México D. F.: Navarro 1948. 423 S.

458. Gel, F. [1958]: *La Casas.* Leben und Werk. Dt. Übertr. a. d. Tschechischen v. G. Thomas. Leipzig: Koehler & Amelung 1958. 274 S,. 1 Kt.

459. Hanke, L. [1959]: *The Spanish struggle for justice in the conquest of America.* Philadelphia 1949. New Ed. 1959.

460. Harvey Gardiner, C. [1956]: *Naval power in the conquest of Mexico.* Austin: Univ. Texas Pr. 1956. 253 S. Fotos.

461. Kelly, J. E. [1932]: *Pedro de Alvarado, Conquistador.* Princeton: Princeton Univ. Pr. 1932. 279 S., 12 Abb.

462. Lopez-Portillo y J. Weber [1939]: *La conquista de la Nueva Galicia.* México D. F. 1939. 594 S.

463. Madariaga, S. de [1947]: *The rise of the Spanish American empire.* London 1947.

464. Madariaga, S. de [1960]: *Cortés.* Eroberer Mexikos. München, Zürich: Droemer 1960. 610 S. (Knaur, Bücher der Welt.)

465. McNutt, F. A. [1908]: *Letters of Cortés.* The five letters of relation from Fernando Cortes to the emperor Charles V. Bd 1 u. 2. New York: Putnam 1908. Bd 1: 354 S. Bd 2: 374 S., 1 Kt.

466. Orozco y Berra, M. [1960]: *Historia antigua y de la conquista de México.* Ed. de A. M. Garibay. 4 Bde, México D. F. 1960. 2080 S.

467. Poole, D. M. [1951]: *The Spanish conquest of Mexico: some geographical aspects.* London 1951. (Geogr. J. Vol. 117. T. 1. S. 27–42.)

468. Powell, P. W. [1952]: *Soldiers, indians and silver.* The northward advance of New Spain 1550–1600. Berkeley: Univ. Calif. Pr. 1952. 317 S.

469. Prescott, W. H. [1933–37]: *The conquest of Mexico.* 2 Bde. London: Everyman's Library, 397 u. 398. 1933–37. 843 S.

470. – Dass. 2 Bde. 18. 407. Double Vol. London 1933. 436 S.

471. Prescott, W. H. [1843]: *History of the conquest of Mexico, with a preliminary view of the ancient Mexican civilization and the life of the conqueror Hernando Cortés.* 3 Bde. London 1843. 3 Portr. 1 Faks. u. Kt. 1336 S. (Nach Graesse V, 438. Erstausgabe des klassischen Werkes.) u. 1857. 819 S.

472. Prescott, W. H. [1956]: *Die Eroberung von Mexiko.* Hrsg. Gerdt Kutscher. Neubearb. d. 1845 zuerst i. dt. Übers. ersch. Werkes. Berlin 1956. 687 S., 46 Abb. a. 33 Taf., 269 Textabb.

473. Termer, F. [1950]: *Der Bericht des Pedro Alvárez de Miranda über die Lacandonen Expedition nach Ostchiapas im Jahre 1695.* Hamburg 1950. (Mitt. geogr. Ges. Hamburg. 49. S. 36–63.)

474. Termer, F. [1963]: *Alvarado Nuñez Cabeza de Vaca.* „Schiffbrüchige" (Naufragios). Dorado Bücherei. 2. Aufl. München: Reimer 1963. 180 S.

Siehe auch ➞ Nr: 327, 343, 370, 380, 388, 389, 400, 497, 719, 1027, 1029, 1094, 1156, 1237, 1264, 1320, 1329, 1377, 1382, 1387.

15. Reiseberichte

475. Bishop, W. H. [1883]: *Old Mexico and her lost provinces.* A journey in Mexico, Southern California and Arizona by way of Cuba. New York: Harper Brothers 1883. 509 S., Ill.

476. Burkhart, J. [1836]: *Aufenthalt und Reisen in Mexico in den Jahren 1825–1834.* Bemerkungen über Land, Produkte, Leben und Sitten der Einwohner und Beobachtungen aus

dem Gebiete der Mineralogie, Geognosie, Bergbaukunde, Meteorologie, Geographie. Bd 1 u. 2. Stuttgart: Schweizerbart 1836. Bd 1 391 S., 6 Kt. Bd 2 285 S., 5 Kt.

477. Carpenter, W. W. [1851]: *Travels and adventures in Mexico, in the course of journeys of upward of 2500 miles, performed on foot, giving an account of the manners and customs of the people and the agricultural and mineral resources of that country.* New York: Harper Brothers 1851. 300 S.

478. Clark, L. [1959]: *Yucatán adventure.* London 1959. 256 S., Kt.

479. Cooke, J. [1796]: *Remarks on a passage from the River Balise, in the Bay of Honduras, to Merida, the capitel of the province of Yucatán in the Spanish West Indies.* London 1796. 52 S.

480. Cordan, W. [1959]: *Geheimnisse im Urwald.* Entdeckungsfahrten auf den Spuren der Mayas. Düsseldorf, Köln: Diederich 1959. 237 S., 85 Abb.

481. Eisen, G. [1895]: *Explorations in the cape region of Baja California in 1894, with reference to former expeditions of the California Academy of Sciences.* San Francisco 1895. (Proc. Calif. Acad. Sci. 2nd Ser. 5, S. 733–775.)

482. Eisen, G. [1900]: *Explorations in the central part of Baja California.* New York 1900. (Bull. geogr. Soc. Am. 22. S. 397–429.)

483. Emmerich, F. [1936]: *In mexikanischen Urwäldern.* Leipzig: Stanneck 1936. 248 S.

484. Gadow, H. [1908]: *Through southern Mexico.* Being an account of the travels of a naturalist. London: Witherby 1908. 527 S., Kt., 160 Fotos.

485. Gann, T. [1926]: *Ancient cities and modern tribes: exploration and adventure in Maya lands.* New York 1926.

486. Garcia Cubas, A. [1934]: *El libro de mis recuerdos.* Narraciones históricas, anécdotas y de costumbres Mexicanas anteriores al actual estado social. Illustr. con más de trescientos fotograbados. 2. Ed. México D. F.: Sánchez 1934. 639 S.

487. Glantz, M. y A. Beltran [1964]: *Viajes en México.* Crónicas extranjeras. México D. F. 1964. 499 S.

488. Hardy, R. W. H. [1829]: *Travels in the interior of Mexico in 1825, 1826, 1827, 1828.* London: Colburn 1829. 540 S., 1 Kt.

489. Hassert, K. [1914–15]: *Reiseerinnerungen aus Mexiko.* Leipzig, Wien, Budapest 1914–15. (Dt. Rdsch. Geogr. Gesch. 37. Jg. S. 1–11.)

490. Heim, A. [1916]: *Reisen im südlichen Teil der Halbinsel Niederkalifornien.* Berlin 1916. (Z. Ges. Ekde. Berlin. S. 1–16.)

491. Helbig, K. [1958]: *Kleine Entdeckungsreise in Mittelamerika.* Von Mexiko bis zur Mosquitia. Mit 62 Farbaufnahmen. Leipzig: VEB Brockhaus 1958. 96 S., 1 Kt.

492. Hesse-Wartegg, E. v. [1890]: *Mexico.* Land und Leute. Reisen auf neuen Wegen durch das Aztekenland. Wien 1890. 403 S., Kt. u. Abb.

493. Jaeger, F. [1926]: *Reisen und Forschungen in Mexiko im Sommer 1925.* Berlin 1926. (Z. Ges. Edke. Berlin. Nr 7–8. S. 297–310, 1 Fig., Fotos.)

494. James, T. [1964]: *Three years among the Mexicans and the Indians.* 1846, repr. 1964. 316 S., 13 Ill.

495. Kirkham, St. D. [1909]: *Mexican trails.* A record of travel in Mexico 1904–07 and a glimpse at the life of the Mexican Indian. New York u. London: Putnam 1909. 293 S., Fotos.

496. Lumholtz, C. [1903]: *Unknown Mexico.* A record of five years exploration among the tribes of the western Sierra Madre; in the tierra caliente of Tepic and Jalisco; and among the Tarascos of Michoacán. 2 Bde. London 1903. 1026 S., Kt., Abb.

497. Mayer, W. [1961]: *Early travellers in Mexico 1534 to 1816.* México D. F.: Ed. Cultura 1961. 176 S., Taf. Abb.

498. Ober, F. A. [1884]: *Travels in Mexico and life among the Mexicans.* 1. Yucatán. 2. Central and Southern Mexico. 3. The border states. Boston: Estes & Lauriat 1884. 671 S., 190 Taf.

499. Olmstedt, F. L. [1857]: *Wanderungen durch Texas und im mexicanischen Grenzlande.* Leipzig 1857.

500. Ratzel, F. [1878]: *Aus Mexico.* Reiseskizzen aus den Jahren 1874 und 1875. Breslau: Kern 1878. 426 S., 1 Kt. Neuaufl. Stuttgart: F. A. Brockhaus, 1969, 428 S., 1 Kt.

501. Reiche, K. [1930]: *Kreuz und quer durch Mexiko.* Aus dem Wanderbuch eines deutschen Gelehrten. Leipzig 1930. 128 S., 20 Abb.

502. Seler, E. [1897]: *Über seine Reisen in Mexico und Guatemala.* Berlin 1897. (Verhandlg. Ges. Edke. Berlin. Nr 7. S. 397–413.)

503. Seler-Sachs, C. [1900]: *Auf alten Wegen in Mexico und Guatemala.* Reiseerinnerungen und Eindrücke aus den Jahren 1895–1897. Berlin 1900. 362 S., 65 Taf., 1 Kt. 260 Abb. (Spät. kürzere Ausg. Stuttgart 1925.)

504. Stephens, J. Ll. [1843]: *Incidents of travel in Yucatán with engravings by Frederick Catherwood.* New York 1843. Versch. Übers. Neuere Ed.: Hrsg. V. W. von Hagen. Bd 1 u. 2. Norman: Univ. of Oklahoma Pr. 1962. Bd 1 315 S., Bd 2 327 S.

505. Stephens, J. Ll. [1856]: *Incidents of travel in Central America, Chiapas and Yucatán.* 2 Bde. New York 1856. 898 S., Kt., Abb.

506. Tavera Alvaro, X. [1964]: *Viajes en México.* Crónicas Mexicanas. México D. F. 1964. 448 S.

507. Wittich, E. [1910]: *Humboldt's Reisen in Mexico.* México 1910. (Humboldt Festschrift. S. 47–63, Kt. 1 Prof.)

Siehe auch ➞ Nr: 9, 10, 11, 12, 13, 14, 79, 98, 177, 349, 1097, 1241, 1242, 1279, 1319, 1392.

16. Geschichte

508. Alaman, L. [1849–52]: *Historia de Méjico.* 5 Bde. México 1849–52. (Neudruck 1942.)

509. Bancroft, H. H. [1884]: *History of the north Mexican states and Texas.* Bd 1 u. 2. San Francisco 1884.

510. Bancroft, H. H. [1883–88]: *History of Mexico.* Bd 1–6. San Francisco 1883–88.

511. Beals, C. [1932]: *Profirio Díaz, dictator of Mexico.* Philadelphia u. London: J. B. Lippincott Comp. 1932. 463 S., 32 Taf. m. 126 Abb., 1 Kt.

512. Bernardino de Sahagun [1932]: *A history of ancient Mexico.* Translated by Fanny R. Bandelier from the Spanish version of Carlos Maria Bustamente. Nashville: Fisk Univ. Pr. 1932. 315 S. (Fisk Univ. soc. Sci. Ser. 8.)

513. Bernardino de Sahagun [1956]: *Historia general de las cosas de Nueva España.* Hrsg. Angel Maria Garibay. Bd 1–4. México D. F.: Ed. Porrua 1956. Bd 1 387 S., Bd 2 336 S., Bd 3 367 S., Bd 4 380 S.

514. Bernardino de Sahagun [1950]: *General history of the things of New Spain.* Übers. a. d. Aztek. ins Engl. v. Arthur J. O. Anderson u. Charles E. Dibble. Santa Fé 1950. 46 S. (The School of American Research and the Univ. of Utah. Monographs of the School of American Research. Nr 14.)

515. *Biblioteca histórica Mexicana de obras inéditas.* [1936–38]. Bd 1–14. México D. F.: Robredo 1936–38.

516. Braddy, H. [1955]. *Cock of the walk: the Pancho Villa legend.* 1955.

517. Bustamente, C. M. de [1926]: *Cuadro histórico de la revolución Mexicana 1810–1821.* Ed. corr. y aument. Bd 1–5. México D. F. 1926. 1704 S.

518. Chavez Orozco, L. [1934]: *Historia de México.* Mehrere Bde. 1934 ...

519. Clavijero, F. J. [1959]: *Historia antigua de México.* 2. Ed. 4 Bde. México D. F. 1959. 1575 S.

520. Cuevas, M. [1940]: *Historia de la nación Mexicana.* De la prehistoria hasta el México independiente. México D. F. 1940. 1042 S.

521. *Documentos históricos Mexicanos, obra conmemorativa del primer centenario de la independencia de México.* [1910]. Hrsg. El museo nacional de arqueología, historia y etnología, bajo dirección de Genaro Garcia. Bd 1–7. México D. F.: Secr. de instrucción pública y belles artes 1910.

522. Flores, J. R. [1963]: *Historia de la cultura Mexicana.* México D. F. 1963. 498 S.

523. Garcia, G. y C. Pereyra [1905–11]: *Documentos inéditos o muy raros para la historia de México.* 36 Bde. México 1905–11.

524. Garcia Puron, M. [1964]: *México y sus gobernantes.* Biografías de las personas que han regido la nación desde la época de los antiguas Mayas hasta el actual Presidente Lic. Don Adolfo López Mateos. México D. F.: Porrua 1964.

525. Gomez Caneda, L. [1961]: *Los archivos de la historia de America.* Periodo colonial español. 1. México D. F. 1961. 654 S.

526. Guzman, M. L. [1938]: *El hombre y sus armas.* Memorias de Pancho Villa. México D. F. 1938. 328 S.

527. Hackett, Ch. W. [1926]: *The Mexican revolution and the United States 1910–26.* Boston 1926.

528. Haring, C. H. [1947]: *The Spanish empire in America.* 1947.

529. Jackson, J. [1936]: *Mexican interlude.* New York u. London: MacMillan & Co. 1936. 231 S., Kt., Ill.

530. Kibbe, P. R. [1964]: *A guide to Mexican history.* México D. F.: Ed. Minutiae Mexicana 1964. 96 S.

531. Lopez Rosado, D. C. y G. Fuentes [1940]: *Atlas histórico-geográfico de México.* México D. F. 1940.

532. Mata Nuñez, E. [1955]: *México en la historia; de la prehistoria a 1950.* Ed. orig. de lujo. México D. F. 1955. 612 S.

533. *Memoria científica para la inauguración de la estatua de Alejandro de* Humboldt *obsequiado por S. M. el Emperador Alemán* Guillermo II *a la nación Mexicana con motivo del primer centenario de su independencia.* México: Müller Hermanos 1910. (Enthält 10 memorias.)

534. *México a través de los siglos.* Historia general y completa del desenvolvimiento social, político, religioso, militar, artístico, científico y literario de México desde la antigüedad más remota hasta la época actual. Hrsg. D. Vicente Riva Palacio. Bd 1–5. México: Ballesca. Barcelona: Espasa y Comp.

535. Morales, J. A. [1951]: *Historia de la revolución Mexicana.* México D. F. 1951.

536. Moreno, J. W. y G. A. Ruiz [1962]: *Historia de México.* Una síntesis. México D. F. 1962. 132 S., Kt., Abb. (Inst. nac. Antropol. Hist. Ser. hist. 7.)

537. Munoz, L. [1950]: *Constitución política de los Estados Unidos Mexicanos en vigor desde el 10 de Mayo 1917.* México D. F. 1950.

538. O'Gorman, E. [1948]: *Historia de las divisiones territoriales de México.* México D. F. 1948. (Bibliot. enciclop. popular. Nr 193.)

539. Parkes, H. B. [1960]: *A history of Mexico.* 3. Ed. rev. and enlarg. Boston: Houghton Mifflin Co. 1960. 458 S., Ill.

540. Pfeifer, G. [1943]: *Die Vereinigten Staaten und Mexiko.* Ein historischer Überblick. Essen 1943.

541. Pinchon, E. [1941]: *Zapata.* The unconquerable. Garden City, N. Y.: Doubleday 1941. 332 S.

542. Roeder, R. [1947]: *Juárez and his Mexico.* A bibliographic history. Bd 1 u. 2. New York: The Viking Press 1947.

543. Ross, S. R. [1955]: *Francisco I. Madero, apostle of Mexican democracy.* 1955.

544. Rueda, J. J. [1957]: *Historia de la cultura en México.* El mundo prehispanico. México D. F.: Ed. Cultura 1957. 231 S.

545. Rydjord, J. [1935]: *Foreign interest in the independence of New Spain.* An introduction to the war for independence. Durham, North Carolina: Duke Univ. Pr. 1935. 347 S., 1 Taf.

546. Schäfer, E. [1937–38]: *Entstehung und Aufbau des Vizekönigtums in den spanischen Kolonien unter den Habsburgern.* (Ibero-Amerikan. Archiv. 11. Jg. 1937–38. S. 39–79.)

547. *World historical atlas in five volumes.* Vol. 3 Mexico, Central America, West Indies 1754–58. 40 Bl. Stanford.

548. Zamacois, N. de [1876–82]: *Historia de México.* Bd 1–18. Barcelona, México: Parres 1876–82.

Siehe auch ⟶ Nr: 71, 77, 100, 441, 442, 456, 594, 597, 920, 1027, 1038, 1055, 1243, 1244, 1254, 1255, 1257, 1259, 1260, 1261, 1262, 1303, 1316, 1317, 1341, 1364, 1380.

17. Kolonialzeit

549. Aguirre Beltran, G. [1944]: *The slave trade in Mexico.* Durham 1944. (Hisp. amer. Hist. Rw. Vol. 24. Nr 3. S. 412–431.)

550. Anaheim, H. [1951]: *Grundlinien der Kulturlandschaftsgeschichte Mexikos.* Basel 1951. (Korrespondenzbl. geogr. ethnol. Ges. Basel. I. Nr 1–2. S. 2–8.)

551. Blackmar, F. W. [1891]: *Spanish Institutions of the Southwest.* Baltimore 1891.

552. Borah, W. [1943]: *Silk raising in colonial Mexico.* Berkeley: Univ. Calif. Pr. 1943. 169 S., Kt. (Ibero-Americana. 20.)

553. Borah, W. [1951]: *New Spain's century of depression.* Berkeley: Univ. Calif. Pr. 1951. 58 S. (Ibero-Americana. 35.)

554. Borah, W. [1954]: *Early colonial trade and navigation between Mexico and Peru.* Berkeley: Univ. Calif. Pr. 1954. 170 S. (Ibero-Americana. 38.)

555. Canovas, A. C. [1960]: *Historia social y económica de México, 1521–1854.* México D. F.: Trillas 1960. 422 S.

556. Cervantes de Salazar, F. [1963]: *México en 1554.* Tumulo imperial. 2. Ed. México D. F.: Ed. UNAM 1963. 290 S. (Biblioteca del estudiante universitario. 3.)

557. Chamberlain, R. S. [1939]: *Castilian backgrounds of the repartimiento-encomienda.* Washington 1939.

558. Chevalier, F. [1963]: *Land and society in colonial Mexico.* The great hacienda. Transl. from „La formation des grandes domaines au Mexique" by Alvin Eustis. Ed. with a foreword by Lesley Byrd Simpson. Berkeley: Univ. Calif. Pr. 1963. 334 S.

559. Decorme, G. S. J. [1941]: *La obra de los jesuitas Mexicanos durante la época colonial 1572–1767.* Bd 1 u. 2. México D. F.: Porrua 1941.

560. Engelhardt, Z. [1908]: *Missions and Missionaries of California.* 5 Bde, bes. Bd 1: Lower California. San Francisco 1908. Neuausg. i. 4 Bdn Santa Barbara 1929.

561. Gerhard, P. [1960]: *Pirates on the west coast of New Spain 1575-1742.* Glendale 1960. 374 S.

562. Gibson, Ch. [1964]: *The Aztecs under Spanish rule.* A history of the Indians of the Valley of Mexico 1519–1810. Stanford: Stanford Univ. Pr. 1964. 660 S.

563. Gomez de Cervantes, G. [1944]: *La vida económica y social de Nueva España al finalizar el siglo XVI.* México D. F. 1944.

564. Gonzales Obregon, L. [1952]: *Rebeliones indígenas y precursores de la independencia Mexicana. Siglos* XVI, XVII y XVIII. México D. F.: Navarro 1952. 496 S.

565. Guthrie, C. L. [1939]: *Colonial economy, trade, industry and labor in 17. century Mexico City.* México D. F. 1939. (Rev. Hist. Am. Nr 7. S. 104–134.)

566. Haring, C. H. [1918]: *Trade and navigation between Spain and the Indies.* 1918.

567. Meigs, P. [1935]: *The Dominican mission frontier of Lower California.* Berkeley: Univ. Calif. Pr. 1935. 192 S., 19 Taf., 2 Fotos. (Univ. Calif. Publ. Geogr. Vol. 7.)

568. Navarro, M. G. [1953]: *Repartimiento de indios en Nueva Galicia.* México D. F. 1953. 237 S.

569. Rea, V. [1946]: *Vera Cruz y Oaxaca en 1798.* México D. F. 1946. 52 S.

570. Redfield, R. [1929]: *The material culture of Spanish-Indian Mexico.* Menasha, Wisc. 1929. (Am. Anthropol., N. S. Vol. 31. Nr 4. S. 602–618.)

571. Richman, I. B. [1911]: *California under Spain and Mexico, 1535–1847.* Boston u. New York 1911.

572. Roscher, W. G. F. [1904]: *The Spanish colonial system.* 1904.

573. Roys, R. L. [1943]: *The Indian background of colonial Yucatán.* Washington 1943. 224 S., Kt. (Carnegie Inst. Publ. Nr 548.)

574. Sauer, C. O. [1948]: *Colima of New Spain in the 17. century.* Berkeley: Univ. Calif. Pr. 1948. 140 S., Kt. (Ibero-Americana. 29.)

575. Schäfer, E. [1937–38]: *Das spanisch-amerikanische Kolonialreich.* Grundzüge eines historisch-geographischen Kartenwerkes. Berlin, Bonn 1937–38. (Ibero-Amerikan. Archiv. 11. Jg. 1937–1938. S. 151–165.)

576. Schäfer, E. [1937–38]: *Der Verkehr Spaniens mit und in seinen amerikanischen Kolonien.* (Ibero-Amerikan. Archiv. 11. Jg. 1937–1938. S. 435–455.)

577. Simpson, L. B. [1940]: *Studies in the administration of the Indians in New Spain.* Berkeley: Univ. Calif. Pr. 1934, 1938, 1940. 129 S., 12 Taf., 2 Kt.; 13. u. 16. 44 S. (Ibero-Americana 7.)

578. Simpson, L. B. [1952]: *Exploitation of land in Central Mexico in the 17th century.* Berkeley: Univ. Calif. Pr. 1952. 92 S.

579. Simpson, L. B. [1929]: *The encomienda in New Spain.* Forced native labour in the Spanish colonies 1492–1550. Berkeley 1929.

297 S. (Univ. Calif. Publ. Hist. Vol. 19. Auch: Univ. Calif. Pr. 1952.)

580. WITTICH, E. [1938–40]: *Die erste Druckerei in Amerika.* Ihre Gründer und ihre Druckwerke. (Ibero-Amerikan. Archiv. 12–13. Jg. 1938–1940. S. 68–67, 1 Taf.)

Siehe auch → Nr: 441, 442, 445, 452, 468, 546, 607, 686, 737, 738, 767, 771, 781, 787, 790, 791, 800, 802, 825, 854, 917, 930, 960, 966, 978, 982, 1019, 1029, 1044, 1045, 1085, 1101, 1119, 1163, 1250, 1266, 1270, 1272, 1273, 1274, 1305, 1308, 1328, 1329, 1333, 1360, 1364, 1378, 1379.

18. Sozialgeographie, zeitgenössische und gegenwärtige

581. BEALS, C. [1931]: *Mexican maze.* Mit Ill. v. Diego Rivera. Philadelphia u. London: Lippincott Co. 1931. 370 S. Ill.

582. BERINGER, K. [1927]: *Der Meskalinrausch.* Seine Geschichte und Erscheinungsweise. Berlin: Springer 1927. 315 S.

583. BRENNER, A. [1929]: *Idols behind altars.* New York 1929.

584. BRENNER, A. and G. LEIGHTON [1943]: *The wind that swept Mexico.* The history of the Mexican revolution 1910–1942. New York 1943.

585. BUSTO, E. [1889]: *La administración pública de Méjico.* Breve estudio comparativo entre el sistema de administración de hacienda en Francia y el establecido en Méjico. Paris 1889. 292, 128 S.

586. CALDERON DE LA BARCA, F. E. I. [1959]: *La vida en México.* Durante una residencia de dos años en ese pais. Trad. y pról. de Felipe TEIXIDOR. (Mitte 19. Jh.). México D. F. Porrua: 1959. 601 S. Übers. i. Engl.: Life in Mexico. Garden City, N. Y.: Doubleday, repr. of 1842. 548 S.

587. CERWIN, H. [1947]: *These are the Mexicans.* New York: Reynal & Hitchcock 1947. 384 S., Fotos.

588. CHAMBERS GOOCH, F. [1887]: *Face to face with the Mexicans:* The domestic life, educational, social and business way, statesmanship and literature, legendary and general history of the Mexican people. As seen and studied by an American woman during seven years of intercourse with them. London: Samston Low, Marston, Searle & Rivington 1887. 584 S., 200 Ill.

589. CHASE, S. [1931]: *Mexico: A study of two Americas.* New York: MacMillan 1931. 338 S,. Ill.

590. CLINE, H. F. [1963]: *The United States and Mexico.* Rev. Ed., enlarg. New York: Atheneum 1963. 484 S.

591. CLINE, H. F. [1962]: *Mexico.* Revolution to evolution 1940–1960. Issued under the auspices of the Royal Institute of International Affairs. New York: Oxford Univ. Pr. 1962. 374 S., 25 Kt., 5 Diagr.

592. DÖRNER, G. [1962]: *Mexikanische Volkskunst.* München: Wilhelm Andermann Verlag 1962. 28 Taf. (Metropol-Bücher)

593. FERGUSSON, E. [1934]: *Fiesta in Mexico.* New York: Alfred A. Knopf 1934. 267 S., 14 Taf.

594. FISHER, L. E. [1934]: *The background of the revolution for Mexican independence.* Boston: The Christopher Publ. House 1934. 512 S.

595. GUTIERREZ DE LARA, L. and E. PINCHON [1914]: *The Mexican people – their struggle for freedom.* Garden City, N. Y.: Doubleday 1914. 360 S.

596. HANCOCK, R. H. [1959]: *The role of the bracero in the economic and cultural dynamics of Mexico, a case study of Chihuahua.* Stanford Univ. 1959. 146 S., Kt. (Hisp. am. Sts)

597. *Historia moderna de México.* [1955–63]. La República restaurada. Hrsg. Daniel Cosio VILLEGAS. Bd 1–4. México D. F.: Ed. Hermes 1955–63. Bd 1 CALDERON, F. R.: La vida económica. 1955. 812 S. Bd 2 GONZALES Y GONZALES, L., E. C. VILLEGAS y G. MONROY: La vida social. 1957. 1011 S. Bd 3 GONZALES NAVARRO, M.: El porfiriato. La vida social. 1957. 979 S. Bd 4 El porfiriato. La vida politica exterior. 1963. 967 S.

598. HUMPHREY, N. D. [1948]: *The cultural background of the Mexican immigrant.* Lexington 1948. (Rural Soc. Vol. 13. Nr 3. S. 239–255.)

599. ITURRIAGA, J. E. [1951]: *La estructura social y cultural de México.* México D. F.: Fondo de cultura economica 1951. 254 S., 1 Kt.

600. KÖPPE [1837]: *Mexicanische Zustände aus den Jahren 1830–32.* 2 Bde. Stuttgart 1837. 735 S.

601. LANDA ABREGO, M. E. [1962]: *Contribución al estudio de la formación cultural del valle poblado Tlaxcalteca.* México D. F. 1962. 215 S.

602. LEWIS, O. [1959]: *Five families.* Mexican case studies in the culture of poverty. México D. F. 1959. 364 S.

603. LEWIS, O. [1961]: *The children of Sánchez.* New York 1961.

604. LEWIS, O. [1963]: *Die Kinder von Sánchez.* Selbstportrait einer mexikanischen Familie. Übers. v. Margarete BORMANN. Düsseldorf, Wien: Econ-Verlag 1963. 354 S.

605. LEWIS, O. [1964]: *Pedro Martinez.* London 1964. 500 S.

606. MACDOWELL, B. [1961]: *Mexico in motion.* Washington 1961. (Nat. geogr. Mag. Vol. 120. Nr 4. S. 490–537.)

607. MAYER, B. [1953]: *México, lo que fué y lo que es.* Mit Orig. Stichen von Butler, Prolog u. Anmerk. von Juan A. ORTEGA Y MEDINA. Ins Spanische übers. von Francisco A. DELPIANE. Erstausg. in Engl. 1843. México D. F., Buenos Aires: Fondo de cultura económica 1953. 518 S., Ill.

608. MOLINA ENRIQUEZ, A. [1909]: *Los grandes problemas nacionales.* Obra fundamental ayer y hoy. México 1909. 364 S.

609. RICHTHOFEN, E. K. H. von [1859]: *Die äußeren und inneren politischen Zustände der Republik Mexico seit deren Unabhängigkeit bis auf die neueste Zeit.* Berlin: Hertz 1859. 499 S.

610. RINCON GALLARDO, C. [1939]: *El charro mexicano*. México D. F. 1939

611. RIPPY, J. F. [1926]: *The United States and Mexico*. New York: A. A. Knopf 1926. 401 S., 2 Kt.

612. RIVERA, D. and B. D. WOLFE [1937]: *Portrait of Mexico*. New York: Covici-Friede 1937. 211 S., 249 Taf.

613. ROA GONZALES, F.: *El aspecto agrario de la revolución mexicana*. Mexico D. F. 1953. (Probl. agr. industr. México. Vol. 5. Nr 3.)

614. SANCHEZ, G. I. [1936]: *Mexico, a revolution by education*. 1936.

615. SIERRA, J. (Ed.) [1900–02]: *México, su evolución social*. 3 Bde. 1900–02.

616. SIMPSON, L. B. [1960]: *Many Mexicos*. 3. Ed. rev. and enlarg. Berkeley: Univ. Calif. Pr. 1960. 349 S. u. 1966.

617. TANNENBAUM, F. [1950 u. 62]: *Mexico*. The struggle for peace and bread. New York: A. A. Knopf 1950 u. 1962. 293 S., 1 Kt.

618. THOMPSON, W. [1921]: *The people of Mexico – who they are and how they live*. New York 1921.

619. TOOR, F.: *A treasury of Mexican folkways*. New York: Crown Publ. etwa 500 S.

620. WAGNER, G. [1932]: *Entwicklung und Verbreitung des Peyote-Kultes*. Berlin 1932. (Baeßler Archiv. Bd 15. H. 2–3. S. 59–144, 2 Kt. 6 Abb.)

621. WARD, H. G. [1828]: *Mexico in 1827*. 2 Bde. London 1828. Übers. u. Hrsg. F. A. RÖDER: Gedrängtes Gemälde des Zustandes von Mexico im Jahre 1827. Leipzig 1828. 158 S.

622. WEYL, N. and S. [1939]: *The reconquest of Mexico*. The years of Lázaro Cárdenas. New York: Oxford Univ. Pr. 1939. 394 S.

Siehe auch ➞ Nr: 3, 20, 66, 67, 72, 73, 74, 78, 82, 83, 85, 89, 92, 96, 100, 516, 517, 526, 541, 555, 558, 565, 686, 693, 697, 702, 707, 715, 732, 736, 746, 761, 920, 1082, 1107, 1163, 1194, 1240, 1256, 1258, 1271, 1273, 1313, 1331, 1335, 1338, 1344, 1349, 1355, 1323, 1420.

19. Einzelne, lokale Studien zur Sozialgeographie und Völkerkunde

623. BEALS, R. L. and E. HATCHER [1943]: *The diet of a Tarascan village*. México D. F. 1943. (América indígena. Vol. 3. Nr 4.)

624. BEALS, R. L. [1946]: *Cherán, a sierra Tarascan village*. Washington 1946. 225 S., Kt. (Smithson. Inst. Soc. Anthrop. Publ. 2.)

625. BRAND, D. D. and J. D. NUÑEZ [1951]: *Quiroga*. A Mexican municipio. Washington 1951. 242 S., 35 Taf. (Smithson. Inst. Soc. Anthrop. Publ. 11.)

626. CLINE, H. F. [1952]: *Mexican community studies*. 1952. (Hisp. am Hist. Rw. Vol. 32. Nr 2. S. 212–242.) (Enthält Bibliogr. „of modern Mexican community studies" von 1922–1952 auf S. 232–242.)

627. COOK, S. F. [1958]: *Santa Maria Ixcatlan* Habitat, population, subsistence. Berkeley: Univ. Calif. Pr. 1958. 76 S., Kt. (Ibero-Americana. 41.)

628. DICKEN, S. N. [1935]: *Galeana, a Mexican highland community*. Chicago 1935. (J Geogr. 34. Nr 4. S. 140–147.)

629. DUNBIER, R. [1964]: *The social geography of the Sonoran desert*. Tuscon 1964. 208 S.

630. FOSTER, A. [1925]: *Orizaba, a community in the Sierra Madre Oriental*. Worchester 1925. (Econ. Geogr. Vol. 1. Nr 3. S. 356–372.)

631. FOSTER, G. [1942]: *A primitive Mexican economy*. 1942. 115 S. (Monographs am. ethnol. Soc.)

632. FUENTE DE LA, J. [1949]: *Una villa Zapoteca serrana, Yalalag*. México D. F. 1949. 382 S., 2 Kt., 18 Fotos, Abb. (Ser. científ. Mus. nac. Antropol.)

633. HEWES, L. [1935]: *Huepac, an agricultural village of Sonora, Mexico*. Worchester, Mass. 1935. (Econ. Geogr. Vol. 11. Nr 3. S. 284–92, Kt.)

634. HOLMES, C. G. [1952]: *Sagula, Mexico*. 1952. 264 S., Kt. (Soc. mex. Geogr. Estad. Temas de México. Ser. Geogr. 4.)

635. LEWIS, O. [1944]: *Social and economic changes in a Mexican village – Tepoztlán 1926–44*. México D. F. 1944. (América indígena. Vol. 4. Nr 4.)

636. LEWIS, O. [1951]: *Life in a Mexican village: Tepoztlán restudied*. Urbana: Univ. Illinois Pr. 1951 u. 1963. 512 S., 65 Ill., Kt.

637. LEWIS, O. [1960]: *Tepoztlán*. Village in Mexico. New York 1960. 102 S., Ill. (Case st. cult. Anthropol. 4.)

638. MADSEN, W. [1960]: *The virgin's children*. Life in an Aztec village today. Tucson 1960. 248 S., Ill.

639. NADER, L. [1964]: *Talea and Jíquila*. A comparison of Zapotec social organization. Berkeley: Univ. Calif. Pr. 1964. (Univ. Calif. Publ. am. Archaeol. Ethnol. Vol. 48. Nr 3. S. 195–296. 12 Fig.)

640. PARSONS, E. C. [1936]: *Mitla, town of the souls and other Zapoteco-speaking pueblos of Oaxaca, Mexico*. Chicago: Univ. Chicago Pr. 1936. 590 S., 51 Taf., 3 Kt.

641. POZAS, A. R. [1959]: *Chamula*. Un pueblo indio de los altos de Chiapas. México D. F. 1959. 206 S., Ill. (Mem. Inst. nac. Indígen. 8.)

642. REDFIELD, R. [1930]: *Tepoztlán, a Mexican village*. A study of folk life. Chicago: Univ. Chicago Pr. 1930. 247 S., Kt., Abb. (Univ. Chicago Publ. Anthropol. Ethnol. Ser.)

643. REDFIELD, R. and A. VILLA ROJAS [1934]: *Chan Kom – a Maya village*. Washington: Carnegie Inst. 1934. 387 S., Abb. (Neue Ed. Chicago 1962. 408 S.)

644. REDFIELD, R. [1962]: *A village that chose progress*. Chan Kom revisited. Chicago 1950. 187 S., Kt. (Neue Ed. 1962.)

645. ROJAS, B. [1961]: *Miahuatlan, un pueblo de México*. 2 Bde. México D. F. 1961. 442 S., 416 S., Kt.

646. SANDNER, G. [1964]: *Mitla und Cuajimalpa*. Wandel und Beharrung in zwei mexikanischen

Dörfern 1929–1962. Wiesbaden 1964. (Geogr. Z. 52. Jg. H. 2. S. 95–106, Abb.)

647. SCHMIEDER, O. [1930]: *The settlements of the Tzapotec and Mije Indians, State of Oaxaca, Mexico.* Berkeley: Univ. Calif. Pr. 1930 84 S., 47 Taf. m. Fotos, 8 Kt. (Univ. Calif. Publ. Geogr. Vol. 4.)

648. SOUSTELLE, G. [1958]: *Tequila, un village nahuatl du Mexique oriental.* Paris 1958. 268 S., Kt. (Traveaux et mémoires de l'Institut d'ethnologie. 62.)

649. SPICER, E. H. [1954]: *Potam, a Yaqui village in Sonora.* Menasha, Wisc. 1954. 220 S., Kt. (Am. Anthropol. Ass. Mem. 77 u. Am. Anthropol. Vol. 56. Nr 4. P. 2.)

650. TAYLOR, P. S. [1933]: *A Spanish-Mexican peasant community: Arandas in Jalisco, Mexico.* Berkeley: Univ. Calif. Pr. 1933. 77 S., Kt., Abb. (Ibero-Americana. 4.)

651. WHITEFORD, A. H. [1964]: *Two cities of Latin America.* A comparative description of social classes. Garden City, N. Y.: Doubleday 1964. 266 S. (Logan Museum Bull. Nr. 9.)

Siehe auch → Nr: 665, 666, 1254, 1291, 1362, 1254, 1376.

20. Indianer-Bevölkerung

652. ACOSTA, J. de [1963]: *Vida religiosa y civil de los Indios.* México D. F. 1963. 164 S. (Historia natural y moral de los Indios.)

653. ADRIAN, H. [1924]: *Einiges über die Maya-Indianer von Quintana Roo.* Berlin 1924. (Z. Ges. Ekde Berlin. Nr 5–7. S. 235–247.)

654. AGUIRRE BELTRAN, G. [1962]: *Problemas de la población indígena de la cuenca del Tapalcatepec* 1962. 362 S. (Mem. Inst. Antropol. 3.)

655. ARTAUD, A. [1963]: *Los Tarahumaras.* Paris 1963. 216 S., Ill.

656. AUGUR, H. [1954]: *Zapotec.* An account of Zapotec culture in Oaxaca. Garden City, N. Y.: Doubleday 1954. 279 S.

657. BASAURI, C. [1929]: *Monografía de los Tarahumaras.* México D. F. 1929.

658. BASAURI, C. [1949]: *La población indígena de México.* 3 Bde. México D. F. 1949. 1632 S., Ill.

659. BEALS, R. L. [1933]: *The Acaxee.* A mountain tribe of Durango and Sinaloa. Berkeley. Univ. Calif. Pr. 1933. 36 S. (Ibero-Americana. 6.)

660. BEALS, R. L. [1943]: *The aboriginal culture of the Cáhita Indians.* Berkeley: Univ. Calif. Pr. 1943. 86 S., Kt. (Ibero-Americana. 19.)

661. BEALS, R. L. [1945]: *Ethnology of the western Mixe.* Berkeley 1945. 175 S., Kt. (Univ Calif. Publ. am. Archeol. Ethnol. Vol. 42. Nr 1.)

662. BENNETT, W. C. and R. M. ZINGG [1935]: *The Tarahumara – an Indian tribe of northern Mexico.* Chicago: Univ. Chicago Pr. 1935. 412 S., 24 Abb.

663. BLOM, F. and O. LAFARGE [1926–27]: *Tribes and temples.* An archaeological and ethnological exploration of southern Mexico. 2 Bde. México D. F. 1926–27. 776 S., 374 Ill., Kt.

664. BRAND, D. D. [1943]: *The Chihuahua culturi area.* Albuquerque 1943. (New Mexico Anthropol. Vol. 6–7. Nr 3. S. 115–158.)

665. CHAMPION, J. R. [1955]: *Acculturation among the Tarahumara of Northwest Mexico since 1890.* New York 1955. (Transact. New York Acad. Sci. Ser. 2. Vol. 17. Nr 7. S. 560–566.)

666. COOK, S. F. [1949]: *The historical demography and ecology of the Teotlalpan.* Berkeley: Univ. Calif. Pr. 1949. 59 S., Kt. (Ibero-Americana. 33.)

667. CORDAN, W. [1959]: *Mayakreuz und rote Erde.* Unter Indios in Mexiko. Zürich u. Stuttgart 1959. 219 S.

668. COREY, H.: *Among the Zapotecs of Mexico.* Chicago 1927. (Nat. geogr. Mag. Bd 51. Nr 5 S. 501–553.)

669. COVARRUBIAS, M. [1957]: *Indian Art of Mexico and Central America.* New York 1957. 76 Taf., 147 Abb.

670. *Densidad de la población de habla indígena en la República Mexicana.* [1950]. (Por entidades federatives y municipios, conforme al censo de 1940). Hrsg. A. CASO u. M. G. PARRA. México D. F. 1950. 76 S., 3 Kt. (Mem. Inst. nac. Indígen. I. 1.)

671. FABILA, A. [1959]: *Los Huicholes de Jalisco.* México D. F. 1959. 134 S.

672. FABILA, A. *Los Indios Yaquis de Sonora.* México D. F. 87 S., 4 Ill.

673. FOSTER, G. M. [1948]: *Empire's children.* The people of Tzintzuntzan. Washington 1948. 297 S., Kt. (Smithson. Inst. Soc. Anthropol. Publ. Nr 6.)

674. GARCIA, R. W. [1963]: *Los Tepehuas.* Xalapa 1963. 308 S., Ill.

675. GATSCHET, A. S. [1877]: *Der Yuma Sprachstamm.* Berlin 1877. (Z. Ethnol. 9. S. 365–418.)

676. GOGGIN, J. M. [1951]: *The Mexican Kickapoo Indians. Albuquerque,* New Mexico 1951. (Southwestern J. Anthropol. Vol. 7. Nr 3. S. 314–327.)

677. GOMEZ GONZALEZ, F. [1953]: *Los Tarahumaras, el grupo étnico mexicano más numeroso que aún conserva su primitiva cultura.* México D. F. 1953. (América indígena. Vol. 13. Nr 2. S. 109–117.)

678. GOMEZ ROBLEDA, J. [1943]: *Pescadores y campesinos Tarascos.* Un estudio etnográfico. México D. F. 1943. 432 S., Ill.

679. *Handbook of Middle American Indians.* Hrsg. R. C. WEST und R. WAUCHOPE. Vol. 1–11. Austin 1964. (Ed. at Middle Am. Research Inst., Tulane Univ.) Vol. 1: Hrsg. R. WEST, Natural environment and early cultures. 570 S., zahlr. Textabb., Kt., Tab. Bibliogr. und Index.

680. HARRIS, M. [1946]: *An introduction to the Chontal of Tabasco, Mexico.* México D. F. 1946. (América indígena Vol. 6. Nr 3. S. 247–255.)

681. Hinton, T. B. [1959]: *A survey of Indian assimilation in eastern Sonora.* Tucson 1959. 32 S., Kt. (Arizona Univ. anthropol. Pap. Nr 4.)

682. Hodge, F. W. [1907–1910]: *Handbook of American Indians north of Mexico.* 2 Bde. Washington 1907–10. 2193 S., Abb. (Smithson. Inst. Bull. 30.)

683. Holden, W. C., C. C. Seltzer and R. A. Studhalter [1936]: *Studies of the Yaqui Indians of Sonora.* México D. F. 1936. 142 S. (Texas Techn. Coll. Bull. 12. 1.)

684. Johnson F. [1940]: *The linguistic map of Mexico and Central America.* New York 1940. (The maya and their neighbours. Festschr. f. Alfred Marston Tozzer. S. 88–144., Farbkt.)

685. Johnson, J. B. [1950]: *The Opata.* An inland tribe of Sonora. Albuquerque 1950. 50 S., 3 Taf. (Univ. New Mexico Publ. Anthropol. 6.)

686. Katz, F. [1956]: *Die sozialökonomischen Verhältnisse bei den Azteken im 15. und 16. Jahrhundert.* Hrsg. H. Kothe und K. H. Otto. Berlin 1956. 166 S. (Ethnogr. archäol. Forschg. III. 2. 24.)

687. Krickeberg, W. [1918–22]: *Die Totonaken* Bd 1 u. 2. Berlin 1918–22. 130 S., Kt., 50 Abb. (Baessler Archiv.)

688. Kroeber, A. L. [1925]: *Handbook of the Indians of California.* Washington 1925 (Bureau Am. Ethnol. Bull. 78.)

689. Kroeber, A. L. [1939]: *Cultural and natural areas of native North America.* Berkeley: Univ. Calif. Pr. 1939 u. 1953. 242 S., 28 Kt. (Univ. Calif. Publ. am. Archaeol. Ethnolog. Vol. 35.)

690. Lanks, H. C. [1938]: *Otomi Indians of Mezquital valley, Hidalgo.* Worchester, Mass. 1938. (Econ. Geogr. Vol. 14, Nr 2. S. 184–194.)

691. Leon, N. [1934]: *Los Indios Tarascos del Lago de Pátzcuaro.* México D. F. 1934. (An. Museo nac. Arqueol. Hist. Etnogr. México Epoca 5a. Vol. 1. S. 149–168, 16 Taf.)

692. Lindig, W. [1959]: *Der westliche Hoka-Komplex.* Ein Beitrag zur Kulturgeschichte des nordwestlichen Mexiko und der angrenzenden südwestlichen Vereinigten Staaten. Frankfurt: Frobenius Institut 1959. (Tribus. Bd 8. S. 83–102.)

693. Linnee, S. [1956]: *Treasures of Mexican art.* 2000 years of art handicraft. Stockholm 1956.

694. Lumholtz, C. [1894]: *The American cave dwellers: the Tarahumaris of the Sierra Madre.* (J. Am. geogr. Soc. Vol. 26. S. 299–325.)

695. Mason, J. A. [1948]: *The Tepehuan, and other aborigines of the Mexican Sierra Madre Occidental.* 1948. (América indígena. Vol. 8. Nr 4. S. 289–300.)

696. McGee, W. J. [1898]: *The Seri Indians.* Washington 1898. (Bureau am. Ethnol. Annual Report 1895–1896. 17. S. 1–344.)

697. MacLean, R. y Estenos [1960]: *Status sociocultural de los Indios de México.* México D. F. 1960. 192 S.

698. Meigs, P. [1939]: *The Kiliwa Indians of Lower California.* Berkeley: Univ. Calif. Pr. 1939. 114 S., 12 Taf., 18 Fig. (Ibero-Americana. 15.)

699. Montoya Briones, J. de [1964]: *Atla.* Etnografía de un pueblo Nahuatl. México D. F. 1964. 201 S.

700. Motolinia, T. [1950]: *History of the Indians of New Spain.* Hrsg. E. A. Foster. Berkeley 1950.

701. Orozco y Berra, M. [1864]: *Geografía de las lenguas y carta etnográfica de México.* México 1864.

702. Owen, R. C. [1962]: *Marobavi: study of an assimilation group in North Sonora.* Tucson 1962. 70 S., 20 Taf., 1 Kt.

703. Patiño, E. A. [1946]: *La población indígena de México.* (Obras completas de Miguel Othon de Mendizabal.) México D. F.: Talleres gráficos de la nación 1946.

704. Peña de la, M. T. [1950]: *Problemas sociales y económicos de los Mixtecas.* México D. F. 1950. 182 S., Kt., 32 Abb. (Mem. Inst. nac. Indígen.)

705. Pennington, C. W. [1963]: *The Tarahumara of Mexico: their environment and material culture.* 1963. 250 S., Ill.

706. Redfield, R. [1941]: *The folk culture of Yucatán.* Chicago: Univ. Chicago Pr. 1941. 416 S., Kt.

707. Rojas Gonzales, F. y R. de la Cerda Silva [1940]: *Los Mixes.* México D. F. 1940. (Rev. mex. Soc. II. Nr 2. S. 63–113.)

708. Rojas Gonzalez, F. [1945]: *El comercio entre los Indios de México.* México D. F. 1945. (Rev. mex. Soc. VII. Nr 1. S. 123–137.)

709. Saldivar, G. [1943]: *Los Indios de Tamaulipas.* México D. F. 1943. (Inst. panamer. Geogr. Hist. Publ. Nr 70. 36 S., Kt.)

710. Sapper, K. [1895]: *Beiträge zur Ethnographie von Südost-Mexico und Britisch Honduras.* Gotha 1895. (Peterm. geogr. Mitt. Bd 41. S. 177–186.)

711. Sauer, C. O. [1934]: *The distribution of aboriginal tribes and languages in northwestern Mexico.* Berkeley: Univ. Calif. Pr. 1934. 6. 94 S., 1 Kt. (Ibero-Americana. 5.)

712. Sauer, C. O. and P. Meigs [1927]: *Lower California Studies: I, Site and Culture at San Fernando Velicatá.* Berkeley 1927. (Univ. Calif. Publ. Geogr. 2. S. 271–302.)

713. Sauer, C. O. and D. D. Brand [1932]: *Aztatlán.* Prehistoric Mexican frontier on the Pacific coast. Berkeley: Univ. Calif. Pr. 1932. 65 S., 14 Taf., 14 Fig., Kt. (Ibero-Americana. 1.)

714. Sauer, C. O. [1935]: *Aboriginal population of northwestern Mexico.* Berkeley: Univ. Calif. Pr. 1935. 33 S., 1 Kt. (Ibero-Americana. 10.)

715. Schmieder, O. [1930]: *Der Einfluß des Agrarsystems der Tzapoteken, Azteken und Mije auf die Kulturentwicklung dieser Völker.* Hamburg 1930. (Verhandlg. 24. intern. Am. Kongr. Hamburg 1930 (b).)

716. Schultze-Jena, L. [1938]: *Bei den Azteken, Mixteken und Tlapaneken der Sierra Madre*

del Sur von Mexiko. Jena: G. Fischer 1938. 384 S., 23 Taf. (Indiana III.)

717. Soustelle, J. [1937]: *La famille Otomi – Pame du Mexique-Central.* Paris 1937. 571 S., Kt. (Univ. Paris, Trav. Mém. l'Inst. Ethnol. 26.)

718. Soustelle, J. [1937]: *La culture matérielle des Indians Lacandons.* Paris 1937. (J. Soc. Américan. N. S. Vol. 29. Nr 1. S. 1–95, Kt.)

719. Spicer, E. H. [1962]: *Cycles of conquest: the impact of Spain, Mexico and the USA on Indians of the Southwest 1533–1960.* First and definite history of 25 tribes in Mexico and the USA. Tucson 1962. 624 S., 20 Kt.

720. Steggerda, M. [1941]: *Maya Indians of Yucatán.* Washington 1941. (Carnegie Inst. Publ. 531. 280 S., Kt.)

721. Swanson, J. R. [1911]: *Indian languages of Mexico and Central America.* Washington 1911. (Bureau am. Ethnol. Bull. Nr 44.)

722. Termer, F. [1925]: *Die Staatswesen der Mayavölker.* Göteborg 1925. (XXIe Congrès Intern. des Américanistes, Göteborg, 20. bis 26. August 1924. S. 174–182, 1 Kt.)

723. Termer, F. [1948]: *Geographische Betrachtungen über die Mayakultur.* Bern 1948. (Jahresb. Geogr. Ges. Bern. Bd 39. S. 30–41, Kt.)

724. Termer, F. [1952]: *Die Mayaforschung.* Leipzig 1952. 66 S., 32 Abb. a. Taf., 1 Kt., 1 Fig. (Nova Acta Leopoldina. N. F. Bd 15. Nr 105.)

725. Thomas, C. and J. R. Swanson [1911]: *Indian languages of Mexico and Central America and their geographical distribution.* Washington 1911. (Bureau am. Ethnol. Bull. 44.)

726. Thompson, J. E. S. [1958]: *The civilization of the Mayas.* Chicago 1958. 96 S. (Chicago Nat. Hist. Mus. Pop. S., Anthropol. Nr 25.)

727. Trens, M. B. [1930]: *Los Indios Lacandones: su vida y su historia.* México D. F. 1930. (Boln Soc. mex. Geogr. Estad. Vol. 42. Nr 4. S. 267–296, 1 Taf.)

728. Vaillant, G. C. [1961]: *Aztecs of Mexico.* Origin, rise and fall of the Aztec nation. Garden City, N. Y.: Penguin 1961. 312 S., 68 Taf., 14 Tab., 51 Fig.

729. Villa Rojas, A. [1945]: *The Maya of east central Quintana Roo.* Washington 1945. 182 S., Kt. (Carnegie Inst. Publ. Nr 559.)

730. Villa Rojas, A. [1955]: *Los mazatecos y el problema indígena de la cuenca del Papaloapán.* México D. F. 1955. 177 S., Taf., Kt. (Mem. Inst. nac. Indígen. VII.)

731. Villa Rojas, A. [1962]: *Notas sobre la distribución y estado actual de la población indígena de la peninsula de Yucatán, México.* México D. F. 1962. (América Indígena. 12. Nr 3. S. 209–248.)

732. Wagner, Ph. [1963]: *Indian economic life in Chiapas.* Worchester, Mass. 1963. (Econ. Geogr. Vol. 39. Nr 2. S. 156–164.)

Siehe auch ➝ Nr: 8, 49, 50, 54, 60, 325, 332, 373, 379, 383, 387, 495, 623, 624, 627, 632, 638, 639, 641, 642, 643, 644, 646, 647, 649, 718, 741, 792, 936, 974, 1037, 1051, 1056, 1059, 1061, 1084, 1085, 1099, 1101, 1215, 1240, 1270, 1274, 1276, 1301, 1353, 1384, 1385.

21. Bevölkerung

733. Aguirre Beltran, G. [1946]: *La población negra de México 1519–1810.* Estudio etnohistorico. México D. F.: Ed. Navarro 1946. 348 S., 9 Taf.

734. Basauri, C. [1943]: *La población negroide mexicana.* México D. F. 1943. (Estadística. Vol. 1. Nr 4. S. 96–107.)

735. Beals, R. [1932]: *The comparative ethnology of northern Mexico before 1750.* Berkeley: Univ. Calif. Pr. 1932. 133 S., 28 Kt. (Ibero-Americana. 2. VI.)

736. Beegle, J. A., H. F. Goldsmith and Ch. P. Loomis [1960]: *Demographic characteristics of the USA-Mexican border.* Lexington 1960. (Rural Soc. Vol. 25. Nr 1. S. 107–162, Kt.)

737. Borah, W. and S. F. Cook [1960]: *The Population of Central Mexico in 1548.* An analysis of the "suma de visitas de pueblos". Berkeley: Univ. Calif. Pr. 1960. 215 S., 4 Kt., (Ibero-Americana. 43.)

738. Borah, W. and S. F. Cook [1963]: *The aboriginal population of Central Mexico on the eve of the Spanish conquest.* Berkeley: Univ. Calif. Pr. 1963. 157 S., 1 Kt., 5 Tab. u. 1 Kt. i. Anhg. (Ibero-Americana. 45.)

739. Cook, S. F. [1947]: *The interrelation of population food supply and building in preconquest Central Mexico.* Salt Lake City 1947. (Am. Antiqu. Vol. 13, Nr 1. S. 45–52.)

740. Cook, S. F. and L. B. Simpson: *The population of Central Mexico in the 17. century.* Berkeley: Univ. Calif. Pr. 1948. 242 S., 54 Kt. (Ibero-Americana. 31.)

741. Cook, S. F. and W. Borah [1962]: *The Indian population of Central Mexico 1531–1610.* Berkeley: Univ. Calif. Pr. 1962. 109 S. (Ibero-Americana. 44.)

725. Cushing, S. [1921]: *The distribution of population in Mexico.* New York 1921. (Geogr. Rw. Vol. 11. Nr 1. S. 227–242.)

743. *Distribución geografica de la población en la República Mexicana.* Instituto de geografía. 12 cartas. México D. F.: UNAM 1962. 89 S. (Nr 1. Carta altimétrica. Nr 2. Distribución de la población. Censo de 1950. Nr 3. Distribución de la población para altitudes comprendidas entre 0 y 200 m. Nr 4. Dass. entre 200 y 1000 m. Nr 5. Dass. entre 1000 y 2000 m. Nr 6. Dass. entre 2000 y 3000 m. Nr 7. Población urbana en 1900. Nr 8. Dass. en 1910. Nr 9. Dass. en 1921. Nr 10. Dass. en 1930. Nr 11. Dass. en 1940. Nr 12. Dass. en 1950.

744. Enjalbert, H. [1960]: *La pression démographique au Mexique.* Paris 1960. (Cah. Outre M. Vol. 13. Nr 52. S. 451–460.)

745. Faust, E. C. [1941]: *The distribution of Malaria in North America, Mexico, Central America and the West Indies.* Washington 1941. (Symposium on human malaria. Publ. 15. Am. Ass. Advancem. Sci.)

746. Gamio, M. [1930]: *Mexican immigration to the United States.* A study of human migration and adjustment. Chicago: Univ. Chicago Pr. 1930. 262 S., 6 Kt.

747. Genin, A. [1934]: *Les Français au Mexique du XVIe siècle à nos jours.* Paris: Ed. Argo. 1934. 548 S.

748. Huntington, E. [1921]: *The relation of health to racial capacity: The example of Mexico.* New York 1921. (Geogr. Rw. Vol. 11. Nr 1. S. 243–264. 2 Zeichng., 8 Kt.)

749. Kruse, H. [1923]: *Deutsche Briefe aus Mexico.* Mit einer Geschichte des Deutsch-Amerikanischen Bergbauvereins 1824–38. Ein Beitrag zur Geschichte des Deutschtums im Ausland. Essen 1923. 304 S. 13 Abb. a. Taf. 5 Textabb. (Veröff. Arch. rhein.-westf. Wirtsch.gesch. Bd. 9.)

750. Loyo, G. [1960]: *La población de México.* Estado actual y tendencias 1950–1980. México D. F. 1960.

751. Ochoa, J. D. [1955]: *Población.* Bajo la guía de la dirección de investigaciones económicas de la nacional financiera. México D. F., Buenos Aires: Fondo de cultura económica 1955. 277 S. (Estructura económica y social de México.)

752. Peña, de la M. T. [1950]: *Problemas demograficos y agrarios.* México D. F. 1950. (Probl. agr. industr. Méx. Vol. 2. Nr 3–4. S. 9–324, Kt.)

753. Pferdekamp, W. *Deutsche im frühen Mexiko.* Stuttgart: Deutsch-Mexik. Humboldt-Ges. 1938. 223 S. (Schriftenr. Dt. Ausl. Inst. N. R. 6.)

754. Romney, T. C. [1938]: *The Mormon colonies in Mexico.* Salt Lake City 1938. 338 S., Kt.

755. Schmiedehaus, W. [1948]: *Ein feste Burg ist unser Gott.* Der Wanderweg eines christlichen Siedlervolkes. (Mennoniten als Siedler in Mexico.) Blumenort, Chihuahua 1948. 307 S.

756. Schmieder, O. [1928]: *The Russian colony of Guadaloupe valley.* Berkeley 1928. (Univ. Publ. Geogr. Bd II. Nr 14. S. 409–434.)

757. Simpson, L. B. [1940]: *The emancipation of the Indian slaves and the resettlement of the freedmen 1548–1553.* Berkeley 1940. Simpson: Studies in the administration of the Indians in New Spain. P. 4. (Ibero-Americana. 16.)

758. Sleurink, H. [1962]: *Bevolkeringsdruk en welvaartspolitiek in Mexico.* Groningen 1962. (Geogr. Tijds. Nr 2. S. 57–63.)

759. Stanislawski, D. [1964]: *Population of sixteenth-century Mexico.* New York 1964. (Geogr. Rw. Vol. 54. Nr 2. S. 272–273.)

760. Sticker, G. [1932–33]: *Die Einschleppung europäischer Krankheiten in Amerika während der Entdeckungszeit.* Ihr Einfluß auf den Rückgang der Bevölkerung. Berlin, Bonn 1932–33. (Ibero-Amerikan. Archiv, S. 63–83 und S. 194–224.)

761. Taylor, P. S. [1933]: *Mexican labor in the United States.* Berkeley 1933. (Migration Statistics V. Univ. Calif. Publ. Econ. Vol. 12. Nr 1.)

762. Termer, F. [1950]: *La densidad de población en los imperios Mayas como problema arqueológico y geográfico.* México D. F. 1950. (Boln Soc. mex. Geogr. Estad. Vol. 70. Nr 1–3. S. 211–239.)

763. Whetten, N. L. and R. G. Burnight [1956]: *Internal migration in Mexico.* Lexington 1956. (Rural Soc. Vol. 21. Nr 2. S. 140–151.)

Siehe auch ➞ Nr: 81, 89, 173, 174, 289, 360, 363, 392, 400, 549, 587, 602, 604, 632, 648, 768, 992, 1127, 1177, 1183, 1253, 1327, 1331, 1345, 1384, 1385, 1391.

22. Siedlung, Bauten, Hausformen

764. Atl [1925–27]: *Las iglesias de México.* Texto y dibujos del Dr. Atl, fotogr. de Kahlo. Hermosas láminas con reproducciones de la arquitectura eclesiástica de los siglos XVI, XVII y XVIII. Vol. 1–6. México D. F. 1925–27. Mit 98, 102, 98, 94, 94, 192 S., 3 Kt.

765. Beals, R. L., P. Carrasco and T. McCorkle [1944]: *Houses and house use of the Sierra Tarascans.* Washington: Smithson. Inst. 1944. 37 S., Kt. (Inst. soc. Anthropol. Publ. Nr 1.)

766. Cajiga, D., I. de la [1942]: *La casa rural en México.* México D. F. 1942.

767. Calderon Quijano, J. A. [1953]: *Historia de los fortificaciones en Nueva España.* Sevilla 1953. 334 S., 183 Kt. u. Taf. u. Madrid 1958.

768. Coe, M. D. [1962]: *Ancient people and places, Mexico.* London: Thames & Hudson 1962. 244 S., 8 Kt., 33 Zeichng., 75 Fotos, 1 Taf.

769. Dicken, S. N. [1936]: *The basin settlements of the middle Sierra Madre oriental.* Washington 1936. (Ann. Ass. am. Geogr. 26. Nr 3. S. 157–78.)

770. Dominguez, E. [1952]: *La carta geográfica del municipio de Veracruz.* México D. F. 1952. (Boln. Soc. mex. Geogr. Estad. Vol. 73. Nr 1–3. S. 145–152, Kt.)

771. Gonzales Ortega, J. [1942]: *El castillo de San Juan de Ulúa, México.* 1942. (Rev. geogr. am. Vol. 17. Nr 100. S. 39–52.)

772. Jürgens, O.: *Spanische Städte, ihre bauliche Entwicklung und Ausgestaltung.* Hamburg. (Abh. Geb. Auslandskde. 23.)

773. Kubler, G. [1948]: *Mexican architecture in the 16. and 17. century.* Bd 1 u. 2. New Haven: Yale Univ. Pr. 1948. (Yale hist. Publ.)

774. Lemert, B. F. and V. Rose [1937]: *Iguala.* A town in southwestern Mexico. Chicago 1937. (J. Geogr. 36. S. 269–277, Kt., Abb.)

775. Lemert, B. F. [1947]: *Cities of Mexico: Oaxaca.* Chicago 1947. (J. Geogr. Vol. 46. Nr 8. S. 287–295, Kt.)

776. Linnenbrink, P. J. M. [1954]: *De haven van Veracruz.* Rotterdam 1954. (Tijds. econ.-soc. Geogr. Jg. 45. Nr 5–6. S. 113–116, Kt.)

777. Marquina, I. [1952]: *Arquitectura prehispanica.* México D. F. 1952 u. 1964 (2. Ed.) 1055 S., 572 Ill.

778. Megee, M. C. [1958]: *Monterrey, Mexico.* Internal patterns and external relations. Chicago: Univ. Chicago Pr. 1958. 118 S., Kt. (Dep. Geogr. Res. Pap. Nr 59.)

779. Montes de Oca, J. G. [1929]: *La villa de Ocotlán, Jalisco.* México D. F. 1929. (Boln Soc. mex. Geogr. Estad. Vol. 41. Nr 1. S. 5–32.)

780. Nelson, H. J. [1963]: *Townscapes of Mexico, an example of the regional variation of townscapes.* Worchester, Mass. 1963. (Econ. Geogr. Vol. 39. Nr 1. S. 74–83, Kt.)

781. O'Neal, C. M. [1947]: *Gardens and homes of Mexico.* Dallas (reprint) 1947.

782. Palm, E. W.: *The art of the New World after the Spanish conquest.* London. (Diogenes 47. S. 63–74.)

783. Palm, E. W. [1953]: *Las capillas abiertas americanas y sus antecedentes en el occidente cristiano.* Buenos Aires 1953. (An. Inst. Arte am. Nr 6. 22 S., 13 Taf.)

784. Robertson, D. [1964]: *Architektur Amerikas vor Kolumbus.* Ravensburg 1964. (Große Zeiten und Werke der Architektur. Bd 10.)

785. Romero de Terrenos, M. [1925]: *Los acueductos de México.* México D. F. 1925. (An. Mus. nac. Arqueol. Hist. Etnogr. Epoca 4. Vol. 1. Nr 2. 20. S. 131–142.)

786. Shipway, V. and Warren [1960]: *The Mexican house, old and new.* 1960.

787. Stanislawski, D. [1947]: *Early Spanish town planning in the New World.* New York 1947. (Geogr. Rw. Vol. 37. S. 94–105, Kt. und: Vol. 54. Nr 2. S. 272–279. 1964.)

788. Stanislawski, D. [1950]: *The anatomy of eleven towns in Michoacán.* Austin: Univ. Texas 1950. 77 S., Kt. (Inst. latinam. Sts. Nr 10.)

789. Steggerda, M. [1943]: *A description of thirty towns in Yucatán, Mexico.* Washington 1943. (US Bureau am. Ethnol. Bull. 136. S. 227–248, Kt.)

790. Toussaint, M. [1962]: *Arte colonial de México.* 2. Ed. México D. F.: Inst. Invest. estet. UNAM. 1962. 303 S., 449 Taf.

791. *Tres siglos de arquitectura colonial.* Fotografías del Archivo de la dirección de monumentos coloniales y de la República. México D. F.: Talleres Gráficos de la Nación 1933. (Publ. Secr. Educ. publica. 15 S., 150 Abb. a. 75 Taf., 6 Abb.)

792. Wauchope, R. [1938]: *Modern Maya houses.* A study or their archaeological significance. Washington 1938. 181 S., Kt. (Carnegie Inst. Publ. Nr 502.)

Siehe auch ➞ Nr: 68, 81, 385, 393, 406, 408, 414, 415, 416, 417, 437, 485, 504, 505, 624, 625, 626, 627, 628, 630, 632, 633, 634, 644, 645, 646, 647, 648, 650, 651, 835, 854, 1092, 1116, 1167, 1189, 1202, 1269, 1301, 1302, 1327, 1333, 1372.

23. Landwirtschaft, Landbau

793. Adame, J. R. [1940]: *La organización del ejido:* historia, crítica y planeación de la organización agraria. México D. F. 1940.

794. Anderson, E. [1946]: *Maize in Mexico.* A preliminary survey. St. Louis 1946. (Ann. Missouri botan. Garden. Vol. 33. S. 147–437.)

795. Armillas, P. y R. West [1950]: *Las chinampas de México.* México D. F. 1950. (Cuadernos Americanos. Nr 50.)

796. Arriaga, P.: *El pensamiento agrario mexicano.* México D. F. (Probl. agr. industr. Méx. Vol. 4. Nr 2.)

797. Benasinni, A. [1953]: *Potencialidad agricola de la región costera de los estados de Sonora y Sinaloa.* México D. F. 1953. (Ingen. hidrául. 7. S. 18.)

798. Benedict, F. G. and M. Steggerda [1937]: *The food of the present-day Maya, Indians of Yucatán.* Washington 1937. (Carnegie Inst. Publ. Nr 456. S. 155–188.) (zu Kap. Yucatán)

799. Boerendonk, M. J. [1959]: *Het landgebruik in Mexico.* Rotterdam 1959. (Tijds. econ. soc. Geogr. 50. Nr 8–9. S. 182–192.)

800. Brand, D. D. [1961]: *The early history of the range cattle industry in northern Mexico.* Washington 1961. (Agric. Hist. Vol. 35. Nr 3. S. 132–139, Kt.)

801. Chardon, R. E. P. [1961]: *Geographic aspects of plantation agriculture in Yucatán.* Washington 1961. 200 S., Kt. (Nat. Res. Council. Publ. 876.)

802. Chevalier, F. [1956]: *La formación de los grandes latifundios en México.* México D. F. 1956. 290 S., 160 Fotos, 1 Kt. (Probl. agr. industr. Méx. Vol. 8. Nr 1.) Übers.: La formation des grandes domaines au Mexique aux XVI.–XVII siècles. Paris 1952. 480 S., 1 Kt., 15 Taf.

803. Coe, M. D. [1964]: *The chinampas of Mexico.* New York 1964. (Scientific American. Vol. 211. Nr 1. S. 90–98, Kt.)

804. Coe, M. D. and K. V. Flannery [1964]: *Microenvironments and Mesoamerican prehistory.* Fine-scale ecological analysis clarifies the transition to settled life in pre-columbian times. Washington 1964. (Science. Vol. 143. S. 650–653.)

805. Cook, O. F. [1921]: *Milpa agriculture* A primitive tropical system. Washington 1921. (Annual Rep. Smithson. Inst. 1919. S. 306–326.)

806. Covarrubias, J. y F. G. Roa: *El problema rural de México.* México 1917.

807. Cravioto, B. R. [1945]: *Composition of typical Mexican foods.* Philadelphia 1945. (J. Nutrit. 29. Nr 5. S. 317–29.)

808. Cutler, H. C. and Th. W. Whitaker [1961]: *History and distribution of the cultivated cucurbits in the Americas.* Salt Lake City 1961. (Am. Antiqu. Vol. 26. Nr 4. S. 485–496.)

809. DICKEN, S .N. [1939]: *Corn and wheat in Mexico's changing economy.* Chicago 1939. (J. Geogr. Vol. 38. S. 99–109.)

810. DORRONSORO, J. M. [1964]: *La mecanización de la agricultura en los distritos de riego en México.* México D. F. 1964. (Ingen. hidrául. 18. Nr 1–2. S. 102–112.)

811. DRUCKER, PH. and R. F. HEIZER [1960]: *A study of the milpa system of La Venta Island and its archaeological implications.* Albuquerque, New Mexico 1960. (Southw. J. Anthropol. Vol. 16. Nr 1. S. 36–45.)

812. DURAN, M. A. [1946]: *Del agrarismo a la revolución agricola.* México D. F. 1946. (Probl. econ. agr. Méx. 2. S. 3–82.)

813. DURAN, M. A. [1961]: *El desarrollo de la agricultura Mexicana.* 1961. (J. interam. Sts. Vol. 3. Nr S. 1–26.)

814. ECHEVERRIA, L. M.: *Progreso recientes de la agricultura Mexicana.* México D. F. 1954. (Probl. agr. industr. Méx. Vol. 6 Nr 4.)

815. ESCARPIT, R. [1952]: *La révolution agraire au Mexique.* Paris 1952. (Cah. Outre M. Vol. 5. S. 108–184.)

816. GALLOP, R. [1937]: *Peasant Mexico.* 1937. (Geogr. Mag. Vol. 5. Nr 3. S. 169–186.)

817. GARCIA TREVIÑO, R. [1953]: *Agrarismo revolucionario y ejidalismo burocrático.* México D. F. 1953. (Probl. agr. industr. Méx. Vol. 5. Nr 4.)

818. GARLOCH LORENE, A. [1944]: *Agricultural economy of the Laguna Region.* Worchester, Mass. 1944. (Econ. Geogr. Vol. 20. Nr 4. S. 296–304, Kt.)

819. GERSTENHAUER, A. [1958]: *Die Agrarproduktion Mexikos.* Ihre natürlichen Voraussetzungen und ihre wirtschaftliche Bedeutung. Braunschweig 1958. (Geogr. Rdsch. Bd 10. H. 4. S. 121–28.)

820. GERSTENHAUER, A. [1962]: *Struktur und Entwicklungsprobleme der mexikanischen Landwirtschaft.* Gießen 1962. (Gießener geogr. Schr. Nr. 2. S. 82–96, Kt., Tab., Fig., Diagr.)

821. GONZALEZ SANTOS, A. [1957]: *La agricultura.* Estructura y utilización de los recursos. Bajo la guía de investigaciones económicas de la nacional financiera. México D. F., Buenos Aires: Fondo de cultura económica 1957. 276 S. (Estructura económica y social de México.)

822. HABERLAND, W. [1963]: *Zur Geschichte der ackerbauenden Kulturen in Mexico und Mittelamerika.* Freiburg i. Br. 1963. (Saeculum. 8. H. 1. S. 35–70.)

823. HERZOG, J. S. [1959]: *El agrarismo mexicano y la reforma agraria.* Exposición y crítica. México D. F.: Fondo de cultura económica 1959. 602 S.

824. HIGBEE, E. [1948]: *Agriculture in the Maya homeland.* New York 1948. (Geogr. Rw. Vol. 38. S. 457–464.)

825. KAERGER, K. [1901]: *Landwirtschaft und Kolonisation im spanischen Amerika.* Bd 1 u. 2. Berlin 1901. 940 u. 744 S.

826. LEBRET, G. [1938]: *La réforme agraire au Mexique.* Caen: Impr. Ozanne 1938. 184 S., Kt.

827. LIMA, O. G. de [1955]: *El maguey y el pulque en los codices Mexicanos.* México D. F. 1955. 278 S., 72 Abb., Tab.

828. MANGELSDORF, C., R. S. MACNEISH and W. C. GALIANT [1964]: *Domestication of corn.* Washington 1964. (Science. Vol. 143. Nr 3606. S. 538–545.)

829. MCBRIDE, G. MCCUTCHEN [1923]: *The land systems of Mexico.* New York 1923. 204 S., Kt., Abb. (Am. geogr. Soc. Res. Ser. Nr 12.)

830. MCBRIDE, G. MCCUTCHEN [1951]: *Los sistemas de propiedad rural en México.* México D. F. 1951 (Probl. agr. industr. Méx. Vol. 3. Nr 3.)

831. MESA ANDRACA, M. [1951]: *La agricultura en México.* México D. F. 1951. (Probl. agr. industr. México. Vol. 3. Nr 1. S. 23–183, Kt.)

832. OLSON, L. [1943]: *Climatology and agriculture in Mexico.* New York 1943. (Geogr. Rw. Vol. 33. S. 249–253.)

833. PATIÑO, E. A. [1946]: *Zonas y regiones económicas de México.* México D. F. 1946. (Probl. agr. industr. México. Vol. 1. Nr 1. u. 2. S. 49–104 u. S. 127–42.)

834. PATIÑO NAVARRETE, J. [1955]: *La agricultura tropical en México.* México D. F. 1955. (Inst. mex. Recurs. natur. renov. S. 105–165.)

835. PLATT, R. S. [1933]: *Magdalena Atlipac – a study of terrene occupancy in Mexico.* Chicago 1933. (Geogr. Soc. Chicago. Bull. Nr 9. S. 47–75, Kt.)

836. SAPPER, K. [1936]: *Geographie und Geschichte der indianischen Landwirtschaft.* Hamburg 1936. 98 S., 1 Kt., 2 Taf., Abb. (Ibero-Amerikan. Inst. Ib.-Am. St. 1.)

837. SCHILLING, E. [1938]: *Die schwimmenden Gärten von Xochimilco.* Eine einzigartige Form indianischer Landgewinnung und Bodenbebauung im Becken von Mexiko. Kiel 1938. 74 S., 12 Fig., 13 Abb. (Schr. geogr. Inst. Univ. Kiel. Bd 9. H. 3.)

838. SCHWARTZ, T. [1963]: *L'usage de la terre dans un village à ejido du Mexique.* Paris 1963. (Étud rur. Nr 10. S. 37–49.)

839. SENIOR C. [1958]: *Land reform and democracy.* A case study of a large scale agrarian experiment; the distribution of land to about 30 000 peasant families in the Laguna region of Mexico. Gainesville: Univ. Florida Pr. 1958. 269 S., Kt.

840. SIMPSON, E. N. [1937]: *The ejido.* Mexicos way out. Chapel Hill: Univ. North Carolina Pr. 1937. 849 S.

841. SIMPSON, E. N. [1952]: *El ejido: única salida para México.* México D. F. 1952. (Probl. agr. industr. Méx. Vol. 4. Nr 4.)

842. STANFORD FARIAS, H. [1941]: *Regiones ganaderas del estado de Morelos.* México D. F. 1941. (Boln. Soc. mex. Geogr. Estad. Vol. 55. Nr 4. S. 427–500.)

843. TANNENBAUM, F. [1929]: *The Mexican agrarian revolution.* Washington: The Brookings Inst. 1929. 543 S., 1 Taf. (2. Ed. 1930.)

844. TANNENBAUM, F.: *La revolución agraria Mexicana.* México D. F. 1952. (Probl. agr. industr. Méx. Vol. 4. Nr 2.)

845. Weatherwax, P. [1954]: *Indian corn in Old America.* London: MacMillan 1954.

846. Whetten, N. L. [1964]: *Rural Mexico.* 4. Ed. Chicago, London: Univ. Chicago Pr. 1964. 671 S., 23 Taf.

847. Whetten, N. L. [1953]: *México rural.* México D. F. 1953. (Probl. agr. industr. Méx. Vol. 5. Nr 2.)

Siehe auch → Nr: 304, 327, 331, 332, 335, 343, 351, 372, 376, 382, 383, 404, 406, 411, 439, 558, 596, 623, 633, 650, 715, 739, 752, 755, 886, 938, 941, 942, 948, 949, 950, 959, 989, 990, 1065, 1078, 1094, 1111, 1115, 1117, 1126, 1132, 1143, 1148, 1209, 1245, 1246, 1247, 1248, 1249, 1250, 1251, 1252, 1253, 1335, 1344, 1351, 1358, 1359, 1375, 1390, 1391.

Zu diesem Kapitel sind viele Literaturhinweise enthalten in den Titeln Nr: 802, 822, 846.

24. Bewässerung und Wasserversorgung

848. Amor, F. [1959]: *Obras de abastecimiento de agua potable y alcantarillados en Tuxtla Gutiérrez, Chiapas.* México D. F. 1959. (Ingen. hidrául. Vol. 13. Nr 1. S. 11–20, Kt.)

849. Anaya S., M. [1957]: *Programa federal de obras de prevision de agua potable del gobierno de los Estados Unidos Mexicanos.* México D. F. 1957. (Ingen. hidrául. Vol. 11. Nr 2. S. 47 ff.)

850. Becerril Colin, A. [1961]: *Proyecto preliminar de la planificación de la cuenca del Valle de México.* T. 1–3. México D. F. 1961. (Ingen. hidrául. Vol. 15. T. 1: Nr 1. S. 21–43. T. 2: Nr 2. S. 65–76. T. 3: Nr 3. S. 71–82. Kt.)

851. Benassini, O. [1958]: *Presa Miguel Hidalgo (El Mahoné).* Comision del Rio Fuerte, Sinaloa. México D. F. 1958. (Ingen. hidrául. Vol. 12. Nr 2. S. 83 ff.)

852. Benassini, O. [1961]: *Proyecto integral del Grijalva.* México D. F. 1961. (Ingen. hidrául. Vol. 15. Nr 4. S. 75–88.)

853. Bribiesca Castrejon, J. L. [1958]: *Los abastecimientos de agua en la epoca prehispanica.* México D. F. 1958. (Ingen. hidrául. Vol. 12. Nr 2. S. 69–82.)

854. Bribiesca Castrejon, J. L, [1958]: *El agua potable en la República Mexicana.* 2. T. Las obras durante la primera centuria de la colonia. México D. F. 1958. (Ingen. hidrául. Vol. 12. Nr 4. S. 51–62. Desgl. 1959. Vol. 13. Nr 1. S. 51–62.)

855. Bribiesca Castrejon, J. L. [1959]: *El agua potable en la República Mexicana.* 4. T. El servicio de agua en la Ciudad de México a fines del siglo XVIII. y principios del XIX. México D. F. 1959. (Ingen. hidrául. Vol. 13. Nr 2. S. 83–93.)

856. Bribiesca Castrejon, J. L. [1959]: *El agua potable en la República Mexicana.* 5. T. Los abastecimientos en el primer siglo independiente. México D. F. 1959. (Ingen. hidrául. Vol. 13. Nr 3. S. 56–76.)

857. Bribiesca Castrejon, J. L. [1959]: *El agua potable en la República Mexicana.* 6. T. Los *abastecimientos en la epoca actual (1920–1960).* México D. F. 1959. (Ingen. hidrául. Vol. 13. Nr 4. S. 97–110.)

858. Bribiesca Castrejon, J. L. [1960]: *El agua potable en la República Mexicana.* 7. T. México D. F. 1960. (Ingen. hidrául. Vol. 14. Nr 1. S. 107–125.)

859. Bribiesca Castrejon, J. L. [1960]: *Hidrología histórica del Valle de México.* México D. F. 1960. (Ingen. hidrául. Vol. 14, Nr 2. S. 43–63, Kt.)

860. Bribiesca Castrejon, J. L. y E. Belaunzaran Orozco [1960]: *Obras de agua potable, alcantarillado y protección contra inundaciones en Villahermosa, Tabasco.* México D. F. 1960. (Ingen. hidrául. Vol. 14. Nr 3. S. 9–25, Kt.)

861. Butland, G. J. [1954]: *Irrigation and power development in Mexico.* Sheffield 1954. (Geography. S. 210.)

862. Carillo, A. D. [1960]: *Sistemas de agua potable en el estado de Tabasco.* México D. F. 1960 (Ingen. hidrául. Vol. 14. Nr 4. S. 91–94, Kt.)

863. Carreño, A. de la O. [1961]: *Estudio geohidrologico de la region de Santo Domingo, Territorio de Baja California.* 1. T. México D. F. 1961. (Ingen. hidrául. Vol. 15. Nr 1. S. 57 ff.)

864. Carreño, A. de la O. [1961]: *Estudio geohidrologico de la region de Santo Domingo, Territorio de Baja California.* (Schlußt.) México D. F. 1961. (Ingen. hidrául. Vol. 15. Nr 2. S. 77 ff.)

865. Chavez Orozco, L. [1950]: *La irrigación en México.* Ensayo histórico. México D. F. 1950. (Probl. agr. industr. México. Vol. 2. Nr 2. S. 11–31, Kt.)

866. Colin Varela, A. E. y J. J. Pedrero [1963]: *Proyecto piloto „El Limón" en Cárdenas, Tabasco.* México D. F. 1963. (Ingen. hidrául. Vol. 17. Nr 2. S. 2–9, Kt.)

867. Comisión del Papaloapán [1962]: *Planificación integral de la cuenca del Papaloapán.* México D. F. 1962. (T. 1: Vol. 16. Nr 2. S. 71–87. T. 2: Vol. 16. Nr 3. S. 73–87.)

868. Echeagaray B., L. [1957]: *Algunas consideraciones sobre la planeacion de las obras de la cuenca del Grijalva.* México D. F. 1957. (Ingen. hidrául. Vol. 11. Nr 7. S. 9–20.)

869. Fels, E. [1964]: *Die Stauseen der Vereinigten Staaten von Amerika.* Berlin 1964. (Erde, Z. Ges. Ekde. Berlin. 95. Jg. H. 1. S. 36–52.)

870. Garloch L., A. [1944]: *Development of the Laguna region.* Worchester, Mass. 1944. (Econ. Geogr. Vol. 20. Nr 3. S. 221–227.)

871. Helbig, K. [1958]: *Wenn ein See stirbt.* Die Austrocknung des Chapala-Sees in Mexiko – ein bedenkliches Experiment. Hamburg 1958. (Übersee-Rdsch. H. 12.)

872. Helbig, K. [1959]: *Der Chapala-See in Mexiko und seine Austrocknung.* Gotha 1959. (Peterm. geogr. Mitt. 1. S. 18–33, 2 Taf., 12 Abb., 4 Fig.)

873. Jefatura de irrigación y control de rios [1957]: *Presa de Mocúzari.* México D. F. 1957. (Ingen. hidrául. Vol. 11. Nr 4. S. 9 ff.)

874. Jefatura de agua potable y alcantarillados [1957–58]: *Problema del agua potable en Monterrey N. L.* México D. F. 1957–58. (Ingen. hidrául. T. 1: Vol. 11. Nr 3. S. 79. T. 2: Vol. 11. Nr 4. S. 37. T. 3: Vol. 12. Nr 1. S. 59.)

875. *La Presa Falcón* [1953]: México D. F. 1953. (Ingen. hidrául. Vol. 7. Nr 2. S. 64.)

876. Lesser Jones, H. [1958]: *Agua potable para la ciudad de Monterrey.* México D. F. 1958. (Ingen. hidrául. Vol. 12. Nr 2. S. 57 ff.)

877. Lesser Jones, H. y S. M. Anaya [1960]: *Abastecimiento de agua potable y eliminacior de aguas negras en Merida, Yucatán.* México D. F. 1960. (Ingen. hidrául. Vol. 14. S. 31–49, Kt.)

878. Loma, J.-L. de la [1964]: *Caracteristicas de los distritos de riego en México.* México D. F. 1964. (Ingen. hidraul. Vol. 18. Nr 1–2. S. 17–27, Tab.)

879. Martinez, L. A. [1958]: *Problemas de salinidad en el distrito de riego del Valle de Juárez, Chihuahua.* México D. F. 1958. (Ingen. hidrául. Vol. 12. Nr 1. S. 11 ff.)

880. Martinez, L. A. y Lopez, E. B. [1961]: *Estudio de salinidad y drenaje para el proyecto de recuperacion de suelos ensalitrados de una fraccion del Ejido de Meoqui, Chihuahua.* México D. F. 1961. (Ingen. hidrául. Vol. 15. Nr 3. S. 51.)

881. Millon, R. [1957]: *Irrigation systems in the valley of Teotehuacán.* Salt Lake City 1957. (Am. Antiqu. Vol. 23. S. 160–166.)

882. Orive Alba, A. [1960]: *La politíca de irrigación en México.* Historia, realizaciones, resultados agricolas, económicos y sociales. Perspectivas. México D. F.: Fondo de cultura económica 1960. 292 S.

883. Orozco, J. V. [1962]: *Las obras de Ingenieria civil para abastecimiento de agua, drenaje, regadio y prevencion de inundaciones.* México D. F. 1962. (Ingen. hidrául. Vol. 16. Nr 1. S. 11–27.)

884. Orozco, J. V. [1963]: *Plan hidráulico para el Valle de México.* México D. F. 1963. (Ingen hidrául. 18. Nr 2. S. 23–47.)

885. Patiño, E. A. [1951]: *Los tierras de riego.* México D. F. 1951. (Probl. agr. industr. México. Vol. 2. Nr 2.)

886. Pedrero, J. J. [1961]: *Drenaje agricola.* Profundidad y espaciamiento de los drenes. México D. F. 1961 (Ingen. hidrául. Vol. 15. Nr 3. S. 29–37.)

887. Perez Espinosa, M. [1958–59]: *Estudio agrológico preliminar del Distrito de Riego del Rio Colorado, Baja California.* México D. F. 1958–59. (Ingen. hidrául. Vol. 12. Nr 4. 1958 S. 77–93. Vol. 13. Nr 1. 1959 S. 95–115. Vol. 13. Nr 2. 1959 S. 95–109. Vol. 13. Nr 3 1959 S. 107–116. Vol. 13. Nr 4. 1959. S. 111–127, Kt.)

888. Rands, R. L. [1955]: *Some manifestations of water in Mesoamerican art.* Ann Arbor 1955. 129 S., 5 Taf., Ill. (Anthr. pap.)

889. Ruiz, R. [1960]: *El proyecto de la Presa Malpaso.* México D. F. 1960. (Ingen. hidrául. Vol. 14. Nr 4. S. 79–89.)

890. Sainz Ortiz, I. [1962]: *La hidrogeologia en relation con el desarello económico del país en general y en especial con el del Valle de México.* México D. F. 1962. (Ingen. hidrául. Vol. 16. Nr 1. S. 61–77.)

891. Santos Ortiz, G. [1958]: *Agua potable y alcantarillados para la Ciudad de Puebla.* México D. F. 1958. (Ingen. hidrául. Vol. 12. Nr 4. S. 19 ff.)

892. Santos Ortiz, G. [1958]: *Agua potable para la Ciudad de Acapulco, Guerrero.* México D. F. 1958. (Ingen. hidrául. Vol. 12. S. 2 ff.)

893. Santos Ortiz, G. [1960]: *Agua potable para la Ciudad de Morelia, Michoacán.* México D. F. 1960. (Ingen. hidrául. Vol. 14. Nr 1. S. 71 ff.)

894. Schroeder, K. [1958]: *Der Rio Grande unter dem Einfluß der modernen Wasserwirtschaft.* Berlin 1958. (Erde. 89. S. 321–334, Kt.)

895. Secretaría de recursos hidráulicos. *Sinopsis del informe de labores de la Secretaría de recursos hidráulicos.* Del 10. de Sept. de 1962 al 31. de ag. de 1963. México D. F.: Talleres graficos de la nación 1963. 36 S., 11 Kt.

896. Sosa Montero, A. B. y M. R. Alvarado: *Estudio agrológico preliminar del proyecto de Riego de la presa "El Diablo", Coahuila.* México D. F. 1960. (Ingen. hidrául. Vol. 14. Nr 2. S. 73–100 u. Vol. 14. Nr 3. S. 75–91, Kt.)

897. Varela Colin, A. y J. J. Pedrero [1963]: *Proyecto piloto "El Limón" en Cárdenas, Tabasco.* México D. F. 1963. (Ingen. hidrául. Vol. 18. Nr 2. S. 9–17.)

898. Vicario Cano, A. [1962]: *Los aspectos sanitarios en la planeacion del aprovechamiento de los Recursos hidráulicos del Valle de México.* México D. F. 1962. (Ingen. hidrául. Vol. 16. Nr 1. S. 77–91.)

899. Winnie, W. W. [1958]: *The Papaloapán project.* An experiment in tropical development. Worchester, Mass. 1958. (Econ. Geogr. Vol. 34. Nr 3. S. 227–248, Kt., Abb.)

900. Wolf, E. R. and A. Palerm [1955]: *Irrigation in the Old Acolhua domain, Mexico.* Albuquerque, New Mexico 1955. (Southwestern J. Anthropol. Vol. 11. Nr 3. S. 265–281, Kt.)

901. Zegerra, J. M. [1932]: *Irrigación en México.* Lima 1932. (Aguas e Irrigación. Jg 1. Nr 3 u. 4. S. 19–58, 4 Kt., 4 Taf., 17 Abb.)

Siehe auch ➞ Nr: 275, 277, 280, 406, 439, 785, 1074, 1075, 1094, 1132, 1143, 1148, 1181, 1183, 1189, 1191, 1220, 1350, 1354.

25. Bergbau und Energiegewinnung

Da ständig zahlreiche neue Informationen und Artikel veröffentlicht werden (z. B. in den Weltwirtschaftsarchiven in Hamburg und Kiel), sind in diesem Kapitel nur wenige Titel meist größerer Veröffentlichungen aufgenommen worden

902. Blasquez L., L. y R. Lozano Garcia [1946]: *Hidrología y minerales no-metalicos de la zona norte del Estado de Michoacán.* México D. F. 1946. 156 S. Kt. (An. Inst. Geol. UNAM. Vol. 9.)

903. Blasquez L., L. y R. Lozano Garcia [1946]: *Hidrología y minerales no-metalicos del Estado de Tlaxcala.* México D. F. 1946. 100 S., Kt. (An. Inst. Geol. Vol. 8.)

904. *El Cerro de Mercado, Durango.* México D. F. 1923. (Inst. Geol. Boln Nr 44.)

905. *Estudio geologico de la zona minera comprendida entre los minerales de Atotonilco El Chico y Zimapan en el estado de Hidalgo, México.* (Lagepläne u. Prof. d. Bergbaues u. d. Minen.) México D. F.: Talleres Graficos de la nación 1924. 158 S., 34 Taf., 183 Fotos. (Boln Inst. geol. Méx. Nr 43.)

906. Flores, T. [1950]: *Geologic and structural environment of the iron ore deposits of Mexico.* New Haven 1950. (Econ. Geol. Vol. 45. Nr 2. S. 105–126, Kt.)

907. Foshag, W. F. and C. Fries jun. [1942]: *Tin deposits of the Republic of Mexico.* Washington 1942. (US geol. Surv. Bull. 935 c. S. 99–176, Kt.)

908. Gonzales Reina, J. [1944]: *Minería y riqueza minera y yacimientos minerales de México.* México D. F. 1944 und 1957. 214 S., Kt. (Monografías industriales.)

909. Guzman, E. J., R. Juarez y Lopez Ramos, E. [1952]: *Petroleum geology of Mexico.* (Internat. geol. Congr. 19th. Algier 1952. Comptes rendus. Rabat 1953. Sec. 14. Fasc. 16. S. 33–63, Kt.)

910. *Petroleos Mexicanos.* Los veinte años de la industria petrolera nacional. Informes del 18 de marzo 1938–1958. México D. F.: Petroleos mexicanos. 1958. 541 S.

911. Powell, J. R. [1956]: *The Mexican Petroleum industry, 1938–1950.* 1956.

912. Ritter, H. [1942]: *Kampf um Öl in Mexiko.* Leipzig: W. Goldmann 1942. 112 S.

913. Seawall, F. [1961]: *Recent development in Mexican sulphur production.* Singapore 1961. (J. trop. Geogr. Vol. 15. S. 39–45, Kt.)

914. Smith, W. C., K. Segerstrom and R. Guiza [1950]: *Tin deposits of Durango, Mexico.* Washington 1950. (US geol. Surv. Bull. 962 D. S. 155–204, Kt.)

915. Sonneschmidt, F. T. [1804]: *Mineralogische Beschreibung der vorzüglichsten Bergwerks-Reviere von Mexico oder Neuspanien.* Schleiz 1804.

916. Trask, P. and Rodriguez Cabo, J. jr [1948]: *Manganese deposits of Mexico.* Washington 1948. (US geol. Surv. Bull. 954-F. S. 209–315, Kt.)

917. Wagner, H. R. [1942]: *Early silver mining in New Spain.* México D. F. 1942. (Rev. Hist. Am. Nr 14. S. 49–71.)

918. Wandke, A. [1928]: *The Guanajuato mining district, Guanajuato, Mexico.* New Haven. 1928. (Econ. Geol. Vol. 23. Nr 1. S. 1–44.)

920. Ward, H. G. [1828]: *Gedrängtes Gemälde des Zustandes von Mexico im Jahre 1827.* Hrsg. i. deutsch F. A. Rüder. Leipzig 1828. 158 S.

921. West, R. C. [1949]: *The mining community in northern New Spain.* The Parral mining district. Berkeley: Univ. Calif. Pr. 1949. 147 S., 10 Taf. (Ibero-Americana. 30.)

Siehe auch ➞ Nr: 947, 987, 1028, 1040, 1054, 1066, 1073, 1077, 1094, 1310, 1340, 1360, 1361.

26. Industrie

922. Durand, J. B. [1942]: *La industria de la sal en México.* México D. F. 1942. (Boln Soc. mex. Geogr. Estad. Vol. 57. Nr 3 u. 4. S. 351–362.)

923. Hughlett, W. J. [1946]: *Industrialization of Latin America.* New York u. London: McGraw Hill 1946.

924. *Industria de generación y suministro de energia electrica (información censal 1955.)* México D. F.: Secr. de industr. y comerc. Dir. general de estad. 1959. 108 S., 5 Kt. (Estados Unidos Mexicanos. Sexto censo industrial 1956. P. especial.)

925. Kenelly, R. A. [1954–55]: *The location of the Mexican steel industry.* México D. F. 1954–55. (Rev. geogr. Inst. panam. Geogr. Hist. Vol. 14. Nr 40. 1954. S. 51–80. Vol. 15. Nr 41. 1954. S. 105–129. Vol. 16. Nr 42. 1955. S. 199–213. Vol. 17. Nr 43. 1955. S. 60–82. Kt.)

926. Mosk, S. A. [1951]: *Industrial revolution in Mexico.* Berkeley: Univ. Calif. Pr. 1950; London 1951.

927. Mosk, S. A.: *La revolución industrial en México.* México D. F. (Probl. agr. industr. México. Vol. 3. Nr 2.)

928. Phillips, M. O. [1933]: *Manufacturing in the federal district, México.* Worchester, Mass. 1933. (Econ. Geogr. Vol. 9. S. 279–291.)

Siehe auch ➞ Nr: 778, 1078, 1182.

27. Wirtschaft

929. Bataillon, C. [1963]: *Développement et sous-développement régional au Mexique.* Paris 1963. (Ann. Géogr. 72. Nr 391. S. 364–375, Kt.)

930. Berendt [1862]: *Die Cochenille-Produktion des Staates Oaxaca 1758–1858.* Gotha 1862. (Peterm. geogr. Mitt. S. 256–258.)

931. Browne, W. A. [1938]: *Sugar region of El Mante.* Worchester, Mass. 1938. (Econ. Geogr. 14. Nr 3, S. 308–319, Kt., Abb.)

932. Cepal la: *El desarollo económico de México.* México D. F. (Probl. agr. industr. México. Vol. 3. Nr 3.)

933. *Comercio exterior, Dezember 1961. Bankbericht.* México D. F.: Banco Nacional de Comercio Exterior, S. A. 1961.

934. CRIST, R. E. [1939]: *The pulque industry.* Worchester, Mass. 1939. (Econ. Geogr. Vol. 15. S. 189–94.)

935. DAVIS, M. L. and G. PARK [1963]: *Mexican jewelry.* Austin 1963. 145 S., Ill.

936. DELGADO HERNANDEZ, F. [1951]: *Estudio sobre la rehabilitacion económico-agricola de la zona correspondiente a las tribus Yaquis.* México D. F. 1951. (Boln Soc. mex. Geogr. Estad. Vol. 72. Nr 1–3. S. 115–144.)

937. DICKEN, S. N. [1938]: *Cotton regions of Mexico.* Worchester, Mass. 1938. (Econ. Geogr. S. 363–371, Kt., Abb.)

938. DRAGON, R. [1954]: *Mexican henequén, the growth and decline of a fibre monopoly.* Chicago 1954. (J. Geogr. Vol. 53. Nr 2. S. 49–60, Kt.)

939. ENJALBERT, H. [1958]: *La evolution economique du Mexique.* Paris 1958. (Cah. Outre-M. Vol. 11. Nr 42. S. 173–196, Kt.)

940. FIGUEROA, M. C. [1951]: *Los camarones del noreste de México.* México D. F. 1951. (Boln Soc. mex. Geogr. Estad. Vol. 72. Nr 1–3. S. 43–89.)

941. FOSTER, A. [1930]: *Sisal production in semiarid karst country of Yucatán.* 1930. Chicago. (J. Geogr. Vol. 29. Nr 1. S. 16–25.)

942. FOX, D. J. [1961]: *Henequén in Yucatán, a Mexican fibre crop.* London 1961. (Inst. British Geogr. Transact. Pap. Publ. 29. S. 215–229, 3 Kt., 1 Tab.)

943. GERSTENHAUER, A. [1960]: *Die mexikanische Fischereiwirtschaft in geographischer Sicht.* Berlin 1960. (Erde. 91. H. 3. S. 178–190, 2 Abb., 1 Kt.)

944. GLADE, W. J. jr. and C. W. ANDERSON [1963]: *The political economy of Mexico, two studies.* 7. 242 S. Madison, Wisc. 1963.

945. HANRATH, J. J. [1955]: *Mexico en de problematiek der economische onderontwikkelheid.* – With summary: Mexico and the problematics of economic underdevelopment. Rotterdam 1955. (Tijds. econ. soc. Geogr. Nr 11. S. 229–242, 3 Abb., 9 Tab., 4 Fotos.)

946. HANRATH, J. J. [1956]: *Ontwikkelingsgebieden in Mexico.* With summary: Development areas of Mexico. Rotterdam 1956. (Tijds. econ. soc. Geogr. 4. S. 85–97, 5 Kt., 10 Fotos, 5 Tab.)

947. HELBIG, K. [1955]: *In den Salinen von Cujutlán, Mexiko.* Hamburg 1955. (Mitt. geogr. Ges. Hamburg. Bd. 51. S. 98–108, Kt.)

948. LUDEWIG, H. J. [1912]: *Zwanzig Jahre deutscher Kolonisationsarbeit und die Kaffeekultur in Soconusco.* Berlin 1912. (Tropenpflanzer. Bd 14. S. 133–147, 193–203, 243–262.)

949. MACDOWELL, H. G. [1964]: *Cotton in Mexico.* Chicago 1964. (J. Geogr. Vol. 63. Nr 2. S. 67–72, Kt.)

950. *Manual azucarero Mexicano.* 5. Ed. México D. F.: Compañía editora del manual azucarero, S. A. 1962. 357 S., Kt.

951. *Mexiko Wirtschaft* [1958–60]: Länder-Lexikon des Hamburgischen Welt-Wirtschafts-Archivs. 2. Ed. Bd 3. Hamburg 1958–60. S. 1179–1216.

952. *Mexiko Wirtschaftsbericht.* Ausg. März 1959. Hamburg: Deutsch-Südamerikanische Bank 1959. Nr 52. 153 S. Neue Ausg.: April 1965. Nr 70. 104 S.

953. *Mexico 1960.* México D. F. 1960. Ed.: Banco nacional de comercio. 366 S., Kt.

954. OSORIO TAFALL, B. F. [1947]: *Un capítulo de la geografía económica de México: La pesca.* México D. F. 1947. (Boln soc. mex. Geogr. Estad. Vol. 63. S. 359–402, Kt.)

955. *Petróleo y la economía Mexicana.* Informe del Comité Wolverton a la Cámera de diputados de los Estados Unidos. México D. F. 1954. (Probl. agr. industr. México. Vol. 6. Nr 4.)

956. *Regiones económico-agricolas de la República Mexicana.* Ed.: Secretaría de agricultura y fomento. Dirección de economia rural. [1936]. México D. F.: Tall. de la Oficina de Publ. y Propaganda 1936.

957. *Resumen general de censos de transportes.* México D. F.: Secretaría de industria y comercio. Dirección general de estadística 1959. 73 S. (Estados Unidos Mexicanos. 4. censo de transportes. 1955.)

958. ROBLES, G. [1957]: *El trópico Mexicano en la planeación económica.* México D. F. 1957. (Rev. geogr. Vol. 20. Nr 46. S. 84–108.)

959 ROMERO, M. [1898]: *Coffee and India rubber culture in Mexico with geographical and statistical notes.* 1898. 417 S.

960. SANDOVAL, F. B. [1951]: *La industria del azúcar en Nueva España.* México D. F. 1951.

961. VALDES, F. [1929]: *El jihuite o guayute y otros factores del moviemento de población en Coahuila.* México D. F. 1929. (Boln Soc. mex. Geogr. Estad. Vol. 39. Nr 1–6. S. 29–41.)

962. VERNON, R. [1963]: *The dilemma of Mexico's development; the roles of the private and public sectors.* 11. Cambridge 1963. 226 S., Kt., Taf., Diagr.

963. VERNON, R. (Ed.) [1964]: *Public policy and private enterprise in Mexico.* Cambridge 1964. Havard Univ. Pr. 325 S.

964. WAIBEL, L. [1929 u. 30]: *Die wirtschaftsgeographische Gliederung Mexikos.* 1929. (Geogr. Z. 35. Jg. H. 7–8. S. 416–439. Und Festschrift Philippson Leipzig 1930. S. 32–55, 2 Kt.-Skizz.)

965. WILSON, C. M. [1956]: *The Latin American markets.* A descriptive and statistical survey of 30 markets 1956. New York, Toronto, London: McGraw Hill, 1956, 196 S.

966. WITTICH, E. [1936–37]: *Die Geschichte der Münze in Mexiko seit ihrer Gründung 1535 bis 1935.* Berlin, Bonn 1936–37. (Ibero-Amerikan. Archiv. 10. S. 287–314.)

Siehe auch ➝ Nr: 3, 20, 27, 83, 100, 275, 354, 552, 553, 554, 565, 580, 596, 608, 631, 635, 732, 778, 801, 833, 985, 991, 1069, 1078, 1087, 1088, 1111, 1115, 1117, 1130, 1140, 1187, 1195, 1209, 1216, 1275, 1298, 1331, 1340, 1346, 1370, 1383, 1388.

28. Verkehr

967. Barron de Moran, C. [1953]: *Rutas históricas de México.* México D. F. 1953. (Boln Soc. mex. Geogr. Vol. 76. Nr 1–3. S. 133–153.)

968. Bassols Batalla, A. [1959]: *Consideraciones geográficas y económicas en la configuración de las redes de carreteras y lineas ferreras de México. Planteamiento general.* México D. F. 1959. (Inst. panam. Geogr. Hist. Rev. geogr. Nr 50. S. 5–42, Kt.)

969. Chapman, A. [1959]: *Puertos de intercambio en Mesoamerica prehispanica.* México D. F. 1959. 75 S.

970. Eversbusch, W. A. [1941]: *Die deutsche Mexiko-Schiffahrt.* Berlin: VDI-Verlag 1941. 141 S.

971. Fletcher, D. M. [1950]: *The building of the Mexican railway.* Durham 1950. (Hisp. am. hist. Rw. Vol. 30. Nr 1. T. 1. S. 26–62, Kt.)

972. Fredericy, G. [1907]: *Die Schiffahrt der Indianer.* Stuttgart 1907.

973. Fuentes Diaz, V. [1951]: *El problema ferrocarrilero de México.* México D. F. 1951. 188 S.

974. Heizer, R. F. u. W. C. Massey [1953]: *Aboriginal navigation off the coast of Upper and Baja California.* Washington 1953. (Bureau am. Ethnol. Bull. 151. S. 285–312.)

975. Morhead, M. L. [1958]: *New Mexico's royal road; trade and travel on the Chihuahua trail.* Norman: Univ. Oklahoma Pr. 1958. 234 S., Kt.

976. Pletcher, D. M. [1950]: *The building of the Mexican railway.* Durham 1950. (Hisp. am. Hist. Rw. Vol. 30. S. 26–62, Kt.)

977. Rosell, L. E. [1939]: *El correo Mexicano desde los Aztecas hasta el año de 1926.* México D. F. 1939. (Boln Soc. mex. Geogr. Estad. Vol. 51. Nr 1–4. S. 3–27.)

978. Sauer, C. O. [1932]: *The road to Cíbola.* Berkeley: Univ. Calif. Pr. 1932. 58 S., 1 Kt. (Ibero-Americana. 3.)

979. Saville, M. H. [1935]: *The ancient Maya causeways of Yucatán.* Salt Lake City 1935. (Am. Antiqu. Vol. 9. Nr 33. S. 67–73.)

980. Termer, F. [1922]: *Der Verkehr im altmexikanischen Volksleben.* Stuttgart 1922. (Festschr. E. Seler, Hrsg. W. Lehmann. S. 557–568.)

981. Thompson, J. E. S. [1949]: *Canoes and navigation of the Maya and their neighbours.* London 1949, 1951. (J. Royal Anthropol. Inst. Great Britain Ireland. Vol. 79, T. 1–2. S. 69–78.)

982. West, R. C. and J. J. Parsons [1941]: *The Topia road: a trans-sierran trail of colonial Mexico.* New York 1941. (Geogr. Rw. Vol. 31. Nr 3. S. 406–413.)

983. Wagner, P. L. [1960]: *The path, the road, the highway in Mexico.* 1960. (Landscape. Vol. 10. Nr 1. S. 36–40.)

Siehe auch ➞ Nr: 43, 57, 460, 554, 565, 566, 576, 776, 957, 993, 1018, 1098, 1112, 1193, 1242, 1282, 1283.

29. Statistik

984. *Anuario estadístico de los Estados Unidos Mexicanos.* 1960–1961. Cap. 1–5, 7–8, 10–16. México D. F.: Secr. Industr. Com., Dir. gen. Estad. 1963. (Cap. 1. Caracteristicas físicas. 22 S. Cap. 2. Población del país. 40 S. Cap. 3. Movimiento de la población. 115 S. Cap. 4. Edificios y viviendas.)

985. *Anuario estadístico del comercio exterior de los Estados Unidos Mexicanos 1957.* México D. F.: Dir. gen. Estad. 1958.

986. *Anuario estadístico de los Estados Unidos Mexicanos 1955–56.* México D. F.: Secr. Econ. 1957.

987. *Anuario de estadística mineral.* Vol. 1–9. México D. F. 1922–31.

988. *Catálogo general de las estadísticas nacionales.* (Nebst:) Indice. México D. F.: Estados Unidos Mexicanos, Secr. Industr. Com., Dir. gen. Estad. 1960. 127 S. (Nebst:) Indice del catalogo general de las estadísticas nacionales. 44 S.

989. *3. Censo agrícola, ganadero y ejidal 1951.* México D. F. 1957.

990. *Censos agropecuarios.* 1. Totales comparativos en 1930, 1940 y 1950. 2. Por entidades y distritos economicos agricolas en 1950. México D. F.: Estados Unidos Mexicanos. Secr. de Industr. Com., Dir. gen. Estad., Dep. de los Censos. 1959. 60 S., 1 Kt.

991. *3. Censo comercial y de servicios 1956.* (Información censal 1955.) Resumen general. México D. F.: Estados Unidos Mexicanos. Secr. Industr. Com., Dir. gen. Estad. 1961. 496 S.

992. *Censo general de población.* 1. Censo 1890. 8. Censo: 8. Juni 1960. 3 Bde. 1. Resumen general. 2. u. 3. Einzelne Ortsangaben. México D. F.: Estados Unidos Mexicanos. Secr. Industr. Com., Dir. gen. Estad. México D. F. 1962.

993. *4. Censo de transportes 1955.* Resumen general. México D. F.: Estados Unidos Mexicanos. Secr. Industr. Com., Dir. gen. Estad. 1959. 73 S.

994. *Compendio estadístico 1958.* Jährl. México D. F.: Secr. Industr. Com., Dir. gen. Estad. 1959. 477 S. Ill.

995. *Revista de estadística 1951.* México D. F.: Dir. gen. Estad. 1954.

30. Karten, topographisch

996. American Geographical Society of New York. *A catalogue of maps of Hispanic America, including maps in scientific periodicals and books and sheets and atlas maps with articles on the cartography of the several countries and maps showing the extent and character of existing surveys.* New York 1930. (Am. Geogr. Soc. Maps of hispanic America. Publ. Nr 3. Vol. 1. Maps of Mexico, Central America, West Indies.) Mit Index Publ. Nr 5. S. 14–185. Washington: US Governm. Printing Office 1945. (Allgemeine Liste der ganzen Ortsnamen zur Karte 1 : 1 Million.)

997. *Carta general de la República Mexicana.* Elaborado por la Ex-comisión intersecretarial. 1 : 500 000. Coord. del Levantamiento. 47 Bl. Vielfarbendr. 70 × 50 cm. México D. F.: Secr. de agricultura y ganaderia. Dirección general de geografía y meteorología 1958.

998. *Carta geográfica de México.* Un mapa esencial de referencia para oficinas, escuelas, centros oficiales, compañías de transportes y todo viajero. Con índice anexo. 1 : 2 500 000. México D. F.: Ass. nac. automovilística 1963. Siebenfarbendr. 115 × 83 cm.

999. *Cartas de las vias generales de comunicacion.* Caminos, ferrocarriles, aeropuertos, aerovías, correos, telégrafos, teléfonos, politíca de caminos, puertos. 15 Bl. 1 : 1 000 000. Vielfarbg. 45 × 51 cm. México D. F.: Secretaría de comunicaciones y transportes 1960.

1000. *Cartas postales de la República Mexicana.* Dirección general de Correos, Secc. de Transportes. México-Barcelona: Araluce 1904. 26 Faltkt.

1001. *Colección geográfica patria.* Mapas de México. 1 : 1 000 000. Vielfarbg. 51 × 74 cm. México D. F.: Libreria Patria.

1002. *Countries of the Caribbean incl. Mexico, Central America and the West Indies.* Comp. ... in the Cartographic Division of the National Geographic Society for the National Geographic Magazine. Ed. Melville Bell Grosvenor. Chief cartogr.: James M. Darley. 1 : 6 000 000. Vielfarbendr. 100 × 60 cm. Washington 1961.
Nebenktn: Trinidad 1 : 1 500 000; Jamaica 1 : 500 000; Cuba 1 : 3 000 000; Exuma 1 : 1 000 000; St. Lucia 1 : 1 000 000; Antigua 1 : 500 000; Bermuda Islands 1 : 500 000; Puerto Rico 1 : 1 000 000; St. Thomas & St. John 1 : 500 000; St. Croix 1 : 500 000; Canal Zone 1 : 500 000.

1003. *Karte Mexico and Central America 1 : 3 500 000.* Washington: The National Geographic Society März 1953. (Nat. geogr. Mag. Vol. 53. Nr 3)

1004. *International Map of the world on the millionth scale.* Carte internationale du monde au millionième 1 : 1 000 000. Mexico: Blatt Culiacan N-G-13; Blatt San Luis Potosí N-F-14, 1932; Blatt Ciudad de México N-E-14; Blatt Monterrey N-G-14; Blatt Isthmo de Tehuantepec N-E-15; Blatt Yucatán N-F-16; Blatt Colima N-E-13; Blatt Sonora N-H-12. New York: United Nations 1958.

1005. *Karte von Mexico 1 : 100 000.* Herausgeg. v. Secretaría de la Defensa, Comisión Cartografica, Mexico D. F. (nicht vollständig. Bisher vor allem Blätter der Zentralregion Mexicos erschienen.)

1006. *Reliefkarte von Mexiko 1 : 1 000 000.* Washington: US Army Map Service 1956.

1007. *República Mexicana. Carta mural.* Carta altimétrica 1 : 200 000. Vielfarbendr. 1,37 × 1,79 m. México D. F.: Secretaría de agricultura y ganadería. Dir. general de geografía y meteorología. Carta mural con la división política a colores 1 : 2 000 000.

1008. Sanchez Lamego, M. A. [1952]: La cartografía en México. 1952. (Surveying and Mapping. Vol. 12. Nr 3. S. 238–246.)

1009. *Status of topographic mapping of OAS Member countries: Middle America.* Ed.: Inter-American Committee for Agricultural Development. 1 : 100 000. Schwarz-weiß, 52 × 36 cm. Washington 1963.

1010. *Status of vertical aerial photography of OAS Member countries: Middle America.* Ed.: Interamerican Committee for Agricultural Development. 1 : 100 000. Schwarz-weiß, 52 × 36 cm. Washington 1963.

1011. Tamayo, J. L. y G. R. Alcorta [1941]: *Catálogo de la exposición de cartografía Mexicana.* 160 S. México D. F. 1941. (Inst. Panam. Geogr. Hist. Publ. Nr 59.)

Siehe auch ➝ Nr: 34 Vol. 1, 50, 54, 58. 60.

31. Karten, geologisch, klimatologisch, historisch u. a.

1012. *Carta geologica de República Mexicana.* Comp. en 1960 por el Comité de la carta geologica de México 1 : 2 000 000. Vielfarbg. 157 × 110 cm. México D. F.: UNAM. Inst. de geología 1962. (Cartas geologicas y mineras. Nr 5.)

1013. *Carta geologica de la República Mexicana 1 : 2 Million.* Farbig, 2 Blätter. Ed. Congr. Geol. Intern. XX. Session. México D. F. 1956.

1014. Contreras Arias, A. [1942]: *Mapa de las provincias climatológicas de la República Mexicana.* México D. F.: Secr. de agricultura y fomento, Dir. Geogr. Meteor. Hidrol. 1942.

1015. Estados Unidos Mexicanos. *Division municipal al 8 junio de 1960.* 1 : 2 000 000. Schwarz-Weiß. 93 × 56 cm. México D. F.: Secr. de industria y comercio. Dir. general de estadística. Dep. tecnico 1960. Nebenktn: Municipios del Estado de Oaxaca. Población del país. Identificación de los municipios de las zonas 1 y 2. Ausg. derselben Karte im Maßstab 1 : 4 000 000 auf 4 Blättern.

1016. King, R. E. [1947]: *Carta geológica de la parte septentrional de la República Mexicana.* México D. F.: Inst. Geol. Geod. UNAM, 1947.

1017. Miller, O. M. [1941]: *A conformal map projection for the Americas.* New York 1941. (Geogr. Rw. Vol. 41. S. 100–104, u. Kartenbeilage.)

1018. *Official road map of Mexico, Guatemala.* Ca. 1 : 4 000 000. Copyrighted 1960 by American Automobile Association, Washington 1960/61. Jährl. i. Herbst.

1019. Orendain, L. y S. Reynoso [1961]: *Cartografía de la Nueva Galicia.* Guadalajara 1961. 102 S., 45 Abb.

1020. Raisz, E. [1959]: *Landforms of Mexico.* Prep. for the Geography Branch of the Office of Naval Research. Etwa 1 : 3 000 000. Schwarz-Weiß. 100 × 68 cm. Cambridge, Mass. 1959. Nebenktn.: Physiographic provinces. State and territories.

1021. Seekarten, USA: *Central America.* Index D-1: Nr 0622, 0933, 0915, 0878, 0879, 0872, 0856, 0935, 0874, 0875, 0877, 0876, 1577, 2750, 2760, 2273, 2249, 1508, 1048, 2753, 1225, 1228, 1295, 1233, 1235, 1379, 2324, 1380, 1072. Schwarz-Weiß. 45 × 34 cm. Washington: Hydrographic Office and the Secretary of the Navy 1956. (H. O. Publ. Nr 1–N.)

1022. Seekarten, USA: *North-America-west-coast.* Golfo de California Area. Index to the Hydrographic Office nautical charts. Index D: Nr 1149, 1044, 1043, 1115, 1118, 1100, 1192, 1193, 1204, 1310, 1268, 1294, 1493, 1494, 1636, 1664, 0621, 1666, 1667, 2103, 2193, 2087, 2181, 0850, 0849, 0638, 0639, 0800, 0619, 0640, 5388, 1335, 1024, 0622, 0938. Schwarz-Weiß. 34 × 44 cm. Washington: Hydrographic Office and the Secretary of the Navy 1959. (H. O. Publ. Nr 1-N.)

1023. Seekarten, deutsche: Deutsches Hydrographisches Institut Hamburg. *Verzeichnis der nautischen Karten und Bücher.* Abgeschlossen am 3. 1. 1959. Mexico/Atlantischer Ozean: Nr 443, 528, 529, 530, 996. Mexico / Stiller Ozean: Nr 549. Hamburg 1959.

1024. *Status of geologic mapping of OAS Member countries: Middle America.* Ed.: Inter-American Committee for Agricultural Development. 1 : 100 000. Schwarz-Weiß. 52 × 36 cm. Washington 1963.

1025. *Status of soil mapping of OAS Member countries: Middle America.* Ed.: Inter-American Committee for Agricultural Development. 1 : 100 000. Schwarz-Weiß. 52 × 36 cm. Washington 1963.

1026. *Tectonic Map of Mexico.* Comp. by Zoltan de Czerna 1956–1959. Bathymetry comp. by Bruce C. Heezen. Prop. of base map and final drafting by David Saldaña. 1 : 2 500 000. Vielfarbendr. 126×82 cm. Washington: The Geological Society of America 1961.

1027. *World historical Atlas in 5 Vol.* Vol. 3: Mexico, Central America, West Indies. 40 Bl. Stanford 1754/58.

Siehe auch ➞ Nr: 40, 1074, 1164, 1166.

32. Bibliographie

1028. Aguilar y Santillan, R. [1908]: *Mexico.* Bibliografía geológica y minera de la República Mexicana completada hasta el año de 1904. México 1908. 330 S. (Boln geol. Méx.)

1029. *Archivo de Indias.* Indice de documentos de Nueva España existentes en el Archivo de Indias de Sevilla. 2 Bde. México D. F. 1928–1929. 11. 879 S.

1030. Bassols Batalla, A. [1955]: *Bibliografía geográfica de México.* México D. F.: Secr. Agric. Ganad., Dir. gen. Geogr. Meteor. 1955. Vol. 1. 656 S. (Ca. 4600 Titel, n. Staaten geordn.)

1031. Bassols Batalla, A. [1955]: *La investigación y la literatura geográficas en México.* México D. F. 1955. (Rev. geogr. Inst. panam. Geogr. Hist. Vol. 16. Nr 42. S. 169–197.)

1032. Beristain de Souza, J. M.: *Biblioteca hispano-americana septentrional.* Bd 1–8 in 4 Bdn. Con los supl. 2 y 3, T. 7 y 8. En ella se incluyen todas las adiciones y trabajos suplementarios hasta 1951. México D. F.: Porrua.

1033. Bernal, I. [1962]: *Bibliografía de arqueología y etnografía.* Mesoamerica y norte de México (1514–1960). México D. F. 1962. (Inst. nac. Antropol. Hist. Mem. Nr 7.)

1034. *Bibliografía de Centroamerica y del Caribe.* Madrid jährl.

1035. *Bibliografía mexicana de estadística.* Secretaría de la economía nacional, Dir. gen. Estad. Bd 1 u. 2. México D. F.: Talleres graficos de la nación 1942. (Bd 1. Generalidades, teoria y aplicaciones metodologicas, demografía, estadística social, estadística economica, estadística administrativa, geografía. 696 S. Bd 2. Historia, ligüistica, publicaciones periodicas, cartografía, titulos complementarios. 776 S.)

1036. Boggs, R. St. [1939]: *Bibliografía del folklore Mexicano.* México D. F. 1939. 122 S. (Boln bibliogr. Antropol. Am. 3.)

1037. *Boletín bibliografico de antropologia Americana.* Bd 1 ff. México D. F. seit 1939. (Bd 8. 2. 1956.)

1038. Bolton, H. E. [1913]: *Guide to materials for the history of the United States in the principal archives of Mexico.* Washington 1913. 553 S. (Carneg. Inst. Publ. Nr 163. Pap. Dep. hist. Res. J. F. Jameson Ed.)

1039. Carrera Stampa, M. [1952]: *Archivalia Mexicana.* México D. F.: UNAM 1952. 276 S. (Publ. Inst. Hist. Ser. 1. Nr 27.)

1040. Fabregat Guinchard, F. [1962]: *Bibliografía mineralógica de México.* México D. F. 1962. 87 S. (An. Inst. Geol. Vol. 20.)

1041. Glass, J. B. [1964]: *Catálogo de la colección de codices.* México D. F. Inst. nac. Antropol. Hist. 1964. 237 S., 140 Taf.

1042. Guzman, E. [1964]: *Manuscritos sobre México en archivos de Italia.* México D. F. 1964. 428 S.

1043. *Ibero-Amerikanische Bibliographie.* Auswahl-Verzeichnis der deutschsprachigen Literatur (verschiedene). Berlin, Bonn: Ferd. Dümmler Verlag. Als Beilagen zu: Ibero-Amerikanisches Archiv.

1044. ICAZBALCETA, J. G. [1886]: *Bibliografía Mexicana del siglo XVI.* T. 1: Catálogo razonado de libros impresos en México de 1539 a 1600. Con biografías de autores y otras il. Precedido de una noticia acerca de la introd. de la imprenta en México. México D. F.: Libr. de Andrade y Morales 1886. 419 S., Ill.

1045. ICAZBALCETA, J. L. N. [1947]: *Bibliografía Mexicana del siglo XV.* Con suplementos de Wagner, Cossio u. a. México D. F.: Ed. Navarro 1947, 64 S.

1046. HARRISON, J. P. [1961]: *Guide to materials on Latin America.* Washington: General Service Administration; The National Archives and Records Service 1961. 246 S. (The nat. Arch. Vol. 1. Libr. Congr. Cat. A 61–9630.)

1047. LINGA-Bibliothek im Ibero-Amerika-Haus Hamburg; Hamburg, Alsterglacis 8.

1048. MARINO FLORES, A. [1957]: *Bibliografía linguistica de la República Mexicana.* México D. F. 1957. 95 S.

1049. MILLARES, C. A. y J. I. MANTECON [1948]: *Repertorio bibliográfico de los archivos Mexicanos y de las colecciones diplomáticas fundamentales para la historia de México.* México D. F.: Aldina 1948. 186 S. (Publ. Inst. Hist. UNAM. Ser. 1. Nr 6.)

1050. *Monografías bibliográficas Mexicanas.* Secretaría de relaciones exteriores. Monografías bibliográficas Mexicanas. Col. del 1–45. México D. F. 1925–50.

1051. PARRA, M. G. y J. W. MORENO [1954]: *Bibliografía indígenista de México y Centro-America 1850–1950.* México D. F. 1954. 345 S. (Mem. Inst. nac. Indig. Nr 4.)

1052. RAMOS, R. [1956]: *Bibliografía de la historia de México.* México D. F. 1956. 772 S.

1053. *Research-catalogue of the American Geographical Society.* Vol. 6. Mexico: S. 4213–4332. Boston: Hall 1962.

1054. SANTILLAN, R. A. [1898]: *Bibliografía geológica y minera de la República Mexicana.* México 1898. 158 S. (Boln. Inst. Geol. México. 10.)

Siehe auch ➞ Nr: 440, 1086, 1304, 1311, 1321, 1322, 1323, 1355.

33. Periodica

1055. Academía nacional de historia y geografía, México. UNAM. México D. F. Memoria.

1056. Acción indígenista. Boln mensual del Instituto nacional indígenista. México D. F. Jan. 1958 Nr 55.

1057. An. del Museo nacional de arqueologia, historia y etnologia. Vol. 1 ff. México D. F. 1877.

1058. An. del Instituto geológico de México. México D. F. 1917 ff. (Bis 1930 5 Bde.)

1059. An. del Instituto nacional de antropologia e historia. Bd 1–8. México D. F.: Secr. de educación publ. 1939–56.

1060. Archivo histórico diplomático Mexicano. Colección formada del Nr 1–45. México D. F.: Publ. de la Secr. de relaciones exteriores 1923–1953.

1061. Boletín indígenista. México D. F.: Instituto indígenista interamericano.

1062. Boletín del Instituto geológico de México. Hrsg. Secretaría de Industría, comercio y trabajo. Departamento de exploraciones y estudios geologicos. México 1895 ff.

1063. Boletín del Instituto de geología. México D. F.: Instituto de geología UNAM.

1064. Boletín de la Sociedad geológica Mexicana. 8 Bde. México 1904–1912.

1065. Boletín mensual de la Dirección de economía rural. México D. F. 1942–1946.

1066. Boletín minero. México 1916 ff.

1067. Boletín del petroleo. 35 Bde. México 1916–33.

1068. Boletín de la Sociedad mexicana de geografía y estadística. (Index in Vol. 63 für 1839–1947.) Vol. 1 ff. México 1839 ff. (Von 1839 bis 1849 genannt: Boln de geografía y estadística de la República Mexicana. Nr 1–7.)

1069. Comercio exterior de México. (1962). México D. F.: Banco nacional de comercio exterior 1964. 965 S.

1070. Geofisica internacional. Revista de la Unión geofísica mexicana. Instituto de geofísica de la UNAM. México D. F. 1963.

1071. Ibero-Americana. Berkeley: University of California Press, seit 1932.

1072. Ibero-Amerikanisches Archiv. Zeitschrift des Ibero-Amerikanischen Forschungsinstitutes Bonn. Später Ibero-Amerikanisches Institut Berlin. Schriftleitung O. Quelle. 1. Jg., H. 1, Okt. 1924 bis H. 16–17, Jg. 1942–44.

1073. Informe „del 18. de Marzo" del Director general petroleos Mexicanos. México D. F. 1959–64 ff.

1074. Ingeniería hidráulica en México. 4 Hefte jährl. México D. F.: Secretaría de recursos hidráulicos 1946 ff. Darin jährl. Bericht: Resumen de la sinopsis del informe de labores de la Secretaría de recursos hidráulicos.

1075. Irrigación en México. Organo oficial de la Comisión nacional de irrigación. Bd 1 ff. Resumen general 1956. México D. F.: Dirección general de estadística 1930 ff.

1076. Memoria de Academía nacional de historia y geografía de México. Vol. 1. México D. F.: UNAM 1945.

1077. Petroleo mexicano. (Antes frontera). Mexico's oil publication. México D. F. jährl. ab 1939.

1078. Problemas agricolas e industriales de México. Vol. 1 ff. Jährl. 4 Nr. México D. F. 1949 ff.

1079. Publicaciones del archivo general de la nación Col. de los Nos. 1–40. México 1909–1950.

1080. Publicaciones del Instituto panamericano de geografía e historia. México D. F.

1081. Revista Mexicana de geografía. Nr 1–4. México D. F.: UNAM 1940–1943.

1082. Revista Mexicana de sociología. Vol. 1 ff. México D. F.: Instituto de investigaciones sociales de México, UNAM, 1939 ff.

1083. Sociedad Mexicana de geografía y estadística. México D. F. Boletín; und: "Témas de México, Serie geográfica 1–4, 1946–1952, Monografías, 1959."

Siehe auch ➞ Nr 1324.

34. Einzelne Landschaftsregionen

a) Baja California

1084. ARNOLD, B. A. [1957]: *Late pleistocene and recent changes in land forms, climate and archaeology in central Baja California.* Berkeley: Univ. Calif. Pr. 1957. (Univ. Calif. Publ. Geogr. Vol. 10. S. 201–318, 8 Kt.)

1085. ASCHMANN, H. [1959]: *The central desert of Baja California: demography and ecology.* Berkeley: Univ. Calif. Pr. 1959. 282 S. (Ibero-Americana. 42.)

1086. BARRETT, E. C. [1957]: *Baja California 1535–1956.* A bibliography of historical, geographical and scientific literature relating to the peninsula of Baja California and to the adjacent islands in the Gulf of California and the Pacific Ocean. Los Angeles: Bennet & Marshall 1957. 284 S. (2710 Lit.-Nr).

1087. BASSOLS BATALLA, A. [1959]: *Los aspectos geoeconomicos y humanos de la exploración en el Territorio de Baja California,* México D. F. 1959. 195 S. (Boln Soc. mex. Geogr. Estad. Vol. 88. Nr 1–3.)

1088. BASSOLS BATALLA, A. [1961]: *Segunda exploración geográfico – biológica en la península de Baja California.* México D. F. 1961. 179 S. (Boln Soc. mex. Geogr. Estad. Vol. 92. Nr 1–3.)

1089. BEAL, C. H. [1948]: *Reconnaissance of the geology and oil possibilities of Baja California, Mexico.* Baltimore 1948. 138 S. (Geol. Soc. Am Mem. 31. 1 geol. Kt. 1 : 1 Mill.)

1090. BÖSE, E. u. E. WITTICH [1913]: *Informe relativo a la exploración de la región norte de la costa occidental de la Baja California.* México 1913. (Inst. Geol. México. Vol. 4. Nr 2. S. 307–529.)

1091. DARTON, N. H. [1921]: *Geologic reconnaissance in Baja California.* Chicago 1921. (J. Geol. Vol. 29. S. 720–48.)

1092. DEASY, G. F. and P. GERHARD [1944]: *Settlements in Baja California 1768–1930.* New York 1944. (Geogr. Rw. 34. S. 574–586, Kt.)

1093. EMMONS, S. F. and G. P. MERRIL [1894]: *Geological sketch of Lower California.* New York 1894. (Boln Geol. Soc. Am. Vol. 5. S. 489–514.)

1094. GIERLOFF-EMDEN, H. G. [1964]: *Die Halbinsel Baja California, ein Entwicklungsgebiet Mexikos.* Hamburg 1964. (Mitt. geogr. Ges. Hamburg. Bd 55. 160 S., 4 Kt., 26 Abb., 45 Fotos, Bibliographie mit 486 Titeln zu Baja California.)

1095. GIERLOFF-EMDEN, H. G. [1965]: *Baja California.* Wiesbaden 1965. (Deutscher Geographentag Heidelberg 1963. Tagungsbericht und wissenschaftliche Abhandlungen.)

1096. HAMMOND, E. H. [1954]: *A geomorphic study of the cape region of Baja California.* Berkeley: Univ. Calif. Pr. 1954. (Univ. Calif. Publ. Geogr. Vol. 10. S. 45–112, 4 Kt.)

1097. HEIM, A. [1916]: *Reisen im südlichen Teil der Halbinsel Niederkalifornien.* Berlin 1916. (Z. Ges. Ekde Berlin. S. 1–16.)

1098. IRIGOYEN, U. [1945]: *Carretera transpeninsular de la Baja California.* Bd 1 u. 2. México D. F. 1945. Bd 1. 489 S. Bd 2. 725 S. (In Bd 2: Moises de la PEÑA: Noticias económicas de la Baja California.)

1099. KNIFFEN, F. B. [1931]: *The primitive cultural landscape of the Colorado Delta.* Berkeley: Univ. Calif. Pr. 1931. (KNIFFEN: Lower California Studies. T. 3. Univ. Calif. Publ. Geogr. Vol. 5. Dass. T. 4. 1932.)

1100. LASSÉPAS, U. U. [1859]: *De la colonización de la Baja California y decreto de 10 de Marzo de 1857.* Primer memorial. México: Imprenta de Vicente Garcia Torres 1859. 249 S.

1101. MEIGS, P. [1935]: *The Dominican mission frontier of Lower California.* Berkeley: Univ. Calif. Pr. 1935. 192 S., 19 Taf., 2 Fotos. (Univ. Calif. Publ. Geogr. Vol. 7.)

1102. NELSON, E. W. [1921]: *Lower California and its natural resources.* Washington 1921. 167 S., 62 Abb. 1 Kt. (Nat. Acad. Sci. Mem. 1. Vol. 16.)

1103. NORDHOFF, C. [1888]: *Peninsular California.* Some account of the climate, soil, productions and present condition chiefly of the northern half of Lower California. New York: Harper 1888. 130 S., 2 Ktn-Skizzen, 12 Fotos.

1104. PEREZ GARCIA, R. [1956]: *La Sierra Juárez.* México D. F. 1956.

1105. ROTHERY, S. L. [1923]: *A river diversion on the delta of the Colorado in relation to Imperial Valley, California, with discussion.* New York 1923. (Transact. am. Soc. Civil Engineers. Vol. 86. S. 1412–1447.)

1106. SYKES, G. [1937]: *The Colorado Delta.* New York 1937. 193 S., Kt., 74 Fig. (Am. geogr. Soc. Spec. Publ. Nr 19.)

1107. WALBRIDGE NORTH, A. [1908]: *The mother of California.* Being an historical sketch of the little known land of Baja California, from the days of Cortez to the present time, depicting the ancient mission therein established, the mines there found and the physical, social and political aspects of the country; together with an extensive bibliography relative to the same. San Francisco und New York: Elder 1908. 169 S., 1 Kt., Ill.

1108. WITTICH, E. [1911]: *Beiträge zur Geologie der Kapregion von Niederkalifonien.* 1911. (Mitt. dt. geol. Ges. Nr 63. S. 578–587.)

1109. WITTICH, E. [1937]: *Die Magdalenenbucht in Niederkalifornien.* Gotha 1937. (Peterm. geogr. Mitt. Jg. 83. S. 245–251.)

Siehe auch → Nr: 102, 103, 111, 200, 202, 209, 210, 212, 213, 214, 215, 216, 218, 219, 220, 231, 232, 234, 237, 240, 245, 256, 319, 320, 446, 481, 482, 490, 698, 712, 864, 887, 974.

Zu diesem Kapitel sind besonders viele Literaturhinweise enthalten in den Titeln Nr: 1084, 1089, 1094.

b) Pazifischer Nordwesten

1110. DIOS BOJORQUEZ, J. de [1946]: *Descripción de Sonora.* México D. F. 1946. (Boln Soc. mex. Geogr. Estad. Vol. 61. Nr 1. S. 11–35.)

1111. Dozier, C. L. [1963]: *Mexico's transformed northwest*. The Yaqui, Mayo and Fuerte examples. New York 1963. (Geogr. Rw. Vol. 53. Nr 4. S. 548–571, 1 Kt., 2 Tab., 5 Abb.)

1112. Ives, R. L. [1950]: *Puerto Peñasco, Sonora*. Chicago 1950. (J. Geogr. Vol. 49. Nr 9. S. 349–361.)

1113. Lumholtz, C. [1922]: *The Sonora Desert*. London 1922. (Geogr. J. Vol. 40. S. 503–510.)

1114. Mendizabal [1928]: *Sonora, Sinaloa y Nayarit*. Estudio estadístico y económico social. México D. F.: Dep. de la estadística nacional 1928. 499 S.

1115. Pfeifer, G. [1939]: *Sinaloa und Sonora*. Beiträge zur Landeskunde und Kulturgeographie des nordwestlichen Mexico. Hamburg 1939. (Mitt. geogr. Ges. Hamburg. Bd 46. S. 291–460, 5 Taf., 12 Textfig.)

1116. Pfeifer, G. [1940]: *Landschafts- und Siedlungsbilder aus Sonora im nordwestlichen Mexiko*. Breslau 1940. (Z. Ekde. Jg. 8. 13/16. 14 Abb.)

1117. Sutherland, M. [1955]: *Sonora is jumping*. Washington 1955. (Nat. geogr. Mag. Vol. 107. Nr 2. S. 215–246, Kt.)

1118. Waibel, L. [1927]: *Die nordwestlichen Küstenstaaten Mexikos*. Leipzig 1927. (Geogr. Z. 33. S. 561–576, 1 Kt.)

Siehe auch ➞ Nr: 190, 205, 206, 256, 292, 299, 318, 321, 419, 629, 633, 649, 659, 662, 672, 681, 683, 694, 702, 711, 713, 714, 717, 851, 873, 936, 1278.

c) Zentrales Hochland. Norden. Chihuahua, Coahuila

1119. Alessio Robles, V. [1938]: *Coahuila y Texas en la época colonial*. México D. F.: Ed. cultura 1938. 751 S.

1120. Alessio Robles, V. [1945]: *Coahuila y Texas*. Desde la consumación de la independencia hasta el tratado de paz de Guadalupe Hidalgo. Bd 1 u. 2. México D. F. 1945. Bd 1: 542 S., Bd 2: 540 S., Kt., Ill.

1121. Almada, F. R. [1942]: *Geografía humana del estado de Chihuahua*. México D. F. 1942. (Boln Soc. mex. Geogr. Estad. Vol. 57. Nr 3–4. S. 227–300, Kt.)

1122. Brand, D. D. [1937]: *The natural landscape of northwestern Chihuahua*. Albuquerke 1937. (Univ. New Mexico Bull. 1. Geol. Ser. Vol. 5. Nr 2. 74 S., Kt.)

1123. Creel, E. C. [1928]: *El estado de Chihuahua, su historia, geografía y riquezas naturales*. México D. F. 1928. (Boln Soc. mex. Geogr. Estad. Vol. 12. Nr 1–6. S. 127–201.)

1124. Deasy, G. F. [1942]: *Landscape types along the Nuevo Laredo-Mexico City highway*. Worchester, Mass. 1942. (Econ. Geogr. Vol. 18 S. 57–67.)

1125. Gajdusek, D. C. [1953]: *The Sierra Tarahumara*. New York 1953. (Geogr. Rw. 43. Nr 1. S. 15–38, Kt.)

1126. Gentry, H. S. [1957]: *Los pastizales de Durango, estudio ecológico, fisiográfico y florístico*. México D. F. 1957. (Inst. mex. Recurs. natur. renov. 361 S., Kt.)

1127. Groth, R. [1960]: *Gold, Indianer, Mennoniten*. Schicksale in der nordwestlichen Sierra Madre von Mexiko. Lübeck: Selbstverlag d. Verf. 1960. 160 S., 57 Fotos.

1128. Hancock, R. H. [1959]: *A geographic and economic sketch of the state of Chihuahua*. In: The role of bracero in the economic and cultural dynamics of Mexico. A case study of Chihuahua, S. 42–63. Stanford: Hispanic-American Soc. 1959. (Hispanic American Studies.)

1129. Hovey, E. O. [1905]: *The western Sierra Madre of the State of Chihuahua, Mexico*. New York 1905. (Bull. am. geogr. Soc. 37. S. 531–543.)

1130. Knobloch, I. W. [1952]: *The Barranca de Cobre*. Chicago 1952. (J. Geogr. Vol. 51. Nr 2. S. 67–70.)

1131. Lemert, B. F. [1949]: *Parras Basin, southern Coahuila, Mexico*. Worchester, Mass. 1949. (Econ. Geogr. Vol. 25. Nr 2. S. 94–112, Kt.)

1132. Lopez-Zamora, E. [1946]: *El problema agrario en la región lagunera*. México D. F. 1946. (Probl. econ. agric. Méx. S. 119–154.)

1133. Medina, M. [1946]: *Algunos datos para la geografía del estado de Zacatecas*. México D. F. 1946. (Boln Soc. mex. Geogr. Estad. Vol. 61. Nr 1. S. 55–163, Kt.)

1134. Mülleried, F. K. G. [1941]: *La sierra Madre Oriental en México*. México D. F. 1941. (Rev. mex. Geogr. Vol. 2. Nr 1 u. 2. S. 13–52.)

1135. Muñoz Lumbier, M. [1942]: *El estado de Chihuahua*. México D. F. 1942. (Rev. mex. Geogr. Vol. 3. Nr 3 u. 4. S. 11–23, Kt.)

1136. Porter II, W. W. [1932]: *The Coahuila district, a physiographic province in northeastern Mexico*. Chicago 1932. (J. Geol. Vol. 40. Nr 4. S. 338–352, Kt., Abb.)

1137. Sosa, A. H. [1950]: *La Sierra del Carmen en el estado de Coahuila*. México D. F. 1950. (Boln Soc. mex. Geogr. Estad. Vol. 70. Nr 1–3. S. 63–84, Kt.)

1138. Taylor, W. P. [1946]: *The Sierra del Carmen in northern Coahuila, a preliminary ecological survey*. Dallas 1946. (Texas geogr. Mag. Vol. 10. Nr 1. S. 11–22, Kt.)

Siehe auch ➞ Nr: 122, 123, 129, 130, 131, 132, 134, 137, 138, 149, 256, 265, 277, 318, 655, 694, 755, 875, 879, 880, 894, 896, 961, 1284, 1285, 1289, 1336, 1339, 1343, 1344.

d) Golfküste (Norden und Zentralregion)

1139. Bensin, B. M. [1935]: *Agroecological exploration in the Soto La Marina Region, México*. New York 1935. (Geogr. Rw. Vol. 25 Nr 2. S. 285–297.)

1140. Dicken, S. N. [1939]: *Monterrey and northeastern Mexico*. Washington 1939. (Ann. Ass. am. Geogr. Vol. 29. Nr 2. S. 127–158.)

1141. Diener, M. [1937]: *The geology and biology of the San Carlos Mountains, Tamaulipas, Mexico*. Reports of the University of Michigan expedition to the San Carlos Mountains in 1930. Detroit 1937. 341 S. (Univ. Michigan Sts. Sci. Ser. 12.)

1142. Krieg, W. [1931]: *Der Staat Vera Cruz.* Eine wirtschaftsgeographische Untersuchung mit besonderer Berücksichtigung des Problems der wirtschaftsgeographischen Karte. Hamburg 1931. (Abh. a. d. Geb. d. Auslandskde. Bd 35. Reihe C. 65 S., 10 Kt.)

1143. Poleman, T. T. [1964]: *The Papaloapán project: agricultural development in the Mexican tropics.* London 1964. 182 S., 7 Kt.

1144. Staub, W. [1923]: *Beiträge zur Landeskunde des nordöstlichen Mexiko.* Berlin 1923. (Z. Ges. Edke Berlin. Nr 7. S. 187–212.)

1145. Staub, W. [1924]: *Zur Kenntnis der indianischen Ortsnamen in der Huaxteca (Ost-Mexiko).* Berlin 1924. Z. Ges. Ekde Berlin. Nr 5–7. S. 216–234.)

1146. Stirling, M. W. [1947]: *On the trail of La Venta man.* Washington 1947. (Nat. geogr. Mag. Vol. 91. Nr 2. S. 137–172.)

1147. Torrea, J. M. [1940]: *Diccionario geográfico, biográfico y estadístico de la República Mexicana.* Estado de Tamaulipas. México D. F. 1940. 604 S. (Boln Soc. mex. Geogr. Estad. Vol. 52. Nr 1–2.)

1148. Winnie, W. W. [1958]: *The Papaloapán project, an experiment in tropical development.* Worchester, Mass. 1958. (Econ. Geogr. Vol. 34. Nr 2. S. 227–248, Kt.)

Siehe auch → Nr: 135, 140, 161, 203, 204, 207, 208, 221, 248, 286, 709, 730, 770, 771, 776, 778, 867, 875, 876, 894, 899, 1248, 1312, 1343.

e) Zentrales Hochland

1149. Bassols Batalla, A. [1956]: *El estado de México.* Panorama geoeconomico. México D. F.: Stylo 1956. 142 S.

1150. Brand, D. D. [1943]: *A historical sketch of geography and anthropology in the Tarascan region.* Albuquerque 1943. (New Mexico Anthropol. Vol. 6–7. Nr 2. S. 37–108, Kt.)

1151. Brand, D. D. et al. [1960]: *Coalcoman and Motines del Oro.* An Ex-distrito of Michoacán, Mexico. México D. F. 1960. 427 S., 31 Taf., 37 Ill., 19 Tab.

1152. Filatti, R., M. Muñoz Lumbier y L. Lopez Sorcini [1933]: *Bosquejo geográfico-económico del estado de Tlaxcala.* México D. F.: Secr. de la Economía nacional 1933. 101 S., 3 Kt., 39 Abb. u. 7 Kt. i. Text.

1153. Foglio Miramontes, F. [1936]: *Geografía económica del estado de Michoacán.* Vol. 1–4. México D. F. 1936.

1154. Franco, F. [1941]: *Orografía y potamografía del estado de Puebla.* México D. F. 1941. (Boln Soc. mex. Geogr. Estad. Vol. 55. Nr 1. S. 37–79.)

1155. Gerstenhauer, A. [1961]: *Zentralmichoacán.* Ein Beitrag zur Landeskunde Mittelmexikos. Frankfurt 1961. (Frankfurter geogr. H. H. 37. Festschrift zur 125-Jahrfeier der Frankfurter Geogr. Ges. S. 227–296.)

1156. Marden, L. [1940]: *On the Cortes trail.* Washington 1940. (Nat. geogr. Mag. Vol. 78. Nr 3. S. 335–375.)

1157. Pozo Sanchez, G. del [1942]: *Situación, extensión y límite del estado de San Luis Potosí.* México D. F. 1942. (Boln Soc. mex. Geogr. Estad. Vol. 56. Nr 1. S. 5–108.)

1158. Simpich, F. [1934]: *Vignettes of Guadalajara.* Washington 1934. (Nat. geogr. Mag. Vol. 65. Nr 3. S. 329–356.)

1159. Treviño, S. C. [1953]: *La vega de Metztitlán en el estado de Hidalgo.* México D. F. 1953. 284 S., Kt. (Boln Soc. mex. Geogr. Estad. Vol. 75. Nr 1–3.)

1160. Vargas, F. [1939]: *Guanajuato.* Monografía geográfico – historica. Méxiko D. F. 1939. (Boln Soc. mex. Geogr. Estad. Vol. 50. Nr 1–2. S. 65–110.)

1161. West, R. C. [1948]: *Cultural geography of the modern tarascan area.* Washington 1948. 77 S., Kt., Ill. (Smithson. Inst. Soc. Anthropol. Nr 7.)

1162. Wyss-Dunant, E. [1937]: *Sur les haut plateaux mexicains.* Des volcans aux forêts vierges. Paris-Neuchâtel 1937. 207 S., 25 Abb.

Siehe auch → Nr: 104, 106, 110, 117, 121, 123, 124, 126, 136, 146, 153, 154, 156, 160, 162, 163, 164, 168, 169, 170, 171, 172, 186, 187, 195, 225, 258, 266, 268, 269, 283, 362, 623, 624, 630, 650, 671, 691, 765, 779, 788, 870, 871, 872, 891, 893, 902, 903, 904, 918, 921, 1263, 1272, 1297, 1342, 1352, 1356.

f) México D. F.

1163. *Actas des cabildo de la ciudad de México.* 1524–1612. Bd 1–34. México 1889–1910.

1164. Apenes, O. [1947]: *Mapas antiguos del Valle de México.* México D. F. 1947. (Inst. Hist. Publ. UNAM. Nr 4. 31 S., 43 Kt.)

1165. Arredondo, B. [1941]: *Descripción de los límites del Distrito Federal.* México D. F. 1941. (Rev. mex. Geogr. 1. Nr 1. S. 13–32.)

1166. *Atlas general del Distrito Federal.* Bd 1 u. 2. México D. F. 1930.

1167. Carrera Stampa, M. [1949]: *Planos de la Ciudad de México desde 1521 hasta nuestros días.* México D. F. 1949. (Boln Soc. mex. Geogr. Estad. Vol. 67. Nr 2–3. S. 265–427, Kt.)

1168. Foreman, F. [1955]: *Study of two cores from lake sediments of the Mexico City Basin.* Baltimore 1955. (Bull. geol. Soc. Am. Bd 66. Nr 5. S. 475–520.)

1169. Calindo y Villa, J. [1932]: *El Distrito Federal y el Valle de México.* Geografía compendiada escrita bajo un plan enteramente nuevo, con breves notas históricas y cívicas. México D. F.: Soc. Estad. Librería Franco-Americana. 1932. 116 S., 14 Kt. u. Pläne, Abb.

1170. Galindo y Villa, J. [1934]: *México, la ciudad capital.* México D. F. 1934. (Boln Soc. mex. Geogr. Estad. Vol. 43. Nr 10, 11 u. 12. S. 397–411.)

1171. Gerstenhauer, A. [1958]: *Die Stadt Mexiko (Bundesdistrikt).* Braunschweig 1958. (Geogr. Rdsch. 4. S. 388–394.)

1172. Jauregui, O. E. [1958]: *El aumento de la turbiedad del aire en la ciudad de México.* México D. F. 1958. (Ingen. hidrául. Vol. 12. Nr 4. S. 9–18. Kt.)

1173. Jauregui, O. E. [1959]: *Notas sobre la precipitacion en Tacubaya para el periodo 1900–1958.* México D. F. 1959. (Ingen. hidrául. 13, 29 S.)

1174. JAUREGUI, O. E. [1960]: *Las Tolvaneras de la Ciudad de México.* México D. F. 1960. (Ingen. hidrául. Vol. 14. Nr 4. S. 60–66.)

1175. Karten México D. F.: Viele historische und thematische Karten zu México D. F. und Valle de México. In: Ingen. hidrául. Vergl. Lit.: Bewässerung.

1176. LINNE, S. [1948]: *El valle y la Ciudad de México en 1550.* Stockholm 1948. 220 S., 7 Faltkt. (Statens Etnografiska Museum. The Ethnographical Museum of Sweden, Stockholm. N. S. Publ. Nr 9.)

1177. LOYO, G. [1936]: *Notas sobre la evolución demográfica de la ciudad de México.* México D. F. 1936. (Boln Soc. mex. Geogr. Estad. Vol. 45. Nr 5–6. S. 211–250.)

1178. MARROQUI, J. M. [1900–03]: *La Ciudad de México.* Bd 1–3. México 1900–1903.

1179. MARTINEZ, R. y H. FRIAS [1925]: *Album histórico popular de la Ciudad de México.* México D. F. 1925.

1180. *Memoria histórica, técnica y administrativa de las obras del desagüe del Valle de México 1449–1900.* Apuntes históricos sobre su hidrografía desde los tiempos más remotos hasta nuestros días. Por Francisco de GARAY. Bd 1 u. 2. Atlas. México 1902: Tipogr. de la Oficina impr. de estampillas. Vol. 1: 682 S. Vol. 2: 688 S. u. 31 Faltkt. u. Pläne.

1181. MENDOZA, F. [1962]: *El abastecimiento de agua y el drenaje para la zona Nancalpan-Zaragoza-Tlalnepantla.* Así como la protección contra inundaciones de la misma y una parte de la Ciudad de México. México D. F. 1962. (Ingen. hidrául. Vol. 16. Nr 2 u. 3. S. 9–31 u. S. 59–73.)

1182. PHILLIPS, M. O. [1933]: *Manufacturing in the Federal District, Mexico.* Worchester, Mass. 1933. (Econ. Geogr. 9. Nr 3. S. 279–291.)

1183. *Problemas del Valle de México.* Mesas redondas sobre problemas del Valle de México. Auditorio del Instituto Mexicano de recursos naturales renovables 12 al 16 de nov. 1962. México D. F.: Inst. mex. de recursos naturales renovables 1963. 370 S., 8 Kt.

1184. PULLEN, C. [1888]: *The City of México.* New York 1888. (J. Am. geogr. Soc. Vol. 20. S. 153–162.)

1185. SCHOTTELIUS, J. W. [1934–35]: *Wieviel Dämme verbanden die Inselstadt México-Tenochtitlán mit dem Festland?* Berlin, Bonn 1934/35. (Ibero-Amerikanisches Archiv. 8. S. 173–185. 1 Taf. 2 Skizzen.)

1186. SIMPICH, F. [1930]: *North America's oldest metropolis.* Washington 1930. (Nat. geogr. Mag. Vol. 58. Nr 1. S. 45–84.)

1187. SUTHERLAND, M. [1951]: *Mexico's booming capital.* Washington 1951. (Nat. geogr. Mag. Vol. 100. Nr 6. S. 785–824.)

1188. TOSCANO, R. [1940]: *Descripción geográfica del Distrito Federal.* México D. F. 1940. (Rev. mex. Geogr. 1. S. 141–181, Kt.)

1189. TOUSSAINT, M. [1938]: Planos de la ciudad de México. México D. F. 1938.

1190. VALLE-ARIZPE, A. de [1946]: *Historia de la Ciudad de México.* Según los relatos de sus cronistas. 4. Ed. México D. F.: Robredo 1946. 583 S., 18 Ill.

1191. WAGNER, H. O. [1952]: *Der Wasserhaushalt des Hochtales von Mexiko.* Bonn 1952. (Ekde. Bd 6. S. 162–168.)

Siehe auch ➞ Nr: 155, 173, 177, 192, 193, 194, 270, 294, 562, 850, 855, 859, 881, 884, 890, 898, 928, 1268, 1350, 1362.

g) Zentrales Südmexico und Pazifische Küste

1192. CAMP, W. H. [1937]: *Winter in Oaxaca.* New York 1937. (J. New York botan. Garden. Vol. 38. Nr 450. S. 129–144. Nr 451. S. 153–170.)

1193. CASTILLO LEDON, L. [1945]: *El puerto de San Blas.* Su fundación y su historia. México D. F. 1945. (Boln Soc. mex. Geogr. Estad. Vol. 60. Nr 4. S. 583–595, Kt.)

1194. COVARRUBIAS, M. [1954]: *Mexico South.* The Isthmus of Tehuantepec. New York 1954. 436 S., 100 Taf., Ill.

1195. GERSTENHAUER, A. [1956]: *Acapulco, die Riviera Mexikos.* Berlin 1956. (Erde. Bd 8. S. 270–281.)

1196. WEBBER, J. W. [1946]: *Down Mexico's Rio Balsas.* Washington 1946. (Nat. geogr. Mag. Vol. 90. Nr 2. S. 253–272, Kt.)

Siehe auch ➞ Nr: 107, 115, 120, 141, 143, 199, 217, 271, 295, 345, 484, 627, 632, 639, 640, 646, 647, 716, 774, 775, 892, 947, 1280, 1306.

h) Isthmus, Tabasco

1197. AGUILAR OLMOS, R. [1933]: *El Istmo de Tehuantepec.* México D. F. 1933. (El mundo gráfico. Vol. 1. Nr 2. S. 83–101, 18 Abb.)

1198. CASTELLANOS, M. E. [1908]: *Breves apuntes sobre geología y climatología del Istmo de Tehuantepec.* México 1908. (Boln Soc. mex. Geogr. Estad. Vol. 3. 5a. S. 165–179.)

1199. *Geografía de Tabasco.* Obra del Gobierno del Estado. Pt. 1. Villahermosa: Dirección de difusion cultural 1958.

1200. HELBIG, K. [1959]: *Der Süden wird erschlossen.* Hamburg 1959. (Übersee-Rdsch. H. 10. S. 45–48, 1 Kt.)

1201. *Informe de Gobierno de Tabasco.* Villahermosa 1964. 182 S., 1 Kt.

1202. SIEMENS, A. [1964]: *Recent spontaneous settlement in southern Veracruz, Mexico:* The development of an untidy frontier. Ottawa 1964. (Occ. Pap. Canad. Ass. Geogr. B. C. Division Nr 6.)

1203. WILLIAMS, J. J. [1852]: *The Isthmus of Tehuantepec:* Being the results of a survey for a railroad to connect the Atlantic and Pacific Oceans, made by the Scientific Commission under the direction of Major J. G. Barnard. With a résumé of the geology, climate, local geography, productive industry, fauna and flora of that region. New York: Appleton 1852. 295 S., Kt.

1204. ZAHN, G. W. v. [1907]: *Der Isthmus von Tehuantepec.* Berlin 1907. (Z. Ges. Ekde Berlin. S. 321–373, Kt., Fotos.)

Siehe auch ➞ Nr: 158, 176, 178, 211, 249, 263, 264, 322, 480, 667, 860, 862, 866, 868, 889, 897, 913, 1279, 1281, 1282, 1330, 1334.

i) Chiapas

1205. Adams, R. [1961]: *Changing patterns of territorial organisation in the central highlands of Chiapas, Mexico.* Menasha, Wisc. 1961. (Am. Antiquity. Vol. 26. Nr 3. S. 341–360, Kt.)

1206. Alvarez de Toro, M. [1952]: *Los animales silvestres de Chiapas.* Tuxtla Gutiérrez 1952. 250 S., Abb., Bibliogr.

1207. Amram, D. W. jr. [1937]: *Eastern Chiapas.* New York 1937. (Geogr. Rw. Vol. 27. Nr 1. S. 19–36.)

1208. Gamio, M. [1946]: *Exploración económico-cultural en la región onchocercosa de Chiapas, Mexico.* México D. F. 1946. (Am. indigen. Vol. 6. Nr 3. S. 199–245, Kt.)

1209. Helbig, K. [1961]: *Die Landschaft Soconusco im Staate Chiapas, Süd-Mexiko, und ihre Kaffeezone.* Bremen 1961. 131 S., 3 Kt., 42 Abb., 18 Fig. (Dt. geogr. Bl. Bd 49. H. 1–2.)

1210. Helbig, K. [1961]: *Das Stromgebiet des oberen Rio Grijalva.* Eine Landschaftsstudie aus Chiapas, Süd-Mexiko. Hamburg 1961. 274 S., 2 Kt., 58 Kt. u. Fig., 37 Fotos. (Mitt. geogr. Ges. Hamburg. Bd 54. Umfangr. Bibliogr.)

1211. Helbig, K. [1962]. *Chiapas, Mexikos südlichster Staat.* Ein Querschnitt vom südmexikanischen Hochland zum Pazifik. Gotha 1962. (Peterm. geogr. Mitt. 2. S. 94–105, 1 Kt., Taf. 13–18, 16 Abb., 1 Prof.)

1212. Miranda, F. [1952]: *La vegetación de Chiapas.* Vol. 1 u. 2. Tuxtla Gutiérrez: Ed. del Gobierno del Estado 1952. 334 u. 426 S., 162 Abb., Index.

1213. Palacios, J. [1928]: *En los confines de la Selva Lacandona.* Exploraciones en el estado de Chiapas 1926. México D. F. 1928. 215 S., 132 Ill. (Contr. de México al XIII. Congr. de American.)

1214. Peña, M. T. de la [1951]: *Chiapas económico.* Bd 1–4. Tuxtla Gutiérrez 1951. 1290 S.

1215. Rittlinger, H. [1959]: *Ins Land der Lacandonen.* Wiesbaden: Brockhaus 1959. 360 S., 66 Taf., Fotos, 4 Kt., 6 Zeichng.

1216. Termer, F. [1927]: *Die gegenwärtigen wirtschaftlichen und sozialen Zustände in den mexikanischen Staaten Chiapas und Tabasco.* Hamburg 1927. (Mitt. geogr. Ges. Hamburg. Bd 38. S. 407–423.)

1217. Vivo, J. A. [1959]: *Estudio de geografía económica y demográfica de Chiapas.* México D. F. 1959. (Boln Soc. mex. Geogr. Estad. Vol. 87. Nr 1–3. S. 7–262, 42 Kt., 97 Tab.)

1218. Waibel, L. [1933]: *Die Sierra Madre de Chiapas.* 162 S., Kt. 1 : 4 Mill., 10 Taf., 4 Fig. Hamburg 1933. (Mitt. geogr. Ges. Bd. 43.)

1219. Woolrich, B. y Mamrel, A. [1948]: *Enciclopedia chiapaneca.* T. III: Hidrologia. México D. F. 1948. (Boln Soc. mex. Geogr. Estad. Vol. 66. Nr 1–2. S. 169–280.)

Siehe auch ➞ Nr: 139, 166, 264, 316, 323, 328, 480, 641, 667, 718, 727, 732, 848, 868, 889, 948.

Zu diesem Kapitel sind besonders viele Literaturhinweise enthalten in dem Titel Nr: 1210.

j) Halbinsel Yucatán

1220. Cole, L. J. [1912]: *The caverns and people of northern Yucatán.* New York 1912. (Bull. Am. geogr. Soc. 44.)

1221. Edwards, C. R. [1957]: *Quintana Roo: Mexico's empty quarter.* Report of fieldwork carried out under ONR Contract 222 (11) Nr 388 067. Berkeley: Univ. Calif. Pr. 1957. 189 S., 10 Kt.

1222. *Enciclopedia Yucatanense.* Conmemorativa del IV. centenario de Mérida y Valladolid (Yucatán). Bd 1–7. México D. F.: Ed. oficial de Gobierno de Yucatán 1944. Bd 1: Geografía física, fauna, flora. 527 S. Bd 2: Epoca Maya. 575 S. Bd 3: Historia politica, legislación, comunicaciones, industria henequenera. 800 S. Bd 4: Beneficencia, educación, medicina, musica, artes plasticas. 924 S. Bd 5: Imprenta y periodismo, literatura, antologia poética. 853 S. Bd 6: Yucatán actual. 578 S. Bd 7: Biografías. 557 S.

1223. *Estudio económico de Yucatán y programa de trabajo.* Merida: Ed. del Gobierno del Estado 1961. 506 S., viele Fotos u. Faltkt. z. Wirtsch.

1224. Ferrer de Mendiolea, G. [1952]: *Geografía de Yucatán.* México D. F. 1952. (Boln Soc. mex. Geogr. Estad. Vol. 74. Nr 1–3. S. 161–238, Kt.)

1225. Heilprin, A. [1896]: *Geological researchs in Yucatán.* Philadelphia 1891–1892. (Proc. Acad. nat. Sci. Philadelphia. S. 136–158. u. J. Geol. Vol. 4. S. 938–947. 1896.)

1226. Huntington, E. [1912]: *The peninsula of Yucatán.* New York 1912. (Bull Am. geogr. Soc. 44.)

1227. Peña, M. T. de la [1945]: *Bosquejo económico y social del estado de Campeche.* México D. F. 1945. (Boln Soc. mex. Geogr. Estad. Vol. 60. Nr 4. S. 553–582.)

1228. Robles Ramos, R. et al. [1950]: *Los recursos naturales de Yucatán.* México D. F. 1950. (Boln Soc. mex. Geogr. Estad. Vol. 69. Nr 3.)

1229. Robles Ramos, R. [1950]: *Morfología de Yucatán.* México D. F. 1950. 377 S., Kt. (In: Los recursos naturales de Yucatán. Boln. Soc. mex. Geogr. Estad. Vol. 69. Nr 3.)

1230. Peissel, M. [1963]: *The lost world of Quintana Roo.* A journey on foot along the most savage coast of central America in eastern Yucatán and the resulting discovery of Mayan ruins. New York: Dulton 1963. 306 S., Kt.

1231. Shattuck, G. C. [1933]: *The Peninsula of Yucatán.* Medical. biological, meteorological and social studies. Washington 1933. 576 S., 2 Kt., Abb., 68 Fotos. (Carneg. Inst. Publ. Nr 431.)

1232. Termer, F. [1954]: *Die Halbinsel Yucatán.* Gotha 1954. (Peterm. geogr. Mitt. Erg. H. Nr 253. 64 S., 14 Bildtaf., 3 Kt. Taf.)

Siehe auch ➞ Nr: 175, 176, 182, 184, 267, 272, 347, 409, 413, 414, 416, 443, 445, 478, 479, 504, 505, 573, 643, 644, 653, 706, 720, 729, 731, 789, 792, 798, 801, 824, 877, 941, 942, 1349.

k) Inseln

1233. Anderson, C. A. [1950]: *Geology of islands and neighboring land areas.* Baltimore 1950. (In: Durham, J. W. u. a. "E. W. Scripps cruise to the Gulf of California 1940". Geol. Soc. Am. Mem. 43. S. 1–52.)

1234. Hanna, G. D. [1926]: *Expedition to the Revilla Gigedo Islands, México 1925.* San Francisco 1926. (Proc. Calif. Acad. Sci. 4. Ser. Vol. 15. Nr 1. 112 S., Kt.)

1235. Lumbier, M. [1919]: *Algunos datos sobre las islas Mexicanas.* México 1919. (An. Inst. geol. Méx. Nr 7.)

1236. Muñoz Lumbier, M. [1946]: *Las islas Mexicanas.* México D. F.: Secretaría de Educación Publ. Bibliot. enciclop. popular. 1946. 117 S.

1237. Richards, A. F. and B. H. Brattstrom [1959]: *Bibliography, cartography, discovery and exploration of the Islas Revilla Gigedo.* Los Angeles 1959. (Proc. Calif. Acad. Sci. Ser. 4. Vol. 29. Nr 9. S. 315–360., 4 Fig. (ca. 500 Titel Bibliogr.)

1238. Toscano, R. [1940]: *Islas de la República Mexicana.* México D. F. 1940. (Boln Soc. mex. Geogr. Estad. Vol. 54. Nr 5–6. S. 245–265, Kt.)

Siehe auch ■→ Nr: 34 Vol. 2, 102, 142, 157.

35. Anhang

(Die *kursiv*gedruckten Zahlen geben die Zugehörigkeit zum jeweiligen Kapitel an)

1239. Knapp, R. [1965]: *Die Vegetation von Nord- und Mittelamerika und den Hawaii-Inseln.* Stuttgart: Gustav Fischer Verlag 1965. 373 S., 169 Abb., 335 Tab. (Vegetationsmonographien der einzelnen Großräume.) (Insbesondere S. 228–305.) – zu Kap. *11.*

1240. Kelly, I. and A. Palerm [1952]: *The Tajín Totonac.* P. 1: History, subsistence, shelter and technology. Washington: Smithson. Inst. 1952. 364 S., 33 Taf., 18 Kt., 69 Abb. (Inst. soc. Anthropol. Publ. Nr 13.) – zu Kap. *20.*

1241. Travera Alfaro, X. [1964]: *Viajes en México.* Cronicas Mexicanas. México D. F.: Secr. de obras públicas 1964. 448 S., 18 Kt. – zu Kap. *15.*

1242. Roman, J. [1933]: *Historia de los ferrocarriles de México.* México D. F. 1933. (An. Mus. nac. Arqueol. Hist. Etnogr. 4. Jg. 8. H. 3.) – zu Kap. *28.*

1243. Caruso, J. A. [1955]: *The Liberators of Mexico.* New York: Pageant Press 1955. 342 S., 3 Abb. – zu Kap. *16.*

1244. Godoy, J. F. [1910]: *Porfirio Díaz, President of Mexico.* The master builder of a great commonwealth. New York, London: Putnam 1910. 253 S., 60 Kt., Ill., Diagr. – zu Kap. *16.*

1245. Flores, E. [1961]: *Tratado de economía agrícola.* México D. F. 1961. 442 S. – zu Kap. *23.*

1246. Gill, T. [1951]: *La crisis de la tierra en México.* Washington 1951. 79 S. – zu Kap. *23.*

1247. Gontran Noble [1949]: *La reforma agraria en México.* México 1949. 233 S. – zu Kap. *23.*

1248. Martinez Cerda, C. [1954]: *El algodón en la región de Matamoros, Tamaulipas.* Hrsg. Banco nacional de crédito ejidal. México D. F. 1954. 204 S. – zu Kap. *23.*

1249. *La industria azucarera de México.* 3 Bde. México D. F.: 1. Bd 1952. 2. Bd 1953. 3 Bd 1955 – zu Kap. *23.*

1250. Dusenberg, H. W. [1963]: *The Mexican meseta.* The administration of ranching in colonial Mexico. Urbana: Univ. Illinois Pr. 1963 – zu Kap. *23, 17.*

1251. Reina Celaya, A. [1958]: *La industria de la carne en México.* México D. F. 1958. 269 S. – zu Kap. *23.*

1252. Mendieta y Nuñez, L. [1959]: *El problema agrario de México.* México D. F. 1959. 484 S. – zu Kap. *23.*

1253. Infield, H. F. and K. Freier [1954]: *People in ejidos.* A visit to the cooperative farms of Mexico. New York 1954. 151 S. – zu Kap. *23, 21.*

1254. Barrera Fuentes, F. [1955]: *Historia de la revolución Mexicana.* La etapa precursora. México D. F.: Talleres gráficos de la nación 1955. 339 S. – zu Kap. *16, 19.*

1255. Blanco Moheno, R. [1958–61]: *Crónica de la revolución Mexicana.* Bd 1 u. 2. México D. F.: Libro Mex 1958–61 – zu Kap. *16.*

1256. Cline, H. F. [1953]: *The United States and Mexico.* Cambridge (Mass.): Harvard Univ. Pr. 1953. 452 S. – zu Kap. *18.*

1257. *Documentos históricos de la ·evolución Mexicana.* Editados por la Comisión de Investigaciones históricas de la revolución Mexicana. 4 Bde. México D. F.: Fondo de cultura económica 1960 – zu Kap. *16.*

1258. James, D. [1963]: *Mexico and the Americans.* New York: Praeger 1963. 472 S. – zu Kap. *18.*

1259. Quirk, R. E. [1960]: *The Mexican revolution, 1914–1915.* The convention of Aguascalientes. Bloomington: Univ. of Indiana Pr. 1960. 325 S. – zu Kap. *16.*

1260. Sepulveda, C. [1958]: *Historia y problemas de los límites de México.* In: Historia Mexicana. Vol. 8. Nr 1. Juli-Sept. 1958. S. 1–34 und Vol. 8. Nr. 2. Okt.-Dez. 1958. S. 145–174 – zu Kap. *2, 16.*

1261. Cuevas, M. [1946–47]: *Historia de la Iglesia en México.* 5. Ed. 5 Bde. México D. F.: Editorial Patria 1964–47 – zu Kap. *16.*

1262. Ybot, L. [1954, 1963]: *La iglesia y los eclesiasticos Españoles en la empresa de Indias.* Bd 1 u. 2. Barcelona: Salvat editores 1954 u. 1963 – zu Kap. *16.*

1263. Echeverria y Veytia [1931]: *Historia de la fundación de la ciudad de Puebla de los Angeles.* Bd 1 u. 2. Puebla: Imprenta Labor 1931 – zu Kap. *34 e.*

1264. Diaz del Castillo, B. [1965]: *Wahrhafte Geschichte der Entdeckung und Eroberung von Mexiko.* Stuttgart: Steingrüben Verlag 1965 – zu Kap. *14.*

1265. Soustelle, J. [1956]: *So lebten die Azteken am Vorabend der spanischen Eroberung.* Stuttgart: Deutsche Verlagsanstalt 1956 – zu Kap. *13.*

1266. Fischer Weltgeschichte Nr 22. Süd- und Mittelamerika 1. Darin: Konetzke, R.: *Die Indianerkulturen Altamerikas und die spanisch-portugiesische Kolonialherrschaft.* Fischer Weltgeschichte Nr 23. Süd- und Mittelamerika, die unabhängigen Staaten – zu Kap. *13, 17.*

1267. Langman, I. K.: *A selected guide to the* literature on the flowering plants of Mexico zu Kap. *11.*

1268. Reiche, K. [1926]: *Flora excursoria en el valle central de México.* México 1926 – zu Kap. *11, 34 f.*

1269. McAndrew, J. [1965]: *The open-air churches of sixteenth-century Mexico.* Atrios, posas, open chapels, and other studies. Cambridge (Mass.) 1965. 792 S., 341 Ill. – zu Kap. 22.

1270. Fernandez de Recas, G. [1961]: *Cacicazgos y nobiliario indígena de la Nueva España.* México D. F. 1961. (Bibliot. nac. México. Inst. bibliogr. mex. Nr 5.) – zu Kap. *17, 20.*

1271. Ricard, R. [1933]: *La conquête spirituelle du Mexique.* Paris 1933. (Traveaux et mémoires de l'Institut d'ethnologie. Vol. 20.) – zu Kap. *18.*

1272. Borah, W. and S. F. Coox [1958]: *Price-trends of some basic commodities in Central Mexico, 1531–1570.* Berkeley: Univ. Calif. Pr. 1958. (Ibero-Americana 40.) – zu Kap. *17, 34 e.*

1273. Keen, B. [1963]: *Life and labor in ancient Mexico.* Engl. Übers., Bearb. v. Zorita: Breve relación de los señores de la Nueva España etc. Um 1560. New Brunswick: Rutgers Univ. Pr. 1963 – zu Kap. *13, 18, 17.*

1274. Llaguno, J. A. [1962]: *La personalidad júridica del indio y el III. concilio provincial Mexicano, 1585.* (Span. Ausg. seiner „Dissertatio ad lauream in facultate juris canonici. Rom 1962.) Bd 27. México D. F.: Porrua 1962 – zu Kap. *17, 20.*

1275. Bennett, R. L. [1965]: *The financial sector and economic development: The Mexican case.* Baltimore 1965. 224 S., Taf. – zu Kap. *27.*

1276. Cancian, F. [1965]: *Economics and prestige in a Maya community.* The religious cargo system in Zinacantan. Stanford 1965. 256 S. – zu Kap. *20.*

1277. Paddock, J. (Ed.) [1965]: *Ancient Oaxaca.* Discoveries in Mexican archeology and history. Stanford 1966. Ca. 432 S. – zu Kap. *13.*

1278. Shreve, F. and I. L. Wiggins [1964]: *Vegetation and flora of the Sonoran desert.* Bd 1 u. 2. Stanford 1964. 1740 S., Ill. – zu Kap. *11, 34 d.*

1279. Brasseur de Bourbourg, C. E. [1861]: *Voyage sur l'Isthmus de Tehuantepec, dans l'état de Chiapas et la république de Guatemala.* Paris 1861 – zu Kap. *15, 34 h.*

1280. Caso, A. [1932]: *Monte Albán, richest archeological find in America.* Washington 1932. Nat. geogr. Mag. 62. S. 467–512.) – zu Kap. *13, 34 g.*

1281. Hermessdorf, M. G. [1862]: *On the Isthmus of Tehuantepec.* London 1862. (Royal geogr. Soc. J. 32. S. 536–543.) – zu Kap. *34 h.*

1282. Hovey, E. O. [1907]: *The Isthmus of Tehuantepec and the Tehuantepec national railway.* New York 1907. (Bull. Am. geogr. Soc. 39. S. 78–91.) – zu Kap. *34 h, 28.*

1283. Zimmermann, G. [1956]: *Die Hieroglyphen der Maya-Handschriften.* Hamburg 1956. 174 S. m. ca. 2000 Bildzeichen, 8 Taf. (Abh. Geb. Auslandskde. Bd. 62) – zu Kap. *13.*

1284. Sueur, H. le [1945]: *The ecology of the vegetation of Chihuahua, Mexico, north of parallel twenty-eight.* Austin 1945. (Univ. Texas Publ., Bull. Nr 4521.) – zu Kap. *11, 34 c.*

1285. Muller, C. H. [1947]: *Vegetation and climate of Coahuila, Mexico.* 1947. (Madroño. 9. S. 33–57.) – zu Kap. *11, 34 c.*

1286. Arellano, A. R. V. [1953]: *Barrilaco pedocal, a stratigraphic marker ca. 5000 B. C. and its climatic significance.* Algier 1953. (Congr. geol. intern. 19. Sess. Algier 1952. VII.) – zu Kap. *10.*

1287. Terra, H. de, J. Romero and T. D. Stewart [1949]: *Tepexpan man.* New York 1949. (Viking Fund Publ. Anthropol. Nr 11.) – zu Kap. *13.*

1288. Goldmann, E. A. and R. T. Moore [1946]: *The biotic provinces of Mexico.* 1946. (J. Mammal. 26. S. 347–60.) – zu Kap. *12.*

1289. Shreve, F. [1939]: *Observations on the vegetation of Chihuahua.* 1939. (Madroño. 5. S. 1–12.) – zu Kap. *11, 34 c.*

1290. Shreve, F. [1931]: *The cactus and its home.* Baltimore: Williams & Wilkins Co. 1931 – zu Kap. *11.*

1291. Kelly, I. [1966]: *Folk practices in North Mexico:* Birth customs, folk medicine, and spiritualism in the Laguna zone. Austin 1966. 166 S. – zu Kap. *19.*

1292. Wauchope, R. [1965]: *They found their buried cities.* Exploration and excavation in the American tropics. Chicago 1965. 382 S. – zu Kap. *13.*

1293. Westheim, P. [1966]: *Die Kunst Alt-Mexikos.* Köln: Dumont 1966. 251 S., 32 Fig., 117 Taf., 1 Kt. – zu Kap. *13.*

1294. West, R. C. (Hrsg.) [1964]: *Natural environment and early cultures.* Austin 1964. 570 S., zahlr. Textabb., Kt., Tab., Bibliogr., Index. In: Handbook of Middle American Indians. Vol. 1–11. Hrsg. R. Wauchope und R. C. West. (Ed. at Middle Am. Research Inst., Tulane Univ.) – zu Kap. *13.*

1295. Robelo, C. A. [1947]: *Diccionario de aztequismos.* México D. F.: Navarro 1947. 548 S., 200 Ill. – zu Kap. *13.*

1296. Thompson, J. E. S. [1960]: *Maya hieroglyphic writings, an introduction.* 2. Ed. 1960. 347 S., Kt., Ill., Bibliogr. (Civilization am. Ind. Ser. Nr 56.) – zu Kap. *13.*

1297. Brotchie, L. P. [1957]: *Guadalajara de Indias – y otras monografías históricas regionales.* Guadalajara 1957. 233 S. 2 Kt. 12 Abb. – zu Kap. *34 e.*

1298. Thomasson, E. M. [1958]: *Problems of petroleum production on the continental shelf of the Gulf of Mexico.* Washington 1958. (US geol. Surv. Bull. 1067. S. 67–90.) – zu Kap. *27.*

1299. Stetson, H. C. [1953]: *The continental terrace of the western Gulf of Mexico: its surface sediments, origin, and development.* Woods Hole 1953. (Woods Hole oceanogr. Inst. Pap. phys. Oceanogr. 12. S. 1–45. Und: Massachusetts Inst. Technol.) – zu Kap. *8 b.*

1300. Wilson, B. W. [1959]: *Hurricane statistics in the Gulf of Mexico.* 1959. (Contribns Oceanogr. Met. College Texas. Nr 100. A and M.) – zu Kap. *10.*

1301. Morgan, L. H. [1966]: *Houses and house-life of the American aborigines.* With an introduction by Paul Bohannan. (1. Ed. 1881.) Chicago 1966. 400 S. – zu Kap. *20, 22.*

1302. Cetto, M. [1961]: *Modern architecture in Mexico.* New York 1961. 224 S., 400 Abb. – zu Kap. *22.*

1303. Comas, J. [1875–1952]: *The international Americanist congresses.* Historical synthesis and general bibliographical index. 224 S., 16 Taf. – zu Kap. *16.*

1304. Comas, J. [1948–1957]: *Bibliographies and indexes.* Vol. 1: 2791 references and their analytical indexes. Vol. 2: Atlas with 8 maps on somatic characteristics. 2 Bde. México D. F. 1948–1957. 230 S. – zu Kap. *32.*

1305. Benitez, F. [1965]: *The century after Cortés.* Chicago 1965. 296 S. Ill. – zu Kap. *17.*

1306. Paddock, J. (Hrsg.) [1966]: *Ancient Oaxaca.* Discoveries in Mexican archaeology and history. Stanford 1966. Ca. 432 S., ca. 600 Zeichng. u. Fotos. – zu Kap. *34 g, 13.*

1307. Scott, S. [1966]: *Dendrochronology in Mexico.* The first published tree-ring dates from Mexico, including the Casas Grandes site. Tucson 1966. – zu Kap. *4, 11.*

1308. Madariaga, S. de [1966]: *Die Erben der Conquistadoren.* Das Spanische Reich in Amerika. Übers. a. d. Engl. v. Helmut Lindemann. Stuttgart: Deutsche Verlagsanstalt 1966. 403 S. – zu Kap. *17.*

1309. Coe, M. D. [1965]: *The jaguar's children: pre-classic México.* Greenwich, Conn. 1965. – zu Kap. *13.*

1310. Bordeaux, A. [1910]: *Le Mexique et ses mines d'argent.* Paris 1910. 295 S., 1 Kt., 16 Textabb. – zu Kap. *25.*

1311. Caso, A. (Hrsg.) [1950]: *Bibliografía de las artes populares plasticas de México.* México D. F. 1950. (Mem. Inst. nac. Indígenista. I. 2. 49 S. 16 Taf. u. Abb. – zu Kap. *13, 32.*

1312. Friedländer, I. u. R. A. Sonder [1923]: *Über das Vulkangebiet von San Martín Tuxtla in Mexiko.* Berlin 1923. (Z. Vulkan. VII. H. 3. 25 S., 8 Taf., 3 Abb.) – zu Kap. *5, 34 d.*

1313. Gooch, F. Ch. [1887]: *Face to face with the Mexicans.* The domestic life, educational, social and business ways, statesmanship and literature, legendary and general history of the Mexican people. London 1887. 584 S., ca. 200 Abb. u. Taf. – zu Kap. *18.*

1314. Spranz, B. [1956]: *Tlatilco, eine archaische Kultur im Hochtal von Mexiko.* Ttatilco-Funde im Übersee-Museum Bremen. – Die Speerschleuder in Amerika. Bremen 1956. (Veröff. Übersee-Museum Bremen B 1, 2. 39 S., zahlr. Abb. 3 Taf. – zu Kap. *13.*

1315. Velez, F. S. [1964]: *Geografía de México.* 4. Ed. México D. F. 267 S., Abb. – zu Kap. *1.*

1316. Alcaraz, R., A. Barreiro y J. M. Castillo u. a. [1850]: *The other side: or notes for the history of the war between Mexico and the United States.* Übers. a. d. Span. u. Hrsg. A. C. Ramsey. New York 1850. 458 S., zahlr. Taf. u. Kt. – zu Kap. *16.*

1317. Clavigero, F. X. [1789/90]: *Geschichte von Mexico aus spanischen und mexicanischen Geschichtsschreibern, Handschriften und Gemälden der Indianer ... nebst Abhandlungen über die Beschaffenheit des Landes, der Thiere und Einwohner.* Übers.v. C. Cullen. 2 Bde. Leipzig 1789–90. 1248 S., 7 Taf., 2 Kt. – zu Kap. *16.*

1318. Peñafiel, A. [1885]: *Nombres geográficos de México.* Catálogo alfabético de los nombres de lugar pertenecientes al idioma „Nahuatl". Estudio jeroglífico. 2 Bde. México 1885. 260 S., 39 farb. Taf. i. Atlas. – zu Kap. *2.*

1319. Seler-Sachs, C. [1925]: *Auf Forschungsreisen in Mexiko.* Berlin 1925. 136 S., 3 Kt., (Wege zum Wissen. 35.) – zu Kap. *15.*

1320. Solis y Ribadeneira, A. de [1691]: *Historia de la conquista de México, población y progressos de la América Septentrional, conocida por el nombre de Nueva España.* Barcelona: J. Llopis 1691. 548 S. Abb. – zu Kap. *14.*

1321. Schaefer, J. [1965]: *Bibliographie zur Politik und Zeitgeschichte der iberoamerikanischen Länder.* Hamburg: Institut f. Iberoamerika-Kunde 1965. 150 S. (Bibliogr. Dokument. H. 5.) – zu Kap. *32.*

1322. Steger, H. A. [1967]: *Die Universitäten in der gesellschaftlichen Entwicklung Lateinamerikas.* Bd 1. Gütersloh: Bertelsmann 1967. 305 S. – zu Kap. *18.*

1323. Reichardt, D. [1965]: *Schöne Literatur lateinamerikanischer Autoren. Eine Übersicht der deutschen Übersetzungen mit biographischen Angaben.* Hamburg: Institut f. Iberoamerika-Kunde 1965. 270 S. (Bibliogr. Dokument. H. 6.) – zu Kap. *32.*

1324. *Bibliographie und Dokumentation.* Hamburg: Institut f. Iberoamerika-Kunde 1963 ff. – zu Kap. *33.*

1325. *Memoria del cuarto congreso nacional de geografía.* 4.–9. Okt. 1965. México D. F.: Soc. mex. Geogr. Estad. 1966. 910 S., zahlr. Abb. (Zahlr. Aufsätze versch. Verf.) – zu Kap. *3.*

1326. *Anuario de geografía.* México D. F.: UNAM, Facultad de filosofía y letras 1964. 4. Jg. (Contribn mex. 20 Congr. geogr. intern.) (Zahlr. Aufsätze versch. Verf. m. zahlr. Abb.) Dass. gilt f. Jg. 5. – zu Kap. *3.*

1327. *La geografía y los problemas de población.* Problemas generales de población, colonización, geografía urbana. Bd 1 u. 2. México D. F.: Soc. mex. Geogr. Estad. 1966. (Unión geográfica internacional, conferencia regional latinoamericana.) Zahlr. Aufsätze versch. Verf. m. zahlr. Abb.) – zu Kap. *21* u. *22*.

1328. Benitez, J. R. [1929]: *Historia gráfica de la Nueva España.* México: Cámara oficial Española de comercio en los Estados Unidos Mexicanos 1929. 305 S., sehr viele farb. Abb. u. Schwarz-Weiß-Abb. – zu Kap. *17*.

1329. Parry, J. H. [1966]: *The Spanish seaborne empire.* London: Hutchinson 1966. (The History of human society. Ed.: J. H. Plumb.) – zu Kap. *14* u. *17*.

1330. Gerstenhauer, A. [1966]: *Beiträge zur Geomorphologie des mittleren und nördlichen Chiapas (Mexiko) unter besonderer Berücksichtigung des Karstformenschatzes.* Frankfurt: W. Kramer 1966. 110 S., 32 Fotos. (Frankf. geogr. H. Nr 41.) – zu Kap. *6* u. *34 h*.

1331. Ewing, R. C. (Ed.) [1966]: *Six faces of Mexico: history, people, geography, government, economy, literature and art.* Tucson: Univ. Arizona Press 1966. 320 S. – zu Kap. *3, 18, 21* u. *27*.

1332. Soustelle, J. [1966]: *L'art du Mexique ancient.* Réalisation et photographies de C. Arthaud et F. Hebert-Stevens. Paris. B. Arthaud 1966. 181 S., 42 Abb. (Arts et civilisations.) – zu Kap. *13*.

1333. Tibol, R. [1964]: *Historia general de arte Mexicano.* 3 Bde. México D. F.: Ed. Hermes S. A. 248 S. Bd 1: Arte prehispánico. Bd 2: Arte colonial. Bd 3: Arte moderno y contemporáneo. – zu Kap. *13* (Bd 1), *17* (Bd 2), *22* (Bd 3).

1334. West, R. C. [1966]: *The natural vegetation of the Tabascan lowlands, Mexico.* Rio de Janeiro 1966. (Rev. geogr. Nr 64. S. 108–122, Kt.) – zu Kap. *11* u. *34 h*.

1335. Stavenhagen, R. [1966]: *Social aspects of agrarian structure in Mexico.* 1966. (Soc. Research. Vol. 33. Nr 3. S. 463–485.) – zu Kap. *18* u. *23*.

1336. Wells, Ph. V. [1966]: *Late pleistocene vegetation and degree of pluvial climatic change in the Chihuahuan desert.* Washington 1966. (Science. Vol. 153. Nr 3739. S. 970–975. Kt.) – zu Kap. *10* u. *34 c*.

1337. Soto Mora, C., y E. Jauregui, O. [1965]: *Isotermas extremas e índice de aridez en la República Mexicana.* México D. F.: UNAM 1965. 119 S. – zu Kap. *10*.

1338. Alvarez, J. H. [1966]: *A demographic profile of the Mexican immigration to the United States, 1910–1950.* 1966. (J. interam. Sts. Vol. 8. Nr 3. S. 471–496.) – zu Kap. *18* u. *21*.

1339. *Estudios geológicos en el estado de Chihuahua.* México D. F.: UNAM 1965. (Boln Inst. Geol. 74. 143 S. Kt. Inhalt: T. 1: Bridges, L. W.: Geología del área de Plomosas, Chihuahua. Übers. i. Span. v. D. A. Cordoba. T. 2: Cserna, Z. de: Notas sobre la geología de la región de Placer de Guadalupe y Plomosas, Chihuahua.) – zu Kap. *4* u. *34 c*.

1340. Ducoff, L. J. [1960]: *Los recursos humanos de Centroamérica, Panamá y México en 1950–1980.* México D. F. 1960. 159 S., 19 Abb. – zu Kap. *3, 25* u. *27*.

1341. Connell-Smith, G. [1966]: *The Interamerican system.* London, New York, Toronto: Oxford Univ. Press 1966. 376 S. (Issued under the auspices of the Royal Institute of International Affairs.) – zu Kap. *3* u. *16*.

1342. Berzunza, C. R. [1962]: *Estudio de geografía aplicada en Michoacán.* T. 1: México D. F. UNAM 1962. (An. Geogr. 2. S. 203–250, 1 Faltkt., 15 Tab. T. 2: An. Geogr. 3. S. 53–142, 15 Tab., 1 Kt. 1963.) – zu Kap. *34 e*.

1343. Hill, J. E. jr. [1965]: *El Chamizal: A century-old boundary dispute.* New York 1965. (Geogr. Rw. 55. H. 4. S. 510–522, 5 Kt., 2 Luftfotos.) – zu Kap. *3* u. *34 c* u. *d*.

1344. Tichy, F. [1966]: *Politischer Umsturz und Kulturlandschaftswandel im Hochland von Mexiko.* Wiesbaden: Steiner 1966. (Heidelb. St. Kulturgeogr. Festg. 65. Geb. Gottfried Pfeifer. S. 99–114, 3 Kt., 4 Fotos. Heidelb. geogr. Arb. 15.) – zu Kap. *18, 23, 34 c*.

1345. Morrison, P. C. [1963]: *Population changes in Mexico, 1950–1960.* Rio de Janeiro 1963. (Rev. geor. 33. 2. Sem. 59. 3 Kt., 4 Tab.) – zu Kap. *21*.

1346. *L'économie du Mexique d'aujourd'hui.* Paris: Inst. des hautes études de l'Amérique Latine 1957. 220 S., 15 Abb. (Traveaux et mémoires de l'Institut des hautes études de l'Amérique Latine. I.) – zu Kap. *27*.

1347. Bassols Batalla, A., y M. Lebrija Celay [1961]: *Puntos de vista geográficos para el establecimiento de una red de estaciones meteorológicas en México.* México D. F.: UNAM 1961. (An. Geogr. 1. S. 137–160, 17 Kt., 5 Tab.) – zu Kap. *10*.

1348. *Estudios geocronológicos de rocas mexicanas.* México D. F.: UNAM 1962. (Boln Inst. Geol. Nr 64. 151 S., 4 Kt., 9 Abb., 15 Tab.) – zu Kap. *4*.

1349. Chardon, R. E. [1963]: *Hacienda and ejido in Yucatán.* The example of Santa Ana Cucá. Washington 1963. (Ann. Ass. am. Geogr. 53. H. 2. S. 174–193, 10 Sk., 2 Tab.) – zu Kap. *18, 23* u. *34 j*.

1350. Fox, D. J. [1965]: *Man-water relationships in metropolitan Mexico.* New York 1965. (Geogr. Rw. 55. H. 4. S. 523–545, 6 Kt., 1 Diagr., 7 Fotos.) – zu Kap. *9, 24, 34 f*.

1351. Lasserre, G. [1964]: *Du mais sauvage au mais cultivé: les découvertes de Tehuacan (Mexique).* Paris 1964. (Cah. Outre M. 17. H. 3. S. 314–324, 1 Kt., 1 Abb., 1 Diagr., 3 Fotos.) – zu Kap. *11, 23*.

1352. Pfeifer, G. [1964]: *Bericht über ein deutsch-mexikanisches Forschungsprojekt.* Investigaciones interdisziplinarias en la región Puebla-Tlaxcala. Wiesbaden 1964. (Geogr. Z. 2. S. 128–151, 1 Kt.) – zu Kap. *3* u. *34 e*.

1353. Rios Hernandez, O. [1963]: *Teoría y realidad del indigenismo en México.* México D. F. 1963. (Boln Soc. mex. Geogr. Estad. 94. S. 51–75.) – zu Kap. *20*.

1354. Gomez del Castillo, R. [1965]: *Breve esquema del régimen de las aguas en el derecho Mexicano.* México D. F. 1965. (Ingen. hidrául. Vol. 19. Nr 2. S. 65–73.) – zu Kap. *24*.

1355. Bopp, M. O. de [1966]: *Moderne mexicanische Literatur*. Hamburg 1966. (Übersee-Rdsch. Jg. 18. H. 2. S. 36 ff.) – zu Kap. *18* u. *32*.

1356. Helbig, K. [1966]: *Jalisco. Ein mexicanischer Staat drängt an die Spitze*. Hamburg 1966. (Übersee-Rdsch. Jg. 18. H. 2. S. 39–42.) - zu Kap. *27* u. *34 e*.

1357. Spranz, B. [1964]: *Göttergestalten in den mexikanischen Bilderhandschriften der Codex Borgia-Gruppe*. Wiesbaden: Steiner 1964. 436 S., 2 Falttaf., 30 Abb. (Acta Humboldt. Series geographica et ethnographica. Nr. 4.) – zu Kap. *13*.

1358. Dressler, R. L. [1953]: *The pre-columbian cultivated plants of Mexico*. Cambridge, Mass. 1953. (Botanical museum leaflets, Harvard Univ. 16. Nr 6. S. 72–115.) – zu Kap. *13, 11, 23*.

1359. Sauer, C. O. [1952]: *Agricultural origins and dispersals*. New York: Am. geogr. Soc. 1952. (Bowman memorial lectures. Nr 2.) – zu Kap. *11, 13, 23*.

1360. Bargallo, M. [1955]: *La minería y la metalurgía en la América Española durante la época colonial*. México D. F.: Fondo de cultura económica 1955. – zu Kap. *17* u. *25*.

1361. Bermudez, A. J. [1963]: *The Mexican national petroleum industry: a case study in nationalization*. Stanford: Inst. of Hispanic America and Luso-Brasilian studies, Stanford Univ. 1963. – zu Kap. *25*.

1362. Beltran, E. [1958]: *El hombre y su ambiente: ensayo sobre el Valle de México*. México D. F.: Fondo de cultura económica 1958. – zu Kap. *19* u. *34 f*.

1363. Tannenbaum, F. [1967]: *Mexico. Gesicht eines Landes*. Dt. Übers. v.: Mexico: The struggle for peace and bread. New York: Alfred Knopf 1951. Stuttgart: W. Kohlhammer Verlag 1967. 258 S. – zu Kap. *3*.

1364. Arciniegas, G. [1966]: *Kulturgeschichte Lateinamerikas*. Übers. a. d. Span. v. F. Damhorst. München: Nymphenburger Verlagshandlung 1966. 689 S. – zu Kap. *16* u. *17*.

1365. West, R. C., and J. P. Augelli [1966]: *Middle America. Its lands and peoples*. Englewood Cliffs, New Jersey: Prentice Hall 1966. 482 S., zahlr. Kt., Sk., Abb. u. Fotos. – zu Kap. *1*.

1366. *Atlas Porrúa de la República Mexicana*. Unt. Mitarb. v. J. H. Millares u. A. C. Escribano. México D. F.: Ed. Porrua 1966. 23 S., 53 Kt.-Abb., zahlr. Sk. u. Fotos. – zu Kap. 2.

1367. Berney, M. [1967]: *Mexiko*. Bern 1967. 220 S., 106 Taf., 22 Kt. – zu Kap. *3*.

1368. Borgstrom, G. [1967]: Aus: *Der hungrige Planet*. München 1967. – zu Kap. 24.

1369. Enjalbert, H. [1967]: *Les montagnes calcaires du Mexique et du Guatemala*. Paris 1967. (Ann. Géogr. 76. Nr 413. S. 29–59, 4 Kt., 6 Prof., 5 Fotos, engl. Zusf.) – zu Kap. *6*.

1370. Freithaler, W. [1968]: *Mexico's foreign trade and economic development*. New York: Frederick A. Praeger 1968. 160 S. (Praeger Spec. stud. intern. Economic Development) – zu Kap. *27*.

1371. Guzman, M. L. [1930]: *The eagle and the serpent*. New York: Knopf 1930. (Übers. v. H. de Onís.) – zu Kap. *3*.

1372. Hill, D. A. [1964]: *The changing landscape of a Mexican municipio Villa Las Rosas, Chiapas*. Chicago: Univ. Chicago 1964. 121 S., 8 Fig., 30 Tab. (Dep. Geogr. Res. Pap. 91.) (NAS-NRC Foreign Field Res. Progr. Rep. 26.) – zu Kap. *22*.

1373. Hofmann, A. u. a. [1958]: *Psilosybin, psychotroper Wirkstoff aus dem mexikanischen Rauschpilz Psilocybe mexicana Heim, Experiencia*. 1958. 14. 107. – zu Kap. *11*.

1374. Hofmann, A. [1961]: *Die Wirkstoffe der mexikanischen Zauberdroge Ololiuqui*. 1961. (Planta Medica. 9. S. 4354–367.) – zu Kap. *11*.

1375. Hoyos Gonzáles, O. de [1965]: *La pesca en México*. México D. F. 1965. (An. Geogr. 5. S. 9–63, 14 Diagr., 8 Kt., 41 Tab.) – zu Kap. *23*.

1376. Knecht, S. [1961/62]: *Magische Pilze. – Über die mexikanischen Pilzzeremonien*. 1961/62. (Neue Wissenschaft. 10. H. 2. S. 82–92. Und in: Med. Welt, 1853–1859, 1962 erweit. Fass.) – zu Kap. *11* u. *19*.

1377. Konetzke, R. [1964]: *Überseeische Entdeckungen und Eroberungen*. Berlin, Frankfurt, Wien: Propyläen Verlag 1964. (Propyläen Weltgeschichte. VI. S. 535–634. Ed. G. Mann u. A. Nitschke.) – zu Kap. *14*.

1378. Konetzke, R. [1965]: *Die Indianerkulturen Altamerikas und die spanisch-portugiesische Kolonialherrschaft*. Frankfurt 1965. 390 S. (Fischers Weltgeschichte. Bd. 22.) – zu Kap. *17*.

1379. Konetzke, R.: *Das spanische Weltreich. Die überseeische Welt*. S. 319–373. (Historia Mundi. 8.) – zu Kap. *17*.

1380. Kühn, J. (Ed.): *Das Ende des Maximilianischen Kaiserreichs in Mexiko*. Berichte des königlich-preußischen Ministerresidenten Anton von Magnus an Bismarck 1866 bis 1867. Göttingen: Musterschmidt-Verlag. – zu Kap. *16*.

1381. Lichey, W. [1958]: *Mexiko. Ein Weg zur wirtschaftlichen Entwicklung zwischen staatlicher Lenkung und privater Initiative*. Hamburg: Weltarchiv GmbH 1958. 127 S., 5 Kt., 34 Tab. (Schr. Hamburg. Welt.-Wirtsch. Archiv. Nr 8. Sonder-R.: Entwicklungsgebiete.) – zu Kap. 27.

1382. López de Gómara, F. [1852]: *Conquista de Méjico*. Madrid 1852. (Biblioteca de autores Españoles. XXII. Reimpreso por J. Ramírez Cabañas en México 1944, 2 Vol.) – zu Kap. *14*.

1383. Oldmann, A. u. a. [1967]: *Financing urban development in Mexico City*. A case study of property tax, land use, housing and urban planning. Cambridge 1967. 440 S. – zu Kap. *27*.

1384. Rosenblat, A. [1935]: *El desarollo de la población indígena de América.* Buenos Aires: Ed. Tierra Firme 1935. – zu Kap. *13, 20, 21.*

1385. Rosenblat, A. [1945]: *La población indígena de América desde 1492 hasta la actualidad.* Buenos Aires: Inst: Cultural Española 1945. – zu Kap. *13, 20, 21.*

1386. Soustelle, J. [1967]: *Mexiko.* München 1967. 250 S., 185 Abb. (Archaeologia Mundi. Bd 7.) – zu Kap. *13.*

1387. Termer, F. [1941]: *Durch Urwälder und Sümpfe Mittelamerikas.* Der fünfte Bericht des Hernán Cortés an Kaiser Karl V. Hamburg 1941. (Ibero-Amerikan. Inst. Ib. Am. St. 15.) – zu Kap. *14.*

1388. Wilgus, A. C. (Ed.) [1964]: *The Caribbean: Mexico today.* Gainesville: Univ. Florida Press 1964. 232 S., 1 Kt., 2 Tab. (Caribbean Conf. 1963. Ser. 1 Vol. 14.) – zu Kap. *27.*

1389. *Codex Tro-Cortesianus. Codex Madrid.* Faksimile-Ausg. der beiden Teile der Maya-Bilderhandschrift des Museo de América, Madrid. Einf. v. F. Anders. 1967. 112 Faltbuchs. – zu Kap. *13.*

1390. Henderson, D. A. [1965]: *Arid islands under agrarian reform in north-west Mexico.* Worchester. Mass. 1965. (Econ Geogr. Vol. 41. Nr 4. S. 300–312.) – zu Kap. *21, 23.*

1391. Stevens, R. L. [1967]: *European settlement ventures in the tropical lowlands of Mexico.* Bonn 1967. (Erdkunde. Bd XXI. H. 4. S. 258–277, 3 Fig., 1 Taf.) – zu Kap. *23.*

1392. Helbig, K. [1967]: *So sah ich Mexiko ... von Monterrey bis Tapachula.* Leipzig: VEB F. A. Brockhaus 1967. 370 S., 2 Kt., viele Fotos. – zu Kap. *3, 15.*

1393. Hastenrath, S. [1963]: *Über den Einfluß der Massenerhebung auf den Verlauf der Klima- und Vegetationsstufen in Mittelamerika und im südlichen Mexiko.* Stockholm 1963. (Geogr. Annlr. Bd 45. Nr 1. S. 76–83, 2 Abb., 3 Prof., 1 Kt.) – zu Kap. *11.*

1394. Trimborn, H. [1966]: *Indianischer Städtebau vor 1500.* Stuttgart 1966. (Bild. d. Wissenschaft. H. 4.) – zu Kap. *13* u. 22.

1395. Gormsen, E. [1966]: *Tlaxcala – Chiautempan – Apizaco.* Zur Entwicklung kleiner Städte im mexikanischen Hochland. Wiesbaden 1966. (Heidelb. geogr. Arb. Heidelb. St. Kulturgeogr. H. 15. S. 115–132, 4 Kt., 3 Abb.) – zu Kap. *22.*

1396. Friedrich, J. [1968]: *Die Agrarreform in Mexiko.* Bedeutung und Verbreitung des Ejido-Systems in den wichtigsten Anbaugebieten des Landes. Nürnberg: Selbstverl. d. Wirtsch. u. Sozialgeogr. Inst. d. Univ. 1968. (Nürnberger Wirtsch. u. Sozialgeogr. Arb. Bd 7. 261 S., 24 Kt.) – zu Kap. *23.*

1397. Jauregui, O. E. [1967]: *Las ondas del Este y los ciclones tropicales en México.* México D. F. 1967. (Ingen. hidrául. Vol. 21. S. 197.) – zu Kap. *10.*

1398. Hernandez Teran, J. [1968]: *La política hidráulica de México.* México D. F. 1968. (Ingen. hidrául. Vol. 22. S. 20.) – zu Kap. *24.*

1399. Secretaría de recursos hidráulicos [1968]: *El plan hidráulico del noroeste.* México D. F. 1968. (Ingen. hidrául. Vol. 22. S. 46.) – zu Kap. *24.*

1400. Orive Alba, A. [1968]: *Uso del agua en México.* México D. F. 1968. (Ingen. hidrául. Vol. 22. S. 34.) – zu Kap. *24.*

1401. Dirección de construcción de la jefatura de irrigación y control de ríos [1968]: *El puente de las Américas.* México D. F. 1968. (Ingen. hidrául. Vol. 22. S. 65.) – zu Kap. *24.*

1402. Castaños Patoni, F. [1968]: *Aspectos sociales del servicio de agua potable.* México D. F. 1968. (Ingen. hidrául. Vol. 22. S. 120.) – zu Kap. *24.*

1403. Secretaría de recursos hidráulicos [1968]: *Inundaciones provocadas por el ciclón "Beulah".* México D. F. 1968. (Ingen. hidrául. Vol. 22. Nr 2. S. 203.) – zu Kap. *24.*

1404. Hernandez Serrano, E. [1968]: *Efectos del ciclón "Beulah" en la península de Yucatán.* México D. F. 1968. (Ingen. hidrául. Vol. 22. Nr 2. S. 181.) – zu Kap. *10.*

1405. Sierra de la Garza, R. [1968]: *Crecientes en la cuenca baja del Río Bravo por efecto del ciclón "Beulah".* México D. F. 1968. (Ingen. hidrául. Vol. 22. Nr 2. S. 195.) – zu Kap. *10.*

1406. Jauregui, O. E. [1968]: *La temporada de ciclones de 1967 y su contribución a la precipitación anual en México.* México D. F. 1968. (Ingen. hidrául. Vol. 22. Nr 2. S. 169.) – zu Kap. *10.*

1407. Guerrero, G., M. A. [1965]: *Cultivos de cereales, leguminosas y tubérculos en México.* México D. F. 1965. (Anuario de geografía. 5. S. 127–147.) – zu Kap. *23.*

1408. Hernandez Silva, G. [1965]: *Los cultivos de regiones tropicales en México.* México D. F. 1965. (Anuario de geografía. 5. S. 149–177.) – zu Kap. *23.*

1409. Gallegos Bartolo, A. [1965]: *Cultivos textiles, de oleaginosas y otros en México.* México D. F. 1965. (Anuario de geografía. 5. S. 179–197.) – zu Kap. *23.*

1410. Guzman Villanueva, R. [1965]: *La ganadería en México.* México D. F. 1965. (Anuario de geografía. 5. S. 199–230.) – zu Kap. *23.*

1411. Gutierrez de MacGregor, M. T. [1965]: *Algunos aspectos demográficos de México.* México D. F. 1965. (Anuario de geografía. 5. S. 243–267.) – zu Kap. *21.*

1412. Millares, J. H., u. A. Carrillo Escribano [1966]: *Atlas Porrúa de la República Mexicana.* México D. F.: Editorial Porrúa S. A. 1966. 44 S. Farbkt. 52 S. Beschr. m. Fotos, 20 S. Index. – zu Kap. 2.

1413. Lorenzo Villa, M. I., u. B. N. Pinto Pech [1964]: *Carta de vegetación natural de México.* México D. F.: UNAM 1964. (Anuario de geografía. 4. Contribución Mexicana al 20 congreso geográfico intern. S. 245–361, Kt. English summary: Map of natural vegetation of Mexico, S. 245–248.) – zu Kap. *11.*

1414. Gutierrez de MacGregor, M. T. u. a. [1964]: *El mapa de población de México.* México D. F.: UNAM 1964. (Anuario de geografía. 4. Contribución Mexicana al 20 congreso geográfico intern. S. 165–168, Kt. English summary: A map of population of México, S. 165–166.) – zu Kap. *21.*

1415. Gutierrez de MacGregor, M. T. [1964]: *Distribución y desarollo de la población urbana en México.* México D. F.: UNAM 1964. (Anuario de geografía. 4. Contribución Mexicana al 20 congreso geográfico intern. S. 397–415. English summary: Distribution and development of urban population in Mexico, S. 397–417.) – zu Kap. *21.*

1416. Levi Levi, S. [1964]: *Cartas mineras y petrolera de México.* 1960. México D. F.: UNAM 1964. (Anuario de geografía. 4. Contribución Mexicana al 20 congreso geográfico intern. S. 171–243, Kt. English summary: Maps of mineral production in Mexico in 1961, S. 171–173.) – zu Kap. *25.*

1417. Samano Pineda, C. [1965]: *Los suelos de México.* México D. F. 1965. (Anuario de geografía. 5. S. 65–125, Kt.) – zu Kap. *4.*

1418. Bassols Batalla, A. [1964]: *Un nuevo mapa de zonas y regiones geoeconómicas de México.* México D. F.: UNAM 1964. (Anuario de geografía. 4. Contribución Mexicana al 20 congreso geográfico intern. S. 15–26, Kt. English summary: A new map of economic zones and regions of Mexico, S. 15–18.) – zu Kap. *27.*

1419. *Mexico-Atlas.* Stuttgart: F. A. Brockhaus. 30 Kt., 60 S. Text i. Folio. – zu Kap. *2.*

1420. Nicholson, I. [1967]: *Mexico heute.* Düsseldorf: Econ 1967. 367 S. 16 Fotos. – zu Kap. *18.*

Verzeichnis der Bibliotheken und Archive

IN MEXICO, MEXICO D. F.

Archivo general de la nación. Palacio nacional (Kolonialzeit).
Archivo de la Secretaría de agricultura y ganadería y fomento. Tacuba 7.
Biblioteca nacional. Isabel la Católica/Uruguay (Straße).
Biblioteca del Museo INAH. Moneda 13.
Biblioteca Museo nacional de historia. Chapultepec Castillo.
Biblioteca Recursos hidráulicos. Vallarta 11. Archivo Paseo Reforma.
Biblioteca del Congreso. Tacuba.
Biblioteca de la Dirección general de Estadística. Balderas 71.
Biblioteca Sociedad mexicana de geografía y estadística. Justo Serra 19.
Biblioteca Dirección de geografía, meteorología e hidrología. Observatorio 192.
Biblioteca del Instituto panamericano de geografía e historia. Ex-Arzobispado 29.
Biblioteca UNAM. Ciudad Universitaria.
Biblioteca de la Secretaría de la hacienda. Palacio nacional.
Biblioteca Recursos naturales. Av. Dr. Vertiz 724 Tel. 19-16-33.
Hemeroteca nacional (Zeitschriften, Zeitungen). San Ildefonso/Carmen 31.
Mapoteca. Kartensammlung topographisch und thematisch. In: Dirección de geografía y meteorología; geordnet nach Staaten. Tacubaya, Calle Observatorio 192.

IN USA

Library of Congress. Washington.
Library of University of California. Berkeley.
Library of the Louisiana State University. Baton Rouge (besonders reichhaltig an Zeitschriften).
Bancroft Library. San Francisco.
The national Archives and Records Service. Washington (Siehe Lit.-Nr. 1046: Guide to materials on Latin America).
Bibliothek der Geographical Society.

IN SPANIEN

Archivo de los Indios. Sevilla.

IN DEUTSCHLAND

Ibero-Amerikanisches Institut. 1930 gegründet, 1945 Bezeichnung Latein-Amerikanische Bibliothek, 1962 wieder Ibero-Amerikanisches Institut. Es handelt sich um eine Zentralbibliothek für die Literatur aus den Ländern der Iberischen Welt und Übersee. Die Bibliothek umfaßt derzeit etwa 360 000 Bände an Büchern und Zeitschriften, ferner größere Sondersammlungen. 1 Berlin 45, Gärtnerstraße 45.
Linga-Bibliothek. Bibliothek von Carlos R. Linga. Mexiko-Anteil ca. 6000 Bände. Ibero-Amerika Haus, 2 Hamburg, Alsterglacis 8.
Bibliothek der Geographischen Gesellschaft Hamburg. Rothenbaumchaussee 21–23.
Bibliothek des Museums für Völkerkunde Hamburg. Binderstraße 14.
Bibliothek des HWWA (Hamburgisches Weltwirtschaftsarchiv).
Bibliothek des WWA Kiel (Weltwirtschaftsarchiv Kiel).

Verzeichnis der allgemeinen Abkürzungen

Abb.	Abbildung
Abh.	Abhandlung
Akad.	Akademie, Akademisch
Ausg.	Ausgabe
Ausz.	Auszug
Bd (e) (n)	Band (Bände) (Bänden)
bearb.	bearbeitet
Bibliogr.	Bibliographie
Bull.	Bulletin
Congr.	Congress
d.	der, die, das
Dep.	Departamento, Department
Dir.	Dirección
Dr.	Druck
Ed.	Edition
ersch.	erschienen
Gaz.	Gazetter
Geogr.	Geografía
Ges.	Gesellschaft
Hist.	Historia
Hrsg.	Herausgeber
i.	im
Impr.	Imprenta
introd.	introducted
Jg.	Jahrgang
Kt.	Karte (n)
m.	mit
Mem.	Memoir, Memoria
N. F.	Neue Folge
N. S.	New series
o.	oder
orig.	original
P.	Part
Pr.	Press
Prof.	Profil (e)
Publ.	Publication, Publicación
Repr.	Reprint
rev.	revidiert, revisado
S.	Seite (n)
Secc.	Sección
Secr.	Secretaría
Sess.	Session
Sk.	Skizze
Spec. Pap.	Special Paper
T.	Teil
Taf.	Tafel (n)
Tab.	Tabelle (n)
übers.	übersetzt, Übersetzung
Univ.	University
Verf.	Verfasser
versch.	verschiedene
v.	von
Vol.	Volume
z. T.	zum Teil
zahlr.	zahlreiche
Zeichng(.)	Zeichnung(en)

Verzeichnis der genannten Zeitschriften und ihrer Abkürzungen

Abh. Geb. Auslandskde.	Abhandlungen aus dem Gebiet der Auslandskunde
Actas . . . Congr. intern. American.	Actas del . . . Congreso internacional de Americanistas
Acta Humboldt.	Acta Humboldtiana
Agric. Hist.	Agricultural history
Aguas e Irrigación	Aguas e irrigación
Akad. Verlagsges. Athenaion	Akademische Verlagsgesellschaft Athenaion
Am. Anthropol.	American anthropologist
Am. anthropol. Ass.	American anthropological association
Am. Antiqu.	American antiquity
Am. Ass. Advancem. Sci.	American association for the advancement of science
Am. Ass. Petrol. Geol.	The American association of petroleum geologists
América indígena	América indígena
Am. geogr. Soc. Maps of hispanic America	American geographical society. Maps of hispanic America
Am. geogr. Soc. Res. Ser.	American geographical society research series
Am. J. Sci.	American journal of science
Am. Mus. nat. Hist. Handbook Ser.	American museum of natural history handbook series
Am. Sci.	American scientist
An. Inst. Arte am.	Anales del Instituto de arte Americano
An. Inst. Biol.	Anales del Instituto de biología
An. Inst. Geol.	Anales del Instituto de geología
An. Geogr.	Anuario de geografía
An. Mus. nac. Arqueol. Hist. Etnogr.	Anales del Museo nacional de arqueología, historia y etnografía
Ann. Ass. am. Geogr.	Annals of the association of American geographers
Ann. Géogr.	Annales de géographie
Ann. Hydrogr. marit. Met.	Annalen der Hydrographie und maritimen Meteorologie
Ann. Missouri botan. Garden	Annals of the Missouri botanical garden
Anthr. Pap.	Anthropological papers
Anthropol. Rec.	Anthropological records
Anthropos.	Anthroposophie
Arizona Univ. anthropol. Pap.	Arizona University anthropology papers
Arnold Arboretum Publ.	Arnold arboretum publications
As. mex. Geol. Petról.	Asociación Mexicana de geología y petróleo
Atoll Res. Bull.	Atoll research bulletin
Baeßler Archiv	Baeßler Archiv
Bibliogr. Dokument.	Bibliographie und Dokumentation
Bibliot. enciclop. popular	Biblioteca enciclopedia popular
Bibliot. nac. México-Inst. bibliogr. mex.	Biblioteca nacional de México. Instituto de Bibliografía Mexicana
Boln bibliogr. Antropol.	Boletín bibliografico de antropología
Boln Dep. for. Méx.	Boletín del Departmento forestal de México
Boln geol. Méx.	Boletín geologico de México
Boln Inst. geol. Méx.	Boletín del Instituto geológico de México
Boln Inst. Geol.	Boletín del Instituto de geología
Boln Soc. Geol. mex.	Boletín de la Sociedad de geología Mexicana
Boln Soc. mex. Geogr. Estad.	Boletín de la Sociedad Mexicana de geografía y estadística
Botanical museum leaflets	Botanical museum leaflets
Bowman memorial lectures	Bowman memorial lectures
Bull. am. Mus. nat. Hist.	Bulletin of the American museum of natural history

Bull. Ass. Géogr. franç.	Bulletín de l'Association de géographes français
Bull. geol. Soc. Am.	Bulletin of the geological society of America
Bull. nat. speleolg. Soc.	Bulletin of the natural speleological society
Bull. US geol. Surv.	Bulletin of the US geological survey
Bureau am. Ethnol. Bull.	Bureau of American ethnology bulletin
Cah. Outre M.	Les cahiers d'outre mer
Calif. cooper. ocean. Fisher. Inv.	Californian cooperative oceanic fisheries investigations
Calif. Soc. Sci.	Californian Society of Science
Canad. Ass. Geogr. Occ. Pap.	Canadian association of geographers occasional papers
Carnegie Inst.	Carnegie Institution of Washington
Case Sts. cult. Anthropol.	Case studies in cultural anthropology
Chicago nat. Hist. Mus. pop. Ser. Anthropol.	Chicago natural history museum popular series of anthropology
Civilization am. Ind. Ser.	Civilization of the American Indian Series
Congr. geol. intern.	Congreso geológico internacional
Contribns oceanogr. Met.	Contributions in oceanography and meteorology
Contribns Scripps Inst. Oceanogr.	Contributions from the Scripps Institution of oceanography
Contribns US nat. Herbar.	Contributions from the US national herbarium
Cuadernos Americanos	Cuadernos Americanos
Diogenes	Diogenes
Dt. geogr. Bl.	Deutsche geographische Blätter
Dt. Rdsch. Geogr. Gesch.	Deutsche Rundschau für Geographie und Geschichte
Ecl. geol. helv.	Eclogae geologicae helvetiae
Ecology	Ecology
Econ. Geogr.	Economic geography
Econ. Geol.	Economic geology
Ed. Inst. mex. Rec. nat. renov.	Ediciones del Instituto Mexicana de recursos naturales renovables
Erde	Die Erde
Estadística	Estadística
Ethnogr. archäol. Forschg.	Ethnographische archäologische Forschungen
Étud. rur.	Études rurales
Field Mus. nat. Hist.	Field museum of natural history
Fisk Univ. soc. Sci. Ser.	Fisk University social science series
Forschgs u. Sitzungsber., Akad. Raumforschg u. Landespl.	Forschungs- und Sitzungsberichte der Akademie für Raumforschung und Landesplanung
Frankf. geogr. H.	Frankfurter geographische Hefte
Geofis. intern.	Geofisica internacional
Geogr. Annlr	Geografiska annaler
Geogr. J.	Geographical journal
Geogr. Mag.	The geographical magazine
Geogr. Rdsch.	Geographische Rundschau
Geogr. Rw	The geographical review
Geogr. Soc. Am. Bull.	Geographical society of America bulletin
Geogr. Soc. Chicago Bull.	Geographical society of Chicago bulletin
Geogr. Tijds.	Geografisch tijdschrift
Geogr. univers.	Geografia universale
Geogr. Z.	Geographische Zeitschrift
Geol. Rdsch.	Geologische Rundschau
Gerlands Beitr. Geophys.	Gerlands Beiträge zur Geophysik
Giessener geogr. Schr.	Giessener geographische Schriften

Harpers Geosci. Ser.	Harpers Geoscience Series
Heidelb. St. Kulturgeogr.	Heidelberger Studien zur Kulturgeographie
Heidelb. geogr. Arb.	Heidelberger geographische Arbeiten
Hisp. am. hist. Rw	The Hispanic American historical review
Hisp. am. Sts	Hispanic American studies
Ibero-Americana	Ibero-Americana
Ibero-Amerikan. Archiv	Ibero-Amerikanisches Archiv
Ibero-Amerikan. Inst. Ib. Am. St.	Ibero-Amerikanisches Institut, Ibero-Amerikanische Studien
Indiana	Indiana
Ingen. hidrául.	Ingeniería hidráulica
Inst. British Geogr.	Institute of British geographers
Inst. Geofis.	Instituto de geofísica
Inst. latinam. Sts	Institute of Latinamerican studies
Inst. mex. Rec. nat. renov.	Instituto Mexicano de recursos naturales renovables
Inst. nac. Antropol. Hist. (Dep. Prehist.)	Instituto nacional de antropología e historia (Departamento de prehistoria)
Inst. nac. Indig., Mem.	Instituto nacional indigenista, memoria
Inst. panam. Geogr. Hist. Rev. geogr.	Instituto panamericano de geografía e historia, revista geografica
Irr. en Méx.	Irrigación en México
Jahresber. geogr. Ges. Bern	Jahresbericht der geographischen Gesellschaft Bern
J. Geogr.	Journal of geography
J. Geol.	The journal of geology
J. geophys. Res.	Journal of geophysic Research
J. Glaciol.	The journal of glaciology
J. interam. Sts	Journal of Interamerican studies
J. Mammal.	Journal of Mammalogy
J. New York botan. Garden	Journal of the New York botanical garden
J. Nutrit.	Journal of nutrition
J. Soc. American.	Journal de la Societé de américanistes
J. trop. Geogr.	Journal of tropical geography
J. Royal anthropol. Inst. Great Britain Ireland	The journal of the Royal anthropological institute of Great Britain and Ireland
Korrespondenzbl. geogr. ethnol. Ges. Basel	Korrespondenzblatt der geographisch-ethnologischen Gesellschaft Basel
Landscape	Landscape
Logan Mus. Bull.	Logan museum bulletin
Madroño	Madroño
Massachusetts Inst. Technolog.	Massachusetts Institute of Technology
Mem. Inst. nac. Indigen.	Memoria del Instituto nacional indigenista
Mem. Rev. Soc. cient.	Memoria y revista de la Sociedad científica
Middle Am. Research Inst.	Middle American Research Institute
Mitt. dt. geol. Ges.	Mitteilungen der deutschen geologischen Gesellschaft
Mitt. geogr. Ges. Hamburg	Mitteilungen der geographischen Gesellschaft Hamburg
Mitt. Höhlen Karstforschg	Mitteilungen über Höhlen- und Karstforschung
Mitt. Inst. Auslandsbez.	Mitteilungen des Institutes für Auslandsbeziehungen
Monographs am. ethnol. Soc.	Monographs of the American ethnological society
Monthly Weath. Rw	Monthly weather review
Mus. nat. Antropol. Ser. cient.	Museo nacional de antropología, serie científica
Nat. Acad. Sci.	National academy of science
Nat. geogr. Mag.	The national geographic magazine

Nat. Res. Council	Natural research council
Neues Jb. Geol.	Neues Jahrbuch der Geologie
Neues Jb. Min. Geol. Paläontol.	Neues Jahrbuch für Mineralogie, Geologie, Paläontologie
New Mexico Anthropol.	New Mexico anthropology
Nova Acta Leopoldina	Nova Acta Leopoldina
Orbis Terrarum	Orbis Terrarum
Pacific Sci.	Pacific science
Pap. Michigan. Univ. Sci. Arts Letters	Papers of the Michigan University of science, arts and letters
Peterm. geogr. Mitt.	Petermanns geographische Mitteilungen
Probl. agr. industr. Méx.	Problemas agricolas e industriales de México
Probl. econ. agr. Méx.	Problemas económico-agricolas de México
Proc. Acad. nat. Sci. Philadelphia	Proceedings of the Academy of natural science of Philadelphia
Proc. . . . Am. sci. Congr.	Proceedings of the . . . American scientific congress
Proc. Calif. Acad. Sci.	Proceedings of the Californian academy of science
Publ. Inst. Hist.	Publicaciones del Instituto de historia
Reports . . . intern. geol. Congr.	Reports of the . . . international geological congress
Rev. geogr.	Revista geográfica
Rev. geogr. am.	Revista geografica americana
Rev. Hist. Am.	Revista de historia de América
Rev. Met. Aerol.	Revista meteorologia y aerologia
Rev. mex. Geogr.	Revista Mexicana de geografía
Rev. mex. Soc.	Revista Mexicana de sociología
Robert S. Peabody Found Archaeol. Tehuacan archaeol.-botan. Proj. Rep.	Robert S. Peabody foundation for archaeology Tehuacan archaeological-botanical project reports
Royal geogr. Soc.	Royal geographical society
Runa	Runa
Rural Soc.	Rural sociology
Saeculum	Saeculum
Schr. geogr. Inst. Univ. Kiel	Schriften des Geographischen Institutes der Universität Kiel
Schriftenr. Dt. Ausl. Inst.	Schriftenreihe des deutschen Ausland-Institutes
Science	Science
Scientific American	Scientific American
Sears Found. J. marine Sci.	Sears foundation journal of marine science
Serv. met. mex.	Servicio meteorologico mexicano
Smithson. Inst. Soc. Anthropol. Annual Rep.	Smithsonian institution for social anthropology. Annual report
Smithson. Inst. misc. Col.	Smithsonian institution miscellaneous collection
Soc. am. Archeol.	Society for American archaeology
Soc. Research	Social research
South am. Ser.	The South American series
Southw. J. Anthropol.	Southwestern journal of anthropology
Stahlwirtsch. Länderber.	Stahlwirtschaftliche Länderberichte
Statens Etnografiska Museum	Statens etnografiska museum
Surveying and mapping	Surveying and mapping
Terra Nazioni	Terra e nazioni
The am. Midland Natural.	The American midland naturalist
The nat. Arch. Libr. Congr. Cat.	The national archives. Library of congress catalogue
The nat. Hist. Libr.	The national history library
Tijds. econ. soc. Geogr.	Tijdschrift voor economische en sociale geografie

Transact. am. geophys. Un.	Transactions of the American geophysical union
Transact. am. philosophic. Soc.	Transactions of the American philosophical society
Transact. am. Soc. Civil Engineers	Transactions of the American society of civil engineers
Transact. New York Acad. Sci.	Transactions of the New York academy of science
Traveaux et mémoires de l'Institut d'ethnologie	Traveaux et mémoires de l'Institut d'ethnologie
Traveaux et mémoires de l'Institut des hautes études de l'Amérique Latine	Traveaux et mémoires de l'Institut des hautes études de l'Amérique Latine
Tribus	Tribus
Tropenpflanzer	Tropenpflanzer
Übersee-Rdsch.	Übersee-Rundschau
UNAM	Universidad nacional autónoma de México
Union South Africa For.	Union of South Africa Forestry
Union panam. Est. monogr.	Union panamericana, Estudios monográficos
Univ. Calif. Publ. am. Archaeol. Ethnol.	University of California publications in American archaeology and ethnology
Univ. Calif. Publ. Econ.	University of California publications in economics
Univ. Calif. Publ. Geogr.	University of California publications in geography
Univ. Calif. Publ. Hist.	University of California publications in history
Univ. Chicago Pr.	The University of Chicago press
Univ. Chicag. Publ. anthropol. ethnolog. Ser.	The University of Chicago publications, Anthropological ethnological series
Univ. Michigan Sts	University of Michigan studies
Univ. New Mexico Publ. Anthropol.	University of New Mexico publications in anthropology
Univ. Texas Publ.	The University of Texas publications
Vegetationsbilder	Vegetationsbilder
Verhandlg. . . . intern. Am. Kongr. Hamburg	Verhandlungen des . . . internationalen Amerikanisten Kongresses Hamburg
Veröff. Arch. rhein.-westf. Wirtsch.gesch.	Veröffentlichungen des Archivs für rheinisch-westfälische Wirtschaftsgeschichte
Veröff. Übersee-Museum Bremen	Veröffentlichungen aus dem Übersee-Museum in Bremen
Verständliche Wissenschaft	Verständliche Wissenschaft
Viking Fund Publ. Anthropol.	Viking Fund publications in anthropology
Woods Hole oceanogr. Inst. Pap. phys. oceanogr.	Woods Hole oceanographic Institute papers in physical oceanography
Z. dt. geol. Ges.	Zeitschrift der deutschen geologischen Gesellschaft
Z. Ekde	Zeitschrift für Erdkunde
Z. Ethnolo.	Zeitschrift für Ethnologie
Z. Geomorph.	Zeitschrift für Geomorphologie
Z. Ges. Ekde Berlin, Verhandlg.	Zeitschrift der Gesellschaft für Erdkunde zu Berlin, Verhandlungen
Z. Vulkan.	Zeitschrift für Vulkanologie

Autorenregister zur Bibliographie

Sachregister

*) vgl. andere Schreibweise bei Azcapotzalco.

*) vgl. andere Schreibweise bei Cañon El Cobre.

Eduard Imhof
Kartographische Geländedarstellung

Quart. Mit 14 mehrfarbigen Karten- und Bildtafeln und 222 einfarbigen Abbildungen. XXIV, 422 Seiten. 1965. Ganzleinen DM 96,–

Heissler – Hake
Kartographie

Band I: Kartenaufnahme, Netzentwürfe, Gestaltungsmerkmale, topographische Karten. 4. Auflage bearbeitet von G. Hake. Klein-Oktav. 233 Seiten. 117 Abbildungen und 8 Anleitungen. 1970. DM 7,80
(Sammlung Göschen 30/30 a/30 b)

Band II: Thematische Karten, Atlanten, kartenverwandte Darstellungen, Kartentechnik, Kartenauswertung. Von G. Hake. Klein-Oktav. 202 Seiten. 84 Abbildungen und 11 Anleitungen. 1970. DM 7,80
(Sammlung Göschen 1245/1245 a/1245 b)

Finsterwalder – Hofmann
Photogrammetrie

3., völlig neu bearbeitete Auflage von Walther Hofmann. Groß-Oktav. 455 Seiten. Mit 64 Abbildungen und 125 Figuren und einer rot-grünen Betrachtungsbrille. 1968. Plastikeinband DM 48,– (de Gruyter Lehrbuch)

Gerhard Lehmann
Photogrammetrie

2., neubearbeitete Auflage. Mit 136 Abbildungen. 205 Seiten. 1966. DM 5,80
(Sammlung Göschen 1188/1188 a)

William C. Putnam
Geologie
Einführung in ihre Grundlagen

Deutsche Ausgabe bearbeitet von Franz W. Lotze

Quart. IV, 559 Seiten. Mit 293 Abbildungen, 17 Tafeln und 1 Bildnis. 1969. Geb. DM 38,–

Franz Lotze
Geologie

4., verbesserte Auflage. Klein-Oktav. 184 Seiten. Mit 80 Abbildungen. 1968. DM 5,80 (Sammlung Göschen 13/13 a)

WALTER DE GRUYTER & CO · BERLIN

Horst Falke

Die geologische Karte

Ihre Anfertigung und Ausdeutung

Mit Abbildungen. Groß-Oktav. Etwa 180 Seiten. 1970.
Ganzleinen etwa DM 38,–

Der erste Abschnitt beschäftigt sich mit der Karte, die als Meßtischblatt 1:25 000 die Grundlage für die geologische Karte bildet; der zweite Abschnitt hat die Anlegung einer geologischen Karte zum Inhalt. Der dritte und Hauptabschnitt ist der geologischen Karte gewidmet, im letzten, vierten Abschnitt werden Ausschnitte aus topographischen Karten den gleichen Ausschnitten aus den zugehörigen geologischen Karten in mehrfarbigem Druck gegenübergestellt und erklärt.

Jeder Abschnitt wird durch Abbildungen erläutert. Außerdem werden am Schluß eines jeden Kapitels Fragen zur Beantwortung durch den Leser gestellt. Sie beziehen sich auf die vorangegangenen Ausführungen und sollen auf diese Weise anregen, gewonnene Kenntnisse über die wichtigsten Tatsachen nachzuprüfen.
Um, soweit erforderlich, selbst Ergänzungen vorzunehmen, sind Leerseiten vorgesehen.

WALTER DE GRUYTER & CO · BERLIN

DIE ERDE

ZEITSCHRIFT DER GESELLSCHAFT FÜR ERDKUNDE ZU BERLIN

Kolibri 360 GmbH
Ferdinand-Jühlke-Straße 7
99095 Erfurt, Deutschland
produktsicherheit@kolibri360.de